U0519370

# 专利文献研究

# 2017

国家知识产权局专利局专利文献部◎组织编写

知识产权出版社

全国百佳图书出版单位

图书在版编目（CIP）数据

专利文献研究.2017/国家知识产权局专利局专利文献部组织编写. —北京：

知识产权出版社，2018.9

ISBN 978-7-5130-5886-5

Ⅰ.①专… Ⅱ.①国… Ⅲ.①专利—文集 Ⅳ.①G306-53

中国版本图书馆CIP数据核字（2018）第228267号

**内容提要**

本书为国家知识产权局专利局专利文献部组织编写的2017年优秀专利文献研究成果集，分为新能源电池、机器人、高档数控机床三个专题，共34篇论文，旨在通过这三个专题的深入研究，传播共享专利局各审查部门、各地审查协作中心的专利审查员、专利信息分析人员、专利布局研究人员的最新专利文献研究成果，以期共同推进我国的专利文献的专题研究深度及广度。

**责任编辑：**卢海鹰　　　　　　　　　　　　**责任校对：**谷　洋

**执行编辑：**崔思琪　　　　　　　　　　　　**责任印制：**刘译文

## 专利文献研究（2017）

Zhuanli Wenxian Yanjiu（2017）

国家知识产权局专利局专利文献部　组织编写

| | |
|---|---|
| 出版发行：知识产权出版社有限责任公司 | 网　　址：http://www.ipph.cn |
| 社　　址：北京市海淀区气象路50号院 | 邮　　编：100081 |
| 责编电话：010-82000860转8730 | 责编邮箱：cuisiqi@cnipr.com |
| 发行电话：010-82000860转8101/8102 | 发行传真：010-82000893/82005070/82000270 |
| 印　　刷：三河市国英印务有限公司 | 经　　销：各大网上书店、新华书店及相关专业书店 |
| 开　　本：787mm×1092mm　1/16 | 印　　张：57 |
| 版　　次：2018年9月第1版 | 印　　次：2018年9月第1次印刷 |
| 字　　数：1200千字 | 定　　价：200.00元 |

ISBN 978-7-5130-5886-5

# 出版说明

当前，世界正经历新一轮科技革命和产业变革，产业竞争格局正在发生重大调整，创新日益成为世界各国引领发展的第一动力。中国作为世界最大发展中国家，经济正处在转型升级、向高质量发展的关键阶段。十九大报告提出要"倡导创新文化，强化知识产权创造、保护、运用"。

《专利文献研究》系列丛书自2010年首刊以来已出版6期，所选近400篇文章均由业内人士撰写，及时挖掘专利文献价值，呈现各技术领域的最新研究动向和成果。

《专利文献研究（2017）》收录的34篇专利技术综述，紧密围绕《中国制造2025》的重点领域，选取新能源电池、机器人、高档数控机床三个领域的关键技术分支，由国家知识产权局专利局相关领域专利审查员撰写完成。作者整理、分析、比较和归纳各重点领域关键技术相关专利申请，以典型技术方案为支撑，勾勒出主要技术路线图，旨在呈现各关键技术发展趋势和脉络、分析和展示重点技术的主要内容、揭示主要申请人及其申请趋势和专利布局。

本书所收录的专利技术综述剖析了相关领域专利文献的技术、经济和法律信息，从专利文献的视角展现技术发展趋势，从而为相关领域政策制定、技术创新和企业发展提供参考。衷心希望本书的出版能够促进专利文献信息在创新驱动发展中的运用，从而为实现产业升级、推进中国制造向中国智造转变贡献力量。

《专利文献研究（2017）》编辑部
2018年8月

# 目　录

## 高档数控机床

# 新能源电池

# 晶体硅太阳能电池电极结构专利技术综述[*]

申翔　张文明　郭学军　薛源　梁明明　孙健　卢青　汪灵

**摘要**　晶体硅太阳能电池是所有太阳能电池中发展最为成熟的一种，电极结构最为丰富，其他种类的太阳能电池在设计和生产时往往参考晶体硅太阳能电池的电极结构设置。本文根据电极在电池上的位置对电极结构进行两级分类，第一级分支为电池的正面和背面均有电极、仅背面具有电极、侧面电极，然后采用二级分支对其进行进一步细化，介绍了各分支的技术演进历程以及在发展过程中出现的典型电极结构。同时分析了晶体硅太阳能电池电极领域目前存在的问题，对该领域发展趋势进行了展望。

**关键词**　电极结构　晶体硅　太阳能电池

## 一、概述

大力发展太阳能光伏发电是"十三五"能源规划中能源结构优化升级的重要组成部分，是实现 2020 年和 2030 年非化石能源分别占一次能源消费比重 15% 和 20% 目标的重要力量。"十三五"将是太阳能产业发展的关键时期，基本任务是产业升级、降低成本、扩大应用，实现市场化自我持续发展。

晶体硅太阳能电池是目前使用最为广泛、发展最为成熟的一种太阳能光伏电池，从 1958 年在航天器上得到应用[1]至今，晶体硅电池已经经过了近 60 年的发展。时至今日，晶体硅电池这一太阳电池鼻祖的市场份额仍然达到 80% ~ 90%[2]。在晶体硅电池的发展过程中，其电极结构也逐步优化和完善，针对降低成本、提高电流收集能力、适用于特殊场合等不同目的，均具有对应结构。目前，没有一个其他太阳能电池能像晶体硅太阳能电池一样，具有如此丰富和完善的电极种类。对晶体硅太阳能电池的电极结构进行综合分析，对于晶体硅电池本身的发展具有重要指导意义，对其他类型的太阳能电池的发展也极具借鉴意义，是顺利完成"十三五"能源规划的重要保障。

---

[*] 作者单位：国家知识产权局专利局专利审查协作河南中心。

晶体硅太阳能电池的电极主要有两点技术要求，第一是尽量避免对光的遮挡，使足够的光进入硅材料来产生光电流；第二是具有良好的电流提取能力，使光生电流尽可能多的引至用电负载。基于上述考虑，电极在电池上的位置、形状、深度等综合调整，从而形成了多种电极结构。

**（一）技术分解**

通过对晶体硅太阳能电池电极结构的检索，遵循"符合行业标准和习惯"、兼顾"便于检索和标引"的原则，选择从电极在电池表面所处的位置的角度对电极结构进行细化和分类。具体的技术分解如表1所示。

表1 技术分解

| 编号 | 一级技术分支 | | 编号 | 二级技术分支 |
|---|---|---|---|---|
| I | 正面和背面均有电极 | | 1 | 正面栅线电极 背面栅线电极 |
| | | | 2 | 正面栅线电极 背面全铝电极 |
| | | | 3 | 正面透明导电电极 无栅线 |
| | | | 4 | 正面刻槽埋栅电极 |
| | | | 5 | 背面点接触电极（PESC/PERC/PERL） |
| II | 仅背面具有电极（用于背接触电池） | | 1 | 叉指背接触电极（IBC） |
| | | | 2 | 发射极环绕电极（EWT） |
| | | | 3 | 金属环绕电极（MWT） |
| III | 侧面电极（用于垂直PN结电池） | | | |
| IV | 其他 | | | |

**（二）数据检索**

专利检索系统采用国家知识产权局专利检索系统，数据库采用外文数据库（VEN）、德温特世界专利索引数据库（DWPI）、世界专利文摘数据库（SIPOABS），数据检索截止时间为2017年9月8日。

除此之外，法律状态、引用频次、同族个数、诉讼相关数据来自IncoPat专利数据库。

同一项发明创造在多个国家申请专利而产生的一组内容相同或基本相同的文件出版物，称为一个专利族。从技术角度来看，属于同一专利族的多个专利申请可视为同一项技术，本文中针对技术分析时对同族专利进行了合并统计。在进行专利申请数量统计时，对于数据库中以一族数据的形式出现的一系列专利文献，计算为1项。

## 二、专利申请总体情况

本部分对全球专利申请趋势、地域分布、申请人、发明人等信息进行统计分析，以了解全球范围内晶体硅太阳能电池电极结构领域的专利申请总体情况。

### （一）全球专利申请量趋势分析

1. 对全球及各主要区域专利申请趋势进行分析

截至 2017 年 9 月，全球范围内与晶体硅太阳能电池电极结构相关的专利申请共有 5640 项。

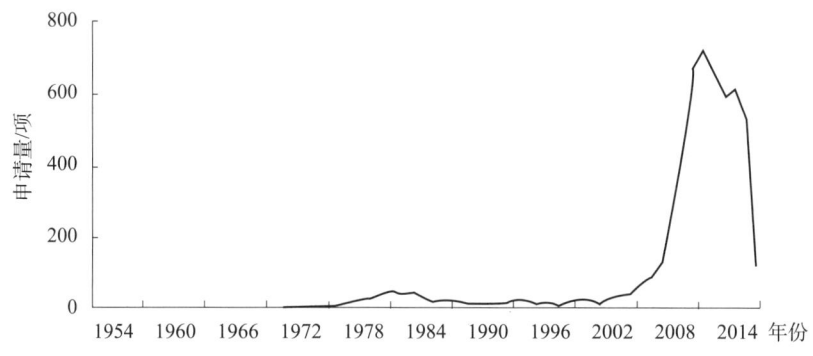

**图 1　晶体硅太阳能电池电极结构领域全球专利申请量趋势**

图 1 示出了全球范围内专利申请量随年份变化的情况，用来反映本领域的技术发展活跃情况。

在全球范围内，关于晶体硅太阳能电池电极结构的专利申请最早出现在 1954 年，然而在此后的 1954 ~ 1975 年，与其相关的每年全球专利申请量较少，企业对其研发和制造的热度不高，此时处于该技术的萌芽期。

随着 $CO_2$ 排放持续上升、温室效应致使气候变化，人们对太阳能电池的应用前景越来越感兴趣。1975 ~ 2003 年，全球每年专利申请量开始有所增加。但是由于工艺条件的限制，太阳能电池的成本高、效率低等诸多原因阻止了其商业化的进程，在此期间专利申请量增加相对缓慢。

2003 年前后，市场对于光伏电池的需求日渐增加，各类企业纷纷在该领域开展研究并着手进行专利布局，此时迎来了晶体硅太阳能电池电极结构专利的急速增长阶段。全球专利申请量在 2012 年达到高峰。

之后，从 2012 年开始至 2016 年申请量略有下降，显示出电极技术日益成熟，对其的研究暂未出现较大突破，新型的电极结构尚未取得大的进展。其中，自 2017 年开始申请量显著下降还有一部分原因是大部分专利申请还未公开。

2. 各国家/地区专利申请量

图 2 示出了关于晶体硅太阳能电池电极结构的申请量居前五位的国家和地区的专利申请量趋势，其中前五位的国家和地区分别是中国、美国、日本、欧洲、韩国。其中，美国是最早研究晶体硅太阳能电池电极结构的国家，专利申请量在 2008 年后呈现大幅度增长，可见，美国在晶体硅太阳能电池电极结构领域的研究方面开展较早且专利申请积极，处于世界领先地位。日本、韩国、欧洲在 20 世纪 70 年代末出现专利申请，并且日本在 1982 年的专利申请达到小高峰，占当年全球申请量的 70%。而中国直到 20 世纪八九十年代才逐步出现专利申请，对晶体硅太阳能电池电极结构的技术研究较晚，从 2005 年开始出现较快增长，并于 2012 年达到高峰。然而，我国虽然起步晚，但在 2005 年后迅速跟进，在 2012 年全年的申请量占当年全球申请量的 60%，可见，我国在晶体硅太阳能电池电极结构技术的研究方面展现了极大的热情。

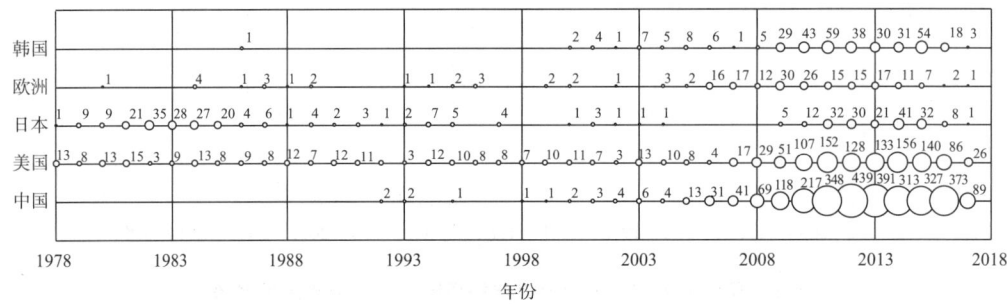

**图 2　中国、日本、美国、欧洲、韩国晶体硅太阳能电池电极结构领域专利申请量趋势**

注：图中数字表示申请量，单位为项。

### （二）专利来源区域及目标区域分析

对专利来源区域及目标区域进行分析，了解晶体硅电极的各专利来源区域在主要市场的专利布局情况。

图 3 示出了专利来源区域及目标区域分布情况。其中，纵坐标为专利来源区域，横坐标为专利目标区域。

通过专利流向分析可知，全球专利申请的目的地主要为中国和美国。中国、美国、韩国的专利主要来源区域和主要目标区域相同，这是由于专利申请人一般会优先进行本国的专利布局。

最大的专利来源区域为中国，体现出中国申请人对研发进行了大量的投入；在本国之外，其对美国市场最为重视，其次分别为欧洲、日本，然而在这些目标区域的申请量比在中国的申请量小得多，因此，中国大部分申请人还需要在更广泛区域内进行专利布局。美国作为第二专利来源国，在本国之外，其对中国市场最为重视，其次分别为欧洲和日本。日本、欧洲的申请人重视全球市场，在主要国家/地区都进行了专利布局。韩国

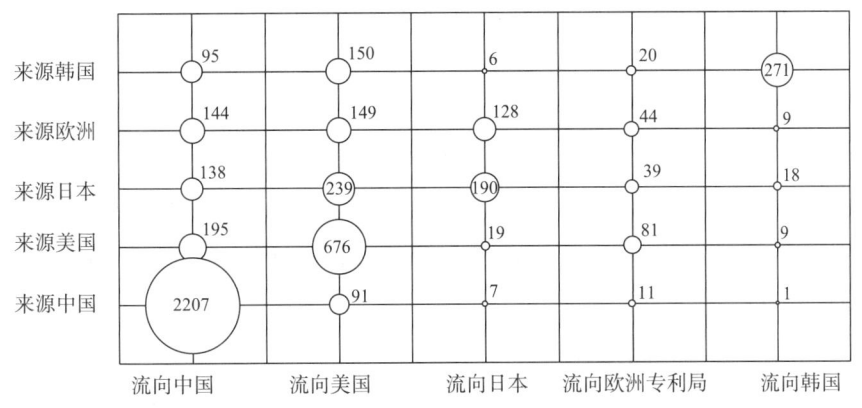

**图3　晶体硅太阳能电池电极结构领域专利来源区域及目标区域分布**

注：图中数字表示申请量，单位为项。

申请人比较重视其在本国、中国以及美国的专利布局。

此外，通过对图3的分析，我们还发现，中国、美国是主要的专利目标国，可见，中国、美国已经成为本领域中较大的市场。并且根据相关资料，中国光伏应用的规模将在2017年达到200万千瓦，这将进一步提高以中国为目标区域的专利申请。

**（三）主要申请人分析**

对本领域的主要申请人进行分析，了解各主要申请人的技术特点。

1. 确定主要申请人

对各申请人的专利申请量进行排名从而得出该领域的主要申请人，如图4所示。

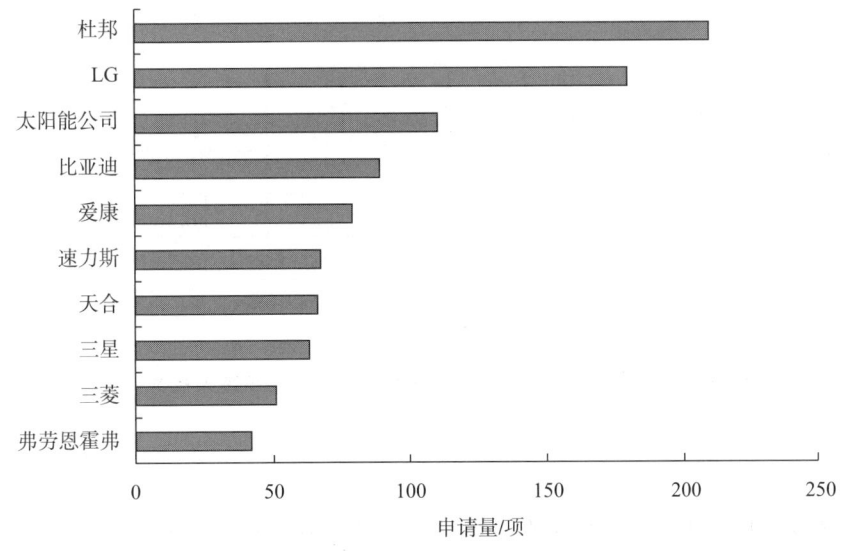

**图4　晶体硅太阳能电池电极结构领域全球主要申请人**

由图4可以看出，所列出的全球10个主要申请人中，美国、中国申请人各三位。其中，杜邦公司和 LG 的申请量居前两位，且与其他申请人的申请量相比在数量上具有明显优势。我国申请人比亚迪以 89 项排名第 4 位，申请量处于中上等水平，爱康太阳能公司❶排名第 5 位，天合光能公司排名第 7 位。

结合图 2 和图 4，虽然全部中国申请人的专利申请总量位居世界第一，但是就单个申请人来看，申请数量还和美国企业存在差距，例如，位列第四的中国公司比亚迪公司的申请量仅为美国杜邦公司的 42%，说明中国申请人相对分散，该领域内企业众多，申请量排名靠前企业的专利优势不够突出。

2. 主要申请人技术特点分析

对本领域主要申请人的技术分布进行分析，了解各主要申请人的技术聚焦点，从而可以预测申请人在各技术分支的技术实力。

如图 5 所示，全球申请量前 10 位的申请人中，除了太阳能公司和速力斯公司外，其他均在传统的"正面和背面均有电极"的电极结构领域布局最大的专利申请量。这是因为，目前传统的正面和背面均有电极的电极结构仍是市场占有率最高的电极结构，也是这些公司的主要产品类型。上述数据显示出"正面和背面均有电极"的电极结构是竞争最为激烈的技术领域，专利申请分散在众多申请人手中。

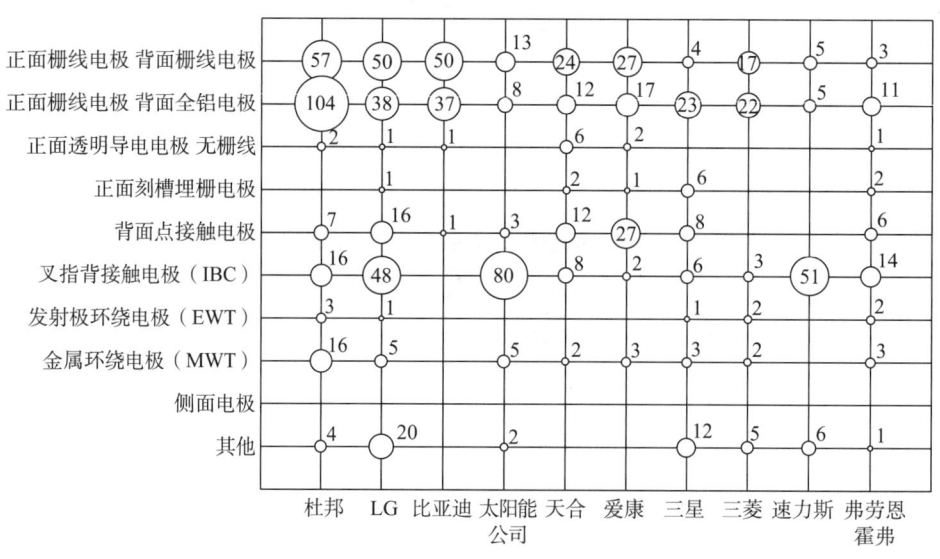

**图 5　晶体硅太阳能电池电极结构领域全球主要申请人技术分布**
注：图中数字表示申请量，单位为项。

而仅背面具有电极的电极结构，技术含量相对较高，市场进入门槛高，因此技术较为集中，导致专利申请相应的集中在少数几个企业，其中最具代表性的企业是太阳能公司。同样的，速力斯公司也拥有较多的该领域专利申请。二者是为数不多的在该领域技

---

❶　2017 年 10 月 30 日，广东爱康太阳能科技有限公司更名为广东爱旭科技有限公司。

术积累充足且以此结构电极为主打产品的企业。

从图5中还可以看出，全球前10位的申请人，除了在各自最关注的领域布局较多专利之外，在其他领域同样进行了适量涉足和准备，尤其以弗劳恩霍弗实用研究促进协会最为明显：虽然总申请量在前10位中排名最为靠后，但是专利布局非常平衡，几乎涉及全部领域，这是由其研究机构的申请人类别决定的。然而，比亚迪公司和速力斯公司与上述情况不同，更加专注于自己的主打领域。

### （四）主要发明人分析

图6显示了全球主要发明人的专利申请情况，其中，总申请量主要显示发明人的长期实力。但是总申请量不能体现出发明人技术研究的时间特征，为了研究各发明人的活跃度，图6同时分析了各发明人近五年的申请量。一般将各发明人近五年的申请量除以各发明人的总申请量，作为近期的活跃度参数。

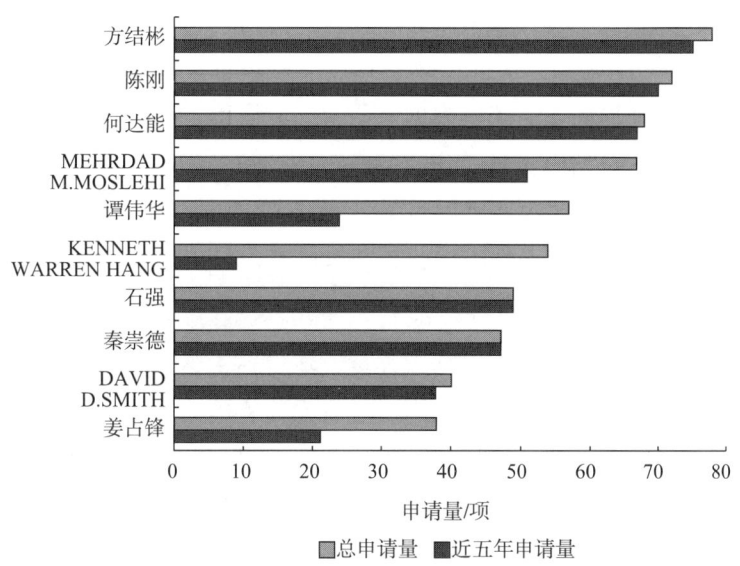

图6　晶体硅太阳能电池电极领域全球主要发明人

根据图6，总申请量前10位的发明人中大部分为国内发明人。并且，总申请量排名第1～第3、第7、第8位的发明人，近五年的活跃度最高，同样均为国内发明人。

分析发明人所属企业可知，上述发明人中第1～第3、第7、第8位均来自爱康太阳能公司，第5、第10位来自于比亚迪公司，第4、第6、第9位分别来自速力斯公司、杜邦公司和太阳能公司。也就是说，无论是申请总量，还是近五年的活跃度，国内的爱康太阳能公司均位列第一，表示国内企业的发明人对太阳能电池电极结构的改进进行了持续跟进。

### （五）小结

经过统计分析，有关晶体硅太阳能电池电极结构的专利申请主要集中在2003年后。

美国对晶体硅太阳能电池电极的研发和投入以及专利申请一直处于活跃的状态，并且美国在各国市场的专利布局较为均衡，因此专利布局较为有利。中国在该领域的研发晚于其他国家，但是从2005年后迅速跟进，进行了大规模的研究和专利布局，然而其在其他国家市场的专利申请量远远小于在国内市场的专利申请量，可见专利布局不均衡，应当引起重视。

本领域的主要申请人包括杜邦公司、LG、太阳能公司、爱康太阳能公司、弗劳恩霍弗实用研究促进协会等。其中，美国杜邦公司和韩国LG的申请量居前两位，占据主导地位，LG最为突出的优势在于在各个领域均有一定数量的专利储备，弗劳恩霍弗实用研究促进协会虽然申请量靠后但电极类型较为全面，研究领域广泛。这些申请人大部分均针对传统的正面和背面均有电极的电极结构申请量较大，说明该结构的技术较为成熟，最贴近实际生产因而是最有经济意义的；而仅背面具有电极的电极结构由于技术门槛较高，基本被太阳能公司和速力斯公司所垄断，只有LG和弗劳恩霍弗实用研究促进协会同样给予较多重视。

通过在特定技术领域内发明人的发明数量排名，了解了该领域的主要研究人员，以及分析这些主要研究人员的申请量、研究领域分布等信息，可以得到以下信息：申请量居前列的主要发明人有5人来自于爱康太阳能公司，2人来自于比亚迪公司，剩余3人分别来自速力斯公司、杜邦公司及太阳能公司，可以看出，国内企业（爱康、比亚迪）发明人较为集中，而美国企业（速力斯、杜邦）发明人则较为分散，日本三菱虽然申请量靠前但发明人无一上榜，说明发明人最为分散。这可以大致推测出国内企业中研发人员主要集中在某几位，而国外则是平均发力。来自爱康太阳能公司的主要发明人近五年的活跃度较高，表明其近期在该领域持续跟进，并且可以预期在未来一段时间仍有较多申请。

## 三、专利技术分析

本部分对关于晶体硅太阳能电池电极结构的专利技术进行分析，以了解全球范围内电极领域的专利技术构成、技术发展趋势、重要专利、技术发展路线、最新专利技术的发展情况。

### （一）技术构成分析

图7为各技术分支的专利布局情况。根据该图，"正面和背面均有电极"这一技术分支在专利申请中占主导地位。紧接着是"仅背面具有电极"的背电极结构，其中又指背接触电极结构的专利申请量最多；而"侧面电极"结构，申请量则较少，一般仅在非常特殊的电池（比如电池的PN结为垂直PN结）中出现。

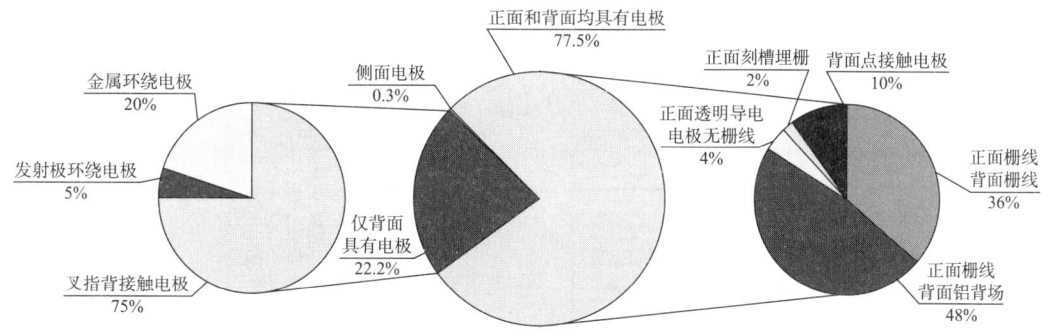

图7 晶体硅太阳能电池电极结构各技术分支专利布局情况

下面详细介绍"正面和背面均有电极"的电极结构，以及"仅背面具有电极"中的叉指背接触电极结构。

1. 正面和背面均有电极（技术分支Ⅰ）

最早出现，也是最为普遍采用的晶体硅电池电极结构为"正面和背面均有电极"的电极结构。这是因为现有的晶体硅太阳能电池一般采用叠层PN结结构，P层在下，N层在上，因此，在上面和下面分别设置N电极和P电极是最自然、最简单的方法。

正是因为上述原因，"正面和背面均有电极"这样的电极结构是目前市场上普遍采用的电极结构。在发展过程中出现了许多典型结构，例如刻槽埋栅电极、背面点接触电极、选择性发射极电极等，每一典型电极结构的提出都极大地提高了电池的转换效率。

（1）正面栅线电极 背面栅线电极（技术分支Ⅰ-1）。为了减少正面金属电极遮光，正面电极一般采用栅线结构，如出自1993年1月26日联合太阳能系统公司（UNITED SOLAR SYSTEMS）的专利申请US719917A的图8所示，25a为收集栅，25a之间的空隙允许光通过。

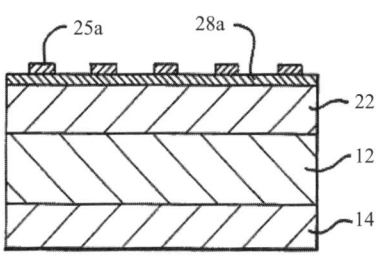

图8 正面栅线电极

背面可以同样采用栅线电极，主要出于两种目的，第一种是用于双面入光电池，例如出自2010年8月9日三洋电机株式会社专利申请JP2011527695A的图9所示，正面背面分别具有栅线40、41，从而允许来自背侧的光进入电池；第二种是优化焊带和硅片的连接，例如来自2009年11月18日中国专利申请CN200920213810的图10，背侧设置银栅线 1 从而方便和焊带的良好焊接。

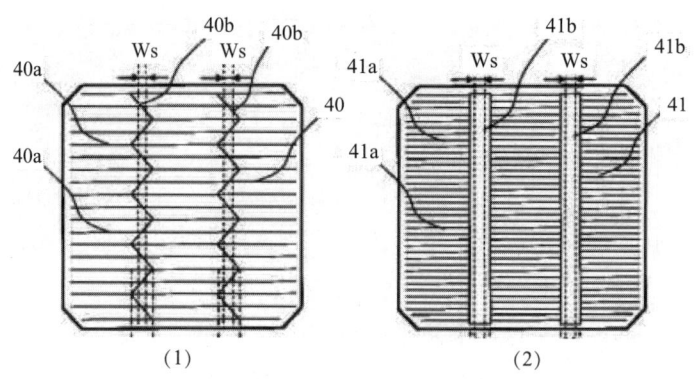

图 9　正面背面电极均为栅线

（2）正面栅线电极　背面全铝电极（技术分支 I－2）。相较于前述的正面栅线电极背面栅线电极的结构，实际生产中背面电极更多采用整面的非栅线结构，即背面提供一整面的金属附着，简化工艺且方便后续工艺中电池与焊带的连接。随后，发现背侧采用整面的铝时，除了能够用作背电极，还可以形成重 P 掺杂的背表面场，提高背侧载流子收集效率，例如出自 2012 年 3 月 20 日三星电子的专利申请 US201213424674A 的图 11，背侧设置整块的铝背电极 620。自此，正面栅线电极 背面全铝电极的电极结构开始广泛使用。

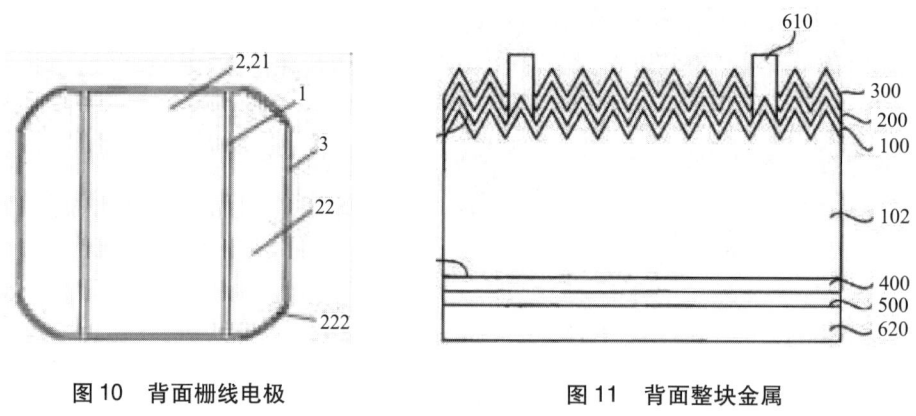

图 10　背面栅线电极　　　　　　　　图 11　背面整块金属

（3）正面透明导电电极　无栅线（技术分支 I－3）。为了进一步避免正面金属电极对入射太阳光的遮挡，发展出了正面采用透明导电层作为电极的电极结构，例如三洋公司在 HIT 电池中采用的正面氧化铟锡（ITO）电极，披露在其 1999 年 12 月 28 日的专利申请 JP37241899A 中。

（4）正面刻槽埋栅电极（技术分支Ⅰ-4）。"正面和背面均具有电极"的一个重要电极结构是刻槽埋栅电极，由新南威尔士大学提出[4]，结构如出自2000年2月7日三菱电机株式会社专利申请JP2000029355A的图12所示，将正面电极4埋置在硅衬底中，从而大幅度降低了正面栅线对光的遮挡，并且提高了电极的高宽比，电池因此获得了较高转换效率。

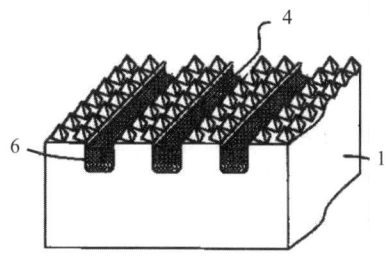

图12　刻槽埋栅电极

2001年2月28日，信越化工株式会社在专利申请JP2001054544A中披露了一种电极结构，类似于刻槽埋栅电极，但是金属电极仅形成在槽的侧壁，而非填满整个沟槽，该结构进一步降低了正面电极对光的遮挡。

（5）背面点接触电极（技术分支Ⅰ-5）。1983年，新南威尔士大学提出了钝化发射极太阳电池（PESC）（技术路线5）技术，之后，在PESC电极结构的基础上，进一步改进出了钝化发射极及背面电池（PERC），在电池的背面也设置钝化层，这样，电池两面的复合都得到了控制；电极结构如出自2012年1月11日东洋铝业株式会社专利申请JP2012003313A的图13所示，在发射极2的表面设置钝化层3，并在其中开孔形成正面电极4，背侧同样设置钝化层3及开孔，由于钝化层的存在，电池的表面复合降低，获得了较高转换效率；紧接着，又演变为钝化发射极背部局域扩散电池（PERL），结构如1995年6月21日弗劳恩霍弗实用研究促进协会在专利申请DE19522539A中所示（图14），在背侧电极上部设置有局域重扩散区Be，背侧电极以点接触的形式接触该重掺杂区域，从而优化了背侧的欧姆接触。随后在该结构的基础上不断改良工艺，最终在1999年获得了当时的世界最高转化效率24.7%[5]。

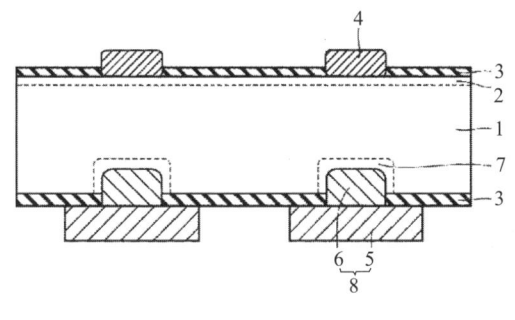

图13　PESC电极

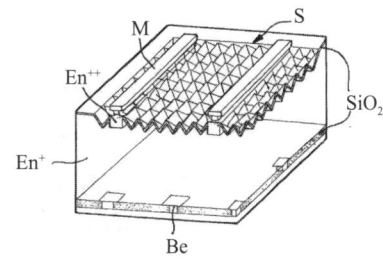

图14　PERL电极

（6）除了上述五种电极结构之外，"正面和背面均有电极"的电极结构还有很多其他典型结构。

——MIS电极。结构如2010年9月10日日本国立大学法人东京农工大学的专利申请

JP2010203532A，该申请披露了一种电极结构，在正面栅线电极的下面设置一层绝缘层，发射极中的电流隧穿绝缘层到达电极，这一结构一般被称为金属－绝缘体－半导体（MIS）接触，该结构能够有效降低表面复合。

——金属丝电极。结构如苏州润阳光伏科技有限公司2015年4月13日专利申请CN201520218107U所示，该申请披露了一种正面栅线电极的制备方法，采用金属丝作为正面栅线，用银浆将其黏附在电池表面。采用金属丝正面栅线，简化了制造工艺。

——选择性发射极电极。选择性发射极电极结构，是电极结构发展过程中具有重要意义的一种电极，该结构由中电电气（南京）首次提出[3]并披露于2007年7月10日的专利申请CN200710025032中，如图15所示，在正面Ag栅线下方选择性的设有$n^{++}$重掺杂发射极区域，从而在避免死层的情况下获得了良好的欧姆接触，由于采用了这一电极结构，晶体硅电池获得了18.75%的量产效率。

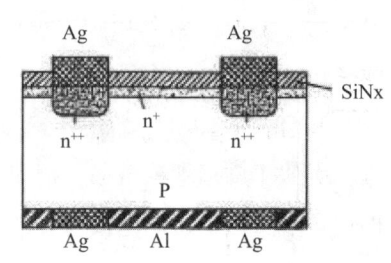

图15　选择性发射极电极

2. 仅背面具有电极（技术分支Ⅱ）

如上面分析，"正面和背面均有电极"的电极结构是最简单的电极，但是，只要在电池的正面具有电极，不管是采用细的栅线电极，还是采用透明导电层，均不可避免地造成入射光的损失。于是，为了进一步增加太阳光收集效率，可以完全避免正面遮光的"仅背面具有电极"的电极结构应运而生。

1991年7月31日，太阳能公司（SunPower Corp）在专利申请US738696A中系统披露了叉指背接触电池（IBC）（技术分支Ⅱ-1），将电极10、12全部设置在硅片的背光面，正面没有任何电极，结构如图16所示。采用该结构，彻底避免了正面电极对入射光的遮挡。同时，该电极结构还具有其他显著的优点：由于正、负电极均在同一面，因此形成组件时，电连接简单，可以提高封装密度；正面没有栅线，外观更加均一。因此，该电极结构是目前使用最广泛的"仅背面具有电极"的电极结构。

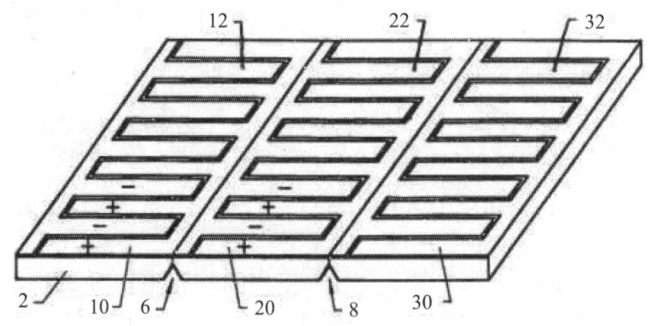

图16　叉指背接触电极

还有一种背接触电极,电极由正面环绕或穿过硅片到达背面,如图17、图18,分别来自湖南工程学院于2016年7月31日申请的专利CN201610622271A,以及斯派克公司(Spectrolab Inc)于1996年7月12日申请的专利EP96119659.6A。前者通过环绕电极24作为背侧接触,而后者通过穿孔电极28作为背侧接触。上述电极结构一般统称为金属环绕穿孔电极(MWT)(技术分支Ⅱ-3)。

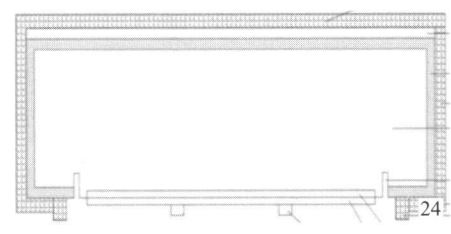

图17　金属环绕电极

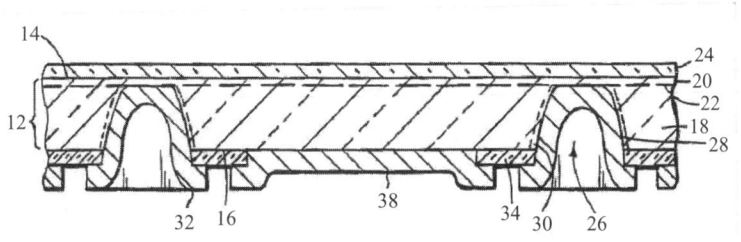

图18　金属穿孔电极

第三种代表性的仅背面具有电极的电极结构与金属环绕穿孔电极类似,称为发射极环绕穿孔电极(EWT)(技术分支Ⅱ-2)。结构如图19、图20所示,分别来自弗劳恩霍弗实用研究促进协会于2012年9月17日申请的专利DE102012216580A,以及日出能源公司于2004年2月5日申请的专利US20040542454P。借助于发射极的环绕从而将电极设置在硅片背面。

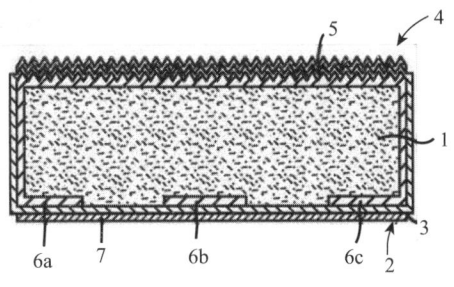

图19　发射极环绕电极

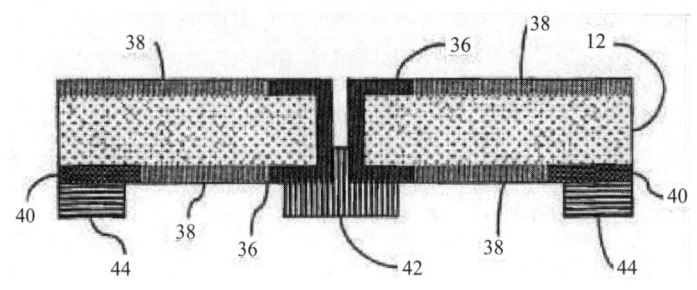

图 20 发射极穿孔电极

### 3. 侧面电极（技术分支Ⅲ）

除了电极可以设置在硅晶片的上表面和/或下表面之外，基于实际需求，也可以设在晶片的侧面（技术路线Ⅲ-9）。侧面电极一般用于垂直 PN 结电池。

葛瑞佛德太阳能股份有限公司于 2009 年 8 月 12 日申请的专利 CN200980139221A 中披露了一种侧面电极结构，如图 21 所示，在 P/N 型材料的两侧分别设置电极 810、812，光从上表面入射。采用该侧面电极，主要是为了适应特殊的 PN 结（垂直 PN 结）结构。

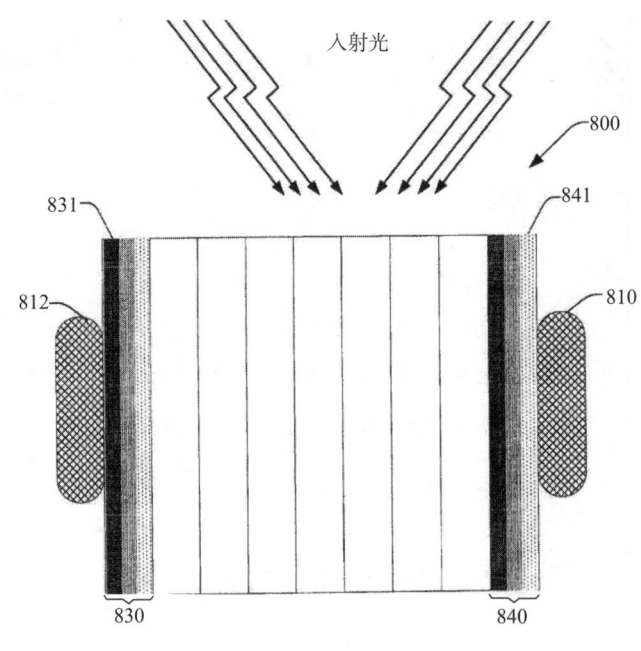

图 21 侧面电极

真正采用侧面电极来降低正面电极（上电极）遮光的，例如 2011 年 12 月 16 日清华大学在专利申请 CN201110424624.2 中提出的结构，在电池两侧设置电极，电池内部为多个并列的 PN 结。由于多个电池只在侧面共用金属电极，因此可以提高光入射量。

### 4. 其他电极（技术分支Ⅳ）

除了上述三种电极结构之外，还存在一些其他类型的特殊电极，这些电极往往由上述三种电极演变而来。

例如，1984 年 4 月 16 日美国埃克森研究和工程公司（EXXON RES & ENG CO）在专利申请 US19840601080A 中提出的电极结构，具有侧面电极和背面电极，主要用于搭接型电池的电池间连接。

再如霍夫曼电子公司（Hoffman Electronics Corporation）在 1963 年 10 月 3 日提出的专利申请 US313478A 中提到的电极结构，具有正面栅线，侧面金属，以及背面电极，类似于后期出现的金属环绕或者发射极环绕型电极，但是不同之处在于正面同样具有栅线。

2008 年 8 月 28 日三星电子在专利申请 KR20080084701A 中提出了一种电极结构，电池的正极和负极均位于电池正面，采用透明电极，从而适用于垂直 PN 结。

### （二）技术发展路线及技术发展趋势分析

根据上述对技术构成的分析，结合本领域重要专利，绘制出了图 22 所示的技术发展路线。

重要专利往往代表技术发展的重要节点，本文中筛选重要专利主要以被引频次、布局情况、保护范围大小、专利有效性、申请人情况、专家意见、纠纷、无效诉讼等作为综合判断标准。然后，以技术分支和时间为横纵坐标，绘制技术发展路线图。

同时，绘制了图 23 所示的各个技术分支的专利申请量逐年变化情况，用来反映不同时期各技术分支的研究热度。

从图 22、图 23 可以看出，发射极环绕电极是最早出现的电极结构。事实上，第一块现代意义上的晶体硅太阳能电池即是采用此种发射极环绕电极，具有约 4.5% 的转换效率，由贝尔实验室 1954 年提出，并披露在贝尔电话公司的 US19540414273A 号专利中。由于这种电极结构需要将正面电流通过很长路径的侧面重掺杂半导体层（而非金属层）引至背面，因此电阻比较高，关于该电极的申请量一直不大，从 2000 年才开始有连续的申请，在 2012 年达到最大，为 10 项。

和上述发射极环绕电极同样属于"仅背面具有电极"这一技术分支的叉指背接触电极，起步稍晚，但是技术优势明显，1991 年太阳能公司在其专利申请 US738696A 中系统披露了该电极结构，此后，该结构的申请量稳步超越发射极环绕电极。

"正面栅线电极 背面栅线电极""正面栅线电极 背面全铝电极"等"正面和背面均有电极"的电极结构也是较早出现的电极结构，甚至早于上述发射极环绕电极，诞生于 1941 年，但是早期转换效率非常低，不足 1%，因此，后续一段时间发展缓慢。然而，该电极简单、合理的结构优点是显而易见的。早期电池效率低的原因在于 PN 结的缺点而非电极结构，因此对其的研究一直持续，直至 1960 年获得突破，在这一年，采用这一电极结构的电池获得了 14% 的转化效率。同年，国际整流器公司在其专利申请 US19600059291A 中详细介绍了采用该电极的电池结构，自此，"正面和背面均有电极"的电极结构开始快

新能源电池

机器人

高档数控机床

图22 晶体硅电池电极技术发展路线

| 电极类型 | | 1985年以前 | 1985~1990年 | 1991~1995年 | 1996~2000年 | 2001~2005年 | 2006~2010年 | 2011~2017年 |
|---|---|---|---|---|---|---|---|---|
| 正面和背面均有电极 | 正面栅线电极 背面栅线电极 | 1983 利森蒂亚专利管理 DE3308269A 正面背面均为栅线电极，允许正背面同时接收光 | | | | | | 2013 茂迪 TW201300100564 A背电极具有集电层，提高收集效率 |
| | 正面栅线电极 背面全铝电极 | 1960 国际整流器 US1960059291A 正面栅线电极，背面整面金属 / 1961 SPECTROLAB US19610126247A 正面栅线电极，正面全铝 / 1980 LINHC US19800113574A 设置电极时考虑，允许光从栅之间通过 | 1985 德律风根电子 DE3516117A 采用MIS电极结构 减小复合 | 1989 三菱 JP平1-142480A 用金属丝形成细栅 成本低 | 2005 伟敬世 KR2005045047A 主栅上面和下面均有细栅 | | 2007 中电气（南京）CN200710025032 提出选择性发射极电极概念，降低电阻 | |
| | 正面透明导电电极 无栅线 | | | | 1999 三洋 JP3724189A HIT电池，正面采用透明导电ITO | | | 2012 东南大学 CN2012101690973 用手石墨稀形成正面电极 |
| | 正面刻槽埋栅电极 | | 1985 联合研究 AU4039585A 提出刻槽埋栅电极概念，减小栅线遮光 | | | 2001 信越化工 JP200105454A 电极仅填充栅的一侧壁，减少遮 | | |
| | 背面点接触电极 | 1983 联合研究 AU198300001952A 提出纯化发射极大阳电池PESC概念，减少复合 | | 1995 劳劳恩霍弗实用研究促进协会 DE19522529A 提出PERL电极概念，正面不遮光 | | | | |
| 仅背面具有电极 | 叉指背接触电极 | | | 1991 太阳能 US738696A 提出叉指背接触概念，正面不遮光 | | 2003 丰田自动车 JP20130735A 电极间采用导体导通，减少电极引出端 | | |
| | 发射极环绕电极 | 1954 贝尔电话 US19540414273A 发射极环绕电极 | | | | 2004 日出能源 US20040542454P 发射极穿孔电板 | | |
| | 金属环绕线电极 | 1984 休斯航空 US605319A 金属环绕线电极 | | | 1996 斯派克 EP96119659.6 金属穿孔电极 | | | |
| 侧面电极 | 侧面电极 | 1962 EUROP DES SEMI CONDUCTEURS FR900183 侧面电极，适应重掺PN结 | | | | | | 2011 清华大学 CN201110424242 侧面电极，减少遮光 |
| 其他 | 其他 | | | | | | 2008 三星电子 KR2008008470A 电极跨越正/侧/背三面 | |

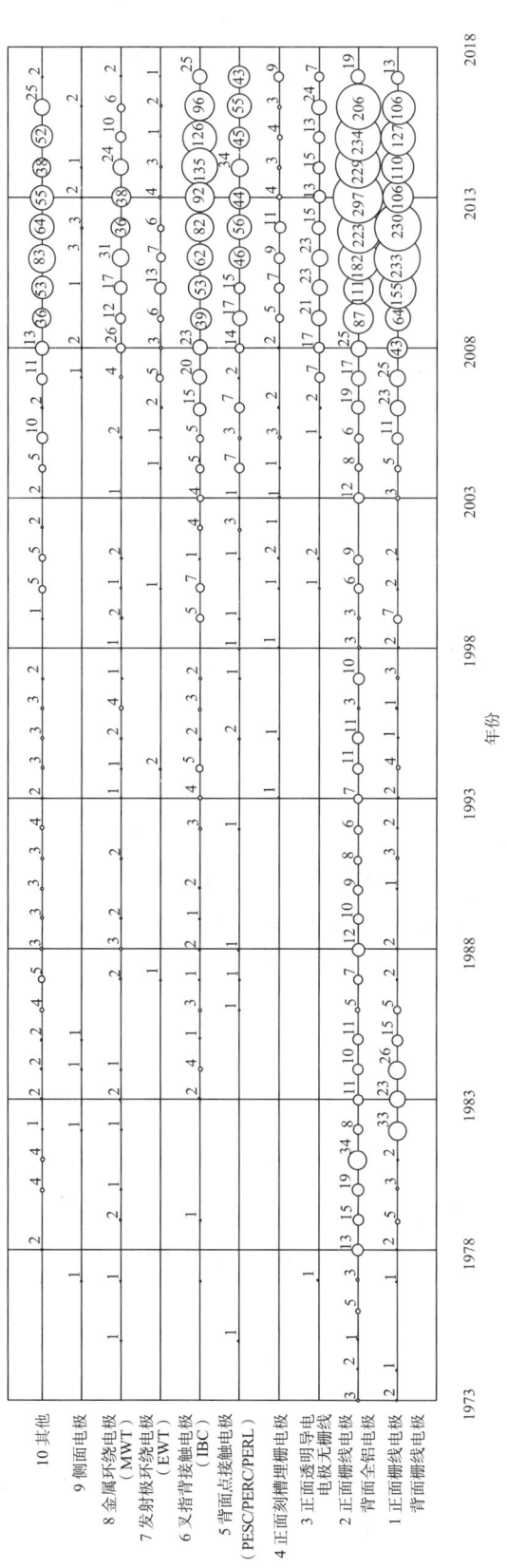

图23 晶体硅太阳能电池电极结构全球各技术分支年度申请量趋势

注：图中数字表示申请量，单位为项。

新能源电池

机器人

高档数控机床

速发展，其中"正面栅线电极 背面栅线电极"以及"正面栅线电极 背面全铝电极"分别在 1984 年、1983 年突破 20 项，随后申请量稍有下降，到 2008 年又开始迅速增长，两者的申请量高于其他任何电极结构。

"正面透明导电电极 无栅线"结构、正面刻槽埋栅电极结构以及侧面电极结构在早期只有零星申请，直到 2000 后开始出现连续申请，但是申请量均较小。金属环绕电极于 1977 年出现连续申请，到 2011 年突破 12 项，之后逐渐增长，2015 年的申请量突破 38 项。背面点接触电极以及叉指背接触电极的专利申请出现相对较晚，但是其在 2010 年后出现强劲增长，其中叉指背接触电极的申请量于 2016 年达到 178 项，背面点接触电极的申请量于 2017 年达到 90 项，主要是由于其具有高的转化效率。

此外，其他电极结构中，包括柱状电极结构、环形电极结构等形式，数据量较小。

**（三）最新专利技术分析**

近几年，晶体硅太阳能电池电极结构的发展出现了一些新的趋势。

电极的可靠性提高。随着光伏电池的广泛推广，如何保证其持续无故障发电，即电池的使用寿命越来越受到关注。实践表明，电池失效往往由电极失效引起，于是，提高电极可靠性成为近期专利申请的一个热点。2013 年 10 月 3 日，喜瑞能源在专利申请 US201314045163A 公开了一种电极结构，在正面细栅的末端设置金属线，使相邻细栅连接起来，这样，有利于电流收集，同时可以避免金属电极剥离。2015 年 11 月 17 日新奥光伏在专利申请 CN201510788750 中提出，将正面栅线电极包封在减反射层中，这样可以防止银栅线在后续使用过程中被湿气氧化。2015 年 6 月 9 日，太阳世界创新有限公司在专利申请 DE202015004065U 中提出一种集电轨和触指结构，即使连接件被撕掉，昂贵的 PERC 太阳能电池仍可以被重复使用，避免成本损失。

新材料的出现也促进了电极结构的改变。基于近几年石墨烯制备技术的成熟化，东南大学于 2012 年 5 月 29 在专利申请 CN201210169973 中提出一种电极结构，为石墨烯和纳米金属颗粒的复合，不但具有优异的导电率，而且避免了遮光，提高了光吸收。2015 年 7 月 18 日广东爱康太阳能在专利申请 CN201520522364 中采用碳纳米管形成正面块状电极，和 Ag 主栅电极共同构成正面电极，提高了电流收集效率。

针对背接触电极结构制造成本较高的缺点，也提出了改进方案。2012 年 9 月 28 日瑞科斯太阳能源在其专利申请 US201213631382A 中提出一种背电极结构设计，采用独特的矩形金属指形导电体设计，有效降低了工艺难度和制造成本。速力斯公司在其 2013 年 3 月 25 日的专利申请 US20130807637 中采用含铝第一导电金属层和埋置图案化金属板的复合结构，获得了低成本的背接触电池。

背接触电池的另一个发展方向是高效率电池，采用特殊电极形状来提高收集效率仍是其研究重点。太阳能公司在其 2012 年 2 月 13 日的专利申请 US201213372235A 中采用在 P、N 电极间设置沟槽的方法，有效降低了背表面的载流子复合。2015 年 4 月 7 日，信越化工株式会社在其专利申请 JP2016527615A 中在第一电极和第二电极的基础上，进一步增加了电极线部，使得电极阻抗小，电池效率高，并且制造成本低。

对电极形状的改进也是一个研究热点。2015 年 5 月 26 日，苏州大学在专利申请 CN201510275498A 中改进了金属环绕电极。在电池正面设置栅线，栅线以通孔为中心成辐射状分布，如图 24 所示，这样有利于光生载流子就近被收集。事实上，所述辐射状电极

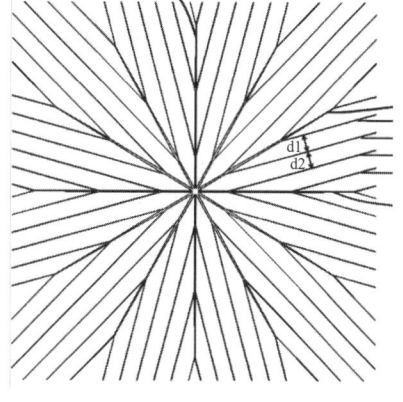

图 24　金属环绕电极的电极形状改良

结构只是近期电极形状改良的一个例子，不限于 MWT 电池，在其他技术分支中采用分形等电极形状来提高电池性能的专利申请在近 5 年大量出现。

**（四）小结**

根据上述分析，"正面和背面均有电极"的电极结构的专利申请总数量占绝对优势，结合年度申请量趋势，反映出该结构的电极一直是电池电极专利申请的主流，专利占比一直平稳增长。事实上，该专利申请趋势和该电池结构的实际市场占有率是一致的，第一块实际意义上的晶体硅太阳能电池即采用该电极结构，在之后近 60 年的发展过程中该电极结构保持主流地位，这是由其结构简单、成本低、与外部负载连接方便的结构特点决定的。更进一步，"正面和背面均有电极"的电极结构中，"正面栅线电极 背面栅线电极"以及"正面栅线电极、背面全铝电极"是绝对的主流，而"正面透明导电电极 无栅线"的电极结构，目前申请量较小，也未曾发现有产品量产；刻槽埋栅电极由于需要激光刻槽，工艺成本较高，专利申请量同样不高；背面点接触电极由于具有良好的钝化效果，取得了 24.7% 的标杆转换效率，因此一直是高效电池的研发焦点，虽然同样具有工艺成本高的劣势，但是近 10 年的平均年申请量维持在约 100 项的水平。

而仅背面具有电极的电极结构，尤其是其中的叉指背接触电极，是除了双面均具有电极的电极结构之外，专利申请量最高的技术分支。背接触电极完全不遮挡正面入射的太阳光，具有其他电极结构所不可比拟的技术优势，是发展潜力巨大的电极结构，因此吸引了众多研发目光；再加上该电极的结构复杂，有许多技术要点可以改良。所有上述因素共同导致了背接触电极较大的专利申请量。同时，主要申请人的技术分布显示，由于技术的复杂性，背接触电极也是申请最为集中的技术分支，绝大部分专利申请及有效专利均集中在太阳能公司手中，剩余的小部分则主要集中在 LG 手中。这和太阳能公司的技术实力是分不开的，事实上，叉指背接触电极的发明者即是该公司。

侧面电极结构，主要是为了适用于某些特殊的 PN 结而产生，是较为小众的技术。

# 四、结论

晶体硅太阳能电池是所有太阳能电池中起步最早、发展最为成熟的电池，其电极结构最为丰富，对其他类型电池的电极设计生产具有指导和借鉴意义。

## （一）专利布局情况以及各技术分支的特点

根据各技术分支的专利申请量，"正面和背面均具有电极"的电极结构是专利申请的主流，占全部专利申请的70%；年度申请量显示，该分支的申请量自始至终平稳发展。上述数据分析表明，正面和背面均具有电极的电极结构是所有太阳能电池公司专利布局的主阵地，其申请量和市场占有情况对等，因此专利的经济价值巨大，是专利争夺的焦点。同时，根据全球申请人的技术分布图，上述申请量较为平均的分布在各主要申请人手中，表明该电极结构的技术门槛较低，这也进一步促使该分支的专利争夺更加激烈。

和上述情况不同的是，"仅背面具有电极"的电极结构，尤其是其中的叉指背接触电极结构，专利申请则相对的集中在少数公司手中，技术门槛较高。背接触电极中的另外两种，即金属环绕、发射极环绕结构，出现的非常早（20世纪70年代），但是直至2009年专利申请量才有较大提高。

侧面电极，以及其他电极结构，专利布局目前尚未形成规模。

从全球申请量来看，中国是名副其实的申请大国，其次是美国、日本。主要申请人则主要集中在美国，如申请量第一的杜邦公司等。中国主要申请人有爱康太阳能公司、比亚迪公司、天合光能公司等，其中比亚迪公司的专利几乎全部集中在"正面和背面均有电极"的电极结构，而天合光能公司在众多技术分支中均有布局。

晶体硅太阳能电池电极的专利年度申请量，很长一段时间一直在个位数至40多项/年徘徊，从2006年开始呈现爆发式增长趋势，从73项/年增至2013年高峰期的720项/年。近4年该领域的专利申请量有一定的下降，但仍维持在300项/年以上。

## （二）目前存在的问题

目前晶体硅太阳能电池电极结构存在的问题主要是电极容易失效、某些电极结构（例如叉指背接触电极、刻槽埋栅电极等）成本较高的问题；电极附近载流子的复合情况，电极的功函数/形状对载流子收集的影响等，是提高电池效率需要深入研究解决的问题。

## （三）发展趋势

晶体硅电池电极结构的主要发展方向和产业发展趋势主要体现在以下几个方面。

1. 传统电极结构进一步精细化改良。"正面和背面均具有电极"的电极结构在未来很长一段时间内，仍会是主要的电池电极结构。采用分形等形状设计或者选择合适的多层材料搭配排布，从而进一步优化电极和半导体的接触，降低复合仍是其研究重点。

2. 新材料的引入将改变电极结构。石墨烯、碳纳米管、有机导电材料等将更多的应用于晶体硅太阳能电池电极，相应的，电极结构会进行适应性改变。

3. "仅背面具有电极"的电极结构仍有较大的专利布局空间。"仅背面具有电极"的电极结构由于技术复杂、技术节点较多，和成熟的"正面和背面均具有电极"的电极结构相比，有更多的研发和专利布局空间。

### （四）对我国申请人的建议

根据上述技术发展情况和趋势，我国申请人可以进一步坚持对"正面和背面均有电极"这一传统电极结构的技术研发和专利布局，该结构的专利仍是最贴近实际生产、实际市场价值较高的。而在"仅背面具有电极"的领域，叉指背接触类型的电极专利技术集中在少数厂家手中，应注意不要侵权；同时，"仅背面具有电极"中的金属环绕或发射极环绕型电极，由于目前的专利分布较为分散，且在全球范围内有实际意义的专利布局才刚刚起步，适合进行长期规划。

**参考文献**

[1] 周志敏. 分布式光伏发电系统工程设计与实例 [M]. 北京：中国电力出版社，2014：24.

[2] 胡英. 新兴微纳电子技术丛书 新能源与微纳电子技术 [M]. 西安：西安电子科技大学出版社，2015：16.

[3] 沈文忠. 太阳能光伏技术与应用 [M]. 上海：上海交通大学出版社，2013：148.

[4] Antonio Luque. 光伏技术与工程手册 [M]. 王文静，等译. 北京：机械工业出版社，2011：201.

[5] Matin A. Green. 硅太阳能电池：高级原理与实践 [M]. 狄大卫，等译. 上海：上海交通大学出版社，2011：124.

新能源电池

机器人

高档数控机床

# 锂离子电池隔膜材料专利技术综述*

张谦　崔海洋　王顺冲　刘娟娟　吴琼

曹兴丽　贾翠乐　张伟兵　杨芳

**摘　要**　在当前环境和能源的双重压力下，电动车、储能电池成为各国政府的发展重点，而锂离子电池是公认的理想储能元件，正日益得到关注[1]。隔膜在锂离子电池中起到不可替代的重要作用，既分隔正、负极，又是锂离子的传输通道，性能优异的隔膜材料对提高电池的综合性能具有重要的作用。离子电池隔膜在电池中有"第三电极材料"之称，足见隔膜在离子电池中的重要性。随着离子电池电极材料的发展以及现代科技对离子电池性能要求的提高，对隔膜的要求也越来越高，在聚合物离子电池中，隔膜更是起到了决定性的作用。

基于以上背景，本文针对锂离子电池隔膜材料技术进行了较全面的专利分析。通过对全球专利、中国专利分别进行对比和挖掘，对由专利数据所反映出的有关锂离子电池隔膜的专利申请发展趋势、区域分布情况、重点技术布局态势、各技术分支主要申请人以及重要申请人状况等指标进行了比较研究；此外，本文还研究了聚烯烃隔膜、含氟聚合物隔膜、聚酰亚胺隔膜、纤维素类隔膜以及聚合物电解质各个技术分支的发展路线，并且对涂覆改性技术和混合改性技术进行了深入的对比和分析，旨在找出隔膜涂覆技术的空白点。

**关键词**　隔膜　锂离子电池　专利申请　技术路线　技术空白点

## 一、概述

锂离子电池是"十三五"规划新能源汽车和新材料领域两大新兴战略产业中的重要子产业。动力电池产业的发展，一方面可以带动我国制造业和材料产业的发展，促进我国相关产业的结构调整，提升我国的核心竞争力；另外一方面也是我国大力发展低碳经济、环保经济的重要举措，对改变我国能源消费结构具有重要的意义。隔膜是锂离子电

---

\* 作者单位：国家知识产权局专利局专利审查协作河南中心。

池四大关键材料之一,利润和研发成本均是四大关键材料之首,其是由非良电子导体材料成型的微孔膜,置于电池正负极之间,既分隔正、负极,又是锂离子的传输通道,性能优异的隔膜材料对提高电池的综合性能具有重要的作用[2-3]。随着我国经济的快速发展,人们对锂离子电池新材料的需求日益增加,制备高性能的隔膜成为产业研究的热点,尤其对于聚合物锂离子电池,隔膜更是起到了决定性的作用。

**(一) 锂离子电池隔膜材料产业概况**

目前,全球锂离子电池隔膜的市场规模约为3.5亿平方米,由于技术门槛较高,世界上只有日本、美国等少数几个国家拥有锂电池聚合物隔膜的生产技术和相应的规模化产业。隔膜的主要生产企业有日本的旭化成工业(Asahi)、东燃化学(Tonen)、宇部兴产(UBE),韩国的SK创新,美国的Celgard等,合计占据了全球市场份额的近76%[4](见图1)。

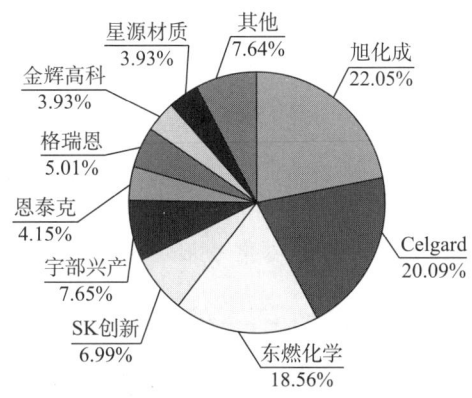

**图1 锂离子电池隔膜材料主要企业市场份额**

我国是锂离子电池需求和生产的大国,但是对于一些要求较高的高端产品,其采用的隔膜大部分依赖于进口。现在市场上出售的锂离子电池隔膜主要来自美国、日本、荷兰,产品均为聚乙烯或聚丙烯或者它们的复合物机械拉伸产品,不仅电化学性能受到限制,而且成本高。随着锂离子电池产业的发展,国内市场上的国产锂电池用隔膜已经渐渐走进锂电圈,现在国内从事锂离子电池隔膜研发的科研单位主要有中科院化学所、中科院广州化学所、中科院成都有机化学有限公司、北京理工大学、中科院理化所、中科院物理所等,除此之外以河南新乡格瑞恩、深圳星源材质科技、广东佛山金辉高科、桂林新时科技和台湾高银等为代表的国内锂离子电池隔膜厂家也迅速成长起来。然而,目前国内仍缺乏大规模产业化的成熟生产技术,生产设备还需进一步完善。国内隔膜与进口产品相比,其价格只有进口隔膜的1/3~1/2,采货周期也相对较短,但国产隔膜的厚度、孔隙率、强度、质量均匀性和稳定性不能得到整体兼顾,且量产批次稳定性较差,因此国内绝大多数锂电厂家都选用进口隔膜。目前国内车用动力锂离子电池隔膜生产厂家主要有大连伊科、佛山金辉高科、星源材质等，基本上为单层隔膜，聚丙烯/聚乙烯/聚丙烯三层隔膜目前国内还无法生产。在隔膜材料供应环节中，我国目前的生产企业不多，规模也不是很大，整体来看，国内隔膜生产企业的规模远远不能满足需求，供应量严重不足，大部分依赖进口，市场份额主要被日本旭化成工业、东燃化学、宇部兴产和美国 Celgard 占有[5]。

### （二）隔膜材料技术分解表

对于电池隔膜，通常需要具有电子绝缘性，具有一定孔隙率和较好的机械强度以及润湿性能，根据基体材料的不同，将隔膜分解为不同的技术分支，具体的技术分解如表1所示。

表1　锂离子电池隔膜材料技术分解

| 一级 | 二级 |
| --- | --- |
| 聚烯烃隔膜 | 聚乙烯 |
| | 聚丙烯 |
| | 含氟聚合物 |
| | 涂覆有机层改性 |
| | 混合有机物改性 |
| | 涂覆无机颗粒 |
| | 混合无机颗粒 |
| | 有机无机共涂覆 |
| | 有机无机共混合 |
| | 涂覆无机颗粒前驱体 |
| 聚酰亚胺隔膜 | |
| 聚合物电解质隔膜 | |
| 纤维素隔膜 | |

### （三）数据来源及检索要素

为了达到研究目的，本文对锂电池关键材料领域专利情况进行完整的分析，全面地了解全球范围内的专利情况、国外来华专利申请情况和国内专利情况，在专利数据库的选择上采用了目前国内专利数据统计方面最全面也最权威的中国专利检索系统（CPRS）和中国专利文摘数据库（CNABS），以及欧洲专利局专利检索系统（EPOQUE）和外文数据库（VEN）。其中，在 EPOQUE 系统中以德温特数据库（DWPI）作为数据检索的主要来源，同时辅以欧洲专利数据库（EPODOC）。通过相应关键词和分类号在数据库中检索，获得初步结果后，通过概要浏览和推送详细浏览将检索到的明显噪音去除，然后结合统计命令以及 Excel 从多方面对该技术领域的中国专利申请和全球专利申请进行统计分析。在检索时间范围的选择上没有规定起始时间，中文、英文数据库的检索截止时间为 2017 年 9 月。对所有检索到的专利申请进行详细的去噪、手工标引和技术分类，最终在中英文数据库中检索到的文献总量为 6431 篇。

## 二、专利申请总体情况

### （一）锂离子电池隔膜全球专利申请状况

1. 全球专利申请趋势分析

从图 2 中可以看出，全球锂离子电池隔膜材料的专利申请量总体呈上升趋势，近年来发展尤其迅速。总体来看，锂离子电池隔膜材料的相关技术在全球总共经历了以下三个发展阶段。

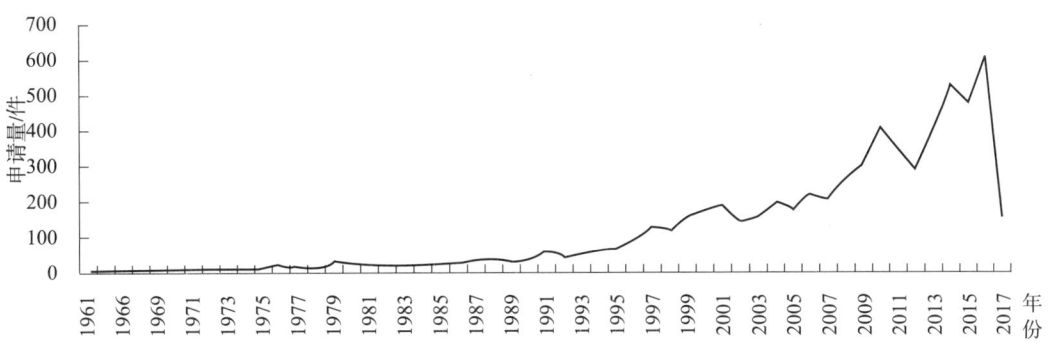

**图 2　锂离子电池隔膜材料全球专利申请态势**

第一阶段（1961～1996 年）为起步阶段。这期间，锂离子电池技术研发还处于起步阶段，隔膜材料比较单一，没有形成多样化的发展，有关锂离子电池隔膜材料的专利数量较少，全球专利总数不超过 50 件。

第二阶段（1997～2006 年）为快速发展阶段。随着锂离子电池 1990 年成功实现商业化，锂离子电池隔膜材料的申请量也开始快速增长。而且 20 世纪 90 年代，正是小型移动设备开始快速发展的时期，小型移动设备的快速发展对小型电池特别是锂离子电池有迫切需求，使得这段时间锂离子电池的隔膜材料快速发展，全球专利每年申请量逐步上升，2006 年申请量接近 200 件。

第三阶段（2007 年至今）为飞速发展阶段。随着近几年电动汽车的大力发展，锂离子电池应用于电动汽车的呼声越来越高，因此锂离子电池隔膜材料又得到了进一步的发展[6]，全球专利申请量在 2014～2016 这三年的专利申请量均为 500～600 件。2017 年由于大部分申请尚未公开，导致统计数据趋势下降。

## 2. 锂离子电池隔膜材料全球首次申请地区域分布

图3给出锂离子电池隔膜材料全球的首次申请区域分布，可以看出日本的申请量达到了3129件，占据锂离子电池隔膜材料领域的霸主地位。其次为中国，申请量为1159件，份额占到了约21%。然后是美国和韩国，份额分别为10%和9%，这四个国家占到了锂离子电池申请总量的约95%，欧洲专利局（欧专局）的申请量仅占到了4%。

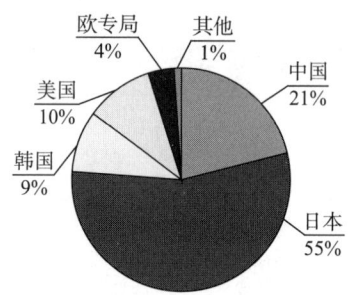

**图3　锂离子电池隔膜材料全球首次申请区域分布**

## 3. 五局流向分析

如图4所示，对全球锂离子电池隔膜材料的主要首次申请地和目的地的五局流向（中国、日本、韩国、美国、欧洲）进行分析发现，每个首次申请地的主要申请目的地就是自己本国/地区。其次可以发现，日本、美国、韩国和欧专局对其他国家的专利布局都比较重视，且比较平均，以日本为例，其在中国、美国、韩国和欧专局申请量比较平均。而中国目前还主要针对自己本国进行布局，对其他国家/地区布局较少。

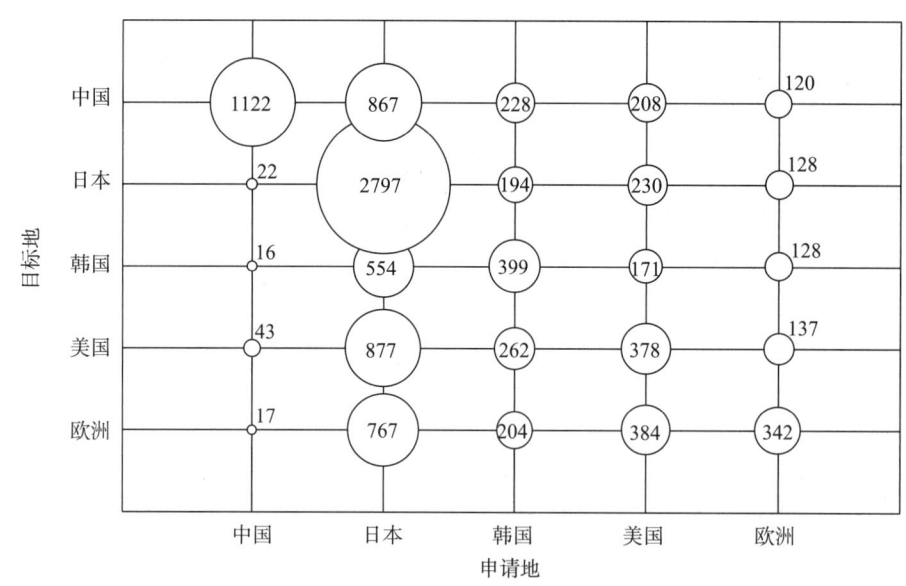

**图4　锂离子电池隔膜材料五局流向**

注：图中数字表示申请量，单位为件。

4. 全球各技术分支申请量份额

由图5可看出，在全球锂离子电池隔膜材料的专利申请中，涉及聚烯烃的申请量最大，份额占到了75%；其次是聚合物电解质隔膜，份额占到13%；再次是其他隔膜材料，份额占到7%。由图6可看出，在全球锂离子电池聚烯烃隔膜材料的专利申请中，涉及申请量最大的是涂覆有机层改性隔膜材料，占到17%；其次是聚乙烯14%、涂覆无机颗粒13%、混合有机物改性12%、含氟聚合物10%等，可看出各技术分支所占比重较为均匀。

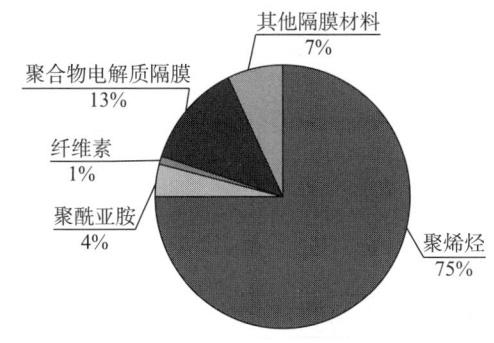

图5　锂离子电池隔膜材料一级技术分支全球申请量份额

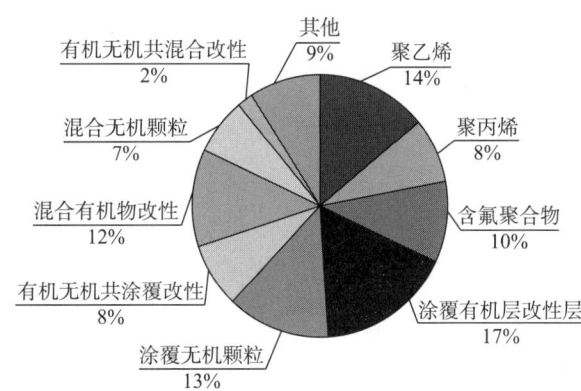

图6　锂离子电池聚烯烃隔膜材料二级技术分支全球申请量份额

5. 全球主要申请人

图7显示了锂离子电池隔膜材料申请人全球申请量份额分布，可以看出，锂离子电池隔膜材料的排名第一位的申请人日本旭化成，其申请量占整个锂离子电池隔膜材料申请量的5%，日本三菱、日本帝人和韩国LG的申请量份额分别占到了4%、4%和3%，排名前十位的申请人整体约占到了申请总量的30%，可见，在锂离子电池隔膜材料领域，申请人比较分散，排名靠前的申请人也不能占据申请量较多的份额。然而，在排名前十的申请人中，9个是日本申请人，仅有1个韩国申请人，可见，日本在锂离子电池隔膜领域拥有绝对优势。

### （二）锂离子电池隔膜中国专利状况

#### 1. 锂离子电池隔膜材料中国专利申请态势分析

从图 8 中可以看出，中国锂离子电池隔膜材料的专利申请量总体呈上升趋势，其中近年来发展尤其迅速。总体来看，锂离子电池隔膜材料的相关技术在中国总共经历了以下三个发展阶段。

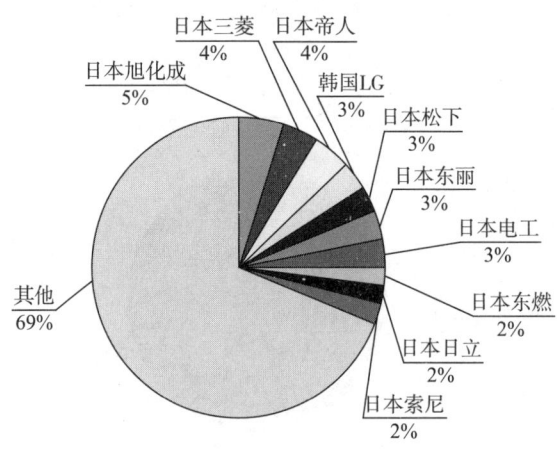

**图 7　锂离子电池隔膜材料申请人全球申请量份额**

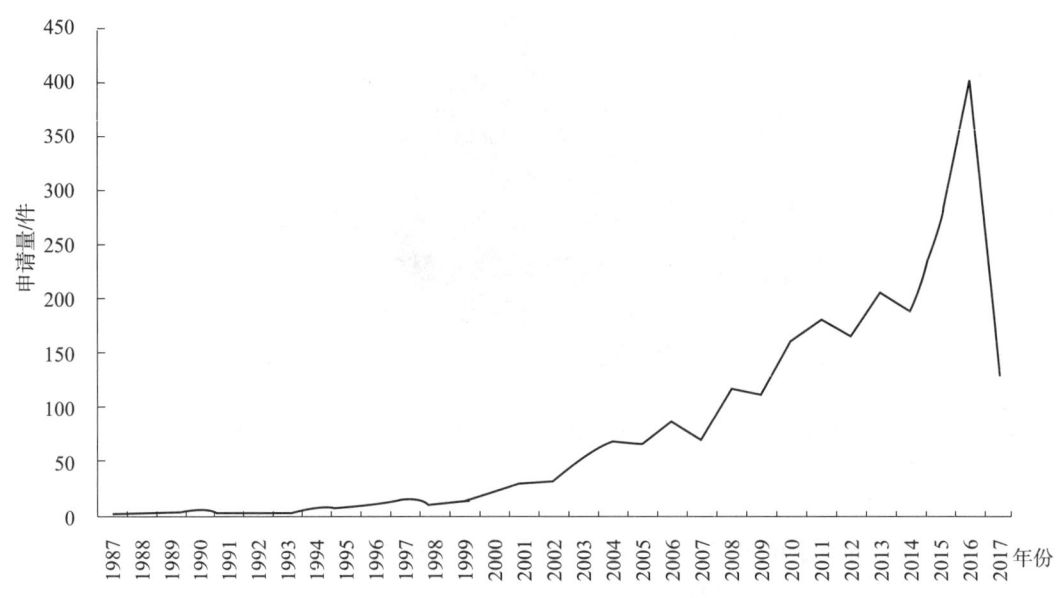

**图 8　锂离子电池隔膜材料中国专利申请态势**

第一阶段（1987～1999 年）为起步阶段。尽管 20 世纪 90 年代锂离子电池开始商业化，并开始大规模发展，但是我国的锂离子电池技术研发还处于萌芽阶段，而且国外在中国的锂离子电池隔膜材料的专利申请布局量也比较小，这段时间，隔膜材料比较单一，中国的锂离子电池隔膜材料的专利数量较少。

第二阶段（2000～2013年）为稳步发展阶段。在此期间，隔膜材料的申请呈现波动式增长，随着锂离子电池隔膜材料体系的不断完善，锂离子电池隔膜材料的发展也进入了相对稳定的发展阶段，中国的锂离子电池隔膜材料申请量呈现稳步增长的态势。这与国内逐渐增长的隔膜生产企业密切相关，同时由于中国锂离子电池隔膜市场的重要性，国外也加快了在中国的专利申请布局。

第三阶段（2014年至今）为飞速发展阶段。随着近几年电动汽车的大力发展，锂离子电池应用于电动汽车的呼声越来越高，同时在国家新能源政策的引导下，锂离子电池隔膜材料又得到了进一步的发展，到2016年，申请量超过了400件。2017年由于大部分申请尚未公开，统计数据趋势下降。

2. 中国专利申请来源国分布

由图9中可以看出，在中国的专利申请中，中国国内的专利申请总量为1144件，份额占到了58%。其他来中国布局的国家主要是日本，其申请量为476件，份额占到了24%；其次是美国和韩国，份额均为6%。可以看出，在中国开展隔膜材料专利布局的国家同样是全球锂离子电池隔膜材料的申请量大国日本、美国、韩国，其他国家仅占到了比较小的份额。

3. 国内专利申请区域分布分析

从图10中国锂离子电池隔膜材料国内专利申请区域分布中可以看出，广东、江苏、北京、浙江、上海分别占国内申请量的33%、13%、8%、8%、7%，处于前5位。这与国内锂离子电池的主要生产厂商以及隔膜的主要生产商和研究机构分布在珠三角、长三角及京津地区有关。

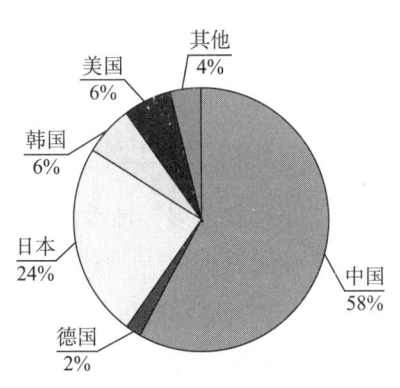

图9　中国锂离子电池隔膜材料
专利申请来源国分布

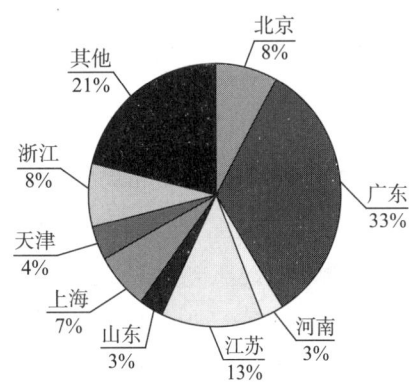

图10　国内锂离子电池隔膜
材料专利申请区域分布

4. 国内专利各技术分支分析

图11为锂离子电池各类隔膜材料在中国的申请量份额。其中涉及聚烯烃材料所占比例最高，为75%；其次是聚合物电解质隔膜，为12%；其他隔膜材料为6%；这与各隔

膜材料在全球的申请量份额中呈现的状态一致。

图12为锂离子电池聚烯烃隔膜材料在中国申请量份额，其中涉及涂覆有机层改性的申请量最大，为21%，其次是涂覆无机颗粒改性17%、含氟聚合物14%、聚乙烯13%、有机无机共涂覆改性为11%。这与全球聚烯烃隔膜材料申请中，涂覆有机层改性的申请量最大、多个技术分支齐头并进、分布均匀的状态一致。

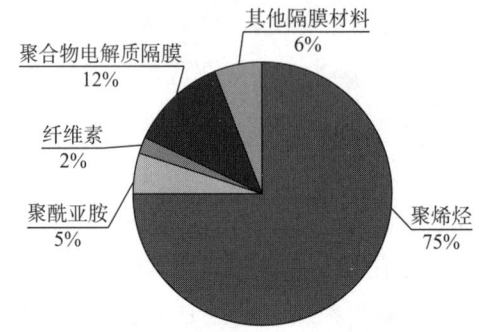

图11　锂离子电池隔膜材料一级分支在中国申请量份额

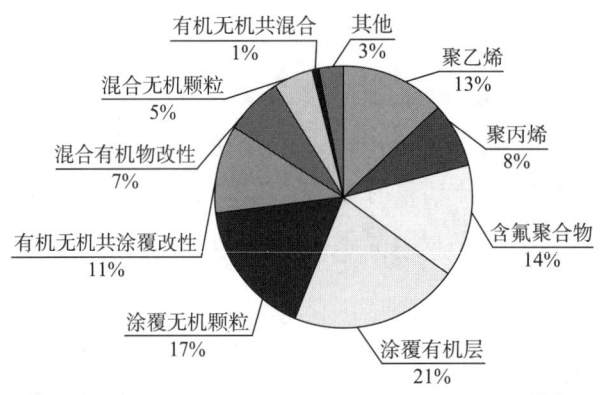

图12　锂离子电池聚烯烃隔膜材料二级分支在中国申请量份额

## 5. 五局在中国各技术分支布局分析

在图13中，各聚烯烃隔膜材料在中国的申请量仍都是中国最多。日本在聚烯烃隔膜各个技术分支的申请量都很大，仅次于中国排名第二位，其次是韩国、美国、欧洲。对比各技术分支可发现，中国申请中排名前两位的技术分支是涂覆有机层改性和涂覆无机颗粒改性，其他国家在中国申请中涂覆有机层改性和涂覆无机颗粒改性也都占有较大的比重，可看出各个国家都比较关注这两个技术分支。

虽然我国在各隔膜材料的研究起步较晚，但可看出我国在各隔膜材料、聚烯烃隔膜材料的申请都比较活跃。这种情况的出现，与我国隔膜材料产业的初步兴起有关，并且说明我国的聚烯烃隔膜材料研发已经具有整体布局。

### 6. 中国主要申请人分析

图 14 为锂离子电池隔膜材料在中国的申请人申请量排名。日本旭化成排名第一，日本东燃、韩国 LG、比亚迪、日本东丽、星源材质排名紧随其后。而这些申请人的授权量排名与申请量的排名是有差别的，授权量的排名是日本东燃、日本旭化成、比亚迪、韩国 LG 等。在中国排名前 20 位的申请人中，日本申请人占到了 9 位，且有 6 位日本申请人排名在前 10，中国申请人为 6 位，而仅有 1 位排名在前 10。可见，日本在中国的锂离子电池隔膜材料领域也占有主要地位。

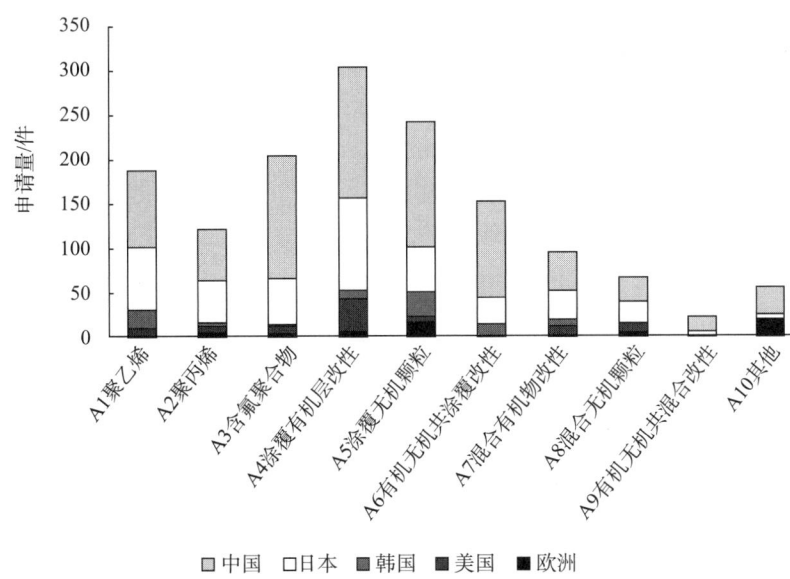

图 13　各国/地区关于锂离子电池聚烯烃隔膜材料在中国专利布局

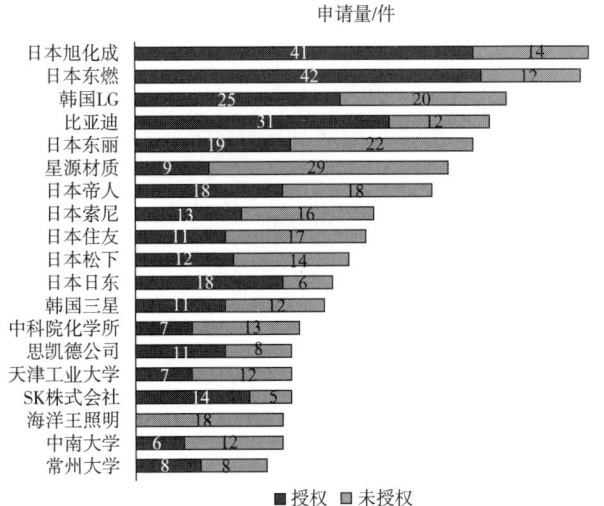

图 14　锂离子电池隔膜材料在中国的申请人申请量排名

新能源电池

机器人

高档数控机床

### 7. 中国各技术分支主要申请人分析

**（1）聚烯烃**

图15为锂离子电池聚烯烃隔膜材料中国申请人排名。深圳冠力排名第一，日本东燃、日本旭化成、日本东丽紧随其后。排名前10位的申请人，有7家日本公司，2家中国公司和1家韩国公司。可见日本在中国的聚烯烃材料方面同样占据主导地位。

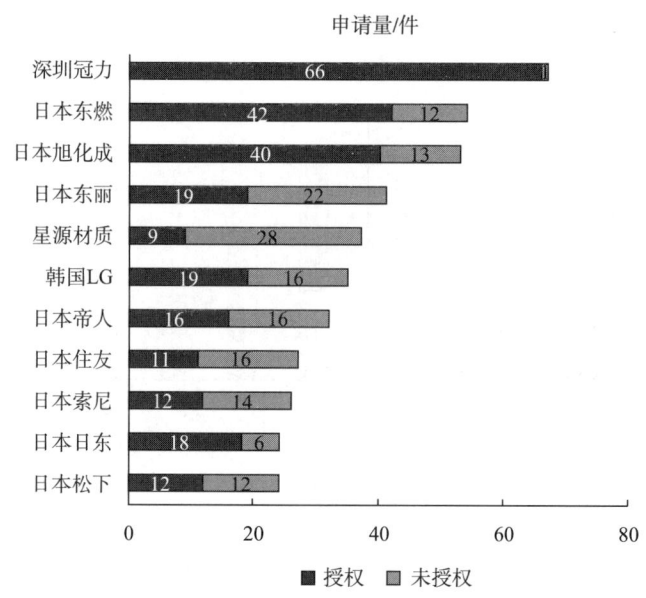

申请量/件

| 申请人 | 授权 | 未授权 |
|---|---|---|
| 深圳冠力 | 66 | |
| 日本东燃 | 42 | 12 |
| 日本旭化成 | 40 | 13 |
| 日本东丽 | 19 | 22 |
| 星源材质 | 9 | 28 |
| 韩国LG | 19 | 16 |
| 日本帝人 | 16 | 16 |
| 日本住友 | 11 | 16 |
| 日本索尼 | 12 | 14 |
| 日本日东 | 18 | 6 |
| 日本松下 | 12 | 12 |

■ 授权　　■ 未授权

**图15　锂离子电池聚烯烃隔膜材料在中国申请人排名**

**（2）聚合物电解质**

图16为锂离子电池聚合物电解质隔膜材料中国申请人排名。上海交通大学排名第一，比亚迪、海洋王、中南大学紧随其后。排名前10位的申请人有9家中国公司高校和1家韩国公司。可见锂离子电池聚合物电解质隔膜材料技术分支打破了之前日本公司的垄断局面，中国高校和企业在此技术分支上多有建树。然而锂离子电池聚合物电解质隔膜材料的申请量并不大，尚不属于主流隔膜材料。

**（3）聚酰亚胺**

图17为锂离子电池聚酰亚胺隔膜材料中国申请人排名。比亚迪排名第一，江西师范、江西先材、桂林电器紧随其后。排名前10位的申请人有9家中国公司和1家韩国公司。可见在锂离子电池聚酰亚胺隔膜材料技术分支同样打破了之前日本公司的垄断，中国高校和企业在此技术分支上多有建树。然而锂离子电池聚酰亚胺隔膜材料的申请量并不大，同样尚不属于主流隔膜材料。

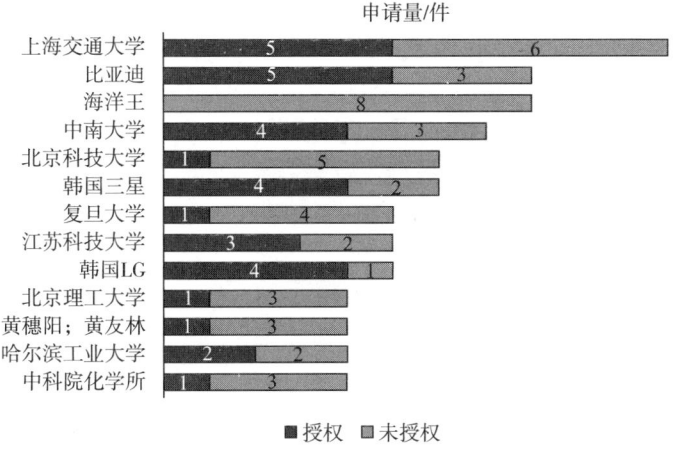

图 16　锂离子电池聚合物电解质隔膜材料中国申请人排名

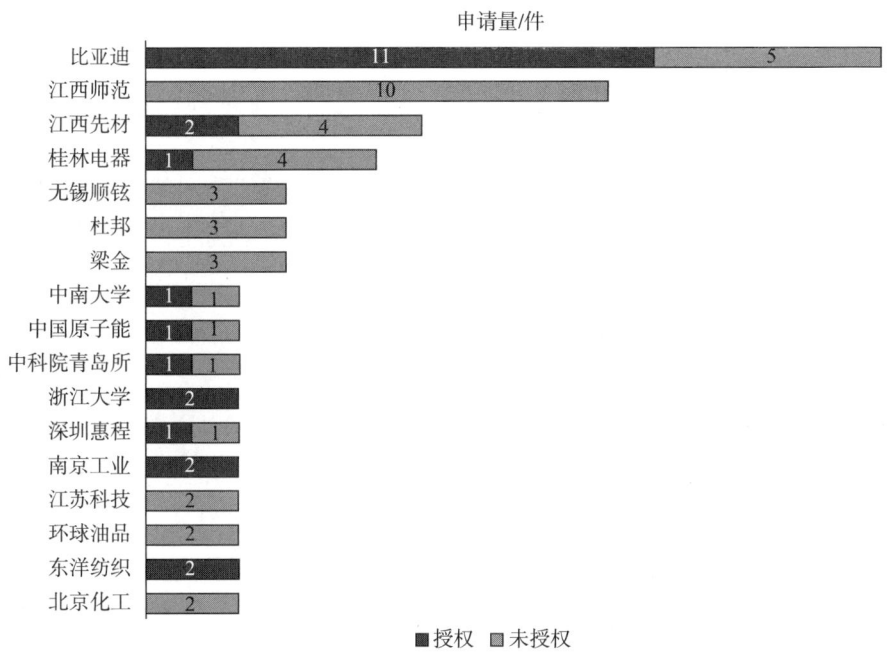

图 17　锂离子电池聚酰亚胺隔膜材料中国申请人排名

（4）纤维素类

图 18 为锂离子电池纤维素隔膜材料中国申请人排名。中科院青岛所排名第一，长兴东方红、美国锌矩阵动力、日本瑞翁紧随其后。排名前 10 位的申请人有 6 家日本公司、3 家中国公司/科研院所和 1 家美国公司。可见在锂离子电池纤维素隔膜材料技术分支虽然专利申请的量都不大，但是申请人都在积极进行专利布局，在聚烯烃隔膜材料技术领域占据主导地位的日本公司也积极在纤维素隔膜材料领域布局专利。

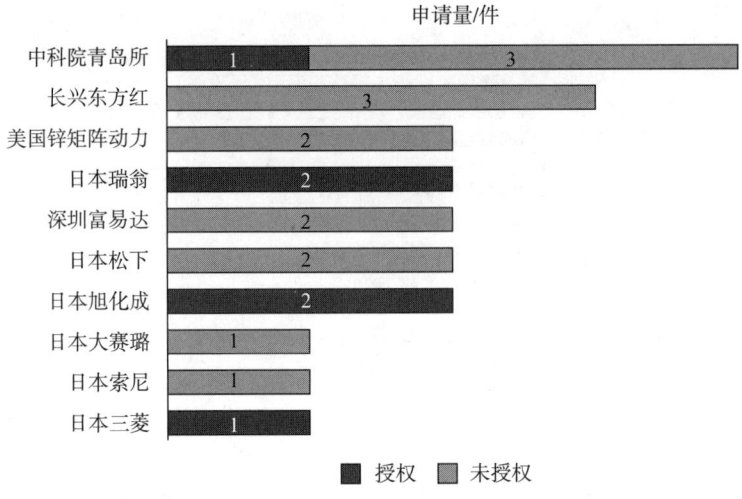

图18　锂离子电池纤维素隔膜材料在中国申请人排名

## 三、各分支技术路线分析

为了探究隔膜领域技术发展演变情况并了解主要技术路线，本部分对各技术分支进行发展路线分析。通过筛选重要专利，然后以技术分支和时间为坐标，作者从隔膜基础材料和工艺改性两类手段入手分别绘制出基础材料的技术路线（图19）和工艺改进技术路线（图20），其中带有虚线边框的专利表示该专利具有中国同族。

### （一）聚乙烯/聚丙烯

聚烯烃作为最早用于隔膜的材料，起源于1966年，具体技术为美国 Celgard 公司的干法拉伸制备聚烯烃隔膜（专利 US3549467A）。20世纪70年代中期出现了以专利 JPS5270988A 为代表的湿法拉伸制备聚烯烃隔膜。20世纪70年代末出现了聚丙烯 PP 类隔膜材料（例如专利 US4215186A）。20世纪80年代初，专利 US4386129A 提出了含有 β－球晶膜的聚烯烃隔膜材料，该 β 晶型改进剂形成细微缺陷，在拉伸时形成孔径，在该时期孔径控制是主要的技术改进方向。20世纪90年代主要是围绕提高隔膜的机械强度开展研究，主要技术有采用超高分子量 PE 或 PP（专利 JPH03064334A），以及在聚烯烃中添加能形成交联结构的物质（专利 WO9627633A1）。2000～2005年，聚烯烃隔膜的焦点集中于采用 β－结晶成核剂改善隔膜孔径的研究（专利 WO02066233A1、专利 WO0192386A1）。2006年以后，聚烯烃隔膜的研究关注于提高耐温性和机械强度，主要技术手段是采用交联的聚烯烃以及将聚烯烃制成非织物结构（专利 CN102134342A、专利 JP2014227618A）。

### （二）含氟聚合物

含氟聚合物作为电池隔膜最早是出现于1967年，以聚四氟乙烯（PTFE）作为基材

（例如专利 BE693135A1）。到 20 世纪 70 年代中期出现了不同含氟聚合物聚合（例如 PT-FE 和 PVDF）作为多孔隔膜材料（例如专利 DE2632185A1）。20 世纪 90 年代含氟聚合物隔膜材料的主要技术在于孔径的控制，希望隔膜具有均匀微孔（例如专利 EP407900A2）。2000 ~ 2005 年，含氟聚合物技术主要集中在提高隔膜的机械强度上，例如抗拉强度和抗撕裂强度（如专利 WO2004081109A1）。2005 年以后，含氟聚合物一般不作为基材使用，而是作为其他基材（主要是聚烯烃类）的涂覆材料（专利 CN104126239A、专利 CN103956447A），以提高隔膜的耐热性和机械完整性。

**（三）聚酰亚胺隔膜**

20 世纪 80 年代初期出现了芳香族聚酰亚胺隔膜材料（专利 JPS59 – 55306A、专利 JPH06 – 23787A），2005 年出现了多层结构聚酰亚胺（专利 JP2004018751A）。2006 ~ 2014 年研究方向主要集中于聚酰亚胺和聚酰胺的复合以及与无机添加剂的复合（专利 CN101212035A、专利 CN101355143A）。值得一提的是广西师范大学和桂林电器科学研究院 2014 年共同申请的专利 CN104194033A 中提到了多孔聚酰亚胺薄膜，所得薄膜材料在获得纳米孔分布均匀且孔径均匀性状的同时，还具有良好的力学性能以及良好的耐锂离子电解液性能。从该技术分支的技术发展路线来看，主要技术还是掌握在日本申请人手中，中国专利在该技术分支上布局不足。

**（四）纤维素类隔膜**

1996 年开始在日本出现了纤维素和聚烯烃混合形成关闭膜的专利技术（专利 JPH09213296A）。在 2002 年中国专利 CN1524302A 中提出纤维素和渗透性聚合物作为电池隔膜，表现出增强的通过膜的氢传输，同时保持低的电阻。2010 年以后，纤维素隔膜的技术主要集中在与聚合物或无机材料的复合形成复合隔膜（例如专利 CN102516585A、专利 CN102522515A、专利 CN102522517A、专利 CN105061791A）以提高隔膜的耐温性和尺寸稳定性、对电解液的浸润性以及将纤维素材料作为聚烯烃隔膜的涂覆层（专利 CN105098119A）。从技术路线图中可知，纤维素隔膜材料技术起步较晚，最早出现在日本，但是在近期尤其是 2005 年以后，中国申请人对其做了较大的技术改进和延伸，在该技术分支上中国的专利布局相对较多。

**（五）聚合物电解质**

20 世纪 70 年代就出现了以聚合物作为电解质隔膜的专利申请，但是该技术从 20 世纪 70 年代~90 年代初一直处于萌芽状态。直到 20 世纪 90 年代中期，业界有了较多的关注，例如开始出现了以 PEO 为基体的纯固态聚合物电解质，以及以 PAN 为基体的凝胶聚合物电解质，同时业界也开始关注隔膜的强度和离子导电性。20 世纪 90 年代后期聚合物电解质的耐热性也成为研究的热点。2005 年以后开始出现了将聚合物电解质材料作为涂覆材料，以获得离子导电性优异且有较好机械性能的隔膜（例如专利 CN1799156A，专利 CN102867931A），同

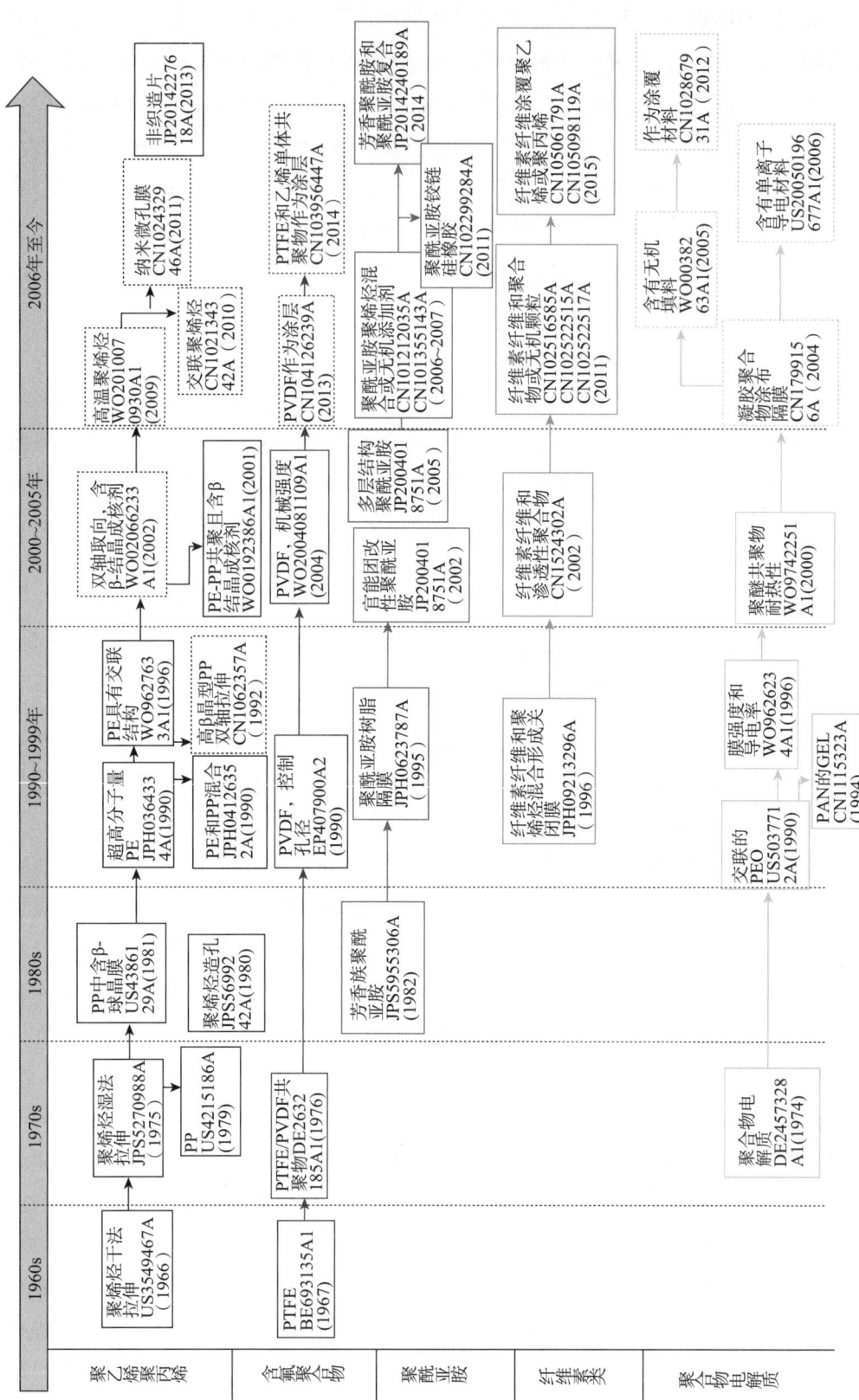

图19 锂离子电池隔膜技术路线

时期也出现了在聚合物电解质中加入无机材料（例如专利 WO0038263A1），尤其是单离子导电材料（例如专利 US20050196677A1），进一步提高离子导电性的复合隔膜材料。

为了进一步对比工艺路线的技术发展脉络，对隔膜材料常见的"涂覆改性技术和混合改性技术"两类技术分支的技术路线进行了深入分析，其中涂覆改性技术和混合改性技术的技术发展路线如图 20 所示。

混合改性隔膜技术最早为混合无机物改性，出现于 1964 年的专利 GB1078895A，该专利提出可采用无机粒子混合半透膜改性。直到 2000 年以后该技术有了较大发展，其中主要技术集中于采用不同的无机材料与聚烯烃隔膜共混（专利 WO02062559A1、专利 CN104953027A）或者控制无机颗粒的粒径进行调控（专利 WO2007088707A1）。有机无机共混技术最早出现在 1979 年的专利 BE878363A1 中，在该申请中提出了聚烯烃混合无机粒子和有机纤维作为隔膜材料。在近期例如 2005 年专利 WO2006062153A1 中提出小电阻无机粒子和有机物混合改性技术。在 2014 年专利 CN105406005A 提出了采用中空二氧化硅和有机物混合改性以提高隔膜锂离子导电率并改善溶胀率。从该技术分支的专利路线中可以看出，有机无机共混隔膜技术发展路线不太完善、延续性较差，不是目前的主流技术。

混合有机物改性隔膜技术最早在 1970 年专利 DE2061121A1 中，该申请中提出了聚烯烃和非聚烯烃类有机物混合，这也是最早的混合有机物改性的隔膜材料。在 20 世纪 90 年代末，专利 WO0034384A 中出现了有机无机共混吹膜成型技术，近期对于混合有机物改性的技术集中采用不同的有机物对聚烯烃隔膜进行改性提高其热稳定性（例如专利 WO2009122961A 提出海岛结构聚苯硫醚改性，专利 CN105633328A 中提出有机磷酸改性聚丙烯隔膜）。

涂覆改性隔膜作为电池隔膜最早出现于 1970 年，采用二氧化锰涂层（专利 US3695937A）。到 1972 年专利 US3853601A 中出现了涂覆硅二醇共聚物。到 20 世纪 90 年代出现了通过涂覆交联聚合物（专利 WO9603202A1）。2000～2006 年的焦点主要集中于通过施加不同材料的涂层（专利 WO0139296A1、专利 WO2005049318A1）和控制涂层空隙率（专利 WO2006061936A1）等改善隔膜耐热性、机械强度及隔膜渗透性上。2006 年，在专利 WO2006137540A1 中提出了有机无机共涂覆技术，即通过在涂层中添加耐热性树脂以及填充材料，同时改善耐压缩性及电解液吸收性。2006 以后，主要集中研究改善涂层的黏附性和电解液润湿性等，主要技术手段是先在基材涂覆黏结剂层、加入合适添加剂（专利 WO2010074202A1）以及控制涂层形成方法（专利 CN103843173A）使得基材孔内包含涂层。从技术分支来看，涂覆无机层改性和涂覆有机层改性出现时间相差不大，均是在 20 世纪 70 年代初期，其中前者在 2005 年以后依然研究较为活跃，而后者在近期研究的较少。从 2006 年以后有机无机共涂覆技术引发了研究热潮，中国申请人在该技术分支上有较多技术改进，专利布局相对较多。

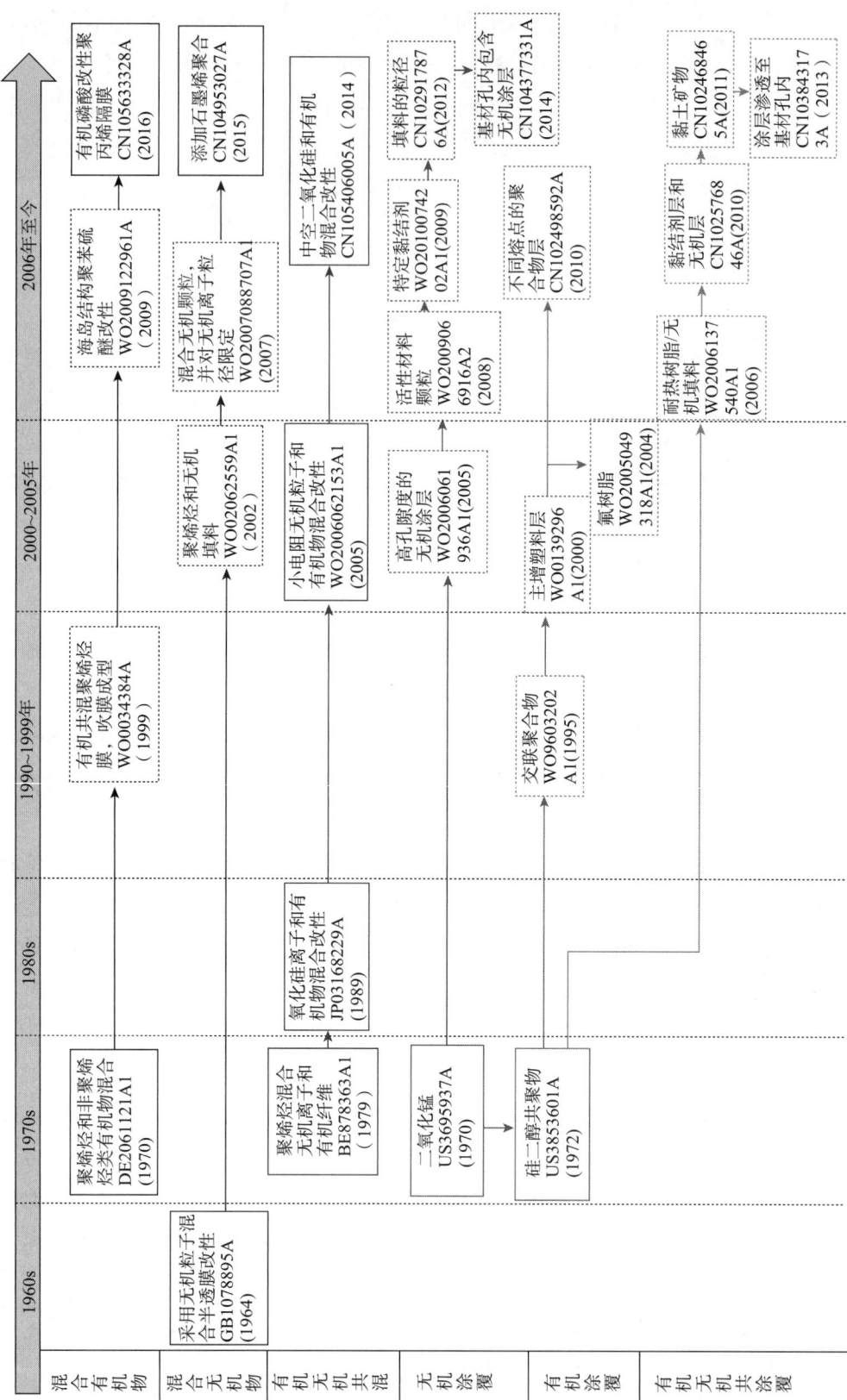

图 20　锂离子电池隔膜混合及涂覆改性技术路线

## 四、技术空白点分析

为了明确对于隔膜材料的改性方向，作者按照一级分支对隔膜基础材料的具体优缺点进行梳理，对其各自的优点和缺点总结如表 2 所示。

**表 2　一级技术分支隔膜材料优缺点**

| | 优　点 | 缺　点 |
|---|---|---|
| 聚乙烯/聚丙烯 | 价格低廉，具有优良的绝缘性，良好的机械强度，耐酸碱性好，耐溶剂性好，适宜的热闭孔性能 | 具有很强的惰性和疏水性，对电解液的亲和性较差，熔点低，温度过高会发生严重的热收缩，离子电导率较差 |
| 含氟聚合物 | 聚四氟乙烯耐高低温、耐强酸碱、抗氧化能力强，良好的化学稳定性和热稳定性，聚偏氟乙烯介电常数高、稳定性好、与电解液亲和性良好 | 工艺复杂，妨碍多孔结构的形成从而降低离子传导率 |
| 聚酰亚胺 | 优良的耐高、低温性能，电子绝缘性能，良好的化学稳定性和机械性能 | 在电解液中易溶胀，单独成膜的加工性能不佳，难以量产，制备时成孔率低且孔不均匀 |
| 纤维素类 | 资源丰富、成本低、浸润性好、热稳定性好、不易发生热收缩 | 隔膜太厚、机械强度差、孔太大 |
| 聚合物电解质 | 化学稳定性好，成膜性好，克服了液态电解液容易发生的易泄露、隔膜保液性能差、寿命短等一系列隐患 | 价格较高，常温下离子电导率低，机械强度差，电极 – 电解质界面稳定性差 |

从表 2 中可以得出，不同组成的隔膜均具有各自不同的优点和缺点，隔膜应具有良好的机械性能、耐热性、锂离子传导性、闭孔性能、可以改善电池的倍率性能以及容量等优点。针对不同的材料体系可以进一步通过工艺改进对其性能进行优化，因此作者进一步采用技术功效矩阵的分析手段对二级分支中隔膜领域常见的无机涂覆工艺进行深入分析，以期找到合适的改进方向，给予读者借鉴。

### （一）技术功效矩阵

作者对检索到的无机涂覆隔膜的 420 件文献进行进一步深入分析，得到锂离子电池无机涂覆隔膜技术 – 功效矩阵，找出了锂离子电池无机涂覆隔膜的技术空白点。

技术功效矩阵可以看出专利申请在关键技术点上不同的技术需求上的集中度，较为集中的可确定为重点和/或热点技术，而申请量较少甚至为零的可以认为是空白点技术。对无机涂覆隔膜的专利文献进行深入阅读、分析，绘制了锂离子电池无机涂覆隔膜功效矩阵，如图 21 所示。

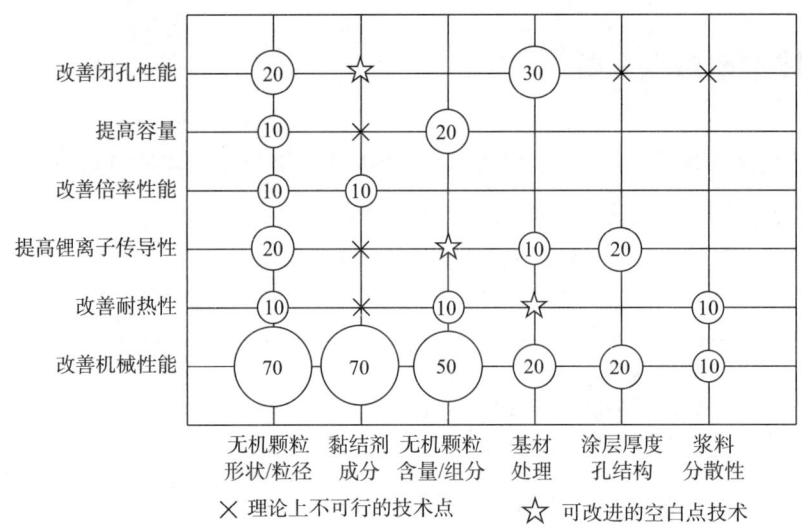

**图21　锂离子电池无机涂覆隔膜技术－功效矩阵**

注：图中数字表示申请量，单位为件。

作者对图21的技术定义如下：通过调控涂层中无机颗粒形状或粒径改善隔膜性能定义为"无机颗粒形状/粒径"；通过调控涂层中黏结剂成分改善隔膜性能定义为"黏结剂成分"；通过调控涂层中无机颗粒的含量/组分改善隔膜性能定义为"无机颗粒的含量/组分"；通过对基材的孔处理、体处理改善隔膜性能均定义为"基材处理"；通过调控涂层厚度/孔结构改善隔膜性能定义为"涂层厚度/孔结构"；通过调控涂层浆料分散性改善隔膜性能定义为"浆料分散性"。

对图21的功效的定义如下：涉及改善闭孔性能、降低切断温度的均归为"改善闭孔性能"；涉及提高容量的均归为"提高容量"；涉及改善电池大电流充放电性能的均归为"改善倍率性能"；涉及提高锂离子传导性的均归为"提高锂离子传导性"；涉及提高隔膜熔断温度的均归为"改善耐热性"；涉及改善隔膜耐剥离性、耐收缩性及机械强度的均归为"改善机械性能"；此外，图中打叉的部分表示理论上不可行的技术点，而标五角星的是本文作者给出的可改进的空白点技术。

从图21的功效矩阵中可以看出，从技术的维度来看，"无机颗粒形状/粒径"技术在各个功效上布局较为全面，是无机涂覆隔膜的主要技术手段。其他技术均存在空白点，尤其是"黏结剂成分"这一技术手段，其在改善闭孔性能上存在进一步提升的空间；"无机颗粒的含量/组分"技术在提高锂离子传导性上有进一步提升的空间；"基材处理"在抑制改善耐热性上有进一步提升的空间。

从功效的维度看，改善机械性能是目前主要解决的技术问题，相应的专利布局已较为全面。研发主体可以考虑在其他的技术问题例如"改善闭孔性能""提高锂离子传导性"和"改善耐热性"上寻找突破点。例如在"改善闭孔性能"上"黏结剂成分"技术存在技术空白点，而"基材处理"技术在改善闭孔性能上有较好的效果，可以将"黏结剂成分"和"基材处理"技术相结合从而改善隔膜的闭孔性能。隔膜是一种由非良电子导体材料成型的微孔膜，置于电池正负极之间，防止正负两极接触而发生内部短路的同时，膜上的微孔又为电解质中的锂离子在正负两极之间快速迁移提供了通道，而提高隔膜的锂离子传导性是提高锂离子电池充放电性能的有效手段。也可进一步通过调控涂层成分，从而提高隔膜锂离子传导性，填补技术空白点。此外，锂离子电池经常要处于一些复杂的环境下工作（如高温下），这就需要隔膜在较高的温度下能够保持稳定性，避免发生熔融而破坏电池。可见，改善隔膜的耐热性是提高锂离子电池安全性的有效手段。在"提高锂离子传导性"和"耐热性"方面，相应的技术分支的布局均较少，申请人也可从这些技术问题出发，加快相关方面的专利布局。

### （二）技术改进方向建议

#### 1. 基材处理和调控黏结剂成分相结合改善闭孔性能

从功效矩阵中可知，"基材处理"技术在改善闭孔性能上有较好效果，"黏结剂成分"这一技术手段在改善闭孔性能上存在技术空白点。可以通过在基材中加入一定熔点的材料，并在涂层中采用适合熔点的黏结剂成分，以获得具体不同闭孔温度的隔膜，进一步改善闭孔性能。

#### 2. 调控涂层中"无机颗粒形状/粒径"并与"无机颗粒的含量/组分"手段结合提高隔膜综合性能

"无机颗粒形状/粒径"技术在改善机械性能、提高锂离子传导性及闭孔性能上均有较好效果。技术在提高锂离子传导性上存在技术空白点，可以通过采用能够提高锂离子传导性的无机颗粒（例如添加快离子导体，或者在涂层中注入离子液体），同时调控无机颗粒的形状/粒径，使得两种技术结合。这样进一步增加锂离子的传导率，又能改善隔膜的机械性能及闭孔性能，使锂离子电池的安全性和充放电性能得到提高。

#### 3. 多种技术手段结合提高隔膜综合性能

"无机颗粒形状/粒径""无机颗粒的含量/组分"及"浆料分散性"技术在改善耐热性上均有一定成效。"基材处理"技术在改善耐热性上存在技术空白点，而"基材处理"技术在改善闭孔性能上有较好效果，可以通过在基材中加入耐热材料，并调控涂层中无机颗粒形状/粒径、无机颗粒的含量/组分及涂层浆料的分散性，同时通过基材处理调整隔膜的闭孔性能，使得多种技术结合。这样进一步改善隔膜的耐热性，又能改善隔膜的闭孔性能，使锂离子电池的安全性得到提高。

## 五、总结

1. 隔膜技术全球专利申请前景广阔，日本美国起步较早，中国申请量呈增长势头。

在 1961～1970 年美国和日本开始了锂离子电池隔膜材料的专利申请，可以说美国和日本在此类技术的萌芽阶段就占据了主导地位。在 2009 年以前日本一直占据全球年专利申请量份额的 50% 以上。虽然我国在各隔膜材料的研究起步较晚，但是随着锂离子电池隔膜材料的研发热度不断增加，越来越多的申请人逐渐开始涉及此领域，专利申请量也逐年增加。但是从整体来看，我国对隔膜技术的掌控力仍然较弱。

2. 隔膜全球专利布局特点鲜明，日本、美国、韩国和欧洲等对其他国家或地区的专利布局都比较重视，而中国目前还主要针对自己本国进行布局，对外专利布局意识淡薄，未能将国内的优势扩大到国际市场中。国内申请人基本以高校和研究机构为主，企业参与力度较小，在产业化方向具有一定的风险。

3. 锂离子电池隔膜材料越来越多元化，而聚烯烃类作为最早用于隔膜的材料一直是锂离子电池隔膜材料的研究重点，其他新型隔膜材料也是近几年的研究热点。在聚烯烃改性隔膜方面，涂敷改性和混合改性是较为主要的两条研究方向，涂覆改性隔膜技术更是当前研究重点。

4. 通过技术功效分析可知可以通过调控涂层成分提高隔膜锂离子传导性从而填补技术空白点。此外，"提高锂离子传导性" 和 "耐热性" 方面，相应的技术分支的专利布局均较少，申请人也可从这些技术问题出发，加快相关方面的专利布局。

5. 随着全球研发的深入和市场竞争的加剧，我国为了保持隔膜现有的研发优势，必须继续加大鼓励创新力度，在关键技术上投入更大的研发力度。研发既要有前沿性也要注重市场需求，鼓励企业加大研发投入力度，发挥企业在技术创新中的积极作用，加快我国隔膜的产业化进程，力争在全球市场竞争中立于不败之地。

**参考文献**

[1] Yang M, Hou J. Membranes in lithium ion batteries [J]. Membranes, 2012, 2 (3): 367.

[2] Scrosati B, Garche J. Lithium batteries: Status, prospects and future [J]. Journal of Power Sources, 2010, 195 (9): 2419.

[3] Zhang S S. A review on the separators of liquid electrolyte Li–ion batteries [J]. Journal of Power Sources, 2007, 164 (1): 351.

[4] 赛迪顾问. 2012 年锂电池高速增长隔膜仍被外企垄断 [EB/OL]. [2013-04-10]. http://www.inewenergy.com/news/041026262013.html.

[5] 吴辉. 2012—2013 年锂电池隔膜市场现状与分析 [EB/OL]. [2013-03-12]. http://li.itdcw.com/archives/031136432013.html.

[6] Karden E, Ploumen S, Fricke B, et al. Energy storage devices for future hybrid electric vehicles [J]. Journal of Power Sources, 2007, 168 (1): 2.

# 铝水解制氢工艺中关于氧化膜的
# 去除工艺专利技术综述<sup>*</sup>

于慧泽　崔洺珲<sup>**</sup>　郭威<sup>**</sup>　杜峰

**摘　要**　本文以铝水解制氢工艺中关于氧化膜的去除工艺为主题，使用关键词并结合国际专利分类号，对全球专利数据库中的全球发明专利申请进行了检索，得到相关的发明专利申请。对上述数据进行手工筛选分类，并做了研究分析，揭示了铝水解制氢工艺中关于氧化膜的去除工艺相关发明专利申请的当前状况和未来发展趋势。

**关键词**　铝水解制氢　氧化膜　专利布局　代表性专利

## 一、概述

### （一）铝水解产氢过程中去除氧化膜方法的研究现状

当金属与水或酸反应时，可以置换出氢气。当以燃料电池发动机来驱动汽车的时候，行使250km需要消耗2kg的氢，所需要的制氢原料消耗量分别为：汽油20L，或甲醇13kg，或铝18kg。因此，从成本上看，采用金属铝给燃料电池车供氢并不占优势。但这种制氢方法具有安全、可控、反应器成本低、无污染、可回收等特点，从而得到一定的关注。

首先，反应过程中不产生含碳和含氮的有害物质，产物环境友好，副产物氢氧化铝等可以再次应用于水处理、造纸、阻火剂等方面。

其次，金属铝的储氢量高，是金属氢化物储氢量的10倍，金属铝水解具有很高的氢气产量（1245mL/g），储氢值为11.1%（质量分数），高于美国能源部2015年储氢材料储氢值大于9wt%的要求[1]。

再次，所产生的氢气纯度高，氢气中不含有CO等气体，不会造成燃料电池电极催化剂的中毒，因此可延长电池的使用寿命；另外，铝在地球上储量丰富，又具有原料来源广泛，价格低廉等特性，铝是地壳中含量最多的金属元素，并且可以完全回收，这与

---

　＊　作者单位：国家知识产权局专利局专利审查协作天津中心。

　＊＊　等同于第一作者。

今天我们所倡导的发展可持续能源的理念一致。

还有就是铝的密度比较低，只有 2700kg/m³，是我们所使用的常规金属中最轻的，其合金密度的范围也只有 2600~2800kg/m³，这就使得系统的重量大大降低。

另外，通过金属铝与水反应制氢避免了氢气的存储过程，氢气可以间接地存储在其原材料中，这样系统就会变得更加小型化而且更加安全。

金属铝虽然具有很高的反应活性，但由于其表面有一层致密的氧化膜，阻碍了金属铝与水的接触反应，研究铝水解产氢的主要活化方法有如下几种[2]：

1. 添加催化剂除去表面的氧化膜从而加速反应的进行，提高转化率，缩短诱导时间，实现即时制氢和快速制氢。

目前，国内外采用的方法主要有以下几种：

（1）在碱性环境下发生反应：在铝与水的体系中添加氢氧化钠、氢氧化钾、氢氧化钙等氢氧化物，溶解金属铝表面的氧化物。

（2）在氧化物的存在下促进反应的发生：通过球磨法将金属铝与氧化物如 $Al(OH)_3$、$AlO(OH)$、$(C-Al_2O_3)$，$A-Al_2O_3$ 等混合在一起，促进氢气的释放。

（3）在盐的存在下促进反应的发生：通过球磨法将金属铝与水溶性盐如 $NaCl$、$KCl$ 等混合在一起，促进氢气的释放。

（4）合金法：将金属铝与其他金属如 $Zn$、$Ca$、$Ga$、$Bi$、$Mg$、$In$ 和 $Sn$ 等通过球磨法或熔融法形成合金然后与水反应，提高反应速率。

（5）添加氢化物：氢化物遇水则会发生剧烈反应，放出大量的热和氢气，使溶液呈碱性，因此可以作为高效铝基的活化剂使用。

2. 提高温度，促进反应的进行。在由钙铝石和氢氧化钙制备氢的工序中，提高水的温度能够更高效地制备氢。

3. 由铝合金极板—电解液—高活性析氢催化极板组成的两相循环过滤封闭体系构成，在高效析氢催化电极上发生水的阴极还原反应，释放出氢气；在铝合金电极上发生铝的阳极氧化反应，生成氢氧化铝；当需要释放出氢气时，在常温常压下接通位于电化学铝—水储氢、制氢设备的外电路开关，体系既可释放出纯氢气。

4. 其他：采用金属粉末或盐或氧化物或氢化物或有机溶剂的复合，原材料均为非稀缺性材料，市场供应充足、成本低、易采购、制造成本低廉；而且制备工艺环保无污染，反应后副产物为化学中性，可重复多次使用，并可再生还原成金属铝；将覆盖有该催化剂的铝与水蒸气进行置换制氢时，启动时间短、反应速率快、转化率高，具有广阔的应用前景。

**（二）研究目的**

专利是最能反映科技发展最新动态的文献情报，通过对专利文献的统计分析，可以对特定技术领域发展作出趋势性预测，对竞争对手做跟踪研究，从而产生指导国家、行业、企业决策的重要情报。虽然铝水解产氢过程中去除氧化膜的方法在非专利文献中报道较多，但在专利数据库中涵盖了相关方法的核心技术和应用领域布局，因此，本文将分析铝水解产氢过程中去除氧化膜的方法的相关专利申请数量、年申请量趋势、国别分布、研发重点和发展趋势。

## 二、铝水解产氢过程中去除氧化膜的专利申请情况

### （一）技术手段及数据检索

检索系统采用 S 系统，数据库采用中国专利文摘数据库（CNABS）和外文数据库（VEN）数据库，针对铝水解产氢过程中去除氧化膜方法的相关专利进行了检索，数据检索截止时间为 2017 年 10 月 25 日。所涉及的检索要素如表 1 所示。

表 1　铝水解产氢过程中去除氧化膜的专利检索要素

| 检索要素 | 原料 | 手段 | 效果 |
|---|---|---|---|
| 关键词（中文） | 铝、Al、粉、板、棒、条、块、箔、球、粉末、电解 | 碱、氢氧化、氧化、盐、金属、合金、温度、球磨、熔融、去、除、膜 | 氢、H2、制备、制得、制造、制取、制氢 |
| 关键词（英文） | alumin? um、powder、sheet、stick、strip、block、foil、electro + | alkali、hydroxide、oxide、salt、metal、alloy、temperature、ball mill +、melt、wip +、put、remov +、eradict +、off、away、drop +、give up、get rid of、film | hydrogen、prepar +、mak + |
| 分类号 | C01B3/00/LOW，B01J7/02/LOW，B01J23/00/LOW，C01F7/42/LOW，C25B1/00/LOW，H01M8/06/LOW，H01M8/20/LOW，H01M8/22/LOW，H026/EE02/LOW，4G076/AB16/LOW，4G068/CA07/LOW，4K021/AA01/LOW，C23C2/00/LOW | | |

所涉及的专利申请的国际专利分类（IPC）和日本专利分类（FT）的分类定义参见表 2 和表 3。

表2　铝水解产氢过程中去除氧化膜专利 IPC 分类号与类名

| B01J7/02 | 用湿法的气体发生装置 |
|---|---|
| B01J23/00 | 包含金属或金属氧化物或氢氧化物的催化剂 |
| C01B3/00 | 氢；含氢混合气；从含氢混合气中分离氢；氢的净化 |
| C01B3/02 | 氢或含氢混合气的生产 |
| C01B3/06 | 用含正电性氢的无机化合物，如水、酸、碱、氨与无机还原剂的反应 |
| C01B3/08 | 与金属 |
| C01B3/10 | 用水蒸气与金属的反应 |
| C01F7/42 | 从金属铝如用氧化法制备氧化铝或氢氧化铝 |
| C22C21/00 | 铝基合金 |
| C23C2/00 | 用熔融态覆层材料且不影响形状的热浸镀工艺 |
| C23C2/02 | 待镀材料的预处理 |
| C23C2/14 | 过量熔融覆层的除去 |
| C25B1/00 | 无机化合物或非金属的电解生产 |
| C25B1/02 | 氢或氧的 |
| C25B1/04 | 电解水法 |
| H01M8/06 | 燃料电池与制造反应剂或处理残物装置的结合 |
| H01M8/20 | 间接燃料电池，例如氧化还原对不可逆的燃料电池 |
| H01M8/22 | 含碳或氧或氢及其他元素的材料为基础燃料的燃料电池；不含碳、氧、氢只含其他元素的材料为基础燃料的燃料电池 |

表3　铝水解产氢过程中去除氧化膜专利 FT 分类号与类名

| 5H026/EE02 | 金属基体 |
|---|---|
| 5H026/EE08 | 合金、金属组合物基体 |
| 5H028/EE05 | 氧化物、氢氧化物 |
| 4G076/AA18 | 包含至少一种金属元素 |
| 4G076/AB16 | 金属或合金 |
| 4G076/FA01 | 氧化铝、氧化铝水合物 |
| 4G068/CA07 | 金属 |
| 4K021/AA01 | 氢气或氧气 |
| 4K021/BA16 | 非金属或金属 |
| 4K021/DC03 | 产氢装置 |

　　经过检索后通过人工去噪、标引，最终得到的检索结果文献量见表4。

表4 铝水解产氢过程中去除氧化膜专利检索结果文献量

| 技术手段 | 催化剂 | 提高温度 | 电化学 | 其他 | 总计 |
|---|---|---|---|---|---|
| 专利数量/项 | 268 | 23 | 5 | 69 | 365 |

### （二）专利态势分析

铝水解产氢过程中去除氧化膜方法相关的专利申请量随时间变化如图1所示。

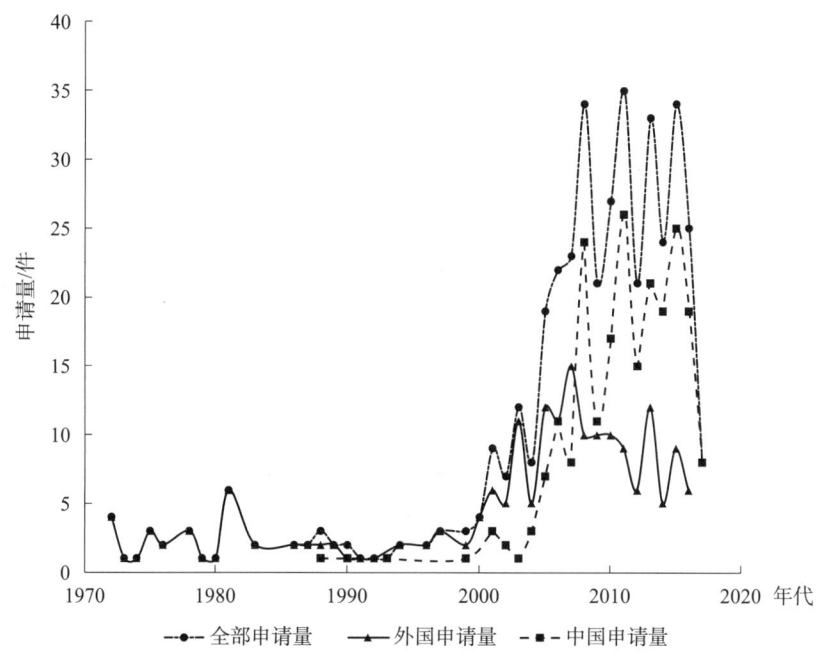

图1 铝水解制氢工艺中关于氧化膜的去除工艺法专利申请量随时间变化

1973～1986年，OPEC国家在实现石油资源国有化的基础上，联合起来，夺取了国际石油定价权，造成西方国家第一次和第二次能源危机。在此时期前后，对于可以替代石油的清洁能源，如氢能技术的开发，开始受到关注。铝水解产氢过程中去除氧化膜方法相关的专利申请首次被日立集团提出，相关专利申请均为国外申请。

能源危机后，1986～1997年，由于石油勘探开发技术的进步，石油成本不断下降，产量增加，属于市场定价的较低油价时期，因此对于清洁能源的专利申请量呈下降趋势。1997年以后，由于原产油国家的局势动荡，产油量大幅下降，对于可以替代石油的清洁能源，如氢能技术的开发再次进入人们的视野，国内外的申请量成倍数增长，随着油价在2008年触底之后，伴随着世界经济的回升，油价也相应进入了回升阶段，铝水解产氢过程中去除氧化膜方法的相关专利申请量也呈上升趋势。

在本文所采集的数据中，由下列多种原因导致了2017年及之后的专利申请的统计数量是不完全的。如PCT专利申请可能自申请日起30个月甚至更长时间之后才进入国家阶段，从而导致与之相对应的国家公布时间更晚；发明专利申请通常自申请日（有优先权的，自优先权日）起18个月（要求提前公布的申请除外）才能被公布。

### （三）专利申请人分析

图2是申请量国别分布。截至2017年10月25日，对不同国别的专利申请量进行比较，其中中国的专利申请量明显高于其他国家。对于除中国外的其他国家，主要专利来源区域为日本，并且均有PCT申请，体现出日本在本领域研发投入较多和技术实力较强，并积极向海外进行广泛的专利布局，而中国申请人的专利申请，大部分仅在国内申请，较少在海外布局。

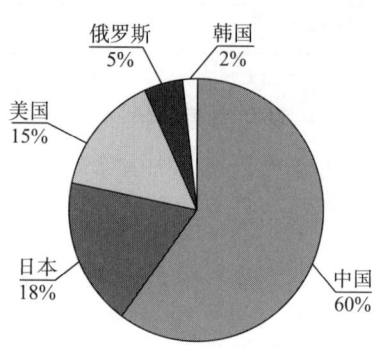

图2　铝水解制氢工艺中关于氧化膜的
去除工艺专利申请量国别分布

图3是全球专利申请量前13位申请人的申请量分布。其中，申请前十名的包括日立集团（日）、中国计量大学（中）、湖北工业大学（中）、英属哥伦比亚大学（加拿大）、三菱集团（日）、桂林电子科技大学（中）、ANDERSEN ERLING REIDAR&JIM（挪威）、中国科学院大连化学物理研究所（中）、中国科学院金属研究所（中）、江苏中靖新能源科技有限公司（中）。由此可见，铝水解产氢过程中去除氧化膜的主要专利技术掌握在中国申请人手中，而且专利技术的拥有者相对比较集中，已经出现了明显的梯队分布，其中日立集团申请量最多为18件。

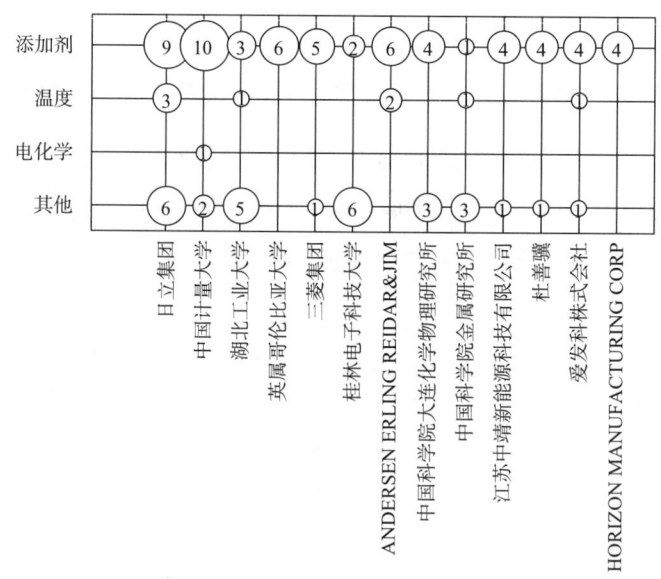

图3　铝水解制氢工艺中关于氧化膜的去除工艺全球专利申请量前13位申请人

注：图中数字表示申请量，单位为件。

而中国的申请人，排在首位的是中国计量大学，申请量为 13 件，其次是湖北工业大学，在全球申请人排名中分别排在第 2 和第 3 位，由此可见，我国的铝水解产氢过程中去除氧化膜的技术主要掌握在高校手中。同时从中外专利所涉及的技术手段分布可看出，日本和中国的申请人所涉及的技术手段范围要大于其他国家，对于专利申请量最多的采用添加剂去除氧化膜的专利文献中，中国计量大学和日立集团处于领先地位。

### （四）专利申请相关技术领域分析

从图 4 专利申请技术领域的分布可知，铝水解产氢过程中去除氧化膜的技术主要涉及燃料电池、交通运输、制氢设备、制氢材料、电化学、发电、能源、化工生产、电子行业，相关研究主要集中在燃料电池、交通运输、制氢设备和制氢材料方面，涉及车载型便携式或固定式燃料电池所使用的纯氢。20 世纪 70 ~ 90 年代，由于铝水解产氢过程中去除氧化膜的技术刚起步，技术并不成熟，因此主要应用在以研究为主的燃料电池、制氢材料和能源领域；进入 21 世纪后，随着制氢产业技术的成熟，铝水解产氢过程中去除氧化膜的技术开始应用于以生产为主的交通运输、制氢设备、发电、化工生产和电子行业领域。

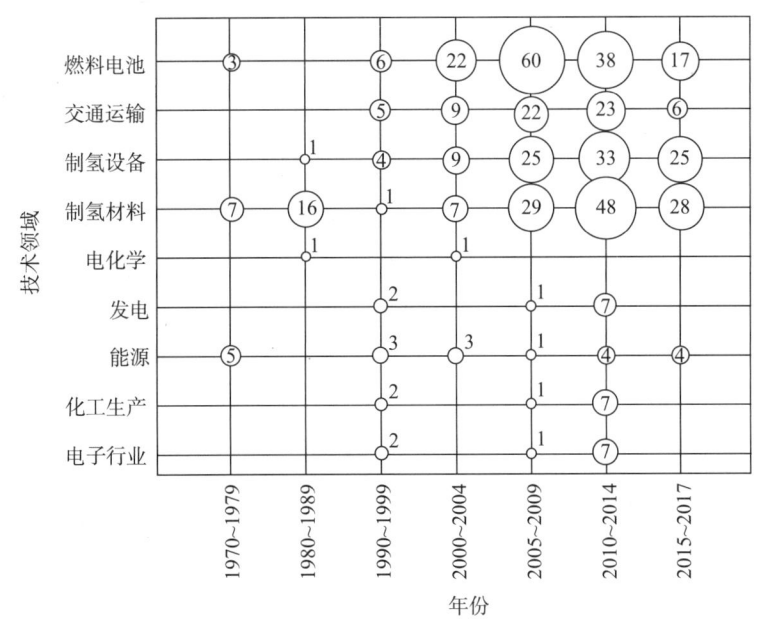

**图 4　铝水解制氢工艺中关于氧化膜的去除工艺专利申请相关技术领域分布**

注：图中数字代表申请量，单位为件。

从图 5 的技术分支对应相关技术领域分布来看，铝水解产氢过程中去除氧化膜的技术研发主要集中在添加催化剂方面，采用电化学和提高温度方面的研发较少。

由图 6 可以发现，中国申请人的专利技术主要集中在燃料电池、制氢设备和材料方面；而国外的专利技术更倾向于燃料电池方面，从各技术研发方向看，在制氢设备和制氢材料研究方面中国专利申请量领先于国外申请量。

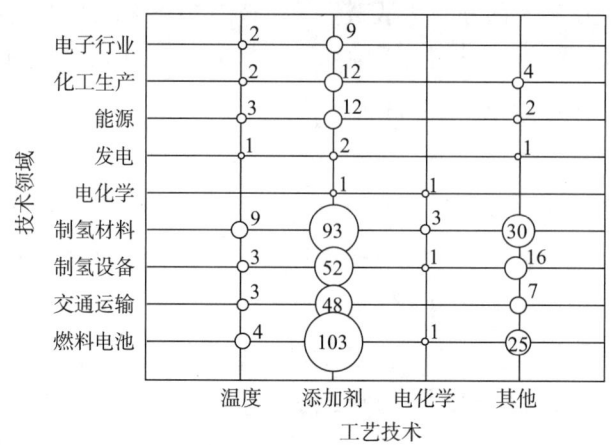

**图 5　铝水解制氢工艺中关于氧化膜的去除工艺技术分支对应技术领域分布**

注：图中数字代表申请量，单位为件。

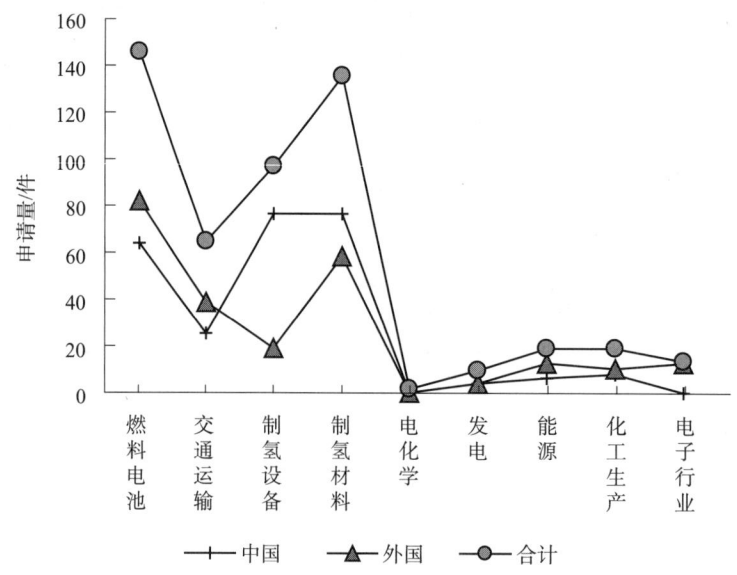

**图 6　铝水解制氢工艺中关于氧化膜的去除工艺申请来源涉及技术领域分布**

### （五）各技术分支申请态势分析

由图 7 可知，铝水解产氢过程中去除氧化膜的技术中采用添加剂的工艺发展较早，因此申请量较多，达到 268 件，其他技术分支的申请量较少。

添加剂种类对应技术领域分布如图 8 所示，有关采用添加剂提高铝水解产氢过程中去除氧化膜的专利申请主要集中在 2000 年以后，特别集中在燃料电池和制氢材料领域，而采用金属、氧化物和碱溶液作为添加剂是燃料电池和制氢材料领域的主要选择。

申请国别对应的各添加剂种类的申请量如图9所示。中国专利申请在添加剂的选择方面主要为碱溶液，国外申请选择的添加剂主要集中在金属和氧化物，因此，中国在燃料电池和制氢材料领域中以金属、氧化物作为添加剂提高铝水解产氢过程中去除氧化膜的技术上与国外有一定的差距。

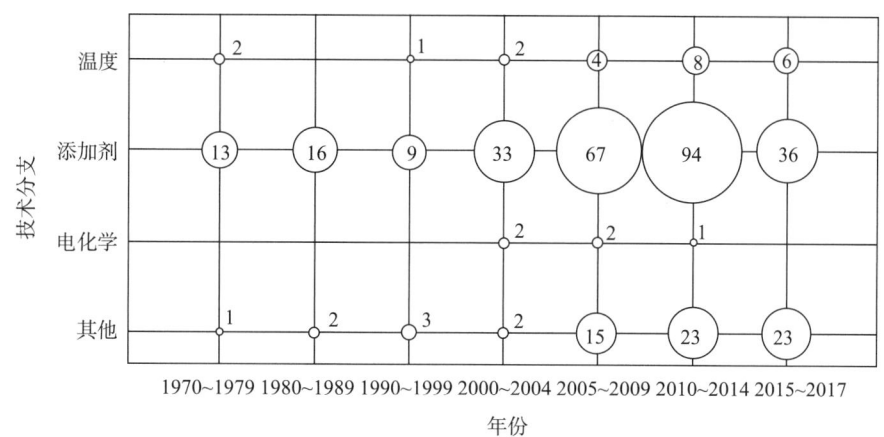

**图7　铝水解制氢工艺关于氧化膜的去除**

**工艺技术分支专利申请量随时间的变化**

注：图中数字表示申请量，单位为件。

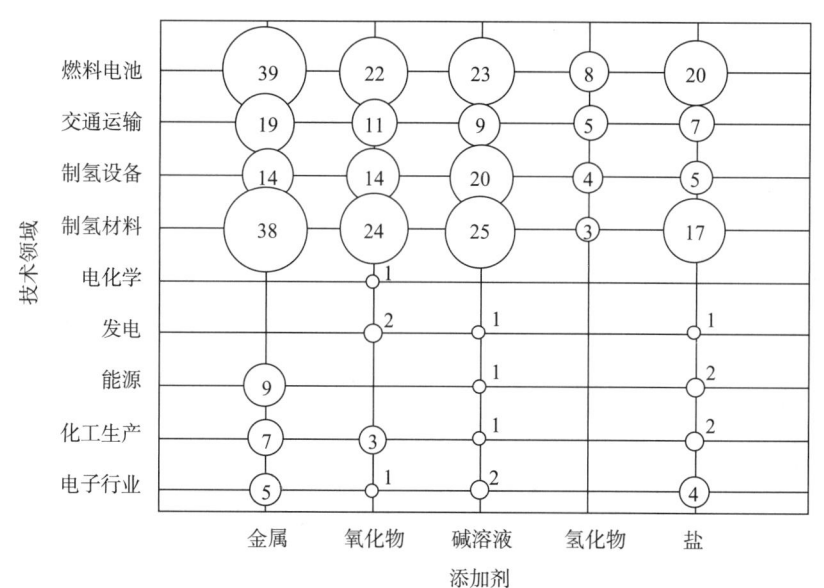

**图8　铝水解制氢工艺中关于氧化膜的去除**

**工艺添加剂种类对应技术领域分布**

注：图中数字表示申请量，单位为件。

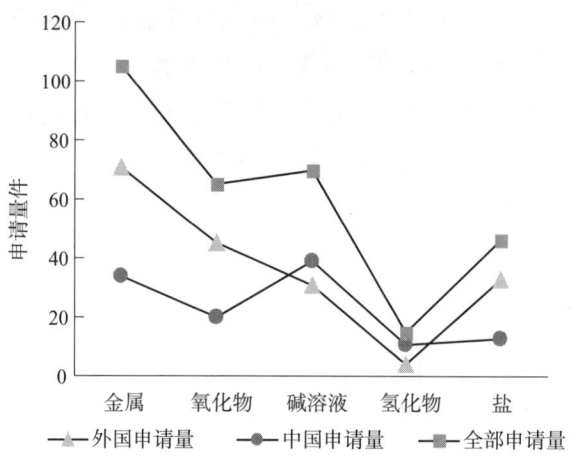

图9　铝水解制氢工艺中关于氧化膜的去除工艺专利
申请国别对应的各添加剂种类的申请量

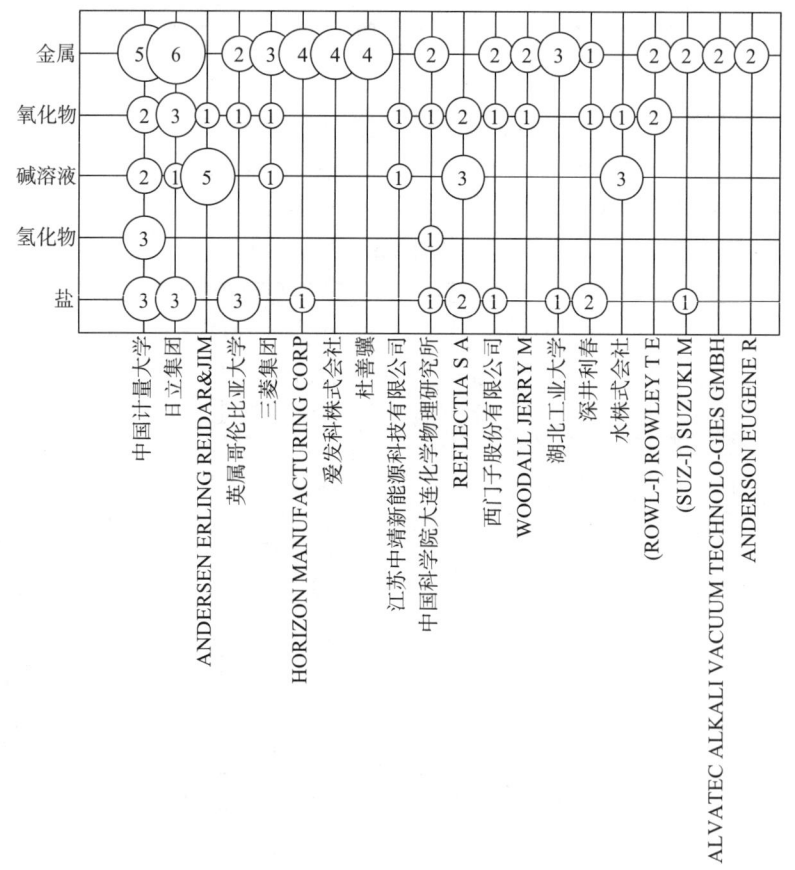

图10　铝水解制氢工艺中关于氧化膜的去除工艺添加剂
技术分支下全球专利申请量前20位申请人

注：图中数字表示申请量，单位为件。

图 10 是添加剂技术分支下，全球申请人的分布。其中，申请前十名的包括中国计量大学（中）、日立集团（日）、ANDERSEN ERLING REIDAR&JIM（挪威）、英属哥伦比亚大学（加拿大）、三菱集团（日）、HRORIZON MANUFACTURING CORP（美国）、爱发科（日）、杜善骥（中）、江苏中靖新能源科技有限公司（中）、中国科学院大连化学物理研究所（中）。由此可见，铝水解产氢过程中利用添加剂去除氧化膜的主要专利技术主要掌握在日本和中国手中，专利技术的拥有者相对比较集中，已经出现了明显的梯队分布，其中中国计量大学是涉及添加剂技术专利申请量最多的申请人，其次是日立集团。由此可见，我国添加剂提高铝水解产氢过程中去除氧化膜的技术主要掌握在中国高校手中。

## 三、采用添加剂提高铝水解产氢过程中去除氧化膜效率的专利技术分析

氢气是一种对环境友好型的可再生能源，作为最有希望的未来能源载体之一，在整个氢能循环利用中，制氢技术被认为是氢能利用的关键组成部分。利用金属 Al 与碱、氢化物、金属氧化物、无机盐、金属单质等制备铝基材料，是一种能实时供应氢且方便运输的方法。

### （一）添加剂种类发展路线分析

铝水制氢破除其氧化层较为简便的方法是使用碱液，利用强碱溶液中的 $OH^-$ 腐蚀 Al 表面的氧化层使暴露出的新鲜 Al 表面能够不断与水接触、反应产生氢气。但由于这些原材料呈碱性，对容器有较高需求，同时需要严格控制溶液的 pH 才能实现高的产氢转化率和放氢速率，且不满足绿色环保和可持续理念发展。由于满足环保需要，常见的是在铝基材料中加入氢化物。常温下氢化物能稳定存在，温度升高到临界值时会出现析氢现象。虽然采用氢化物对铝基的改性可使材料与水快速反应，但氢化物本身价格较高，若大量掺杂会增加铝基材料的制备成本。此外，氢化物活性高，放氢过程中有爆炸的危险，增加了铝基材料的储存难度。因此铝基制氢材料使用氧化物代替氢化物，以降低成本，方便制氢。在铝水解反应中金属氧化物通过特定的方法（如高温烧结、高能球磨）处理后，对 Al 粉表层的钝化膜具有活化作用。虽然金属氧化物对铝粉的改性效果明显，但氧化物本身不产氢，大量加入会降低系统的储氢密度；同时，产氢诱导期普遍较长，对反应的启动条件（温度、环境压强）要求较高，该种方法并不适合移动用氢源的实际应用[3]。

为了适于实际的生产应用，现阶段使用铝基制氢材料可以选择无机盐以及其他金属的合金化，起到原位还原作用的无机盐，如 $BiCl_3$、$NiCl_2$、$SnCl_2$ 等在提高铝基材料放氢

性能方面就具有明显的优势；熔炼法制备铝基材料，主要围绕的是 Ga、In、Sn 三种低熔点金属单质掺杂。

添加剂种类发展路线分析如图 11 所示。

日本申请人在 20 世纪 70 年代首先对以碱溶液、氧化物、金属和盐作为添加剂改善铝水制氢破除其氧化层的专利技术进行布局，针对上述技术手段，中国申请人 2002～2008 年相继开始对相关的专利技术进行申请保护，随着技术的发展，近年来金属和盐作为添加剂的技术方案成为研究的主要热点。

中国申请人于 2003 年首次针对采用氢化物对铝基的改性可使材料与水快速反应的技术申请了专利保护，虽然氢化物存在本身价格较高，活性高，放氢过程中存在爆炸危险等缺点，相较于其他国家而言，中国申请人在采用氢化物作为添加剂改善铝水制氢破除其氧化层的专利技术具有领先优势。

### （二）采用添加剂提高铝水解制氢过程中去除氧化膜效率的代表性专利

#### 1. 碱溶液

铝水制氢破除其氧化层较为简便的方法是使用碱液，利用强碱溶液中的 $OH^-$ 腐蚀 Al 表面的氧化层使暴露出的新鲜 Al 表面能够不断与水接触、反应产生氢气。NaOH 可以提供这样的碱性环境，其反应的方程式如下：

$$2Al + 6H_2O + 2NaOH \rightarrow 2NaAl(OH)_4 + 3H_2 \tag{1}$$

$$NaAl(OH)_4 \rightarrow NaOH + Al(OH)_3 \tag{2}$$

NaOH 产生的 $NaAl(OH)_4$ 通过水解反应会很快分解成 NaOH，在整个反应过程中 NaOH 实际仅充当着催化剂的作用。在铝水制氢反应中，NaOH 作为最为常见的催化剂被广泛研究[4]。

日本公司（NTNT）NTN TOYO BEARING CO LTD 首次于 1975 年申请专利 JP15227675，使用金属多孔体将金属 Na 转化成颗粒，例如 Fe 烧结体。使颗粒与水反应，得到 $H_2$ 和 NaOH。然后，NaOH 与容器中的 Al 反应产生更多的 $H_2$。使用钠颗粒和水的氢发生器，并使所得苛性钠与铝反应。

日本三菱集团于 1997 年申请专利 JP29361497，通过在酸性或碱性水溶液中冷却，通过热处理除去在金属表面形成的氧化膜，使 Al 表面具有优异的表面特性。其间 NaOH 和 $Na_2SnO_3$ 的联合使用、$NaAlO_2$ 和 $Na_2SnO_3$ 取代 NaOH 溶液也取得了不错的效果。虽然 $NaAlO_2$ 和 $Na_2SnO_3$ 等碱性物质能取得不错水解效果，但这些原材料呈碱性，对容器有较高需求，同时需要严格控制溶液的 pH 才能实现高的产氢转化率和放氢速率。

挪威 ANDERSEN ERLING REIDAR&JIM 于 2001 年申请专利 CA2001001021，氢气生产方法包括存在氢氧化钠作催化剂情况下使铝与水反应，提高了氢气产生的效率。

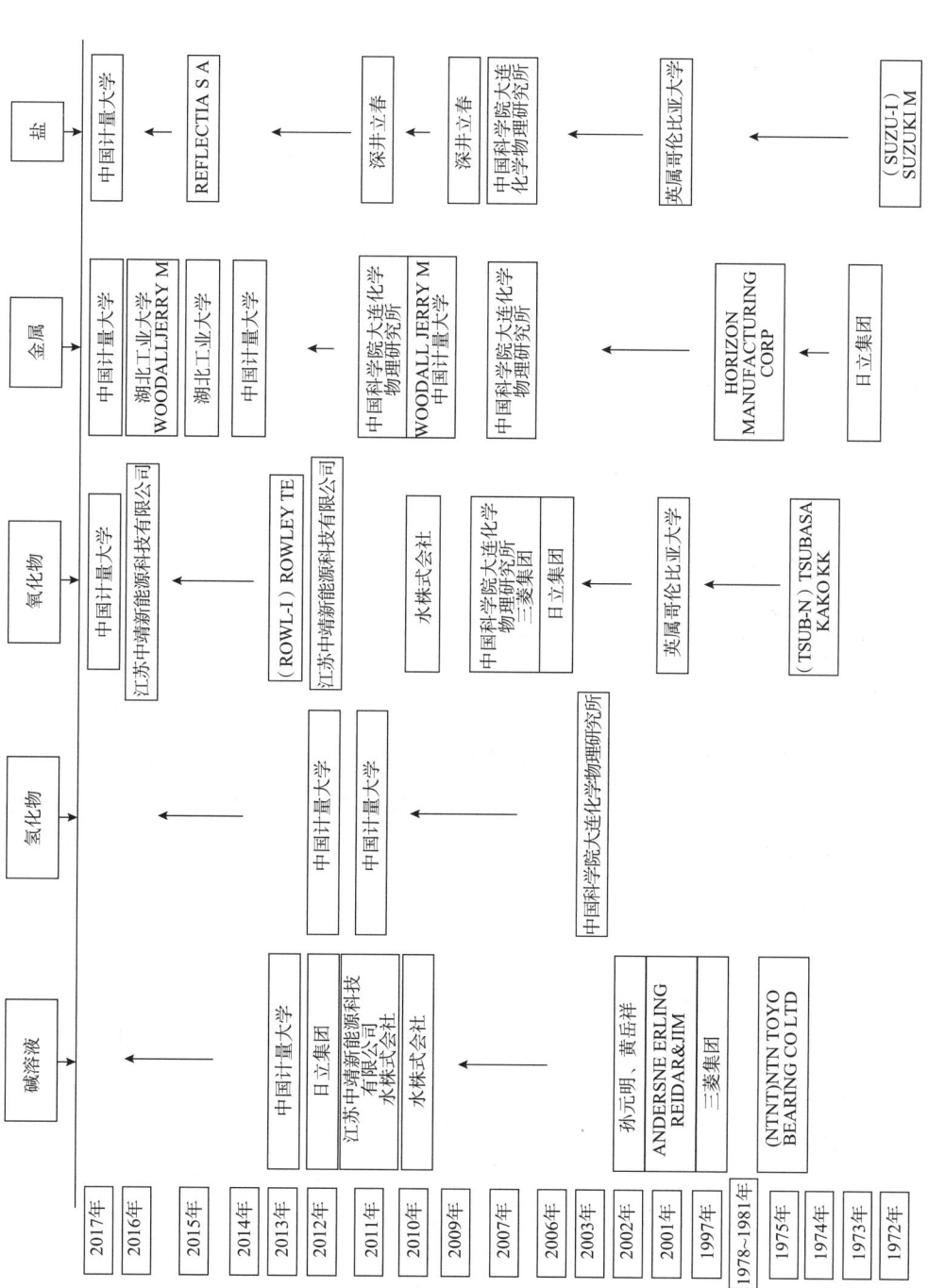

**图11 铝水解制氢工艺中关于氧化膜的去除工艺添加剂种类发展路线分析**

新能源电池

机器人

高档数控机床

孙元明、黄岳祥于 2002 年申请的专利 CN02104279，一种氢气制备方法及其装置属于氢气制造技术领域。氢气制备方法是通过金属铝粉和氢氧化钠水溶液在反应器内进行反应制得氢气，金属铝粉的平均粒度为 10nm～10mm，氢氧化钠水溶液的重量百分比浓度为 0.1%～30%；氢气制备装置的构造和连接方式为液体储料容器通过管道与反应器相连接，铝粉容器通过管道、阀门与反应器相连接，反应器内有铝粉隔层，反应器通过管道与氢气储罐相连接，反应器与装有排液控制器件的排液管道相连接。该发明具有原料价廉易得，反应速度易控制，氢气输出稳定，环境好无污染、使用和运输安全、轻便等显著优点，特别适合于移动工具用燃料电池的氢燃料供给，使大规模应用该供氢系统成为可能。

江苏中靖新能源科技有限公司于 2011 年申请专利 CN201110368507，铝和碱性无机物 NaOH 混合后，制氢反应中的速度不至于过快，可直接用于工业生产或工业发电。

日本公司水株式会社于 2010 年申请专利 JP2010233312，通过使下述氢发生体系和发生用水反应，所述氢发生体系含有作为氢发生剂的属于食品添加剂的金属铝和作为氢发生反应促进剂的属于食品添加剂的氢氧化钙。通过应用这样的手段向生物体适用液中供氢，可以获得含氢生物体适用液。此外，应用这样的手段，还可以在家庭、工作场所、街头、店铺等各种场所简单地制造高浓度或者过饱和氢饮料。

日本日立集团于 2012 年申请专利 JP2012073988，该发明提供一种氢的连续制备方法，该方法能够简便地连续制作作为清洁能源的氢而不使用以往的氨，且安全性非常高。氢的连续制备方法的发明由下述工序构成：氢的制备工序，其通过将钙铝石（Mayenite：$Ca_{12}Al_{14}O_{33}$）与氢氧化钙［$Ca(OH)_2$］投入到水中，使它们与水反应产生氢，同时生成加藤石［Katoite：$Ca_3Al_2(OH)_{12}$］；再生工序，其对所生成的加藤石进行焙烧，使钙铝石和氢氧化钙再生；循环工序，其使再生的钙铝石和氢氧化钙返回到氢的制备工序中。在氢的制备工序中，水的温度为 50～100℃，钙铝石与氢氧化钙的摩尔比优选为 1:9。此外在再生工序中，加藤石的焙烧温度优选为 300～500℃。根据该发明的氢的连续制备方法，还起到了如下效果：能够将使用作为清洁能源的氢的燃料电池自身小型化，其可用于燃料电池中，以替代手机、PDA（移动数据终端）、数码相机、笔记本电脑等中使用的充电式蓄电池的 AC－DC 整流器。

中国计量大学于 2013 年申请专利 CN201320128596，该实用新型涉及一种基于铝与碱液反应的制氢发生器。该实用新型属于氢气制备技术领域。一种基于铝与碱溶液反应的制氢发生器，包括储铝罐、储碱罐、储气罐、不锈钢管和阀门；储铝罐顶端设有压力表、进液管和出气管，进液管管口和出气管管口设置分离膜；储铝罐底端设置进料口，并用法兰密封；储碱罐顶端设有碱液进口，底端连接不锈钢管，并连接阀门；储气罐顶端设有减压阀，底端连接不锈钢管；储碱罐通过不锈钢管、阀门连接储铝罐，储铝罐通过不锈钢管连接储气罐；氢气通过减压阀稳定输出。该实用新型具有结构简单、安全可靠、调控性好、实用性广等特点，适合于便携式燃料电池或内燃烧机的氢气供给。

目前采用碱溶液添加剂提高铝水解产氢过程中去除氧化膜效率的专利技术主要掌握在中国和日本两个国家中，两国专利申请均在燃料电池领域布局，除此之外，日本专利申请在储氢材料和电子行业两个技术领域具有明显的优势，而中国专利申请主要集中在制氢设备、化工生产上。碱溶液添加剂活化铝基材料的方法正在朝着减少 NaOH 使用，甚至完全替代 NaOH 的趋势进行，主要涉及储氢材料、化工生产、制氢设备、燃料电池、能源、交通运输、电子行业领域，是实现制氢技术的绿色环保和可持续发展理念的重要技术手段。

2. 氢化物

储氢方面有着广泛应用的氢化物大致有金属离子氢化物和络合氢化物两类，常温下氢化物能稳定存在，温度升高到临界值时会出现析氢现象。氢化物遇水则会发生剧烈反应，放出大量的热和氢气，使溶液呈碱性，因此可以作为高效铝基的活化剂使用，在铝水制氢领域已经研究了大量的氢化物（$LiH$、$CaH_2$、$MgH_2$、$LiBH_4$、$NaBH_4$、$LiAlH_4$、$Li_3AlH_6$）。

Liu 等[5] 分别研究了 $LiH$、$CaH_2$ 与铝粉复合体系的产氢性能，发现氢化物可以阻止 Al 球磨时的团聚，水解过程中能提供局部强碱环境。球磨的 Al – LiH 复合材料水解形成 $LiAl_2(OH)_7 \cdot xH_2O$，可消耗 $Al(OH)_3$ 并提供 OH：

$$LiH + H_2O \rightarrow LiOH + H_2 \tag{3}$$

$$Al(OH)_3 + OH^- \longleftrightarrow [Al(OH)_4]^- \tag{4}$$

$$LiOH + 2[Al(OH)_4] \longleftrightarrow LiAl_2(OH)_7 + 2OH^- \tag{5}$$

而 $CaH_2$ 的添加量对 Al – $CaH_2$ 复合材料水解也是一个重要的影响因素，因为一定量的 $CaH_2$ 水解反应中会与铝生成 $Ca_2Al(OH)_6Cl(H_2O)_2$ 促进副产物层的移除。

此外，其他金属离子氢化物如 $MgH_2$ 与铝复合后也能遇水放出氢气，但该添加剂自身理论储氢密度（7.7%）并不高，对体系整体的产氢量提高不够，相较于络合氢化物的高理论储氢密度，如 $LiBH_4$（18.2%）、$NaBH_4$（10.4%）、$LiAlH_4$（10.5%）、$Li_3AlH_6$（11.1%）等，单独加入同样含量的金属离子氢化物的优势就不够明显。

中国科学院大连化学物理研究所于 2003 年申请专利 CN03142364，一种含氢无机化合物水溶液制氢催化剂及制氢方法，催化剂活性物包覆在载体上，或通过化学键与载体结合在一起，或掺杂于载体中。以含氢无机化合物水溶液为氢源，采用间歇或连续进料的反应方式，将含氢无机化合物水溶液加入反应器中，使其与催化剂接触；产生的氢气在反应过程中即被加热和增湿，再经出气管导入储氢罐或直接供给燃料电池；反应结束后的溶液排入溶液回收罐。其副产物偏硼酸盐或偏铝酸盐均可以进行回收再利用，是一

新能源电池

机器人

高档数控机床

种环境友好的制氢方式。所述无机化合物至少包括下列化合物中的一种：硼氢化铵、硼氢化锂、硼氢化钠、硼氢化钾、硼氢化铍、硼氢化铝、铝氢化铵、铝氢化锂、铝氢化钠、铝氢化钾、铝氢化铯、铝氢化铍、铝氢化镁、铝氢化钙。该发明属于氢气制造技术领域，特别是用于给燃料电池、氢燃料发动机、氢动力汽车以及加氢站提供和补充高纯氢气的技术领域，具体地说涉及一种含氢无机化合物水溶液制氢催化剂及制氢方法和利用上述催化剂制备氢气的方法。

中国计量大学于 2011 年申请专利 CN201110137332，该发明涉及一种用于制氢的铝合金/硼氢化物体系及制备方法，该体系由铝合金与硼氢化物组成；铝合金的总量为 5wt% ~95wt%，其余的是硼氢化物。所述铝合金由铝、碱性物质与活化剂组成。碱性物质为金属锂、钙、镧和锶中的一种或多种。活化剂为金属钴、镍、钴盐和镍盐中的一种或多种。铝合金中铝的含量从 30wt% 到 95wt%，碱性物质的总量为 1wt% 到 30wt%。活化剂的总量为 4wt% 到 40wt%。该发明能提高制氢体系单位质量的储氢值，还能改进铝/硼氢化物的水解性能。制氢 – 储氢一体化的便携式氢源系统是解决燃料电池氢源的有效途径。该方法主要是把燃料如硼氢化物、金属储存在供氢系统内，通过处理产生氢气，供给燃料电池，实现随时制氢、供氢，解决了氢气的储存以及运输过程中的安全问题。

中国计量大学于 2012 年申请专利 CN201210357701，该发明涉及一种基于铝合金/硼氢化物水解反应的微型制氢系统及制氢方法。一种基于铝合金/硼氢化物水解反应的微型制氢系统，包括制氢发生器、储液罐；制氢发生器被储液罐包覆；储液罐底端出口连接制氢发生器输液管、输液控制阀、不锈钢管和反应区；输液管顶端连接储氢室；分离膜将制氢发生器分为反应室和储氢室；反应区底部设置对称圆台。一种基于铝合金/硼氢化物水解反应的微型制氢系统制氢方法，其特点是：调控输液控制阀的硼氢化物溶液输入速率实现制氢系统水解反应的启动/停止，从而稳定制氢系统的氢气压力。该发明具有结构简单、安全可靠等特点，适合于便携式燃料电池或内燃烧机的氢气供给。

目前采用氢化物添加剂提高铝水解产氢过程中去除氧化膜效率的核心专利技术申请人主要集中在中国高校手中，并且可以应用在多个领域中。采用氢化物对铝基的改性可使材料与水快速反应，但氢化物本身价格较高，若大量掺杂会增加铝基材料的制备成本。此外，氢化物活性高，放氢过程中有爆炸的危险，增加了铝基材料的储存难度。

3. 氧化物

在铝水反应中金属氧化物通过特定的方法（如高温烧结、高能球磨）处理后，对 Al 粉表层的钝化膜具有活化作用。其主要有两方面的作用：一方面氧化物的等电点大于水的 pH 能提供反应所需的质子源，另一方面 Al 表面沉积物将 Al 晶核隔开，抑制 Al 的钝化。

Gai 等[6]将 Al 粉分别放入到盛有 $\gamma - Al_2O_3$、$Al (OH)_3$、$\alpha - Al_2O_3$ 和 $TiO_2$ 粉体的悬

浮乳液里反应，研究纯 Al 粉与改性 Al 粉在同一条件下发生反应的动力学上的差异，发现改性 Al 粉的铝水反应诱导时间均缩短，添加物仅作为催化剂，在接触水分子时使 Al 颗粒表面惰性氧化层的水合作用加剧，促进其解离。在铝水制氢中生石灰 CaO 是强碱的一种理想的替代品，可解决强碱如 NaOH 成本高，高浓度碱腐蚀设备等问题。在铝基材料中添加 CaO 球磨，增加添加物的量能减少水解反应的诱导期，提高产氢速率。另外，CaO 不仅能为提供 OH$^-$ 促进水解，还能提升材料在空气中的抗氧性，使该种铝基材料在空气（湿度 50%，温度 30℃）中保存 40h 后的产氢率仍能达到 89%。

除了在铝基材料中添加 Al$_2$O$_3$ 和 CaO 作为改性剂外，其他金属氧化物如 Co$_3$O$_4$、Cr$_2$O$_3$、MoO$_3$、Bi$_2$O$_3$、CuO 等也被用于提高铝水反应的活性，其中球磨得到的 Al – Bi$_2$O$_3$ 复合粉末具有最快的反应速率和完全的转化率。金属氧化物活化铝的铝水反应，普遍会出现 Dupinao 等提出的诱导期、快速反应阶段、慢速反应三个阶段，水解反应中的两个过程"铝水反应"和"铝热反应"密不可分且互相干涉[7]。

日本申请人（TSUB – N）TSUBASA KAKO KK 于 1974 年申请专利 JP2240374，添加 SiO$_2$、TiO$_2$、ZrO$_2$、Al$_2$O$_3$、MgO 或 B$_2$O 到 3kg 熔融铝中以除去表面氧化膜，以提高铝表面的活性。

加拿大英属哥伦比亚大学于 2001 年申请的专利 CA2418823，公开了一种产生氢的方法，该方法对铝使用催化剂粒子氧化镁和二氧化硅，这些催化剂粒子促进所述金属粒子与所述水的所述反应，并改善所述氢的产生，而且其中所述金属与所述催化剂粒子混合为紧密的物理接触，可加速将氢源电力用于电子装置（例如便携式电脑）或运输。日立集团于 2006 年申请专利 JP2007529611，该发明提供一种氢产生材料，通过添加不均匀的氧化铝、勃姆石、二氧化硅、氧化镁、氧化锆、沸石及氧化锌等放热材料，可容易地在短时间内开始氢产生反应。

中国科学院大连化学物理研究所于 2007 年申请专利 CN200710011042，该发明涉及铝合金水解制氢，特别是一种水解制氢的铝合金及其制备，通过添加碱性氧化物降低了铝水解反应的温度，加快了铝水解反应速率，提高氢气产率，简化了反应装置，同时降低了氢气储存成本。该发明制备的铝合金易携带、随时制氢、供氢，适用于给燃料电池提供湿润的氢气。

日本三菱集团于 2007 年申请专利 JP2007178146，在气体发生装置中，提供一种添加二氧化锰对水解制氢的铝合金进行催化以提高产氢效率。

日本水株式会社于 2010 年申请专利 JP2010233312，通过使下述氢发生体系和发生用水反应，该氢发生体系含有作为氢发生剂的属于食品添加剂的金属铝和作为氢发生反应促进剂的属于食品添加剂的氧化钙。通过应用这样的手段向生物体适用液中供氢，可以获得含氢生物体适用液。此外，应用这样的手段，还可以在家庭、工作场所、街头、店铺等各种场所简单地制造高浓度或者过饱和氢饮料。

江苏中靖新能源科技有限公司于 2012 年申请专利 CN201210488271，添加氧化钙粉末能够显著提高铝水解产氢速度，可使出氢速度甚至提前至 2s，同时不影响整体稳定产氢的效果，出氢速度快就可即时供氢，使燃料电池快速启动且不会影响整个用氢过程以及整个稳定产氢的效果，可应用于携带式高分子燃料电池一体发电机。

美国申请人（ROWL‐I）ROWLEY T E 于 2013 年申请专利 US20130815856，通过添加钝化氧化物提高使用水分离技术生产氢气的效率。

江苏中靖新能源科技有限公司于 2016 年申请专利 CN201610894333，提供水汽产氢的催化剂，即 $\gamma$‐$Al_2O_3$ 以提高反应的持续性，进一步增加了产氢率，用于实时产氢的应用领域。

中国计量大学于 2017 年申请专利 CN201710017326，添加碱性氧化物为氧化钠、氧化钾、氧化钙、氧化钡、氧化锶、氧化锂和氧化铷的一种参与铝水解制氢反应，氢气产率高，可用于微型电池作为便携式氢源。

金属氧化物对铝粉的改性效果明显，但氧化物本身不产氢，大量加入会降低系统的储氢密度；同时，产氢诱导期普遍较长，对反应的启动条件（温度、环境压强）要求较高，该种方法对铝水解放氢的机理研究十分有帮助，较多应用在制氢材料和燃料电池领域的研发阶段。

4. 盐

让 Al 粉与水溶性无机盐（$NaCl$、$KCl$、$NiCl_2$、$MgCl_2$、$SnCl_2$、$BiCl_3$）一起球磨，利用无机盐颗粒的脆性在机械作用下会发生断裂产生的锋利边缘，可以实现对 Al 粉的切割，降低混合物的平均粒径，起到助磨剂作用。当大量无机盐包裹住细小的 Al 颗粒时，还能有隔绝空气，增强铝基材料抗氧化作用，同时无机盐溶解时会释放大量的溶解热，有助于铝基材料的水解，整个过程无机盐起到了一种"糖衣"的效果。此外，部分金属活动性顺序在 Al 后的金属无机盐还能被高化学活性的 Al 置换成单质，产生微型腐蚀电池效应加速水解反应。由于盐类的诸多优点，在铝水制氢中通常在原有铝与金属单质 In、Sn、Zn 等复合过程中，再加入盐类以提高材料的活性。

Alinejad 等[8]用 NaCl 颗粒和 Al 球磨，发现 NaCl 能够提高铝的水解产氢速度，实现 100% 转化率的放氢。机理研究表明，盐包裹在 Al 的表面，起着"门"的作用。在水中随着"盐门"（salt gate）的移除，其覆盖的地方露出了新鲜的铝表面，开始发生产氢反应。Al 与 NaCl 的摩尔比为 1.5 时有最大产氢速率为 $75mL \cdot min^{-1} \cdot g^{-1}$，40 min 内反应完全。Al 作为两性金属在强酸或强碱中会迅速腐蚀，但在 pH 约 5 ~ 9 时会发生钝化，Al 粉和无机盐 KCl 球磨后能在钝化 pH 值发生 Al 水反应。Liu Y 等[9]发现在 Al‐$CaH_2$ 复合物中加入 $NiCl_2$ 后材料表现出最好的活化性能。球磨过程中发生如下反应：

$$2Al + 3\,NiCl_2 \longrightarrow 3Ni + 2AlCl_3 \tag{6}$$

$$3Al + 2Ni \longrightarrow Al_3Ni_2 \tag{7}$$

该反应产生的 $Al_3Ni_2$ 形成许多微型腐蚀电池加速 Al 的腐蚀，球磨 3 h 的 Al – 10mol% $CaH_2$ – 10mol% $NiCl_2$ 反应产氢率为 92.1%，最大产氢速率为 1566.3 mL·$min^{-1}$·$g^{-1}$。

在球磨 Al – $SnCl_2$ 复合材料时，Xu 等[10] 发现 Al 和 $SnCl_2$ 在球磨过程中会发生固 – 固反应，原位产生具有高活性的 Sn 和 $AlCl_3$ 颗粒。生成的 Sn 颗粒均匀地分布在 Al 表面，形成许多能激活 Al 表面的微型腐蚀电池。球磨过程中产生的 $AlCl_3$ 水解产生的 HCl，一方面可提供质子进一步参与铝水反应，另一方面持续摧毁在 Al 表面逐步形成的氧化膜。这种协同作用增强了 Al 整体的活性并提高了产氢动力。

日本公司（SUZU – I）SUZUKI M 于 1972 年申请专利 JP8477072，在 Mg、Al 或 Zn 转化为氢氧化物并产生 H 的过程中，可以通过添加中性盐（NaCl，KCl）或海水提高产生 H 的速率。

加拿大英属哥伦比亚大学于 2001 年申请专利 CA2418823，公开了一种产生氢的方法，该方法对铝使用催化剂粒子碳酸钙，这些催化剂粒子促进所述金属粒子与所述水的所述反应，并改善所述氢的产生，而且其中所述金属与所述催化剂粒子混合为紧密的物理接触，可加速将氢源电力用于用电的电子装置（例如便携式电脑）或运输。

中国科学院大连化学物理研究所于 2007 年申请专利 CN200710011042，该发明涉及铝合金水解制氢，特别是一种水解制氢的铝合金及其制备，通过添加 1wt% ~40wt% 可溶性盐降低了铝水解反应的温度，加快了铝水解反应速率，提高氢气产率，简化了反应装置，同时降低了氢气储存成本。该发明制备的铝合金易携带、随时制氢、供氢，适用于给燃料电池提供湿润的氢气。

日本申请人深井利春于 2009 年和 2011 年申请专利 JP2009236450、JP2012000512820，将电气石、碳酸氢钠或碳酸钠添加到由铝和水获取氢的反应中，与以往相比可在更低温低压的条件产生大量的氢。

美国个人申请人 REFLECTIA S A 于 2015 年申请专利 US20150765089，提供简单、低成本和小型发电机来供应燃料电池系统，并且允许基于外部电路的阻抗产生氢气和/或电力，能够在反应堆中产生直接形式的部分电力，产量高于燃料电池。通过添加盐和铝酸盐提高产氢效率和循环回收率。器件的残留物易于回收，可以通过能量贡献再次转化成铝和氢氧化物，用作发电机和产氢器的发电。

中国计量大学于 2017 年申请专利 CN201710017326，添加卤盐参与铝与水反应，氢气产率高，可用于微型电池作为便携式氢源。该制氢材料具有很好的水解性能，在便携式制氢领域具有很好的应用前景。

综上所述，无机盐在铝复合材料的水解过程主要有盐门和原位还原两种作用，如

$NaCl$、$KCl$、$MgCl_2$ 等只能起到盐门的作用，同时其反应温度较高，需要大量添加才能放出氢气；而 $BiCl_3$、$NiCl_2$、$SnCl_2$ 等卤盐既能起到盐门又能起到原位还原作用，在提高铝基材料放氢性能方面就具有明显的优势，得到广泛应用。

5. 金属

活化 Al 的方法研究最多的就是金属活化，金属活化法常用的手段具体有两种，即高温熔炼合金法和高能机械球磨法。

（1）熔炼法制备铝合金

熔炼法制备铝基水解材料具有许多优点，主要用到电弧熔炼和悬浮感应熔炼，工艺要求条件一般，甚至能在暴露的空气环境下操作，适合于大规模生产。成形后的铝基材料，密实不易掰开，暴露在空气中也仅外部被少量氧化，内部相对稳定易于存储。铝合金块在骤冷退火后，由于材料外部表面出现的微裂纹和内部累积了大量应力，在水解时释放这些应力会带来剧烈的反应。熔炼法制备铝基材料，主要围绕的是 Ga、In、Sn 三种低熔点金属单质掺杂，该方法常被称为 Al 与低熔点金属合金化[11]。

针对 Al 与低熔点金属合金化反应机理，Al 表面 Ga－In－Sn 合金的覆盖区和暴露区展现出两个不同的反应过程，在覆盖区纳米 Al 颗粒利用扩散作用通过覆盖层到反应位点来分解水分子；在暴露区通过对流作用和搅拌作用清除 Al 表层氢氧化物膜，新鲜的 Al 表面不断暴露保证反应的持续进行。由于 Al 在 Ga－In－Sn 和水间的剧烈反应引起的对流或者搅拌，表面的氢氧化铝层是多孔的、不连续的，实质上增加了 Al 颗粒的比表面积。液态的 Ga－In－Sn 不仅保护 Al 防止氧化，而且还提供了一个通道使 Al 更好地扩散到反应位置，促进了水解[12]。

尽管熔炼法制备出的铝基材料在水解制氢上展现出较好的应用前景，但是仍有两个方面需要继续努力：一方面如何从水解产物中提取出 Ga、In、Sn 金属；另一方面如何实现该合金的可控性放氢过程，并作为移动氢源为燃料电池供氢的应用需得进一步探究。

（2）球磨法

目前在铝水制氢领域应用最多的方法还是球磨法，利用球磨机对掺杂有金属（Hg、Bi、Sn、In、Ga、Li、Mg、Zn、Ca）的 Al 粉进行高能机械球磨。在保护性气体（如氩气）环境下，通过金属小钢球转子与球磨罐体的高频碰撞，产生强大的力量冲击、碾压、剪切作用，实现对原材料的粉碎化、精细化、均匀化。球磨法能使铝基材料粒径尺寸细化至微米级，内部晶粒结构发生巨大变化，甚至能发生氧化还原反应，材料表面产生大量表层缺陷，最终铝基材料具有很高的化学活性[13]。

通过球磨法使金属 Li、Ca、Ni、La、Ce、Bi 等在与铝形成合金后，其铝基材料的水解性能都有不同程度的提高。然而，这种活化方法最大的不足之处是单一的合金材料的放氢转化率并不能达到100%。因此，利用该活化方法与其他新型物质或其他新方法共同作用，仍然具有很大的研究空间。

日本日立集团于 1973 年申请专利 JP13778373，添加熔融 Ga 和 In 可提高铝基水解的产氢率。

美国公司 HORIZON MANUFACTURING CORP 于 1978 年申请专利 US19780902705 和 US1978000902708，在 Al 合金中添加如汞及其合金、镍及其合金、包含铂和至少一种选自锗、锑、镓、铊、铟、镉、铋、铅、锌和锡以及延长金属，可以提高水解离速率，减少了产生的热量，避免了自发的 $H_2$ 燃烧。

中国科学院大连化学物理研究所于 2007 年申请专利 CN200710011042，该发明涉及铝合金水解制氢，特别是一种水解制氢的铝合金及其制备，通过添加 8wt% ~ 50wt% 金属铋和 0 ~ 15wt% 低熔点金属降低了铝水解反应的温度，加快了铝水解反应速率，提高氢气产率，简化了反应装置，同时降低了氢气储存成本，适用于易携带、随时制氢、供氢装置，给燃料电池提供湿润的氢气。

美国申请人 WOODALLJERRY M 于 2010 年申请专利 US20100377180，通过添加包括 70wt% ~ 100wt% 的镓和 30wt% 的铟的液态金属合金可以提高产氢效率，适用于在能量储存和制氢过程中。

中国计量大学于 2010 年申请专利 CN201010293626，通过掺杂 1wt% ~ 20wt% 锂活化铝合金。该合金采用球磨、固相扩散与熔炼法相结合，降低金属锂和其他金属的损耗。该发明中铝锂多元合金的制备工艺简单；制备的铝合金活性强，常温与水反应，产氢量大；制氢装置简单，可用于给便携式燃料电池提供湿润的氢气；也适用于水下潜艇，鱼雷等航行器铝水推进系统反应燃料。

中国科学院大连化学物理研究所于 2011 年申请专利 CN201110273730，通过添加少量碱金属（Li、Na、K）的 Al 合金进行球墨，得到成分均匀的高活性制氢材料。该发明制备工艺简单，原料成本低廉，具有很高的能量密度和放氢速率，适用于车载实时供氢等方面的应用。

中国计量大学于 2014 年申请专利 CN201410293496，通过添加镍钙、镍镧、镍铈、镍锶进行球墨的与 Al 混合的材料提高产氢率。该催化剂呈现催化活性高，可广泛应用于便携式制氢领域。

湖北工业大学于 2015 年申请专利 CN201510918714，该发明涉及一种便携式自动控制铝水反应制氢设备，该发明的反应材料采用低熔点金属镓、铟、锡等进行合金化的活化铝，该活化铝可与中性水发生剧烈反应，释放氢气和大量的反应热，并生成反应产物羟基氧化铝。本发明结构简单，造价低廉、易于携带与拆卸、安全性高。

湖北工业大学于 2016 年申请专利 CN201610564831，该发明提供一种水解制氢铝合金及其制备方法。该发明采用机械合金化方法添加 Ga 0.5wt% ~ 10wt%、In 0.5wt% ~

10wt%、Sr 0.5wt%～10wt%进行球磨得到具有良好制氢性能的水解制氢铝合金。实验结果表明，该发明提供的制备方法制备的水解制氢铝合金在常温下与水接触后可直接反应，没有反应迟滞时间，产氢量可达1210mL/g，产氢率可达97.3%，可以达到实时制氢和实时供氢，适用于为氢氧燃料电池汽车提供高纯氢源。本发明提供的制备方法成本低廉，操作简单方便，适用于工业化生产。

美国申请人WOODALLJERRY M于2016年申请专利US201615382418，优选组分：固体原料为铝。钝化氧化物防止剂是基本上由80wt%的镓和20wt%的铟或68%镓，22wt%的铟和10wt%的锡组成的液体熔融镓合金提高产氢效率。

中国计量大学于2017年申请专利CN201710017327，该发明涉及一种镁铝合金制氢材料的制备方法；镁铝合金制氢材料以镁、铝金属粉或镁铝金属合金粉为前驱体，机械混合弱酸盐、压块、高温处理，获得镁铝合金制氢材料，该制氢材料在水或中性水溶液中快速水解产生氢气，在便携式制氢领域具有很好的应用前景。

综上所述，以Al为基底材料掺杂少量的其他金属单质如Ga、In、Sn、Ca、Mg、Fe、Co、Zn或Bi，围绕破除Al表面氧化膜的这一种手段已经开始大量研究。合金活化法改变了Al的晶相结构，还会形成共晶或金属间化合物，其遇水可形成微型腐蚀电池，从而降低了Al电位；有的专利申请通过掺杂金属单质（如Ga、Hg）导致共晶渗入铝晶界，破坏Al晶胞间的联系，覆盖共晶薄膜形成单晶，使Al表层氧化膜局部分化，在颗粒表面产生了更多缺陷，最终达到活化Al的目的。由于其应用领域广泛，采用金属进行活化铝基材料提高放氢性能属于近期研究热点。

## 四、结论

本文基于目前全球公开的专利申请，简述了铝水解制氢工艺中关于氧化膜的去除工艺的发展和改进。从上面的专利分析可以看出，全球铝水解制氢工艺中关于氧化膜的去除工艺专利技术存在如下特点：

**（一）专利申请量**

铝水解制氢工艺中关于氧化膜的去除工艺自2000年以来进入迅速发展时期，尤其是在近年来申请量呈大幅度上升之势。

**（二）专利申请人**

我国的铝水解产氢过程中去除氧化膜的技术主要掌握在高校手中，日本和中国的申请人所涉及的技术手段范围要大于其他国家。铝水解产氢过程中去除氧化膜的相关专利申请中，采用加入添加剂作为技术手段去除氧化膜的专利申请量最多；就申请人而言，中国计量大学和日立集团处于领先地位。

### （三）技术领域

铝水解产氢过程中去除氧化膜的技术主要涉及燃料电池、交通运输、制氢设备、制氢材料、电化学、发电、能源、化工生产、电子行业，相关研究主要集中在燃料电池和交通运输方面，涉及车载型便携式或固定式燃料电池所使用的纯氢。从技术分布来看，铝水解产氢过程中去除氧化膜的技术研发主要集中在添加催化剂方面，采用电化学和提高温度方面的研发较少。

中国申请人的专利技术主要集中在燃料电池、制氢设备和材料方面，在制氢材料的研究方面比较活跃；而国外的专利技术更倾向于燃料电池方面，从各技术研发方向看，在制氢设备和制氢材料研究方面中国专利申请量领先于国外申请量。

有关采用添加剂提高铝水解产氢过程中去除氧化膜的专利申请主要集中在 2000 年以后，特别集中在燃料电池和制氢材料领域，而采用金属、氧化物和碱溶液作为添加剂是燃料电池和制氢材料领域的主要选择，中国专利申请在添加剂的选择方面主要为碱溶液，国外申请选择的添加剂主要集中在金属和氧化物，因此，中国在燃料电池和制氢材料领域中以金属、氧化物作为添加剂提高铝水解产氢过程中去除氧化膜的技术上与国外有一定的差距。

### （四）铝水解制氢工艺中关于氧化膜的去除工艺发展趋势分析

铝水制氢技术中关于氧化膜的去除工艺主要采用添加剂的技术手段对铝基复合体系的进一步优化，如在 Al－无机盐、Al－氢化物、Al－金属等体系中，虽然氢化物存在本身价格较高，活性高，放氢过程中存在爆炸危险等缺点，相较于其他国家申请人而言，中国申请人在采用氢化物作为添加剂改善铝水制氢破除其氧化层的专利技术方面具有领先优势，但其应用领域较少。和其他方法相比，采用无机盐和金属作为添加剂在提高铝基材料放氢性能方面具有明显的优势，并且应用领域广泛，是未来提高铝基材料放氢性能的主要研究方向。

**参考文献**

［1］吴川，张华民，衣宝廉. 化学制氢技术研究进展 ［J］. 化学进展，2005，17（3）：423－429.

［2］刘光明. 燃料电池氢源用铝粉制氢技术的研究 ［D］. 广州：华南理工大学，2011.

［3］赵冲，徐芬，孙立贤，等. 铝基材料水解制氢技术 ［J］. 化学进展，2016，28（12）：1870－1879.

［4］赵增典，朱宗波，黄玉红，等. 铝－碱溶液水解制氢的技术研究 ［J］. 电源技术，2011，25（3）：290－293.

［5］王芳，刘光明，谢东来. 移动氢源用铝水反应制氢技术研究 ［J］. 电源技术，2012，36（2）：198－200.

［6］Gai W Z, Liu W H, Deng Z Y, et al. Reaction of Al powder with water for hydrogen generation under ambient condition ［J］. Hydrogen Energy, 2012, 37: 13132.

［7］Shafirovich E, Diakov V, Varma A. Combustion of novel chemical mixtures for hydrogen generation ［J］. Combustion and flame, 2006, 144: 415.

［8］Alinejad B, Mahmoodi K. A novel method for generating hydrogen by hydrolysis of highly activated aluminum nanoparticles in pure water ［J］. Hydrogen Energy, 2009, 34: 7934.

［9］Liu Y, Wang X, Liu H, et al. Investigation on the improved hydrolysis of aluminum – calcium hydride – salt mixture elaborated by ball milling ［J］. Energy, 2015, 84: 714.

［10］Xu F, Sun L, Lan X, et al. Mechanism of fast hydrogen generation from pure water using Al – SnCl$_2$ and bi – doped Al – SnCl$_2$ composites ［J］. Hydrogen Energy, 2014, 39: 5514.

［11］刘昊, 徐芬, 孙立贤, 等. Al – LiH$_4$ 复合材料的制备与产氢性能 ［J］. 高等学校化学学报, 2013, 34（8）: 1953.

［12］贾艳艳, 沈洁, 孟海霞, 等. Al/NaCl 与水反应制氢 ［J］. 电源技术, 2013, 37（12）: 2138 – 2140.

［13］范美强, 徐芬, 孙立贤. 铝 – 碱溶液水解制氢技术研究 ［J］. 电源技术, 2009, 33（6）: 493 – 496.

# 燃料电池催化剂专利技术综述[*]

时彦卫  郑丽丽  史芸  王丹  李鹏  宋欢

**摘 要**  本文以燃料电池催化剂的国内专利申请为主进行了系统分析，重点分析了申请趋势、区域分布、技术主题分布，并对其重点技术主题和主要申请人进行了深入分析。目前，燃料电池催化剂领域还有相当数量的专利申请未进入中国，值得国内研究者关注，该领域国外申请人共同申请、联合申请较多，显示了很强的合作研究背景，值得国内申请人学习。铂及其合金催化剂的结构形态的调控和制备是目前燃料电池催化剂的研究热点。

**关键词**  燃料电池  催化剂  铂  专利分析

## 一、概述

在经济发展突飞猛进的 21 世纪，煤、石油和天然气等化石燃料的广泛使用在为社会发展产生巨大推动作用的同时，也引发了当今世界的能源和环境问题。为实现人类社会的可持续发展，摆脱化石燃料的束缚、开发利用可再生的清洁能源成为 21 世纪的迫切任务[1]。

燃料电池可以将燃料和氧化剂中的化学能不经过燃烧直接转化为电能，不受卡诺循环的限制，能量转换效率高，此外还具有环境友好、能量密度高、安静等特点，被认为是 21 世纪高效、清洁的首选发电技术[2][3]。

### （一）燃料电池的结构原理

燃料电池是一种将反应物的化学能直接转化为电能的电化学装置。燃料电池的工作原理与一般的化学原电池相似，如图 1 所示。

在阳极一侧通入燃料，例如 $H_2$、$CH_4$、甲醇、甲酸等，在阴极一侧通入氧气或者是空气，通过电解质层的离子传导，在阴极和阳极之间发生了电子转移，两极之间形成了

---

\* 作者单位：国家知识产权局专利局专利审查协作北京中心。

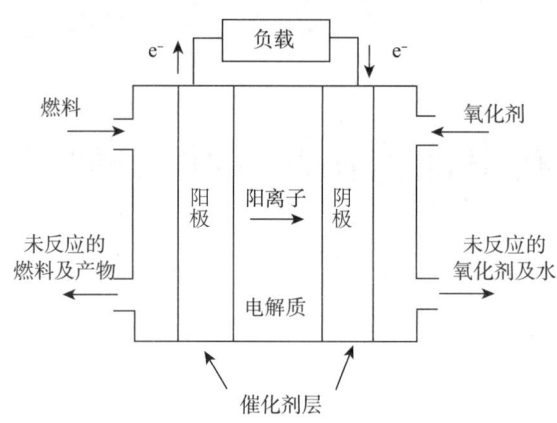

图1 燃料电池的结构原理

电势差。连接阴阳两极，在外电路中接入一个负载，便可以带动其工作[4]。

可见，氧化还原反应是燃料电池中的重要反应，其反应动力学缓慢，因此需要使用催化剂。

**（二）燃料电池催化剂应具备的特点**

催化剂作为燃料电池中重要材料之一，其成本占到燃料电池成本的1/3[5]。在燃料电池中，对催化剂的研究主要是在较低的成本下获得较高的催化活性。纳米催化剂的晶面组成、粒子尺寸及分布、表面结构以及载体的性质等因素对催化活性有着至关重要的影响。作为燃料电池催化剂要有以下几个特点[6]：

1. 活性位点多

毋庸置疑，催化活性高是催化剂的最基本指标同时也是最重要的指标。催化反应往往在催化活性位点上进行。

2. 导电性好

电子传导过程伴随着催化反应的发生，传输的快慢对催化剂能否产生较高的电流有着很大的影响。燃料电池发生的氧化还原反应主要是在催化剂表面进行的，因此催化剂具有良好的导电性，对整个催化反应的顺利进行是至关重要的。

3. 稳定性好

优良的催化剂需要长时间保持良好的催化活性，具有高性能并且能够在长时间的使用下较少的能量衰减可以降低催化剂成本，有利于燃料电池的大规模应用。

4. 合适的载体

载体一般应具有较高的比表面积和丰富的孔结构，这将有利于催化剂的均匀分散，保证气相传质、液相传递，同时也应具有良好的导电性以及好的耐腐蚀性。除此之外，研究发现杂原子掺杂的碳载体也能对负载的催化剂起到协同作用。

（三）燃料电池催化剂的发展与现状

1. 阴极氧还原催化剂

（1）Pt 基催化剂[6]

Pt 基催化剂是目前电催化氧还原综合性能较好的金属催化剂，不过 Pt 基催化剂对燃料中的杂质敏感，容易被 CO 等毒化，因此很多科研人员也通过各种方法提高 Pt 基的氧还原催化性能。

纳米粒子表面结构控制，中国的 Shi-Gang Sun 等人研究表明 Pt 基础单晶面对氧还原的电催化活性顺序为：Pt（110）> Pt（100）> Pt（111），纳米粒子的形状与晶面也有一定的关系，从单晶面模型电催化剂的研究可以获取表面原子结构与电催化性能的规律，进一步用这些规律来指导催化剂的设计与合成。

合金化会改变 Pt 的电子结构，许多 PtCo、PtAu、PtNi 等二元合金在实验和理论计算上都被证明是优异的氧化还原反应（ORR）催化剂，其中当前报道的 ORR 活性最高的是 $Pt_3Ni$ 合金，在 0.1 mol/L 的 $HClO_4$ 中的活性约是 Pt 的 9 倍。Pt 合金粒子的高分散性和均匀性是获得高催化活性的重要因素，但是 Pt 基催化剂对氧还原催化促进机理还没有一个统一的观点，归纳起来主要有以下几种：Pt-M 合金中的 Pt-Pt 间距变小，有利于氧的解离和吸附；过渡金属的加入能有效地防止 Pt 颗粒的聚集，提高催化剂稳定性；其他金属的加入会影响 Pt 的电子结构；Pt-M 合金改变了阴离子与水的吸附势，降低了氧吸附活化能；反应过程中，过渡金属的流失，使得 Pt 表面粗糙，增加了活性位点，称之为雷尼效应。当然除了二元合金，也有很多三元合金被证明为高效的氧还原催化剂。

（2）过渡金属氧族化合物[6]

除了贵金属 Pt 基催化剂，还有很多其他的材料也被证实为高效的催化剂，比如金属氧化物，典型的有 $MnO_2$、$CrO_2$、$TiO_2$、钙钛矿等。这一类催化剂对阳极燃料响应并不明显，所以在具有氧还原催化的同时有很好的耐阳极燃料中毒性能，但是由于其多为氧化物，在酸性电解液中并不稳定，所以适用范围有所限制，多用于碱性体系。除了金属氧化物，硫化物也被证明为高效的阴极催化剂，早在 20 世纪 70 年代德国的 Behret 等人［巴特尔（Battele）研究所］已经在 2mol/L 的硫酸中对一系列过渡金属（Mn、Fe、Co、Ni、Cu、Zn）硫化物的 ORR 活性进行了实验评价，证明 Co 的硫化物活性是最高的，其次 Ni 和 Fe。其中 $Co_3S_4$ 的起始电位达到 0.8 V［vs，可逆氢电极（RHE）］，被认为是最具前景的过渡金属硫化物氧还原催化剂，但是通过实验发现其催化活性下降的特别快，稳定性不好，此后的几十年内研究者也对其做了大量的工作。

（3）金属络合物催化剂[6]

M-NxCy 催化剂早在 1964 年由美国的 Jasinski 提出，其研究了酞菁 Co 对氧还原的电催化作用，标志着新的一类非 Pt 基燃料电池阴极催化剂的发现。随后，人们广泛研究了不同中心金属、不同配体的大环化合物对氧还原的催化行为，如四苯基卟啉、四甲氧基苯基卟啉等，其中心金属一般包括有 Cr、Fe、Mn、Ni、Co 等，过渡金属大环化合物中的金属起了决定性作用，它决定着氧还原过程是四电子还是二电子过程。这些金属大环化合物具有很好的抗燃料透过能力，成本低，但是同时也存在一些问题，如活性低、稳定性差和使用寿命短等。导电聚合物，如聚吡咯、聚苯胺、聚噻吩等因具有良好的导电性与明显的氧还原特性，从而可以作为低温燃料电池的阴极催化剂。而其作为 ORR 催化剂时，通常以两种形式进行应用：一种是在聚合物中掺入非贵金属，另一种就是没有任何金属的掺入。关于导电聚合物掺入金属的工作最早由美国的 Bashyam 和 Zelenay 提出，他们把钴离子嵌入聚吡咯中，电化学测试的结果显示掺入了钴的聚吡咯在前 30 小时的活化过程中 ORR 活性一直在提高，他们提出了这良好的催化活性主要归功于钴和聚吡咯中的 N 原子相互作用，也就是 Co－N 活性中心。

（4）杂元素掺杂碳催化剂[6]

碳材料性质稳定，导电性好，形貌尺寸便于合成控制，在最近几年被用于修饰改进并作为良好的燃料电池阴极催化剂。2009 年美国的 Dai 课题组发现不含金属的氮掺杂碳纳米管阵列表现出很好的催化活性和稳定性，并通过分析其活性位点对其催化机理进行了解释，这一成果发表在 Science 上，引起了科研工作者新的关注。2012 年韩国的 Dae－Soo Yang 等人发现 P 掺杂的介孔碳也表现出了很好的电催化氧还原性能；2012 年的 Advanced Functional Materials 报道了 Yang 等人制备的 N 和 S 原子共掺杂石墨烯催化剂，实验证明双原子掺杂比单一原子掺入石墨烯对电催化性能起到更有利的作用。除了碳化大环化合物和导电聚合物外也有很多其他的碳基催化剂，按照形貌分类可以分为碳纳米管、石墨烯和其他类型的碳材料，分别对应一维、二维和三维材料。不同掺杂原子对催化性能的影响不尽相同，引入杂原子（如 N、B、P、S）到碳材料中会导致碳材料的电子结构发生变化而改变他们的物理、化学性质，使其能应用到不同的领域。因此，利用 N、P、S 等杂原子的单掺杂或共掺杂碳材料被证实能成为具有重要应用前景的新型氧还原催化剂。

2. 燃料电池阳极催化剂[6]

在质子交换膜燃料电池中，燃料的种类有很多，包括气态的氢、液态的小分子燃料甲醇、甲酸、乙醇等。

（1）氢气的氧化

研究表明目前对氢气催化氧化活性最高的单金属是 Pt，美国的 Markovic 等人根据低温（274K）下利用旋转圆盘电极技术测量得到的硫酸中铂低指数晶面上的氢氧化和氢析出反应极化曲线，得到的结论在各个晶面上交换电流密度如下：Pt（110）＞Pt（100）＞Pt（111）。实际应用中为了提高催化剂的比表面积，往往会采用纳米颗粒而不是单晶电极。

（2）乙醇的氧化

相比于甲醇燃料，乙醇的能量密度更高（$8.0kW \cdot h \cdot kg^{-1}$），直接乙醇燃料电池阳极催化剂的研究主要还是集中在 Pt 基催化剂，Pt 是最早被使用的乙醇氧化催化剂，然而由于乙醇电化学氧化过程复杂，许多中间产物尤其是 CO 会在 Pt 表面吸附从而引起催化剂中毒，大大降低了 Pt 的催化活性及稳定性，与此同时 Pt 在地球的含量很少，价格昂贵，因此距离实际应用还很远。将 Pt 与其他金属复合形成双金属或者做成壳核结构等，能减少 Pt 的用量，降低成本，同时由于协同效应能大大提升催化剂的催化活性。

（3）甲醇的氧化[7]

对于甲醇氧化活性最高的单金属催化剂仍然是 Pt 催化剂。研究发现，在 Pt 催化剂中加入其他容易吸附羟基的金属会使催化剂的活性提高，最典型的是 PtRu 合金催化剂。作为活性最高的双金属催化剂，PtRu 催化剂对甲醇的氧化已经被广泛研究，而且活性的提高是通过双功能机理进行的，Pt 提供甲醇裂解的位点，Ru 在较低电位下吸附羟基使在 Pt 上产生的一氧化碳中间产物容易被移除。另外，其他容易吸附羟基的金属的加入也会提高 Pt 催化剂对甲醇氧化的活性，比如 Ti、V、Cr、Fe、Co、Ni、Sn。

（4）甲酸的氧化[7]

目前对甲酸氧化活性最高的单金属催化剂是 Pd 和 Pt。Pd 催化剂具有较高的初始催化活性，但是催化稳定性较差。另外，Pd 在酸性环境中容易溶解，这也导致 Pd 催化剂的稳定性较差。最近，通过在 Au 纳米颗粒表面沉积小的 Pt 的颗粒，新加坡科学家 X. Wang 教授课题组制备了性能优异的甲酸氧化的催化剂，其催化活性的提高主要来源于小的 Pt 纳米颗粒对一氧化碳产生的抑制作用。加拿大科学家 L. F. Nazar 教授课题组，将 PtBi 铋金属间化合物纳米晶沉积到硫修饰的多孔碳上，实现了对纳米颗粒尺寸的高度控制。真正在燃料电池中表现出高的催化活性不但要控制催化剂的表面结构，催化剂的颗粒尺寸，更重要的是催化剂在燃料电池中的有效利用。韩国科学家 J. Lee 教授课题组通过在氧化的碳纸上沉积 Pt 的纳米颗粒，再通过欠电位沉积 Bi 进行修饰，制备了低 Pt 载量、高活性、高稳定性的直接甲酸燃料电池阳极催化剂。在氧化过的碳纸上 Pt 纳米颗粒的尺寸可以控制在 15 纳米左右，燃料电池在 Pt 阳极载量低至 0.5 mg 时仍然表现出很高的催化活性和稳定性。但是，由于 C 和 Pt 之间原子大小的差异太大，在碳材料表面很难固定小颗粒的 Pt 催化剂。因而，通过材料设计，制备高活性，低 Pt 载量的直接甲酸燃料电池阳极催化剂仍然需要大量努力。

3. 载体效应[7]

除了对贵金属 Pt 合金化或者特殊结构化，很多科研人员也在载体上下功夫。常规商用的 Pt/C 催化剂的载体是四五十个纳米大小的炭黑，这类材料导电性、稳定性以及比表面积都比较适中，燃料电池催化剂理想的载体应具备良好的稳定性、大的比表面积、高的导电性以及多孔的结构。当然，除了传递与分散的作用外，支撑材料与金属纳米粒子之间的相互作用对催化剂性能影响也十分重要，有些支撑材料能够改变金属纳米粒子的电子特性，影响燃料或中间产物在催化剂表面活性位点的反映特征，支撑材料的官能团能够起到类似 RuOx 的双功能机制，促进燃料中间产物以及 CO 毒性物质的氧化，所以良好的支撑材料不仅可以降低催化剂成本，更能有效地提升催化剂的性能。除了商用的炭黑外，近几年研究比较多的碳载体有碳纳米管、多孔碳、导电高分子以及石墨烯等。由于其尺寸小、较大的比表面积、高导电性和稳定性，碳纳米管在近几年的研究中频频出现。中国的 Xu 等人制备了 Au@ Pt/MCNT 催化剂并研究了其在碱性溶液中对甲醇的电催化氧化性能，发现它的电催化活性以及稳定性远远高于商用 Pt/C。加拿大的 Chen 等人研究了不同掺杂 N 含量的碳纳米管在负载 Pt 后甲醇氧化的差异，发现在一定范围内，Pt/N - CNTs 的电化学活性面积和稳定性随着 N 含量的增加均有所提高，远远高于商用 Pt/C，更为关键的是 N 的引入提高了催化剂对 CO 的氧化能力。石墨烯，典型的二维片层结构，独特的结构决定了它特有的性质，从 2004 年被英国两位物理学家发现后受到了广泛重视，也被越来越多的人应用到燃料电池催化剂的研发中。石墨烯负载贵金属纳米催化材料成为研究的热点。

## 二、基础数据分析

中国专利的检索在中国专利文摘数据库（简称"CNABS"）中进行，全球专利的检索在德温特世界专利索引数据库（简称 DWPI）中进行，检索截止时间为 2017 年 10 月 19 日。

燃料电池催化剂的检索要素为两个，分别为燃料电池和催化剂。关于燃料电池的检索要素表达方式，在 CNABS 数据库，该数据库经过自主加工，关键词"燃料电池"的表述非常准确，且能够避免不必要的噪音，因此，在 CNABS 中选择关键词"燃料电池"表达该检索要素。在 DWPI 数据库中，仅使用关键词 fuel cell 或者 fuel battery 表达该检索要素，由于关键词表述方式繁杂，因此借助分类号共同表述该检索要素。与燃料电池相关的分类有 H01M8/00 大组，涉及燃料电池及其制造分类号，分类号非常准确。另外相关分类号还有 H01M 4/00 大组，其涉及电极，该分类号中的电极不仅包括燃料电池中的电极，还包括例如锂电池电极等其他种类，因此，该分类号需要与关键词进行与运算以减小噪音，此部分检索式为（（H01M4/00；H01M4/98））/IC AND（fuel w（cell? or battery））/BI。

关于催化剂的检索要素表达方式，关键词的表述不够准确，且存在较大噪声，因此催化剂主要通过分类号进行表达。B01J20/00 大组至 B01J38/00 大组均涉及催化剂，但 B01J20/00 主要涉及用于催化剂的载体，与本综述设计的内容相差较远。因此，检索式中剔除 B01J20/00 组分类号，仅选取 B01J21/00 组至 B01J38/00 组进行检索。

在 CNABS 中的检索式为："燃料电池 and（b01j21/00：B01J38/74）/ic"，检索结果为：2299。

在 WPI 中的检索式及检索结果为：

| 1 | DWPI | 21504 | （（H01M4/00：H01M4/98））/IC AND（fuel w（cell? or battery））/BI |
| 2 | DWPI | 97884 | （（H01M8/00：H01M8/24））/IC |
| 3 | DWPI | 196359 | （B01J21/00：B01J38/74）/IC |
| 4 | DWPI | 103995 | 1 or 2 |
| 5 | DWPI | 5156 | 3 and 4 |

基于催化剂在燃料电池中的重要作用，高校、研究院所和大型企业纷纷介入了燃料电池催化剂的研究，并申请了大量的专利，图2 给出了国内专利申请基础数据分析情况。

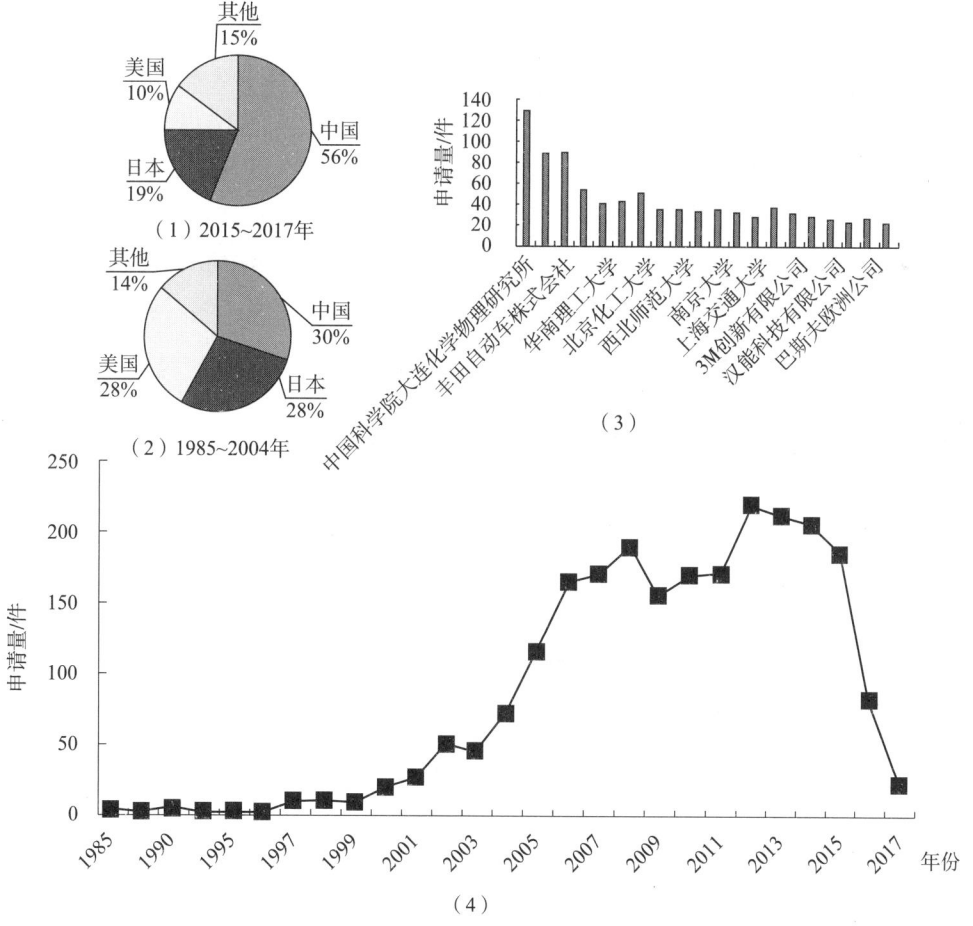

图2 燃料电池催化剂国内专利申请基础数据分析

由图2可以看出，早在1985年，我国就出现了关于燃料电池催化剂领域的专利申请，而自2004年开始，我国燃料电池催化剂领域的专利申请进入快速发展阶段。其中在1985～2004年，日本和美国的在中国的申请量占中国申请总量的56%，这反映了燃料电池催化剂领域在这两个国家发展较早，技术积累占该领域的领先地位。在2005年以后，燃料电池催化剂领域在中国的申请量有了较大变化，中国以56%的份额超越日本和美国跃居第一位，日本由上一时间段的28%的份额下降至19%，位居第二。排名第三的国家是美国，占总量的10%。由此可见，近年来中国在燃料电池催化剂领域投入了巨大的研发力量，同时也具有很强的专利保护意识。

由图2还可以看出，国际大型企业都非常重视在我国燃料电池催化剂领域的专利布局，韩国三星SDI株式会社、日本的丰田自动车株式会社、昭和电工株式会社、住友化学株式会社、美国的3M创新有限公司和德国巴斯夫公司都在我国申请了大量专利申请，我国的中国科学院大连化学物理研究所、华南理工大学、北京化工大学等高校和科研院所也很重视在该领域的专利布局，然而国内企业中只有汉能科技有限公司的专利申请量较大，达到了22件。这凸显了国内外燃料电池催化剂研究主体的差别，国外的研究主体在企业，而国内的研究主体则是高校和研究院所。

与国内专利申请相比，全球专利申请在1998年左右进入了快速发展阶段，此后2003年短暂下降，2004年之后进入持续的快速发展阶段，每年申请量都位置在300项专利申请左右（见图3）。值得关注的是，2004年之后，我国每年在燃料电池催化剂领域的专利申请在200项左右，也就是说有近1/3的专利申请未进入我国，这些未进入我国的专利申请值得国内的研究者们关注。

而在全球申请的区域分布上，日本的专利申请量以总共2530项处于遥遥领先的地位，其次是美国、中国和韩国。全球专利申请的重点申请人中，前10位中日本占据了8位。然而其中的8位申请人在国内的申请量均不是很多，我国的科研机构和企业可以关注这8位申请人即日本丰田、日产、松下、新日本石油株式会社、日本出光兴产、东芝、三菱、昭和电工在国外的申请情况。

燃料电池催化剂是近年快速发展起来的技术热点，是应用需求较为强烈的技术领域，因而展现了合作申请、多方申请较多的特点。以丰田株式会社为例，其在国内申请的总量有87项，其中单一以丰田株式会社申请的专利申请有49项，其余38项均为合作申请，涉及的合作申请人包括株式会社科特拉、日立麦克塞尔株式会社、日本国立大学法人高知大学、亥姆霍兹柏林材料与能源有限责任公司、UTC电力公司、奥迪股份公司、丰田北美设计生产公司、桑迪亚国家实验室管理者桑迪亚公司、巴拉德动力系统公司、日本国立大学法人宫崎大学、日本国立大学法人广岛大学、联合技术公司、日立造船株式会社、卡塔勒公司、田中贵金属工业株式会社，可见，其合作申请人有本国其他汽车企业、电力公司、本国高校、国外企业和国外研究所。

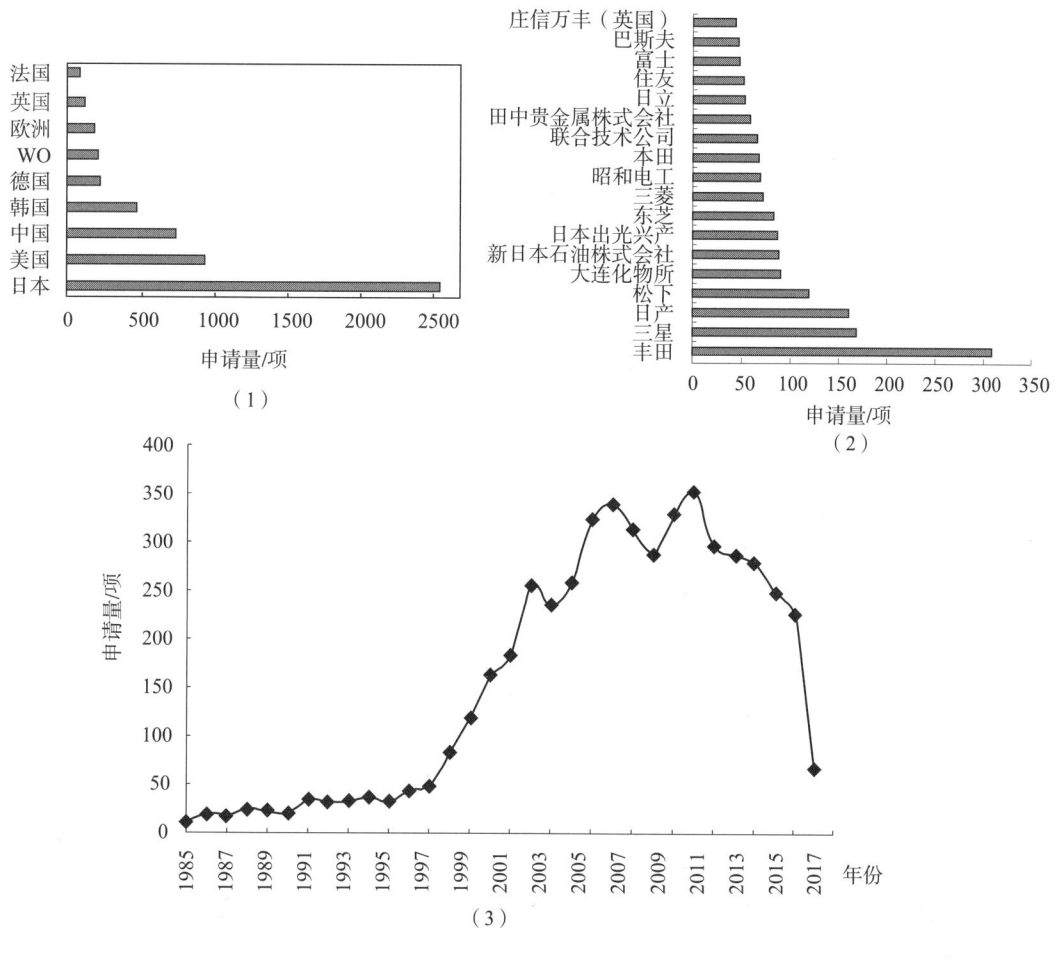

图3　燃料电池催化剂全球申请基本数据分析

　　申请量第一的我国申请人中国科学院大连化学物理研究所也和三星旗下的两家企业、上海汽车工业集团下属的两家企业有多项联合申请，这充分体现了燃料电池催化剂领域是一个受到多行业的企业、研究院所广泛关注的领域。下面对于重点申请人中国科学院大连化学物理研究所和日本丰田株式会社做重点分析。

## 三、铂基催化剂技术路线演进分析

　　在燃料电池中，催化剂承担加速电池阳极和阴极电化学反应的作用，高活性催化剂是电池性能的保证。铂是这一领域中应用最早的催化剂。为了提高铂的利用率，增强铂的催化活性是催化剂研究的重点。此外，由于铂成本太高，因此，如何降低燃料电池催化剂成本是该领域的另一个研究重点。通过对国内燃料电池领域329篇铂基催化剂专利的具体分析，得到如图4所示的铂基催化剂演进路线。

新能源电池

机器人

高档数控机床

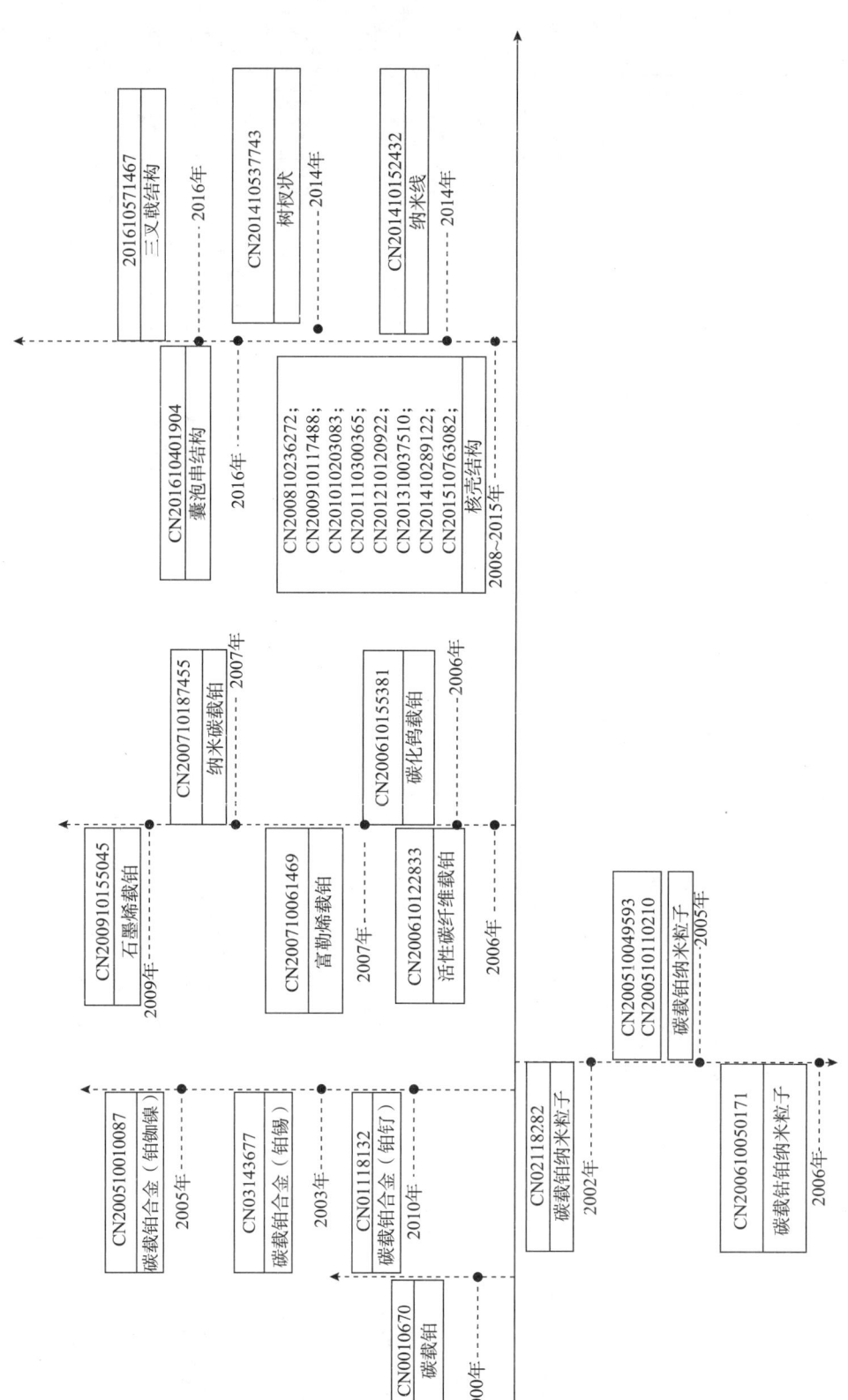

图 4　铂基催化剂技术演进路线

由图 4 可知，铂基催化剂的发展大致经历了碳载铂——碳载铂合金——活性组分纳米化——载体多样化——活性组分结构变化的发展路程。以下将以专利列举的方式描述具体发展阶段。

### （一）碳载铂

最初的催化剂构成一般采用碳作为载体，纯铂作为活性组分。例如专利申请 1（申请号：CN00106170，申请人：清华大学），其是一种用于质子交换膜燃料电池电极催化的 Pt/C 催化剂制备方法。

该方法的是将碳载体（XC-72）在使用前在 $CO_2$ 气氛中活化处理，具体步骤包括：①碳载体（XC-72）置于流动的 $CO_2$ 气氛中加热到 350~900℃活化处理 1~12 小时；②用沉淀法把 Pt 负载到经上述步骤活化的碳载体上，从而得到 Pt/C 催化剂。所得到的 Pt/C 催化剂制成的质子交换膜燃料电池电极催化剂具有很高的电催化活性。

### （二）碳载铂合金

由于铂价格昂贵，为了节约成本，开始研究 Pt 合金代替纯 Pt，例如 Pt-Ru 合金、Pt-Sn 合金、Pt-Rb-Ni 合金等。这些利用 Pt 合金作为活性组分的催化剂普遍具有较高的活性，并且铂用量减少，明显降低成本。

专利申请 1（申请号：CN01118132，申请人：清华大学）是一种抗一氧化碳中毒 Pt-Ru 电催化剂的制备方法，首先将氯铂酸盐转化为 Pt 的亚硫酸盐，使 Pt 的亚硫酸盐水溶液与 $H_2O_2$ 作用产生 Pt 的胶体溶液；$RuCl_3$ 水溶液于酸性条件下加入上述 Pt 的胶体溶液中，形成 Pt 利 Ru 混合胶体溶液；经过超声处理的碳载体加入上述混合胶体溶液中，经处理即得到 Pt-Ru/C 催化剂。制备的催化剂用作质子交换膜燃料电池电极催化剂，其在 CO 含量高达 100ppm 下仍具有很高的催化活性。

专利申请 2（申请号：CN03143677，申请人：中国科学院大连化学物理研究所）是一种将化学能转变成电能的质子交换膜类燃料电池阳极催化剂。在低温直接乙醇质子交换膜燃料电池中使用后，低温燃料电池将乙醇在阳极直接氧化成二氧化碳，同时释放出电子，实现化学能和电能的高效转换。该专利采用价格低廉、储量丰富的锡调变贵金属催化剂铂，即使在减少铂阳极载量的情况下，直接乙醇燃料电池的性能也有显著的改善。

专利申请 3（申请号：CN200510010087，申请人：哈尔滨工业大学）是一种燃料电池中 Pt-Ru-Ni/C 催化剂的制备方法，目的是为解决现有电池催化剂价格昂贵，资源有限的问题。制备方法包括以下步骤：将经过亲水处理的碳载体加入到去离子水和异丙醇的混合溶液中，将 Pt、Ru 和 Ni 前驱体加入到分散均匀的含碳浆液中；将碳载 Pt、Ru 和 Ni 前驱体浆液调节 pH 为 3~10；将获得的浆液升温到 50~90℃，加入硼氢化物还原剂（$NaBH_4$）还原 1~5 小时；将 Pt-Ru-Ni/C 催化剂用超纯水反复清洗，去除干扰离子；

所得 Pt－Ru－Ni/C 催化剂在 80～130℃真空条件下干燥 1～6 小时。该制备方法具有如下优点：对醇类电催化氧化有很高的活性，减少了贵金属的用量、降低了燃料电池的成本、工艺简单、所用材料资源丰富、价格低廉。

### （三）活性组分纳米化

经历活性组分的组成变化以后，本领域科研人员开始在活性组分的粒径上进行探索，发现其也能够增强催化剂的活性，作为活性组分的铂或铂合金都开始向纳米化发展。

专利申请 1（申请号：CN02118282，申请人：中国科学院长春应用化学研究所）是一种聚合物电解质膜燃料电池阴极纳米 Pt/C 电催化剂的制备方法。该制备方法利用氯化铵、氯化钾、溴化铵、溴化钾、碘化铵或碘化钾作为氯铂酸的锚定物，实现了氯铂酸还原所得的铂粒子在活性炭孔隙内与表面上的均匀分布，并且 Pt 的粒径均一，直径为 4±0.5 纳米，是一种简便的制备纳米 Pt/C 电催化剂的新方法。该电催化剂对氧还原的催化性能与 E－TEK 公司的相应 Pt/C 电催化剂相当。

专利申请 2（申请号：CN200610050171，申请人：浙江大学）是一种碳负载中空的钴—铂纳米粒子电催化剂，负载在碳载体上的纳米粒子为中空结构，中空结构的内层是金属 Co，外表层是金属 Pt。其制备步骤如下：①将钴盐溶解在去离子水中，加入稳定剂，通入氮气除去溶液中的氧；②在氮气保护下，逐滴加入硼氢化钠溶液，反应 30～50 分钟使溶液中的钴离子还原为金属纳米粒子，再逐滴加入铂盐溶液，反应 30～60 分钟；③加入纳米碳载体搅拌 1～2 小时，经过滤、洗涤、烘干，获得中空的 Co－Pt/C 纳米电催化剂。该碳负载中空 Co－Pt 纳米粒子电催化剂，不仅可提高贵金属铂的利用率，而且比一般的实心 Pt/C 电催化剂具有更好的电催化性能，在燃料电池中具有广泛的应用。

### （四）载体多样化

在这一阶段，科研人员开始尝试载体的变化对催化剂性能是否具有影响。从单一的碳开始向活性碳纤维、碳化钨、富勒烯、石墨烯等发展，本领域技术人员发现载体的改进也能够促进催化剂活性的提高。

专利申请 1（申请号：CN200610122833，申请人：中山大学）是一种应用于燃料电池，特别是质子交换膜燃料电池和直接甲醇燃料电池的活性碳纤维 Pt 载的电催化剂及其制备方法。该活性碳纤维载 Pt 电催化剂由发育丰富微孔的活性碳纤维负载纳米金属 Pt 微粒组成，其中金属 Pt 的重量占该活性碳纤维载 Pt 电催化剂总重量的 2%～50%。该电催化剂的制备主要利用活性炭纤维强的还原作用，将铂离子吸附至活性碳纤维表面，并还原为金属 Pt，使纳米尺寸的金属 Pt 颗粒均匀地分散在活性碳纤维载体表面。若使活性碳纤维预先吸附一定量的助还原剂如甲醛、水合联氨等，将能提高铂离子的还原转化率。

专利申请 2（申请号：CN200610155381，申请人：浙江工业大学）是一种碳化钨载铂催化剂及其制备方法。所述碳化钨载铂催化剂的形貌为具有介孔结构空心球状的粉末颗粒，其制备方法为：将质量比为 1∶0.02～2 的偏钨酸铵和铂金属盐溶于蒸馏水，配制成含偏钨酸铵 2.5wt%～50wt% 的混合水溶液，再将所述的混合水溶液导入喷雾干燥器中进行喷雾干燥，获得空心球状 $H_2WO_3$/铂金属盐颗粒前驱体；然后将所得的空心球状 $H_2WO_3$/铂金属盐颗粒前驱体进行焙解、还原碳化反应，待反应完毕，在惰性气体的保护下将产物冷却至室温，得到所述的碳化钨载铂催化剂。制备工艺简单，工艺控制简捷。制备得到的 Pt/WC 催化剂作为电化学析氢和燃料电池的电催化剂具有广泛的应用前景。

专利申请 3（申请号：CN200710061469，申请人：太原理工大学）是一种富勒烯载Pt 催化剂的原位合成法，该方法是将氯铂酸与去离子水制成氯铂酸溶液，置于容器中，再将阴极和阳极浸没于液面下使其通电起弧，电弧放电使阳极蒸发提供富勒烯结构生长的碳源，同时盐溶液中金属阳离子还原生成 Pt 金属颗粒，负载在富勒烯结构表面，停止放电，冷却后收集产物，干燥得到富勒烯载 Pt 催化剂。该方法的创新之处在于，在富勒烯结构生成的同时将 Pt 担载在碳材料表面上，实现了富勒烯载 Pt 催化剂的原位合成，经过检测，该富勒烯载 Pt 催化剂对甲醇氧化具有优良的催化活性，而且工艺简单易控，应用前景十分诱人。

专利申请 4［申请号：CN200710187455，申请人：北京化工大学，蓝星（北京）化工机械有限公司］是一种纳米碳纤维载铂催化剂的制备方法，通过对纳米碳纤维表面进行混酸处理，在碳纤维表面引入极性基团，使其成为 Pt 纳米粒子的生成场所；此外，该方法采用乙二醇化学还原的方法制备得到 Pt/纳米碳纤维的复合材料，颗粒分布比较均匀，Pt 纳米粒子的粒径 3～5nm，Pt 的含量为 10wt%～40wt%，Pt 均匀分散在载体的表面，在离子膜电解槽或燃料电池具有良好应用前景，从而推进现代化工业发展。

专利申请 5（申请号：CN200910155045，申请人：浙江大学）是一种铂/石墨烯纳米电催化剂是以石墨烯为载体，以铂为活性组分，催化剂中铂的质量分数为 10wt%～40%。制备步骤如下：①将氧化石墨纳米片超声分散在液体的多元醇中，然后加入氯铂酸溶液和醋酸钠溶液，充分混合均匀，混合物中氧化石墨纳米片含量为 0.48～1.3g/L，氯铂酸的浓度为 0.0005～0.005mol/L，醋酸钠的浓度为 0.007～0.013mol/L；②将该混合物转移到微波水热反应釜中，微波加热反应 5～10 分钟后，经过滤、洗涤、烘干，得到铂/石墨烯纳米电催化剂。

### （五）活性组分结构变化

近几年，燃料电池催化剂的研究开始转向活性组分的结构变化，核壳型是出现最早和延续时间最长的结构，同时，还有纳米线、树枝状、囊泡串等多种结构。因为这是这一领域的最新技术变化，所以下文将对此进行具体分析。

## 四、Pt 基催化剂结构形态分析

通过以上对 Pt 基催化剂技术路线演进的分析，可以看出针对 Pt 基催化剂结构形态的研究成为当前研发人员主要关注的方向，因此，接下来将从 Pt 基纳米催化剂的结构方面对国内 Pt 基催化剂专利申请情况进行分析。

### （一）专利申请量逐年分布

由图 5 中可以看出针对燃料电池 Pt 基催化剂结构的研究的专利申请始于 2006 年。2006 年，纳米线、纳米花、核壳结构和中空结构开始有了相关申请，多面体结构的申请始于 2007 年，纳米棒、枝状结构和多孔贵金属相关申请则始于 2008 年。从申请的持续性来看，针对纳米棒、纳米花、多面体、中空结构、枝状结构和多孔结构的申请时断时续，而针对纳米线和核壳结构的申请一直保持稳定。从申请量角度来看，针对纳米线和核壳结构的申请量较大，针对纳米线结构的申请量一直保持较多且稳定，针对核壳结构的专利申请量从 2011 年起则稳步上升，申请量明显远超其他结构，这主要是由于核壳结构的纳米金属颗粒具有特殊的表面电子结构，以及核壳之间存在特殊的相互作用，在电催化领域可展现出更高的活性及稳定性[8]。

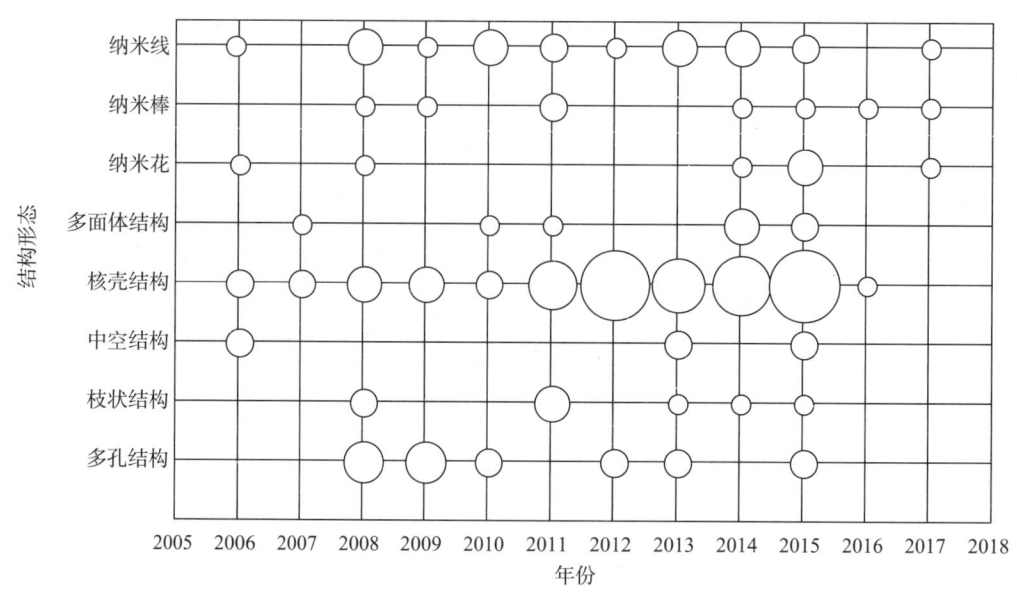

**图 5　Pt 基催化剂结构形态分布及其变化趋势**

### （二）纳米线结构

一维的生长使得晶体优先暴露低指数晶面和低能量晶面，对 Pt 来说，低能量晶面（100）和（111）晶面对氧气电还原反应活性是最好的。一维纳米结构的催化剂可以作为自支撑催化剂，不需要碳支撑载体。因而一维结构的纳米催化剂已经成为燃料电池催化剂的一个卓越的选择，特别是一维超细纳米结构材料具有新颖的光、电、磁特性[9]。

针对 Pt 基催化剂纳米线结构的申请最早是专利申请 1（申请号：CN200610064098，申请人：三星 SDI 株式会社）提供用于燃料电池的催化剂，其包括 Pt 纳米线和担载该 Pt 纳米线的碳基材料。该专利改善了初始湿法工艺来制备包括具有纳米线形状的 Pt 催化剂，增加了载体上担载的催化剂的量并改善了催化剂的活性和导电性。

专利申请 2（申请号：CN201110048729，申请人：中国科学院长春应用化学研究所）以甲酸为还原剂，通过控制甲酸与氯铂酸的反应速度使 Pt 原子以较慢的速度生成，从而实现定向生长，得到分布均匀、分散均匀的一维 Pt 纳米线结构。

专利申请 3（申请号：CN201510034027，申请人：燕山大学）公开了一种藤缠树结构 Pt－Rh 合金纳米催化剂，其结构为：中间由一根 Pt－Rh 纳米线构成骨架，纳米线无分支，直径均一，为 1.5～2nm，长达数微米；纳米线骨架周围沿轴向方向环绕着呈螺旋结构排布的 Pt－Rh 合金纳米粒子。该申请采用处理胰岛素原粉后得到的中空螺旋结构的胰岛素纤维作为控制模板，通过将胰岛素纤维与四氯化铂及三氯化铑的混合水溶液共孵化，结合超声辅助共还原处理即可制得。该催化剂结合了纳米线和纳米粒子的优势，具有很高的电催化活性及抗一氧化碳中毒能力。

### （三）纳米棒结构

超细的 Pt 纳米棒由于其纳米级的直径可以获得高的 Pt 活性表面积；而且 Pt 纳米棒具有各向异性的形貌，可以提高质量输运和催化剂利用率[10]。

专利申请 1（申请号：CN200810116406，申请人：国家纳米科学中心）公开了一种 Au 核/AgPt 合金壳结构的岛状多孔三金属纳米棒，为一种由圆柱状 Au 纳米棒内核，和包覆于所述圆柱状 Au 纳米棒内核外表面的岛状多孔 AgPt 合金壳构成的 Au 核/AgPt 合金壳结构；Au 核/AgPt 合金壳结构的岛状多孔三金属纳米棒对甲醇氧化具有更高的催化活性和更强的抗中毒能力，为合成其他三金属或多金属纳米颗粒提供一种新途径。

### （四）纳米花结构

花状的纳米粒子一般是由单个具有一定形貌的纳米 Pt 聚集而成，或者是先以一个球形的晶核，通过控制 Pt 在晶核上的生长而形成花状形貌的 Pt 粒子。花状的纳米 Pt 粒子内部结构不仅使粒子在电解液中不易溶解，而且大大提高了单位空间的吸附位点，所以花状的纳米 Pt 结构表现出很好的稳定性和催化活性[11]。

针对花状纳米 Pt 催化剂的最早申请为专利申请 2（申请号：CN200610112920，申请人：北京科技大学）。该申请采用脉冲电沉积法，将 Pt 直接沉积在活性炭黑与离子乳液混合的载体上。通过调整前驱体的初始浓度以及脉冲电沉积的电流密度、电流的通断时间比、脉冲频率等控制参数，在活性炭黑/离子乳液载体上制备出形貌为花状多孔纳米团簇且具有较大比表面积，从而具备高甲醇电氧化催化活性的 Pt 催化剂金属粒子。

专利申请3（申请号：CN200810051458，申请人：中国科学院长春应用化学研究所）以柠檬酸钠保护的 Au 纳米粒子为种子，通过在 Au 纳米粒子表面进一步生长花状的 Pt 壳制备单分散花状 Au/Pt 杂化纳米粒子。制备方法简单、方便，为合成高质量不同粒径的单分散花状 Au/Pt 杂化纳米粒子提供了一条切实可行的途径。

### （五）纳米多面体结构

与球状粒子相比，规则的多面体 Pt 单晶是由一系列的固定晶面组成，如八面体主要由八个 {111} 面组成，立方体主要由六个 {100} 晶面组成。规则的多面体 Pt 粒子暴露了一系列的优势晶面，所以在电化学催化中表现出了良好的催化活性；而不规则的多面体 Pt 纳米单晶是由高指数的晶面组成。这些高指数晶面含有大量的原子台阶和悬挂键使其表现出极好的催化活性和稳定性；但不规则形状的多面体 Pt 单晶的表面能都非常高，所以难以通过普通的化学方法得到[11]。

针对纳米多面体结构最早的申请专利申请 1（申请号：CN200710008741，申请人：厦门大学）采用方位电波法制备得到粒径为 5～300nm 的 Pt 二十四面体纳米晶体催化剂，该催化剂不仅催化活性高，热稳定性和化学稳定性好，在燃料电池中对甲酸和乙醇等有机小分子的氧化反应表现出优良的催化活性；而且其晶形的一致性好，晶形美观。

最新申请则是由昆明贵研催化剂有限责任公司于 2015 年 7 月 20 日申请的专利申请 2（申请号：CN201510424337，申请人：昆明贵研催化剂有限责任公司）。该申请以乙酰丙酮铂与乙酰丙酮镍为金属盐前驱体，选择 N，N – 二甲基甲酰胺（DMF）为晶面生长控制剂，通过加热还原获得形貌规整的 PtNi（111）单晶八面体纳米粒子，提高氧还原催化活性的同时，降低了 Pt 的含量，提高 Pt 原子的利用率。

### （六）核壳结构

核壳结构的性质并不是所添加金属属性的简单叠加，通过添加特定的壳层，可调变纳米粒子所带的电荷，还可在其表面进行官能团修饰，增加粒子的稳定性和分散性。通常将 Pt 作为壳，其他金属作为核，催化过程中，表面层的 Pt 被充分利用，极大地提高了 Pt 的利用率，降低了催化剂的成本。目前主要的制备方法有电化学沉积法、共还原法等[11]。

专利申请 1（申请号：CN201110428209，申请人：中国科学院大连化学物理研究所）是以担载型的非 Pt 或低 Pt 金属纳米粒子作为催化剂前驱体，利用弱还原剂，在非 Pt 或低 Pt 金属表面沉积铂，制备得到的核壳结构催化剂具有较小的粒径，均匀的粒径分布，同时在载体上具有较好的分散性。该催化剂同时可以提高 Pt 的利用率，降低 Pt 的用量，对氧还原反应表现出较高的催化活性。

专利申请 2（申请号：CN201510863851，申请人：中国科学院大连化学物理研究所）采用氢气为还原剂，在一种能吸附氢气的金属纳米颗粒表面还原包含 Pt 族金属元素的一种或一种以上的金属元素，得到表面被 Pt 族金属包覆的核壳结构的金属纳米颗粒。

核壳结构催化剂不再拘束于单元核壳结构，更趋向于多元组成核 - 夹层 - 壳发展，过渡金属被更多的掺杂于 Pt 形成核壳结构催化剂，其目的是直接增加 Pt 活性位点，或弱化 Pt 与反应中间物之间的作用，释放更多活性位点，以提高催化活性，并降低 Pt 载量[12]。

### （七）中空结构

中空结构是一类核为空心的特殊的核壳结构纳米材料，与实心纳米材料相比，它具有高的比表面积、低密度、良好的表面渗透性和稳定的机械性质，通过选择合适的制备和去核的方法，调节反应条件，可以制备出符合需要的各种尺寸和形貌的空心结构纳米材料[13]。中空结构的制备方法通常分为硬模板法、软模板法、牺牲模板法和无模板法。

专利申请 1（申请号：CN200610050171，申请人：浙江大学）申请采用无模板法制备得到碳负载中空的 Co - Pt 纳米粒子电催化剂，负载在碳载体上的纳米粒子为中空结构，中空结构的内层是金属 Co，外表层是金属 Pt。

专利申请 2（申请号：CN201310582377，申请人：通用汽车环球科技运作有限责任公司）采用牺牲模板法制备中空 Pt 或 Pt 合金催化剂，首先形成多个低熔点金属纳米颗粒，再将 Pt 或 Pt 合金涂层沉积到所述低熔点金属纳米颗粒上，以形成 Pt 或 Pt 合金涂覆的颗粒。然后除去所述低熔点金属纳米颗粒以形成多个中空 Pt 或 Pt 合金颗粒。

专利申请 3（申请号：CN201510572192，申请人：重庆大学）采用硬模板法，利用二氧化硅的固形与限域作用，控制聚合物前驱体的热解损失及热处理形貌转换，高温热解借助 Pt 和过渡金属的表面偏析效应一步合成合金纳米粒子与氮掺杂碳修饰层，构筑氮掺杂碳包覆中空合金纳米粒子的低 Pt - 非金属复合结构催化剂。

### （八）枝状结构

枝状结构由于其独特的表面结构而特别吸引人，枝状结构的参数控制允许调节比表面系数和表面的原子台阶、突起和缺陷等，可以显著影响催化活性的因素[14]。晶种引入法是制备枝状形貌的 Pt 纳米晶的常用方法，在引入多面体晶种的基础上，通过调节还原速率控制生长，以及一些其他金属离子或有机溶剂的辅助晶体沿着晶核的各个晶面的边角各向异性生长，得到多分枝形貌的晶体[11]。

专利申请 1（申请号：CN201110435917，申请人：中国科学院大连化学物理研究所）首先利用强还原剂制备了纳米枝晶状 Ir，然后利用弱还原剂在 Ir 的表面沉积铂，得到的 IrPt 核壳结构催化剂具有纳米枝晶形貌。

### （九）多孔金属材料

多孔材料属于三维材料，其具有自支撑、开放结构、高比表面积、三维双连续等优点，同时兼具块体材料与纳米材料的性质从而表现出特殊的固有性质，因此受到研究者的广泛关注，被认为极有可能解决电催化剂应用中所面临的问题[15]。

新能源电池

机器人

高档数控机床

专利申请1（申请号：CN201310014586，申请人：山东大学）采用机械合金化处理，得到 Al－Pt－X 合金粉末；将 Al－Pt－X 合金粉末依次在碱性溶液和酸性溶液中进行脱合金化处理，选择性去除其中的 Al 元素和部分的 X 元素，从而得到核壳型纳米多孔 Pt 基合金催化剂，得到的纳米多孔 Pt 基合金尺寸较小，为核壳型纳米多孔结构，具有很高的比表面积。

专利申请2（申请号：CN201210067748，申请人：中国人民解放军国防科学技术大学）采用单辊甩带法制备 $Pt_mSi_{100-m}$ 母合金条带，以 $Pt_mSi_{100-m}$ 母合金条带为工作电极，采用三电极法建立电化学工作站，采用阳极氧化法将 Si 基体溶解制备得到纳米多孔 PtSi 材料，用作甲醇燃料电池阳极催化剂，无须载体支撑，电化学催化活性高。

综上，基于催化剂形貌改性的研究主要集中于如何扩大催化剂的比表面积、促使高活性面的暴露以及增强金属间的协同效应，随着制备技术的不断创新以及理论的不断深入，相关研究已经取得了长足的进步，但高活性面的生长以及如何进一步提高催化剂利用率仍是摆在研究者面前的难题[16]。

## 五、金属络合物催化剂专利申请分析

金属络合物催化剂也是常用的一种燃料电池催化剂，其申请量较高，长期受到研究者的关注。

目前受到最广泛关注的非 Pt 催化剂是金属负载的氮掺杂催化剂，其研究开始于过渡金属大环化合物，其中以含有 $MN_4$ 结构的金属卟啉和金属酞菁为主。过渡金属大环化合物催化剂具有良好的催化活性，并且在酸性溶液中有着环境友好、寿命长等优点，被看作是燃料电池 Pt 基催化剂最有潜力的替代者之一[17]。图6为金属络合物催化剂的技术演进路线。

### （一）过渡金属大环化合物催化剂

我国在 1995 年出现了过渡金属大环化合物用于燃料电池电极的专利申请，然而，此类过渡金属大环化合物在酸性介质中不稳定，不能在燃料中实际应用。直到 2002 年，中国专利申请 CN02135326 和 CN02135327 中公开了一系列桥联面面结构的双卟啉金属和取代卟啉金属配位化合物来用作氧还原电催化剂，具有生物酶类似结构，稳定的分子结构可使催化剂的寿命延长。

专利申请1（申请号：CN95104915，申请人：中国科学院长春应用化学研究所）属于热修饰法制备高稳定催化氧还原的电极。该申请选用四苯基卟啉铁（或钴）作催化剂，在玻璃碳表面对金属卟啉进行热修饰用一步法将活性催化中心接着在电极上，所得电极对氧还原反应具有高的催化活性和稳定性。

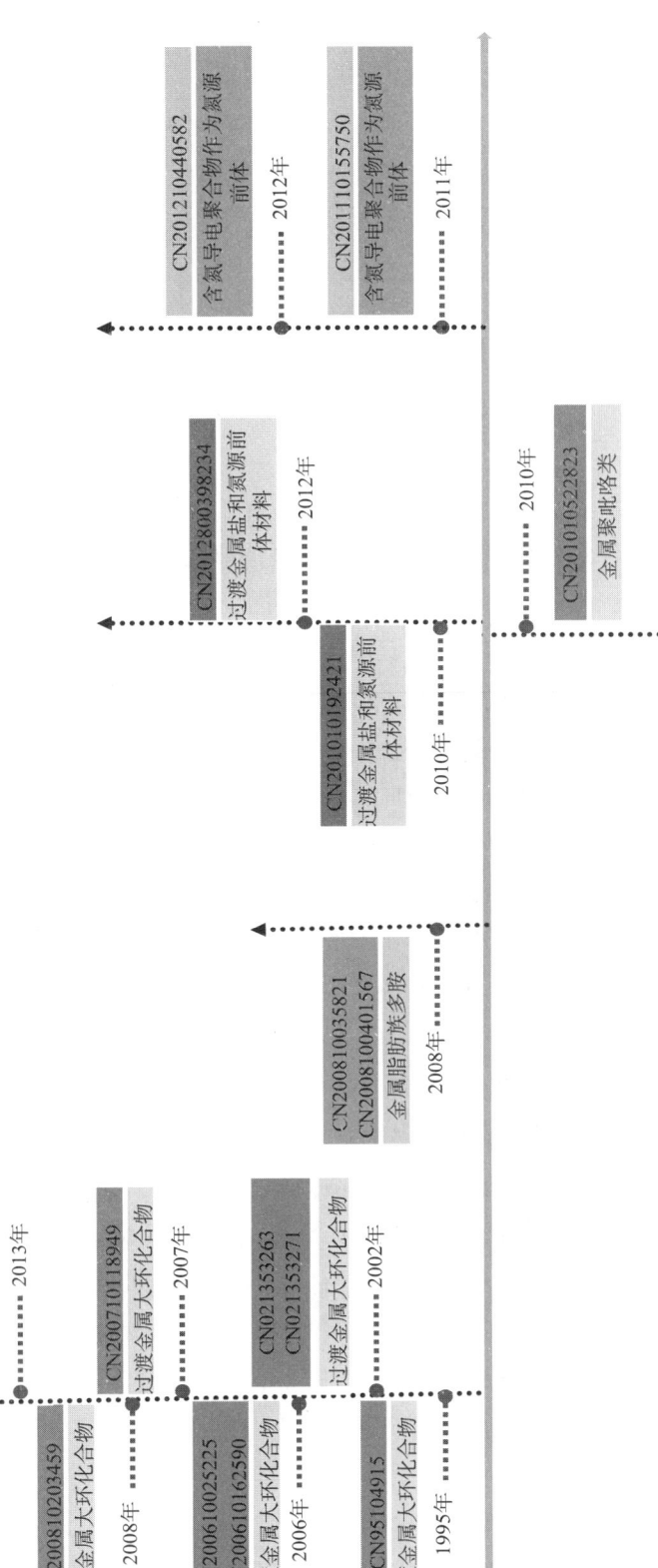

图 6　金属络合物催化剂技术演进路线

新能源电池

机器人

高档数控机床

专利申请 2（申请号：CN02135326，申请人：山东理工大学）采用桥联面面结构双卟啉金属配位化合物。该配位化合物是模拟生物酶催化剂设计合成的，具有两个可同时吸附分子氧两端的催化活性中心的含氮大环金属配合物；可催化分子氧发生 4e⁻ 还原的含氮大环金属配合物。其用途是用于直接甲醇燃料电池的阴极催化剂。

专利申请 3（申请号：CN02135327，申请人：山东理工大学）涉及一种新的取代卟啉金属配位化合物，其特征在于具有如下结构通式：

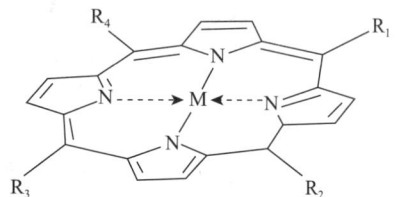

式中：$R_1$、$R_2$、$R_3$、$R_4$ 分别为具有芳香性的取代基，可以相等也可以不等，M 为过渡金属离子或稀土离子。该化合物是模拟生物酶催化剂设计合成的，具有催化分子氧发生 4e 还原的含氮大环金属配合物。其用途是用于直接甲醇燃料电池的阴极催化剂。在随后的研究中发现，对过渡金属大环化合物经过惰性气氛下的热处理，可以显著提高其氧化还原活性和稳定性。过渡金属（包括 Cr、Fe、Mn、Ni、Co 等）的大环化合物，如四苯基卟啉（TPP）、四甲氧基苯基卟啉（TMPP）、酞菁（Pc）等螯合物作为低温燃料电池的电催化剂被广泛研究，结果表明影响该类电催化剂催化活性的主要因素有中心原子过渡金属的种类、催化剂制备过程中含前体的种类、热处理温度等。

专利申请 4（申请号：CN200610025225，申请人：上海交通大学）涉及一种碳载钴卟啉氧还原催化剂的制备方法，首先将炭黑充分干燥后进行高能球磨，然后用 30wt% $H_2O_2$ 或 6mol/L $HNO_3$ 进行预处理；再将卟啉单体、醋酸钴和预处理过的碳黑加入冰醋酸中，在超声中混合均匀，然后置于带回流冷凝装置的微波反应器中加热反应，得到催化剂前驱体；将催化剂前驱体在氩气保护下，在温度为 500～1000℃ 热处理 2～4h，得到碳载钴卟啉氧还原催化剂。该方法由于采用微波法将传统有机合成方法中的金属卟啉的合成与碳载体的负载两个制备过程合成一个过程，简化了反应过程，缩短了制备时间，大大节省了催化剂制备所需的人力和物力，有利于催化剂的商业化。

专利申请 5（申请号：CN200710118949，申请人：北京工业大学）涉及一种卤素取代双核酞菁铁氧还原催化剂及其制备方法属于电池材料科学技术领域。针对单核酞菁配合物作为氧还原催化剂稳定性差的问题，其方法包括以下步骤：将卤代邻苯二甲酸酐，均苯四甲酸酐，FeCl₂·4H₂O，尿素及钼酸铵混合物均匀磨细，反应物摩尔比为卤代邻苯二甲酸酐：均苯四甲酸酐：$FeCl_2·4H_2O$：尿素为 6：1～1.5：2～3：20～40；在 100～190℃反应 1～3h 后，200～270℃ 内继续反应 2～4h，产物依次用氨水溶液、稀盐酸和水洗涤后烘干得粗产物；分别用乙醇和四氢呋喃萃洗至无色，经柱色谱方法进一步纯化得卤素取代双核酞菁铁。不仅催化活性高，稳定性好，可实现高效氧还原的 $4e^-$ 过程。

金属－氮－碳材料最常用的制备方法是将前驱物负载在碳黑、氧化物或活性炭等高比表面积载体上然后进行热解的负载热分解方法，虽然该方法能够提高材料的比表面积，但载体的存在不可避免地使金属－氮－碳物质局限于材料表面，限制具有催化活性金属－氮－碳材料的负载量，减少材料总体氮密度，降低金属的最佳使用量。

专利申请6（申请号：CN201310143780，申请人：华东师范大学）提出一种有序介孔非贵金属－氮－石墨化碳材料的制备方法，该方法以介孔氧化硅为硬模板，金属卟啉为前驱物，通过纳米浇筑高温焙烧硬模板制备有序介孔非贵金属－氮－石墨化碳材料。所得材料具有高氮密度的同时保持较高的比表面积和良好的分散性，而且孔径可调，规则的孔道结构有利于电极内的物料传输，大大提高了催化活性位密度。其所得材料与传统燃料电池阴极材料相比，催化性能好，成本低，稳定性好，避免了直接甲醇燃料电池的交叉效应，有良好的商业应用前景。

专利申请7（申请号：CN201510781630，申请人：无锡清杨机械制造有限公司）提出一种介孔碳化钨载金属卟啉氧还原催化剂的制备方法，具体制备方法如下：将含偏钨酸铵 2.5wt% ~ 50wt% 的水溶液中加入卟啉单体、金属前驱体混合；将混合水溶液搅拌下导入喷雾干燥器中进行喷雾干燥，得到空心球状卟啉单体/金属前驱体/氯铂酸颗粒前驱体；以甲烷和氢气混合气为还原碳化气氛，将所得到的空心球状卟啉单体/金属前驱体/氯铂酸颗粒前驱体进行焙烧，待反应完毕，在惰性气体的保护下将产物冷却至室温，经研磨过筛，得到介孔碳化钨载金属卟啉氧还原催化剂。该制备方法简单并有效，对于高性能的催化剂制备具有十分重要的发展前景。

目前来说，金属大环化合物催化剂已展现出很多优点，但仍面临很多问题，诸如卟啉或酞菁类等金属大环化合物的制备过程比较复杂，商品价格较高，合成方法复杂、制备路线烦琐等问题有待解决，用这一方法制备的催化剂在催化活性和稳定性方面与铂基催化剂也有差距。

### （二）金属脂肪族多胺催化剂

针对目前金属大环化合物催化剂合成方法复杂制备路线烦琐及制备成本较高等问题，人们开始转向开发和研究脂肪族多胺来取代金属大环化合物中昂贵的大环部分，脂肪族多胺是一类含有多氨基或亚氨基的长链脂肪族化合物，其原料价格低廉来源广泛，能够大批量生产，可以在很大程度上解决燃料电池铂催化剂的资源匮乏和高成本等问题[17]。

专利申请1（申请号：CN200810035821，申请人：上海交通大学）提出一种氧还原电催化剂及其制备方法，为一种负载型催化剂，由过渡金属三乙烯四胺螯合物和碳黑载体组成，其中过渡金属三乙烯四胺螯合物由过渡金属盐与三乙烯四胺反应得到。这种氧还原电催化剂使用了结构简单、价格低廉的三乙烯四胺，克服了传统用的大环化合物卟啉和钛菁及其衍生物，其制备工艺简单、成本低、环境友好、催化活性较好，氧还原峰电位为 0.6745［vs. 标准氢电极（NHE）］，氧还原峰电流为 1.493mA/m²，稳定性较高，循环 24 小时后氧还原催化性能没有明显的下降。该氧还原电催化剂可应用于质子交换膜燃料电池、直接醇类燃料电池和金属—空气电池阴极材料等领域。

专利申请 2（申请号：CN200810040156，申请人：上海交通大学）提出一种燃料电池用氧还原催化剂及其制备方法，为一种负载型催化剂，由过渡金属螯合物和碳黑载体组成，其中过渡金属螯合物由过渡金属盐与二乙烯三胺反应得到。过渡金属螯合物分子内含有 $MN_3$ 结构（M 为过渡金属，N 为氮原子），为催化氧还原反应提供活性位。该催化剂以价格低廉的二乙烯三胺为原料，克服了传统的金属卟啉和金属酞菁等大环化合物氧还原催化剂的原料成本高和不适宜大规模工业化生产的问题，具有制备工艺简单、条件温和、过程安全和成本低等优点，其催化性能与金属卟啉氧还原相当，而且有较好的抗甲醇氧化性能，可用于燃料电池的阴极氧还原反应。

### （三）过渡金属盐和氮源前体材料

金属大环化合物催化剂合成过程中需要进行热处理以提高催化剂的稳定性，但是热处理能够破坏金属大环化合物的结构，研究者提出不必使用较贵的金属大环化合物，$M-N_x/C$ 活性结构的形成可以由廉价的过渡金属盐与氮源前体材料替代，这种方法的优点是它可以以常见的无机盐、碳材料及含 N 的化合物为前体，降低了催化剂的成本。

专利申请 1（申请号：CN201010192421，申请人：重庆大学）提出一种非贵金属燃料电池氧还原电催化剂为下述方法所得到的产物，①乙炔黑预处理;②机械研磨:将质量比为 1∶2∶10 的氯化钴（$CoCl_2 \cdot 6H_2O$）、氮源（三聚氰胺或六次甲基四胺）、炭黑（乙炔黑或 VulcanXC-72R），混合于研钵中进行机械研磨 30 分钟，达到均匀分散;③热处理:在氮气保护下采用分段式升温的方式进行，即每升温 100℃，保持 10 分钟后再升温，依此类推，最后在所需温度下（500~900℃）保持 1~5 小时后停止加热;待其自然冷却到室温后关闭氮气。其所用原料价格低廉，极大降低了氧还原催化剂的制作成本。该方法简便易行，适合于催化剂的规模化生产制备。

专利申请 2（申请号：CN201280039823，申请人：STCUNM 公司）提出一种利用牺牲性载体方法和廉价易得的聚合物前体作为氮和碳的来源制备 M-N-C 催化剂的方法。示例性聚合物前体包括不具有初始催化活性的非卟啉前体。适合的非催化非卟啉前体的实例包括但不必限于与铁形成络合物的低分子量前体，例如 4-氨基安替比林、苯二胺、羟基琥珀酰亚胺、乙醇胺等。

### （四）金属聚吡咯类催化剂

目前，许多研究者已经把注意力放在了以导电聚合物为原料制备的金属络合物催化剂上。聚吡咯（PPy）是一种稳定性好、导电率高、适用范围广、易于合成的新型导电聚合物。

专利申请1（申请号：CN201010522823，申请人：中国科学院大连化学物理研究所）涉及一种用于质子交换膜燃料电池的氧还原催化剂，采用钴盐与聚吡咯直接浸渍，直接高温热处理使得聚吡咯发生热分解形成碳骨架，该碳骨架直接作为催化剂的碳载体以增强催化剂的导电性，Co 和 N 处于碳载体的骨架中，催化剂的稳定性将会有所提高。

金属聚吡咯类催化剂的催化活性可以与 Pt/C 相媲美而且成本较低，但大规模的商业化应用还需通过研究热处理条件对催化剂结构和催化性能的影响规律来解决热处理温度高（600~1000℃）的问题。这类问题的解决，将为低温燃料电池非贵金属催化剂的设计和发展提供有力的支持，从而大大促进低温燃料电池的商业化进程[17]。

### （五）含氮的导电聚合物作为氮源前体

研究者探索不同的过渡金属中心以及更多非大环化合物氮源前体材料，由于含氮的导电聚合物的高电子导电性，作为 $M-N_x/C$ 催化剂的氮源前体有助于催化剂的电子导电性，引起了研究者的关注。

专利申请1（申请号：CN201110155750，申请人：广州大学）涉及一种球状氮掺杂碳载非贵金属氧还原催化剂，包括下述组分：三聚氰胺甲醛树脂预聚体、非贵金属盐和酸。其制备方法，依次包括如下步骤：①将三聚氰胺甲醛树脂预聚体与纯净水混合均匀；②再加入非贵金属盐，搅拌；③将酸加入所得步骤②所得的溶液中、固化、干燥，得到块状；④热处理，即得到球状氮掺杂碳载非贵金属氧还原电催化剂。

专利申请2（申请号：CN201210440582，申请人：武汉理工大学）涉及一种质子交换膜燃料电池阴极非铂催化剂及其制备方法，包括三聚氰胺甲醛树脂的制备反应，然后加入金属盐，三聚氰胺甲醛树脂和金属盐之间发生络合反应，形成络合物，将溶剂蒸发后，经热处理分解，即生成具有空心球型结构的质子交换膜燃料电池阴极非铂催化剂。其具有以下的优点：①其具有很大的活性比表面积，很大程度提高了催化剂的氧还原活性；②催化剂具有丰富的氮源；③催化剂具有优异的氧还原活性；④制备方法简单，催化剂使用的是 Fe、Co 等廉价金属，合成成本低。

经过几十年的研究，金属络合物催化剂作为氧还原催化剂的工作取得了令人鼓舞的进展，不少将其应用在质子交换膜燃料电池上，组装成的电池不仅性能好，而且稳定性较好，是一类很有发展前景的阴极催化剂。

## 六、国内重点申请人－中科院大连化学物理研究所

### （一）专利申请概况

中科院大连化学物理研究所长期从事燃料电池催化剂的研究开发工作，特别是直接

醇类燃料电池催化剂材料应用基础研究取得了突出的进展，该项目荣获国家自然科学二等奖，有力促进了醇类燃料电池的应用研究和相关行业的发展。从2001～2015年，独立申请燃料电池催化剂相关的发明专利114件，并与三星电子株式会社、上海汽车工业（集团）总公司等企业合作，先后共同申请燃料电池催化剂相关的发明专利6件。

大连化学物理研究所重点围绕Pt基贵金属催化材料的制备、结构优化、形貌控制等投入了大量研究，并在合金化、金属氧化物催化剂、金属络合物、金属碳化物/氮化物、杂元素掺杂碳材料等方面也均有涉足。从图7中可以看出，在大化所多年来的专利申请中，涉及贵金属催化材料方向的占其总申请量的近50%，从2001年的首次发明申请，其专利技术逐年延续发展，并在2009～2013年呈现大量集中的申请；其次是围绕金属氧化物材料的专利申请，从申请年代来看也保持了较好的技术延续性；2013年的发明专利申请数量最大，并且2013年的专利申请涵盖了其燃料电池催化剂研究的多个分支，体现其燃料电池催化剂取得了全面的进展。

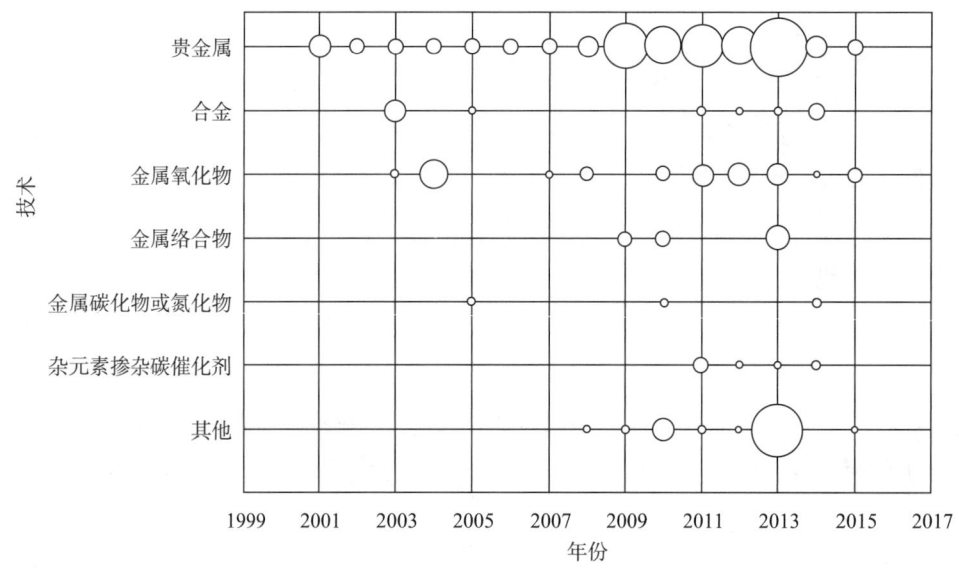

**图7　大连化物所燃料电池催化剂专利申请技术及时间分布**

### （二）专利技术发展脉络

从图8可以看出，大连化学物理研究所在研究初期，以Pt基贵金属燃料电池催化剂为突破点，研究了担载型贵金属催化剂的制备方法（专利申请号CN01144123）、非贵金属助剂优化等，在随后数年的发展中，针对催化剂载体、活性组分改性、助剂优化等方面进行了持续深入的研究；并逐步开展了合金催化剂、金属氧化物催化剂、金属碳化物/氮化物催化剂、金属络合物催化剂、金属炭干凝胶和杂元素掺杂碳材料等燃料电池催化剂的技术研究。以下对其技术发展脉络中的重点技术进行介绍。

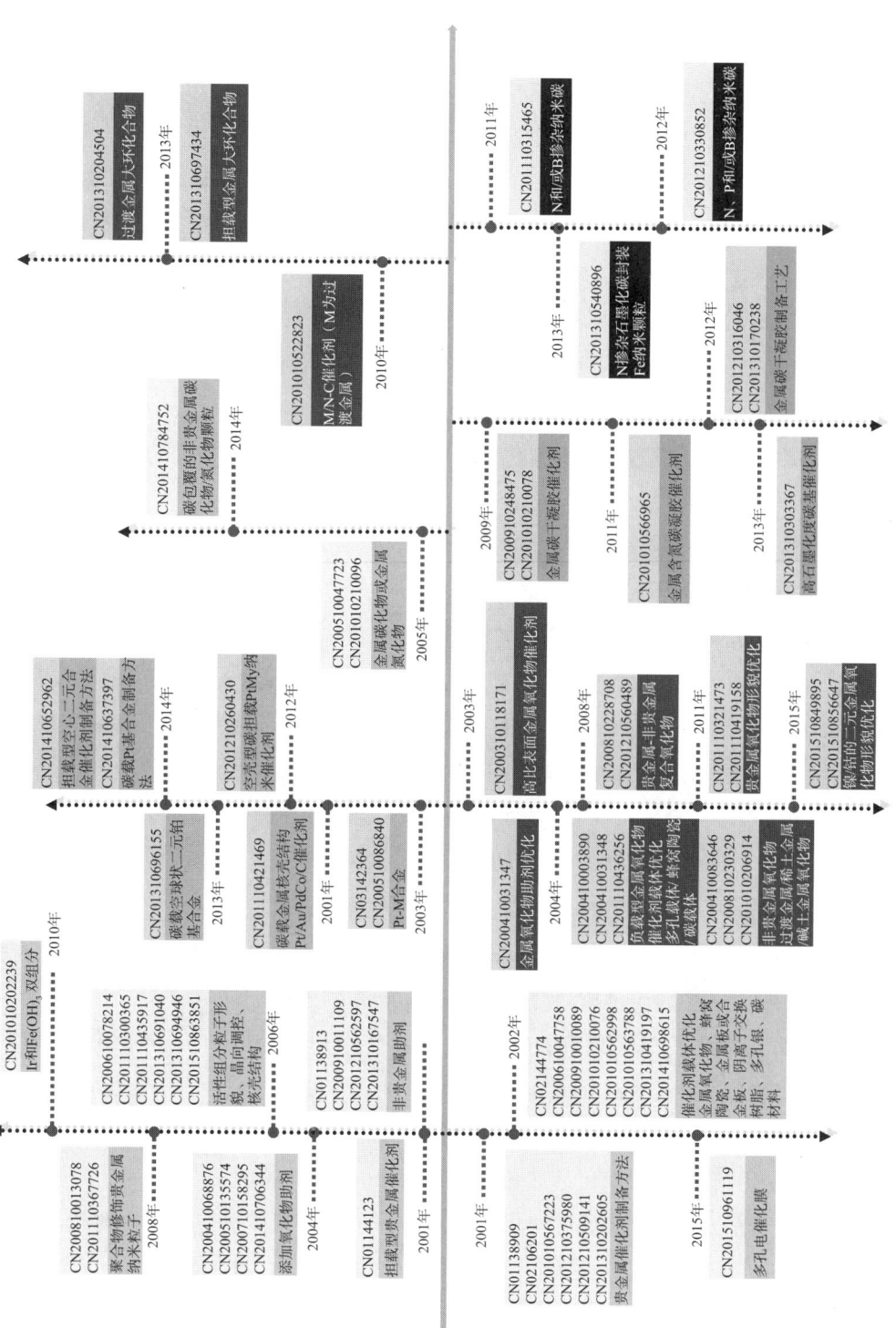

图8 大连化学物理研究所燃料电池催化剂专利技术演进路线

### （三）贵金属催化剂

对于低温燃料电池如质子交换膜类燃料电池和直接甲醇燃料电池所采用的 Pt 基贵金属电极催化剂或以 Pt 基贵金属基础的双组元多组元催化剂，由于贵金属资源有限且价格昂贵，提高贵金属的利用效率是推动低温燃料电池发展的必要条件。大连化学物理研究所围绕制备纳米级分散均匀的担载型贵金属催化剂做了大量工作。

专利申请 1（申请号：CN01144123）采用 $C_2 - C_8$ 一元醇、二元醇、三元醇为分散剂，改变分散体系中溶剂的组成，在不使用任何表面活性剂的情况下，使较高担载量的炭载贵金属催化剂粒径小至 0.5~6nm 且分布均匀，提高了贵金属的利用率。

专利申请 2（申请号：CN201010567223）采用浸渍还原法制备了 Pd - Ag/C 催化剂，通过控制 $H_2$ 流量、还原时间及还原温度来调控合成该催化剂的粒径、晶体结构、合金度等催化剂微观形貌，实现了对催化剂进行纳米尺寸的设计。

专利申请 3（申请号：CN201210509141）利用载体与软模板剂构成的支撑 - 模板双功能微观反应环境，控制纳米颗粒的尺寸及其分布，制备了平均粒径小、尺寸分布窄的高金属载量纳米电催化剂。

对于催化剂助剂成分也进行了多方向研究。

专利申请 4（申请号：CN200510135574）以 Pt 或 PtRu 为活性组分，钛氧化物为助剂组分，活性组分中可以添加有质量百分数为 0~99% 的辅助组分，形成多组元的催化剂；添加的辅助组分为过渡金属或过渡金属氧化物的一种或几种，制备了具有高稳定性高活性的电催化剂，提高了热稳定性、酸性环境中的电场稳定性及常规使用寿命。

专利申请 5（申请号：CN200910011109）以经处理后的蜂窝状碳化硅为载体，使用或不使用氧化硅为涂层，负载两组活性成分，一组为贵金属，另一组为非贵金属，贵金属成分可以是 Pt、Pd、Ru 中至少一种，而非贵金属成分可以是 Fe、Co、Ni 中至少一种，适用于氢氧质子交换膜燃料电池原料气中少量一氧化碳的脱除。

专利申请 6（申请号：CN201310167547）以贵金属 Ru 或 Rh 作为主要催化活性组分，以 Ⅰ、Ⅱ主族，第Ⅱ、Ⅲ、Ⅶ副族元素中的一种或几种为助剂，以一定配比的 Ce - Zr 氧化物作为载体，该催化剂以颗粒状或将载体、助剂及活性组分涂覆在整体结构催化剂或金属蜂窝上，具有高的甲烷化活性和选择性，且产物不含 CO。

针对担载型贵金属催化剂的研究尝试了多种不同催化剂载体，包括氧化物载体（如 $SiO_2$、$TiO_2$、$Al_2O_3$ 等）、金属板或合金板、蜂窝结构载体、碳材料（如碳纳米管等）、阴离子交换树脂，并对载体进行了改性研究。

专利申请 7（申请号：CN02144774）以多孔蜂窝陶瓷、金属合金蜂窝载体或其他金属板状体为基质载有贵金属氧化物的 $Al_2O_3$ 涂层构成催化剂，所用的蜂窝陶瓷整体载体适用于大空速操作，且操作温度范围宽。

专利申请 8（申请号：CN 200610047758）采用阴离子交换树脂为载体，以铂为活性组分，制备过程包括采用含铂络合阴离子的溶液将金属离子担载到树脂上和采用化学还原法将金属离子还原为活性金属的过程。所有制备过程均在常温常压条件下进行，制备方法简单，原材料易得，适合于批量生产。

专利申请 9（申请号：CN201010562998）采用碳纳米管与壳聚糖溶液混合制备出复合材料，再用来担载 Pt。制备过程省去了对碳纳米管的酸化、氧化等前处理工艺，而担载的 Pt 含量可高达 70%，制备工艺条件简单易放大，不损害碳纳米管表面形貌，用于氧还原电池催化剂具有较好的活性和稳定性。

专利申请 10（申请号：CN201410698615）制备了银/金属氧化物多孔材料，多孔材料主体为多孔银，多孔银表面附着有金属氧化物；所述银/金属氧化物多孔材料具有一级孔和二级孔；所述一级孔的孔径为 5~500nm，二级孔的孔径为 1~5μm，表现出较高的氧还原反应催化活性。

活性组分粒子的大小、晶面取向对结构敏感催化反应至关重要，直接影响其催化活性。

专利申请 11（申请号：CN200610078214）以第 I、Ⅷ副族以及 Ti、Cr、Mo、Re、Sn 主族金属或其混合物、或其合金、或其氧化物为活性组分，以含有上述活性组分的盐或其混合物为前体，以活性炭、炭黑、碳纳米管、碳纳米纤维、分子筛、$Al_2O_3$、$SiO_2$、$TiO_2$ 或其混合物为载体，通过保护剂、沉降剂、还原剂的作用制备了具有球形、线形、四面体、六面体、多面体、棒状或网状形状的催化剂，催化剂粒径可控、分散度高，形貌和择优晶面取向在一定程度上可控。

专利申请 12（申请号：CN201110435917）利用强还原剂制备了纳米枝晶状 Ir，再利用弱还原剂在 Ir 的表面沉积铂，得到 IrPt 核壳结构纳米粒子，该双效氧电极催化剂具有优异的氧还原及析氧活性。

专利申请 13（申请号：CN201510863851）采用环境友好的氢气作为还原剂，制备过程不使用表面活性剂和大分子有机溶剂或还原剂，无须高温等后处理即可得到表面清洁的表面被铂族金属包覆的 M1@M2 核壳结构电催化剂，金属 M1 为能吸附氢气的 Mo、Rh、Pt、Ti、Co、Ni、Fe、Cr、Pd。

### （四）金属氧化物

专利申请 1（申请号：CN200310118171）制备了一种高比表面金属氧化物，表达式为 $M_xO_2$ 或 $M_xM'_{1-x}O_2$，其中 M 和 M' 分别为 Ce、Zr、Ti、Co、Fe、Ni 和 W 且不相同；金属氧化物比表面为 80~120m²/g，可用作燃料电池催化剂。

专利申请 2（申请号：CN200410031347）以非 Cu 基、非贵金属复合氧化物作为主要活性组分；稀土金属和过渡金属复合氧化物作为催化助剂以及热稳定助剂、结构稳定助剂及催化剂活性组分支撑体，制备燃料电池催化剂，稀土金属和过渡金属复合氧化物的加入不仅提高了催化剂的反应活性，同时也大幅度提高了催化剂的强度及稳定性，能满足燃料电池系统的非稳态操作对甲醇自热重整制氢催化剂的特殊要求。

专利申请3（申请号：CN200810228708）制备了一种贵金属－非贵金属复合氧化物催化剂，其分子式为 $Ir_xRu_{1-x}M_yO_z$，其中 $0 < x \leq 1$，$0 < y \leq 0.3$，$1.5 < z \leq 2.9$，M 为过渡金属元素包含 Mo、W、Cr 中的一种或多种。第三组分（或第四组分）的加入具有减小催化剂微晶颗粒，增大催化剂的比表面积，增强催化剂的催化活性的效果，将其用作固体聚合物电解质（SPE）水电解池阳极催化剂时具有较低的过电势和长寿命。

专利申请4（申请号：CN201110419158）制备了一种形貌可控的贵金属氧化物，其分子式可表示为 $Ru_xIr_{1-x}O_2$，其中 $0 \leq x \leq 1$。该贵金属氧化物的制备是以氨基修饰的氧化硅分子筛 SBA－15 为模板，通过库仑与毛细管力作用，将 Ru 和/或 Ir 贵金属浸渍还原于模板壳体的周边孔中。该方法同时将硬模板法应于二元贵金属氧化物的制备，将制备的 $Ru_xIr_{1-x}O_2$ 用作固体聚合物电解质（SPE）水电解池阳极催化剂时具有较好的析氧电催化性能。

专利申请5（申请号：CN201510849895）以镍盐、钴盐为前驱体，油胺为配位剂，在混合溶剂中发生水热反应，制得镍/钴氢氧化物纳米片，经过离心洗涤、干燥、焙烧等步骤制得直径为 150nm 左右、厚度为 10nm 左右的六边形镍/钴氧化物纳米片。

专利申请6（申请号：CN201510856647）以镍盐、钴盐为前驱体，加入适当表面活性剂（如十二烷基三甲基溴化铵（DTAB），十六烷基三甲基溴化铵（CTAB）等），溶解于小分子有机溶剂内，在配位剂的参与下进行水热反应，制得镍/钴氢氧化物纳米材料，经过离心洗涤、干燥、焙烧等步骤制得直径约在 $5\mu m$ 的镍钴氧化物花球。上述镍/钴氧化物析氧催化剂比表面积大，形貌可控；制备过程简单，条件温和；在外加偏压下可用于水电解池分解水制氢，用作碱性固体聚合物电解质水电解池时具有较好的性能。

### （五）合金催化剂

专利申请1（申请号：CN201210260430）制备了空壳型碳担载 Pt 基纳米颗粒，用作燃料电池阴极催化剂，以 Pt 或 Pt 与过渡金属组成的合金为活性组分，其通式为 Pt 或 $PtM_x$，其中，M＝Ag、Au、Ru、Rh、Pd、Os 或 Ir，$0.05 \leq x \leq 0.95$，催化剂粒径为 10～100nm，壳体壁的厚度 1～20nm。在保证表面有效 Pt 基活性组分的前提下，省去传统纳米颗粒内部不参与反应的 Pt 基组分，提高 Pt 基组分的利用率；同时空壳结构诱导 Pt 基组分发生晶格畸变，产生电子调控作用，参与催化反应的 Pt 基组分催化活性高。

专利申请2（申请号：CN201310696155）采用碳载体上担载空心球状二元铂基合金的催化剂，空心球体的壁面上具有贯通壁面的孔，二元铂基合金 $Pt_xM_y$ 纳米粒子的 x，y 分布原子比为 x：y＝10：1～1：1，在担载型催化剂中 Pt 的质量含量为 10%～40%；第二金属 M 为 Pd、Fe、Ni 或 Cu。其 Pt 基合金催化剂纳米颗粒分散性好，粒径均匀；采用配位剂与刻蚀剂可以控制催化剂的结构与形貌；制备方法简单、可控性好，容易实现大规模的工业应用。

专利申请 3（申请号：CN201410637397）以 Pt 基催化剂为基底，在其表面沉积过渡金属的氢氧化物，然后在还原性气氛下热处理，得到 Pt 基 – 过渡金属/C 合金催化剂，将得到的合金催化剂在酸性溶液中进行酸洗，去除其表面的过渡金属，即得到产物。该申请采用的制备方法得到的合金催化剂对氧还原表现出了较高的单位质量 Pt 催化活性，而且其稳定性相对于基底 Pt 基催化剂也有很大的提高，利于大规模生产。

专利申请 4（申请号：CN201410652962）在低沸点溶剂水或乙醇中，无表面活性剂的情况下，制备担载型过渡金属纳米颗粒并作为模板，与贵金属盐溶液进行置换反应，从而得到担载型的粒径大小较为均匀的 2～10nm 的空心结构催化剂。该催化剂具有较高的氧化还原催化活性，在质子交换膜燃料电池和直接甲醇燃料电池方面具有巨大的应用潜力。

### （六）金属碳化物或金属氮化物

专利申请 1（申请号：CN200510047723）以元素周期表中的第Ⅲb、Ⅳb、Ⅴb、Ⅵb、Ⅶb、Ⅷ和Ⅰb 族中的一种或几种金属元素的碳化物或氮化物，或过渡金属氧化物 $M_xO_y$ 为活性组分；活性组分的含量为催化剂总重量的 10%～70%，余量为载体；且活性组分中至少含有钼和钨的氮化物中的一种，钼和钨的氮化物的含量为催化剂总重量的 10%～60%。用作质子交换膜燃料电池阴极催化剂时，表现出良好的 $O_2$ 还原活性；对于含 CO 的富 $H_2$ 气体燃料，既能降低 CO 在 Pt 上的吸附又能有效地促进 Pt 上吸附的 CO 氧化，具有良好的抗 CO 能力和氢氧化活性。

专利申请 2（申请号：CN201010210096）提出一种高活性碱性燃料电池催化剂，其活性组分由 N 与金属组分复合而成，金属组分为 Fe、Co、Ni、Ti、V、Cr、Mn、Cu、Zn、Zr、Nb、Mo、Cd、W、Sn、Pb、Pd、Ir、Ru、W 和其氧化物中的一种或一种以上；催化剂中 N 与其他金属组分的原子比为 20∶1～0.1∶10，催化剂中活性组分的质量百分含量为 10%～80%，余量为 C 载体。催化剂颗粒小、粒度分布均匀，在碱性体系中活性与 Pt 相当，大幅度降低了催化剂成本。

### （七）金属络合物催化剂

专利申请 1（申请号：CN201010522823）采用聚吡咯和过渡金属盐制备了 M/N – C 催化剂，可用作质子交换膜燃料电池阴极氧还原催化剂。

专利申请 2（申请号：CN201310204504）将酸性水溶液与过渡金属大环化合物的碱性水溶液混合，使得过渡金属大环化合物自组装形成纳米结构的材料，经洗涤、干燥、热处理和酸洗等步骤获得非贵金属电催化剂。该催化剂具有形貌各异、尺寸分布较均一的纳米结构和氧化还原活性，可应用于质子交换膜燃料电池和金属空气电池。

专利申请3（申请号：CN201310697434）将碳载体均匀分散在溶有金属大环化合物的碱性水溶液中，加入酸性水溶液，经洗涤、干燥、热处理和酸洗得到担载型的非贵金属电催化剂，该方法更易于放大合成，可应用于质子交换膜燃料电池和金属空气电池。

### （八）杂元素掺杂碳催化剂

专利申请1（申请号：CN201110315012）将苯胺、表面活性剂与可溶性过渡金属盐共混后在酸性和高氧化条件下聚合，干燥后将其在惰性气体和/或氨气气氛保护下高温炭化，最后进行酸处理制备得到氮掺杂纳米碳电催化剂。该催化剂具有低成本和高抗毒性能，有望替代铂用作燃料电池氧还原电催化剂。

专利申请2（申请号：CN201210330852）以导电聚合物为反应前驱体，在酸性、氧化条件下聚合得到聚苯胺后加入过渡金属盐、以及含磷化合物和/或含硼化合物为前驱体，然后经干燥、高温裂解后制备而成；所述催化剂为具有多孔纳米结构的 N 以及磷和/或硼共掺杂纳米碳，可用作燃料电池阴极催化剂。

专利申请3（申请号：CN201310540896）制备了一种氮掺杂的石墨化碳封装 Fe 纳米颗粒，Fe 纳米粒子大小在 1~20nm，Fe 载量在 2wt%~20wt%，掺杂氮的含量在1wt%~10wt%。该材料应用于质子交换膜燃料电池阴极氧还原反应，具有较高的电催化活性。

专利申请4（申请号：CN201410592465）将一定比例的氨腈与醋酸铁溶于乙醇中，并加入一定量生长有碳层的 SiC，在热板上将溶剂蒸干后经高温热解、酸洗、水洗等步骤处理后，得到 SiC 表面含有氮掺杂竹节状碳包覆的铁粒子催化剂（Fe – N – C/C – SiC）。所述 Fe – N – C/C – SiC 催化剂具有优异的 ORR 活性和稳定性以及较好的抗甲醇性能。

### （九）其他

专利申请1（申请号：CN200910248475）以间苯二酚、甲醛和金属盐为前驱体原料制备有机碳干凝胶，其中金属盐为ⅣB、ⅤB、ⅥB、ⅦB、Ⅷ、ⅠB 和ⅡB 族中的一种或一种以上的金属元素的可溶性盐；有机碳干凝胶经过 1500~3500℃高温石墨化制得高稳定性碳载体，可作为一种抗腐蚀碳材料用作质子交换膜燃料电池阴极催化剂载体。

专利申请2（申请号：CN201010210078）则将有机碳凝胶经过 500~1200℃氨气环境中碳化氮化制得高活性碳凝胶催化剂，直接作为一种非金属催化剂用作燃料电池阴极催化剂。

专利申请3（申请号：CN201010566965）以含氮的芳香族化合物和醛为反应前驱体，在反应单体经碱催化发生加成和缩聚反应的同时添加金属元素，制得掺杂金属的水凝胶，经干燥、高温裂解及二次氮化后得到金属掺杂的含氮碳凝胶纳米炭材料。将其用作质子交换膜燃料电池阴极催化剂，表现出良好的氧还原活性。

# 七、国外重点申请人－丰田株式会社

## （一）专利申请概况

丰田株式会社是在我国申请量最多的国外申请人，其在燃料电池催化剂领域研究时间长，研究领域广。由图 9 的技术主题分布可以看出，丰田株式会社在燃料电池催化剂领域的专利布局非常广泛，分别涉及了铂及其合金催化剂、碳载体、硫属金属催化剂、金属络合物催化剂，其中的铂及其合金催化剂是其一直以来的研究重点，其次是碳载体的相关研究。

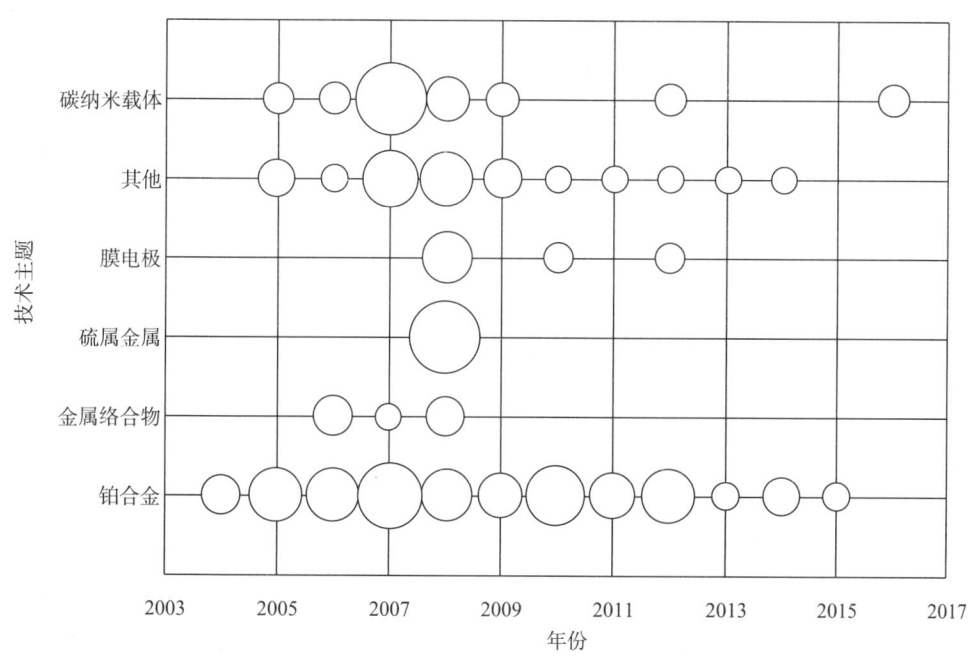

图 9　丰田株式会社在我国燃料电池催化剂领域专利申请布局

## （二）专利技术发展脉络

图 10 给出了丰田株式会社在我国的专利申请的技术演进路线。Pt 及其合金是丰田株式会社燃料电池催化剂中研究最多的，由图 10 可以看出，自 2004 年在我国出现第一份铂燃料电池催化剂以来，Pt 及其合金催化剂材料及其制备方法的研究员一直是该领域的研究热点，自 2009 年以来，多种结构形式尤其是核壳结构的 Pt 基催化剂一直是丰田株式会社的研究热点。碳纳米载体也是丰田株式会社比较关注的技术领域。硫属金属催化剂和金属络合物催化剂在我国早期的专利申请较多，2010 年以来则几乎没有相关申请。下面将对其重点专利进行重点分析。

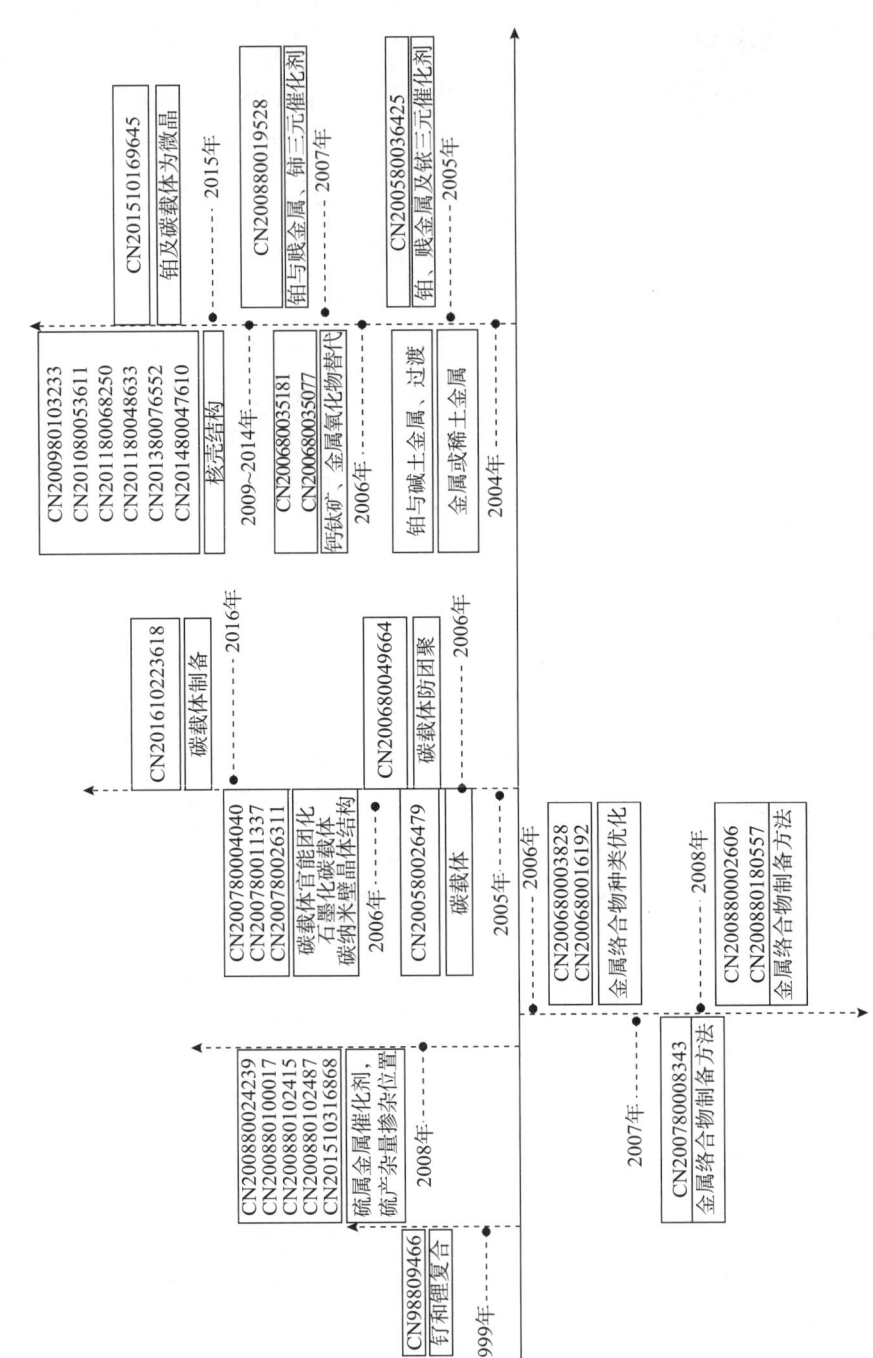

图 10　丰田株式会社在我国燃料电池催化剂领域专利申请技术演进路线

### （三）铂及其合金催化剂

专利申请 1（申请号：CN200480006373）的催化剂由 1 种或 2 种以上催化剂金属，碱土类金属、过渡金属、稀土类金属、铝、镓中的至少任一种金属形成的催化助剂金属以及载体构成，前述催化剂金属以及前述催化助剂金属通过使多元系金属胶体溶液附着于载体而负载，前述多元系金属胶体溶液由水或水和有机溶剂形成的溶剂、在前述溶剂中分散悬浊的 1 种或 2 种以上的催化剂金属形成的金属簇粒子、保护前述金属簇粒子的保护剂以及与前述保护剂结合的碱土类金属离子、过渡金属离子、稀土类金属离子、铝离子、镓离子中的 1 种或 2 种以上的金属离子形成。

专利申请 2（申请号：CN200410086328）的燃料电池用阴极催化剂包括由含 Pt、Fe 和第三成分的合金组成的支持层和负载了所述支持层的载体。所述第三成分具有亲铁特性，包括一种或多种选自 W、Ti、Mo、Re、Zn、Mn、Sn、Ta 和 Rh 的元素。使用含 PtFe 合金的催化剂能更大地提高电池的输出量。通过向这种含 PtFe 的合金中加入上述一种或多种亲铁性的第三成分元素，就可能防止铁洗脱进入电解质中。

专利申请 3（申请号：CN200580036425）涉及一种用于燃料电池的电极催化剂包括负载有含 Pt、贱金属元素以及铱的三元催化剂颗粒的导电载体。

专利申请 4（申请号：CN200680035181）涉及一种担载了微粒子的碳粒子及其制造方法，所述微粒子是在燃料电池的电极用催化剂等中代替目前一般使用的铂担载碳粒子或金属铂粒子而使用的、并且比以往的铂担载碳粒子等铂的使用量大幅减少的钙钛矿型复合氧化物微粒子。其结构为，将晶格中含有贵金属元素且其平均晶粒尺寸是 1～20nm 的钙钛矿型复合氧化物微粒子担载在碳粒子上。制造这样的担载了微粒子的碳粒子的方法是，首先制备含有构成钙钛矿型复合氧化物微粒子的金属的配位离子的溶液，接着，使碳粒子分散在得到的溶液中，在上述金属的配位离子被吸附在碳粒子上之后，实施热处理。

专利申请 5（申请号：CN200680035077）在碳粒子上载持有金属氧化物微粒子，所述的金属氧化物微粒子其平均微晶尺寸为 1～20nm，由通式 $MO_x$（$x = 0.5～2.0$）表示，并且，式中的金属元素 M 的一部分被贵金属元素置换。

专利申请 6（申请号：CN200880019528）涉及一种燃料电池用电极催化剂，是在碳材料上担载有包含贵金属－贱金属－Ce（铈）三元系合金的催化剂金属粒子的燃料电池用电极催化剂，该贵金属是选自 Pt、Ru、Rh、Pd、Ag 和 Au 中的一种以上，该贱金属是选自 Ir、Co、Fe、Ni 和 Mn 中的一种以上，这些贵金属：贱金属：Ce（铈）的组成比（摩尔比）为 20～95：5～60：0.1～3。得到的燃料电池用电极催化剂，在抑制电解质膜和电极催化剂层中的电解质的劣化，使耐久性提高的同时，特别是使在高电流密度区域中的发电性能提高。

丰田株式会社的（申请号分别为：CN200980103233，CN201080053611，CN201180068250，CN201180048633，CN201280076574，CN201380076552，CN201480047610）上述专利申请是2009～2014年涉及结构形式不同的 Pt 基催化剂，主要是核壳结构的 Pt 基催化剂，分别涉及贵金属－非贵金属的核壳结构催化剂；具备含有 Pd 合金的中心粒子和含有 Pt 的最外层的核壳结构催化剂；Pt 簇结构的 Pt 基催化剂；由内部颗粒和包含 Pt 并覆盖内部颗粒的最外层组成且内部颗粒在其至少一个表面上包含具有氧缺陷的第一氧化物的 Pt 基催化剂；芯，其包括不同于 Pt 的材料，在芯上的壳体包括铂。壳体具有多个小平面，小平面中的至少大部分是 ｛111｝ 小平面的铂基催化剂；含 Pd 粒子、和被覆该含 Pd 粒子的 Pt 最外层的 Pt 基催化剂；包含 Pd 的核、和包含 Pt 且对所述核进行覆盖的壳，在个数基准的粒径频度分布中，平均粒径为 4.70nm 以下，标准偏差为 2.00nm 以下，并且粒径在 5.00nm 以下的频度为 55% 以上的 Pt 基催化剂。

**（四）碳载体**

专利申请 1（申请号：CN200580026479）制造由负载催化剂的碳和电解质聚合物构成的负载催化剂的载体的方法，使具有孔的碳负载催化剂的步骤；在负载催化剂的碳的表面和/或孔中引入官能团的步骤，该官能团将作为聚合引发剂；和在负载催化剂的碳的表面和/或孔中引入电解质单体或电解质单体前体、以使用所述聚合引发剂作为聚合引发位点使所述电解质单体或电解质单体前体聚合的步骤，由此可以在碳中充分确保获得反应气体、催化剂和电解质会合的三相边界，从而更有效地利用该催化剂。使用该负载催化剂的载体能够使电极反应充分进行并提高燃料电池的发电效率。

专利申请 2（申请号：CN200680049664）涉及一种用于燃料电池电极的催化剂，包含具有 π 共轭系统的碳载体（例如 CNTs）、具有芳环的电解质组分和催化剂组分。在制造用于燃料电池电极的方法中，使具有 π 共轭系统的碳载体（例如 CNTs）、具有芳环的电解质组分和催化剂组分在溶剂中彼此接触。由此可用所述电解质组分将所述碳载体改性，并可将所述催化剂组分固定在所述载体上。

专利申请 3（申请号：CN200780004040）涉及一种制造包含负载催化剂的碳和聚电解质的负载催化剂的载体的方法，包括使具有孔的碳负载催化剂，将充当聚合引发剂的官能团引入负载催化剂的碳的表面和/或孔中，引入电解质单体，从而通过自由基聚合使其聚合而接枝在负载催化剂的碳载体上，并通过强碱将至少一部分聚合的聚电解质水解。通过使用这种负载催化剂的载体，有效促进了电极反应，并且可改善燃料电池电效率。另外，提供了具有极好性能的电极和具有这种电极并能得到高电池输出的聚合物电解质燃料电池。

专利申请 4（申请号：CN200780011337）涉及一种燃料电池用导电性碳载体，是至少表层被石墨化了的导电性碳载体，其特征在于，由 X 射线衍射法测定的微晶在六元环面即碳平面方向的大小（La）为 4.5nm 以上。利用该碳载体可提高燃料电池的耐久性，使其能够长时间运行。

专利申请 5（申请号：CN200780026311）涉及一种碳纳米壁：①一种碳纳米壁，壁表面积为 $50cm^2/cm^2$ – 基板·μm 以上；②一种碳纳米壁，具有以照射激光波长 514.5nm 测定的拉曼光谱的 D 谱带半值宽为 85cm – 1 以下的结晶性；③一种碳纳米壁，壁表面积为 $50cm^2/cm^2$ – 基板·μm 以上，同时具有以照射激光波长 514.5mm 测定的拉曼光谱的 D 谱带宽为 85cm – 1 以下的结晶性。

专利申请 6（申请号：CN201610223618）涉及一种碳载催化剂复合体含有 Pt、钛氧化物和导电性碳。准备方法包括：第 1 工序，通过将碳载催化剂复合体在非活性气体环境下在 250℃ 以上进行烧制，使该碳载催化剂复合体表面的酸性官能团量减少；第 2 工序，将在第 1 工序中得到的碳载催化剂复合体、离聚物和如下溶剂混合来制造催化剂油墨，上述溶剂至少包含水、醇和乙酸并且乙酸相对于水、醇和乙酸的总量的含量为 29wt% ~63wt%；第 3 工序，使用在第 2 工序中得到的催化剂油墨形成催化剂层。

### （五）硫属金属催化剂

丰田株式会社 2008 年在我国申请了 5 项关于硫属金属催化剂的申请（申请号分别为：CN200880024239，CN200880100017，CN200880102415，CN200880102487，CN201510316868），分别涉及了硫属金属催化剂的掺杂量及掺杂位置。

### （六）金属络合物催化剂

专利申请 1（申请号：CN200680003828）涉及一种催化材料，其特征在于在涂有衍生自两种或多种杂单环化合物的多核络合物分子的导电材料中，催化金属与包含多核络合物分子的涂层配位；或催化材料，其特征在于在涂有衍生自杂单环化合物的多核络合物分子的导电材料中，作为贵金属和过渡金属的复合材料的催化金属与包含多核络合物分子的涂层配位。该催化材料表现出优异的催化特性，并可以实际用作燃料电池的电极等。

专利申请 2（申请号：CN200680016192）涉及一种具有高氧还原活性的大环有机化合物基催化剂，由式（I）表示的卟啉络合物担载于导电载体上而制得氧还原催化剂。

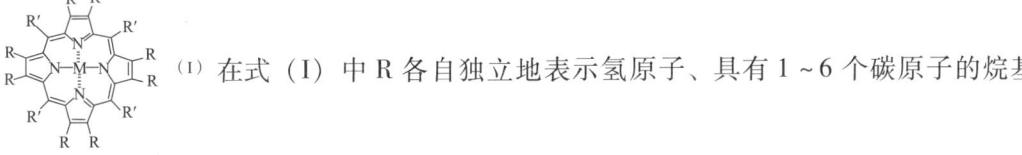 (I) 在式（I）中 R 各自独立地表示氢原子、具有 1 ~6 个碳原子的烷基、

卤原子、氨基、羟基、硝基、苯基或氰基或者相邻的 R 可一起形成具有 2 ~6 个碳原子的亚甲基链或者芳环；R′ 各自独立地表示噻吩基；和 M 表示选自 Cu、Zn、Fe、Co、Ni、Ru、Pb、Rh、Pd、Pt、Mn、Sn、Au、Mg、Cd、Al、In、Ge、Cr 和 Ti 的金属原子，M 可结合卤原子、氧原子、 – OH、氮原子、NO 或 C = O =。

专利申请 3（申请号：CN200780008343）涉及一种制备催化剂材料的方法，包括：电化学聚合步骤，即，使杂单环化合物电化学聚合，从而使导电材料的表面被衍生自所

述杂单环化合物的多环配位分子涂覆；和金属化步骤，即，将催化金属螯合到所述多环配位分子的涂层上，特征在于在电化学聚合中施加的电势为 0.8~1.5V。

专利申请 4（申请号：CN200880002606）的催化剂材料的导电材料的表面物理吸附具有可电化学聚合的杂环和键合到该杂环上的吸电子基团的可聚合配体或涂有由具有可电化学聚合的杂环和键合到该杂环上的吸电子基团的可聚合配体的电化学聚合形成的多核络合物分子，使催化金属配位到具有可电化学聚合的杂环和键合到该杂环上的吸电子基团的可聚合配体的吸附层上或配位到该多核络合物分子涂层上。

专利申请 5（申请号：CN200880180557）涉及一种制备燃料电池电极催化剂的方法，该催化剂包含含氮金属络合物，在该含氮金属络合物中金属元素与大环有机化合物配位，该方法包括下述步骤：向所述含氮金属络合物添加草酸锡，在惰性气氛中焙烧所述含氮金属络合物与草酸锡的混合物，其中经由酸处理进行金属锡的洗脱。

# 八、结论与展望

## （一）专利分析结论

### 1. 专利申请基本概况

自 20 世纪 80 年代出现燃料电池催化剂的专利以来，一直是研究者们的研究热点。到 1998 年左右，全球专利申请进入快速发展阶段，而我国的国内申请则在 2004 年左右进入快速发展阶段，且在 2005 年以后，我国在该领域内的专利申请量跃居世界第一位。然而每年的全球申请量比我国的国内申请量要多 1/3，这些未进入国内的专利申请值得我国的研究者关注。

从全球专利申请量趋势、申请人数量变化、主要申请人申请量变化等因素综合分析，目前，燃料电池催化剂的发展正处于高速发展阶段，表现在：①该领域的全球专利申请量在经历快速增长期之后，趋于平稳；②该领域国内专利申请量在经历快速增长期后，仍然在逐年增加。

### 2. 国内发展现状以及与国外存在的差距

从我国的燃料电池催化剂领域的专利申请情况和全球对比看，目前燃料电池催化剂的研究和专利布局重点有向我国转移的趋势，具体表现在：①近年我国燃料电池催化剂领域的专利申请量一直处于持续增长，而该领域的国际专利申请量则在经历了快速增长之后出现了下滑；②日本、韩国、美国和德国的大型跨国企业都非常重视在我国燃料电池催化剂领域的专利布局，近年纷纷在国内申请了大量专利。

但是，我国在燃料电池催化剂领域与国外申请人相比仍然存在差距，主要表现在：①虽然国内申请的前 20 位申请人中有 13 位中国申请人，然而其中 12 位均为高校或科研院所，仅仅有汉能科技有限公司一家国内企业的专利申请量较多，这表明我国在燃料电池催化剂领域的研究主体仍然在高校和科研院所，技术和产业之间的结合仍然不够紧密；②国外的申请人在燃料电池催化剂领域的合作申请、联合申请较多。其中最为典型的是日本的丰田株式会社，其在国内申请的总申请量为 87 件，其中单一以丰田株式会社申请的专利申请有 71 项，其余 16 项均为合作申请，涉及的合作申请人包括株式会社科特拉、日立麦克塞尔株式会社、日本国立大学法人高知大学、亥姆霍兹柏林材料与能源有限责任公司、UTC 电力公司、奥迪股份公司、丰田北美设计生产公司、桑迪亚国家实验室管理、桑迪亚公司、巴拉德动力系统公司、日本国立大学法人宫崎大学、日本国立大学法人广岛大学、联合技术公司、日立造船株式会社、卡塔勒公司、田中贵金属工业株式会社。可见，其合作申请人有本国其他汽车企业、电力公司、本国高校、国外企业和国外研究所。而国内申请人的联合申请和多方申请则较少。这表明我国的在燃料电池催化剂领域的合作研究还不够充分。

**（二）专利预警建议**

1. 加强产学研结合

通过本综述对燃料电池催化剂领域的专利现状调查和分析发现，国内主要申请人主要集中在高校和科研院所，全球专利申请的重点申请人中，前 10 位中日本占据了 8 位，且其均为大型跨国企业，我国的中科院大连化学物理研究所排名第 5，这一方面展示了中科院大连化学物理研究所在该领域科研实力，另一面也表明我国产业化程度和集中化程度依然较低。

值得关注的是，中科院大连化学物理研究所的国内申请中还有和三星的合作申请，可见，一方面国内企业对于燃料电池催化剂领域的研究投入有限，另一方面，与科研力量较为强大的高校和科研院所之间的合作也不够紧密。因此，建议我国的科研机构和企业加强合作，实现协同发展。

2. 加大对专利技术的挖掘

由对全球专利申请的重点申请人的研究可以发现，全球专利申请的前 10 位申请人中，其中 8 位申请人在国内的申请量均不是很多，我国的科研机构和企业可以关注这 8 位申请人，即日本丰田、日产、松下、新日本石油株式会社、出光兴产、东芝、三菱、昭和电工在国外的申请情况。

尤其是，随着近年来我国经济飞速发展，以及我国政府对清洁能源电动汽车的政策扶持，燃料电池催化剂领域的市场需求量也节节攀升，我国的市场潜力巨大。其中，铂及其合金催化剂长期以来一直是燃料电池催化剂的研究热点。改进活性组分的结构是目前提高催化剂活性的主要研究方向；通过采用廉价和储量丰富的非贵金属替代稀有的贵金属作为催化剂，以合金化或核壳结构设计作为提升铂基催化剂性能和降低催化剂成本的有效手段。进一步寻求新型载体，包括具有可接受的电子导电性，改善载体化学稳定性和与活性组分的互相作用，是担载型燃料电池催化剂研究的主要方向。大连化学物理研究所近年来研发的碳纳米材料封装的纳米铁离子催化剂，通过碳壁阻断效应，避免和活性铁粒子的深度氧化和催化剂中毒，是当前非贵金属催化剂阴极催化稳定性研究领域的突破性进展。金属络合物催化剂作为氧还原催化剂的工作取得了令人鼓舞的进展，将其应用在质子交换膜燃料电池上的实例很多，组装成的电池不仅性能好，而且稳定性较好，是一类很有发展前景的阴极催化剂。

3. 加强对企业研发投入，鼓励对外申请

首先，我国目前在燃料电池催化剂领域的主要申请人以高校和科研院所为主，企业占据的比例较低，因此，应当适当加大对企业的研发投入，把投向高校的研发经费向与企业有合作的项目倾斜，从而首先促进在燃料电池催化剂领域高校和科研院所与企业的结合，逐步引导企业加强科研投入，从而实现科研与产业的有效结合。

其次，鼓励我国本土申请人积极走出国门，尽早抢占国外市场。目前我国总申请量虽然排名世界首位，但世界前 10 大申请人中却仅有中国科学院大连化学物理研究所一家，可见，我国燃料电池催化剂领域的申请人在国际申请方面还很薄弱，差距明显。随着我国大量的电动车产品销往国外，其在走出国门的时候必然面临知识产权问题，因此应该鼓励我国企业走出国门，积极申请国外专利，在全球范围内进行专利布局，巩固已有的知识产权优势。

再次，由上述分析可以看出，我国目前已经成为世界上跨国企业专利布局的热点之一，存在着大量专利申请，尤其是国外申请人我国布局了大量基础性的专利，我国企业在将产品推向市场之前，还应作相关领域的专利检索，避免侵权。

4. 制定符合中国国情的专利战略

从我国燃料电池催化剂申请情况总体来看，国外企业已经把我国市场作为专利申请的重点区域，而国内企业在专利申请的数量和质量上与其存在明显差距。因此，我国企业应采用防守型的专利战略，并积极通过专利申请来保证自身的竞争力。尤其是针对目前的铂及其合金的研究热点在于铂结构形式的构建和合成，可以充分借鉴我国目前在纳微材料合成领域的最新研究成果，加强在铂及其合金结构形式的构建和合成的研究，从而抢占这一领域的科研高点。

## 参考文献

［1］衣宝廉. 燃料电池——原理、技术、应用［M］. 北京：化学工业出版社，2003.

［2］杨波. 若干种燃料电池催化剂的浸渍法制备及相关电催化研究［D］. 武汉：武汉大学，2010：1.

［3］Babu P K，et al. Bonding and motional aspects of CO adsorbed on the surface of Pt nanoparticles decorated with Pd [J]. Journal of Physical Chemistry B, 2004, 108: 20228.

[4] 高艳艳. 提高直接液体燃料电池催化剂活性和抗中毒能力的新原理、新方法研究 [D]. 济南：山东大学, 2011: 1.

[5] 吴燕妮. 高性能及低铂燃料电池催化剂的制备及研究 [D]. 广州：华南理工大学, 2010: 14.

[6] 于亚楠. 碳材料作为燃料电池催化剂的应用研究 [D]. 重庆：西南大学, 2016: 1-2.

[7] 王荣跃. 直接甲酸燃料电池催化剂的设计、制备与性能研究 [D]. 济南：山东大学, 2012: 22.

[8] 刘宾, 等. 核壳结构：燃料电池中实现低铂电催化剂的最佳途径 [J]. 化学进展, 2011, 23 (5): 852-859.

[9] 李会会. 一维纳米电催化剂的设计合成及其应用研究 [D]. 合肥：中国科学技术大学, 2014: 11-12.

[10] 王倩. 贵金属纳米粒子——维结构纳米复合材料的设计合成及应用 [D]. 芜湖：安徽师范大学, 2010: 51.

[11] 黎华玲. 具有特殊形貌的钯纳米花的合成及基于钯纳米花的特殊形貌核壳结构低铂催化剂的制备 [D]. 广州：华南理工大学, 2014: 8.

[12] 陈丹, 等. 核壳结构低铂催化剂：设计、制备及核的组成及结构的影响 [J]. 化工进展, 2013, 32 (5): 1053-1059.

[13] 赖诗琴. 钯/铂和金/钯/铂空心结构纳米材料的制备及其在直接醇类燃料电池中的应用 [D]. 广州：华南理工大学, 2013: 1.

[14] 王成名. 高指数镜面金属纳米结构的可控合成及电催化性能研究 [D]. 合肥：中国科学技术大学, 2013: 37

[15] 韩高峰. 纳米多孔合金的制备及其电催化性能的研究 [D]. 长春：吉林大学, 2015: 2.

[16] 张均. 基于富氮多孔碳载体的结构设计和甲醇电催化特性研究 [D]. 重庆：重庆大学, 2016: 4.

[17] 杨耀彬, 等. 燃料电池非贵金属催化剂的研究进展 [J]. 化学通报, 2016, 79 (11): 1012-1015.

新能源电池

机器人

高档数控机床

# 燃料电池用石墨烯类催化剂专利技术综述[*]

钟丽敏　廖菊蓉　梁锦娟　刘沛

**摘　要**　本文对燃料电池用石墨烯类催化剂的专利申请进行了分析，内容包括全球专利申请总体变化趋势、重要国家/地区的专利申请的分布比例和排名、中日韩欧美五局年申请量变化趋势的特点以及国内外重要申请人，并进一步以材料组成作为技术分支对全球专利申请进行归类并且整理重要专利技术发展路线，以期为该领域的技术人员进行技术研发和专利布局提供参考。

**关键词**　石墨烯　燃料电池　催化剂　专利申请　专利分析

## 一、引言

为了缓解日益严峻的碳排放问题以及能源问题，全球投入大量资源开展了新能源的开发研究。而新能源汽车成为世界各大汽车厂商及研发机构争先研究的对象。新能源汽车主要包括混合动力汽车、纯电动汽车、燃料电池汽车；其中，燃料电池汽车（fuel - cell vehicle，FCV）以其高效率和近乎零排放被普遍认为具有广阔的发展前景。美国、欧盟、日本和韩国都投入了大量资金和人力进行燃料电池车辆的研发。通用、福特、克莱斯勒、丰田、本田、奔驰等公司都已经开发出燃料电池车型并已经在公路上运行，普遍状况良好。2013 年，丰田 FCV 概念车 Mirai 在日本东京车展上首次亮相。与以特斯拉为首的电动车相比，燃料电池汽车对环境更加友好。近年来，我国在燃料电池方面的投入也不断加大，北京奥运会、上海世博会期间都有燃料电池轿车和大客车进行示范运行。燃料电池汽车将在新能源汽车中占据重要地位。影响燃料电池商业化发展的最大因素还是成本问题，构成高成本的一个因素是使用贵金属铂（Pt）作为催化剂。2014 年丰田氢燃料 SUV 车型每辆车使用的铂金为 100 克，预计未来将减少到 30 克左右，按照全球知名贵金属咨询公司黄金矿业服务有限公司估测，2016 年铂金平均价格达到每盎司 1005 美

---

\* 作者单位：国家知识产权局专利局专利审查协作广东中心。

元，相当于每辆车的燃料电池系统仅铂金催化剂成本就有 2 万多元，占目前燃料电池汽车整车成本的 6% 以上；如果整车的催化剂用量真的能够降低到丰田预期的 30 克，其催化剂对应的成本就能降低到 6000 多元。

为了降低催化剂的成本，一方面公司和科研机构希望开发出具有高效催化性能的低铂催化剂或非铂催化剂。其中低铂催化剂有铂与其他贵金属合金、铂与过渡金属合金等，通过持续的研究发展，膜电极上催化剂铂的负载量从 $10mg/cm^2$ 降到了 $0.02mg/cm^2$，铂含量降低了 50 倍，其成本也相应地降低。另一方面，公司和科研机构通过研究非铂金属催化剂来降低成本，非铂催化剂包括含过渡金属类催化剂和非金属类催化剂，含过渡金属类催化剂包括过渡金属例如锰、钴、铁等金属单质、合金或其氧化物或硫化物等；非金属类催化剂主要是碳材料催化剂，如石墨、石墨烯、碳纳米管、碳纳米纤维等。

而在碳材料中，石墨烯相比于其他碳材料具有更优异的性能，其是世上最薄也是最坚硬的纳米材料，导热系数高达 $5300W/(m \cdot K)$，高于碳纳米管，常温下其电子迁移率超过 $15000cm^2/(V \cdot s)$，又比碳纳米管高，而电阻率只约 $10^{-6} \Omega \cdot cm$，比铜或银更低，为世界上电阻率最小的材料。石墨烯被期待可用来发展出更薄、导电速度更快的新一代电子元件，有关石墨烯在各领域的应用成了各大公司和高校的研究热点。而研究发现，作为新兴的碳材料，石墨烯在燃料电池中的应用尤其在燃料电池催化剂中的应用有望极大地降低成本。石墨烯应用于燃料电池催化剂的热门研究包括：石墨烯负载贵金属、石墨烯负载过渡金属、元素掺杂石墨烯[1]、石墨烯量子点、石墨烯纳米带、三维石墨烯等[2]。基于此，本综述关注目前石墨烯在燃料电池领域应用的发展现状，着重于石墨烯在燃料电池催化剂中的研究趋势，从材料的种类入手，分析各国专利文献量、国内外重点申请人、专利布局等，以此从特定视角剖析目前降低燃料电池成本的一个发展方向。

## 二、专利申请状况分析

本文使用中国专利检索系统（CPRS）、德温特世界专利索引数据库（DWPI）以及各国的全文库等专利数据库进行数据检索和统计分析，初步建立数据库，数据国别范围主要包括中国（CN）、美国（US）、欧洲（EP）、日本（JP）、韩国（KR），并对数据库进行人工标引，检索截止时间为 2017 年 10 月。检索要素为"燃料电池""石墨烯""催化"，并且对其中外文多种语言和表达进行扩展，同时考虑重点相关 IC、CPC 分类号（H01M 4/86、H01M 4/88、H01M 4/90、H01M 4/92、H01M 4/96、H01M 8/10、B01J 21/18、B01J 23/42、B01J 23/44、C01B 31/04 等），检索到中国专利申请量为 546 件，全球专利申请为 886 项。以此为样本做专利分析。

**（一）燃料电池用石墨烯类催化剂全球专利情况分析**

1. 燃料电池用石墨烯类催化剂全球专利申请的年度申请量态势

按照申请年份对燃料电池用石墨烯类催化剂全球专利申请进行统计分析，得到申请量变化态势，如图1所示。由图1可以看出，2007年以前，每年有关燃料电池用石墨烯类催化剂的申请量只有几项，到2008年为15项，2009年为14项，上述数据表明将石墨烯用于燃料电池催化剂的研究甚少。而从2010年开始，每年关于燃料电池用石墨烯类催化剂的申请开始急剧上升，到了2012年已经达到上百项。2015年，全球申请量为163项，与2009年的申请量14项相比，短短六年内已经翻了十倍有余。

近年来，石墨烯成为全球范围最热门的碳材料是燃料电池石墨烯类催化剂申请量大幅增加的重要原因。石墨烯类催化剂兴起的重要时间节点为2010年，在该年的10月，英国曼彻斯特大学的物理学家安德烈·海姆（Andre Geim）教授和康斯坦丁·诺沃肖洛夫（Konstantin Novoselov）教授因从事石墨烯的研究并揭示了其性质而获得2010年诺贝尔物理学奖。自此之后，石墨烯在各领域的应用成了各大公司和高校的研究热点，而将石墨烯用于燃料电池催化剂也成为研究的前沿，因而导致自2010年后相关专利申请量的逐年上升。

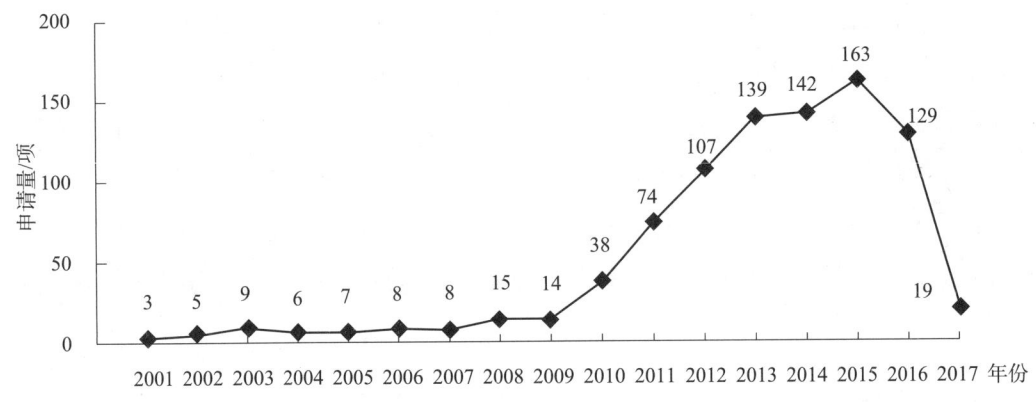

**图1　燃料电池用石墨烯类催化剂全球专利申请的年度申请量变化态势**

2. 燃料电池用石墨烯类催化剂专利申请在各国家/地区的分布比例和排名

图2所示为燃料电池用石墨烯类催化剂专利申请在世界各国/地区的排名分布，图3所示为燃料电池用石墨烯类催化剂专利申请各国/地区的分布比例。由图2、图3中可以看出，从各国/地区的申请总量看，中国的专利申请数量最多，为470项，占全球专利申请量的53%；其次为日本，为158项，占全球申请量的18%；然后是美国和韩国，分别占全球申请量的13%和12%；欧洲专利申请数量为全球申请量的3%，其他国家/地区，包括澳大利亚、印度、南非、意大利、法国、加拿大，占全球申请量的1%。

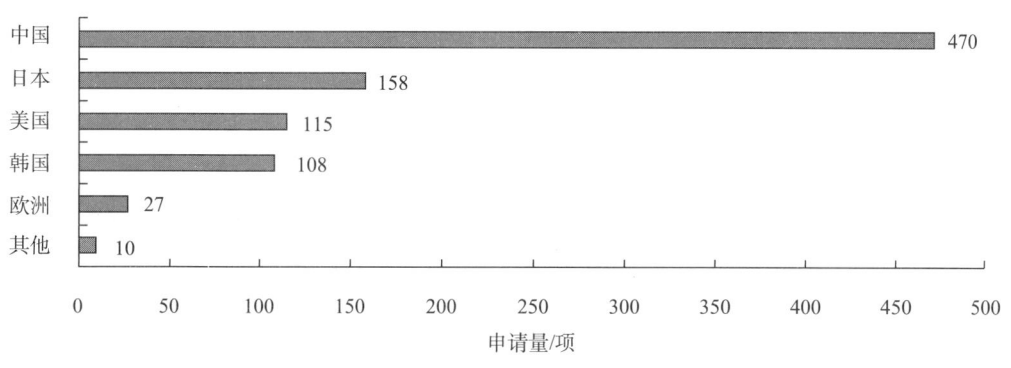

图2　燃料电池用石墨烯类催化剂专利申请各国/地区的排名

由此可见中国关于燃料电池用石墨烯类催化剂的申请量最多，占了过半，这与中国近年来大力支持发展石墨烯行业有关，该行业受到国家层面的高度关注，并得到国家政策的支持。2015 年 10 月，国家主席习近平参观英国曼彻斯特大学国家石墨烯研究院。2007～2013 年，中国国家自然科学基金关于石墨烯的资助项目达到了 1096 项，而 2014～2016 年关于石墨烯的相关国家政策多达 10 余项，中国已将石墨烯列为战略前沿材料之一，并列入"十三五"规划。因

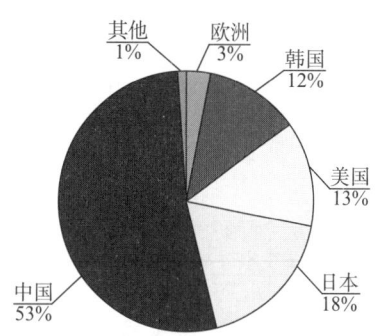

图3　燃料电池用石墨烯类催化剂
专利申请各国/地区的分布比例

此，基于国家的大力支持，我国石墨烯的研究发展迅速，有关燃料电池用石墨烯类催化剂的专利申请也相应增加。

作为燃料电池行业发展领先的国家，日本、美国、韩国都占了全球申请量的重要份额。基于新能源汽车的发展需求，日本、美国等国家的汽车产业巨头对燃料电池汽车的研发日益深入，相应地，作为燃料电池核心材料的催化剂，其研究也受到高度关注。石墨烯在燃料电池催化剂中的应用能降低原来的催化剂贵金属铂（Pt）的使用量，进而能降低燃料电池的生产成本，提高市场竞争力，因而日本、美国有关燃料电池用石墨烯类催化剂的专利申请在全球范围内占据着重要比例。

3. 燃料电池用石墨烯类催化剂在中、日、韩、欧、美五局的年申请量变化

根据上述对申请量的国家/地区分布分析，笔者进一步分析主要申请量来源的国家/地区的每年申请量的变化。图 4 所示为燃料电池用石墨烯类催化剂在中、日、韩、欧、美五局每年专利申请量变化。由图 4 所示，美国作为全球范围内开发研究石墨烯最成熟的国家，在燃料电池用石墨烯类催化剂领域的研究也相对较早。其次是日本，作为燃料电池发展主要技术来源国家之一，其在燃料电池用石墨烯类催化剂领域的研究和申请也相对较早。在 2010 年以前，关于燃料电池用石墨烯类催化剂的主要申请国家为美国和日

本，并且每年都有持续稳定的申请量。其中日本的申请量在近年来已经超过美国，这与日本相关企业重视对燃料电池的研究和投入有关。中国在 2009 年开始出现燃料电池用石墨烯类催化剂的专利申请。2009 年 12 月，浙江大学化学系教授陈卫祥分别就铂/石墨烯纳米电催化剂（专利 CN101745384A）、钯/石墨烯纳米电催化剂（专利 CN101740785A）、PtRu/石墨烯纳米电催化剂（专利 CN101740786A）、Pt – CeO$_2$/石墨烯电催化剂（专利 CN101733094A）提出了四件专利申请，其中详细介绍了以氧化石墨纳米片、可溶性金属盐为原料，通过微波水热反应制备出石墨烯类电催化剂。从 2011 年开始，中国每年申请量开始达到两位数，持续保持每年增长趋势，并在 2016 年达到了三位数的申请量。由此可见，随着石墨烯成为研究热门，燃料电池用石墨烯类催化剂在中国的专利申请也急速增加。

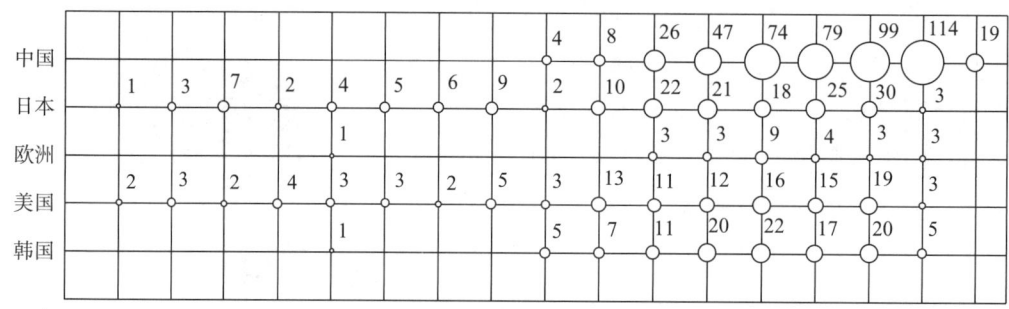

**图 4　五局燃料电池用石墨烯类催化剂专利申请量变化**

注：图中数字表示申请量，单位为项。

**（二）燃料电池用石墨烯类催化剂全球专利申请人情况分析**

1. 燃料电池用石墨烯类催化剂全球专利申请人数量年度变化趋势

对每年度燃料电池用石墨烯类催化剂全球申请人数量做出分析统计，得到图 5。从中可以看出，2009 年以前该领域申请人数量相对较少，可见从事该领域研发的人员相对较少；从 2010 年开始，该领域全球申请人数量开始猛烈增加，这与申请量的激增趋势保持一致，到了 2015 年，全球有关燃料电池用石墨烯类催化剂专利申请的申请人数量已经达到了 125 位。值得注意的是，许多公司、科研机构、高校采取合作研发，共同申请专利。下文将就申请人类型进行探讨。

2. 燃料电池用石墨烯类催化剂全球专利申请人排名

按照专利申请数量进行排序，确定该领域重点申请人。图 6 所示为燃料电池用石墨烯类催化剂全球重点申请人分布情况。中国北京化工大学的申请量位居全球申请量的首位，其次为日本的日产汽车株式会社、中国科学院长春应用化学研究所、韩国科学技术研究院、中国科学院大连化学物理研究所、日本的昭和电工株式会社、东洋油墨 SC 控股株式会社等。从申请人的类型上看，中国国内重点申请人都是高校及科研院所，如中

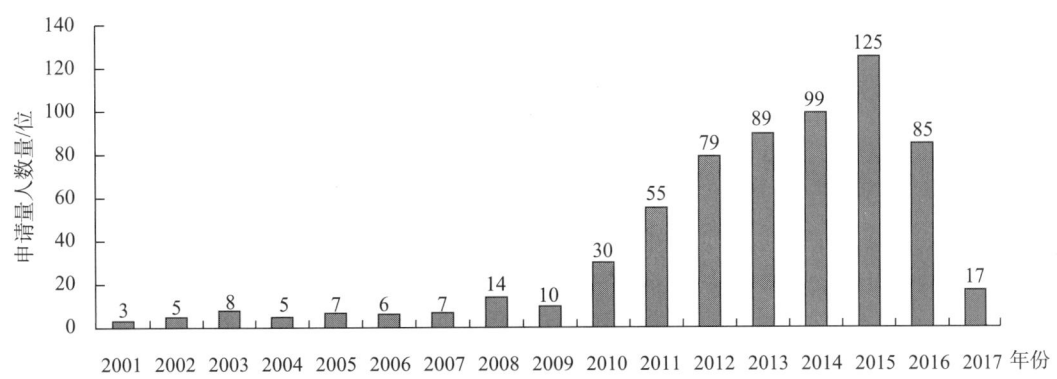

图5　燃料电池用石墨烯类催化剂全球专利申请人数量年度变化趋势

国科学院的相关研究所。除了图6中提到的武汉理工大学、中南大学、山东理工大学、哈尔滨工业大学、华南理工大学、天津大学以外，还有暨南大学、上海交通大学、苏州大学、东华大学、青岛大学也都占有一定的申请量。这从侧面反映出石墨烯在燃料电池催化剂中的应用近年来越来越受到国内高校及科研院所的关注。例如，北京化工大学常州先进材料研究院的银凤翔教授的团队从2012年开始申请了关于石墨烯负载铂（专利CN103157463A、专利CN104475090A）、石墨烯负载钯（专利CN103120938A）、金属有机骨架（MOFs）、石墨烯负载钯/钴（专利CN103022521A）和石墨烯组成的催化剂载体（专利CN103178273A、专利CN103165916A）的专利，在燃料电池用石墨烯类催化剂方面有着持续的研究。笔者发现国内申请人有着集中申请专利的特点，以至于数量上占有一定优势。如山东理工大学的李忠芳教授的团队在同一天内申请了12项专利，其中关于三维氮掺杂石墨烯的有8项。

对应地，国外的重点申请人主要是企业。如日本的重点申请人除了汽车产业巨头日产自动车株式会社、丰田自动车株式会社，还有东洋油墨SC控股株式会社、昭和电工株式会社、富士胶片株式会社。韩国的重点申请人则是韩国科学技术研究院、LG化学株式会社，而作为韩国最大的跨国企业集团三星集团，旗下的三星电子公司、三星SDI株式会社也占了一定申请量。

笔者发现日产自动车株式会社除了自己公司提出的申请，还与其他企业、高校合作申请，合作单位包括日本国立东北大学、戴姆勒股份公司（德国）、福特汽车公司（美国）、东洋炭素株式会社（日本）、新日铁住金化学株式会社（日本）。从这方面可以反映出日产自动车株式会社除了公司内部深入研究之外，还积极寻求与国内外知名汽车企业、国内知名高校、国内知名碳材料公司、钢铁建材公司合作开展研发、申请专利。

笔者针对上述国内国外申请人类型的特点，进一步对各国/地区申请人的类型进行统计，获得图7统计数据。从图7中可以看出，中国申请人中主要是高校及科研机构，申请量占总量的约80%，其次是企业申请、合作申请和个人申请。相对于国外，中国申请

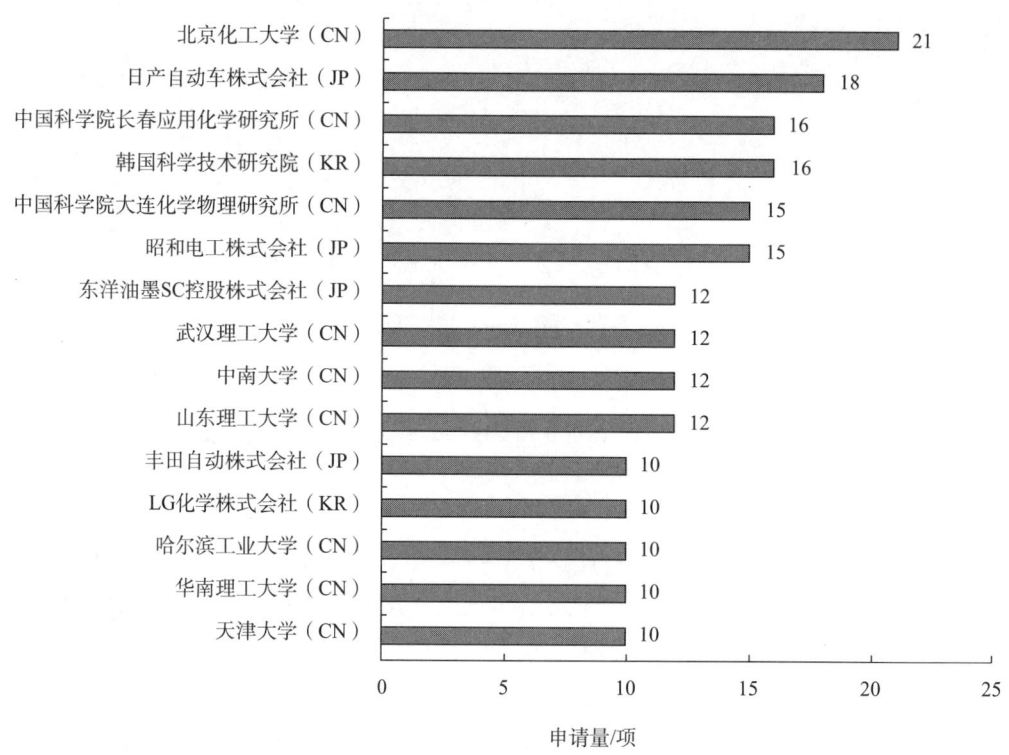

图 6　燃料电池用石墨烯类催化剂全球专利申请人排名

中企业申请所占的比重明显偏低，不到 10%。相比在日本，企业的申请量占了接近 60%，反映出在燃料电池用石墨烯类催化剂领域，日本的企业研发占据核心地位，正是产业需求带动了科研进步，使得日本相关重点企业为了占据这一领域的技术优势而持续申请专利。日本的申请量中有超过 40% 是合作申请，只有约 5% 的申请量单独来源于科研机构或高校，而很多专利申请都是通过各种合作方式，如企业 – 研究机构、企业 – 企业、企业 – 个人、个人 – 个人、个人 – 研究机构，通过多种合作方式，可以更有利于这一领域的研究适应产业发展需要。

　　欧洲的申请量主要也是集中在企业，占约 60%，合作申请占总申请量的约 30%，研究机构及高校的申请量不到 20%。欧洲主要的企业申请人为 COUNCIL SCI & IND RES INDIA、COMMISSARIAT ENERGIE ATOMIQUE、JOHNSON MATTHEY FUEL CELLS LTD、AFC ENERGY PLC。笔者注意到日本和美国、韩国都有跨国合作申请。美国的申请量中合作申请最多，其次是研究机构及高校。美国的合作申请的情况与日本的相比有所差异，区别首要在于美国的合作申请中更多体现了研究机构及高校的主导地位，相比企业之间的合作申请，研究机构及高校作为第一申请人与企业、个人合作的申请较多，其次，美国申请中个人之间的合作申请也占了一定的申请量。反映出美国在这一领域中是科研院所及高校作为科研攻关的主体力量。美国申请中企业申请的比例约 20%，比例并不算多，涉及企业包括巴斯夫欧洲公司、3M 创新公司、LOS ALAMOS NATIONAL SECURITY、LLC、孟山都技术公司等。韩国的申请量也是有 40% 多为科研机构及高校申请，重点申请人如上文提及的韩国科学技术研究院，还包括韩国高级科技学院（KOREA ADVANCED INST SCI & TECHNOLOGY）、UNIV KOREA RES&BUSINESS FOUND、KORE-A INST ENERGY RES 等。韩国的申请量中企业申请人占了 40% 以上，除了上文提及的 LG 化学株式会社，三星集团旗下的三星电子公司、三星 SDI 株式会社，主要的企业申请人还包括 POSTECH ACAD – IND FOUND、UNIV KONKUK IND COOP CORP、XFC INC 等。

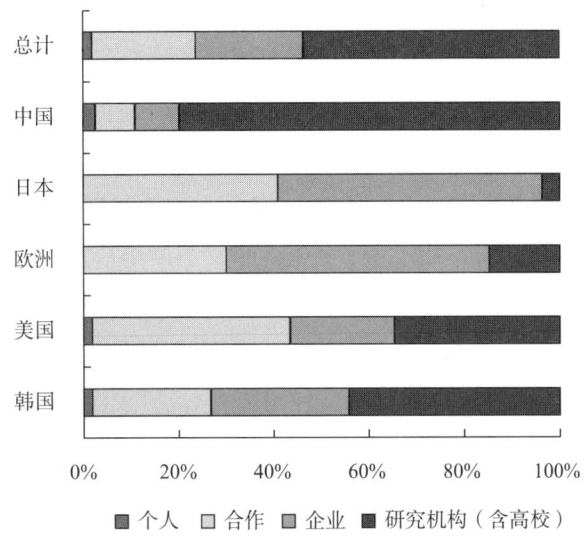

图 7　全球燃料电池用石墨烯类催化剂专利申请人类型分布（以申请量统计）

从以上分析中可以看出，中国在该领域的申请主要集中在科研机构和高校，而企业申请是短板，这是需要拓展的方向。鉴于锂电池在新能源汽车中存在安全性、续航能力等短板，以及锂电池的回收利用技术还有待提高，燃料电池的商业化使用在未来是新能源发展的一个重要趋势。目前科研院所和高校在燃料电池用石墨烯类催化剂方面的发展十分迅速，因而国内可以参考日本、美国的模式，多发展产学研合作，促进企业的技术快速进步。

**（三）从专利申请情况看全球燃料电池用石墨烯类催化剂技术发展趋势**

笔者对燃料电池用石墨烯类催化剂的专利申请以材料组成作为技术方向进行归类，并以石墨烯负载贵金属（铂、钯、银、金）、石墨烯负载过渡金属/其化合物（钴、镍、铁，及其氧化物、硫化物、氮化物、碳化物）、石墨烯与非金属（如碳纳米管、有机化合物、聚合物）复合、石墨烯的元素掺杂改性（氮掺杂、硼掺杂、磷掺杂、硫掺杂）、石墨烯制备方法的改进作为技术分支。并将各个技术分支的申请量按照年份进行统计，以获得申请量的变化，并且比较各个技术分支的发展程度。2008 年以前，涉及燃料电池用石墨烯类催化剂的专利申请数量较少，早期的研究方向在于石墨烯制备方法的改进、石墨烯负载贵金属。

从图 8 中可以看出，随着 2010 年该领域申请量开始增加，每个技术分支的申请量也相应增加，从 2012 年开始，排在前列的技术分支为石墨烯负载贵金属、石墨烯负载过渡金属/其化合物、石墨烯的元素掺杂改性。石墨烯负载贵金属催化剂（典型的是铂催化剂）的性能相对较为优异，然而考虑到成本问题，人们偏向于降低贵金属的使用量，因而致力于研发低铂、非铂的催化剂类型，如铂与其他金属（如钯、钴、镍、铬、铁、金）的合金、铂与金属氧化物的合金等。同时关于石墨烯负载过渡金属/其化合物的申请、以及关于石墨烯的元素掺杂改性（氮掺杂、硼掺杂、磷掺杂、硫掺杂）的申请近年来发展较快，与原有的申请量分布相比，石墨烯负载过渡金属/其化合物、石墨烯的元素掺杂改性这两个技术分支已经与石墨烯负载贵金属平分秋色，并且随着石墨烯负载贵金属的相关研发已经比较成熟，石墨烯负载过渡金属/其化合物、石墨烯的元素掺杂改性这两个技术分支在申请量上将有赶超前者的势头。至于石墨烯与非金属（如碳纳米管、有机化合物、聚合物）的复合这一技术分支在近年来也开始受到关注，丰富了燃料电池催化剂的材料种类。

从这一方面说明目前的研发技术可以通过改进材料的组成及制备工艺提高催化效果，在不依赖铂等贵金属的情况下也能达到满意的催化性能。这与燃料电池的整体发展需求、燃料电池汽车的市场竞争力需求密切相关，反映出在新能源汽车领域，为了与纯电动车、混动汽车相比能够增加竞争优势、提升市场份额，投入研发燃料电池的相关企业必须在成本上做出大幅改革。而其中催化剂作为燃料电池电化学反应的核心材料，占据很重的成本比例，因而研发出价格低廉、性能又保持稳定的催化剂体系，甚至考虑环保因素，是目前燃料电池用催化剂的发展需求。

燃料电池用石墨烯类催化剂的发展，除了上述提及的负载和掺杂，还跟石墨烯本身的技术发展路线密不可分。为了进一步了解燃料电池用石墨烯类催化剂的技术演进情况，以便了解该技术的发展脉络，本文对燃料电池用石墨烯类催化剂的专利申请根据年代进行了梳理，通过对专利文献的筛选和对关键申请人、相关技术的追踪，获得由关键专利构成的技术发展路线，如图 9 所示。

从图 9 中可以看出，石墨烯被发现以及被应用于燃料电池催化剂领域，是从碳材料作为催化剂的载体开始研究的，在制备纳米碳材料的过程中，人们发现了在碳材料的边缘出现了一种薄片的结构，其名为石墨烯片。2001 年，株式会社科立思的柳泽隆和远藤守信（专利 EP1243678A2）制备了载持有催化金属的碳素纤维，具有切头圆锥筒形碳素网层的同轴层叠结构（也即石墨烯层）。所述切头圆锥筒形碳素网层均含有碳素六边网层，并且，在轴向的两端具有大直径环端和小直径环端，从所述大直径环端的至少一部分露出所述碳素六边网层的边缘，在露出的所述碳素六边网层的边缘上载持有催化金属，被载持的所述催化金属以铂或铂合金为宜，其作为催化剂是有效的，这些催化剂作为燃料电池中的催化物质可有效地得到利用。

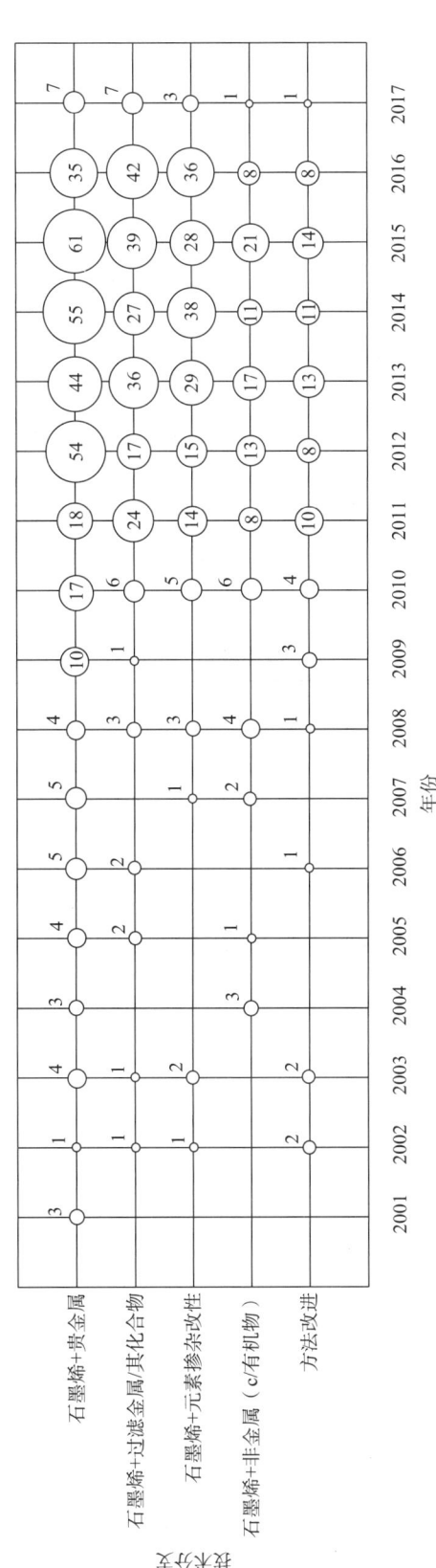

图 8 燃料电池用石墨烯类催化剂全球专利分类

注：图中数字表示申请量，单位为项。

新能源电池

机器人

高档数控机床

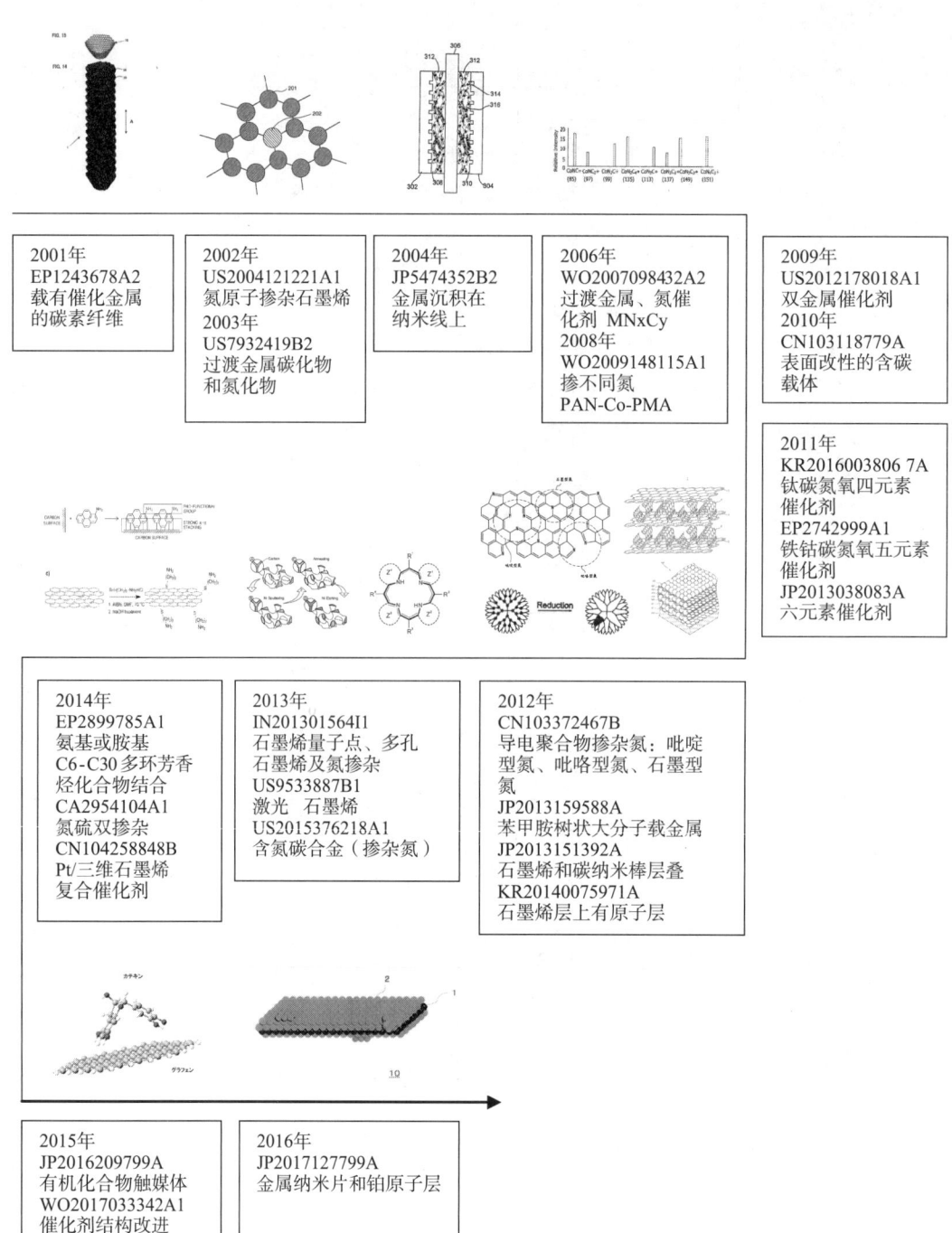

**图 9　燃料电池用石墨烯类催化剂技术发展路线**

　　随后，研究人员为了改善催化剂载体的性能，对石墨烯材料进行了原子掺杂和改性处理。2002 年，株式会社日立制作所的 Shichi Suzuki 等人（专利 US2004121221A1）提出了一种催化剂载体材料，催化剂载体材料包含能够为催化剂组分提供共价键的原子，其原子可以为氮原子、氧原子、磷原子和硫原子，催化剂组分可以是铂、钌、锰、铁、钴、镍、铑、钯、铼、铱或者它们的组合（具体结构可以参见图9）。2003年，孟山都技术公司（美国）的刘福臣等人（专利US7932419B2）制备了一种包括碳载体的催化剂，在碳载体上形成了含有过渡金属碳化物、氮化物或碳化物－氮化物的组合物。2004年，纳米系统公司的牛春明（专利JP5474352B2）制备了一种纳米线，该纳米线包含：芯，所述芯含有小于0.5%碳；和围绕所述芯的碳－基层，其中所述碳－基层含有小于0.5%的基面碳；其中所述碳－基层是指部分或全部包围芯的含碳材料的层；其中所述基面碳是指在石墨烯片或石墨烯层中发现的其特征是结合的晶体结构的碳；并且将金属沉积在纳米线上，金属催化剂可以选自包括但不限于下列金属中的一种或多种的组合中：铂（Pt）、钌（Ru）、铁（Fe）、钴（Co）、金（Au）、铬（Cr）、钼（Mo）、钨（W）、锰（Mn）、锝（Tc）、铼（Re）、锇（Os）、铑（Rh）、铱（Ir）、镍（Ni）、钯（Pd）、铜（Cu）、银（Ag）、锌（Zn）、锡（Sn）、铝（Al）以及它们的组合和合金（比如双金属Pt：Ru纳米粒子）。2006年，孟山都技术公司（美国）的刘福臣等人（专利WO2007098432A2）提供了一种过渡金属和氮二元催化剂$MN_xC_y$：燃料电池催化剂，其包含活性炭载体，在该活性炭载体上形成有过渡金属组合物，所述过渡金属组合物包含过渡金属和氮，其中过渡金属构成该催化剂的至少1.6%的重量。2008年，国立大学法人群马大学（日本）的MIYATA Selzo等人（专利WO2009148115A1）采用不同氮源和过渡金属，制备了含有第一氮源和第二氮源例如PAN－Co－PMA的碳材料催化剂。2009年，巴斯夫欧洲公司的Claudia Querner等人（专利US2012178018A1）制备了用于燃料电池的双金属催化剂：包括：①支撑体；②选自铂族的至少一种催化活性金属或包含至少一种铂族金属的合金；以及③选自Ti、Sn、Si、W、Mo、Zn、Ta、Nb、V、Cr和Zr的至少一种金属的至少一种氧化物。2010年，该团队提出了一种生产表面改性的含碳载体的方法，该方法包括下列步骤：①将含碳载体与至少一种金属化合物、含碳－和/或氮的有机物质和任选分散介质混合；②任选在40～200℃的温度下蒸发分散介质；③将所述混合物加热至500～1200℃的温度，以在该含碳载体上形成金属碳化物、金属氮化物、金属碳氧化物、金属氧氮化物、金属氧碳氮化物和/或金属碳氮化物，还提供了该表面改性的含碳载体的用途（CN103118779A）。2011年，昭和电工株式会社的研究团队提出了钛碳氮氧四元素催化剂、铁钴碳氮氧五元素催化剂、六元素催化剂，其分别是：专利申请KR20160038067A记载了氧还原催化剂具有钛、碳、氮和氧作为构成元素，在将该各构成元素的原子数之比、即钛：碳：氮：氧记作1：x：y：z时，$0.1 < x \leqslant 7$，$0.01 < y \leqslant 2$，$0.05 < z \leqslant 3$；专利申请EP2742999A1记载了氧还原催化剂中所含的元素之中，铁、钴、碳、氮和氧的各原子数的比表示为铁和钴的原子数的合计：碳的原子数：氮的原子数：氧的原子数=1：x：y：z时，且$10 \leqslant x \leqslant 65$、$0 < y \leqslant 2$、$0 < z \leqslant 20$；专利申请JP2013038083A记载了一种燃

料电池用电极催化剂，具有金属元素 M1、碳、氮、氧、氟和选自硼、磷和硫中的至少 1
种元素 A 作为构成元素，将所述各元素的原子数之比表示成：金属元素 M1∶碳∶氮∶
氧∶元素 A∶氟 =1∶x∶y∶z∶a∶b，则 $0.15 \leqslant x \leqslant 9$、$0 < y \leqslant 2$、$0.05 \leqslant z \leqslant 5$、$0 \leqslant a \leqslant 1$、
$0.0001 \leqslant b \leqslant 2$，所述金属元素 M1 是选自铝、铬、锰、铁、钴、镍、铜、锶、钇、锡、钨
和铈中的 1 种以上。

　　随着技术的进步，研究人员对燃料电池用石墨烯类催化剂的研究更加细微化，主要
体现在对石墨烯结构的原子层级的研究，此外，催化剂材料和石墨烯材料的制备方法也
在不断改进。2012 年，三星 SDI 株式会社的金埈永等人（专利 CN103372467B）提供了
一种载体的制备方法：所述碳载体的表面上的结晶碳层，通过用导电聚合物对所述碳载
体进行聚合物包覆而改性，所述结晶碳层包括与所述碳载体的碳化学结合的一个或多个
杂原子，具体的包括吡啶型氮部分、吡咯型氮部分、石墨型氮部分、氮氧化物部分或其
组合（具体结构可以参见图 9）。国立大学法人东京工业大学（日本）分别提出了苯甲胺
树状大分子载金属（专利 JP2013159588A）和石墨烯和碳纳米棒层叠（专利
JP2013151392A）的结构（具体结构可以参见图 9）。三星电子的 SUNG－MIN KIM 等人
（专利 KR20140075971A）提出了石墨烯层上具有金属的原子层的层叠结构（具体结构可
以参见图 9）。2013 年，桑迪亚公司的 RONEN POLSKY 等人（专利 US9533887B1）采用
激光刻蚀的方法制备石墨烯（具体结构可以参见图 9），随后 2015 年威廉马歇莱思大学
的 TOUR JAMES M 等人也提出了通过将聚合物暴露于激光光源来制备石墨烯材料的方法
（专利 CN106232520A）。2013 年，科学与工业研究委员会（印度）的 KURUNGOT SREE-
KUMAR 等人（专利 IN201301564I1）研究了石墨烯量子点、多孔石墨烯、及氮掺杂石墨
烯。富士胶片株式会社的研究人员在专利 US2015376218A1 中记载了一种类似于石墨烯共轭
平面的含氮碳合金（也即掺杂氮的碳材料，具体结构可以参见图 9），并且对含氮碳合金进
行了广泛的研究，并申请了大量的专利（专利 US2011245071A1、专利 WO2013125503A1、
专利 WO2014208740A1、专利 WO2015199125A1、专利 WO2016035705A1）。2014 年，三星
SDI 株式会社的 JUN－KOUNG KIM 等人（专利 EP2899785A1）提出了一种用于燃料电池的
电极催化剂，所述电极催化剂包括碳质载体和负载在碳质载体中的催化剂金属，在碳质
载体的表面上，碳质载体非共价地结合到在其端部具有氨基或胺基的 $C_6 - C_{30}$ 多环芳香烃
化合物（具体结构可以参见图 9）。阿尔托大学基金会的 SINH LE HOANG 等人（专利
CA2954104A1）也提出了通过半胱胺盐酸盐［$HS - (CH)_2 - NH_2 HCl$］结合在石墨烯表
面得到氮硫双掺杂的石墨烯（具体结构可以参见图 9）。青岛大学的王宗花等（专利
CN104258848B）提供了一种两性表面活性剂十二烷基氨基丙酸钠辅助合成了 Pt/三维多
孔石墨烯复合材料（Pt/3D GN），该多孔的 Pt/三维石墨烯复合材料具有较高的催化甲醇
氧化活性和稳定性，可作为直接甲醇燃料电池的高效阳极催化剂。

从无铂催化剂的角度考虑，研究人员也提出了新的物质代替原有催化剂，新的物质例如有机物、金属、金属氧化物等。2015 年，国立大学法人名古屋大学（日本）的 BRATESCU M 等人（专利 JP2016209799A）提出有机化合物催化剂作为聚合物电解质燃料电池的催化剂，该催化剂为具有导电性碳材料支撑的苯环和酚羟基团的酚或者酚的衍生物，导电性材料例如碳纳米管、炭黑、石墨烯（具体结构可参见图9）。日产自动车株式会社的 ARIHARA KAZUKI 等人（专利 WO2017033342A1）提出了一种催化剂颗粒，包括铂原子和非铂金属原子，合金颗粒包括粒状主体部分和由主体部分向外的多个突起部分，主体部分包含非铂金属和铂，突起部分主要成分为铂，非铂金属原子选自钒、铬、锰、铁、钴、镍、铜和锌，合金颗粒的直径为 0 ~ 100nm，突起的直径为 0 ~ 4nm，突起的长度为 0 ~ 10nm。2016 年，国立大学法人信州大学（日本）的 SUGIMOTO WATARU 等人（专利 JP2017127799A）提出了金属纳米片上负载铂原子层制备电极催化剂，并且进一步将其负载到石墨烯等碳载体上，该催化剂材料可用于燃料电池领域（具体结构可以参见图9）。

研究人员从对纳米材料的研究发现石墨烯，将石墨烯直接作为催化剂的载体材料，以及对石墨烯结构的进一步改性研究，到采用类似石墨烯层状结构的聚合物代替石墨烯，均体现了技术的进步和科研水平的提高。石墨烯作为燃料电池催化剂载体的研究，既丰富了燃料电池催化剂的种类，也进一步扩大了科研人员的思路，有助于开发新的产品应用于燃料电池的催化剂材料。

## 三、小结和建议

面对目前新能源发展的需求，燃料电池作为相比锂离子电池更加清洁的能源，其发展日益受到关注。而随着各国研发人员的努力，燃料电池催化剂的成本也有望降低，以达到大规模商业化的需求。石墨烯在燃料电池催化剂的应用极大地拓展了材料选择范围，并且优化了催化剂的性能。然而燃料电池用石墨烯类催化剂能否简化生产工艺并投入量产是需要解决的问题。

中、日、美、韩四国的申请人类型都呈现各自突出的特点。中国申请集中在高校及科研院所，走向企业、面向市场的申请占的量少；日本则由于资源短缺，在燃料电池方面投入较大，该国的主导申请人为企业，尤其是汽车龙头企业；美国的重点申请人则在科研院所及高校，领导着主流研发趋势；韩国则是高校及企业都在该领域上占有重要申请量，两者比较均衡。

目前燃料电池用石墨烯类催化剂在材料上负载和掺杂都比较成熟，核心的改进趋势在于对石墨烯本身的改进，如制备工艺的改进、表面活性点的改进、形貌对性能的影响

新能源电池

机器人

高档数控机床

等。因而该领域未来的发展主要取决于石墨烯材料的研究是否有新的突破。

笔者认为，在科研和专利申请方面，国内应该加强企业与科研院所及高校的合作，以使得相关企业能够在燃料电池这一领域抢占制高点，以面对未来燃料电池市场化的发展趋势以及未来技术变更带来的冲击，更好地走向国际化市场。

**参考文献**

［1］ John Stacy，Yagya N Regmi，Brain Leonard，et al. The Recent Progress and Future of Oxygen Reduction Reaction Catalysis：A Review ［J］. Renewable and Sustainable Energy Reviews，2017，69：401 – 414.

［2］ X Tong，Q Wei，X Zhan，et al. The New Graphene Family Materials：Synthesis and Applications in Oxygen Reduction Reaction ［J］. Catalysts，2017，7（1）.

# 燃料电池用质子交换膜专利技术综述[*]

王恒　吴志威　杨柳青　刘伟

**摘　要**　本综述以专利数据为基础，对燃料电池用质子交换膜的全球以及中国专利申请进行分析，从全球/中国的申请量趋势、一级技术构成、申请量前12的申请人排名、全球区域分布等角度进行整体分析，并重点对全氟磺酸树脂膜进行分析，为国内燃料电池用质子交换膜的发展提供依据和建议。

**关键词**　燃料电池　质子交换膜　全氟磺酸树脂膜

## 一、前言

国务院印发的《中国制造2025》提出将"节能与新能源汽车"作为重点发展领域，其明确指出的重点方向之一在于继续支持燃料电池汽车发展，这为我国节能与新能源汽车产业发展指明了方向。

燃料电池汽车发展的关键技术之一在于燃料电池（Fuel Cell）的发展，其受到原料储存技术、催化剂以及质子交换膜等超高端技术的限制发展缓慢。近年来，质子交换膜燃料电池（Proton Exchange Membrane Fuel Cell，简称 PEMFC）在汽车上的应用已取得了较大的进展，德国奔驰汽车公司、日本丰田电汽车和美国通用汽车公司也相继推出了燃料电池样车。PEMFC 被认为是第四代电源技术，并且是汽车内燃机的最有希望的替代者。

PEMFC 主要由膜电极（MEA）、集流板和冷却板等部件组成，其中，膜电极是 PEMFC 的核心部分。质子交换膜在膜电极中起着传导质子、电极反应的介质、催化剂的承载体、隔离阴极和阳极反应物的作用，是膜电极的心脏。

其中，质子交换膜的主要类型包括：全氟磺酸质子交换膜、非全氟化质子交换膜、无氟化质子交换膜、复合膜、高温膜、碱性膜、全陶瓷质子交换膜等。其中，全氟磺酸质子交换膜是目前使用量最大的质子交换膜类型，主要产品包括美国杜邦公司的 Nafion

---

* 作者单位：国家知识产权局专利局专利审查协作湖北中心。

系列膜、美国陶氏化学公司的 XUS - B204 膜、日本旭化成的 Aciplex 膜、日本旭硝子的 Flemion 膜、日本氯工程公司的 C 膜、加拿大 Ballard 公司的 BAM 型膜等，其中主流品牌为杜邦公司的 Nafion 系列膜，其市场占有率达到 95% 以上。

根据产业发展要求，到 2020 年，燃料电池堆寿命达到 5000 小时，功率密度超过 2.5 千瓦/升，整车耐久性达到 15 万公里，续驶里程达到 500 公里，加氢时间短至 3 分钟，冷启动温度低于 -30℃；到 2025 年，燃料电池堆系统可靠性和经济性大幅提高，和传统汽车、电动汽车相比具有一定的市场竞争力，实现批量生产和市场化推广。因此，如何达到《中国制造 2025》中关于燃料电池汽车发展规划要求，同时突破掌握该领域核心技术的日本和美国等国的技术壁垒，是我国该领域当前面临最直接也是最实际的难题。

本综述以专利数据为基础，对燃料电池用质子交换膜的全球以及中国专利申请进行分析，从全球/中国的申请量趋势、一级技术构成、申请量前十的申请人排名、全球区域分布等角度进行整体分析，并重点对全氟磺酸树脂膜进行分析，为国内燃料电池用质子交换膜的发展提供依据和建议，为更好地完成《中国制造 2025》中关于燃料电池汽车发展的产业目标打下坚实的基础。

本课题的数据来源为中国专利文摘数据库（CNABS）和德温特专利数据库（DW-PI），检索截止日期为 2017 年 11 月 1 日。本综述所研究的燃料电池质子交换膜特指用于质子交换膜燃料电池中的聚合物膜。未明确制成膜形态或应用于电解池等其他领域的质子交换膜不在本综述研究范围内。

## 二、整体情况

### （一）PEMFC 用质子交换膜专利申请趋势

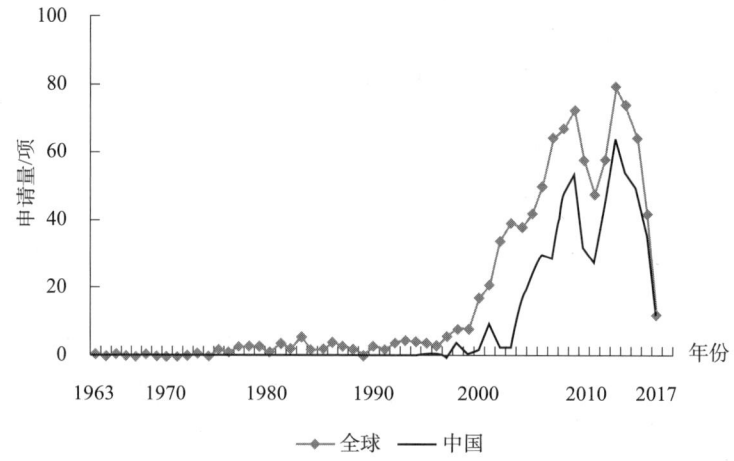

图1 燃料电池用质子交换膜全球/中国专利申请量态势

燃料电池用质子交换膜主要分为全氟树脂膜、部分氟化树脂膜和无氟树脂膜。图1示出了燃料电池用质子交换膜的全球/中国专利申请量的态势。其申请量的变化主要经历了三个阶段。第一阶段是1963年至2000年，年申请量在10项以下；第二阶段是2000年至2013年，专利申请量快速增长，在2013年增加至最高点79项；第三阶段是2013年至2017年，专利申请量呈下降趋势，2016年申请量为42项，截至目前，2017年申请量也仅为12项。

从全球申请量态势和中国申请量态势的数据可知，在燃料电池用质子交换膜专利申请量中，中国占据了全球专利申请量的绝大多数，尤其是进入2000年之后，中国已经成为燃料电池用质子交换膜的主要研究应用国家和重要市场。

从全球申请量态势可知，从1963年至2000年，燃料电池用质子交换膜处于基础研究阶段，在这一时期，每年仅有少量的专利申请，且均是国外申请。2000年至2013年，全球燃料电池用质子交换膜处于快速发展时期，各国对其进行了大量应用性研究。2000年之后，中国申请量才有了大幅度增长，可能是由于国内市场对于燃料电池质子交换膜需求量增大，国内相关企业和研究所投入了较大的研究成本。2008年，受全球金融危机影响，申请量回落。中国申请量态势与全球申请量态势类似。2017年的申请量较少，是由于发明专利申请通常需要较长时间才会对外公开，不少相关申请处于已申请但未公开状态。

（二）专利区域分布

图2显示了燃料电池用质子交换膜全球专利申请的区域分布。其中，中国申请量最多，占全球排名前五申请国申请总量的49%；日本和美国次之，分别占24%和14%。

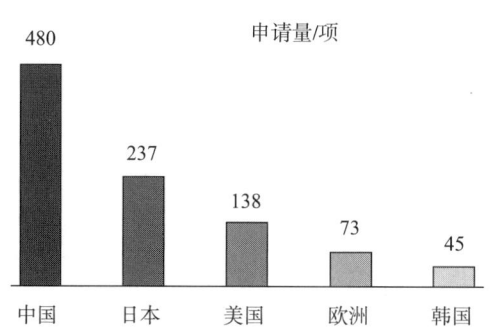

**图2　燃料电池用质子交换膜全球主要专利申请来源**

从全球主要申请国家/地区的数据比较，中国申请人在专利申请量方面占据着一定的优势，中国在该领域的申请量占全球排名前五申请国家/地区总申请量的49%。这说明随着中国对燃料电池用质子交换膜需求量和消费量的不断增加以及国外企业对中国燃料电池用质子交换膜技术的封锁，中国企业和科研单位越来越重视该技术的研发，并且也更加主动地进行知识产权保护和专利布局。

与此同时，各国纷纷加紧对中国专利申请的布局，尤其以日本和美国为代表。这说明作为该领域技术领先者的日本和美国已经将该领域的申请集中布局在中国。一方面随着中国对燃料电池质子交换膜市场的需求，各国均看好中国该领域发展可以带来可观的利润，通过专利技术构建战略布局占据市场，特别是《中国制造2025》明确提出将"节能与新能源汽车"作为其重点领域，这也将活跃中国燃料电池用质子交换膜领域市场，刺激已经回落的该领域申请；另一方面，随着国内相关企业增加投入成本，形成具有一定程度和规模自主知识产权的燃料电池用质子交换膜产品，对来华销售的国外企业的相关产品构成了一定程度的威胁。因此，国外企业（尤其是该领域技术领先的企业）将会构建技术壁垒来遏制中国企业发展壮大。国内企业需要对此引起重视，继续增大该领域产业研发投入，攻克技术难题，培育出具有竞争力的核心专利，并进行合理布局。

### （三）申请人分析

图3显示了燃料电池用质子交换膜领域的全球主要申请人和中国主要申请人的情况。

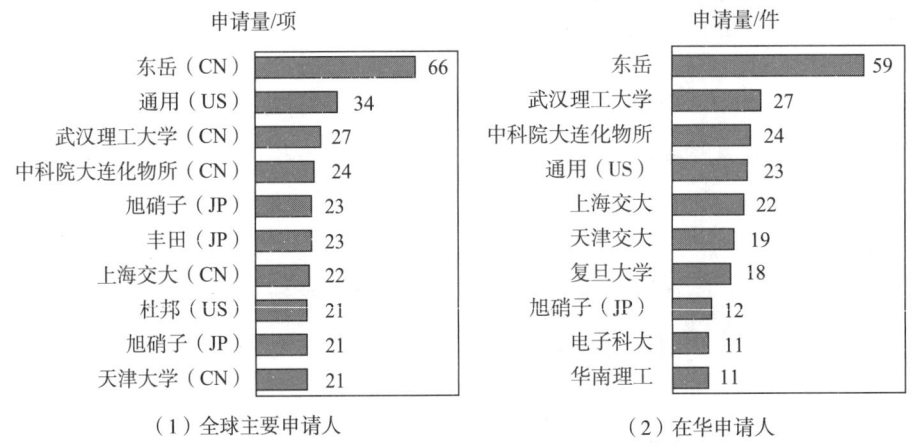

（1）全球主要申请人　　　　　（2）在华申请人

**图3　燃料电池质子交换膜全球申请人排名和在华申请人排名**

全球范围内，申请量排名前10位的申请人是中国东岳、美国通用、中国武汉理工大学、中科院大连化物所、日本旭硝子和丰田、中国上海交通大学、美国杜邦和中国天津大学。其中，中国5家、日本3家、美国2家。

在中国申请中，排名前10的申请人是中国东岳、武汉理工大学、中科院大连化物所、美国通用、上海交通大学、天津大学、复旦大学、日本旭硝子、电子科技大学和华南理工大学。其中，中国8家、日本1家、美国1家。

从全球申请人排名可以看出，该领域技术领先的日本和美国相关专利申请人均为企业，而中国主要为高校或者研究所，比如全球排名前10的申请人中国共有5家，其中仅有中国东岳一家公司，其余均为高校或者研究所；在中国申请排名前10的申请人中，虽然中国占据了8家，但是仅有中国东岳一家公司，其余7家均为高校或者研究所。这说明在中国燃料电池用质子交换膜领域中，高校或者研究所为该领域科学研发和技术创新的主力，需要将高校或研究所掌握的技术推向市场，实现成果转化。即将高校或研究所成果市场化也是提高国内燃料电池用质子交换膜技术竞争力的方向。

燃料电池用质子交换膜主要分为全氟磺酸树脂膜、部分氟化树脂膜和无氟树脂膜。图 4 统计了全球和中国燃料电池用质子交换膜中各树脂膜占比。其中，在全球和国内燃料电池用质子交换膜领域，全氟磺酸树脂膜、部分氟化树脂膜和无氟树脂膜占比类似，研究较多的是全氟磺酸树脂膜，其次是无氟树脂膜，最后是部分氟化树脂膜。下面将对全氟磺酸树脂膜进行具体技术分析。

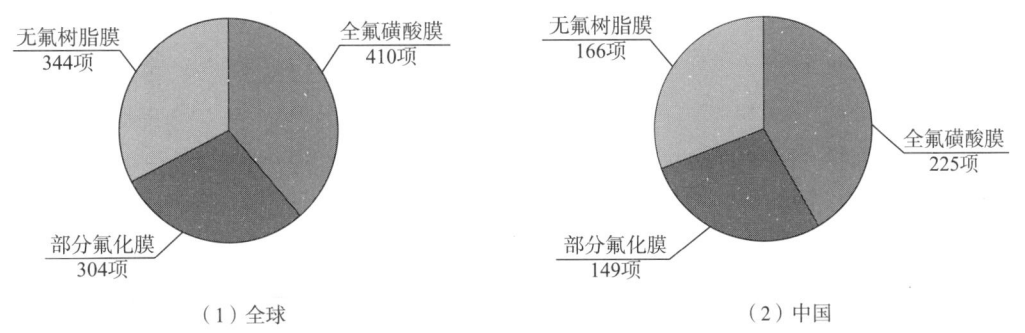

图 4　全球和在华燃料电池用质子交换膜中各树脂占比

## 三、全氟磺酸树脂膜

1962 年美国杜邦公司开发出新型性能优良的全氟磺酸膜[5]，即 Nafion 系列产品，并于 20 世纪 80 年代用于 PEMFC 取得成功，其分子结构可分为三个区域：①主干，由类似聚四氟乙烯结构的（$-CF_2-$）所组成；②离子簇，有亚硫酸根离子（$-SO_3^-$）、氢离子（$H^+$）、水分子等固定离子或相对固定离子所组成的离子簇，又称质子交换侧；③侧链，氟醚结构侧链（$-O-CF_2-CF_2-$），起连接主干和离子簇的作用[6]。在全氟磺酸膜中电负性最大的氟原子产生强大的场效应和诱导效应，从而使其酸性剧增，提高了膜的质子传导能力与电导率；另外，每个氟原子的三对孤对电子对构成了对中心碳原子的有效屏蔽，从而使 F 原子像涂层一样"包裹"在 C 周围起到保护作用[7]。

### （一）申请趋势

PEMFC 用全氟磺酸树脂的专利申请包括膜的制备方法、改性膜产品及其应用，其专利申请量主要包括三个阶段（参见图 5），第一阶段在 2000 年之前，年专利申请量较低，全球全氟磺酸树脂膜领域的专利申请以国外申请人为主，主要是国际大公司如美国杜邦、比利时苏威、日本旭化成等，专利申请集中度高，中国相关研究专利申请处于起步阶段；第二阶段是 2000 年至 2009 年，专利申请量迅速提高，其中我国企业的专利申请增加，在全球专利申请中逐步占据重要地位；第三阶段起始于 2009 年，专利申请量经历 2010、2011 年两年降低后，出现回升趋势，并在 2015 年达到第二峰值。

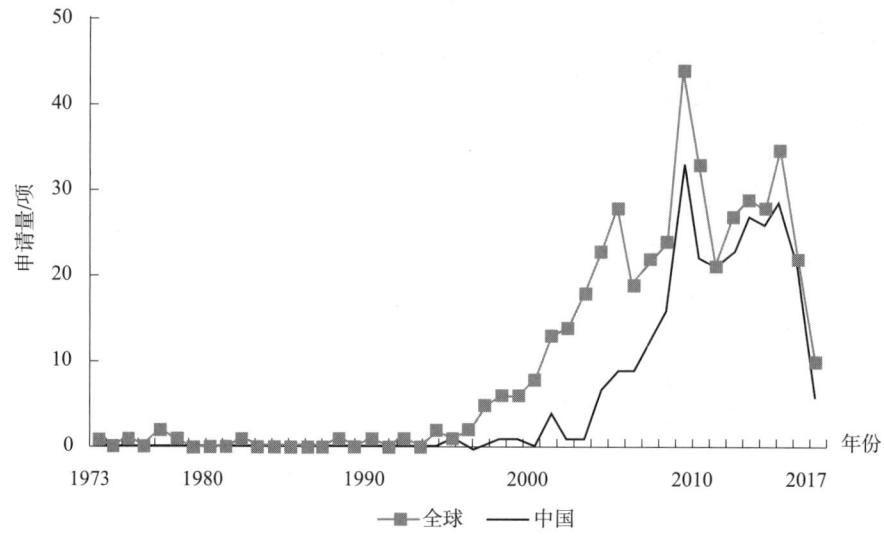

**图 5　全氟磺酸树脂膜全球/中国专利申请量态势**

从全球申请量态势可知，2000 年至 2006 年，专利申请量平稳增长，2008 年前后，受全球经济危机影响，申请量下滑。2009 年由于全氟磺酸树脂膜技术获得关键性突破，专利申请大幅增加，达到历史最高水平。随后，由于 2010 年美国在燃料电池领域的研发出现分歧，"氢经济"论被否定，燃料电池相关研究转向基础性研究，随后美国政府宣布停止支持燃料电池领域研发，导致专利申请量急剧降低。2010 年，随着燃料电池商业化趋势，PEMFC 再次成为研究焦点，专利申请量回升，并在 2015 年达到第二峰值。

中国专利申请量态势与全球态势基本相似，其中不同之处在于 2008 年前后专利申请量未经历明显下滑，呈现整体上升趋势。从中国申请量态势与全球申请量态势的数据可知，全氟磺酸树脂膜在中国的专利申请量占据了全球专利申请量的大多数，中国已成为全氟磺酸树脂膜领域的主要研究应用国家和重要市场。

PEMFC 用全氟磺酸树脂膜全球专利申请的区域分布显示，中国专利申请量最多，占全球申请量的 40%；美国和日本次之，分别占 18% 和 13%。能够看出中国申请人在专利申请量方面占据优势（参见图 6）。这说明随着中国对全氟磺酸树脂膜需求量和消费量的不断增加以及国外企业对中国全氟磺酸树脂膜技术的封锁，中国企业和科研单位越来越重视该技术的研发，更加主动地进行知识产权保护和专利布局，并取得了一定成果。

图 7 显示了全氟磺酸树脂膜领域的全球主要申请人的情况：全球范围内，申请量排名前 12 位的申请人是中国东岳、美国戈尔公司、中国复旦大学、美国通用电气、日本旭化成、日本丰田、中国上海交通大学、中国天津大学、中国大连化物所、日本德山。其

中，中国6家、日本3家、美国2家、韩国1家。

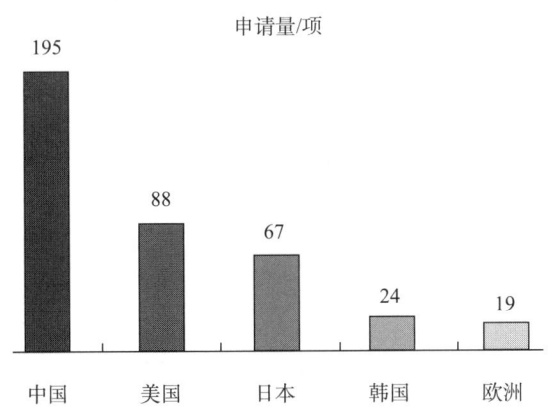

图6 全氟磺酸树脂膜的全球主要专利申请国/地区

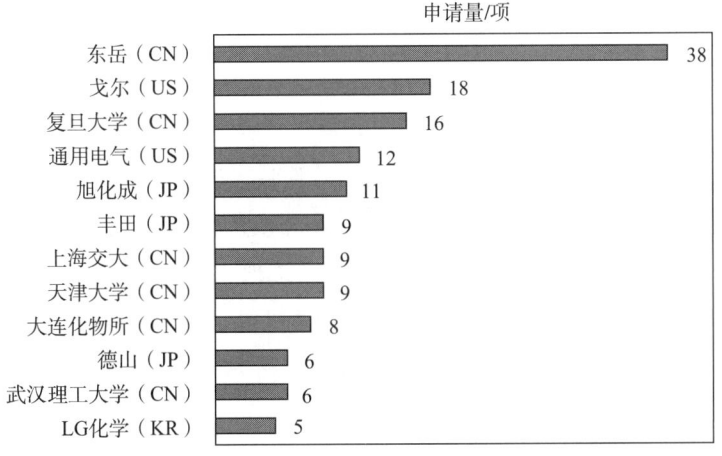

图7 全氟磺酸树脂膜全球主要专利申请人

从全球申请人排名可以看出，该领域技术领先的日本和美国相关专利申请人均为企业，而中国主要为高校或者研究所，全球排名前12的申请人中国共有6家，其中仅有中国东岳一家公司，其余均为高校或者研究所，这说明在中国燃料电池用质子交换膜领域中，高校或者研究所为该领域科学研发和技术创新的主力，中国已经具备相应的研发实力，如何将高校或研究所成果市场化是国内燃料电池用质子交换膜领域值得思考的地方。比如：相关企业可以和高校进行长期合作，企业为高校投入研发经费，高校将其成果服务于企业生产，实现资源优势互补，提高中国在该领域的竞争力，攻克美国和日本在中国专利布局设置的技术壁垒。

## （二）专利技术分布

PEMFC用全氟磺酸树脂膜专利技术主要包括对树脂结构组成的改进、成膜方法改进以及对现有全氟磺酸树脂的复合改性等，世界各国对全氟磺酸树脂膜改进的技术手段存在差异，也体现了各国在不同时期的研发思路。

图 8 是对全氟磺酸树脂结构改性的专利申请量趋势和专利申请区域分布。从图中可见，在时间线上，在 2009 年左右出现明显峰值，且中国、日本、美国的申请居多，这类申请多属于基础性研究，主要针对成膜原材料——质子交换树脂结构分子的结构设计和改造，主要对聚合单体进行筛选、改性、比例调整等，进而得到质子交换树脂。

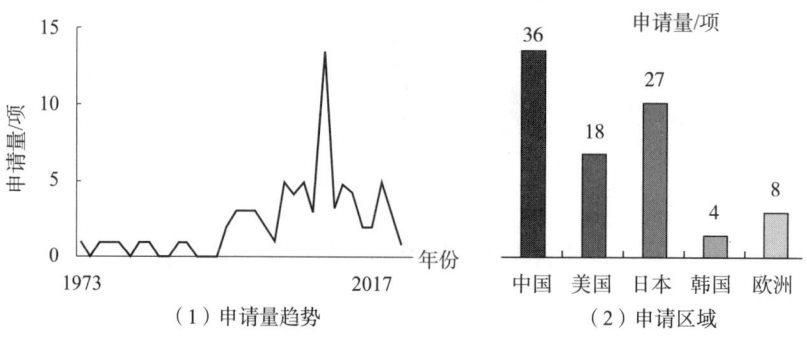

（1）申请量趋势　　　　　　　　（2）申请区域

**图 8　全氟磺酸树脂结构改性技术的专利申请量趋势和专利申请区域分布**

图 9 是涉及全氟磺酸树脂成膜方法改性的申请量趋势和申请区域分布。可见，在该领域中国专利申请量较多，美、日、欧处于同一水平，专利申请量差距较小。在成膜方法改性主要涉及对溶剂选择、铸膜液组成的调整、以及温度、加料顺序等方面。由于全氟类化合物在一定程度上具有难溶难熔的特点，在成膜方法上存在一定局限性，针对成膜方法改进的专利申请量明显低于针对树脂结构改性的专利申请量，全氟化合物加工较困难也是一直以来导致以 Nafion 为主的全氟磺酸质子交换膜难以制备、价格高居不下的因素之一。

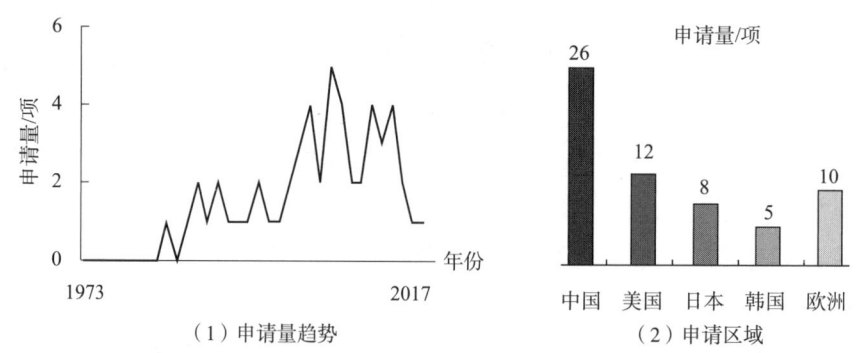

（1）申请量趋势　　　　　　　　（2）申请区域

**图 9　全氟磺酸树脂成膜方法改性的专利申请量趋势和专利申请区域分布**

图 10 是涉及全氟磺酸树脂复合改性技术的专利申请量趋势和申请区域分布。从图中可见，该类申请以中国专利申请为主，达到 158 件，美国和日本次之。复合改性技术包括将全氟磺酸类树脂与其他聚合物共混、与有机小分子掺混、与无机物掺混等方面。

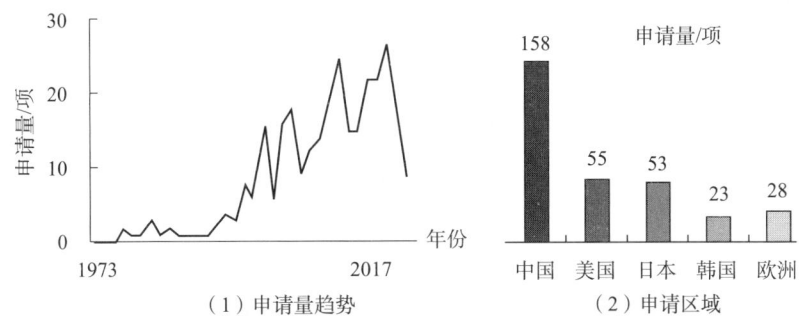

（1）申请量趋势　　　　　　　　（2）申请区域

**图10　全氟磺酸树脂复合改性技术的专利申请量趋势和专利申请区域分布**

通过对比可见，由于对于树脂结构的改进通常为基础研究，在2009年前，这类专利申请量居多，且2009年以美国为主的多个国家和地区将关于燃料电池相关研究转入基础研究，导致在2009年树脂结构改进的专利申请出现明显峰值。2009年后，成膜方法和复合改性相关研究增多。同时，可以看出在三种主要改进方向上，中国专利申请均最多，其中在复合改性方面明显高于其他国家和地区，在树脂结构改性方面日本和美国与中国差距较小。

从专利技术分布来看，目前大量的专利申请集中在全氟磺酸树脂的复合改性方面，这可能是全氟磺酸树脂膜技术今后的发展方向。

**（三）技术构成分析**

**1. 技术手段分析**

全氟磺酸树脂膜专利申请中的重要技术手段如下：①全氟磺酸树脂的复合改性技术，该技术涉及在全氟磺酸树脂膜制备过程中以无机物掺混、有机物掺混、与其他树脂复合以及制备多层复合膜等技术手段改性全氟磺酸树脂；②影响全氟磺酸树脂结构组成的改进技术，该技术涉及对全氟磺酸树脂的共聚单体、共聚方法、聚合后处理等能够影响到树脂本身结构和/或组成的因素进行改进；③成膜方法的改进技术，该技术涉及在全氟磺酸树脂成膜过程中的热熔融挤出成膜法和溶液涂覆成膜法。图11示出了全氟磺酸树脂膜的重要技术手段在全球专利申请中的分布情况。

在全氟磺酸树脂的复合改性技术的全球专利申请中，占主导地位的技术手段是：①与无机物掺混（132项）；②多层复合（102项）；③聚合物掺混（68项）；④有机物掺混（54项）。其中，与无机物掺混和多层复合是全氟磺酸树脂复合改性的主要方法。

在影响全氟磺酸树脂结构组成的改进技术中，出现较多的技术手段是：①使用不同的共聚单体（51项）；②使用不同的共聚方法（19项）；③使用不同的聚合后处理（12项）。其中，使用不同的共聚单体是全氟磺酸树脂结构改进的主要方法。

在成膜方法的改进技术中，出现较多的技术手段是：①涂覆成膜（42项）；②熔融挤出成膜（7项）。其中，涂覆成膜是全氟磺酸树脂的主要成膜方法。

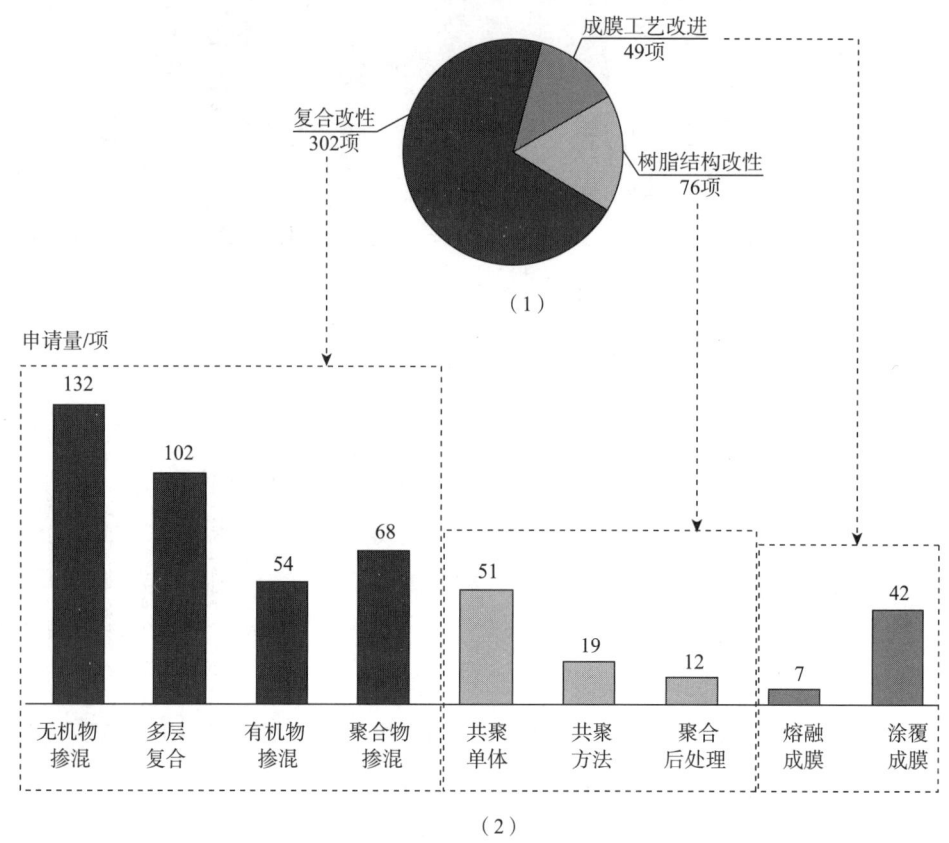

**图11　全氟磺酸树脂膜的重要技术手段全球专利申请量分布**

注：有些专利中可能采用多种手段对全氟磺酸树脂膜进行改性。

### 2. 技术问题分析

通过分析可得，在PEMFC用全氟磺酸树脂膜技术发展的过程中，主要针对以下技术问题进行改进：①如何降低甲醇渗透性；②如何提高成膜性；③如何提高电导率和质子传导能力；④如何提高膜的机械性能；⑤如何提高稳定性和耐受性。这些技术问题反映了研究方向。

从图12中可见，针对上述5件技术问题的专利申请量分别为：69项、31项、199项、89项、164项。涉及"如何提高电导率和质子传导能力"的专利申请最多，且持续走高，是该领域重点关注的技术问题。这是由于电导率和质子传导能力是膜产品用于PEMFC组件的基本性能，较高的质子传导率，可以降低电池内阻，减小欧姆过电位以提高电流密度，实现较高的电池效率，其直接反映出产品水平高低，体现产品的核心竞争力。

其次受关注的是"如何提高稳定性和耐受性"这一技术问题，从图12中可见，近年来关于提高稳定性和耐受性的专利申请持续增多，且保持稳定的增长趋势。这是由于燃料电池通常使用环境多样，需要质子交换膜在氧化、环氧、水解、耐高低温情况下电导

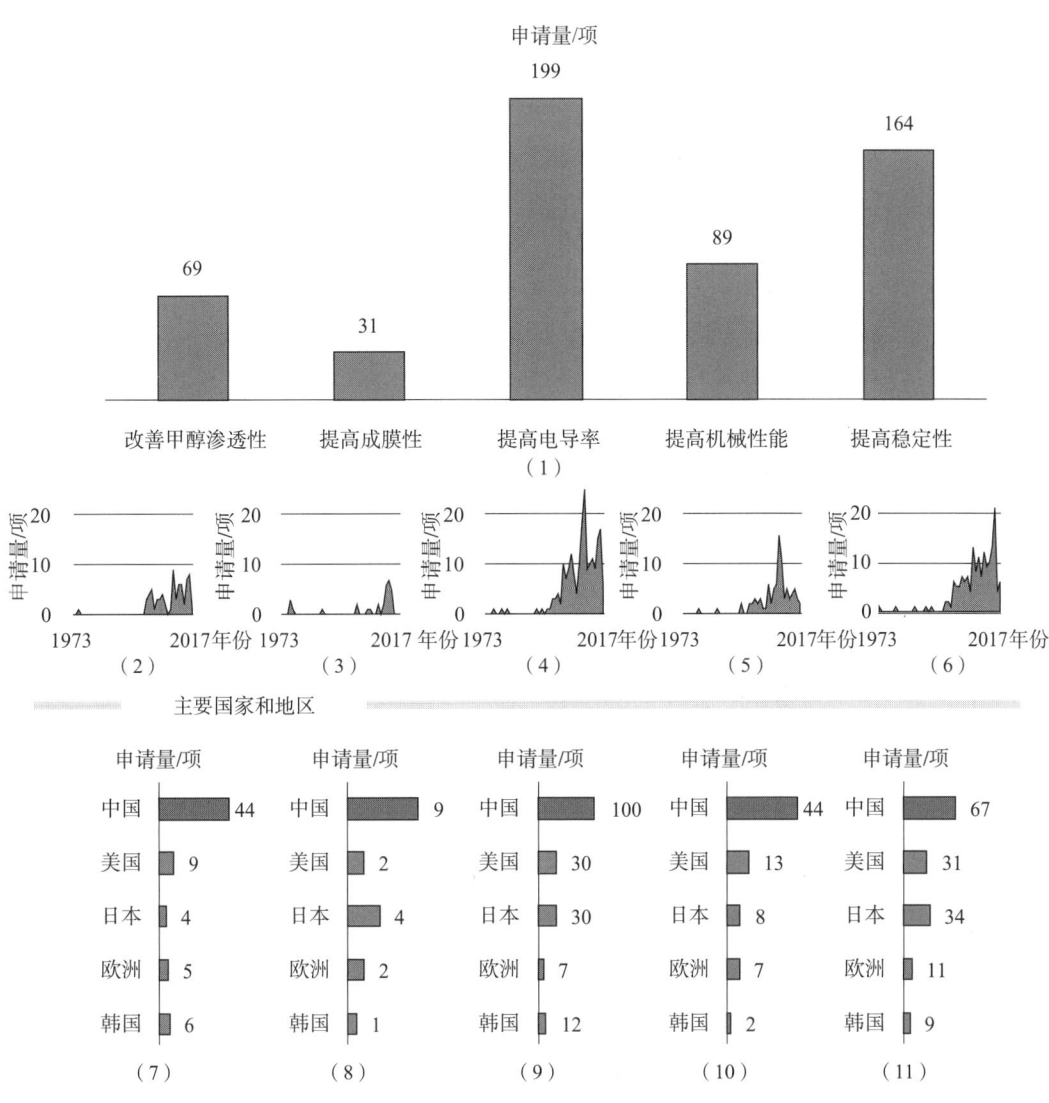

图 12    全氟磺酸树脂膜的重要技术问题全球专利申请量分布

率保持稳定，以及在活性物质氧化/还原和酸性作用下膜不被降解，即在保证电池性能的基础上，提高寿命和安全性。

再次是"如何提高膜的机械性能"和"如何降低甲醇渗透性"的技术问题。其中对机械性能的需要主要体现在电池加工和运行中易受到不均匀的机械和热量冲击，需要满足大规模生产的要求。甲醇和气体渗透性主要是减少在电极表面发生的化学反应，这类反应易造成局部过热，影响电池的库伦效率。

我国在针对上述 5 个技术问题上均进行了较多的专利申请，其中涉及"如何提高电导率和质子传导能力"的专利申请最多，达到 100 项。

从申请量随年代变化趋势上可看出涉及"如何提高稳定性和耐受性"这一技术问题的专利申请量近年来明显提高，且大量的日本和美国专利申请集中于这一技术问题，这与社会日益关注的使用安全问题是密不可分的，也是在对质子传导率的需要达到一定程度后，对于耐久性和产品寿命的必然需求。

### （四）技术功效

1. 总体技术功效分析

图13统计了全氟磺酸树脂膜全球专利申请的总体技术功效。可见，在解决如何提高电导率/质子传导能力这一技术问题上，使用与无机物掺混这一技术手段的专利申请数量最多（68项），其次是与其他聚合物掺混（35项）、多层复合（33项）、与有机物掺混（30项）和使用不同的共聚单体（27项）。使用不同的共聚方法（10项）、使用不同的聚合后处理（5项）以及成膜工艺（共7项，包括5项涂覆成膜工艺和2项熔融成膜工艺）的专利申请较少。这说明目前主要采用复合改性（与无机物掺混、其他聚合物掺混、有机物掺混和多层复合）来解决全氟磺酸树脂膜电导率/质子传导能力较低这一技术问题。

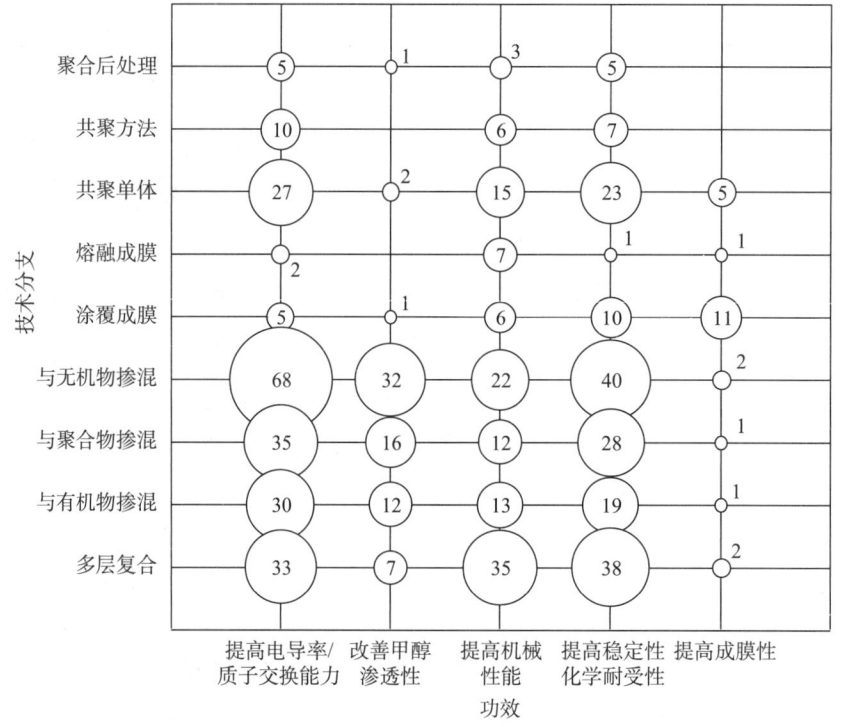

**图13　全氟磺酸树脂膜全球专利申请总体技术功效分析**

注：图中数字表示申请量，单位为项。

在解决如何改善甲醇渗透性这一技术问题上，使用与无机物掺混这一技术手段的专利申请数量最多（32项），其次是与其他聚合物掺混的方式（16项）和与有机物掺混（12项）。采用多层复合（7项）、使用不同的共聚单体（2项）、使用不同的聚合物后处理（1项）和涂覆成膜（1项）的专利申请较少。这也就表明了目前主要通过以掺混无机物的方式、与其他聚合物掺混的方式以及掺混有机物的方式来制备全氟磺酸树脂膜以改善甲醇渗透性。

在解决如何提高机械性能这一技术问题上，使用多层复合的专利申请较多（35项），其次是与无机物掺混（22项）、使用不同的共聚单体（15项）、与有机物掺混（13项）和与其他聚合物掺混（12项）。这也就说明当前主要采用多层复合以及与无机物掺混的方式来提高全氟磺酸树脂膜的机械性能。

在解决如何提高稳定性和耐受性这一技术问题上，使用与无机物掺混这一技术手段的专利申请数量最多（40项），其次是多层复合方式（38项）和与其他聚合物掺混的方式（22项）。这意味着当前主要技术方向是通过以掺混无机物的方式和与多层复合的方式制备全氟磺酸树脂膜以提高其稳定性和耐受性。

相对四种技术问题（即提高电导率/质子交换能力、改善甲醇渗透性、提高机械性能、提高稳定性/化学耐受性），在解决如何提高成膜性这一技术问题上的文献量较少，主要还是通过涂覆成膜（11项）来解决该技术问题。

从具体技术手段来看，与无机物掺混是目前改善全氟磺酸树脂膜性能的主要方式，可以改善多个性能，主要解决了树脂膜的电导率/质子交换能力、稳定性/化学耐受性、甲醇渗透性和机械性能方面的技术问题。多层复合主要解决稳定性/化学耐受性、机械性能和电导率/质子交换能力方面的技术问题。与其他聚合物掺混主要用来提高电导率/质子交换能力和提高稳定性/化学耐受性。与有机物掺混主要用来解决全氟磺酸树脂膜电导率/质子交换能力和稳定性/化学耐受性方面的技术问题。使用不同的共聚单体主要用于提高电导率/质子交换能力和提高稳定性/化学耐受性。熔融成膜主要用于提高全氟磺酸树脂膜机械性能。涂覆成膜则主要用于提高所述树脂的成膜性。

2. 主要国家技术功效分析

从前述全氟磺酸树脂膜的全球主要专利申请国/地区排名中可以看出，中国、美国和日本是该领域申请量排名前三的国家。下面针对这3个国家的全球专利申请的技术功效进行分析。

图14示出了美国申请人的全氟磺酸树脂膜全球专利申请技术功效。

可见，美国申请人主要关注全氟磺酸树脂膜的电导率/质子交换能力、稳定性/化学耐受性以及机械性能。

在解决如何提高电导率/质子传导能力这一技术问题上，美国申请人较多采用多层复合（11项）、使用不同的共聚单体（11项）、与其他聚合物掺混（9项）和涂覆成膜方式（9项）。

在解决如何提高稳定性和耐受性这一技术问题上，美国申请人较多采用多层复合（9项）、与其他聚合物掺混（8项）和与有机物掺混方式（7项）。

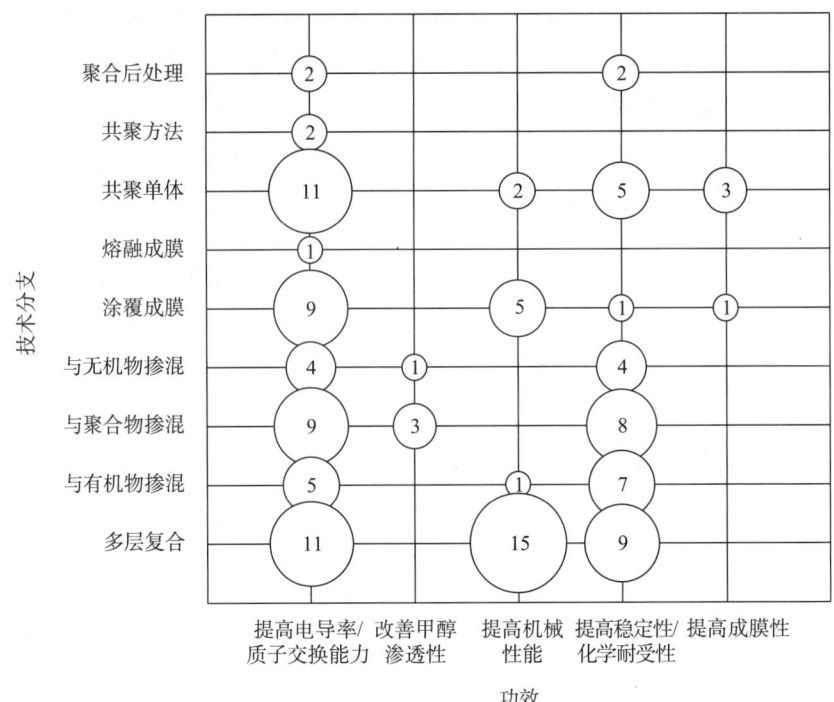

**图 14　美国申请人的全氟磺酸树脂膜全球专利申请总体技术功效分析**

注：图中数字表示申请量，单位为项。

在解决如何提高机械性能这一技术问题上，美国申请人较多采用多层复合的方式（12 项）。

图 15 示出了日本申请人的全氟磺酸树脂膜全球专利申请技术功效。

通过图 15 统计的数据可以看出，与美国申请人的关注点相同，日本申请人主要关注全氟磺酸树脂膜的电导率/质子交换能力、稳定性/化学耐受性以及机械性能。

在解决如何提高电导率/质子传导能力这一技术问题上，日本申请人较多使用不同的共聚单体（9 项）、多层复合（6 项）、与其他聚合物掺混方式（6 项）。

在解决如何提高稳定性和耐受性这一技术问题上，日本申请人较多采用多层复合（9 项）、与其他聚合物掺混（8 项）和与有机物掺混方式（7 项）。

在解决如何提高机械性能这一技术问题上，日本申请人较多采用多层复合的方式（6 项）。

图 16 示出了中国申请人的全氟磺酸树脂膜全球专利申请技术功效。

通过图 16 统计的数据可以看出，中国申请人主要关注全氟磺酸树脂膜的电导率/质子交换能力、稳定性/化学耐受性、改善甲醇渗透性和机械性能。

在解决如何提高电导率/质子传导能力这一技术问题上，中国申请人较多的技术手段是采用与无机物的掺混（47 项）。

在解决如何提高稳定性和耐受性这一技术问题上，中国申请人较多采用与无机物掺

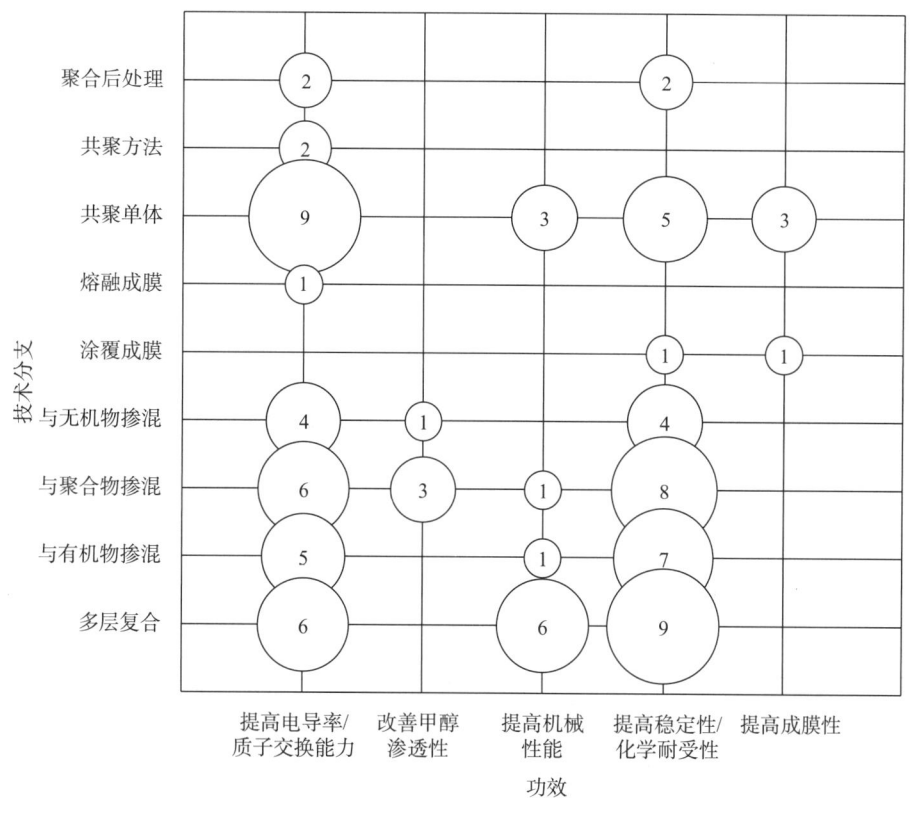

图15　日本申请人的全氟磺酸树脂膜全球专利申请总体技术功效分析

注：图中数字表示申请量，单位为项。

混（21 项）、多层复合的方式（15 项）。

在解决如何提高机械性能这一技术问题上，中国申请人较多采用与无机物掺混的方式（6 项）。

**（五）重要申请人—美国戈尔公司**

本节以美国戈尔公司为例，进行重要申请人分析。

戈尔公司涉及全氟磺酸树脂膜的全球专利申请共 18 项。图 17 中示出了戈尔公司在 PEMFC 全氟磺酸膜领域的全球技术发展路线。

按照技术问题，将戈尔公司全球专利申请分为以下 2 组进行分析：①改善电导率、机械强度；②改善耐久性。

（1）改善电导率和机械强度相关专利申请

从技术路线中可见，在技术发展初期，戈尔公司提出的专利申请多涉及提高电导率和机械强度问题上。

1992 年，戈尔公司提出公开号为 US5190813A 的专利申请，其方案为：将多孔聚四氟乙烯膜浸入 Nafion 树脂的溶液中并干燥，再将得到的膜进行亲水化处理，并随后镀铂

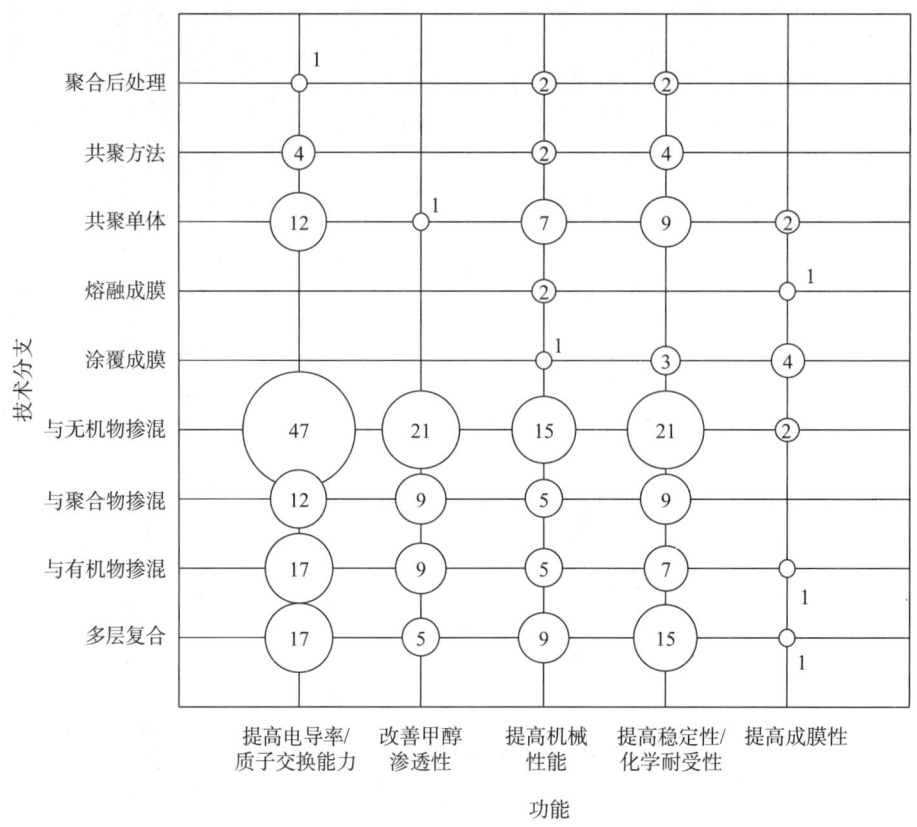

**图16　中国申请人的全氟磺酸树脂膜全球专利申请总体技术功效分析**

注：图中数字表示申请量，单位为项。

得到电解质膜。这类复合膜又称为填孔型质子交换膜，即在多孔聚四氟乙烯（PTFE）基质中填充具有质子传导能力的介质 Nafion，使得 Nafion 为连续相，PTFE 膜为非连续相，起支撑作用，提供力学性能，这种方法在保证离子电导率的情况下，降低膜厚度，提高基体的力学强度，降低成本。这也是较早的填孔复合膜，后期有大量期刊、专利文献报道使用 Gore－TEX 的 PTFE 支撑体进行 Nafion/PTFE 填孔复合膜的研究。

1994 年至 1998 年，戈尔公司一直致力于超薄复合膜的研发，先后提交了多项专利申请 US5547551A、US5635041A、US6254978B1 等。其中在 1996 和 1997 年分别提交公开号为 WO9628242A1 和 WO9740924A1 的专利申请，其主要涉及将全氟磺酸树脂溶液涂刷在聚四氟乙烯膜两侧，并重复多次。这种方法可更有效降低膜厚度，得到超薄复合膜，且具有较高的离子电导率和尺寸稳定性，在被水溶胀后依然具有较高的机械强度。

随后，在 1998 年和 2001 年，戈尔公司又分别提出专利申请 WO9811614A1 和 US2001024755A1，其中在聚四氟乙烯的分散液中加入了无机填料，即对前述的超薄复合膜进行无机物掺混的进一步复合改性，进而得到固体电解质复合膜。该方法得到的复合膜具有优良的电导率和机械强度。

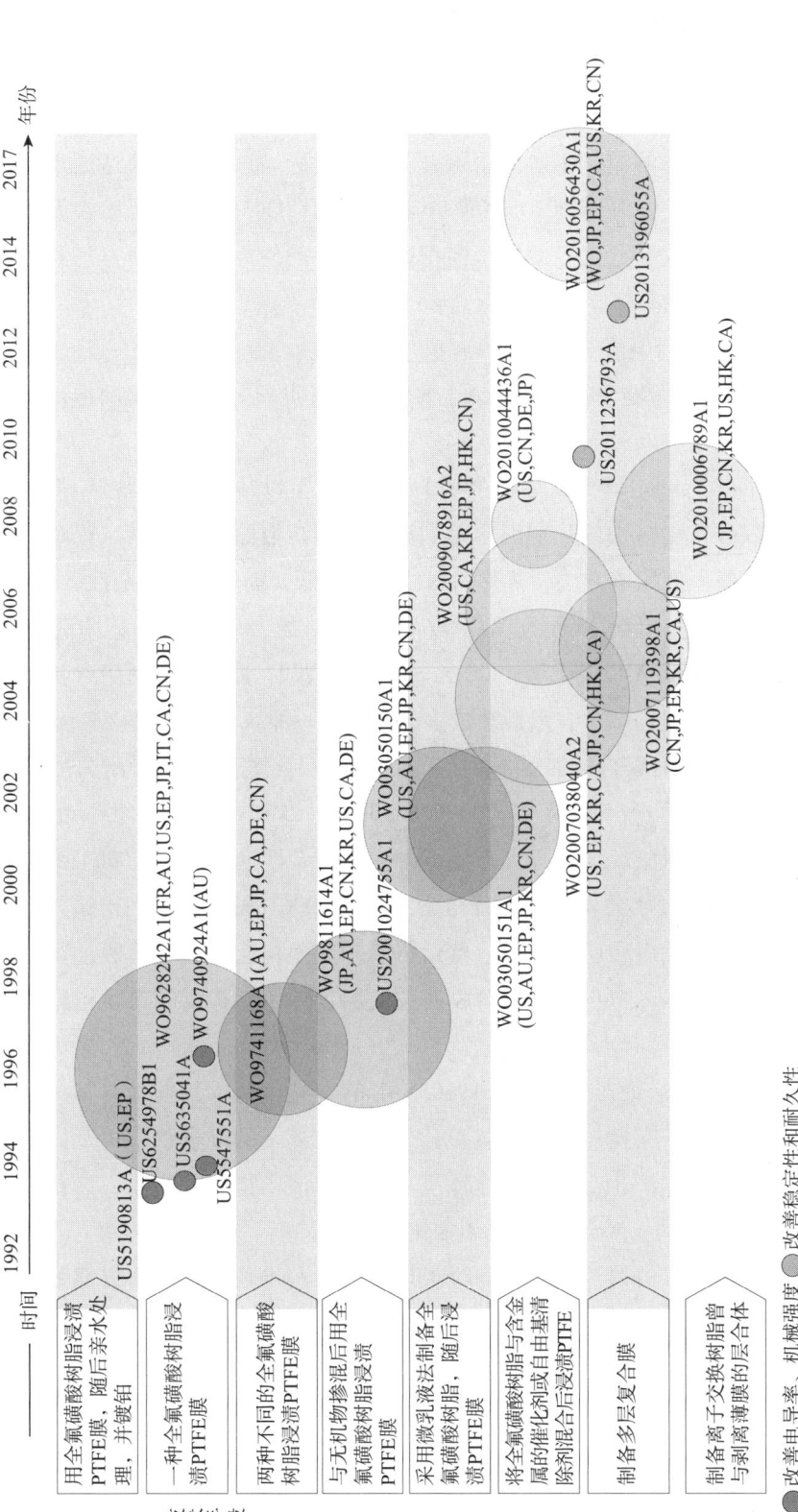

图 17　戈尔公司在 PEMFC 全氟磺酸领域技术路线

（US－美国，EP－欧洲，AU－澳大利亚，JP－日本，FR－法国，IT－意大利，CA－加拿大，DE－德国，KR－韩国，CN－中国，HK－中国香港）

新能源电池　机器人　高档数控机床

2002 年，戈尔公司在其提出的公开号为 WO03050150A1 和 WO03050151A1 的专利申请中公开了以微乳液法制备一种具有高离子电导率的全氟磺酸树脂，并将该树脂涂覆在聚四氟乙烯两个面上并干燥，重复上述过程两次，并随后烘干、冷却至室温后，在两个面上再涂刷一层全氟磺酸树脂溶液，干燥即得聚合微电解质膜。该电解质膜适用于低湿度或高温燃料电池中。可见，专利 WO03050150A1 和专利 WO03050151A1 虽然涉及提高电导率这一技术问题，但在效果上已经关注了使用燃料电池的使用环境，研发思路发生了转变。

（2）改善耐久性相关专利申请

从 2002 年开始，戈尔公司提交的专利申请主要涉及提高质子交换膜在燃料电池中使用时的耐久性和安全性问题。

2005 年戈尔公司提出专利申请 WO2007038040A2，改变了以往在制膜后镀铂催化剂的方式，而是将全氟磺酸树脂与铂催化剂混合得到溶液，将溶液涂覆在聚萘二甲酸己二酯基材上，得到电解质膜。使用该方法，氟化物释放速率降低，提高了膜稳定性。

2006 年，戈尔公司提交了公开号为 WO2007119398A1 的专利申请，其中先制得 $EW = 920g/eq$ 的全氟磺酸树脂 A 以及 $EW = 800g/eq$ 的全氟磺酸树脂 B，将树脂 A 涂布成膜，树脂 B 含浸于多孔聚四氟乙烯中，最后形成多层复合膜，即 A 膜/含浸膜/A 膜/含浸膜/A 膜，使得复合膜能够同时获得低加湿条件、高输出运转时的输出性能和耐久性。

2007 年，戈尔公司提交了公开号为 WO2009078916A1 的专利申请，将含 Ce 的过氧化物分解催化剂、全氟磺酸树脂、溶剂等混合制成油墨，将该溶液稀释后涂布于聚萘二甲酸己二酯膜上。2010 年，戈尔公司提交公开号为 WO2010006789A1 的专利申请，将环烯烃制成剥离薄膜代替聚萘二甲酸己二酯膜，然后将离子交换树脂浇注在薄膜上得到层叠体，提高剥离性，降低成本，防止与剥离薄膜有关的层合体中保护离子交换树脂的层污染。

2013 年，戈尔公司提交专利申请 US2013196055A1 的专利申请，其技术方案为：①制备特定当量的全氟磺酸质子交换树脂、负载贵金属催化剂离子的混合油墨；②提供具备多孔微结构的聚合物支撑体；③将上述支撑体浸入油墨溶液中得到致密膜，该膜模量大于 $1.75 \times 10^6 g/cm^2$，厚度小于 50mm，降低了氟化物释放速率，提高了膜寿命。

2015 年，戈尔公司提交公开号为 WO2016056430A1 的专利申请，其技术方案为：在 PTFE 多孔质膜的小孔内表面用弹性模量高于 PTFE 多孔质膜的材料进行复合，然后将其浸入高分子电解质溶液，进而得到一种在纵向或横向上具有 150MPa 弹性模量的复合膜，在强度大幅度提高的同时，实现由加湿导致的膨润和由干燥导致的收缩得到抑制、电解质膜的机械裂化得到抑制、具有优良的尺寸稳定性。

**（六）重要技术路线**

如何提高电导率/质子传导能力是制备全氟磺酸树脂膜重点关注的问题之一，其中与无机材料复合是目前解决这一技术问题采用的最主要的技术手段，本节将以无机复合改善全氟磺酸树脂膜电导率/质子传导能力这一方面的技术路线作分析。图18中示出了无机复合改性方面的技术发展路线，其研究主要分为两大类：①复合方法的改性；②复合材料的改性。

1. 复合方法改性的相关专利申请

从技术路线可以看出，在技术发展初期，专利申请主要集中在无机材料与聚合物基质复合方法改性这一技术问题上。其中直接添加无机材料是最简便也是最早开始研究的方法，1998年，申请号为US19980025680的专利申请公开了如下技术方案：选择一种高熔点、抗氧化的聚合物多孔基体材料，然后通过填孔的方式将无机氧化物颗粒与多孔膜基体复合，其中无机氧化物颗粒在膜内容形成贯通膜的连续网络结构，通过这种方法制备得到复合膜具有很高的离子传导性，而且能够降低对水的依赖性。2001年，申请号为KR20010054158的专利申请公开了如下技术方案：采用离子交换膜交替浸泡黏土悬浮液和离子导电聚合物溶液形成自组装膜，这种黏土复合膜材料中，黏土可以作为阻隔材料从而抑制甲醇的渗透，同时可以保持较高的质子传导率。申请号为CN200410027559的专利申请同样公开了采用直接添加的方法制备了无机复合质子交换膜材料的技术方案。

但是直接混合无机材料存在一定缺点，这种方法制备的复合材料容易出现相分离，而且无机材料和聚合物基体的结合作用比较弱，不能达到很好的复合改性效果。因此为了解决这一问题，研究人员又开始进行了其他方式的复合改性研究，其中主要有以下三种方法：①无机氧化物在膜内部形成交联的网络结构；②利用溶胶－凝胶法将无机网络加入到聚合物基体材料中；③无机材料与聚合物材料多层复合。

对于无机氧化物在膜内部形成交联的网络结构这一方法，2004年，申请号为US20040962556A的专利申请公开了如下技术方案：提供一种乙氧基硅或甲氧基磷无机填料混合物，然后用这种无机混合物浸渍聚合物膜材料，通过这种方法将无机混合物注入聚合物树脂膜的胶束中，通过后处理使乙氧基和甲氧基转化为醇羟基，然后将这些基团交联入无机固体传导玻璃粒子中，采用这种方法可以增强质子交换膜的高温保水性以及质子传导性能。申请号为US20040962552、JP2005196717的专利申请也公开了采用原位复合的方法在聚合物基体材料中掺入了无机氧化物网络结构，达到了无机复合的目的的技术方案。2008年，申请号为CN200810014151的专利申请公开了如下技术方案：将全氟磺酰氟树脂和无机物混合成膜后，将膜在含氮化合物的溶液中浸泡处理，将所制备的树脂在加热或酸碱的置换反应作用下，形成交联结构，然后将膜经过碱水解、酸化步骤制得掺杂全氟磺酸交联增强膜，通过这种方法可以得到具有交联网络结构的无机物和聚合物复合膜材料，这种膜材料具有高离子交换能力，同时能够维持较高的机械强度，并具有很好的保水性能及质子传导能力。

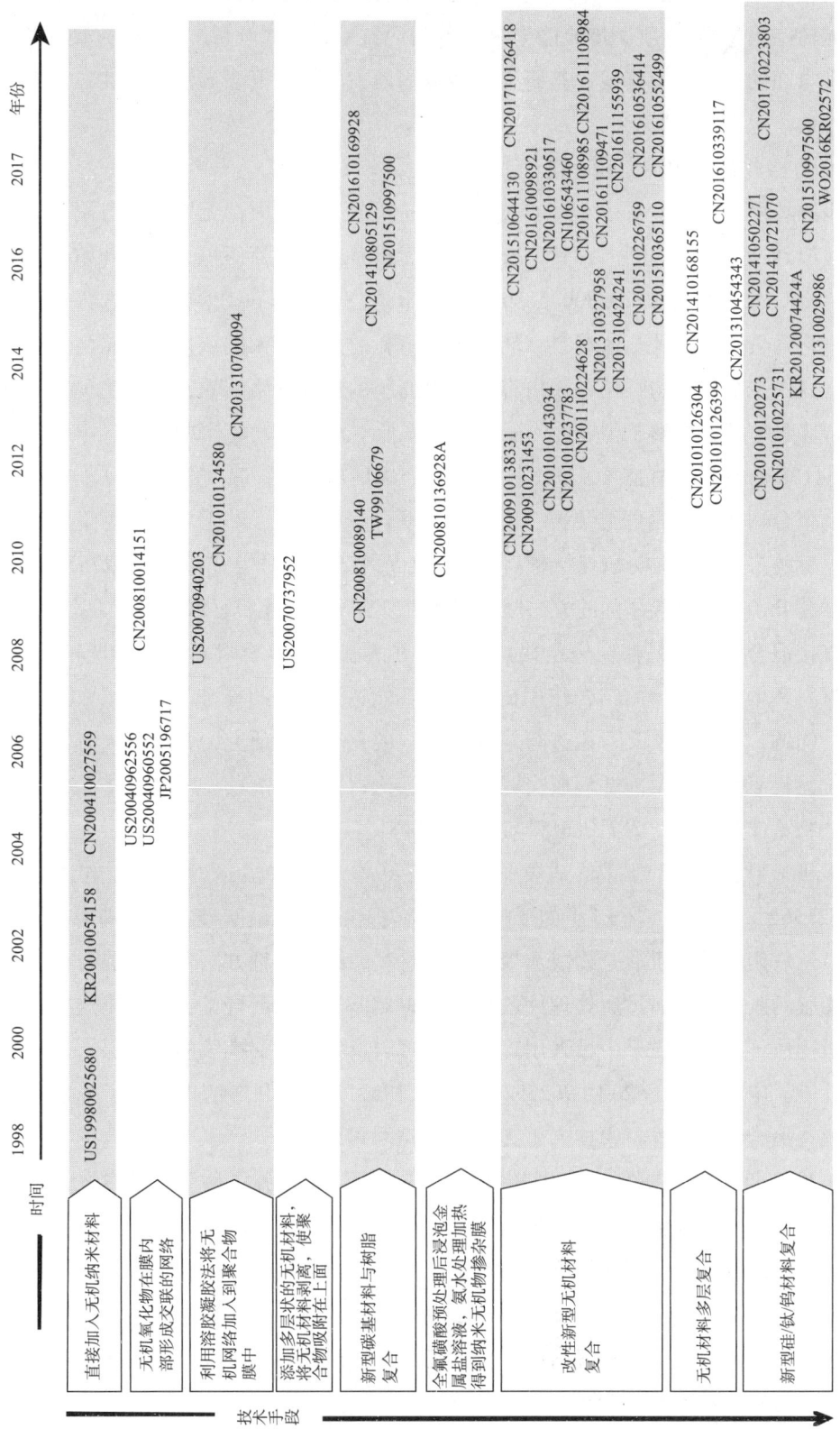

图 18 无机复合改善全氟磺酸树脂膜电导率/质子传导能力的技术路线

利用溶胶－凝胶法将无机网络加入到聚合物基体材料中也是一种常用的复合无机材料的方法，其通常的做法是首先配制无机材料的溶胶前驱体溶液，然后将聚合物膜基材与溶胶前驱体溶液混合，发生溶胶凝胶转化，使无机材料复合到聚合物基体材料中，其中最常用的无机溶胶是 $SiO_2$ 溶胶和 $TiO_2$ 溶胶。2007 年，专利申请 US20070940203 公开了如下技术方案：首先制备二氧化硅溶胶，然后将凝胶浸渍 Nafion 基体形成复合膜，这种膜材料比较均匀，不会造成纳米粒子或纳米相的聚集。专利申请 CN201010134580 公开了通过溶胶－凝胶法实现了导电玻璃体和 Nafion 膜的复合的技术方案，专利申请 CN201310700094 公开了通过溶胶－凝胶方法，将全氟磺酸聚合物引入并固定到了 $SiO_2$ 骨架中的技术方案。

将无机材料涂覆或层叠在聚合物膜表面同样可以达到复合无机材料的目的，2010 年，专利申请 CN201010126304、CN201010126399 公开了将有机电解质膜和无机电解质膜层叠制备复合质子导电膜的方法，通过这种方法能够克服无机质子导电膜层无柔韧性、有机质子导电膜层甲醇渗透率高的问题，获得同时具有高质子导电能力、以及非常低的甲醇渗透率的自支撑复合质子导电膜。2013 年，专利申请 CN201310454343 公开了采用流延、浸渍或者刮涂的成膜方法将碳纳米纤维包覆在质子交换树脂溶液中的方法；2014 年，专利申请 CN201410168155 公开了由相互附着的石墨烯导电层和隔膜层构成的多层质子交换膜材料；2016 年，专利申请 CN201610339117 公开了采用磁控溅射法在 PTFE 膜的表面溅射 $CeO_2$，制得 $CeO_2$/PTFE 复合膜，再在 $CeO_2$/PTFE 复合膜上浇铸 Nafion 树脂的方法。还有一些其他的添加无机材料的手段，2007 年，申请号为 US20070737952 的专利申请公开了将多层状的无机材料与聚合物混合，混合过程中发生无机材料剥离，片状无机材料被吸附在聚合物表面实现复合的方法。2008 年，申请号为 CN200810136928 的专利申请公开了通过将全氟磺酸预处理后浸泡金属硝酸盐，然后氨水处理，进而加热得到纳米无机物掺杂膜材料的方法。

2. 复合材料改性的相关专利申请

由技术路线可以看出，在复合方法改性方面进行了一段时间的研究后，无机复合改性的研究重点转向了无机材料类型的选择和改性方面。作为无机复合改性中的改性物质原料，无机材料的种类和性能会对复合改性程度产生重要影响，对于这方面的研究主要从两方面开展：①无机材料种类的选择；②无机材料的改性。

（1）无机材料种类的选择

碳基纳米材料是使用比较广泛复合用的无机材料，2008 年，申请号为 CN200810089140 的专利申请公开了如下技术方案：以全氟磺酸类聚合物作为碳纳米管的分散剂，将碳纳米管与聚合物混合，然后通过过滤法进行过滤，从而可以形成由碳纳米管形成的、在碳纳米管间残留有全氟磺酸类聚合物的膜，这种导电膜具有较低的电阻率。2010 年，申请号为

TW99106679 的专利申请公开了将碳纳米管与聚合物材料通过化学交联的方式形成复合材料的方法，其中聚合物材料在臭氧介质下处理形成反应性单体从而与碳纳米管反应。2013 年，专利申请 CN201310454343 公开了采用流延、浸渍或者刮涂的成膜方法将碳纳米纤维包覆在质子交换树脂溶液中的方法。2014 年，专利申请 CN201410805129 公开了一种多级结构复合材料，包括由石墨烯和 Nafion 聚离子构成大孔骨架，其中大孔骨架上担载有金属纳米粒子成核位点，在成核位点上原位生长有导电聚合物纳米簇阵列。2016 年，专利申请 CN201610169928 公开了在聚合物基材中引入了一维/二维复合材料（碳纳米管/氧化石墨烯纳米带）的方法，这种无机复合材料在质子交换膜中具有良好的分散性。2012 ~ 2014 年，专利申请 KR20120074424、CN201310029986、CN201410168155、CN201410721070 公开了使用介孔二氧化硅作为无机材料制备复合质子交换膜的技术方案，采用介孔 $SiO_2$ 颗粒作为添加剂，可以使聚合物基体在离子液体吸附率较低时仍具有丰富的质子传输通道，提高质子导电率，而且离子液体吸附在 $SiO_2$ 颗粒的三维孔道中，降低离子液体对基体机械强度的影响，在质子导电膜受到物理挤压时不会导致离子液体流失，提高离子液体的吸附稳定性。

（2）无机材料的改性

直接使用不改性的无机材料对复合分散的工艺要求相对较高，很难获得很好的复合改性效果，因此通过多种改性方法使无机材料更好与聚合物基材复合成为了近年来的研究重点。2009 ~ 2017 年，多篇专利公开了将改性后的无机材料与聚合物复合获得更好的物理和化学性能相关技术。2009 年，专利申请 CN200910138331 公开了将氮杂环类化合物接枝改性无机纳米颗粒后与全氟磺酸树脂复合的方法，专利申请 CN200910231453 公开了无机金属粒子以离子导电陶瓷为载体均匀分散在含氟离子交换树脂中的方法。2010 年，专利申请 CN201010143034 公开了将纳米颗粒 $TiO_2$、$SiO_2$ 或 $TiO_2 - SiO_2$ 中的任一种用硅烷偶联剂 $RSiX_3$ 进行表面化学修饰后，再偶联上萘磺酸衍生物、苯磺酸衍生物、$NH_2CH_2 (XCH_2)_m NH_2$ 和乙烯亚胺中的一种，由表面修饰的纳米颗粒和质子交换树脂复合而成质子交换膜。2010 ~ 2016 年，申请号为 CN201010237783、CN201310327958、CN201310424241 等多篇专利申请公开了将磺化改性后的无机颗粒与聚合物基体复合的方法。2015 年，专利申请 CN201510644130 公开了如下技术方案：合成二氧化钛颗粒，在二氧化钛外层通过多巴胺自聚形成有机外壳，通过刻蚀制得空心多巴胺微囊；将空心多巴胺与植酸进行反应，得植酸修饰空心多巴胺；植酸修饰的空心多巴胺与 Nafion 溶液共混得铸膜液，经流延法制得复合膜。2016 年，专利申请 CN201610098921 公开了使用磷酸化氧化石墨烯与 Nafion 溶液共混然后浇铸成膜的方法；专利申请 CN201610536414 公开了通过聚合物 Nafion 协助水相超声剥离二维层状材料粉末，得到有 Nafion 修饰的二维层状材料纳米片层，然后将所得到的二维层状材料纳米片层与聚合物溶液共混，制备得到杂化质子交换膜的方法；专利申请 CN201610552499 公开了将纳米片层材料表面上固定部分交联的 MOF－NH$_2$ 以形成相互连贯的氨基功能化的金属有机骨架结构，再将其掺杂到聚合物中的方法；专利申请 CN201611108984 公开了利用磁场将一维状 CNT@ Fe$_3$O$_4$@ C 均匀地、取向地分散于聚合物基体中，制备得到取向 CNT@ Fe$_3$O$_4$@ C 改性聚合物杂化质子交换膜的方法，该质子交换膜不仅具有较高的质子传导率，而且还进一步提高了杂化质子交换膜的燃料阻隔能力；专利申请 CN201611108985 公开了先制备沸石咪唑酯骨架（ZIF）全包覆碳纳米管（CNT）的复合粒子，并将其均匀地分散于聚合物基体中，制备得到的改性聚合物杂化质子交换膜的方法，专利申请 CN201611109471 公开了先制备得磺酸根功能化的金属有机骨架和氧化石墨烯的复合物，再将它们掺杂到聚合物中，得到磺酸根功能化的金属有机骨架和氧化石墨烯复合粒子杂化的聚合物杂化质子交换膜的方法；专利申请 CN201611155939 公开了聚合物修饰的氧化石墨烯纳米复合物成膜，以及将膜在氢碘酸溶液中短时间处理成轻度还原氧化石墨烯纳米复合物膜，最后将膜进行酸化处理的制备工艺。2017 年，专利申请 CN201710126418 公开了以氨基酸固载 SiO$_2$ 纳米纤维作为纤维骨架，以全氟磺酸树脂作为基质制得的复合膜。

除了上述几种比较常用复合用无机材料种类外，还有部分专利涉及了一些新型无机材料复合的研究。2010 年，专利申请 CN201010120273 公开了一种 Nafion/Na$_2$Ti$_3$O$_7$ 纳米管复合膜，由于在质子交换膜中加入了具有优异保水性能的 Na$_2$Ti$_3$O$_7$ 纳米管，因此可以在降低甲醇透过率的同时明显提高质子传导率。专利申请 CN201010225731 公开了将含钨溶液与全氟磺酸溶液混合，然后将混合液浇注到水平的模具中，程序升温，使含钨化合物在成膜过程中通过分子间脱水生成三氧化物，然后烘干成膜的方法，这种膜材料具有高阻醇性能、高质子电导率。2015 年，专利申请 CN201510997500 公开了一种采用新型二维材料 MXene［Ti$_3$C$_2$F$_x$（OH）$_y$］填充到 Nafion 中制备的有机无机杂化质子交换膜。2016 年，专利申请 WO2017159889A1 公开了种氟基纳米复合膜，其中复合了笼状聚倍半硅氧烷（POSS）作为质子给出体和接受体。

# 四、小结

（1）在专利布局方面：在燃料电池用质子交换膜和全氟磺酸树脂膜领域，作为技术领先者的美国和日本将其超过半数的申请布局在中国。这说明外国企业已经开始在中国进行专利布局，通过专利技术构建战略布局以遏制中国企业发展，从而占领中国市场，这需要引起国内相关企业的重视。尤其是中国发布了《中国制造 2025》的发展战略，这也将会刺激美国和日本加大并加强对中国专利的布局。

（2）在专利申请人分布方面：在燃料电池用质子交换膜和全氟磺酸树脂膜领域，美国和日本主要申请人是有产品销售的企业，而中国虽然申请量占据一定的优势，但是申请人更多集中在高校或研究所。因此，如何将高校或研究所成果推向市场、如何实现高校或者研究所与企业资源优势互补是国内该领域发展值得思考的问题。

（3）在主要技术问题与技术功效方面：中国、美国和日本均关注全氟磺酸树脂膜的电导率/质子交换能力、稳定性/化学耐受性以及机械性能。此外，中国申请人还关注如何改善所述树脂的甲醇渗透性。而在解决相关技术问题方面，日本和美国采取的主要技术手段基本相同，且技术手段多样化。中国申请人采用的主要技术手段与美国、日本不同，且中国申请人采取的主要技术手段也较为单一，以无机物的掺混为主。这是我国在全氟磺酸树脂膜领域与世界先进技术领先者（美国和日本）的差距，也是我国今后需要攻克的技术壁垒。

（4）在技术路线方面：如何提高电导率/质子传导能力是全氟磺酸树脂膜重点关注的问题之一，加入无机材料进行复合改性是最普遍的方法，在技术发展初期，专利申请主要集中在改进无机材料与聚合物基质的复合方法方面，包括形成交联网络、多层复合等，近几年，对于新型无机材料的选择和改性方面的研究日益增加。

从重要申请人分析可见，在技术发展初期，戈尔公司的专利申请多涉及提高电导率和机械强度问题上，随后其研发思路开始发生转变，性能关注点开始转向燃料电池的使用环境，从 2002 年开始，戈尔公司的专利申请多涉及提高质子交换膜在燃料电池中使用时的耐久性。安全性和稳定的导电性成为该领域需要重点关注的问题。

## 参考文献

［1］吴云龙，等．基于专利的中日美质子交换树脂膜燃料电池技术发展对比研究［J］．专利分析，2016，（8）：16－23．

［2］李丹，等．燃料电池用质子交换膜的研究进展［J］．电源技术，2016，140（10）：2084－2087．

［3］付宏伟，等．燃料电池用的含氟质子交换膜的研发现状［J］．有机氟工业，2002，（4）：16－19．

［4］S. J. Peighambardoust，et al. Review of the proton exchange membranes for fuel cell applications［J］. Hydrogen Energy，2016，35：9349－9384．

［5］李涛，等．直接贾村燃料电池用阻醇全氟磺酸复合质子交换膜［J］．化学进展，2010，22（2）：522－536．

［6］张永明，等．燃料电池全氟磺酸质子交换膜研究进展［J］．膜科学与技术，2011，31（3）：76－85．

# 物理储氢专利技术综述*

罗强　薛松**　刘洋成**　黄玉婷**　张丹**　李根**　殷其亮**

**摘　要**　为缓解世界能源危机、解决全球环境生态问题，开发用以替代以石油为主的传统能源的新型清洁能源将变为治理环境污染的首要突破口。与其他可再生能源相比较，氢能被公认为是最理想的新能源，是最有希望成为能源的终极解决方案之一。目前，氢气已经开始应用到汽车燃料电池等领域。加氢站、移动式储氢罐等对储存容器的储氢密度提出了很高的要求。本文从专利技术分析出发，对物理储氢关键技术的整体发展动向进行梳理，在调研和专利数据检索的基础上，对涉及物理储氢关键技术的专利技术进行定性和定量分析。本文首先分析了储氢产业发展状况并阐明了本课题的研究内容和方法；然后详细分析了全球重要申请人的专利发展趋势、技术特点及区域布局；其次，本课题重点分析了高压气态储氢、低温液态储氢、碳材料储氢、有机骨架储氢的全球和中国专利发展状况，以及各技术分支中所涉及的重点专利技术和在中国的重点专利申请人的专利情况，着重对丰田的专利布局和创新路线进行了探索分析。

**关键词**　储氢　高压　低温　碳基材料　有机骨架

## 一、研究内容以及方法

### （一）研究内容

本文全面系统地分析了物理储氢产业的专利申请态势，尤其对物理储氢涉及的重要技术和重要申请人的专利资源状况进行全面分析，为未来物理储氢产业的布局和发展提供建议支撑。分析内容主要从以下七个方面来开展：

第一，综合物理储氢产业现状，通过历年宏观分析，了解物理储氢产业所涉及的全球、全国相关专利态势，以及产业竞争格局；

第二，通过对高压储氢进行详细分析，了解高压储氢的专利发展态势和技术发展趋势，

---

\* 作者单位：国家知识产权局专利局专利审查协作湖北中心。

\*\* 等同第一作者。

以及高压储氢的重要申请人情况，梳理了丰田储氢技术的专利布局策略和技术发展路线；

第三，分析了解低温液态储氢的专利发展态势和技术发展趋势；

第四，分析了解碳材料储氢技术专利发展态势和技术发展趋势；

第五，分析了解有机骨架储氢专利发展态势和技术发展趋势。

本文除上述主体内容外，还包括：

总体介绍物理储氢产业的概况、研究和发展现状，以及对本文研究内容、数据处理和本文的术语进行约定；

总结和措施建议，依据专利分析的结果，给出相应的措施建议。

**（二）数据检索及处理**

**1. 数据检索介绍**

本文专利分析部分检索专利文献数据采用：中国专利检索系统文摘数据库（CNABS）、德温特世界专利数据库（DWPI）。

**2. 数据范围**

本文中专利数据检索截止时间均为 2017 年 10 月 31 日。此外，由于中国发明专利申请的公开需要 18 个月，检索得到的分析数据集合囊括了所有年份的已公开的专利申请数据检索，2016～2017 年公开的数据不全，因此本文中部分图表列出了 2016～2017 年的数据趋势，但不作为分析依据。

**3. 查全率和查准率验证**

为了对检索的结果进行评估和验证，采用了查全率和查准率两项指标对检索结果进行验证。

查全率方面：重新构建一个不同于全面检索策略的验证检索策略获得验证查全数据样本，然后计算该样本数据有多少比例被包含在全面检索策略的数据中，该比例即为查全率。本文查全率 90%。

查准率方面：在结果数据库中随机选取一定数量的专利文献作为母样本；对母样本中的每项专利文献进行阅读，确定其与技术主题的相关性，与技术主题高度相关的专利文献形成子样本；子样本/母样本×100% = 查准率。本文查准率 95%。

**4. 检索要素及结果**

检索要素：

分类号：

IC：F17C1，F17C11/00，F17C5/06，F17D3/01，F17C13/04，F16K，F17C13，F17C3，C01B31/02，C01B31/04，C01B31/08，C01B31/30，B01J20/20，B01J20/22，B82Y30/00，B82B1/00，B82B3/00，D01F9/21，C01B32/16，C01B32/225，C01B32/33，C01B32/348，C01B32/324，C01B32/184，

CPC：F17C2223/035，F17C2221/012，Y02E60/321，C01B3/508，C01B3/001，

C01B3/0021，C01B3/0015，C01B3/0078，C01B3/0021，C01B31/0206，C01B31/022，C01B31/04，C01B31/0438，B01J20/223，B01J20/226，B01J20/223

关键词：

中文：氢，储，存，贮，罐，瓶，容器，高压，压缩，深冷，低温，降温，隔热，绝热，隔温，液氢，仲氢，液化，活性炭，（碳 or 炭）3w 纳米，石墨，纳米管，纤维，多孔配位聚合物，金属有机配位聚合物，金属有机骨架，金属有机框架，有机骨架多孔，共价有机化合物

英文：

Hydrogen，h2，container，vessel，bottle，store，high，pressur +，compress，cryogenic +，thermal insulations，liquid，fluidity，parahydrogen，deep cold，carbon，graphite，active carbon，carbon nanotube，fullerenes，fiber，MOF，COF，OIM，HPC，CMP，metal，organic，framework，covalent

检索结果如表 1 - 2 - 1 所示。

表 1 - 2 - 1　专利文献初步检索数据结果

| 一级模块 | 二级模块 | 全球数量（项） | 国内数量（件） |
|---|---|---|---|
| 物理储氢技术 | 高压气态储氢 | | 1843 | 339 |
| | 低温液态储气 | | 211 | 67 |
| | 碳基吸附储氢 | | 1131 | 457 |
| | 有机骨架储氢 | MOF | 207 | 128 |
| | | COF | 38 | 23 |

5. 术语约定

本文中对相关的技术术语约定如下。

（1）同族专利

同一项发明在多个国家申请专利而产生的一组内容相同或基本相同的专利文献出版物，称为一个专利族或同族专利。从技术角度看，属于同一专利族的多件专利申请可视为同一项技术。在本文中，针对技术和专利技术产出国或地区进行分析时，对同族专利进行了合并统计；针对专利在国家或地区的公布情况进行分析时，各件专利进行了单独统计。

（2）技术产出国或地区

专利申请优先权 PR 字段所涉及的专利技术原始国或地区。

（3）申请日约定

以最早优先权日确定。

（4）专利法律状态（有权、审中、失效）

有权：指专利处于授权状态，并处于有效状况；

审中：指目前专利局对该专利还没有做出授权、驳回等结论的正处于审查过程中的专利状态；

失效：指除了有权专利和审中的专利申请之外的其他专利申请，其包括专利权有效期届满或因费用终止等导致曾经获得的授权专利处于失效状态，也包括专利被驳回、视撤、实用新型无效等原因导致专利申请自始至终未获得专利权。

## 二、氢能产业概述

随着世界全球气候环境恶化、石油危机加剧和人口剧增带来的影响不断加重，实行可持续能源发展战略迫在眉睫。现有能源结构对传统化石的能源依赖性较强，据统计，2014 年全球化石燃料的消费比例达到 87%。随着能源需求的日益增长，煤、石油、天然气等传统能源日益减少，能源危机问题日益严重。按目前化石燃料的消费量和储量，全球石油大概只能消费 45～50 年，天然气只能消费 50～60 年，煤炭只能消费 200～220 年。2015 年我国原油对外依存度高达 60%以上，全年进口原油 33550 万吨，进口金额高达 8332.7 亿元，仅次于芯片的进口额。同时，常规化石燃料带来的环境污染和温室效应等问题日益严重。为缓解世界能源危机、解决全球环境生态问题，开发用以替代以石油为主的传统能源的新型清洁能源将变为治理环境污染问题的首要突破口。

与其他可再生能源相比较，氢能被公认为是最理想的新能源，是最有希望成为能源危机的终极解决方案之一，因为氢能相对于其他能源方案具有明显优势。

储量丰富。氢是自然界最普遍存在的元素，占宇宙总元素百分比的 75%，是人类能够从自然界获取的、储量最丰富的含能体能源，大储量保证其作为能源供给的充足性，氢元素主要以水的形式存在，原料非常容易获取。

比能高（单位质量所蕴含的能量高）。氢气是常见燃料中热值最高的（142kJ/g），约是石油的 3 倍，煤炭的 4.5 倍，这意味着，消耗同样质量的石油、煤炭和氢气，氢气所提供的能量最大。这一特性是满足汽车、航空航天等实现轻量化的重要因素之一。

效率高。目前汽油机实用效率约为 30%，柴油机实用效率约为 37%，而以氢为燃料的燃料电池发动机的实用效率可达到 50%，远远高于其他燃料的效率。

清洁环保。氢能是一种理想的清洁能源。不管是直接燃烧还是在燃料电池中的电化学转化，其产物只有水。

氢的利用形式多。氢既可作为清洁能源直接利用，通过燃烧产生热能在热力发动机中产生机械功，又可以通过燃料电池把化学能直接转换为电能。

氢能因以上特点，被认为是解决人类能源危机的终极能源之一。1970 年通用汽车首次提出"氢经济"的概念，近年来，在氢燃料电池的推动下，氢能产业快速发展，未来有望实现清洁可持续氢能构成的氢社会，如图 2-1 所示。

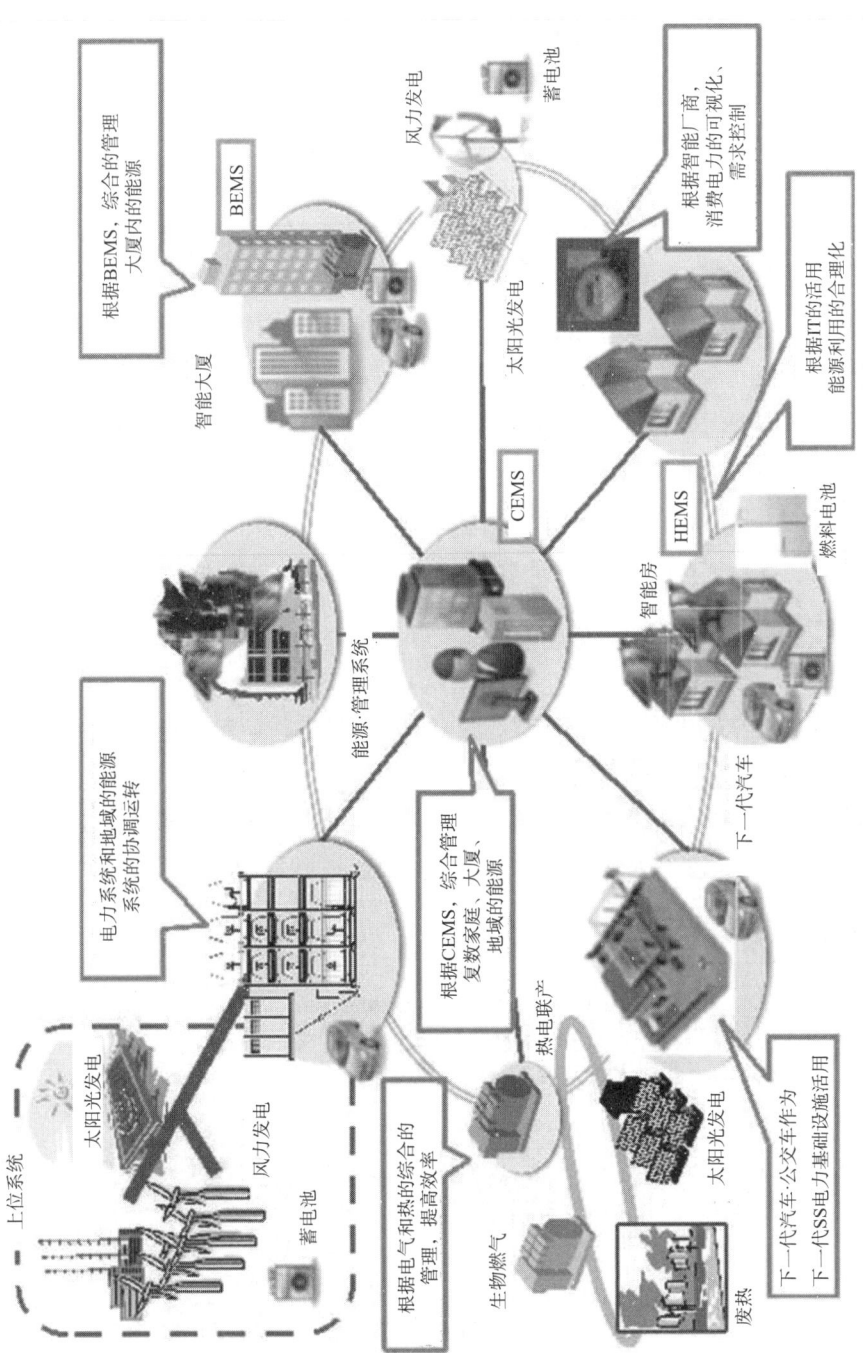

图 2 - 1　氢社会概念

新能源电池　　机器人　　高档数控机床

氢能的有效开发与利用包括三个关键环节：氢气的制取、氢气的储存和氢气的应用。氢气的制备技术已日趋成熟，目前较为广泛应用的是矿物燃料制氢和电解水制氢，其他制氢技术如太阳能热化学循环制氢、利用生物质制氢以及硼氢化钠制氢新技术等都是对传统制氢方法的有效补充。

氢能的应用主要通过氢燃料电池来实现。氢燃料电池发电的基本原理是电解水的逆反应，把氢和氧分别供给阴极和阳极，氢通过阴极向外扩散和电解质发生反应后，放出电子通过外部的负载到达阳极。氢燃料电池与普通电池的区别主要在于：干电池、蓄电池是一种储能装置，它把电能储存起来，需要时再释放出来；而氢燃料电池严格地说是一种发电装置，像发电厂一样，是把化学能直接转化为电能的电化学发电装置。而使用氢燃料电池发电，是将燃料的化学能直接转换为电能，不需要进行燃烧，能量转换率可达 60% ~ 80%，而且污染少、噪声小，装置可大可小，非常灵活。从本质上看，氢燃料电池的工作方式不同于内燃机，氢燃料电池通过化学反应产生电能来推动汽车，而内燃机车则是通过燃烧产生热能来推动汽车。由于燃料电池汽车工作过程不涉及燃烧，因此无机械损耗及腐蚀，氢燃料电池所产生的电能可以直接被用在推动汽车的四轮上，从而省略了机械传动装置。现在，各发达国家的研究者都已强烈意识到氢燃料电池将结束内燃机时代这一必然趋势，已经开发研制成功氢燃料电池汽车的汽车厂商包括通用、福特、丰田、奔驰、宝马、克莱斯勒等国际大公司。

由此可见，氢能的储存技术已经成为氢能利用走向规模化的瓶颈。

### （一）氢能产业产业链的构成

整个氢能产业链整体上分为上游制氢、中游储氢、下游氢燃料电池和氢内燃机及其燃料汽车应用三大环节，如图 2 - 1 - 1 所示。

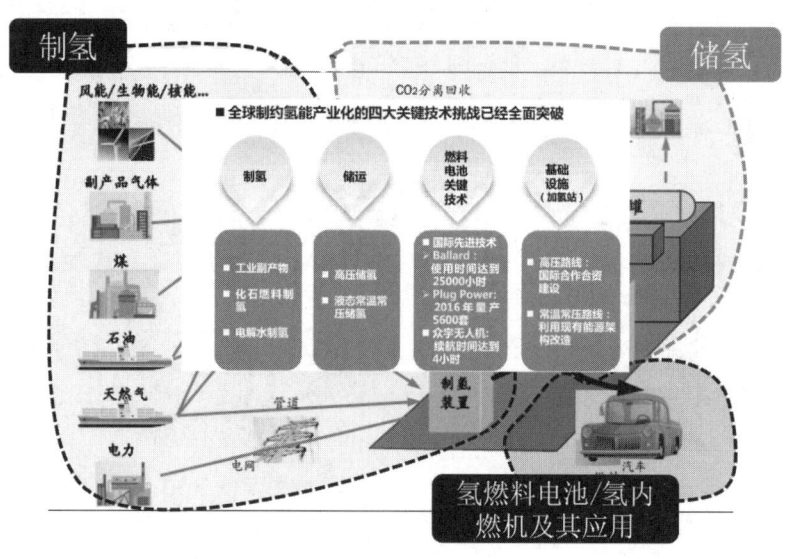

图 2 - 1 - 1 氢能动力产业链

## 1. 制氢

氢气制取方式多种，根据氢气的原料不同，氢气的制备方法可以分为非再生制氢和可再生制氢，前者的原料是化石燃料，后者的原料是水或可再生物质，（如图2-1-2所示）。目前产业上主要分为五种技术路线：化石原料制氢、化工原料产氢、电解水制氢、工业尾气制氢和新型制氢方法等。

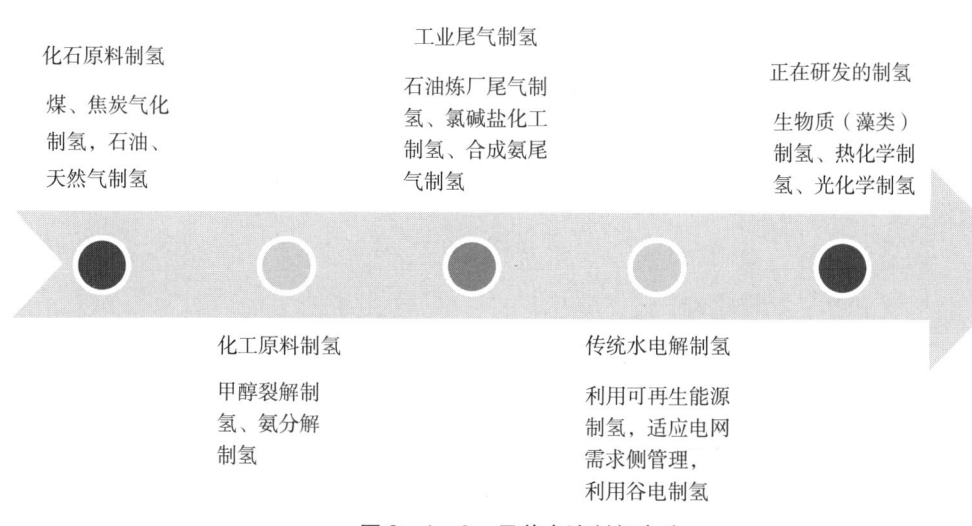

**图2-1-2 目前主流制氢方法**

注：来源于国金证券研究所。

氢能开发利用首要解决的是廉价的氢源问题。在以上这些方法中，90%以上都是通过天然的碳氢化合物—天然气、煤、石油产品中提取出来的。从煤、石油和天然气等化石燃料中制取氢气，国内虽已有规模化生产，但从长远观点看，这已不符合可持续发展的需要，从非化石燃料中制取氢气才是正确的途径。利用生物制氢技术，可节约不可再生能源，减少环境污染，可能成为未来能源制备技术的主要发展方向之一。

随着制氢原材料和技术改进，氢气成本就大幅下降。产业近期的研究主要集中在分布式重整液态燃料和少量电解制氢的低生产设备成本领域；远期集中在用可再生原料和能源制氢领域，并充分利用规模经济的优势。

## 2. 输氢

从现阶段加氢站对运输距离（<500km，200km为宜）和运输规模（10t/d）的需求来看，氢气最佳的运输方式仍是气氢拖车，其成本可以达到2.02元/kg，而在同等条件下的液氢运输成本可以达到12.25元/kg。未来在液化氢技术达到标准且氢气需求量规模上升（100t/d）的情况下，将考虑采用液氢运输的方式运送氢气。

结合日本经济产业省数据和我国上海世博加氢站设备采购情况，如图2-1-3所示，我们估算了加氢站设备构成：以外供氢气作为氢源的加氢站，设备方面的投资主要在于氢气压缩设备和高压储氢装置，其他还包括站控系统和加注设备等；估算到2030年各类设备投资规模分别为，氢气压缩设备（201 亿）、高压储氢装置（151 亿）、站控系统及其他（100 亿）、氢气加注设备（50 亿）。

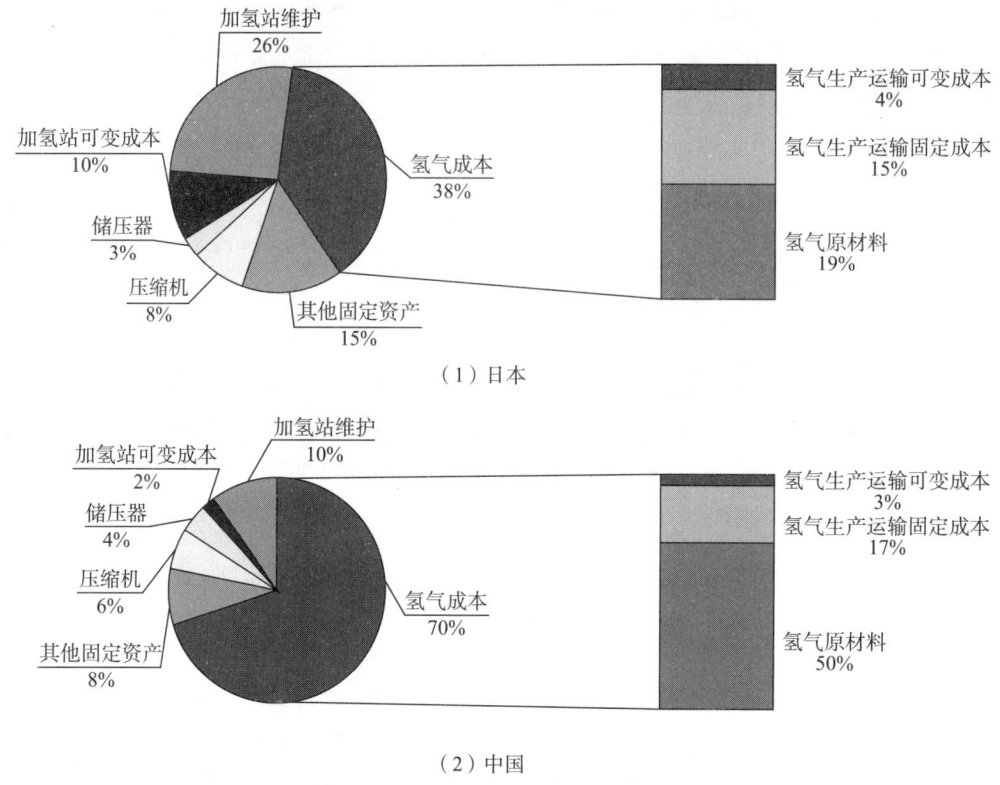

图 2-1-3　日本和中国加氢站成本组成

根据《中国制造 2025》对燃料电池汽车产业发展的规划，到 2025 年的目标是实现加氢站等配套基础设施的完善。预计到 2020 年国内配套加氢站数量将在 20 座以上。

3. 储氢

氢能产业链中的储氢包括氢气的运输、加注、存储。常见的输氢方式有液化汽车运输、高压气体汽车运输和管道运输，目前各国正在研发氢载体方式运输氢。同时，采用各种基本运输方式的组合运输形式。

氢的加注和天然气加注方式比较相似，气态氢直接加注，液态氢经过汽化后再进行加注。加氢站是对高压氢气的储存、输配、加注等技术的综合应用。国内建设的加氢站多为示范项目或大型赛事的配套，一些项目在赛事结束后即被拆除。如图 2-1-4 所示，目前仍在运营的约有 4 座，分别位于上海、北京、郑州和深圳，其中上海安亭加氢站是唯一持续运营的；此外，广东佛山 2017 年开始启动国内又一座加氢站的建设。

| 地点 | 建成时间 | 规模 | 运营状况 |
|------|---------|------|---------|
| 北京永丰加氢站 | 2006 年 | 服务于燃料电池公共汽车商业化示范项目和北京奥运会燃料电池车队，2006 年启用至 2010 年，累计加注 2023 次，共加注氢气 19100 公斤 | 在运营 |
| 上海安亭加氢站 | 2007 年 | 采用外供氢气，储存容量 800 公斤，截至 2015 年 6 月累计加注 6013 次，加注总量 10216 公斤 | 由上海舜华运营至今 |
| 上海世博加氢站 | 2010 年 | 采用外供氢气，最大储存量达 1000 公斤，世博会期间服务 170 余辆燃料电池汽车 | 2011 年拆除 |
| 广州亚运会加氢站 | 2010 年 | 供给亚运会观光车氢能，共加注 1700 次、总量 5900 公斤氢气 | 已拆除 |
| 深圳大运会加氢站 | 2011 年 | 作为示范运行简易加氢站，运营期间共加注 537 次，加氢总量 460 公斤 | 停运两年，2014 年恢复运营 |
| 郑州宇通加氢站 | 2015 年 | 保障宇通客车氢燃料电池客车示范运行，日加氢能力 250 公斤，可满足 10 辆 FCV 客车加氢需求 | 在运营 |

**图 2 - 1 - 4  国内加氢站情况**

如图 2 - 1 - 5 所示，目前储氢技术分为物理型储氢和化学储氢两种，高压气态储氢是目前商用化应用的主流技术。

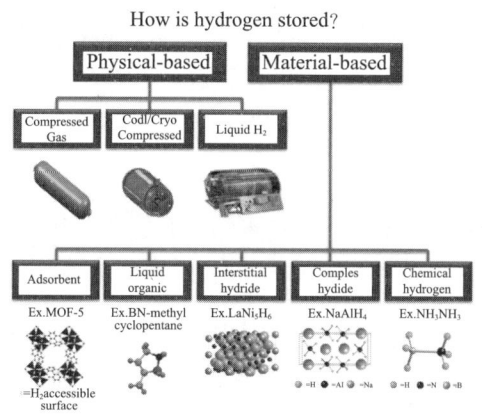

**图 2 - 1 - 5  储氢主要方式**

#### 4. 氢内燃机和氢燃料电池

目前氢动力系统主要是氢内燃机和氢燃料电池。氢内燃机用氢为燃料作为动力，其结构和工作原理与传统的内燃机没有本质的区别，根据混合气形成方式不同分为外部预混合式、内部混合缸内喷射式和内外混合方式结合等几种方式；按照氢燃料的配比，可以分为氢内燃机和掺氢内燃机。

相对于氢内燃机，氢燃料电池是目前的主流技术。按电解质分类，目前的氢燃料电池主要包括以下五类：碱性燃料电池（AFC）、熔融碳酸盐燃料电池（MCFC）、磷酸燃料电池（PAFC）、固体氧化物燃料电池（SOFC）以及质子交换膜燃料电池（PEMFC）。从商业化角度来看，目前各类燃料电池中应用最广泛的是熔融碳酸盐燃料电池（MCFC）、固体氧化物燃料电池（SOFC）和质子交换膜燃料电池（PEMFC）。其中，MCFC 和 SOFC 主要用于固定式燃料电池电站、家用热电联产，且商业化较为成熟，每年的容量在不断增加。而 PEMFC 以其功率密度大、体积小、质量轻、室温下即可工作、起动迅速等优点被大量应用于燃料电池汽车领域。

5. 氢燃料汽车

氢燃料汽车以氢气作为动力能源，可以分为氢内燃机汽车和氢燃料电池汽车，其中，氢燃料电池汽车是目前的热点，也是未来汽车发展的最理想方向[1]。

燃料电池汽车具备电动汽车所有优点的同时兼具传统内燃机汽车性能：可以在几分钟内补充燃料；续驶里程达到数百公里；能量转换效率可高达 60% ~ 80%，比内燃机要高 2 ~ 3 倍；整个过程中燃料电池的化学反应主要产物是水，属于零排放或近似零排放。

（二）储氢产业规模及分布

目前商业储氢系统主要是高压压缩储氢，对于车用氢气气瓶：高压气态存储压力需要达到 35Mpa，甚至 70Mpa，而车用天然气气瓶的工作压力一般仅为 20Mpa ~ 25Mpa，这对车用氢气瓶提出了严苛的要求。车用氢气钢瓶主要向着高压化、轻量化、低成本、质量稳定的方向发展。储氢材料的主要优点在于储氢体积密度大，操作简单、运输方便、成本低、安全等。但目前储氢材料路线仍存在着一些技术问题亟待解决。如图 2 - 2 - 1 所示，储氢系统随着氢燃料电池汽车的发展而发展。

（三）产业相关政策

国际能源界预测，21 世纪人类社会将告别化石能源时代而进入氢能经济时代。牛津研究所（ORU）预测，到 2020 年前，世界每天生产的氢能源当量将达到 950 万桶石油。美国科学家劳温斯在《自然资本论》一书中预言，下次工业革命将从氢能源开始。专家们认为，氢将在 2050 年前取代石油而成为主要能源，人类将进入完全的氢经济社会。

2003 年 11 月，包括中国、美国等 15 个国家和欧盟共同签署了"氢经济国际合作伙伴计划"（IPHE）参考条款，目标是建立一种合作机制，有效地组织、评估和协调各成员国，为氢能技术研究开发、示范和商业化活动提供一个能推动和制定有关国际技术标准与规范的工作平台。世界各国及企业在研究开发燃料电池汽车技术方面取得了重大进展，预计在未来的 5 ~ 10 年内氢燃料电池汽车将正式进入市场，该电动汽车将可能以 20% 的速度迅猛发展，正处于一种"山雨欲来风满楼"的形势。

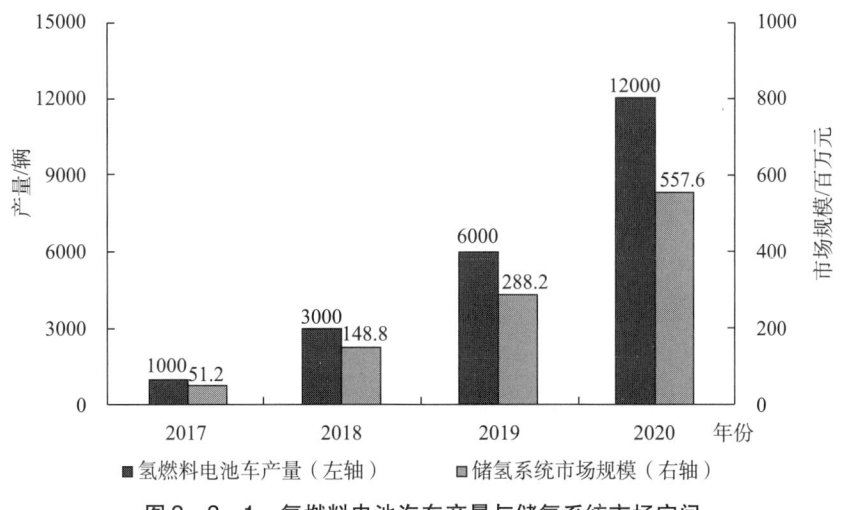

**图2-2-1　氢燃料电池汽车产量与储氢系统市场空间**

注：来源于中投顾问产业研究中心，东兴证券研究所。

为了能够在氢能经济中取得领先，各国相继出台了针对氢能源的相关政策。

1. 日本

日本是氢能发展最快最积极的国家。1974年，日本制定并实施了"新能源开发计划"，把发展太阳能和燃料电池技术定为国家战略。2009年7月和2010年7月发布了《燃料电池车及加氢站2015年商业化路线图》，明确指出2011～2015年开展技术验证和市场示范，随后进入商业化推广。过去30年间，以日本经济产业省为代表的日本政府先后投入上千亿日元用于燃料电池汽车和氢能的基础科学研究、技术攻关和示范推广。日本政府对燃料电池产业的持续补贴、税收减免和各类研发投入、产业化扶持使得它在氢燃料电池领域具有一定的垄断性，除了强大的技术储备，还有数量庞大的在手专利，强大的领头羊厂商丰田、本田等。

根据日本经济产业省公布的有关燃料电池车（FCV）的普及计划，日本将力争在2025年累计售出燃料电池车20万辆，并在2030年达80万辆。与此同时，日本还计划到2020年将为燃料电池车提供燃料的加氢站数量增加至目前的2倍，共达到160处，并在2025年实现数量上的再次翻番。届时，日本全国范围内的加氢站总数将达320处。

2. 德国

德国是欧洲氢能应用最活跃的国家。2002年12月，德国联邦政府交通部牵头成立清洁能源联盟（Clean Energy Partnership，CEP）。CEP起始于运输能源战略（TES）项目，旨在发展清洁、安静、低排放的未来交通运输，目前共有18家企业参与其中，包括技术公司、石油和能源公司、汽车制造企业等。

2012年6月，德国联邦政府交通部与戴姆勒、林德、Air Products、Air Liquide、Total签署意向书，拟提供2000万欧元支持德国加氢站网络建设，使加氢站数量从目前的16

座增加到 2015 年的 50 座，以满足燃料电池汽车推广初期的需求。在此之前，戴姆勒和林德公司已承诺到 2014 年将建设 20 座加氢站。按照德国规划，2025 年全国加氢站将达到 1000 座。

3. 英国

2012 年 1 月，英国政府与多家汽车制造商、能源企业等共同发布 "H₂ Mobility Road-map"（氢气流动路线图）计划，旨在引入氢燃料电池汽车解决方案，推动英国氢燃料电池汽车产业发展走在世界前沿。该计划汇聚了英国商业、创新与技术部（DBIS），能源与气候变化部（DECC），运输部以及众多行业龙头企业，如全球领先的工业、健康和环保气体供应商 Air Liquide，英国燃料电池系统开发商 Intelligent Energy，全球著名汽车制造商丰田、戴姆勒、现代、日产。

英国 H₂ Mobility Road – map 预计：2030 年，FCEV 年销售量将超过 30 万辆，全国累计保有量为 160 万辆。2050 年，FCEV 占全国汽车市场份额的 30%～50%。加氢站初期规划为 65 个，到 2020 年约为 100 个，到 2030 年达到 1150 个。在制氢方面，根据氢气流动路线图，到 2030 年英国年产氢气 254000 吨，其中 51% 来自于电解水，47% 来自于甲烷蒸汽重整，仅有 2% 来自于现有制取方式。

4. 美国

1992 年，美国联邦政府在新能源领域颁布了综合性能源法案。从 2000 年起，相继出台了各种能源研究报告和政策报告，在氢能源燃料电池领域，逐步从初期提升其战略地位发展到作为最重要的能源发展方向。美国政府对燃料电池汽车的支持在布什任职期间达到顶峰；在奥巴马政府时期，美国能源部宣布从美国振兴计划中拨款 4190 万美元支持燃料电池特种车的研发和示范，另在 2011 年美国财政预算中安排 5000 万美元用于燃料电池和氢能技术研发。

2006 年美国专门启动了国家燃料电池公共汽车计划，到 2015 年，运行的公交车平均累计运行时间已经达到 9000 小时（仍然在运行），最长的车辆寿命超过了 1.8 万小时。预计到 2016 年底，美国燃料电池公共汽车的使用寿命将达到 2 万～3 万小时，车辆的性能达到传统柴油客车的水平，实现每天 19 小时的运行和出勤率，故障间隔里程大于 4000 英里。

5. 中国

我国政府对氢能利用的发展规划早在 2001 年就已经启动，2001 年的 "863 计划——电动汽车重大专项" 项目，确定了 "三纵三横" 战略，其中 "三纵" 即包括纯电动、混合电动、燃料电池汽车。2005 年，国务院政府工作报告中提出 "鼓励和发展清洁能源汽车"，在《十一五规划纲要》中提出 "鼓励开发使用节能环保和新型燃料汽车"。2006 年，国务院发布《国家中长期科学和技术发展规划纲要（2006—2020 年)》，将 "氢能及燃料电池技术"列入优先主题和前沿技术。2012年7月，国务院发布《节能与新能源汽车产业发展规划（2012—2020年）》，其中提出，"燃料电池汽车、车用氢能源产业与国际同步发展"。为推动氢能与燃料电池产业化发展，中国氢能与燃料电池协会（CHFC）也正在筹备中。2015年，《中国制造2025》规划纲要出台，提出了燃料电池汽车的三步发展战略，最终在2020年，达到生产1000辆燃料电池汽车并进行示范运行的目标。

2013年，国务院常务会议讨论通过了《"十二五"国家战略性新兴产业发展规划》，明确了七大新兴产业的发展方向。其中，新能源汽车产业作为七大产业之一被单独列出来，国家对新能源汽车的重视可见一斑。这也引发了人们对清洁能源氢能源的高度关注，作为节能减排和绿色能源的首选，氢能源被寄予厚望。

在政策层面，2016年4月29日，财政部、发改委、工信部和科技部四部委联合下发了新一轮的新能源汽车补贴政策，这次新能源乘用车补贴对象依然是纯电动汽车、插电式混合动力汽车和燃料电池汽车。自2010年中央实施新能源汽车补贴政策以来，补贴额度逐年下降，享受补贴的车辆标准逐年提高，其中，纯电动汽车的补贴门槛由之前的80公里续航里程提高到100公里，对车辆的最高时速也要求不低于100公里/每小时；另外，值得注意的是燃料电池乘用车补贴不但没有退坡，而且在2015年的基础上有所增加，并且一直持续到2020年，显示政府对燃料电池汽车的推广力度在逐渐加强（如图2-3-1所示）。2013~2015年间，燃料电池乘用车的补贴标准逐年递减5%，从2013年的20万元降低到2015年的18万元，但2016年到2020年又恢复到20万元，这与燃料电池汽车的商业化进程不断推进有很大关系。

表2-3-1　2015~2020年新能源乘用车补贴标准　　　　　　单位：万元

| 燃用车类型（万/辆） | 2015年 | 2016年 | 2017年 | 2018年 | 2019年 | 2020年 |
|---|---|---|---|---|---|---|
| 纯电动（100≤R<150） | 3.15（80≤R<150） | 2.5 | 2 | 2 | 1.5 | 1.5 |
| 纯电动（150≤R<250） | 4.5 | 4.5 | 3.6 | 3.6 | 2.7 | 2.7 |
| 纯电动（R≥250） | 5.4 | 5.5 | 4.4 | 3.3 | 3.3 | 3.3 |
| 插电混动（R≥50） | 3.15 | 3 | 2.4 | 2.4 | 1.8 | 1.8 |
| 燃料电池 | 18 | 20 | 20 | 20 | 20 | 20 |

注：资料来源于财政部。

### （四）储氢材料的研究现状及发展趋势

1. 储氢材料的研究现状

现有的储氢方法多种多样，归纳起来分为两类：一类是物理储氢，包括高压气态储氢，低温液态储氢以及物理吸附储氢等；另外一类为化学储氢，包括金属合金储氢、金属氢化物储氢以及有机液体氢化物储氢等[2]。衡量储氢技术性能的主要参数有：储氢体积密度、质量分数、充-放氢的可逆性、充放氢速率、可循环使用寿命及安全性等。许多研究机构和部门对储氢技术提出了新标准，包括国际能源协会（International Energy Agency，IEA）、日本"世界能源网络"（World Energy Network，WENET）等。其中，美国能源部（Department of Energy，DOE）公布的标准较具权威性，提出了适合于工业应用的理想储氢技术，需满足含氢质量分数高、储氢的体积密度大、吸收释放动力学快速、循环使用寿命长、安全性能高的要求。

（1）高压气态储氢

高压气态储氢是目前较常用的一种氢气储存方式，氢气以气体形式被压缩后储存在气缸里。这和天然气压缩、煤气压缩技术相类似，只是由于氢气的密度很小，需要消耗的能量更多。而且气态储氢的质量分数为 1.0% 左右，体积储氢密度仅为 0.071g/mL，储氢效率随着压力的增大而减小。因此，虽然高压气态储氢具有简便易行、成本低、充放气速度快以及常温下即可进行等优点，但是高压气态储存技术对高压容器本身的材质有很高的要求，而且在运输和使用过程当中存在泄露和容器发生爆破等不安全因素，因而在一定程度上限制了氢气的有效使用。

（2）低温液态储氢

低温液态储氢是将氢气液化后储存在液氢罐里，常温常压下液氢的密度为气态氢的845 倍，液氢储存的质量储氢率和体积储氢率比高压压缩储存方式的高好几倍，但是储存成本急剧上升，因此液化储氢多用于不计成本、短时间消耗氢的场合（如火箭推进器）。与其他低温液体储存相似，低温液化储氢面临两大技术难点：一是液化过程中需要消耗大量的能量，且为了维持低温还需要消耗液氢质量能量的30%；二是储存容器的绝热问题，绝热性能不好的储存容器容易导致较高的蒸发损失，从而增加其储存成本，因此为了提高液氢储存的安全性和经济性，减少其蒸发损失，高度绝热的储存容器是当前研究的重点。

（3）碳基吸附材料储氢

碳基材料因其具有比表面积大、表面活性高、吸附能力大、循环使用寿命长以及易实现规模化生产等优点而成为近年来储氢材料的研究焦点。作为物理方式储氢，碳基材料储氢的优点是具有优良的吸放氢动力学性能，滞后现象不明显；缺点是只有在低温下才能大量吸放氢，室温下的吸放氢性能不理想。碳基材料大致分为：活性炭（AC）和碳纳米材料，而碳纳米材料又可分为石墨纳米纤维（GNF），碳纳米纤维（CNF）和碳纳米管（CNT）等。

（4）有机骨架材料储氢

有机骨架材料主要包括金属有机骨架化合物和共价有机骨架化合物，其具备高孔径率和比表面积，能够通过配体设计对气体进行选择性吸附，以上优点使其成为近年来储氢材料的研究热点。金属有机骨架化合物（metal organic frameworks，MOFs）是一类具有超大比表面积的新型多孔结晶材料，一般由过渡金属离子与含氧氮等多齿有机配体自组装而成。目前，储氢用金属有机骨架化合物类材料主要有 MOF－5、网状金属有机骨架材料（isoreticularmetal organic framework，IRMOFs）和多孔金属有机材料（microporous metal organic materials，MMOMs）等。Li 等和 Rosi 等最早合成了具有储氢功能的 MOFs 材料 MOF－5。MMOMs 系列材料结构和 MOF－5 类似，同样由金属与有机配体组成。而 IR-MOFs 最早由 Yaghi 等通过改变 MOF－5 中的有机配体而制得，并测试了其在－196 ℃的储氢性能。MOFs、MMOMs 及 IRMOFs 因其结构可控、高比表面积、高纯度及高结晶度等优点在气体存储上显示出一定的优势。共价有机骨架化合物（Covelent Organic frame-works，COFs）由有机单体通过共价键连接形成，Yaghi 等最早合成了共价有机骨架材料 COF－1 和 COF－5，相比于 MOFs，COFs 的稳定性更高，材料密度更低，是一类优秀的气体存储材料。

（5）金属合金储氢

金属合金在一定的温度和压力条件下，能大量吸收氢气，反应生成金属氢化物，同时放出热量。其后，将这些金属氢化物加热，它们又会分解，将储存在其中的氢释放出来。由于其储氢量大、能耗低、污染少、使用方便、循环寿命性能优异以及制备工艺相对成熟等优点而得到了广泛的应用。目前正在研究发展中的储氢合金主要有镁系储氢合金、稀土系储氢合金、钛系储氢合金及锆系储氢合金。

（6）配位氢化物

配位氢化物是在近几十年发展起来的新型功能材料，氢以金属氢化物的形式储存于金属中，在必要时利用金属氢化物相变的可逆性把储存的氢放出来并加以利用。以 $NaAlH_4$ 和 $LiBH_4$ 为代表的一系列轻金属的铝氢化物和硼氢化物虽具有很高的理论储氢容量（$LiBH_4$ 的理论储氢量为 18wt%），但合成比较困难，现阶段主要采用有机液相反应合成方法以及反应机械合金法来合成配位氢化物，但这两种方法目前都无法获得纯的产物，制备的材料纯度最高一般只能达到 90%~95%。配位氢化物与金属氢化物不同的是它一般是两步或多步放氢，且每步放氢反应的条件各异，因此实际能达到的储氢量往往与理论值存在较大差异。

（7）有机液体氢化物储氢

有机液体氢化物最先由 EURO－Quebec 氢气工程应用于储存和运输方面，有机液体氢化物是指氢气通过与烯烃、炔烃或芳香烃反应而储存在有机物载体中，使用时又可经过催化脱氢释放出被寄存的氢的材料。烯烃、炔烃和芳香烃等不饱和烃都可以作为储氢载体，但从储氢过程的能耗、储氢剂和储氢量等方面考虑，芳香烃是最佳的储氢剂。常用的有机液体氢化物储氢剂主要有苯、甲苯和萘等。

有机液体氢化物储氢具有储氢量大（环己烷和甲基环己烷的理论储氢量分别为

7. 19wt% 和 6. 16wt%）、储氢效率高以及储运安全简便等优点，但此类材料的脱氢效率（特别是在低温下的脱氢效率）严重制约其发展。利用甲基环己烷作载体可以在一定程度上解决此类材料的吸放氢工艺复杂、有机载体循环利用率低等缺点，但要达到实际应用的需求还需要对催化剂和有机化合物等进行进一步的研究。

2. 物理储氢的发展趋势

（1）高压气态储氢

汽车整车重量减少，不但可以节约燃料、减少排放（有研究表明，一辆轿车自重每减少 10%，燃料消耗量就降低 6% ~8%，排放量降低 5% ~6%），而且能够使整车性能大幅提升。纵观车用高压燃料气瓶的发展历程，从钢瓶到金属内胆复合气瓶再到塑料内胆复合气瓶，车用气瓶始终朝着轻量化的方向发展。氢气具有高的质量能量密度及转化效率，5kg 氢气即可使氢能汽车的续驶里程达到 500km。美国能源部（DOT）于 2009 年制定了车用储氢系统的终极技术指标，将单位质量储氢密度提升至 $0.075 kgH_2/kg$，即气瓶重量不超过 66. 7kg。为达此目标，车用高压氢气瓶的重量还需进一步降低[3]。

尽管压缩天然气汽车的行驶成本较低，但制造成本却高于柴油、汽油汽车，相同功率的天然气商用车比柴油动力商用车售价高 2 万 ~7 万元，其中车用Ⅲ型气瓶的总价格高达 3 万 ~6 万元，高昂的售价是阻碍用户购买的主要因素之一。目前，70MPaⅣ型车用高压氢气瓶的成本为 570 元/$kgH_2$，与 DOE 的终极目标 270 元/$kgH_2$ 还相差甚远。因此，在保证性能的前提下，最大限度地降低生产成本，也成了未来车用高压燃料气瓶技术的发展趋势之一。

（2）低温液态储氢

低温液态储氢技术最先应用于航空航天领域，随着氢能源的应用领域增加而逐渐推广，特别是氢动力车的发展。目前宝马公司已经研制出 BMW745i 氢动力车，其贮罐容积 130L，空重 70kg，一次充装液氢可行驶 400km。GM 公司的"氢动一号"（Hydro Gen1）的氢储罐可以储存 5kg（75L）的液氢，整个贮罐系统包括必需的阀门、热交换器和衬垫，仅重约 95kg，可行驶 400km。可见，如何降低储罐的体积和重量，以及进一步降低热损耗，是低温液态储氢技术的发展趋势。

（3）碳基吸附储氢

作为储氢容量指标，国际能源机构认为质量分数必须超过 5%。除镁基合金外，其他储氢合金皆不能达到此容量。而碳基材料的储氢容量却不难超过这一指标。其中储氢容量最大的吸附材料是碳纳米管，已被证实的储氢容量质量分数是 10%，但是批量生产碳纳米管的技术尚不成熟，其昂贵的价格使其不具备实际应用价值。

碳基吸附储氢材料尽管前景看好，仍有很多问题需要解决。活性炭吸附储氢只有在低温下才能实现好的吸附特性。碳纳米材料吸附储氢依旧处于研发阶段，工业应用还不成熟。常温常压下碳纳米管对于氢气的储存能力很低，且过程相当缓慢。碳基吸附储氢材料未来的研究方向，如何降低它的成本并使其具有大的吸附量，还有许多工作要做。对于吸附材料的吸附机理仍不清楚，其储氢原理还有待进一步研究。

（4）有机骨架储氢

有机骨架材料用作新型储氢材料是最近十来年才被报道的，由于具有成本低、结构可控等优点，受到了全球范围内的极大关注，经过近十年的努力，在储氢领域已取得很大进展。从最开始 MOF-5 在 78K、20bar 条件下 1.3wt% 的储氢量，到 MOF-177 在 77K、80bar 条件下 113mg/g 的储氢量，其储氢性能不断提升。但是目前有机骨架材料在常温下的储氢能力较弱，限制了其在产业中的实际应用，可见提升有机骨架材料在常温下的储氢能力，是有机骨架储氢技术的发展趋势。

3. 主要结论

储氢技术是氢储能应用的关键环节之一，需要满足安全、高效、体积小、重量轻、成本低、密度高的要求。目前，氢能的存储手段离实用化还有很长的路要走，其已经成为氢能规模化应用的瓶颈之一。综合考虑各种储氢方式在氢储能方面应用的优缺点，认为金属氢化物储氢技术的体积密度大、安全性能好，且成本较低，在氢储能应用领域具有明显优势，可开展规模化应用研究。高压金属氢化物储氢技术表现出最好的综合性能优势，需要进一步成熟技术。另外储氢技术涉及的安全问题也应深入研究。基于以上分析，建议重点开展如下 3 个方面的研究。

（1）低成本、大规模金属氢化物储氢材料与技术研究。主要进行低成本、高效金属氢化物储氢材料开发及制造技术研究、大规模金属氢化物储氢技术及风/光电规模储能用高压储氢应用研究。

（2）高压金属氢化物复合储氢技术与材料研发，包括高压储氢合金研制、高压金属氢化物复合储氢装置研制及高压金属氢化物复合储氢系统在电网储能中的应用示范。

（3）氢气储运的安全技术研究，包括高压环境下材料性能结构的演变、氢气检测与氢气传感器材料及氢气的扩散与燃烧爆炸。相关技术的突破和相关材料的研发成功对于氢储能技术在电网中的应用将起到决定性的作用。

# 三、物理储氢技术专利分析

本节以物理储氢技术为对象，对全球专利申请数据、国内专利申请数据的专利申请状况，从总量、变化趋势、布局区域与申请人分布等方面对储氢技术申请的特点进行分析。

## （一）物理储氢技术全球专利申请状况分析

1. 物理储氢技术全球技术创新动态

截至 2017 年 10 月 31 日，在德温特世界专利索引数据库中检索到涉及物理储氢技术

163

的专利申请达 3240 项，其中，国内申请 870 项，国外申请 2370 项。本小节在这一数据基础上从发展趋势、区域分布、主要专利申请人分析等角度对储氢技术的专利进行总体分析。

图 3 - 1 - 1 显示了物理储氢技术全球专利申请总量以及国内申请人与国外申请人申请总量随年份变化的趋势。从图中可以看出，在 1998 年之前，储氢技术的专利技术一直处于起步阶段，每年的申请量不多，但是这些专利申请基本已经阐述了储氢技术的储氢原理，可能当时传统能源还很充裕，环境污染也不严重，人类开发清洁能源的愿望还不够紧迫，因此每年的申请量增长幅度很小，增长较为缓慢。

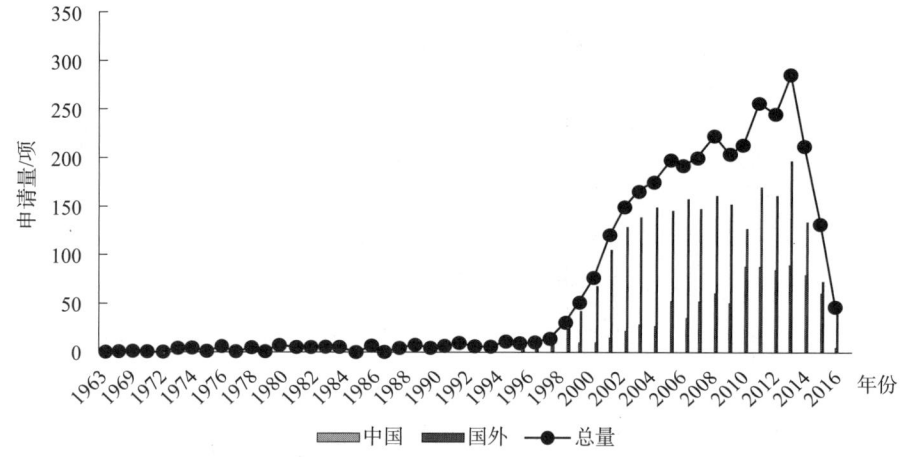

图 3 - 1 - 1　物理储氢技术全球专利申请及国内、外申请量趋势变化

1998 年以后，物理储氢技术的专利申请量整体趋势是逐年增长的，主要以日本和美国的专利申请量迅速增长，在氢燃料电池逐步走向成熟并走向工业应用的大背景下，世界各国逐渐意识到氢燃料电池应用的广阔前景，各国开始积极研发新技术，物理储氢技术也不断向前发展，其专利年申请量进入急剧增长阶段。此外，从国内和国外申请量对比来看，早在 1963 年国外已经出现物理储氢技术的专利申请，而在 1992 年之前国内还没有物理储氢技术的专利申请，说明国外物理储氢技术的起步比国内早很多；而之后中国申请量逐渐增加，并且国内申请量逐步向国外申请量逼近，说明国内将物理储氢技术作为发展的热点，在物理储氢技术方面研发活跃，反映出近年来，国内开始关注新能源，而国外在该领域相对国内依然具有技术领先优势。

2. 物理储氢全球技术创新区域

图 3 - 1 - 2 所示为物理储氢技术专利的主要来源区域，从图中可以看出，在该技术的原创专利方面，排名前七的申请人占了 94% 的份额，说明该领域技术集中度较高，日本排名第一，日本是较早重视氢能源利用的国家之一，其早在 1993 年即制定了"新阳光计划"，其中计划到 2020 年投资 30 亿美元用于氢能关键技术，例如高效分解水技术、储

氢技术等，因此日本在该领域起步早，技术实力雄厚，专利申请产出份额占据世界第一位。其次是美国，美国早在 1990 年就通过了《氢能研究与发展、示范法案》，指导美国能源部启动了一系列氢能研究项目，2020 年美国能源部启动和支持"氢能源、燃料电池基础研究项目"，该项目包括发展氢、燃料电池和分布式能源的下一代技术，在上述政策和项目的支持下，储氢技术快速发展，也使美国在相关领域的专利申请的产出量迅速上升。我国虽然总体排名第三，但与日本还存在较大差距，我国储氢技术领域起步较晚，随着社会环保意识的增强和对绿色能源的关注，国家对涉及储氢技术的领域给予了大量政策和资金支持，例如"863"重大项目镍氢电池产业化以及国家"十三五"电动汽车重大专项等，上述项目促进了我国企业研发自主知识产权的二次电池和燃料电池，因此催生了大量储氢材料相关的专利，使我国在该领域后来居上，占据第三名的位置，这也说明我国在储氢技术行业的研发和知识产权保护方面还有较大的提升空间。除此之外，德国排名第四，与其国内有较多的大型汽车企业密切相关。

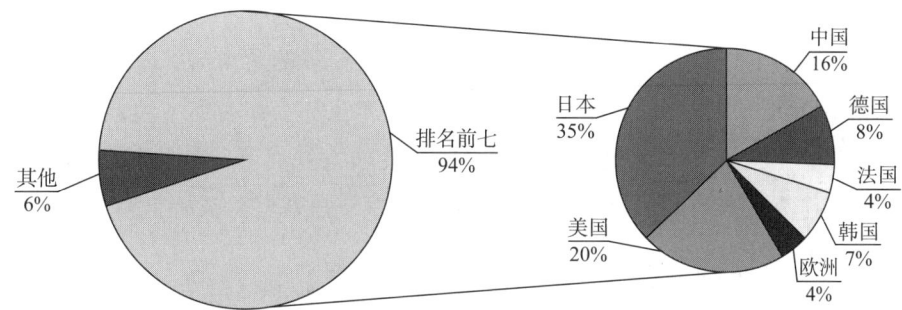

图 3 - 1 - 2　物理储氢全球主要技术来源国/地区分布

图 3 - 1 - 3 所示为物理储氢全球主要技术来源国专利申请趋势，从图中可以看出日本在该技术上起步较早并且发展也较快，2013 年以前日本的申请量都是占据全球领先地位，说明日本较早地关注到新能源行业，而中国和美国两国的申请量也呈逐年增长的趋势，这与 2000 年之后，中国的镍氢电池产业逐步发展，以及 2008 年以后美国奥巴马政府提出的新能源产业扶持政策有关，因此可见，市场需求和政策扶持促进了物理储氢技术领域的技术发展和专利申请量的激增。

3. 物理储氢全球技术创新主体

图 3 - 1 - 4 示出了该领域全球排名前十的申请人份额，整体来看，申请量排名前十的申请人申请量约占全球申请总量的 24%，显示出该领域的申请人对申请的占有相对分散，申请人较多，而大型企业在该领域还未形成技术垄断。其中丰田的申请量占据第一，证明了该公司在物理储氢技术领域具有超强的技术实力，并且丰田公司商业化的 Mirai 氢能汽车正是采用的物理储氢技术中的高压气态储氢技术，因此该公司在高压气态储氢技术方面具有一定量的专利布局，此外，前十的申请人中，还有本田、日产、宝马、奔驰、

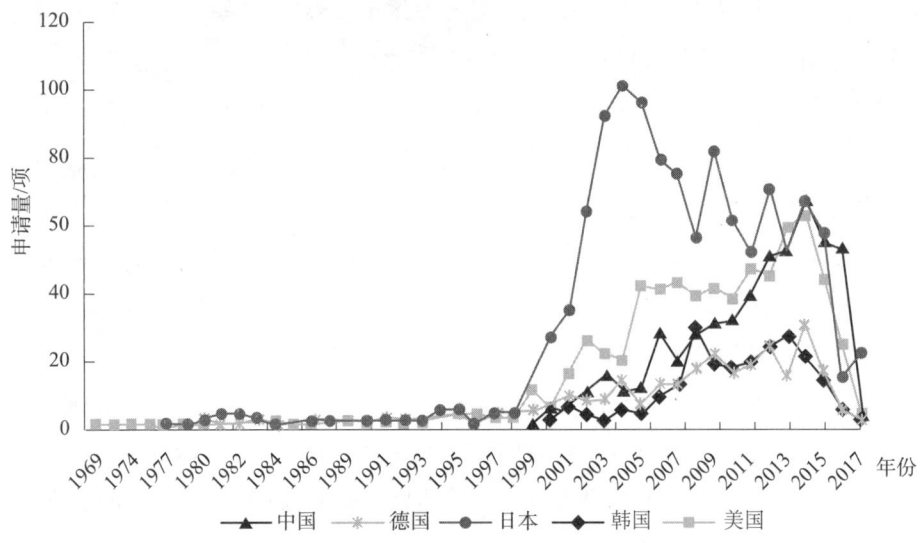

图 3 – 1 – 3　物理储氢全球主要技术来源国专利申请趋势

三菱这样的汽车企业，说明较多的汽车企业已经投入较多的精力研究氢能源汽车以及相关技术，如物理储氢技术。而日本在物理储氢整个产业链上都有实力超强的企业，在整个产业链上都有专利布局，这充分反映了日本企业研发视力和对物理储氢领域的重视，这一点与日本作为世界能源消耗大国和面临的能源危机是紧密关联的。

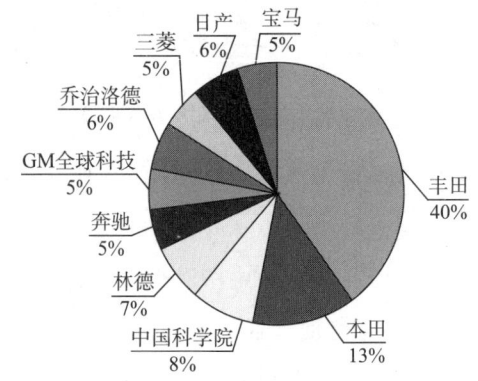

图 3 – 1 – 4　物理储氢专利申请全球排名前十的申请人份额

　　而中国的排名前十的申请人为中国科学院，这表明我国科研机构也正积极主动地投身到物理储氢技术的研究中，但是还停留在理论阶段。

　　4. 物理储氢技术分支的全球申请趋势

　　图 3 – 1 – 5 给出了物理储氢技术四个分支的全球专利申请量趋势。整体来看，储氢技术在 20 世纪 60 年代就开始萌芽，到 1998 年之前，专利申请零星出现，一直到 20 世纪末，储氢技术的四个分支才开始活跃发展起来。而四个分支中，发展趋势整体来看，高压气态储氢的申请量最大，体现了全球对高压气态储氢技术投入了较大的研发热情，

目前 35Mpa 高压储氢罐已经是成熟产品，丰田公司的 70Mpa 高压储氢罐被应用于商用燃料电池车型上。其次是碳基吸附储氢，碳基吸附储氢是近几年来较热门的储氢技术，其中所使用的材料主要有高比表面积活性炭和碳纳米材料等，由于该技术具有压力适中、储氢容器自重轻、形状选择余地大等优点，已引起广泛关注。排名第三的是低温液态储氢技术，由于该技术是将纯氢冷却到 20K 使之液化，然后装到"低温储罐"储存，而氢的液化十分困难，导致液化成本较高，其次对容器绝热要求也高，使得低温液态储氢的发展受限，目前液化储氢技术主要应用在航空航天方面，只有少数汽车公司推出的燃料电池汽车样车上采用该储氢技术。有机骨架储氢是近几年来发展的较新的技术，具有超大比表面积的新型多孔结晶材料，但是研究发现此类材料在常温下的储氢性能低，要投入商业应用还要克服较多的技术障碍。

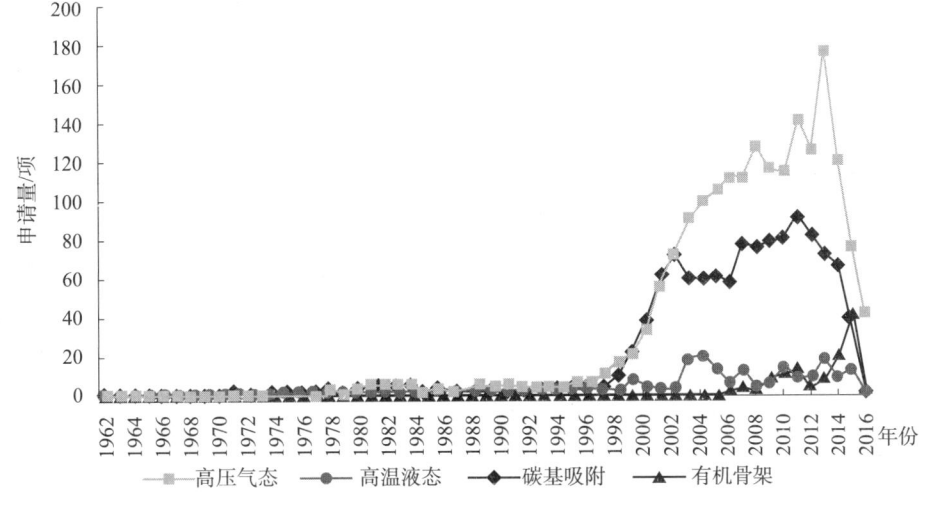

图 3-1-5　物理储氢技术四个分支的全球专利申请量趋势

### （二）物理储氢技术中国专利申请状况分析

1. 物理储氢技术中国创新动态

截至 2017 年 10 月 31 日，在中国专利文献检索系统 CNABS 中检索到涉及物理储氢技术的专利申请达 1148 件，其中，国内申请 766 件，国外来华申请 382 件。本小节在这一数据基础上从发展趋势、国内地区分布、主要专利申请人等角度对储氢技术的专利进行分析。

图 3-2-1 显示了物理储氢技术中国专利申请总量以及国内申请人与国外来华申请人申请总量随年代变化的趋势。在 2000 年之前，储氢技术的中国专利申请一直处于起步阶段，每年的申请量不多，每年的申请量增长幅度很小，增长较为缓慢，至 2001 年，物理储氢技术专利逐渐增加，并且在 2014 年达到一个顶峰，申请量超过 120 件，在物理储氢技术开始逐步走向发展的大背景下，世界各国逐渐意识到物理储氢技术的广阔前景，

各国开始积极研发新技术，物理储氢技术也不断向前发展，其专利年申请量进入急剧增长阶段。此外，从国内和国外来华申请量对比来看，在 2000 年之前，物理储氢技术的国内和国外来华申请量一直处于较低水平，并且国外来华的申请量整体上略大于国内的申请量，每年增长幅度不大，说明在此期间物理储氢技术在国内发展缓慢，发展速度明显低于国外；从 2010 年以后，国内申请量迅猛增长，每年的申请量都维持在较高的数量，而国外来华申请量维持在较低的水平并有所下降，并且国内申请量相比国外来华申请量大得多，说明国内将物理储氢技术作为发展的热点，而国外，经过了原始的积累以后已经没有太多新的热点技术出现。

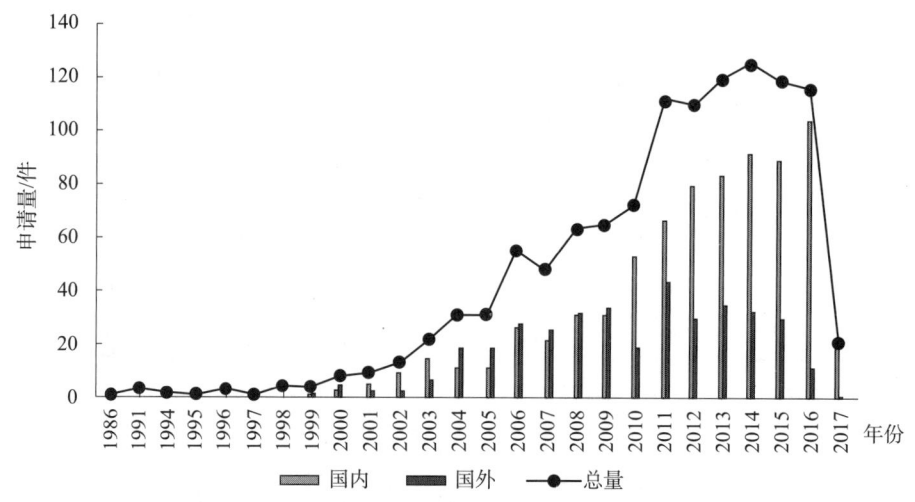

图 3 - 2 - 1　物理储氢技术中国专利申请趋势变化

2. 物理储氢技术中国创新区域

从图 3 - 2 - 2 可以看出，在物理储氢技术国内申请量排名前十的省市中，北京、江苏、上海占据了前三位，其申请量远大于其他省市；其次是天津、浙江、广东、辽宁。由于北京是全国的科研中心，高校等科研机构云集，其对于新能源方面研发的投入较大，在物理储氢技术的研发上一马当先；此外，天津、浙江、广东、辽宁排名靠前，与地处沿海位置、国外投资引进比重大、经济优势明显和政府鼓励政策不无关系。

从图 3 - 2 - 3 可以看出，在物理储氢技术国外来华申请量排名前五的国家，总的申请量占了整体的 91%，体现了该技术在中国申请专利的国外来华区域较为集中。而其中日本和美国占据了绝对的领先优势，其申请量远大于其他国家，说明了物理储氢技术专利在这两个国家有很高的集中度，有很强的技术领先优势，并且这两个国家有较多的汽车企业，这些企业非常重视在华的专利布局。此外，德国、韩国和法国分别位列第三位至五位，反映出相关国家的公司也高度重视在中国进行专利布局。

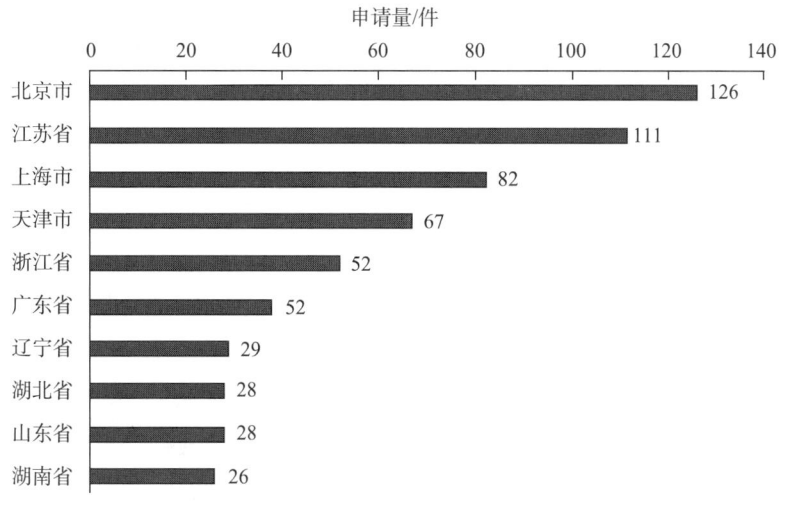

图 3-2-2　物理储氢技术专利申请量排名前十的国内省市申请量分布

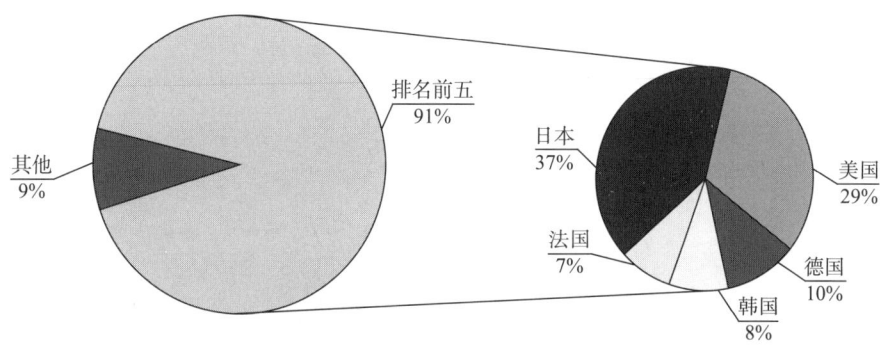

图 3-2-3　物理储氢技术专利申请量排名前五的国外来华区域申请量分布

3. 物理储氢在华技术创新主体

从图 3-2-4 中可以看出，申请量排名前十的申请人依次是丰田、中国科学院、天津师范大学、通用汽车、浙江大学、南开大学、上海交通大学、同济大学、乔治洛德公司、中石化，其中国内的高校及科研院所占了大多数，反映了科研机构在国内的物理储氢技术研发中占主体地位，同时也表明产业化程度和集中化程度较低，我国企业在这一领域的研究和投资还有待进一步加强，企业和研究院所联盟也将成为我国在该领域

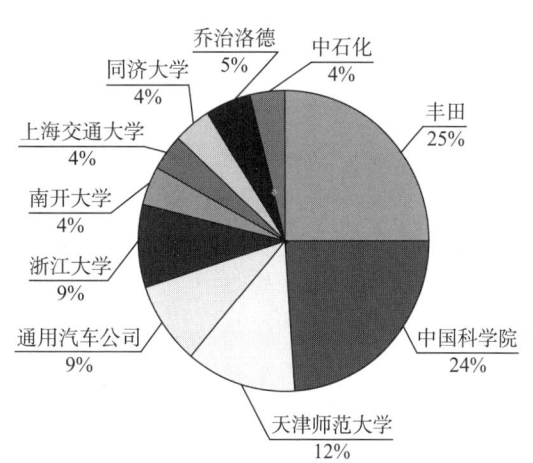

图 3-2-4　物理储氢技术中国专利申请量

排名前十的申请人申请量份额

新能源电池

机器人

高档数控机床

参与技术和市场竞争的良策。中科院作为中国的顶尖级科研机构，其在储氢技术上的申请量占据龙头地位，显示出较强的研发能力，但是其专利的技术含金量与国外申请人还存在着一定差距，仍有很大的进步空间。此外，企业申请中，丰田、通用汽车都排名前十，反映了国外的物理储氢技术来华的申请中主要是公司申请，体现了这些公司对在华专利布局高度的重视。

4. 物理储氢的技术分支的中国申请趋势

图3-2-5是物理储氢技术四个技术分支的中国专利申请量趋势，由图可以看出，其趋势与全球申请量趋势有些许差别，低温液态储氢技术申请量一直不大，说明国内对该技术的研发投入没有其他分支的投入大。近年来，对碳基吸附储氢技术和有机骨架储氢技术方面的研发投入逐渐加大，考虑到高压气态储氢技术目前是商业应用中的主流技术，并且国外企业，如丰田对该技术也研究较多，中国在碳基吸附储氢技术和有机骨架储氢技术方面研发活跃，可以在未来形成替代高压气态储氢技术的储氢技术，来绕开国外企业的专利壁垒。

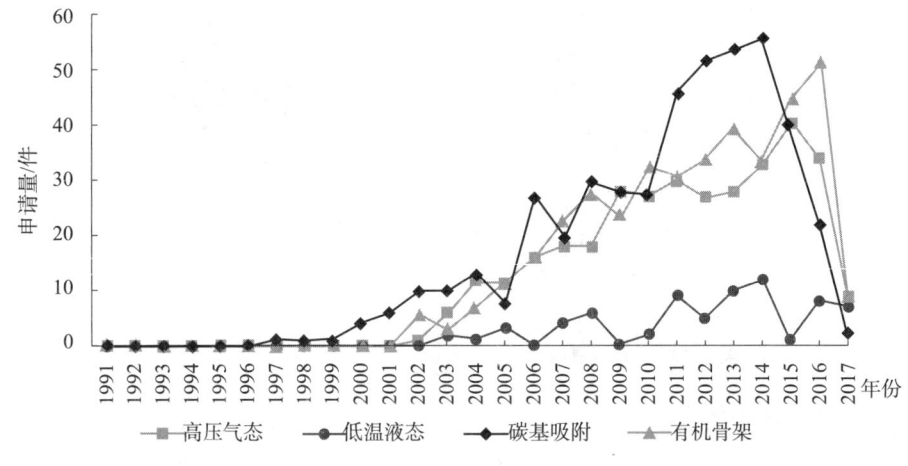

图3-2-5　物理储氢技术四个技术分支的中国专利申请量趋势

（三）主要结论

储氢技术是制约氢动力汽车的关键技术，而目前的几种储氢技术比较而言，目前全球数据来看，还是商业化应用的高压气态储氢技术的申请量最大，很多大型车企都对该技术进行了大量的专利布局，而中国的专利申请中，碳基吸附储氢技术的申请量最大，由此可见，中国似乎更重视碳基吸附储氢技术的发展，通过对该技术的创新，未来可能形成替代高压气态储氢技术的储氢技术；而至于液态有机储氢，虽然目前申请量较少，发展较慢，但其可能是未来的技术发展方向，有可能带来革命性的影响[4]。

我国申请量变化总体趋势与国外发达国家相比，可以看出我国技术起步相对滞后，全球排名前十的申请人大多数是国外申请人，中国还没有形成具有竞争优势的龙头企业，只有部分高校和研究院所具备一定的研究基础，中国的申请总量虽然位居世界第三，但是技术含金量都与发达国家存在较大差距。

# 四、高压气态储氢专利分析

本节以高压气态储氢技术为对象，对全球专利申请数据、国内专利申请数据的专利申请状况，从总量、变化趋势、布局区域与申请人分布等方面对储氢技术申请的特点进行分析，并重点分析了丰田公司的储氢技术路线。

## （一）高压气态储氢专利分析

### 1. 全球专利分析

截至 2017 年 10 月 31 日，检索到世界范围内涉及高压储氢技术的专利申请达 1843 项，由于专利公开等原因，近两年，尤其 2017 年的数据并不完整，因此数据会有所减少。本小节在这一数据基础上从全球技术创新动态、创新区域以及主要创新主体等角度对高压储氢技术的全球专利进行总体分析。

（1）高压气态储氢全球技术创新动态

图 4-1-1 给出了高压气态储氢技术全球专利申请总量以及国内申请与国外申请总量随年份变化的趋势。从图中可以看出，1998 年之前，该技术的专利申请量较少，高压储氢技术还处于萌芽阶段。1999 年至 2006 年，该技术专利申请量快速增长，分析其原因，在氢燃料电池逐步走向成熟并走向工业应用的大背景下，世界各国逐渐意识到氢燃料电池应用的广阔前景，各国开始积极研发新技术，高压气态储氢技术也不断向前发展，其专利年申请量进入急剧增长阶段。2006 年至 2014 年，该技术的专利申请量平稳增长，并在 2014 年达到峰值，说明这段时期高压气态储氢技术处于不断发展和不断成熟的阶段。

此外，从中国和国外申请量对比来看，早在 20 世纪 70 年代国外已经出现高压气态储氢技术的专利申请，而在 2003 年之前国内几乎没有涉及高压气态储氢技术的专利申请，说明国外在高压气态储氢技术的起步比国内早很多，这也源于国外在氢能源利用以及燃料电池汽车的技术积累的优势；另外，对比 2003 年到 2006 年国内外申请量可以看出，国外正处于积极进行专利布局的阶段，而国内刚开始进行该技术的专利申请，也说明国内外高压气态储氢技术发展的差距。

（2）高压气态储氢全球技术创新区域

图 4-1-2 示出了高压气态储氢技术全球主要布局国家/地区分布区域，从图中可以看出：美国、日本、中国排名前三位，占比达到总申请量的 84% 左右，其中美国和日本申请量均很多，这源于美国和日本均对氢能源重视较早，且均是汽车制造业大国，对氢

燃料电池汽车的研发起步较早。

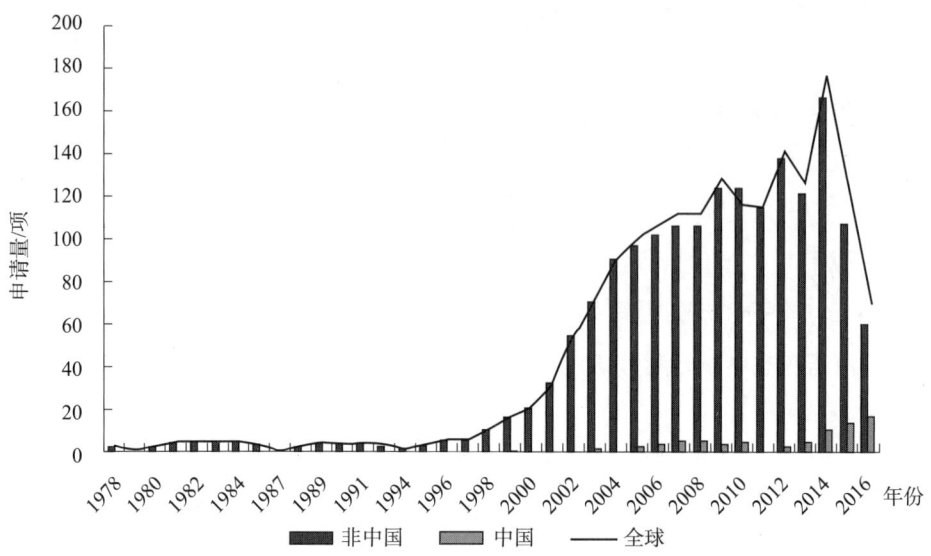

图4-1-1 高压气态储氢全球专利申请趋势

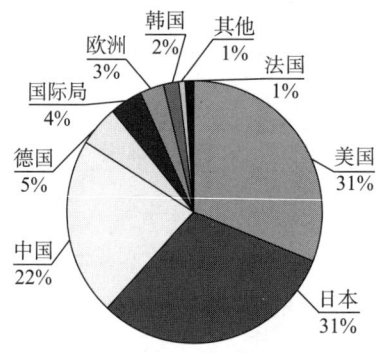

图4-1-2 高压气态储氢全球主要布局国家/地区分布

图4-1-3给出了高压气态储氢技术全球主要布局国家/地区申请量趋势，从图中可以看出：2008年以前，虽然在中国的申请量没有在日本和美国多，但在中国的申请量也是快速增长，且在2008年以后，在中国的申请量与日本和美国持平，由此可见，随着中国对新能源政策上的支持，对高压气态储氢的需求持续增加，未来我国将是该行业全球争夺的主要场地之一。

图4-1-4给出了高压气态储氢技术专利主要来源国/地区分布，从图中可以看出：在高压气态储氢技术原创专利方面，日本、美国、德国排名前三位，占比达到总量的77%，其与汽车产业在世界各国的发展一致；且其中日本原创申请量遥遥领先。

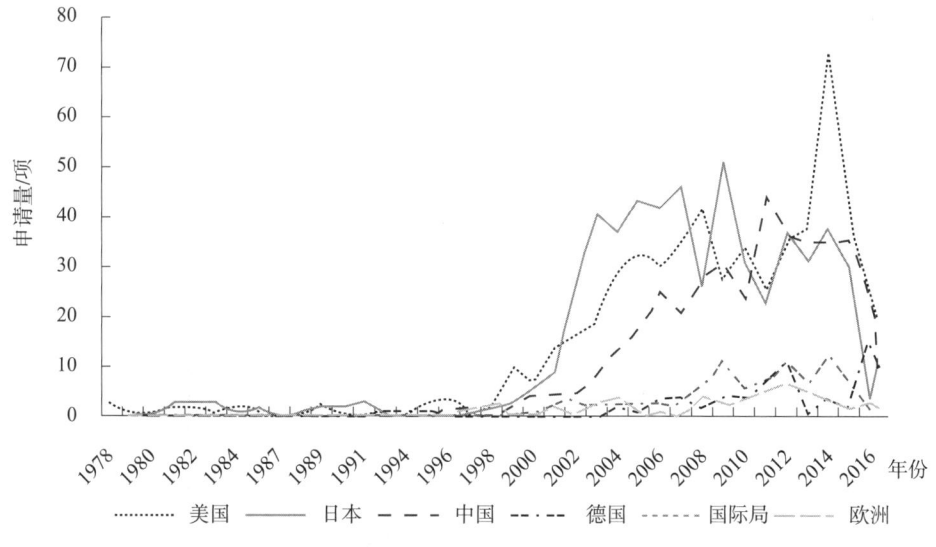

图 4 - 1 - 3　高压气态储氢全球主要布局国家/地区申请量趋势

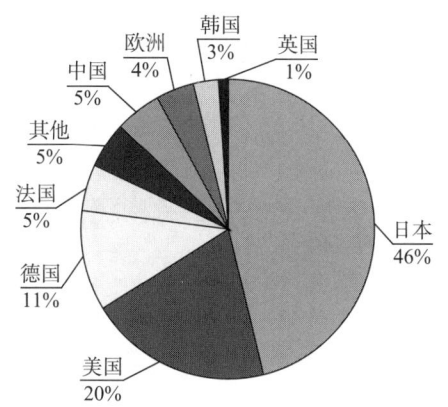

图 4 - 1 - 4　高压气态储氢全球主要技术来源国/地区分布

图 4 - 1 - 5 给出了高压气态储氢技术专利主要来源国专利申请量趋势，与图 4 - 1 - 3 高压气态储氢专利主要布局国/地区趋势对比分析可知，日本一直以来为高压气态储氢技术专利申请的第一来源大国，说明日本在高压气态储氢领域技术优势明显，倾向于输出布局抢占市场。另外，可以看出在 2002 年以前，在中国进行燃料电池动力控制专利申请的主要是来华申请，国内申请的较少；2002 年以后，国内的申请才开始增长，近几年申请量逐渐变大。这说明，我国创新主体对知识产权的关注增强，创新能力提高，且对高压气态储氢技术的研发和投入渐渐增多。

（3）高压气态储氢全球技术创新主体

图 4 - 1 - 6 给出了高压气态储氢技术全球专利申请量排名靠前的 13 个申请人，从图中可以看出：来自日本的申请人处于绝对优势，说明日本企业在高压气态储氢技术上处

于绝对领先地位。其中日本三大汽车制造商，丰田、本田、日产申请量均靠前，且丰田遥遥领先；而中国申请人无一进入前 13 名。

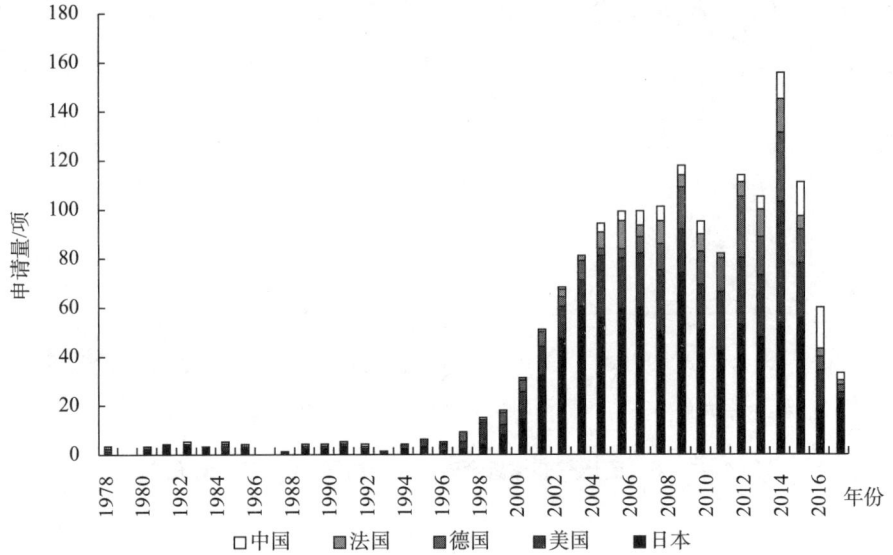

图 4 - 1 - 5　高压气态储氢全球主要技术来源国专利申请量趋势

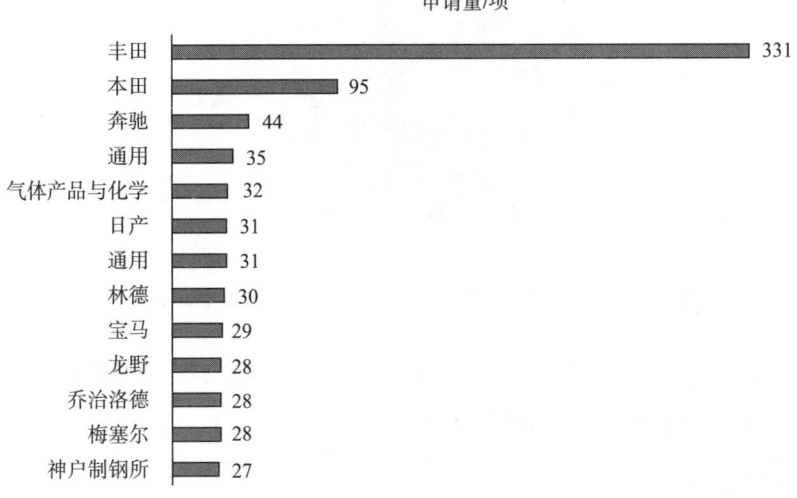

图 4 - 1 - 6　高压气态储氢全球专利申请量排名靠前的申请人

图 4 - 1 - 7 为高压气态储氢全球主要申请人申请趋势，从图中可以看出：丰田从事高压气态储氢研究技术最早从 1998 年开始，且在 2000 年以后迅速增长，2009 年达到高峰，随后申请量有所降低，但仍处于领先地位。

2. 国内专利分析

本节分析高压气态储氢技术中国专利概况，至检索截止日 2017 年 10 月 31 日，检索

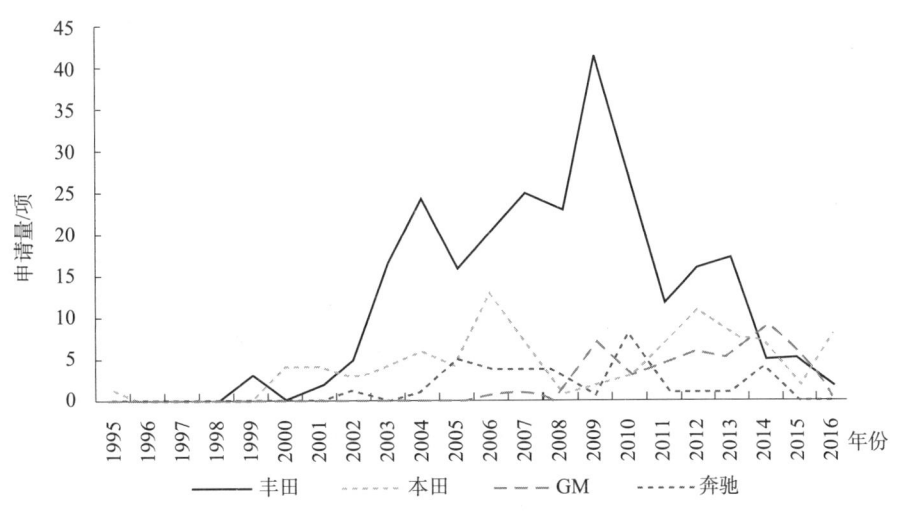

图 4 - 1 - 7　高压气态储氢全球主要申请人申请趋势

到中国范围内涉及高压气态储氢技术专利申请共 339 件，由于专利公开等原因，近两年，尤其 2017 年的数据并不完整，因此数据会有所减少。本小节在这一数据基础上从中国技术创新动态、创新区域以及主要创新主体等角度对高压储氢技术的中国专利进行总体分析。

（1）高压气态储氢中国技术创新动态

图 4 - 1 - 8 给出了高压气态储氢技术中国专利申请总量以及国内申请与国外申请总量随年份变化的趋势。从图中可以看出，国内高压气态储氢专利申请从 2002 年才开始，且从 2002 年起高压气态储氢专利申请就开始呈现稳步上升趋势，且从国内和来华申请量对比看出，2009 年以前，来华申请量逐步上升，且自 2009 年起保持稳定，而国内申请量在 2015 年以前相对较少，且比较平稳，近几年申请量逐渐升高，说明国外申请人很早就开始注意关于高压气态储氢技术在中国的专利布局，而国内相关申请人以及研究机构对该技术的投入相对较少，但近几年有所提升。

（2）高压气态储氢中国技术创新区域

图 4 - 1 - 9 示出了高压气态储氢中国专利国内、来华申请占比，从图中可以看出，国内申请量占比为 39%，而来华申请量的占比为 61%，从侧面反映了国外对高压气态储氢技术的投入和积累更多，且注重在中国的专利布局，国内创新主体相对而言目前处于弱势。

图 4 - 1 - 10 示出了高压气态储氢中国专利申请国内主要申请区域，其中北京、上海、浙江位居前三甲，且北京和上海的申请量相比于其他省份更有优势。

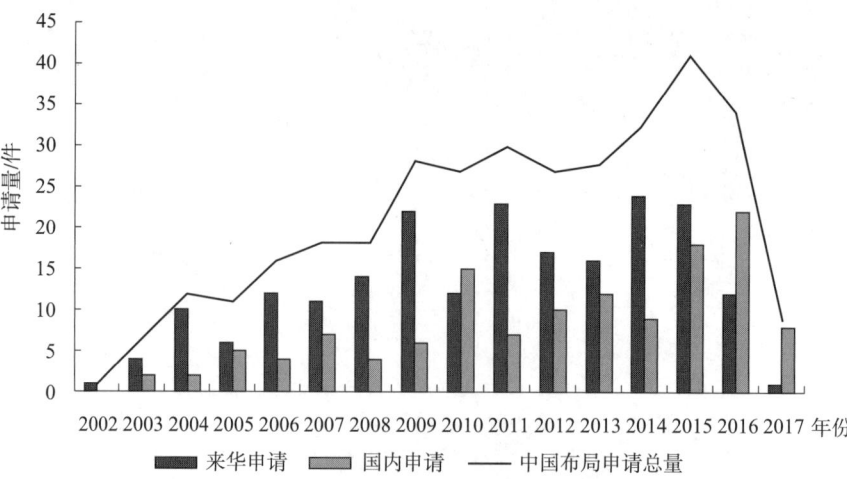

图4-1-8　燃料电池动力控制中国专利申请趋势

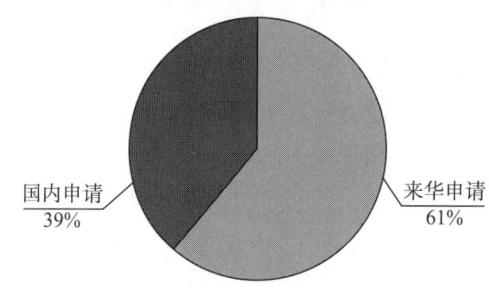

图4-1-9　高压气态储氢中国专利国内、来华申请占比

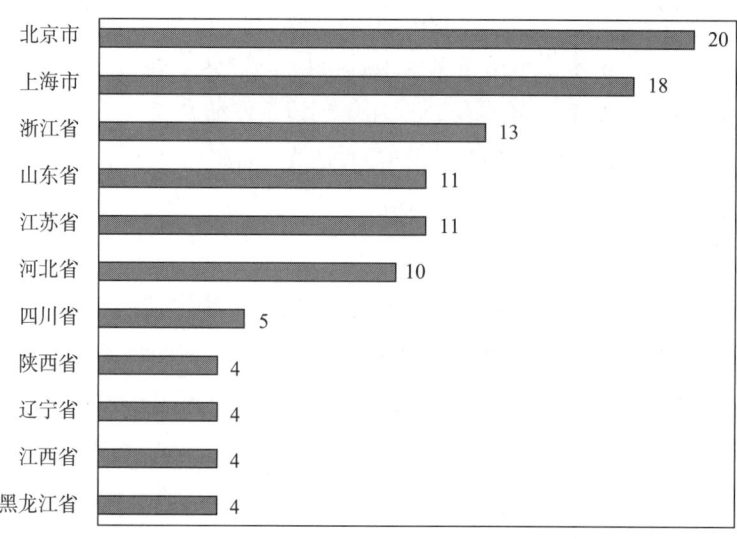

图4-1-10　高压气态储氢中国专利申请国内主要申请区域

图 4-1-11 展现了世界主要国家在华专利布局情况，从图中可以看出，日本以 53% 的占比享有绝对的优势，而占比为 28% 的美国排名第二，这也反映了日本和美国作为技术强国以及汽车制造大国，其在高压气态储氢技术的投入以及在华专利布局已处于优势地位。

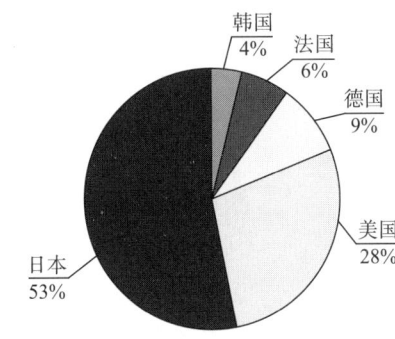

图 4-1-11　高压气态储氢中国专利申请来华主要申请区域

（3）高压气态储氢中国技术创新主体

图 4-1-12 示出了高压气态储氢国内申请排名前十的申请人，从图中可以看出，排名第一的为浙江大学，说明国内该技术主要处于理论研究阶段，应用层面还有所欠缺。

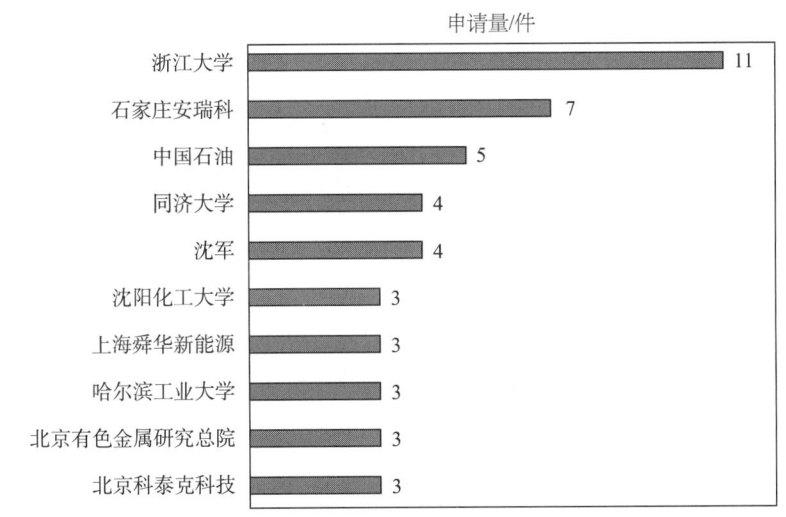

图 4-1-12　高压气态储氢中国专利申请量排名前十的国内申请人

图 4-1-13 示出了高压气态储氢来华申请排名前十的申请人，从图中可以看出，排名第一的丰田在华申请量较其他来华申请人有绝对的优势，排名第二的通用申请量也相对较多，以此也反映了日本和美国汽车制造企业对高压气态储氢技术的重视以及对在中国专利布局的重视，当然，与其对氢燃料汽车技术的重视有很大关系。

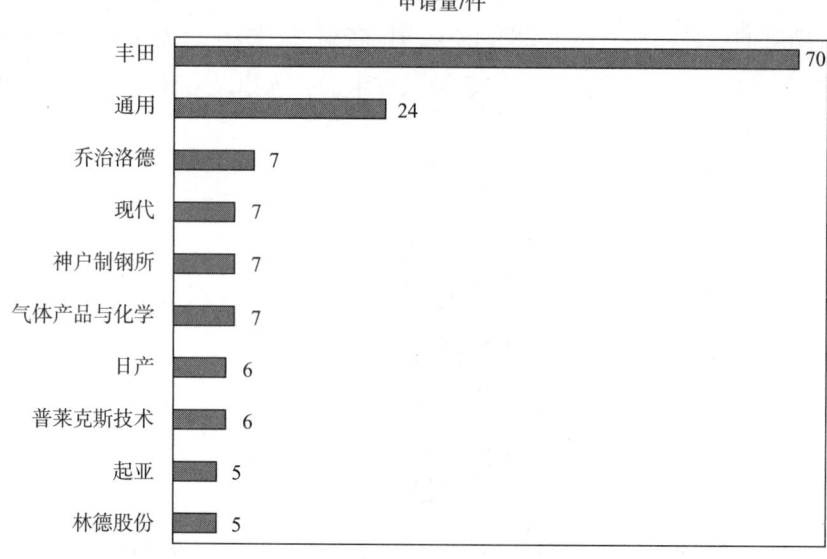

申请量/件

图4-1-13　高压气态储氢中国专利申请量排名前十的来华申请人

### （二）丰田公司储氢技术专利分析

由储氢技术重要申请人分析可知，丰田在储氢领域占有重要地位，本节对丰田公司的储氢方式及储氢技术进行专利统计和分析。

1. 丰田公司储氢方式技术分析

对丰田公司专利中所采用的储氢方式进行统计，其结果如图4-2-1。从图4-2-1可以看出该公司在高压储氢、合金储氢、固体吸附和液态储氢方面均存在相关专利申请。对于合金储氢，其专利技术最早产生于1992年，从1998年逐步开始增长，并在2003年到最高水平，达到16项/年，随后开始并逐步回落，从2010年开始基本不再产生相关的专利申请；对于高压储氢，其专利最早产生于1991年，从2000年开始逐步增长，到2010年达到32件/年，随后开始小幅回落；固体吸附储氢从1999年开始产生相关专利申请，从1999年到2001年出现小幅增长，随后处于一个较为稳定的水平，2011年后未再产生相关专利申请；液态储氢相关专利出现在2004年到2006年。从上述分析可知看出，丰田公司的储氢技术主要集中在和合金储氢和高压储氢技术，合金储氢技术处于衰亡期，而高压储氢技术正处于成熟期。

相关专利的发展趋势与该公司推出的燃料汽车的储氢技术基本一致：该公司于1992年推出第一款燃料电池车，1997年推出第二代燃料电池车、2001年推出第三代和第四代燃料电池车、随后在时隔13年之后的2014年推出第五代燃料电池车，其中第一代燃料电池车和第二代燃料电池车采用合金储氢方式，第三代燃料电池采用甲烷重整制氢技术，第四代和第五代使用的为高压储氢技术，根据公开资料可知该公司第一代燃料电池车的储氢量为2%，第五代燃料电池车的储氢量为5.7%[5]。也就是说，该公司将燃料电池车

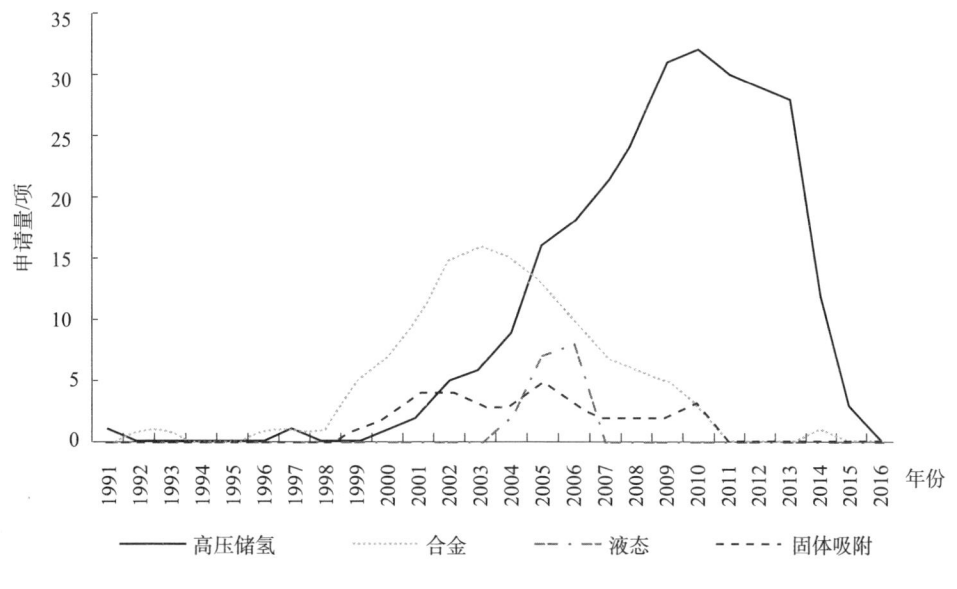

图 4 - 2 - 1　丰田公司储氢方式分析

的储氢技术由合金储氢逐渐发展为高压储氢技术。

作为储氢技术，高压储氢技术具有成本低，放气速度快，常温下可以进行，但需要解决耐压容器、安全性差的技术问题；技术合金储氢安全性和稳定性高，但需要解决储氢性能差的问题。从丰田公司的储氢技术发展路线可以看出，高压储氢的储氢量可以达到金属合金储氢的三倍左右，如果能解决耐压容器的问题，高压储氢目前仍是一种高效的储氢方式。

2. 丰田公司高压储氢技术分支整体分析

针对丰田公司的高压储氢技术进行检索和分析，统计结果见表 4 - 2 - 1。

表 4 - 2 - 1　丰田公司高压储加氢相关专利分布情况

| 一级技术分支 | 二级技术分支 | 三级技术分支 | 四级技术分支 |
|---|---|---|---|
| 高压储加氢技术<br>（679 件） | 加氢技术（130 件） | 温度控制（32 件） | |
| | | 加氢控制（73 件） | |
| | | 设备监控（11 件） | |
| | | 电源供给（10 件） | |
| | | 其他（5 件） | |
| | 储罐技术（285 件） | 多层结构（109 件） | 衬层技术（22 件） |
| | | | 复合层技术（73 件） |
| | | | 其他（14 件） |

| 一级技术分支 | 二级技术分支 | 三级技术分支 | 四级技术分支 |
|---|---|---|---|
| | | 制备工艺（155件） | 缠绕方法（51件） |
| | | | 固化加热（29件） |
| | | | 气泡控制（26件） |
| | | | 衬层保护（18件） |
| | | | 其他（11件） |
| | | 其他（11件） | |
| | 辅助系统（78件） | 罐体监控（32件） | 余量（15件） |
| | | | 压力（4件） |
| | | | 冲击显示（7件） |
| | | | 泄露（6件） |
| | | 检测技术（18件） | 传感器（4件） |
| | | | 罐体（14件） |
| | | 其他（4件） | |
| | 加氢口技术（87件） | 密封件（51件） | |
| | | 接口设计（32件） | |
| | | 连接管（3件） | |
| | 安全保护（27件） | | |
| | 阀组件（72件） | | |

从表 4－2－1 可以看出，该公司的储加氢技术主要包括加氢技术、储罐技术、辅助系统、加氢等 6 个二级技术分支，温度控制技术、条件控制技术等 16 个三级技术分支，衬层技术等 26 个四级技术分支。

丰田公司于 2014 年推出名为 Mirai 的第五代燃料电池汽车，该车型采用高压储氢技术，并在储气罐、加氢技术和安全保护设备方面取得了重大突破。尤其值得注意的是，该燃料电池车位于车身后部的两个储气罐容积分别为 60L 和 62.4L，最大可存储 5 公斤氢燃料，储气压力可达到 70MPa，碳纤维＋凯夫拉复合材质的储气罐甚至可以抵挡轻型枪械的攻击；加满两个储气罐的时间在 3～5 分钟，相对加油虽然略慢一些但相比需要充电的新能源车却大为加快，根据丰田公司的大量实际测试，Mirai 加满一次氢气的续航里程在 550km；采用止逆易融阀，保证了碰撞和火灾情况下氢气在 2 分钟内全部排出，而不会产生爆炸事故（见图 4－2－2 和图 4－2－3）。

因此，结合丰田公司第五代燃料电池车的特点，本项目以加氢技术、储气罐和安全保护装置为主要研究对象，对丰田公司的相关技术进行分析。

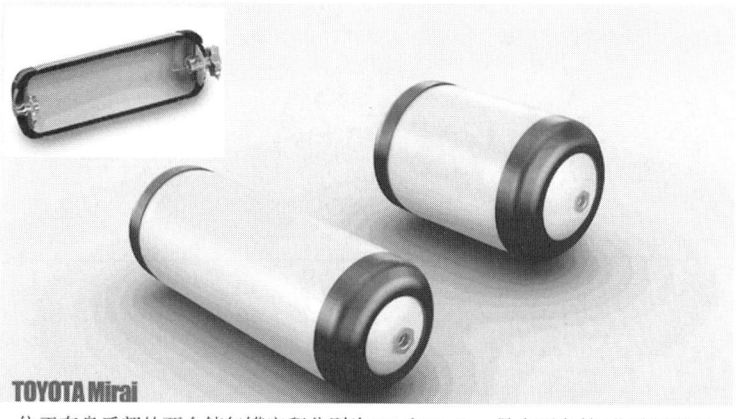

位于车身后部的两个储气罐容积分别为60L和62.4L，最大可存储5公斤氢燃料，储气压力可达70兆帕。碳纤维+凯夫拉复合材质的储气罐甚至可以抵挡轻型枪械的攻击。

**图4-2-2　丰田公司高压气罐**

加满两个储气罐的时间在3~5分钟，相较加油虽然略慢一些，但相比需要充电的新能源车可快多了；根据丰田的大量实际测试，Mirai加满一次氢气的续航里程在550km左右。

**图4-2-3　丰田公司快速加氢技术**

3. 丰田公司高压加氢技术分析

对加氢技术涉及的130项专利进行统计，统计结果见图4-2-4。

从图4-2-4可以看出，加氢技术主要包括加氢过程控制、温度控制、设备监控、电源供给等7个方面，其中最多的为加氢过程控制，共计73项，其次为温度控制技术，31项。

重点对加氢过程控制和温度控制技术等进行分析，其主要专利技术如图4-2-5所示：

由图4-2-5可以看出，温控技术包括管路冷却、采用多个加氢罐或多个压力不同

181

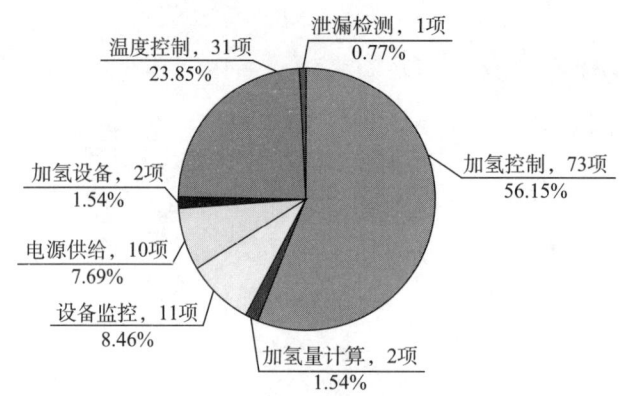

**图 4 - 2 - 4　加氢技术分布分析情况**

的加氢罐、对阀门开度进行控制以及采用流体进行冷却，相关技术的发展主要集中于2003～2005 年以及 2009 年，丰田公司在相关领域进行了大量的专利布局。

对于加氢速度和加氢终点的识别，主要包括两个方向，一个是单罐加氢控制，一个是多罐加氢控制。对于单罐，其发展路线为最初主要是利用管路或储氢罐的温度或压力进行控制，随后为罐体的散热性能或负荷，最后是利用动态的温度和压力变化，以达到准确地进行填充速度和填充终点控制；同时，对涉及的可能影响数据准确性的因素例如压力传感器的损伤判断，温度传感器的损伤判断以及传感器的设置位置进行优化。对于多罐，主要在于加氢终点的识别，以避免散热性能差的气罐发生过充现象。

4. 丰田公司储氢罐技术分析

丰田公司第四代原料电池车和第五代原料电池车的推出相隔 10 年，其主要区别就在于储氢技术由合金变为高压储氢，而高压储氢技术的产生，就在于碳纤维＋凯夫拉复合材质的罐体技术。因此，对该公司的罐体技术进行分析，由统计结果可知，储氢罐主要可以分为三个技术分支，罐体多层材料、多层结构制备工艺和罐体设计，各技术分支专利的分布情况见图 4 - 2 - 6。

从图中可以看出，制备工艺相关专利产生最多，其次为多层结构，关于罐体结构设计的专利相对最少。对制备工艺和多层结构专利作进一步分析。

（1）制备工艺分析

对制备工艺相关专利进行统计分析，统计结果见图 4 - 2 - 7。

①多层结构的制备，主要涉及复合层的缠绕工艺和缠绕过程中条件控制，缠绕工艺需要实现两个目标：复合层之间或复合层与衬层之间的良好接触、复合层的强度。

对于复合层之间、复合层与衬层之间的良好接触，主要包括在衬层设置磁性物质以便于缠绕过程中的定位，保持内层的螺旋层是平滑螺旋层，缠第一层时内层为负压，卷绕过程中进行振动，缠绕之前对衬层进行冷却，卷绕过程中设置用于压紧的卷轴以及使

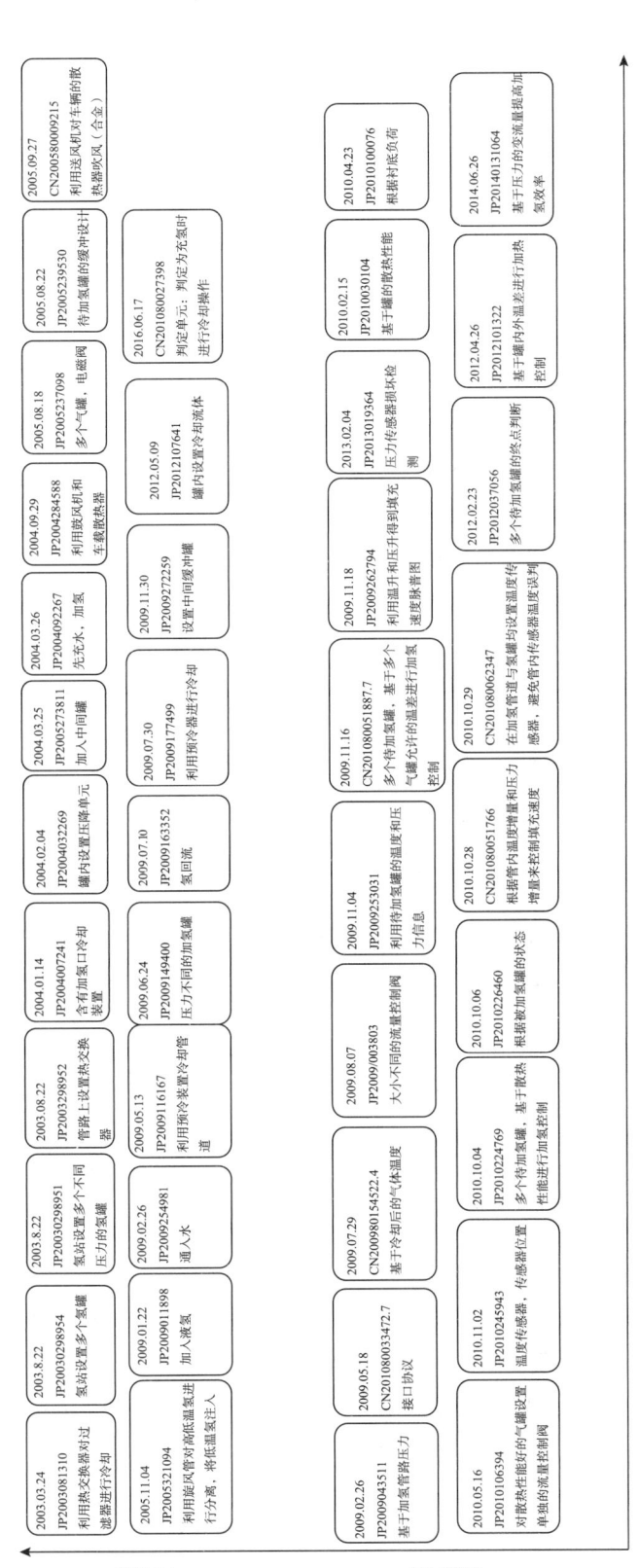

图4-2-5 丰田公司加氢技术发展路线

新能源电池

机器人

高档数控机床

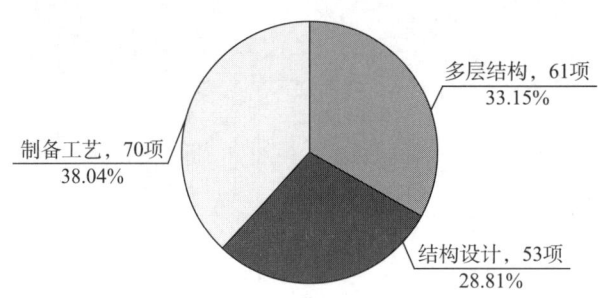

图4-2-6 罐体技术专利分布情况

用具有微小结构的模具。

对于复合层的强度，该公司现有开发了周向缠绕＋环向缠绕，使用面积较小的纤维束形成螺旋层、内层为螺旋层、外层为螺旋层和环状层，在片状纤维环形层表面设置螺旋层、通过环层缩小筒部与顶部夹角、内部螺旋＋中间环形＋外部螺旋来提高层状结构的耐压强度和减少材料的用量，以实现降低氢罐重量的目的。

②条件控制，由于一般情况下需要采用加热的方式进行树脂层的固化，而在固化过程中产生气泡会严重影响复合层的密封性能。因此，条件控制主要涉及固化方法的选择、固化过程中气泡的控制和固化过程中衬层的保护。

从图4-2-7可以看出，丰田公司气泡消除技术的技术路线为：采用机械手段和超声波去除气泡，通过缠绕张力控制去除气泡，通过消泡剂和树脂剂去除气泡，通过在缠绕后的树脂方面单独加入消泡剂去除气泡。

复合层的固化加热方式为紫外加热、诱导加热线圈加热、微波加热、激光加热，其中研究得最多的为诱导线圈加热，包括诱导加热线圈的缠绕方式、通过高频电流提高加热的均匀性以及诱导加热线圈设备等。

衬层保护方式包括激光焊接法、保护层设置法、温度控制法和加热炉焊接法，其中激光焊接法相关专利申请量最高。

加热过程中其他参数的控制主要包括通过激光或温度识别缠绕位置，以提高缠绕效率；通过加热条件控制施加的缠绕张力，以减少树脂的用量。

（2）多层结构分析

多层结构的主要专利及其发展路线如图4-2-8所示，由图4-2-8可知多层结构技术领域主要包括衬层结构、复合层结构、外层结构和相关连接关系，其中研究的最多的是复合层技术，其次为衬层技术，最后分别为应力控制技术和外层保护技术。

对于衬层，该公司使用的材料依次为聚苯硫醚和烯烃树脂、石蜡共聚物、改性聚苯硫醚、改性聚苯硫醚和改性聚酯树脂混合物、乙烯醇共聚物、聚酰胺树脂，七种材料的抗氢渗透性能依次增强，随后开始进行衬层多层结构的改变，以实现良好的抗渗性能和在必要的情况下具有一定的吸氢能力，以减少充氢过程中氢对储罐的冲击。也就是说，内

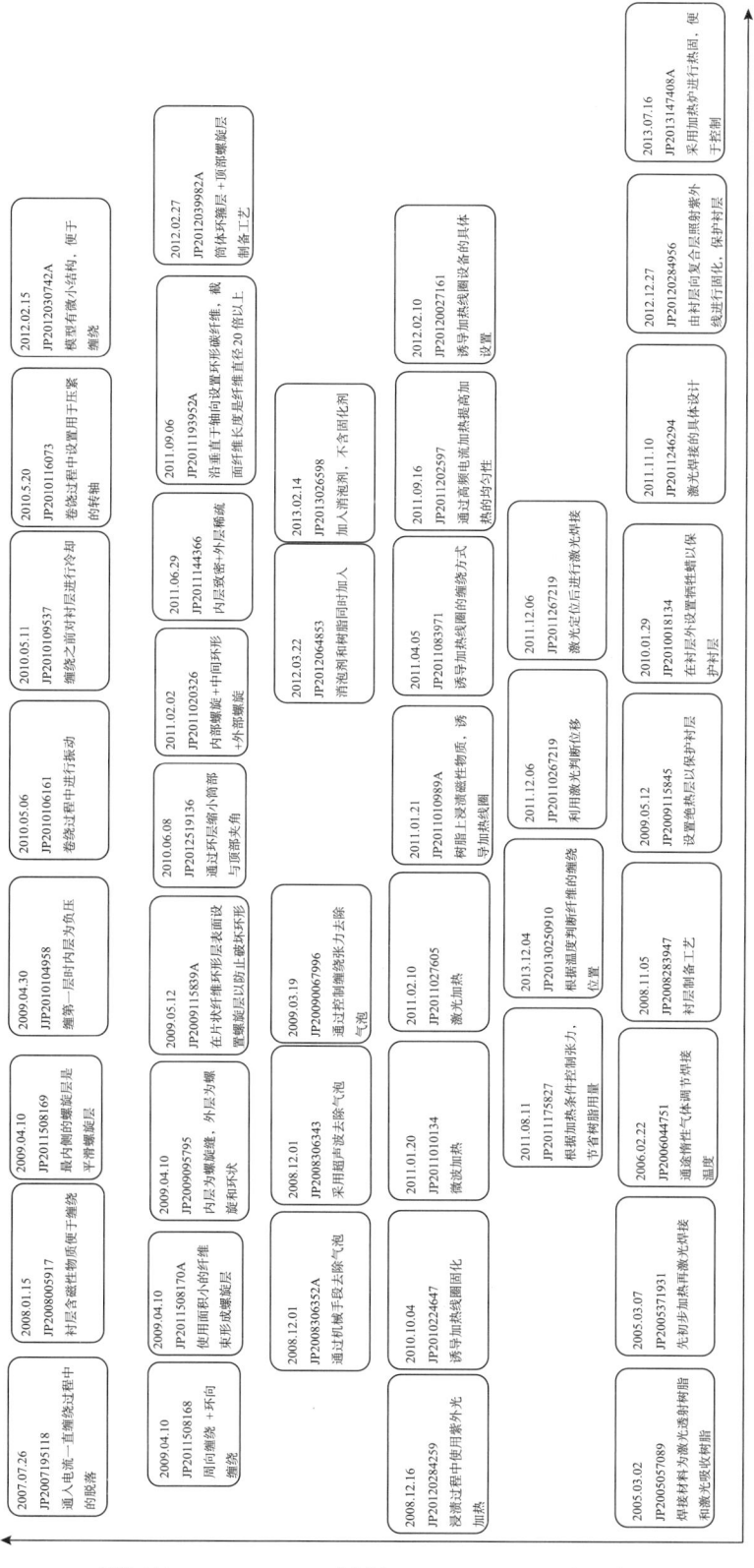

图 4-2-7 丰田公司储氢罐制备工艺技术分析

新能源电池

机器人

高档数控机床

185

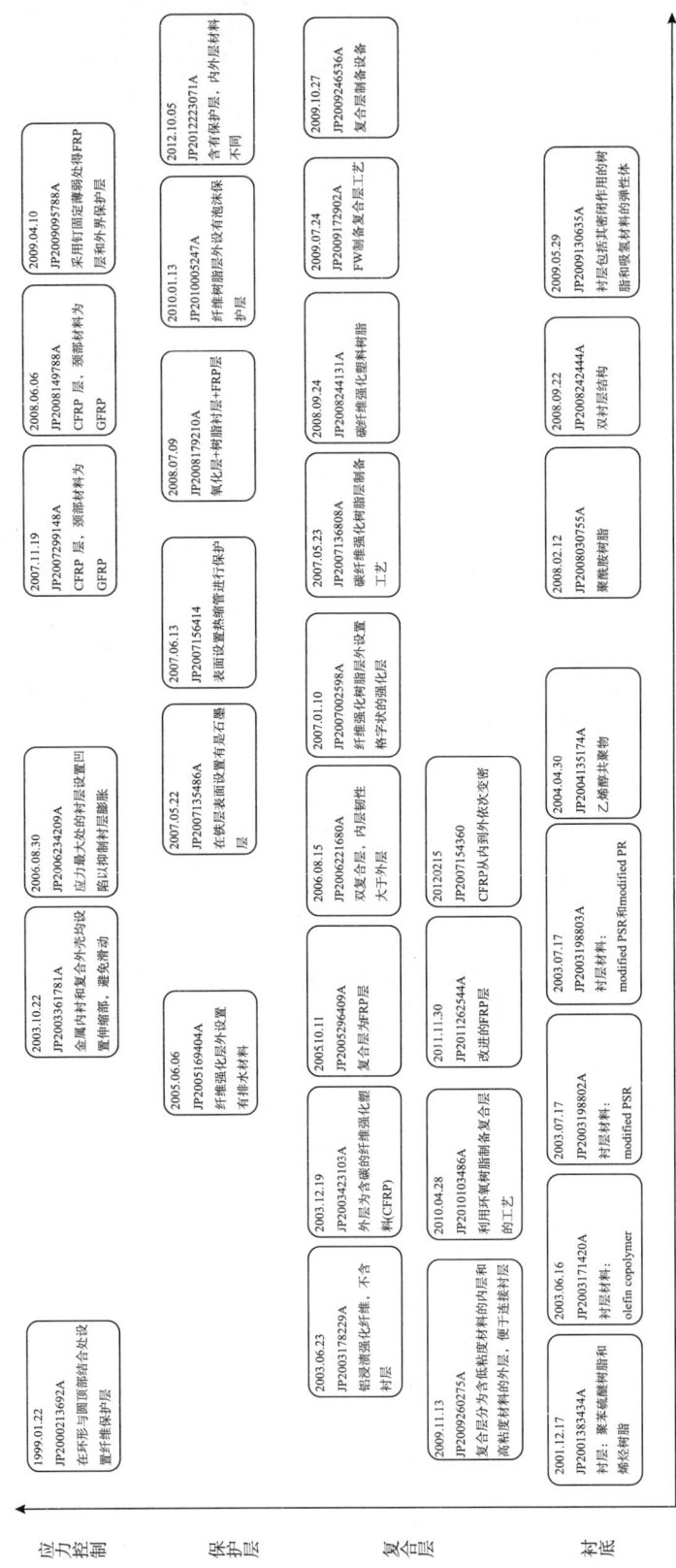

图 4－2－8　储氢罐多层结构专利技术分析

层为具有弹性的良好吸氢材料 + 强的抗渗透外层将是衬层发展的重要方向。

对于复合层，其发展的方向为提高材料的抗渗性能和降低储罐的质量，以在保证安全的情况下降低氢气/储罐质量比。该公司最早使用的是铝浸渍强化纤维，抗渗性能高，但是自重也高；随后开始采用轻量化的碳纤维强化树脂，并不断对材料的比例进行调整以减少树脂含量，在材料含量比研究较为成熟的情况下开展相关制备工艺的开发；同时，也从控制噪音的角度对材料的结构进行了研究，通过降低内层材料的黏度以减少充氢或放氢过程的摩擦。

除了衬层和复合层，保护层和应力控制也是保证氢罐抗渗能力的重要因素。对于保护层，在衬层内部形成氧化层以提高抗渗能力、在外层设置缓冲层结构以及将外层设置成防水层，或利用热缩工艺形成保护层是主要的手段。对于应力控制，由于氢罐制备过程中会形成薄壁部，同时加氢口会存在接口部位，因为该公司采用了在薄壁处增加垫层、罐体和颈部采用不同的材料、采用销钉在薄壁处固定垫层和复合外层的方式。

同时，从图 4 - 2 - 8 中可以看出，该公司从 2003 年开始每年均在产生复合层相关的专利，而应力控制、衬层技术从 2009 年开始就不再产生新的专利，保护外层和内层的相关专利一直有零星产出，但产出量一直较少。因此，轻量化的复合层的研发、复合层材料的制备仍是氢罐多层材料发展的重要方向。

5. 丰田公司氢罐安全保护装置

丰田公司通过安全保护装置实现了火灾或碰撞情况加氢的安全释放，从图 4 - 2 - 9 可以看出，从 2004 年到 2014 年，丰田公司在持续不断地进行安全紧急释放装置的研发，研发内容包括紧急情况的识别，紧急情况下氢的释放和释放过程中爆燃的避免。例如：

申请号为 JP2004131593 的日本专利申请公开了设置热传导部件以便于传递热量的方法，专利 JP2007136621 公开了采用铝作为传热构件的方法，专利 JP2014051561 公开了在传导构件上设置绝热层以提高传热效果，专利 JP2007200922 公开了等距离的设置多个温度传感器以提高测量的准确性的方法。

申请号为 JP2005056071 的日本专利申请公开了将填充管与排放管相连以实现紧急情况下气体的释放的方法；专利 JP2007155027 公开了采用加热单元熔化熔塞的方式释放气体的方法，专利 JP2007318653 公开了设置加热线圈熔化衬层以释放气体的方法；专利 JP2009158679 公开了将安全装置设置为手动或易熔塞两种操作方式的方法；专利 JP2009237101 公开了在周围设置温度传感器，同时设置熔化熔塞的加热单元的方法；专利 JP2010225641 公开了通过管路膨胀形成间隙排放气体的方法。

申请号为 JP2004033278 的日本专利申请公开了设有混合促进部、以将空气和氢进行混合的方法；专利 JP2004099853 公开了设置不同熔化时间熔塞、控制释放速度的方法；专利 JP2007215930 公开了设置沸点低于罐体熔点高于阀的熔点的介质以在熔塞熔化的情

**图4-2-9　丰田公司安全保护装置技术发展路线**

况下仍能保护装置的安全的方法；专利 JP2007339642 则采用方向控制系统对氢气的排出方向进行控制的方法；专利 JP4098578 公开了采用喷射方式避免回火，同时用容器自带的灭火装置防止燃烧的方法；专利 JP20130061485 公开了设置多个阀门，以逐级控制氢的对外释放的方法。

### （三）主要结论

**1. 国内和国外在高压气态储氢技术方面存在一定差距**

早在 20 世纪 70 年代国外已经出现高压气态储氢技术的专利申请，而在 2003 年之前国内几乎没有涉及高压气态储氢技术的专利申请，说明国外高压气态储氢技术的起步比国内早很多，这也源于国外在氢能源利用以及燃料电池汽车的技术积累的优势；另外，对比 2003 年到 2006 年国内外申请量可以看出，国外当时正处于积极进行专利布局的阶段，而国内刚开始进行该技术的专利申请，也说明国内外高压气态储氢技术发展的差距。无论是布局或是来源，日本、美国都位于前列。其中，日本的丰田公司在高压气态储氢领域不论在技术上还是在国内外专利布局上都具有绝对优势。

**2. 世界各国越来越关注在中国的专利布局**

从全球主要布局国家/地区申请趋势可以看出，2008 年以前，在中国的申请量没有在日本和美国多，但在中国的申请量也是快速增长，且在 2008 年以后，在中国的申请量与日本和美国持平。由此可见，随着中国对新能源政策上的支持，对高压气态储氢的需求持续增加，未来我国将是该行业全球争夺的主要场地之一。

3. 国内企业申请量不大，尚未形成垄断

全球申请量靠前的都是知名企业，日本占多数，中国没有靠前的企业，且中国申请中靠前的也主要是高校，其专利有效性较低。另外国内申请量中来华申请当前数量不多，说明尚没有形成垄断，此时是布局的好时机。

4. 对于丰田公司的专利，可以有效利用

在推出 Mirai 燃料汽车之前，丰田公司在加氢技术、储气罐技术、阀门组件、加氢口、安全保护装置以及相关辅助技术方面进行了大量研发，并就缠绕方法、加氢控制等在华进行了一系列的专利布局。高压储氢罐技术应当谨慎对待。对于丰田公司在华处于无效、驳回和撤回状态的专利申请，以及没有在华布局的专利技术，企业可加以利用。

# 五、低温液态储氢技术专利分析

本节以低温液态储氢技术为对象，对全球专利申请数据、国内专利申请数据的专利申请状况，从总量、变化趋势、布局区域与申请人分布等方面对该技术申请的特点进行分析，并重点分析了储氢罐体技术的路线及重要专利。

## （一）低温液态储氢技术概述

液态氢是一种能量密度很高的无色透明的低温液体燃料，沸点为 -252.7℃，冰点为 -259.1℃，密度为 0.07077g/cm³，是重要的高能火箭燃料。低温液态储氢需要将气态氢气降温到 20K 的低温，变为液态氢后存储在一个液体氢储存箱中[6]。相对于高压气态储氢来说，液氢的密度很高，但是由于必须装备冷却装置，其质量储氢密度受到限制，而且仅仅把气态氢冷却成为液态氢就要用掉所储存能量的 33%，另外为了维持低温还将消耗更多的能量，需要极好的保温绝热保护层以防止液氢蒸发或者沸腾，成本很高，而且液氢储存箱体积也较大，质量储氢密度不太高。目前液态储氢只在空间技术上应用较多，至于未来应用于燃料电池汽车上，还有很多工作要做。图 5-1 为一种液氢贮罐的结构示意图。液氢贮罐一般分为内外两层，内胆盛装温度为 20K 液氢，通过支承物置于外层壳体中心。支承物可由长长的玻璃纤维带制成，具有良好的绝热性能。夹层中间填充多层镀铝涤纶薄膜，减少热辐射。各层薄膜间放上填炭绝热纸，增加热阻，吸附低温下的残余气体。用真空泵抽去夹层内的空气，形成高真空便可避免气体对流漏热，液体注入管同气体排放管同轴，均采用导热率很小的材料制成，盘绕在夹层内，因此通过管道的漏热大大减小。贮罐内胆一般采用铝合金、不锈钢等材料制成，承压 1MPa ~ 2MPa，外壳一般采用低碳钢、不锈钢等材料，也可采用铝合金材料，减轻容器重量[7]。

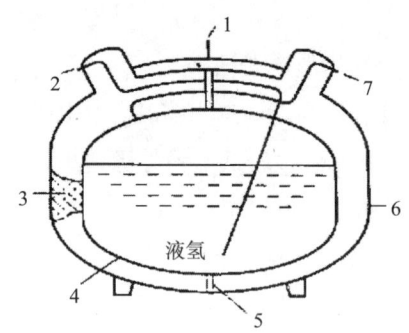

**图 5-1-1 一种液氢容器的结构示意图**

1. 引往发动机的出氢口；2. 充装液氢用的插口接管；3. 真空多层绝缘；4. 铝合金内壳；
5. 用强化环氧化树脂做成的内壳支撑；6. 铝合金外壳；7. 排放氢气用的接管口。

在氢能动力汽车中，相比与其他储氢方案，液氢方案除了具有存贮重量轻和体积小的优点外，还具有以下一些优点。

（1）安全

氢长期以来被认为是特别危险的燃料，人们担心汽车或飞机以氢为燃料时，会产生毁灭性大火。但是，事实上，氢燃烧时产生的热量比石油少，燃烧速度也大约是石油的10倍，只要通风良好，氢很快就会蒸发、消散。另外，由于氢比空气轻，氢向上燃烧，而石油燃料较重，会在事故现场附近燃烧较长的时间，因此由大量氢引发事故的情况实际上几乎没有。

（2）加注时间短

一个 120~150L 的液氢贮罐，加充时间大约为 5~10 分钟。先进的 BMW745i 氢动力车在一个全自动燃料加充站充装液氢，仅需 3 分钟。

（3）使用寿命长

液氢贮罐的寿命有几十年，而大部分蓄电池的寿命仅为几年。

（4）冷量可用于空调

液氢温度很低（-253℃），从液氢贮罐出来的低温氢气在换热器中与空调载冷剂换热，制冷剂再通入车厢。这样的空调系统简单、便宜，而且不影响车的性能，也不使用影响环境的氟利昂制冷剂。

目前，阻碍液氢动力车发展的主要问题是液氢贮存系统体积偏大、液氢蒸发损失偏高以及液氢成本高等。以下以宝马 7 系（Hydrogen7）氢内燃机车为例进行说明。

2010 年底，宝马汽车公司宣布将逐渐放弃其在氢内燃机发动机（采用低温液态氢）方面的研究，转而将注意力集中于燃料电池电动汽车的开发，因为这种储氢系统存在很多的问题。

燃料罐位于后座与尾厢之间，采用双层壁式结构，包括在 2mm 厚的不锈钢板以及内罐和外罐之间 30mm 厚的真空超隔热层。这种结构极大地降低了热量传递，中间层可提供相当于约 17m 厚的 styropor（一种聚苯乙烯）的隔热效果。此外，内罐和外罐之间的连接部件采用碳纤维夹层，极大地避免了热量传递。宝马表示，这种隔热技术的效果是在实际应用中前所未有的，举个简单的例子，如果往这种燃料罐中加入煮沸的咖啡，可以保温 80 天以上，然后才会降到适宜饮用的温度。如此高效的隔热作用可使在 3~5bar 压力作用下的液态氢长时间保持在约 -250℃ 的恒定温度。即使是微量蒸发的氢气，也会经由蒸发管理系统，以合理的压力并进行净化后才排出。

由于燃料罐中的温度如此低，从燃料罐中汽化的气态氢必须利用来自发动机冷却系统管路的，为此而提供的热量进行预热，然后才能进入燃料混合过程之中。所以，除了从储气罐到发动机的氢气管道外，增加了一部分附加的发动机冷却回路。冷却液流过一个氢气-冷却液热交换器，将氢加热到大气温度。大部分氢气进入发动机，小部分氢气流回到液氢储存系统，将它的热量传给液氢后又重新回到流入发动机的氢气主流中。这样能防止行驶过程中因液氢蒸发引起的压力降低。

存在的问题：

①储存的是 -253℃ 的液氢，这一压缩过程要消耗所载能量的 1/3，而且储存的液氢也不稳定，可能只需三个星期就会蒸发一空。

②需要在后行李箱位置安装一个氢存储罐，重量达到 250kg，这使 Hydrogen7 留给车主的行李空间只有原来的 1/3。

③需要种种措施防止氢气泄漏带来的危险导致车辆的成本难以控制，并且使用者还由此面临种种随之而来的麻烦，比如购买氢动力车之后，不能把它停在密封的车库或地下停车场里，除非车库专门改善通风条件或装上氢气探测器。

**（二）低温液态储氢全球专利分析**

至检索截止日，检索到世界范围内涉及低温液态储氢专利申请共 211 项，申请人 50 个以上，由于专利公开等原因，近两年，尤其 2017 年的数据并不完整，因此数据会有所减少。

1. 低温液态储氢全球技术创新动态

图 5-2-1 给出了低温液态储氢在全球专利申请趋势，从图中可以看出，低温液态储氢在全球的申请量处于逐渐增长的态势，体现了低温液态储氢技术的发展态势。从图中分析可知分为以下阶段：①萌芽期（1990 年以前）低温液态储氢技术刚刚起步，每年申请量较少，增长缓慢；②第一发展期（1990~2000 年）随着低温液态储氢技术的逐渐成熟，申请量也呈逐渐增长的趋势；③第二发展期（2000 年至今），申请量快速提升，一方面说明中国专利的迅速增长为全球专利的增长提供了助力，另一方面也说明低温液态储氢市场的不断发展和技术的不断成熟，越来越多的申请人开始重视该技术的研发，

随着申请人的增加，该领域的申请量也迅速增加。

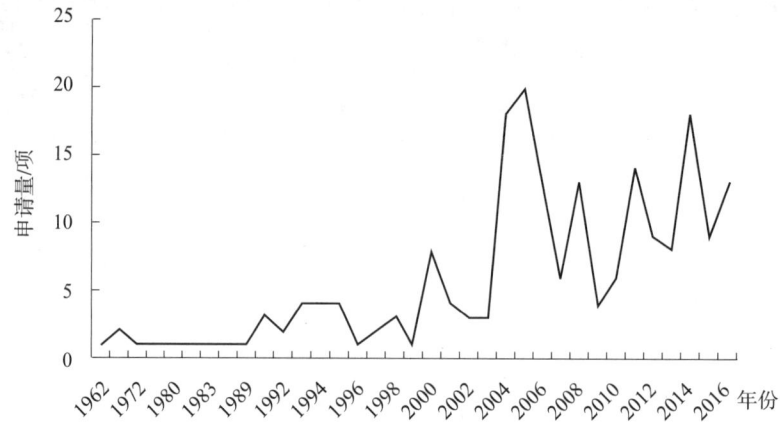

**图 5－2－1　低温液态储氢全球专利申请趋势**

2. 低温液态储氢全球技术创新区域

图 5－2－2 给出了低温液态储氢专利主要来源区域，从图中可以看出：日本、美国、德国、欧洲、中国排名前五，占比接近总申请量的约 70%，其中以日本申请量最多，但美国、德国、欧洲、中国差距不大，以上国家/地区都是在该领域技术实力较为强劲或者市场较大的区域。另外，国际 PCT 申请量占比也较高，约为 10%，可见各国对该技术的重视程度较高。

图 5－2－3 给出了低温液态储氢专利主要来源区域，从图中可以看出：日本、德国、美国、中国排名前四位，占比接近总申请量的 80% 以上，可以看出上述国家对于低温液态储氢技术较为重视。

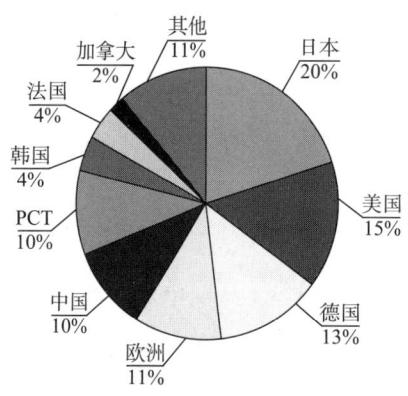

**图 5－2－2　低温液态储氢全球**
**主要布局国家/地区分布**

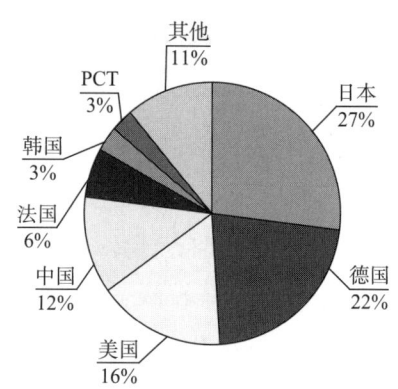

**图 5－2－3　低温液态储氢全球**
**主要技术来源国/地区分布**

图 5－2－4 给出了低温液态储氢专利主要来源国申请趋势，从图可知，日本一直以来为全球低温液态储氢专利申请的第一来源大国，说明日本在低温液态储氢领域技术优

势明显，倾向于输出布局抢占市场。另外，可以看出在 2002 年以前，中国的申请较少；2002 年以后，国内的申请才开始快速增长。这说明，一方面，我国创新主体对知识产权的关注度增强，创新能力持续提高；另一方面，我国从 2002 年以后对低温液态储氢技术方面的研究强度加大。

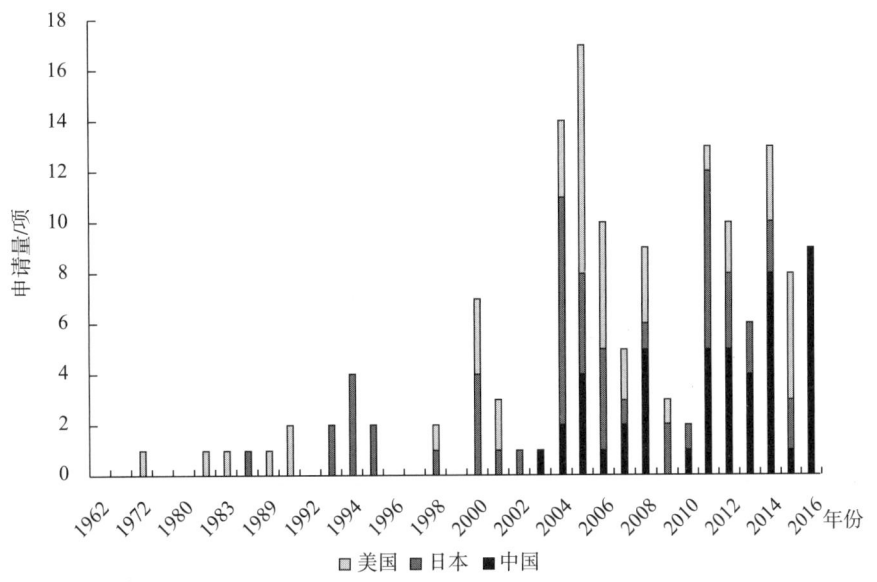

图 5 - 2 - 4　低温液态储氢全球主要技术来源国专利申请量趋势

3. 低温液态储氢全球技术创新重点

图 5 - 2 - 5 给出了低温液态储氢专利各分支全球申请量占比，从图中可以看出：涉及罐体的占比约为 40%，其次为隔热、充放氢/控制相关的改进。

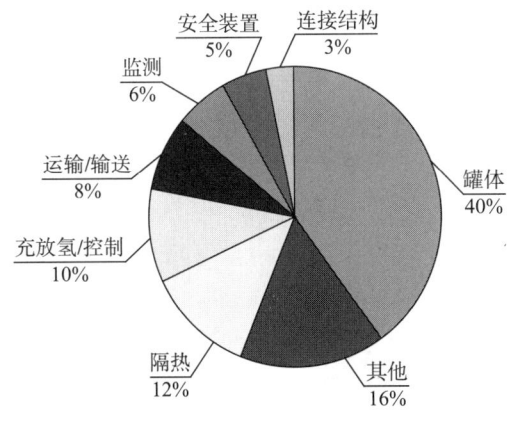

图 5 - 2 - 5　低温液态储氢全球专利申请各技术分支分布

根据图 5 - 2 - 6 可以看出：以上各技术分支在 2000 年以前均增长缓慢，2000 年后逐渐增长，1998 年以后实现飞跃式增长，这与图 5 - 2 - 1 低温液态储氢全球专利申请量趋势一致。罐体、隔热相关技术从 20 世纪 60 年代开始出现申请，但增长缓慢，直到 2000 年后才出现明显的增长，这与液氢早期应用于航天相关领域，然后才逐渐涉及民用领域得到广泛应用一致。

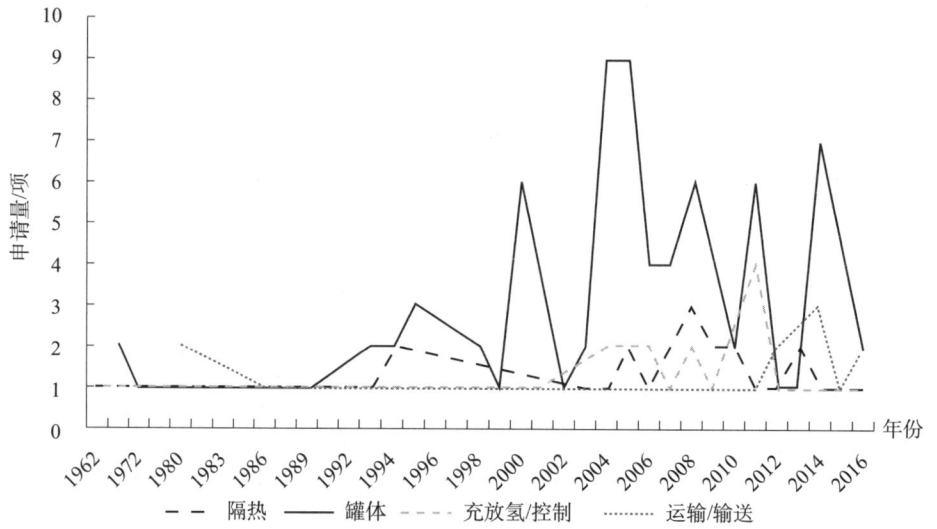

**图 5 - 2 - 6　低温液态储氢全球专利申请热点技术分支专利申请趋势**

图 5 - 2 - 7 给出了低温液态储氢热点分支专利主要国家布局，从图中可以看出：对于罐体和隔热技术，日本申请量最多。其次是美国、德国。上述国家属于航空航天技术强国，并且液态储氢技术民用的主要一个方向是汽车，而上述国家也是汽车制造强国。

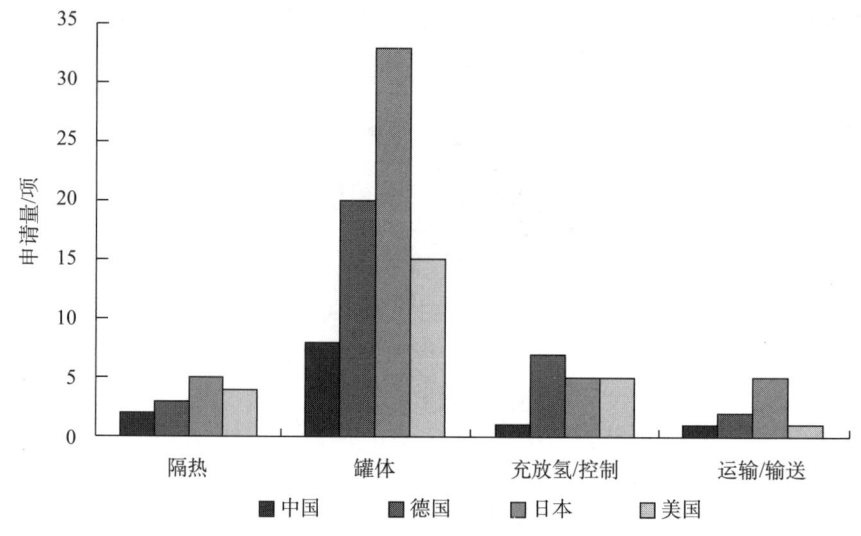

**图 5 - 2 - 7　低温液态储氢全球专利申请主要布局国家热点技术分支布局情况**

## 4. 低温液态储氢全球技术创新主体

图 5 - 2 - 8 给出了低温液态储氢全球专利申请量排名靠前的重要申请人，从图中可以看出，重要申请人主要涉及航空和汽车制造业，中国仅有一家，主要涉及航空航天相关的研究。

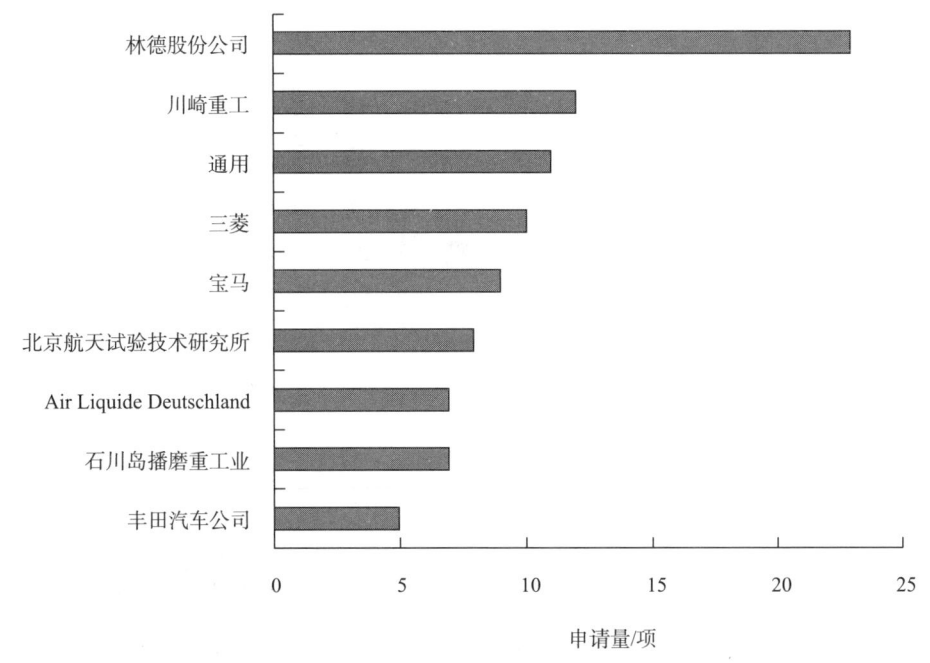

图 5 - 2 - 8　低温液态储氢全球专利重要申请人排名

### （三）低温液态储氢中国专利分析

至检索截止日，检索到中国范围内涉及低温液态储氢专利申请共 67 项，申请人 30 个以上，由于专利公开等原因，近两年，尤其 2017 年的数据并不完整，因此数据会有所减少。

#### 1. 低温液态储氢中国技术创新动态

图 5 - 3 - 1 示出了国内低温液态储氢专利申请趋势分析：低温液态储氢专利申请总体呈现上升趋势。但整体数量较少，可见该技术在国内并未得到广泛应用。2000 年之前，专利申请量较少，表明我国的低温液态储氢技术还处于初期发展阶段，技术研发不够平稳；从 2000 年开始，专利申请量明显增加，此后，专利申请增长率虽然有波动，但是基本维持在一个较高的增长水平。而国外来华申请一直趋于稳定。以上趋势表明，由于低温液态储氢技术主要应用于军事航空航天领域，属于国家秘密，因此，相关申请量较少，但随着其向民用领域推广，以及知识产权保护意识的提高，其相关的专利申请也逐渐增加。

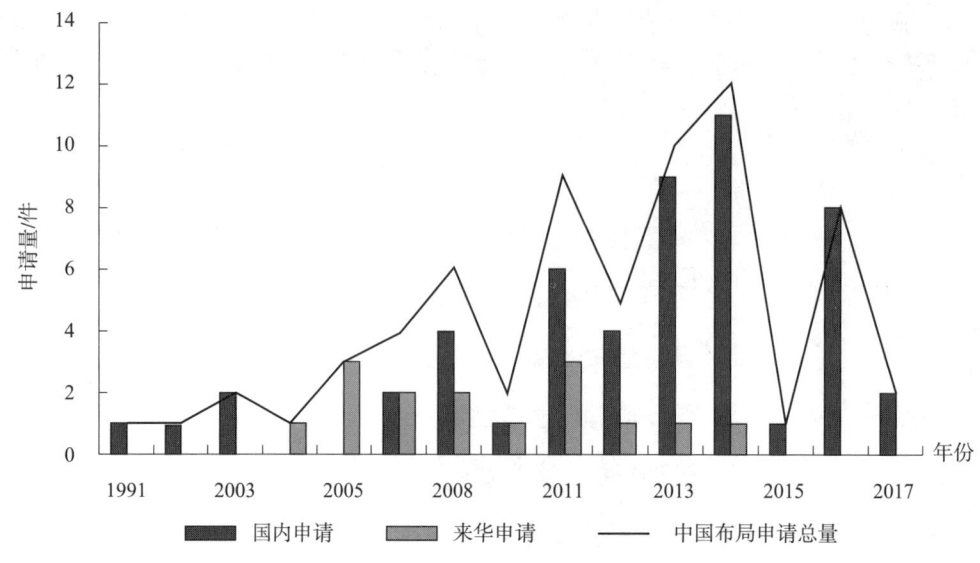

**图 5 - 3 - 1　低温液态储氢中国专利申请趋势**

2. 低温液态储氢中国技术创新区域

图 5 - 3 - 2 中示出了低温液态储氢中国专
利国内、来华申请占比，从图中可以看出，国
内申请量远大于来华申请量。一方面，由于该
技术主要应用于军事航空航天领域，国外禁止
向中国出口相关技术；另一方面，随着国内创
新主体近年来在低温液态储氢领域作了大量的
研究，以及该领域逐渐应用于民用领域，并且
国内创新主体知识产权意识逐渐增强，开始进
行专利布局。

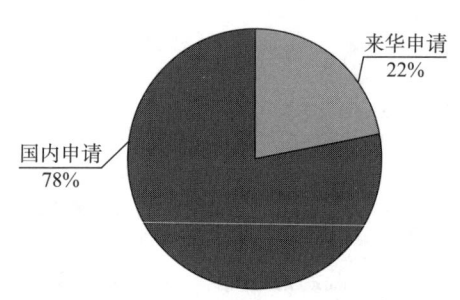

**图 5 - 3 - 2　低温液态储氢中国专利**
**国内、来华申请占比**

图 5 - 3 - 3 展现了世界主要国家在华专利布局情况，作为航空航天、汽车技术强国，
日本、德国的占比较高，美国和法国其次，并且上述专利申请多为 PCT 国际申请，反映
出技术强国已经开始重视在华市场并开始专利布局。

3. 低温液态储氢中国技术创新重点

图 5 - 3 - 4 示出了低温液态储氢中国专利申请各技术分支占比情况，其中罐体占比
最大，为 43%。可见该技术是当前低温液态储氢技术的研究热点。隔热技术占比较少，
而隔热技术作为低温液态储氢技术的关键技术，为防止其形成技术壁垒，也应该加强对
该技术分支的关注与研究。

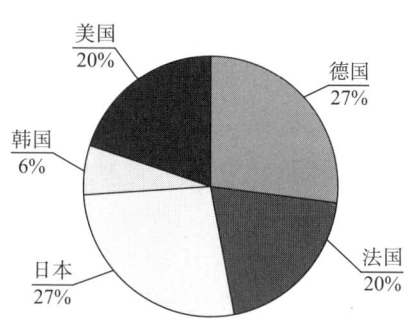

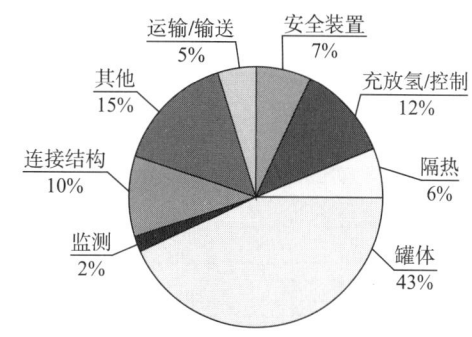

图 5-3-3　低温液态储氢中国专利
申请来华主要申请区域

图 5-3-4　低温液态储氢中国专利
申请各技术分支分布

　　图 5-3-5 示出了低温液态储氢中的各个分支在中国布局的申请情况，其中，对于罐体相关专利技术，中国国内研究较多，但对于液态储氢技术中安全具有重要作用的监测技术，国内处于短板，需要加强该技术的研究和专利布局。

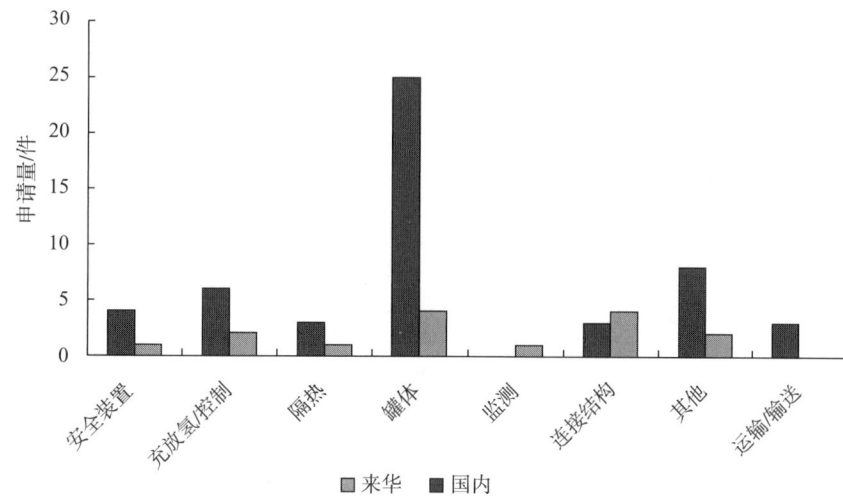

图 5-3-5　低温液态储氢中国专利申请各技术分支国内、来华申请量分布

　　图 5-3-6 示出了低温液态储氢中国专利申请各技术分支专利申请趋势，总体来看，除罐体外，其他分支申请量增长较缓慢。而罐体作为低温液态储氢技术的核心技术，申请量较多，说明越来越多的申请人对这一分支进行关注，虽然基数不大但快速的增长表明这一分支正处于成长期，现在属于进行布局的好时机。

　　4. 低温液态储氢中国技术创新主体

　　图 5-3-7 示出低温液态储氢国内申请人排名，排名靠前的多为研究所和高校，说明技术研究转移到应用层面还有所欠缺，其次为国外公司，可见国外在该技术方面的应用相比于国内更加成熟，但是国外公司申请量不多，说明国内市场，特别是低温液态储

新能源电池

机器人

高档数控机床

氢民用市场（如汽车），还不成熟。这也是国内企业的机遇。

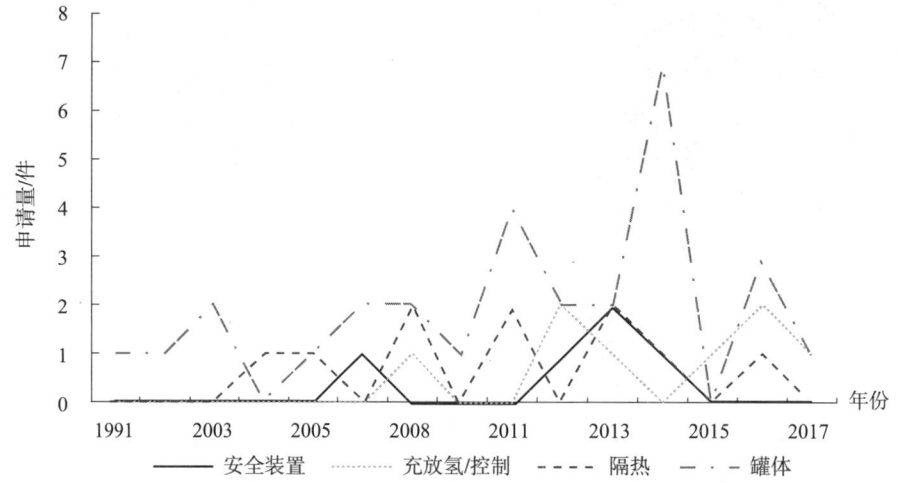

图5-3-6　低温液态储氢中国专利申请主要技术分支专利申请趋势

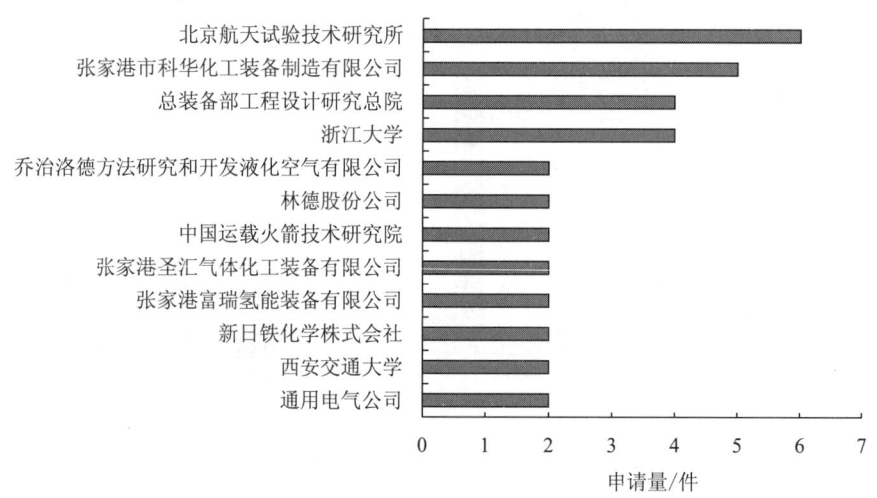

图5-3-7　低温液态储氢中国专利申请量排名

**（四）低温液态储氢罐体技术路线及核心专利**

根据以上对低温液态储氢各技术分支的专利情况分析发现，罐体是当前研究的重点也是热点技术，且相对较成熟，本节主要针对低温液态储氢罐体，进一步分析其技术分支和路线发展情况。

1. 罐体技术功效分析

在罐体技术中，根据其改进主要可分为针对罐体结构、内外壳连接结构、罐体材料、制造方法等方面的改进，而相应的目的和取得的技术效果主要在于降低热损耗、提高安全性、提高强度、降低成本、轻量化等。

图 5 - 4 - 1 示出了罐体技术中的不同技术手段以及相应的技术效果专利分布情况。由图中可以看出，在罐体技术中，不断面临且持续追求的是对降低热损耗和轻量化，而为了达到上述目的，主要是对罐体结构、材料以及内外壳之间的连接结构进行改进。

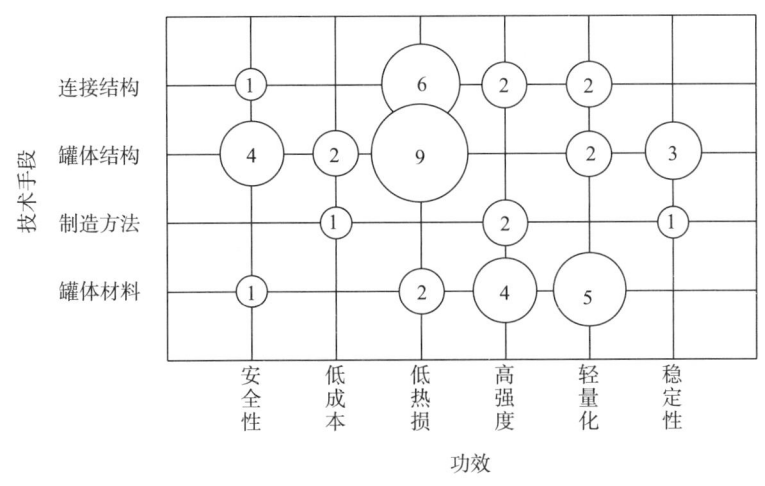

**图 5 - 4 - 1　罐体技术功效分布图**

注：图中数字代表申请量，单位为项。

### 2. 罐体技术路线分析

如图 5 - 4 - 2 所示，在罐体结构方面，主要由内容器和外壳套合构成，其改进主要涉及加排管、排气管、外接气源管从内容器后封头上引出，蒸发器管，上下液位计管从内容器筒体上引出等结构，主要达到降低热损耗提高稳定性。在连接方面，主要改进在于材料，以提高罐体的安全性，实现轻量化。在连接结构方面，主要涉及两个方面的改进，一个是连接结构的形式，如支撑式，悬挂式等，另一个则是连接材料的选取，如金属、玻璃钢等非金属，从而达到绝热以及稳定性。在制造方法方面，主要以降低成本提高稳定性为目的。从图的整体分布来看，如何降低热损一直是本领域的热点，也是主要发展方向。

### （五）主要结论

### 1. 低温液态储氢技术处于发展的上升期

低温液态储氢技术领域的专利申请量展现出逐渐增长的态势，表明低温液态储氢技术正处于蓬勃的发展期。自 2000 年开始，随着中国申请量的逐渐增多，全球低温液态储氢技术领域的专利申请量也快速增长。无论是布局或是来源，日本、美国、德国都位于前列。2000 年以前，在中国进行低温液态储氢专利申请的主要是来华申请，国内申请的较少；2002 年以后，国内的申请才开始快速增长。

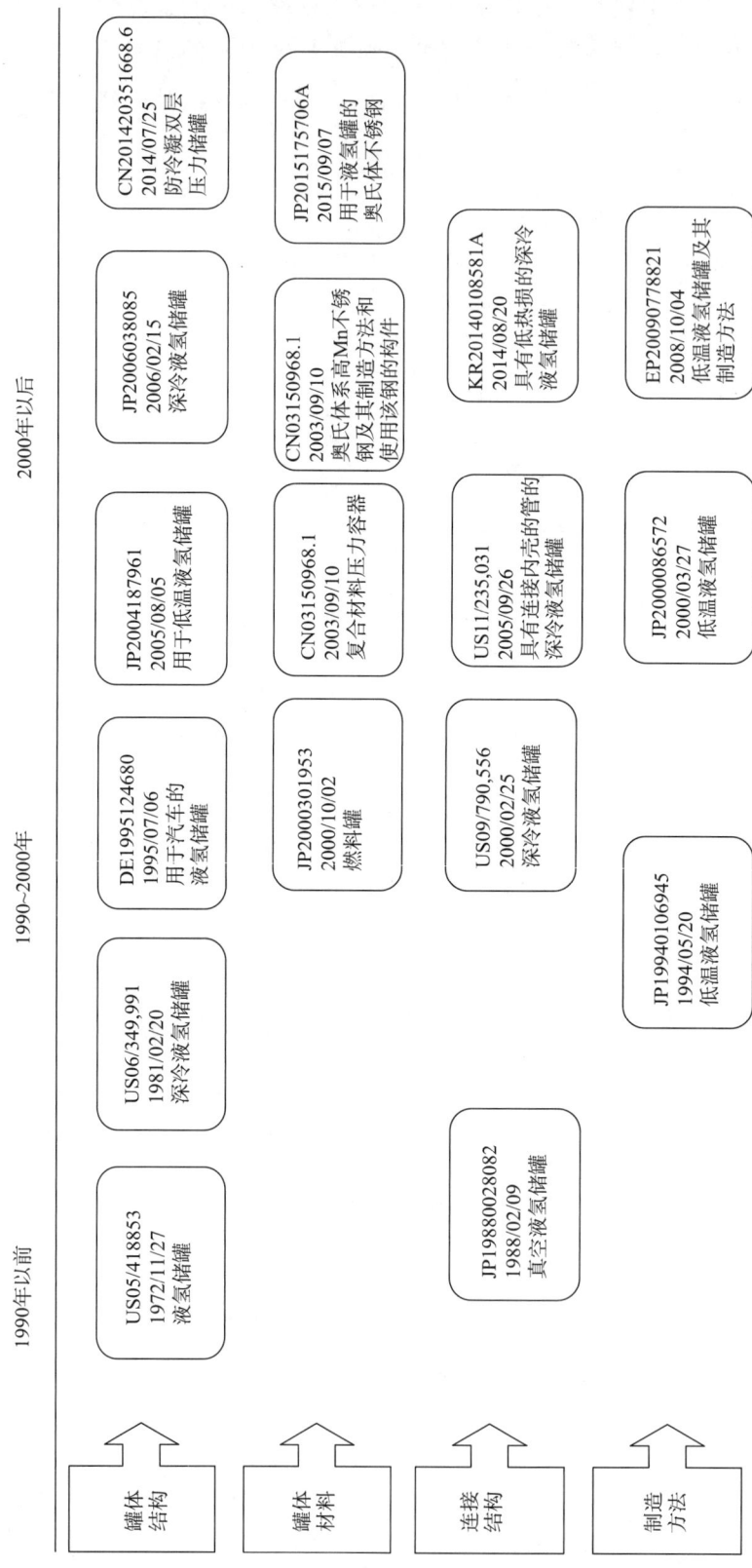

图 5 - 4 - 2 罐体技术发展路线

2. 罐体及隔热技术有巨大的发展潜力应当关注

目前低温液态储氢罐体和隔热技术占比最大，该技术的发展直接制约低温液态储氢技术的应用，特别是在氢能源汽车领域，日本、美国、德国的汽车巨头也加紧在以上两个分支中的专利布局，他们布局的重点也代表了该技术分支的前景与潜力，国内企业也应当予以关注。

3. 国内企业申请量不大，尚未形成垄断

全球申请量靠前的都是知名企业，日本占多数，中国没有靠前的企业，只有一些研究所和高校，但其专利有效性较低。而国内申请量中来华申请当前数量较少，说明尚没有形成垄断。

# 六、碳基吸附储氢技术专利分析

本节以碳基吸附储氢技术为对象，对全球专利申请数据、国内专利申请数据的专利申请状况，从总量、变化趋势、布局区域与申请人分布等方面对该技术申请的特点进行分析，并对目前较热门的碳纳米管储氢材料进行了全球专利申请数据以及技术发展路线分析。

## （一）碳基吸附储氢技术分析

碳基吸附储氢所使用的材料主要分为高比表面积活性炭和碳纳米材料（碳纳米管和碳纳米纤维）。C. Carpetis 和 W. Peschka 是首先提出氢气能够在低温条件下在活性炭中吸附储存的两位学者。他们在文献中第一次提出可以考虑将低温吸附剂运用到大型氢气储存中，并提出氢气在活性炭中吸附储存的体积密度能够达到液氢的体积密度。碳纳米材料具有独特的晶格排列结构，材料尺寸非常细小，具有较大的理论比表面积，被认为是一种很有前途的吸附储氢材料[8]。

碳纳米材料中，碳纳米管因为其具有较大的储氢容量而最引人注目，碳纳米管有多壁纳米碳管（MWNT）和单壁纳米碳管（SWNT）之分，SWNT 和 MWNT 的共同特点是由单层或多层的石墨片卷曲而成，具有长径比很高的纳米级中空管。中空管内径由 0.7 纳米到几十纳米，特别是 SWNT 的内径一般 <2nm，而这个尺度是微孔和中孔的分界尺寸，这说明 SWNT 的中空管具有微孔性质，可以看作是一种微孔材料。理想 SWNT 的微观结构相当规整，与传统 MPC（微孔碳）所具有的狭缝型孔不同，SWNT 具有圆柱状的微孔。根据吸附势能理论，圆柱状比相同尺寸的狭缝型孔具有更大的吸附势能。碳纳米纤维表面具有分子级细孔，内部具有内径大约 10nm 的中空管，比表面积大，石墨层面垂直于纤维轴向或与轴向成一定角度的鲱鱼骨状特殊结构，大量氢气可以在纳米碳纤维中凝聚，从而可能具有超级储氢能力[9]。

### （二）碳基吸附储氢技术全球专利分析

截至 2017 年 10 月 31 日，在德温特世界专利索引数据库 WPI 中检索到涉及碳基吸附储氢技术的专利申请达 1131 项，其中，国内申请 422 项，国外申请 709 项。本小节在这一数据基础上从全球技术创新动态、创新区域以及主要创新主体等角度对碳基储氢技术的全球专利进行总体分析。

1. 碳基吸附储氢技术全球技术创新动态

图 6-2-1 显示了碳基吸附储氢技术全球专利申请总量以及国内申请与国外申请总量随年份变化的趋势。从图可以看出，1999 年之前，该技术的专利申请零星出现，说明此时，碳基吸附储氢技术还处于萌芽阶段，可能当时环境污染不严重，人类开发清洁能源的愿望还不够紧迫，因此相关的专利申请量展现出缓慢发展的趋势。1999 年至 2003 年，这一时期专利申请量进入快速增长期，在氢燃料电池逐步走向成熟并走向工业应用的大背景下，世界各国逐渐意识到氢能源应用的广阔前景，各国开始积极研发新技术，碳基吸附储氢技术也不断向前发展，其专利年申请量进入急剧增长阶段。2003 年至 2012 年，这一时期该技术的专利申请量平稳增长，并在 2012 年达到峰值，从 2012 年之后，该技术的相关专利申请逐渐减少，该技术的专利申请量呈下降趋势，可能与该技术相对工业应用还不成熟，而氢能源汽车也没有大规模应用有关。

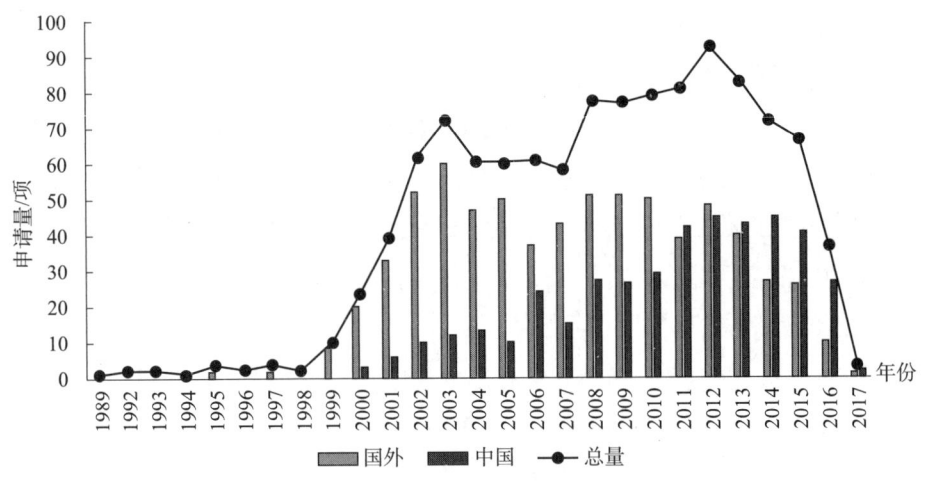

**图 6-2-1　碳基吸附储氢技术全球专利申请趋势变化**

从国内和国外的申请量对比来看，早在 1989 年国外已经出现碳基吸附储氢技术的专利申请，而在 1994 年国内才出现碳基吸附储氢技术的相关专利申请，说明国外在储氢技术的起步比国内略早；2010 年以前，碳基吸附储氢技术国内和国外申请量相差很大，而 2010 年以后，国内申请量逐渐赶超，说明国内已将该技术作为发展的热点，而国外经过了前一段时间的技术积累后，考虑到产业应用的难度，后续对该技术的研究逐渐减少。

**2. 碳基吸附储氢技术全球技术创新区域**

图6-2-2所示为碳基吸附储氢技术专利的主要来源区域，从图中可以看出，在该技术的原创专利方面，中国、日本、美国、韩国排名前四，占比90%，说明近10年来中国对碳基吸附储氢技术方面的理论研究逐渐增加，特别是随着社会环保意识的增强和对绿色能源的关注，国家对涉及储氢材料的领域给予了大量政策和资金支持，例如"863"重大项目镍氢电池产业化以及国家"十三五"电动汽车重大专项等，上述项目促进了我国企业研发自主知识产权的燃料电池，由此催生了大量储氢材料相关的专利，使我国在

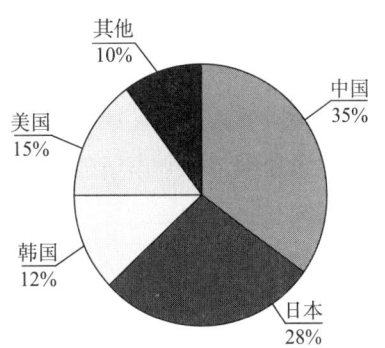

图6-2-2 碳基吸附储氢全球
主要技术来源国分布

该领域后来居上，而日本作为氢能源研发最早的国家，也有氢能汽车产业的翘楚—丰田公司，其在碳基吸附储氢方面的研究也具有一定优势，但由于目前产业化应用的主要还是高压储氢技术，因此碳基吸附储氢技术不占据绝对的优势地位。

图6-2-3所示为碳基吸附储氢全球主要技术来源国专利申请量趋势，从图中可以看出2000年以前，该技术的主要申请人来自日本和美国，说明日本和美国较早地关注到新能源行业，并且日本在2006年以前的申请量都是占全球领先地位，这和日本有较多的汽车企业也是密切相关的，在传统能源紧张和环境污染的背景下，车企纷纷开始寻求更加环保和节能的氢能源，而中国的申请从2000年以后才开始逐年增多，并从2010年以后，申请量占到全球的一半以上，说明：一方面，我国创新主体对知识产权的关注度增强，创新能力持续提高；另一方面，我国从2000年以后对新能源，尤其是氢能源相关技术方面的研究强度加大。

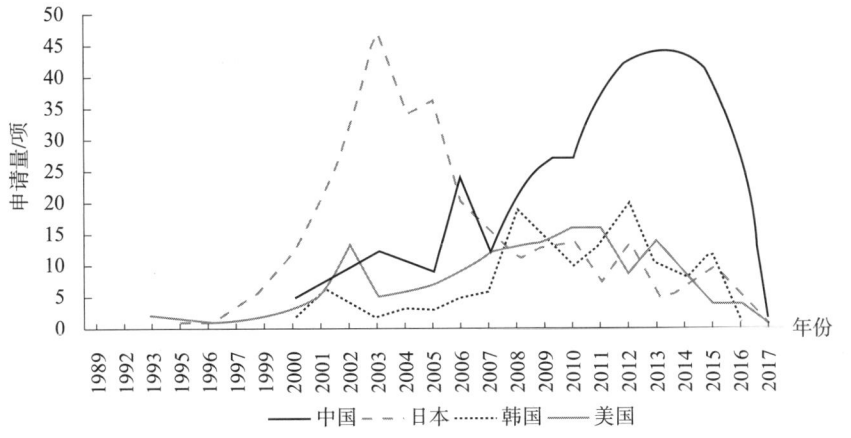

图6-2-3 碳基吸附储氢全球主要技术来源国专利申请量趋势

新能源电池

机器人

高档数控机床

图6-2-4示出了碳基吸附储氢技术全球主要布局国家/地区分布，从图中可以看出：中国、日本、美国排名前三位，占比接近总申请量的75%。由此可见，大多数企业认为需要在中国、日本和美国进行专利保护和技术垄断，这些国家有着良好的市场前景。我国申请量较大，一方面可能因为我国科研机构关注该领域的发展，积极参与研究，国内申请人提出的专利申请较多；另一方面体现了我国在未来是一个非常大的市场，市场竞争激烈。

3. 碳基吸附储氢技术全球技术创新主体

图6-2-5示出了该领域全球排名前十的申请人份额，整体来看，该领域的申请人对申请的占有相对分散，申请人较多，而大型企业在该领域还未形成技术垄断。其中国内的中国科学院排名第一，同样位列前十的还有清华大学和上海交通大学，体现了中国科研机构在该领域具有较强的研发实力。而国外的申请人中，日本的申请人占据了五席，说明日本在该领域的研究较活跃，可以看出在该领域具有实力的日本申请人主要集中在企业，如丰田汽车、日产汽车、三菱等，说明日本研发该技术的主要力量来自企业，更注重产业上的应用，并且日本企业也较重视在华进行专利布局；同样排名前十的国外来华申请人还有韩国的三星和美国的通用这两家国际化大型企业。

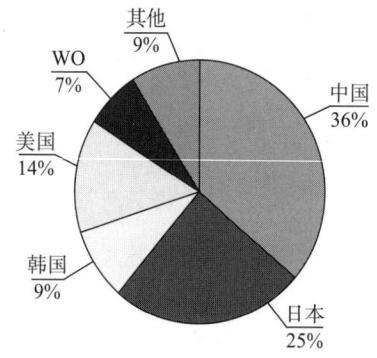

图6-2-4 碳基吸附储氢技术专利
申请全球主要布局国家/地区分布

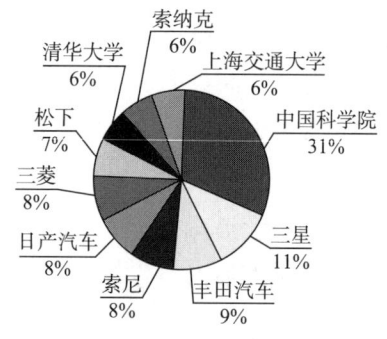

图6-2-5 碳基吸附储氢专利申请
全球排名前十的申请人份额

**（三）碳基吸附储氢技术中国专利分析**

截至2017年10月31日，在中国专利文献检索系统CNABS中检索到涉及碳基吸附储氢材料技术的中国专利申请达457件，其中国内申请381件，国外来华申请76件。

1. 碳基吸附储氢技术中国创新动态

图6-3-1显示了碳基吸附储氢技术的国内专利申请总量以及国内与国外来华申请的申请量随年份变化的趋势。由图可知，1999年前吸附储氢技术在中国属于萌芽期，专利申请量较少，说明国内外申请人对中国碳基吸附储氢市场的关注度不高；2000年之后开始逐年增加，而在2014年达到峰值，我国碳基吸附储氢领域起步虽然相对于全球略

晚，但是随着社会环保意识的增强和对绿色能源的关注，国家对涉及新材料项目也给予了大量政策和资金支持，因此也催生了大量碳基吸附储氢相关的专利申请。

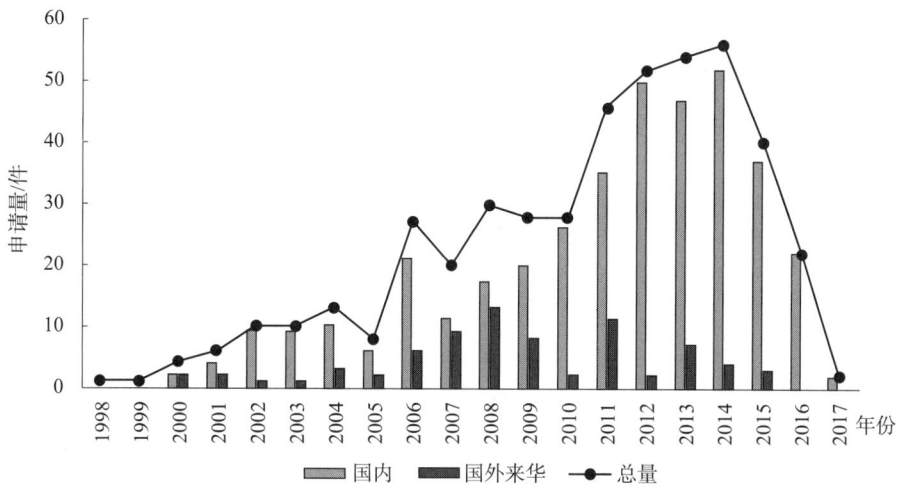

图6-3-1 碳基吸附储氢技术中国专利申请趋势变化

此外，从国内和国外来华申请量对比来看，国外来华申请量并没有增长的趋势，而国内的申请量一直呈现出逐年增长的态势，说明国外来华申请人在该领域并没有大规模的在中国进行专利布局，而国内的申请人逐渐开始重视吸附储氢技术研究，并形成成果在中国进行了专利布局，因此在国内，国内申请人在该技术领域具有较大的优势。

2. 碳基吸附储氢技术中国创新区域

图6-3-2是该领域国外来华申请人在华申请量的份额，由图可以看出，美国、韩国和日本都对中国的新能源市场较为重视，相关的申请人在中国分别进行了一定量的专利布局，除此之外，欧洲国家中的英国、德国和法国也分别在中国进行了布局。

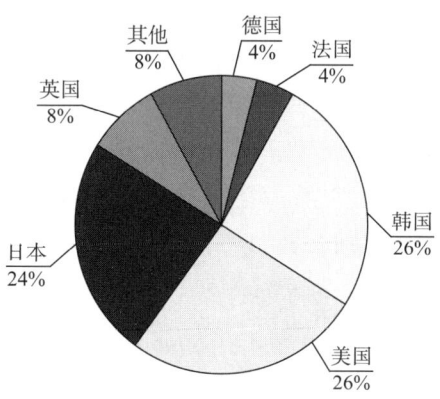

图6-3-2 碳基吸附储氢技术国外来华申请人在华申请量的份额

### 3. 碳基吸附储氢技术中国创新主体

图 6-3-3 是碳基吸附储氢技术在中国专利申请量排名前九的申请人，其中除了韩国三星电子株式会社之外，其他均为国内申请人，说明国外申请人在该领域未形成有效的专利壁垒，而国内申请人中又以高校和科研院所为主，中国科学院排名第一，说明国内该技术还处于理论研究阶段。

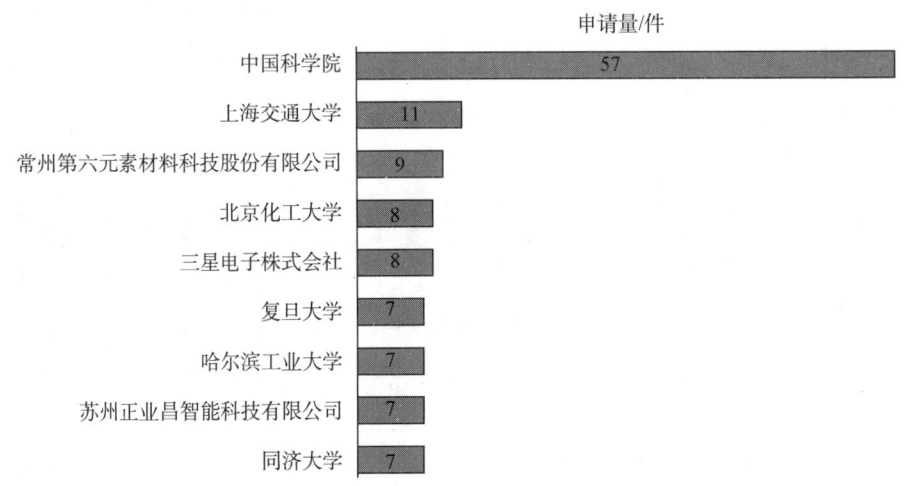

申请量/件

| 申请人 | 申请量 |
| --- | --- |
| 中国科学院 | 57 |
| 上海交通大学 | 11 |
| 常州第六元素材料科技股份有限公司 | 9 |
| 北京化工大学 | 8 |
| 三星电子株式会社 | 8 |
| 复旦大学 | 7 |
| 哈尔滨工业大学 | 7 |
| 苏州正业昌智能科技有限公司 | 7 |
| 同济大学 | 7 |

图 6-3-3 碳基吸附储氢技术在中国专利申请量排名前九的主要申请人

### （四）碳纳米管储氢技术专利分析

#### 1. 碳纳米管技术概述

碳基吸附储氢材料中，碳纳米管是储氢容量最大的吸附材料，并且碳纳米管储氢性能研究作为新材料科学和新能源技术紧密结合新兴技术领域，长期以来一直备受人们的广泛关注。

在 1991 年日本 NEC 公司的 Iijima 博士在电弧法制备富勒烯的石墨电极沉积物中偶然发现了纳米级的同轴中空管状纤维，并命名为碳纳米管（Carbon nanotubes），从微观结构上来看，碳纳米管是由一层或多层同轴中空管状石墨烯构成，按照碳纳米管结构的不同，可以把它们分为两种：单壁纳米管和多壁纳米管。一石墨薄片卷起来，形成一圆柱状的管状物，即为单壁纳米管。它的内径一般为 0.7 至几个纳米，长度一般为 10 ～ 100nm。它们一般平行排列，通常 10 ～ 100 个纳米管堆积在一起，形成一个个管束。多壁纳米管是由同轴心的石墨管组成，石墨管的个数不一致，但一般在 2 ～ 50 范围内。多壁纳米管的内径约为 0.3355nm，直径约为 30 ～ 50nm。在每个管壁上，碳原子沿着轴向呈螺旋状排列[10]。

#### 2. 碳纳米管储氢技术全球创新动态

截至 2017 年 10 月 31 日，在德温特世界专利索引数据库 WPI 中检索到涉及碳基吸附储氢的专利申请达 337 项，其中，国内申请 108 项；国外申请 269 项。本小节在这一数据基础上从发展趋势、区域分布、主要专利申请人分析等角度对储氢技术的专利进行总体分析。

本小节对碳纳米管储氢材料的全球专利申请进行了分析，从申请趋势、技术来源、全球主要申请人以及重点专利进行了梳理。

图6-4-1是碳纳米管储氢技术的专利申请量趋势，从图中可以看出，该技术从2000年才开始起源，并且2000年到2009年，该技术一直处于持续发展阶段，这期间国外的申请量远大于国内的申请量，说明国外较早地发现并开始发展该技术，而国内虽然起步较慢，但是对该技术的研究逐渐赶上世界水平；2010年之后该技术的申请量逐渐减少的原因可能是该技术的研究出现了瓶颈，碳纳米管的商业化应用面临较大的困难。

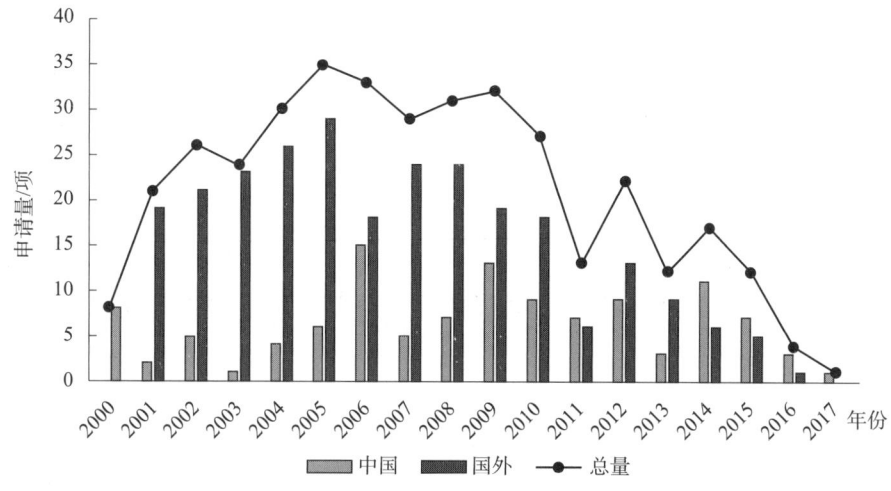

**图6-4-1 碳纳米管储氢技术专利申请趋势**

图6-4-2是碳纳米管储氢技术的主要技术来源国分布，从图中可以看出，排名前四的申请人占据了89%的份额，说明该技术的技术原创区域相对集中，绝大部分的专利申请人集中在日本、中国、美国和韩国，一方面说明这些国家在该技术方面具有一定的优势，另一方面也说明这些国家的申请人有较强的知识产权保护意识。排名第一的是日本，说明日本的申请人对碳纳米管储氢材料技术的研发投入较多，排名第二的是中国，说明中国申请人在该领域也具有一定的技术积累。

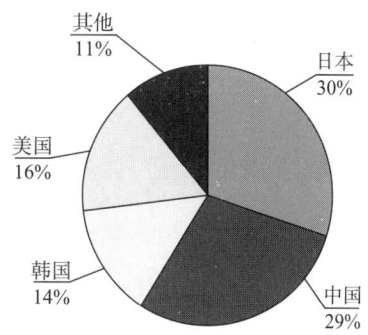

**图6-4-2 碳纳米管储氢技术主要技术来源国分布**

图6-4-3是碳纳米管储氢全球主要技术来源国专利申请量趋势图，从图中可以看出，日本在2007年以前在该领域的专利申请量具有一定的规模，而2008年之后该领域

的专利申请量开始减少，可能是考虑到该技术产业化的难度大，而选择了其他的储氢方式，而中国的申请从2006年开始呈现出赶超日本的趋势，说明中国在该领域的研发投入逐渐增大。

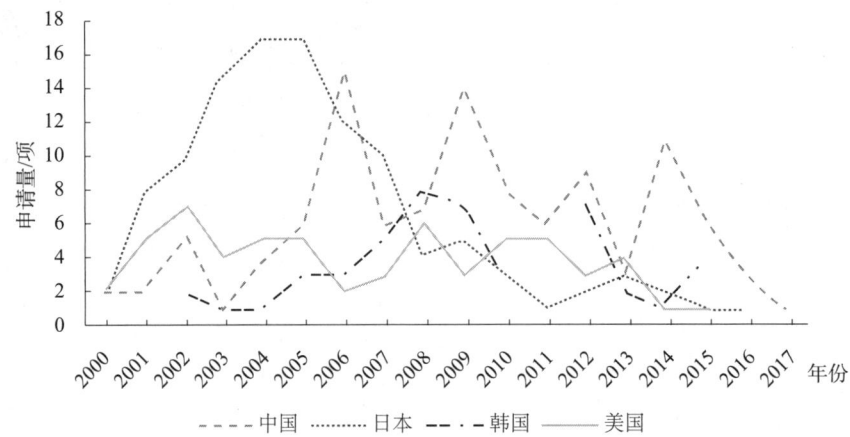

图6-4-3　碳纳米管储氢全球主要技术来源国专利申请量趋势

图6-4-4是碳纳米管储氢技术全球申请量排名前十的申请人份额，从图中可以看出，中科院排名第一，此外排名前十的国内申请人中还有清华大学和同济大学，说明我国在该领域的研发主要是高校和科研机构，仍处于理论阶段，要投入实际应用可能还有较长的一段距离，而国外申请人中，日本的丰田汽车、本田、松下、索尼以及韩国的三星电子等都是企业申请人，这也体现了国外大型企业对技术创新的持续需求和对知识产权保护的强烈意识。

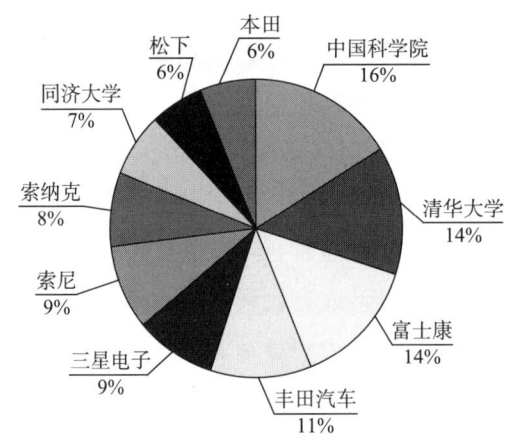

图6-4-4　碳纳米管储氢技术全球申请量排名前十的申请人份额

3. 碳纳米管储氢技术路线分析

碳纳米管储氢性能长期以来一直备受人们的广泛关注，高纯度和高产率碳纳米管的制备是碳纳米管研究的一个重点，目前的碳纳米管制备方法主要采用电弧放电法、化学气相沉积法及激光蒸发法来制备[11]。

下面结合检索到的 337 项专利申请，来对三种制备方法进行分析。

（1）电弧放电法

电弧放电法是最早用于制备碳纳米管的方法，也是最主要的方法之一，图 6 - 4 - 5 是电弧放电法制备碳纳米管装置示意图，其原理为石墨电极在电弧产生的高温下蒸发，在阴极沉积出纳米管。传统的电弧法是在真空的反应容器中充以一定量的惰性气体，在放电过程中，阳极石墨棒不断消耗，同时在阴极石墨电极上沉积出含有碳纳米管的结疤。制备装置示意图如下图所示。电弧放电的设备主要由电源、石墨电极、真空设备和冷却系统。阴极采用厚度为 10mm、直径为 30mm 的高纯高致密的石墨片，阳极采用直径为 6mm 的石墨棒。为了有

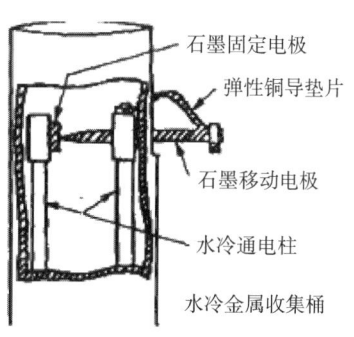

图 6 - 4 - 5　电弧放电法制备
碳纳米管装置示意图

石墨固定电极
弹性铜导垫片
石墨移动电极
水冷通电柱
水冷金属收集桶

效地合成碳纳米管，需要在阴极上掺入催化剂，有时还须配有激光蒸发。在电弧放电过程中反应室内温度可达到 3000～3700℃，生成的碳纳米管高度石墨化，接近或达到理论预想的性能。

图 6 - 4 - 6 是通过专利分析得到的电弧放电法制备碳纳米管的技术路线，通过分析专利技术，可以发现早在 1999 年索尼公司就提出了电弧法制备碳纳米管的专利申请（公开号 EP1219567），随后 2001 年纳米技术公司提出了采用电弧法制备高表面积多壁碳纳米管的申请（公开号 KR1020020007237），2002 年纳峰科技公司申请了一种电弧法生产碳纳米管的设备（公开号 US20050115821），该装置在真空室 11 中设置了阴极板 12 和多个阳极阵列 13（装置结构见图 6 - 4 - 7），可以降低电极的损耗从而增加电极的使用寿命；2003 年中佛罗里达大学采用电弧法制备钯修饰的碳纳米管（公开号 US20090072192），以此来提高储氢量；面对制备过程中会对碳纳米管造成损坏，特别是对侧壁造成损坏的问题，索尼公司于 2008 年提出了不损坏碳纳米管的条件下制备碳纳米管的方法（公开号 CN101746746）；2006 年可乐丽公司针对制备的碳纳米管不均匀的问题，提出了在电弧制备得到粗纳米管之后进行酸处理从而得到精制的碳纳米管的方法（公开号 JP2008133178）；而为了提高碳纳米管的纯度，2009 年上海交通大学申请了一种制备碳纳米管的装置（装置结构见图 6 - 4 - 8），其通过将阳极石磨棒 2 固定在推进装置 11 上，并使阳极石磨棒 2 与阴极石磨棒 1 相对设置，通过维持两电极稳定放电间隙以提高碳纳米管的纯度（公开号 CN101654241）。

新能源电池

机器人

高档数控机床

209

图 6-4-6 电弧法制备碳纳米管的技术路线

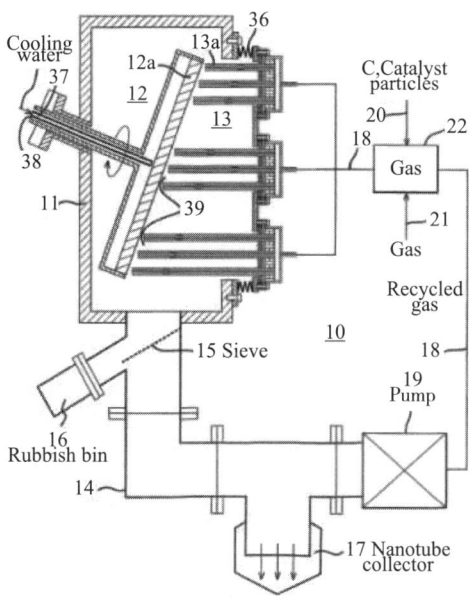

图 6 - 4 - 7　US20050115821 的设备结构

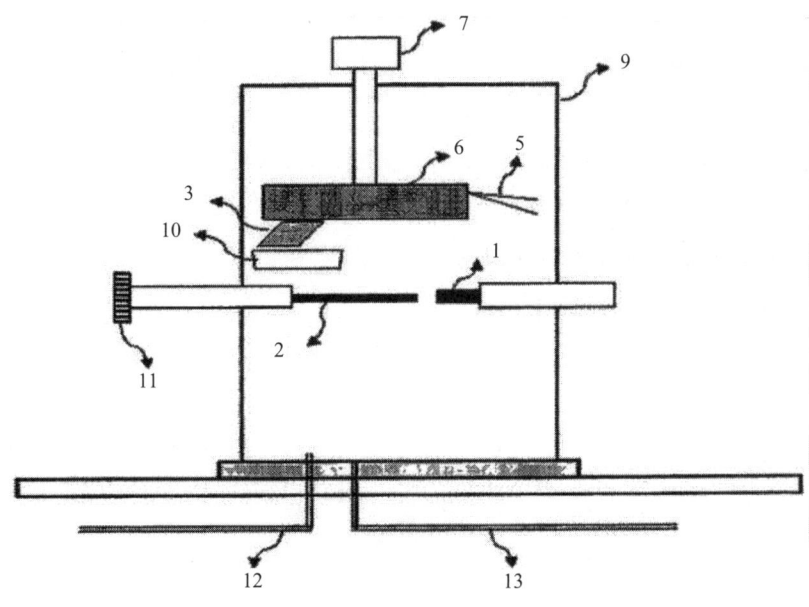

图 6 - 4 - 8　CN101654241 的装置结构

　　通过以上专利技术分析可以发现，电弧法制备碳纳米管的发展朝着制备高储氢量、均一化、纯度高的碳纳米管方向发展，然而虽然电弧法具有简单快速的特点，而且制得的碳纳米管管直，结晶度高。但该法所产生的碳纳米管缺陷较多，且碳纳米管烧结成束，束中还存在很多非晶碳杂质。究其原因是电弧温度高达 3000～3700℃，形成的碳纳米管被烧结于一体，造成较多的缺陷。但在化学气相沉积法发现前电弧放电法仍是合成碳纳米管的主要方法。

（2）化学气相沉积法（催化裂解法，CVD法）

图6-4-9为化学气相沉积法制备碳纳米管的装置示意图，其基本原理为含有碳源的气体（或蒸气）流经催化剂表面时分解，在有催化剂一侧生成碳纳米管，常用的碳源气体有 $C_6H_6$、$C_2H_2$、$C_2H_4$ 等。典型的化学气相沉积装置如图所示。在碳纳米管的催化合成过程中，选择合适的催化剂十分关键。研究表明：载体的选择、催化剂的制备温度和反应气体种类及流量对碳纳米管的生长有较大影响，常用的催化剂有过渡族金属元素铁、钴、镍及其化合物等。

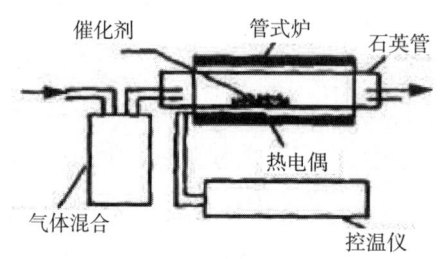

**图6-4-9　化学气相沉积法制备碳纳米管的装置示意图**

用CVD方法制备碳纳米管，催化剂载体的制备对于所获得的碳纳米管的结构形态是非常重要的。载体的重要性在于使金属颗粒能更好地分散，减小金属颗粒的粒度，增大其活性；同时载体中较小的孔隙加大了碳蒸气的饱和蒸气压，促进了碳蒸气的凝固，有利于达到碳纳米管生长所需的碳浓度，减慢碳纳米管的封口。研究表明，表面积大、孔隙率高、超低密度材料的基体有利于获得高质量的碳纳米管。

图6-4-10是通过专利分析得到的化学气相沉积法制备碳纳米管的技术路线，通过分析专利技术可以看出，早在1999年，ILJINNANOTECH INC. 提出了在大面积高纯度基板上通过热化学气相沉积法制备垂直排列的碳纳米管的方法（公开号 KR1020010049479）；后续通过对催化剂和其载体的改进，2002年财团法人工业技术研究所提出了一种适用于低温热化学气相沉积合成碳纳米管的方法（公开号 CN1199853），其采用的催化剂包含作为载体的粒径介于 $0.01 \sim 10\mu m$ 的贵金属颗粒，及沉积在贵金属颗粒上的金属催化剂，采用该方法合成碳纳米管后不需去除催化剂，省去了复杂的提纯程序；同年中山大学提出了通过控制催化剂薄膜的厚度和氢气的还原时间，来控制碳纳米管的直径和分布密度的化学气相沉积制备方法（公开号 CN1159217），2005年天津大学也提出了一种以 Ni/Al 催化剂化学气相沉积制备碳纳米管的方法（公开号 CN100368080），以此得到均匀纯度高的碳纳米管；采用化学气相沉积法也可用于制备多壁碳纳米管，2003年清华大学提出了采用化学气相沉积方法制备双壁碳纳米管的方法（公开号 CN1456498），2006年北京交通大学提出了采用化学气相沉积法制备高纯度多壁碳纳米管；在制备碳纳米管时，通常进行掺杂改性后会提高

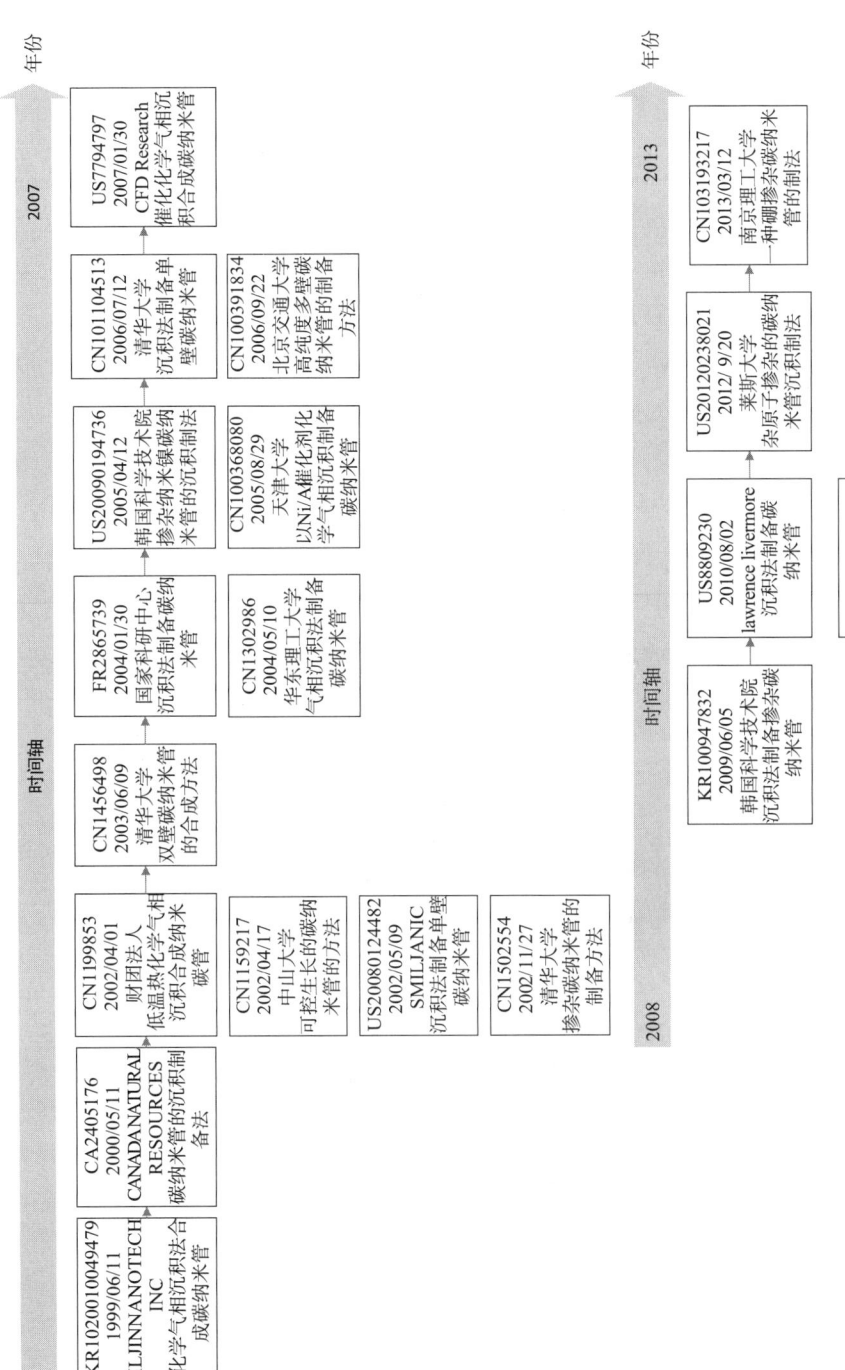

图 6-4-10 化学气相沉积法制备碳纳米管的技术路线

新能源电池

机器人

高档数控机床

储氢量，通过化学气相沉积法也可以制备掺杂的碳纳米管，如清华大学提出的掺杂碳纳米管的制备方法（公开号 CN1502554）、韩国科学技术院提出的掺杂纳米镍碳纳米管的沉积制法（公开号 US20090194736）、莱斯大学提出的杂原子掺杂的碳纳米管沉积制法（公开号 US20120238021）及南京理工大学提出的硼掺杂碳纳米管的制法（公开号 CN103193217）等。

通过上述分析，化学气相沉积法具有成本低、产量大、试验条件易于控制等优点，适于工业大批量生产，而且通过控制催化剂的模式，制备出了定向阵列的碳纳米管，引起了人们极大的研究热情。但该制备方法的缺点是催化剂粒子在高温下有聚集的趋势，碳纳米管存在较多的结晶缺陷，管径不均匀，容易发生弯曲变形，石墨化程度较差。这会影响到碳纳米管的力学性能和物理性能，因此必须采取一些措施：如采用表面活化剂，调整催化剂及合成条件。对制备的碳纳米管采取一定的后处理等。

（3）激光蒸发法

图 6 - 4 - 11 示出了激光蒸发法制备碳纳米管的原理，激光蒸发法是一种简单有效的制备碳纳米管的新方法。其基本原理为用高能量密度激光照射置于真空腔体中的靶体表面，将碳原子或原子集团激发出靶的表面，在载体气体中这些原子或原子集团相互碰撞而形成碳纳米管。该方法中：碳纳米管的生长主要受到激光强度，生长腔的压强以及气体流速等因素的影响。

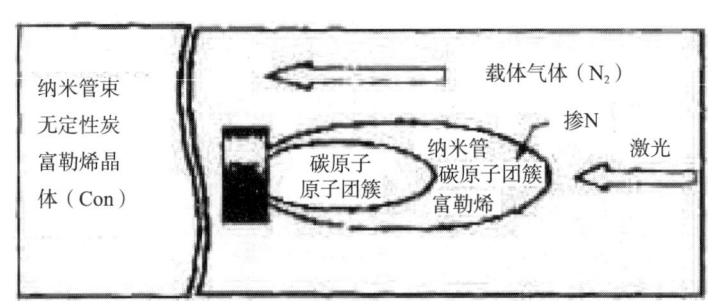

图 6 - 4 - 11　激光蒸发法制备碳纳米管原理图

激光蒸发法虽然具有一定的普适性，能够制得高产率的单壁碳纳米管，但该方法限于设备原因，制备的规模不能很大。另外高温下生成的杂质多，对以后的分离提纯不利，所以近年来研究不多，涉及该技术的专利也较少。

（五）主要结论

在碳基吸附储氢领域，国外来华申请人并没有大规模地在中国进行专利布局，因此壁垒较少，而国内的企业和科研院所比较重视该技术的研究，并形成成果在中国进行了专利布局，因此在国内，国内申请人在该技术领域具有较大的优势。而通过对国内重点申请人在该领域的专利申请进行分析可以发现，国内申请量较多的申请人都集中在高校和科研院所，由此可以确定，碳基吸附储氢材料目前还处于理论研究阶段。

而对于储氢量较大的碳纳米管技术，目前大多数研制碳纳米管的方法是电弧法和化学气相沉积法，但上述方法都需改进，若能探索出一种成本低、产量高、纯度好、结构均匀、生长可控且石墨化程度高的制备方法，对其研究和应用将具有十分重要意义，并且这些方法只能应用于实验室的应用规模，不适合于大规模的工业生产，目前也没有一种适合于工业生产的好方法。

今后，在碳纳米管储氢技术研究领域，应着重解决以下几个方面的问题以推动储氢技术和氢能开发利用：

1. 深入研究碳纳米管的制备和纯化技术，开发能够大量生产高纯度、结构均一的碳纳米管产品的新型技术和工艺，为储氢实验研究和储氢技术应用提供原材料；

2. 开发适用于常温状态的新型高性能储氢材料和吸附储氢工艺，解决车载氢气系统的商业化是碳纳米管储氢技术研究工作的重点。

## 七、有机骨架材料储氢技术专利分析

### （一）有机骨架材料储氢技术概述

近20多年来，多孔材料由于其多孔结构特性受到了广泛的关注，在催化、分离和吸附等方面具有重要的应用，成为材料领域的研究热点，各类多孔材料层出不穷。在有机化学和无机化学相结合的趋势下，产生了一类具有有机－无机杂化性质的有机骨架材料，和传统的无机材料相比，其具备高的孔径率和大的比表面积，并且可以通过选择不同的配体和金属离子改变孔径大小、形状和结构，从而实现对于特定气体的选择性吸收，这些优良的特性使得有机骨架材料成为一类具有良好前景的吸附储氢材料。按照连接构筑方式的不同，有机骨架材料主要分为基于金属离子或金属簇与有机构筑块间配位键连接的金属有机骨架化合物（Metal Organic Frameworks，MOF）和基于有机组分间共价键连接构筑的共价有机骨架化合物（Covalent Organic Frameworks，COF）[12-14]。

### （二）金属有机骨架化合物储氢技术全球专利分析

截至2017年10月31日，在德温特世界专利索引数据库WPI中检索到涉及金属有机骨架化合物储氢技术的专利申请达335项，其中国内申请128项，国外申请207项。本小节在这一数据基础上从全球技术创新动态、创新区域以及主要创新主体等角度对金属有机骨架化合物储氢技术的全球专利进行总体分析。

1. 金属有机骨架化合物储氢技术全球技术创新动态

图7-2-1显示了金属有机骨架化合物储氢技术全球专利申请总量以及国内申请与国外申请总量随年份变化的趋势。从图可知，金属有机骨架化合物储氢技术在全球的申

请量总体处于逐渐增长的趋势，体现了其蓬勃的发展态势。

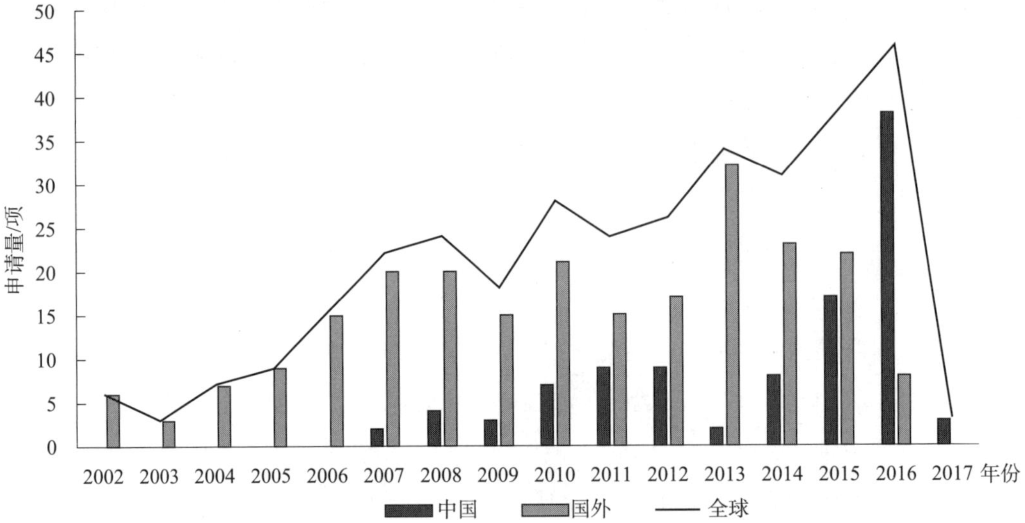

图 7 - 2 - 1　金属有机骨架化合物储氢技术全球专利申请趋势变化

2004 年以前，金属有机骨架化合物储氢技术刚刚起步，处于萌芽阶段，每年申请量较少，发展较为缓慢。2004 年至 2008 年，在氢能源作为新兴能源受到全球关注的背景趋势推动下，专利申请量也呈逐渐增长的趋势，并于 2008 年达到峰值。在 2009 年进入一个短暂的低谷后，从 2010 年至 2016 年，申请量继续呈快速增长的趋势。

从国内外申请趋势和申请量的对比来看，国外于 2002 年开始已经出现金属有机骨架化合物储氢技术的专利申请，而国内从 2007 年起才开始出现相关申请，说明国内在金属有机骨架化合物储氢技术方面的起步较晚；在 2011 年之前，国内外申请量相差较大，但是在 2011 年之后，国内外申请量差距总体呈现逐步减小的趋势，在 2016 年国内申请量赶超国外，表明金属有机骨架化合物储氢技术在国内成为研究热点，而国外经过一定时期的技术积累后，在转向产业实用阶段时遇到了技术瓶颈，研究热度逐渐降低。

2. 金属有机骨架化合物储氢技术全球技术创新区域

图 7 - 2 - 2 给出了金属有机骨架化合物储氢技术全球主要技术来源国/地区分布情况，从图中可知，在该技术原创专利方面，美国、中国、欧洲排名前三位，总体占比达到总量的 75%，其中以美国原创申请量最多，中国次之，欧洲再次，中国与美国的原创申请量差距不大，表明中国也已经成为该技术的重要技术输出国/地区。

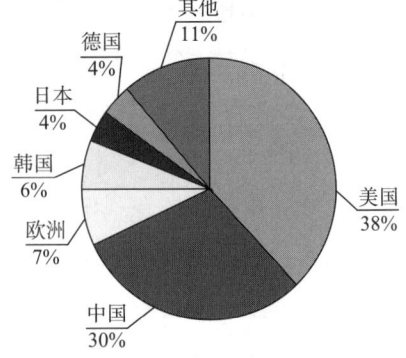

图 7 - 2 - 2　金属有机骨架化合物储氢技术全球主要技术来源国/地区分布

图7-2-3为金属有机骨架化合物储氢技术全球主要技术来源国/地区专利申请量趋势，从图中可知，2004年之前，该技术的主要申请人为美国，说明美国较早地关注到氢能源行业，2005~2006年日本、韩国和欧洲也开始对该技术提出专利申请，2007年，中国也开始出现相关专利申请，在2010年以后，中国申请量开始逐渐上升，占全球申请量的比例逐步提升，并于2016年占到全球申请量的50%以上，这说明，我国创新主体对知识产权的关注度增强，创新能力持续提升，在2010年后对氢能源相关技术方面的研究强度加大。

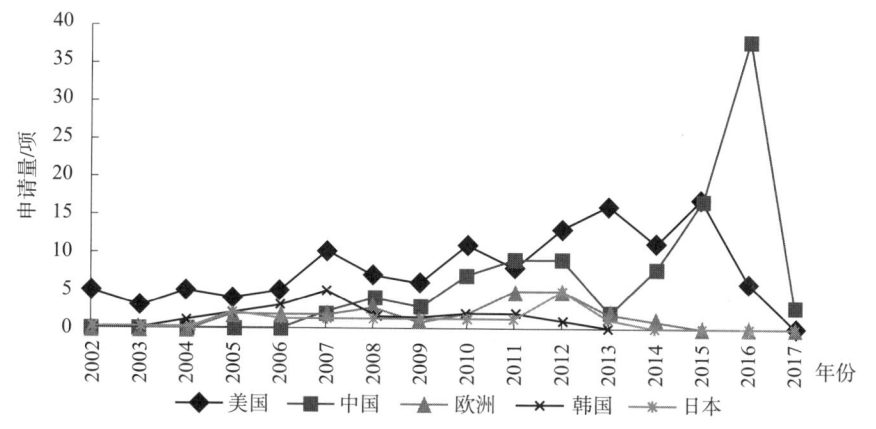

图7-2-3　金属有机骨架化合物储氢技术全球主要技术来源国/地区专利申请量趋势

图7-2-4示出了金属有机骨架化合物储氢技术全球主要布局国家/地区分布区域，从图中可知，美国、中国和日本排名前三位，占比超过总申请量的75%，说明大多数创新主体认为中国、美国和日本有着良好的市场潜力和前景；中国的占比较大，一方面说明我国创新主体对于该技术的关注度较高，投入的研发成本较大，提出了较多的专利申请，另一方面说明中国市场受到了全球的关注，未来市场竞争可能较为激烈。

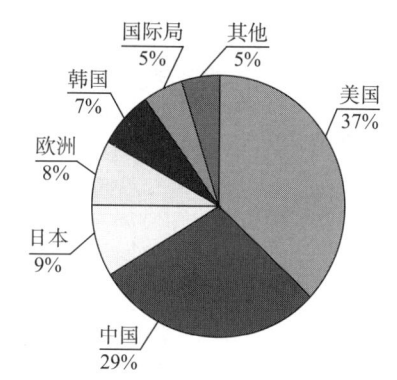

图7-2-4　金属有机骨架化合物储氢技术
专利申请全球主要布局国家/地区分布

图7-2-5给出了金属有机骨架化合物储氢技术全球主要布局国家申请份额趋势，从中可知，2002年至2009年，在美国的申请量较大，从2010年开始，在中国的申请量逐渐增长，并于2015年开始超过美国，说明该技术的创新主体对于中国市场的关注度越来越高，逐步在中国展开专利布局，未来我国将是氢能源行业全球争夺的战场。

新能源电池

机器人

高档数控机床

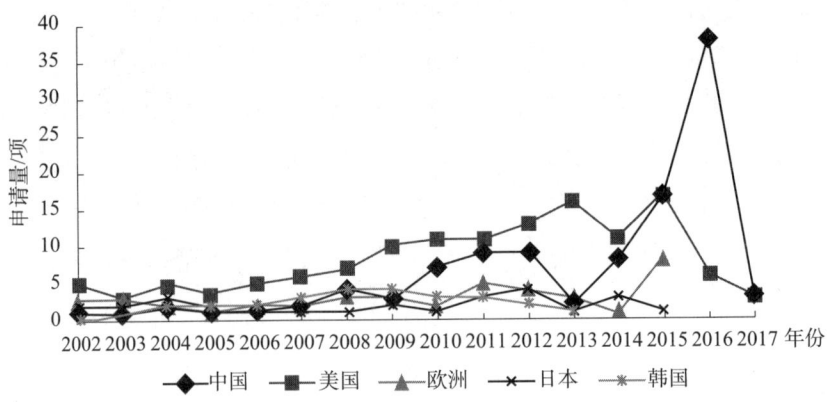

图7－2－5　金属有机骨架化合物储氢技术专利申请全球主要布局国家/地区趋势

3. 金属有机骨架化合物储氢技术全球技术创新主体

图7－2－6给出了金属有机骨架化合物储氢技术申请量排名前十的申请人，由图可知，巴斯福、加利福尼亚大学和天津师范大学位列前三。整体看来，国内的申请人占据了5席；德国的申请人占了1席，排名第一；美国的申请人占了4席。该领域具有实力的申请人主要集中于高校和科研机构，表明该技术目前主要处于研发阶段，尚未实现产业化。

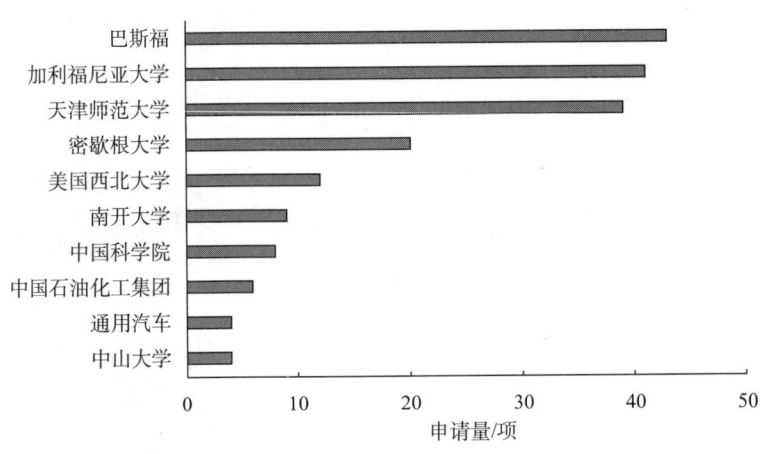

图7－2－6　金属有机骨架化合物储氢技术申请量排名前十的申请人

图7－2－7示出了金属有机骨架化合物储氢技术申请量排名前六的发明人，综合该技术领域重要申请人、相关专利和非专利文献可知，王中良、尚云涛、郭长城、杨曦和张志罡隶属于天津科技大学同一课题组；Ulrich Müller和Stefan Marx隶属于密歇根大学同一课题组，且与巴斯福公司存在科研合作；Omar M. Yaghi为本领域重要发明人，其为加州大学伯克利分校教授，他与巴斯福公司和密歇根大学三者之间均存在科研合作，同时也是该技术领域多篇核心专利的发明人和非专利文献的作者，率先提出了利用金属有

机骨架化合物储存氢气，随后对其进行了不断的改进，并引领了该技术领域的发展。

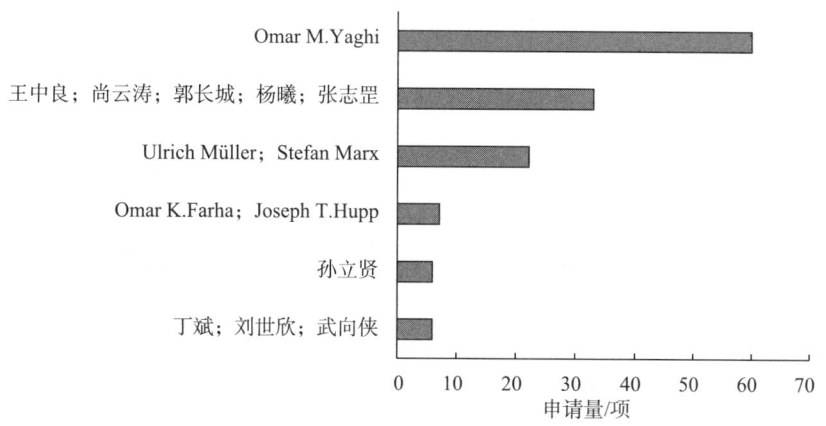

图 7 - 2 - 7　金属有机骨架化合物储氢技术申请量排名前六的发明人

**（三）金属有机骨架化合物储氢技术国内专利分析**

截至 2017 年 10 月 31 日，在中国专利文献检索系统 CNABS 检索到涉及金属有机骨架化合物储氢技术的中国专利申请达 135 件，其中国内申请 102 件，国外来华申请 33 件。

1. 金属有机骨架化合物储氢技术国内技术创新动态

图 7 - 3 - 1 示出了金属有机骨架化合物储氢技术的国内专利申请总量以及国内与来华申请的申请量随年份变化的趋势，由图可知，2010 年之前金属有机骨架化合物储氢技术申请量较少，这一方面有可能是因为该技术尚处于萌芽期，另一方面也有可能是因为国内外申请人对于中国的金属有机骨架化合物储氢市场的关注度不高；2010 年之后，专利申请量开始逐年增加，并在 2014 至 2016 年进入高速增长期。

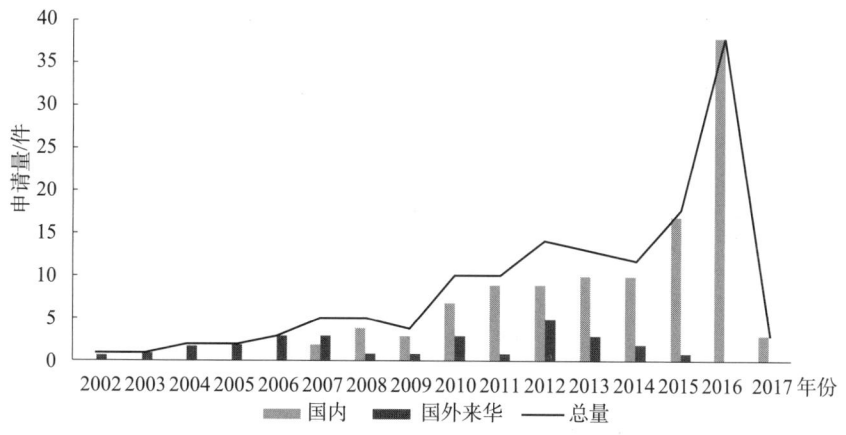

图 7 - 3 - 1　金属有机骨架化合物储氢技术国内专利申请趋势变化

从国内和国外来华申请量来看，国外来华申请量相对较少，而且从 2012 年以后呈逐年下降的趋势，说明国外创新主体并就该技术未在中国市场展开大规模的专利布局；而国内的申请量从2007年起一直呈上升趋势，表明国内创新主体对金属有机骨架化合物储氢技术较为关注，进行研究并在国内进行了一定规模的专利布局，可见国内创新主体在该技术领域具有较大的优势。

2. 金属有机骨架化合物储氢技术国内技术创新区域

图7-3-2示出了金属有机骨架化合物储氢技术中国专利国内、来华申请占比情况，由图可知，国内申请量占比远大于国外，反映出了国内创新主体对于中国氢能源市场的关注较高，在这一领域做出了大量研究，并进行了相当规模的专利布局，同时也反映出了国内创新主体知识产权意识逐渐增强。

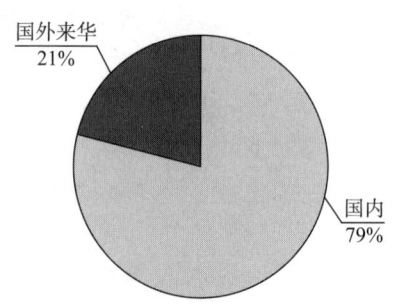

图7-3-2　金属有机骨架化合物储氢技术中国专利国内、来华申请占比

图7-3-3示出了金属有机骨架化合物储氢技术中国专利申请国内主要申请区域，天津、北京和广东位居前三甲，相比于其他区域，天津申请量较多。

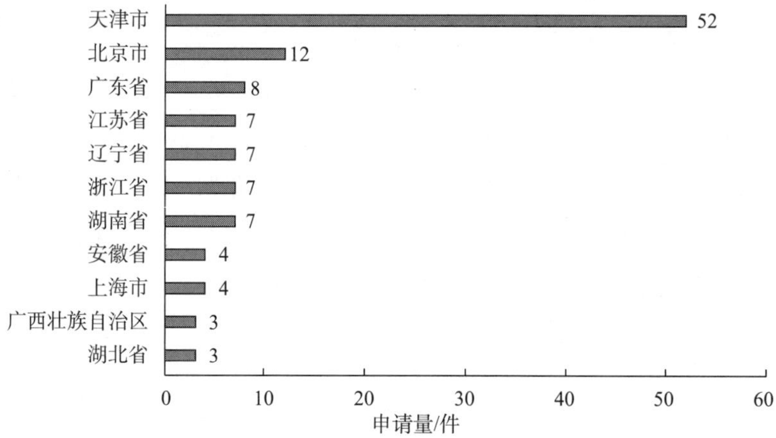

图7-3-3　金属有机骨架化合物储氢技术中国专利申请国内主要申请区域

图7-3-4示出了金属有机骨架化合物储氢技术国外申请人在华申请量份额占比情况，由图可知，美国、德国、欧洲、日本和韩国都对中国的氢能源市场较为重视，在中国分别进行了一定量的专利布局，其中美国的专利布局规模较大。

3. 金属有机骨架化合物储氢技术国内技术创新主体

图7-3-5示出了金属有机骨架化合物储氢技术中国专利申请量排名前九的申请人，其中国内主要申请人为天津师范大学，国外来华主要申请人为巴斯福公司和加利福尼亚大学，这些申请人中主要为高校和科研机构，表明国内该技术目前主要处于研发阶段。

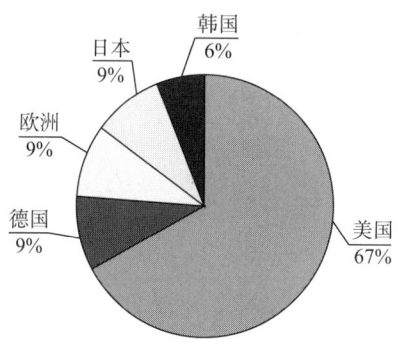

图 7 – 3 – 4　金属有机骨架化合物储氢技术国外申请人在华申请量份额占比

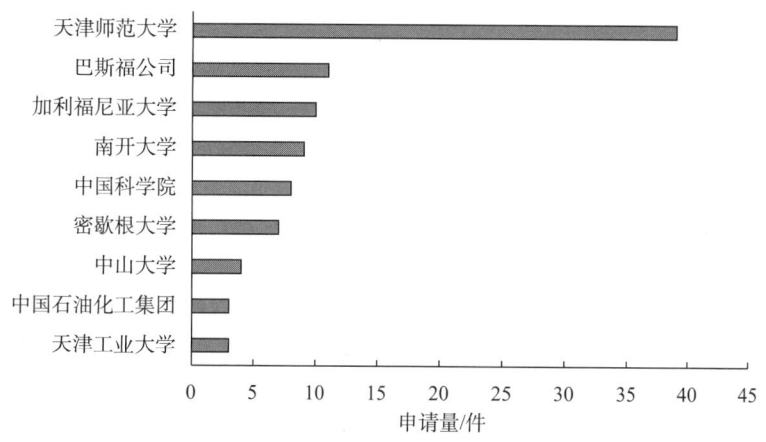

图 7 – 3 – 5　金属有机骨架化合物储氢技术中国专利申请量排名前九的申请人

### （四）金属有机骨架化合物储氢技术路线及核心专利

根据前述的数据分析，Omar M. Yaghi 为本领域重要发明人，其为加州大学伯克利分校教授，他与全球申请人中排名前五中的巴斯福公司、密歇根大学和加利福尼亚大学均存在科研合作，同时也是该技术领域多篇核心专利的发明人和非专利文献的作者，率先提出了利用金属有机骨架化合物储存氢气，随后对其进行了不断的改进，并引领了该技术领域的发展，本节主要以发明人 Omar M. Yaghi 为切入点，对金属有机骨架化合物储氢技术路线进行梳理，并列出相关的核心专利和非专利文献。

图 7 – 4 – 1 示出了金属有机骨架化合物储氢技术路线，由图可知，在制备方面，主要是通过选择不同的金属离子簇和有机构筑块来构建不同结构的 MOF，使得其比表面积和孔隙率提升，从而提升储氢能力；在应用方面主要是将微晶结构的 MOF 材料制成成型体和设计适用于利用 MOF 储氢的容器。总体看来，制备方法一直是本领域的热点，通过不断的实验与改进，MOF 对于氢气的吸附性能逐步提升；但是其在常温下对于氢气的吸附性能还不太理想，形成了技术瓶颈，导致产业化困难，使得应用方面的技术发展停滞不前，合成出室温下有较好吸附性能的 MOF 材料是当前研究的关键。

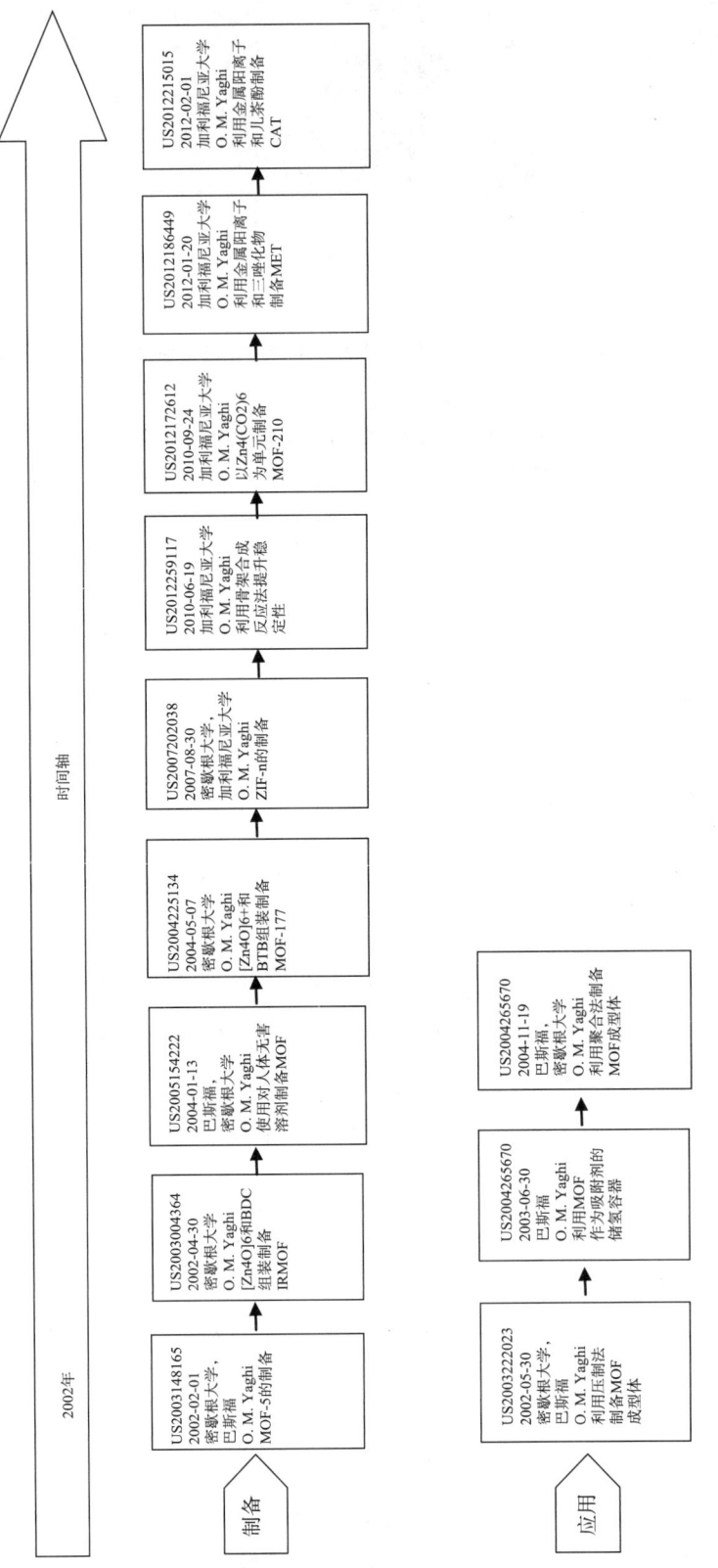

图 7 - 4 - 1　金属有机骨架化合物储氢技术路线图

表 7-4-1 至表 7-4-3 展示了金属有机骨架化合物储氢技术中的几篇核心专利和与之对应的非专利文献。

表 7-4-1 金属有机骨架化合物储氢技术核心专利 1

| 序号 | | | | | |
|------|------|------|------|------|------|
| 1 | 著录项目 | 申请号 | US2003148165A | 申请日 | 2002-02-01 |
| | | 同族专利文献号与公开日 | DE20210139U［20030612］<br>WO03064040A1［20030807］<br>IS7375A［20040729］<br>EP1471997A1［20041103］<br>CN1617761A［20050518］<br>US6929679B2［20050816］<br>JP2005525218A［20050825］<br>KR100856445B1［20080904］<br>TWI304279B［20081211］<br>CA2391775C［20100105］ | | | |
| | | 申请人 | 巴斯福，密歇根大学 | | |
| | | 发明人 | Omar M. Yaghi | | |
| | | 法律状态 | 有效 | | |
| | | 技术分支 | 制备方法 | | |
| | | 发明名称 | 用新型骨架材料储存、摄取和释放气体的方法 | | |
| | 被引用次数 | 62 | | | |
| | 布局国家/区域 | 美国、德国、日本、韩国、加拿大、中国、中国台湾、欧洲 | | | |
| | 解决的技术问题 | 提供用于具备优良储氢能力的新材料 | | | |
| | 技术方案及效果 | 利用无机基团 $[Zn_4O]^{6+}$ 和与 1,4-苯二甲酸二甲酯（BDC）组装制备 MOF-5，在 30℃，150Mbar 的氢压下，样品能储存相当于样品总重量约 1% 的氢气，远大于活性炭 | | | |

表7-4-2　金属有机骨架化合物储氢技术核心专利2

| 序号 | | | | | | |
|---|---|---|---|---|---|---|
| 2 | 著录项目 | 申请号 | US20020137043 | 申请日 | | 2002-04-30 |
| | | 同族专利<br>文献与<br>公开日 | WO02088148A1〔20021107〕<br>CA2446020A1〔20021107〕<br>JP2005506305A〔20050303〕<br>US6930193B2〔20050816〕<br>EP1383775B1〔20060802〕<br>AT334992T〔20060815〕<br>ES2269761T3〔20070401〕<br>DE60213579T2〔20070809〕 | | | |
| | | 申请人 | 密歇根大学 | | | |
| | | 发明人 | Omar M. Yaghi | | | |
| | | 法律状态 | 有效 | | | |
| | | 技术分支 | 制备方法 | | | |
| | | 发明名称 | 用新型骨架材料储存、摄取和释放气体的方法 | | | |
| | 被引用次数 | 118 | | | | |
| | 布局国家/区域 | 美国、德国、日本、加拿大、欧洲 | | | | |
| | 解决的技术问题 | 提供用于具备优良储氢能力的新材料 | | | | |
| | 技术方案及效果 | 利用无机基团 $[Zn_4O]^{6+}$ 和与 BDC、NDC、BPDC、HPDC、PDC 和 TPDC 组装制备 IRMOF-n，（n=2~16），其对氢气的吸附性能均超过了先前的 MOF-5 | | | | |

与核心专利1和2对应的核心非专利文献：

Rosi N. L.，Eckert J.，Eddaoudi M.，et al. Hydrogen storage in microporous metal-organicframeworks〔J〕. Science，2003，300（5622）：1127-1129，被引证3873次。

与核心专利3相对应的非专利文献：

Chae H. K.，Siberio-Pérez D. Y.，Kim J.，et al. A route to high surface area，porosity and inclusion of large molecules in crystals〔J〕. Nature，2004，427（6974）：523-527，被引证2319次。

Rowsell J. L. C.，Millward A. R.，Park K. S.，et al. Hydrogen sorption in functionalized metal-organic frameworks〔J〕. Journal of the Americal Chemical Society，2004，126（18）：5666-5667，被引证1314次。

表 7 – 4 – 3　金属有机骨架化合物储氢技术核心专利 3

| 序号 | | | | | |
|---|---|---|---|---|---|
| 3 | 著录项目 | | 申请号 | US20040841983 | 申请日 | 2004 – 05 – 07 |
| | | 同族专利<br>文献与<br>公开日 | WO2004101575A2 〔20041125〕 | | |
| | | | CA2524903A1 〔20041125〕 | | |
| | | | US7652132B2 〔20100126〕 | | |
| | | | EP1633760B1 〔20100505〕 | | |
| | | | AT466865T 〔20100515〕 | | |
| | | | DE602004027036D1 〔20100617〕 | | |
| | | | ES2345716T3 〔20100930〕 | | |
| | | | JP4937749B2 〔20120523〕 | | |
| | | | KR101278432B1 〔20130704〕 | | |
| | | 申请人 | 密歇根大学 | | |
| | | 发明人 | Omar M. Yaghi | | |
| | | 法律状态 | 有效 | | |
| | | 技术分支 | 制备方法 | | |
| | | 发明名称 | 在晶体中实现超高表面积和多孔性的方法 | | |
| | 被引用次数 | | 46 | | |
| | 布局国家/区域 | | 美国、德国、日本、韩国、加拿大、欧洲 | | |
| | 解决的技术问题 | | 提升 MOF 的比表面积 | | |
| | 技术方案及效果 | | 利用锌和均苯三羧酸制备 MOF – 177，比表面积达到 $4500 m^2/g$，在 77K 和 70bar 时，对于氢气的绝对质量吸附量可以达到 11wt% | | |

**（五）共价有机骨架化合物储氢技术全球技术专利分析**

截至 2017 年 10 月 31 日，在德温特世界专利索引数据库 WPI 中检索到涉及金属有机骨架化合物储氢技术的专利申请达 61 项，其中国内申请 23 项，国外申请 38 项。本小节在这一数据基础上从全球技术创新动态、创新区域以及主要创新主体等角度对金属有机骨架化合物储氢技术的全球专利进行总体分析。

**1. 共价有机骨架化合物储氢技术全球技术创新动态**

图 7 – 5 – 1 示出了共价有机骨架化合物储氢技术全球专利申请总量以及国内申请与国外申请总量随年份变化的趋势。从图可知，从 2005～2012 年，共价有机骨架化合物储氢技术专利申请量呈逐年上升的趋势，2012 年后申请量逐渐下降，总体申请量较少，这可能是由于其作为一项新技术，在起初得到了全球创新主体的一定关注，经过一定时间的研究后遇到了技术瓶颈，而且大多数相关研究还处于实验室阶段，应用于实际产业中

较为困难，其热度逐渐下降。

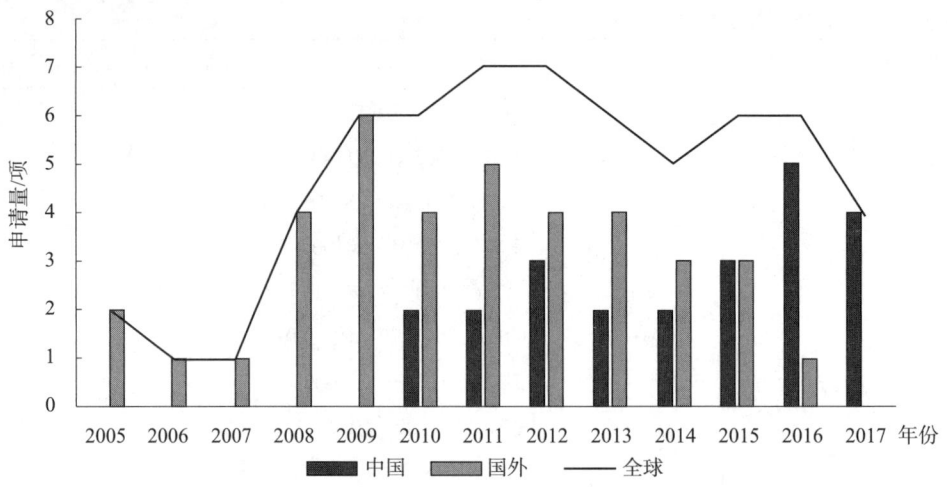

图 7 – 5 – 1　共价有机骨架化合物储氢技术全球专利申请趋势变化

从国内外申请趋势和申请量的对比来看，国外于 2005 年开始已经出现共价有机骨架化合物储氢技术的专利申请，而国内从 2010 年起才开始出现相关申请，说明国内在共价有机骨架化合物储氢技术方面的起步较晚；在 2014 年之前，国内外申请量相差较大，但是在 2014 年之后，国内外申请量差距总体呈现逐步减小的趋势，在 2015 年国内申请量开始赶超国外，表明共价有机骨架化合物储氢技术在国内成为研究热点，而国外经过一定时期的技术积累后，在转向产业实用阶段时遇到了技术瓶颈，研究热度逐渐降低。

2. 共价有机骨架化合物储氢技术全球技术创新区域

图 7 – 5 – 2 给出了共价有机骨架化合物储氢技术全球主要技术来源国/地区分布情况，从图中可知，在该技术原创专利方面，美国、中国、韩国排名前三位，总体占比达到总量的近 90%，其中以美国原创申请量最多，中国次之，韩国其次，中国与美国的原创申请量差距不大，表明中国也已经成为该技术的重要技术输出国。

图 7 – 5 – 3 为共价有机骨架化合物储氢技术全球主要技术来源国/地区专利申请量趋势，从图中可知，2006 年之前，该技术的主要申请人为美国，说

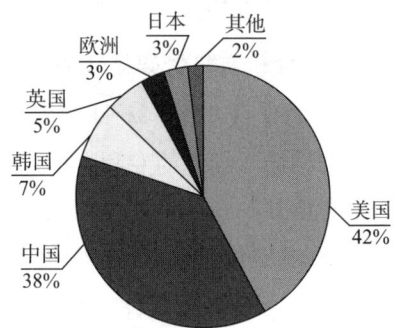

图 7 – 5 – 2　共价有机骨架化合物储氢技术全球主要技术来源国/地区分布

明美国较早地关注到氢能源行业，2007 ~ 2009 年韩国也开始对该技术提出专利申请，2010 年，中国也开始出现相关专利申请，在 2010 年以后，中国申请量开始逐渐上升，占

全球申请量的比例逐步提升，并于 2015 年占到全球申请量的 50% 以上，这说明，我国创新主体对知识产权的关注度增强，创新能力持续提升，在 2010 年后对氢能源相关技术方面的研究强度加大。

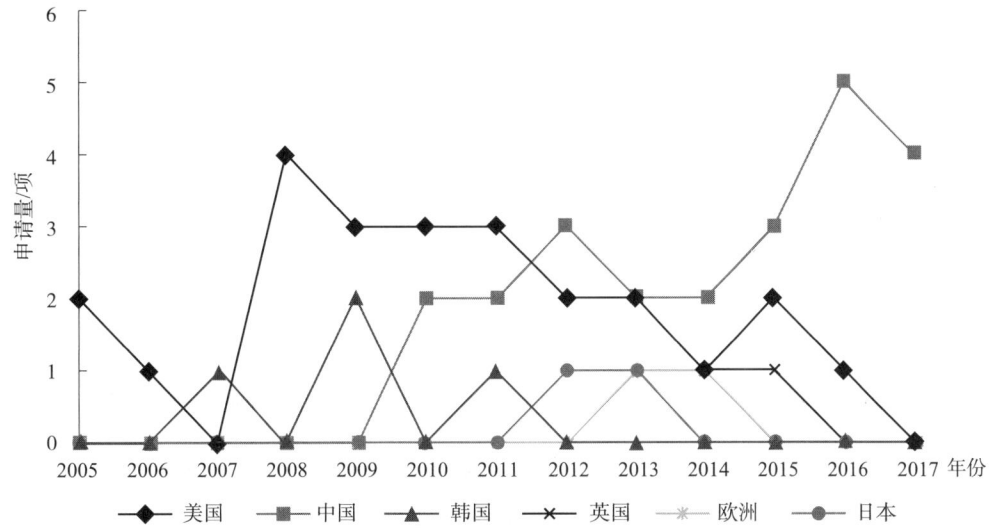

图 7-5-3　共价有机骨架化合物储氢技术全球主要技术来源国/地区专利申请量趋势

图 7-5-4 示出了共价有机骨架化合物储氢技术全球主要布局国家/地区分布区域，从图中可知，美国和中国排名前两位，占比超过总申请量的 60%，说明大多数创新主体认为中国和美国有着良好的市场潜力和前景；中国的占比较大，一方面说明我国创新主体对于该技术的关注度较高，投入的研发成本较大，提出了较多的专利申请，另一方面说明中国市场受到了全球的关注，未来市场竞争可能较为激烈。

3. 共价有机骨架化合物储氢技术全球技术创新主体

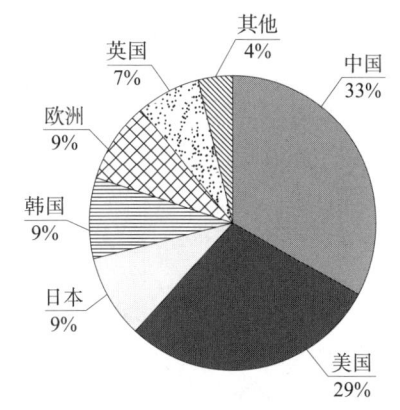

图 7-5-4　共价有机骨架化合物储氢技术专利申请全球主要布局国家/地区分布

图 7-5-5 示出了共价有机骨架化合物储氢技术全球专利申请排名前九申请人，国外主要集中于加利福尼亚大学、密歇根大学和巴斯福公司，国内主要集中于中国科学院和台州学院，可见美国和德国在该领域具有较强的研发能力，国内也具备一定的研发能力；主要申请人大多数为高校和科研机构，表明该技术尚处于研发阶段。

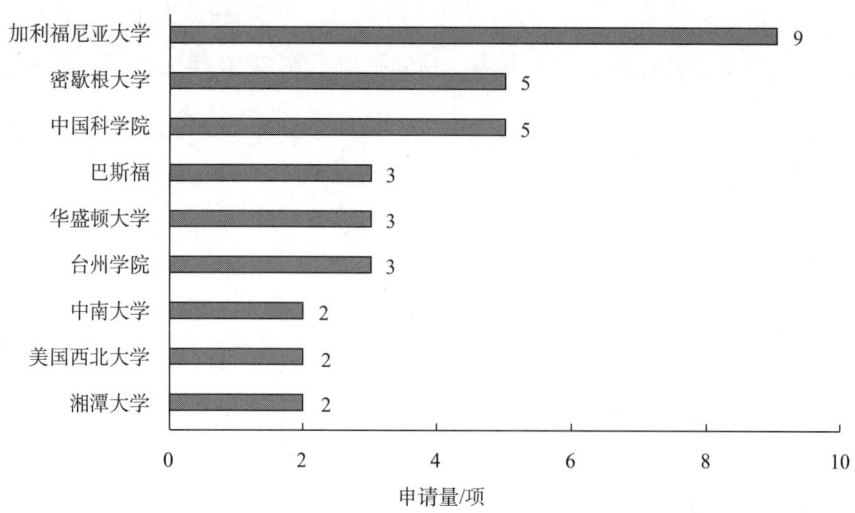

**图 7 - 5 - 5　共价有机骨架化合物储氢技术全球专利申请排名前九申请人**

图 7 - 5 - 6 示出了共价有机骨架化合物储氢技术全球专利申请排名前六的发明人，综合该技术领域重要申请人、相关专利和非专利文献可知，Omar M. Yaghi 为本领域重要发明人，其为加州大学伯克利分校教授，他与巴斯福公司和密歇根大学三者之间均存在科研合作，同时也是该技术领域多篇核心专利的发明人和非专利文献的作者，首先提出共价有机骨架化合物的概念并合成了用于储存氢气的共价有机骨架化合物，随后对其进行了不断的改进，引领了该技术领域的发展。

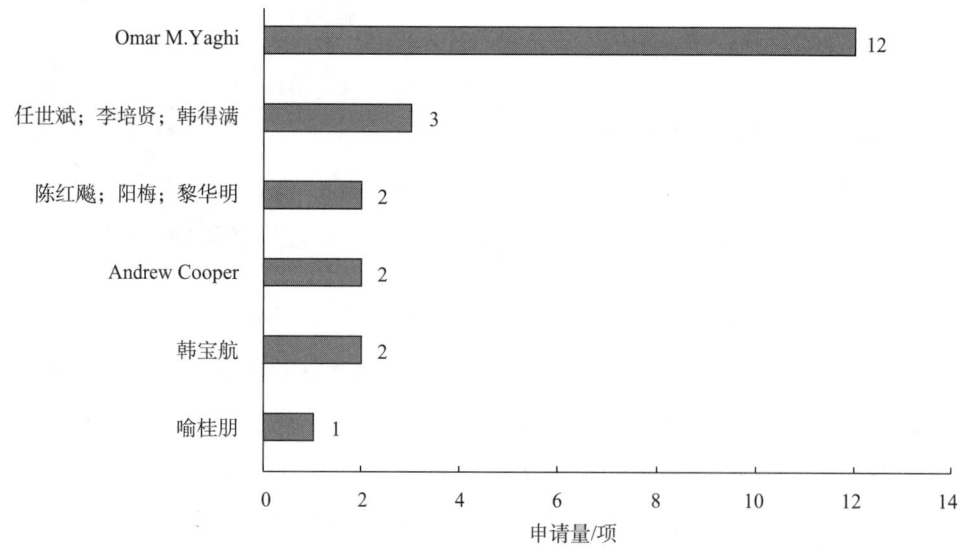

**图 7 - 5 - 6　共价有机骨架化合物储氢技术全球专利申请排名前六的发明人**

### （六）共价有机骨架化合物国内储氢技术专利分析

截至 2017 年 10 月 31 日，在中国专利文献检索系统 CNABS 检索到涉及共价有机骨架化合物储氢技术的中国专利申请达 29 件，其中国内申请 23 件，国外来华申请 6 件。

1. 共价有机骨架化合物储氢技术国内技术创新动态

图 7 - 6 - 1 示出了共价有机骨架化合物储氢技术中国专利申请趋势变化，由图可知 2010 年之前，该技术在中国的专利申请主要来自国外，但是国外申请量总体较少，仅在 2005 年、2008 年和 2011 年各有 1 件申请，这可能是由于该技术仍处于萌芽期，市场前景尚未明确；国内从 2010 开始对该技术进行了专利申请，每年均有一定的申请量，并且从 2015 年开始出现逐年上升的趋势，表明国内对该技术进行了一定的研究，并形成了专利布局。

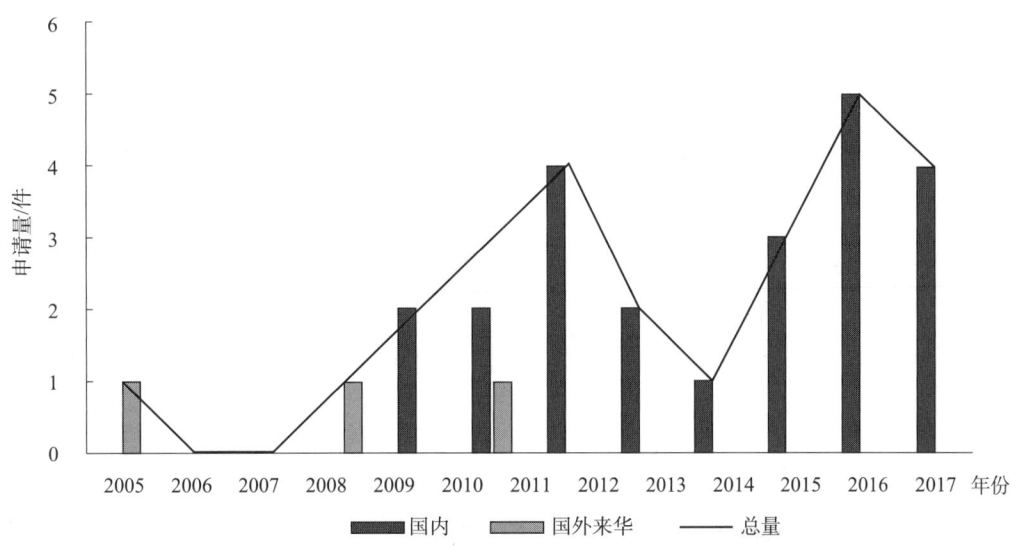

图 7 - 6 - 1　共价有机骨架化合物储氢技术中国专利申请趋势变化

2. 共价有机骨架化合物储氢技术国内技术创新区域

图 7 - 6 - 2 示出了共价有机骨架化合物储氢技术中国专利国内、来华申请占比，国外来华申请的占比较少，而且只有来自美国的创新主体，这可能是由于该技术仍处于萌芽期，市场前景尚未明确；国内申请量占比远大于国外，反映出了国内创新主体对该技术进行了一定研究，并在国内进行了一定规模的专利布局。

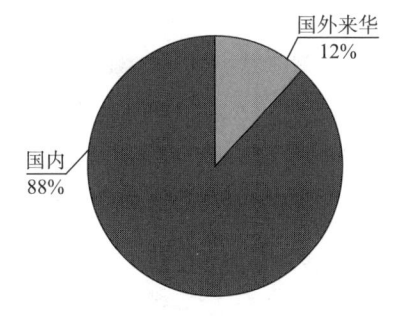

图 7 - 6 - 2　共价有机骨架化合物储氢技术中国专利国内、来华申请占比

图 7 - 6 - 3 示出了共价有机骨架化合物储氢技术中国专利申请国内主要申请区域，其中湖南位于第一梯队，浙江和北京位于第二梯队，安徽、辽宁和湖北位于第三梯队。

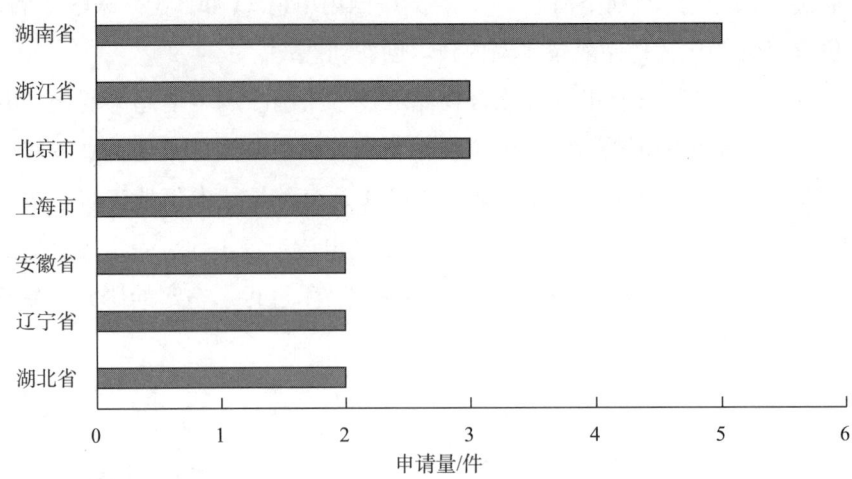

**图7-6-3　共价有机骨架化合物储氢技术中国专利申请国内主要申请区域**

3. 共价有机骨架化合物储氢技术国内技术创新主体

图7-6-4示出了共价有机骨架化合物储氢技术中国专利申请量排名前九的申请人，其国内主要申请人为中国科学院，国外来华主要申请人为密歇根大学和加利福尼亚大学，这些申请人中主要为高校和科研机构，表明国内该技术目前主要处于研发阶段。

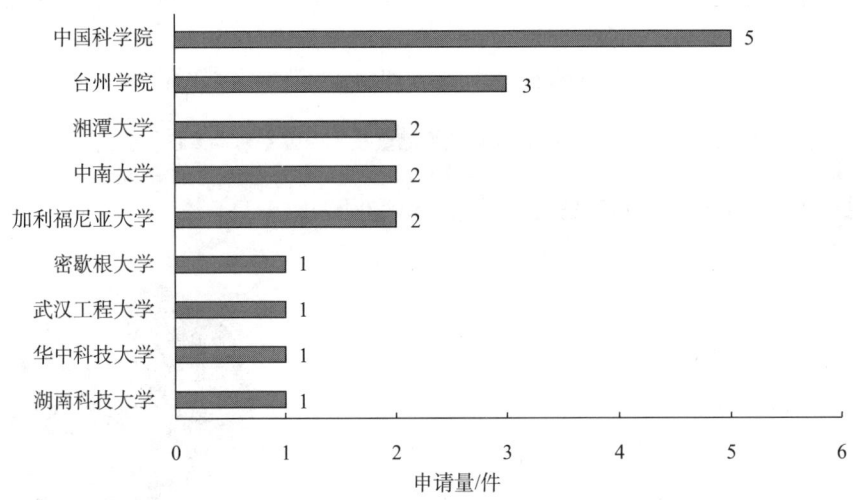

**图7-6-4　金属有机骨架化合物储氢技术中国专利申请量排名前九的申请人**

（七）共价有机骨架化合物储氢技术路线及核心专利

根据前述的数据分析，Omar M. Yaghi为本领域重要发明人，其为加州大学伯克利分校教授，他与巴斯福公司和密歇根大学三者之间均存在科研合作，同时也是该技术领域多篇核心专利的发明人和非专利文献的作者，首先提出共价有机骨架化合物的概念并合成了用于储存氢气的共价有机骨架化合物，随后对其进行了不断的改进，引领了该技术领域的发展，本节主要以发明人 Omar M. Yaghi 为切入点，对金属有机骨架化合物储氢技术路线进行梳理，并列出相关的核心专利和非专利文献。

图 7-7-1 示出了共价有机骨架化合物储氢技术路线，由图可知，该技术仍处于初步研发阶段，技术路线主要集中于制备方法，主要是通过选择不同的有机构体来构建不同结构的 MOF，使得其比表面积和孔隙率提升，从而提升储氢能力；但是和 MOF 材料一样，其在常温下对于氢气的吸附性能还不太理想，形成了技术瓶颈，导致产业化困难，使得应用方面的技术发展停滞不前，合成出室温下有较好吸附性能的 COF 材料是当前研究的关键。

表 7-7-1 和表 7-7-2 展示了金属有机骨架化合物储氢技术中的几篇核心专利和与之对应的非专利文献：

表 7-7-1　金属有机骨架化合物储氢技术中的核心专利 1

| 序号 | | | | | |
|---|---|---|---|---|---|
| 1 | 著录项目 | 申请号 | US20050256859 | 申请日 | 2005-10-24 |
| | | 同族专利文献与公开日 | KR2070084457A［20070824］ MX2007004679A［20071003］ CN101189244A［20080528］ US7582798B2［2009091］ EP1802732B1［20120711］ ES2381404T3［20121126］ JP5160893B2［20130313］ | | |
| | | 申请人 | 密歇根大学 | | |
| | | 发明人 | Omar M. Yaghi | | |
| | | 法律状态 | 有效 | | |
| | | 技术分支 | 制备方法 | | |
| | | 发明名称 | 共价连接的有机骨架和多面体 | | |
| | 被引用次数 | 13 | | | |
| | 布局国家/区域 | 美国、墨西哥、日本、韩国、加拿大、中国、欧洲 | | | |
| | 解决的技术问题 | 提供用于具备优良储氢能力的新材料 | | | |
| | 技术方案及效果 | 利用 1，4-对苯二硼酸自聚脱水缩合及对苯二硼酸与六羟基缩合反应，首次合成了 COF-1 和 COF-5，其孔径和比表面积分别达到 1.5nm，$711m^2/g$ 和 2.7nm，$1590m^2/g$，可用于储氢 | | | |

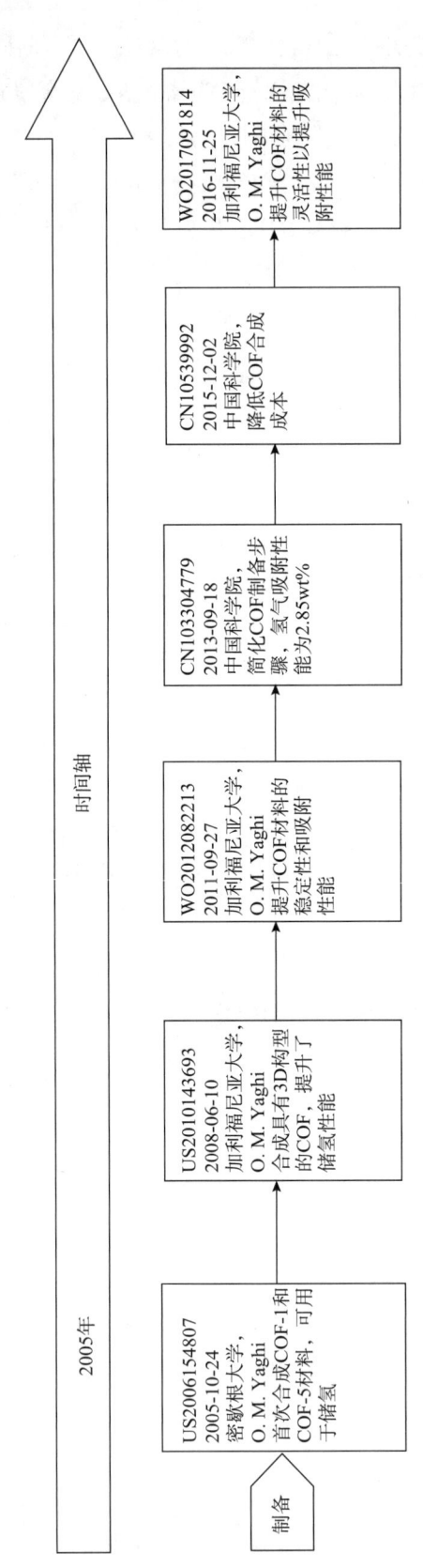

图 7－7－1　共价有机骨架化合物储氢技术路线

与核心专利 1 对应的非专利文献：

Cote A P, Benin A I, Ockwig N W, et al. Porous, crystalline, covalent organic frameworks [J]. Science, 2005, 310 (5751): 1166 - 1170, 被引用 1673 次。

表 7 - 7 - 2　金属有机骨架化合物储氢技术中的核心专利 2

| 序号 | | | | | |
|---|---|---|---|---|---|
| 2 | 著录项目 | 申请号 | US20080524205 | 申请日 | 2008 - 01 - 24 |
| | | 同族专利文献与公开日 | EP2114560A〔20091111〕<br>US2010143693A〔20100610〕<br>CN101641152B〔20140423〕<br>JP555954B2〔20140723〕<br>KR101474579B1〔20141218〕 | | |
| | | 申请人 | 加利福尼亚大学 | | |
| | | 发明人 | Omar M. Yaghi | | |
| | | 法律状态 | 有效 | | |
| | | 技术分支 | 制备方法 | | |
| | | 发明名称 | 结晶的 3D 和 2D 共价有机构架 | | |
| | 被引用次数 | 53 | | | |
| | 布局国家/区域 | 美国、日本、韩国、中国、欧洲 | | | |
| | 解决的技术问题 | 构建 3D 结构的 COF 材料以提升吸附性能 | | | |
| | 技术方案及效果 | 利用具有正四面体结构的四苯甲烷硼酸衍生物自聚或与六羟基三苯共聚制得到具有 3D 结构的 COF - 102，COF103，COF - 105 和 COF - 108，储氢能力高于 COF - 1 和 COF - 5 | | | |

## （八）主要结论

1. 有机骨架材料储氢技术处于发展的上升期

有机骨架材料储氢技术专利申请量总体呈现逐年上升的趋势，虽然近几年国外申请量有所降低，但是国内申请量出现了快速增长，而且国外每年仍有一定数量的申请，表明该技术虽然还处于研发阶段，但仍有一定的应用前景和潜力，正处于蓬勃的发展期。MOF 材料储氢的申请量和申请趋势均大于 COF 材料，表明 MOF 储氢技术的发展更为迅速，COF 材料储氢技术仍处于起步阶段。

2. 有机骨架储氢核心技术掌握在国外创新主体手中

无论是 MOF 还是 COF，其核心技术主要由巴斯福、密歇根大学和加利福尼亚大学所掌握，Omar M. Yaghi 是该技术的重要发明人，巴斯福、密歇根大学和加利福尼亚大学三者之间存在一定的合作关系；国内该技术起步较晚，虽然近几年专利申请量开始超过国

新能源电池

机器人

高档数控机床

外，但是缺乏核心技术，竞争力不足。

3. 提升常温下储氢能力是有机骨架储氢技术的关键

综合专利、非专利和产业情况来看，有机骨架储氢技术目前还处于实验室研发阶段，尚不具备投入产业实用的条件，主要是由于常温下储氢能力较弱，形成了技术瓶颈，合成出室温下有较好吸附性能的有机骨架材料是当前研究的关键。

4. 国内申请量不大，尚未形成垄断

国外创新主体在华的申请量较少，国内创新主体的申请量均不大，表明尚未形成垄断，此时是布局的好时机。

# 八、总结

本节将综合前述各部分的专利分析结果，结合氢能动力产业技术、企业和市场发展现状进行总结，并提出相关的措施和建议。

## （一）氢能被公认为是最理想的新能源，氢能动力汽车是未来氢能应用的热点

随着世界全球气候环境恶化、石油危机加剧和人口剧增带来的影响不断加重，实行可持续能源发展战略迫在眉睫。为缓解世界能源危机、解决全球环境生态问题，开发用以替代以石油为主的传统能源的新型清洁能源将变为环境污染问题的首要突破口。与其他可再生能源相比较，氢能被公认为是最理想的新能源，是最有希望成为能源的终极解决方案之一。氢作为一种优质的能源载体，有两种使用途径：以现有内燃机为基础的通过燃烧氢将化学能变成热能或动能、通过燃料电池的电化学方法将氢的化学能变为电能和热能，与燃料电池结合的方式效率高达60%。两者研发和市场运用上各有优缺点，燃料电池电动汽车和氢内燃机汽车在车载氢源等方面的共性之处使二者的研究开发技术相互促进。就目前而言，由于氢燃料内燃机自身的一些特性：有良好的生产、使用基础和技术上的成熟经验，并且造价低廉，氢燃料内燃机具有很强的竞争力。但是各大车企主要是选择氢燃料电池车作为主要的发展模式。

## （二）物理储氢技术在氢能动力汽车中已开始应用，除高压气态储氢技术外，其他技术相对发展较慢

储氢技术是制约氢动力汽车的关键技术，在上述物理储氢技术中，目前成功应用到氢能源汽车上的储氢技术是高压气态储氢和低温液态储氢技术，并且高压气态储氢技术在氢能源汽车领域已成功商用，特别是丰田公司，已经开始该技术专利布局，是当前储氢技术发展的热点方向；而低温液态储氢技术在氢能源汽车领域虽然有所应用，但还属于概念阶段，相关专利申请较少。对于碳基吸附储氢技术和有机骨架储氢技术作为新兴的储氢技术，目前国内外都处于理论研究阶段，可能代表未来物理储氢技术的发展方向，

但是这两种技术都还存在常温下储氢能力弱，大规模制备困难的技术缺陷。

### （三）国内物理储氢技术起步较慢，与国外差距较大

相比于国外，我国物理储氢技术实力较弱，发展相对落后，且从事相关专利申请的主要是研究所和高校，市场转化率较低。

对于高压气态储氢技术，丰田至 2020 年为止无偿开放的高压氢气罐方面专利约 290 件，企业可寻求合作，在丰田公司开放专利基础上进行二次开发，而对高压储氢罐技术应当谨慎对待；同时丰田在华有近 20 件失效专利以及大量尚未在华布局的专利技术，企业可加以利用。

对于碳基吸附储氢以及有机骨架储氢技术，国内外均处于理论研究阶段，还未形成专利壁垒。但随着储氢市场的壮大，国外企业正在加大物理储氢技术的专利布局，我国需要加快相关技术研究，提前做好相关技术的专利布局。

**参考文献**

[1] 黄明宇，冯小保，等. 车载储氢技术的发展现状及展望 [J]. 现代化工，2013，33（7）：1-5.

[2] 徐丽，马光，等. 储氢技术综述及在氢储能中的应用展望 [J]. 智能电网，2016，4（2）：166-171.

[3] 郑津洋. 车用高压燃料气瓶技术发展趋势和我国面临的挑战 [J]. 压力容器，2014，31（2）：43-51.

[4] 张峰，冯翠红，等. 物理吸附储氢材料的研究进展 [J]. 硅酸盐通报，2013，32（9）：1785-1789.

[5] 孙晶晶. 丰田氢能源燃料电池及氢燃料罐中国专利态势分析 [J]. 企业技术开发，2015，34（10）：8-10.

[6] 史俊茹，邱利民. 液氢无损储存系统的最新研究进展 [J]. 低温工程，2006，（6）：53-57.

[7] 梁焱，王焱，等. 氢动力车用液氢贮罐的发展现状及展望 [J]. 低温工程，2001，（6）：31-36.

[8] 郭浩，杨洪海. 固体储氢材料的研究现状及发展趋势 [J]. 化工新型材料，2016，49（9）：19-21.

[9] 张超，顾安忠. 碳质吸附剂吸附储氢的研究现状 [J]. 太阳能学报，2003，24（1）：122-127.

[10] 杨洪润，刘吉平. 纳米碳管吸附储氢 [J]. 炭素，2004，（1）：17-20.

[11] 卢锦花，阎鑫. 碳纳米管制备技术的最新进展 [J]. 炭素技术，2003，（5）：34-37.

[12] 杨明. 氢材料的研究现状与发展趋势 [J]. 硅酸盐学报，2011，39（7）：1053-1059.

[13] 张峰. 物理吸附储氢材料的研究进展 [J]. 硅酸盐学报，2013，32（9）：1785-1793.

[14] 郭浩. 固体储氢材料的研究现状与发展趋势 [J]. 化工新型材料，2016，44（9）：19-21.

# 稀土储氢合金领域专利技术综述[*]

童晓晨　孙捷　刘浩英　刘雅婷　扈春鹤　唐焕威　周文　臧静

**摘　要**　随着全球面临的能源危机和环境污染问题的日益加剧，开发利用新能源"氢能"已成为未来能源发展主要方向之一，经过几十年的发展，氢能利用技术如氢燃料电池和镍氢二次电池，在清洁高效车用能源系统中已得到广泛的应用。然而，氢的储存是限制氢能得到广泛应用的技术瓶颈，储氢材料种类众多，但以稀土储氢合金材料研究时间最长、技术最成熟、应用最广、产业化最早，因此本综述以稀土储氢合金为研究重点。本文通过稀土储氢合金的总体专利态势分析，对关键技术主题进行分析，涉及 $AB_5$、$AB_3$、$A_2B_7$、$A_5B_{19}$ 等四种主要类型的稀土储氢合金的技术功效、技术发展路线，对稀土储氢合金领域的重要申请人的专利状况进行分析，包括专利申请趋势、技术功效、重点专利等内容，并在此基础上给出了稀土储氢合金材料领域专利技术文献分析的主要结论和专利预警建议。这些信息能够为国内储氢合金企业发展提供技术支持，同时能够帮助他们利用专利信息提高研究起点、跟踪技术发展趋势、调整技术研发方向以及提高在自主知识产权创造、运用、保护和管理等方面的能力。

**关键词**　储氢　合金　稀土　专利文献分析

## 一、引言

### （一）储氢材料行业发展概况

在传统能源逐渐枯竭以及环境污染的双重压力下，世界各国对绿色新能源的开发需求迫在眉睫。氢是一种洁净高效的能源载体，燃烧后产生水；而且氢既可从化石资源，也可从核能与可再生能源等多种一次能源中制取，是一种"取之不尽，用之不竭"的能源；氢能具有热值高、可循环、清洁无污染等特点，相对于风能、太阳能等其他新能源具有效率高且持续等优势。因此，氢能被认为是最有发展前景的绿色能源之一，是实现

---

　　* 作者单位：国家知识产权局专利局专利审查协作北京中心。

能源可持续供给和循环的重要能源载体，能满足低碳经济和未来可持续发展的要求。

氢能的核心组成要素是氢气。氢气的低廉制备、持续高效运输、安全高效储存和规模化应用是高效利用氢能的关键技术。其中，氢的安全高效储存问题一直是制约氢能开发和利用的瓶颈。利用氢与材料的相互作用发展起来的储氢材料和储氢方法由于其储氢密度高、安全性好而备受世人关注[1]。

美国、欧盟等国家和地区都制定了氢能发展规定。2008 年，欧洲议会通过《氢能源和燃料电池联合技术发展计划》，旨在把氢能源技术发展成为能源领域的一项战略高新技术。2010 年，美国能源部门（DOE）效率与再生能源办公室制定了"氢能源计划"，计划概括了能源部准备开展的重大活动及交付的成果，该计划的出台是美国推动氢经济发展的重大举措，标志着美国发展氢经济已从政策评估、制定阶段进入到了系统化实施阶段[2]。同时，设定 2017 年目标质量储氢容量为 5.5wt%，体积贮氢容量为 $40kg/m^{3}$[3]。日本政府也在其 1993 ~ 2020 年"新阳光计划"中，投资 30 亿美元用于氢能发电计划；德国也积极发展氢能，在氢能运载工具的氢气储存方面取得进展，研制成功了新型储氢罐。韩国、阿联酋、加拿大等国家已相近建设较大规模的氢能发电示范站。

2009 年，我国将新型高容量储氢材料的研究列入"973 计划"中。同时，在"863 计划"的支持下，储氢材料和镍氢电池的研究进展很大，南开大学、机电部 18 所、北京有色金属研究总院、浙江大学、清华大学、中国科学院上海冶金研究所、华南理工大学和中国电力公司等，都做了大量的工作；在广东中山市建立了国家高技术新型储氢材料工程开发中心。当今国内储氢合金材料生产行业竞争激烈，其中比较大的企业有十三家，排名前五家的企业为：厦门钨业股份有限公司，四会市达博文实业有限公司，鞍山鑫普新材料有限公司，内蒙古稀土奥科贮氢合金有限公司，赣州华京稀土新材料有限公司。

目前，氢能在一些领域已取得了重要成果，如燃料电池、电动汽车等已向产业化方向发展。随着全球节能与新能源汽车持有量的不断增加，汽车电动化最为核心的动力电池市场前景广阔。产生巨大商业影响并使用至今的汽车电池主要有铅酸电池、锂电池、镍氢电池等。其中，镍氢电池具有高能量、长寿命、无污染、安全性能较高等特点，被广泛应用于公交车、卡车等大型电动汽车以及混合动力汽车中。镍氢电池在混合动力汽车电池使用中的比重占 70% ~ 80%。电池材料是电池成本的主要构成因素，一般占电池成本的 60% 左右，因此巨大的动力电池市场将为电池材料带来广阔的市场需求。储氢材料作为镍氢电池负极材料，对于燃料电池的发展，乃至汽车工业和储能领域的应用与发展有着不可替代的作用[5]。储氢材料需要满足电化学容量高且稳定，平衡氢压适当，较强的抗氧化、抗腐蚀能力，较好的热点传导性能。目前稀土储氢合金材料已成功应用于商业镍氢电池材料。国际市场上，现主要由中国、日本供应稀土储氢材料，其中中国市场份额占 70%。2014 年以来，中国稀土行业陆续公布多项政策和措施，以推动发展稀土高端应用，加快稀土产业转型升级。厦门钨业、包钢稀土等多家企业共有 110 个项目入围稀土产业调整升级专项资金支持项目。2017 年，内蒙古自治区国资委监管企业包头稀土研究院申报"年产 300 吨高容量低自放电稀土储氢合金的开发项目"获得科技创新引导奖励资金支持。

### （二）储氢材料技术发展概况

储氢材料的研究始于 20 世纪 60 年代末，美国布鲁克海文国家实验室和荷兰飞利浦公司分别报道发现 $Mg_2Ni$ 和 $LaNi_5$ 的储氢特性，并伴随产生很大的热效应，这种特性使之可能应用于储氢、催化、热泵、氢分离等技术领域，因此，引起了学术界和工业界的广泛兴趣，世界各国开始竞相研究开发不同种类的储氢材料。到了 20 世纪 80 年代初期，随着对 $LaNi_5$ 的深入研究和不断改进，已经开发了数十种具备高度可逆性的物质，逐渐成为一大类功能储氢材料。20 世纪 90 年代储氢合金材料应用于镍氢电池，进入产业化阶段，全球范围内掀起了储氢材料的研究热潮。

氢能存储有三种方式：液态、高压气态和固态储氢。固态储氢具有储氢体积密度大、易于操作等优势。固态储氢是通过化学或物理吸附将氢储存于固态材料中[6]。储氢材料根据其储氢机理，分为化学储氢材料和物理储氢材料。物理储氢材料主要为吸附储氢材料。吸附储氢材料是利用吸附原理进行氢的可逆存储的功能材料，传统的物理储氢方式能耗高、储氢量小，且储运具有潜在的危险，目前的研究热点有碳纳米管、超级活性炭等储氢材料。化学储氢材料通过化学反应或化学变化生成氢化物或金属间氢化物的方式来储氢，储氢容量大，体积储氢密度超过液态氢，且安全性好，是储氢材料发展的重点。到目前为止，研究的化学储氢材料主要包括：储氢合金、复合氢化物、有机液体等。

本综述考虑到与中国行业现状的紧密结合，在确定储氢材料技术分解表时，主要按照储氢材料的种类进行划分，且遵循了"符合行业标准与习惯"以及"便于专利检索和标引"两者统一的原则，具体参见表 1-1。

表 1-1　储氢材料技术分解表

| 一级分类 | 二级分类 | 三级分类 | 四级分类 | 五级分类 |
| --- | --- | --- | --- | --- |
| 储氢材料 | 化学储氢 | 储氢合金 | 稀土储氢合金 | $AB_5$、$AB_3$、$A_2B_7$、$A_5B_{19}$型等 |
|  |  |  | 镁基合金 |  |
|  |  |  | 钛基合金 |  |
|  |  |  | 锆基合金 |  |
|  |  | 复合氢化物 | 铝/硼氢化物等 |  |
|  |  |  | 氨基化物等 |  |
|  |  |  | 氨硼烷等 |  |
|  |  | 有机液体 | 甲基环己烷等 |  |

续表

| 一级分类 | 二级分类 | 三级分类 | 四级分类 | 五级分类 |
|---|---|---|---|---|
| | 物理储氢 | 碳基材料 | 石墨、活性炭等 | |
| | | 金属有机骨架化合物 | | |
| | | 无机多孔材料 | 沸石分子筛等 | |

以下主要根据储氢材料技术分解表中的三级分类进行各主要储氢材料的技术发展概况介绍。

1. 储氢合金材料

储氢合金通常由易生产稳定氢化物并放出热量的发热型金属元素与对氢亲和力较小且在形成氢化过程中吸收热量的吸热型金属组成。储氢合金材料具有安全可靠、储氢能耗低、储氢密度高的优点，是目前最常用的储氢材料[7]。储氢合金的分类有多种，按照主要金属元素区分，主要包括稀土系、镁系、钛系、锆系等。而稀土储氢合金按照晶型，主要包括 $AB_5$ 型、$AB_3$ 型、$A_2B_7$ 型以及 $A_5B_{19}$ 型等，其中，A 侧代表具有吸氢性能的元素，B 侧代表不吸氢的元素。

（1）稀土储氢合金材料

稀土储氢合金是目前已经广泛商业化的储氢合金材料。该类储氢材料具有吸放氢速度快、易活化、不易中毒、平衡压适中和滞后小的优点，缺点是在吸放氢过程中晶胞膨胀过大、易于粉化、储氢密度低和成本高。

$LaNi_5$ 型储氢合金（$AB_5$ 型）为传统稀土储氢合金，属六方晶系，具有吸氢容量较好、吸放氢温度低、反应速度快、易于活化、高倍率放电性能优异等优点，可用作镍氢电池的负极材料[8]。但 $LaNi_5$ 型储氢合金高成本、储氢量已接近理论极限值、抗氧化性差、易于粉化以及循环寿命低等问题制约其发展。具体见表 1-2。

表 1-2 稀土储氢合金的主要类型

| 类型 | $AB_5$ 型 | | $AB_{3-3.5}$ | | |
|---|---|---|---|---|---|
| 合金 | $LaNi_5$ | $MmNi_5$ | $LaNi_3$ | $CaNi_3$ | $La_{0.7}Mg_{0.3}Ni_{2.8}Co_{0.5}$ |
| 氢化物 | $LaNi_5H_6$ | $MmNi_5H_{6.3}$ | $LaNi_3H_{4.5}$ | $CaNi_3H_{4.4}$ | $La_{0.7}Mg_{0.3}Ni_{2.8}Co_{0.5}H_{4.3}$ |
| 吸氢量/wt% | 1.4 | 1.4 | 1.4 | 2.0 | 1.6 |
| 放氢压（温度）/MPa | 0.4（50） | 3.4（80） | 无平台 | 0.04（20） | 0.06（60） |
| 氢化物生成热/kJ·mol$^{-1}$H$_2$ | -30.1 | -26.4 | | -35.0 | |

近年来的研发热点集中在新型的高容量储氢合金 $AB_{3-3.5}$ 型，该储氢合金可以看作是 $AB_5$ 亚结构单元和具有高容量特性的 $AB_2$ 亚结构单元交替层叠排列而成的，其典型代表

是 La－Mg－Ni 系储氢合金（AB$_3$ 型、A$_2$B$_7$ 型）。La－Mg－Ni 系储氢合金具有超堆垛晶体结构，该型储氢合金具有常温常压下可逆吸放氢量高、易于活化、成本较低等优势，但 Mg 原子的高活性易于造成合金晶体结构塌陷，从而降低储氢性能，且循环稳定性和循环寿命较差一些[9]。

此外，稀土储氢合金还可以细分为纯稀土储氢合金，混合稀土储氢合金［MINi$_5$（MI 是富镧混合稀土）、MmNi$_5$（Mm 是富铈混合稀土）］。

（2）镁基储氢合金材料

镁基储氢合金材料可以分为单质镁储氢材料、镁基复合储氢材料和镁基合金储氢材料三类。镁基储氢合金主要是 MgNi 系储氢合金，在 MgNi 合金中还可以添加第三种元素，如：Ti、Fe、La，在镁基储氢合金中加入稀土元素可有效地改善镁基储氢合金的吸氢性能和放电性能。常见的镁基复合储氢材料有 MgLaNi$_5$、MgNbTiFe、MgPdNi 等。

镁基储氢合金材料以吸氢量大（MgH：含氢量为 7.6%）、资源丰富、价格低廉、质量轻和无污染而被认为是最有发展前途的固态储氢材料，引起了研究者广泛关注。但是，镁基储氢合金材料存在镁易氧化、材料易粉化、吸放氢温度过高、吸收氢速度慢且表面容易形成一层致密的氧化膜等问题，这些问题制约其作为氢能规模化利用候选材料的发展。

（3）钛基储氢合金材料

钛系储氢合金包括钛铁系、钛锰系和钛镍系合金。TiFe 合金是钛系储氢合金的代表，具有优良的储氢特性，储氢量可以高达 1.92%，其储氢能力略高于 LaNi$_5$。由于 Ti、Fe 二元素在自然界中含量丰富，价格便宜，因而在工业中已得到一定程度的应用。为了改善 TiFe 的储氢性，研究开发了 TiFe$_{1-x}$M$_x$ 等多元储氢合金，其中 M = Cr、Mn、Mo、Co、Ni、Cu 等。在钛锰系二元合金中，以 TiMn，储氢性能最好，合金可在室温下活化，与氢反应生成 TiMn$_{1.5}$H$_{2.47}$ 氢化物，储氢量达到 1.86%。为了改善钛锰系二元合金的性能，以 TiMn 为基础开发了多元合金系列，其中以 Ti$_{0.9}$Zr$_{0.1}$Mn$_{1.4}$V$_{0.2}$Cr$_{0.4}$ 合金的储氢性能最好。钛镍系合金有 TiNi 合金、Ti$_2$Ni 合金、TiNi－Ti$_2$Ni 烧结合金、Ti$_{1-y}$Zr$_y$Ni$_x$（x = 0.5～1.45，0～1.0）、TiNi－Zr$_7$Ni$_{10}$ 系合金等。钛基储氢合金放氢温度低，价格适中，但不易活化、易中毒、滞后现象比较严重、循环寿命短以及易形成 TiO$_2$ 致密层而导致难活化，使其应用受到严重限制。

（4）锆基储氢合金材料

锆基储氢合金材料具有吸放氢量大、易于活化、动力学速度快、平衡分解压较低、热效应小等优点，其代表通式 ZrMn$_{1-x}$Fe$_{1-y}$，具有丰富的相结构，其各相的作用机理及其协同效应是目前正在研究的热点。为了改善锆系储氢合金的综合性能，主要采用置换方法，形成多元锆系储氢合金，如采用 Ti 代替部分 Zr，并用 Fe、Co、Ni 等替代部分 V、

Cr、Mn 等研制的多元锆系储氢合金，性能更优[10]。

## 2. 复合氢化物储氢材料

复合氢化物储氢材料主要由轻质的碱金属与碱土金属（如：Li、Na、K、Al 等）与 B、N 等非金属元素组成，如：铝复合氢化物、硼氢化物、氨硼烷、氨基氢化物等，其与金属氢化物质最主要区别在于吸氢过程中向离子或共价化合物的转变。铝复合氢化物储氢材料主要包括：钠铝氢化物、锂铝氢化物、钙铝氢化物等，硼复合氢化合物主要以硼氢化钠和硼氢化镁为代表，金属氨基氢化物 Li－N－H 体系是最早报道的氨基氢化物类储氢材料。该类储氢材料的理论储氢质量分数均达到 5% 以上，例如：$NaAlH_4$ 的理论储氢量达到 7.47wt%，氨硼烷（$NH_3BH_3$，AB）的理论储氢量（19.6%），是储氢量最高的化学氢化物储氢材料之一。但该类储氢材料存在可逆性较差、加/脱氢温度和压力过高、动力学性能差的缺陷。

## 3. 碳基储氢材料

碳质储氢材料是指碳材等吸附储氢的材料，主要有碳纳米纤维、活性炭、碳纳米管、石墨纳米纤维等，它们具有优良的吸放氢性能，已引起了世界各国的广泛关注。美国能源部专门设立了研究碳材储氢的财政资助项目。我国也将高效储氢的纳米碳材列为重点研究项目。碳纳米管吸附储氢量可达 5% ～10%，成为世界范围研究热点。活性炭储氢是利用超高比的表面积活性炭作为吸附剂的吸附储氢技术。石墨纳米纤维和碳纳米材料是近年来发展起来的一种吸附储氢材料，石墨纳米纤维作为储氢材料的优点是在常温下可以吸放氢气且吸氢量大；但氢气在其表面的吸附作用弱，难以满足实际应用的要求，目前还停留在实验阶段。

## 4. 金属有机骨架化合物

金属有机骨架化合物（MOFs）是一类具有超大比表面积的新型多孔结晶材料，一般由过渡金属离子与含氧氮等多齿有机配体自组装而成。目前，储氢用金属有机骨架化合物类材料主要有 MOF－5、网状金属有机骨架材料（IRMOFs）和多孔金属有机材料（MMOMs）等。这类材料具有储氢方式简单、吸放氢容易等优点，但在常温常压下其吸氢量很低，商业应用前景黯淡。物理吸附类材料尽管储氢量较化学吸附类材料低，但其可通过压力控制而达到较高的瞬时氢脱附量，作为车载动力储氢材料，拥有化学吸附类材料无法比拟的优势。

## 5. 其他储氢材料

此外化学储氢中的有机液体储氢材料、物理储氢中的无机多孔储氢材料也都是储氢材料研究的热点。

尽管储氢材料种类众多，但是以稀土储氢合金材料研究时间最长、技术最成熟、应用最广，产业化最早，因此本综述以稀土储氢合金为研究重点。

**（三）专利数据检索**

**1. 数据来源和范围**

本综述的全球专利数据和中国专利数据主要利用国家知识产权局专利检索与服务系统（S 系统）中的德温特世界专利索引数据库（DWPI）以及中国专利文摘数据库（CNABS）为信息来源进行检索。

全球和中文专利数据的检索截至 2017 年 9 月 30 日；外文专利数据最早为 1965 年，中文专利数据最早为 1985 年。

**2. 检索策略的制定**

稀土储氢合金领域的关键词非常准确，因此选择关键词扩展进行查全检索，由于文献量较大，进一步采用 IPC、UC 和 FT 进行限定。

基于上述各因素，确定本综述研究内容主要包括以下几个方面：①稀土储氢合金在全球和中国的专利申请态势分析；②稀土储氢合金领域的关键技术主题分析，包括 $AB_5$、$A_2B_7$、$AB_3$、$A_5B_{19}$ 等四种主要类型的稀土储氢合金的技术发展路线、技术研发热点和技术空白点，预测未来发展趋势；③稀土储氢合金领域的国内外重要申请人，包括其专利布局、技术研发热点和预测其未来研发方向等；④为国内研发单位和相关企业提供专利战略建议。

# 二、稀土储氢合金的全球专利分析

在各类储氢材料中，稀土储氢合金的申请量占有绝对的优势，是储氢材料中的技术研发热点和关键技术，也是到目前为止，已成功开发商业应用的储氢材料，因此，本文将重点对稀土储氢合金进行专利分析。

本节分析稀土储氢合金在全球范围内的专利状况，主要包括专利申请趋势、技术构成、主要产出国份额、主要申请人排名、主要申请人申请量变化趋势等。

**（一）专利申请态势**

通过对全球数据的分析，绘制了稀土储氢合金专利申请的趋势（见图 2－1）。从图 2－1 可知，全球稀土储氢合金专利申请大致呈现四个阶段。

**1. 技术萌芽期（1989 年以前）**

到 1982 年之前，全球每年仅有 10 篇以内的专利申请。到 20 世纪 80 年代中后期，$AB_5$ 型稀土储氢专利技术大量涌现，除局部优化 La、Ca 系外，如专利 JP61019062A，更多的是 A 侧元素采用混合稀土，并限定 La 的含量，如日本授权专利 JP5086029B，明确 La 的含量范围在混合稀土中为 25%～70%，日本授权专利 JP4979178B2 进一步限定 La 的含量为 30wt%～50wt%，进一步降低成本，提高性能；就 B 侧元素而言，由 Ni 发展到

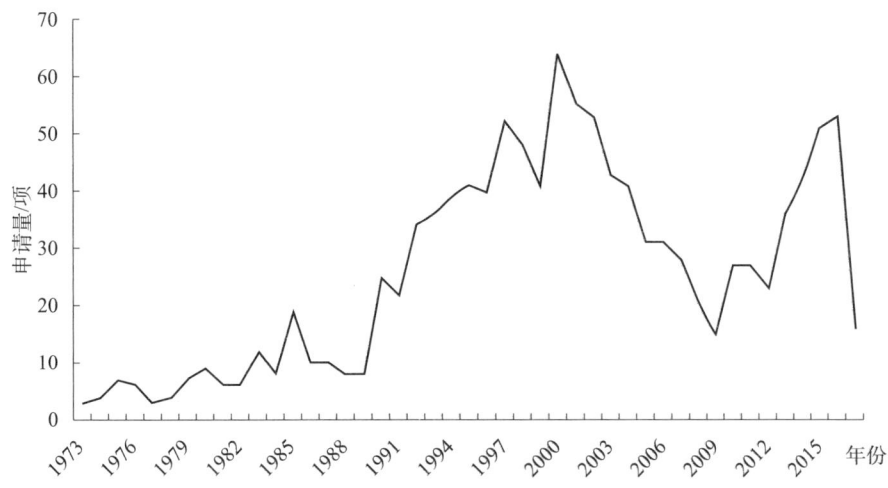

图 2-1 稀土储氢合金在全球的整体专利申请趋势

Mn、Co、Al 等多元素,进一步提高 $AB_5$ 型电极的综合性能。

2. 快速增长期（1990~2000 年）

随着近 20 年的理论及技术研究,进入 20 世纪 90 年代,$AB_5$ 型技术发展逐渐成熟,$AB_5$ 型由于其比容量提高空间不大（280~330mAh/g）,且由于 $CaCu_5$ 结构受限,其能量密度偏低,难以满足日益发展的镍氢电池的需求,这一时期出现了大量新型的稀土储氢合金 $AB_3$ 型,例如日本东芝的专利申请 JP10-321223A 就提出了一种 B 侧元素改进的 $AB_3$ 型储氢合金,其用 Sn、Ga、Al 等取代部分 Ni,主要在于提高吸氢容量和放氢速度,东芝日本专利申请 JP2001-316744A 进一步对 A 侧元素进行优化,采用混合稀土及含有 Mg 元素,B 侧元素采用 Co、Cr、Al、Mn 等,提高了抗氧化粉化能力,且适用于宽温状态下使用,并优化了充放电特性。在这一时期,采用稀土储氢合金作为负极材料的镍氢电池在日本获得商业化生产,并成功应用于使用清洁氢能源的动力汽车,导致该领域的专利申请量进入迅猛发展阶段。

3. 缓慢发展阶段（2001~2009 年）

该阶段的专利申请数量呈现降低趋势,这主要是由于稀土储氢合金领域的竞争格局基本形成、相关技术较为成熟、行业整合基本完成,各国外主要企业在专利布局方面开始收网,另外稀土储氢合金专利申请量在 2008 年前后略有降低可能跟全球金融危机有关。

4. 快速增长阶段（2010 年至今）

自 2010 至 2012 年全球专利申请量呈波动增长趋势,随后至 2016 年则达到了稀土储氢合金专利申请量的峰值,这主要是基于全球金融危机后经济技术继续发展尤其是新能源的电力电池的需求持续增长以及中国专利申请量的快速增加,紧接着 2017 年以后虽然出现回落,但鉴于 2017 年后专利申请公开时间存在滞后性,图 2-1 中趋势与实际申请量存在偏差。

### （二）产出国申请态势

通过对全球数据的分析，绘制了稀土储氢合金专利申请的产出国/地区份额图（见图2-2）。通过对全球专利数据的分析发现，稀土储氢合金专利申请的产出主要是日本、中国、美国（从图2-2中看中美日占比94%）。其中，来自日本的申请量最大（从图2-2中看日本占48%），中国紧追其后，成为第二大产出国，这与中国储备丰富的稀土资源和中国政府的相关政策支持紧密相关。

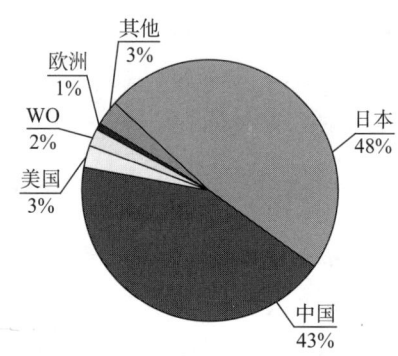

**图2-2 稀土储氢合金专利申请的产出国/地区份额**

### （三）主要申请人

对稀土储氢合金全球专利申请的主要申请人进行统计分析，获得如图2-3所示的申请人排名。

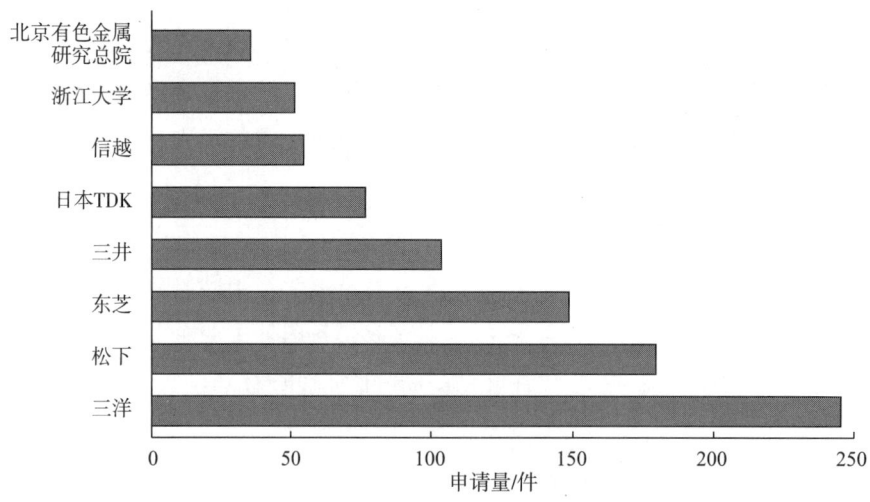

**图2-3 稀土储氢合金领域的全球主要专利申请人分布**

分析可知，稀土储氢合金全球专利申请的主要申请人大部分来自日本的企业，其中三洋、松下、东芝居于领先地位。通过对这3家企业的初步分析可知，作为储氢材料领域的重要申请人，它们具有如下主要特点。

1. 专业化：自 1990 年开始，日本各个电池厂商开始大规模生产镍氢电池，而且产销量逐年成倍增长，形成了三洋、松下和东芝在镍氢电池生产中三足鼎立的局面。

2. 全球化：实施全球性的经营战略与专利布局。这些企业在储氢材料整个产业链上都具有雄厚的技术实力，尤其是在含金量最高的基础专利"稀土储氢合金"领域处于技术垄断地位。

这些引领型企业之所以能够在储氢材料领域取得成功，与上述特点是分不开的，其他相关企业应当有针对性地加以借鉴，从中获得有益启示。

**（四）主要申请人专利申请量趋势**

对稀土储氢合金的主要申请人的逐年申请量进行统计分析，获得如图 2 - 4 所示的主要申请人专利申请量趋势。

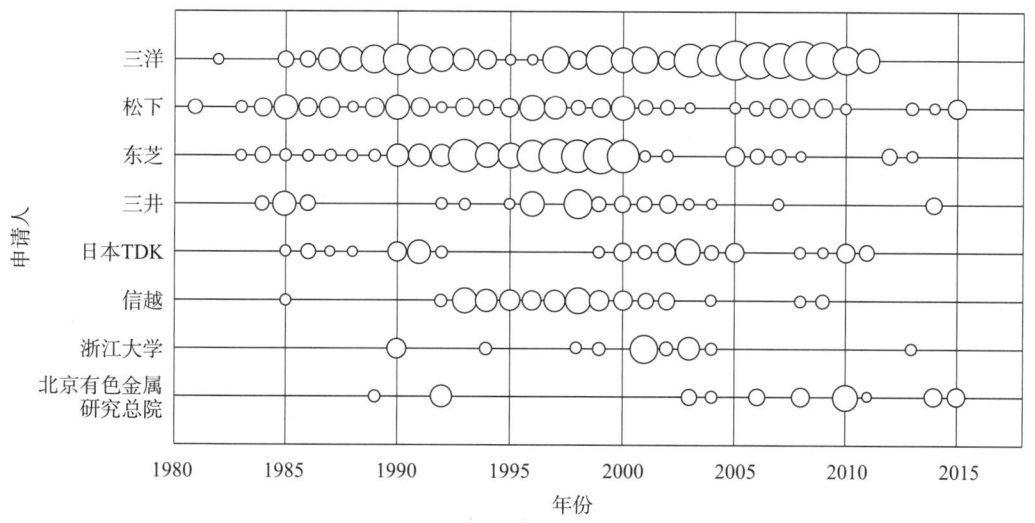

图 2 - 4　主要申请人专利申请量趋势

分析可知，稀土储氢合金全球专利申请排名前十的主要申请人中，三洋是当之无愧的领头羊，不仅其申请总量遥遥领先，而且，该申请人在经历了从 1985 年至 1995 年的第一个申请量高峰之后，经过技术发展后又出现了第二个高峰期，充分表明了该申请人在稀土储氢合金基础专利上拥有垄断地位，并可以预期该申请人在未来依然会关注该领域的技术发展；而申请总量排名第二的东芝，其申请量高峰期出现在 1990 ~ 2000 年，之后的申请量急剧减少，目前来看，该公司对于稀土储氢合金的专利布局已处于收网状态；此外，申请总量排名第三的松下，其逐年申请量没有大的波动，可以预期该公司在未来还会在该领域进行专利布局；另外，三井和日本 TDK 公司虽然申请总量分别位居第五和第七位，但是，该两公司近年来表现出较强的势头，是该领域不容忽视的竞争对手。

# 三、稀土储氢合金的中国专利分析

本节分析稀土储氢合金在中国范围内的专利状况，主要包括专利申请趋势、主要申请人排名、主要申请人申请量变化趋势等。

## （一）申请态势

通过对中国数据分析，绘制中国稀土储氢合金专利申请的申请趋势图（图3-1）。

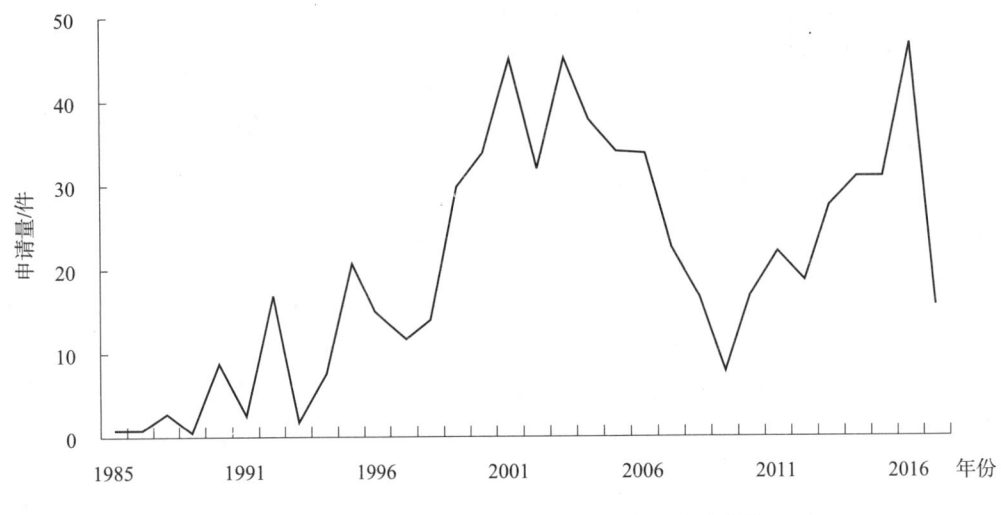

**图3-1 稀土储氢合金在中国的整体专利申请趋势**

图3-1显示的是稀土储氢合金在中国专利申请量的变化趋势，其大致表现为技术萌芽期、快速增长、缓慢增长和再次快速增长的趋势；但是，与稀土储氢合金在全球的专利申请量变化趋势相比，该技术在中国市场的起步要比全球晚20年，而且在中国申请数量的升降趋势比全球申请数量的升降趋势有所滞后，这正好反映出我国在稀土储氢合金领域技术紧跟世界步伐的现状，这与中国的宏观经济环境、知识产权扶植政策和企业的战略转型也有关系。

## （二）主要申请人

对稀土储氢合金中国专利申请的主要申请人进行统计分析，获得如图3-2所示的申请人排名；进一步对中国的代表性申请人的申请量进行申请趋势统计分析，得到图3-3。

从图3-2、图3-3中可知，稀土储氢合金中国专利申请的主要申请人具有如下特点。

1. 本土化：主要申请人基本上来自中国的企业和高校，国外的申请人相对较少，其中以浙江大学领先，日本的丰田在中国也有专利申请，表明目前在中国市场还是以本土申请人为主导，同时也要关注该领域的领头羊在中国的专利布局情况。

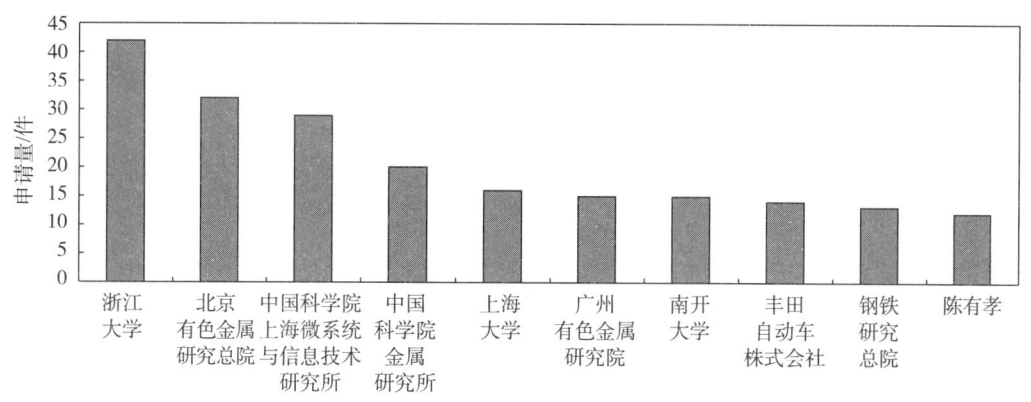

图3-2　稀土储氢合金领域的中国主要专利申请人分布

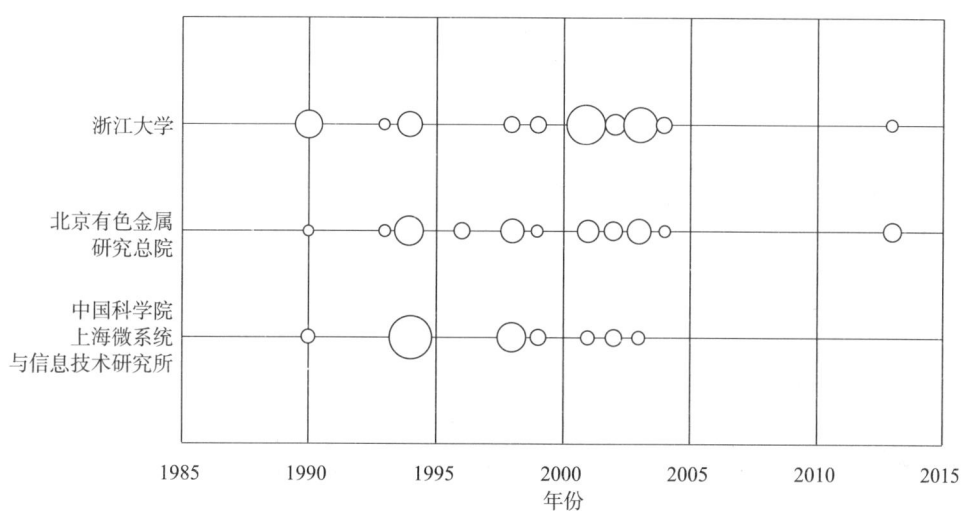

图3-3　主要申请人的专利申请量变化趋势

2. 重研究，轻产出：虽然主要申请人大多来自中国，但是，这些申请人当中绝大部分来自高校和科研院所，而企业却寥寥无几，而该领域中全球排名前十的主要申请人都来自日本的企业，表明我国产业化程度相对较低，主要还停留在科研阶段，我国企业在这一领域的研究和投资还有待进一步加强，企业和科研院所联盟也将成为我国在该领域参与技术和市场竞争的良策。

3. 集中化程度低：中国虽然在该领域的产出总量排名第二，但是还没有形成具有雄厚竞争实力的本土企业或科研院所，申请量比较分散，即使是包括科研院所和企业在内的我国排名靠前的本土申请人，与全球排名靠前的日本企业相比，申请总量和增长趋势都存在一定差距。

4. 起步晚：从图3-3可以看出，我国企业和科研院所所申请专利的年代基本在20世纪90年代后，落后于日本。

## 四、稀土储氢合金的关键技术主题分析

稀土储氢合金的性能改进主要包括抗氧化粉化提高循环寿命、吸放氢特性改善、储氢容量、低成本、轻量化等；而对于这些性能的改进主要是通过合金成分、微观组织（如结晶）、合金冶炼工艺控制、热处理工艺控制、表面处理，以及合金的复合化等技术手段实现。

本节主要对稀土储氢合金的技术功效进行分析，以寻找该领域的技术研发热点和技术空白点；并进一步探寻主要类型的稀土储氢合金的技术发展路线，预测未来发展方向。

### （一）稀土储氢合金的技术功效

通过对稀土储氢合金专利申请进行技术标引，最终绘制了图 4−1 所示的稀土储氢合金的技术功效图，以及图 4−2 所示的稀土储氢合金的时间功效图。

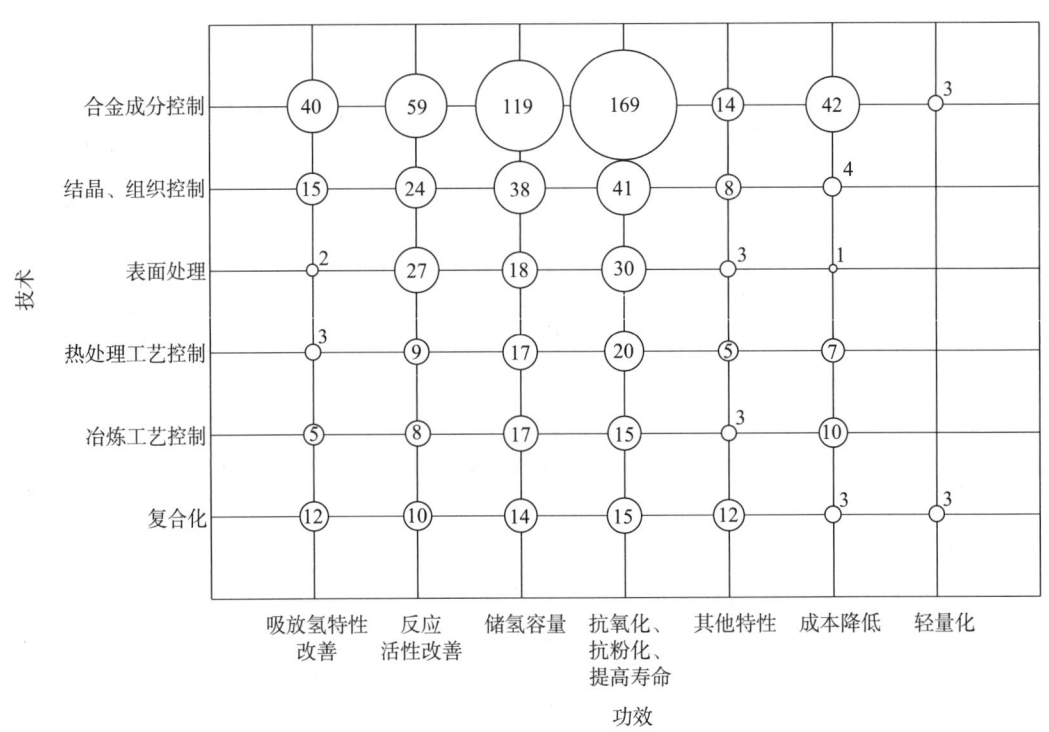

**图 4−1 稀土储氢合金的技术功效图**

注：图中数字表示申请量，单位为项。

从图 4−1 中可以看出：在稀土储氢合金领域中，最为常用的技术手段是合金成分控制，其次是结晶、组织控制和表面处理。对合金成分的控制、结晶、组织控制，主要用于改善合金的循环寿命和提高储氢容量以及改善合金的反应活性等，也是该领域的研发热点所在。此外，合金轻量化、改善合金吸放氢特性以及降低电池成本与表面处理相结

合的专利申请很少，通常认为表面处理手段无法达到有效降低成本及轻量化的目的，而表面处理对吸放氢特性的影响则还有待继续研究，而通过合金成分的控制，如添加轻元素及低成本元素在同时满足其他性能时，可进行低成本化、轻量化的改进。

从图 4-2 中可以看出：从 20 世纪 90 年代到大约 21 世纪的最初十年是稀土储氢合金的高峰发展期，这一时期对各个方面都重点进行了研究和涉及，如提高稀土储氢合金的储氢容量以及提高循环寿命等。

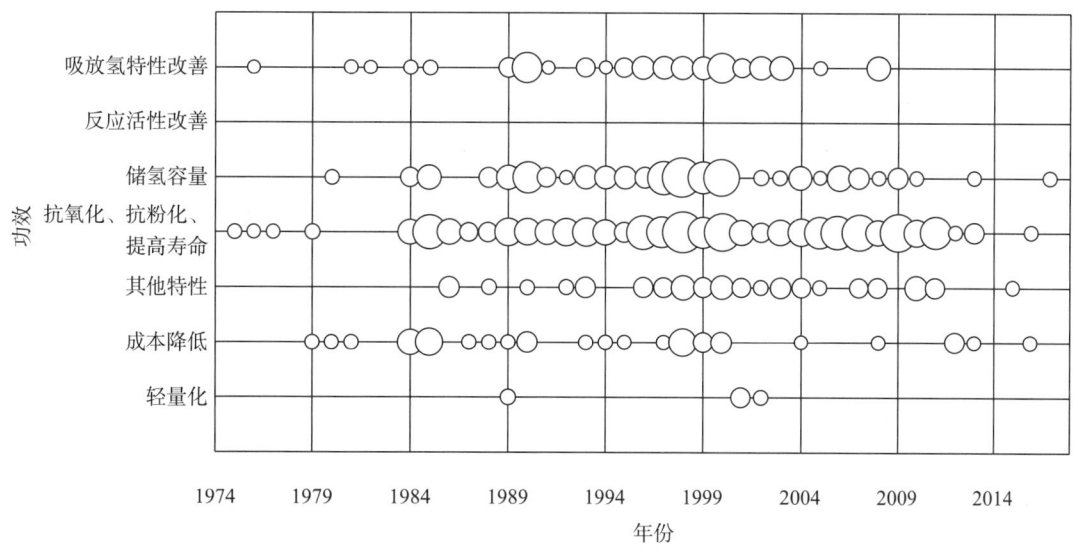

图 4-2　稀土储氢合金的时间功效图

### （二）AB₅型稀土储氢合金

1. 技术功效

图 4-3 为 AB₅型稀土储氢合金的技术功效图。图 4-4 为 AB₅型稀土储氢合金的时间功效图。

从图中可以看出：合金成分控制是 AB₅型稀土储氢合金领域的首要技术手段；其次是表面处理；再是冶炼工艺控制，结晶、组织控制，复合化，热处理工艺控制等技术手段。对合金成分、结晶和组织的控制，可以改善合金的抗氧化、抗粉化，从而达到提高循环寿命以及提高合金的储氢容量等效果，因此成为 AB₅领域的研发热点所在。

此外，在该阶段，专利申请基本不涉及 AB₅合金轻量化，这与 AB₅技术早期主要关注储氢性能与电池性能有关。

从图 4-4 时间功效图中可以看出：在较长的时间范围内，如何提高 AB₅稀土储氢合金的抗氧化、粉化性能从而提高寿命一直是该领域的研发热点所在，其次是如何提高储氢合金的吸放氢速度以及改善吸放氢的条件；近年来，提高 AB₅稀土储氢合金的储氢容量则研究较少，这与该类合金的储氢容量已经达到理论最高值有较大关系。

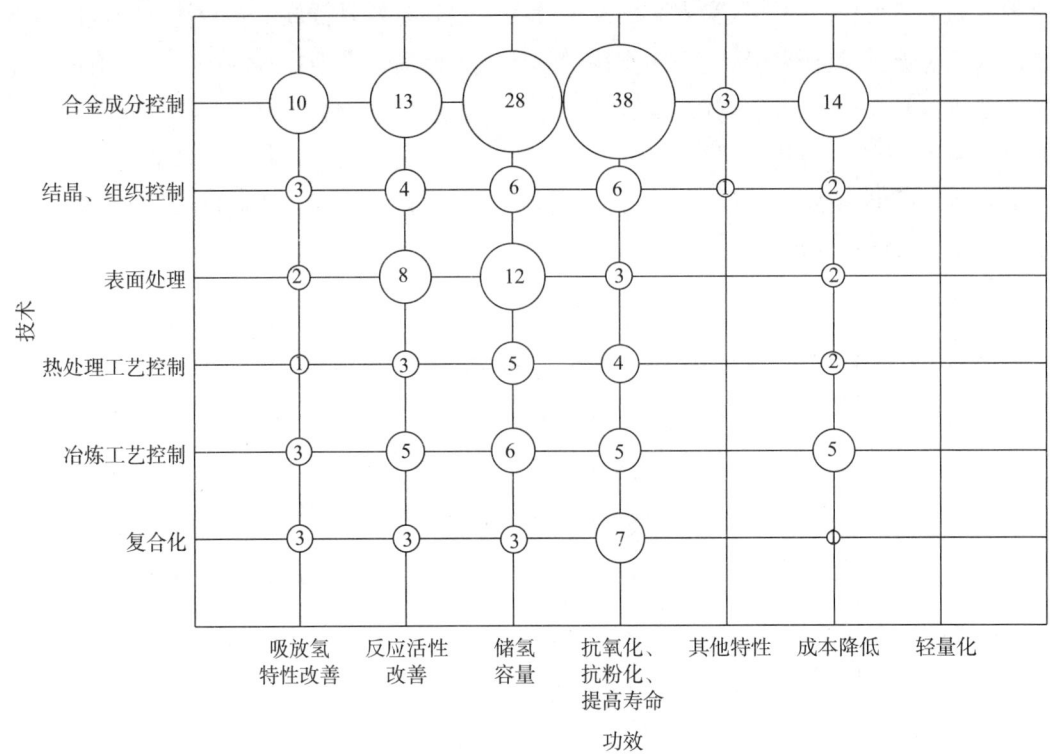

**图4－3　AB₅型稀土储氢合金的技术功效图**

注：图中数字表示申请量，单位为项。

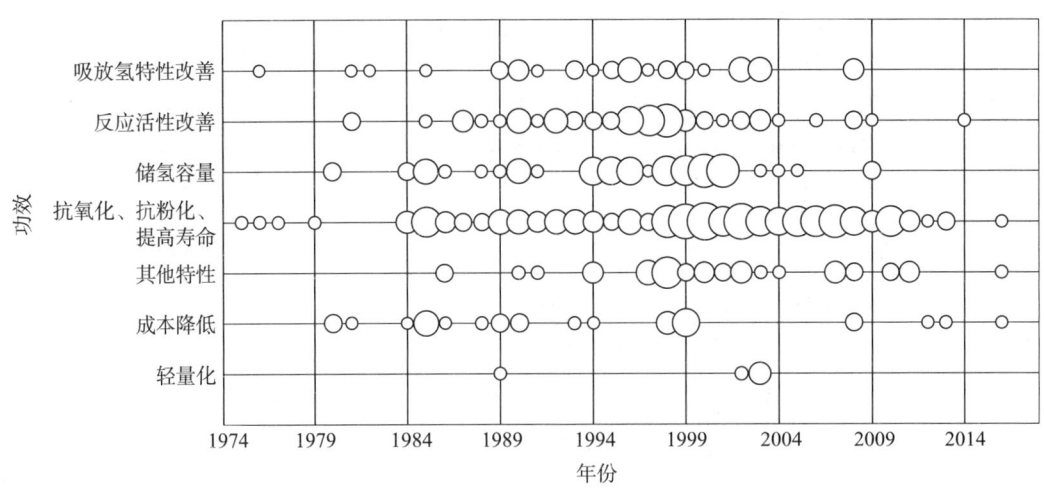

**图4－4　AB₅型稀土储氢合金的时间功效图**

2. $AB_5$ 技术发展路线

$AB_5$ 型储氢合金一般由 A、B 两类元素组成，A 侧元素一般是指那些容易形成稳定氢化物的放热型金属，如 Mg、Zr、Ca、La、Ce 等，B 侧元素一般是指那些难于形成氢化物的吸热性金属，如 Ni、Cu、Fe、Co、Mn 等。根据 A 侧元素的变化，$AB_5$ 型稀土储氢合金技术基本经历了两个较大的发展阶段：

1980 年前的第一阶段，即传统 $AB_5$ 型储氢合金，A 侧元素一般为一种，最多为两种，如以 La、Ca、Ce 为主要元素的稀土储氢合金电极，B 侧元素也一般为 1 到 2 种。主要类型为 $LaNi_5$、$CaNi_5$、$SmCo_5$、$CaCu_5$ 等。其中较为典型的是荷兰 Philips 公司提出的全球第一篇 $AB_5$ 型稀土储氢合金专利 NL162611B，其主要为 $LaNi_5$ 型，由于该专利具有开创性意义，因此简述其技术如下：其典型合金有：$LaNi_5$、$La_xCe_{1-x}Ni_5$（$0.55 < x < 1$）、$La_{0.80}Y_{0.20}Ni_5$、$La_{0.90}Zr_{0.10}Ni_5$、$La_{0.5}Ca_{0.5}Ni_5$、$LaNi_{4.5}Cu_{0.5}$，上述合金 A 侧元素基本以 La 为主，间或加入 Ce、Ca、Y、Zr 等，且加入 Ce 时，其 Ce 含量不宜超过 45% 的摩尔比例；B 侧元素主要为 Ni，并加入少量 Cu；单位质量储氢合金储氢量高达 167cc/g，21℃下平台压力为 3.5atm。$LaNi_5$ 具有卓越的储氢性能，它在室温下就能很好地吸放氢，储氢密度超过液氢，平衡压力适中，冶炼方便，容易活化和抗中毒性强。其缺点是合金价格高，而且密度大，吸收一定量氢后的合金重量就更大。日本松下电器公司针对 $CaNi_5$ 实用性差的问题以及 $LaNi_5$ 成本高的问题，在专利 JP5535457B2 中进一步开发了非化学计量比的 $CaNi_5$ 型储氢合金，其较佳组成为 $CaNi_{4.55}$，在 18℃下，吸放氢平台压力不到 0.5atm，单位质量吸氢量为 231cc/g；在 100℃下其吸放氢平台压力为 7atm 左右，单位质量储氢合金吸氢量也达到 188cc/g。随后，松下电器公司进一步对上述 $CaNi_{4.55}$ 合金进行了改进，在专利 JP5522402B2 中开发了一种 $Ca_{0.91}Mg_{0.09}Ni_{4.55}$ 储氢合金，进一步降低了价格，并实现了轻量化，同时显著提高了室温下氢的放出量。

进入 20 世纪 80 年代后的第二阶段，由于受能源危机的影响，各国加大了能源材料的研发，到 80 年代中后期，$AB_5$ 型专利技术大量涌现，除局部优化 La、Ca 系如专利 JP61019062A 外，更多的研发在于 A 侧元素采用混合稀土，并限定 La 的含量，如专利 JP5086029B，明确 La 的含量范围在混合稀土中为 25% ~ 70%，专利 JP4979178B2 进一步限定 La 的含量为 30wt% ~ 50wt%，进一步降低成本，提高性能；就 B 侧元素而言，由 Ni 发展到 Mn、Co、Al 等多元素，进一步综合提高 $AB_5$ 型合金的各项性能。近年来，关于 $AB_5$ 型合金的表面处理改性的专利逐渐增加，表明研究人员开始关注更加细化的技术手段对于储氢合金性能的影响。

### （三）$AB_3$ 型稀土储氢合金

1. 技术功效

图 4-5 为 $AB_3$ 型稀土储氢合金的技术功效图。图 4-6 为 $AB_3$ 型稀土储氢合金的时间功效图。

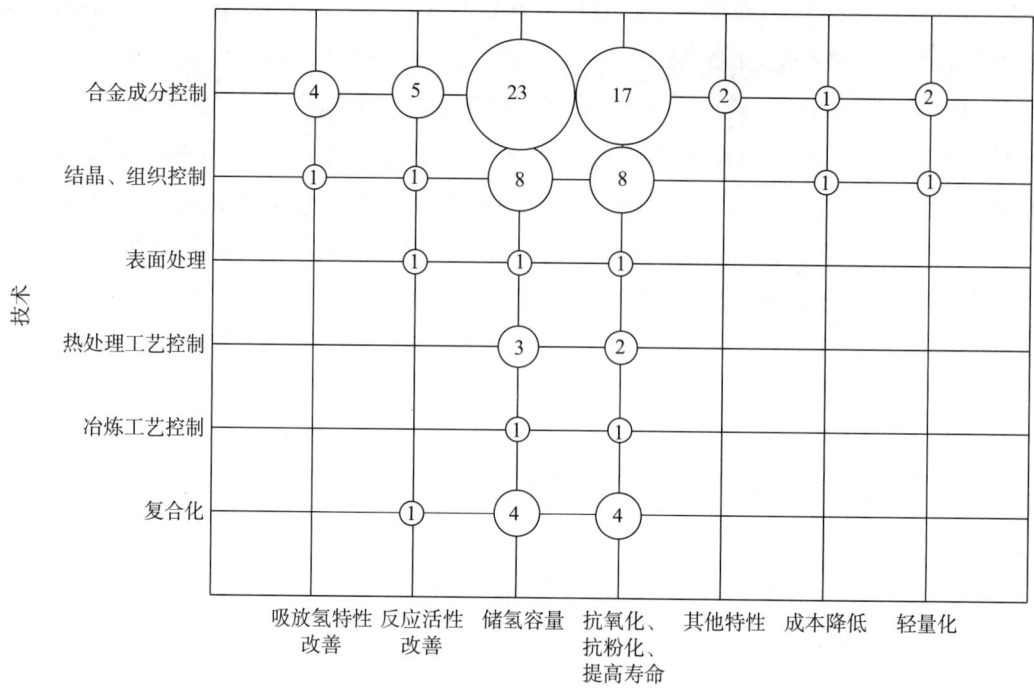

图4-5 AB₃型稀土储氢合金的技术功效图

注：图中数字表示申请量，单位为项。

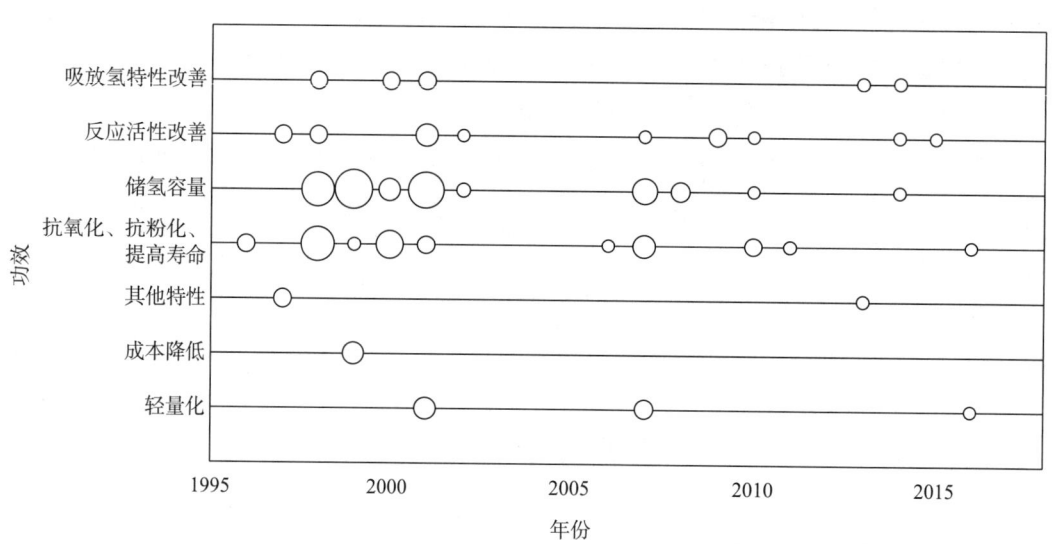

图4-6 AB₃型稀土储氢合金的时间功效图

从图4-5中可以看出：合金成分控制、结晶、组织控制是AB₃型稀土储氢合金领域的主要技术手段。对合金成分的控制、结晶、组织控制，主要用于改善合金的抗氧化、抗粉化以及提高合金的储氢容量等效果上，也是该领域的研发热点所在。同时，对于

AB$_3$ 型储氢合金来说，其改进技术手段还在于对于合金的热处理工艺控制与复合化方面，这与 AB$_3$ 型技术发展是在 AB$_5$ 之后有关，经过 AB$_5$ 发展，人们对于合金的成分及组织对于性能的影响已经有了非常清晰的认识，因此除传统的成分和组织改进外，为了进一步提高综合性能，突出了热处理以及复合对于储氢合金的影响研究。

此外，对于合金轻量化、吸放氢特性改善和吸放氢反应活性改善与表面处理、热处理工艺控制等相结合的专利申请极少，存在一定的技术空白点。

从图 4-6 中可以看出：在时间功效上，AB$_3$ 在两个阶段呈现比较集中的趋势。一是在 20 世纪 90 年代末至 21 世纪初，这是整个稀土系研发的高峰，相应地，AB$_3$ 的研发也在该阶段有一个高峰；二是在 2010 年前后，众多电池激烈竞争继续努力优化稀土储氢合金的性能，AB$_3$ 的性能优化也集中在该阶段，这一阶段，从功效上看仍然在解决有关使用寿命以及吸放氢容量问题。

2. AB$_3$ 技术发展路线

20 世纪 90 年代，随着近 20 年的理论及技术研究，AB$_5$ 型技术发展逐渐成熟，AB$_5$ 型由于其容量提高空间不大（280~330mAh/g）且 CaCu$_5$ 结构受限致使其能量密度偏低，难以满足日益发展的镍氢电池的需求。科研人员为解决 AB$_5$ 型技术问题，除了对 AB$_5$ 进行深入细化研究之外，进一步发展储氢容量大的其他晶型研究，如 AB$_3$ 型，其具有活化快、放电比容量高、循环性能好、储氢量大及吸放氢平台适宜的优点。因此进入 20 世纪 90 年代后，AB$_3$ 型技术专利大量涌现，一开始就继承了 AB$_5$ 的研究成果，对 A 侧元素、B 侧元素进行研究细化，东芝日本专利申请 JP10321223A 就提出了一种 B 侧元素改进的 AB$_3$ 型储氢合金，其用 Sn、Ga、Al 等取代部分 Ni，主要在于提高吸氢容量及放氢速度，东芝日本专利申请 JP2001316744A 进一步对 A 侧元素进行优化，采用混合稀土及含有 Mg 元素，B 侧元素采用 Co、Cr、Al、Mn 等，提高了抗氧化粉化能力，且适用于宽温状态下使用，并优化了充放电特性。东芝美国专利 US6268084B1 对 AB$_3$ 型合金作为负极在镍氢电池中的组装进行了深入的研究，其中采用了 La$_{0.7}$Mg$_{0.3}$Ni$_{2.5}$Co$_{0.5}$、Lm$_{0.6}$Mg$_{0.3}$Ca$_{0.1}$（Ni$_{0.8}$Co$_{0.05}$Cr$_{0.05}$）$_{3.12}$ 等的 PuNi$_3$ 型合金，改善高温下储存导致容量消失的问题。

后续大量研究涉及多晶型复合问题，如与 A$_2$B$_7$、AB$_5$ 等晶型同时复合，进一步利用各晶型的优点。为提高反应速度，提高循环寿命，三洋日本专利 JP3397981B2 提出了一种 LaNi 系的多晶相结构，如 LaNi$_3$/LaNi$_4$/LaNi$_5$/La$_5$Ni$_{19}$ 的组成结构；日本东芝公司国际专利申请 WO01/048841A1 提出了多晶相的控制结构如 Ce$_2$Ni$_7$/ + PuNi$_3$，以及平行联晶 Ce$_2$Ni$_7$ + PuNi$_3$ + A$_5$B$_{19}$。

随着近十多年的技术发展，AB$_3$ 技术逐渐进入了成熟稳定区，进入 2000 年以后，AB$_3$ 技术专利逐步减少，其主要技术已经不在于其合金研究了，而在于其镍氢电池的整体推进。

## （四）$A_2B_7$型稀土储氢合金

### 1. 技术功效

图4-7为$A_2B_7$型稀土储氢合金的技术功效图。图4-8为$A_2B_7$型稀土储氢合金的时间功效图。

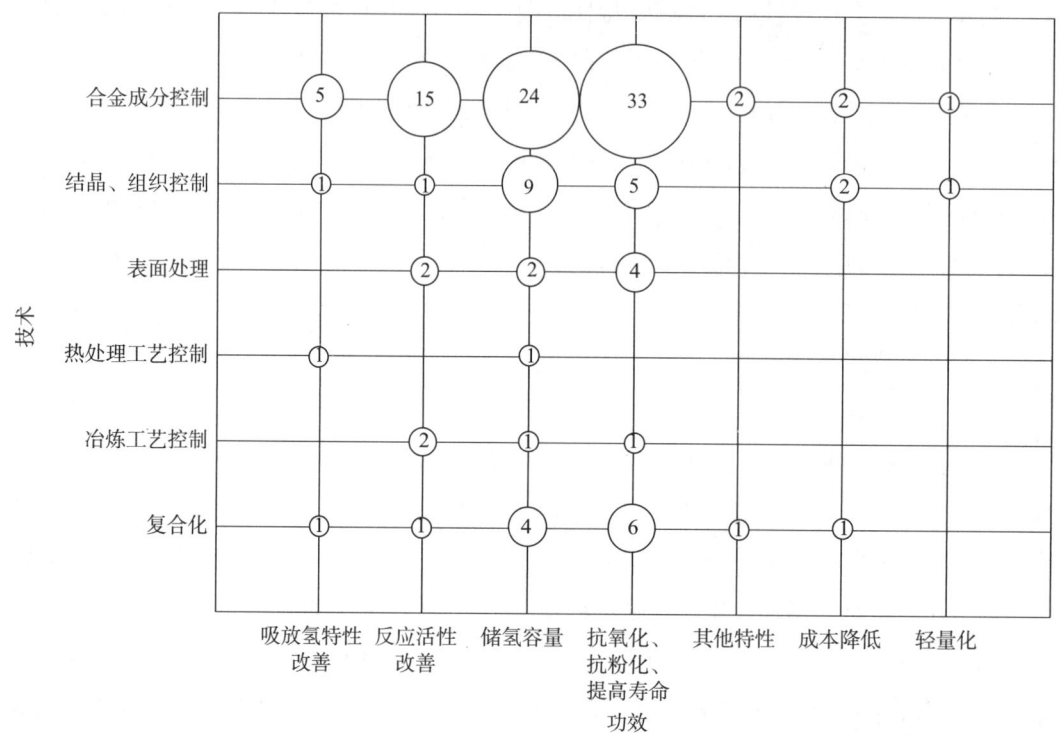

**图4-7 $A_2B_7$型稀土储氢合金的技术功效图**

注：图中数字表示申请量，单位为项。

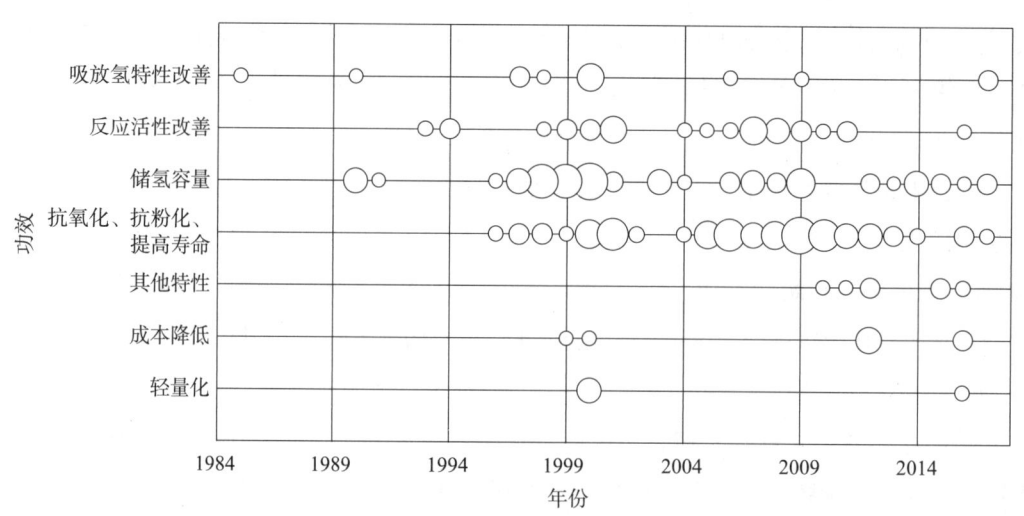

**图4-8 $A_2B_7$型稀土储氢合金的时间功效图**

从图 4-7 中可以看出：合金成分控制，结晶、组织控制和复合化是 $A_2B_7$ 型稀土储氢合金领域的主要技术手段。对合金成分的控制，结晶、组织控制，主要用于改善合金的抗氧化、抗粉化性以及提高合金的储氢容量等，是该领域的研发热点所在。而从关注性能角度讲，抗粉化、容量等一直也是该领域非常重要的研究热点。

此外，对于合金轻量化、改善合金吸放氢速度和反应条件与表面处理、热处理、冶炼工艺、复合化相结合的专利申请很少，存在技术空白点。可对表面处理对于吸放氢速度的影响、热处理对于吸放氢反应条件的影响、冶炼工艺对于吸放氢速度的影响等进行细致深入的研究，以期寻求该型合金的突破。

从图 4-8 中可以看出：对于如何提高 $A_2B_7$ 稀土储氢合金的储氢容量，以及抗氧化、抗粉化和提高循环寿命的研究是该领域的研发热点所在，其次是如何提高储氢合金的吸放氢速度以及改善吸放氢的条件；对于该类合金中如何降低成本的研究也相对较多。

2. $A_2B_7$ 技术发展路线

$A_2B_7$ 型技术与 $AB_3$ 技术发展基本同步，二者起步基本从 20 世纪 90 年代开始，如专利申请 US6268084B1 不仅研究了 $PuNi_3$ 型技术，还同时研究了 $Ce_2Ni_7$ 型，其中一电极组分为 $La_{0.53}Nd_{0.24}Mg_{0.23}$（$Ni_{0.85}Cr_{0.12}Al_{0.03}$）$_{3.3}$，不过与 $AB_3$ 型技术在 2000 年以后逐渐淡化相比，$A_2B_7$ 型技术在 2000 年以后反而成为研究热点，且 $A_2B_7$ 型技术是继 $AB_5$ 型之后，新一代稀土储氢合金电极的主要产业化产品。$A_2B_7$ 型化学组成基本为 La - Mg - Ni 的改进，对于 B 侧元素主要是 Co、Al、Mn 的协调配合取代部分 Ni 原子。浙江大学中国发明专利 CN1234891C 采用的是 Co、Mn、Al 取代部分 Ni，通过快速凝固法制备的方式；而松下日本专利申请 JP2011 - 018493A 则采用 Co、Al 取代部分镍作为负极制备了宽温型镍氢电池。而对于 A 侧元素，基本采用的是 La - Mg 或 Mm（混合稀土）- Mg，如三洋公司日本专利 JP4342186B2，其 A 侧元素主要采用 $La_{0.21}Ce_{0.05}Pr_{0.13}Nd$ 比例的混合稀土。

$A_2B_7$ 的晶型结构来说主要是 $Ce_2Ni_7$ 型，且多与其他晶型，如 $PuNi_3$ 型联合改进电极性能，如东芝国际专利申请 WO01/048841A1（中国同族授权号 ZL99 817099.2）主相晶体结构采用的是 $Ce_2Ni_7$ 型、$Ce_2Ni_7$ 型 + $CeNi_3$ 型、$Ce_2Ni_7$ 型 + $PuNi_3$ 型、$Ce_2Ni_7$ 型 + $Gd_2Co_7$ 型。巴斯夫公司中国专利授权 CN106460103A 也是采用多相结构，至少含有 $Ce_2Ni_7$ 和 $Pr_5Co_{19}$，具有突出的第二循环容量和优异的高倍率放电能力。

**（五）$A_5B_{19}$ 型稀土储氢合金**

1. 技术功效

图 4-9 为 $A_5B_{19}$ 型稀土储氢合金的技术功效图。图 4-10 为 $A_5B_{19}$ 型稀土储氢合金的时间功效图。

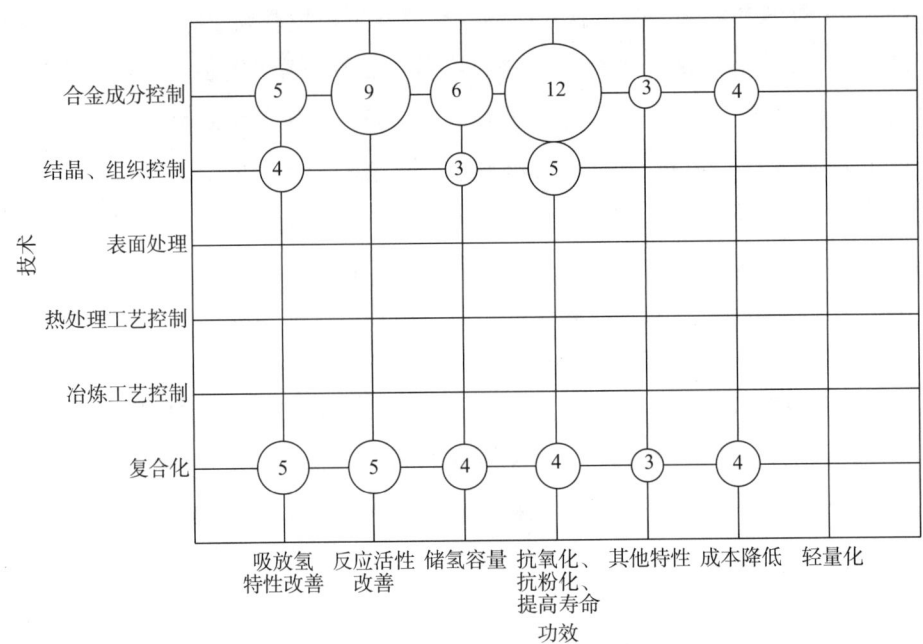

**图 4 - 9　$A_5B_{19}$型稀土储氢合金的技术功效图**

注：图中数字表示申请量，单位为项。

从图 4 - 9 中可以看出：合金成分控制，结晶、组织控制和复合化是 $A_5B_{19}$ 型稀土储氢合金领域的主要技术手段。对合金成分的控制，结晶、组织控制和复合化主要用于改善合金的抗氧化、抗粉化以及提高合金的储氢容量、改善吸放氢速度、提高反应活性等，也是该领域的研发热点所在。

此外，对于合金轻量化、改善合金吸放氢速度和反应条件与表面处理、热处理、冶炼工艺相结合的专利申请很少，存在技术空白点。这与 $A_5B_{19}$ 型合金发展时间较短，以及其主要是作为与其他型合金复合化来提高电池性能有关，因此其也必然涉及成分及微观组织方面。下一步，可采用表面处理、冶炼工艺、热处理等手段对于该型合金进行研究，以期寻求性能上的进一步突破。

从图 4 - 10 中可以看出：对于如何提高 $A_5B_{19}$ 稀土储氢合金的抗氧化、粉化和提高循环寿命是该领域的研发热点所在，其次是如何提高储氢合金的吸放氢速度以及改善吸放氢的条件；对于该类合金中如何降低成本的研究也相对较多。

2. 技术发展路线

20 世纪 90 年代中期，与 $A_2B_7$ 型技术类似，科研人员开始研究 $A_5B_{19}$ 型技术，对于 $A_5B_{19}$ 型合金的组分研究一直是持续研发的重点，三洋公司于 2011～2013 年持续推出了对 $A_5B_{19}$ 合金组分控制的多项研究，如专利申请 JP2013134903A 关注了组分改进和成本的关系，专利申请 JP2013114888A 关注了组分改进与抗氧化和抗粉末化的关系，专利申请

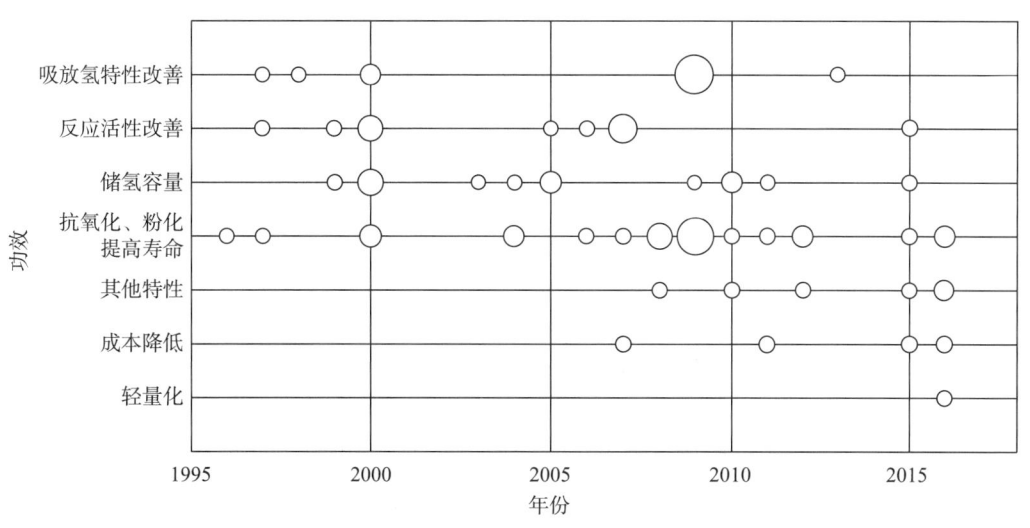

图 4 – 10   $A_5B_{19}$ 型稀土储氢合金的时间功效图

JP2014049210A 关注了组分改进与充电效率的关系。

由于单独采用 $A_5B_{19}$ 结构的负极较少，较多的是与其他晶型复合的研究，大规模的专利申请出现在 2000 年后，且基本上与其他晶型的结合作为负极材料使用，因此 $A_5B_{19}$ 晶相主要是复合使用。

三洋公司日本专利 JP3397981B2 研究了采用含有 $La_5Ni_{19}$ 等组成晶相的储氢电极，其提高了反应速度，增加了循环寿命。

日本三洋公司中国专利 CN101471440B 采用的是多相结构，如还含有 $A_2B_7/AB_5$ 结构，具有好的输出功率特性且同时能保证持久性能和自身放电性能。

巴斯夫公司中国专利 CN106460103A 也是采用多相结构，至少含有 $Ce_2Ni_7$ 和 $Pr_5Co_{19}$，具有突出的第二循环容量和优异的高倍率放电能力。

### （六） $AB_5$、$AB_3$、$A_2B_7$ 和 $A_5B_{19}$ 型稀土储氢合金的横向比较

图 4 – 11 为 $AB_5$、$AB_3$、$A_2B_7$ 和 $A_5B_{19}$ 型稀土储氢合金的申请量变化趋势。从该图中可以看出：

$AB_5$ 型稀土储氢合金的申请总量最多，尤其是在 20 世纪 90 年代，其申请总量达到顶峰，进入 2000 年以后其申请量开始回落，但依然属于储氢合金材料研究的重点。早在 20 世纪 90 年代，采用 $AB_5$ 型稀土储氢合金作为负极材料的镍氢电池在日本获得商业化成功，采用镍氢电池的清洁能源动力汽车也实现产业化，正好体现出在这一时期的专利申请量大幅度增长，但是，随着该技术的发展，由于 $AB_5$ 型稀土储氢合金的理论储氢容量达到了极限且该技术日趋成熟，该领域的专利申请量呈现下降趋势。近年来，关于 $AB_5$ 型合金的改性处理逐渐增多，例如表面改性等，这与新技术的发展是分不开的。

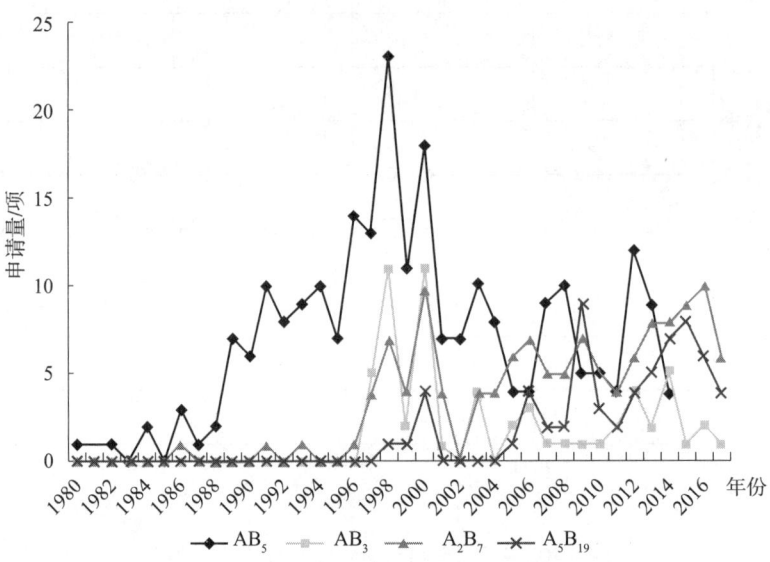

图 4 – 11　$AB_5$、$AB_3$、$A_2B_7$ 和 $A_5B_{19}$ 型稀土储氢合金的申请量变化趋势

随着 $AB_5$ 型稀土储氢合金技术的发展与成熟，新的晶型 $AB_3$、$A_2B_7$ 也相继出现，尤其是 $A_2B_7$ 和 $A_5B_{19}$ 型是近年来研究较多的新晶型。$A_5B_{19}$ 作为稀土合金的后起之秀，逐渐受到各大公司和科研院所的关注。在传统合金研发的基础上，新型合金的研究吸纳了已有的研发经验，结合了新技术的发展，取得了突破性的进展，可以预期的是未来越来越多的新晶型将被研发出来，稀土储氢合金的性能和应用也将进一步得到提升。

## 五、稀土储氢合金领域的国内外重要申请人

本节在上述稀土储氢合金领域宏观分析的基础上，对全球的重要申请人和国内的主要申请人进行专利布局分析和技术分析。

### （一）三洋公司稀土储氢合金专利分析

1. 专利申请总体趋势

图 5 – 1 为三洋稀土储氢合金专利申请量趋势。三洋电机株式会社是储氢材料领域专利申请的领头羊，在稀土储氢合金领域也是如此，从图中可以看出：其技术发展经历了第一阶段（1980～1992 年）的技术萌芽期、第二阶段（1993～2002 年）的技术瓶颈期、第三阶段（2003～2009 年）的平稳期和第四阶段（2010 年至今）的又一个迅猛发展期。日本在 20 个世纪末把镍氢电池的研究作为它的十二个高科技发展项目之一，自 1990 年开始，日本各个电池厂商开始大规模生产镍氢电池，而且产销量逐年成倍增长，形成了三洋、松下和东芝在镍氢电池生产中三足鼎立的局面。从整体趋势看，其专利申请量属于震荡上行趋势，技术在不断地积累和开发，其从 20 世纪 80 年代初开始，对储氢合金

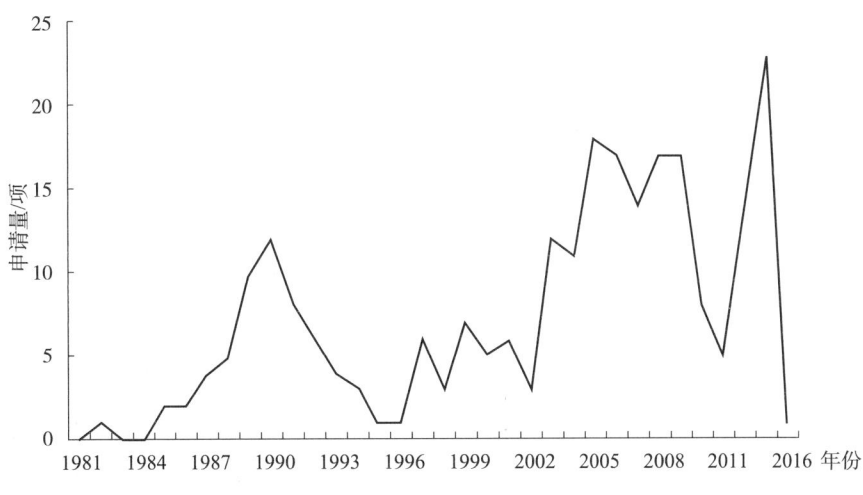

图 5 - 1　三洋稀土储氢合金专利申请量趋势

进行开发应用，经过短暂的技术开发后，其申请量逐渐上升，从而在 1990 年前后形成的局部的高峰；之后逐渐下行（1992～1995 年）并且有一个局部的震荡平稳期（1995～2002 年），这一时期，经过前期的技术萌芽并快速发展之后，基础性问题得到解决，性能提高遇到了瓶颈，因此此段期间专利活跃度处于较低水平，在经历了近 10 年的技术再攻关之后，从约 2003 年开始专利申请量又逐渐开始上升，表明在此后这段时间，其技术问题得到了一定程度的解决；而作为距离最近的一次高峰则要数 2013 年前后，此时镍氢电池为主的材料技术基本已经成熟，而更多的是电池整体性能优化、电池管理系统等的建立和控制运行。

2. 技术方向技术手段功效

从图 5 - 2 中可以看出其研发的技术手段覆盖到储氢合金的成分控制，结晶组织控制，表面处理，热处理工艺控制，冶炼工艺控制以及复合化等多方面，尤其对于合金的成分控制是其研发重点；其改进的技术效果主要包括如何改善储氢合金的吸放氢特性、反应活性、储氢容量和如何改善抗氧化粉化，提高寿命，尤其对于提高储氢容量和提高寿命是其研发的重中之重。

3. 技术方向技术手段对应发展趋势分析

根据其研究方向和技术进展，可得到三洋公司的技术路线，并可以将该公司的专利申请按照年代分为以下四个阶段：第一阶段（1979～1989 年）、第二阶段（1990～1999 年）、第三阶段（2000～2005 年）和第四阶段（2006 年至今），其中各个阶段的重点专利和发展状况如表 5 - 1 所示。

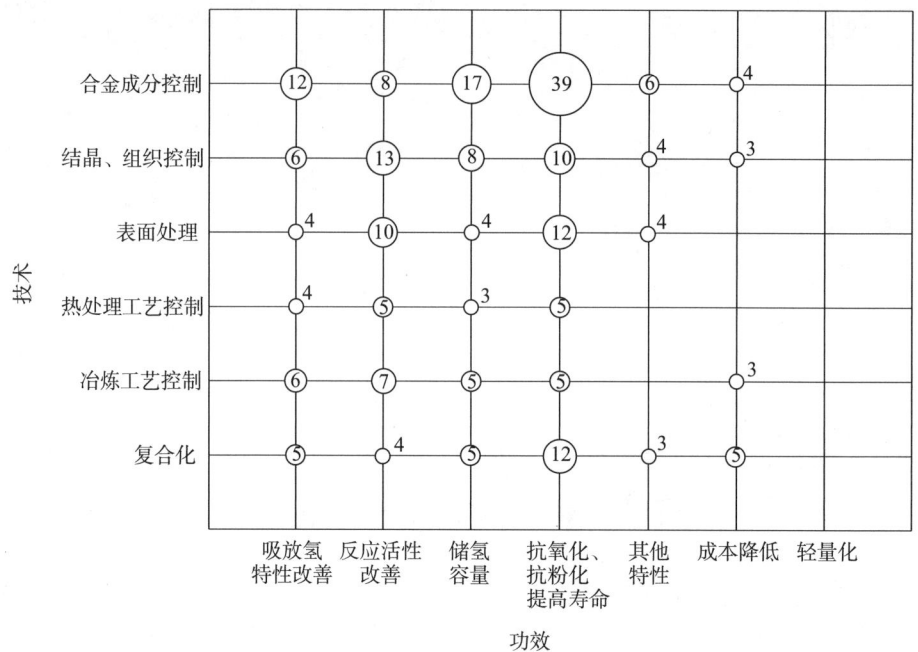

**图5-2 三洋在稀土储氢合金领域的技术功效图**

注：图中数字代表申请量，单位为项。

**表5-1 三洋公司稀土储氢合金专利技术概况**

| 三洋 | 1979~1989年 | 1990~1999年 | 2000~2005年 | 2006年至今 |
|---|---|---|---|---|
| AB$_5$型合金 | JP55154301A<br>JP62249357A<br>JP1162741A<br>JP2277737A | JP4052242A<br>WO1997050135A1 | US20040134569A1<br>JP2005032573A<br>JP2005290473A | |
| A$_2$B$_7$型合金 | JP61019062A | JP3093158A | JP2004273346A<br>US20040146782A1<br>JP2005290473A<br>JP2005142146A | US20070065721A1<br>US20070158001A1 |
| A$_5$B$_{19}$型合金 | | | | WO2007034760A1<br>US20090169995A1<br>EP2367222A2<br>JP2013114888A<br>JP2014049210A |
| AB、AB$_2$、Laves型钛系合金 | JP1021029A<br>JP1108341A | EP622860A2<br>JP4074845A<br>JP10162820A | US20050100789A1 | |

续表

| 三洋 | 1979～1989 年 | 1990～1999 年 | 2000～2005 年 | 2006 年至今 |
|---|---|---|---|---|
| 复合形态 | JP56026701A<br>$A_5B_{19}$，$AB_5$复合<br>JP1129936A<br>AB，$AB_5$，$AB_2$复合 | JP4041637A<br>AB，$AB_5$，$AB_2$复合<br>JP10001731A<br>$AB_3$，$AB_5$，$A_5B_{19}$复合 | US20030129491A1<br>AB，$A_2B_7$复合<br>JP2001068101A<br>$AB_5$，$A_2B_7$复合 | EP2031676A1<br>$A_2B_7$，$A_5B_{19}$复合<br>JP2012156101A<br>$A_2B_7$，$A_5B_{19}$复合 |
| 研究方向 | 以传统 $AB_5$ 型镁镍系合金为主，并利用工艺改性、掺杂、晶相调整以及复合化等手段对其性能进行改性 | 仍以 $AB_5$ 型镁镍系合金为研究重点，此外同时对各种钛系稀土合金进行了深入研究，通过特殊的热处理方法提高了 Ti 系合金的活性和可再生性 | 由 $AB_5$ 型逐步向 $A_2B_7$ 型镁镍系合金进行转换，合金结构和组成被进一步细化，例如加入了碳导电剂乙炔黑和/或凯提恩炭黑，为电池带来了更好的循环特性 | 此阶段三洋公司基本上淘汰了 $AB_5$ 型合金，$A_2B_7$ 型合金专利也大幅度减少，而新型的 $A_5B_{19}$ 型合金成为新的主角，复合型合金中也完全淘汰了 $AB_5$ 型合金，为 $A_2B_7$ 和 $A_5B_{19}$ 复合 |

## 4. 重点专利技术分析

（1）专利 US2004146782A1 公开的碱性蓄电池包括负极、以氢氧化镍作为活性物质的正极和碱性电解液。负极由通式 $Ln_{1-x}Mg_xNi_{y-a}M_a$（Ln 为至少一种稀土元素，M 为至少一种选自 Al、V、Nb、Ta、Cr、Mo、Mn、Fe、Co、Ga、Zn、Sn、In、Cu、Si and P 的元素，$0.05 \leqslant x < 0.20$，$2.8 \leqslant y \leqslant 3.9$ and $0.10 \leqslant a \leqslant 0.50$）所示的贮氢合金及碳导电剂的贮氢合金电极构成，将碱性蓄电池活化之后以 1 小时放电率（It）放电至 1.0V 时，贮氢合金中含有的氢的量在 0.01wt% 以下。碳导电剂可为乙炔黑和/或凯提恩炭黑。该提供的碱性蓄电池，具有好的循环特性，可用作便携式机器的电源。

（2）专利 JP2005142146A 公开的镍氢蓄电池具有正极、使用了贮氢合金的负极和碱性电解液，其中贮氢合金使用的是至少含有稀土类元素、镁、镍和铝，且在以 Cu－Kα 射线作为 X 射线源的 X 射线衍射测定中出现在 $2\theta = 30° \sim 34°$ 范围的最强峰强度 IA 和出现在 $2\theta = 40° \sim 44°$ 范围的最强峰强度 IB 的强度比 IA/IB 为 0.1 以上的贮氢合金，同时该镍氢蓄电池内含有的锰量相对于上述镍氢合金为 1.0wt% 以下。负极中使用的贮氢合金的构成元素还可含有钴。该种镍氢蓄电池，能抑制碱性电解液的消耗，防止贮氢合金的耐腐蚀性下降，即使在减少碱性电解液的量而提高容量的场合，也能得到充分的循环寿命，可得到高容量的镍氢蓄电池。

（3）专利 US2007158001A1 公开的贮氢合金由通式（$La_aPr_bNd_cZ_d$）$_{1-w}Mg_wNi_{z-x-y}Al_xT_y$（Z 选自 Ce、Pm、Sm、Eu、Gd、Tb、Dy、Ho、Er、Tm、Yb、Lu、Ca、Sr、Sc、Y、Yb、Ti、Zr 和 Hf 中的至少一种；T 选自 V、Nb、Ta、Cr、Mo、Mn、Fe、Co、Ga、Zn、Sn、In、Cu、Si、P 和 B 中的至少一种；$0 \leq a \leq 0.25$、$0 < b$，$0 < c$，$0 \leq d \leq 0.20$、$a+b+c+d=1$、$0.20 \leq b/c \leq 0.35$；$0.15 \leq x \leq 0.30$、$0 \leq y \leq 0.5$、$3.3 \leq z \leq 3.8$、$0.05 \leq w \leq 0.15$）表示（其中本申请为 $A_2B_7$ 型合金的代表专利）。该贮氢合金耐碱性好、原料易于准备，可抑制使用其的碱性二次电池过放电后再充电时内压的上升，提高循环寿命，可用于碱性二次电池（如镍氢二次电池）。

（4）专利 EP2031676A1 公开的储氢合金电极的负极活性物质是至少含有稀土类元素、镁和铝的储氢合金，该储氢合金的结晶结构具有至少由 $A_2B_7$ 结构和 $A_5B_{19}$ 结构构成的混合相，该储氢合金粒子的表面层以与主体相比镍的含有比率多的方式形成，表面层的镍的含有比率 X（wt%）和主体的镍的含有比率 Y（wt%）的比 X/Y 比 1.0 大且在 1.2 以下。该储氢合金可由通式 $Ln_{1-x}Mg_xNi_{y-a-b}Al_aM_b$ 表示，其中 Ln 为从含 Y 的稀土类元素中选出的至少一种元素，M 为从 Co、Mn、Zn 中选出的至少一种元素，$0.1 \leq x \leq 0.2$、$3.5 \leq y \leq 3.9$、$0.1 \leq a \leq 0.3$、$0 \leq b \leq 0.2$。该专利提供了具有高输出特性的储氢合金电极和可用于混合动力车辆、电动车等的碱蓄电池。

（5）专利 JP2014049210A 通过使钨、铌、锆的任意一种存在于正极中，抑制高温充电效率下降，解决含镁储氢合金由于 Mg 从储氢合金向正极移动，充电电位上升，所以容易引起氧的产生所导致的充电效率下降。通式为 $Ln_{1-x}Mg_xNi_{y-a-b}Al_aM_b$（其中，Ln 为从含有 Y 的稀土类元素、Zr 和 Ti 中选择的至少 1 种元素，M 为从 V、Nb、Ta、Cr、Mo、Fe、Ga、Zn、Sn、In、Cu、Si、P、B 中选择的至少 1 种元素，$0.05 \leq x \leq 0.30$，$0.05 \leq a \leq 0.30$，$0 \leq b \leq 0.50$，$2.8 \leq y \leq 3.9$）的储氢合金可用于镍氢蓄电池的负极。使用其的电池可用于混合动力车、电动汽车等。

（6）专利 JP2013114888A 通过正极添加 Zn 和电解液中添加特定含钼、钨、铌化合物，解决了含有高 La 含量的稀土储氢合金耐氧化性低下且放电加速劣化的问题。具体的稀土储氢合金为 $La_xRe_yMg_{1-x-y}Ni_{n-a}M_a$（其中，Re 是从除 La 以外的稀土元素中选择出的至少 1 种以上的元素：Nd、Sm、Y 等、M 为 Al、Co、Mn、Zn 选择的至少一种元素）。

5. 小结

从三洋公司的技术路线上可以看出，该公司的稀土储氢合金材料的晶型种类存在 $AB_5$、钛基合金、$A_2B_7$、$A_5B_{19}$ 的发展过渡趋势；而从该公司的技术功效上可以看出，对于提高稀土储氢合金材料的性能，其采用最多的技术手段为合金成分控制，其次是结晶和组织控制以及复合化方面。对于三洋的研发人员来说，他们最关注的合金性能改进是延长其使用寿命，其次是提高合金的反应活性以及扩充其储氢容量，这与世界范围内储氢合金产业的市场需求是相一致的。

另外从三洋公司的专利申请中还可以看出，其早期的专利存在将稀土元素以物理的方式，例如简单混合、涂覆等方式引入到镁基、镍基或钛基合金的表面或内部中，其中所加入的稀土含量是较低的（一般不超过20%），而且引入稀土元素的目的主要是为了满足储能或抗腐蚀等一些初级的需要；而该公司中期研发的稀土储氢合金产品基本结构已经成型，以类似 $Ln_{1-x}Mg_xNi_{y-a-b}Al_aM_b$ 这种构型的合金材料（稀土－镁镍基）作为主力晶型，在这种情况下，该公司通过向其内部共混一些其他元素（例如锆、碳导电剂乙炔黑和/或凯提恩炭黑等），或者调整各组分的含量，以求降低粉化，延长稀土储氢合金产品的循环寿命；而在现阶段，该公司仍然是在 $Ln_{1-x}Mg_xNi_{y-a-b}Al_aM_b$ 这种构型合金材料的基础上，通过进一步调整晶型组分含量，将 $A_5B_{19}$ 型合金作为主要的研究方向，并进行深入的研究和思路拓展，例如将 $A_2B_7$ 结构和 $A_5B_{19}$ 结构的不同结构进行混相操作，或改变铝对镍的浓度比率，即采用了更加精细化的工艺改性，以提高储氢合金材料初期的输出特性，维持表面状态从而提高终生做功量。这种需求相比前阶段可以说是又更先进了一步，同时也说明三洋公司研发的稀土储氢合金产品越来越适用于产业化的需求。

可以预料的是，三洋公司在该技术领域未来的研发方向仍然是采用更加精细化的工艺改性，对 $Ln_{1-x}Mg_xNi_{y-a-b}Al_aM_b$ 这种构型的合金材料进行结构和组成的调整，并制备出适于得到输出特性的稳定性和耐久性良好的碱性蓄电池的稀土类—Mg－Ni系储氢合金以及使用了该合金的碱性蓄电池用储氢合金电极。

**（二）东芝稀土储氢合金专利分析**

**1. 专利申请总体趋势**

图5－3为东芝稀土储氢合金专利申请量趋势。从图中可以看出其专利申请呈现较为明显的四个阶段。从1983年申请第1项专利到1989年期间，其技术发展处于萌芽期，年平均申请量为1项；从1990年至2000年，东芝公司在稀土储氢合金领域的技术分布和专利申请量进入迅猛发展期，专利申请的数量每年平均在10项左右；从2001年至2013年，其在稀土储氢合金领域的专利申请数量急剧减少，每年平均还不到一项专利申请，由此可见，在此期间东芝公司对于储氢合金本身已经研究不多，不过从2014至今，其稀土储氢合金的申请又逐渐增多，这主要是源于镍氢电池本身电池系统的申请，其本质上并不是对于储氢合金的大规模开发，只是在电池整体性能优化的前提下的局部改造。

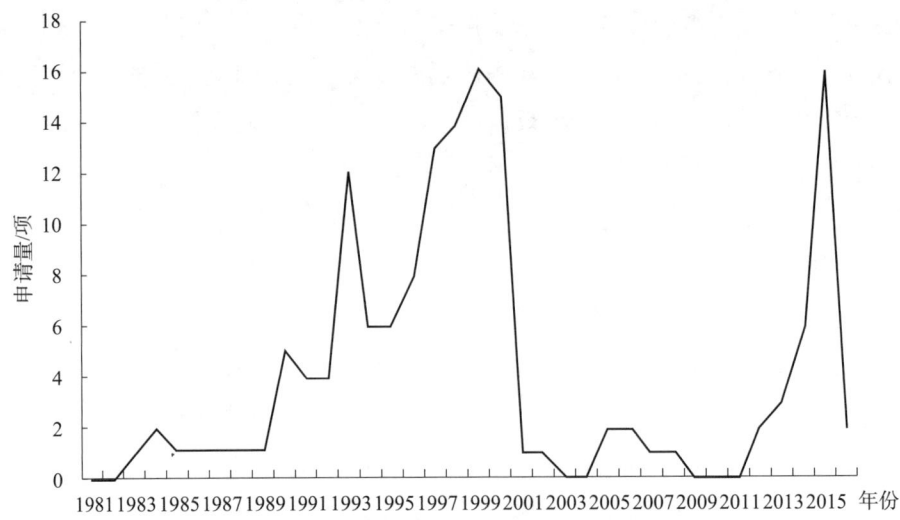

图5-3　东芝稀土储氢合金专利申请量趋势

## 2. 技术方向技术手段功效图

图5-4为东芝在稀土储氢合金领域的技术功效图。从图中可以看出其研发的技术手段覆盖储氢合金成分控制、结晶组织控制、表面处理、热处理工艺控制、冶炼工艺控制以及复合化等多方面，其改进的技术效果主要包括如何改善储氢合金的吸放氢特性、反应活性、储氢容量和抗氧化粉化提高寿命，尤其对于提供储氢容量和抗氧化粉化提高寿命是其研发的重中之重。

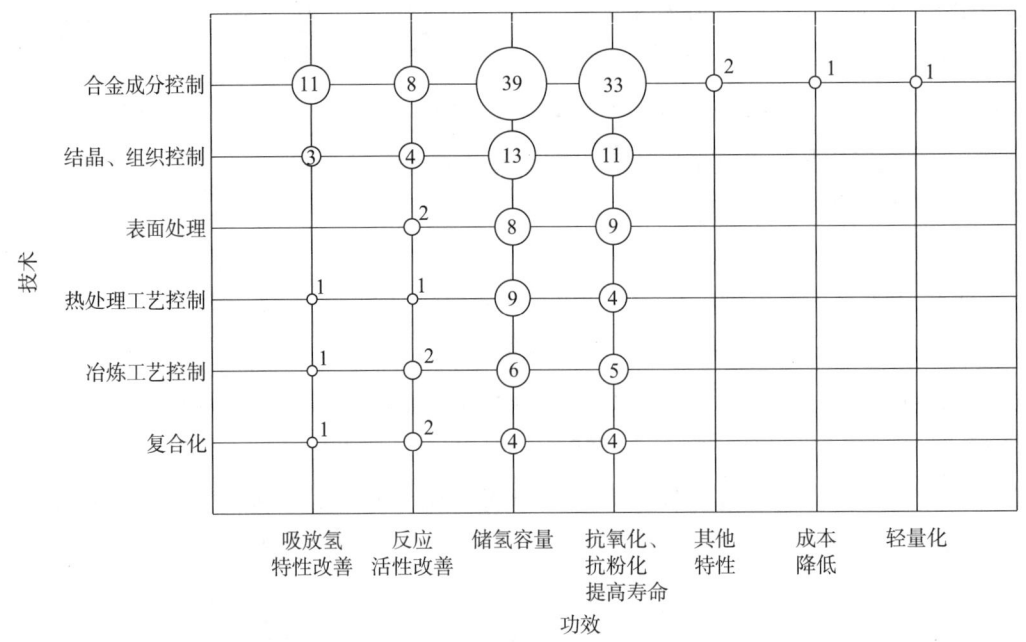

图5-4　东芝在稀土储氢合金领域的技术功效图

注：图中数字表示申请量，单位为项。

3. 技术方向技术手段对应发展趋势分析（如表 5 – 2）

表 5 – 2　东芝技术方向技术手段对应发展趋势

| 东芝 | 1983～1990 年 | 1991～1998 年 | 1999～2002 年 | 2003 年至今 |
|---|---|---|---|---|
| $AB_5$ 型合金 | | JP7073880A<br>JP11097004A<br>EP588310A2<br>JP7268519A<br>JP7097648A<br>JP10237569A<br>JP10102172A<br>EP0420669A2<br>JP11096999A | | |
| $AB_3$ 型合金 | | JP10321223A<br>JP2000195509A | JP2000265229A<br>JP2002069554A<br>JP2002069554A | |
| $A_2B_7$ 型合金 | | | JP2002164045A<br>JP2001226722A | |
| $A_5B_{19}$ 型合金 | | | JP2002105564A<br>JP2002105563A | |
| 复合形态 | EP149846A2 | JP2000090921A | JP2001223000A<br>JP2002083593A<br>JP2001325957A<br>JP2001307721A<br>JP2013147753 A | JP2008071687A<br>JP2008071635A |
| 研究方向 | 该时期典型专利较少，其中主要涉电极及其电极催化剂的应用 | 这一时期是 $AB_5$ 研究的高峰期。对包括电极制造，循环寿命以及吸放氢容量等进行全方位的研究和发展 | 这一时期已经从 $AB_5$ 向其他方向扩展，如 $AB_3$ 以及复合化研究，主要为了进一步条吸放氢容量 | 这一事前，其研究较少，技术走向成熟，可提供发展的空间不大。因此还是从复合化角度方向进行努力提升 |

4. 重点专利技术分析

（1）专利 EP149846A2，其公开了一种镍氢电池的负极材料：$MNi_{5-(x+y)}Mn_xAl_y$，其

中 M 是混合稀土或镧系元素，进一步地公开了将该稀土储氢合金与氧还原剂混合制成负极材料，氧还原剂可以为酞菁染料或卟啉的衍生物。通过在合金材料中添加铝，提高了电池的充放电寿命；通过添加氧还原剂，可以降低电池在使用过程中氢的泄漏，因此能提高电池的安全性能和抑制其自放电。

（2）专利 EP0420669A2，其公开了一种采用旋转圆盘法制造稀土储氢合金 $XY_{5-a}Z_a$ 的方法，其中，X 表示稀土，通过采用该方法可以降低合金表面粗糙度，提高充放电循环次数。

（3）专利 EP588310A2，其首次公开了在稀土储氢合金的冶炼过程中，通过急冷处理，可以提高其储氢容量、充放电次数和循环寿命。专利 JP2001325957A，其公开了一种储氢合金：$Ln_{1-x}Mg_x（Ni_{1-y}T_y）_z$，其中，Ln 为至少一种选自镧系的元素，通过将其与稀土氧化物和/或稀土硝酸盐复合用作镍氢电池的负极材料，可以提高电池容量和充放电循环寿命。

（4）专利 JP2001223000A，其公开了一种储氢合金：$Ln_{1-x}Mg_x（Ni_{1-y}T_y）_z$，其中，Ln 为镧系元素，例如（$La_{0.72}Mg_{0.28}$）（$Ni_{0.8}Co_{0.15}Cr_{0.01}Mn_{0.01}Al_{0.03}$）$_{3.3}$，通过用氢氧化钾溶液对其进行浸渍处理，得到铝溶出量相对合金总量在 2～200ppm 的用作镍氢电池的负极材料储氢合金粉，通过该处理，可以使镍氢电池容量的初始容量和循环寿命同时提高。

（5）专利 JP2001226722A，其公开了一种储氢合金：（$Mg_{1-x}Re_x$）（$Ni_{1-y}T_y$）$_z$，通过在合金制备过程中添加稀土-镁合金，从而控制稀土镁镍合金中镁的蒸发量，抑制合金的组成变化，可以使镍氢电池容量的初始容量和循环寿命同时提高。

（6）专利 JP2002164045A，其公开了一种储氢合金：（$R_{1-a-b}La_aCe_b$）$_{1-c}Mg_cNi_{Z-X-Y-a-β}Mn_XAl_YCo_{αMβ}$…$C=（-0.025/a）+γ$，例如：$A_2B_7$ 型的（$La_{0.25}Ce_{0.04}Pr_{0.17}Nd_{0.54}$）$Mg_{0.15}Ni_{3.34}Al_{0.1}$，满足上述两个条件的储金合金，具有放电电压何方电容量高、寿命长、低成本和轻量化的优点。

（7）专利 JP2002069554A，其公开了一种储氢材料：$R_{(1-a)}Mg_aNi_bCo_cM_d$，其中 R 是包含钇的至少两种稀土的混合元素，通过在合金冶炼过程中进行退火处理得到表面镁浓度比中心镁浓度低的合金，从而提高储氢合金的吸放氢速度、初始放电容量等特性。

（8）专利 JP2002105563A，其公开了一种储氢合金：$Mg_{1-x}（R_xN_{1-Y}）_z$，例如（$Lm_{0.6}Mg_{0.4}$）（$Ni_{0.9}Co_{0.1}$）$_{3.6}$，通过调整合金制备过程中冷却速度、热处理条件（包括温度和时间），从而得到组成外析出相含量在 30% 以下的储氢合金，由此提高储氢容量、电池寿命、充放电性能。

（9）专利 JP2008071687A，其公开了一种储氢合金：$R_{(1-a)}Mg_aNi_bCo_cM_d$，其包含 2H 型的 $La_3MgNi_{14}$ 结晶相和 $La_2MgNi_9$ 结晶相。其作为负极材料制成的镍氢电池具有高放电容量、低温性能好、寿命长的特点。

（10）专利 JP2013147753A，进一步限定了 2H 型的 $La_3MgNi_{14}$ 结晶相和 3R 型的 $La_2MgNi_9$ 结晶相二者面积比为 90% 以上，以提高其在零下 30℃ 附近的低温性能。

5. 小结

东芝在稀土储氢合金领域是紧追三洋电机株式会社的世界第二大巨头。该公司在经历了从 1983 年至 1989 年的技术萌芽期之后，进入了从 1990 年至 2000 年的技术迅猛发展期，但是，从 2001 年至今，东芝已经逐渐退出了稀土储氢合金的基础专利布局。从其技术发展路线来看，其早期主要研究 $AB_5$ 型稀土储氢合金的复合化、冶炼工艺等，进入迅猛发展期后，其研究方向由 $AB_5$ 型稀土储氢合金逐步转向 $AB_3$ 型稀土储氢合金，技术手段覆盖到储氢合金成分控制、结晶组织控制、表面处理、热处理工艺控制、冶炼工艺控制以及复合化等方面，主要解决的技术问题是如何提高储氢容量和将其用于镍氢电池后的循环寿命。

**（三）松下稀土储氢合金专利技术分析**

1. 专利申请总体趋势

对松下电器产业株式会社（以下简称松下）的镍氢储氢合金电极的所有稀土储氢电极专利进行分析（如图 5-5）可以看出其专利申请呈现较为明显的三个阶段分别为技术的萌芽期（1975~1983 年）、技术发展期（1984~2010 年）、技术高速发展期（2011 年至今）。

**图 5-5　松下稀土储氢合金申请趋势**

2. 技术方向技术手段功效

图 5-6 为松下在稀土储氢合金领域的技术功效图。从图中可以看出其研发的技术手段主要集中在储氢合金的成分控制和复合化，其改进的技术效果主要包括如何改善储氢

合金的反应活性、储氢容量和如何降低成本。

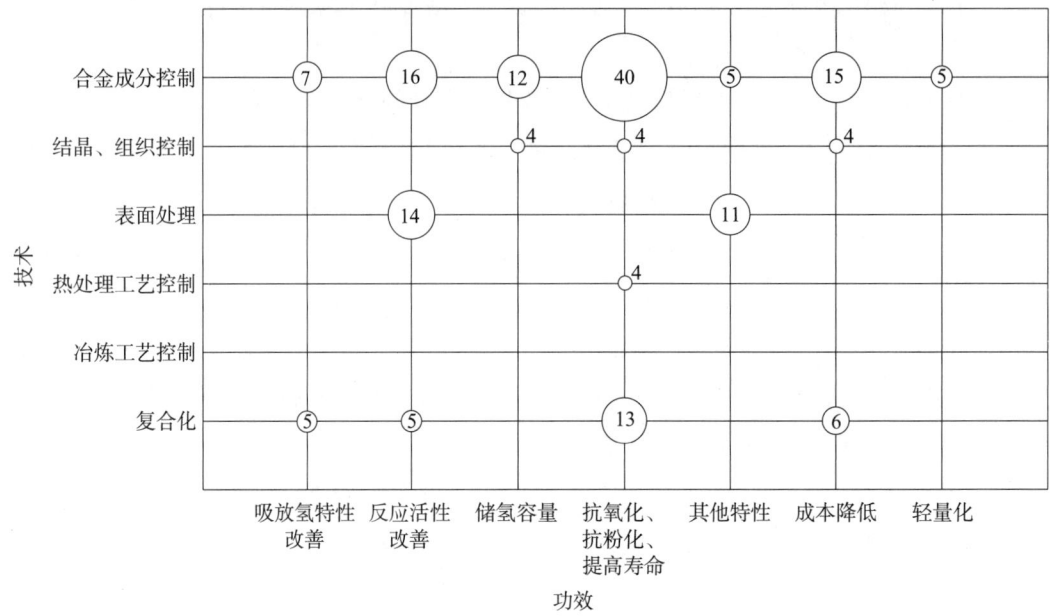

**图 5 - 6　松下在稀土储氢合金领域的技术功效图**

注：图中数字表示申请量，单位为项。

### 3. 技术方向技术手段对应发展趋势分析

对图 5 - 5 所示的三个阶段的重点专利简要分析如表 5 - 3。

**表 5 - 3　松下典型专利申请分布**

| 松下典型专利申请分布表 | | | |
|---|---|---|---|
| | 1974 ~ 1979 年 | 1980 ~ 1989 年 | 1991 ~ 2011 年 |
| $AB_5$ | JP55035457B2<br>JP55022402B2 | JP5086029B2<br>JP7 - 19599B2<br>JP3345889B2 | JP3265652B2<br>JP2965475B2<br>JP3201247B2<br>JP5114875B2<br>JP5169050B2<br>JP2010018866A |
| $AB_5 + A_2B_7$ | | | JP2000243388A<br>CN1167153C |
| $A_2B_7$ 或 $AB_3$ | | | CN101809787B<br>JP2011018493A |
| $A_5B_{19}$ | — | — | — |

续表

| 松下典型专利申请分布表 | | |
|---|---|---|
| 1974～1979 年 | 1980～1989 年 | 1991～2011 年 |
| 这一时期主要是稀土储氢合金技术的萌芽和初步研究阶段，因此以最初的 CaCu₅ 型为基础研究 | 这一时期主要是初步发展期，其主要继续研究 AB₅ 型，可以说是 AB₅ 技术的成熟期 | 这一时期主要是 AB₅ 优化研究和新晶型以及复合化开拓研究，以期进一步提高稀土储氢合金电极性能 |

注：上表中最左列单元格为"研究方向"。

4. 对各阶段重点专利分析如下：

（1）专利 JP55035457B 提出了一种 $CaNi_x$（$x = 3.8 \sim 4.99$，尤其是 $x = 4.5 \sim 4.6$），其原子比低于 5，其主要氢化物原子比符合 $AB_5H_6$ 型，如较佳实施例为 $CaNi_{4.55}H_{4.85 \sim 5.93}$，其提高了吸氢容量，降低了含 La 的成本，具有 $40 \sim 100℃$ 较宽的温度区间，适合十个以下大气压下使用，具体性能参数如该专利所示的图 5-7。

（2）专利 JP55022402B2，通式为 $Ca_{1-x}Mg_xNi_y$（$0 < x \leq 0.27$，$y = 4.5 \sim 4.6$；较佳的是 $x = 0.1$，$y = 4.5 \sim 4.6$），其在 JP55035457B 的基础上增加了镁元素的引入，其主要作用在于进一步轻量化、低成本化的改进。较佳的实施例为 $Ca_{0.91}Mg_{0.09}Ni_{4.55}$，具体性能如该专利所示的图 5-8 所示。

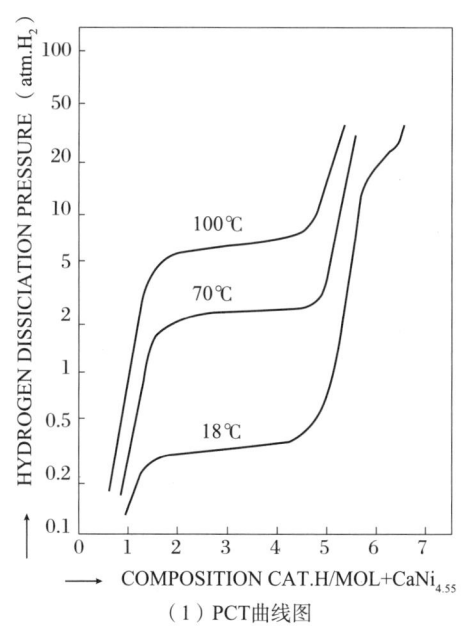

（1）PCT曲线图

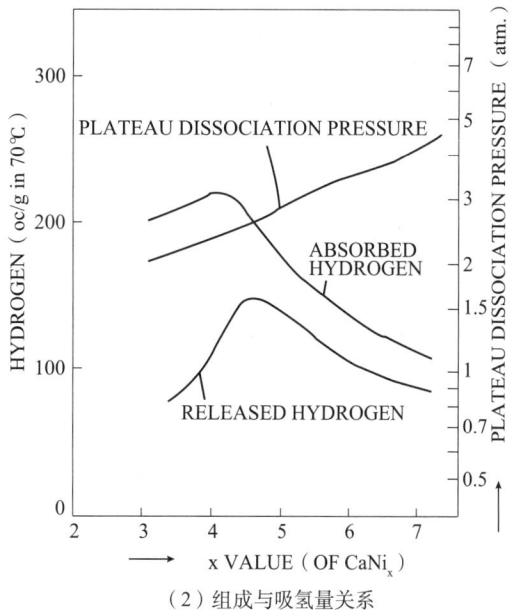

（2）组成与吸氢量关系

图 5-7　$CaNi_{4.55}$ 的具体性能参数

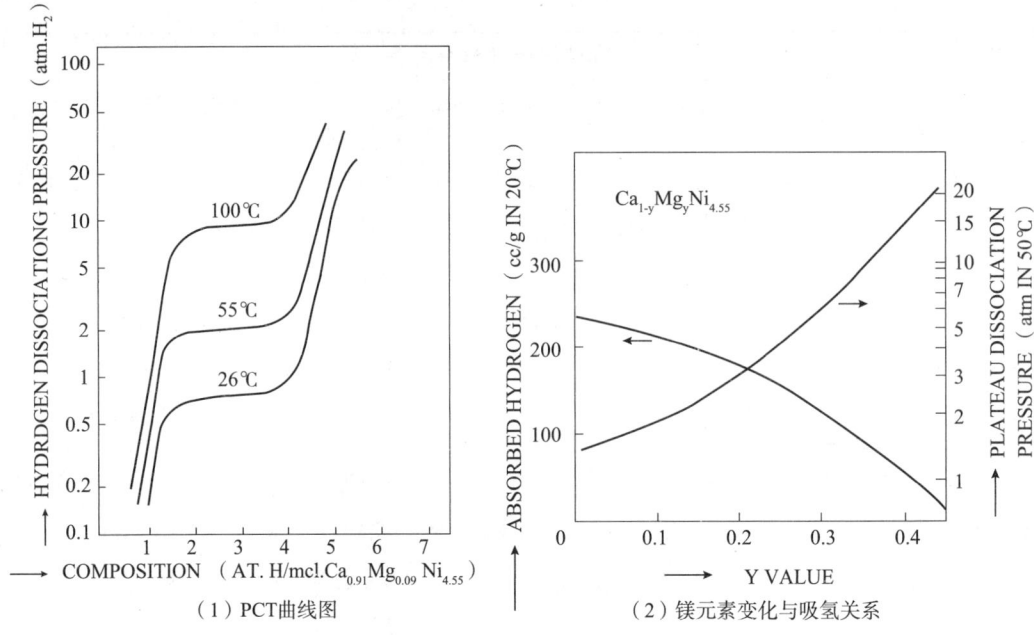

（1）PCT曲线图　　　　　　　　　（2）镁元素变化与吸氢关系

**图 5 - 8　$Ca_{0.91}Mg_{0.09}Ni_{4.55}$ 的具体性能参数**

（3）日本专利 JP5086029B2 提出了一种通式 $MmNi_xCo_yM_z$（$x = 1.5 \sim 4.0$，$z = 0 \sim 1.5$，$x + y = 2.5 \sim 5.5$，$x + y + z = 4 \sim 5.5$；进一步，优选 $x + y + z = 5$；Mm 为至少三种稀土金属的混合物，且 La 含量在 25% ~ 70%）的并且具体限定了三种较优选的负极成分——$MmNi_3Co_{1.5}Al_{0.5}$、$MmNi_{2.5}Co_2Al_{0.5}$、$MmNi_3Co_2$，主要解决了 Ca - Ni 系的循环使用寿命低和放电电位低的问题，解决了其他 La - Ni 系过充电电池内压升高问题，$MmNi_3Co_{1.5}Al_{0.5}$、$MmNi_{2.5}Co_2Al_{0.5}$、$MmNi_3Co_2$ 三种合金，以 0.1C 充电 13h，0.2C 放电为一个循环，其循环次数均在 200 次以上，充电末期电池内压力分别为 $4.0kg/cm^2$、$3.8kg/cm^2$、$7.0kg/cm^2$，远低于之前的 $10kg/cm^2$ 以上的电池内压力。该专利技术被后续申请多次引证，其引证关系如图 5 -9。

（4）日本专利 JP 特公平 7 - 19599B2 提出了一种通式为 $LnNi_xMn_yM_z$（Ln 为 La；M = Cu，Fe，至少一种选自 Al、Cr、Zn、Ti、Mo、Si 和 Mg 的元素；$x + y + z = 4.5 \sim 5.5$，x 至少 3.5 and $0 < y \leqslant 1.5$）的合金。La 在储氢合金中占 30 wt% ~ 75 wt%。采用上述合金，由于一部分 Ni 被其他元素置换，抑制了 Mn 的溶解，从而抑制微粉化，在 25℃、45℃ 下充放电达 200 次以上，且放电容量不下降。典型的实例之一为 $MmNi_{3.95}Mn_{0.75}Al_{0.2}Cr_{0.1}$。

（5）日本专利 JP3345889B2 公开了一种负极制造方法。负极表面设置有不含有表面活性剂的憎水氟树脂层，在其表面可设置比水素储氢合金电极本体吸放氢平衡压低的储氢合金粉末，或还有导电性材料；内部亲水设计，负极多孔度大于 15%。该方法解决了快速充电内压上升和放电电压下降问题。典型负极材料为 $MmNi_{3.55}Co_{0.75}Mn_{0.4}Al_{0.3}$ 的

松下-1989-JP2926734B2
$MmNi_3Co_{0.5}Mn_{0.4}Al_{0.3}V_{0.1}$
通过添加V增大$CaCu_5$型晶格间距，增强氢扩散速度；同时添加In、Tl、Ga提高氢气反应过电位解决快速充电内压升高问题

信越-1993-EP0653796B1
$A_{0.95-1}B_5$与金属间化合物相，C含量30~500ppm

松下-1994-JP2965475B2
$MmNi_{4.0}Al_{0.5}Mn_{0.5}Cu_{0.4}Co_{0.1}$
低Co低成本、长寿命、高率放电特性

松下/丰田-2000-JP5100718B2
隔膜上保持电解液$15mg/cm^2$，防止正负极物质在隔膜上析出，解决自放电问题

丰田-1997-CN1134549C-AB5+
第二相$Mm—(Ni—Al—Co—Mn)$，$5.5 < B_x ≤ 9$，而且，$3.5 ≤ NiMm—(Ni—Al—Co—Mn—Cu)$，$5.5 < B_x ≤ 7.0, 4.0 ≤ Ni$

东芝-1986-JP2713881B2
$LmNi_{4.2}Mn_{0.5}Co_{0.1}Al_{0.2}$
低内压、低自放电、长寿命，初期性能

信越-1997-JP11217642A
Pr混合稀土18%以上，Mo 50-500ppm，含有微量Mg、Ti、Pb、O、C、S提供低温(-10~-18℃测试)镍氢电池负极

信越-1997-JP特开11-217641
R中La≥77wt%，Mg 50~500ppm
Ti、Pb、O、C、S
提供低温(-10~-18℃测试)镍氢电池负极

信越-1997-JP特开10-251702A
通过800~1100℃热处理，冷却粉碎、惰性气氛下200~1050℃热处理达到PCT pf<0.5,不易粉化

信越-1998-US6284066B1
储氢合金粉末粉碎后，加入稀土类氧化物或氢氧化物，真空惰性热处理改善循环寿命及高率放电特性

日本重化学-1996-JP9298059A
$RNi_{3.7}1Co_{0.2}Al_{0.34}Mn_{0.45}Fe_{0.4}$
R中La 25wt%~70wt%
提供低估的长寿命放电

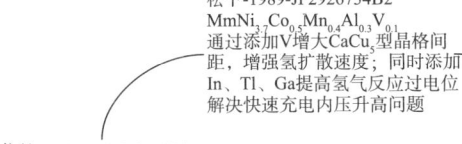

**JP5086029B**

图5-9 日本专利JP5086029B 的被引证专利技术

38μm 以下的粉末。

（6）日本专利JP3265652B2公开了一种储氢合金$MmNi_3Co_{1.5}Al_{0.5}$——在水素储氢合金粉表面机械压合抗氧化的小粒径金属或合金，提高循环寿命。典型的合金为$MmNi_{3.9}Co_{0.5}Mn_{0.3}Al_{0.3}$，粒径为30μm，小粒子金属为0.03μm的球状Ni粉，由其制作的电极，其电池性能如下。

充放电条件：20℃下充电电流1/3 CmA 4.5h，放电电流为1/2 CmA，1.0V时终止，以达到初始容量的80%时计循环次数作为电池寿命，采用本电极可以达到1200个充放电循环，而不实施该表面强化处理的循环次数只有340次。

（7）日本专利JP3201247B2提出了一种通式为$MmNi_aMn_bAl_cCo_dM_e$的合金。其中，M＝Fe、Cr 或 Cu，a＝3.8~4.1，d＝0.05~0.5，e＝0.05~0.3，a＋b＋c＋d＋e＝5.1和5.4，粒径在10~100μm范围内，且10μm以下的合金粒子占35%以下；该储氢合金在20℃下10kOe磁场内，磁化性质为0.27~9.5emu/g，该参数意义主要防止反应速度低下，内压上升。其典型合金为$MmNi_{4.0}Mn_{0.4}Co_{0.4}Al_{0.3}Cu_{0.1}$。该合金进一步降低成本，减少使用Co，同时解决在低Co含量下的微粉化问题。

（8）中国专利CN104115312B提供一种碱性蓄电池用贮氢合金粉末，兼顾优良的低温放电特性和高温寿命特性。贮氢合金含有元素L、Mg、Ni、Al及元素Ma，元素L为选自周期表第3族元素及第4族元素之中的至少1种，但是除去Y，元素Ma为选自Ge、Y及Sn之中的至少2种，在元素L和Mg的合计中Mg所占的摩尔比x为$0.008 ≤ x ≤ 0.54$，

相对于元素 L 和 Mg 的合计与 Ni 的摩尔比 y 为 $1.6 \leq y \leq 4$，相对于元素 L 和 Mg 的合计与 Al 的摩尔比 $\alpha$ 为 $0.008 \leq \alpha \leq 0.32$，相对于元素 L 和 Mg 的合计与元素 Ma 的摩尔比 $\beta$ 为 $0.01 \leq \beta \leq 0.12$。

5. 小结

在稀土储氢合金的研发和使用方面，松下电器株式会社主要从事于 $AB_5$ 型技术的研究开发，近年来为进一步提高电池性能，对其他类型的稀土储氢合金进行了一定的研究，但规模不大。在 $AB_5$ 方面，从 A 侧元素、B 侧元素、表面处理、表面电极结构设计等方面进行了研究，提高了储氢合金在电池中的使用寿命。

### （四）浙江大学稀土储氢合金专利分析

1. 专利申请概况

浙江大学自 1990 年起在国内总共申请了四十多件稀土储氢合金专利，在国内同行业中专利申请量处于领先地位。其主要的研究方向包括 $AB_5$ 型镁镍系、$AB_2$ 型 Laves 相、AB 型钛系以及氢化物复合型等稀土储氢合金材料，并将这些材料应用于镍氢电池、二次电池的负极活性材料以及氢燃料箱或储氢器等技术领域。而从 2013 年至今浙江大学基本上从事非稀土系储氢材料的研发。

2. 技术方向技术手段对应发展趋势分析（如表 5 - 4）

表 5 - 4　浙江大学稀土储氢合金的技术发展路线

| 浙江大学 | 1990~1999 年 | 2000~2007 年 | 2007~2012 年 |
|---|---|---|---|
| 代表专利 | CN1095423A<br>CN1102012A<br>CN1102013A | CN1385911A<br>CN1363703A<br>CN1375570A<br>CN1397658A<br>CN1363962A | CN101412495A<br>CN101436665A<br>CN101642703A<br>CN102517487A |
| 研究方向 | （1）生产和研发传统的 $AB_5$ 型的 LaNi 系稀土储氢合金材料，稀土采用富铈混合稀土金属，制造镍氢电池，提高活化性能、起始容量、高倍放电性能、循环寿命等技术指标 | （1）使用钛基 $AB_2$ 型 Laves 相贮氢合金作为负极材料，可掺杂稀土成分，所设计的钛基贮氢合金电极的放电容量、循环稳定性和高倍率特性均得到了明显的改善 | （1）开发出非晶态钛-铜-镍基储氢复合材料，结构通式例如 $Ti_{2-x}M_xCu_{1-y}N_{y+z}Ni$，实现了在室温下电化学储氢，用这种材料制作的电极，具有低成本和高放电容量特点，特别适用于低成本高比能量镍氢电池 |

| 浙江大学 | 1990~1999 年 | 2000~2007 年 | 2007~2012 年 |
|---|---|---|---|
| | （2）开发出一种 TiFe 系的储氢合金，其中添加了富铈混合稀土合金，无需进行活化处理，在室温和 4.0MPa 氢压下即能一次氢化，储氢量达到 1.7wt% 以上，具有储氢量大、重量轻、成本低和操作方便等优点 | （2）非晶态稀土－镁储氢合金，结构式为 $Re_{2-x}M_xMg_{7-y}N_y$，同现有储氢电极合金比较，本发明的突出优点是实现了能在室温下电化学储氢，用这种材料制作的电极，具有异常高的放电容量，特别适用于高比能量镍氢电池 | （2）开发出铝氢化钠和稀土－镍基合金复合储氢材料，无需掺入特定的催化剂，具有良好的活化性能储氢性能和放氢动力学性能，在低温下其可逆储氢容量达 3.7wt% 以上。该复合储氢材料可应用于小型移动电话、笔记本电源、供氢源以及氢的提纯等领域 |

## 3. 重点专利技术分析

（1）专利 CN1102013A 公开的贮氢合金电极材料含有混合稀土金属，它的化学式为 $Ml_\alpha Mm_{1-\alpha}Ni_{5-x-y-z}Co_xMn_yTi_z$，式中 Ml 是富镧混合稀土金属，Mm 是富铈混合稀土金属，$0 < \alpha < 1$，$x = 0.5 \sim 1.0$，$y = 0.3 \sim 0.6$，$z = 0.01 \sim 0.1$；优选的化学式为 $Ml_{0.85}Mm_{0.15}Ni_{3.8}Co_{0.75}Mn_{0.4}Ti_{0.05}$。该稀土系贮氢合金电极材料，综合性能优异，其制成的氢化物－镍电池，其活化性能、起始容量、高倍放电性能、循环寿命等项技术性能指标皆优于现有氢化物－镍电池，可用于碱性蓄电池电极活性物质。

（2）专利 CN1363962A 公开的稀土系贮氢电极合金分子式为 $A_{1-y}B_yC_x$，其中 A 为 La、富 La 混合稀土 Ml、Ce、富 Ce 混合稀土 Mm、Pr、Nd 中的一种或两种或两种以上成分，B 为 Mg、Ca、Be、Sr、Ba 中的一种或两种或两种以上成分，C 为 Mn、Fe、Mo、Co、Al、Si、Ga、S、Pt、Sc、Ti、V、Cr、Cu 等中的一种或两种或两种以上成分，$0.01 \leqslant y \leqslant 0.8$，$2.0 \leqslant x \leqslant 4.0$。该合金制成的合金电极具有较高的电化学放电容量，良好的循环稳定性、高倍率特性和活化能力，且价格便宜。该稀土系贮氢电极合金的制备方法：首先采用常规熔炼方法得到贮氢电极合金，然后将其放在单辊快淬炉或双辊快淬炉或雾化炉中重熔后在较高冷却速率下快速凝固，可用于镍－金属氢化物二次电池负极材料。

（3）专利 CN1397658A 公开的非晶态稀土－镁基储氢合金化学式为 $Re_{2-x}M_xMg_{7-y}N_y$（其中 $0 \leqslant x \leqslant 1$，$0 \leqslant y \leqslant 4$，Re 为稀土金属 La、Ce、Pr、Nd、Sm、富铈混合稀土、富镧混合稀土中的一种，M 为 Ca、Ti、V、Zr 中的一种，N 为 Ni、Co、Fe、Mn、Cu 中的一种）。上述非晶态稀土－镁储氢合金的制造方法：熔炼上述成分的晶态合金；将其在室温下粉碎成小于200目的粉料；将粉料与芳香族有机化合物溶剂一起球磨形成非晶态合金，除去溶剂，制得。该合金能在室温下大量吸氢，可用于制造氢燃料箱或储氢器。

（4）专利CN101436665 A提供能在室温下进行电化学储氢的非晶态钛－铜－镍基储氢复合材料，其具有高的储氢容量。该非晶态钛－铜－镍基储氢复合材料由通式 $Ti_{2-x}M_xCu_{1-y}N_{y+z}Ni$（$0 \leq x \leq 0.5$，$0 \leq y \leq 0.3$，M为能与氢反应生成金属氢化物的金属元素Zr、Mg、Ca或稀土中的一种，N为Al或过渡元素Cr、Fe、Ni、Mn和Y中的一种，$0.5 \leq z \leq 2.0$，z为Ni重量与$Ti_{2-x}M_xCu_{1-y}N_y$重量的比值）表示。该材料可用作镍氢电池的负极活性物质。

（5）专利CN102517487A公开的能产生高压氢的储氢合金，其化学通式为：$Ti_{(1-a)}Zr_aR_bCr_xFe_yM_z$，其中，R为稀土金属La、Ce、混合稀土金属Mm中的一种或两种以上，M为V、Mo元素中的一种或两种；$1-a$、a、b、x、y、z为Ti、Zr、R、Cr、Fe和M的原子比，$0 < a \leq 0.3$，$0 < b \leq 0.1$，$0.5 \leq x \leq 1.3$，$0.8 \leq y \leq 1.25$，$0 < z \leq 0.3$。该储氢合金可在180℃以下产生40～70MPa高压氢，而且合金易活化，最大储氢容量为1.8wt%以上，用于作为气态加氢站的金属氢化物高压氢压缩装置的氢压缩材料。

### 4. 小结

在储氢合金技术方面，一方面浙江大学在国内研究时间较早，从20世纪90年代就已经开始研究并形成了专利技术，技术储备较强，具有较强的技术团队，但相比国外仍然起步较晚，国外在20世纪60年代前后即开始了技术研发和专利申请；另一方面，专利申请量较少，为几十件左右，与国际知名的储氢合金技术公司动辄上百件的专利申请相比，存在一定差距，这主要在于科研机构与市场驱动型企业的区别，也与我国科技研发机构的市场化和专利运营不成熟有关；再就国际布局而言，鲜有向其他国家进行申请，这可能与企业的布局有关，也反映了我国科研机构和企业经济国际化在这一时期还不是主动型。

## 六、国内外重要申请人的稀土储氢合金专利技术比较分析

### （一）组成结构控制

#### 1. AB₅型合金

在镍氢电池中，负极活性物质一般为贮氢合金，贮氢合金的性能直接影响采用该贮氢合金的电池的容量以及循环性能等。目前，研究较多和应用最为广泛的是以$LaNi_5$为基础的$AB_5$型贮氢合金，$AB_5$型贮氢合金由于平台压适中，电化学性能良好，已经作为镍氢电池的负极活性物质实用化。对于$AB_5$型贮氢合金的研究主要集中在A、B两侧的金属元

素替代上，通过用其他元素对 A、B 两侧的金属元素进行替代，从而提高贮氢合金的活化性能、放电容量以及循环性能等。

目前在国内的专利文献中，将 B 侧元素替代一般采用过渡金属元素 Co、Al、Mn、Cr 等中的一种或几种部分置换 Ni 金属元素，其中 Co 的加入能提高贮氢合金的循环性能，因此，目前的贮氢合金通常都加入 Co。A 侧元素替代一般采用其他稀土元素如 Ce、Pr、Nd 等部分替代 La 元素，或者 A 侧直接采用混合稀土，也有采用金属元素 Ca、Ti、Zr 等部分置换 A 侧的 La 元素。

专利 CN1567619A（申请人：四会市达博文实业有限公司）公开了一种富镧贮氢合金粉，其化学通式为 $MlNi_{5-x-y-z-v}Co_xMn_yAl_zQ_v$，其特征在于，Ml 为富镧混合稀土，Q 为 W、V、Zr 单体元素或其混合元素，$0.64 \leqslant x \leqslant 0.86$，$0.27 \leqslant y \leqslant 0.39$，$0.2 < z \leqslant 0.3$，$0.001 \leqslant v \leqslant 0.01$。

另外，专利 EP0736919A1（申请人：NBT 有限责任公司，德国）公开了一种碱性的金属氧化物－金属氢化物电池，其正极含有金属氧化物，其负极由贮氢合金构成，其中除了铈镧合金之外，还包含镍和钴元素，而且具有 $CaCu_5$ 型的晶体结构，其特征是该合金中的部分钴被铁和／或铜所取代，而且具有如下的化学组成：$M_mNi_vAl_wMn_xCo_yM_z$，其中 $M_m$ 为铈镧合金，M 为铁和／或铜，其他参数为 $0.2 \leqslant x \leqslant 0.4$，$0.1 < z \leqslant 0.4$，$0.2 \leqslant y \leqslant 0.4$，$0.3 \leqslant w \leqslant 0.5$，$4.9 \leqslant v + w + x + y + z \leqslant 5.1$。

上述公开的贮氢合金的放电容量以及循环性能均较好，因为上述贮氢合金中镍、钴的含量均很高。镍、钴是贮氢合金中不可或缺的元素，其中镍对合金高容量、高倍率充放电性能有重要作用，钴对合金的电化学性能，尤其是循环性能起关键性作用。因此商品化的 $AB_5$ 型贮氢合金中都含有较高的钴、镍。降低镍、钴的含量会导致贮氢合金电化学性能下降。但是，镍以及钴的价格昂贵，尤其是钴，虽然贮氢合金中钴含量一般仅在重量的 10% 左右，却占原料成本的 40% ~50%。

针对上述技术问题，比亚迪股份有限公司进行了深入研究，并取得了一些成果：专利 CN101376941A（申请人：比亚迪股份有限公司）提供一种制备成本低并具有优良的活化性能、放电容量以及循环性能的贮氢合金及其制备方法和采用该贮氢合金的负极及电池。其中，该贮氢合金具有式 $La_aM_{(1-a)}Ni_xCu_yFe_zCo_uMn_vAl_w$ 表示的组成，式中，M 表示除镧之外的稀土金属中的至少两种，a、x、y、z、u、v、w 分别为 La、Ni、Cu、Fe、Co、Mn 和 Al 的摩尔分数，$0.4 \leqslant a \leqslant 0.9$，$2.5 \leqslant x \leqslant 3.6$，$0.4 \leqslant y \leqslant 1.0$，$0 \leqslant z \leqslant 0.2$，$0 < u \leqslant 0.2$，$0.4 \leqslant v \leqslant 0.7$，$0.2 \leqslant w \leqslant 0.4$，$4.8 \leqslant x + y + z + u + v + w \leqslant 5.3$。其贮氢合金中的钴元素的含量小于 2.8wt%，因此该发明的贮氢合金中钴元素的含量大大降低，从而使得贮氢合金的制备成本大幅度降低。

另外，专利 CN102021363A（申请人：比亚迪股份有限公司）提供了一种贮氢合金，其中，该贮氢合金具有式 $Ml_{1-a-b}Q_aAl_bNi_xCu_yFe_zMn_uR_w$ 表示的组成，式中，Ml 表示含有镧的混合稀土金属，且 Ml 中镧的含量为混合稀土金属的总重量的 50wt% ~80wt%，Q 为 Ca 和/或 Mg，R 为 Li、Na 中的一种或多种；其中，$0 < a \leq 0.15$，$0.03 \leq b \leq 0.18$，$2.3 \leq x \leq 3.6$，$0.5 \leq y \leq 1.2$，$0.1 \leq z \leq 0.5$，$0.5 < u \leq 0.9$，$0.1 \leq w \leq 0.6$，$4.6 \leq x + y + z + u + w \leq 5.7$。该贮氢合金具有优良的电化学性能，得到的贮氢合金粉制成的开口电池的高倍率放电性能优良，同时该电池的放电容量以及循环性能也很好，并可广泛应用为镍氢二次电池的负极活性物质。由于贮氢合金中不含钴元素，从而使得贮氢合金的制备成本进一步降低。

国外储氢合金领域主要的申请人包括三洋、松下和东芝，其中三洋公司自 2006 年起已经基本上停止了 $AB_5$ 型合金的研究和开发，其研究重点向 $A_2B_7$ 和 $A_5B_{19}$ 型合金上转移，而松下和东芝仍然在 $AB_5$ 型合金方面进行了研发投入，主要研究方向仍然是元素替代。

东芝公司的专利：专利 JP 特开 2002 - 42802A 从既提高耐久性又以高容量化为目标的观点出发，将 A 位置的一部分用 Mg、Ca、Sr 等的 2A 族元素取代，根据该专利的记载，在规定压力范围中的储氢量（PCT 容量）将会增加，但若 2A 族元素量少的话，则由于高温下反复进行的充放电，储氢合金粉末会劣化。

三洋公司的专利：JP 特开 2004 - 119271A 则通过将 B 位置的一部分用 Mg 取代，来防止 Mn 的溶出，抑制放电特性的劣化，但是将 B 位置的一部分用 Mg 取代时，Mg 本来在 A 位置很稳定，该取代变得不完全，偏于合金的表面及粒间。结果，通过了 Ni 层的储氢反应会降低，反复的充放电将导致电池反应变得不充分。

而松下公司的专利解决了上述技术问题：专利 JP 特开 2008 - 053223A 将 $AB_5$ 型储氢合金的 A 位置用较多量的 2A 族元素（$T^1$）取代。此外，将 B/A 的化学计量比，即将（$Ni + Al + Mn + Co + T^2$）的摩尔数相对于（$Mm + T^1$）的摩尔数之比控制为 5.6 以上、6 以下，由此高温中的氢和合金的平衡压降低，平衡压的平坦性提高，PCT 容量增加，并且 2A 族元素与 B 位置的 Ni 的非结晶质化得到促进，在储氢合金中形成耐腐蚀性高的粒间层。

实际上，对于 $AB_5$ 型合金，国内申请人无论是在专利申请量还是在制备工艺（特别是表面和热处理工艺）的技术发展水平，与三洋或东芝都存在显著的差距，但由于三洋或东芝在中国的专利申请量并不大，而且大部分日本专利申请并没有进入中国，这将给国内的科研院所以及企业提供一些契机。

2. $A_2B_7$ 型合金

高容量化是镍氢电池的主要发展方向之一，而实现负极材料——储氢合金的高容量化是最主要的措施。商业化 $AB_5$ 型稀土系储氢合金具有较好的综合性能，但受单一 $CaCu_5$ 型结构的限制，其放电容量一般不超过 $330mAh \cdot g^{-1}$。研究发现，具有 $Ce_2Ni_7$ 型或

Gd$_2$Co$_7$型超晶格结构的 A$_2$B$_7$型稀土镁基储氢合金具有更高的储氢及放电容量，然而合金中较高的 Mg 含量使放电容量衰减过快，导致循环寿命较差。通过增加 A 侧稀土组分中 Pr、Nd 的含量可以有效改善循环寿命，但却使合金的放电容量降低、合金成本增加。对于 A$_2$B$_7$型合金的研究，国内申请人中北京有色金属研究总院申请了多项专利。

专利 CN101626076A（申请人：北京有色金属研究总院）合成了以下储氢合金：La$_x$Mg$_y$R$_{1-x-y}$（Ni$_z$Al$_m$Co$_n$M$_{1-z-m-n}$）$_w$，式中，x、y、z、m、n、w 表示摩尔比，其数值范围分别为：$0.5 \leqslant x \leqslant 0.9$、$0.1 \leqslant y \leqslant 0.25$、$0.5 \leqslant z \leqslant 1$、$0 \leqslant m \leqslant 0.1$、$0 \leqslant n \leqslant 0.1$、$3.2 \leqslant w \leqslant 3.9$；R 是 Ce、Pr、Nd、Y、Ca、Ti、Zr 元素中的至少 1 种，M 是 Mn、Cu、Fe、Si、Sn 元素中的至少 1 种；储氢合金为多相结构，至少同时含有 Ce$_2$Ni$_7$型或 Gd$_2$Co$_7$型中的一种和 Pr$_5$Co$_{19}$型或 Ce$_5$Co$_{19}$型中的一种晶体结构。该合金同时实现高容量和长寿命，且成本低。专利 CN102403490A（申请人：北京有色金属研究总院）解决镍氢电池在应用过程中出现的自放电率高的问题，开发一种镍氢电池长期搁置容量下降较小的镍氢电池用低自放电稀土－镁－镍－铝系储氢合金及其镍氢电池，目的在于，使得上述含有稀土、镁、镍和铝的储氢合金具备特殊的相结构和性能，改善该合金的自放电率。该稀土镁基储氢合金的主相为不同于 CaCu$_5$的超晶格结构，且具有 Ce$_2$Ni$_7$或 Cd$_2$Co$_7$相结构。

在国际上，A$_2$B$_7$型储氢合金最早于 20 世纪 80 年代中期被研发出来，但是直到 2000 年后才被广泛地开发和应用，这也说明尽管 AB$_5$型合金应用比较稳定，但是其设计容量越来越无法满足实际需求，亟须开发出具备更大容量结构的替代产品。例如根据专利文献 JP 特开 2001－316744A（申请人：东芝电池株式会社）的记载，通过在负极中使用含有 Mg 等元素的 A$_2$B$_7$型稀土－镍类贮氢合金从而提高了贮氢能力，且镍氢蓄电池进一步高容量化。

三洋公司的专利：专利 JP 特开 2006－221937A（申请人：三洋电机株式会社）在上述专利的基础上进行了进一步研发，指出贮氢合金，以通式 RE$_{1-x}$Mg$_x$Ni$_y$Al$_z$M$_a$（式中，RE 为从包括 Y 的稀土类元素、Zr、Hf 中选择的至少一种元素，M 为除 IA 族元素、VIIB 族元素、0 族元素、所述的 RE、Mg、Ni、Al 以外的元素，满足 $0.10 \leqslant x \leqslant 0.30$，$2.8 \leqslant y \leqslant 3.6$，$0 < z \leqslant 0.30$，$3.0 \leqslant y+z+a \leqslant 3.6$ 的条件）表示，其中在所述的负极中添加了锆化合物，锆化合物中的锆即与所述的贮氢合金中的镁作用，使负极的导电性网络得到改善。其结果是，在镍氢蓄电池中，充放电性能提高，充放电循环特性提高，并且低温放电特性、高速放电特性也提高。

总体而言，国内对于 A$_2$B$_7$型合金的研发进度远落后于日本等储氢材料专利大国，而且研究领域也仅仅局限在合金组分的控制上，而对于其他改性方面的研究则相对较少。

3. A$_5$B$_{19}$型合金

A$_5$B$_{19}$型合金是近期该领域的研究重点，自 2006 年起，三洋公司基本上停止了传统

$AB_5$ 型合金的研究和开发，将其研究重点转移到 $A_5B_{19}$ 型合金上。$A_5B_{19}$ 型结构包括以 1 层的 $AB_2$ 型结构和 3 层的 $AB_5$ 型结构为周期堆积重叠而成的结构，因此能够使每单位晶格的镍比率提高，使用了含有 $A_5B_{19}$ 型结构为主相（比较大量地含有）的稀土类 – Mg – Ni 系贮氢合金的碱性蓄电池，显示出特别优异的高输出功率。$A_5B_{19}$ 型结构为主相的稀土类 – Mg – Ni 系贮氢合金的结晶结构的稳定性差，所以容易生成 $A_2B_7$ 型结构、$AB_5$ 型结构或 $AB_3$ 型结构等副相，由于这些副相的存在导致贮氢合金的 PCT 曲线的坪区域的平坦性降低，有输出功率稳定性降低的问题。

针对上述技术问题，三洋公司的专利 JP 特开 2011 – 023337A 公开了一种碱性蓄电池用贮氢合金，由 $AB_n$［A：$La_xRe_yMg_{1-x-y}$，B：$Ni_{n-z}T_z$，Re：从包括 Y 的稀土元素（除外 La）中选出的至少一种元素，T：从 Co、Mn、Zn、Al 中选出的至少一种元素（z > 0）］表示，化学计量比 n 为 3.5 ~ 3.8，La 相对于 Re 之比（x/y）为 3.5 以下，至少具有 $A_5B_{19}$ 型结构，并且晶格的平均 C 轴长度 α 为 300 ~ 410nm。并且，在热处理过程中贮氢合金中的 $A_2B_7$ 型结构发生结晶结构相变而成为 $A_5B_{19}$ 型结构，能够进一步提高 $A_5B_{19}$ 型结构的结构比率，因此能够制造贮氢合金 PCT 曲线坪区域平坦性高、输出功率特性稳定性优异的碱性蓄电池用贮氢合金。

另外，三洋公司的专利 JP 特开 2008 – 300108A 指出，与现有的结构相比，高化学剂量混合比例区域（3.7 ≤ γ ≤ 3.9 的区域）的储氢合金结晶结构中，当 $A_5B_{19}$ 结构的构成比率为 40% 以上时，能得到特别的输出特性，并且可以提高放电特性（辅助输出）。此 $A_5B_{19}$ 结构与 $A_2B_7$ 结构比较晶格体积小。由此认为，$A_5B_{19}$ 结构可以为镍比率高的结构，反映为活性点增大，放电特性（辅助输出）可提高。这时 $A_5B_{19}$ 型结构需要为由 $Ce_5Co_{19}$ 结晶相、$Pr_5Co_{19}$ 结晶相中至少一个构成。

国内研究机构对于 $A_5B_{19}$ 型合金的研发时间较晚，基本处于模仿或改进的程度，北京有色金属研究总院在前述专利的基础上开发出了 $A_5B_{19}$ 结构与 $A_2B_7$ 结构复合化的稀土镁基储氢合金（专利 CN102569754A，CN101624660A 等），其制备方法包括当所有原料熔融后，将熔融金属导入中间包，并打开快淬设备，使铜棍转速达到要求转速，进行浇铸，然后将所得储氢合金小薄片在 1073 ~ 1373K 氩气氛围下保温 1 ~ 10 小时，破碎成粉。其得到的储氢合金制成的镍氢电池也具有容量高、循环寿命好和高倍率输出特性等优点。

通过上述技术对比可以发现，北京有色金属研究总院关于 $A_5B_{19}$ 型合金的专利申请基本规避了国外申请人的技术壁垒，发展出了具有自身特点的新技术，但由于 $A_5B_{19}$ 型合金的关键技术在于晶格结构的控制手段，国内申请人如想与上述国外申请人在 $A_5B_{19}$ 型合金市场角逐，还需在晶格结构控制手段的开发上取得突破。

（二）表面处理及工艺改性

表面处理技术就是对合金表面进行化学或者物理处理，目前一般所研究的合金表面处理方法主要有：合金表面包覆膜处理、热碱处理、氟处理、酸处理、热处理、机械合金化。其实质是清除合金表面的氧化层或生成具有高催化活性的新表面层，以此改善合金的氧化和粉化问题，提高合金的综合电化学性能。

对储氢合金进行表面处理可改变合金的表面形貌和组成，使得合金表面有利于电极电化学反应的进行，进而提高电极的循环寿命和快速充放电能力等。在常见表面处理方法中，化学镀是提高 MH 电极循环稳定性、防止储氢合金氧化和偏析的常用方法，但目前需进一步研究低成本的处理工艺。电镀是一种新型微包覆处理技术，但技术仍不完善，需进行深入研究与开发。化学处理虽可不同程度地改善电极性能，但处理条件苛刻。有机酸处理可在室温条件下进行，时间短、速度快，是一种有发展前途的储氢合金表面处理技术，但报道甚少。表面处理工艺种类虽多，但都各有利弊，存在成本高、工艺复杂、流程长、毒性大、不易操作和控制等问题。目前实现工业化生产的处理工艺并不常见。因此，研究成本低廉、操作方便、条件温和、易于实现大规模工业化生产的表面处理工艺仍是今后的发展方向。同时，应注重研究开发高储氢容量、高倍率、低自放电性能的储氢合金材料，并深入研究其表面电化学性能。

在镍氢蓄电池中，作为在负极中使用的贮氢合金，通常使用以 $CaCu_5$ 型结晶为主相的稀土金属 – 镍类贮氢合金、含具有 $AB_2$ 型结晶构造的 Ti、Zr、V 和 Ni 的 Laves 相系的贮氢合金等。但具有这种结晶构造的贮氢合金容易氧化，合金组分容易挥发，如果反复进行充放电，就会渐渐氧化至该贮氢合金粒子的内部，发生劣化，存在循环寿命大大降低的问题。

为了解决上述的技术问题，以三洋、松下以及东芝为首的国外企业对储氢合金进行了表面处理，在专利 JP 特开 2005 – 108806A 公开的碱性蓄电池用贮氢合金中，含有稀土元素、镁、镍和铝的贮氢合金粒子的表面形成氧浓度为 10wt% 以上的表面层，该表面层的镁浓度是氧浓度不到 10wt% 的中心部的镁浓度的 3.0 ~ 7.5 倍；即使反复进行充放电，也会抑制因该贮氢合金粒子氧化至内部而出现的劣化，在提高循环寿命的同时，不会降低充放电性能。专利 JP 特开 2007 – 87886A 中，提出了以下的方案：在储氢合金的表面上设置含有比储氢合金内部的体相还多的 Ni 的表面层，并且将该表面层上的 Ni 粒子的粒径设在 10 ~ 50nm 的范围内，从而提高碱性蓄电池的低温放电特性或高率放电特性。另外，专利 JP 特开 2010 – 108910A 中，在其储氢合金的体相的表面，层叠有第 1 层 ~ 第 3 层 3 个层，靠近体相的第 1 层所含有的氧的量比位于该第 1 层上的第 2 层还多，含有 10% 原子以上的可溶于碱性溶液的元素，另外，位于该第 1 层上的第 2 层的 Ni 的含有率比上述体相还高，另外，位于该第 2 层上的第 3 层的 NiO 的含有率比上述第 2 层中的 NiO 的含有率还高，所以这种方式能够改善该储氢合金，并充分提高在低温环境下的输出特性以及充放电循环特性，从而可以合适地作为混合动力型电动车或电动工具等的电源来使用。

而现阶段，国内研究机构对于上述技术问题的解决，主要研究方向集中于工艺改性，例如加料方式、排气系统改进、表面覆盖剂以及热处理的控制条件等。专利CN101113497A提出以镍镁中间合金的形式并结合二次加料系统来添加Mg，在实验室阶段制备得到成分均匀、结晶良好的稀土镁基储氢合金。但仍存在着Mg挥发严重而导致成分难以控制且均匀性差、产品回收率低、制粉难度大等问题。专利CN100378234A通过监视并控制炉内惰性气体压力，间接保持合金熔体温度在合适范围内，以二次加料方式添加金属，100～300K/s的冷却速度凝固，得到稀土镁基储氢合金。专利CN100351413A通过添加相当于原料总重量0.1%～20%的$MgCl_2$、$CaF_2$覆盖剂，来抑制Mg的挥发。专利CN1929170A通过正压熔炼技术来抑制合金组分的挥发。专利CN101130845A通过合金熔体冷却结膜后，以二次加料的方式添加金属，来减少合金组分的挥发量。专利CN1974812A通过增加排气系统，将熔炼过程中大量挥发的Mg抽走，保证对熔炼状态的观察。专利CN101624660A采用的真空感应熔炼快淬工艺较常规铸锭工艺具有更快的凝固速度（105～106K/s），以镍镁中间合金结合二次加料装置来均匀添加金属，并通过合金熔体温度"分段式控制"来尽量减少金属的挥发以达到精确控制其含量的目的，同时保证浇注时熔体好的流动性；所制备的快淬合金晶粒细小、成分均匀，循环寿命得到改善。

国内外两种研究方向都存在可取之处，三洋公司的表面处理技术工艺条件复杂，对于设备和材料的要求较高，但是得到的产品技术效果相对优异；而国内的工艺改性方法成本较低，工艺条件也很简单，对于设备和材料的要求较低，并且更加适合于批量生产，为我国实现储氢合金的大规模工业化生产提供了可能，但由于该技术还处于实验阶段，因而其产业化前景目前还不明朗。

# 七、总结与建议

## （一）专利分析结论

### 1. 全球技术和产业发展概况

从全球专利申请量趋势、申请人数量变化、主要申请人申请量变化等因素综合分析，目前，稀土储氢材料在清洁氢能源混合动力汽车上的应用已经处于技术成熟阶段，体现在：

（1）该领域的全球专利申请量和申请人数量在经历快速增长期之后趋于平稳，并在近年来有所下降；

（2）部分申请人开始撤出该技术市场的竞争，如总申请量排名世界前三的东芝公司从2003年以来申请量骤减，由高峰期的年申请量10多件降至年申请量2件左右。

在之后的若干年内，世界储氢合金产量及用量将不断增加，且储氢合金主要用于生产稀土电池，这是世界绿色能源发展的主要方向，中国将成为储氢合金生产与消费的主力军。目前我国生产稀土储氢合金厂家达 10 多家，生产量 1000 吨以上达 4～5 家，而 1000 吨以下的厂家为 6～7 家。总生产能力已达到 25000～26000 吨，为世界之冠。厂家分布于北京、深圳、辽宁、包头、中山、上海和江西等地。

2. 国内发展现状以及与国外存在的差距

中国是稀土资源较为丰富的国家之一，中国也是继日、美之后进入产业化开发的发展中国家，受益于稀土资源的优势，目前已经达到了世界上最大的稀土储氢合金和镍氢电池生产规模。稀土储氢合金作为负极材料的小型镍氢电池已有大规模生产和应用，但在大型动力镍氢电池的研制和应用上与日本还存一定差距，主要表现在一致性、可靠性差，功率特性低，适用温度范围窄。

从我国的稀土储氢合金材料专利申请情况和全球对比来看，我国在该领域技术实力与国外还存在一定的差距，具体表现在：

（1）虽然我国的申请量变化的总体趋势与国外相似，但是，中国申请量的升降趋势和全球申请数量的升降趋势相比，有所滞后，这正好反映出我国在稀土储氢合金领域技术紧跟世界步伐的现状；

（2）全球排名前十的主要申请人主要来自日本，中国还没有形成有竞争实力的企业；

（3）虽然中国的申请总量位居世界第三，但是，无论是作为基础专利的储氢材料，还是在电极、电池等应用领域都与处于领先地位的日本企业存在较大差距；

（4）对于已经产业化的 $AB_5$ 型合金，国内申请人无论是在专利申请量上还是在制备工艺（特别是表面和热处理工艺）的技术发展水平上，与三洋、东芝等龙头企业都存在显著差距；国内对于新型的 $A_2B_7$ 型以及 $A_5B_{19}$ 型稀土储氢合金的研发进度远落后于日本等储氢合金专利大国，而且研究领域也仅仅局限在合金组分的控制上，而对于其他改性方面的研究则相对较少。

**（二）专利预警建议**

1. 加强产学研结合

目前，国内稀土储氢合金的市场需求越来越大，但通过以上部分的分析可知，国内稀土储氢合金的技术和应用水平总体还比较落后，研发机构较为分散，并且国内主要申请人集中在高校和科研院所，企业和科研院所合作不够紧密，技术和市场未能有效结合。高校和研究所具有较强的研究实力，例如浙江大学掌握了 $AB_5$ 型合金及其复合合金制造技术，北京有色金属研究总院具有较好的工艺改进技术，但是这些技术成果缺乏和市场挂钩的纽带；企业虽然熟悉市场的运作，但是缺乏技术；二者的结合不仅能使高校和研究所的技术成果得到有效的利用，转化为实际的生产力，同时市场也能对技术成果进行客观的筛选，从中筛选出真正对产业有用的技术。因此，企业和科研院所联盟将成为提高稀土储氢合金技术集中度，促进我国稀土储氢合金技术产业化的重要手段。

2. 加大对专利技术的挖掘

首先，应了解稀土储氢合金领域的技术空白点和面临的技术问题，然后在此基础上寻找研究起点，避免重复劳动和投资浪费。合金成分控制，结晶、组织控制，表面处理，冶炼工艺，热处理等是稀土储氢合金领域的主要技术手段。目前的研发热点集中在合金成分控制，结晶、组织控制，表面处理，冶炼工艺、热处理等主要技术手段与如何提高储氢容量、提高循环寿命相结合的专利技术上；而对于上述技术手段与如何提高轻量化、改进合金的活性、降低成本等相结合的专利技术还存在空白点，国内企业和科研院所可以以此为研究起点和突破点。

其次，技术实力雄厚的日美还有大量的专利技术并未进入我国市场，这对我国申请人来说既是挑战，也是机遇。这种情况缘于我国长期以来经济发展落后于日本，世界各国对于中国的市场潜力估计不足。然而，随着近年来我国经济飞速发展，以及我国政府对清洁能源电动汽车的政策扶持，储氢合金粉、镍氢电池和清洁能源汽车的市场需求量也节节攀升，我国的市场正在以前所未有的速度发展，这种现状对我国企业来说机遇与挑战并存。例如，对于已成功商业化的 $AB_5$ 型稀土储氢合金，国内申请人无论是在专利申请量还是在制备工艺（特别是表面和热处理工艺）的技术发展水平，与三洋或东芝都存在显著的差距，但三洋或东芝在中国的专利申请量并不大，而且大部分日本专利申请并没有进入中国，这给国内的科研院所以及企业提供了一些契机。我国应当及时关注该领域的产品研发动向，同时重视技术引进和自主创新，一方面通过企业专利技术引进，帮助开发企业的原创技术，另一方面通过企业对现有的专利技术进行开发改造，开发仿制创新和改进性创新技术，使我国本土企业走向技术独立和自由。

再次，还需积极开发新型稀土储氢合金，追赶世界技术强国。$AB_5$ 型稀土储氢合金虽然已经成功商业化应用，但是，其储氢容量已基本达到极限，近年来，龙头企业三洋已将研发重点转移至 $A_2B_7$ 型合金的开发利用，而我国的研发进度远落后于日本等储氢材料专利大国，而且研究领域也仅仅局限在合金组分的控制上，而对于其他改性方面的研究则相对较少。

最后，相对于稀土储氢合金合成工艺而言，国内申请人在工艺改性技术上的突破较为容易，这从国内申请人的专利申请多涉及稀土储氢合金工艺改性可见一斑，但目前我国稀土储氢合金无论在品质还是产量、品种牌号上与国外相比都存在着明显的差距。伴随着我国汽车工业、电子工业等部门的快速发展，常规的稀土储氢合金已远远不能满足国内市场要求，必须加快稀土储氢合金高容量存储技术、延长循环寿命技术和加工成型技术的研究和开发，使稀土储氢合金从品种构型上系列化、高性能化，积极开拓市场，以满足我国混合动力汽车工业等行业的发展需求。特别是，进一步研究开发稀土储氢合金的关键共性技术，如，新型复合合金开发、结晶晶相结构控制、表面处理工艺、合金构型结构的细化研究等，才能与国外公司的相应技术进行强有力的竞争。

3. 加强知识产权保护意识、鼓励对外申请

首先，研发具有自主知识产权的产品是企业谋求长远发展的根本，我国目前在稀土储氢合金领域的主要申请人为科研院所，企业占据的比例较低，因此推进科研体制改革，把科研与知识产权保护相结合，尤其推动科研院所与企业的结合，是我国储氢材料领域势在必行的趋势，这一结合可以将我国在该领域的人才和技术优势转化为知识产权优势，从而加强技术创新意识。

其次，鼓励我国本土申请人积极走出国门，尽早抢占国外市场。从本综述研究中可以得出，目前我国总申请量虽然排名世界前三，但进入美日欧的申请却寥寥无几，与后者存在明显的差距，随着我国产业界的转型升级，相关企业在走出国门的时候必然面临知识产权问题，因此应该鼓励我国企业走出国门，积极申请国外专利，在全球范围内进行专利布局，以取得知识产权优势。

再次，由上述分析可以看出，我国市场是专利布局的热点之一，存在着大量专利申请，尤其是国外申请人在我国布局了大量基础性的专利，我国企业在将产品推向市场之前，还应作相关领域的专利检索，避免侵权。

最后，三洋、松下、东芝的稀土储氢合金合成技术专利很多已过专利保护期，而且很多在保护期的国外专利申请也并没有进入我国，因此国内各公司及研究单位应抓住这一机遇，在自己已有的稀土储氢合金合成技术的基础上利用国外的专利技术，通过相互协作对稀土储氢合金的各项生产技术进行重点攻关与突破，进一步完善国内生产稀土储氢合金的合成技术，研究出性能稳定、优异的稀土储氢合金材料，在稀土储氢合金制备的专利保护以及市场方面占有一席之地，使我国的稀土储氢合金及其产业真正走向国际市场。

4. 制定符合中国国情的专利战略

首先，从我国储氢合金产业总体上看，国外企业已经把我国市场作为专利申请的重点区域，而国内企业在专利申请的质量上处于下风。因此，我国企业应采用防守型的专利战略，并积极通过专利申请来保证自身的竞争力。此外，很多垄断性质的企业都经历过购买专利技术和专利交叉许可的阶段，我国企业也可以考虑采用购买专利技术和专利交叉许可的灵活策略，在竞争与合作的共存中不断求发展。另外，国内企业，特别是具有较强的研发实力的国内企业及科研单位（如比亚迪、北京有色金属研究总院等）还应采用专利回输策略，即在引进国外稀土储氢合金先进专利技术后，对其进一步进行研究、消化、吸收和创新，再将创新的技术向国外申请专利，在不同的国家或地区有侧重地进

行专利布局，以期最终实现"防守反击"的战略目的。

　　其次，我国稀土储氢合金企业之间也应积极倡导并建立储氢合金产业的专利联盟，在合适的时机下推广其专利标准，以共同抵御日本等国外储氢合金生产企业的冲击。专利联盟是指多个专利拥有者为了能彼此间分享专利技术或者统一对外进行专利许可而形成的正式或非正式的联盟组织，即所谓的"风险共担，利益共享"。这种策略具有进攻型和防御型混合的特点，通过联盟内资源的整合，使联盟成员的个体实力在一个统一的资源平台上实现策略性提升，在现代高科技产业竞争和技术标准的制定中，发挥着越来越重要的作用。专利联盟的优势非常明显，不仅降低专利使用的交易成本，也降低了联盟内成员间的交易成本，同时还能避免成本高昂的侵权诉讼。我国储氢合金产业的相关企业之间可以首先彼此之间加强合作，建立行业内部的联盟，然后建立联盟内企业专利的数据库，并使得成员之间进行专利交叉许可和相互授权，最后实现一致对外，共同抵抗国外企业提出的专利诉讼，并对外进行专利许可。随着专利联盟的影响力不断扩大，还可以进一步推广其通用的专利技术标准，实现私有技术的公共标准化，从而节省企业研发投入，实现共赢。

## 参考文献

［1］汪广溪. 氢能利用的发展现状及趋势［J］. 低碳世界，2017，（10）：295－296.

［2］周鹏，等. 化学储氢研究进展［J］. 化工进展，2014，33（8）：2004－2011.

［3］罗龙，等. 基于 $AB_5$ 合金复合贮氢材料的研究进展［J］. 稀有金属，2014，38（6）：283－290.

［4］王艳艳，等. 稀土储氢合金的研究进展及其在氢能发电中的应用［J］. 智能电网，2016，4（8）：824－829.

［5］赵鸿滨. 纯电动车电池的发展现状和前景［J］. 电源技术，2015，39（3）：631－632、646.

［6］秦天像，等. 储氢材料现状和发展前景的研究［J］. 甘肃科技，2016，32（21）：56－57.

［7］赵鑫，等. 稀土系储氢合金的应用及研究进展［J］. 稀土信息，2016，（391）：42－44.

［8］陈思，等. $LaNi_5$ 系储氢合金的研究现状及展望［J］. 化工新型材料，2017，45（9）：26－28.

［9］张弦，等. La－Mg－Ni 系储氢合金的电话线性能研究进展［J］. 材料导报，2016，30：227－232.

［10］胥锴，等. 贮氢合金材料的开发及应用［J］. 冶金丛刊，2008，（6）：32－36.

# 质子交换膜燃料电池专利技术综述*

陈晨　倪光勇　李祥

**摘　要**　随着国家"十三五"规划中提出到 2020 年要实现燃料电池汽车批量生产和规模化示范应用，燃料电池，特别是质子交换膜燃料电池成为近几年的发展热点。本文从专利数据角度聚焦质子交换膜燃料电池领域，对质子交换膜燃料电池的总体发展态势、主要研发机构、关键分支技术等方面进行分析，并分析了该领域的几个代表企业的技术背景和专利布局。对于质子交换膜燃料电池而言，质子交换膜和催化剂这两大关键零部件仍然是制约其发展的核心部件，在这两个领域我国企业和科研机构已经有了一定的技术积累，今后可以继续加大这两个分支的专利布局。

**关键词**　质子交换膜燃料电池　质子交换膜　催化剂　专利分析　发展态势

## 一、引言

随着人类社会的不断发展，由于常规能源有限性以及环境问题的日益突出，能源和环境已经成为人类社会可持续发展的两大主题，以太阳能、氢能、风能等以环保和可再生为特征的新能源越来越得到各国的重视。太阳能、风能等可再生资源大多具有空间和时间的限制，而氢能具有资源丰富、可再生、可储存、无污染等特点，是一种独特的二次能源，在未来的氢能时代，燃料电池将会是重要的用氢设备[1]。燃料电池（fuel cell）作为一种直接将连续供应的燃料和氧化剂转换为电能的装置，其原料来源广泛，以氢气、甲醇等作为燃料，氧气和空气作为氧化剂，理论上的热效率接近 100%，且无噪声，无污染，是一种高效清洁的新型能量转换装置。近 20 年来，燃料电池得到了各国政府、公司及科研机构的普遍重视，燃料电池在交通运输、便携式电源、分散电站等领域展现出广阔的应用前景。我国为了应对全球能源短缺及环境污染等问题，将燃料电池的研发和应用定义为国家战略。

---

＊ 作者单位：国家知识产权局专利局专利审查协作湖北中心。

## 二、质子交换膜燃料电池概述

### （一）质子交换膜燃料电池的发展历程

燃料电池不同于其他能量转换装置，其在化学反应中完成从化学能到电能的转化而不经过燃烧过程，也不同于其他电池，其反应的燃料和氧化剂通过外界输入而不存在于电池内部，如果不停地供应燃料和氧化剂就会不停地产生电能，因此燃料电池是一种有效利用资源的重要装置，并得到日渐增多的研究[2]。根据电解质的种类，可将燃料电池分为质子交换膜燃料电池（PEMFC）、磷酸燃料电池（PAFC）、碱性燃料电池（AFC）、固体氧化物燃料电池（SOFC）和熔融碳酸盐燃料电池（MCFC）[3]。不同类型的燃料电池基本原理类似，只是反应物和电解质载流子有一定的区别。

随着科学技术的不断进步，燃料电池的发展也不断前进，图1将燃料电池发展历程进行了相关罗列。从图中可以看出质子交换膜燃料电池的发展起源。早在1955年美国通用公司就开始研究质子交换膜燃料电池技术，质子交换膜燃料电池最初是美国航空航天管理局（NASA）使用的以聚苯乙烯磺酸膜作为质子交换膜的空间电源，但聚苯乙烯磺酸膜稳定性较差，所以Apollo宇宙飞船采用了碱性电解质燃料电池[3]；随着美国杜邦公司和陶氏化学公司先后研制出了全氟磺酸膜，使质子交换膜燃料电池的性能和寿命得到提高，并成功商品化，质子交换膜燃料电池的发展逐渐成熟，进入21世纪，质子交换膜燃料电池进入商业化阶段。2015年丰田公司开始售卖的纯燃料电池的电动汽车Mirai，搭载的燃料电池就是以氢气作为燃料的质子交换膜燃料电池。

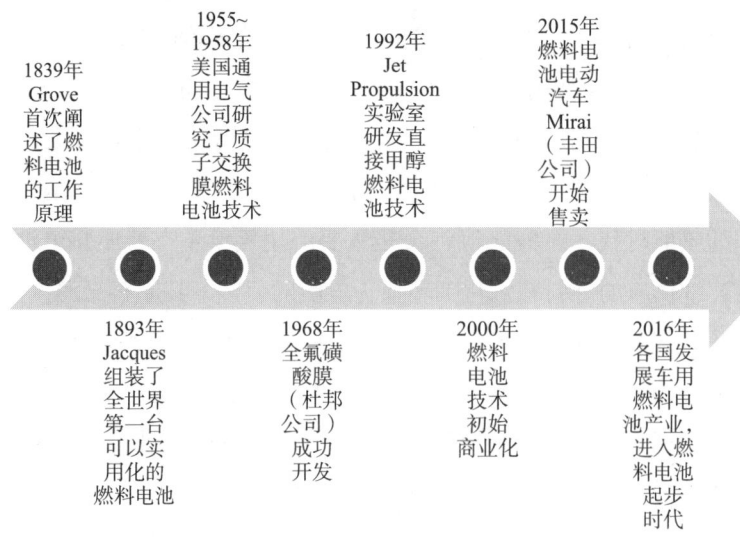

**图1　质子交换膜燃料电池的发展历程**

### （二）质子交换膜燃料电池的结构原理

质子交换膜燃料电池的主要部件包括膜电极组件（MEA）、双极板等，膜电极组件是质子交换膜燃料电池的核心部件，由阴极和阳极多孔气体扩散电极和电解质隔膜组成，电解质隔膜两侧分别发生氢氧化反应和氧还原反应，电子通过外电路做功，反应产物为水[4]。质子交换膜燃料电池工作原理见图2[3]。

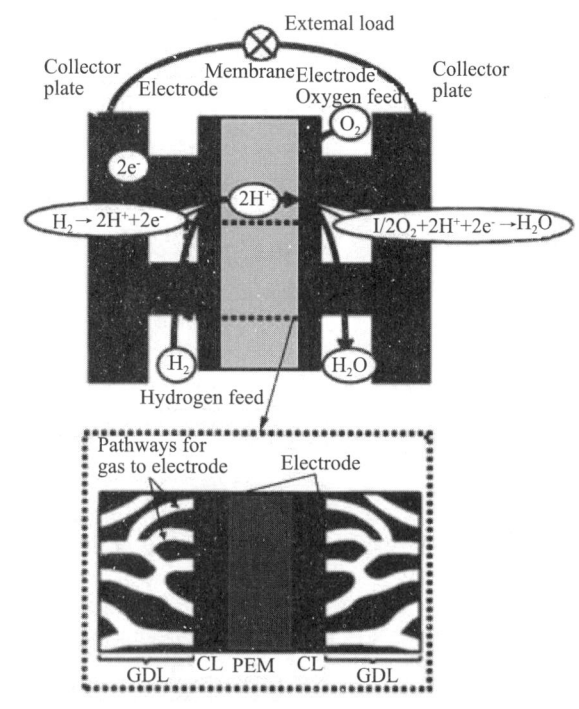

**图2　质子交换膜燃料电池的基本结构原理**

阳极电极反应式是：$H_2 \longrightarrow 2H^+ + 2e^-$；

阴极电极反应式是：$1/2O_2 + 2H^+ + 2e^- \longrightarrow H_2O$；

电池总反应式为：$H_2 + 1/2O_2 \longrightarrow H_2O$。

MEA（membrane electrode assemble）是质子交换膜燃料电池的核心部件，它是由阴、阳两极紧密粘接在固体电解质膜构成的 PEMFC 最小发电单元：

（1）质子交换膜。电解质膜是 PEMFC 的关键部件，决定了燃料电池的操作特性。全氟磺酸聚合物和磺化聚芳基化合物是 PEMFC 常用的电解质材料。目前，高电导率、高化学稳定性、高热稳定性、低透气率、低成本的质子交换膜是研究人员的首选。

（2）催化剂。催化剂是保证燃料电池性能的关键要素之一，目前，燃料电池的催化剂以 Pt 基催化剂为主，常用的 VulcanXC - 72 为碳载体的 Pt/C 催化剂的 Pt 载量一般在 10% ~60%，但 Pt 价格昂贵，容易中毒失效，因此一些非贵金属催化剂如 M—N/C 催化剂成为研究者的重要课题。

新能源电池

机器人

高档数控机床

（3）气体扩散电极。气体扩散电极是电池内部电子、水、气体的三相多孔通道，其性能决定着 PEMFC 的稳定性。现有技术中，碳纤维纸是应用最广泛的气体扩散电极材料。

MEA 的制备技术决定着 PEMFC 的性能高低。

## 三、质子交换膜燃料电池专利申请状况分析

本文检索主要包括涉及质子交换膜燃料电池本身，还包括质子交换膜燃料电池的热管理系统、控制技术、辅助装置等方面，没有特定限定为质子交换膜燃料电池的相关技术，不在本文的检索范围内。本文使用中国专利检索系统（CPRS）、德温特世界专利索引数据库（DWPI）以及各国的全文库等专利数据库进行数据检索和统计分析，初步建立数据库，并对数据库进行人工标引，检索截止时间为 2017 年 10 月。同时对于检索结果，将同族专利申请合并为一件。至检索截止日，涉及质子交换膜燃料电池的专利全球申请量达到 15429 件，其中中国申请 2080 件，外国申请 13347 件。本小节在这一数据基础上，从发展趋势、区域分布、主要专利申请人分析等角度对质子交换膜燃料电池的专利文献进行总体分析。

图 3 显示了质子交换膜燃料电池全球专利申请总量以及中国申请量与外国申请量随年份变化的趋势。从图中可以看出，在 1996 年之前，燃料电池质子交换膜的专利技术一直处于起步阶段，每年的申请量不足 50 件，申请量的年增长幅度很小，增长缓慢，此时还处于该技术的萌芽期；从 1996 年至 2000 年，质子交换膜燃料电池领域的专利申请量逐年提高，稳定在 100～350 件的水平，处于技术积累阶段；从 2001 年以后，随着人们日益关注环境保护，世界各国逐渐意识到燃料电池的广阔前景，各国开始积极研发新技术，在漫长的技术累计之后，质子交换膜燃料电池的技术得到突飞猛进的发展，专利申请量进入急剧增长阶段，在 2006 年达到顶峰的 1430 件。2007 年以后，一方面随着在锂离子电池的商业化进一步成功，同时经过一定的技术优化和筛选之后，质子交换膜燃料电池的研究逐渐趋于理性发展，在 2006 年之后发展有所放缓，申请量呈逐年下降的趋势。此外，从中国申请和外国申请的申请量对比来看，早在 1967 年已经出现质子交换膜燃料电池的外国专利申请，而在 1993 年之前还没有出现中国专利申请，说明国外在质子交换膜燃料电池领域起步比国内早很多；同时截至 2007 年，中国申请和外国申请的申请量一直相差很大，说明在此期间国内在质子交换膜燃料电池才刚开始萌芽而国外已经在快速发展；从 2008 年以后，中国申请量保持在稳定的水平，而外国申请量反而逐年下降，说明近些年国内依然将质子交换膜燃料电池作为研究热点，但国外在该领域相对国内依然具有巨大的技术领先优势。

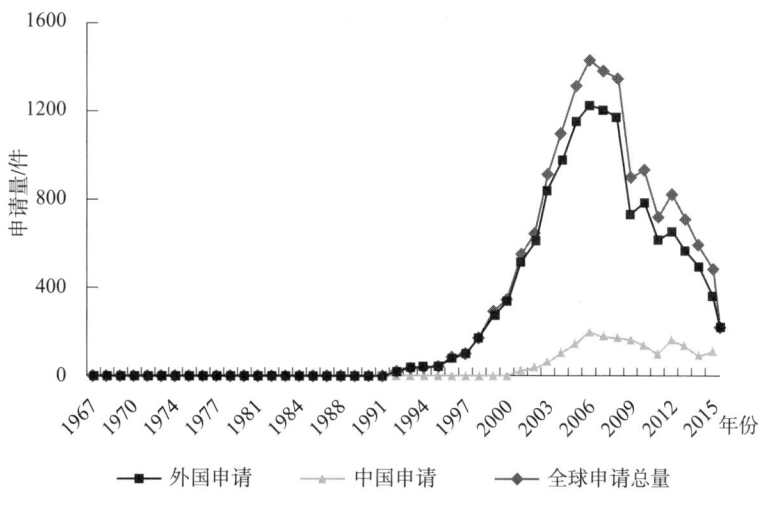

图3　质子交换膜燃料电池全球专利申请趋势变化

全球共有37个国家/地区作为技术来源国家/地区拥有涉及质子交换膜燃料电池的专利申请。从图4中可以看出，日本、中国、美国、欧洲和韩国的申请量排名前五位，一定程度体现了质子交换膜燃料电池技术的发展情况，其中日本申请量超过4000件，占据了绝对霸主的地位；美国作为质子交换膜燃料电池的传统强国，其申请量紧随其后；中国由于近几年在该领域的发展较快，其申请量后来居上位居第三，欧洲、国际申请、韩国、德国、加拿大、中国台湾、澳大利亚分列第四到十位，其中欧洲企业的实力雄厚，其专利申请也主要集中几家车企和制造燃料电池的大公司，反映出欧洲作为传统的燃料电池大国的根基犹在。

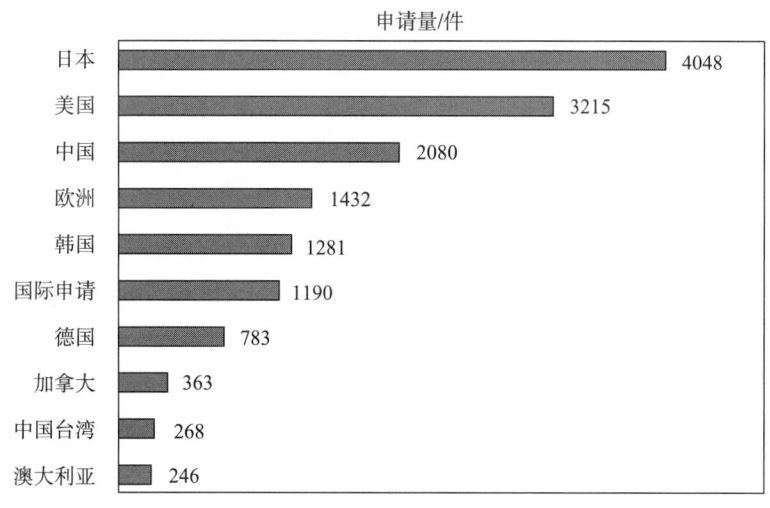

图4　质子交换膜燃料电池全球专利排名前十的区域申请量分布

拥有质子交换膜燃料电池的全球专利申请的专利申请人超过1000位。图5给出了质子交换膜燃料电池全球专利申请量排名前十的申请人申请量份额情况。整体看，申请量排名前十的申请人申请量约占总申请量的33%，显示了一定程度的优势与集中。在申请量排名前十申请人中，有六个是来自日本的企业，这源于日本长期以来对寻求新能源的迫切愿望、巨大研发投入以及汽车行业的强力推进，证明了日本企业在质子交换膜燃料电池产业整体实力较强，也说明了日本企业对于专利布局的重视。其中丰田公司一家独大，其申请量超过了1200件，证明了该公司在质子交换膜燃料电池领域具有超强的技术实力，这与丰田公司大力发展燃料电池动力汽车产业有着密不可分的联系，2014年12月15日丰田公司第一代燃料电池车丰田Mirai正式上市销售，其虽然不是全球第一台燃料电池汽车，也不是首次量产的燃料电池企业，却引起极大轰动，续航里程达到500公里，百公里加速9.6秒，且加氢速度短至3分钟，这与丰田具有强大的技术支撑和广泛的专利布局密不可分。三星、本田和通用公司紧随其后，其申请量约在500~700件。2008年，本田公司开始在美国加州采用租赁的方式推广第一款可市场销售的燃料电池汽车，标志着燃料电池汽车商业化迈出新的一步，这也印证了本田公司在该领域具有强有力的技术输出能力。而通用公司早在1960年就首次开发成功质子交换膜燃料电池，1966年通用汽车推出全球第一款燃料电池汽车，作为质子交换膜燃料电池的传统企业，通用公司一直在该领域保持专注度，说明通用公司一直对这个领域的前景充满希望。同时可以看出，在排名前十的申请人中并没有中国申请人，说明我国在该领域尚未形成世界顶级的研发机构，对于核心技术的掌握还需要进一步积累。

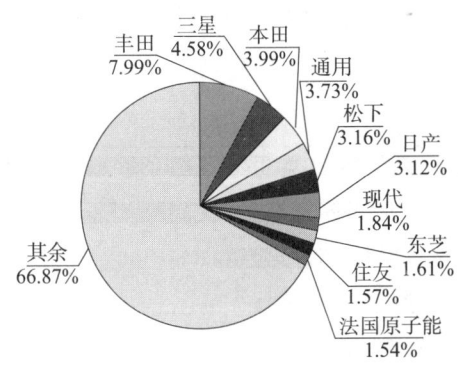

**图5 质子交换膜燃料电池全球专利申请量排名前十的申请人申请量份额**

丰田公司作为质子交换膜燃料电池领域的龙头企业，其在专利布局和产品研发方面都有不俗的表现。2015年，在国际消费类电子产品展览会上，丰田公司宣布，将无偿共享其在全球拥有的约5680件燃料电池相关专利，试图通过此举推广燃料电池技术的普及，为燃料电池及燃料电池汽车的发展铺路。因此，对丰田公司在质子交换膜燃料电池领域的专利进行分析，有助于我们对该领域技术发展进一步了解。

对丰田公司在质子交换膜燃料电池领域的1241件专利进行分析，主要包括技术分支、发展趋势和重要专利等角度的分析。

从图6可以看出，丰田公司在质子交换膜燃料电池领域的专利申请涉及的技术分支很广泛，除了质子交换膜燃料电池的核心零部件，如电解质膜、催化剂、膜电极、气体扩散层、隔板、流场板的专利布局外，还包括燃料电池系统方面的专利申请，如电池密封、加湿系统、电池系统控制等领域，其申请量占总申请量的近一半，本节将除燃料电池的核心零部件领域的专利申请归为其他部分。而质子交换膜燃料电池的核心零部件的各分支中，专利申请主要集中在质子交换膜、膜电极和催化剂领

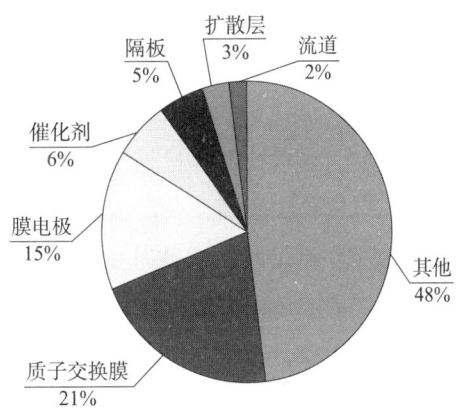

**图6　丰田公司在质子交换膜燃料
电池领域各分支申请份额**

域，一方面由于这三个分支仍然是制约燃料电池性能和技术发展最重要的部分，另一方面，这三个领域中，特别是质子交换膜和催化剂的成本对燃料电池的成本起到决定性的作用。

图7对于丰田公司申请量较大的催化剂、质子交换膜和膜电极三个分支的专利申请趋势进行分析，可以看出，申请量主要集中在2005～2008年，这也与质子交换膜燃料电池的全球范围内的发展趋势是基本一致的。而相对于质子交换膜和膜电极的专利布局，催化剂领域的专利布局相对比较晚，这是由于用于质子交换膜燃料电池的催化剂与用于其他类型燃料电池的催化剂种类比较接近，选择研究较为成熟的催化剂直接用于质子交换膜燃料电池，这也是该领域的常用做法，因此，相对于具有独特结构的质子交换膜和膜电极而言，对于专门用于质子交换膜燃料电池的催化剂的投入和研发相对较少。

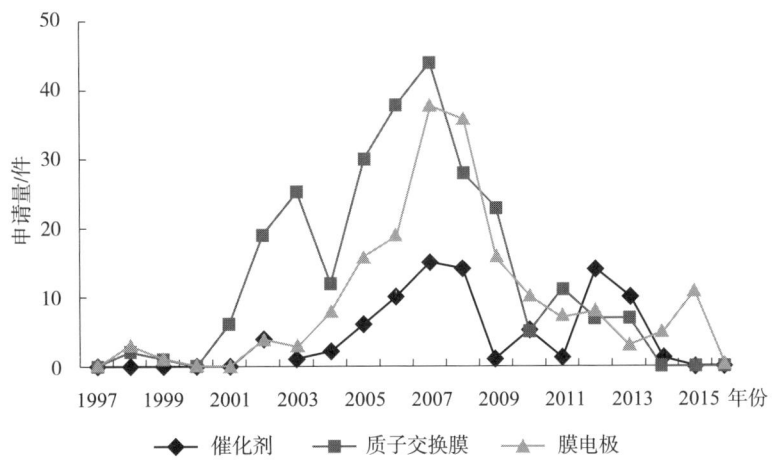

**图7　丰田公司在催化剂、质子交换膜和膜电极领域的专利申请趋势**

通过对丰田公司在质子交换膜燃料电池领域的专利申请的被引用频次、同族数、特征度、专利度等技术参数的加权计算，筛选出排名前十位具有较高专利技术价值度的专利申请，如表1所示。其中"专利度"是指专利中权利要求的数量，数量越高其专利度越大，说明该权利要求的保护范围越全面，而"特征度"是指专利中权利要求中的技术特征的数量，技术特征数量越多其特征度就越高，说明该权利要求的保护范围越小。这些专利被引用频次较高，在产业链中所处位置较关键，是竞争对手不能回避的，在一定程度上反映专利在该领域的基础性、引导性作用；具有较多的同族数，专利布局广泛，也侧面反映了专利权人对该件专利技术的重视程度；同时权利要求数量较多和权利要求中特征数量较少，说明它们谋求更大和更稳定的专利权保护范围，能够实现通过专利权控制市场的目的。

表1　丰田公司质子交换膜燃料电池领域专利技术价值度排名前十的专利申请

| 申请号 | 标题 | 专利度 | 特征度 | 专利被引用次数 | 专利被自引用次数 | 同族专利数目 |
|---|---|---|---|---|---|---|
| JP2002369739 | POLYMERELECTROLYTE COMPOSITION AND USES THEREOF | 8 | 12 | 107 | 7 | 19 |
| JP2002346180 | PHOSPHORUS – CONTAINING POLYMER COMPOUND, METHOD OF ITS SYNTHESIS, SOLID POLYMER ELECTROLYTE COMPOSITION OF HIGH DURABILITY AND FUEL CELL | 6 | 4 | 64 | 0 | 6 |
| JP2001327447 | SOLID ELECTROLYTIC MATERIAL | 9 | 4 | 40 | 1 | 1 |
| US1998/176971 | ELECTRODE FOR FUEL CELL AND METHOD OF MANUFACTURING ELECTRODEFOR RUEL CELL | 18 | 7 | 34 | 0 | 8 |
| JP10357649 | SEALING MEMBER AND FUEL CELL USING IT | 14 | 8 | 34 | 6 | 9 |
| US09/443301 | SEAL AND FUEL CELL WITH THE SEAL | 11 | 12 | 33 | 0 | 9 |
| JP2002298438 | HIGH DURABILITY POLYMER ELECTROLYTE, ITS COMPOSITION, AND FUEL CELL | 9 | 7 | 31 | 1 | 5 |

| 申请号 | 标题 | 专利度 | 特征度 | 专利被引用次数 | 专利被自引用次数 | 同族专利数目 |
|---|---|---|---|---|---|---|
| US10/235931 | METHOD AND APPARATUS FOR MANUFACTURING A FUEL CELL E-LECTRODE | 43 | 11 | 30 | 3 | 8 |
| JP2002165826 | METHOD AND APPARATUS FOR MANUFACTURING FUEL CELL E-LECTRODE | 24 | 10 | 29 | 15 | 8 |
| US10/167449 | SEAL AND FUEL CELL WITH THE SEAL | 29 | 6 | 26 | 4 | 9 |

## 四、质子交换膜燃料电池技术分支专利申请状况分析

目前对于质子交换膜燃料电池而言，阻碍其快速发展的关键还在于成本昂贵，这也是质子交换膜燃料电池推广的主要困难之一，而质子交换膜燃料电池的核心系统是电堆，其成本占整个系统的 60%；这其中又以质子交换膜、催化剂、气体扩散层、双极板等为主要材料。因此，目前对于质子交换膜燃料电池的主要的专利申请还主要集中在其核心零部件领域。

### （一）燃料电池质子交换膜技术专利申请状况分析

燃料质子交换膜通常按照物质的种类进行分类，但其分类目前没有统一的标准，有的按照全氟、非全氟和无氟划分，也有的按商业化和新型质子交换膜予以分类，本部分按照含氟、无氟和复合膜对燃料电池质子交换膜进行分类统计。

从图 8 可以看出，其中含氟质子交换膜主要包括目前商业化的主要技术——全氟质子交换膜，以及在其基础上进行改性的部分含氟质子交换膜；非含氟型聚合物质子交换膜主要包括磺化聚芳（硫）醚酮（砜）质子交换膜、磺化聚酰亚胺质子交换膜、聚苯并咪唑质子交换膜等；复合膜是通过含氟质子交换膜进行修饰、无机物或有机物复合、有机酸掺杂、多层复合等方法所制备的膜。

目前全球已经商品化的质子交换膜主要集中在全氟磺酸膜，有多家企业都已成功量产，包括美国杜邦公司的 Nafion 系列膜、日本旭硝子公司的 Flemion⑩F4000 系列膜、日本旭化成公司的 Aciplex@ F800 系列膜、美国戈尔公司的 GORE – SELECT 质子交换膜，同时，美国陶氏公司、3M 公司，比利时索尔维公司对质子交换膜也都有所涉及。杜邦公司作为质子交换膜的垄断巨头，其生产的 Nafion 系列膜占据了全球质子交换膜产业 95%

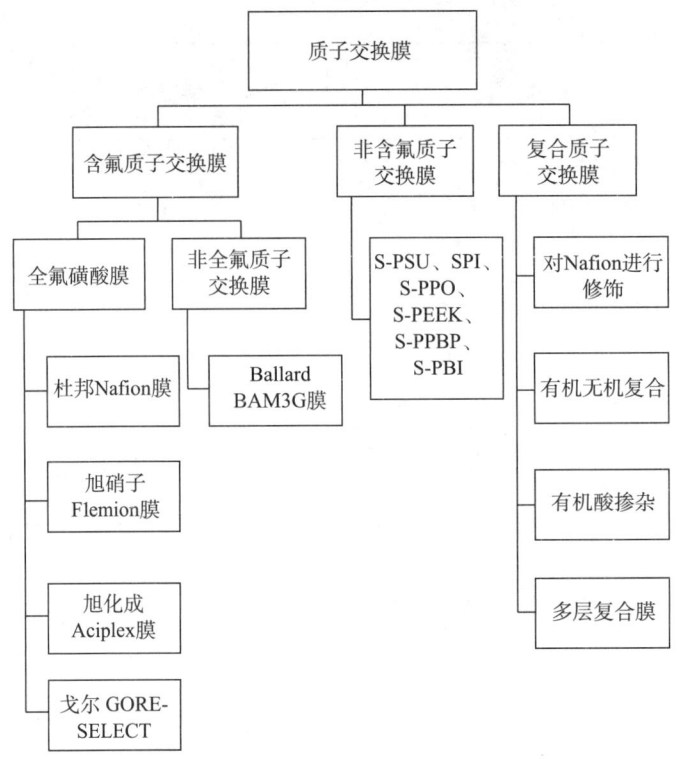

**图 8　质子交换膜的主要技术细分图**

的份额，目前我国的燃料电池行业中使用的质子交换膜均采用杜邦公司的 Nafion 系列膜。而其他的几类质子交换膜，特别是非含氟质子交换膜和复合膜还处于研发阶段，并未进行大规模量产。

至检索截止日，检索到涉及燃料电池质子交换膜的全球专利申请总量达 5176 件，其中，中国申请 997 件；外国申请 4179 件。本小节在这一数据基础上从发展趋势、区域分布、主要专利申请人等角度对燃料电池质子交换膜的专利进行总体分析。本小节检索范围主要包括涉及燃料电池的质子交换膜、用于质子交换膜的单体、树脂的改进和合成，以及用于燃料电池的聚合物电解质，但对于用质子交换膜制备的膜电极，不在本节的检索范围内。

图 9 显示了燃料电池质子交换膜全球专利申请总量以及中国申请量与外国申请量随年份变化的趋势。从图中可以看出，在 1997 年之前，燃料电池质子交换膜的专利技术一直处于起步阶段，每年的申请量不多，每年的申请量增长幅度很小，增长较为缓慢，至 1998 年，当年申请量仅有 25 件；从 1999 年以后，燃料电池质子交换膜的专利申请量整体趋势是逐年增长的，在燃料电池开始逐步走向成熟并走向工业应用的大背景下，世界各国逐渐意识到燃料电池的广阔前景，各国开始积极研发新技术，燃料电池质子交换膜技术也不断向前发展，专利申请量进入急剧增长阶段，在 2006 年达到顶

峰的 540 件。然而，随着锂离子电池的商业化进一步成功，燃料电池的研究在 2006 年之后发展有所放缓，申请量呈逐年下降的趋势。此外，从中国申请和外国申请的申请量对比来看，早在 1975 年已经出现燃料电池质子交换膜的外国专利申请，而在 2000 年之前还没有出现中国专利申请，说明国外在燃料电池质子交换膜领域起步比国内早很多；从 2000 年到 2006 年，燃料电池质子交换膜的中国申请和外国申请的申请量相差很大，并且中国申请每年增长幅度不大而外国申请每年增长幅度较大，说明在此期间国内在燃料电池质子交换膜才刚开始萌芽而国外已经在快速发展；从 2006 年以后，中国申请量快速增长，而外国申请量反而逐年下降，国内外申请量逐年缩小，说明国内开始将燃料电池质子交换膜作为发展的热点，在该领域研发活跃，但国外在该领域相对国内依然具有技术领先优势。

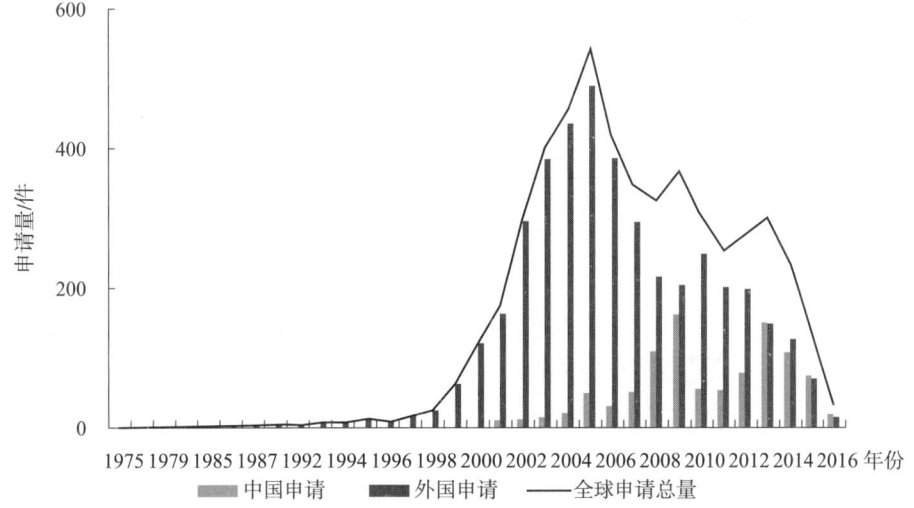

**图 9　燃料电池质子交换膜全球专利申请趋势变化**

图 10 显示了三类燃料电池质子交换膜全球申请趋势。

从图 10 中可以看出，在全球范围内，质子交换膜在 2000 年以前的申请量较小，三种质子交换膜领域都有所涉及，在这期间，以杜邦公司为首的企业先后推出了 Nafion 膜等成功商品化的产品，对国际市场进行了垄断，而燃料电池的发展相对较慢，因此，对于质子交换膜的研究也并未引起大量关注；2000 年以后随着燃料电池的快速发展，研发出低成本高品质的质子交换膜的需求凸显，含氟类质子交换膜和复合膜的申请量开始快速提高，特别是复合膜的申请量在 2005 年达到顶峰，而非含氟类质子交换膜研究相对落后，其申请量明显低于前两者。

全球共有 36 个国家/地区作为技术来源国/地区拥有涉及燃料电池质子交换膜的专利申请。从图 11 中可以看出，日本、中国、美国和韩国申请排名前四位，一定程度体现了燃料电池质子交换膜技术的发展情况，其中日本申请超过 2400 件，占据了绝对霸主地

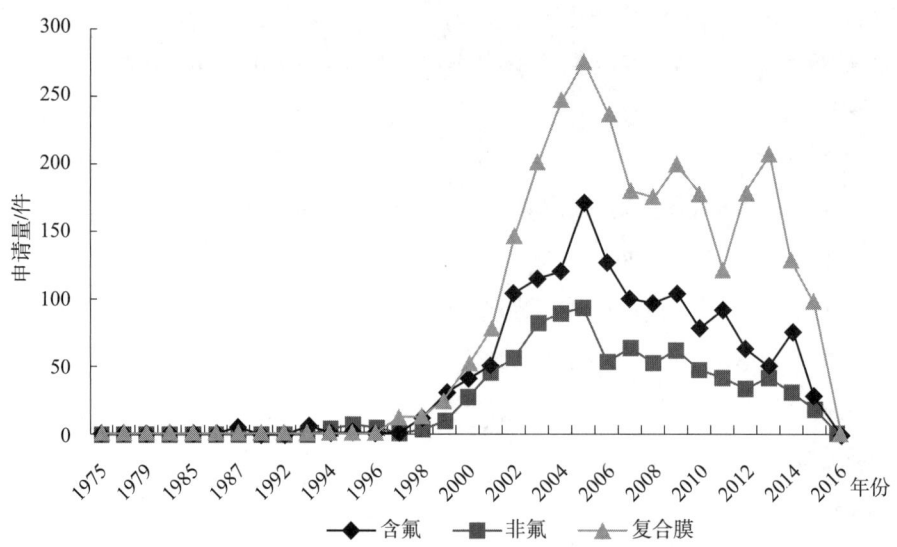

**图10　三类燃料电池质子交换膜全球申请趋势变化**

位，中国由于近几年发展较快，其申请量后来居上位居第二，美国和韩国排名第三和第四，其专利申请也主要集中在美国和韩国的几家电池的大公司，反映出美国和韩国作为传统的燃料电池质子交换膜大国的根基犹在。

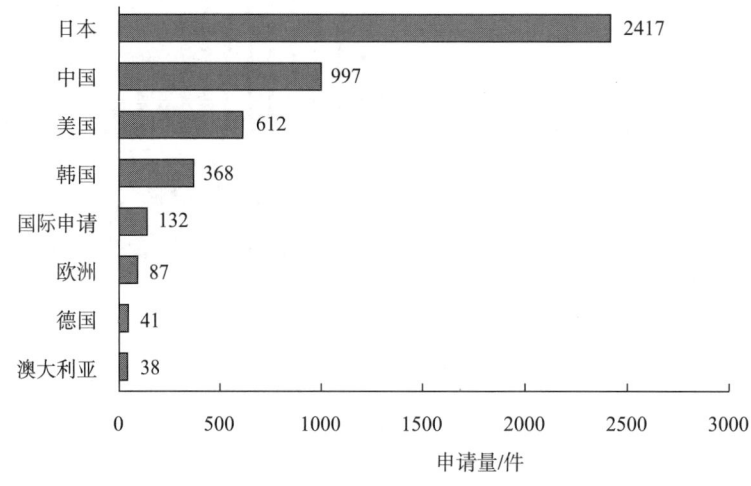

**图11　燃料电池质子交换膜全球专利排名前十的区域申请量分布**

　　图12给出了燃料电池质子交换膜全球专利申请量排名前十的申请人申请量份额情况。拥有燃料电池质子交换膜的全球专利申请的专利申请人超过1000位。整体看，申请量排名前十的申请人申请量约占总申请量的27%，显示了一定程度的优势与集中。在申请量排名前十申请人中，丰田排名第一，申请量超过了250件，证明了该公司在燃料电池质子交换膜领域具有超强的技术实力，这与丰田大力发展燃料电池动力汽车产业有着

密不可分的联系。三星公司紧随其后，其申请量也在 200 件左右。同时值得注意的是，排名第三至七位的企业均为日本企业，证明了日本企业在燃料电池质子交换膜产业整体实力较强，日本在基础材料领域具有垄断地位，也说明了日本企业对于专利布局的重视。山东东岳和中科院排名第九到十位，也显示了中国在质子交换膜领域也逐渐具有强劲的研究实力。

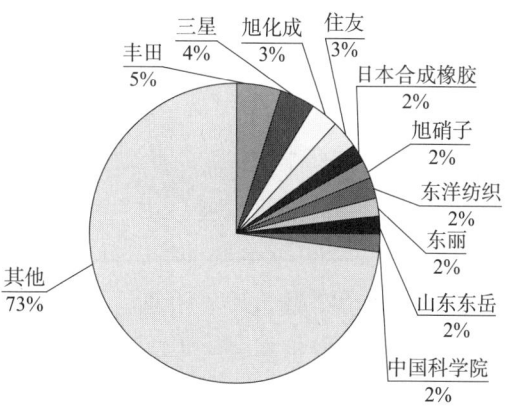

图 12　燃料电池质子交换膜全球专利申请量排名前十的申请人申请量份额

目前，世界上仅有少数几家公司能够提供燃料电池膜，主要包括：美国杜邦、3M、中国山东东岳、比利时索尔维、日本旭硝子、旭化成等。而在一些质子交换膜的老牌企业，如杜邦、陶氏化学、3M 等企业，虽然已经推出成熟商品化的产品，并没有进入申请量前十的排名，这也与这些企业中产品的稳定性较强有关系，其产品的换代并没有十分频繁。

东岳集团先后与清华大学、上海交通大学等高校，俄罗斯、加拿大等国的国家科学院以及奔驰、3M、通用汽车等著名企业的研发机构建立了研发合作关系，其研究水平已经逐渐走在了世界前列。山东东岳集团作为亚洲规模最大的氟硅材料生产基地、中国氟硅行业的龙头企业，在质子交换膜领域异军突起，该企业通过与上海交大、清华大学、北京大学、山东大学等高校合作，在新环保、新材料、新能源等领域掌控了大量自主知识产权，其专利申请达到 140 件以上，已经占据国内申请量的龙头地位。本节对山东东岳在该领域的专利申请进行分析。

从图 13 可以看出，山东东岳集团在质子交换膜领域的专利申请涉及的技术分支主要包括含氟质子交换膜和复合膜两大类，对于新兴的非含氟质子交换膜领域并未涉及。其中含氟质子交换膜又分为单体制备以及质子交换膜制备两条路线，说明了单体的制备工艺对质子交换膜的性能具有一定的影响；复合膜主要包括通过对含氟质子交换膜进行掺杂、交联、增强以及多层复合的手段而得到复合膜，其中复合膜申请量占了一半以上，也说明了这条技术分支是以后的发展方向。

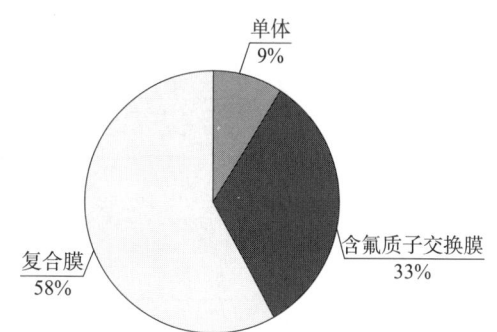

图 13　山东东岳集团质子交换膜领域各分支申请份额

从图 14 可以看出，山东东岳集团在质子交换膜领域的专利申请集中在 2008 年和 2009 年，其申请量远超其他年份，在 2010 年之后其申请量较小。

结合图 15，从企业的产品来看，山东东岳从 2003 年组建产学研联合研发团队，在 2010 年实现 500 吨燃料电池膜的生产装置投产，2013 年，东岳与汽车燃料电池公司 Automotive Fuel Cell Cooperation Corp（即 AFCC，奔驰与福特的合资公司）签约联合开发车用燃料电池膜，将用于奔驰福特燃料电池车，2015 年建立"含氟功能膜材料国家重点实验室"，2016 年 12 月东岳集团通过了 AFCC 的技术评估和质量审计，获得 AFCC 颁发的"技术达标奖"，意味着东岳已经初步具备燃料电池汽车领域供应商资格。

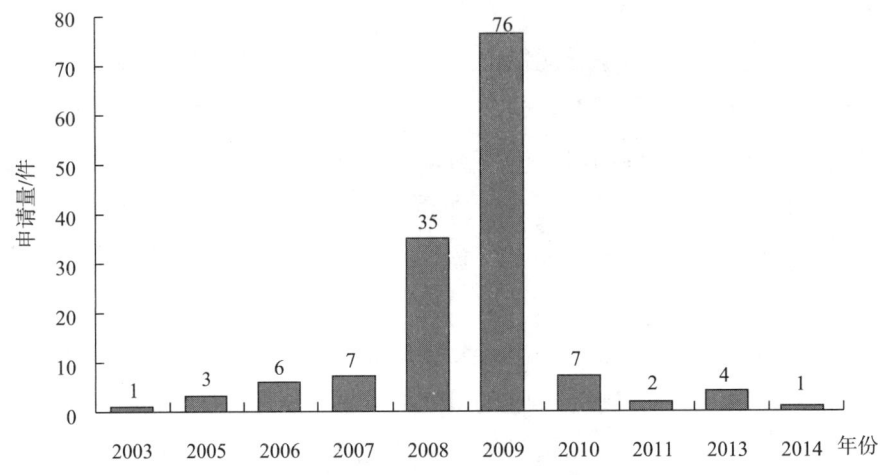

图 14　山东东岳集团质子交换膜领域申请趋势

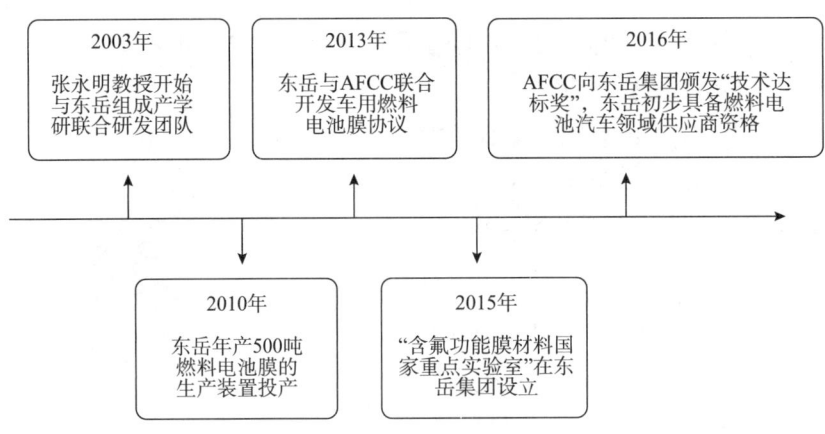

图 15　山东东岳集团质子交换膜产业发展路线

值得一提的是，在奔驰招标中，东岳集团还击败了美国杜邦等公司，奔驰 10 万辆新能源汽车上将率先使用东岳集团燃料电池膜。这也体现了山东东岳集团在的专利布局上意识很强，在产品上市之前专利布局已经初步形成，而这些专利的存在，也为东岳集团抗击杜邦这些老牌的膜生产企业奠定了基础。

### （二）燃料电池催化剂技术专利申请状况分析

至检索截止日，检索到涉及燃料电池催化剂的专利申请达 6584 件，其中，国内申请 1099 件；国外申请 5485 件。本小节在这一数据基础上从发展趋势、区域分布、主要专利申请人等角度对燃料电池催化剂的专利进行总体分析。

图 16 显示了燃料电池催化剂全球专利申请总量以及国内申请人与国外申请人申请总量随年份变化的趋势。从图中可以看出，燃料电池催化剂的发展历史悠久，从 1961 年开始已经有该领域的专利申请，在 1997 年之前，燃料电池催化剂的专利技术一直处于起步阶段，每年的申请量不多，每年的申请量增长幅度很小，增长较为缓慢，至 1998 年，当年申请量仅有 54 件；从 1998 年以后，燃料电池催化剂的专利申请量整体趋势是逐年增长的，在燃料电池开始逐步走向成熟并走向工业应用的大背景下，世界各国逐渐意识到燃料电池的广阔前景，各国开始积极研发新技术，燃料电池催化剂技术也不断向前发展，其专利年申请量进入急剧增长阶段，并在 2005 年达到顶峰的 408 件。然而，随着锂离子电池的商业化进一步成功，燃料电池的研究在 2005 年之后逐渐变慢，其申请量自 2007～2010 年有明显下降的趋势，而在 2011 年之后申请量再次爆发式增长。此外，从国内和国外申请量对比来看，早在 1961 年国外已经出现燃料电池催化剂的专利申请，而在 2000 年之前国内基本没有燃料电池催化剂的专利申请，说明国外在燃料电池催化剂技术的起步比国内早很多；在 2004 年之前，燃料电池催化剂的国内和国外申请量相差很大，并且国内申请每年增长幅度不大而国外申请每年增长幅度较大，说明在此期间国内在燃料电池催化剂领域的研究才刚开始萌芽而国外已经在快速发展；从 2005 年以后，国内申请量继续增长，而国外申请量平稳发展，国内外申请量差距逐年缩小，说明国内将燃料电池催化剂作为发展的热点，在燃料电池催化剂方面研发活跃，而国外在该领域相对国内依然具有技术领先优势。

全球共有 39 个国家/地区作为技术来源国/地区拥有涉及燃料电池催化剂的专利申请。拥有燃料电池催化剂的全球专利申请的专利申请人超过 1000 位。从图 17 中可以看出，日本、中国、美国和韩国位于申请排名前四位，一定程度体现了燃料电池催化剂技术的发展情况，其中日本申请超过 3000 件，占据了绝对的霸主地位，中国由于近几年发展较快，其申请量后来居上并紧随其后，美国和韩国排名第三和第四，其专利申请也主要集中在美国和韩国的几家车企公司，反映出美国和韩国作为传统的燃料电池催化剂大国的根基犹在，而 PCT 国际申请也占据了相当的数量。

图 18 给出了燃料电池催化剂全球专利申请量排名前十的申请人申请量份额情况。整体看，申请量排名前十的申请人申请量约占总申请量的 30%，显示了一定程度的优势与集中。在申请量排名前十的申请人中，丰田排名第一，申请量超过了 500 件，证明了该

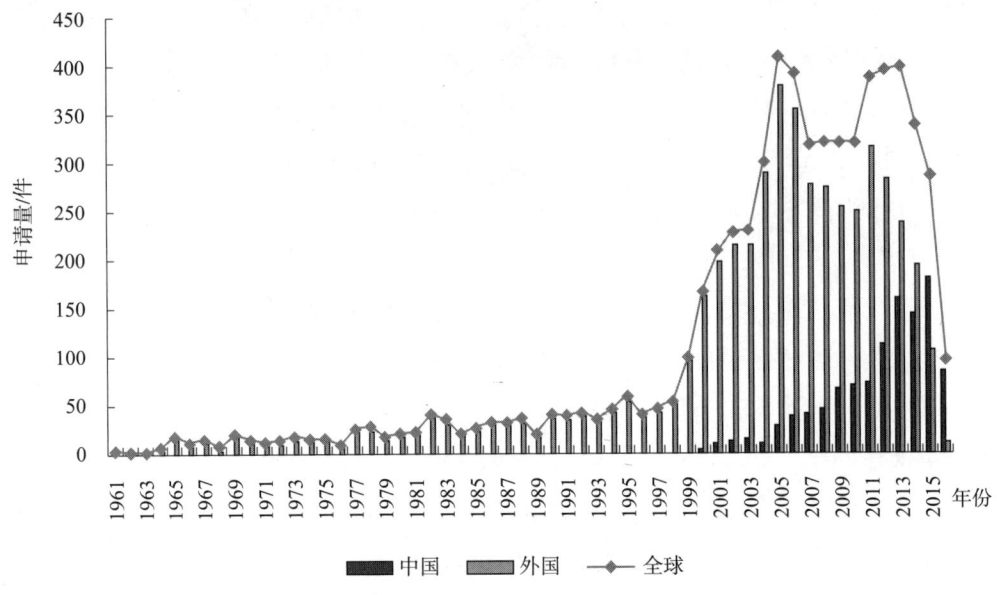

**图 16　燃料电池催化剂全球专利申请趋势变化**

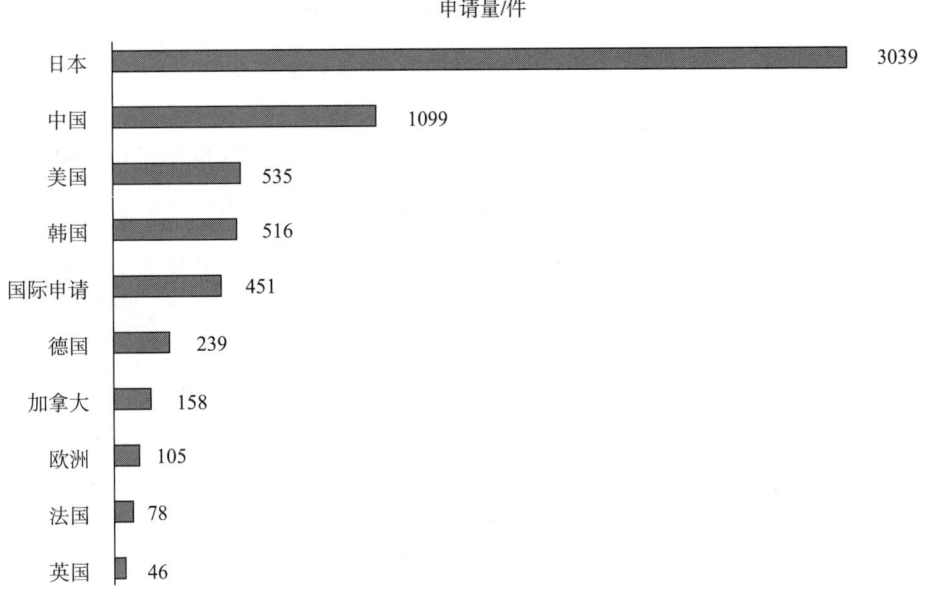

**图 17　燃料电池催化剂全球专利排名前十的区域申请量分布**

公司在燃料电池催化剂领域具有超强的技术实力，这与丰田公司大力发展燃料电池动力汽车有着密不可分的联系。中国科学院和三星紧随其后，其申请量都在 200 件左右，排名第四至十位的企业均为日本企业，证明了日本在燃料电池催化剂领域整体具有很强的研究实力，催化剂作为燃料电池零部件中最重要的部件，也侧面反映出日本对燃料电池领域的发展充满信心。

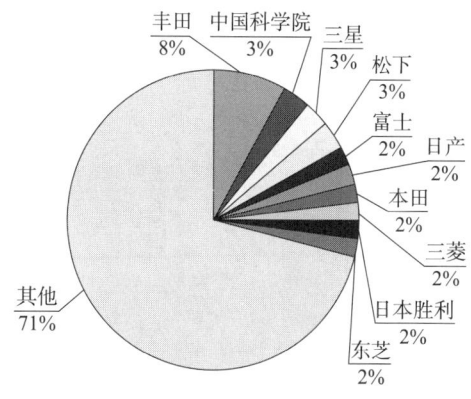

**图18　燃料电池催化剂全球专利申请量排名前十的申请人申请量份额**

催化剂作为燃料电池中的核心部件，其催化燃料电池中氧气的还原和氢气的氧化反应，是决定电池转换效率的最主要的因素，根据燃料电池催化剂的种类，将催化剂发展的技术路线分为了以下四条路线：含 Pt 催化剂、其他贵金属催化剂、非贵金属催化剂和催化剂载体。

图19 对燃料电池催化剂的技术发展路线进行梳理。其中研究历史最久、发展最成熟、目前成功商品化的一类催化剂是含 Pt 催化剂，在 20 世纪六七十年代主要对含 Pt 催化剂的种类进行优化，如提出了 Pt/C 催化剂、胶状 Pt 催化剂、含 Pt 的氧化物等种类；到了 20 世纪八九十年代，研究的重点集中在 Pt 与其他金属形成的合金作为催化剂，如三元合金 PtGaM（M = Cr、Ni、Co）、PtNiCo、PtRuOs 等，这种方式通过降低催化剂中的含 Pt 量，能够有效地降低催化剂的成本；2000 年以后，对于含 Pt 催化剂的种类的改进相对有限，因此，研究的重点集中在催化剂合成工艺和催化剂微观结构的改进方面，以求进一步降低催化剂成本，同时提高催化剂的催化效率。

对于其他贵金属催化剂这条发展路线，其发展起步相对较晚，近些年提出了多种不同种类的催化剂，这是由于非 Pt 贵金属的种类较多，包括 Au、Ag、Ru、Ir 等多个种类，它们均具有不错的催化性能，在这条技术路径上发掘出性能更好的催化剂的可能性相较于含 Pt 催化剂更大，因此，这条发展路线也是目前研究的热点。

在非贵金属催化剂的这条技术路径上，在 20 世纪六七十年代，主要集中在金属氧化物和金属合金两方面，由于这种催化剂的催化效率低等原因，因此并没有得以持续发展，而在 2000 年前后，以金属有机框架作为燃料电池催化剂的研究逐渐得到关注，也是目前一种重要的新型催化剂。

对于催化剂载体的研究一直都在进行，碳材料包括碳纸、碳纤维、石墨等都被用作催化剂载体，近些年来新型的催化剂载体也逐渐被关注，武汉理工大学对于陶瓷载体的研究具有领先水平。

新能源电池

机器人

高档数控机床

图 19　燃料电池催化剂专利申请技术路线

基于此，对于催化剂领域的发展，从短期来讲，由于含 Pt 催化剂依然是目前性能最优异的催化剂类型，因此，优化含 Pt 催化剂的性能仍然是目前最直接有效的研究方向；同时从催化剂载体方面入手，以提高催化剂的催化活性和催化寿命也是值得研究的方向；长期来讲，寻找到更廉价的高活性催化剂才是解决催化剂成本过高的根本途径。

中国科学院作为在燃料电池催化剂领域中国申请量最大的创新主体，其专利申请达到 220 件以上，已经占据国内申请量的龙头地位。而这其中，中国科学院大连化学物理研究所（简称"大连化物所"）的专利申请量高达 140 件，占了中国科学院总申请量的 60% 以上，本节对大连化物所在该领域的专利申请进行分析。

从图 20 可以看出，大连化物所对于 Pt 基催化剂和非 Pt 基催化剂的专利布局数量较为平均，各占了 50% 的比例，说明大连化物所对于传统的 Pt 基催化剂的技术改进一直在不断推进发展，而为了从根本上降低催化剂的成本，在寻求廉价催化剂的这条发展道路上也进行了不懈的探索。

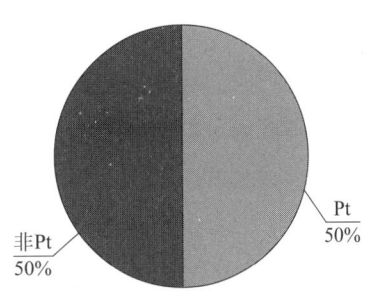

**图 20  大连化物所在燃料电池**
**催化剂领域各分支申请份额**

结合图 21 来看，从 2001 年大连化物所在燃料电池催化剂领域进行专利申请开始，基本每年都有一定量的专利申请，从申请总量来看，近些年，特别是 2009 年开始呈现快速增长趋势。从两个技术分支来看，2010 年以前，在该领域的专利申请的重点集中在 Pt 基催化剂领域；2010 年之后，Pt 基催化剂的申请量维持了较为平稳的水平，而非 Pt 基催化剂的申请量呈现出逐渐稳步增加的趋势，这也说明了对于寻找廉价催化剂的这条发展道路，大连化物所已经逐渐重视并充满信心。

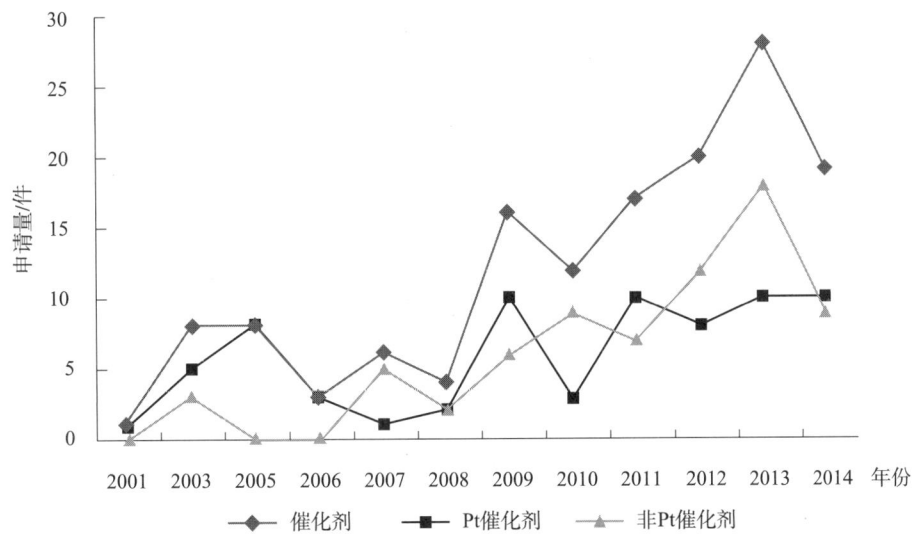

**图 21  大连化物所燃料电池催化剂领域申请趋势**

# 五、主要结论

本文分别对质子交换膜燃料电池的发展、原理进行了梳理和总结，并以专利申请为基础，对质子交换膜燃料电池及其分支的专利申请情况进行分析，主要包括全球专利申请情况、重要申请人、技术路线分解等多方面的情况。

1. 对于质子交换膜燃料电池，就全球专利申请而言，日本优势较为明显，美国、中国紧随其后。对全球主要申请人的分析可以看出，目前在该领域，核心技术还集中在国外跨国企业，日本企业占据了一半以上的份额，美国和韩国的企业也展现了雄厚的实力。国内的创新主体还需要在该领域进行进一步的技术创新。丰田公司作为该领域重要的申请人，其申请量处于领先地位。对其在该领域的专利申请进一步分析可以看出，2008年以后其申请量有所下降，同时其专利申请主要集中在质子交换膜和膜电极领域，对丰田公司的重要专利进行梳理可以发现其在该领域具有较多核心专利，具有较高技术价值。

2. 对于燃料电池质子交换膜，就全球专利申请而言，日本、中国、美国占据全球申请的前三位。在该领域中国专利申请虽然起步较晚，但是在国内政策的推动下，申请量后来居上，说明国内创新主体已经开始关注该产业的专利布局。根据全球主要申请人的分析可以看出，外国企业尤其是日本的相关企业在质子交换膜产业的专利申请的数量上已经有足够多的积累，国内创新主体与国外跨国企业，如丰田、旭化成等企业还存在一定的差距，但差距已经在逐步缩小，如中国科学院和山东东岳已经进入全球重要申请人排名前十的位置，中国专利已经逐渐跻身世界前列。对于重要申请人，对山东东岳集团的专利申请趋势、分支分布以及重要申请人进行了分析，发现其专利布局意识较强，值得国内创新主体学习和借鉴。

3. 对于燃料电池催化剂，就全球专利申请而言，日本、中国、美国占据全球申请的前三位，其中日本以处于领先地位。而在该领域中国专利申请虽然起步较晚，但近些年来申请量大幅提高并后来居上，说明国内创新主体已经有意识地进行专利的申请和保护。根据全球主要申请人的分析可以看出，中国科学院作为国内创新主体的代表，其申请量位居全球申请量第二位，虽然与行业领头企业丰田还存在一定差距，但差距已经在逐步缩小；外国企业尤其是日本的相关企业在催化剂产业的专利申请的数量上已经有足够多的积累，国内创新主体想要在该领域取得更大的进展则需要进一步的努力。

根据前文的分析，并结合催化剂的技术发展路线，从短期来讲，优化含Pt催化剂的性能仍然是目前最直接有效的研究方向，同时从催化剂载体方面入手，提高催化剂的催化活性和催化寿命也是值得研究的方向；长期来讲，寻找到更廉价的高活性催化剂才是解决催化剂成本过高的根本途径。

通过对中国科学院大连化学物理研究所在燃料电池催化剂领域的专利申请进行分析，该所在 2001 年开始在该领域进行专利申请，基本每年都有专利申请，对于含 Pt 催化剂方向的研究在持续进行。而近些年其对于寻找廉价的高活性催化剂领域的专利申请量明显提高，说明寻找新的催化剂也是燃料电池催化剂领域今后的研究热点和长期方向。

## 参考文献

[1] 吕维忠. 新型空冷自增湿质子交换膜燃料电池技术研究 [D]. 哈尔滨：哈尔滨工程大学，2011.

[2] 孙照楠. 燃料电池非铂催化剂研究 [D]. 北京：北京化工大学，2017.

[3] 侯明，衣宝廉. 燃料电池技术发展现状与展望 [J]. 电化学，2012，18（1）：1－13.

[4] 聂发文. PGA 纳米纤维改性磺化聚醚砜质子交换膜的制备与性能研究 [D]. 天津：天津工业大学，2017.

新能源电池

机器人

高档数控机床

# 机器人

# AGV 机器人导航专利技术综述*

夏鹏　于匡员　邵娜娜

**摘　要**　AGV（Automated Guided Vehicle）机器人是目前智能机器人研究的一个重要分支，而导航技术是 AGV 机器人研究的热门方向，导航技术的优劣直接决定了 AGV 机器人自动化水平的高低。本文对 AGV 导航技术全球及中国的相关专利技术进行分析，从申请趋势、区域分布、主要申请人、重点技术等多个角度进行深入挖掘，筛选了多项重要专利并绘制技术路线演进图。研究分析了目前最为热点的磁导航、激光导航和视觉导航目前存在的问题、各导航技术的优势以及研究发展方向。我国 AGV 导航技术目前处于高速发展时期，但核心专利较少，仍需加强综合研发实力，本文具体分析了在 AGV 导航技术产业化过程中应该把握的技术领域热点，旨在使本领域技术人员能够有针对性地提高关键技术水平，强化专利布局。

**关键词**　AGV　导航　技术演进　专利分析

## 一、概述

AGV 是 Automated Guided Vehicle 的缩写，意即"自动导引运输车"，是指装备有电磁或光学等自动导引装置，能够沿规定的导引路径行驶，具有安全保护以及各种移载功能的运输车，属于轮式移动机器人。它具有安全性高、作业效率高、投入成本低以及管理难度小的优点。而 AGV 能够实现无人驾驶，导航技术起着至关重要的作用，因此，通过专利分析 AGV 导航技术的发展趋势以及关键技术是非常有意义的。

### （一）AGV 机器人导航技术发展

AGV 起源于 1913 年美国的福特公司，其首次提出了有导轨的 AGV 输送机，可以看作是 AGV 的原型。真正意义上的 AGV 是在 1953 年由美国 Barrett Electric 公司研制的，初期的导航方式是通过磁轨进行导航。20 世纪 80 年代末期无线式导引技术被引入到 AGV 系统中，例如利用激光和惯性进行导引，这样提高了 AGV 系统的灵活性和准确性。

---

\* 作者单位：国家知识产权局专利局专利审查协作天津中心。

同时，AGV 在日本得到飞速发展，日本也成为使用 AGV 最广泛的国家之一。现在的 AGV 控制系统应用领域相当广泛，汽车制造、医药等是使用量最大的行业，并且随着物流系统的迅速发展，AGV 的应用范围也在不断扩展。

我国的 AGV 由于国内市场需求不高发展较为缓慢，近几年才开始逐渐加速发展。1991 年开始，中科院沈阳自动化研究所与沈阳新松机器人股份有限公司联合解决了包括机械设计、控制、导引、管理等一系列的 AGV 关键技术，获得 ISO9001 国际质量认证，并取得多项研究成果。

目前，AGV 的发展趋势是研究无固定引导线路、高度自由的 AGV。

**（二）AGV 机器人导航技术分类**

目前，AGV 导航方式的种类很多，但目前得到应用或具有应用前景的 AGV 导引方式主要包括以下几种类型。

**1. 磁导航**

磁导航（Magnetic Guidance）是较为传统的导引方式之一，磁导航又分为电磁导航和磁带导航。电磁导航（Wire Guidance）目前仍被许多系统采用，它是在 AGV 的行驶路径上埋设金属线，并在金属线上加载导引频率，通过对导引频率的识别来实现 AGV 的导引。其主要优点是引线隐蔽，不易污染和破损，导引原理简单而可靠，便于控制和通讯，对声光无干扰，制造成本较低。缺点是路径难以更改扩展，对复杂路径的局限性大。磁带导航（Magnetic Tape Guidance）与电磁导航相近，以在路面上贴磁带替代在地面下埋设金属线，通过磁感应信号实现导引，其灵活性比较好，改变或扩充路径较容易，磁带铺设简单易行。但此导引方式易受环路周围金属物质的干扰，磁带易受机械损伤，因此导引的可靠性受外界影响较大。

**2. 激光导航**

激光导航（Laser Navigation）是在 AGV 行驶路径的周围安装位置精确的激光反射板，AGV 通过激光扫描器发射激光束，同时采集由反射板反射的激光束，来确定其当前的位置和航向，并通过连续的三角几何运算来实现 AGV 的导引。

此项技术最大的优点是 AGV 定位精确，地面无须其他定位设施，行驶路径灵活多变，能够适合多种现场环境，是目前国外许多 AGV 生产厂家优先采用的先进导引方式。缺点是制造成本高，对环境要求相对苛刻（光线要求、地面要求、能见度要求等），不适合室外使用（尤其是易受雨、雪、雾的影响）。

**3. 惯性导航**

惯性导航（Inertial Navigation）技术的基本工作原理为：在 AGV 上安装陀螺仪，在行驶区域的地面上安装定位块，AGV 通过对陀螺仪偏差信号的计算及地面定位块信号的采集来确定自身的位置和方向，从而实现 AGV 的自动导引。

此项技术在军方较早运用，其主要优点是技术先进，较之有线导引，地面处理工作量小，路径灵活性强。其缺点是制造成本较高，导引的精度和可靠性与陀螺仪的制造精度及其后续信号处理密切相关。

4. 视觉导航

视觉导航（Visual Navigation）是在 AGV 的运动路径上设置导向标线，通过装在 AGV 上的摄像机系统动态地获取导向标线图像，计算 AGV 相对于标线的距离和角度偏差，从而控制 AGV 沿着标线运行的导向方式。这种导引方式精度较高，路径变更容易，但对地面的清洁有一定的要求，制造成本较高，并且数据处理量较大。

## 二、专利申请总体情况

本文对 AGV 导航领域的国内外专利进行了检索，检索文件截止日期为 2017 年 9 月 30 日。检索采用的数据库是中国摘要数据库（CNABS）、德温特世界专利索引数据库（DWPI）。通过对 AGV 和导航技术分别进行扩展并进行与操作，最终在德温特世界专利索引数据库（DWPI）中检索到 1835 件专利，在中国摘要数据库（CNABS）中检索到 754 件专利。

依据检索得到的结果，下面将从申请趋势、申请人分布、技术分布等方面进行具体分析。

### （一）AGV 机器人导航技术全球专利申请状况

1. 申请趋势

有关 AGV 导航技术专利申请始于 20 世纪 70 年代。图 2 - 1 显示了从 20 世纪 70 年代至 2017 年的申请量的年度分布情况。从图中可以看出，20 世纪 70 年代中期至 20 世纪 80 年代中期的申请量非常少，可见其尚处于萌芽时期，AGV 导航技术未得到足够的重视；从 20 世纪 80 年代中期开始专利申请量呈现小幅上涨直至 20 世纪 90 年代初期，说明随着 AGV 技术的发展，AGV 导航技术也开始引起各企业和科研机构的关注；随后，在 1997 年申请量有了一个小高峰，直到 2009 年 AGV 导航技术的申请量有一定的波动，但一直处于相对平稳期；到 2009 年以后申请量出现大幅增长，虽然在 2013 年申请量有所减少，但之后直到 2016 年继续保持上涨趋势，表明 AGV 导航技术未来是一项热门技术，仍有很大的发展前景和发展空间。

2. 申请区域分布

图 2 - 2 全球专利申请地域分布，其中申请区域在本文中定义为专利首次申请的国家/地区，在首次申请的国家/地区的专利申请量通常是在本国家/地区原创的专利申请，反映了各国家/地区的技术研发实力。如图 2 - 2 所示，AGV 导航技术全球专利申请量排

名领先的四个国家分别是日本、中国、美国和韩国，并且排名第一的日本的申请量是排名第三的美国申请量的 3.7 倍，并占总申请量的 37.8%；排名第二的中国的申请量是排名第三的美国申请量的 2.6 倍，并占总申请量的 29.1%；美国和韩国的申请量比较接近。

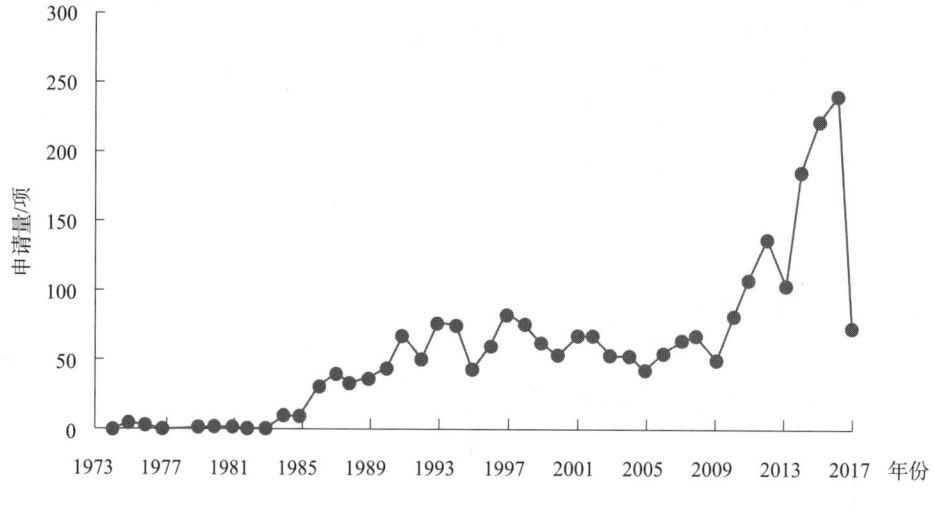

图 2 - 1　AGV 导航领域全球专利申请趋势

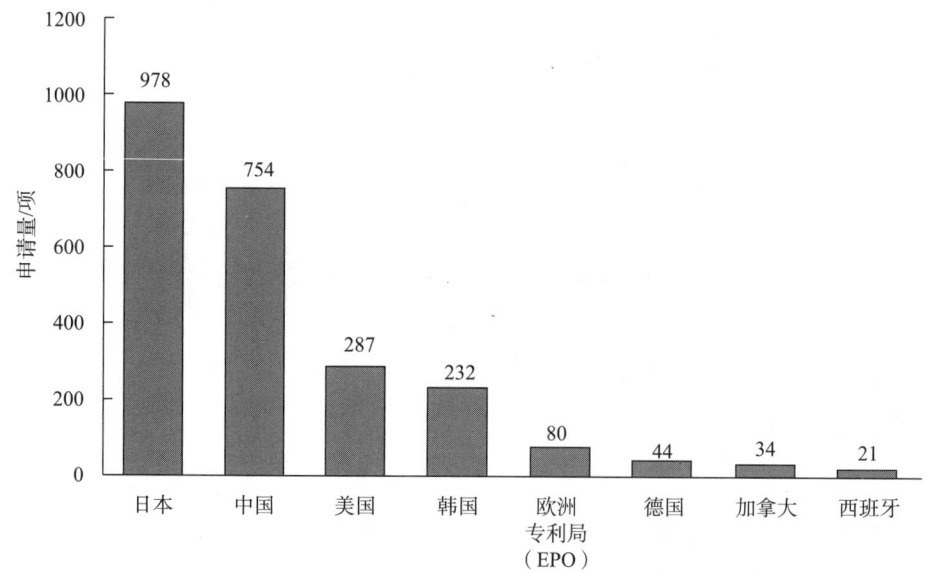

图 2 - 2　AGV 导航领域全球专利申请地域分布

可见，虽然美国是 AGV 导航技术的起源国家，但是，在随后的发展过程中，其申请量并未占一定的优势，反被日本和中国所超越。由于 1990 年前期数据分配到各个国家不具有统计意义，因此，全球重要国家/地区专利申请趋势分布从 1990 年开始统计，并且后续全球数据的分析也从 1990 年开始。由图 2 - 3 可知，日本的 AGV 导航技术要远早于中国，由图中日本申请量的占比情况可知，在 2005 年以前日本的 AGV 导航技术占世界的主导地位，要远高于 AGV 导航技术的起始国家美国；AGV 导航技术的研究引发日本企业的研究高潮，例如村田机械、明电舍等著名企业，使得日本的 AGV 导航技术取得了非常大的进步，对日本的 AGV 技术发展起到了很大的支撑作用。随着时代的发展，到 2005 年以后日本的申请量呈现逐年下滑的趋势，这是由于日本技术的发展已经具有一定的成熟度。美国的申请量在同期一直保持着比较平稳的趋势。中国 AGV 技术的起步较晚，直至 20 世纪末期，中国关于 AGV 技术的研究才开始呈现飞速上涨的趋势，这与中国近年来企业的飞速发展，尤其是制造业、物流业的发展密不可分。韩国虽然申请量不是很大，但是其申请趋势相对比较稳定。

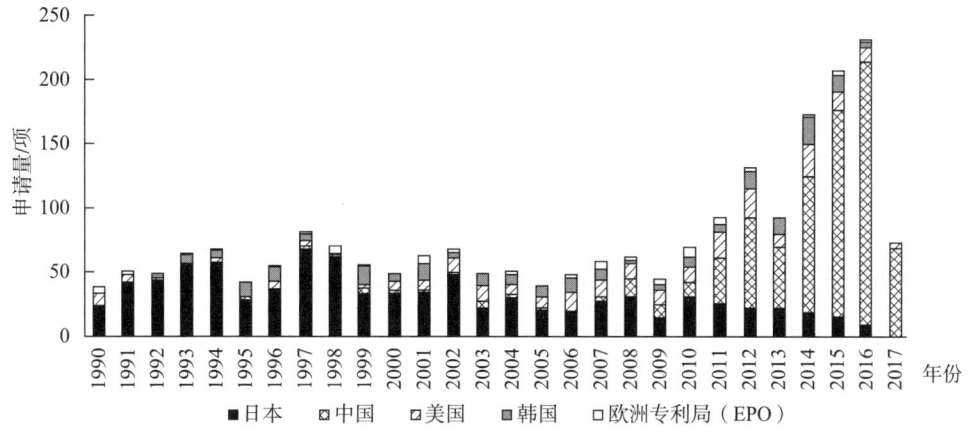

图 2-3　AGV 导航领域全球重要国家/地区专利申请趋势分布

图 2-4 是 AGV 导航技术全球专利申请的目的地分布，其中目的地在本文中定义为全球申请人进行专利布局的国家/地区，申请量比例反映出申请人对这些市场的重视程度；数据是根据同族申请国家/地区获得。由图中可以看出全球专利主要的申请目的地依次为日本、中国、美国、韩国等。可以看出专利申请人的所在地也是其专利申请的主要目的地，还是其专利布局的主要目的地。

3. 全球申请人分析

图 2-5 列出了全球主要申请人的分布情况。从图中可以看出申请量排名前 11 位的申请人中有 7 家公司是来自日本，表明日本对 AGV 导航技术十分重视。申请量最大的是日本的村田机械，是日本具有代表性的机械厂商，申请量为 72 项；亚马逊公司申请量排名第二，是美国最大的一家网络电子商务公司，也是网络上最早开始经营电子商务的公司之一；排名第三的是日本一家物流公司 YUSOKI，排名第四的是韩国的三星公司，中国的企业成都四威排名第八。申请量排名第一的村田机械也仅占全球申请量的 2.8%，排名前十的公司申请总量占该领域全球申请量的 15%，说明剩余 85% 的申请都分散在其他公司手中。

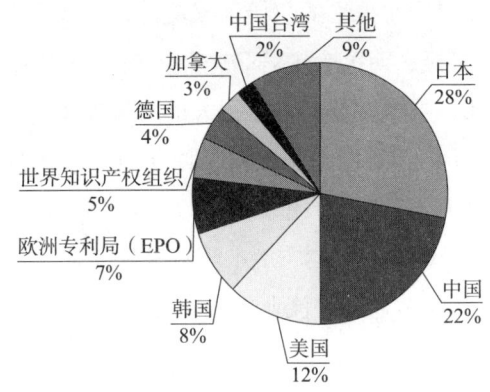

图2-4　AGV导航技术全球专利申请目的地分布

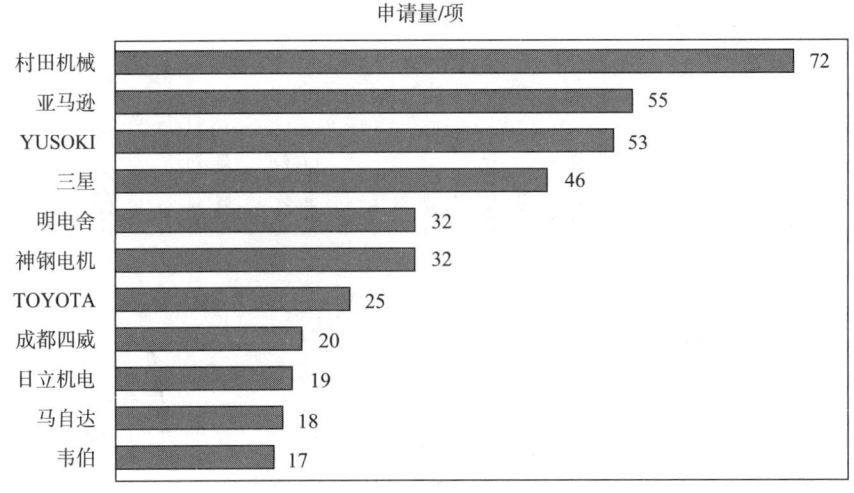

图2-5　AGV导航全球主要申请人分布

图2-6是全球主要申请人申请趋势情况，1990年之前的数据量不具有统计意义，所以主要申请人申请趋势的统计起始时间是1990年，从图中可以看出日本的两家公司村田机械和YUSOKI虽然申请量较多，全球排名比较靠前，但是其申请量绝大部分在2004年以前，说明这两家企业对AGV导航技术的研究发展阶段主要在2004年以前，而2004年以后其技术相对比较成熟，投入到AGV导航技术的研究相对较少。而2004年以后亚马逊关于AGV导航技术的研究每年都有一定的申请量，可见，亚马逊公司一直在致力于AGV导航技术的研究，并且其2012年收购的Kiva机器人能够根据无线指令的订单将货物从所在的仓库搬运到员工处理区，比之前效率提高了三倍，并且Kiva机器人的准确率能够达到99.99%。成都四威是中国的一家公司，其在2013年起开始申请AGV导航技术的专利。通过图2-3和图2-6表明，虽然日本是AGV导航技术专利的申请量大国，但是其大量的专利申请时间都比较早，并且其申请量逐年下滑，可见其近些年并不注重

AGV 导航技术的研究。而中国作为后起之秀，一直关注并且越来越重视 AGV 导航技术的发展。

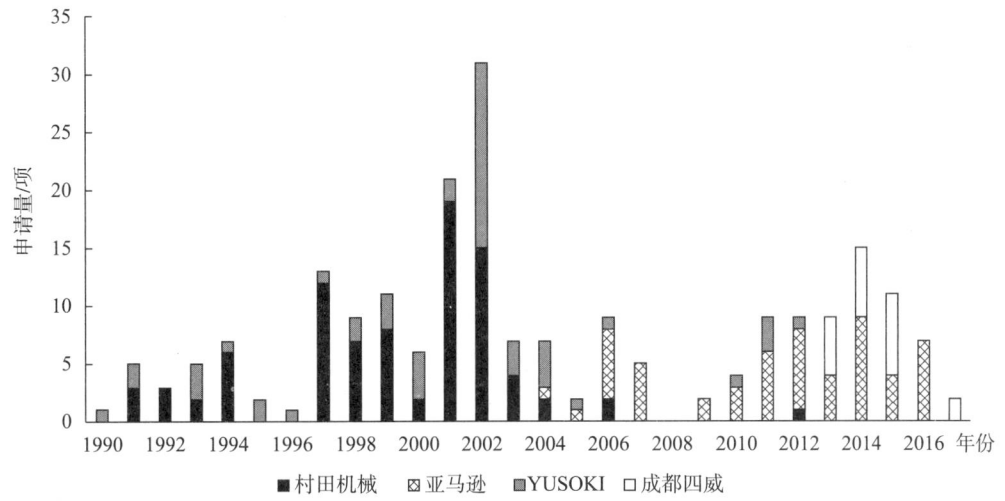

图 2-6　AGV 导航技术全球主要申请人申请趋势

4. 重要申请人分析

通过上面的研究发现，目前亚马逊处于全球 AGV 导航技术的领先地位，其具有较多的申请量，并且具有自己的研发团队。2004 年亚马逊开始着力研究 AGV 导航技术，亚马逊的仓库机器人 Kiva 导航技术主要是读取地上的网格视觉记号，不需要埋设导线，通过朝上的摄像头读取条形码以识别货架，通过底部的摄像头查看地板上的条形码，通过结合其他导航传感器（如加速度传感器、速率陀螺仪）获取位置信息。目前，如图 2-7 为亚马逊公司申请的有关 AGV 导航技术的 55 项专利的转让情况，由图中可知 84% 的专利都进行了转让，可见亚马逊关于 AGV 导航技术的专利含金量非常高。

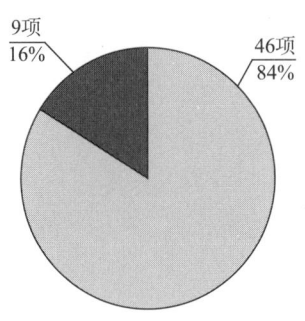

图 2-7　亚马逊 AGV 导航技术专利转让分布

5. 全球发明人分析

如表 2-1 所示，AGV 导航技术申请量排名前十位的重点发明人中，有 4 位来自亚马逊，4 位来自艾吉威，其余 2 位分别来自马自达和佳顺。由此可见，该领域的重点发明人主要来自申请量排名靠前的几家公司。

通过对重要发明人分析，重要申请人成立 AGV 导航技术的研发团队，通过研发团队共同对一项技术进行研发创新，以便公司掌握 AGV 导航技术的核心技术，通过团队合作的方式持续不断地进行创新研发。

表2-1　AGV 导航技术全球重要发明人分布情况

| 发明人 | 申请量（项） | 对应申请人 |
| --- | --- | --- |
| PETER R. WURMAN | 26 | 亚马逊 |
| MICHAEL C. MOUNTZ | 24 | 亚马逊 |
| 刘胜明 | 19 | 艾吉威 |
| MICHAEL T. BARBEHENN | 19 | 亚马逊 |
| 司秀芬 | 19 | 艾吉威 |
| ANDREW E. HOFFMAN | 14 | 亚马逊 |
| 钟佳帅 | 14 | 艾吉威 |
| 新原 良美 | 12 | 马自达 |
| 江红章 | 12 | 艾吉威 |
| 李特 | 11 | 佳顺 |

### （二）AGV 机器人导航技术中国专利申请状况

#### 1. 申请趋势

图2-8 示出了我国 AGV 导航技术专利申请趋势。2000 年之前的申请量很小，与 2000 年至 2006 年趋势相同，所以图2-8 只体现 2000 年以后的申请趋势，并且后续对中国申请情况的分析起始时间也为 2000 年。从图中可以看出，与图2-1 的全球申请趋势相比，中国的 AGV 导航技术起步相对较晚。国外在 2000 年时 AGV 导航技术已经具有一

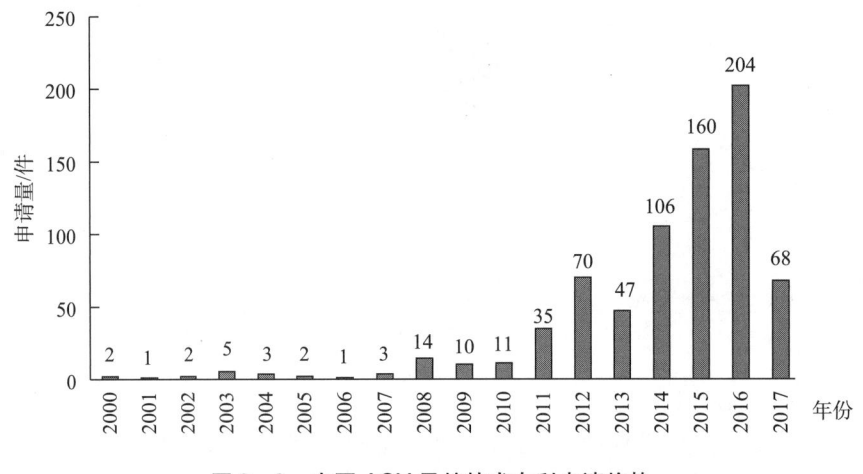

图2-8　中国 AGV 导航技术专利申请趋势

定的规模，而我国在这个时期尚处于起步阶段，直至 2007 年研究都处于萌芽状态，2008 年开始申请量有了一定的起色，从 2011 年开始申请量飞速增长，并且一直处于高速上涨的趋势。可见自 2008 年开始中国的企业和科研机构已经开始将注意力转移到 AGV 导航技术上，并且涌现出很多研发 AGV 导航技术的新公司，说明我国迎来了 AGV 导航技术的春天。

如图 2-9 所示，我国各省市在 AGV 导航技术的申请量排名前三位的都是沿海地区。

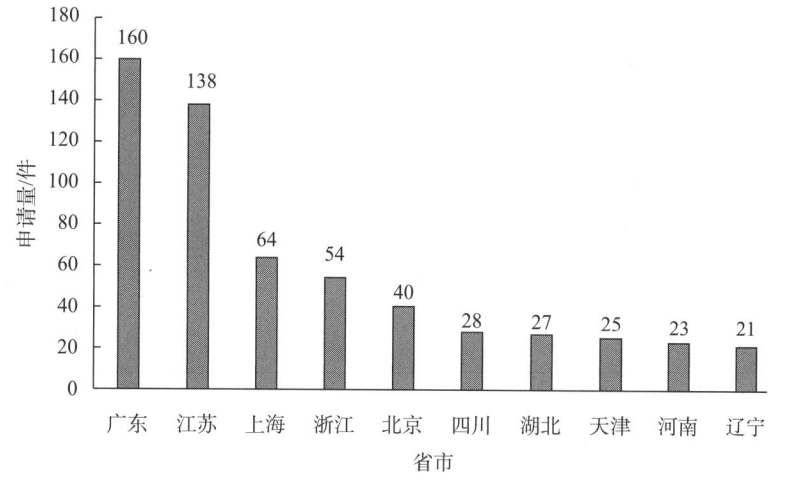

图 2-9　中国 AGV 导航技术专利申请省市分布

2. 中国申请人类型

图 2-10 显示了国内外申请人的类型分布情况。国内申请人以企业为主，占总申请人的 69%，说明我国已经度过了基本研发阶段，产业化程度较高。另外，高校和科研机构占比 25%，AGV 导航技术科研院校也比较多，可见我国的 AGV 技术发展态势良好，具有良好的科研机构做技术支撑，并且也具有一定规模的产业化。

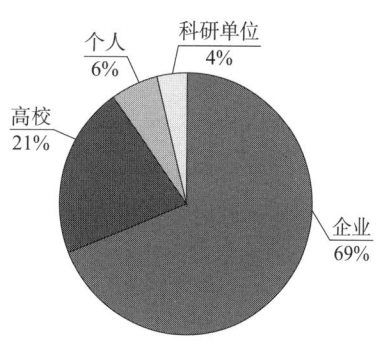

图 2-10　中国申请人类型

3. 中国申请人分析

图 2-11 是中国专利主要申请人的分布情况，前十中有 3 位申请人是高校，其中，南京航空航天大学与江苏天奇物流系统工程股份有限公司开展合作并联合申请专利，上海交通大学与上海诺力智能科技有限公司开展合作并联合申请专利，可见在 AGV 导航领域高校科研机构已经向商业方向转化，实现科研成果的有效利用。更值得注意的是艾吉威（苏州艾吉威机器人有限公司）、深圳力子（深圳力子机器人有限公司）和快仓（上海快仓智能科技有限公司）都是 2011 年以后成立的致力于 AGV 技术的新兴公司，并在业内取得了一定的成绩。新松（新松机器人自动化有

限公司）和昆船（云南昆船智能装备有限公司）都是机器人领域的著名公司，1991年新松研制了客车装配的AGV系统，并于1996年获得国家科学技术进步三等奖；昆船1998年研制了多模式激光导引无人自动车。

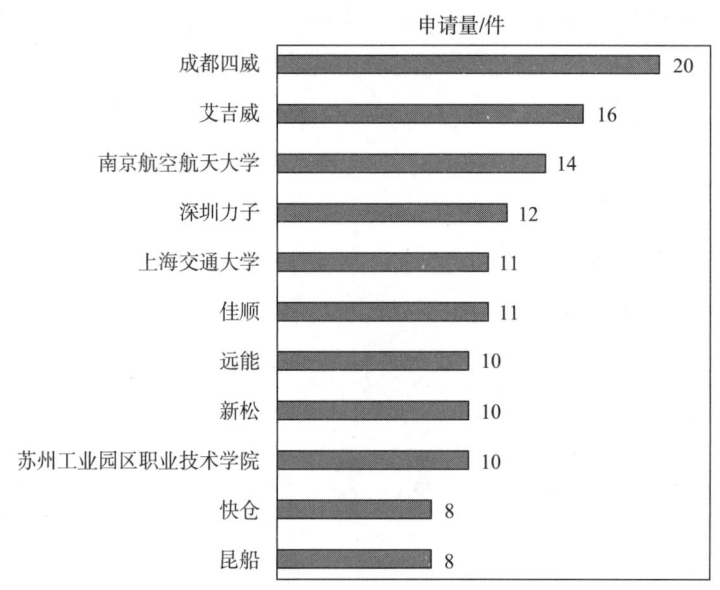

图2-11　中国AGV导航技术重要申请人分布

4. 中国发明人分析

如表2-2所示，AGV导航技术申请量排名前11位的重点发明人中，有5位来自艾吉威，有2位来自南京航空航天大学，其余申请人都相对比较分散，不过都是来自申请量排名靠前的几家公司。

表2-2　中国AGV导航技术重要发明人分析

| 发明人 | 申请量（件） | 对应申请人 |
| --- | --- | --- |
| 刘胜明 | 20 | 艾吉威 |
| 司秀芬 | 19 | 艾吉威 |
| 钟佳帅 | 14 | 艾吉威 |
| 江红章 | 12 | 艾吉威 |
| 王斌 | 12 | 深圳力子 |
| 李特 | 11 | 佳顺 |
| 罗敏 | 11 | 艾吉威 |
| 肖骥 | 11 | 成都四威 |
| 彭华明 | 10 | 远能 |
| 楼佩煌 | 10 | 南京航空航天大学 |
| 钱晓明 | 10 | 南京航空航天大学 |

通过申请人和发明人统计发现，艾吉威公司在 AGV 导航技术方面具有一定的研发能力。苏州艾吉威机器人有限公司成立于 2011 年 12 月 12 日，是以移动机器人（AGV）技术研发为核心，集 AGV 小车和 AGV 系统设计开发、生产制造、销售于一体的高新技术企业。艾吉威获得 2017 年中国 AGV 竞争力 10 强企业称号。艾吉威的 AGV 小车采用无反射板激光自主导航系统，无须安装反射板即可实现激光导航 AGV 小车的定位和避障（专利 CN201410049482.X）。另外，艾吉威还研究多 AGV 小车的灵活调度问题，避免多个 AGV 小车相互碰撞的问题，解决多 AGV 小车行驶路线单一的问题。

## 三、技术分析

### （一）AGV 导航技术主要分支及其趋势分析

AGV 导航技术的技术分支主要包括磁导航、激光导航、视觉导航、惯性导航。这四种导航方式覆盖了现阶段大部分 AGV 导航技术，下面就这些分支进行分析。

通过对 AGV 导航相关专利进行数据标引，根据技术分支进行了分类，图 3-1 为各技术分支国内外相关专利申请的分布情况，从图中可以看出，磁、激光两种导航方式的申请量大致相同。视觉导航略低于上述两者，并且在国内申请中视觉导航所占比例更低，可见相对而言，视觉导航的应用程度低于磁导航和激光导航。惯性导航所占比例明显小于其他几种导航方式。

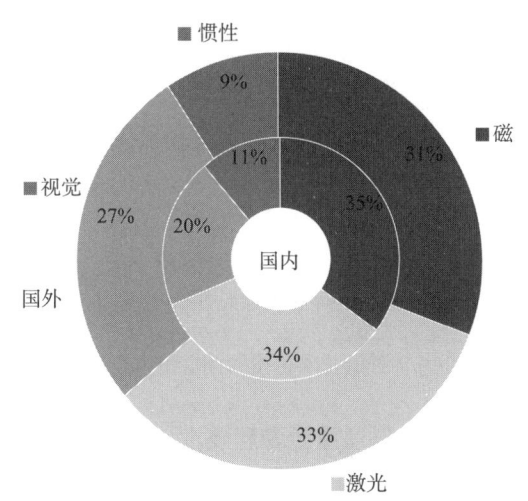

**图 3-1　AGV 导航技术各技术分支国内外专利申请分布**

注：内圈表示国内申请，外圈表示国外申请。

图 3-2 显示了 AGV 导航技术各分支全球专利的申请趋势。可以看出，磁、激光和视觉导航技术在全球范围内增长趋势大体相同，并在 2009 年后出现了较快增长，体现了三种技术在全球范围内都有着较为广泛的应用，并仍处在高速发展时期。惯性导航技术

则并未体现明显增长趋势，这很大程度上与惯性导航技术自身积累误差不易消除，从而较难独立完成复杂的导航任务有关。

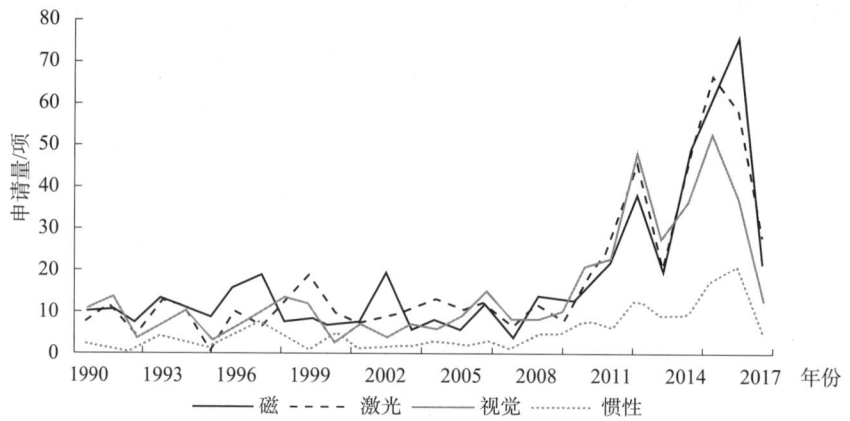

图3-2　AGV导航技术各技术分支全球专利申请趋势

图3-3显示了AGV导航技术各分支国内专利的申请趋势。可以看出，视觉导航技术和惯性导航技术的增长明显落后于磁导航和激光导航。可见在国内市场磁导航和激光导航仍然是主流的应用技术，视觉导航和惯性导航的应用则相对较少。

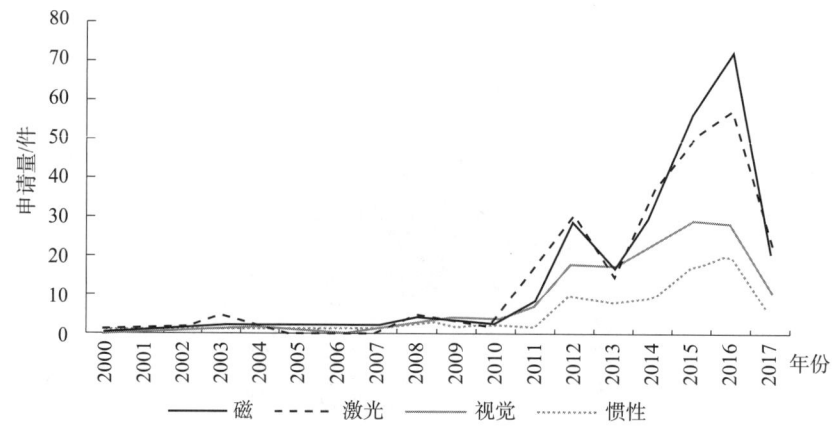

图3-3　AGV导航技术各技术分支国内专利申请趋势

### （二）重点技术分支发展路线以及重要专利技术

由于引证频次、同族数量、全球主要国家/地区专利布局情况可以相对客观地反映出专利的重要程度，因此通过对全球AGV导航专利数据进行分析，并根据技术分支筛选了重要申请人和发明人的相关专利，由于惯性导航技术申请量过少，此处不做重点分析，最终得到了30篇重点专利。通过这些专利，可以进一步分析AGV导航技术的发展趋势和关键技术。

根据技术分支和时间顺序分析上述重点专利，得到图3-4的重点专利技术节点演进。从核心专利的技术来源国/地区看在30项重点专利中，日本有13项，占43.3%；美国有 9 项，占 30%；中国 3 项，韩国 2 项，德国、法国和瑞典各 1 项，说明日本和美国掌握了 AGV 导航大部分的核心技术，中国、韩国对于 AGV 导航的研究力度也在不断加大。从核心专利的技术分类来看，日本和美国在磁导航、激光导航和视觉导航三个分支上都占据较大优势。从核心专利分布的时间来看，2000 年左右的核心专利较多，可见 2000 年左右该项技术进入了高速发展时期。我国重点专利时间都比较靠后，证明相对该领域的技术强国，我国虽仍处于技术追赶的阶段，但也已经取得了一定成果。

下面根据以上重点专利来梳理 AGV 导航技术的各个重点分支的技术演进路线。

1. 磁导航

1974 年，德国 HARTUNG HEINZ 公司提出通过将滚轮连接到地下的磁铁改变小车在磁铁轨道上移动的技术的专利申请，该专利申请号是 DE2432208A，并且通过控制中心进行遥控操作，该项技术是通过有轨道的电磁技术引导小车行驶，有轨式 AGV 它的行驶路径是固定的，导引技术也相对简单，但是对 AGV 的行驶具有一定的局限性；为了克服有轨道 AGV 的局限性，提出了无轨道的 AGV 技术。1976 年 LOGISTICON INC 公司提出了小车自带传感器的专利申请，通过嵌入到地面的线缆控制小车的行驶路径，该专利申请号是 FR76033561，埋设导线方式的优点是导线隐蔽，不易污染和破损，缺点则是路径更改的灵活性较差，调整变动比较麻烦；因此，磁带导航技术产生了，如专利申请 US07395180，该项技术是在 AGV 的行驶路径上贴磁带，通过磁感应信号实现导引，相比埋线式的导引方式，磁带式的导引方式改变路径或扩充路径比较容易，并且磁带的安装也相对简单，相继出现了与磁带导引相类似的磁钉导引，即在行驶路线上铺设磁钉的技术，如专利申请 JP12901499。

随着对 AGV 导航技术要求的提高，对 AGV 导航过程中的定位精度、准确性、控制准确度等也提出的一定的要求，相继提出了通过电线定位的方式对 AGV 在行驶过程中进行定位的技术的专利申请，如专利申请 JP04159520，通过该项技术可以提高 AGV 在路径行驶过程中找到目的地的准确性；通过光学标记提高车辆引导过程中的准确精度的专利技术，如专利申请 JP11045469；随着技术的发展出现了图像定位技术、条形码定位技术，如专利申请 JP2000047982 和 KR1020060089606，通过图像的数据或条形码的信息确定实际的停止位置；为了小车在行驶过程中能够不偏离行驶路线，提出对路径进行矫正的技术的专利申请，如专利申请 JP2008196515；电磁导引技术存在易受 AGV 行走路径周围的金属物质干扰的现象和易损坏的问题，提出了多种改进方案以消除由于电磁的不稳定性所带来的干扰，如专利申请 JP12900698 和 JP2004250412；为提高 AGV 在行驶过程中的灵活性和安全性，提出了小车的避障技术的专利申请，如专利申请 KR2020010004208，为提高磁导航的路径的灵活性和工作的稳定性出现了磁导航与其他导航技术融合的技术，如专利申请 CN201520787444.4。

新能源电池

机器人

高档数控机床

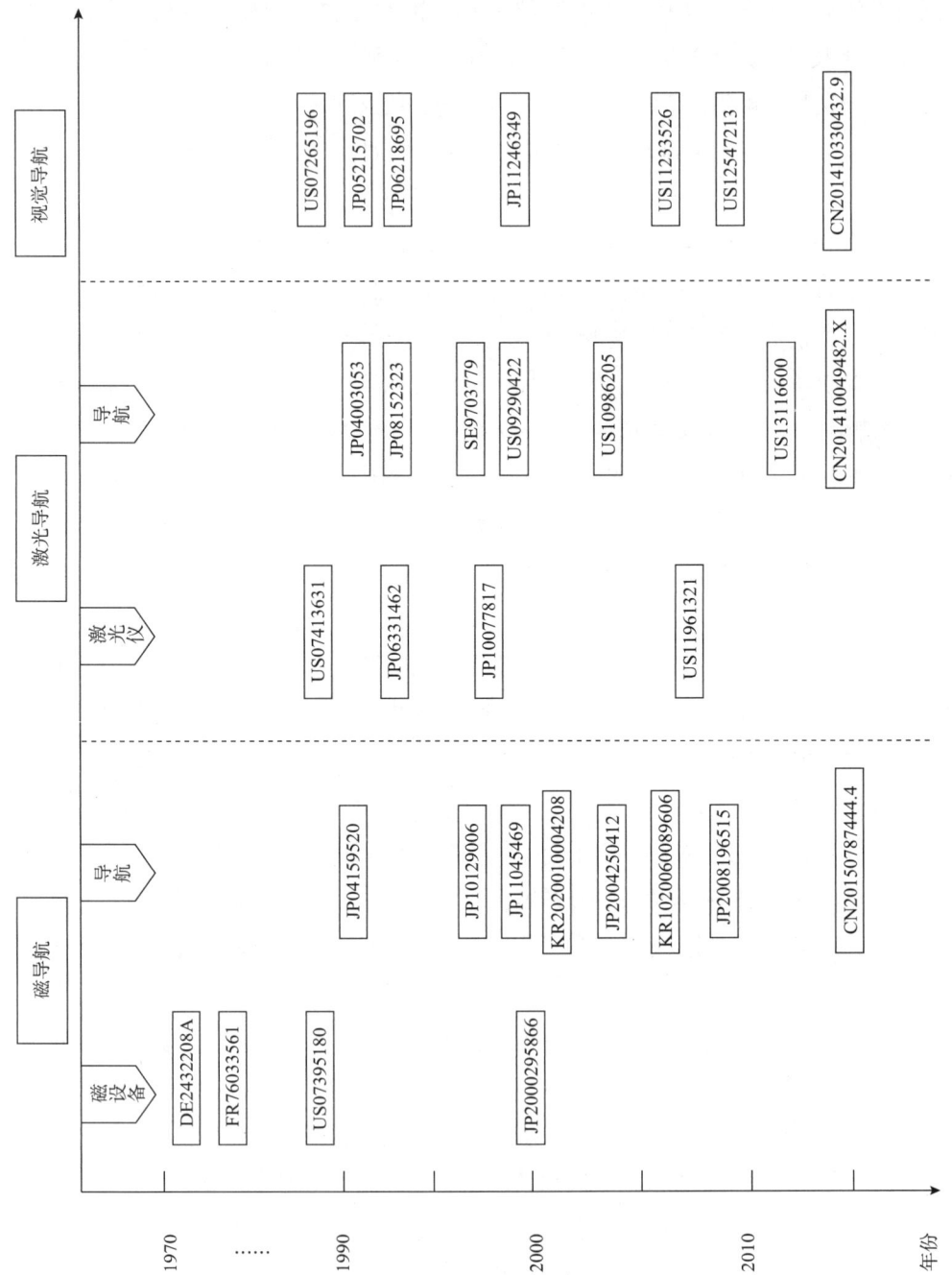

图 3－4 AGV 导航技术重点专利技术节点演进

## 2. 激光导航

激光导航技术的一个关键设备是激光雷达，激光雷达的工作原理类似于声呐，工作时发射器发送经过调制的红外激光束，激光束遇到障碍物体后会有部分激光反射回来被接收视觉采集系统接收，从而获知障碍物体的位置信息。1989 年，坦能公司申请了一种激光引导车辆的专利，申请号是 US07413631，通过旋转反射镜接收氦氖激光管的光线输出旋转激光，扫描前方一定范围的参考物以纠正车辆行驶过程中的偏移；三菱公司采用红外激光器探测前方障碍物，相关专利申请号是 JP04003053，实现了 AGV 的自动避障。以上技术都只是实现了 AGV 在沿预定轨道行进过程中的局部导引，为了更好地控制 AGV 的运行线路，实现 AGV 的全局导航，必须获知 AGV 在全局中的准确位置。1994 年，日本村田公司的专利申请在小车周围设置反射板，通过反射激光雷达的旋转扫描光线，结合控制器中存储的反射板方位地图，应用三角测量方法计算 AGV 的正确位置，该专利申请号是 JP08152323。精确的定位性能使反射板在 AGV 的定位中大量应用，如专利申请 JP06331462 和 JP10077817 先后针对旋转激光雷达在 AGV 行进过程中的光反射校正进行了改进。1997 年，瑞典 NDC 公司的专利申请将激光雷达测角与测距相结合，该专利申请号是 SE9703779，进一步改进了激光导航 AGV 的定位精度。1999 年，村田公司的申请进一步改进了反射板路径上激光导航的定位方法，可以实现无须初始位置的 AGV 定位，该专利申请号是 US09290422。2004 年，三菱公司提出一种借助 GPS 的激光导航系统，相关专利申请号是 US10986205，通过 GPS 定位和激光测距定位相结合，增强了激光导航的路径柔性，从而不需要在现场设置反射板。2007 年，美国 Transbotics 公司的专利申请将 3D 激光雷达应用于 AGV 导航，该专利申请号是 US11961321。2012 年，美国克朗公司的专利申请通过激光扫描器扫描环境数据，进行车辆定位和地图更新，从而实现小车的导航，进一步提高了导航技术的柔性，该专利申请号是 US13116600。2014 年，中国艾吉威公司申请的 AGV 无反射板激光自主导航方法专利，通过激光扫描环境建立原始地图，并在行驶过程中基于激光扫描结果对地图进行同步更新，实时规划路径，该专利申请号是 CN201410049482. X。

## 3. 视觉导航

1988 年，得州仪器申请了一种基于信标识别调度 AGV 机器人的工厂控制系统的专利（US07265196），其中视觉导航采用了全局导航的方式，通过摄像头监视 AGV 的位置和移动；为了更好地精确控制 AGV 并实现避障纠偏等局部功能，AGV 视觉导航逐渐由全局视觉向局部视觉发展。1993 年，明电舍的专利申请通过 CCD 相机识别引导线与地面之间对比度的差异，从而控制 AGV 沿预定路径行驶，该专利申请号是 JP05215702。1994 年，日本神户制钢的专利申请通过采集行驶轨道壁面的条形码图像，获取无人搬运车绝对位置校正或方向变化的信息，此时，视觉导航通过摄像机获取的信息逐渐丰富，申请号是 JP06218695。1999 年，一种仓库自动导引车辆的导向装置通过车辆前向摄像头采集的图

新能源电池

机器人

高档数控机床

像，实现道路识别和货物识别，将 AGV 路径导引和定位有效地通过视觉系统结合在一起，相关专利申请号是 JP11246349。2006 年，一种反应性的 AGV 视觉导航系统通过摄像机采集室内环境中的可视图标，控制 AGV 的路由，从而实现 AGV 根据图标指示相对自由地视觉导航，相关专利申请号是 US11233526。2009 年，美国西南研究院申请了一种基于地标实现 AGV 自主导航方法的专利，申请号是 US12547213，基于 GPS 定位和视觉识别实现了 AGV 的及时定位和地图创建（SLAM），其中视觉导航通过识别地标确定车辆的位置信息。2014 年，杭州精久科技有限公司基于多传感器融合的视觉导引 AGV 系统通过基于视觉图像的自适应学习和路径规划进行导航，从而无须人工铺设导引标识，相关专利申请号是 CN201410330432.9。

### （三）技术功效分析

通过对 AGV 导航技术分支技术路线的分析，可以归纳得出 AGV 导航技术的主要功效包括纠偏、避障、定位和路径规划。基于图 3-5 对不同技术分支关于不同技术功效的申请数量和申请时间进行了分析。

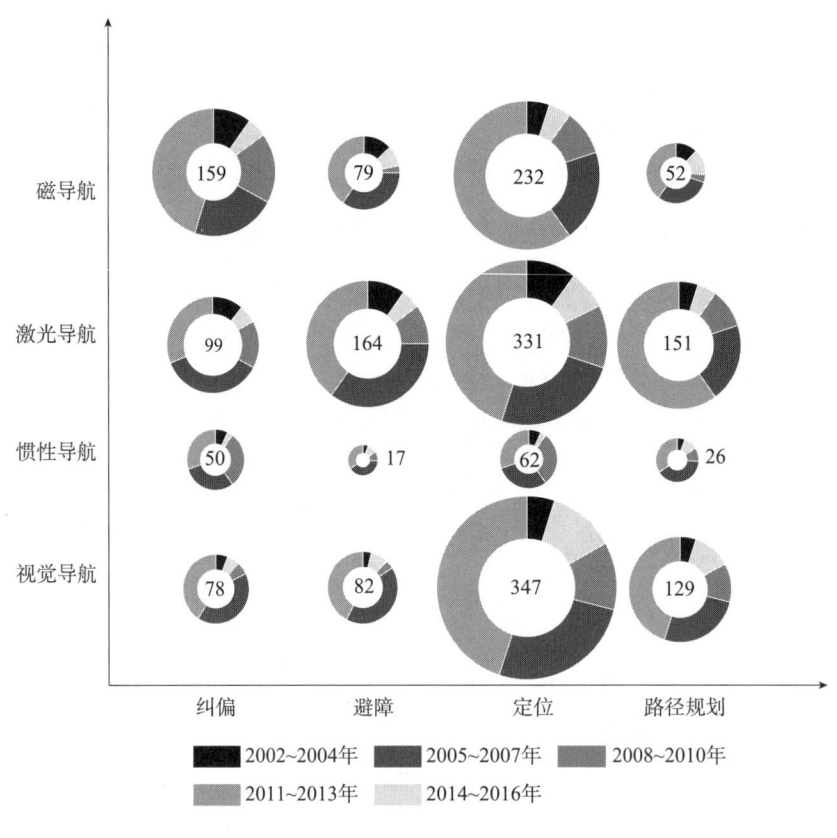

图 3-5　技术功效分布

从各个分支在不同功效方面的申请量可以看出，磁导航纠偏和定位方向的申请量较多，这是因为磁导航是沿固定磁路运行，如何保证其不偏离轨道一直是磁导航的研究重点，因而其在纠偏方面的申请量也大于其他几种导航方式；磁导航在定位方面的申请通过阅读具体专利，发现其主要是通过与射频识别（RFID）、二维码等技术融合，通过混合导航的方式增强在既定路径上的定位精度，两者相较而言定位方面的专利数量多于纠偏方面的专利数量，可见磁导航定位方面的研究及应用程度要大于纠偏。

激光导航申请量较大的几个方面主要集中在避障、定位和路径规划。在避障方面激光导航具有明显优势，这与激光雷达自身的技术特点有关，因此，其在避障方面的专利申请量也大于其他几种导航方式；同时，激光导航在定位和路径规划方面也有较多数量的专利申请，通过阅读相关专利，可以发现由于激光自身精确的定位性能，使其在定位应用上较为广泛，而路径规划方面不小的专利数量证明了激光导航不只有固定路径导航，还有一定数量的自由路径导航。

视觉导航除避障方面申请较少外，其他方面与激光导航申请量接近，可见视觉导航在应用方向上与激光导航接近，其中视觉导航的定位方面的专利申请数量较多，经过阅读相关专利，发现视觉导航的器件相对较为单一，主要为 CCD 相机等摄像元件，其主要研究重点集中在如何提高视觉系统的定位精度上，同时，视觉导航的工作逻辑与人类寻路的逻辑较为接近，都是通过视觉接收外界信息进而选择恰当的路径，因而在路径规划上视觉导航也有较多的研究。

惯性导航各方面的专利申请量均小于其他几种导航方式，相对而言纠偏和定位方面数量略多，这与惯性器件主要测量 AGV 速度和角速度等自身运动状态的特性有关。

从各个分支 2002～2016 年的申请量变化趋势上进行分析，可以看出，各分支在各个功效上的申请量都呈上升趋势，尤其 2011 年之后整体增长幅度较大。其中，磁导航在纠偏方向的增长趋势相对平稳，证明磁导航在纠偏方面的研究逐渐成熟；磁导航在定位方向近几年出现了较快增长，其中 2014 年之后增长较为明显，可见随着 RFID、二维码等技术的发展，如何实现磁路径上的精确定位具有较多的研发投入和应用。激光导航在避障和定位方面的研究近几年增长速度较为平稳，但是从路径规划的大幅度增长以及查阅近年专利文件可以看出，自由路径导航，比如及时定位和地图构建（SLAM）方面的研究正成为激光导航的研究热点。惯性导航各项技术近年来增长幅度不大，技术已经趋向成熟。视觉导航在定位和路径规划上的增长速度都较为平稳，可见视觉导航未来一段时间的研究仍将继续集中在如何提高定位精度以及基于视觉的路径规划方面，相关技术尚未有明确的爆发式增长信号。

## 四、总结

### （一）技术发展现状分析

随着全球物流行业的飞速发展以及人工智能概念的逐渐火热，AGV 导航技术作为自动引导机器人产业应用的关键受到了众多国家和研究机构的关注。通过对 AGV 导航技术全球及国内专利的分析，我们对当前该项技术的发展有了比较全面的认识，下面对 AGV 导航技术的发展现状进行分析。

1. AGV 导航技术的研发总体保持增长趋势，国内相关技术处于高速发展时期

AGV 起源于美国，日本自从 20 世纪 80 年代开始大量申请 AGV 导航相关的专利，对该项技术较为重视，并有大量企业投入研发力量，近年来随着相关技术的逐渐成熟，增长速度有所放缓，技术逐渐向产能转化，但总申请量稳居世界第一。美国始终保持着稳定增长，目前申请总量排名全球第三，其中亚马逊等企业在 AGV 的关键技术和产业应用上均处于行业领先地位；韩国电子工业的蓬勃发展也促进了室内自动导引技术的发展，申请量在美国之后位居世界第四。中国近年来 AGV 行业发展迅猛，专利申请量飞速增长，相关专利申请量已经高于美国，位居世界第二。总体而言，AGV 导航技术总体保持增长趋势，国内相关技术处于高速发展时期。

2. AGV 导航技术的热点研究领域逐渐凸显，激光导航技术占据主流地位

AGV 导航技术的各个分支成熟程度与研究重点各不相同，通过对技术路线和技术功效的分析，我们可以发现，目前磁导航的研发逐渐成熟，具有较大范围的应用，目前的研发重点主要集中在与其他传感器融合的导航方式；视觉导航保持稳步增长态势，但在一定程度上仍存在定位精度方面的问题；激光导航目前研发投入和应用均较多，较高的定位精度使其占据目前的行业主流地位，但对应用于 AGV 的激光仪的改进相对较少。

3. 中国 AGV 导航技术更侧重应用方面，与技术发达国家相比，综合研发实力仍有待提升

在筛选出的重要专利申请中，日本拥有量最多，占比 43.3%，体现了日本在该领域较强的研究实力和雄厚的积累；同时，美国部分企业也在行业内掌握顶尖技术优势。虽然中国近年来在 AGV 导航方面发展迅猛，相比技术发达国家，核心专利较少，顶尖技术缺乏，尽管具有一定的产业布局，但仍需进一步加强综合研发实力。

**（二）技术发展趋势预测**

AGV 导航技术目前发展较为迅速的几个分支分别为磁导航、激光导航和视觉导航，随着 AGV 导航技术的不断发展，各个分支体现出多样化的发展趋势，下面根据这几种导航方式专利的特点和重点对技术的发展趋势进行预测。

1. 磁导航技术作为传统的 AGV 导航技术，技术发展日趋成熟，并且逐渐倾向与多传感器融合

磁导航技术由于其技术简单可靠，对声光无干扰，且投资成本远低于激光导航，因此该项技术仍具有较强的竞争力。从上文的申请趋势以及重点专利分析中可以看出，日本和美国该项技术起步较早，目前对该项技术的研发逐渐成熟，中国近年来相关技术的

研究仍处于增长期；通过技术功效的相关分析可以发现，随着 RFID 和二维码等定位技术日渐成熟，未来磁导航进一步趋向于与其他定位技术结合的混合导航模式。

2. 激光导航技术在导航的各个方面均有较多研究，其中对于及时定位和自由路径规划的研究正逐渐成为热点

激光导航由于其精准的测距和定位功能，一直保持着较快的发展速度，并且其工业应用也较为广泛。从上文的申请趋势分析中可以看出，激光导航在国内外目前仍然保持着较大的研发投入，并且通过技术功效分析我们可以发现，随着对于 AGV 导航智能化和柔性化要求的提高，对自由路径的激光导航的关注也增长较快，基于及时定位与地图构建（SLAM）的激光导航技术正逐渐代替原有的反射板定位导航技术成为研发的热点，激光 SLAM 导航也凭借稳定、可靠和高精度的优势成为当前 SLAM 导航方法的主流，并且预计将在未来一定的时间段内占据应用优势。

3. 视觉导航技术稳步发展，如何提高定位精度仍然是该项技术的研发重点

视觉导航具有传感器成本低的优点，日本等国家对于视觉导航技术的研发历史也比较长，随着人工智能和机器视觉的高速发展，视觉导航的研究也呈现稳步增长趋势。其导航原理最符合人类的思维方式，也因此受到了大量研究人员的关注。从申请趋势和技术功效上分析，可以看到目前由于对于无固定参照工作环境的定位精度仍存在欠缺，对于复杂室内工作环境的适应能力仍有待提高，因此视觉导航的研发重点仍将集中在如何提高定位精度以及自由路径规划方面。

4. 惯性导航技术基本成熟，与其他导航方式结合有一定应用前景

从惯性导航的申请量和申请趋势可以看出其技术已经基本成熟，研发空间较小。惯性导航能够获取 AGV 的各项物理状态，对于 AGV 导航过程中本体数据补充具有积极意义，但由于其对环境数据的感知能力较差，在未来自由路径导航的大趋势中可能较多作为其他导航方式的补充。

（三）对我国 AGV 导航技术研发和产业化的建议

目前我国涉及 AGV 导航技术的单位主要有成都四威、艾吉威、南京航空航天大学、深圳力子、上海交通大学、佳顺、新松、昆船、快仓等，研究方向涉及 AGV 导航技术的各个分支，尤其在磁导航和激光导航方面取得了一定的研究成果和产业应用。下面针对我国 AGV 导航技术研发和产业化提出一些建议：

1. 加大 AGV 导航技术的研发投入，把握技术领域热点方向，有针对性地提高关键技术水平

目前国外 AGV 导航技术已经较为成熟，研究重点已经逐渐从传统的有轨导航方式向无轨导航方式转化，磁导航等传统导航技术的投入正在逐渐降低，相关技术的专利比重已经低于同时期国内比重。我国 AGV 导航技术仍处于发展时期，技术呈现多方位发展的

态势。根据各导航技术在纠偏、避障、定位和路径规划方面的特点，以及各导航技术发展的方向，磁导航技术的定位和纠偏是其一直着力解决的问题；激光导航在自由路径导航方面是研究热点，比如，及时定位和地图构建（SLAM）技术；视觉导航符合人类的思维方式，因此，在定位精度和路径规划方面仍是未来的重点研究方向。并且自由路径导航技术以及利用各导航技术的优缺点灵活融合多种传感技术，仍是各企业和科研机构的研究重点。

目前我国有关 AGV 导航技术的核心专利较少，我国各企业、科研机构等，可根据当前各导航技术的优缺点、存在的问题、研究方向以及国内外 AGV 导航技术的发展动向、发展趋势，对重点技术进行跟踪等，准确把握该领域技术的热点方向，紧跟技术发展趋势，加强专利布局，提升重点技术实力。

2. 进一步加强产、学、研联动，提高研发成果转化程度，推进 AGV 导航技术产业化发展

目前，我国 AGV 行业具有广阔的应用前景和市场潜力，有必要加强 AGV 导航技术的成果转化，促进技术产业化发展，目前，南京航空航天大学以及上海交通大学是将部分研究成果进行转化的典范。建议在 AGV 导航技术方面有所研究和成绩的各大高校和科研机构的科研团队，应当积极地走出去，将科研成果展示给 AGV 导航技术的相关企业，争取校企合作的机会，将落在纸上的研究成果真正得到转化。

企业也要重视和利用与高校和科研机构的合作，将需求提供给高校和科研机构，利用高校和科研机构的丰富资源、在理论研究和技术前沿跟踪方面的明显优势提升企业的软实力，同时也助推 AGV 导航技术产业化的发展。对于我国新兴的许多 AGV 技术的公司，由于刚刚起步，更应该加强校企合作的机会，助力公司成长壮大。为保护劳动成果，高校和科研机构、企业等应该重视专利权，提高专利撰写水平，加强其在各个国家的专利布局。

我国应当依托现有基础，培育优势企业，鼓励各大高校、研究院加强与企业的合作，实现科研成果的高效利用。加强对于 AGV 企业的政策扶助和资金支持，帮助国内企业尽快建立行业优势，以点带面，推动 AGV 行业整体发展。

3. 结合我国工业化特点，强化专利布局，提升 AGV 导航技术专利保护水平

AGV 导航技术的专利布局呈现高度地域集中，中、日、美、韩等主要技术原创国家的申请目的地主要集中在本国，可见，AGV 导航技术的研发与应用和本国工业特点密切相关。海外企业在国内的专利布局相对仍处于初期阶段，说明国内 AGV 行业仍有较大发展空间，技术转化有待提升，应用市场有待拓展。此外，我国 AGV 导航技术专利整体水平有待提高，在专利布局范围和专利撰写质量方面与发达国家仍存在一定差距。建议一方面提高专利撰写质量，保证专利权的稳定，更好地实现专利保护；同时，加强专利海

外布局，充分吸收先进企业经验，未雨绸缪，提升国际市场竞争力，在未来的市场竞争中抢占先机。

## 参考文献

［1］R Bishop. A Survey of Intelligent Vehicle Application Worldwide USA ［J］. Proceedings of the IEEE Intelligent Vehicles Symposium，2000：25－30.

［2］Weyns，T. Holvoet. Architectural design of a situated multiagent system for controlling automatic guided vehicles ［J］. International Journal on Agent Oriented Software Engineering，2008，2（1）：90－128.

［3］徐清. 自动导引小车系统的设计与实现 ［D］. 苏州：苏州大学，2006.

［4］廖哲，倪俊芳. 新型仓库自动搬运车的研制 ［J］. 江苏电器，2006（2）：13－14，34.

［5］李磊，叶涛，谭民，等. 移动机器人级数的研究现状与未来 ［J］. 机器人，2002，24（5）：475－477.

［6］Chatterjee A，Matsuno F. A Neuro－Fuzzy Assisted Extended Kalman Filter－Based Approach for Simultaneous Localization and Mapping（SLAM）Problems ［J］. IEEE Transactions on Fuzzy Systems，2007，15（5）：984－997.

［7］Saeedi S，Paull L，Trentini M. Neural network－based multiple robot Simultaneous Localization and Mapping ［A］. 2011 IEEE/RSJ Internatinal Conference on Intelligent Robots and Systems ［C］. San Francisco，CA：IEEE，2011：880－885.

［8］刘驰. 自主导航搬运机器人控制系统的设计 ［D］. 太原：中北大学，2016.

［9］金超. 搬运机器人 AGV 的智能导航研究 ［D］. 西安：陕西科技大学，2013.

［10］张在房，杨新军，魏海峰. 基于多传感器信息融合的 AGV 导航系统 ［J］. 机械工程师，2005（1）：43－44.

［11］陈无畏，施文武，王启瑞，等. 新型自动导引车导航与控制系统 ［J］. 农业机械学报，2003，33（2）：70－73.

# 包装领域批量转运吸盘式机械手专利技术综述[*]

马玉良　林洪莹[**]　王迪　张茹　郭少辉　王亚旭　刘宇

**摘　要**　本文分析包装领域批量转运吸盘式机械手的专利申请情况，梳理该领域全球主要申请人和关键专利技术的发展状况，找出国内申请人同意大利、美国等包装工业发达国家相比存在的问题，为国内相关企业的发展提供参考。

**关键词**　机械手　批量　转运　吸盘　包装

## 一、引言

吸盘作为机械手的末端执行器，与夹持式的末端执行器相比，具有不伤表面、不污染物体、可单面接触等优点，尤其是在批量转运包装物时，可最大限度地保持包装物完整度。因此，批量转运吸盘式机械手在包装工业中得到了广泛应用。近几年，我国工业机器人迅猛发展，批量转运吸盘式机械手作为其中的重要一类虽然起步较晚，但在不断学习美日欧先进技术的同时，开始朝着产业化、多元化的态势迅速发展。因此，有必要从专利申请的角度全方位了解近年来包装领域批量转运吸盘式机械手的技术发展方向。

通过关键词和申请号检索发现，批量转运吸盘式机械手的专利申请绝大部分集中在分类号 B65B35/38，少部分集中在分类号 B25J15/06，因此，本文以包装领域 IPC 分类号 B65B35/38 的专利申请为主，兼顾 B65G47/91 和 B25J15/06 中的部分相关专利为基础数据，通过统计包装领域批量转运吸盘式机械手的全球专利申请数据，对该领域的技术发展方向进行了系统的分析。分析研究主要以专利检索与服务系统（S 系统）中的全球专利文摘数据库（SIPOABS）作为采集样本，数据检索截至 2016 年 12 月 31 日。

---

　＊　作者单位：国家知识产权局专利局专利审查协作天津中心。

　＊＊　等同于第一作者。

## 二、全球和中国专利申请情况

### （一）全球和中国专利申请情况分析

1. 全球专利申请情况分析

通过对包装领域批量转运吸盘式机械手的数据进行统计，得出了该领域全球和中国专利申请量随时间变化的趋势，参见图1。其中，中国专利申请仅包括中国企业和中国籍申请人所提交的申请。

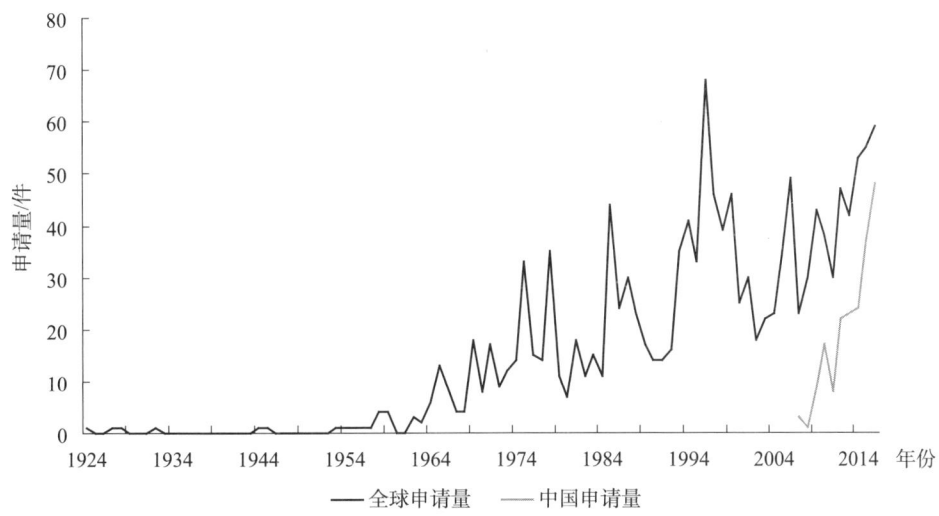

**图1　包装领域批量转运吸盘式机械手专利申请数量变化趋势**

从全球专利申请量趋势曲线中可以看出，在1960年之前，利用吸盘式机械手进行批量移送的专利申请持续保持在低位，每年的申请数量不超过5件，此时吸盘式机械手还未在工业上得到广泛应用。自1960年美国的Versatran和Unimate两种机器人首次被用于搬运作业开始，吸盘式机械手得以在转运、堆垛等领域产业化应用。随着搬运机器人在产业上的推广和普及，吸盘式机械手的全球申请量开始进入活跃期。进入20世纪八九十年代，吸盘式机械手的专利申请量呈现震荡上升趋势，并在90年代达到技术发展的高峰。此时，各种吸盘式机械手开始应用于包装领域各种包装物的转运上。由于包装物种类繁多，申请量也呈现波动性上升趋势；2000年后，随着技术的日臻成熟，申请量与20世纪90年代相比，呈现波动的趋势。

图1还示出了包装领域批量转运吸盘式机械手领域中国专利申请量与全球申请量的趋势对比，从中可以明显看出，我国批量移送吸盘式机械手的发展明显落后于世界先进水平。我国的工业机器人研究始于20世纪70年代，由于当时经济体制等因素的制约，发展比较缓慢，研究和应用一直徘徊在较低水平。在2000年之后，随着包装工业的发展

和工业机器人的大规模产业化应用，中国开始出现少量的专利申请。在国家政策的鼓励和政府的大力推动下，该领域的专利申请量呈现快速增长的势头。尤其是近五年，我国在该领域的专利申请量已经占比全球申请量的50%以上，成为带动全球申请量增加的主力军。

此外，经检索发现，20世纪90年代该领域的欧美申请人已经开始在我国申请专利，可以看出国外申请人已经较早在我国进行了专利布局。

2. 中国专利申请情况分析

图2示出了中国申请人的类型分布情况。从图2的整体情况看，企业的专利申请量占了大多数，科研单位、大专院校与个人的专利申请量处于较低水平，由此反映出该技术在企业中的研发较多，技术发展较快，产业化程度较高。此外，从图2中也可以看出，近年来企业的专利申请量大幅提升，反映出企业对专利的保护越来越重视，同时也反映出该领域专利技术在企业竞争之间的重要性。

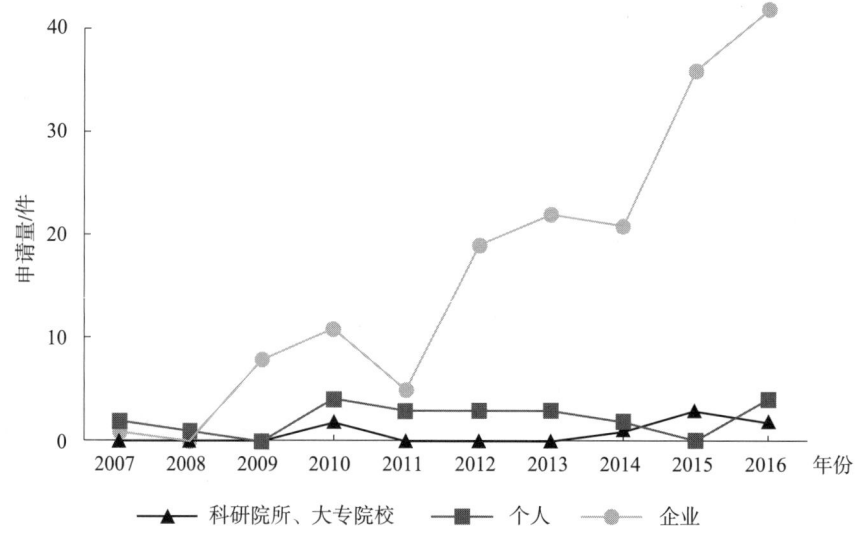

**图2　包装领域批量转运吸盘式机械手国内申请人性质分析**

图3示出了中国申请人在发明和实用新型数量上的对比，从中可以看出，在该技术领域，科研单位、大专院校的申请类型以发明申请为主，由此可见，其对该领域技术的理论研究和新技术的研发较多；个人申请中发明专利与实用新型专利数量相当，没有专利类型的侧重；在企业方面，随着知识产权意识的逐渐增强，企业更多地通过专利来保护自己的权益，同时企业更注重应用层面。由此可见，企业应当加强新技术的研发，并且可以利用科研单位、大专院校的科研优势，积极寻求技术合作。

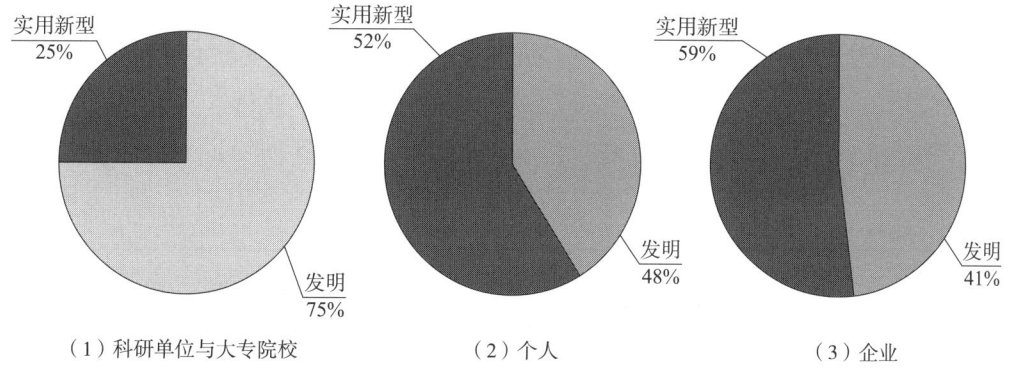

（1）科研单位与大专院校　　　　（2）个人　　　　　　（3）企业

**图3　包装领域批量转运吸盘式机械手专利申请类型分析**

　　总体而言，该技术领域在2007年后在中国呈现出快速发展的趋势。同时国内申请人也开始注重专利保护在市场竞争中的作用。随着贸易全球化的进一步加深，对于积极寻求海外市场的企业而言，专利布局在国际化竞争中的地位日益凸显。

**（二）全球申请技术生命周期分析**

　　技术生命周期是用每年的申请量与当年申请人的数量进行对比后绘制的曲线，如果该曲线往前往上发展，说明这一技术仍然具有大量的申请人和申请量，则该技术仍然具有广大的发展、研究前景；如果该曲线往前往下发展，说明这一技术的申请量掌握在少数申请人手中，而这些申请人在该技术的研发上做出了大量的研究。通过这一曲线我们可以获知该技术的具体发展情况。

　　批量移送吸盘式机械手全球申请生命周期（参见图4）的发展情况与全球申请量趋势图的规律相似，图4中重点标出了转折点，数据以每十年为间隔选择连续两年的数据。

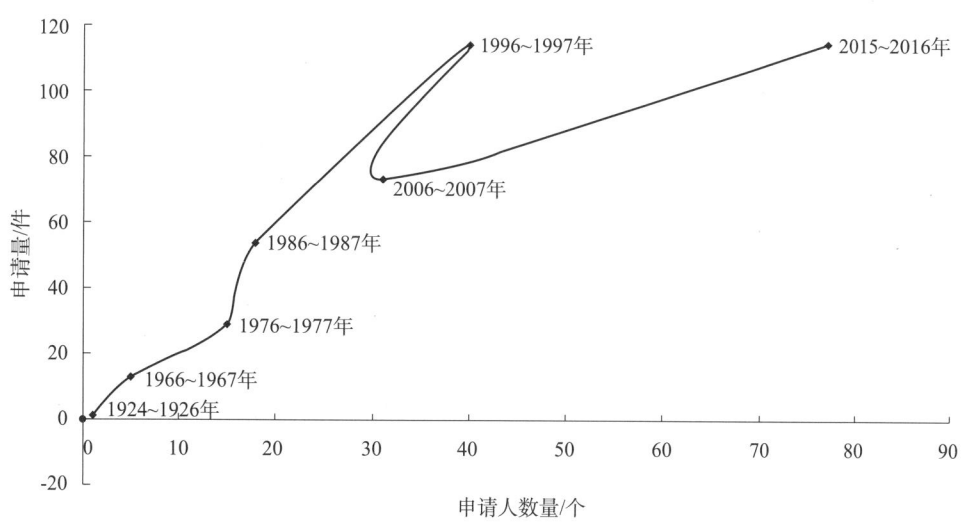

**图4　包装领域批量转运吸盘式机械手全球申请生命周期**

新能源电池

机器人

高档数控机床

1. 起步发展阶段（1924~1967 年）

在漫长的半个世纪，批量转运吸盘式机械手处于起步阶段，申请量一直在个位数徘徊，在这个阶段该领域的技术处于萌芽时期，这与该时期的工业化水平较低有关。随着全球经济的复苏，进入 20 世纪 60 年代，该领域的技术开始逐步发展，但申请量仍然在低位徘徊。

2. 第一发展阶段（1968~1997 年）

在 1968~1977 年，该领域的技术开始有了较快发展，申请人数量和专利申请量都有了较大幅度的增长，并呈平稳上升趋势。1978~1987 年，曲线急剧上升的趋势表明，这一时期专利申请量有了较大幅度的增长。相较而言，申请人数量的增速较缓，这表明少数领先企业开始逐步关注该领域的技术突破。在 1988~1997 年，申请人数量也开始同步增长，这说明有更多企业进入该领域，并关注吸盘式机械手在包装领域的应用和技术研发。经过这一阶段的发展，该领域技术日臻成熟。

3. 第二发展阶段（1998~2007 年）

在 1998~2007 年，曲线呈现往后往下发展的趋势，这一方面说明该领域的技术突破处于瓶颈阶段，另一方面也表明该领域申请人数量开始出现萎缩。此外，该领域技术开始掌握在少数申请人手中，技术垄断态势开始显现。

4. 第三发展阶段（2008~2016 年）

2008 年之后，这一时期曲线呈现上升趋势，这与我国在该领域的专利申请量大幅增加息息相关。随着我国政府多项政策的倾斜和鼓励，企业知识产权保护意识的不断增强，该领域的专利申请量也开始显著增加。2013 年之后，来自中国的专利申请占据了全球申请量的半壁江山。

由以上分析可知，在批量转运吸盘式机械手领域，欧美发达国家的技术已经发展成熟，并且完成了技术的整合，关键技术集中在少数申请人手中。虽然在 2008 年之后我国的技术开始有了较快发展，但是如何绕开现有专利壁垒是国内企业和申请人在发展过程中不得不面对的难题。

**（三）全球和中国专利申请地域分布**

1. 全球专利申请地域分布

从图 5 中可以看出，全球申请量按地域排名前五的国家或地区分别为欧洲、日本、中国、美国和韩国。通过对专利申请的区域进行统计分析，可以反映出全球范围内包装领域批量转运吸盘式机械手技术的发展状况。就整体情况而言，欧洲以 616 件的申请量位居世界第一，其后依次为日本 315 件、中国 208 件、美国 176 件、韩国 22 件。从上述的统计数据可以看出，欧洲是现代工业文明的起源，其关于包装领域批量转运吸盘式机械手的技术不仅起步早，而且发展迅速，并且已具有一定规模。在欧洲专利申请中，意大利（180 件）和德国（146 件）的申请量处于领先地位，标志着意大利和德国在包装领域批量转运吸盘式机械手这一技术上具有领先优势。日本和美国在该领域的技术起步虽然稍晚于欧洲，但这两个国家凭借其丰富的技术积累和较强的技术研发能力，迅速融入该领域的市场竞争，并加速开拓以及抢占中国等发展中国家的巨大市场，完成了国际化的专利布局。中国在该领域的技术起步比较晚，主要是因为我国在机器人领域的技术处于相对落后。但改革开放以来，随着我国经济的快速腾飞，包装机械的技术也得到了快速发展。尤其是进入 2000 年之后，随着国力的进一步增强，国家大力扶持创新产业的发展，研发经费不断增加，包装领域批量转运吸盘式机械手技术的发展呈现出阶梯状增长。

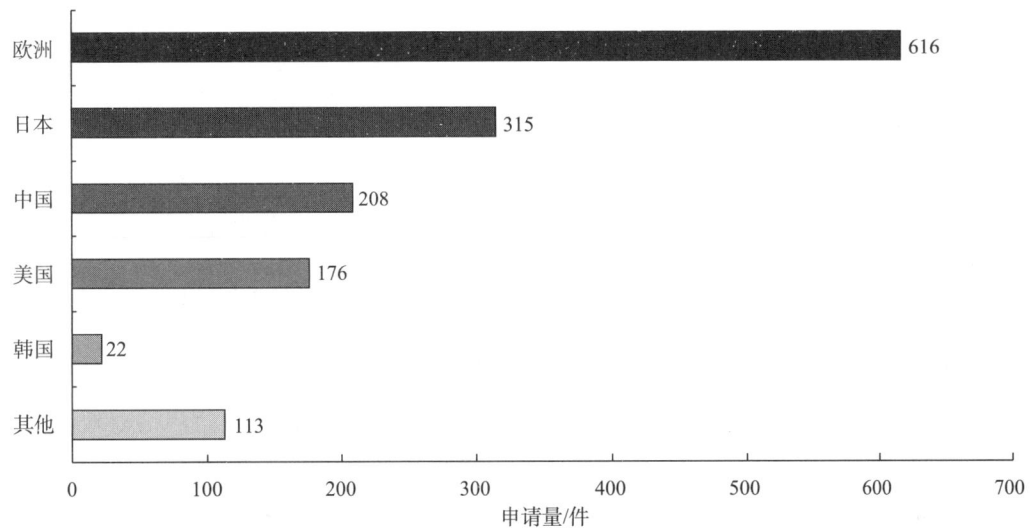

**图 5 包装领域批量转运吸盘式机械手技术全球专利申请量地域分布数量**

2. 中国专利申请地域分布

图 6 显示了我国国内的专利申请量在各主要省市的分布情况，从中可以看出，国内在包装领域批量转运吸盘式机械手的专利申请主要集中在东部沿海地区。其中，浙江的申请量最高，为 41 件。其次是广东，为 32 件。第三是江苏，为 22 件。第四是上海和台湾，均为 18 件。以下依次是山东 16 件、湖北 6 件、天津 6 件、辽宁 6 件。中国东部沿海一带在机械制造领域发展迅速，尤其是位于长三角地区的浙江、上海一带和位于珠三角地区的广东。其一方面得益于东部沿海城市的改革开放进程较快较早，进出口条件便利，国家为发展这一地区，给出了优惠的适应性政策，使得东部沿海地区发展机遇良好，为包装机械领域的技术发展提供了良好的条件，随着该地区企业的专利保护意识不断增强，专利申请量也明显处于领先地位；另一方面，这里人口密集，聚集了我国优秀的人才和丰富的劳动力，为包装机械领域技术的发展提供了便利。山东作为我国的农业大省，在

包装领域批量转运吸盘式机械手技术方面处于领先的地位。同时，山东作为我国代表性的轻工业发展基地，具有良好的地缘优势。此外，作为知识产权大省，山东省政府和企业对于专利技术的申请和保护都给予高度重视。

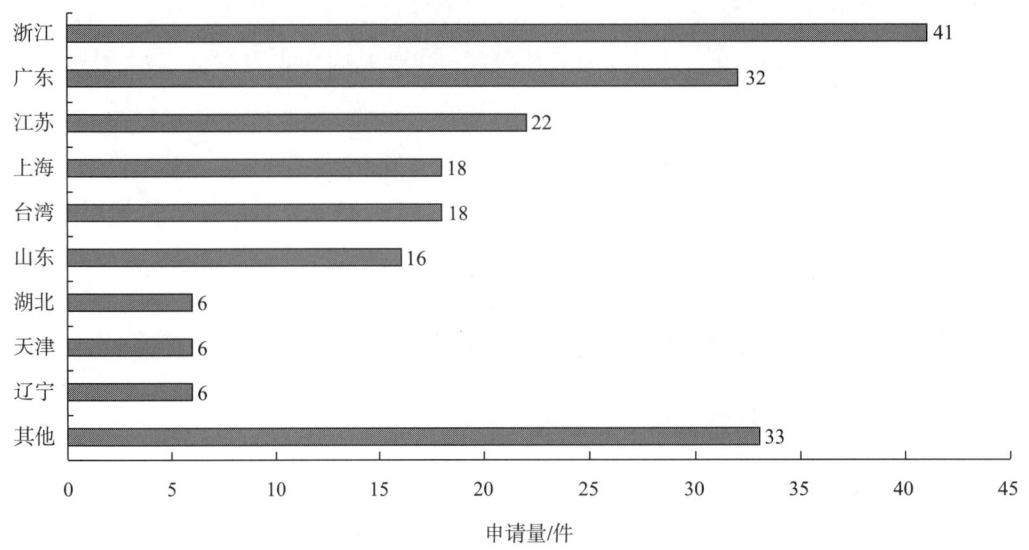

图6　包装领域批量转运吸盘式机械手全国专利申请量地域分布数量

### （四）专利申请技术流向

专利申请技术流向是指相同的技术方案除了在申请人本国/地区进行申请以外，同时向其他国家/地区进行专利申请。专利申请流向国表明了申请人在哪些国家/地区进行了专利布局；专利申请流向数量表明了申请人的技术数量以及在该国家/地区的重视程度。根据本技术领域的技术领先国家/地区和主要应用市场，将批量转运吸盘式机械手技术流向国家/地区确定为日本、韩国、美国、欧洲和中国。表1给出了这五个国家/地区本技术领域的专利流向情况。

表1　五个主要国家/地区之间的包装领域批量转运吸盘式机械手专利技术流向　单位：件

| 目的地<br>申请人 | 欧洲 | 美国 | 日本 | 中国 | 韩国 |
| --- | --- | --- | --- | --- | --- |
| 欧洲 | 491 | 70 | 67 | 13 | 0 |
| 美国 | 92 | 67 | 7 | 0 | 0 |
| 日本 | 12 | 3 | 211 | 1 | 0 |
| 中国 | 0 | 2 | 0 | 188 | 0 |
| 韩国 | 4 | 1 | 0 | 0 | 17 |

从表1中可以看出五个主要国家/地区申请人在全球专利布局的主要情况。欧洲申请

人主要在欧洲本土、美国和日本进行专利布局，兼顾中国，说明欧洲和美国、日本企业之间在该领域都有激烈的竞争关系。美国申请人大部分专利都在欧洲布局，并且其数量甚至超过本国申请量，这说明美国申请人更注重对于欧洲市场的争夺。日本申请人申请量虽然很多，但其更多关注本国市场，绝大部分的专利申请都在日本本土，仅有少数申请布局在欧洲和美国。韩国的情况和日本相似，除了本国，主要瞄准欧洲。综上所述，上述四个国家/地区的申请人都注重在欧洲的专利布局，可见欧洲市场的竞争非常激烈。这与意大利、德国、瑞典等是包装强国有关。美国企业占一定市场，和欧洲存在激烈竞争关系。相较而言，我国申请人基本没有在别国/地区进行专利申请。因此，对于一些有意开发国外市场的我国企业而言，应该致力于提升创新能力，培育高质量专利，并提早在相应国家/地区进行专利布局。

## 三、主要申请人介绍和各时期关键专利技术说明

### （一）全球和中国主要申请人介绍

1. 全球主要申请人介绍

将全球专利申请的申请人进行统计后，排名前十位的申请人和申请量如表2所示。截至统计日，美国、日本、意大利、瑞典、德国、西班牙这些老牌资本主义国家凭借其雄厚的工业基础，在本领域处于垄断地位，其对吸盘式机械手的专利申请量相对较大。排名前十的公司所涉及的领域大多属于果蔬包装、医药生产、以及食品制造行业，其中美国和日本的公司都属于农机巨头企业。蔬果的表皮易受损特性使得批量转运吸盘式机械手成为这些公司的研发热点。其中，不可忽略的是意大利的家族式企业的跨国公司，意大利是包装工业强国，位于波河平原的博洛尼亚地区是意大利发达的包装机械制造企业集中地，这里的机械制造业可以达到"量体裁衣"满足客户需要的水平。下面对排名前六的公司作一下简要介绍，以加强国内企业对这些公司的了解。

表2　包装领域批量转运吸盘式机械手全球主要申请人　　　　　　单位：件

| 排名 | 申请人 | 国别 | 申请量 |
|---|---|---|---|
| 1 | 美国新奇士公司<br>SUNKIST GROWERS INC | 美国 | 43 |
| 2 | 洋马农机株式会社<br>YANMAR AGRICULT EQUIP CO LTD | 日本 | 23 |
| 3 | 马尔凯西尼包装机器制造公司<br>MARCHESINI GROUP SPA | 意大利 | 21 |
| 4 | 日本石田株式会社<br>ISHIDA CO LTD | 日本 | 17 |

| 排名 | 申请人 | 国别 | 申请量 |
|------|--------|------|--------|
| 5 | 西马医药公司<br>CIMA LABS INC | 美国 | 17 |
| 6 | 费列罗股份有限公司<br>FERRERO S P A | 意大利 | 16 |
| 7 | 三菱重工<br>MITSUBISHI HEAVY IND LTD | 日本 | 13 |
| 8 | 诺尔丹发展有限公司<br>NORDEN PAC DEVELOPMENT AB | 瑞典 | 12 |
| 9 | 肖特集团<br>SCHOTT AG | 德国 | 12 |
| 10 | 伊金齿轮股份有限公司<br>ENGRANAJES EKIN S A | 西班牙 | 11 |

（1）美国新奇士公司

美国新奇士公司是全球历史最悠久，声誉最好的果农合作社之一，新奇士甜橙这个品牌的长盛不衰堪称世界奇迹之一，其申请中也涵盖了采用吸盘式机械手用于果蔬无损批量转运的相关申请，也是新奇士时刻关注产品的转运质量，严格把好产品质量关的一种体现。该公司的代表性专利申请有专利 US3453802A、专利 US3928942A 等，该公司的代表性专利产生于 20 世纪六七十年代，表明该公司将吸盘式机械手应用于果蔬无损批量转运较早，通过对其代表性专利的分析可知，该公司从采用吸盘式机械手用于果蔬无损批量转运，发展为将该技术与控制系统以及智能装箱系统的结合，使得无损装箱的成品率和效率大大提高。

（2）洋马农机株式会社

洋马农机株式会社，是日本的四大农机生产厂家之一，成立于 1912 年 3 月，总部坐落于日本大阪，产品涵盖了发动机、农业机械、工程机械、发电机组和游艇等，洋马集团公司全球的农业机械产品的全球销售额达到了 2300 亿日元，产品包括拖拉机、联合收割机、插秧机、蔬菜机械、豆类机械、耕耘机和动力喷雾器等，其中批量转运吸盘式机械手大量应用于其蔬果分级生产线中。其代表性专利申请有专利 JPH07237601A、专利 JPH08301222A、专利 JPH07137712，20 世纪 90 年代该公司对如何将批量转运吸盘式机械手技术应用于农产品工业化包装进行了大量的探索，其对吸盘式机械手的结构进行改进，使其能够适用于茄子、胡瓜等具有特定形状的农产品，并提高机械手抓取力的可控性，以避免对农产品的表面造成伤害。

（3）马尔凯西尼包装机器制造公司

马尔凯西尼包装机器制造公司是一家意大利家族企业，已经有三代人经营，公司最开始时，是其创始人在自家的车库里生产瓶盖机，之后逐步发展成为在药品和化妆品包装行业的一个跨国公司。公司可以为客户提供药品和化妆品不同剂量及不同产品的各种包装生产线。在这些生产线中，很多涉及全自动化的批量转运吸盘式机械手，其中很多药品包装生产线设备出口到中国。该公司的代表性专利申请有专利 EP734949A1、专利 EP2030894A1、专利 US7661249B2 等，该公司的代表性专利产生于 20 世纪末或 21 世纪初，通过对其代表性专利的分析可知，该公司从最初的对各种包装物品的批量转运，发展为主要针对化妆品或药品批量转运的企业，其在药品如何精确放置到药品包装盒内进行了深入研究，通过对吸头结构的改进和对吸头的精确控制，保证药品放置角度、位置等满足要求。

（4）日本石田株式会社

日本石田株式会社成立于 1893 年，是日本第一家民间衡器企业，在改革创新方面不遗余力，因而取得了巨大的成果。石田是制造称重和包装设备的龙头企业，产品广泛用于制造、检测、物流以及零售行业，其中包括产品物流领域与精密零部件的批量转移与检测转移领域，也涵盖了利用吸盘式机械手。该公司的代表性专利申请有专利 JP2002265039A、专利 US5881532A、专利 EP2500276A 等，通过对其代表性专利的分析可知，该公司主要侧重于批量抓取的稳定性，尤其是在传送带上运动的被抓取物的批量转运。其通过对吸头形状的改进以及控制系统的配合，能够实现对匀速运动物体的精确抓取，同时结合被抓取物的特点，完成对各种精密零部件的精确批量转运。

（5）西马医药公司

西马医药公司成立于 1986 年，总部位于美国，西马医药公司致力于研发新的药物，以及口腔溶解片（ODT），口腔黏膜（OTM）和口服粉剂药物的包装输送技术。由于在西药片剂包装中，广泛用到吸盘式机械手，所以该公司的自动化片剂包装生产线大量应用批量转运片剂药物的吸盘式机械手，因此在该领域有大量专利申请。其代表性专利申请有专利 US6311462B2、专利 US6269615B1、专利 DE69923326D1 等。21 世纪初该公司针对如何将批量转运吸盘式机械手技术应用于易碎药物片剂包装中，申请了较多专利，其针对药片脆性易碎的特性，对吸盘式机械手的结构进行改进，通过控制系统控制吸盘的吸力，使其能够满足脆性药片工业化包装的需求，在提高药物包装的效率和包装质量方面提出了诸多有益结构。

（6）意大利费列罗股份有限公司

意大利费列罗股份有限公司是全球第四大巧克力制造商，公司于 1946 年由 Pietro Ferrero 始创于意大利北部，家族式经营，至今第三代，已发展到享誉盛名的跨国集团，并拥有一系列自创的名牌优质产品，费列罗巧克力更是享誉全球的著名品牌。由于吸盘式机械手不会对易变性糖果成品以及半成品造成机械损伤，其申请中也包含带有吸盘式机械手的机器手申请。其代表专利申请有专利 AT47106T、专利 EP239547B1、专利 PT84509B 等。20 世纪 80 年代该公司主要对如何将批量转运吸盘式机械手技术应用于食品包装中申请了大量专利，其适应于糖果生产线多样化包装的需要，对吸盘式机械手的吸头进行结构上的改进，比如通过将固定矩阵式排布的吸头设置为距离可变式，增强吸头的灵活性；对吸头的驱动机构进行改进，使吸头的动作变得可根据包装需求设计和调整，该公司研发的结构有效地提高了批量转运吸盘式机械手的灵活性和动作可控性。

通过对全球主要申请人的分析可以看出，对具有批量转运功能的吸盘式机械手运用较多的多为老牌工业发达国家，并且涉及领域多为针对易损易坏的果蔬以及精密零件的批量转运，并且申请时间也远远早于我国申请人在此领域的申请时间，因此不难看出我国此领域的起步相对较晚。又因为吸盘式机械手的整体技术已经相对完善，而带有吸盘式机械手的末端执行器相比传统的夹钳式末端执行器具有破坏性小、通用性强等优点，技术转用也不存在过多的技术障碍，所以我国申请人在此领域的申请量也相对较少。

2. 中国主要申请人介绍

由表 3 可以看出，在该领域排名前五位的申请人均是企业，表明该专利技术在企业应用较为普遍。其中苏州澳昆、武汉人天、广州达意隆等公司都属于国内顶尖的包装企业，主要分布在江苏省、浙江省、湖北省、广东省和山东省，这些申请人对应的省份也与上文中所述的技术区域分布相符，均有一定包装生产线的自主研发能力。苏州澳昆从 2009 年开始开发和制造利乐枕自动生产线设备，如利乐枕机器人包装机、高速包装机和高速开箱机等，其有关吸盘式机械手的代表专利申请有专利 CN102343987A、专利 CN102556409A 和专利 CN102556412A 等。武汉人天是一家涉及后段自动化包装机、工业机械手和自动包装生产线的研发和销售企业，产品有化工自动包装生产线、乳制品自动包装生产线及以工业机械手为核心的工业流程自动生产线，其有关吸盘式机械手的代表专利申请有专利 CN102815410A、专利 CN103043249A 和专利 CN104290961A 等。广州达意隆是我国饮料包装机械制造行业的龙头企业，其可以提供从前处理、吹瓶、灌装、到二次包装整线及单机设备的全面解决方案，其有关吸盘式机械手的代表专利申请有专利 CN103253397A、专利 CN104512570A 和专利 CN105501488A 等。

表3　包装领域批量转运吸盘式机械手中国主要申请人　　　　单位：件

| 排名 | 申请人 | 省 | 申请量 |
|------|--------|------|--------|
| 1 | 苏州澳昆智能机器人技术有限公司 | 江苏省 | 7 |
| 2 | 浙江希望机械有限公司 | 浙江省 | 6 |
| 3 | 武汉人天包装技术有限公司 | 湖北省 | 5 |
| 4 | 广州达意隆包装机械股份有限公司 | 广东省 | 4 |
| 5 | 青岛创想机器人制造有限公司 | 山东省 | 4 |

国内的主要申请人申请量都是个位数，这一方面说明国内企业在本领域的研发能力依然不足。此外，上述国内企业的专利虽然也在生产线上有所应用，但是生产线大多使用的是国外过时的技术，智能化普遍不高。

### （二）本领域关键专利技术说明

对关键专利的分析有助于更加快速地掌握行业研究的重点方向，本文选取 1960 ~ 2016 年，各个年代的重要专利对包装领域批量转运吸盘式机械手技术进行分析，关键专利的选取是依据其同族的数量以及被引的频次进行选择，这两个指标能够在一定程度上反映该专利在吸盘式机械手领域的重要性。下文对本领域各时期的重点专利申请作一下技术说明（见表4）。

#### 表4　吸盘式机械手各时期重要专利申请

| 序号 | 公开号 | 申请人 | 国籍 | 优先权日/申请日 | 被引频次 | 同族数 |
|---|---|---|---|---|---|---|
| 1 | US3453802A | 新奇士公司<br>SUNKIST GROWERS INC | 美国 | 1966 年 | 27 | 10 |
| 2 | US3986319A | 埃姆哈特工业公司<br>EMHART INDUSTRIES INC | 美国 | 1974 年 | 91 | 5 |
| 3 | US4832180A | 费列罗公司<br>FERRERO S. P. A | 意大利 | 1987 年 | 75 | 16 |
| 4 | US6439631B1 | 镁光科技公司<br>MICRON TECHNOLOGY INC | 美国 | 2000 年 | 96 | 1 |
| 5 | EP1803665A1 | 卡万纳公司<br>CAVANNA S. P. A | 意大利 | 2005 年 | 8 | 8 |
| 6 | EP2441687A1 | 马尔凯西尼包装机器制造公司<br>MARCHESINI GRUOP S. P. A | 意大利 | 2011 年 | 2 | 7 |
| 7 | EP3074314A1 | 吉马公司<br>GIMA S. P. A | 意大利 | 2014 年 | 0 | 5 |

1. 一种柑橘水果批量转运吸盘式机械手（专利 US3453802A）

20 世纪 60 年代，美国新奇士公司公司申请了"一种柑橘水果批量转运吸盘式机械手"（参见图7）的专利。其采用皮带工作台将柑橘排列成组传送，有多臂的成组真空头，每臂上的每组多个真空吸头呈矩阵固定排列，每个真空吸头对应一个柑橘，多个真空吸头同时拾取成组排列的柑橘将其转移至包装箱中，并逐层排布。该专利公开了一种典型采用吸盘式机械手批量转运具有规则形状的物件的方法和装置。

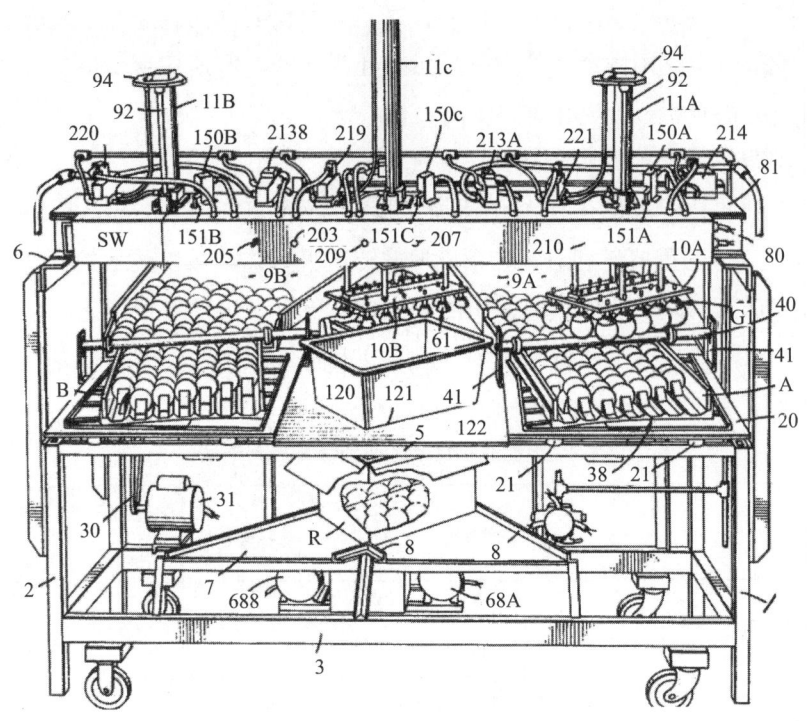

图 7　专利 US3453802A 附图

2. 一种围绕物品坯料成批转运物品的拾取机构（专利 US3986319A）

20 世纪 70 年代，美国埃姆哈特工业公司申请了"一种围绕物品坯料成批转运物品的拾取机构"（参见图 8）的专利。该机构通过传统的分组装置将制品分成阵列或者块状物，真空杯排布在倒 U 形的护罩中，当长条形的物品被输送到位后，倒 U 形护罩下移，并利用其内置的真空杯将长条形的物品成批吸起，并进行转运。该专利提出的转运机械手为适应物料的结构特点对吸盘机构进行相应的改进，并将多臂成组吸盘和转运生产线配合使用，使得整个包装生产线包装效率更高。

3. 一种自动升降和转运的用于食品包装的批量转运吸盘式机械手（专利 US4832180A）

20 世纪 80 年代，意大利费列罗公司申请了"一种自动升降和转运的用于食品包装的批量转运吸盘式机械手"（参见图 9）的专利。该机械手采用将多个吸取部件沿一定的方向排列成与物品保持一致的阵列，吸取部件包括支撑件和设置在支撑件下方的拾取部件，其改进点在于相邻的拾取部件在支撑件的带动下能够改变其之间的距离，从而使它们能够选择性地适应于成排的物品之间的间隔；更特别的是，当拾取部件转移物品时，拾取部件之间的距离可以改变，以便使物品之间的间隔适应包装箱本身的尺寸。该专利提供了一种选择性地改变每个支撑构件的拾取构件之间的距离的可能性，该装置使得食品如糖果产品的包装更加便捷和多样。

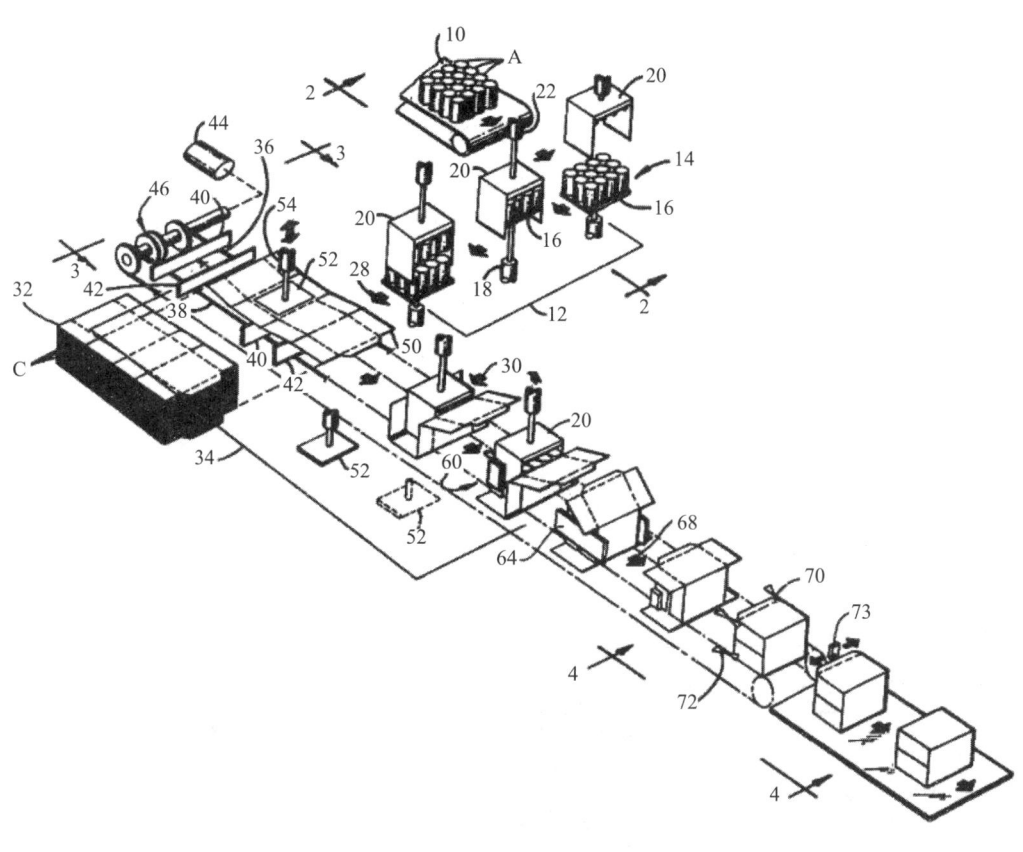

图 8　专利 US3986319A 附图

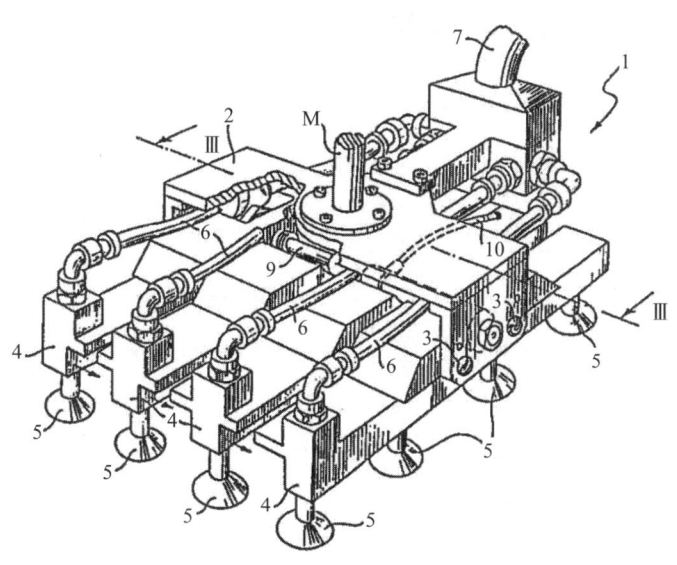

图 9　专利 US4832180A 附图

新能源电池

机器人

高档数控机床

### 4. 一种间距可调的批量吸盘式机械手（专利 US6439631B1）

20 世纪 90 年代，美国镁光科技公司申请了"一种间距可调的批量吸盘式机械手"的专利（参见图 10）。该机械手用于对电子器件进行成批转运，为了提高生产效率，缩短生产周期，其针对现有技术中电子器件拾取机构间距固定的缺陷，公开了一种能够增加机械手的定位精度和灵活性，同时将可变间距拾放装置设计成可降低机械手结构的复杂性和成本以及维护要求的结构。此外，可以通过计算机编程输入拾取机构之间的间距值以便适用不同包装物的吸取，并采用控制系统使其能够自动执行转运操作。

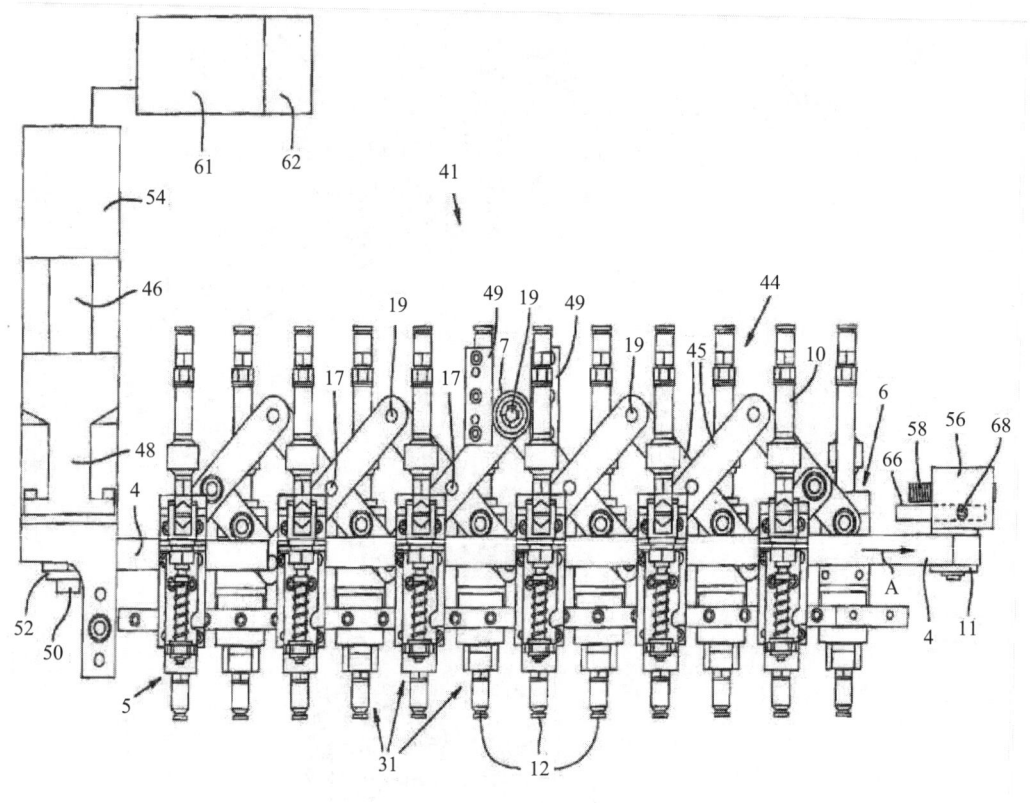

图 10 专利 US6439631B1 附图

### 5. 一种间距可调的批量吸盘式机械手（专利 EP1803665A1）

2005 年，意大利卡万纳公司申请了"一种传送物品的拾取装置，以及物品转运机构和转运方法"的专利（参见图 11）。该拾取装置特别应用于食品领域，其针对现代化的包装工厂的高产量包装需求，提出了一种适用于具有数量可变性的产品包装方式，其机械手能够在不同场合吸取不同数量的包装。该专利公开的机械手能够拾取一个或者多个产品，每个拾取装置配备有独立的可数字化控制动力驱动器，并且可以独立地或共同地相对于其他拾取装置沿着基础结构移位，拾取装置的位置也可进行调整，根据控制程序的设置由控制单元管理拾取或释放产品的步骤，通过改变程序，可以使拾取头适应于拾取和/或释放产品的不同配置以及用于不同的操作条件。

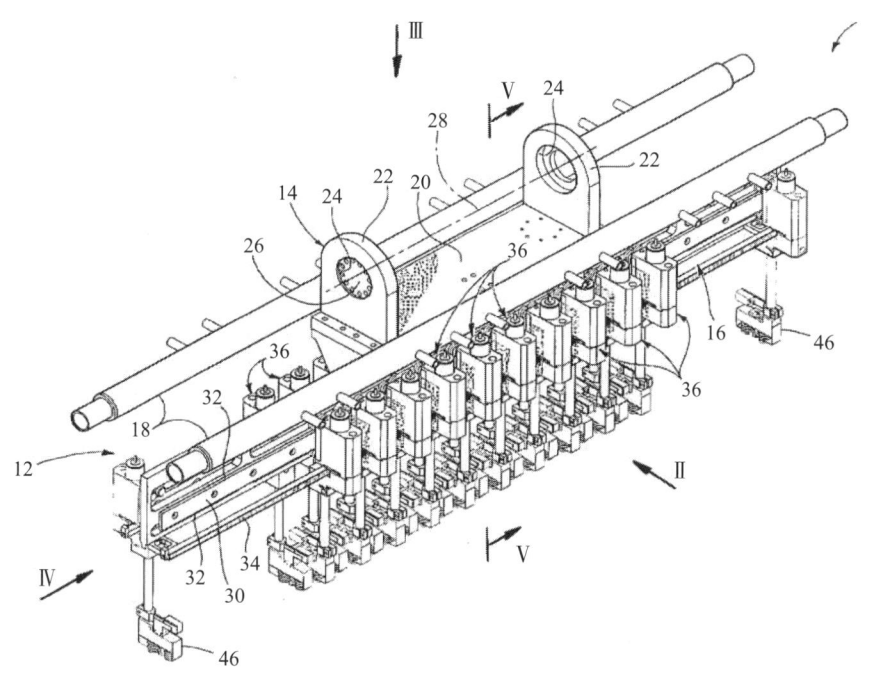

图 11  专利 EP1803665A1 附图

6. 一种能够从供应物品的多个通道同时拾取物品并成批转移物品的吸盘式机械手以及转运方法（专利 EP2441687A1）

2011 年，意大利马尔凯西尼包装机器制造公司申请了"一种能够从供应物品的多个通道同时拾取物品并成批转移物品的吸盘式机械手以及转运方法"（参见图 12）的专利。该吸盘式机械手特别应用于泡罩包装的高效批量转移，其能够在不牺牲物品输送速度的情况下，实现物品的高效转移，满足了现代化流水线生产对于速度的严格要求。该吸盘式机械手采用矩阵排列的拾取头，能够从供应物品的通道同时拾取来自每个通道的相同数量的物品组，并将物品转移到隔室中，使得每个隔室中限定预定数量的物品。该转运方式通过对物品传送装置和拾取装置的结构进行配套化设计，进一步提高了物品拾取和转运的效率。

7. 一种装箱抓取机械手（专利 EP3074314A1）

2014 年，意大利吉马公司申请了一件国际 PCT 专利申请，该专利公开了"一种装箱抓取机械手"（参见图 13），其同样能够与大型包装生产线相配合。该机械手的改进点在于通过转向结构和限位结构的设置，进一步提高抓取机械手的稳定性，从而避免纸质包装破损情况的发生；同时，每一组吸盘由单独的驱动器控制，提高了机械手的适应性。可见，这一阶段对于单臂多组吸盘机械手的结构改进已经趋于完善，研究的重点开始向稳定性好、适应性强、易于控制的方向倾斜。

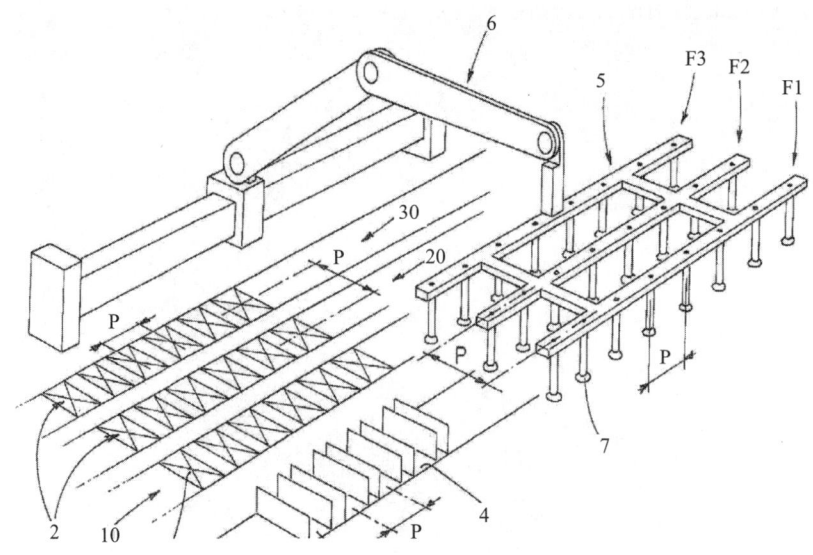

图 12　专利 EP2441687A1 附图

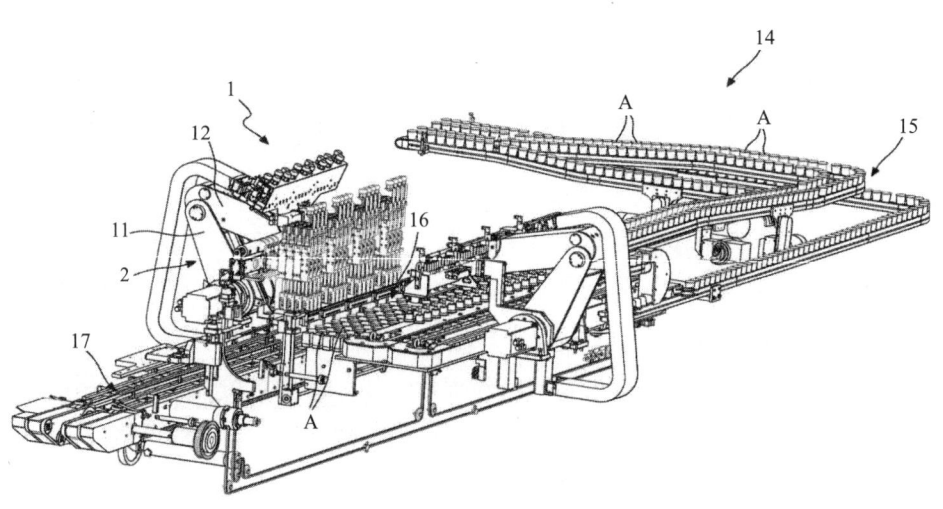

图 13　专利 EP3074314A1 附图

吸盘式机械手最早应用于水果等表面易损的物品包装中，其吸盘的排布方式固定，在成批转运过程中依赖运输机构对物品的排列，需要针对不同的生产对象对吸取装置进行更换。随着工业化的发展，生产效率越来越高，各个研发单位对吸盘式机械手的结构不断进行优化。自 20 世纪 80 年代，逐步开发了吸盘之间的距离可变、吸盘的驱动机构可程序化控制、吸盘式机械手与运输机构配套化设计、吸盘式机械手采用计算机控制等技术，使得吸盘式机械手的工作效率不断提高，对物品包装的适应性更强，其应用对象也从最初的水果、瓶子等扩展到电子元件等新兴领域。随着工业化水平的不断提高，吸盘式机械手会进一步朝着智能化的方向发展，使其应用领域不断扩大。

通过分析上述核心专利的国籍，可以发现，本领域的关键技术主要掌握在美国和意大利企业手中。美国作为世界头号强国，在很多领域具有垄断地位，其相应的包装机械研发能力也处于世界领先水平，尤其是全自动化包装生产线上的批量转运吸盘式机械手；意大利人非常富有想象力和创造力，其设计的精美包装举世闻名，此外，该国企业非常注重人才与技术的投入，不断进行技术革新，以适应市场的变化与客户的需求。根据专家研究统计，意大利制造业在欧洲仅次于德国，名列第二，其产品出口率高达90%左右。然而，从以上对包装领域批量转运吸盘式机械手的保护期分析可知，有的关键专利即将过保护期，例如专利 US6439631B1。对于即将过期的专利 US6439631B1，建议国内企业充分吸取其技术并加以利用。

# 四、结论

结合上述关键专利技术的深入剖析，不难发现包装领域批量转运吸盘式机械手的末端执行器已经从最初的多臂单组固定式吸盘逐渐转变为单臂多组收拢式吸盘的设置模式，这样也就大大提高了与全自动包装生产线的兼容性。与此同时，收拢式吸盘开始改进成通过控制吸盘的收拢和张开来满足不同包装物的转运需求。此外，近年来，对于吸盘式机械手的基础机械结构研究已趋于成熟，全球主要申请人对批量转运吸盘式机械手的研究重点开始向智能化、柔性化的方向发展。

通过对包装领域批量转运吸盘式机械手的专利申请情况进行分析，可以看出，该领域的技术发展已经基本趋于成熟，并且其关键技术主要掌握在意大利、美国、日本企业手中。同时，上述国家的企业在国际市场中的专利布局已经趋于稳定。相较而言，我国在该领域的申请总量居世界第三，起步晚，申请主要集中在近几年，并且申请人多为国内行业领军企业，上述企业均具有较强的生产能力和较大的市场占有率，这表明该领域技术已经在我国市场得到了广泛的推广和应用。然而，从国内申请人的专利布局情况来看，由于缺乏关键专利，现阶段仍难以打破发达国家的技术壁垒。考虑到前期的关键专利保护期已经超过20年，进入了公众领域，建议我国企业对其进行整合利用。同时，研究并规避未过期的核心专利，以此为基础，提升创新能力，培育高质量专利，逐步打开国际市场。

**参考文献**

［1］Schmaiz 公司. 可靠的传输装配工具——真空吸盘［J］. 现代制造，2004，（17）：46－47.

［2］黄颖为. 包装机械结构与设计［M］. 北京：化学工业出版社，2007.

［3］杨铁军. 产业专利分析报告（第19册）——工业机器人［M］. 北京：知识产权出版社，2014.

［4］张远圻，张兴国. 机器人末端执行器的系统研究［J］. 机械制造，1997，（9）：9－11.

［5］杨传民，田少龙，杨锰，等. 码垛机器人末端执行器的设计［J］. 包装工程，2014，35（3）：60－63.

［6］梅江平，张新. 一种新型码垛装置末端执行器的设计［J］. 现代制造工程，2014，（5）：27－30.

［7］刘宏伟，等. 机器人末端执行器姿态轨迹规划研究［J］. 机械设计与制造，2015，（4）：28－34.

# 工业机器人用摆线减速器专利技术综述<sup>*</sup>

工业机器人用摆线减速器专利技术综述[*]

许文方　刘宁　李显阳　石现林　王钰沛

韩秋方　李琳琳　孟栋　李宏利　李广辉

**摘　要**　本文以专利数据为基础，对工业机器人用摆线减速器的全球及中国专利申请态势进行分析，并梳理了摆线减速器的技术发展路线和重点专利技术；同时针对重点申请人纳博特斯克和住友重机的专利布局、技术发展情况进行深入分析和挖掘，发现不同申请人的技术储备和研究重点。另外按照摆线减速器的结构形态和关键技术指标对专利申请进行技术分解，发现工业机器人用摆线减速器的研究热点和重点，并对中国企业的技术研发和专利布局给出相应的建议。

**关键词**　机器人　摆线减速器　技术演化路线　申请态势　功效矩阵

## 一、概述

《中国制造2025》中明确要求"组织研发具有深度感知、智慧决策、自动执行功能的高档数控机床、工业机器人、增材制造装备等智能制造装备以及智能化生产线，突破……减速器等智能核心装置"。对于工业机器人而言，高精度减速器是其核心零部件，其占整个机器人生产成本的35%左右。

为了提高工业机器人的运动精度和控制性能，其减速器要求精度高、承载能力强、传动效率高，并要适应空间布置要求。机器人中应用最广的传动机构是谐波减速器，能一定程度上满足上述要求，其已有相关的技术综述。但由于谐波减速器具有刚性不足、寿命短等缺点，德国人 L. Braren 在1926年发明的采用行星传动原理的摆线针轮减速器具有刚性大、寿命长等优点，逐渐地得到了广泛应用，如住友重机械工业株式会社（以下简称"住友重机"）研发的摆线减速器以及纳博特斯克株式会社研发（以下简称"纳博特斯克"）的 RV 减速器（属于摆线减速器的一种）等（产品示意图见图1），并且在

---

＊作者单位：国家知识产权局专利局专利审查协作河南中心。

工业机器人领域具有逐渐替代谐波减速器的趋势。

（1）住友重机的摆线减速器　　　（2）纳博特斯克的RV减速器

**图1　摆线减速器产品示意图**

本文以工业机器人用摆线减速器的专利申请为研究对象，对相关专利技术进行分析，梳理了工业机器人用摆线减速器的申请状况，对关键技术和重点申请人进行分析研究，为企业技术发展和专利布局提供参考。

### （一）摆线减速器工作原理

摆线减速器传动原理如图2所示，主要包括输入部分、减速部分和输出部分，其中输入部分为偏心结构，带动减速部分的摆线轮公转，摆线轮在公转过程中受到减速部分的固定的内齿圈的作用力形成与其公转方向相反的力矩，造成摆线轮的自转，完成减速过程；摆线轮通过销轴等输出机构将其自转输出，完成整个传动过程。其传动比由式（1）进行计算：

$$i = 1 - \frac{Z1}{Z2} = - \frac{Z1}{Z2 - Z1} \tag{式（1）}$$

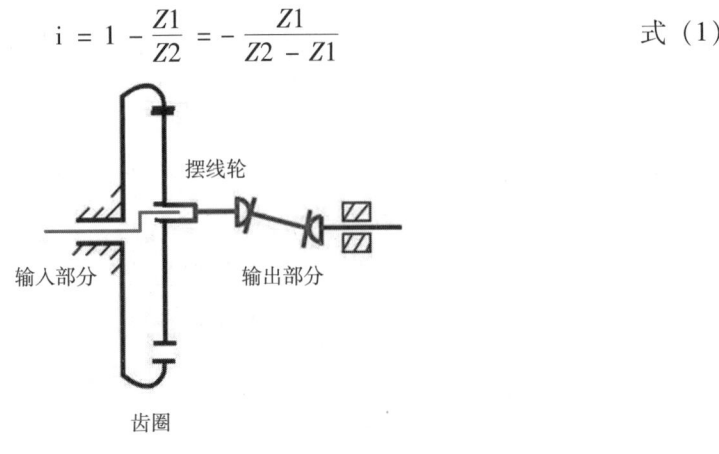

**图2　摆线减速器传动简图**

式（1）中，Z1 表示为摆线轮的齿数，Z2 为内齿圈的齿数，i 表示减速比，"－"表示输入和输出的方向相反。

**（二）技术分支**

本文重点针对工业机器人用摆线减速器的相关专利文献进行分析，包含明确记载应用至工业机器人的摆线减速器的专利文献和没有明确限定应用领域的摆线减速器的专利文献，排除明确记载在其他领域中应用的摆线减速器的专利文献。

结合工业机器人行业常用摆线减速器结构形式，通过采用对宏观数据和重点技术的分析，并对重点申请人的专利进行筛选标引后发现，工业机器人用摆线减速器从结构方面主要可以分为传统摆线减速器、RV 减速器、多摆线轮减速器、摆线钢球减速器四类。因此，本文根据摆线减速器的这四种基本结构维度进行技术分解，详见表1。

表1　工业机器人用摆线减速器在结构维度上的技术分解

| 技术分支 | 说明 | 典型结构 |
| --- | --- | --- |
| 传统摆线减速器 | 通过曲轴输入，摆线轮和内齿机构减速，输出机构输出 | 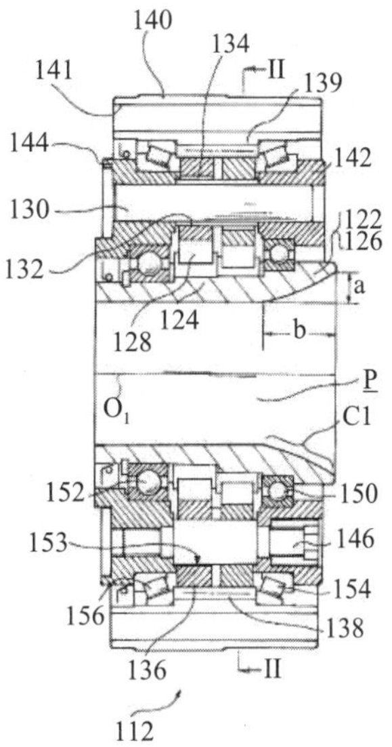 |
| RV 减速器 | 对传统摆线减速器的改进，通过一级行星减速输入 | 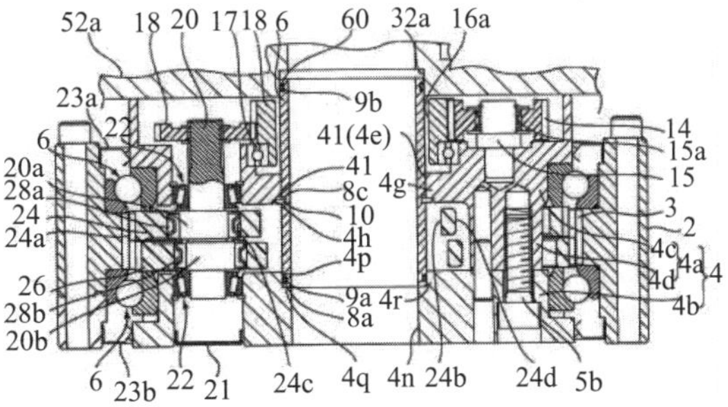 |

| 技术分支 | 说明 | 典型结构 |
|---|---|---|
| 多摆线轮减速器 | 对传统摆线减速器的改进，摆线轮数目大于等于 3 | |
| 摆线钢球减速器 | 对传统摆线减速器的改进，用摆线槽、钢球等机构替换内或外摆线齿，实现传动 | |
| 其他 | 包括锥摆式摆线减速器、轴承减速器（其采用中空转子式输出，两端支撑采用交错滚子式轴承，又称 TWINSPIN）等 | |

同时，目前申请人主要从摆线减速器的传动精度、承载能力、传动效率、小型化等关键技术指标方面对摆线减速器进行改进或优化，以满足使用要求。因此，本文从关键技术指标即技术功效维度进行技术分解，详见表 2。

表 2　工业机器人用摆线减速器在技术功效维度上的技术分解

| 技术分支 | 说　明 |
|---|---|
| 传动精度 | 摆线减速器输入轴单向回转时，输出轴转角的实际值与理想值的偏差越小，传动精度越高 |
| 承载能力 | 摆线减速器减速比的大小及输出扭矩的大小 |
| 传动效率 | 摆线减速器输出功率与输入功率的比值 |
| 小型化 | 摆线减速器在轴向、径向尺寸上等体积的缩小、重量的减轻以及结构的简化 |
| 其他 | 组装容易、便于加工等 |

### （三）文献范围

本文采用专利检索与服务系统（S 系统）进行检索，检索数据库包括中国专利文摘数据库（CNABS）、世界专利文摘数据库（SIPOABS）、德温特世界专利索引数据库（DWPI）、日本专利文摘数据库（JPABS），数据检索的截止时间为 2017 年 9 月 30 日，同时由于专利文献公开滞后，因此 2016 年及 2017 年的样本会有不完整的问题。

经检索、人工去噪、标引后，最终得到 1694 件专利文献，结构维度和技术功效维度各个技术分支的专利文献量见表 3 和表 4，表 3 为结构维度技术分支检索专利文献量，表 4 为技术功效维度技术分支检索专利文献量。

表 3　工业机器人用摆线减速器结构维度技术分支检索专利文献量

| 结构维度技术分支 | 传统摆线减速器 | RV 减速器 | 多摆线轮减速器 | 摆线钢球减速器 | 其他 |
|---|---|---|---|---|---|
| 专利文献量/件 | 796 | 650 | 152 | 74 | 22 |

表 4　工业机器人用摆线减速器技术功效维度技术分支检索专利文献量

| 功效维度技术分支 | 传动精度 | 承载能力 | 传动效率 | 小型化 | 其他 |
|---|---|---|---|---|---|
| 专利文献量/件 | 363 | 530 | 374 | 405 | 22 |

## 二、专利申请态势分析

本部分将从摆线减速器的全球专利申请的申请量趋势、来源国分析、技术分支分布、全球重要申请人分析、中国申请状态等方面进行详细分析。

### （一）全球专利申请的申请量趋势及来源国分析

图 3 示出了摆线减速器的全球专利申请的申请量趋势。从图中可以看出，在全球范围内，涉及摆线减速器的专利申请开始于 1926 年，是德国人 L. Braren 在 1926 年发明的，其首次采用变幅外摆线的内侧等距曲线当作行星轮廓的曲线，把圆弧曲线用作中心轮的

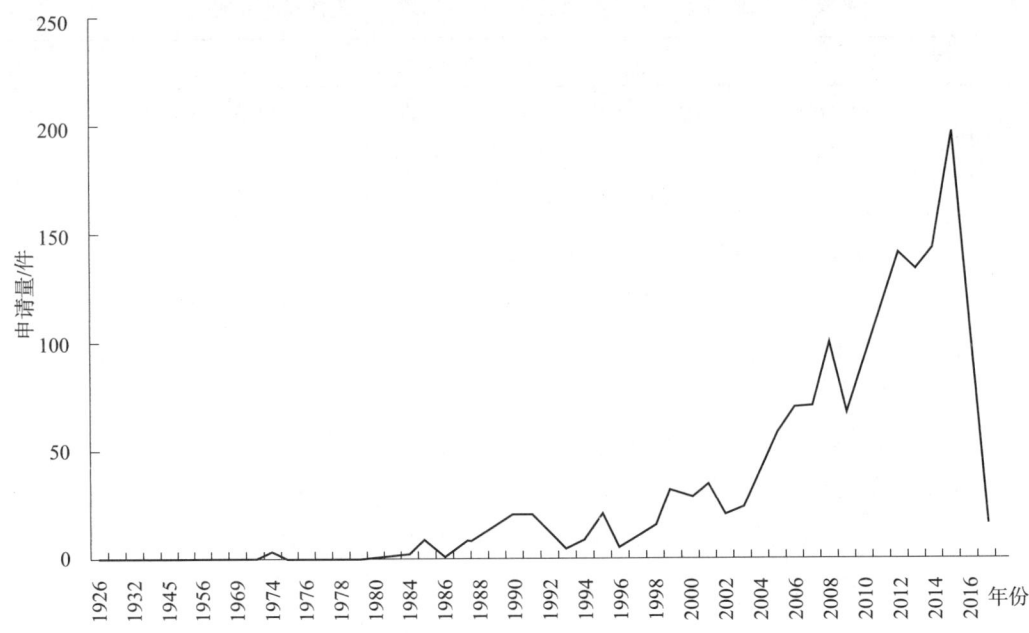

**图3 工业机器人用摆线减速器全球专利申请的申请量趋势**

齿廓曲线，并同年提交了专利申请（公开号：GB271742A）。但由于摆线齿轮工艺复杂，起初发展十分缓慢。1938年，日本住友重机买断了其专利。从全球专利申请分布来看，摆线减速器总共经历以下三个发展阶段。

第一阶段（1926～1979年）为起步阶段。这期间，摆线减速器无法实现多齿啮合，传动转矩小，且容易发生过载或齿面胶合破坏，关于该类减速器的研发处于起步阶段，形式单一，主要为传统摆线减速器，研发方向主要为减速器整体和齿形，旨在提高传动效率和承载能力。该阶段摆线减速器的专利数量较少，全球专利总数不超过20件。

第二阶段（1980～2002年）为缓慢发展阶段。随着人类对减速器性能要求的不断提高，摆线减速器以其高效率、高承载能力、大传动比、体积小巧、重量轻并且能够同轴输出、噪声小等各方面的特点越来越受到重视，摆线减速器的申请量也开始出现快速增长。该阶段，在传统摆线减速器的基础上出现了更加形式多样化的摆线减速器，如RV减速器、多摆线轮减速器、摆线钢球减速器等。同时，随着工业机器人的出现，摆线减速器作为工业机器人上常用的减速器形式，对其改进方向也不仅仅局限于提高传动效率和承载能力，对于摆线减速器的小型化和传动精度的要求越来越高，涉及摆线减速器小型化和提高传动精度的申请显著增多。全球专利申请量逐步上升，全球专利总数达到了270件。

第三阶段（2003年至今）为快速发展阶段。随着工业机器人在制造业各领域的推广和应用，专利申请量出现大幅上涨，摆线减速器的研究和创新处于高度活跃期，各大企业开始重视在该领域的全球专利布局。2016～2017年的数据由于专利公开的滞后而存在一定的误差，但是从近些年的专利申请趋势以及工业机器人的应用来看，这几年的专利申请量仍将保持高速增长，摆线减速器的研究仍然处于热点状态。

从图4的来源国分析来看，日本申请占到全球申请的一半，达到840件。这与日本企业在工业机器人用摆线减速器领域的技术实力和市场份额相适应。其次为中国，申请量为637件，占比38%。德国、法国、美国、斯洛伐克、俄罗斯、奥地利、丹麦、瑞士、韩国等均有少量申请。

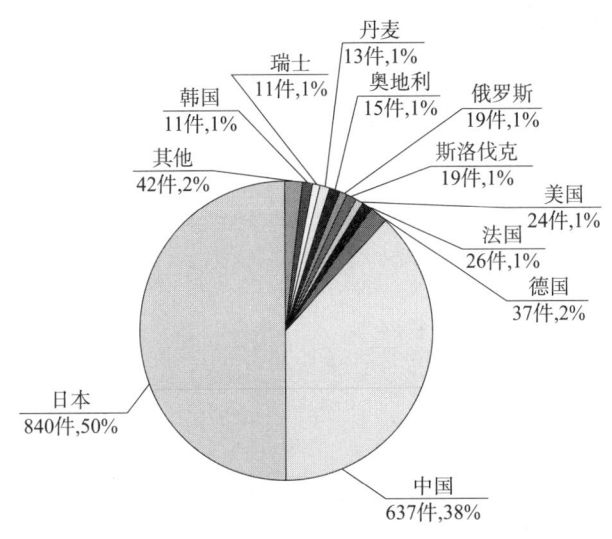

图4　工业机器人用摆线减速器专利申请来源国分析

### （二）全球申请技术构成分析

从图5中可以看出，工业机器人用摆线减速器按照结构主要分为传统摆线、RV、多摆线轮以及摆线钢球四个技术分支。全球专利申请中，上述四个技术分支分别占比47%、39%、9%以及4%。由此可以看出，传统摆线减速器和RV摆线减速器是申请人进行专利布局的重点领域，诸如锥摆式、TWINSPIN等其他类型的摆线减速器专利申请量较少。从技术效果来看，提高承载能力相关的专利申请占比最大，达到31%，这是由于工业机器人对扭矩传输的要求较高，高承载能力是摆线减速器最基本的要求。此外，传动精度、传动效率以及小型化方面的专利申请总量基本均衡。除此之外，还有少量申请涉及简化组装、便于加工等。

从图6的工业机器人用摆线减速器结构维度各技术分支的专利申请趋势来看，传统摆线减速器专利申请出现最早，且专利申请量基本上长期处于领先地位。日本帝人公司在传统摆线减速器的基础上发明了RV减速器，RV减速器的研究与应用晚于传统摆线减速器，早期专利申请量一直较少，但是在2003年之后，得益于工业机器人在智能制造中的广泛应用，由于RV减速器具备高可靠性、高精度、大扭矩、大速比等特点，其专利申请量出现快速增长，增长势头甚至强于传统摆线减速器。摆线钢球和多摆线轮减速器技术的出现晚于 RV 减速器，专利申请连续性较差，且发展趋势不明朗。

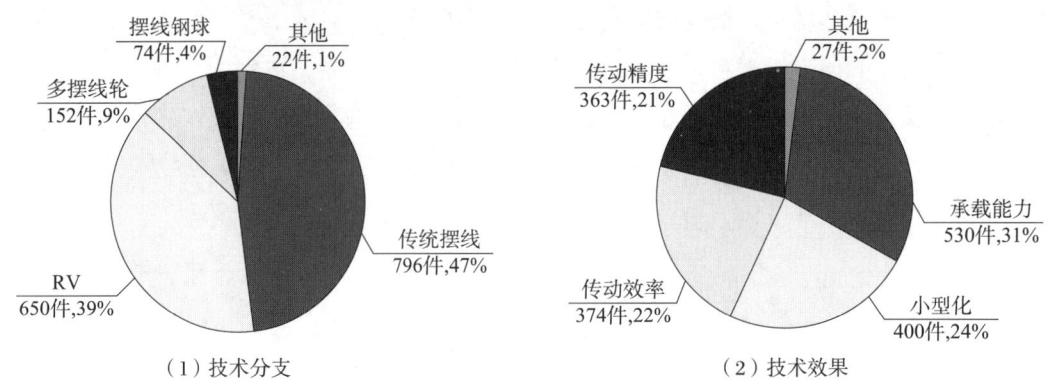

（1）技术分支　　　　　　　　　　　　　（2）技术效果

**图5　工业机器人用摆线减速器全球专利申请各技术分支情况**

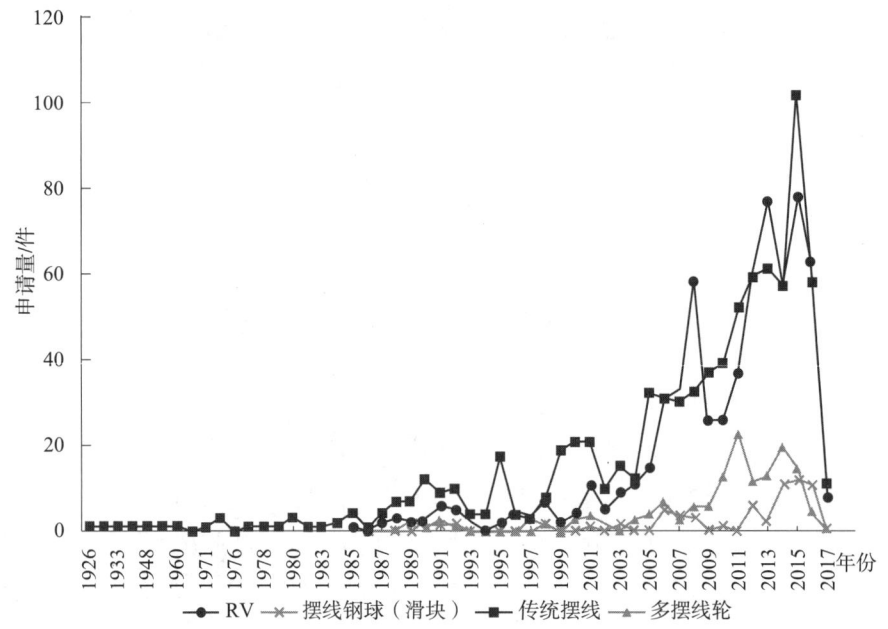

**图6　工业机器人用摆线减速器结构维度各技术分支专利申请发展趋势**

从图7的工业机器人用摆线减速器技术功效维度各分支专利申请趋势来看，2000年之前各技术功效分支的专利申请量发展趋势基本相同。其中，承载能力分支方向的专利出现晚于其他功效分支，但是2000年之后发展迅速，申请量和增长态势基本保持在所有功效分支的首位；此外，传动精度分支和传动效率分支的专利申请在2010年之后也保持较为强劲的增长势头；小型化分支的专利申请在2005年之后一直保持在相对高位，但与其他分支相比，增长趋势较为平缓，这表明对工业机器人用摆线减速器小型化的技术已经相对比较成熟，能够满足应用需求。其中针对传动精度的改进多通过设置消隙结构等方式进行，而通过对摆线轮修形来提高传动精度的专利申请在2000年之后相对比较少见，国外公司将摆线轮修形及加工方法等核心技术作为商业秘密进行保护。

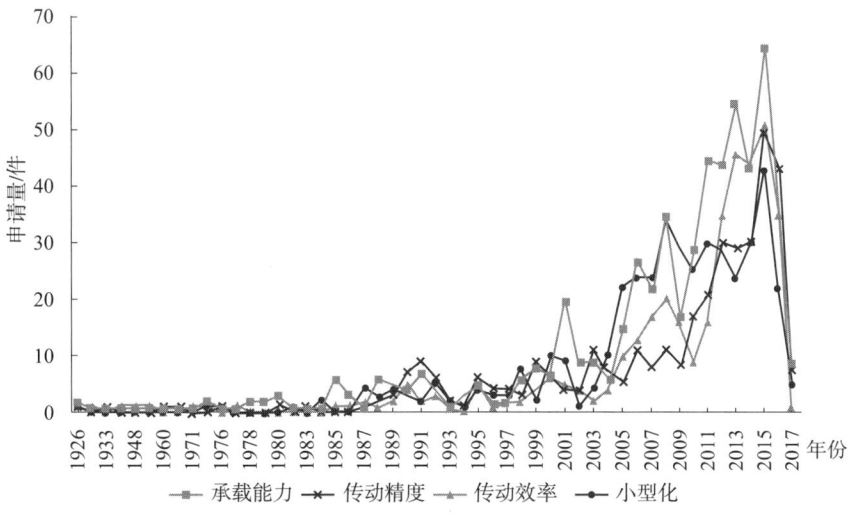

图7　工业机器人用摆线减速器技术功效维度各技术功效分支专利申请发展趋势

从图8的工业机器人用摆线减速器技术功效矩阵可以看出，提高传统摆线减速器的承载能力相关的专利申请量最大，传统摆线减速器承载能力的提高是技术研发及专利申请的热点。

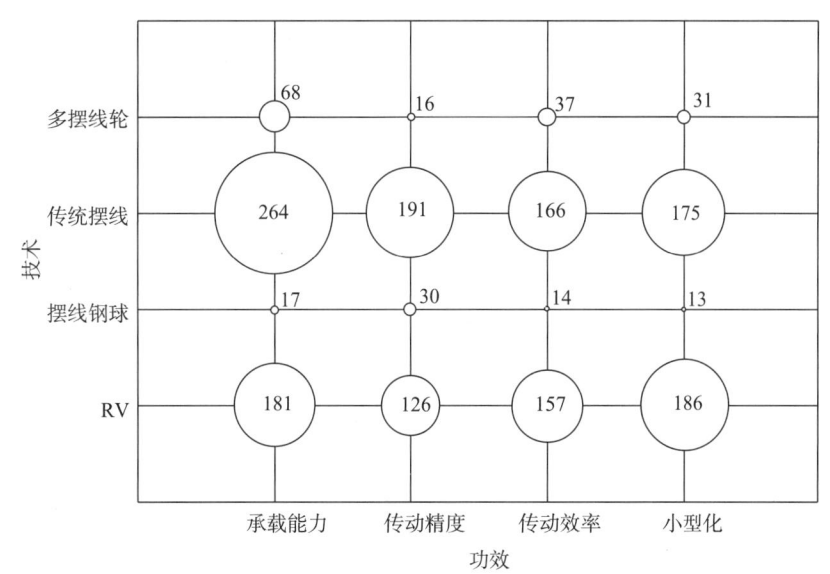

图8　工业机器人用摆线减速器技术功效矩阵

注：图中数字表示申请量，单位为件。

近几年发展比较迅速的技术点还有提高传统摆线减速器的传动精度、传动效率和小型化。另外，由于RV减速器近些年在工业机器人中的应用更加广泛，RV减速器小型化和承载能力的提高也是本领域的技术发展点。

由于目前摆线钢球以及多摆线轮减速器在工业机器人领域没有获得广泛应用，技术需求不足，较低的专利申请量反映出上述两个技术分支的市场前景尚不明朗，基础研究应当是目前的研发重点。

### （三）全球重要申请人分析

图9为摆线减速器全球申请人申请量排名。可以看出，在全球申请量排名前15的申请人中以日本和中国为主。日本在该领域占据技术优势地位，其申请人占6位，分别为：纳博特斯克、住友重机、捷太格特、NTN、精工爱普生、川崎重工；而且排名第一和第二的纳博特斯克和住友重机申请量遥遥领先，其中纳博特斯克的申请包括其前身帝人制机的申请。

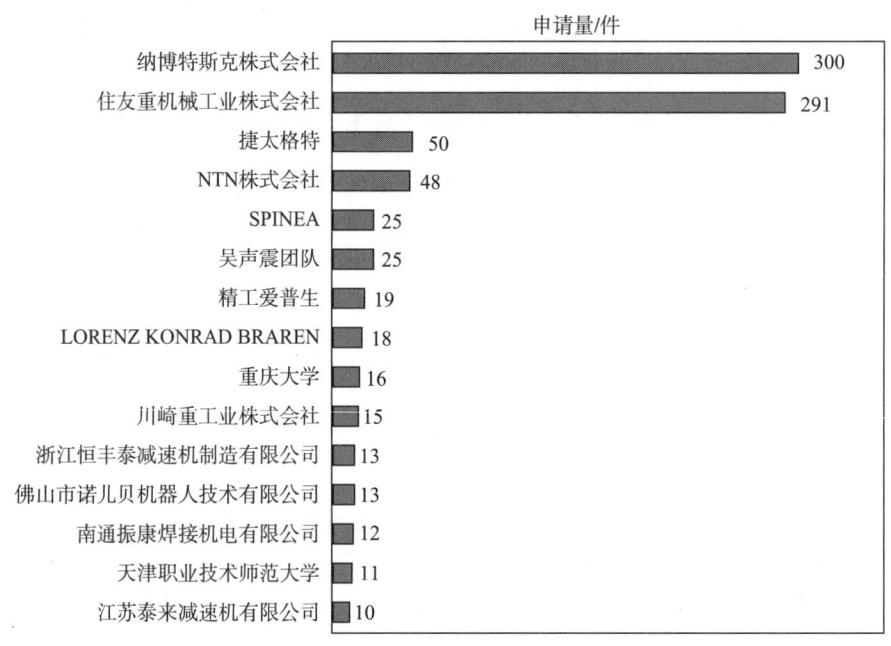

申请量/件

| 申请人 | 申请量/件 |
| --- | --- |
| 纳博特斯克株式会社 | 300 |
| 住友重机械工业株式会社 | 291 |
| 捷太格特 | 50 |
| NTN株式会社 | 48 |
| SPINEA | 25 |
| 吴声震团队 | 25 |
| 精工爱普生 | 19 |
| LORENZ KONRAD BRAREN | 18 |
| 重庆大学 | 16 |
| 川崎重工业株式会社 | 15 |
| 浙江恒丰泰减速机制造有限公司 | 13 |
| 佛山市诺儿贝机器人技术有限公司 | 13 |
| 南通振康焊接机电有限公司 | 12 |
| 天津职业技术师范大学 | 11 |
| 江苏泰来减速机有限公司 | 10 |

**图9 工业机器人用摆线减速器全球专利申请人申请量排名**

全球申请数目排名第五斯洛伐克申请人SPINEA提出了一种TWINSPIN减速器，共有申请25件。

全球申请数目排名第八的申请人为德国申请人 L. Braren，其首次提出了摆线针轮减速器，共有申请18件。

全球申请数目排名前15位的申请人中，中国申请人有7位，中国企业主要是浙江恒丰泰减速机制造有限公司、佛山诺贝尔机器人技术有限公司、南通振康焊接机电有限公司以及江苏泰来减速机有限公司，中国的高校主要是重庆大学和天津职业技术师范大学。虽然近些年来中国专利申请显著增加，但较为分散，未形成有效的专利布局。此外需要注意的是，吴声震研究团队在这方面也有相应的研究和专利申请。

### （四）中国申请态势分析

我国从 20 世纪 70 年代开始研究摆线减速器，国内企业、研究机构等申请人的专利申请态势如图 10 所示。可以看出，中国《专利法》实施之初即出现相关专利申请，但受技术研发投入以及市场需求的限制，早期专利申请量一直维持低位。摆线减速器的专利申请量总体上呈逐步上升趋势，其中近年来的发展尤其迅速。总体来看，用摆线减速器的相关技术在中国总共经历了以下三个发展阶段。

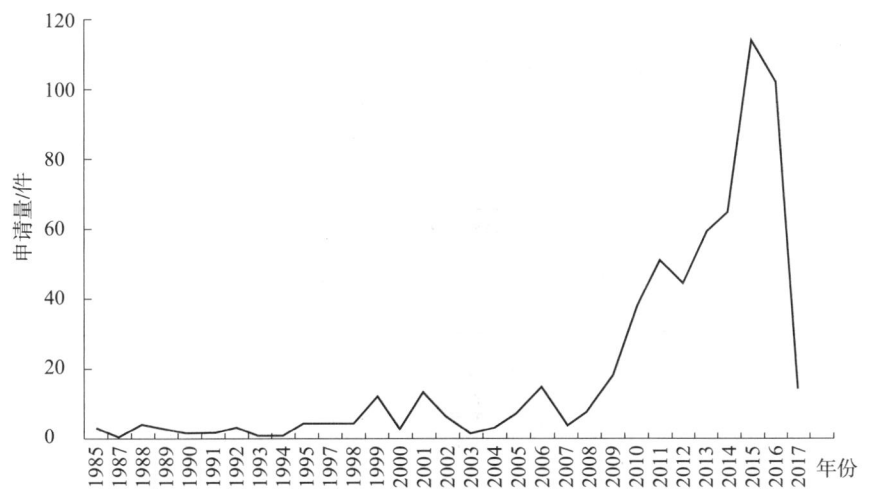

图 10　工业机器人用摆线减速器中国专利申请的申请量趋势

第一阶段（1985～1998 年）为起步阶段。其间，中国的摆线减速器的研发尚处于萌芽阶段，减速器具有结构复杂、结构尺寸大和传动效率低等特点，每年的专利申请量较小，产品形态比较单一，没有形成多样化的发展，产品主要集中在传统摆线减速器，研究方向主要是减速器的传动原理和摆线轮的修形。该阶段有关工业机器人用摆线减速器的专利数量较少。

第二阶段（1999～2008 年）为缓慢发展阶段。随着工业机器人传动装置越来越被重视，而摆线减速器具有传动比范围大、传动效率高、体积小等特点，摆线减速器的专利申请量开始快速增长。该阶段，在传统摆线减速器的基础上出现了更加形式多样的摆线减速器，如 RV 减速器，多摆线轮减速器，摆线钢球减速器等。这一阶段对于减速器的研究，更多是关于减速器的传动精度，从静态分析逐步深入到动态分析。该阶段国内有关摆线减速器的专利申请量较上一阶段有了较大的提升。

第三阶段（2009～2017 年）为快速发展阶段。随着工业机器人在各个领域的广泛应用，国内开展了大量关于摆线减速器的研究，研究涉及摆线减速器的各个分支，专利申请量大幅增长，并在 2015 年达到了高峰，将近 120 件。2016～2017 年的数据由于专利申请公开的滞后而存在一定的误差，但是从近些年的专利申请趋势以及工业机器人的应用来看，这几年的专利申请量仍将保持高速增长，摆线减速器的研究仍然处于热点状态。

### （五）在华重要申请人分析

图11为摆线减速器在华申请人申请量排名，表5为在华申请人排名及法律状态。从中可以看出，在摆线减速器领域中，在华申请人排名中前两位均为日本申请人，而这些申请人的有效专利总量同样占据前两位。由此可见，日本在中国的摆线减速器领域占有主要地位，这也与全球摆线减速器申请量排名相吻合。另外，捷太格特株式会社虽然申请量排名第十，但是其申请的9件专利全部获得授权且保持有效状态。昆山光腾智能机械有限公司的专利也保持较高的有效比例。此外，申请总量排名靠前的其他几个中国申请人，例如吴声震团队、重庆大学以及浙江恒丰泰减速机制造有限公司等的专利有效比例相对较低。

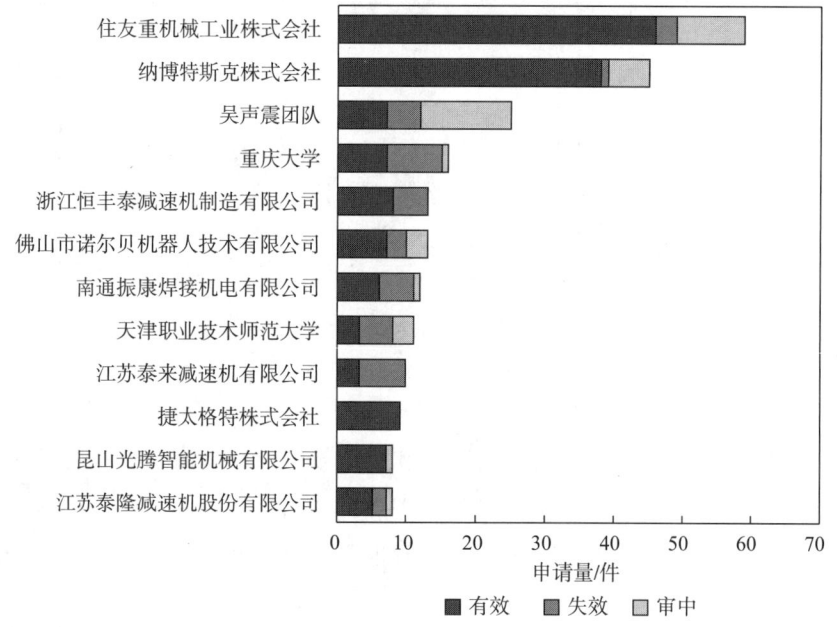

**图11　工业机器人用摆线减速器在华专利申请人申请量排名**

**表5　工业机器人用摆线减速器在华申请人排名及法律状态表**　　单位：件

| 申请人 | 有效 | 失效 | 审中 | 总计 |
|---|---|---|---|---|
| 住友重机械工业株式会社 | 46 | 3 | 10 | 59 |
| 纳博特斯克株式会社 | 38 | 1 | 6 | 45 |
| 吴声震团队 | 7 | 5 | 13 | 25 |
| 重庆大学 | 7 | 8 | 1 | 16 |
| 浙江恒丰泰减速机制造有限公司 | 8 | 5 | 0 | 13 |

| 申请人 | 有效 | 失效 | 审中 | 总计 |
|---|---|---|---|---|
| 佛山市诺尔贝机器人技术有限公司 | 7 | 3 | 3 | 13 |
| 南通振康焊接机电有限公司 | 6 | 5 | 1 | 12 |
| 天津职业技术师范大学 | 3 | 5 | 3 | 11 |
| 江苏泰来减速机有限公司 | 3 | 7 | 0 | 10 |
| 捷太格特株式会社 | 9 | 0 | 0 | 9 |
| 江苏泰隆减速机股份有限公司 | 5 | 2 | 1 | 8 |
| 昆山光腾智能机械有限公司 | 7 | 0 | 1 | 8 |

# 三、专利技术分支及其发展路线

## （一）摆线减速器演化路线

### 1. 传统摆线减速器

摆线减速器的演变过程如图 12 所示。从图 12 可看出，德国人 L. Braren 在 1926 年发明了摆线减速器。同年，L. Braren 申请了专利 GB271742A（公开号），该专利是关于摆线减速器最早的申请，在该专利中首次采用变幅外摆线的内侧等距曲线作为摆线轮的曲线，而把圆弧曲线用作了中心轮的齿廓曲线，在输入轴上装有一个相差 180 度的双偏心套，在偏心套上装有两个滚柱轴承，两个摆线轮的中心孔即为偏心套上转臂轴承的滚道，并由摆线轮与针齿壳上一组环行排列的针齿销相啮合，构成少齿差内啮合摆线减速机构。劳伦兹·勃朗于 1931 年在慕尼黑创建了赛古乐股份有限公司，开始制造和销售摆线减速器，主要用于机加工领域。起初由于摆线齿轮工艺复杂，而当时工艺条件落后，齿形加工精度很低，因而产量不高，发展十分缓慢。随着生产的需要，渐开线内齿轮难以进行齿面硬化后的精加工，阻碍了其承载能力和传动精度的提高，而摆线针轮啮合的内齿轮是由针齿销、套组装而成的，比上述工艺简便，使这种传动有了发展的机遇，并在中等功率传动中获得了可靠的应用。

日本住友重机于 1938 年就与德国赛古乐公司签订技术合作协议，1939 年即在新居滨制造所的精工场开始投产，并开始大规模生产摆线减速器。它从按德国赛古乐公司图纸制造、特殊加工机械的引进，到 1980 年完成新型的"80 系列"摆线减速器的设计制造，这期间进行了几次改型，使得摆线针轮传动的性能得到了提高。与之前的普通摆线减速机在性能与结构方面有了改进，例如增大速比、增大输入功率、提高了润滑效果等。而日本住友重机是目前世界上生产摆线针轮减速器规模最大的企业之一。

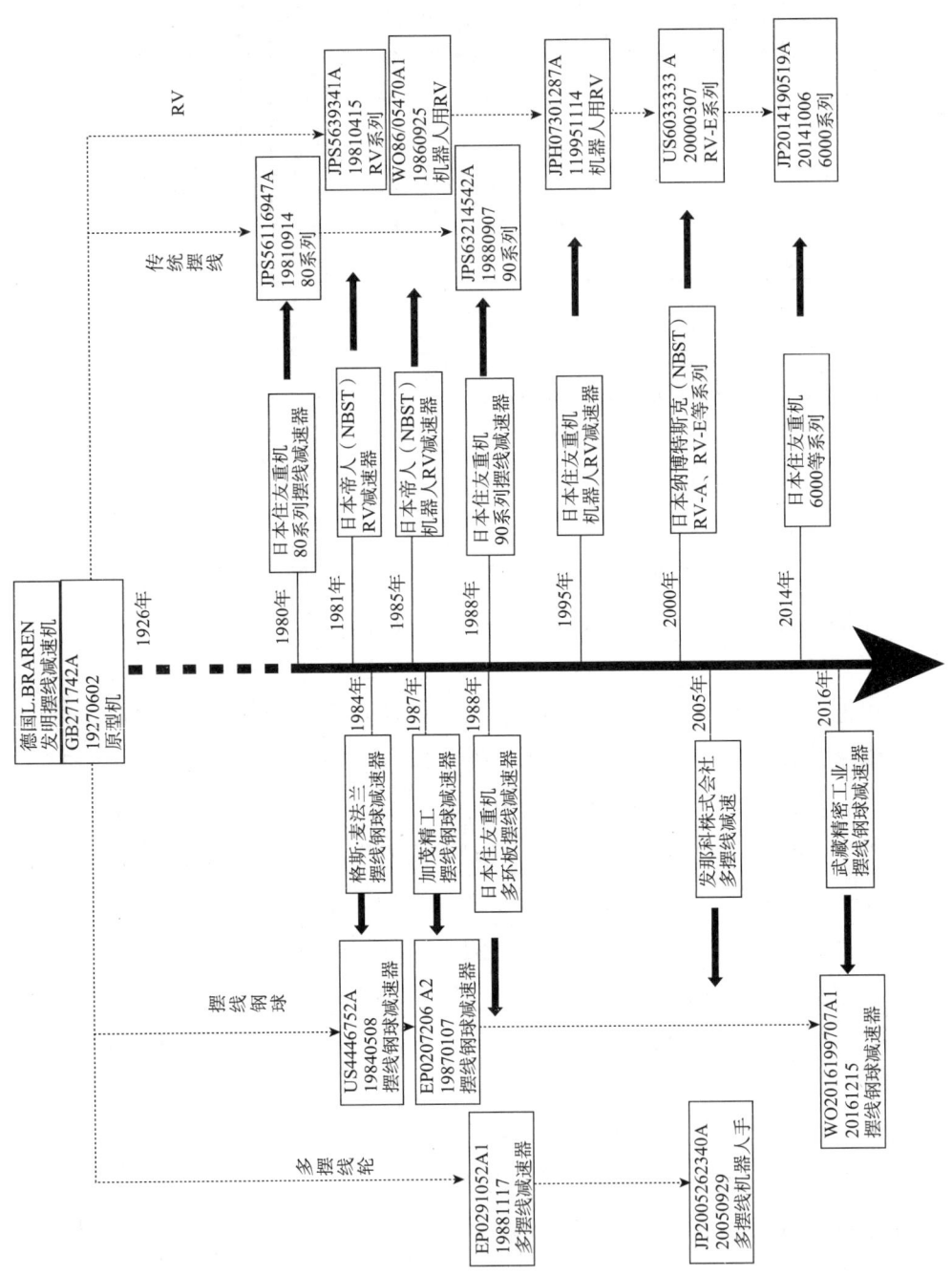

图 12　工业机器人用摆线减速器技术演化路线

2. RV 减速器

RV 减速机是在传统针摆行星传动的基础上发展出来的，其由一个行星齿轮减速机的前级和一个摆线减速机的后级组成，不仅克服了一般摆线传动的缺点，而且具有传动比范围大、精度保持稳定、效率高等一系列优点。20 世纪 80 年代初，日本帝人公司（纳博特斯克前身）开始研究并开发了两级摆线行星针轮减速器，并称之为 RV 传动（Rotate Vector）。

1981 年，日本帝人公司申请了专利 JPS5639341A（公开号），该专利是关于 RV 减速器的最早申请，其由第一级渐开线圆柱齿轮行星减速机构和第二级摆线针轮行星减速机构两部分组成，为一封闭差动轮系，主动的太阳轮与输入轴相连，带动三个呈 120° 布置的行星轮在绕中心轮轴心公转的同时还有逆时针方向自转，三个曲柄轴与行星轮相固连而同速转动，两片相位差 180° 的摆线轮铰接在三个曲柄轴上，并与固定的针轮相啮合，输出机构（即行星架）由装在其上的三对曲柄轴支撑轴承来推动，把摆线轮上的自转矢量传递出来。1985 年，帝人公司作为 RV 技术传动技术的先驱者，以 PCT 的形式公布了关于将 RV 减速器用于工业机器人的第一件申请，公开号为 WO86/05470A1，名称为"用于工业机器人的减速装置"，其公开了一种机器人手臂，将 RV 减速器安装在第一臂与第二臂的关节处，用以驱动两臂的相对旋转。之后帝人公司开始针对 RV 减速器进行了深入研究，每隔几年就对 RV 系列产品升级一次，目前其主要产品已经有 RV - C 系列（空心轴减速器，配置中心通孔以及零部件配置以实现更大的设计灵活性和空间节省）、RV - E 系列（体积紧凑、零部件同轴式实现更多设计灵活性）等。

同样地，日本住友重机也已经生产了与 RV 相似类型的传动产品，并称之为 FT 减速器，目前其产品生产也形成了一定规模。1995 年，住友重机申请了专利 JPH07301287A（公开号），其也公开了一种用于工业机器人的 RV 减速器以及关于减速器的控制装置，其为住友重机关于工业机器人减速器的最早申请，通过将输入轴安装在支撑块间的间隙，控制输入轴的正转或反转，以达到在较小空间内控制齿轮旋转的效果。目前，RV 技术主要用于高端机器人领域，以日本公司为主基本垄断商业市场，主要生产厂家有纳博特斯克、住友重机，世界年销量超过 10 万台，占据工业机器人关节传动市场的 60% 以上。

而国内，浙江恒丰泰减速机制造有限公司从 2006 年就开始研究 RV 减速器，是国内最早掌握 RV 减速器技术的企业之一。南通振康焊接机电有限公司研发的"ZKRV 精密减速机"已经通过检测，可以满足国内对 RV 减速机的迫切需求，目前已进行批量生产，产品已被国内外多家知名机器人厂商试用。同时，上述国内公司也申请了关于 RV 减速器的专利，如浙江恒丰泰减速机制造有限公司申请的专利 CN202203345U（公开号），名为"复式精密摆线减速器"，输入力矩经摆线轮与销轴啮合减速增力后，输出力矩由销轴直接传给内齿圈而输出，输出力矩不通过曲轴，曲轴不承受沉重的输出力矩，从而使曲轴轴承受力得以极大改善。

### 3. 多摆线轮减速器

20 世纪 80 年代出现了一种新型摆线减速器——多摆线轮减速器，其由传动摆线减速器发展而来。在传统的两片摆线轮针摆传动结构中，采用两片相同的摆线轮以偏心相差 180 度布置的结构，这种结构转臂轴承承受力较高且其内外圈相对转速高于输入轴的转速，使得摆线轮与偏心套之间的转臂轴承成为整个机构的薄弱环节。多摆线轮减速器采用三片偏心方向相距 120 度的摆线轮新型结构，以克服转臂轴承的上述缺陷。

1980 年后，日本即开始从事多摆线轮行星传动行走装置的开发和生产。多摆线传动由于对传统摆线减速器的薄弱环节得到了一定的改善，从而提高了传动效率，且具有刚性高、超负荷能力强等优点。1988 年，日本住友重机的专利 EP0291052A1（公开号）公开了一种多摆线轮减速器，在传统的两片摆线轮传动上添加一片摆线轮，转臂轴承位于内齿圈外，轴的弯曲应力小，有利于承受过载载荷。近年仍在应用的住友重机的 FA 三片摆线轮减速机等，都属于多摆线轮的类型。

### 4. 摆线钢球减速器

20 世纪 80 年代初，美国的格斯·麦法兰德提出了一种新型钢球传动技术，利用轴承中的钢球和滚道的滚滑接触副代替传统的齿轮副，可以实现间隙可调及零回差传动的特性，这种新型的钢球传动即为摆线钢球减速器的原型。1984 年，其申请了专利 US4446752A（公开号），在行星齿轮和相对的偏心输入轴的面上设置滑槽，滑槽内设置钢球，通过滚动副代替齿轮副，实现零回差传动。

之后，日本山梨大学的 Terada 和 Makino 等对摆线钢球行星传动进行了比较深入的理论研究，在传动特点与原理、受力分析、强度及啮合效率等方面开展了一系列的研究和探讨，并对样机性能进行了测试和分析，将摆线钢球减速器应用在了机器人的关节传动机构及伺服传动机构上。1987 年，日本加茂精工申请并公开了关于摆线钢球行星传动的专利 EP0207206A2（公开号），该摆线钢球减速器采用滚动摩擦代替了滑动摩擦，减少了摩擦，提高了效率。

经过几十年的发展，工业机器人用摆线减速器基本传动结构已经基本固定，传动形式也大体相同。因此，目前针对摆线减速器的改进主要从精细化的角度展开，如提高承载力、小型化、提高传动精度和提高传动效率。

### （二）重点专利申请人分析

### 1. 纳博特斯克株式会社

纳博特斯克株式会社由帝人制机株式会社和纳博克株式会社两个日本企业于 2003 年合并组成，其产品覆盖精密减速机、铁路车辆车门开关装置、商用车辆空压液压装置、飞行控制制动系统、船舶主机远程遥控系统、食品用填充包装机等领域，其中，RV 系列精密减速机是其核心产品，占据世界市场份额的 60% 左右。

2015 年上海机电全资子公司上海电气液压气动有限公司与日本纳博特斯克株式会社合资设立纳博特斯克（中国）精密机器有限公司，并于 2016 年开业投产，一期规划年生产工业机器人减速器 10 万台。

从表 6 纳博特斯克摆线减速器五局申请量分布逐年趋势可以看出，1985 年之前，以帝人制机为申请人的专利申请量只有 3 件，1986 年至 1995 年的 10 年间，申请总量也只有 8 件，1996 年至 2000 年的 5 年间，申请总量逐步上升。2003 年帝人制机与纳博特斯克合并之后，开始以纳博特斯克为申请人进行专利申请和专利布局；在 2006 年至 2010 年的 5 年间申请量达到最高，总计有 134 件，2011 年至今，申请总量又有一定程度的减少。帝人制机在前期的专利申请量和专利布局比较消极，2003 年合并重组之后，纳博特斯克开始在本国大量申请，并在海外进行专利布局，其特别重视在中国和欧洲进行布局。从图 13 可以看出，纳博特斯克在中国和欧洲的布局比较均衡，纳博特斯克对韩国和美国专利布局重视程度较低。

表 6　纳博特斯克摆线减速器五局申请量分布逐年趋势　　　　单位：件

| 申请年 | 日本 | 欧洲专利局 | 中国 | 美国 | 韩国 | 总计 |
|---|---|---|---|---|---|---|
| 1985 年之前 | 3 | 0 | 0 | 0 | 0 | 3 |
| 1986～1990 年 | 4 | 0 | 0 | 0 | 0 | 4 |
| 1991～1995 年 | 4 | 0 | 0 | 0 | 0 | 4 |
| 1996～2000 年 | 9 | 4 | 0 | 0 | 0 | 13 |
| 2001～2005 年 | 20 | 6 | 1 | 0 | 1 | 28 |
| 2006～2010 年 | 94 | 17 | 12 | 3 | 8 | 134 |
| 2011 年至今 | 36 | 27 | 27 | 9 | 0 | 81 |
| 总计 | 170 | 36 | 40 | 12 | 9 | 267 |

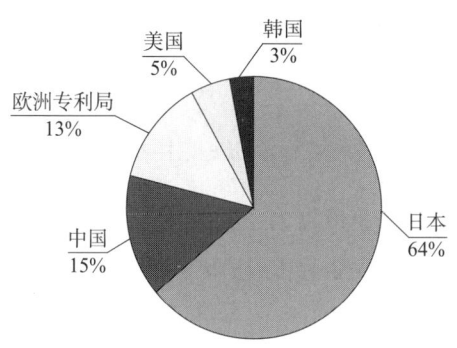

图 13　纳博特斯克摆线减速器五局申请量分布

　　海外扩张度为申请人在海外申请量和本国申请量的比值，其反映了该申请人的海外布局力度。从图14的纳博特斯克海外扩张度趋势可以明显看出，在1995年之前，其专利申请的海外布局比较消极，1997年开始进行海外布局，但是整体海外布局力度还是比较弱；由于2003年两个公司重组，对专利申请量和专利布局都有一定的影响，2003年之后，纳博特斯克的海外布局力度呈现曲折上升的趋势。

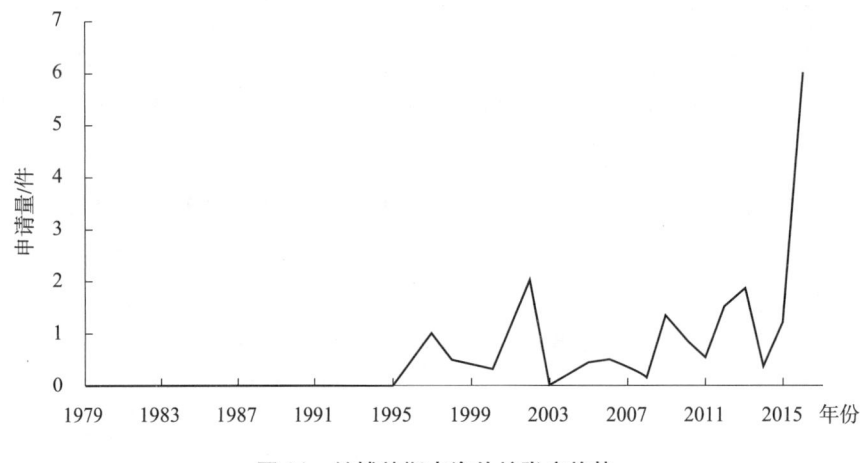

图14　纳博特斯克海外扩张度趋势

　　图15为纳博特斯克摆线减速器在各国/地区的授权份额和授权率，可以看出，纳博特斯克除了在日本本国和中国外，在各国/地区的授权专利份额基本相当。

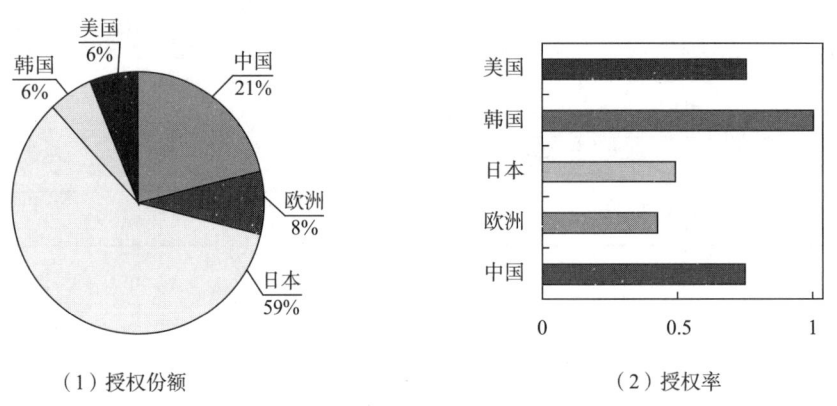

（1）授权份额　　　　　　　　　　　　（2）授权率

图15　纳博特斯克各国/地区授权份额和授权率

　　进一步分析纳博特斯克在工业机器人摆线减速机结构维度各技术分支上的申请逐年趋势，从图16可以看出，纳博特斯克在1979年最早开始涉及RV减速器的申请，于1979年8月31日向日本特许厅提交了申请号为JP11023679的发明专利申请，公开号为JPS5639341A。该专利申请公开了RV减速器的基本结构，参见图17。随后在1985年至今的大多数年份都有RV减速器的申请，且一直保持相对较高的申请量，占专利申请总量的2/3，其专利布局的重点也布置在该技术分支。可见，RV减速器是纳博特斯克主要

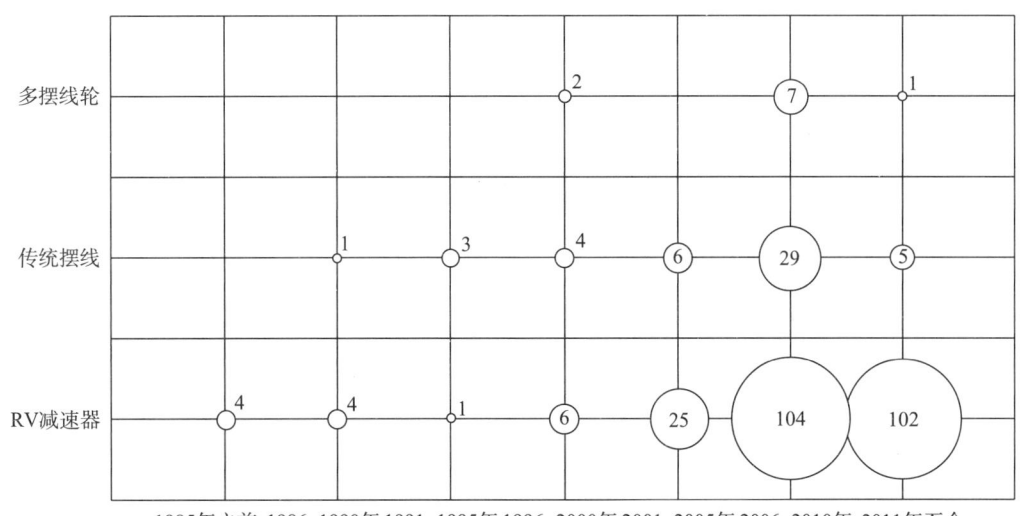

**图16 纳博特斯克在工业机器人摆线减速器结构维度各技术分支上的申请量逐年趋势**

注：图中数字表示申请量，单位为件。

致力研究的方向。在最早的 RV 减速器专利申请（JPS5639341A）的基础上，纳博特斯克相继研发了 RV–A、RV–C、RV–E 和 RV–N 等型号的减速器产品，并在大量专利技术的支持下不断完善各型号 RV 减速器，迅速占领了工业机器人减速器市场。纳博特斯克对传统摆线减速器的研究也有涉及，然而申请量相对较少，但是并没有形成有效的专利布局。多摆线轮的申请始于 1996 年，申请量一直不大；且在 2001～2005 年未出现相关申请。

图18 为纳博特斯克摆线减速器在关键技术指标维度上的申请量逐年趋势，可以看出，纳博特斯克自始至终非常关注减速器承载能力和小型化的研究，对传动效率的研究主要集中在 2000 年以后，在该分支也进行了重点专利布局。高传动精度是工业机器人摆线减速器最为严格的指标，对传动精度的影响因素除了制造误差和装配误差外，还包括齿形误差以及齿隙等因素，其中对于摆线轮的齿形修形一直是国内外研究的热点和难点，但是国外将齿形修形技术列为保密核心技术，有关其理论和试验研究鲜有报道[4]，有关传动精度的许多核心技术处于保密状态，以专利的形式呈现的数量相对于小型化、承载能力和传动效率而言明显偏少。

纳博特斯克对于传动效率的研究主要针对润滑系统、冷却系统进行改进，以及降低振动和噪声等方面，例如，公开号为 JP2010230171A、JP2014084951A 的专利分别通过提高润滑剂流通效率、增强对润滑剂的过滤等方式降低磨损消耗，提高减速机的传动效率和寿命；公开号为 JP2005201310A 的专利通过在针齿外圈设置缓冲套减少减速机的振动和噪声；公开号为 WO2007080987A1 的专利通过提供高效的冷却通道确保减速机高效、稳定地运行。

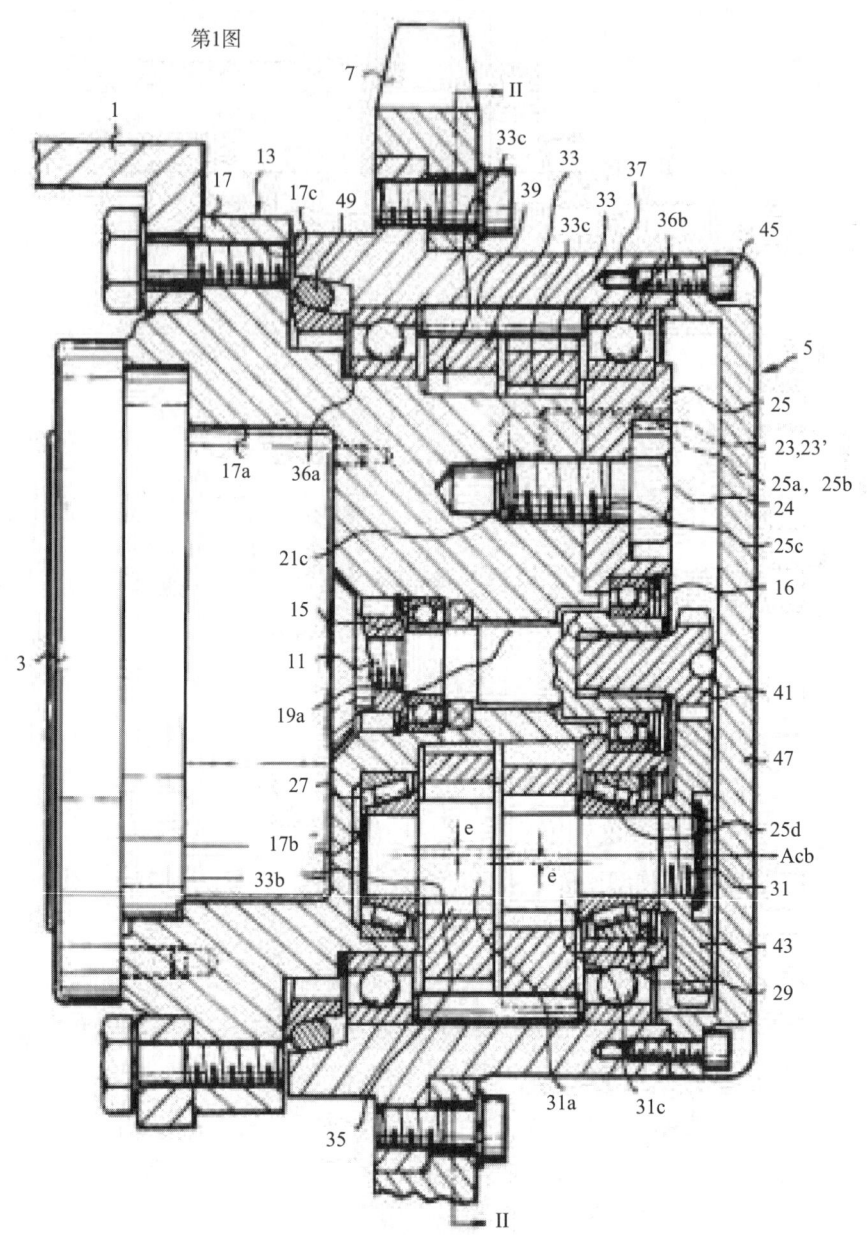

第1图

图 17　专利 JPS5639341A 的附图

　　纳博特斯克对于承载能力的研究主要集中在对减速机整体结构的改进。例如，公开号为 JP2007232220A、JP2008298294A、JP2009191946A 的专利通过改进行星减速机构，在不增大整体体积、不缩小输出扭矩的情况下实现总体传动比的增加。

　　纳博特斯克对于小型化的研究主要分为轴向尺寸的减小、径向尺寸的减小以及提供中空的轴结构。例如，公开号为 JP2005321104A 的专利通过将编码器和驱动马达部分重叠布置以减小减速机轴向尺寸实现小型化；公开号为 JP2006329434A、JP2006329431A 的

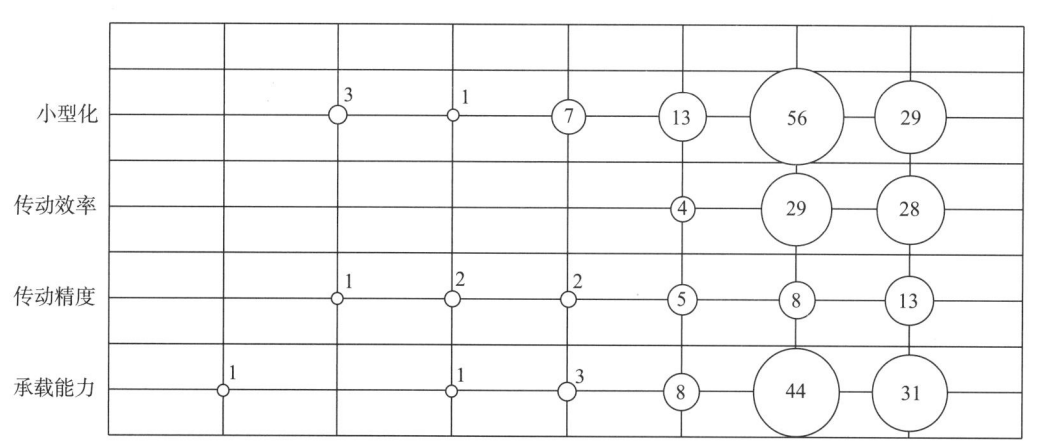

图18　纳博特斯克摆线减速器在关键技术指标维度上的申请量趋势

注：图中数字表示申请量，单位为件。

专利在增大中空穿线通道尺寸的同时保持减速机外径不变，减小了减速机的径向尺寸，实现小型化。

**2. 住友重机**

住友重机是另外一家重要的工业机器人减速器供应商。在德国人发明摆线结构与摆线减速器后，住友重机于1938年买断了其专利并加以创新，自1939年开始生产工业减速机，其产品领域从微小型到大型。住友重机一直致力于技术的革新与最尖端科技的运用。近年来，以发展精密机电系统技术为中心，研发出精密控制机器/关键部件已成为其支柱产业，其中，摆线减速机是其主导产品。图19所示为住友重机各技术分支的发展演进路线。

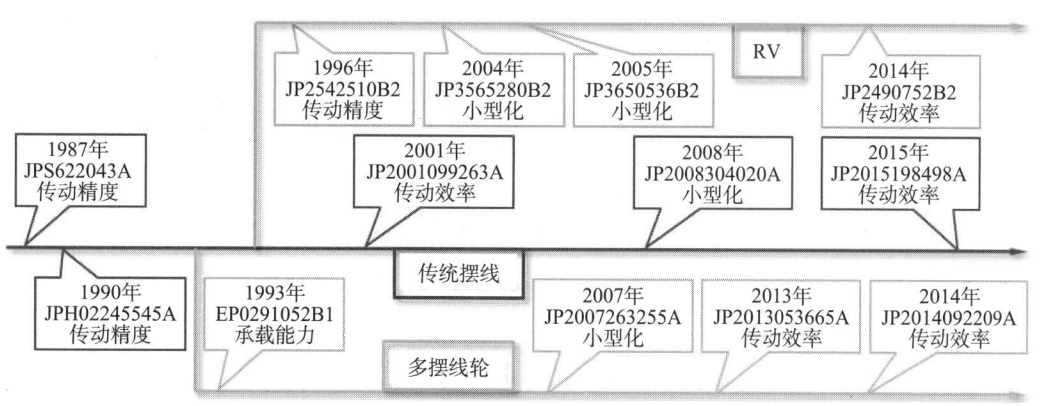

图19　住友重机技术发展演进路线

由图19可知，住友重机在工业机器人传统摆线减速器、RV减速器、多摆线轮减速器等方面均有涉及，其早在1987年公开的关于传统摆线减速器的专利JPS622043A（公开号）通过将内销轴与法兰盘进行精密安装从而改善了装配性能；之后1990年公开的专利JPH02245545A（公开号）通过设置单独的花键连接部件实现摆线轮输出时的角度调整，消除了弹性变形产生的间隙；2015年公开的专利JP2015198498A（公开号）通过改善传动平稳性，提高了传动性能。

在结构形式上，住友重机在1993年的专利EP0291052B1（公开号）采用三片式的多摆线轮结构，通过增加一片摆线轮承载能力大幅度提升，而且增加了一个转臂轴承，动平衡特性也得到改善；2014年的专利JP2014092209A（公开号）通过对销部件的根底部分实施塑性加工，解决了销部件的与凸缘体间的根底部分弯曲应力容易集中，疲劳强度容易下降的问题。如图20所示，三片式摆线轮减速器是住友重机著名的减速器产品。

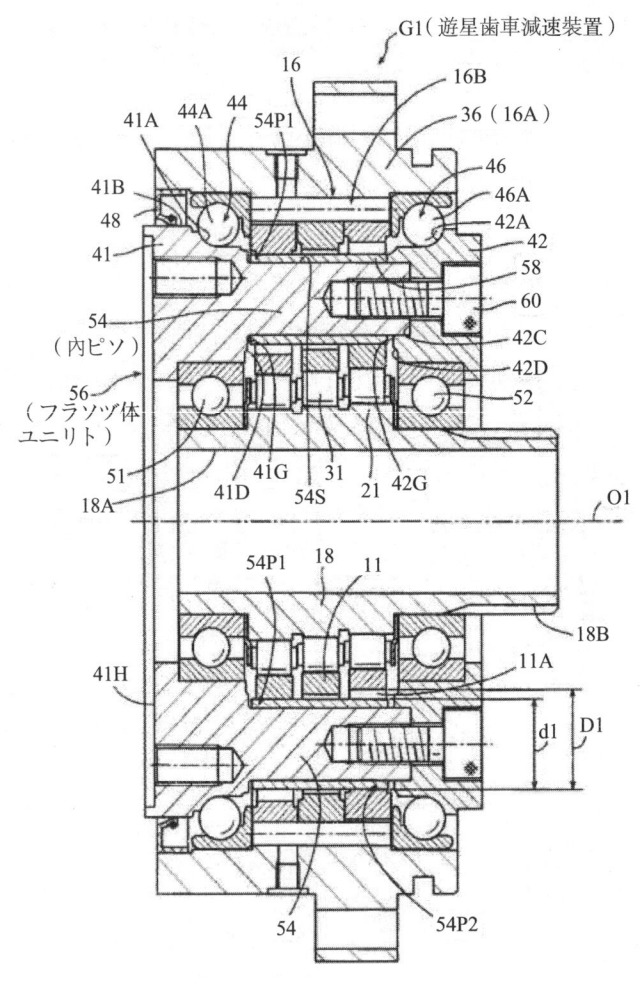

图20　三片式摆线轮减速器

另外，住友重机在RV减速器方面也做出了诸多改进，1996年的专利JP2542510B2（公开号）采用一级行星和二级摆线结合的RV传动结构，通过曲面盘的设置使输出轴相对于输入轴具有一定的柔性。进一步地，2004 年的专利 JP3565280B2（公开号）通过改善销轴与法兰板的安装结构，提高装置的易安装性，并使传动装置小型化。

住友重机生产的减速器型号多样，摆线是其中一种重要类型，并具有诸多系列化产品。对于摆线减速器，除了传动精度外，传动效率也是机器人的重要性能要求，住友重机也在不断致力于提高传动效率，如 2001 年公开的专利 JP2001099263A（公开号）公开的减速器单元与马达单元之间设有通过滚柱的摩擦传递旋转动力的简单行星滚柱机构，以降低振动和噪声，从而提高传动效率；2013 年专利 JP2013053665A（公开号）公开了解决现有偏心摆动型减速装置的针状滚子很难供给润滑油，针状滚子周边的润滑油易劣化的技术问题，提高了传动性能；2014 年专利 JP5490752B2（公开号）采用降低根据圆周方向位置的外齿轮的弹簧常数之差，提高旋转精确度，并更加有效地降低外齿轮的噪声或振动。

此外，在减速器的发展过程中，市场对小型化、轻量化和低成本提出了更高的要求。2005 年的专利 JP3650536B2（公开号）简化了支撑块的结构，避免了通常必须的连接支撑块的凸出结构；2007 年的专利 JP2007263255A（公开号）以及 2008 年的专利 JP2008304020A（公开号）通过轴向上更紧凑的尺寸实现装置的小型化。另外，住友重机还涉及少量的摆线钢球式减速器。

对住友重机的专利申请量进行分析，如图 21 所示，住友重机的专利申请主要分布在 RV 减速器和传统摆线减速器这两大块，其中 RV 减速器的专利申请占其专利申请总量的 40.2%，传统摆线减速器的专利申请占其专利申请总量的 47.4%，由此可见，传统摆线减速器和 RV 减速器是住友重机专利布局的重点，而多摆线轮减速器和摆线钢球减速器作为前两种减速器的补充，住友重机也有所涉及。

从住友重机在 1982 年提出申请号为 JP5564486 的第一份关于传统摆线减速器的专利申请开始，关于传统摆线减速器和 RV 减速器的专利申请大致经历了三个阶段：技术萌芽阶段（1978～1997 年）、稳步发展阶段（1996～2007 年）、技术成熟阶段（2008 年至今）。而从 2008 年开始至今，RV 减速器占摆线类减速器申请量的比重逐步增加，这是由于随着工业自动化程度的不断提高，工业机器人的应用普及给 RV 减速器的发展带来了前所未有的市场机遇。

针对摆线类减速器的技术效果分析，如图 22 所示，1978～1987 年，住友重机在摆线类减速器的小型化和提高传动效率上有初步的发展，1988～1992 年，住友重机摆线类减速器的主要专利申请方向在于提高传动精度，而随着住友重机的专利申请量的稳步提升，针对小型化、传动效率、传动精度、承载能力等几个方面，住友重机的专利布局呈现出均衡式发展的趋势。

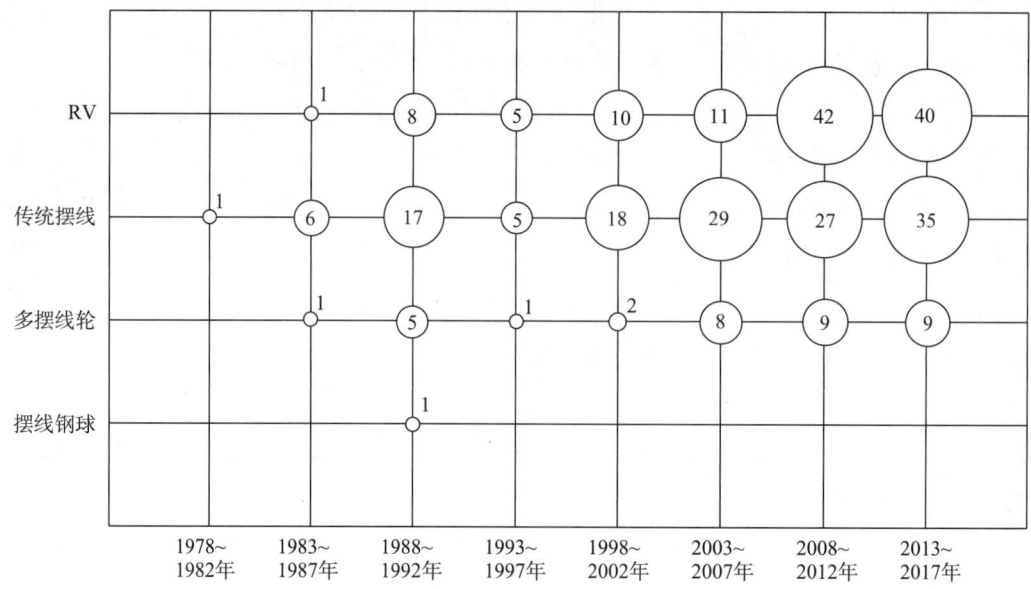

**图 21　住友重机在工业机器人摆线减速器结构维度各技术分支上的申请量趋势**

注：图中数字表示申请量，单位为件。

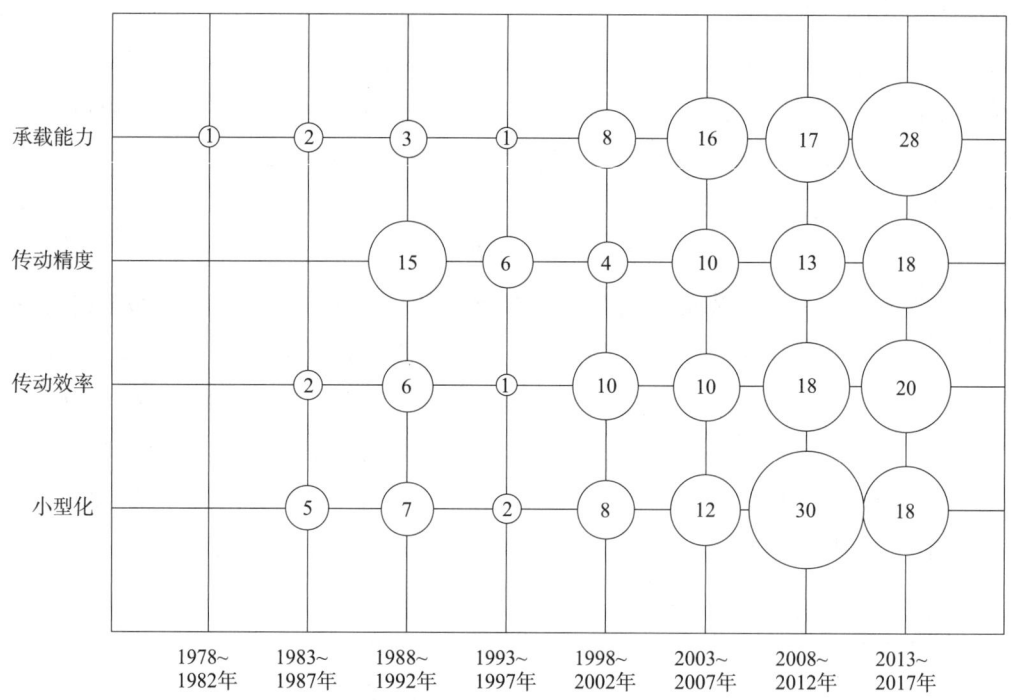

**图 22　住友重机摆线减速器在关键技术指标维度上的申请量趋势**

注：图中数字表示申请量，单位为件。

## 四、结论与建议

通过对工业机器人用摆线减速器全球专利和中国专利的分析，本文梳理了摆线减速器的发展脉络，进一步分析了工业机器人用摆线减速器的发展历程、研究热点、研究空白点等，主要结论如下。

传统摆线减速器的专利申请数量占摆线减速器总申请数量的 48%，RV 减速器占 39%，两者为摆线减速器最重要的发展分支。RV 减速器是两个重要申请人纳博特斯克和住友重机共同的研究热点，且其在工业机器人用减速器中也占有最大的市场份额，因此 RV 减速器是工业机器人用摆线减速器的研究热点和研究重点。而多摆线轮减速器和摆线钢球减速器的专利申请数量相对较少，没有形成相应的专利布局。

对工业机器人用摆线减速器的改进近年来主要集中在承载能力，针对传动精度和传动效率改进的申请量也增长相对迅速；而针对小型化改进的申请量维持在相对高位，但增长趋势较为平缓。这表明对工业机器人用摆线减速器小型化技术已经相对成熟。但是，传动精度作为工业机器人减速器最重要的技术指标之一，主要通过对摆线轮的齿形修形以及高精度加工来保障。在这方面，国外公司多采用商业秘密的方式进行保护，中国公司在进行相应的研究和专利布局时可以借鉴。主要申请人对传统摆线减速器的改进主要集中在承载能力，对 RV 减速器的改进主要集中在承载能力和小型化，且对二者承载能力、传动效率、传动精度、小型化的改进均有不少的研究，表明需要提升摆线减速器综合性能以满足工业机器人日益严苛的需求。

以纳博特斯克和住友重机为代表的日本申请占据全球专利垄断地位，这与二者在摆线减速器的市场份额相对应。住友重机全面发展摆线减速器的各个技术分支，而纳博特斯克则主要聚焦在 RV 减速器上，RV 摆线减速器的市场也被纳博特斯克所垄断。住友重机和纳博特斯克均非常重视在中国的专利布局，以纳博特斯克为例，其在中国的授权专利占据其所有在五大局授权专利的 21%，仅次于其在本土的专利授权量，这表明中国是工业机器人和摆线减速器的重要市场。然而中国的企业，如浙江恒丰泰和南通振康，虽然均在 RV 减速器领域有一定的研究，但并不重视专利布局，申请总数较少，同时也没有进行海外布局，其他的中国企业也存在类似的问题。

工业机器人用摆线减速器的未来发展方向仍然聚焦在 RV 减速器上。中国企业需要加强理论技术研究，着重解决摆线轮修形技术和高精度制造技术，通过修形来增加啮合刚度，减小传动误差；在制造技术方面，重点研究能够达到最优技术指标的制造工艺和方法。在解决摆线轮修形技术以及高精度摆线轮的制造技术的基础上，进一步从传动效率、承载能力、小型化等多方面入手进行研究。同时在技术研发的同时应注重专利布局，通过一定数量的高质量专利对相关产品进行保护。

## 参考文献

［1］王喜文. 中国制造 2025 解读 从工业大国到工业强国［M］. 北京：机械工业出版社，2015：65 – 66.

［2］王田苗，陶永. 我国工业机器人技术现状与产业化发展战略［J］. 机械工程学报，2014，50（9）：1 – 13.

［3］杨铁军. 产业专利分析报告（第 19 册）——工业机器人［M］. 北京：知识产权出版社，2014：34 – 71.

［4］黄兴，何文杰，符远翔. 工业机器人精密减速器综述［J］. 机床与液压，2015，43（13）：1 – 6.

［5］张俊芳，于墨娟，周建军. 实用于机器人驱动的新型摆线传动技术［J］. 杭州电子工业学院学报，2002，22（3）：67 – 72.

# 机器人控制器的模式识别专利技术综述[*]

刘琳　史江峰[**]

**摘　要**　机器人控制系统中模式识别系统是其重要的组成部分，也是其实现智能化的关键技术。机器人控制系统的处理芯片，通常加载有进行模式识别的算法，通过不同的算法识别传感系统传回的数据，从而实现机器人对环境和自身情况的识别判断。本文介绍了机器人控制器模式识别的基本概念、分类和国内外研究现状，分析了技术领域内整体专利申请状况，给出了技术路线图并对各技术分支进行了专利分析。

**关键词**　机器人　控制器　模式识别

## 一、概述

人类在思维的过程中有一个"模式识别"的过程。所谓模式，是指事物或者现象的标准表现方式。比如，我们认识了一个字符，虽然以后再次看到这个字符时，字符的写法可能迥异，但人脑仍能把它归类到已经认识的这个字符上。人脑中对这个字符的定义就是模式，根据这个定义对眼前字符的判断过程就是人脑的模式识别。在20世纪50年代末，用计算机模拟人脑识别过程的数学模型被提出来，其目的就是利用计算机来实现人的类别识别能力。随着技术的发展，模式识别被广泛应用在图像处理、人工智能等领域，在机器人领域也成为实现机器人智能必不可少的技术。

机器人通常包括四大部分：机械本体、传感部分、控制部分和驱动部分，其中控制部分相当于机器人的大脑，其接收传感器部分采集的环境信号，对这些信号进行处理认知，再调动驱动部分来驱动机器人本体进行相应的动作。机器人控制器的模式识别，就是指控制器中的处理器识别外界环境信号并分类的过程。换句话说，也就是机器人思考认知的过程。根据机器人应用场景的不同，模式识别所处理信号内容也涵盖了图像、语音、手势、运动等各个方面。随着硬件设备性能的提升和远程通信传输速度的提高，机

---

[*] 作者单位：国家知识产权局专利局电学发明审查部。

[**] 等同于第一作者。

器人控制器可以处理的识别算法越来越复杂，从自定义规则，发展到机器学习，再发展到深度学习，极大地提高了机器人模式识别的准确度。

在 IPC 分类体系中与机器人控制器的模式识别有关的专利申请集中在 G06K9、G01L15 和 G06F17/30 分类号下，本文以机器人控制器相关的模式识别专利申请作为分析对象，从图像识别、语音识别和运动识别三个技术分支，梳理了重要申请人关键技术的发展脉络。在专利检索与服务系统（S 系统）中，建立了德温特世界专利索引数据库（DWPI）、中国专利文摘数据库（CNABS）、日本专利文摘数据库（JPABS）、韩国专利文摘数据库（KRABS）、德国专利文摘数据库（DEABS）和澳大利亚专利文摘数据库（AUABS）六个数据库联合构成的族数据库，并进行检索，根据检索结果给出了专利分析的结论和建议，数据截止时间为 2017 年 10 月。

**（一）技术概述**

**1. 模式识别定义和分类**

模式识别是指利用计算机根据模式的特性将其分类的过程。模式识别一般包括采集、预处理、特征提取和选择、特征分类四个步骤，如图 1－1 所示。

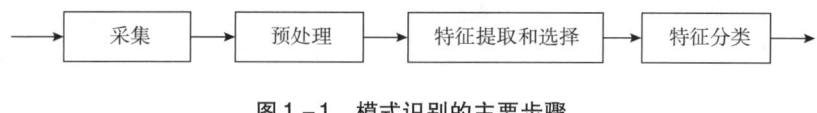

**图 1－1　模式识别的主要步骤**

采集，是指利用不同传感器设备获取所需要分析的信息，比如，视觉图像、听觉音频等；

预处理，是指减少采集步骤获得的信息的噪声，突出有用信息。比如，图像信息中的几何校正、图像增强、图像还原；语音信息中的音频信号的处理，或者其他电信号的噪声抑制或转换。

特征提取和选择，是指根据预设的模式类别中的元素的特性，获取预处理后数据的一组特征，并从这组特征中选择得到最能反映出该数据的本质的特征。比如图像识别时，提取全局特征或者局部特征，并从这些特征中进一步通过映射或变化实现特征的降维。特征的数量决定了处理的速度，特征选取的准确程度决定了识别的精度，可以说，特征的提取和选择是模式识别系统中的核心技术点。

特征分类，是指判断表征当前特征是否属于某个模式类。模式类，是指具有相似特性的模式的集合。分类通常采用分类器来完成，比如常用的贝叶斯分类器、KNN 分类器、CNN 分类器等。每种分类器各有优点，根据不同的应用问题选取不同的分类器，也是模式识别过程中非常关键的步骤。

根据是否识别已知所述类别的训练样本，模式识别可以分为有监督的模式识别和无监督的模式识别。有监督的模式识别，是指在分类器设计时，首先利用已经知道其所属类别的训练样本，提取其共同的特征，来构建分类器，比如，在机器学习中，采用1000张照片作为训练样本，每张照片都设置类别标签：车辆，分类器根据"标签：车辆"与特征之间的关系构成一个能够表征"是否为车辆"的分类器。而无监督的模式识别则不需要知道训练样本的类别，例如，不需要为每张照片人工设置标签，而是通过训练样本特征之间的相似性，不断归纳总结，得到分类，也就是通常所说的聚类。比如，对大量网页的聚类，其需要分析网页的文本特征，提取关键词，跟预设关键词进行比较，相似度超过预设阈值的聚为一类，如果没有预设关键词的，则形成新的类。有监督的模式识别，分类准确，但是为训练样本进行标签设置需要极大的人工成本；无监督的模式识别，虽然效果欠佳，但能够避免人工干预，其识别结果也可以接受。基于上述两种方式的优缺点，半监督的模式识别就应运而生，即训练的样本有一部分有标签，大部分没有标签，通过具有标签的样本的局部特征和没有标签的数据的整体分布来设计分类器，得到少了人工干预但分类结果非常好的结果。

根据识别的基本方法，模式识别可以分为统计模式识别、结构模式识别、模糊模式识别、神经网络模式识别和多分类器融合模式识别等。

统计模式识别，是把识别对象表达为一个随机向量，即特征向量，将模式类表达为一组具有相似数值特性的模式组成的集合，然后通过划分特征空间的方式进行分类。这种识别方式适用于比较少的特征就能描述识别对象的场合。

结构模式识别，是对于较复杂的模式，要对其特征进行充分描述，需要把识别对象表达为多个特征向量构建成多级的句法结构。在识别时，需要先根据文法规则分解出复杂模式的子模式，再依次分解。

模糊模式识别，是指采用隶属度来描述识别对象和模式类之间的从属关系，判断每个对象属于某个模式类的程度，当这个程度满足一定条件时才判断是否具有从属关系。

神经网络模式识别，就是利用人工神经网络通过逐层抽象来完成模式识别。由于人工神经网络系统的识别方式最接近于人类大脑，其可以用来完成学习、记忆和归纳。因此，随着硬件处理能力的提高，目前的模式识别系统几乎都运用了人工神经网络。

多分类器融合模式识别，就是为了实现识别的目的，根据识别对象的特性，采取多个分类器从不同角度进行识别判断。多个分类器之间的共同协作，能够有效地提高分类的速度和精度。[1]

2. 机器人控制器的模式识别

机器人的控制系统是实现机器人功能和自我管理的核心部件，控制系统需要根据外界或内部的参数，判断机器人所处的状态，进而控制机器人做出相应反馈。因此，模式识别系统是机器人控制器中不可缺少的组件。机器人应用的场景不同，其控制器所需要识别的模式也不同。

对于工业机器人，如机械臂，越来越多的工业机器人增加了计算机视觉功能，使其具备了对作业空间和操作对象的识别功能，其通过图像处理获得识别对象的特征，同时结合深度信息，进行图像的匹配和识别，从而控制机械臂以合适的姿态准确地抓取物体。具备了触觉和视觉的工业机器人，能够在更为复杂的环境下工作，基于识别功能，其控制器的自适应能力更好，自动化程度更高。对于服务机器人，如个人/家用机器人或者娱乐机器人，通常涉及语音识别、生物特征识别、运动识别等，比如，科大讯飞的服务机器人晓曼，其结合了人脸、声纹和远场识别技术，可完成用户身份识别、数据分析和业务办理等工作。

机器人控制器的处理器，如 DSP，通常会存储有模式识别的算法，根据算法的复杂程度和其所需要调用的计算资源，也会采用专用集成芯片（ASIC）的形式来存储。随着人工神经网络的应用，利用远程的大规模分布式计算设备完成模式识别的情况也越来越多，机器人的控制系统中不需要事先存储模式识别的算法，仅需要经由通信网络将采集到的数据发送到远程计算中心，待完成识别后接收返回结果，进而引导机器人进行后续操作。

机器人控制器的模式识别主要的应用领域有：

① 实现机器人的人机交互，比如语音、手势控制，控制人员认证，表情识别，情感分析等；

② 为机器人的动作控制提供视觉反馈，比如识别工件，确定工件的位置和方向，比如焊枪沿预定路径移动时的自适应调节，再比如足球机器人对足球的识别和追踪；

③ 为机器人移动进行导航，比如识别障碍物、识别路标和环境等。

### （二）国内外技术发展

机器人的发展可以分为三个阶段，第一阶段（1958～1969 年）可编程再现型机器人，主要通过事先编好程序让机器人进行重复的工作。第二阶段（1970～1985 年），知觉判断机器人，此时，机器人具备了一定的"感觉"，能够进行模式识别，并能够离线完成调整。第三阶段（1985 年至今），智能机器人阶段，机器学习、深度学习的理论不断被应用到机器人上，机器人可以识别的模式越来越多，学习、自适应调整的能力也越来越强。

对于机器人控制器的模式识别来说，美国斯坦福大学人工智能实验室在 1973 年为自动装配水泵增加了视觉和触觉反馈系统，这是模式识别技术最早应用于机器人。此时，库卡、ABB、安川、发那科等机器人公司已经研发了根据作业对象的状况改变作业内容的机器人，库卡公司在 1974 年提交了第一件工业机器人专利申请。这时的机器人可以进行如装配零件位置、角度等简单的图像识别。在此阶段，机器人的模式识别还没有达到智能的程度，主要利用的是较为简单的线性判断，如，1957 年出现的"感知机"（Perception），以及最早的与机器人语音识别相关的、申请日为 1981 年 5 月 1 日、发明名称为"语音识别微处理器"、公开号为 US19810259695A 的美国专利申请。在 20 世纪 80、90 年代，人工神经网络（ANN）理论，反向传播（BP）神经网络、卷积神经网络（CNN）相继被提出，机器人模式识别的研究也往智能化方向发展，研究的重点从对物体的识别转向对环境的识别，如景物分析、任务规划和自然语言人机对话，并将这些机器学习理论应用到机器人上。当时，机器人模式识别的主要理论有决策树、启发式算法和二次判别分析等。这些算法在 20 世纪 50 ~ 90 年代逐渐成形。比如，1975 年提出的 ID3算法，1980 年提出 ANN 和 BP 神经网络，20 世纪八九十年代形成的 CNN、LDA 等。随着硬件的发展，机器学习被寄予厚望成为热点。然而，机器人领域是实际生产比科研理论严重滞后的领域。最早与机器人人脸识别相关的专利申请是申请日为 2000 年 3 月 2日、发明名称为"面部识别装置及其方法"、公开号为 JP2001243466A 的日本专利申请。由于硬件条件的限制，机器人的机器学习不能达到人们预期的效果，机器人的控制器在模式识别上出现了十几年的停滞。直至 2006 年，G. Hinton 提出了深度神经网络，即深度学习，机器人在模式识别方面的改进才重新成为业界焦点，深度学习的优越性不断爆发。在语音识别方面，在深度学习之前，语音识别主要采用 20 世纪 60 年代提出的隐马尔科夫模型（HMM），而应用了深度学习之后性能有了很大的提升。随后，谷歌公司率先搭建了深度学习网络的基础架构。在 2013 年的 ImageNet 大赛中，微软公司将识别错误率降低了 10%，之后深度学习技术开始被频繁应用于人脸识别和图像识别中。2015 年基于深度学习技术的自动驾驶技术发展成熟，具有记忆功能的 RNN 网络和长短记忆网络 LSTM也得到了广泛的应用。2016 年围棋机器人 AlphaGo 的表现进一步推进了深度学习在机器人领域的应用，使得深度学习和机器人的结合成为热门。2017 年 7 月，全球移动互联网大会（GMIC）在北京召开，会上展示了很多应用深度学习技术的机器人，如服务机器人Cruzr，其人脸识别准确率达到 99.8%，大会上还开展了多项人机竞赛，比如具备语音、图像识别以及自然语言理解能力的搜狗公司的"汪仔"与人脑进行比赛。同年 11 月，日本索尼公司推出了最新一代机器狗 AIBO，其配备了鱼眼摄像头和后摄像头，能够分析声音和图像，能够识别主人的脸，并听从命令，谷歌也在当月公布了 TPU 芯片做成的网络架构。可以说，模式识别在机器人身上的应用又迎来了一次飞跃式的发展。

国外，在这个领域占主导地位的主要是美国、日本、瑞士、德国、意大利、加拿大，如美国的谷歌、微软、IBM、Intuitive Surgical，日本的安川、本田、川崎、爱普生、发那科，瑞士的 ABB，德国的库卡，意大利的柯马，加拿大的 TransEnterix 等。我国在机器人控制器中模式识别领域的起步并不早，但是随着硬件技术的进步和大数据的产生，近年来我国的很多企业和科研院所都走到了这个领域的世界前列，比如说百度、科大讯飞、搜狗、北京光年无线科技、新松、大疆、国家电网、深圳汇川、上海机电股份、富士康、

新能源电池

机器人

高档数控机床

中科院沈阳自动化研究所、华南理工大学、东华大学、哈尔滨工业大学、上海交大机器人研究所、北京航空航天大学、东华大学、天津大学等。

虽然机器人的人工智能已经成为计算机最热门的研究领域，但是不得不说，现在机器人的智力水平基本还处于"小孩子"阶段。目前，仍然是工业机器人占据了市场80%左右的份额，服务机器人仅占20%，服务机器人的智能化仍有很长的路要走。

图1-2为机器人控制器的模式识别的技术路线。

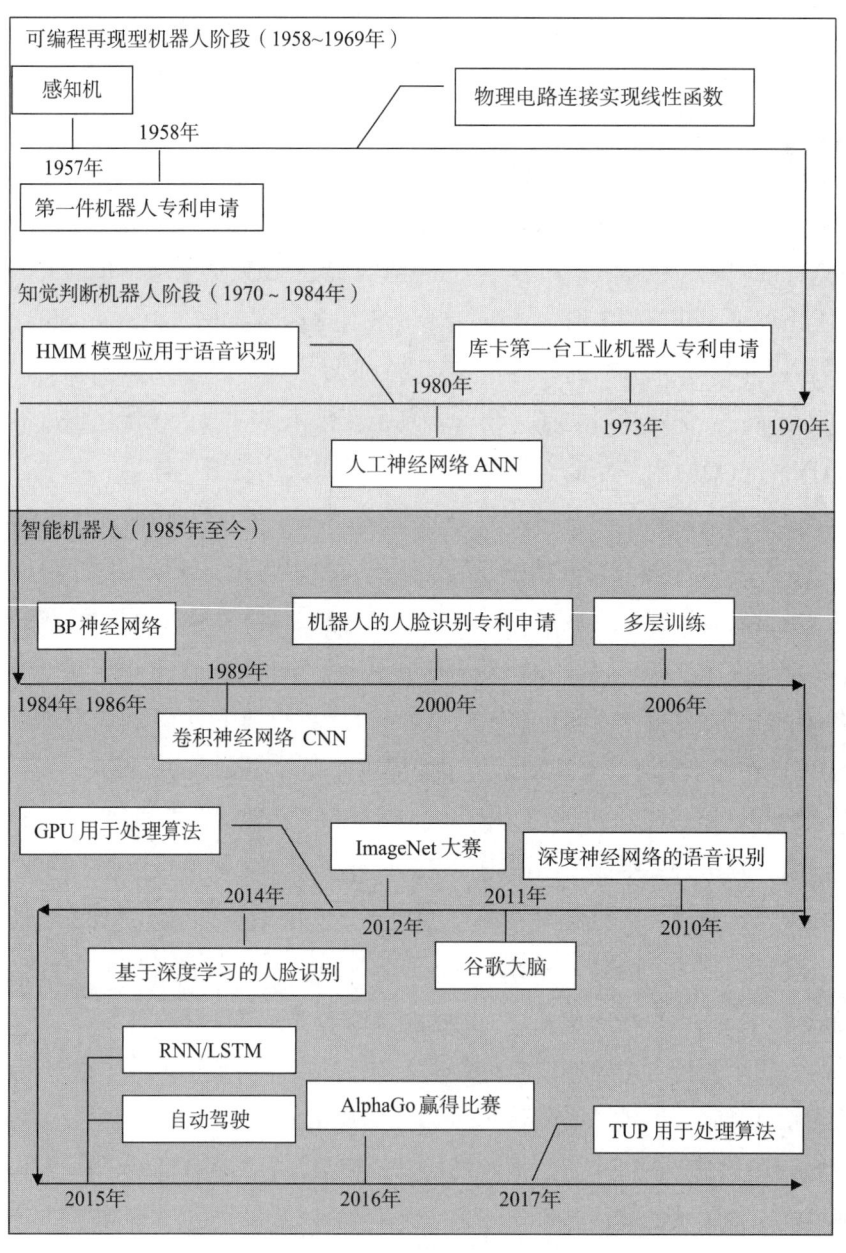

图1-2　机器人控制器的模式识别的技术路线

## 二、专利申请总体情况

### （一）全球专利申请量分析

1. 全球历年专利申请量

图 2 - 1 示出了机器人控制器的模式识别的全球专利申请趋势状况。自 1970 年起，其技术发展按专利申请的情况主要分为三个阶段。

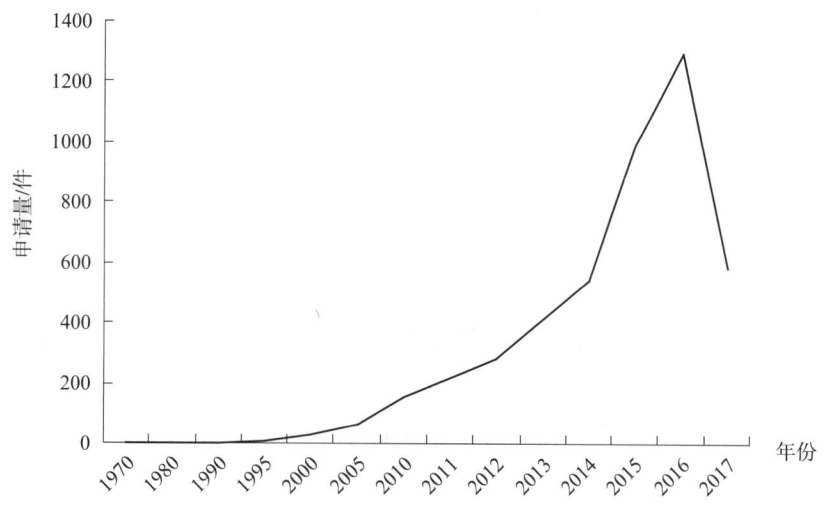

图 2 - 1　机器人控制器的模式识别全球专利申请趋势

萌芽阶段（1970 ~ 1995 年）：在这个阶段，机器人控制器的模式识别专利申请比较少，当时机器人模式识别的概念刚刚被提出，属于一个非常前沿的技术领域。同时，由于此时中央处理器（CPU）、图形图像处理器（GPU）的运算能力有限，加上模式识别算法的效率较低，无法满足其实现商用的条件，企业对其研发和制造的热情不高，主要是在实验室和高校进行理论性的研究，尚且属于技术的萌芽阶段。

快速增长阶段（1996 ~ 2009 年）：机器人控制器的模式识别专利申请开始呈现出稳定增长的趋势，从 1996 年到 2009 年，随着中央处理器（CPU）和图形图像处理器（GPU）运算性能的快速增长、大规模集成电路和传感器技术的进步，其基本达到了商用的水平，具备某些特定功能的机器人逐渐被应用到工业生产中，年申请量迅速增长了 10 倍多，但由于成本因素和实际应用领域的限制，此时的大部分专利申请集中在传统电子行业和计算机行业的大企业中。

爆发式增长阶段（2010 年至今）：2010 年深度学习理论的发展和优化，极大地提高了模式识别算法的效率，伴随着超级计算机和高性能 GPU 的普及，以及精密加工技术的迅速发展，尤其是近几年物联网概念的提出，使其一下成为当前的热门行业，大量企业、高校、研究所纷纷涌入，造成专利申请量井喷式的增长。

2. 各国家/地区专利申请量

由图2-2可以看出，机器人控制器的模式识别专利申请量前五位的国家/地区分别是中国、日本、美国、欧洲、韩国。中国是专利申请量最多的目标国家/地区，专利申请量占了全球申请量的3/4左右，紧随其后的是美国和日本，两者的专利申请量相当。可见，中国在机器人控制识别领域的发展相当快，其应用的市场也非常大，但从现阶段来看，中国的专利申请还只体现在数量上，技术方面，美国和日本作为传统的工业强国，其拥有众多全球知名的半导体制造企业和计算机软件公司，技术创新能力比较强。

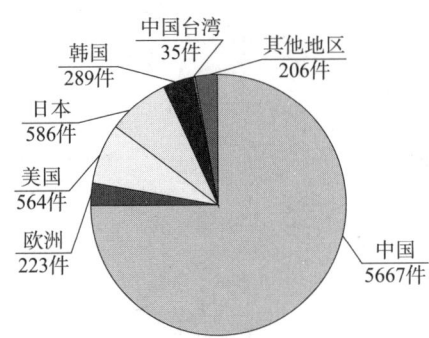

图2-2　各国家/地区机器人控制器的模式识别专利申请量分布

**（二）全球主要申请人分析**

1. 全球主要申请人排名

图2-3所示为机器人控制器的模式识别的全球专利申请人的申请量状况。索尼（SONY）公司以219件的申请量排名第一，中国科学院以153件的申请量紧随其后，接着是英特尔（Intel）、爱普生（EPSON）、IBM等全球知名大公司。华南理工大学作为国内高等院校的代表，在机器人控制器的模式识别领域也进行了深入的研究和创新，从申请量上看占据了一席之地。从排名前十的申请人看，国内申请人已经占据了3个，可见中国在该领域已经有了一定的技术积累，但申请的质量和这些国外的大公司还存在着一定的差距。

2. 国内主要申请人排名

图2-4所示为机器人控制器的模式识别的中国专利申请人的申请量状况。中国科学院以153件的申请量排名第一，华南理工大学以63件排在第二。从国内申请人的排名分别可以发现，科研院所、高校的专利申请量比较大，而企业的申请量相对较少。因此，机器人控制器的模式识别的大部分方案还处于研究或实验室阶段，并未真正广泛地应用于智能工业制造上。此外，中国专利申请人基本都是在最近几年才开始大量申请相关的专利，大部分核心专利还是掌握在国外公司的手里。

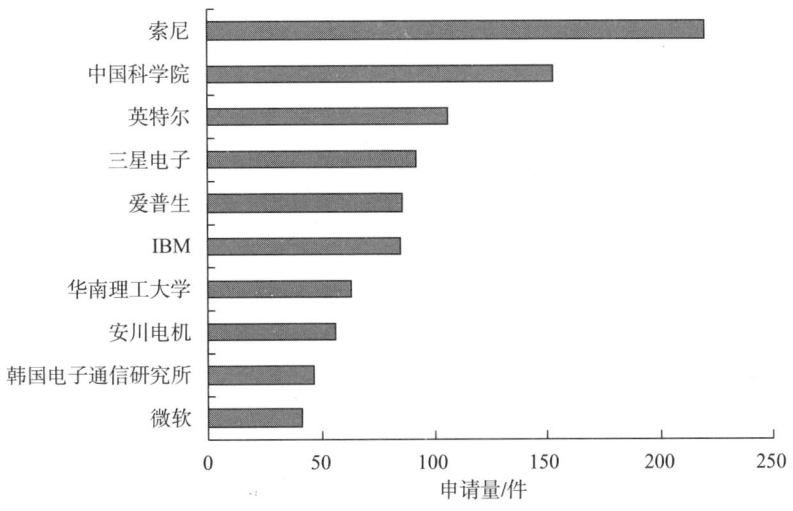

图2-3　机器人控制器的模式识别的全球主要专利申请人申请量

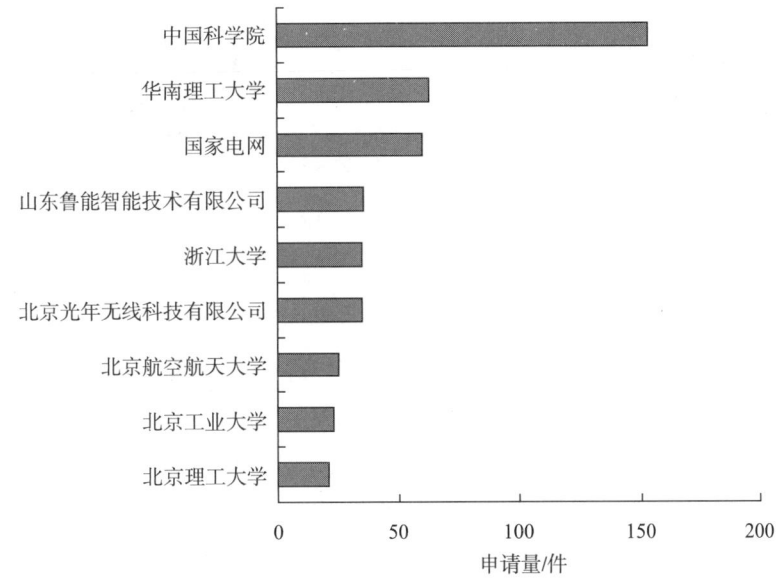

图2-4　机器人控制器的模式识别的中国专利申请人申请量

### （三）在华专利申请分析

1. 在华国外/国内申请人的申请量

图2-5示出了机器人控制器的模式识别的在华国外/国内专利申请人的申请量状况。可以发现来自国内申请人的专利申请和来自国外申请人的专利申请基本上各占据了半壁江山，结合该领域近几年的年申请量数据，发现国内申请数量增长迅猛，预计未来几年国内申请量将大大超过国外申请量。

新能源电池

机器人

高档数控机床

2. 在华国外申请人的国家/地区/组织申请量

从图2-6可见，在华申请机器人控制器的模式识别专利的非中国国家/地区/组织主要是美国、日本、欧洲以及韩国。其中美国、日本以及欧洲的申请力度都很大，所占比例也比较接近，三者的申请总量就占了总申请量的80%。其次是韩国，其申请量占了14%。分析其原因：首先，美国、日本、欧洲经济发达，技术实力雄厚，拥有很多知名的制造企业和高科技企业，机器人技术在这两个国家和地区发展较快；其次，中国是美国、日本和欧洲最重要的合作伙伴，各国对中国极其庞大的机器人市场都非常重视，并且他们的专利意识非常强，所以提前在中国申请相关专利进行布局。

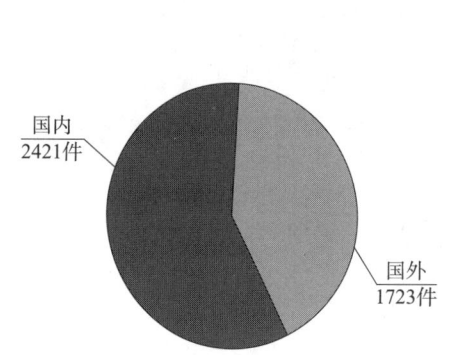

图2-5　机器人控制器的识别模式在华
国外/国内申请人的申请量

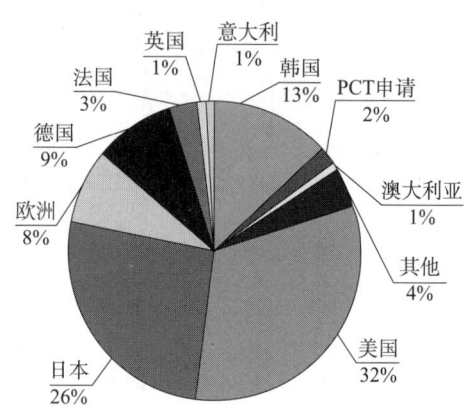

图2-6　机器人控制器的识别模式在华国
外申请人的国家/地区/组织申请量

3. 在华国外主要申请人排名

图2-7示出了在华国外主要申请人的申请量。索尼公司仍然占据申请量的榜首，三星电子紧随其后。可见，索尼公司在机器人控制的模式识别领域具有非常强大的技术实

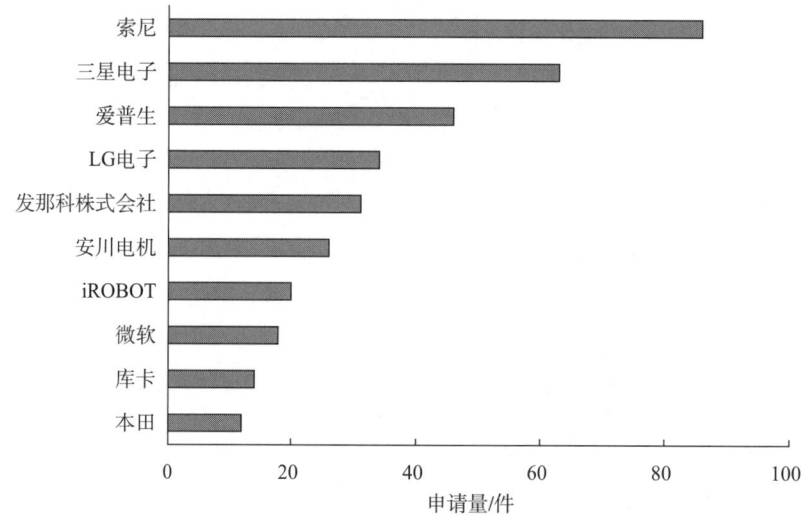

图2-7　机器人控制器的识别模式在华国外主要申请人排名

力，其相关专利申请在全球申请的总量和在中国申请的总量均排名第一。从上图可以看出，在华申请的前十位国外申请人中，日本和韩国申请人占据了7个，说明作为中国的两个邻国，他们对中国市场非常看重。

# 三、专利技术分析

## （一）技术分支

机器人控制器的模式识别，按照识别对象的不同可以分为三大部分：图像识别、语音识别和运动识别，如表3-1所示。

表3-1　根据识别对象划分的机器人控制器的模式识别的技术分支

| 处理对象 | 技术分支一 | 技术分支二 | 典型机器人 |
|---|---|---|---|
| 机器人控制器的模式识别 | 图像识别 静态 | 文字 | 宠物机器人 DOMGY |
| | | 图片 | 谷歌 AlphaGO |
| | | 物体 | ABB 工业机器人 |
| | 动态 | 视频或实时图像 | 巡逻机器人 移动机器人 |
| | 语音识别 说话人 | 身份识别 | 机器狗 AIBO |
| | 语种 | 翻译 | 百度机器人"小度" |
| | 连续语音 | 人机交互 | 本田机器人 ASIM |
| | 运动识别 生物电信号 | 仿生肢体 | 达芬奇机器人 |
| | 三维深度信息 | 识别交互对象运动 | 足球机器人 |
| | | 识别自身运动 | 波士顿动力 Atlas |

图像识别，又称为机器人视觉，按照识别的实时性要求，可以分为静态图像识别和动态图像识别。静态图像，可以是文字、图片、物体，比如识别手写签名，识别焊点；动态图像识别，可以是视频或者实时图像，比如，表情识别、活体检测等。动态图像识别与静态图像识别相比，动态图像需要考虑光线、角度等特征的变化，处理要求更高。

语音识别，又称为机器人听觉，可以分为，说话人识别（声纹识别）、语种识别、连续语音识别。

运动识别，根据识别信号的不同可以分为基于生物电信号的识别，如肌电信号控制的仿生假肢，以及三维深度信息的识别，如机器人足球比赛中基于Kinect传感器进行的对传球动作的识别。

机器人控制器的模式识别，按照其处理步骤又可以分为：采集、预处理、特征提取和选择、特征分类四个步骤，如表3-2所示。

表 3-2　根据处理步骤划分的机器人控制器的模式识别的技术分支

| | 处理步骤 | 技术分支一 | 技术分支二 | 技术分支三 | 技术分支四 |
|---|---|---|---|---|---|
| 机器人控制器的模式识别 | 采集 | 图像 | 视觉 | CCD | |
| | | | 深度 | Kinect | |
| | | 语音 | 听觉传感器 | | |
| | | 运动 | 触觉 | | |
| | | | 肌电 | | |
| | | | 关节力 | | |
| | 预处理 | 图像 | 去噪 | 线性 | 平均、高斯 |
| | | | | 非线性 | 中值 |
| | | | 分割 | 基于阈值 | 灰度直方图峰谷法 |
| | | | | | 最小误差 |
| | | | | | 最大类方差 |
| | | | | 基于区域 | 区域生长 |
| | | | | | 区域分裂 |
| | | | | | 区域合并 |
| | | | | 基于边缘 | Canny 算子 |
| | | | | | Sobel 算子 |
| | | | | | Gabor 算子 |
| | | | | | …… |
| | | | | 直方图法 | |
| | | | 增强 | 灰度变换 | |
| | | | 压缩 | 无损压缩 | 熵编码 |
| | | | | | 行程长度编码 |
| | | | | 有损压缩 | 离散余弦变换 DCT |
| | | | | | 小波变换 |
| | | | 边缘检测 | Canny 算子 | |
| | | | | Sobel 算子 | |
| | | | | Gabor 算子 | |
| | | | | …… | |
| | | 语音 | 预滤波 | 带通滤波器 | |
| | | | 预加重 | 一阶 FIR 滤波器 | |
| | | | 加窗 | 矩形窗 | |
| | | | | 汉明窗 | |
| | | | | 汉宁窗 | |
| | | | 端点检测 | 过零检测 | |
| | | 运动 | 特征建模 | 人体建模 | |
| | | | | 手势建模 | |
| | | | 关键部位识别提取 | | |

续表

| 处理步骤 | 技术分支一 | 技术分支二 | 技术分支三 | 技术分支四 |
|---|---|---|---|---|
| 特征提取和选择 | 图像和运动 | 提取 | 几何特征 | |
| | | | 全局特征 | |
| | | | 局部特征 | |
| | | | 距离特征 | |
| | | | 统计特征 | |
| | | 选择 | PCA | |
| | | | LDA | |
| | | | LLE | |
| | 语音 | 提取 | 时域 | 短时平均能量 |
| | | | | 短时平均过零率 |
| | | | | 基音周期 |
| | | | 频域 | LPCC |
| | | | | MPCC |
| | | 线性预测分析 | | |
| 特征分类 | 图像和运动 | 简单场景 | 决策树 | ID3 |
| | | | | C4. 5 |
| | | | | CART |
| | | 复杂场景 | Adaboost | |
| | | | SVM | 核函数 |
| | | | | 松弛变量处理 |
| | | | | 损失函数 |
| | | | | 求解 |
| | | | 深度学习 | CNN |
| | | | | RNN |
| | | | | LSTM |
| | | | | BP |
| | | 线性判别分析 | LDA | |
| | 语音 | 模板匹配 | HMM 模型 | |
| | | | 深度学习 | |

（上表最左侧合并单元格为：机器人控制器的模式识别）

### 1. 采集

采集，主要涉及机器人的传感系统，如，二维视觉传感器（如 CCD 摄像机）、三维视觉传感器（如三维激光雷达）、深度传感器（如 Kinect 传感器）、听觉传感器、触觉、关节力传感器、加速度传感器、压力传感器等。

2. 预处理

预处理，在图像方面，主要涉及图像去噪、分割、增强、压缩和边缘检测、视频图像帧的分帧。其中，去噪主要采取线性滤波器和非线性滤波器完成滤波，如平均滤波、高斯滤波、低通滤波、中值滤波、小波滤波等。图像增强可以采取灰度变换，对不均的光照进行补偿等。边缘检测，也是机器人视觉预处理阶段的重要的技术环节，边缘检测针对不同检测对象采用不同的边缘检测算子，如，Canny 算子、Sobel 算子、Gabor 算子等，结合霍夫变换、最小二乘法等进行图像中边缘的检测。

在语音方面，主要涉及语音预滤波、预加重、加窗、端点检测等。预滤波主要采用带通滤波器，其下截止频率大于 50Hz，上截止频率根据需求而定。预加重，通常使用一阶 FIR 滤波器来提升高频信号的幅度。加窗，是将原始语音信号用窗函数分为短段，通常采用矩形窗、汉明窗和汉宁窗。端点检测，就是从背景音中寻找开始和终点，一般采用过零检测。

在运动方面，主要涉及对运动特征的建模，如人体三维建模，手势建模等，建模主要涉及的是机器人空间坐标的转换。此外，对运动特征数据的预处理还包括对关键运动部位的识别和跟踪，如，从视频帧序列中提取运动关节、手势、头部等关键运动部位，并对提取出来的部位进行图像预处理，如二值化。

3. 特征提取和选择

特征提取的过程就是一个函数映射的过程。在图像和运动方面，提取的特征包括几何特征、局部特征、全局特征、统计特征（如，梯度分布）、距离特征，根据其使用的映射函数可以包括 SIFT 特征，Haar 特征、HOG 特征，CNN 特征等。特征的选择，包括对特征的降维，如 PCA（主成分分析）降维，LDA（线性判别分析）降维、LLE（局部线性嵌入）降维，降维后会得到低维特征描述子，如 128 维，便于后续分类器的计算。

在语音识别上，采用时域参数、频域参数来进行特征的表达，时域参数包括短时平均能量、短时平均过零率、基音周期等。频域参数包括短时频谱、基于线性预测编码的倒谱（LPCC）、基于 Mel 频率弯折的倒谱等。语音识别还常采用线性预测分析（LPC）进行特征提取。

4. 特征分类

机器人主要的特征分类方法：决策树、启发式算法和线性判别分析法。其中，决策树也叫随机森林，是一种基本的分类与回归方法，呈树形结构，其上每个内部节点表示一个属性上的测试，每个分支代表一个测试输出，每个叶节点代表一种类别。决策树是对几种可能的分类的选择，通过逐级选择得到最佳的分类。决策树典型的算法有 ID3 算法及其改进 C4.5 算法、CART 算法等。

启发式算法，是相对于最优化算法提出的。最优化算法求解一个问题时，寻求每个实例的最优解，而启发式算法是在综合开销和结果之间寻求一个可行的解，如模拟退火算法、遗传算法、蚁群算法、人工神经网络等。

线性判别分析法（LDA），即在分类确定的条件下，从已知分类的样本中取出一个样本，设计一组标准的样本作为标准，按这个标准进行判断。它还包括二次判别分析（QDA），其与 LDA 相同的是：都是假设每一类分类样本都服从一个高斯分布，并利用贝叶斯定理来进行分类预测，不同之处在于：其在不同分类样本的协方差矩阵相同时，使用线性判别分析；当不同分类的样本的协方差矩阵不同时，使用二次判别。二次判别分析不具备降维的功能，只能用来做分类预测。

具体到每个技术分支来讲，图像和运动识别方面分类器有：决策树，应用在识别对象比较简单的场景，如移动机器人识别二维码，农业采摘机器人识别果实等；Adaboost 分类器和 SVM 分类器，通常用于复杂场景中对象的初步和精细识别，如室内场景识别、工业机器人的工件识别、服务机器人识别眼球等；深度学习的人工神经网络，是目前最热门的分类器，其通过多层神经网络的构建来提高分类的精度和速度，通常需要 GPU 来进行数据的计算，网络框架有 CAFFE、NEON、THEANO、TENSORFLOW、TORCH 等，常用的深度学习模型有 LeNet、AlexNet、GoogLeNet；以及 LDA，如机器人路径规划。

语音识别方面，模板匹配算法在过去一段时间内属于主流算法，其是从语音信号中提取有用的信息，根据一定准则与模型库中的某个模板进行匹配，其最典型的应用是 HMM 模型的模板匹配，它可以针对大词汇量、非特定人、连续语音进行识别。此外，语音识别还常采用线性预测分析（LPC）进行特征提取，采用矢量量化（VQ）、动态时间规整（DTW）、人工神经网络（ANN）、深度学习来进行模板匹配算法的模型训练。

### （二）专利分析

1. 图像和运动识别

机器人控制器的图像和运动识别主要集中在 IPC 分类号 G06K9 下，在 DWPI 数据库中，直接采用 ROBOT AND G06K9/IC 进行检索，得到与机器人控制器图像和运动识别相关的专利申请 1868 件，其中中国专利申请 741 件，外国专利申请件 1127 件。全球最早的专利申请是 1977 年提交的一件公开号为 DE2552927A1 的德国专利申请，而中国专利申请中最早的是北京理工大学于 1991 年提交的发明名称为"组合式触觉传感器"、公开号为 CN1067505A 的发明专利申请。全球排名前十位的申请人有：三星（88 件）、本田（74 件）、韩国电子通信研究院（46 件）、索尼（41 件）、松下（34）、北京光年无线（31 件）、佳能（28 件）、发那科（26 件）、三菱（20 件）、东芝（20 件），共计 408 件，被中日韩企业囊括，如图 3 - 1 所示。

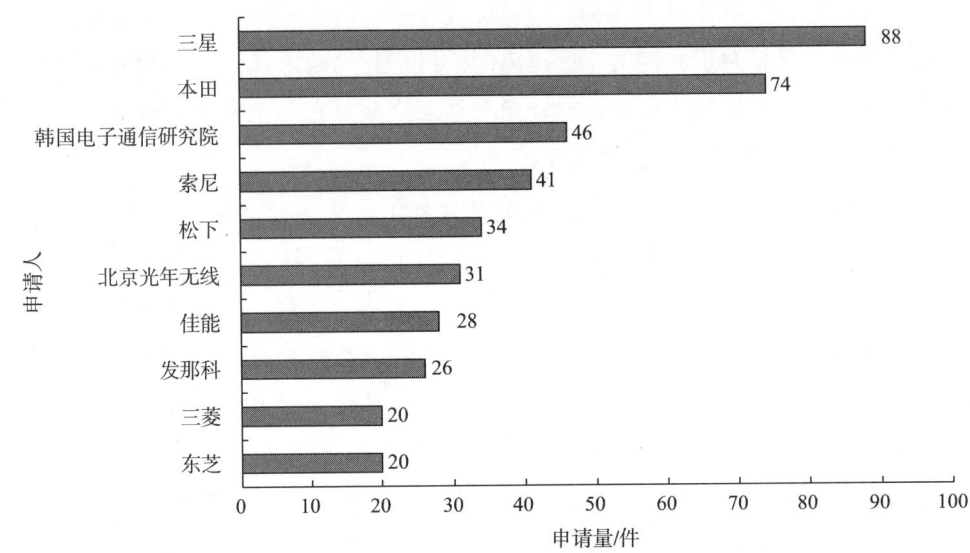

图3－1　机器人控制器的图像和运动识别领域排名前十位申请人

其中排名第一的三星，其主要研发方向在于移动机器人的三维重建，比如扫地机器人，3D人机交互等。其发明名称为"机器人清洁装置位置标记检测法和用该方法的机器人清洁装置"、公开号为CN1519537A的发明专利申请属于扫地机器人领域的基础专利申请，其主要通过识别标记来指导机器人的运动，发明名称为"创建3维网络地图的方法和控制自动行进设备的方法"、公开号为CN101650891A的发明专利申请也是其在自动驾驶领域的识别路径的重要专利申请。本田主要涉及动作的识别，如手势、肢体，很多专利应用于其工业机器人和机器人阿西莫（ASIMO）上，如公开号为CN104908048A的专利申请涉及了姿势识别，其通过距离检测在短时间内识别人的动作。

韩国电子通信研究院主要在美国和韩国进行专利申请，涉及位置、物体、人脸、视线等识别。松下、佳能、东芝的申请也涉及了图像识别的各个方面，如瞳孔检测、物体测量、运动物体检测等等，如东芝的公开号为JP2009052940A的发明专利申请，涉及了机器人对移动物体的追踪。排名第六位的北京光年无线，是图灵机器人的生产厂商，支持中文语境，其专利申请涉及人脸识别、物体识别、室内场景识别、机器人移动时的三维轨迹跟踪等。索尼的专利申请集中在计算机视觉的辅助下完成机器人动作，其在1999年12月28日提交的、发明名称为"信息处理设备、信息处理方法和存储介质"、公开号为JP2001188555A的发明专利申请，公开了一种同时具备语音、人脸、触摸动作识别的机器人，也属于机器人模式识别领域的基础专利之一。

发那科的专利申请半数以上布局在中国，涉及了各种具备计算机视觉功能的机械臂，如线放电加工机，还涉及了根据距离和颜色信息从3D图像中检测特定区域等。三菱公司涉及物体位置检测、六维位置检测、文字检测、基于Kinect的深度检测、基于视频的区域检测等。从专利申请的时间来看，日本的申请开始的时间较早，1980 年左右就已经进行了布局，我国国内申请人布局较晚但后劲十足，比如北京光年无线的专利都是在 2015 年之后才开始进行布局。从专利内容来看，在 2010 年前这些布局也多集中在工业机器人和简单的服务机器人领域，比如玩具机器人，在 2010 年后才逐渐开始了如人脸识别、室内场景识别等复杂的模式识别领域的布局。此外，从排名前十名的申请人的申请量总和来看，不足全部申请量的 1/3，可见研发方向比较多，这样一来，即使进入本领域较晚的企业绕过当前技术壁垒的可能性也较高。

在本领域中，一些重要申请人的申请量不多，在 3 ~ 15 件左右，但是也非常重要，比如上海交通大学在 2006 年提交的、发明名称为 "基于外表模型的视频人脸跟踪识别方法"、公开号为 CN1932846A 的发明专利申请，采用了聚类的方式将人脸图像按照姿态表情聚类再用贝叶斯推论模型进行人脸识别，这是典型的贝叶斯分类器在机器人视觉导航系统中的应用；IBM 公司在 2006 年提交的、发明名称为 "使用移动盘存机器人来执行盘存的系统和方法"、公开号为 US2008077511A1 的发明专利申请，采用了移动机器人定位跟踪标志和路线点来完成移动；谷歌公司在 2011 年提交的、发明名称为 "交通信号的映射和检测"、公开号为 WO2011091099A1 的 PCT 申请是自动驾驶汽车的基础专利之一；百度公司在 2015 年提交的、发明名称为 "基于人工智能的智能机器人追踪方法和追踪装置"、公开号为 CN105116994A 的发明专利申请，公开了机器人对人脸的检测和追踪的方法和装置。

从整体分析这个领域的专利申请可以看出，机器人控制器的图像和运动的识别技术经历了几个发展阶段。第一阶段，少量的和简单的图像识别，如通过识别一定量的标记、文字，提取图片或视频帧的纹理特征、深度特征等图像特征，进行运算后根据事先设定的决策树来完成识别，如安川公司的发明名称为 "移动体系统"、公开号为 CN102314689A 的发明专利申请，就是在工业机器人上配备了摄像装置，将摄像装置拍摄的图像与在移动体的行进路径上预先拍摄的图像进行对照，从而进行识别，这些简单的识别方式，主要应用于工业机器人和早期的智能机器人。

第二阶段，大量和复杂的图像识别，如生物特征的识别，根据识别对象的特点，出现了一些复杂的算法并引入了神经网络来进行特征的提取、选择和分类，如华南理工大学的发明名称为 "人脸与车牌自动识别机器人"、公开号为 CN1801181A 的发明专利申请采用了嵌入式 HMM 来提取人脸特征，通过计算欧式距离来匹配，其采用字符分割法来提取车牌字符，并通过阈值判断来进行匹配，其还采用了一个三层前向神经网络来对指纹进行分类。

第三阶段，深度学习阶段，2015 年之后，基于深度学习的机器人系统越来越多，机器人图像识别的问题、机器人运动求解的问题都可以通过多深度神经网络来求解，如谷

新能源电池

机器人

高档数控机床

歌公司发明名称为"基于相关性的图像选择"、公开号为 CN102549603A 的发明专利申请，提取了"特征—关键词"模型并用神经网络来进行特征匹配。在神经网络中应用最多的是卷积神经网络 CNN，其鲁棒性佳，检测准确率高。如重庆邮电大学的发明名称为"基于图像块深度学习特征的红外行人检测方法"、公开号为 CN106096561A 的发明专利申请，其采用典型的支持向量机 SVM + 卷积神经网络 CNN 的算法进行视频的分析。值得一提的是，虽然深度学习的主要理论和模型都早就被提出，但是深度学习网络针对不同的识别目标，仍需要进行调整，并不是网络层次越深、算法越复杂效果就越好，因此在具体如何选择特征，如何选取分类器等具体的处理上仍然有大量的专利申请出现。

2. 语音识别

机器人控制器的语音识别主要集中在 IPC 分类号 G10L15，在 DWPI 中直接采用 RO-BOT AND G10L15/IC 进行检索，得到相关申请有 877 件，其中中国专利申请 300 件，外国专利申请 577 件。全球最早的专利申请是优先权为 1981 年 5 月 1 日、公开号为 US4388495A 的美国专利申请，涉及了玩具机器人的控制器，其通过比较阈值来识别语音。中国专利申请中最早的是索尼公司 1999 年提交的公开号为 CN1304525A 的专利申请，同样也是玩具机器人的语音识别。全球排名前十位的申请人是：索尼（120 件）、本田（50 件）、NEC（35 件）、三星（30 件）、夏普（29 件）、丰田汽车（28 件）、北京光年无线（23 件）、芋头科技（21 件）、韩国电子通信研究院（18 件）、东芝（17 件），共计 371 件，仍然全部属于中日韩企业，如图 3 - 2 所示。

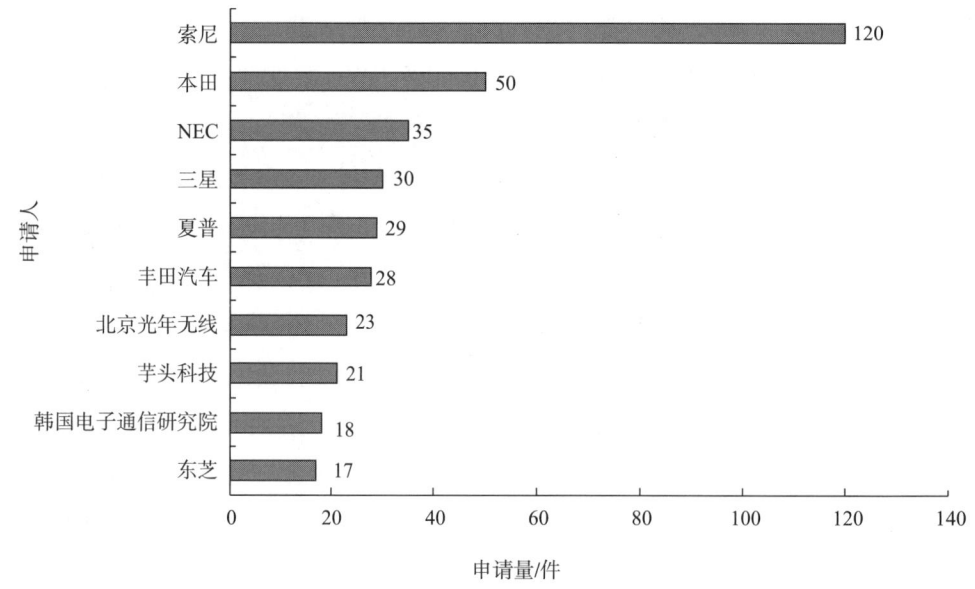

图 3 - 2　机器人控制器的语音识别领域排名前十位申请人

排名第一的索尼最早的机器人语音识别专利申请出现在 1994 年，公开号为 JPH07282030A，其采用统计模型进行了语音的识别，其在 1999 年 9 月提交的公开号为 JP2001071289A 的专利申请中开始将语音识别应用在了它的机器人宠物狗 AIBO 上，通过语音可以控制宠物狗的前进和后退等简单动作，此时采用的语音识别的方法还是根据声音的音阶来进行识别。在 2001 年索尼的申请中，出现了以聚类的方式实现语音特征的识别，如公开号为 JP2002358095A 的专利申请。

本田公司排名第二，其申请了一些与语音识别硬件电路结构有关的专利，如公开号为 JP2017097317A 的专利申请公开了具有学习样本数据库（LEARNING SAMPLE DATA-BASE）的整体系统。NEC、夏普的语音识别主要应用在问答机器人上，而三星申请的重点仍在家用服务机器人的语音交互。在这个领域，我们发现了丰田汽车的身影，其专利申请主要涉及的汽车内的语音识别，如语音控制、语音导航等。同时，中国企业北京光年无线和杭州的芋头科技也进入了前十名，北京光年无线设计的语音识别模型还包括了方言模型，以及通过云端进行识别计算，芋头科技采用了声纹模型、分割算法和说话人聚类来进行声音的匹配。韩国电子通信研究院涉及了利用分布式数据算法对语音的识别。东芝的申请涉及了智能家居的语音控制。

机器人的语音识别上的研发重点主要在模型的改进，用来克服环境嘈杂、口音和不连贯等情况下的识别的困难。早期主流的模型是高斯混合模型 – 隐马尔科夫模型（GMM – HMM），后来高斯混合模型 – 通用模型（GMM – UBM）成为主流，比如，专注于语音识别的科大讯飞，其发明名称为"说话人识别方法及系统"、公开号为 CN102270451A 的发明专利申请，提取的是声纹特征，同时采用了说话人识别的 GMM – UBM 算法，即分别采用混合高斯模型模拟各说话人模型以及单独的通用背景模型，来比较说话人模型以及背景模型相对于输入语音信号的似然比从而确定说话人的身份。后来，神经网络逐渐代替了 GMM – UBM 模型，如索尼公司的发明名称为"机器人设备、控制机器人设备动作的方法、以及外力检测设备和方法"、公开号为 WO0172478A1 的 PCT 专利申请，其采用了反向传播（BP）神经网络和连续 HMM 模型的方式进行了语音识别。将 HMM 模型和神经网络结合，通常需要训练 HMM 模型和相应的高斯模型为后续训练深度神经网络提供帧级别的训练标注，模型框架比较复杂，训练时还需要依赖语言学知识来建立决策树，同时需要调整较多的参数才能得到最优性能。

2015 年后，神经网络的模型发展到"端到端"的模型，这种模型抛弃了传统的 HMM 模型，而是利用递归神经网络 RNN 在时间序列建模方面的优点，借助递归神经网络建立语音特征序列到对应音素或字符序列的直接映射，极大地简化了构建语音识别系统的流程，如微软的发明名称为"语言理解系统和方法的生成"、公开号为 CN107210035A 的发明专利申请，中科院声学所的发明名称为"一种基于自适应学习率的端到端的语音识别方法"、公开号为 CN107293291A 的发明专利申请等。

### 3. 识别算法

经过这些分析，我们可以看到我们印象中的人工智能研发实力较强的申请人，如谷歌、IBM、百度、科大讯飞、中科院自动化所等并没有进入排名前十位。这可能是与该领域理论研发和实际应用差别巨大有关，这些公司集中在算法的研究，其申请的专利通常集中在 G06F17/30 领域，并且有些算法的研究并没有应用在机器人上。此外，著名的波士顿动力公司的专利申请主要集中在机器人的肢体、关节等并没有对识别算法的披露。

在 DWPI 数据库中，直接用 ROBOT and G06F17/30/IC 进行检索，得到模式识别算法直接应用于机器人的专利申请有 767 件，其中中国专利申请 322 件，外国专利申请 445 件，可见中国在本领域中创新的活跃。全球最早的专利申请为美国 IBM 公司在 1986 年申请的、发明名称为"执行连续判决的自适应机制"、公开号为 US4752890A 的发明专利申请。在中国最早的专利申请是一位韩国申请人提交的公开号为 CN1468403A 的、关于人工智能机器人进行因特网搜索的发明专利申请。在这个领域全球排名前 10 位的申请人是：北京光年无线（48 件）、三星（27 件）、IBM（18 件）、索尼（17 件）、本田（12 件）、NEC（11 件）、腾讯（10 件）、华南理工大学（9 件）、富士施乐（9 件）、韩国电子通信研究院（8 件），共计件 169 件，如图 3-3 所示。

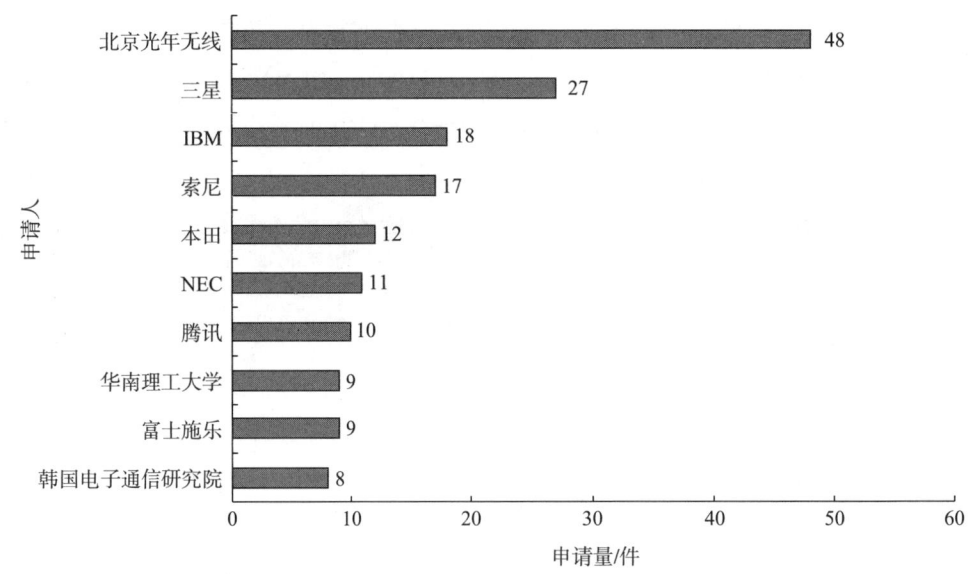

图 3-3　机器人控制器的识别算法领域排名前十位申请

从申请量来看，主要申请人的申请量也不多，可见虽然人工智能领域的研究进行得如火如荼，但真正投入到实际机器人的应用上还是不多的，这个领域应当还是较为开放的领域。该领域的技术分解比较复杂，可以参见前文中对根据处理步骤划分的机器人控制器的模式识别的技术分支的介绍，此处不再赘述。

本领域中研发的热点集中在机器人对运动的控制算法，如索尼公司的发明名称为"机器人装置和运动控制方法"、公开号为 WO0043167A1 的发明专利申请，其应用在机器狗上，通过判断运动和情感模式来改变自身姿势；还有一些是集中在工业机器人的运动控制算法，通过算法消除机械臂或机器人运动时的抖动，使其精准定位，如布鲁克斯自动化公司的发明名称为"基于预先规定的时间上最优的轨迹形状的机器人操纵器"、公开号为 WO0073967A1 的发明专利申请，涉及了单机械臂的控制算法，再比如发那科公司的发明名称为"多个机器人之间的联锁自动设定装置及自动设定方法"、公开号为 CN1982001A 的发明专利申请，涉及了多个机器人协同工作的算法。

目前对机器人运动识别和控制，主要是针对六自由度机器人的各个关节的运动识别和控制，采用的技术手段主要是提取各关节的运动特征向量并通过深度学习的算法求解和优化。本领域中另一个研发的热点是，模式识别时在特征匹配环节基于数据库的检索，如语音识别、信息搜索、定位、翻译、游戏等，如腾讯公司的发明名称为"一种基于即时通信的知识搜索方法及系统"、公开号为 CN101017489A 的发明专利申请。近年来，这一领域出现了很多基于服务机器人的算法研究，比如聊天机器人、医疗机器人、陪伴机器人、康复机器人等，也从一个侧面反映出生物特征的识别算法和基于自然语言的分析算法越来越多地应用到机器人上。

# 四、结论

经过以上分析，机器人控制器的模式识别技术经历了起步、发展、停滞、再爆发的阶段，目前正进入高速发展的时期。这主要得益于深度学习理论和算法的提出、计算能力的快速提高和大数据的出现。在本领域中专利主要集中在中日韩三个国家之中，美国、瑞士、德国也有很多重要的专利布局。外国申请人的专利优势在工业机器人上，中国的专利优势则在于模式识别的算法和多样化的应用。在 2000 年之前，本领域核心的专利技术主要掌握在国外机器人公司的手中，但可喜的是，近几年来我国在人工智能领域有了长足的进步，某些关键技术已经达到了世界先进水平。未来工业机器人和服务机器人都有着广阔的应用市场，而机器人模式识别的理论研究到实际应用仍有很长的路要走，相信我国会在机器人人工智能领域走在世界的前列。

**参考文献**

[1] 李弼程，邵美珍，黄洁. 模式识别原理与应用 [M]. 西安：西安电子科技大学出版社，2008.

# 机器人用伺服电机驱动控制的专利技术综述[*]

贾贺帅　林业伟　刘慧媛　谢检生　白超　熊英英　廖雪华

**摘　要**　工业机器人代表了一个国家制造业的智能化水平，而伺服电机是机器人控制系统的核心。本文依托国家知识产权局专利检索与服务系统，以中外专利申请为样本，分析了机器人领域的伺服电机驱动控制技术在全球以及国内的申请趋势、技术演进、专利流向、地域分布、市场现状，并以发那科、安川、新松机器人作为国内外重要申请人代表，对其技术发展路线、专利趋势与布局、技术热点进行了细致分析，希望为国内企业以及该领域技术人员了解行业现状和技术发展趋势提供参考。

**关键词**　机器人　伺服电机　驱动控制

## 一、概述

### （一）研究背景

机器人技术是机械工业的核心技术之一，是先进装备制造业的体现，其技术水平是机械制造业智能水平的重要标志。机器人是集合多个学科的高新技术设备，可应用于多种工业生产领域和自动化物流领域，代替人工进行部分工作且具有更高的工作效率和更好的产品质量，也可以执行一些具有危险的特殊的任务。伺服电机是机器人设备的主要组成部件之一，机器人设备各部分动作的实现最终都是需要依靠伺服电机来完成。伺服电机通过旋转所产生的力驱动工业机器人各个关节来完成指定的动作目标，因此也被称为机器人的"肌肉"，机器人性能好坏与伺服电机及其驱动控制有着直接的关系。

目前，日本、美国、德国等发达国家在机器人用伺服电机驱动控制领域具有较大优势，掌握大量专利技术；而我国由于起步较晚，在该领域尚处于落后地位。为更好地发展我国机器人用伺服电机产业，引领产业升级，对机器人用伺服电机驱动控制领域进行专利分析具有重要意义。

---

[*] 作者单位：国家知识产权局专利局专利审查协作广东中心。

## （二）机器人用伺服电机主要技术分支

伺服电机是指受伺服系统控制而运转的电机，可使速度、位置受控。伺服电机转子转速受输入信号控制并能快速反应，在自动控制系统中，用作执行元件，且具有机电时间常数小、线性度高等特性，可把所收到的电信号转换成电动机轴上的角位移或角速度输出；其主要特点是，当信号电压为零时无自转现象，转速随着转矩的增加而匀速下降，而普通电机没有这种特性。

由于机器人在具体用途、结构形式、使用场合方面的不同，要求伺服电机的规格品种也不同。在实际生产应用中，主要采用的伺服电机种类有：步进电机、力矩电机、直流电机及交流电机。

步进电机是机器人最早使用的电机，是一种将电脉冲转化为角位移的执行机构，利用其没有积累误差（精度为 100%）的特点，广泛应用于各种开环控制。力矩电机是近年来随着电子技术的迅速发展而发展起来的一种新型电动机。力矩电动机包括直流力矩电动机和交流力矩电动机。其中直流力矩电动机的自感电抗很小，响应性很快；输出力矩与输入电流成正比，控制方法相对简单、直观，可在接近堵转状态下直接和负载链接低速运行，在低速、大力矩状态下的应用更为广泛。

常用的直流伺服电机包括：印刷绕组式直流伺服电机、线绕盘式直流伺服电机、杯形转子直流伺服电机、稀土永磁直流伺服电机。直流伺服电机具有换向性能良好、响应快速、调速简单高效等优点，在机器人领域中已经得到了最为广泛成熟的应用。此后随着电力电子技术发展、计算机控制技术以及现代控制理论的应用，交流伺服驱动技术飞速发展。交流伺服电机主要包括永磁交流同步电机和鼠笼式交流异步电机两种。鼠笼式交流异步电机主要用于低档经济型的交流传动系统，具有结构简单、成本低、以及容易向高压、高转速和大容量方向发展等优点。在高性能伺服领域，由于永磁交流伺服系统在转矩/惯量比、单位电流转矩、功率密度、转矩稳定、调速范围、损耗、热容量和效率等方面都具有明显的优势，近年来也得到了业界的特别青睐，成为机器人领域中伺服研究的热点并在实际系统中开始了广泛使用。

## （三）机器人用伺服电机驱动控制专利技术研究对象和方法

本文选择机器人用伺服电机驱动控制领域的国内外专利作为代表进行研究。根据电机类型的不同分为：步进电机驱动控制、力矩电机驱动控制、直流电机驱动控制、交流电机驱动控制四个技术分支。

本文的专利文献数据主要来源于国家知识产权局专利检索与服务系统（简称"S系统"）中的中国专利摘要数据库（简称"CNABS"）和外文专利摘要数据库（简称"VEN"）、日本专利摘要数据库（简称"JPABS"）、德温特世界专利数据库（简称"DWPI"），检索文献涵盖了公开日或公告日在 2017 年 10 月 12 日之前的全球发明和实用新型专利申请。

　　本文针对每一技术分支确定关键词和分类号，确保全且准的检索结果。具体使用的检索策略有：使用关键词统计分类号，避免遗漏分类号；使用分类号统计关键词，避免遗漏关键词；在检索过程中采用分类号与关键词相结合的方式进行，使用的分类号包括IPC、CPC及FT分类号；基于获得的检索数据进行清理分析字段、数据标引、数据筛选等构建机器人用伺服电机驱动控制的专利数据库，从全球及国内专利申请趋势、地域分布、主要申请人等多个维度对机器人用伺服电机驱动控制领域的全球专利和中国专利总体情况进行分析，得到机器人用伺服电机驱动控制领域的专利技术现状和发展趋势。

## 二、机器人用伺服电机驱动控制相关专利申请概况

### （一）全球专利申请分析

1. 全球专利申请概况

　　图2-1是全球关于机器人中的伺服电机的驱动控制的专利申请趋势，全球范围内有关机器人中的伺服电机的驱动控制的专利申请从20世纪80年代开始发展，并逐渐呈现增长态势，目前专利申请总量接近3000件，其中2000多件发明专利申请为合作申请，少于1/3的专利申请是个人或公司单独申请。其中，有近1/3的专利申请在多国进行了专利布局，一般多在2~4个国家或者地区进行了申请。对于重要的专利，则会在更多的国家和地区进行申请，通常集中在中国、美国、日本和德国。从20世纪70年代到80年代初期，每年专利申请量为个位数，然而20世纪80年代中后期，专利申请量稳步发展，但仍然未呈现爆炸性增长。进入2000年之后，专利申请量具有较快的增长态势，并且在2006年呈现突出的增长，在此之后出现小幅度的回落，但是相对之前均为稳步快速的增

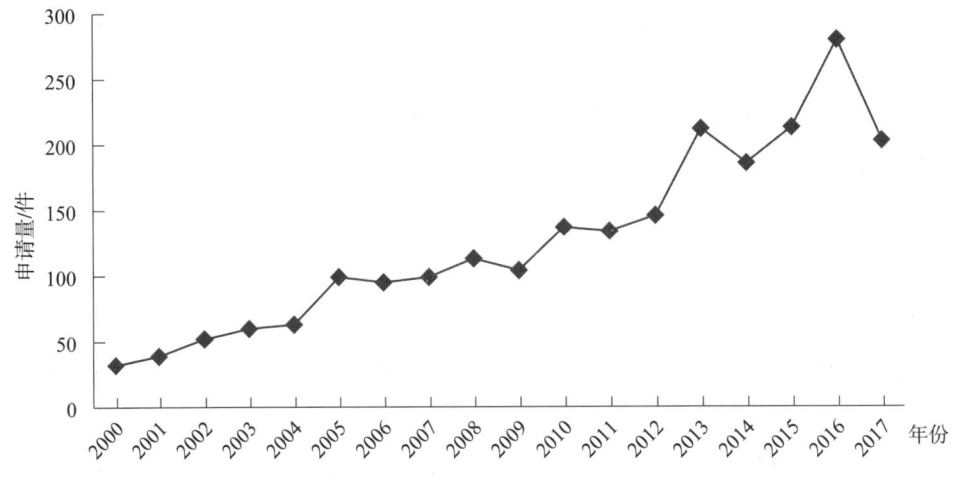

图2-1　机器人用伺服电机驱动控制全球专利申请趋势

长。2008 年年度申请量首次突破了百件，这表明在机器人中的伺服电机的驱动控制的研发投入逐渐加强，该领域表现了良好的发展前景。值得指出的是，在 2013 年以及 2016 年，申请量均在其阶段达到了极值。另外，近年来，年度申请量已快速突破了 200 件。从整体上看，该领域的技术发展已进入了快速发展时代，竞争日益激烈。

基于上述数据，接下来进一步分析各国专利申请情况。如图 2-2 所示，日本的专利申请量最大，超过了总量的 1/3，其次申请量依次递减的是中国（含台湾）、美国、德国和韩国。而其他国家申请量较小，整体占比为 4%。可以看出，在该领域日本具有较强的研发实力，并且其专利大多在中国以及美国进行布局，也就是说日本十分重视中国以及美国的市场。

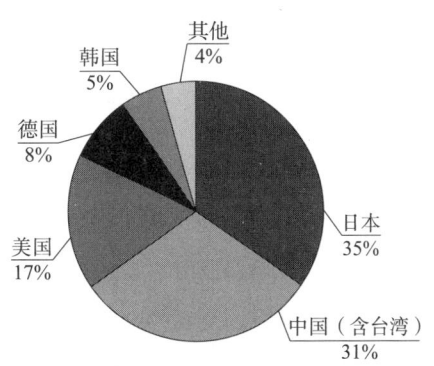

图 2-2　机器人用伺服电机驱动控制
全球专利申请的申请人国别分布

由图 2-3 可以看出，企业自始至终在机器人中的伺服电机的驱动控制的技术领域中具有较大份额。排名前二十的重要申请人当中，绝大部分为日本企业，由此可见其在该领域的绝对领先地位和研发实力。并且其申请量也占据了前三。值得关注的是，中国新松机器人的申请量排名第五，具备了一定的基础实力。我国研究机构（含高校）的研发较为活跃，申请量不容忽视，主要为哈尔滨工业大学以及东南大学，其分别在机器人以及控制领域具有传统的优势，也持续在该领域进行了科学研究。这表明中国高校科研机构在机器人中的伺服电机的驱动控制的研发投入较大，具备一定的研发实力。然而国内在该领域的活跃企业申请人较少。由此可见，机器人中的伺服电机的驱动控制的技术领域在国内是较为新兴的技术领域，相关领域的研究工作在大学和研究机构中大量开展，而企业在研究方面的投入以及对知识产权的保护工作还需加强重视，及早开展该领域的研究，占得一席之地。

2. 全球专利申请流向布局

图 2-4 至图 2-8 分别是中国、美国、日本、韩国和欧洲五大局专利布局。横轴为该国向其他各国或地区进行专利申请，纵轴表示该国向其他各国或地区进行专利申请的数量占该国申请人的申请总数的比例。通过对中、美、日、韩、欧五大专利局在应用于机器人中的伺服电机的专利布局进行分析，可以得出各主要国家/地区在其他主要国家/地区的专利布局以及各自的目标、重点市场。以图 2-4 分析为例，百分比表示中国申请人申请分别向五大专利局的递交专利申请数量占该国申请人申请数量的比例。从总体情况可以看出，各国家或者地区的专利申请人在本国或者本地区通常都会进行专利申请，而不同国家或者地区向其他国家或者地区进行专利申请的情况则各不相同。

新能源电池

机器人

高档数控机床

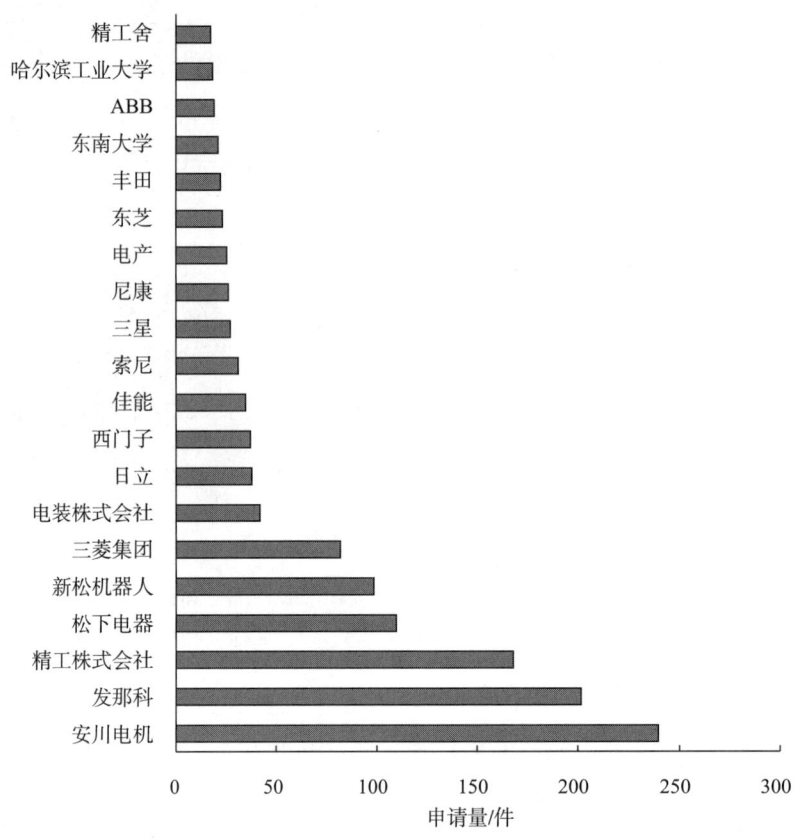

图2-3 机器人用伺服电机驱动控制申请量排名前二十的全球申请人情况

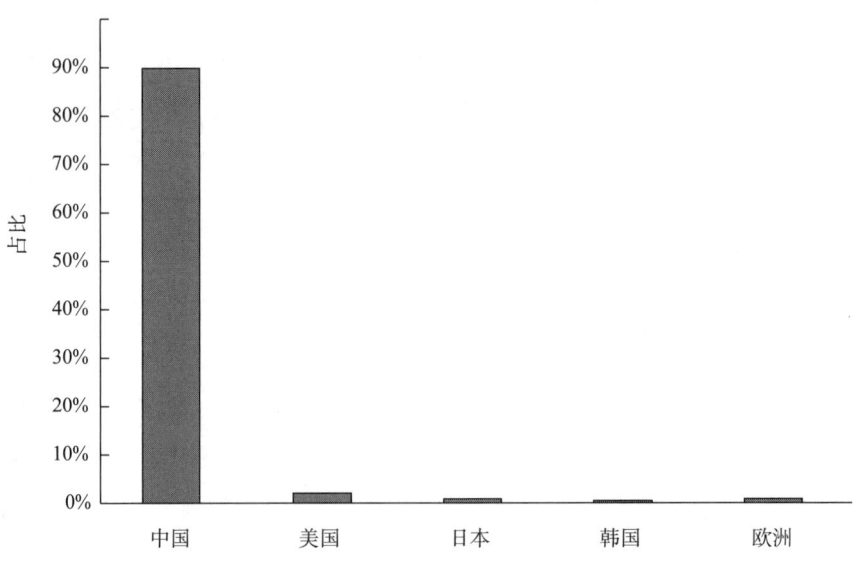

图2-4 机器人用伺服电机驱动控制中国专利申请专利布局

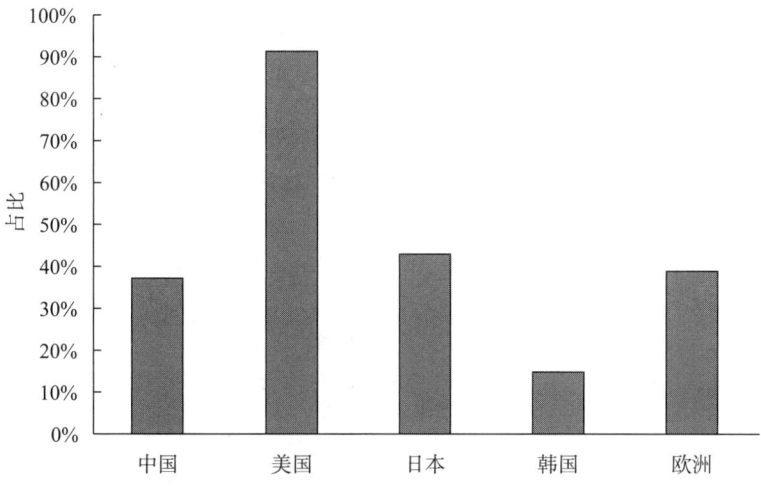

图2-5　机器人用伺服电机驱动控制美国专利申请专利布局

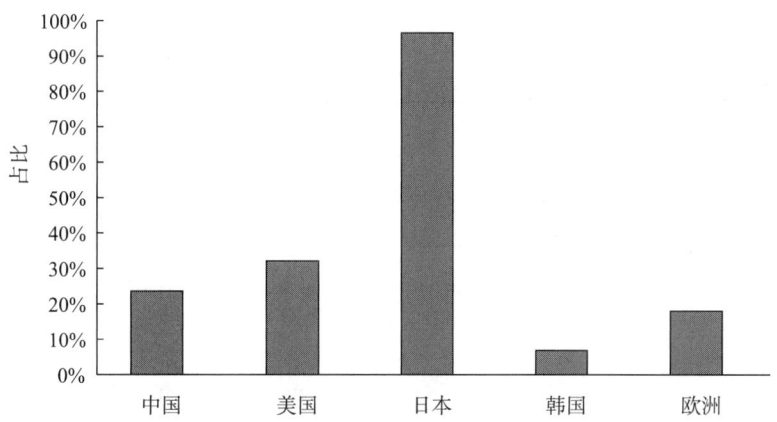

图2-6　机器人用伺服电机驱动控制日本专利申请专利布局

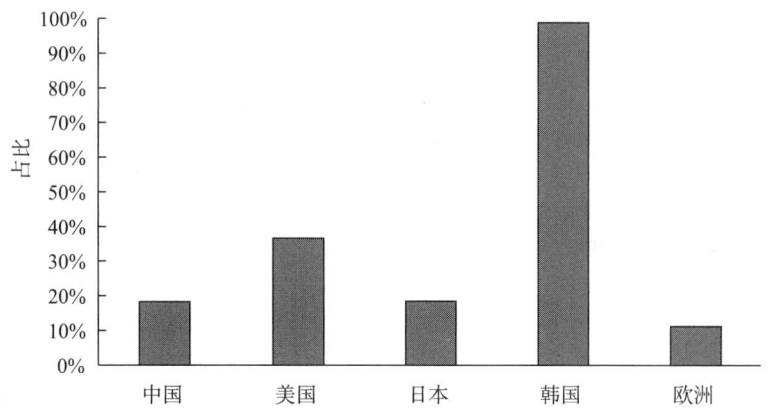

图2-7　机器人用伺服电机驱动控制韩国专利申请专利布局

新能源电池

机器人

高档数控机床

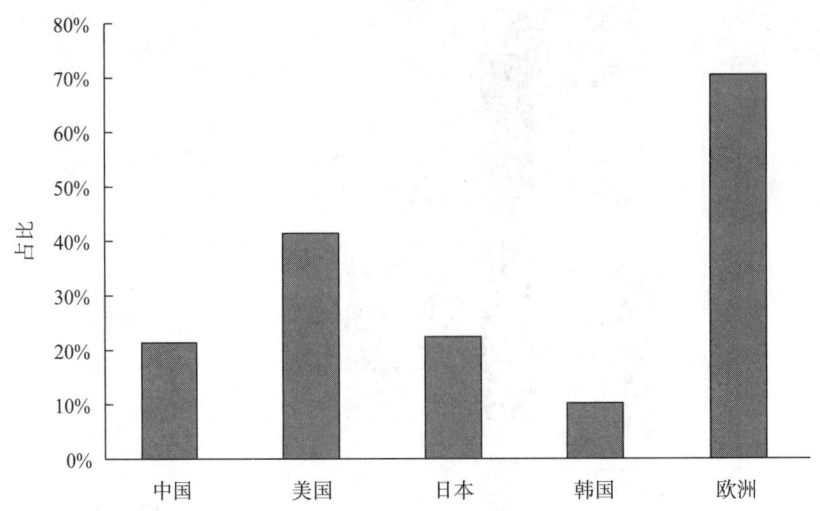

图2－8　机器人用伺服电机驱动控制欧洲专利申请专利布局

值得指出的是，中国虽然在应用于机器人中的伺服电机的专利申请量最多，但中国申请人向其他四局提交的专利申请量非常少，申请量之和占比不到10%，甚至不及本身申请量较少的韩国申请人向其他四局的申请总量。然而从其他国家和地区的专利申请布局图来看，其分别向中国国家知识产权局进行专利申请的占比却接近或者超过20%。这说明中国已成为各主要国家和地区在应用于机器人中的伺服电机的重点市场，同时还反映中国申请人对于应用于机器人中的伺服电机在其他主要国家和地区的布局意识非常缺乏。

美国的专利申请数量虽然排在全球第三位，但是从其专利布局可以看出，其与中国专利申请人的布局形成了鲜明的对比。在应用于机器人中的伺服电机领域，美国专利申请人在中国、日本、欧洲都进行了专利布局，而且超过30%的专利申请都在全球进行专利布局，其进行专利布局的意识相比其他国家和地区更加积极、充分，专利布局相对更完善。

从图2－6与图2－8可以看出，日本与欧洲的情况有些类似，两者首先针对美国进行专利布局，其次针对中国、欧洲或者中国、日本，在韩国则相对较低。结合专利申请数量来看，日本和欧洲都十分注重与美国的专利竞争，并且，结合日本专利申请数量，可以看出日本在该领域当中具有较强的专利实力和技术实力。从图2－6与图2－8中也可以看出，日本和欧洲在亚洲都十分注重中国的市场，这也同时说明了在应用于机器人中的伺服电机的领域，美国、日本、欧洲国家和地区的专利申请人形成了激烈的竞争，这已经是一场全球化的竞争。

3. 技术分支分析

由图2－9可以看出，机器人用伺服电机最早采用步进电机和直流电机。而相较于直流电机，步进电机在机器人伺服电机领域的使用并没有发展得很快，专利申请数量一直处于比较低的水平。申请量同样处于较低水平的，还有力矩电机。这是由于步进电机及力矩电机本身特点决定了其应用范围较窄。20世纪八九十年代，直流电机因其良好的可控性在机器人伺服电机领域的应用领先于其他三种电机，专利申请量稳步增长。但伴随着微处理技术、大功率高性能半导体器件、电机永磁材料的发展和成本的降低，交流电机在机器人用伺服电机中的应用受到了越来越多的青睐，从21世纪初起，关于机器人用伺服电机采用交流电机的专利申请量开始赶上直流电机，并在2009年开始实现反超，如今成为高性能机器人用伺服电机的主流，且可以预期其在之后较长时间内将继续保持领先地位。

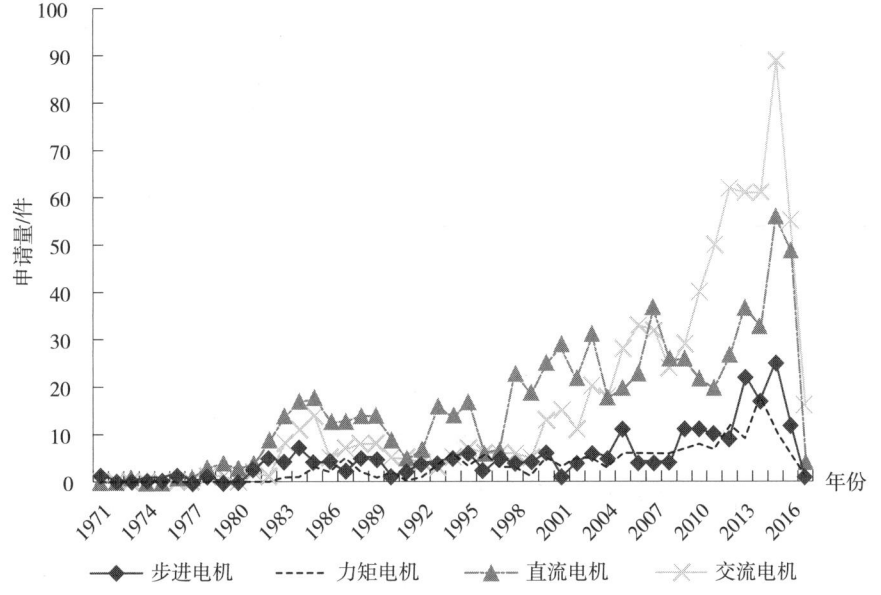

图2-9　各类型机器人用伺服电机专利申请状况

**（二）国内专利申请分析**

**1. 国内专利申请概况**

图2-10是国内关于机器人中的伺服电机的驱动控制的专利申请趋势，中国有关机器人中的伺服电机的驱动控制的专利申请在1986年左右开始出现，呈现增长态势，专利申请总量接近1500件，其中实用新型接近400件，发明专利申请超过1100件。1986～1994年，国内机器人中的伺服电机的驱动控制专利申请量非常小，之后逐步发展到两位数的年专利申请量，2002～2007年持续增长，2008～2011年相对于2007年的申请量有所下降，到2012年专利申请量急剧增大，并在2012年专利年申请量首次超过100件，之后每年的专利申请量都维持在百件，并在2015年具有较大幅度的上涨。由于2016年和2017年的申请存在还未公开的情况，因此2016年和2017年申请总量小于2015年的申

请量，但总体上关于机器人中的伺服电机的驱动控制的专利申请是呈上升趋势的。这表明在机器人中的伺服电机的驱动控制的研发投入逐渐加强，领域内的专利保护意识也在逐步增长。另外，实用新型专利申请出现较晚，历年在机器人中的伺服电机的驱动控制的发明专利数量多于实用新型专利的数量，这一定程度上可以反映国内在机器人中的伺服电机的驱动控制的专利申请的技术创造性高度。

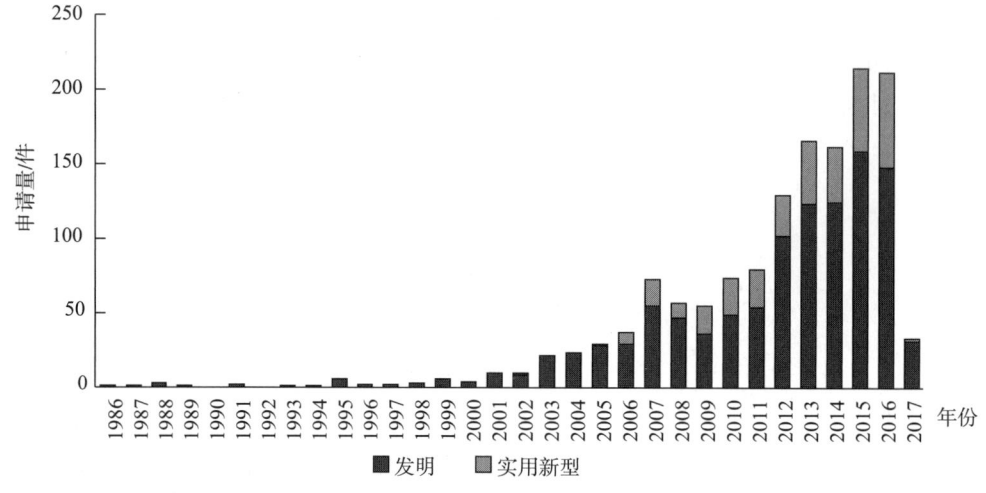

**图 2 – 10　机器人用伺服电机驱动控制国内专利申请趋势**

基于上述数据，由于 1986 ~ 1994 年专利申请量非常小，2016 ~ 2017 年的专利申请由于存在专利申请未公开的情况而不完整，选取在 1995 ~ 2015 年，对不同申请人类型关于机器人中的伺服电机的驱动控制的专利申请趋势情况进行分析，如图 2 – 11 所示。

由图 2 – 11 可以看出，企业自始至终在机器人中的伺服电机的驱动控制的技术领域中占有较大份额，其申请变化趋势与总趋势保持一致，或者说企业专利申请趋势总体上影响着机器人中的伺服电机的驱动控制的专利申请趋势变化；研究机构（含高校）的申请仅次于企业申请，且其申请量的变化趋势也与总趋势一致。由图可以看出，研究机构（含高校）大量的专利申请的出现晚于企业申请，且历年研究机构（含高校）的专利申请量低于企业的专利申请量，一方面是由于统计中的企业申请包括外国企业的在华申请，另一方面也体现了在机器人中的伺服电机的驱动控制的技术领域产业化程度较高；从图 2 – 11 可以得出，个人申请的申请量是不容忽视的，这表明以个体为单位的发明人在机器人中的伺服电机的驱动控制方面专利保护意识较强；合作类申请人出现最晚，但与专利申请趋势的高峰期契合，例如 2007 年是机器人中的伺服电机的驱动控制的技术领域专利申请的小高峰，而这一年合作类申请人的申请量也是一个高峰，由此可见，合作类申请人的出现与市场热点或技术重点相关。

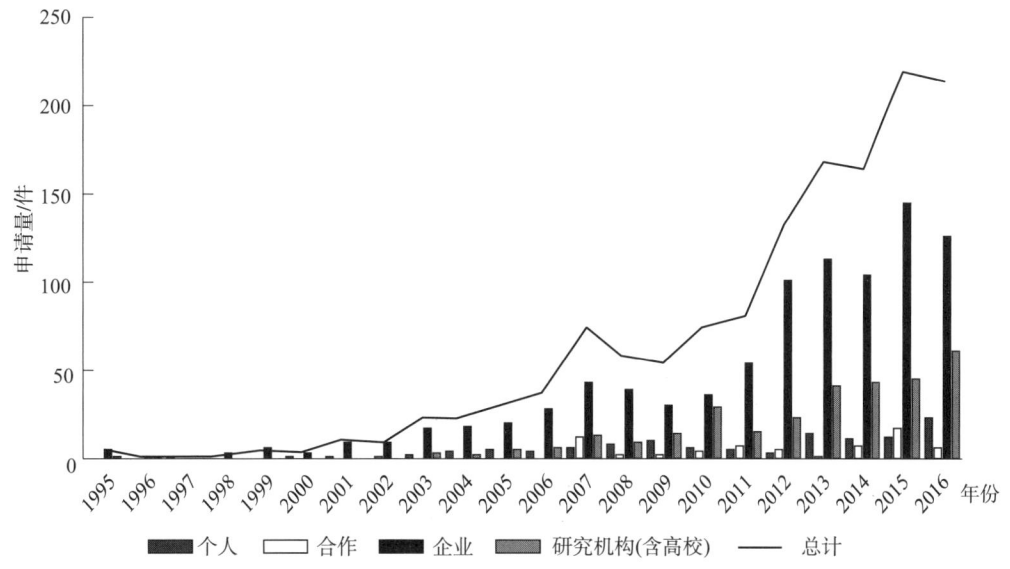

图 2-11 机器人用伺服电机驱动控制国内专利申请的申请人类型的专利申请趋势

2. 国内专利布局现状

图 2-12 是各国在机器人中的伺服电机的驱动控制领域向中国提交专利申请的数量比。参见图 2-12 分析，机器人中的伺服电机的驱动控制领域的中国专利申请，按申请人国籍计，中国本国籍占大多数，百分比为 65%，其次为日本籍，占比为 26%，美国籍占比为 3%，德国籍和韩国籍分别为 2% 和 1%，其他国家和地区占 3%。由此可见，就中国专利数据而言，国内申请人在我国具备一定的创新实力，但由于这仅仅是中国专利的数据，并不能完全说明我国申请人的创造性能力强；另外，日本和美国等发达国家在我国的专利布局，表明其对我国机器人中的伺服电机的驱动控制领域的重视，这与我国广阔的市场有关，其意图不容忽视。

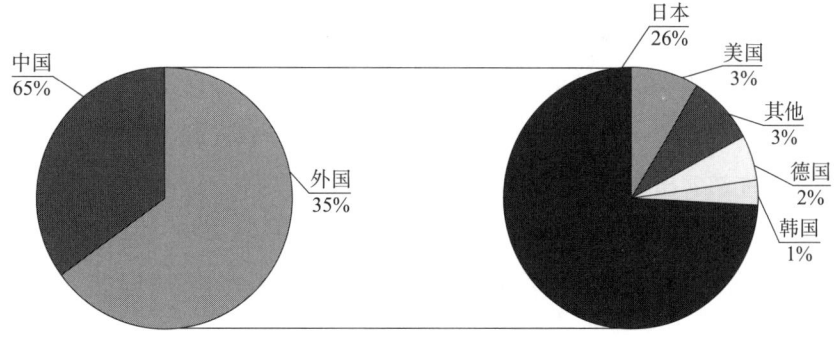

图 2-12 机器人用伺服电机驱动控制各国向中国提交专利申请的数量比

图 2-13 是各国向中国提交专利申请的趋势，由图可以看出，在机器人中的伺服电机的驱动控制领域，日本从 1991 年开始在中国申请，并从 1995 年开始连续在中国申请，

申请量呈上升趋势，分别在 2003、2007、2013 年出现高峰，日本在中国申请变化趋势与中国专利申请总趋势具有一致性；美国在中国的专利申请从 1995 年开始，在 2004、2014 年出现高峰，申请量总体上也呈上升趋势；德国在中国的专利申请呈波动式上升，从 2006 年开始每年都有该领域的在华申请，表明各国对中国市场的重视。

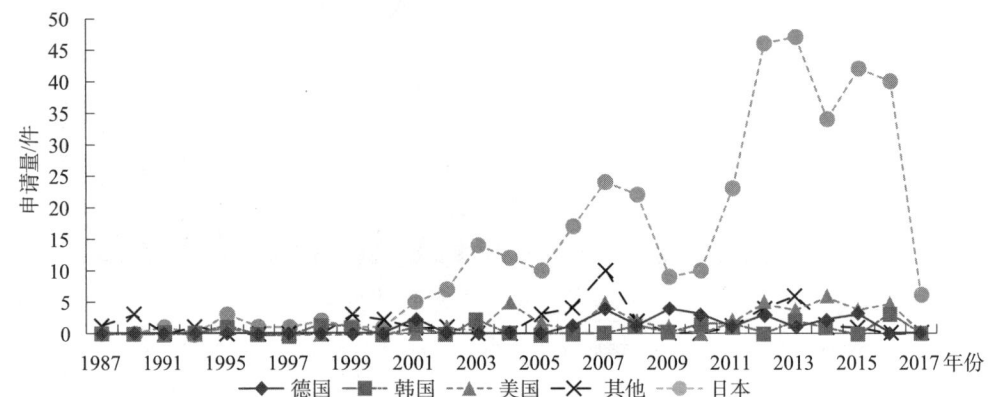

图 2-13　机器人用伺服电机驱动控制各国向中国提交专利申请的趋势

　　总之，中国在机器人中的伺服电机的驱动控制领域的专利申请来自本国的占大多数，一方面是由于在国内申请专利，中国申请人近水楼台，相对国外申请人，更加方便快捷、成本低；另一方面，也与我国在机器人产业的蓬勃发展及政府重视程度分不开，而且，近年来越来越多的申请人开始重视对自身核心技术的专利保护。鉴于我国仍处于机器人中的伺服电机的驱动控制领域的发展期，而且市场广阔，国外对于核心技术仍重视在中国进行布局，因此，我国申请人只有加强技术创新、提升自身技术实力，才能真正在我国甚至世界范围内占据优势。

　　3. 国内专利申请排名与地域分布

　　图 2-14 是国内申请人的区域分布，从图中可以看出，在机器人中的伺服电机的驱动控制技术领域，在地域分布上较为分散，在全国各个省份基本都有相关申请，其中江苏、辽宁、浙江、北京和广东的申请人的申请量占比较大，而江苏省和浙江省的申请人多为高校，辽宁省以新松机器人为龙头，辽宁省的申请量和江苏省的申请量占比并列第一，由图 2-14 能够看出各地政府对机器人产业的重视。

　　图 2-15 是申请量排名前二十的国内申请人情况，其中，新松机器人的申请量最大，为 99 件，远大于申请量排名第二的东南大学，对新松机器人的专利分析，对于了解国内机器人中的伺服电机的驱动控制的技术领域的产业发展具有重要意义。而在国内重要申请中，有 12 所高校、5 家企业、2 位个人和 1 个科研院所，由此可见，机器人中的伺服电机的驱动控制的技术领域在国内是较为新兴的技术领域，相关领域的研究工作在大学和研究机构中大量开展，而企业在研究方面的投入以及对知识产权的保护工作日益受到重视。

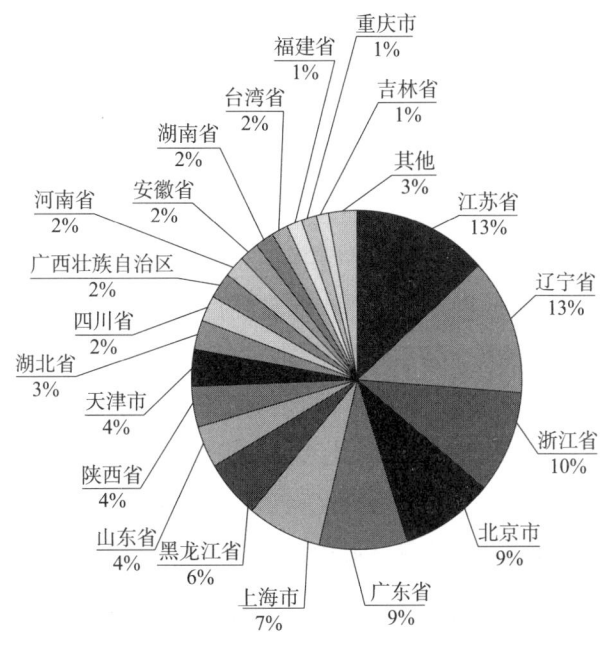

图2-14 机器人用伺服电机驱动控制国内申请人的区域分布

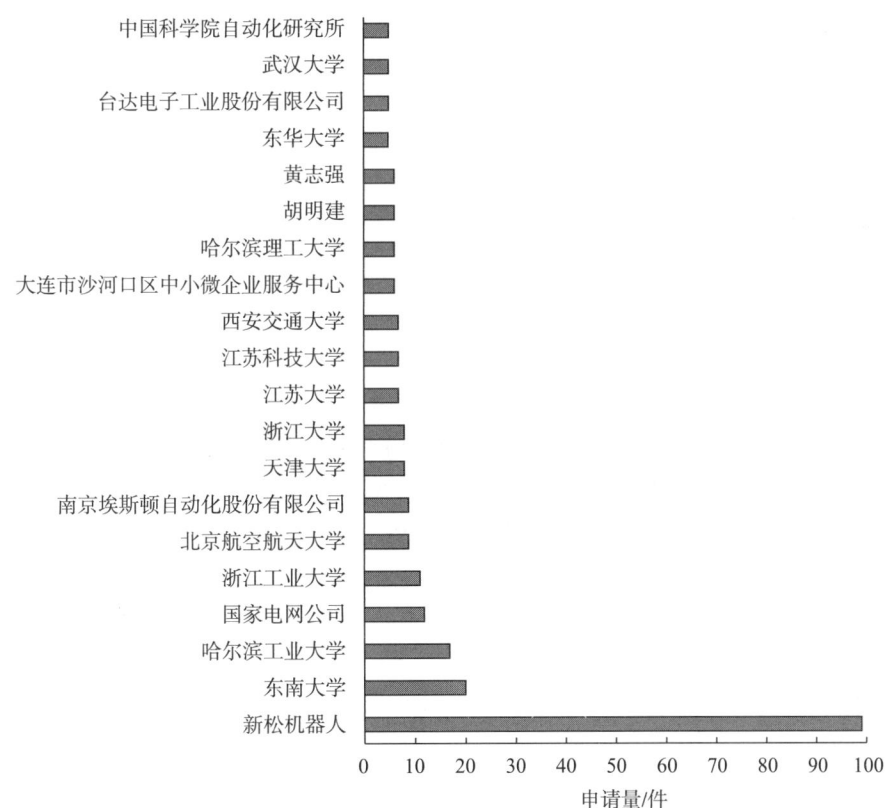

图2-15 机器人用伺服电机驱动控制申请量排名前二十的国内申请人情况

新能源电池

机器人

高档数控机床

# 三、重点申请人分析

## （一）发那科

### 1. 简介

发那科是世界领先的研发和生产数控系统、工业机器人以及自动化工厂的企业，成立于 1956 年。从 1974 年发那科首台工业机器人问世以来，其在机器人的研发和生产方面累积了丰富的经验，机器人产品系列多达 240 种，满足装配、搬运、焊接、铸造、喷涂以及码垛等不同生产环节。目前该公司是世界上最大的专业数控系统生产厂家，占据了全球 70% 的市场份额。2008 年 6 月，发那科成为世界上第一个装机量突破 20 万台机器人的厂家；2011 年，发那科全球机器人装机量已超过 25 万台，市场份额稳居第一。基于其在机器人领域以及数控系统的深厚底蕴，其在机器人领域中的伺服电机控制方面的技术居于世界前沿。

### 2. 专利申请年度趋势

如图 3 - 1 所示，根据申请人、机器人中伺服电机控制相关的分类号和关键词检索，得到发那科在世界范围内相关的专利申请为 704 件，涉及 201 项专利技术。

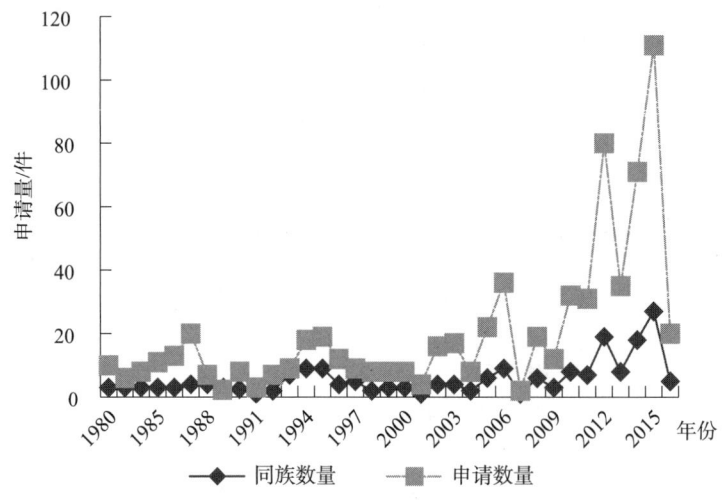

**图 3 - 1　发那科在机器人用伺服电机领域全球申请趋势**

1980 年被定义为日本的机器人元年，发那科在机器人用伺服电机领域于该年首次提出了相关专利申请，其涉及 3 个专利同族，10 件专利申请，分别以日本、欧洲、美国为目标申请国/地区。

进入 20 世纪 90 年代，日本国内制造业整体发展持续走低，但作为发那科工业机器人主要市场之一的美国汽车行业开始回暖，对工业机器人的需求急剧增加，面对国内经济形势的恶化，发那科进一步加大了海外市场的拓展力度，增加在美国和欧洲的专利申请量。1992 年，发那科收购通用汽车手中 GM FANUC 公司后，通过消化吸收，在机器人用伺服电机领域的技术储备进一步增强，从 1992 年开始，专利申请量还呈现了一定增长。

随着日本以及韩国市场的需求减少，在 20 世纪 90 年代后期，发那科的经营还是受到了较大的冲击，虽然发那科在北美、欧洲等分支机构对于发那科的工业机器人技术的研发做出的贡献越来越大，但这段时期发那科的专利申请还是出现了明显下滑。2000年，随着日本经济形势的逐渐回暖，以及国际市场的快速发展，发那科在机器人用伺服电机领域的专利申请量总体呈现快速上升趋势。

3. 专利申请国家/地区分布走势

在机器人用伺服电机领域，发那科始终将全球市场作为专利布局。在 20 世纪 80、90年代，发那科总共提交了 29 件 PCT 申请。但进入 21 世纪以来，发那科在该领域中只于2006 年提交过一件 PCT 申请，转而通过以巴黎公约的形式，向中国、德国、欧洲和美国等市场进行了专利布局。

图 3-2 表示了发那科在机器人用伺服电机领域在各个目标国/地区进行的专利申请量以及相关占比。其中日本申请最多，占比达到了 30%（199 件），其次分别为美国、中国、德国、欧洲，占比分别为 24%（161 件）、20%（131 件）、17%（117 件）、9%（62 件）。

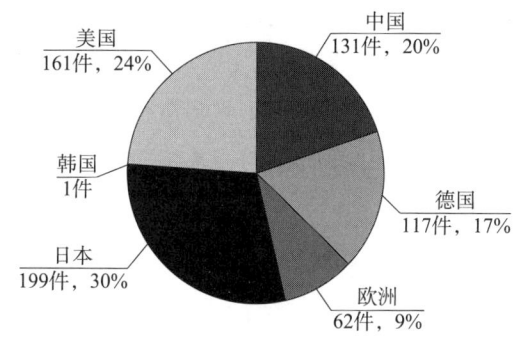

图 3-2　发那科机器人用伺服电机驱动控制各个目标国/地区进行的专利申请量
以及相关占比

图 3-3 表示了发那科在机器人用伺服电机领域在各个目标国/地区进行的专利申请走势，除日本作为本国申请以外，美国从 1980 年至今自始至终都是发那科重要的专利申请目标国。欧洲一开始是发那科仅次于美国重要的专利申请目标地区，但是自 2007 年以后，该领域中的专利申请明显下降；从 2009 年开始，该领域没有再在欧专局进行相关专利申请。反观重要程度仅次于欧洲的德国，在 2007 年以后，发那科在该领域中以德国为目标国的专利申请量逐年提升。此外，就该领域而言，发那科在 2003 年之前从未在中国

进行过相关专利布局，但从 2003 年开始，发那科在该领域中以中国为目标国的专利申请量迅速递增，在 2015 年，发那科在中国的相关专利申请量一举超过美国、德国、日本，成为其最重要的申请目标国。

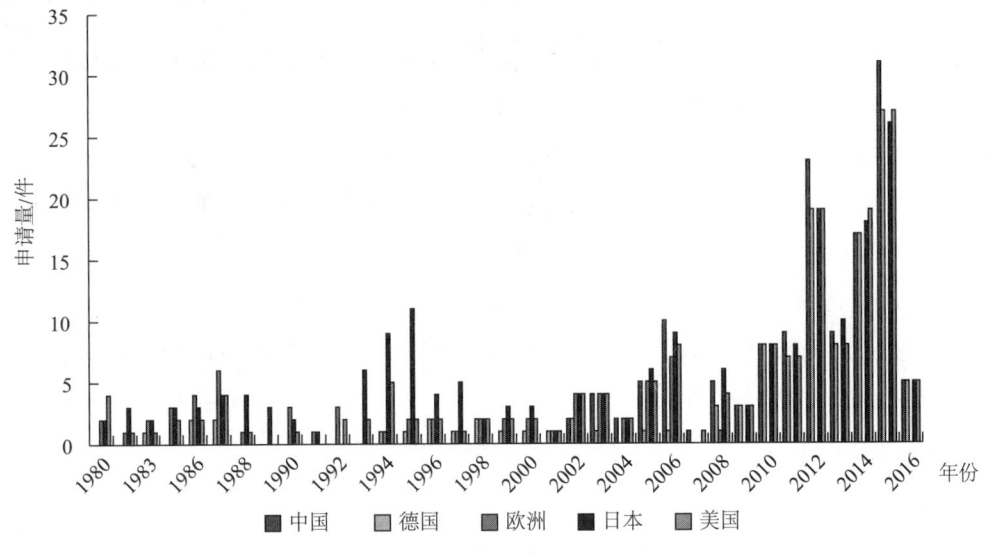

图 3-3　各个目标国/地区的专利申请走势

从发那科的专利申请目标国构成以及目标国申请趋势可以看出，在发那科专利申请目标国中，日本所占的比例最大，在日本本土市场，其作为该领域中的巨头公司，需要应对例如安川、川崎重工等日系机器人制造商的激烈竞争。美国是日本之外第二大目标国，在发那科的全球化历程中，美国是其最早开发经营的海外市场，发那科为维持其在美国市场的优势地位从而以其为目标国进行了大量的专利布局。发那科不仅前期在欧洲进行大量专利申请，在后期亦针对德国进行了专门的专利布局，以应对顶级制造商 KUKA 公司，并竞争德国例如奔驰、大众等汽车行业的市场。随着中国机器人市场的日益火爆，世界工业机器人巨头纷纷加速对中国市场的占领，为了应对竞争，从 2003 年开始，发那科在中国的专利申请数量有了大幅增长。

4. 技术发展路线

自发那科成立以来，其最大特色是依托于伺服、数控领域的技术基础从事机电一体化机器人的研发，发那科的伺服电机是其核心技术之一。发那科的电机技术先后经历电液脉冲马达、直流伺服电机、交流伺服电机三个主要阶段。图 3-4、图 3-5 表示了发那科在机器人中以不同电机类型为对象，例如直流电机、交流电机、力矩电机、步进电机，所涉及的电机控制技术分支的占比以及趋势。

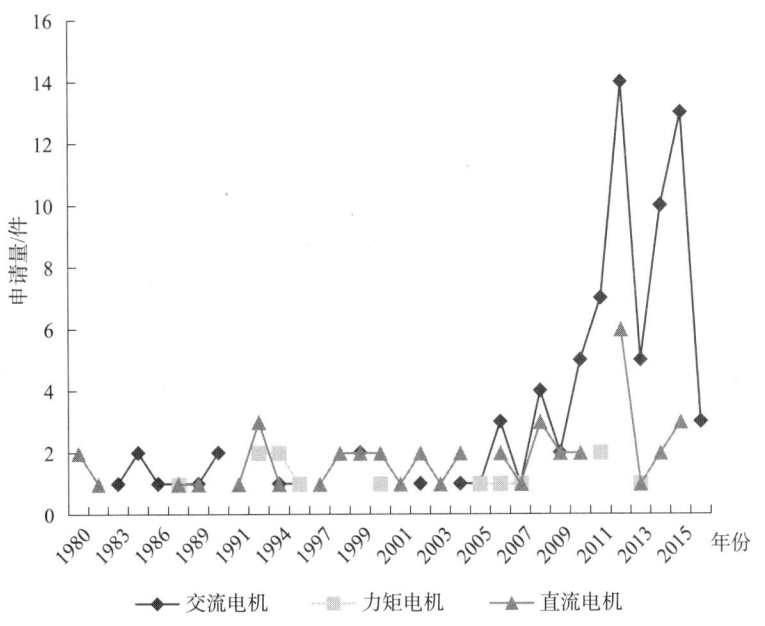

图 3-4　发那科不同电机类型机器人用伺服电机申请趋势

注：由于图中部分年份的数据无法取得，图中折线会出现不连续的情况。

　　如图 3-5 所示，交流电机控制技术、直流电机控制技术相关占比分别为 58%、32%，直流、交流电机技术是发那科的核心技术，推动了发那科工业机器人的发展和成熟。

　　发那科最初采用电液脉冲马达，随着液压驱动技术的成本上升，如图 3-4 所示，发那科转而投向直流电机。从 1980 年开始，发那科关于工业机器人的专利申请中，开始大量出现采用直流伺服电机驱动的机器人，采用该驱动技术的申请涵盖了从简单坐标型到复杂六自由度关节型的所有机器人，直流电机伺服技术对于发那科的技术转型以及成长起到了巨大推动作用。1982 年，发那科开发出自己的交流伺服电机，并在日本建成电机工厂进行生产制造。随着微电子技术的快速发展，交流电机

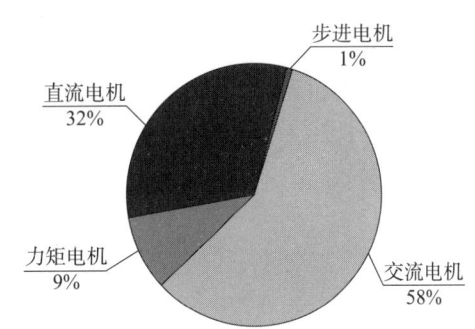

图 3-5　发那科不同机器人
用伺服电机类型占比

在伺服控制中的应用优势日趋明显，相较于直流伺服电机在机器人的成熟应用，发那科日益将机器人中的伺服电机转而投向交流电机，如图 3-4 所示，相对于前期大量的直流伺服电机专利申请，自 2005 年开始，发那科于机器人中在交流电机方面的专利申请超过直流电机，而且投入交流伺服电机的研发以及相关申请日趋增多，成为发那科于机器人中所采用的主要伺服电机类型。

**5. 在中国专利布局**

中国工业机器人的发展阶段虽然与日本一样先后经历了萌芽期、发展期和实用化期，但从时间上整体滞后于日本。随着中国经济市场的稳定发展，中国市场对于工业机器人的需求保持了稳定的增长。作为发那科日趋重要并扩大的海外市场，1997 年，发那科与上海电气集团联合投资成立上海发那科机器人有限公司，2002 年，于上海浦东建立工厂。如图 3 - 6 所示，从 2003 年开始，发那科在中国的机器人用伺服电机领域专利申请数量大幅增加。

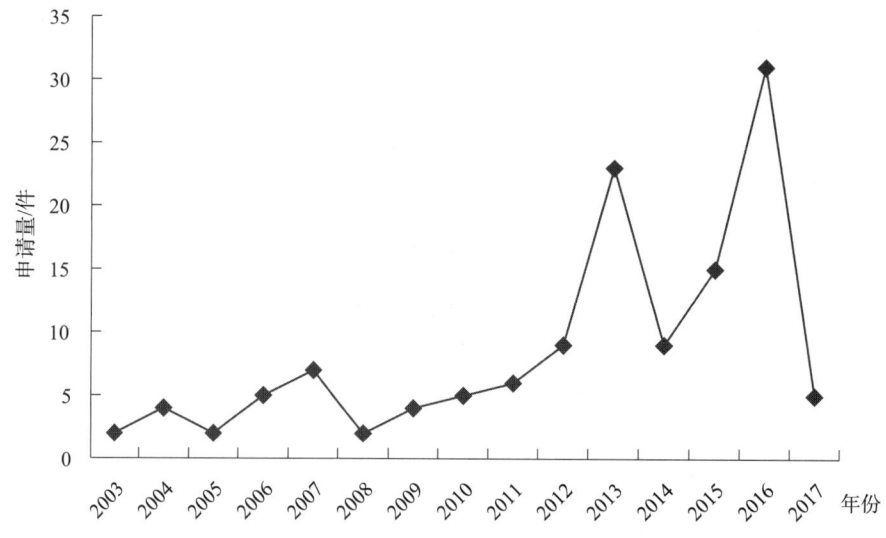

**图 3 - 6　中国国内发那科机器人用伺服电机相关专利申请趋势**

发那科在机器人用伺服电机领域中，主要通过巴黎公约而非 PCT、以发明而非实用新型的形式以中国为目标国进行相关专利申请。如图 3 - 7 所示，其中发明和实用新型的占比分别约为 92%、8%。

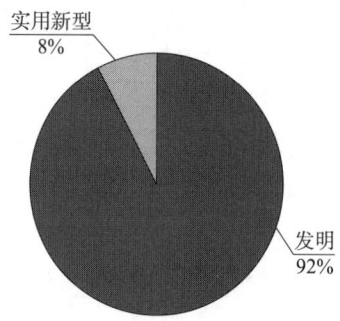

**图 3 - 7　中国国内发那科机器人用伺服电机相关专利申请类型占比**

由于国内工业机器人的起步较为落后，发那科进入中国国内专利市场的时期相对其发展历程较晚。自 2003 年发那科在中国开始进行专利布局以来，由于该时期正处于其在机器人领域中由直流伺服电机向交流伺服电机技术过渡的时段，如图 3 - 8 所示，直流电机分支的申请量相对较少，相对占比为 27%，增长趋势趋缓，而交流电机分支的申请量增长趋势明显，相对占比达到了 68%。由此可以预见到，在中国国内机器人市场，交流电机的伺服控制技术成为发那科占领市场、提高竞争力的新时期的优势。

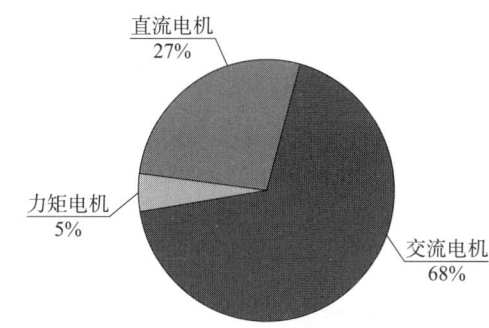

图 3 - 8　中国国内发那科机器人用伺服电机相关专利申请电机分支占比

6. 技术热点

作为机器人行业内的巨头，发那科秉承了其在数控系统领域的先进经验，并对系统安全、结构优化方面做出了诸多改进。对发那科在机器人用伺服电机控制领域中涉及的 201 项专利技术进行阅读分析，参考其涉及的技术问题、改进的技术手段、实现的技术效果，可以将其做出如图 3 - 9 所示的技术主题分类。

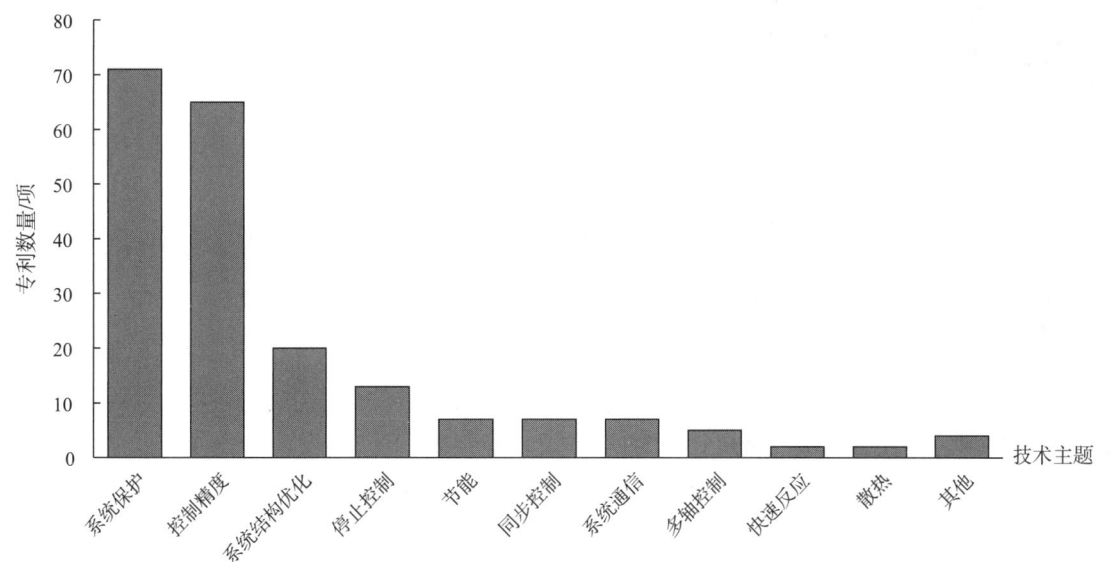

图 3 - 9　发那科相关专利的技术分析

实现工厂的高度自动化一直是发那科的执着追求，通过工业机器人实现产业装备的自

新能源电池

机器人

高档数控机床

动化加工制造、运输装配，极大程度地节省了人工成本，提高了生产效率。而工业机器人的系统稳定和保护，成为维持产业流水线效率、保障员工人身安全的重中之重。因此，发那科在系统保护方面申请了大量相关专利，其申请量在机器人用伺服电机控制领域中的占比超过了 1/3。在系统保护方面其主要涉及：（1）对制动器状态、开关元件故障、电磁接触器熔断、系统中如绕组、开关、电机的温度、系统碰撞、不可逆退磁、非正常负载、断电异常、电源波动等的监测（例如公开号 CN106208829A、US2017033726A1、US5719479A 等的专利）；（2）对过加速、再生情况、过载等异常情况实施的应对处理（例如公开号 US4603286A 的专利）；（3）对直流电容器寿命、蓄电容量可用时间的预测，对直流电容器的充放电保护（例如公开号 US2016274172A1、JP2017083237A 等的专利）；（4）采用再生电源进行紧急停电处理；设备停机后的静电放电处理（例如公开号 CN103378786A、CN105490577A 等的专利）。

工业机器人的应用场合包括数控机床等的加工制造以及运输装配，其必须满足对不同控制精度的要求，作为数控领域的发那科，其在提高伺服控制精度方面具有一定的先天优势，其在提升控制精度方面的专利申请量仅次于系统保护，其申请量接近在机器人用伺服电机控制领域中申请总量 1/3。发那科在提升伺服控制精度方面的专利申请多着眼于以下几个方面的改进：（1）控制结构的改进，例如在转矩、电流、加速度、速度、位置等方面引入半闭环或者全闭环控制，或者相应地加入前馈调节；采用先进的矢量控制、滑模控制、自适应 PI 等控制方法（例如公开号 CN103365242A、CN104283484A、US5691615A 等的专利）；（2）控制参数的优化调节，例如在不同条件下选择不同的控制模式、控制参数，依据不同的系统工况进行增益调节（例如公开号 US2004000890A1、CN101477330A 等的专利）；（3）系统参数的辨识，例如对时间常数、惯量、摩擦力、干扰转矩的观测，以通过获取更为准确的系统参数来进一步提升控制精度（例如公开号 CN102006011A、CN101409529A 等的专利）；（4）系统修正与干扰屏蔽，例如对弹性形变、转矩扰动、系统延迟等作修正，对固有震动、噪音作滤波或屏蔽（例如公开号 JPH04112690A、CN104158464A 等的专利）。

由图 3-9 可知，系统保护以及控制精度是发那科在机器人用伺服电机控制领域中进行专利布局的两个主要技术方面。除上述两方面，发那科还在机器人用伺服电机控制领域中就系统机构优化、停止控制、同步控制、多轴控制、系统通信、快速反应等方面做出了诸多改进。例如通过优化磁极位置检测或电流检测、减小蓄电池容量、减小直流电容尺寸等来对系统结构进行优化（例如公开号 JPH11299285A、US2017063205A1 等的专利）；通过修正主从偏差、定时偏差、减小控制间隙等优化同步控制（例如公开号 CN1892523A、CN1828464A、CN101794136A 等的专利）；采用双电机串联、伺服放大器并联等进一步提高系统的快速反应（例如公开号 JPH09114504A 的专利）；优化系统通信，降低通信时间以及通信线缆长度，协调多电机系统的通信机制（例如公开号 US2017126427A1、CN106655975A 等的专利）。通过对以上多个技术方面有主次的研发投入以及进行相关专利布局，发那科形成了自己的技术优势和专利特色，在全球机器人领域的市场竞争中，进一步增强公司的技术实力。

### （二）安川电机

**1. 简介**

安川电机成立于 1915 年，是一家世界一流的制造伺服系统、运动控制器、交流电机驱动、开关和工业机器人的厂商。1977 年，安川电机制造出第一台全电动工业机器人，现已有 40 年的机器人研发生产历史，其核心的工业机器人包括：点焊和弧焊机器人、油漆和处理机器人、LCD 玻璃板机器人和半导体晶片传输机器人等。安川电机是将工业机器人应用到半导体生产领域的最早生产商之一。截至 2011 年 3 月，安川电机的机器人累计出售已突破 23 万台，活跃在从日本到世界各国的焊接、搬运、装配、喷涂以及放置在无尘室内的液晶显示器、等离子显示器和半导体制造的搬运搬送等各种各样的产业领域中。

**2. 专利申请年度趋势**

根据申请人、机器人中伺服电机控制相关的分类号和关键词检索，安川在世界范围内相关的专利申请为 404 件，涉及专利技术 239 项。

从图 3 – 10 可得知，从 1990 年初期，随着产业对工业机器人需求的增长，安川电机的机器人伺服电机驱动控制专利申请呈现缓慢上升趋势，2000 年开始，安川电机在该领域的申请量急速增长，2004 ~ 2005 年专利申请达到顶峰，为 2005 年安川电机新一工业机器人产品化提前布局了相关专利。2006 年开始，安川电机在驱动控制方面的专利申请呈缓慢下降趋势。由图 3 – 10 也可知，安川电机也注重海外专利布局，为海外市场的扩展提供专利储备。

**3. 专利申请国家/地区分布走势**

图 3 – 11 说明了安川电机专利申请国家/地区分布情况，根据该区域分布可以判断出安川电机的研发战略以及市场战略信息。

在机器人伺服用电机领域，安川电机在从 1978 年开始在日本进行专利布局之后，经过五年的发展开始了全球的专利布局，并且范围和国家分布广，分别涉及美国、欧洲、德国、中国、中国台湾地区、韩国和印度等。

图 3 – 12 表示了安川公司在机器人用伺服电机领域在各个目标国/地区进行的专利申请量以及相关占比，日本申请最多，占比达到了 53.6%（268 件），其次分别为中国、美国、欧洲，占比分别为 15.4%（77 件）、15.2%（76 件）、5.2%（26 件）。

新能源电池

机器人

高档数控机床

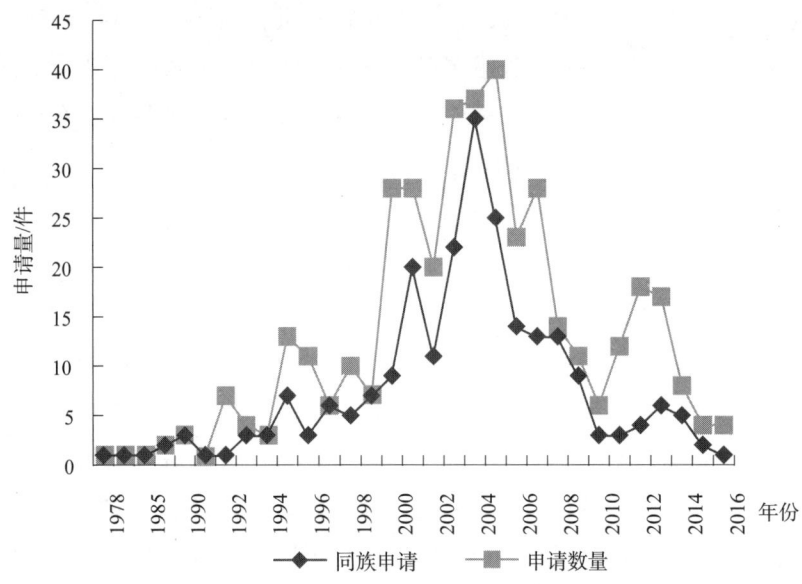

图 3-10　安川在机器人用伺服电机领域全球申请趋势

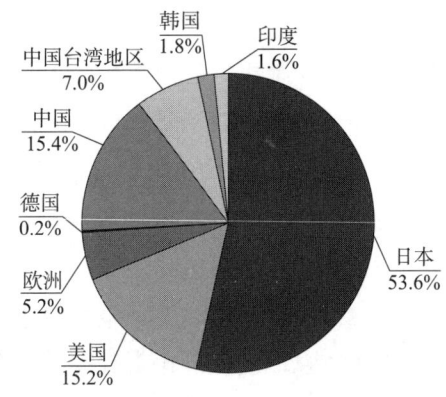

图 3-11　各个目标国/地区进行的机器人用伺服电机专利申请量以及相关占比

图 3-12 也表示了安川电机在机器人用伺服电机领域在各个目标国/地区进行的专利申请走势，除日本作为本国申请以外，美国和欧洲都是最早的专利申请目标国/地区。安川公司在 20 世纪的七八十年代之间的专利布局仅仅在日本进行；进入 20 世纪 90 年代开始全球布局，尤其从 1992 年开始进入提出了 PCT 申请，并分别向美国、欧洲、德国开始申请，开始了全球专利布局；在 1996 年通过《巴黎公约》的形式向中国市场开始布局。安川电机在 21 世纪的前 10 年发展迅速，尤其在 2003～2008 年申请量最多，2008 年在日本申请的量开始下滑，但是在中国的申请量却逐渐增多，一直持续到 2013 年。其中，从 2010 年开始，安川公司在中国的申请量开始反超美国、欧洲，成为最重要的申请目标国/地区。

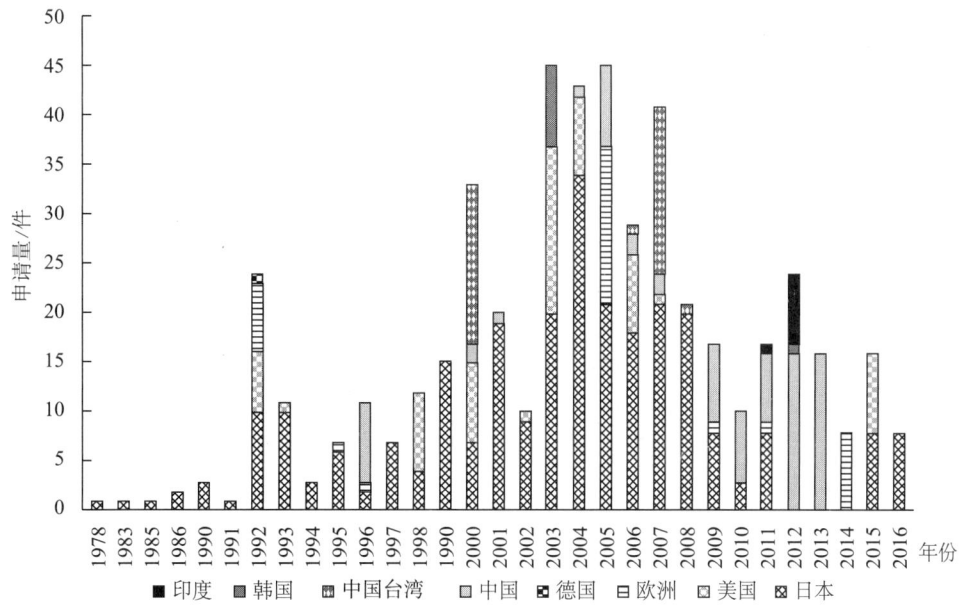

图 3－12　各个目标国/地区的机器人用伺服电机专利申请走势

## 4. 技术发展路线

对于工业机器人来说，传动系统、控制系统和人机交互系统对机器人的性能起着决定性作用，而采用高精度的伺服电机和驱动器是实现对机器人的精密控制的重要保障。不同的机器人对电机的特性也有着不同的要求，因而对伺服电机在机器人控制中的应用，具体分为四类电机：交流电机、直流电机、力矩电机和步进电机。其中从图 3－13 和图 3－14 可知，安川电机的机器人在伺服电机的应用中也主要集中在上述四种，并且以交流电机和直流电机为主，分别占据了 44.8% 和 37.2% 的份额。从图中也可以看出，在安川公司在机器人的起步阶段，四种电机均有涉及，但是在 1999～2008 年伺服电机主要集中在交流电机和直流电机中，自 2004 年开始，安川公司在交流电机方面的专利申请超过直流电机，成为机器人的伺服控制中主要的伺服电机类型。

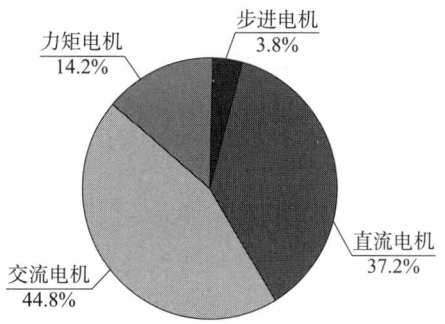

图 3－13　安川公司不同机器人用伺服电机类型占比

新能源电池

机器人

高档数控机床

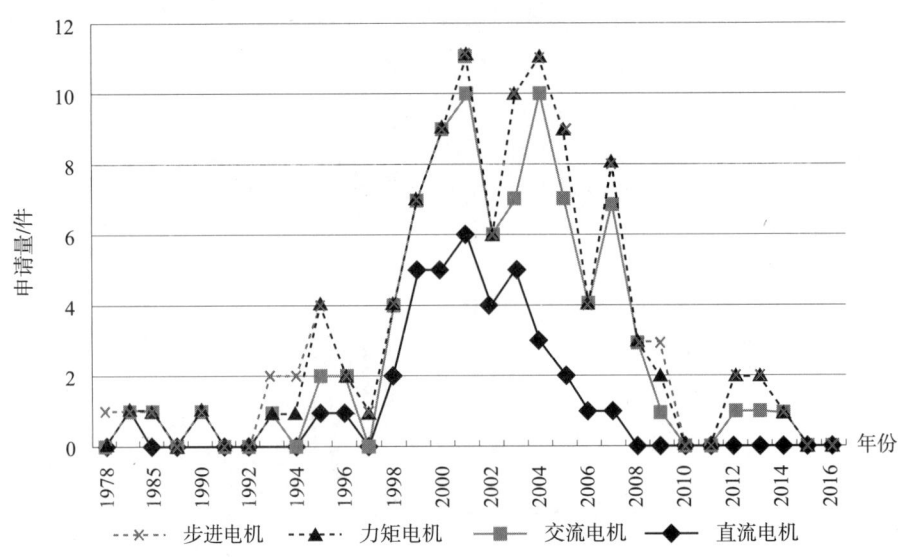

图 3 -14 不同电机类型申请量趋势

**5. 技术热点**

目前，安川公司的机器人用伺服电机驱动控制均采用三环控制，即位置环、速度环和电流环。由于机器人专用电机对力矩变化响应具有快速性的要求，驱动器内环的深度控制是实现快速响应的关键技术，即对电机的电流环直接控制，因此，其关键在电流环的干扰观测和前馈补偿算法的设计。在 2000 年，安川公司在此方向上进行了相关专利的申请，具体的专利申请为：如公开号 CN1633629A 的专利，其涉及的伺服电机的控制方法是分别用可高阶微分函数表示负载的位置和电动机的位置；根据运行条件和机械参数确定可高阶微分函数；基于已确定的可高阶微分函数计算电动机的位置、速度和转矩基准；将计算出的电动机的位置、速度和转矩基准作为前馈基准。

安川公司也在位置检测上布局了专利，通过获得不同的参数以获得精确的位置进行控制是机器人伺服电机控制中的主要研究方向。具体涉及的专利申请如：公开号 CN1529932A 的专利，提供一种电机控制装置，它能实现较高的控制性能，其中即使在前馈操作的控制采样时间周期与反馈操作的控制采样时间周期不同的情况下，实际旋转角信号与模拟旋转角信号之间也不会发生偏差。

安川公司是针对参数的变化对电机控制的影响进而提出控制方法和装置的专利申请，如公开号 US2004178764A1 的专利，解决现有同步电机的电流控制装置当温度等的影响引起同步电机和电力转换电路发生参数变动或电源变动时，在阶跃响应中产生振动或过冲，电流的响应特性恶化，以及为解决即时响应性下降的问题而提高编码器的分辨率造成成本升高的问题；如公开号为 CN1846348A 的专利提供了一种装置即使在动作中发生惯量变动或黏滞摩擦大的情况下，也能精确识别惯量和黏滞摩擦系数，可容易且精确地调整控制参数，响应快速、精度高，且将振动抑制得较低。2000 年以后的专利都主要集中在参数的调整上，以使得电机控制的响应更快、精度更高。

### （三）新松机器人

**1. 简介**

新松机器人公司隶属于中国科学院，是一家以机器人独有技术为核心，致力于数字化智能高端装备制造的高科技上市企业。公司的机器人产品线涵盖工业机器人、洁净机器人、移动机器人、特种机器人及智能服务机器人五大系列。截至 2017 年 9 月，新松机器人提交的专利申请 711 件，涉及机器人伺服控制的专利申请 99 件，其中发明专利86 件。

**2. 专利申请年度趋势**

从图 3－15 中可以看出，从 2002 年起的申请专利开始涉及机器人领域中的伺服电机控制技术，2012 年开始申请量增大，并持续 4 年；从总申请量来看，涉及电机控制相关的技术仅占了全部申请量的 13.9%（99 件/711 件），比例较低，即在伺服电机的关键控制技术中的专利布局较少，而更多集中在机器人的机械结构和其他方面的改进；同时，从图中可得知，在申请量增长的同时，有效专利也同样在增长，专利的稳定性较好。

涉及机器人的 99 件伺服控制专利申请仅在中国范围内进行了专利申请，未在其他国家内进行专利布局。这也从侧面反映，目前中国机器人产业处于初步阶段，相关技术还有待提高。

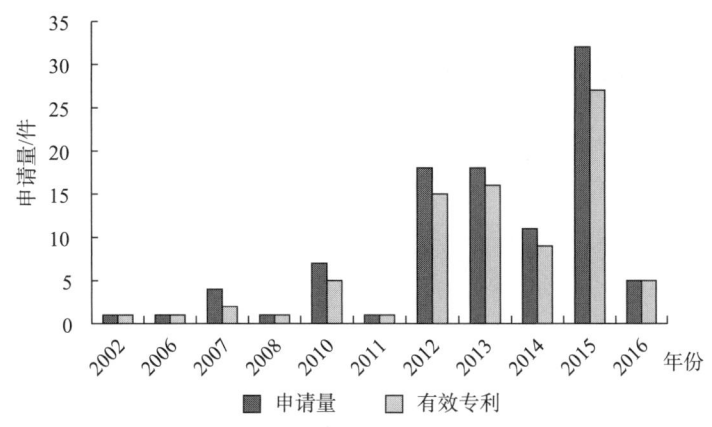

图 3－15　新松机器人公司在伺服电机控制相关专利的
申请量和有效专利申请量

**3. 技术热点**

对新松机器人所有专利申请的进行阅读和分类，如图 3－16 所示，该公司的机器人伺服电机的驱动控制的技术热点主要集中在同步控制和位置控制两个方面。

从图 3－16 可知，从 2002 年起，新松机器人开始了主要在机器人控制方面的专利布

新能源电池

机器人

高档数控机床

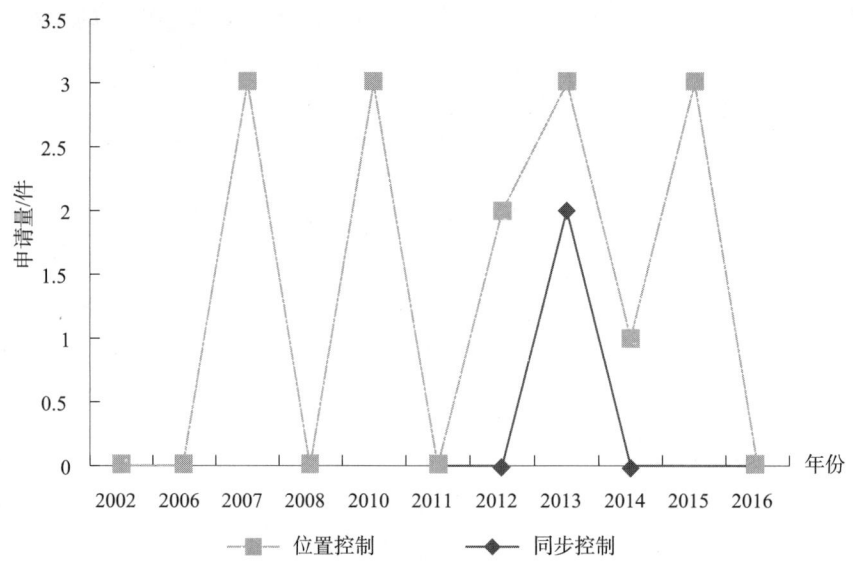

图 3－16　新松机器人公司的机器人用伺服电机驱动控制专利中
同步控制和位置控制的申请量分布

局，在 2002～2010 年集中在双电机的同步控制中，主要通过 DSP 作为控制器进行同步控制；还有部分涉及基于 CAN 总线的步进电机的驱动控制，以及根据工业机器人碰撞保护的方法和装置，同时还涉及一些多关节机器人手臂机构的升降控制。2011～2016 年，更多的专利布局涉及位置控制和智能控制，其中的位置控制主要集中在初始位置检测、定位识别、以及双位置闭环控制，提高控制的准确性；而在智能控制中，则呈现多元化，例如参数的采样、辨识和调节、电路的保护、充电对接等。而机器人的类别则涉及广泛，如家用机器人、机械手、装卸台、视觉机器人、辅助机器人、搬运机器人、医疗机器人、自动化生产线机器人、全自动骨科牵引机器人、洁净机器人、移动机器人、流体管道疏通机器人、扫地机器人等。

## 四、总结

工业机器人的发展应用代表了国家现代化工业生产中的智能自动化水平，而根据 Research and Market 测算，将来 90% 的工业机器人将使用伺服电机。机器人用伺服电机驱动控制技术已成为促进现代化生产装备转型的重中之重。

笔者在第一部分介绍了机器人用伺服电机驱动控制的专利技术综述的研究背景、研究对象和研究方法，结合背景技术合理选取技术分支，依托国家知识产权局专利检索系统，基于分类号和关键词获得准确、全面的研究样本。

在第二部分通过对全球机器人领域的相关专利文献进行梳理，重点着眼于工业机器人领域中所采用的伺服电机技术，对全球及国内的专利技术的发展趋势、地域分布、专利流向进行了分析总结。从中可以看出，该领域技术自 20 世纪 80 年代开始出现，目前正处于技术竞争日益激烈、技术发展迅速的蓬勃时期，在全球范围内，日本企业在该领域中崛起较早、技术较为成熟、专利布局较为广泛、市场占有率较高，美国、韩国、欧洲地区同样是机器人用伺服电机驱动控制技术的重要主体和市场。而中国作为工业生产制造大国，已成为该领域中全球最热门的竞争市场，日本、美国、以德国为代表的欧洲地区国家和韩国在中国市场进行了大量的专利布局。与此同时，中国近年来在该领域的专利申请量增长迅速，但由于技术发展较晚，申请主体数量较少，以科研院所居多，集中于北京、上海、广州、江浙等工业技术相对成熟的地带，且专利申请未能布局形成有效体系。

在第三部分通过选取在国际上机器人用伺服电机领域中具有代表性的日本发那科、安川公司，以及在国内机器人用伺服电机领域中具有代表性的新松机器人公司，从技术发展路线、专利流向与市场布局、重点专利技术等方面对上述三个代表公司进行了细致分析。

本文通过简明扼要地展示机器人用伺服电机领域全球技术的发展演进、专利布局以及市场竞争现状，以期对国内机器人用伺服电机领域企业机构的技术发展提供一定参考。

## 参考文献

[1] 龙凯，李刚成. 工业机器人交流伺服驱动系统设计 [J]. 山东工业技术，2016，(11)：3 - 4.

[2] 牛宗宾. 工业机器人交流伺服驱动系统设计 [J]. 中国优秀硕士学位论文全文数据库·工程科技Ⅱ辑，2014，(3)：42 - 125.

[3] 陈金炫. 工业机器人用永磁同步交流伺服电动机的设计 [J]. 中国优秀硕士学位论文全文数据库·工程科技Ⅱ辑，2017，(5)：42 - 82.

[4] 肖庆优. 工业机器人用永磁同步伺服电机设计与分析 [J]. 中国优秀硕士学位论文全文数据库·工程科技Ⅱ辑，2016，(10)：42 - 38.

[5] 钱巍，戴安刚. 工业机器人专用交流伺服系统发展趋势 [J]. 机器人产业，2016，(1)：85 - 88.

[6] 贵献国，徐殿国，宋立伟. 机器人关节用永磁交流伺服电机设计新方法 [J]. 微电机（伺服技术），2006，(7)：26 - 28.

[7] 庄丽. 机器人系统中交流伺服电机控制研究 [J]. 制造自动化，2015，(7)：61 - 62、83.

[8] 孙雪剑. 机器人用交流伺服电机系统 [J]. 北京石油化工学院学报，1996，(2)：18 - 23.

[9] 陈彦，樊诚. 机器人用伺服和控制电机 [J]. 微电机，1987，(4)：22 - 29.

[10] 蒋志坚，常厚祥，梁雪凤. 机器人装置中交流伺服电机控制技术的研究 [J]. 微计算机信息，2002，(11)：17 - 19.

[11] 周洲. 浅谈工业机器人伺服驱动器的现状和发展趋势 [J]. 山东工业技术，2017，(16)：24、61.

[12] 武正. 浅谈工业用伺服机器人系统的关键技术及发展前景 [J]. 伺服控制，2014，(4)：29 - 31.

# 家庭智能监护服务机器人的专利技术综述<sup>*</sup>

谢明　丁燕<sup>**</sup>　严冬明<sup>**</sup>　徐河杭<sup>**</sup>　余新亮<sup>**</sup>　薛超志<sup>**</sup>

**摘要**　家庭智能监护服务机器人作为服务机器人中的重要一员，以在家庭中为用户提供服务为目的，主要有陪护类机器人、教育类机器人和安保类机器人，融合了机器人的感知交互技术、环境建模、导航、路径规划和通信技术等，从而为行动不便者提供简单且极其重要的监护服务、陪护儿童以及家庭监控安防等服务。本文从专利文献的视角对家庭智能监护服务机器人技术的发展进行了全面地统计分析，总结家庭智能监护服务机器人相关的国内和国外专利申请趋势、主要申请人分布以及主要申请人的专利战略布局，并进一步分析了重要技术分支的发展趋势。家庭智能监护服务机器人的研究正逐步从试验阶段转向实际应用，机器人的结构优化、智能化、可靠性和稳定性将成为今后家庭智能监护服务机器人研究的发展方向。

**关键词**　服务机器人　智能监护　智能陪护　安保监控

## 一、绪论

作为 20 世纪科技领域最伟大的成就之一，机器人的广泛应用已经大大提高了人类社会的生产力水平。目前，商业化的机器人主要被当作一种生产工具广泛应用于制造、装配、资源开发和军事等领域。然而，在机器人领域中，服务机器人作为其中的新兴成员，有着蓬勃的生命力并且迅速发展起来。国际机器人联合会对服务机器人按照用途分为专业服务机器人和家庭服务机器人两类，其中专业服务机器人主要用于特殊用途、国防、农业和医疗等，而家庭服务机器人主要用于清洁、娱乐和教育等。家庭服务机器人主要是指可以在家庭中为用户提供服务的机器人。目前，我国的家庭服务机器人主要有清洁机器人、教育、娱乐、护理、保安机器人、智能轮椅机器人、智能玩具机器人和烹饪机器人等[1]。图 1-1 为常见的家庭服务机器人。

---

　* 作者单位：国家知识产权局专利局专利审查协作江苏中心。

　** 等同于第一作者。

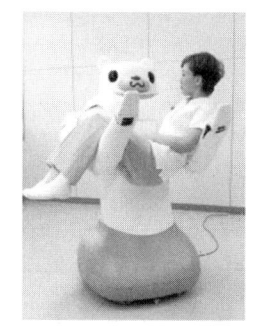

图 1-1　常见的家庭机器人类型

常用的家庭服务机器人能够用于照顾老人，帮助老人的生活起居或照顾小孩，陪其玩耍的陪护类机器人；负责青少年的娱乐活动、智力开发的娱乐教育类机器人；负责监控安防、巡逻报警等的安保类机器人，在此我们统一将其称为家庭智能监护服务机器人。

当前家庭智能监护服务机器人的研究热点主要有机器人的感知交互技术、环境建模、导航、路径规划和通信技术等，从而提高家庭智能监护服务机器人的智能化程度和交互方式。

## 二、家庭智能监护服务机器人技术概述

时至今日，机器人已从第一代示教再现型机器人、第二代带感觉的机器人发展到第三代智能机器人，而服务机器人正是第三代机器人的典型代表，家庭智能监护服务机器人又是服务机器人中的重要代表。

由于家庭智能监护服务机器人所面对的用户和家庭环境千差万别，因此，面对不同用户、运行在不同家庭环境内的家庭智能监护服务机器人的移动机构、环境建模、路径规划、各种传感交互技术、控制方式等也各有不同。通过对家庭智能监护服务机器人技术的专利文献收集、标引和梳理，对涉及家庭智能监护服务机器人领域的专利文献样本的分析可知，家庭智能监护服务机器人的研究重点包括五个主要方面：应用场合、移动机构、感知交互、控制方式和网络通信[1][2]，具体参见图 2-1 所示。

### （一）应用场合

家庭智能监护服务机器人按应用场合可分为安保监控类和智能陪护类。安保监控类服务机器人主要负责监控查看家中的情况，如发生意外，可迅速向主人发出警报，提高家庭的安全性。智能陪护类又可分为看护类和娱乐教育类。看护类主要负责照顾老人，帮助老人的生活起居，或照顾小孩，陪其玩耍，而娱乐教育类主要针对 3~6 岁少儿的学前教育娱乐以及青少年的高科技教育，促进孩子的智力开发。

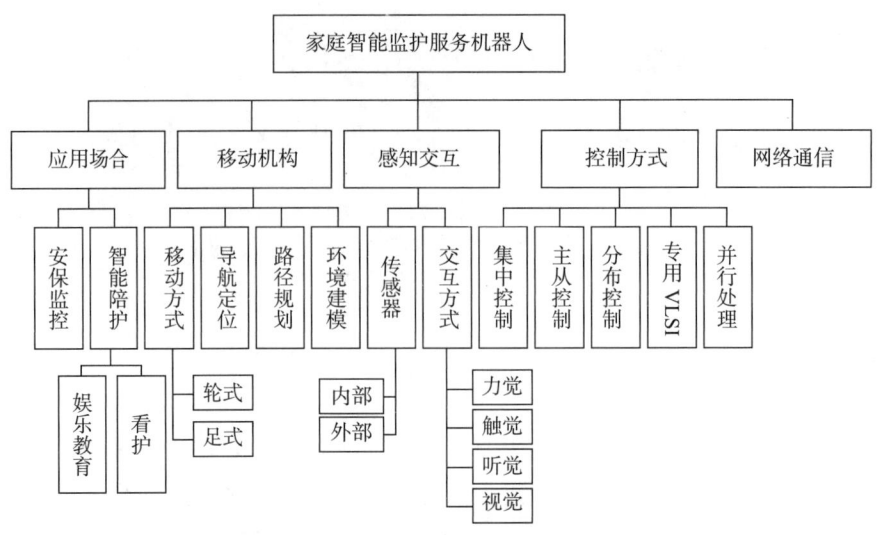

图2-1　家庭智能监护服务机器人技术分解

## （二）移动机构

大量家庭智能监护服务机器人通过自主移动机构实现在室内环境下的运动，因此移动机构是家庭智能监护服务机器人的基础平台。移动机构中主要根据其移动方式和路径导航方面分为移动方式、导航定位、路径规划和环境建模等四方面。移动方式主要分为轮式和足式。由于家庭智能监护服务机器人基本上都在室内活动，因此绝大多数采用轮式或足式。导航定位是机器人在执行任务时首先应具备的能力，有关位置的测量可分为两大类：相对和绝对位置测量。使用的方法可分为七种：里程计、惯性导航、磁罗盘、主动灯塔、全球定位系统、路标导航和地图模型匹配。其中前两种属于相对位置测量，也称为航迹推算。路径规划根据机器人所感知到的工作环境信息，按照某种优化指标，在起始点和目标点规划出一条与环境障碍无碰撞的路径。按机器人获取环境信息的方式不同，主要有基于模型的路径规划，主要应用于结构化环境，规划方法有栅格法、可视图法、拓扑法等；以及基于传感器信息的路径规划，主要用于非结构化环境，方法有人工势场法、确定栅格法和模糊逻辑算法等。环境建模中三维场景识别与建模对服务机器人人机交互系统和机器人的自主运动非常重要。对于结构化和标准化环境，机器人通过三维场景识别与建模来实现机器人定位和运动规划；对于非结构环境或者动态环境，机器人需要学会正确的描述场景以适应和通过环境。家庭智能监护服务机器人只有解决自身定位和环境建模问题，才能在不同的家庭环境中通过自主或半自主导航，完成运动和智能监护服务任务。通常服务机器人通过各类传感器将对环境的感知转化为服务机器人对环境的认知，并从中获取位置和环境信息，为服务机器人的运动导航。

## （三）感知交互

为了让机器人能够实时地确定自身的位置和感知自身所处的工作环境的静态和动态

信息，从容地适应工作环境的变化以及与人的交互，服务机器人必须具有感知系统，相当于人的感官。目前应用于服务机器人的传感器可分为两大类：内部传感器和外部传感器。其中内部传感器主要用于检测和控制机器人自身的位姿，有特定位置角度传感器、任意位置角度传感器、速度角速度传感器、加速度传感器、方位角传感器等。外部传感器多用于感知外部环境信息，一般采用视觉传感器、语音识别传感器、体感传感器、激光测距传感器，超声测距传感器、接触或接近传感器、平衡觉传感器、红外测距传感器和雷达定位传感器等。家庭智能监护服务机器人既然以服务为目的，人们自然需要有更多、更方便、更自然的方式与机器人进行交互，这包括高层次的情感交互及低层次的力觉触觉的交互等，而不再满足操纵键盘和按钮的方式。基于视觉和听觉的人机交互是家庭服务机器人的主要交互方式，机器人可具有语音识别、手势识别或人脸识别等功能，用户可通过语音、手势或者人脸或头部姿势来控制机器人的运动和实现相应的功能[3]。

**（四）控制方式**

机器人的控制方式可分为五类：

（1）集中控制方式：用一个 CPU 实现全部控制功能，包括传感器数据的处理、运动规划和伺服控制等都集成到一个 CPU 中。

（2）主从控制方式：采用主、从两级处理器实现系统的全部控制功能。主 CPU 实现系统管理、系统自诊断、机器人语言编译和人机接口功能等，同时也能够利用主 CPU 的运算能力完成坐标变换、轨迹插补，并把运算结果送至从 CPU 进行处理；从 CPU 实现全部执行机构的动作控制。

（3）分布控制方式：按系统的性质和方式将系统控制分成几个模块，每一个模块各有不同的控制任务和控制策略，各模式之间可以是主从关系，也可以是平等关系。

（4）机器人控制专用 VLSI：设计专用 VLSI（Very Large Scale Integration）能充分利用机器人控制算法的并行性，依靠芯片内的并行体系结构易于解决机器人控制算法中大量出现的计算。

（5）利用有并行处理能力的芯片式计算机（Transputer，DSP）构成并行处理网络：利用 Transputer 并行处理器，人们构造了各种机器人并行处理器，如流水线型、树型等。

**（五）网络通信**

网络通信技术与机器人技术的结合促进了机器人技术的发展，通过网络实现操作者对机器人的计算机辅助遥操作，是对智能机器人系统的一个很好的补充。但如何更好地解决网络延时、丢包、乱序、透明度、临场感等问题是网络通信技术中的挑战，也是研究热点。另外，通过网络可以将机器人构成一个动态分布式系统，协调完成服务任务。

新能源电池

机器人

高档数控机床

## 三、家庭智能监护服务机器人专利申请整体情况

### （一）家庭智能监护服务机器人技术总体领域分布特点

机器人技术是多技术集成，其进步取决于其他领域的发展，特别是计算机、信息处理、传感器和驱动器、通信和网络等。家庭智能监护服务机器人是家用服务机器人应用的重要方面，与其相关的移动机构、感知交互、控制方式也正成为研究热点，涉及机械学、信息与计算机学等诸多学科。由于家庭智能监护服务机器人除了机械结构、导航定位等移动机构及多传感器融合等设计外，还涉及控制系统的设计、信号的采集和反馈等，与其他领域相互交叉。本文中所有专利申请数据通过中国专利文摘数据库（CNABS）和德温特世界专利索引数据库（DWPI）获得，采用分类号（B25J 等）与关键词（家用、家庭、家居等）相结合的方式，并用关键词（服务、看护、陪护、监护、娱乐、教育、安保、安防、监控等）等进一步限定，再排除有关（扫地、清洁、清洗、烹饪、做饭、物联、电器等）方面的服务机器人检索得到样本，并通过中国专利全文数据库（CNTXT）和世界专利文摘库（SIPOABS）查漏补缺，检索截至 2017 年 9 月 30 日公开的相关专利申请。

1. 家庭智能监护服务机器人技术在 IPC 分类体系的分布情况

从图 3-1 中可以看出，家庭智能监护服务机器人的主要分类号为 B25J，同时涉及家庭智能监护服务机器人应用场合、移动机构、感知交互、控制方法以及网络通信的分类号主要涉及 G06F、H04L、G08B、G05D、A63H 这些小类。

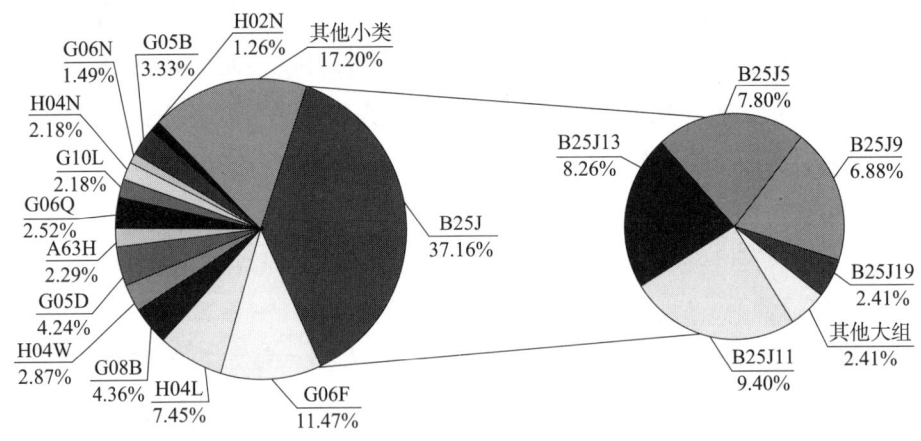

图 3-1 IPC 分类号比重

与家庭智能监控服务机器人应用场合相关的分类号所在大组主要有：B25J11/00、A63H 11/00、G08B25/00；与家庭智能监控服务机器人移动机构相对应的分类号所在大组主要有：B25J5/00、G05D1/00；与家庭智能监控服务机器人感知交互及控制相对应的

分类号所在大组主要有 B25J13/00、B25J19/00、G05B19/00、G06F19/00、G06F17/00等。而与网络通信技术相关的扩展到分类号 H04L12/00、H04W4/00 等。

2. 家庭智能监护服务机器人技术在 CPC 分类体系的分布情况

家庭智能监护服务机器人比较常用的 CPC 分类号主要为：B25J11/＋、B25J9/＋、B25J13/＋、B25J5/＋，根据家庭智能监护服务机器人的应用领域及控制方法扩展到其他部，出现频率较高的 CPC 分类号主要为 H04L12＋、G06F9＋、G06F3＋、G08B25/＋、G05D1/＋等，具体分布情况如图 3－2 所示。

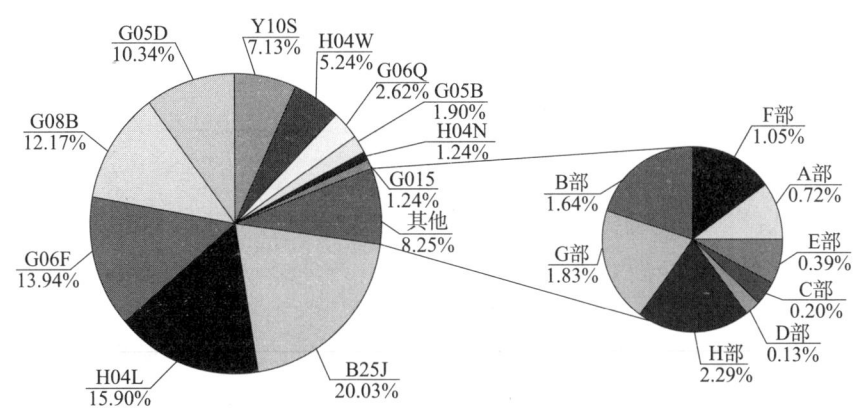

图3－2　家庭智能监护服务机器人技术 CPC 分类号比重

由于 CPC 分类体系全面涵盖了 EC/UC 细分号的特点，其中还包括 FI 的特点，现阶段已经作为常用的检索分类体系加以使用。从上图中可看出，B25J、H04L、G06F、G08B、G05D、Y01S901 这六个领域分别占总量的 20%、16%、14%、12%、10% 和 7%，其总和占总量的 79%。通过与 IC 分类号比重的对比，原先在 IC 分类中占大比重的 B25J，在 CPC 分类中比重有所下降。究其原因，除了和 CPC 本身具有的细分特点外，还有原先部分 B25J 的专利细分到 Y01S901 部中，这部分专利包括家庭智能监护服务机器人的新技术以及家庭智能监护服务机器人在 IPC 中的交叉技术。而由于 CPC 自身的特点，在检索过程中可通过细分的分类号进行快速找准分类号。

**（二）全球专利申请情况**

在具体分析家庭智能监护服务机器人专利申请状况以及相关技术发展状况时，需要先了解全球主要国家和地区专利申请的情况。

1. 全球主要国家专利申请分布情况

家庭智能监护服务机器人的研究起始于 20 世纪 90 年代，2000 年以前的专利申请量均较少，许多国家和地区还是将机器人的研究重点放在工业机器人，图 3－3 示出了家庭智能监护服务机器人的国内外专利申请量变化情况。

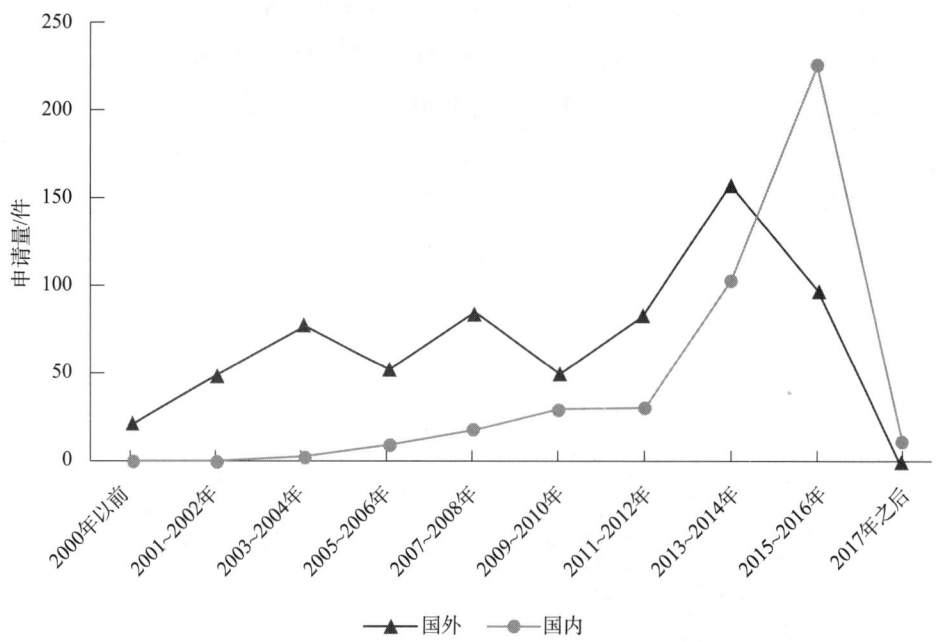

图3-3　家庭智能监护服务机器人技术国内外专利申请量变化

2001～2012年，家庭智能监护服务机器人的申请量国外呈震荡走势，而国内呈持续稳定增长趋势。2013年以来，家庭智能监护服务机器人专利申请量持续稳定快速增长，该领域的研究与专利申请不断有新人参与，新的技术不断涌现，这表明家庭智能监护服务机器人相关技术越来越受到关注，相关研究和开发正在快速发展，应用和市场规模不断扩大。

分析图3-3可以得出家庭智能监护服务机器人在全球的专利申请分为三个阶段：

（1）2000年以前（萌芽阶段）：国外申请量较少，处于起步阶段，国外研究人员开始从理论上对机器人应用于家庭智能监护服务工作进行相关研究，而中国在这方面专利申请量几乎为0。

（2）2001～2012年（初步发展阶段）：在这一阶段，国外申请量呈震荡走势而国内申请量稳步上升，这可能与国内外的政策以及对家庭服务机器人行业的重视程度有关。中国自2003年才开始慢慢对家庭智能监护服务机器人技术进行专利申请，之后一直稳定增长。

（3）2012年至今（稳定增长阶段）：2012年后，世界各国对机器人走进家庭提出了新的需求，开始投入大量精力，家庭服务机器人也从理论和实验研究阶段向实用化方向发展。其中，2015～2016年期间，中国在这方面的申请量高于国外，增长幅度较大，属于技术发展期，这与国家对家庭服务机器人的重视程度有关，特别是《国家中长期科学和技术发展规划纲要（2006—2020年）》以及"863计划"、国家自然科学基金等项目的支持下，国内家庭智能监护服务机器人的研究处于稳定增长阶段。而国外2016年以及国内2017年的申请量显示存在下降趋势，这可能是由于部分申请尚未公开。

图3-4示出了全球主要国家/地区的专利分布情况，其中家庭智能监护服务机器人主要集中在日本、中国、韩国和美国，这些国家的专利申请都比较活跃，是家庭智能监护服务机器人的主要研发和竞争区域。其中日本和中国的专利申请量占据了51%的比例，这与日本的机器人本身的基础研究较多以及日本的老龄化问题有关，而中国受到国家政策和需求的影响，对于家庭智能监护服务机器人方面的研究同样较多。韩国和美国也在家庭智能监护服务机器人上也投入了大量人力物力，并且占据了较大的申请比例。

2. 国外专利申请重要申请人分析

国外关于家庭智能监护服务机器人专利申请最多的前3名分别是日本、韩国、美国，这些国家的专利申请都比较活跃，是家庭智能监护服务机器人的主要研发和竞争区域。由图3-5可知，国外关于家庭智能监护服务机器人的申请人主要集中在公司，其占据59.57%的比例，由于该领域研究需要较久的研究周期，公司企业在技术、人力和财力上有充足的保障，因此申请量占比较大。个人申请占据32.01%的比例，二者共同占据了国外关于家庭智能监护服务机器人超过90%的申请总量。

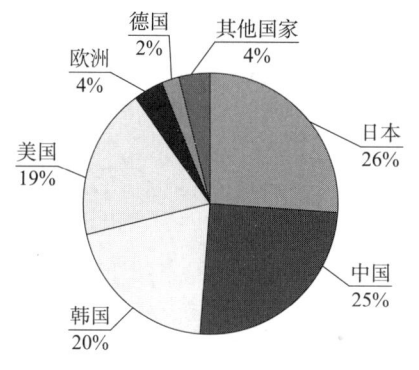

图3-4　家庭智能监护服务机器人
全球主要国家/地区的专利分布

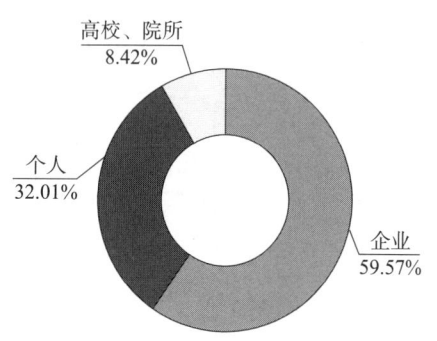

图3-5　家庭智能监护服务
机器人国外申请人分布

对国外家庭智能监护服务机器人的主要申请人的相关专利申请按照申请人的申请总量进行排名（同族专利按一件统计），取前十名进行分析，如图3-6所示。

由图3-6可以得出：申请人主要集中在日本和韩国的一些大型公司，这也表明日本和韩国在家庭智能监护机器人技术领域占据着领导地位，发展水平较为先进。其中韩国的三星电子公司申请专利量最多，这与其在手机和扫地机器人的发展有关，从而在家庭智能监护机器人的移动机构、感知系统和远程控制等方面的专利申请量较多。其次是日本的索尼和东芝株式会社，其作为日本的机器人方面的专业研发公司，在家庭智能监护机器人也占了一席之地。而美国iROBOT公司是一家机器人产品和技术专业研发公司，

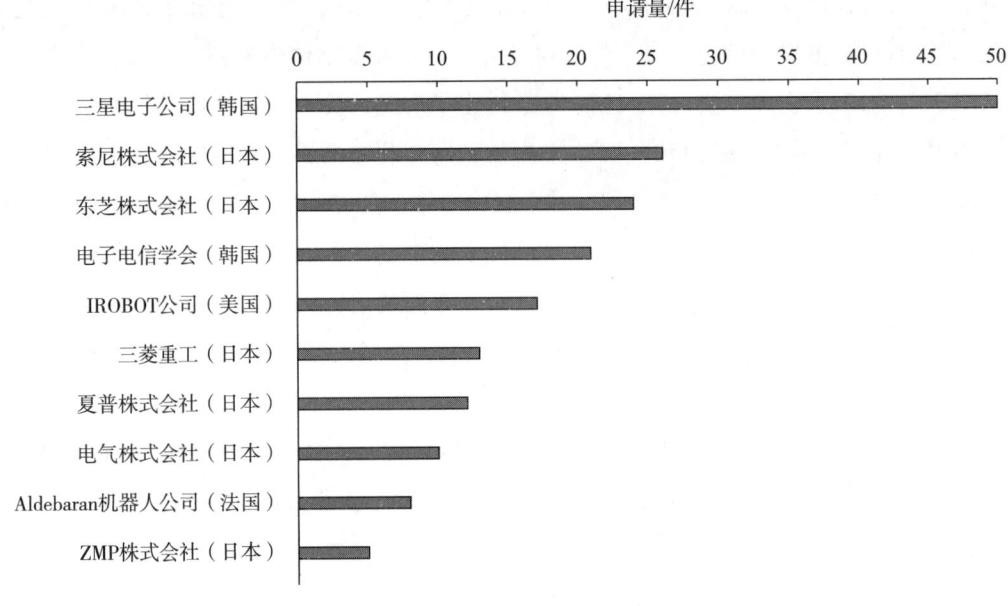

图 3-6  国外专利申请量排名前十的申请人

发明各种类型的专业服务机器人和家庭服务机器人。这些公司对家庭智能监护机器人的研究工作都投入了大量的人力和物力，并取得了一定的成绩。

另外，日本三菱重工、夏普以及电气株式会社也紧随其后，在家庭智能监护机器人领域也有一定的涉及。

3. 国内专利申请人分析

在国内，企业、高校院所以及个人各占据一定的比例，图 3-7 示出了国内申请人分布情况。从图中可看出，企业和高校申请占据明显优势，这和国家关于机器人发展规划的政策有关。《国家中长期科学和技术发展规划纲要（2006—2020 年）》把智能服务机器人列为未来 15 年重点发展的前沿技术，《促进新一代人工智能产生发展三年行动计划（2018—2020 年）》中提到 2020 年，智能家庭服务机器人实现批量生产及应用，医疗康复、助老助残等机器人实现样机生产，实现 20 家以上应用示范。

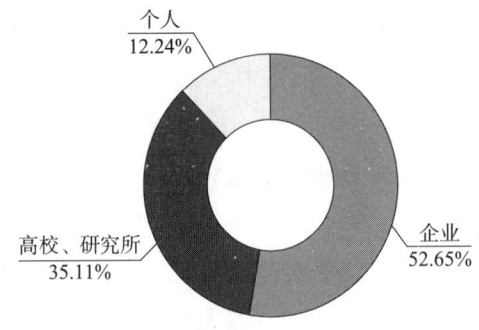

图 3-7  家庭智能监护服务机器人国内申请人分布

4. 国内专利申请人地域分析

对国内家庭智能监护服务机器人的主要申请人的所在地区作进一步分析，按照省、自治区、直辖市统计申请量如表 3 - 1 所示。

表 3 - 1　家庭智能监护服务机器人国内申请人地区分布（除港、澳地区）

| 排名 | 省/自治区/直辖市 | 申请量/件 |
|---|---|---|
| 1 | 广东 | 85 |
| 2 | 北京 | 45 |
| 3 | 上海 | 44 |
| 4 | 江苏 | 37 |
| 5 | 浙江 | 18 |
| 6 | 天津 | 17 |
| 7 | 山东 | 16 |
| 8 | 四川 | 13 |
| 9 | 湖北 | 10 |
| 10 | 安徽 | 9 |
| 11 | 黑龙江 | 9 |
| 12 | 湖南 | 9 |
| 13 | 广西 | 9 |
| 14 | 福建 | 6 |
| 15 | 河北 | 6 |
| 16 | 辽宁 | 6 |
| 17 | 山西 | 6 |
| 18 | 河南 | 5 |
| 19 | 江西 | 4 |
| 20 | 甘肃 | 3 |
| 21 | 宁夏 | 3 |
| 22 | 重庆 | 2 |
| 23 | 贵州 | 2 |
| 24 | 台湾 | 1 |
| 25 | 云南 | 1 |
| 26 | 海南 | 0 |
| 27 | 吉林 | 0 |
| 28 | 内蒙古 | 0 |
| 29 | 青海 | 0 |
| 30 | 陕西 | 0 |
| 31 | 西藏 | 0 |
| 32 | 新疆 | 0 |

新能源电池

机器人

高档数控机床

由表 3 - 1 可以得出：国内专利申请量排名的前几名的地区中，广东、北京、上海排在了前几位，江苏、浙江、天津和四川也紧随其后。这进一步说明北上广地区对机器人技术方面的重视，一些高科技企业基本都集中在北上广地区。而四川作为西部地区的重要城市，受到国家对西部发展的重视，慢慢地也开始在机器人领域进行研究。

5. 重要申请人的代表性专利

表 3 - 2 为重要申请人的代表性专利，其中，可以看出，日本重要申请人索尼、东芝和三菱重工的代表性专利涉及安保监控和导航定位，韩国重要申请人三星的代表性专利涉及环境建模，美国重要申请人 iRobot 的代表性专利涉及感知交互。

表 3 - 2　家庭智能监护服务机器人技术重要申请人的代表性专利

| 排名 | 申请人 | 代表性专利 | | |
| --- | --- | --- | --- | --- |
| | | 申请号 | 技术分支 | 技术要点 |
| 1 | SAMSUNG（三星） | US2009276092A1<br>KR20090114786A<br>JP2009271513A | 环境建模 | 将第一表面数据、第二表面数据以及第三表面数据相互匹配来创建地图用于家庭服务机器人 |
| 2 | SONY（索尼） | JP2005184304A | 安保监控 | 利用便携式终端远程遥控家庭机器人 |
| 3 | TOSHIBA（东芝） | JP2004185080A<br>US2004113777A1 | 导航定位 | 利用固定传感器和机器人本体上的传感器获得信息通过运算处理来实现机器人的移动 |
| 4 | ELECTRONICS&<br>TELECOM RES INST<br>（电子电信学会） | US2008215184A1<br>KR100834577B B1 | 感知交互 | 智能服务机器人，可以实现人脸识别、目标跟随以及避障 |
| 5 | iROBOT | EP2571661A2<br>EP2647475A2<br>JP2013537487A<br>JP2015016549 A<br>US2012185095A1<br>WO2011146256A2 | 感知交互 | 移动式人机交互机器人，可以为老年人实现视频会议，也能够实现触摸控制 |
| 6 | MITSUBISHI<br>（三菱重工） | JP2004042148 A | 导航定位 | 外部环境地图的存储，依据移动机器人自身的定位提供移动指令 |

## 四、家庭智能监护服务机器人技术发展路线

### (一) 家庭智能监护服务机器人技术分支文献分布

由于家庭智能监护服务机器人除了机械结构设计,还存在与其应用场合相关的众多关键技术,如自主移动定位和导航、环境建模和路径规划,还涉及感知交互技术、控制系统的设计以及网络通信技术等,家庭智能监护服务机器人的关键技术的分布如图4-1所示。

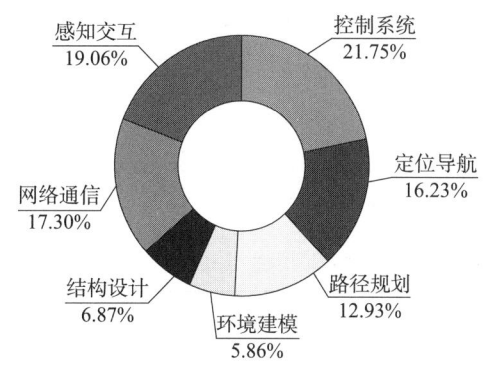

**图4-1 家庭智能监护服务机器人的关键技术分布**

从图4-1中可以看出,家庭智能监护服务机器人的控制系统和感知交互技术占据比重最大。控制系统是机器人的大脑,是决定机器人功能和性能的主要因素,而家庭智能监护服务机器人既然以服务为目的,人们自然需要有更多、更方便、更自然的方式与机器人进行交互。而定位导航、路径规划以及环境建模是机器人的基本功能,家庭智能监护服务机器人只有解决了自身的定位、环境建模和避障以及路径规划后,才能在复杂的家庭环境中通过自主或半自主导航,来完成运动和服务任务。由此可见,上述几个方面是家庭智能监护服务机器人发展的最为重要的技术。当然,机器人的探测感知系统主要是通过传感器采集各种信息,并对这些信息进行融合处理,最终实现导航和交互。

### (二) 家庭智能监护服务机器人关键技术发展趋势分析

1. 家庭智能监护服务机器人的移动方式分析

根据非结构环境中移动机器人与环境的交互作用特点,把家庭智能监护服务机器人的移动方式分为两类:与环境连续接触的移动方式和与环境离散接触的移动方式,其中连续接触的移动方式主要为轮式,而离散接触的移动方式主要代表是足式,包括爬式(见表4-1)。

表 4-1　家庭智能监护服务机器人运动机构性能比较

| 类型 | | 优点 | 缺点 |
|---|---|---|---|
| 连续接触地面 | 轮式 | 适应地形多；车轮可以主从动切换，提高工作效率；能够滑转，结构较简单；由于没有不受保护的摩擦工作面而具有很高的寿命 | 不能适应特别崎岖的地形 |
| 离散接触地面 | 足式 | 可以越过更高的障碍，穿过更崎岖的地形，能够自主隔振，具有良好的机动性和能耗 | 结构和控制系统复杂，移动速度慢 |

图 4-2 为家庭智能监护服务机器人常见运动机构在应用场合的分布。从该图中可清楚看出轮式机器人在家庭安保服务机器人领域中占据很大比重，这与轮式机器人具有结构设计简单、质量轻、移动平稳且机械效率高等特点有关。而包括爬式的足式移动机构在看护老人和陪伴小孩服务机器人领域占有一席之地，这与其具有仿人形结构，灵活性和稳定性的增强相关，能够更好地模拟人的动作，照顾老人和小孩。

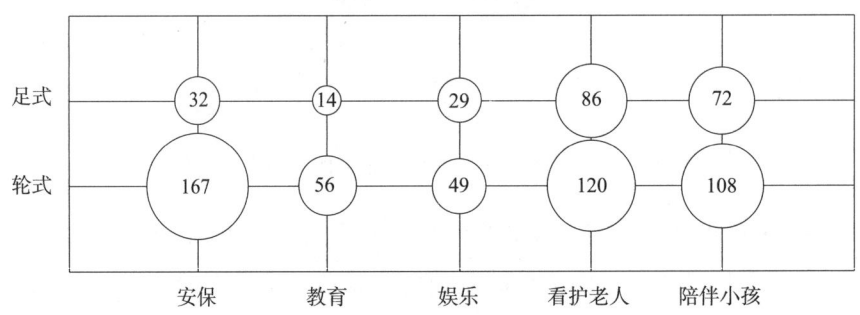

图 4-2　家庭智能监护服务机器人常见移动方式在应用场合的分布
注：图中数字表示申请量，单位为件。

由于轮式移动机构移动速度快，结构简单，且家庭智能监护服务机器人均在室内移动，因此家庭智能监护服务机器人采用最多的就是轮式移动方式。而在轮的选择上，从最初的单向轮到后面的万向轮以及最近热门的全向轮均是服务机器人的移动方式中的常用轮。足式移动机构（双腿式和多腿式）具有多个自由度，使运动的灵活性大大增强。它可以通过调节腿的长度保持身体水平，也可以通过调节腿的伸展程度调整重心的位置，因此不易翻倒，稳定性更高。足式机器人在移动过程中身体与地面是分离的，机器人的身体可以平稳地运动而不必考虑地面的粗糙程度和腿的放置位置。当机器人需要进行服务工作时，首先将腿部固定。然后精确控制身体在三维空间中的运动，就可以达到对对象进行操作的目的。正是由于上述优点，虽然结构以及控制系统设计比较复杂，但该领域的研究也一直稳定发展。具体的家庭智能监护服务机器人的移动方式的技术发展路线如图 4-3 所示。

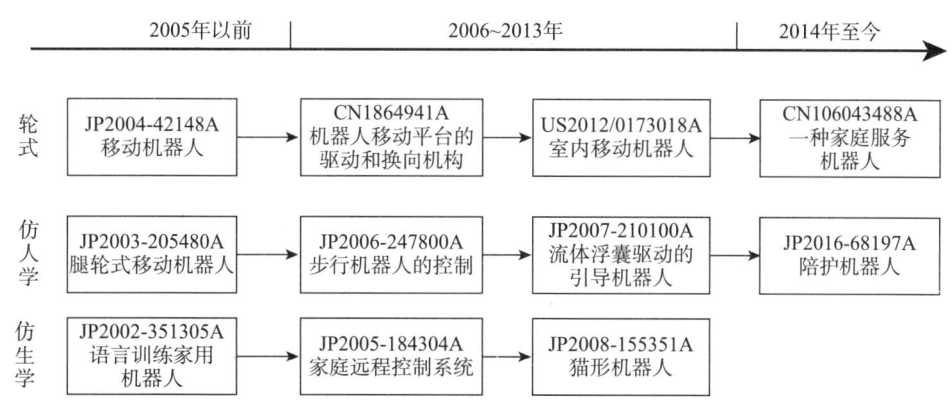

图4-3 家庭智能监护服务机器人的移动方式的技术发展路线

　　轮式机器人和足式机器人都是家庭智能监护服务机器人中常用的两种移动方式，而轮式移动机器人从简单的两轮移动如专利 JP2004 - 42148A 发展成四轮移动如专利 CN1864941A，从开始的单向轮慢慢地采用全万向轮或单向轮与万向轮的结合，再后来，由于全向轮技术的出现，轮式移动机器人采用如专利 US0173018A1 和专利 CN106043488A 这种呈120度均布的三个全向轮作为底盘移动机构驱动机器人行走。足式机器人又可分为两腿式的和多腿式的，两腿式的移动机器人主要重点在于腿部力的反馈和控制、如专利 JP2006 - 247800A 以及采用新型的浮囊式的驱动方式，如专利 JP2007 - 210100A 等，而多腿式的仿生学移动机器人大多数采用可爱的如狗、猫等动物造型，如专利 JP2002 - 351305A、专利 JP2005 - 184304A 和专利 JP2008 - 155351A。还有些移动机器人兼具两者的功能，如专利 JP2003 - 205480A 的腿轮式复合移动机器人，可以采用最底端的轮进行行走，也可以采用两边的腿式结构进行爬楼等动作。

　　2. 家庭智能监护服务机器人的定位导航、环境建模以及路径规划技术分析

　　导航的基本任务包括基于环境理解的全局定位，目标识别和障碍物检测以及安全保护；自主避障是机器人的一项基本功能，同时自主避障是移动机器人路径规划技术研究的一个重要环节和课题；路径规划根据机器人所感知到的工作环境信息，按照某种优化指标，在起始点和目标点规划出一条与环境障碍无碰撞的路径。因此定位导航、环境建模与路径规划虽然分属不同技术领域，但在实际应用中又是彼此相互联系的，家庭智能监护服务机器人只有解决自身定位、环境建模以及路径规划问题，才能在复杂的家庭环境中通过自主或半自主导航，完成具体运动和服务任务，总体的发展路线如图4-4所示。

　　定位导航、环境建模以及路径规划是机器人出现后就不得不面对和解决的问题，尤其是用于家庭智能监护服务的机器人，在非结构化环境中，对于这方面技术也提出了更高的要求。机器人的路径规划基础是定位和环境建模，而路径规划又是为了导航。定位

新能源电池

机器人

高档数控机床

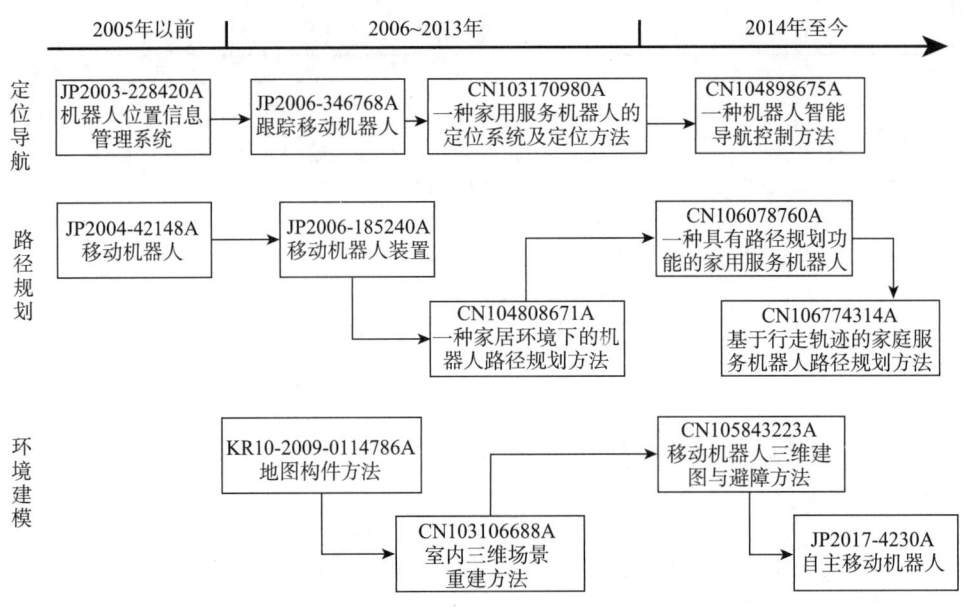

**图4-4　定位导航、环境建模以及路径规划的技术发展路线**

是机器人通过内外传感器确定自身在工作环境中的位置，以标记在地图中的形式呈现。环境建模是机器人将工作环境模型转化为自身认知模型的过程，并以地图的形式呈现。通常机器人通过设置各类传感器对环境的感知转化为机器人对环境的认知，并从中获取位置和环境信息，以服务于机器人的运动导航。早期的专利申请，多为采用摄像机采集图像、超声波传感器采集距离等信息，来构建机器人的行走路径，如专利JP2004-42148A的轮式移动机器人和专利JP2006-185240A的移动机器人装置。伴随着计算机技术、网络技术、传感技术的成熟发展，家庭智能监护服务机器人导航、环境建模以及路径规划能力进一步提高。如专利CN105843223A针对较大规模室内环境构建三维密度地图存在效率低、内存占用空间大、特征匹配精度不高等问题，引入二进制形式的ORB特征算子，设计了一种融合空间信息的SDBoW2模型，提高了三维地图拼接以及视觉定位的准确度。而对于路径规划，如专利CN106774314A，提出了一种基于核密度估计的关键点提取和轨迹表达方法，通过轨迹在空间距离、运动方向、运动速度上的相似性度量实现了行人运动轨迹的分类。为避免路径搜索算法在全局空间中的扩展，提高算法的实时性，如专利CN106774314A，提出了一种基于轨迹引力函数的改进RRT-Connect算法，实现了趋于行人行走轨迹的路径搜寻方案，从而基于拓扑-栅格环境模型双层路径规划，在安全导航的基础上，提高导航效率。

3. 家庭智能监护服务机器人的感知交互技术分析

传感器是家庭智能监护服务机器人感知外部世界的直接手段。家庭智能监护服务机器人的探测感知系统主要是通过传感器采集各种信息，并对这些信息进行融合处理，最终实现导航和交互决策。如专利 CN106182037A，提供了一种家庭监护机器人及其系统，利用红外探测模块用于探测人体发射出的红外线，超声波传感器用于检测行走机构的移动方向的障碍物位置，第一处理器根据红外探测模块的检测信号获取被监护人的位置信息，通过行走控制模块对行走机构的移动状态进行控制，即在向被监护人位置移动过程中根据超声波传感器的检测信号规避障碍物。通过语音交互模块向被监护人进行自动语音提问，并根据被监护人的回答判断被监护人的基本状态，如专利 US2016/0221191A1，提出了监测用户行为的机器人，利用摄像机监测用户实时作业情况，出现意外情况紧急进行警报；如专利 CN105364915A，提出了一种基于三维视觉的家庭服务机器人，利用 RGB – D 传感器，识别目标骨架与姿态并实时记录，在目标出现意外跌倒的时候做出报警动作，同样利用 RGB – D 传感器可以识别用户手势指示方向，得到待取物品的大致角坐标，配合语音命令，可快速准确拿取物品。除上述列举的传感器外，家庭智能监护服务机器人常用传感器及其用途如表 4 – 2 所示。

表 4 – 2　家庭智能监护服务机器人常用传感器及其用途

| 传感器类型 | 用　途 |
| --- | --- |
| 角度传感器 | 用于检测机器人关节的转动角度，通常采用编码器 |
| 速度、加速度传感器 | 用于检测机器人自身的姿态，如三轴陀螺仪 |
| 视觉传感器 | 获取现场的视频信息，使用户了解现场的有关情况，实时跟踪机器人的最新动态，通常采用摄像头 |
| 体感传感器 | 用于接收识别用户的体态手势等，通常采用 Kinect 和 leap motion 等 |
| 语音识别传感器 | 用于接收识别用户的声音，通常采用麦克风 |
| 超声传感器 | 主要利用超声波发射接收反射波进行距离探测，实现探测障碍物信息以及机器人的实时避障，通常使用在远距离避障 |
| 红外、激光测距传感器 | 主要利用光线的物理性质来进行距离测量，实现探测障碍物信息以及机器人的实时避障，受光干扰大，通常使用在近距离避障 |

　　单一传感器只能获取特定的信息片段，而只有采用上述多种传感器融合才能完整准确地反映环境特征。因而综合考虑工作场合、安装尺寸、成本及有效地利用多种传感器提供的信息，就需要对传感器进行合理的设计与布局。又由于各个传感器所提供的信息存在着互补和冗余，因此，还需要进行多传感器融合，从而更准确、更全面地反映出外界环境的特征，为决策提供正确的依据。常用的多传感器数据融合的方法有：贝叶斯算法、D – S 理论、卡尔曼滤波、神经网络方法、小波变换、支持向量机、遗传算法以及一些简单的推理方法等。在家庭智能监护服务机器人中，常见的传感器融合有：激光数据间的匹配和融合，激光数据和图像数据的融合等。

　　家庭智能监护服务机器人既然以服务为目的，人们自然需要有更多、更方便、更自

新能源电池

机器人

高档数控机床

然的方式与机器人进行交互，这包括高层次的情感交互及低层次的力觉触觉的交互等，而不再满足操纵键盘和按钮的方式。基于视觉和听觉的人机交互是家庭服务机器人的主要交互方式，机器人可具有语音识别、手势识别或人脸识别等功能，用户可通过语音、手势或者人脸或头部姿势来控制机器人的运动和实现相应的功能。

4. 家庭智能监护服务机器人的控制系统分析

随着计算机技术，电子技术以及人工智能技术和传感技术的迅速发展，机器人控制系统的研究具备了坚实的技术基础和良好的发展前景。机器人控制系统按控制方式可分为以下五类。

（1）集中控制方式

用一个 CPU 实现全部控制功能，包括传感器数据的处理、运动规划、伺服控制等都集成到一个 CPU 中。这种系统结构简单、成本低，一般用在结构和功能相对简单的机器人中。这种控制结构虽然降低了系统的复杂性，有利于系统整体性能的优化，但由于在控制过程中需要大量计算，系统运行速度较慢，要求控制器具有极强的处理能力，不利于并行计算，缺乏对动态、复杂环境的适应性。一般来说实时性差，难以扩展。

（2）主从控制方式

采用主、从两级处理器实现系统的全部控制功能。主 CPU 实现系统管理、系统自诊断、机器人语言编译和人机接口功能等，同时也能够利用主 CPU 的运算能力完成坐标变换、轨迹插补，并把运算结果送至从 CPU 进行处理；从 CPU 实现全部执行机构的动作控制。主从控制方式系统实时性较好，适于高精度、高速度控制，但其系统扩展性较差，维修困难。

（3）分布控制方式

按系统的性质和方式将系统控制分成几个模块，每一个模块各有不同的控制任务和控制策略，各模式之间可以是主从关系，也可以是平等关系。这种方式实时性好，易于实现高速、高精度控制，易于扩展，可实现智能控制。

（4）机器人控制专用 VLSI

设计专用 VLSI（Very Large Scale Integration）能充分利用机器人控制算法的并行性，依靠芯片内的并行体系结构易于解决机器人控制算法中大量出现的计算，能大大提高运动学、动力学方程的计算速度。但由于芯片是根据具体的算法来设计的，当算法改变时，芯片则不能使用，因此采用这种方式构造的控制器不通用，更不利于系统的维护与开发。

（5）利用有并行处理能力的芯片式计算机（Transputer，DSP）构成并行处理网络

Transputer 是英国 Inmos 公司研制并生产的一种并行处理用的芯片式计算机。利用 Transputer 芯片的 4 对串行通信的 link 对，易于构造不同的拓扑结构，且 Transputer 具有极强的计算能力。利用 Transputer 并行处理器，人们构造了各种机器人并行处理器，如

流水线型、树型等。随着数字信号芯片速度的不断提高，高速数字信号处理器（DSP）在信息处理的各个方面得到广泛应用。DSP 以极快的数字运算速度见长，并易于构成并行处理网络。

目前大多数家庭智能监护服务机器人普遍采用上、下位机二级分布式结构，控制系统一般分为机器人控制系统、操作端控制系统和通信系统。机器人控制系统负责机器人的运动控制、环境信息采集、视音频采集等功能，并采用 CAN、RS485 总线方式将各个模块连接起来。操作端控制系统负责将机器人传送上来的数据进行分析显示，进行路径规划为机器人导航，采集操作员指令，并将其发送给机器人。通信系统采用有线或无线方式为机器人控制系统和操作端控制系统提供数据链路，以可靠、准确地传输数据。这种结构的控制系统针对具体问题而采用功能分布式结构，即每个处理器承担固定任务，工作速度和控制性能明显提高。

家庭智能监护服务机器人控制系统技术总体的发展路线如图 4-5 所示。

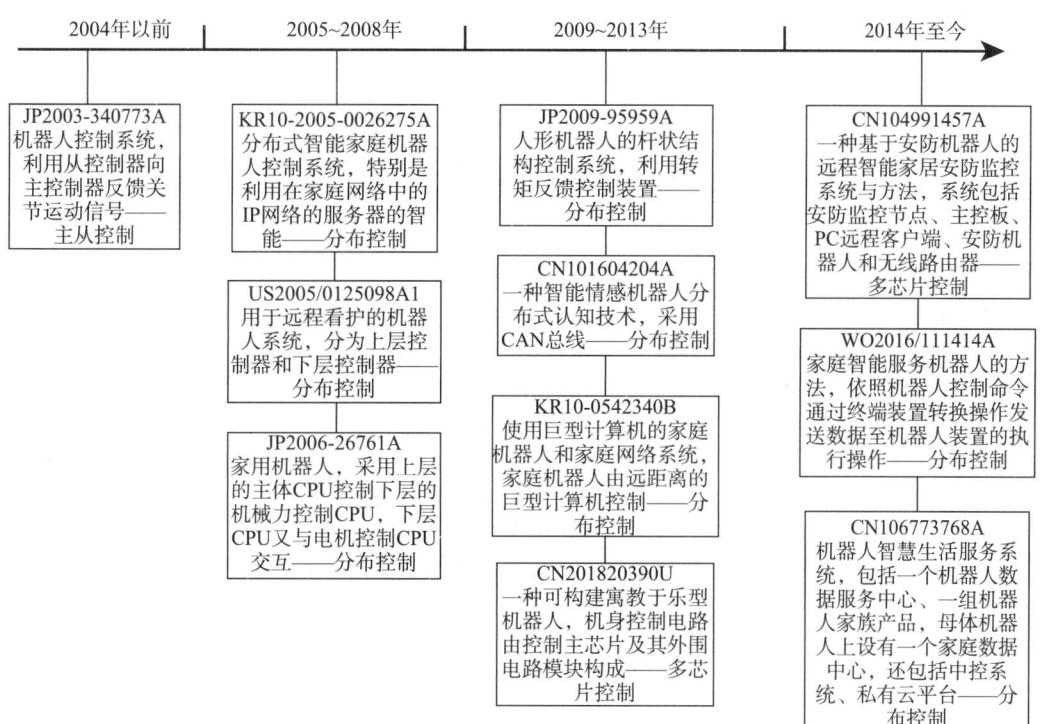

图 4-5　家庭智能监护服务机器人的控制系统技术发展路线

由于家庭智能监护机器人的起步较晚，控制器和网络通信的技术已经相对较为成熟，特别是 2000 年后，利用专用芯片构成运动控制系统，如 TI 公司的 UCC3626、UCC2626 等，这些芯片具有速度快、系统集成度高、使用元器件少、可靠性好等优点；随后又以可编程逻辑器件为核心的运动控制系统的使用，系统的主要功能在单片 FPGA/CPLD 中实现，减少了元器件个数，缩小了系统体积；具有良好的扩展性和可维护性。再后来发展到在通用计算机上，利用高级语言编制相关的控制软件，配合驱动电路板、信号交换接口，就可以构成一个运动控制系统。这种实现方法利用计算机的高速、强大的运算能力和方便的编程环境，可以实现高性能、高精度、复杂的控制算法，而且软件的修改也很方便。因此家庭智能监护机器人从刚开始的主从式控制方式如专利 JP2003－340773A 慢慢地发展到分布式控制方式如专利 KR10－2005－0026275A，然后又发展到远程分布控制。如专利 KR10－0542340B1 和专利 CN104991457A。

## 五、总结

本文主要通过德温特世界专利索引数据库（DWPI）以及中国专利文摘数据库（CNABS）收录的专利申请为样本，重点分析了国内外家庭智能监护服务机器人的专利申请趋势、主要申请人以及主要申请人的专利战略布局，并进一步分析了重要技术分支的发展趋势，展现了家庭智能监护服务机器人技术领域的现有技术发展水平。

世界各国在家庭智能监护服务机器人方面的研究结果表明，家庭智能监护服务机器人的研究正逐步从试验阶段转向实际应用，机器人的结构优化、智能化、可靠性和稳定性将成为今后家庭智能监护服务机器人研究的发展方向。从各分支的技术发展路线中可以看出，移动机构已趋于成熟，基本上呈现为轮式，腿式或者复合式等。控制系统是机器人的大脑，是决定机器人功能和性能的主要因素，而家庭智能监护服务机器人既然以服务为目的，人们自然需要有更多、更方便、更自然的方式与机器人进行交互，而现有交互方式离自然交互还有一定的距离。目前较多的研究集中在远程控制、移动路径的规划和导航定位。定位导航、路径规划以及环境建模是机器人的基本功能，家庭智能监护服务机器人只有解决了自身的定位、环境建图和避障以及路径规划后，才能在复杂的家庭环境中通过自主或半自主导航，来完成运动和服务任务，因此这也将是未来研发的重点。

**参考文献**

［1］徐晓亮. 家用伙伴机器人控制系统的研制［D］. 哈尔滨：哈尔滨工业大学，2011.

［2］丁娜娜. 面向任务的仿人机器人室内定位导航技术［D］. 济南：山东大学，2014.

［3］刘雅诺. 基于语音识别的家庭护助智能机器人系统［D］. 上海：复旦大学，2013.

# 救援机器人专利技术综述[*]

唐德欢　　廖江梅[**]　李康　尚妍梅　张英

**摘　要**　近年来，自然灾害频频发生，救援机器人成为机器人领域的一大研究热点。本文以救援机器人专利申请作为分析对象，按消防、地震、矿山、核事故、水域等不同应用环境对救援机器人进行了技术分解，详细分析了救援机器人的专利申请趋势、申请的地域分布、申请的技术领域分布，同时对 iRobot、广濑实验室、中国科学院沈阳自动化研究所等该领域重点申请人的专利技术发展脉络和发展趋势进行了深入分析，并对本领域的核心专利进行了剖析。在此基础上，总结救援机器人的发展现状，探究其发展方向，希望为该领域技术人员提供参考。

**关键词**　救援机器人　专利申请　专利分析

## 一、引言

灾害主要分为人为灾害和自然灾害，救援设备对人民的生命权的保障十分重要。据统计，2016 年前 7 个月，全国发生安全事故 28115 起，死亡和失踪 16059 人。实际经验表明，超过 48 小时后被困在废墟中的幸存者存活概率越来越低。然而，灾后环境复杂，往往形成一种非结构化环境，复杂未知的环境给救援工作带来巨大困难，不利于救援人员和一般救援设备展开救援工作，救援效率低下，且救援人员自身安全得不到保障。将机器人技术应用于灾难救援领域，不仅可以帮助救援工作人员探知灾难现场的内部险情，第一时间获取现场情况，还能够代替救援工作人员进入高危灾难现场，帮助执行搜救等任务，提高救援效率，有效减少二次伤亡。本文以救援机器人专利申请为分析对象，重点分析全球及中国关于救援机器人的专利申请、专利布局和重要申请人的技术构成以及技术发展状况等信息。

---

\* 作者单位：国家知识产权局专利局专利审查协作四川中心。

\*\* 等同于第一作者。

## 二、救援机器人简介

就救援机器人的研究发展时间历程来看，1995 年日本神户 – 大阪大地震及 2001 年美国 "9·11" 事件揭开了救援机器人的研究序幕。此后，救援机器人逐步应用到地震、火灾、矿山、核辐射、水域、恐怖活动和武力冲突等灾难环境中，辅助甚至代替人类实施救援任务。为提高危机应对能力，争取最佳救援时间，减少不必要的伤亡，各国政府及相关机构均投入重金加大对救援机器人的研究支持力度，这使得救援机器人产业的发展适逢重要战略机遇期。目前，我国机器人产业发展亦处于这一机遇期，从中央到地方对机器人产业高度重视，出台了一系列相关政策对机器人产业发展进行有效的引导与扶持。自然灾害频发使得救援机器人的研发近年来也成为机器人研究领域的一大热点。

救援机器人的关键技术问题主要涉及移动性/机械结构、传感检测装置、人机通信方式以及传感器融合等方面。移动性/机械机构是救援机器人完成救援工作的决定因素之一。由于救援现场环境复杂且未知，救援机器人移动平台需要能够平稳翻越障碍、爬楼梯、穿越泥泞等高度非结构化环境，通常还要能够灵活地穿梭于狭小的空间之中，同时还应当具备适应恶劣环境（如防水、耐高压、耐辐射、耐高温等）的能力。

## 三、救援机器人专利申请状况

本次检索的截止时间为 2017 年 10 月 30 日，以中国专利检索与服务系统（Patent search and service system，简称 S 系统）中的中国专利检索系统文摘数据库（CPRSABS）和世界专利文摘数据库（SIPOABS）为主要数据库，结合智能语义数据库 INCOPAT，采用灾难、灾害、地震、火灾、消防、矿难、救援、搜救、rescue、disaster、robot 及其上下位、正反义扩展词汇等作为关键词，结合 B25J、A62B、A62C、E21F11、B62D、B64D 等分类号，采用块检索方式进行检索，经人工去噪、标引，最终确定涉及救援机器人的专利申请共计 2190 项（同族专利申请记为一个专利申请），涉及来自全球 39 个国家或地区的总计 584 位专利申请人。

### （一）救援机器人专利申请趋势

救援机器人的专利申请起始于 20 世纪 40 年代，但前 40 年处于水平较低状态，直至 20 世纪 80 年代才有较大幅度上升，之后专利申请量一直处于持续增长状态。图 1 给出了救援机器人专利申请数量随年度变化的情况（由于专利申请的公开存在一定的滞后期，近 3 年数据仅供参考）。从图 1 可以看出，在全球范围内，救援机器人专利申请量总体呈上升趋势，由于受到金融危机的影响，2009 ~ 2010 年全球申请量急剧下降；2011 年之后，专利申请总量再次大幅上升。

受国际救援机器人技术研究热潮的影响，加之中国各类地质灾害和火灾等事故频发，我国的科研人员也逐步投身救援机器人技术的研究，相关专利申请量也迅速增加。为了对中国的救援机器人发展情况进行研究，图1同时对中国救援机器人专利申请数量随年度变化的情况进行了展示。从图1可以看出，2000年以前国内几乎没有相关专利申请，此后相关专利申请也一直处于低迷状态，这与国内相关研究起步较晚以及经济发展的情况息息相关。但是我们也应当注意到，2008年汶川大地震后，灾难救援得到研究者们的重视，中国国内相关专利申请数量迅速增长。

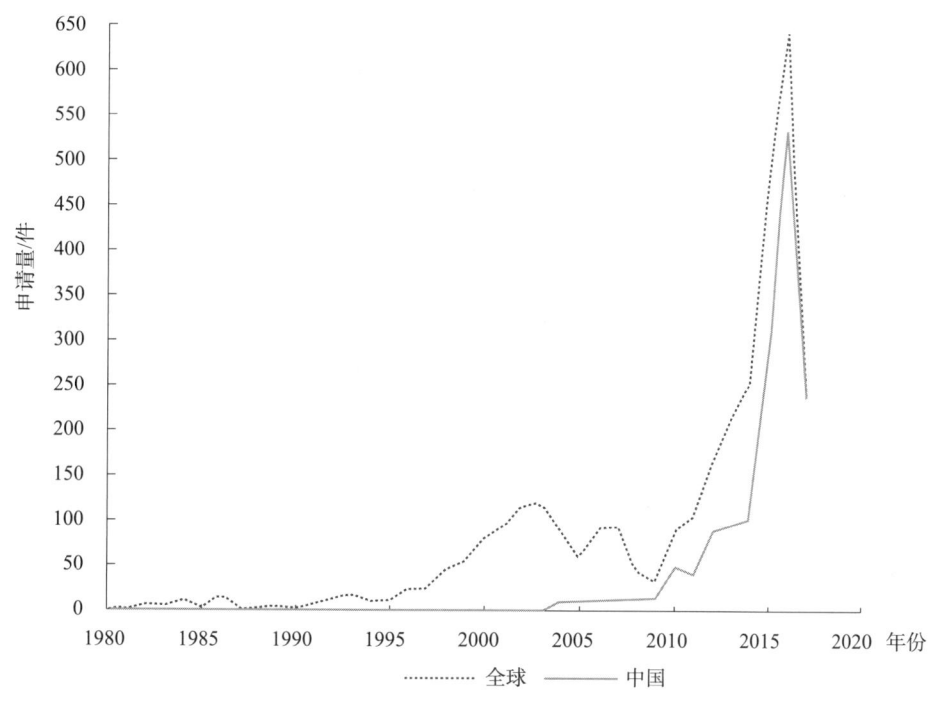

**图1 救援机器人专利申请趋势**

### （二）救援机器人专利申请地域分布

对救援机器人专利申请的所在国家/地区进行统计，得到图2的数据。从图2可以看出，中国、美国、韩国和日本四国的申请量排名在前，占据了所有专利申请的84%，是救援机器人的主要专利申请国。值得注意的是，中国的专利申请数量最多，占所有专利申请的52%，其中，60%为实用新型专利申请（占总量的31.2%），40%为发明专利申请（占总量的20.8%）。这主要有以下几个方面的原因：一方面，救援装备行业得到了中国政府的高度重视，救援机器人作为重要的救援装备之一，不仅能够保障人民的生命安全，也能为社会稳定提供强大的技术支撑，国家投入了大量的资源进行相关研究，因此发展势头强劲；另一方面，近年来中国创新能力持续增强，救援机器人领域的企事业单位研发能力进一步提高。

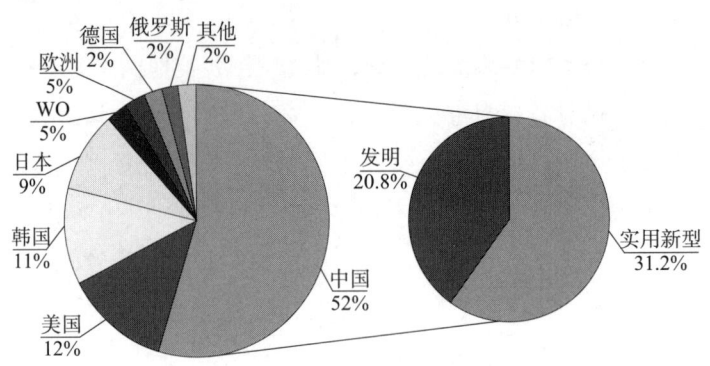

图2 救援机器人专利申请国家/地区分布

**（三）救援机器人专利申请技术状况分析**

**1. 救援机器人技术分支**

按照应用场景的不同，救援机器人主要分为消防救援机器人、地震救援机器人、矿山救援机器人、核事故救援机器人和水域救援机器人等；根据位移方式的不同，救援机器人分为地面移动式救援机器人、无人机救援机器人、可变形（多态）救援机器人和仿生救援机器人及其他特殊形态救援机器人。

通过对检索所获得的该领域的专利申请进行人工标引、统计与分析研究，并结合应用场景和位移方式对救援机器人进行了技术分解见表1。

表1 技术分解及定义

| 技术分解 | | | 释义 |
|---|---|---|---|
| 一级 | 二级 | 三级 | |
| 消防 | 灭火 | 无人机 | 用于的灭火的机器人，能远程控制，主要用于高楼 |
| | | 车载式 | |
| | | 其他 | |
| | 探测 | | 用于在消防事故中的信息采集 |
| | 破拆 | | 用于在消防事故中的障碍物清除 |
| | 其他 | | 如将消防机器人快速运载至现场的辅助机器人 |
| 地震 | 空中侦察、投物 | | 用于获取灾情、投放物资 |
| | 废墟表面救援 | 轮式 | 行走于废墟表面 |
| | | 履带式 | |
| | | 腿式 | |
| | | 其他 | |

| 技术分解 | | | 释义 |
|---|---|---|---|
| 一级 | 二级 | 三级 | |
| 地震 | 废墟内部救援 | 柔性式 | 深入废墟内部 |
| | | 变形式 | |
| | | 其他 | |
| | 其他 | | 如拆破机器人等 |
| 矿山 | | | 深入矿井内部，具有防爆设计 |
| 核事故 | | | 具有耐辐射的外壳 |
| 水域 | | | 防水抗压 |
| 其他 | | | 如排爆机器人 |

新能源电池

机器人

高档数控机床

2. 救援机器人各技术分支专利申请状况

图 3 所示为全球范围内救援机器人一级分支下专利申请量，其中消防救援机器人占比最大，占总量的 24%，地震救援机器人申请量略低于消防，占总量的 20%；水下、矿山、核事故和其他领域救援机器人各占 15%、15%、12% 和 14%。可见，目前救援机器人领域的研究主要还是集中在火灾和地震救援机器人的方面，对于高发性和普遍性的矿难和水中事故的救援相关研究也相对较多。而由于核事故救援机器人必须面临高辐射环境导致电子元器件失灵等难题，因此当前核事故救援机器人研究热点

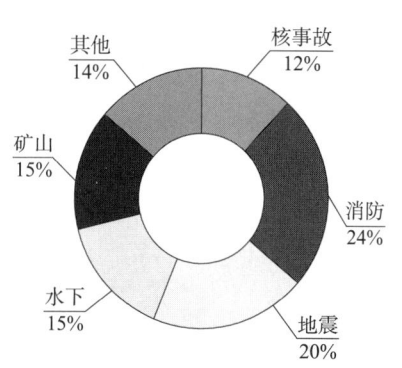

图 3  救援机器人专利申请各技术分支分布

还处于对机器人耐辐射外壳材料、耐辐射电子元器件等基础研究，申请量相对较少。

在消防救援机器人的二级分支中（如图 4 所示），可以看到，灭火机器人占比为 66%，是消防救援机器人的研究重点。目前，灭火机器人的移动方式主要为车载式，占总量的 36.96%；无人机灭火机器人占总量的 21.78%，主要用于城市高楼、森林等车载式消防救援机器人难以到达的地方投递灭火弹，也可以实时传输火场灾情，为救援争取时间；其他类型的灭火机器人如蜘蛛机器人、弹跳机器人等，占总量的 7.26%。

在地震救援机器人的二级分支中，如图 5 所示，废墟表面救援类机器人占比 60%，是地震救援机器人的主要研究内容。废墟内部救援类型机器人占比 22%，也是目前的地震救援机器人研究热点之一。废墟表面救援机器人的三级分支中，基于腿式行走的申请量占 19.80%，基于履带式行走的申请量占 18.60%，基于轮式行走的申请量占 18.00%，轮腿复合式、履带腿复合式等占 3.60%。可见，具备更高适用性的复合式

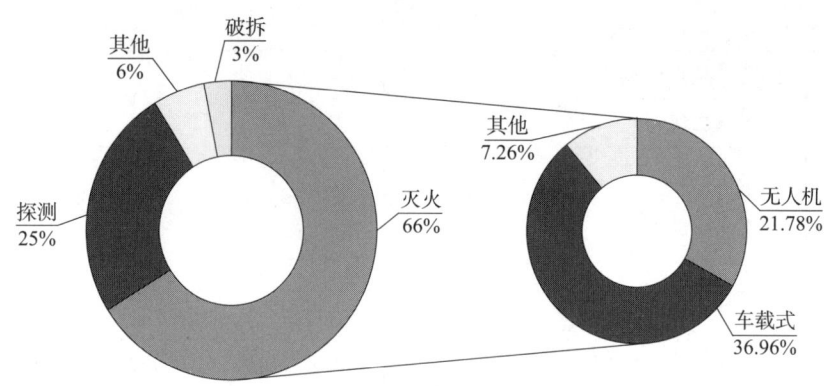

图4　消防救援机器人专利申请分布

行走方式已经开始运用到救援机器人中。废墟内部救援机器人的三级分支中，柔性式如蛇形、蠕虫式等机器人是目前的研究热点，占14.52%，变形式占1.98%，其他类型的占5.50%。可见目前主要仍然采用的是柔性机器人的形式进行震后地下救援，但是变形式也逐渐兴起，这与近年来可重构机构的迅速发展息息相关。同时，随着高等机构学研究的深入和发展，其他类型的机器人例如球形机器人、软体机器人也逐渐应用到地震救援中。

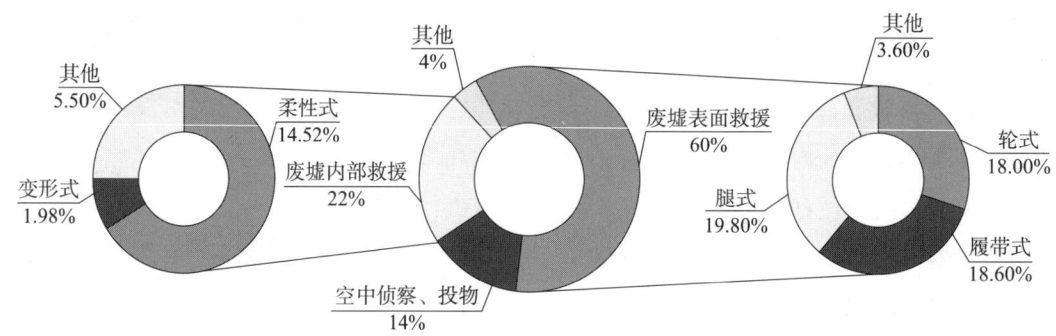

图5　地震救援机器人专利申请分布

### 3. 救援机器人专利申请IPC分类状况

为了更好地展现救援机器人领域整体专利技术的分布情况，本文采用了IPC作为分类标准进行分析，借此可以对该领域各公司技术研发的重点和热点进行挖掘，得到图6的数据。对于检索到的专利文献按照IPC分类进行整理，统计得出出现频次前八位的IPC小类，分别是B25J、A62C、B62D、B64C、B64D、G05D、B63C和A62B。

为了进一步了解技术分布，对出现频次前十的IPC大组进行分析，得到图7中的数据。从图中可以看出，救援机器人本体主要的专利申请集中在B25J下的几个大组，即机械臂的研究，其次聚集在B62D55和B62D57两个大组下，即履带车辆和仅以具有除车轮或履带以外的其他推进装置或接地装置为特征的车辆和以车轮或履带加上具有除车轮或履带以外的其他推进装置为特征的车辆的研究。

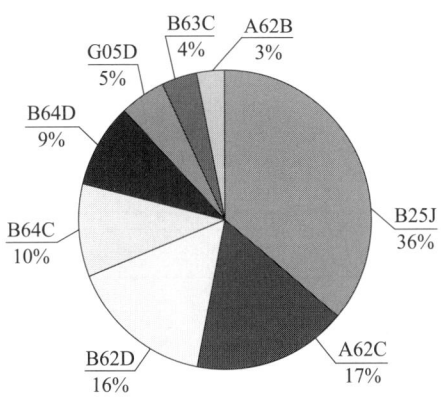

图6　救援机器人专利申请主要 IPC 分布

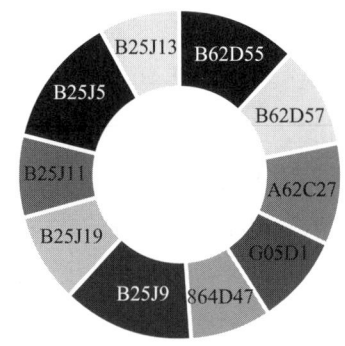

图7　救援机器人领域专利申请数量前十位 IPC 大组分布

从表2中可以看出，结合图7所示的救援机器人专利申请前十位 IPC 大组涉及的技术内容主要集中在机械臂和行走装置，可见目前救援机器人的研究内容相对集中。

表2　前10个 IPC 大组技术内容列表　　　　　　　　　　　　　　　单位：件

| IPC 大组 | 技术内容 | 专利数量 |
|---|---|---|
| B25J5 | 装在车轮上或车厢上的机械手 | 323 |
| B25J9 | 程序控制机械手 | 311 |
| B62D55 | 履带车辆 | 275 |
| B62D57 | 仅以具有除车轮或履带以外的其他推进装置或接地装置为特征的车辆，或者以车轮或履带加上具有除车轮或履带以外的其他推进装置为特征的车辆 | 238 |
| B25J19 | 与机械手配合的附属装置，例如用于监控、用于观察；与机械手组合的安全装置或专门适用于与机械手结合使用的安全装置 | 218 |

| IPC 大组 | 技术内容 | 专利数量 |
|---|---|---|
| A62C27 | 陆地灭火车辆 | 216 |
| B25J11 | 不包含在其他组的机械手 | 185 |
| G05D1 | 给出变量的非瞬时值结果的通用测量装置 | 178 |
| B25J13 | 机械手的控制装置 | 154 |
| B64D47 | （飞行器）其他类目不包含的设备 | 154 |

## 四、国内外重点申请人

通常而言，申请量越多、所提出的专利申请被引证次数越多、专利申请转化为实际应用越多的申请人，在相关领域占有较大的技术优势。根据统计数据，综合申请量、被引证频次以及实际应用等情况，选出以下国内外的重点申请人对其进行深入分析。

### （一）iRobot

iRobot 公司拥有 111 件关于救援机器人的专利申请，且大部分专利申请被引证频次较高。从该公司的时间发展历程看，iRobot 于 1998 年与美国国防高级研究计划局合作研发战略机器人，成功研制了 Packbot 系列机器人，从 1999 年至今均有专利申请，由此也反映出该公司对研发成果进行专利保护的重视。从基础专利 US6263989B1 开始，以该爬行机构为基础机构，针对不同的非结构化应用场景进行了相应的改进。图 8 展示了 Packbot 系列机器人的主要结构形式，可以看出，就爬行机构而言，从 1998 年申请的基础专利 US6263989B1 开始，到 2007 年申请的专利 US9656704B2 和专利 US2012183382A1、2014 年申请的专利 US9193066B2 以及 2013 年申请的专利 US9180920B2、2012 年申请的专利 US8903644B2 和专利 WO2012170081A2 均为履带结构形式。履带式爬行机构具有稳定性高、越障能力强、远程控制精度高、传动功率大等优点，因此，在行走机构部分，iRobot 公司大部分采用了履带式爬行机构，而非采用步行式行走机构。

Packbot 系列机器人在实际灾难中也发挥了举足轻重的作用。该机器人首次应用于 9·11 恐怖袭击事件，在纽约世贸中心的受损建筑物以及危险的、不适合人工作业的区域搜寻出了许多幸存者。随后，该系列机器人还参与了战争救援。在 2011 年福岛核电站事故中，Packbot 深入废弃的核反应堆进行了探测工作。

过去 5 年中（2012～2016 年），iRobot 公司申请了 23 件关于救援机器人的专利，年度分布较为平均，其中包括一些在前期核心专利基础上的进一步改进。23 件专利中，同族数最多的是于 2011 年申请的专利 JP5881790B2，在 5 个国家/地区和组织（澳大利亚、加拿大、日本、欧洲和世界知识产权组织）提出了专利申请，可见 iRobot 公司看好该项

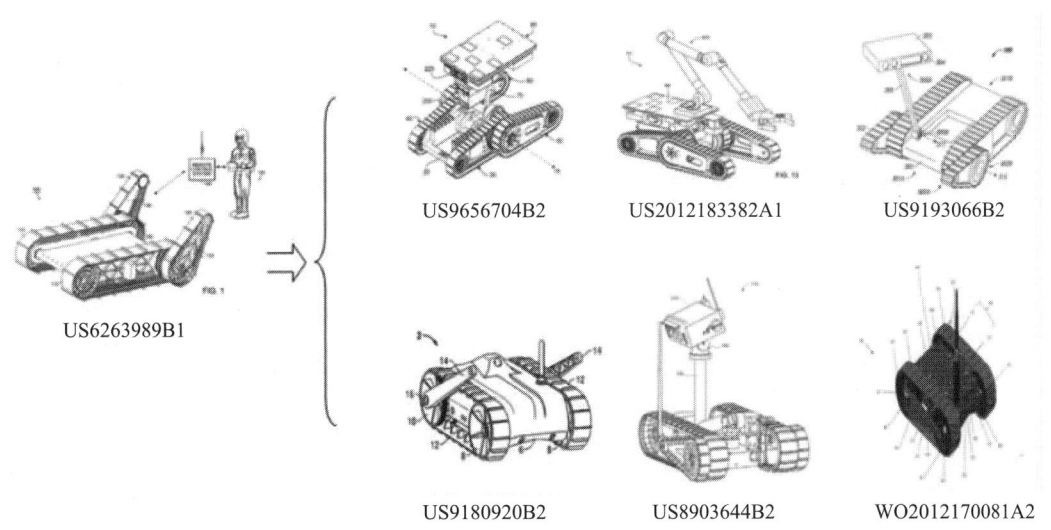

US6263989B1

US9656704B2　　US2012183382A1　　US9193066B2

US9180920B2　　US8903644B2　　WO2012170081A2

**图8　iRobot 救援机器人核心专利主要发展历程**

技术的价值。此专利涉及用视觉传感器和航位推算传感器来处理同步定位与地图构建（SLAM），这种可视技术可用于自主地生成和更新地图，适用于相对动态的环境，例如在有人活动的环境中能够实时修改 SLAM 图，以获得更加有效的地图结构。

应当注意的是，尽管 iRobot 公司在救援机器人领域的许多方面均进行了申请，但仅有 27 件向国外进行了申请，且不含基础专利 US6263989B1。需要引起中国企业、科研院校关注的是，iRobot 公司没有向中国进行救援机器人的相关申请。

**（二）广濑实验室**

作为一个多核能、多地震国家，日本在救援机器人方面开展了相对全面的工作。自 1995 年阪神地震发生后 10 多年间，日本在灾难救援防护方面已经形成了完备的国家体系。自 20 世纪 70 年代起，日本东京工业大学的广濑茂男（Hirose Shigeo）就开始了救援机器人的研究，拥有相关专利申请 100 多件，从仿生的角度和基于超机械系统的思想开创了蛇形机器人。1980 年广濑茂男提出了第一件关于蛇形机器人的专利申请 ACTIVE CORD MECHANISM［JPS56163624A 如图 9（1）所示］，此后在此基础上发展了 ACM 系列蛇形机器人［如图 9（1）~（11）所示］，涉及专利申请依次为专利 JPS56163624A、专利 JPS598516B2、专利 JPH0583434B2、专利 JPS63136014A、专利 JPH0482688A、专利 JPH04328080A、专利 JP2882893B2、专利 JPH0911890A、专利 JP2004190848A、专利 JP2007105868A、专利 JP2012240158A］，为满足水下探测需要，广濑实验室又研发了名为 ACM－R5 的水陆两栖蛇形机器人，在仿生机械及灾难救援应用研究方面，广濑教授及其学生做出了卓著的贡献，并以此为核心技术成立了有名的创业企业 Hibot 机器人公司。

新能源电池

机器人

高档数控机床

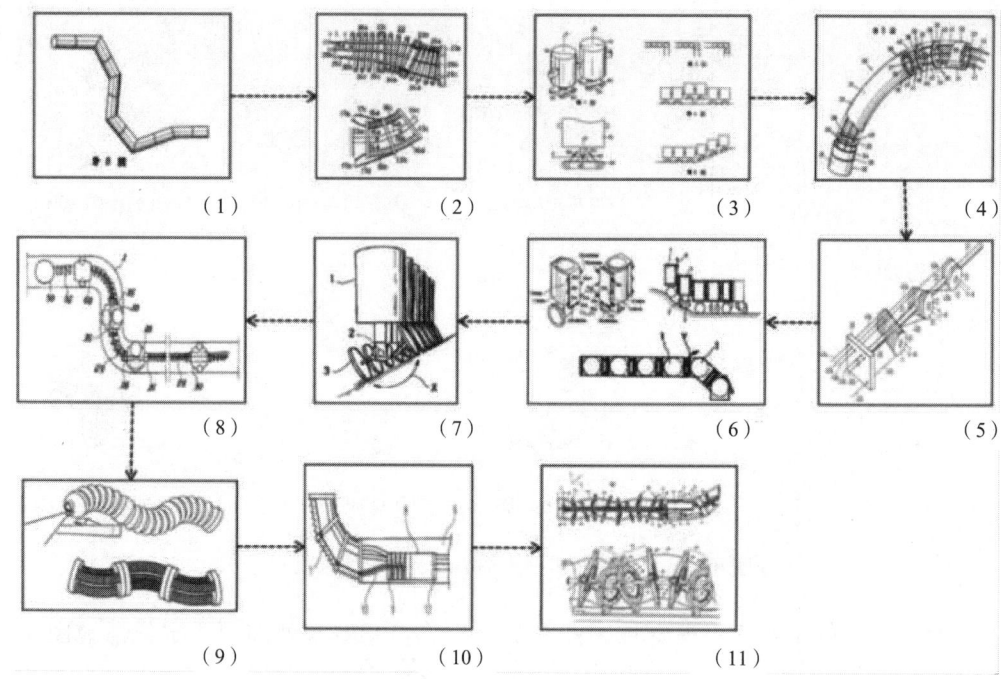

图9 广濑实验室蛇形机器人发展进程

最早的 ACM 蛇形机器人仅可实现简单二维运动。而灾后环境复杂，为了适应凹凸不平的崎岖地面以及满足废墟内部的探测，广濑实验室对蛇形机器人技术不断进行改进，使其具有柔性关节以适应废墟等复杂地面。他们对柔性关节做了大量研究，还对每一个关节的运动方式以及关节间的连接结构进行了改进，研发出了通过绳索驱动、轮式驱动、气动肌肉驱动等多种方式驱动的蛇形机器人。同时，他们对蛇形机器人的防水性能进行了研究，在 2015 年日本机器人大会上，Hibot 展示的蛇形机器人既可实现陆上的蜿蜒、翻滚和侧向运动，又可实现水下的自由游动。

对其相关专利进行分析可知，他们同时也对轮式/履带式移动机器人的相关技术进行了持续研发和改进。1987 年，广濑实验室提出了带有可变长度齿的履带以实现可爬梯性能的机器人［如图 10（1）所示，公开号为 JPS63192676A］的专利申请。此后，为了进一步满足移动机器人对崎岖地面以及爬梯等非结构化复杂环境的适应，他们对机器人的移动轮和履带进行了可变形方面的一系列研究，如图 10（2）~ 10（7）（涉及的专利申请依次为专利 JPS63203483A、专利 JPH05139317A、专利 JPH07117743A、专利 JP4607442B2、专利 JP4807556B2、专利 JP2010143344A）所示。

此外，广濑实验室还对四足行走机器人以及水下机器人等可用于恶劣环境的救援机器人进行了研发。值得我们注意的是，虽然他们拥有救援机器人领域较多的基础专利，但是他们的核心专利基本都在日本申请，在中国鲜有申请。

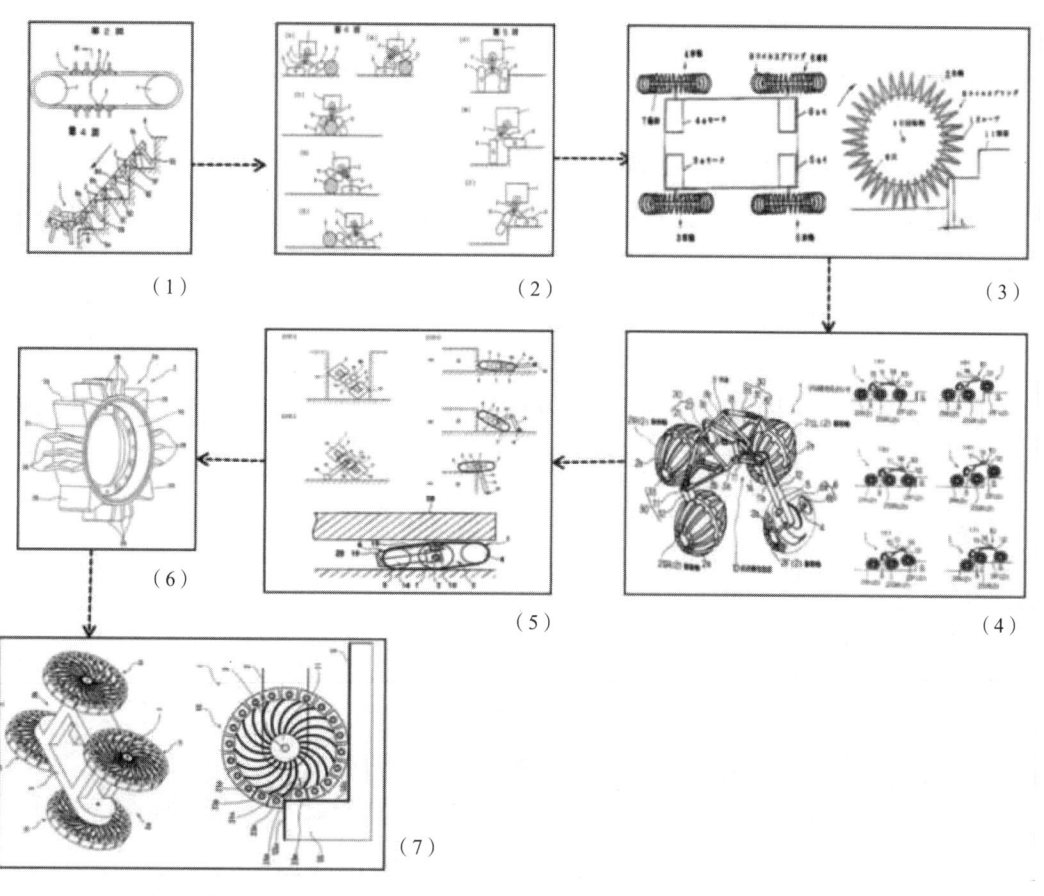

新能源电池

机器人

高档数控机床

图10 广濑实验室的轮式/履带式移动机器人

### （三）中国科学院沈阳自动化研究所

作为中国机器人的摇篮，中国科学院沈阳自动化研究所与中国几个科研院所一起承担了救灾救援危险作业机器人技术研究，其在国内有35件关于救援机器人的专利申请。早在1999年就申请了关于水面救助机器人，该机器人携带救生圈，可快速准确地向落水遇险人员递送救生圈。在"十一五"期间，中国科学院沈阳自动化研究所机器人学国家重点实验室与中国地震应急救援中心联合承担了"废墟搜索与辅助救援机器人"项目，其被列为国家863重点项目，并成功研制出废墟救援机器人、机器人化生命探测仪、旋翼无人机等。

中国科学院沈阳自动化研究所关于废墟搜索机器人申请量为14件，占其救援机器人专利申请数量的40%。该研究所从2008年至今每年均有申请，其根据废墟救援任务的需求逐步进行了改进，图11（1）~（5）所示为中国科学院沈阳自动化研究所关于废墟救援机器人的主要申请，图11（1）所示为2008年申请的专利CN200810229970.3"废墟表面移动机器人"，其为履带式移动结构，设有越障机构，可实现爬坡和越障功能，能够实

现在震后废墟表面的移动；图 11（2）所示为 2010 年申请的专利 CN201010563622.7
"基于差动机构的履腿复合式移动机器人"，利用差动机构运动分解运动自动切换的功
能，可实现机器人履带运动和摆腿运动之间的切换，以更好地适应野外复杂的非结构化
环境；图 11（3）所示为 2013 年申请的专利 CN201310690445.2 "移动式起缝机器人"，
其结构紧凑、起升重量大、最小起缝间距小，能够在光滑地面、楼梯台阶、洞穴废墟等
复杂环境下的自由移动以及重载条件下的重物开缝起升，以实现在救灾中建立废墟下的
救援通道以及洞穴中的探进；图 11（4）所示为 2014 年申请的专利 CN201410660125.7
"用于狭窄空间的越障机器人"，能实现在狭窄通道中的前进、后退和专向等功能；图 11
（5）所示为 2015 年申请的专利 CN201511019686.X "蛇形机器人"，属于仿生物柔性机
器人，其对于废墟内部狭缝空间的搜索具有更好的优势。

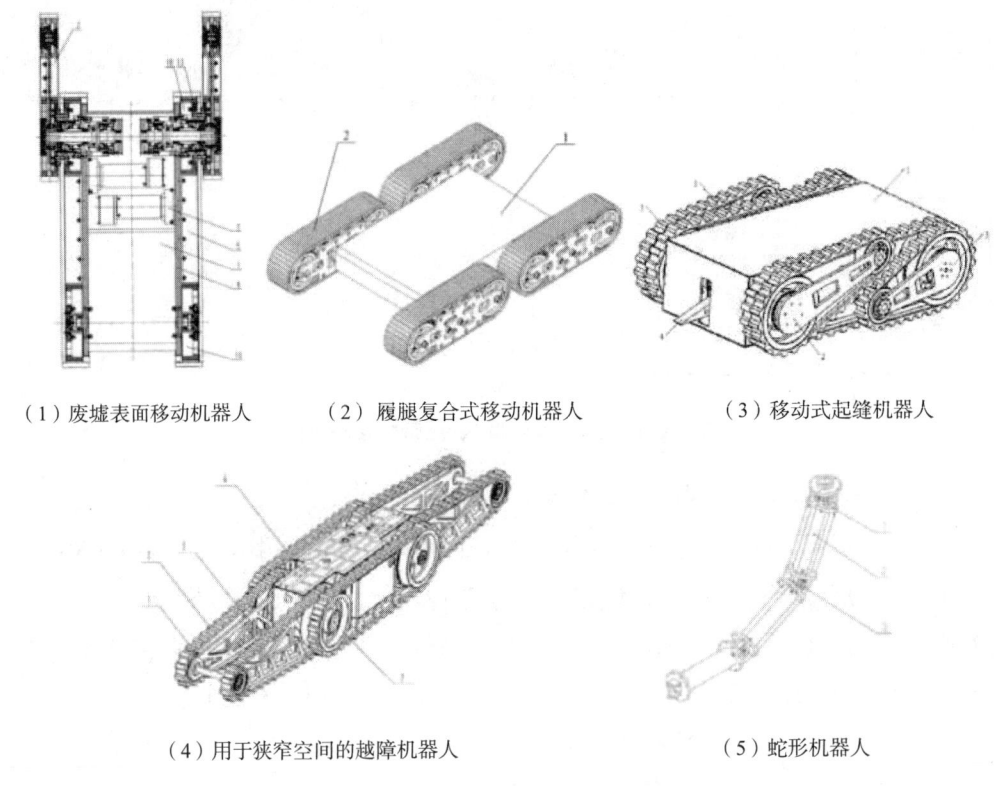

（1）废墟表面移动机器人　　　（2）履腿复合式移动机器人　　　（3）移动式起缝机器人

（4）用于狭窄空间的越障机器人　　　　　　（5）蛇形机器人

**图 11　中国科学院沈阳自动化研究所关于废墟救援机器人的主要申请**

中国科学院沈阳自动化研究所关于机器人化生命探测仪和旋翼无人机的申请分别为
6 件和 4 件。机器人化生命探测仪可代替救援人员进入废墟执行救援任务，感测生命体的
存在，给搜救人员提供信息，以提高幸存者搜索效率，并减少救援人员伤亡。旋翼无人
机可以进行超低空飞行以及悬停，能够实现第一时间将方圆几十公里内的灾情信息反馈
至救援部门。

此外，中国科学院沈阳自动化研究所还涉及矿井救援探测机器人、爬壁机器人和拆

破机器人。在 2013 年 4 月四川芦山地震救援行动中，该研究所研制的废墟可变形救援机器人、机器人化生命探测仪以及旋翼飞行机器人首次在震区实现了多种典型环境的搜索与排查，有力协助救援队开展救援工作，如图 12 所示。

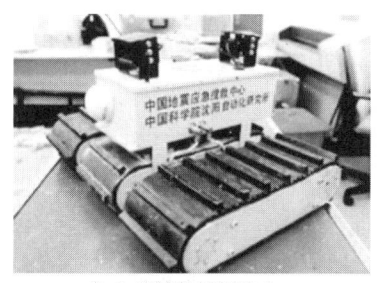

（1）废墟救援机器人　　　　　　（2）旋翼飞行机器人

图 12　中国科学院沈阳自动化研究废墟救援机器人和旋翼飞行机器人

### （四）哈尔滨工业大学

作为国内较早开始机器人研究的单位，哈尔滨工业大学在国内拥有较多的专利，其大部分专利在国内均有较大的引用量。哈尔滨工业大学于 2002 年提交了第一项有关消防的机器人专利申请，截至目前，共有 70 项相关专利申请（同日实用新型和发明记为一项）。其早期申请主要集中在 B25J 领域，申请量较少。2007 年，哈尔滨工业大学机器人技术与系统国家重点实验室成立以后，开始大量有关模块化、自重构和轻型机器人的研究，并于 2008 年申请了基于无线传感器网络的矿井搜索探测多机器人系统（专利 CN200810064492.5）。该系统具有蛇形细长结构并采用履带行走方式，具有搭载仓，可携带多个小型侦查机器人，能够多点信息采集和远距离通信，确定受困矿工的位置、有害气体的种类及含量、环境温度。该专利申请在国内总共被引频次达到 30 次，包括上海大学、清华大学和中国矿业大学等在内国内多家科研院所以此为基础继续进行研究。值得注意的是该专利在 2010 年授权以后，在 2013 年由于未缴纳年费失效。2015 年，在获得"联创永宣"投资以后，哈尔滨工业机器人的申请量大幅增长。

整体而言，哈尔滨工业大学有关机器人的研究主要集中在机器人关节的研究（如专利 CN200810064730.2 等），但是总体涉及面较广，有用于废墟中或矿井中地下狭小空间的蛇形机器人（如专利 CN201310716861.5）和软体机器人（如专利 CN201510423848.X），用于地表行走的腿式机器人（如专利 CN201310084888.7）、轮腿转换复合式机器人（如专利 CN201510627562.3），用于建筑物前面的爬壁机器人（如专利 CN201510192800.2 等），也有用于水域救援的仿水黾机器人（如专利 CN201410525338.9）和用于空中侦察投递的空中机器人（专利 CN201510271267.9），以及救援的末端执行机械臂（如专利 CN201310470299.2）。2017 年春节，他们研制的空中机器人曾出现在哈大、哈同、哈绥高速多车连撞的事故现场上空，第一时间为救援指挥提供现场画面，同年 7 月黑龙江的洪灾中第一次参与到灾区救援。图 13 展示了哈尔滨工业大学的典型救援机器人结构。

新能源电池

机器人

高档数控机床

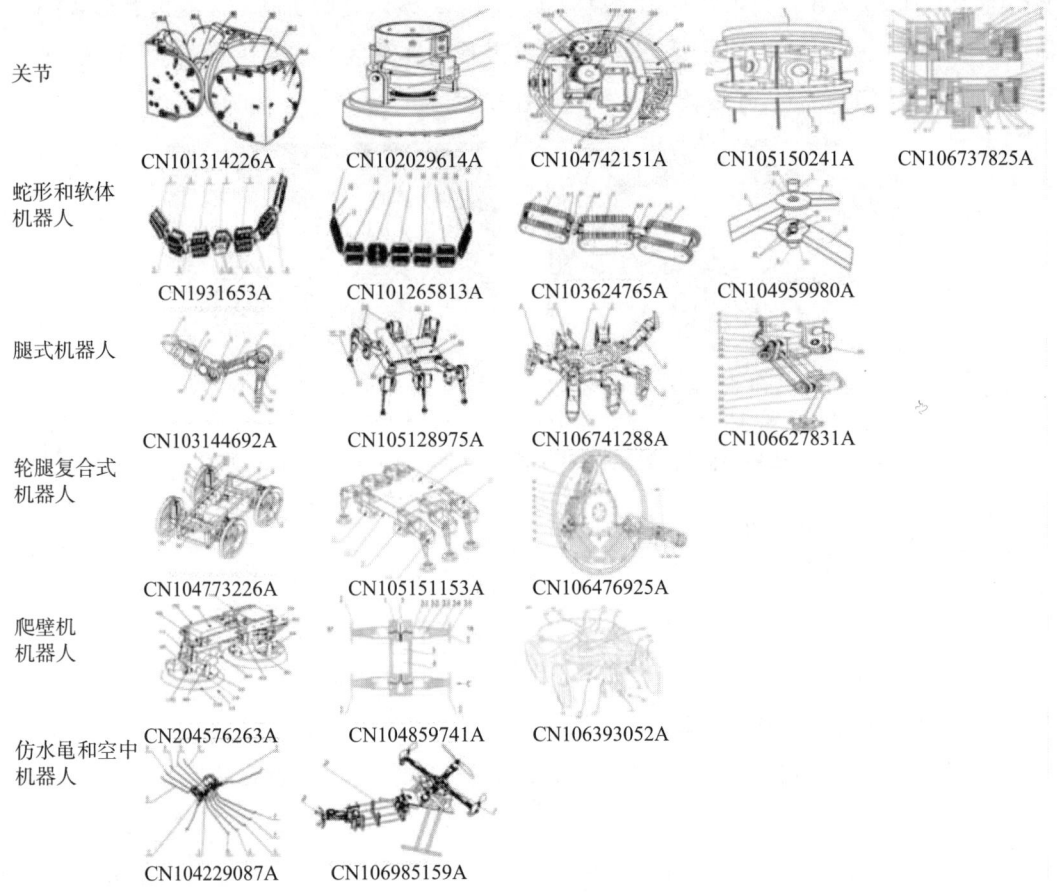

| 关节 | CN101314226A | CN102029614A | CN104742151A | CN105150241A | CN106737825A |
| --- | --- | --- | --- | --- | --- |
| 蛇形和软体机器人 | CN1931653A | CN101265813A | CN103624765A | CN104959980A | |
| 腿式机器人 | CN103144692A | CN105128975A | CN106741288A | CN106627831A | |
| 轮腿复合式机器人 | CN104773226A | CN105151153A | CN106476925A | | |
| 爬壁机机器人 | CN204576263A | CN104859741A | CN106393052A | | |
| 仿水黾和空中机器人 | CN104229087A | CN106985159A | | | |

**图13　哈尔滨工业大学典型救援机器人结构**

## （五）中国矿业大学

中国矿业大学针对其学科优势，申请主要涉及煤矿救援机器人，其技术领域包括救援机器人的液压系统、路径规划、远程控制终端、通信控制系统、移动机构等技术领域。截至目前，中国矿业大学在煤矿救援机器人领域的专利申请共有 52 件，其中发明 33 件，实用新型 18 件，外观专利 1 件。在 2016 年，中国矿业大学提出的相关专利申请达到25 件。

中国矿业大学救援技术与装备研究所于 2005 年研制的 CUMT－I 型矿山救援机器人是中国首台矿山救援机器人，如图 14 所示。该机器人装备有低照度摄像机、气体和温度传感器，能够探测灾区的瓦斯、一氧化碳、氧气等浓度和温度，采用无线通信方式，传输视频和数据，能够携带有食品、水、药品、救护工具等救助物资，使受害者能够积极开展自救。然而，中国矿业大学的第一代矿山救援机器人产品 CUMT－I 在实际上并不能满足矿难救援的要求，尤其是通信、避障和机械可靠性上有待提高，因此 CUMT－I 本质上仅是功能样机。

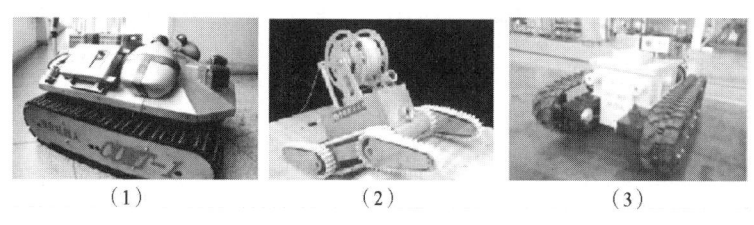

图14　CUMT－I、CUMT－III、CUMT－V 型煤矿探测型机器人

此后，中国矿业大学在煤矿救援机器人的防爆壳体、通信、运动控制、越障性能、自主避障和定位技术等方面进行了深入研究，CUMT－II、CUMT－III 矿用救援机器人也相继问世。涉及的相关专利如图 15 所示，涉及机器人本体、多机器人系统及其控制研究。随着产品愈发成熟，其后代产品 CUMT－V 型煤矿救援机器人已通过煤矿安全认证❶，截至目前，国内矿用救援机器人中仅有两款通过了煤矿安全认证。

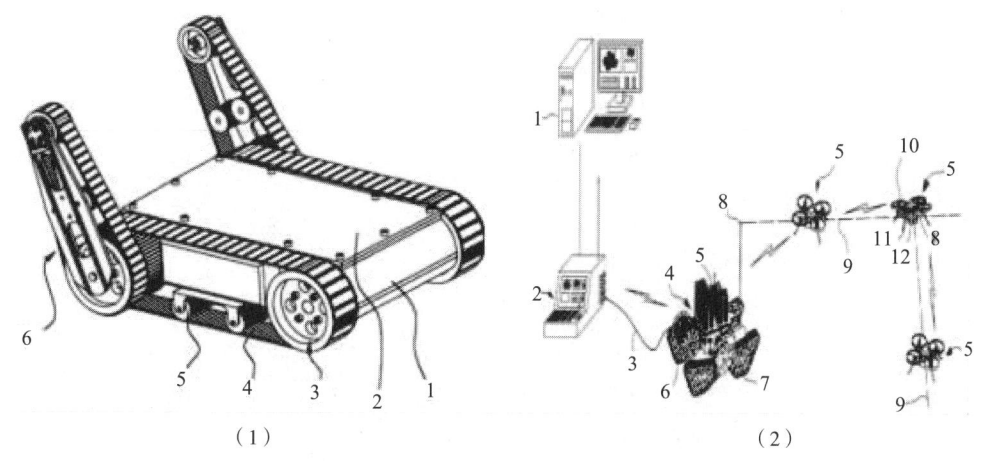

图15　中国矿业大学煤矿救援机器人相关专利申请

如图 15，图（1）为中国矿业大学 2008 年 3 月提出的专利申请 CN101244728A，涉及用于煤矿井下救援作业的隔爆型机器人平台，图（2）为 2013 年 12 月提出的专利 CN103692446B，涉及用于坑道探测与救援的移动、飞行多机器人系统。

除在履带式机器人结构继续精进的基础上，中国矿业大学还提出了关于轮式、复合式移动型机构、飞行器结构的研究成果，例如于 2008 年 4 月提出的专利申请 CN101549715A 是关于摇杆式四轮机器人，于 2015 年 8 月提出的专利申请 CN105109568A 是关于变形履带悬架及具有其的机器人移动平台，于 2013 年 12 月申请的实用新型专利 CN203636824U 是关于用于坑道探测与搜救的移动、飞行多机器人系统，于 2016 年 2 月申请的实用新型专利 CN205633027U 是关于一种多轴旋翼井下机器人系统。可见中国矿

❶　2007 年国家经贸委和煤矿安全监察局发布的《煤矿矿用产品安全标志暂行办法》等文件，对井工煤矿用设备、仪器、仪表等设置实行安全生产认证制度，确保设备在井下安全使用。

业大学近年来在煤矿救援机器人领域的探索日益深入、愈发全面，其专利申请量的提升也反映了中国矿业大学对知识产权保护的重视。

## 五、核心专利

根据数据库中专利文献的被引频次数对本领域的专利申请进行排序，列举出被引频次数排于前十的专利申请[1]，详见表3。

表3　前10项高频被引核心专利申请

| 序号 | 公开号 | 申请人 | 被引频次 | 同族专利涉及的国家/地区 |
|---|---|---|---|---|
| 1 | US6535793B2 | iROBOT CORPORATION | 596 | US CA JP EP AU WO |
| 2 | US6056237A | WOODLAND; RICHARD L K | 380 | US |
| 3 | US6548982B1 | REGENTS OF THE UNIVERSITY OF MINNESOTA | 328 | US |
| 4 | US6263989B1 | IROBOT CORPORATION | 272 | US |
| 5 | US20070156286A1 | IROBOT CORPORATION | 268 | WO US |
| 6 | US7211980B1 | BATTELLE ENERGY ALLIANCE LLC | 260 | US WO |
| 7 | WO0177627A2 | GALILEO GROUP LNC | 140 | AU US WO |
| 8 | US5443354A | US ARMY | 139 | US |
| 9 | IL138695A | RAFAEL ARMAMENT DEVELOP-MENT AUTHORITY LTD. | 102 | JP IL DE EP US |
| 10 | JP 特开平 9 – 240521A | 株式会社小松制作所（KOMATSU SEISAKUSHO KK） | 100 | JP DE US EP WO |

一般而言，被引频次越高，说明该专利的重要性越高；同族专利数量越大，说明企业认为该专利的市场经济价值越高。如表3所示，这10篇被引频次最高的专利申请集中在美国、欧洲以及日本进行了申请，同时大多都有较多的同族专利；其中，10篇被引频次较高的专利申请有7篇为美国申请，可以看出美国在救援机器人领域的研究处于领先地位。图16显示了这些核心专利的技术内容，从图中可以看出，核心专利多集中在无人机和履带式、轮式地面越障机器人，该类救援机器人既可运用于消防救援，亦可运用于地震搜救，可见救援机器人领域内的核心技术主要源于地震、火灾救援中的技术积累，

---

[1]　本文的核心专利被引频次基于INCOPAT智能语义中的数据统计得出。

同时也正逐步偏向多灾难场景救援的机器人研究。

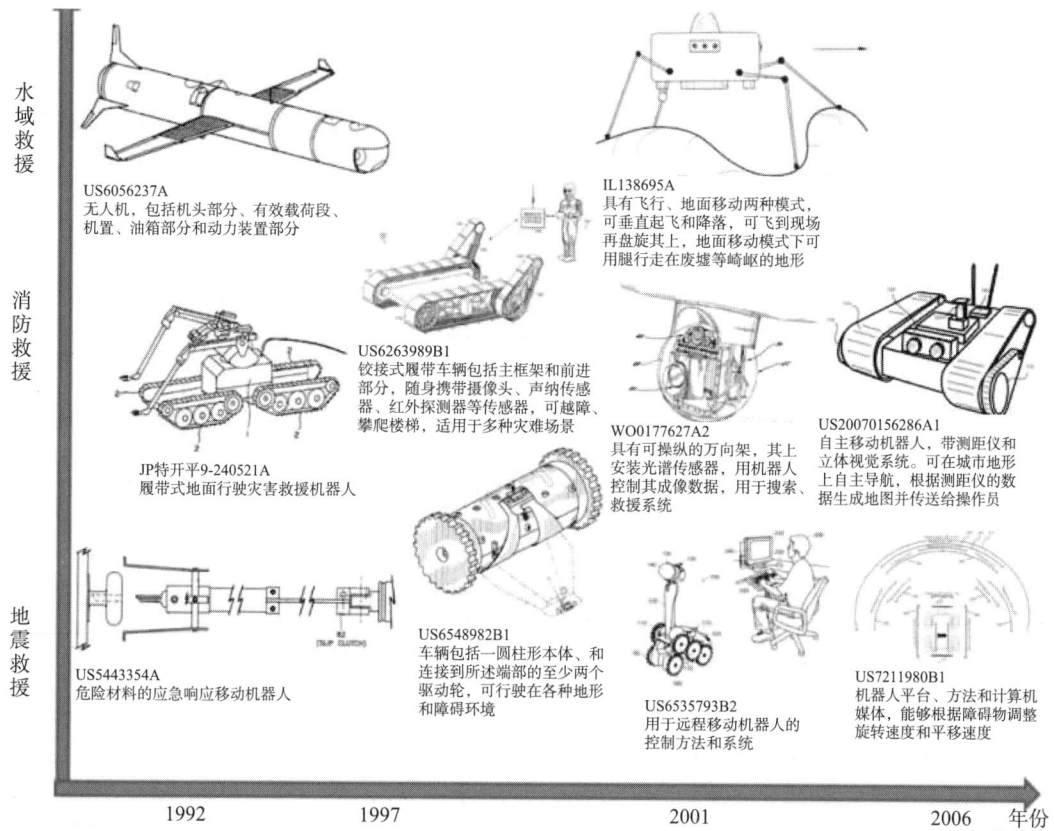

水域救援

US6056237A
无人机,包括机头部分、有效载荷段、机置、油箱部分和动力装置部分

IL138695A
具有飞行、地面移动两种模式,可垂直起飞和降落,可飞到现场再盘旋其上,地面移动模式下可用腿行走在废墟等崎岖的地形

消防救援

US6263989B1
铰接式履带车辆包括主框架和前进部分,随身携带摄像头、声纳传感器、红外探测器等传感器,可越障、攀爬楼梯,适用于多种灾难场景

JP特开平9-240521A
履带式地面行驶灾害救援机器人

WO0177627A2
具有可操纵的万向架,其上安装光谱传感器,用机器人控制其成像数据,用于搜索、救援系统

US20070156286A1
自主移动机器人,带测距仪和立体视觉系统。可在城市地形上自主导航,根据测距仪的数据生成地图并传送给操作员

地震救援

US5443354A
危险材料的应急响应移动机器人

US6548982B1
车辆包括一圆柱形本体、和连接到所述端部的至少两个驱动轮,可行驶在各种地形和障碍环境

US6535793B2
用于远程移动机器人的控制方法和系统

US7211980B1
机器人平台、方法和计算机媒体,能够根据障碍物调整旋转速度和平移速度

1992          1997                    2001                    2006        年份

**图 16　核心专利的技术图解**

　　图 17 所示为被引频次为前三的专利申请的被引用情况,分析被引频次前三的专利申请。其中,被引频次第一的专利 US6535793B2 是 2001 年 5 月由 iRobot 公司申请的远程移动机器人,其提供了一种远程控制移动机器人和直观的用于远程控制移动机器人用户界面,使用"指向 – 点击"装置,用户在平视显示器内即能选择目标位置以移动移动机器人。作为远程移动救援机器人领域中的核心性专利,特别是作为美国在该领域较早的研究成果,其在全球范围内被引用 558 次,被美国专利申请引用 541 次,被国际专利申请引用 6 次,被欧洲专利申请引用 6 次,被德国和中国专利申请分别引用 2 次,被日本专利申请引用 1 次。

　　被引频次第二的专利 US6056237A 是 1997 年由 WOODLAND 申请的无人机,其有一个便携的、由弹道发射的自主控制或半自主控制的车辆,包括机头部分、有效载荷段、机翼和油箱部分和动力装置部分,包括多种有效载荷包,可以在飞行中携带、使用或部署应急用品、传感器和天线组件,可用于消防、地震、海事等场景的搜索和救援。作为救援机器人领域中的基础性专利,其在全球范围内被引用 380 次,被美国专利申请引用

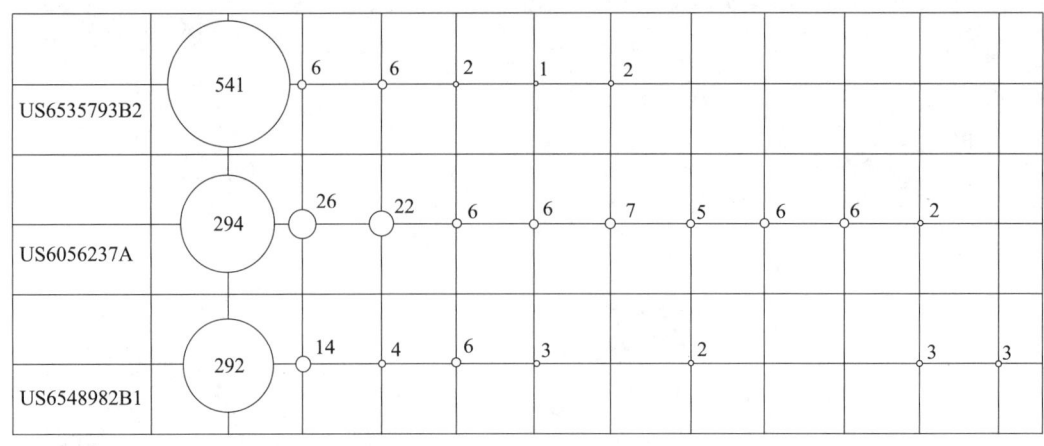

**图 17　被引频次为前三的专利申请的被引用情况**

注：图中数字表示被引频次，单位为次。

294 次，被国际专利申请引用 26 次，被欧洲专利申请引用 22 次，被德国专利申请引用 7 次，被中国、日本、英国和法国专利申请分别引用 6 次，被澳大利亚等其他国家/地区专利申请引用 7 次。

被引频次第三的专利 US6548982B1 是 2000 年由明尼苏达大学评议会提出的具有代表性的早期轮式越障救援机器人专利，车辆包括圆柱形本体和连接到所述端部的至少两个驱动轮，可行驶在各种地形和障碍环境。它在救援机器人的发展历程中具有标志性意义，使救援机器人成为企业关注的热点。其在全球范围内被引用 328 次，被美国专利申请引用 292 次，被国际专利申请引用 14 次，被中国专利申请引用 6 次，被欧洲专利申请引用 4 次，被澳大利亚专利申请引用 3 次，被其他国家专利申请引用 12 次。

除上述三件核心专利外，由于各国争相发展陆地上轮式、履带式救援机器人的背景下，大量关于履带式救援机器人的专利应运而生，成为救援机器人中的主要类型。其中救援机器人被引频次排第四的专利 US6263989B1 即涉及履带式结构，是履带式救援机器人的重要代表，该专利依然来自美国 iROBOT 公司。该铰接式履带车辆包括主框架和前进部分，随身携带各种传感器，包括摄像头、声呐传感器、红外探测器、惯性传感器、斜度仪、磁罗盘和麦克风等，能够越障、攀爬楼梯，适用于多种灾难场景。其在全球范围内被引用 272 次，被美国专利申请引用 240 次，被国际专利申请引用 10 次，被中国专利申请引用 13 次，被欧洲专利申请引用 5 次，被其他国家专利申请共引用 4 次。

以上核心专利代表了救援机器人领域发展以来的重要基础性研究和里程碑。近年来，随着机器人技术的整体革新和救援机器人在实际救援运用中的不断磨砺，大量实用性更强、智能化程度更高的新科技逐渐走进公众的视野，为救援机器人技术注入了新的力量。

表4列出了2010年以来引证频次前三的专利申请，代表着近年来救援机器人发展的前沿和方向。

表4　2010年以来前3项高频被引核心专利申请

| 序号 | 公开号 | 申请人 | 家族被引频次 | 同族专利涉及的国家/地区 |
|---|---|---|---|---|
| 1 | CN203047531U | 深圳市大疆创新科技有限公司 | 73 | WO DE CN US EP JP |
| 2 | US8100205B2 | RoboteX Inc | 38 | US WO TW KR JP EP CN |
| 3 | US20110040427A1 | Pinhas Ben－Tzvi | 27 | US |

专利CN203047531U是深圳市大疆创新科技有限公司于2012年11月申请的多旋翼无人飞行器，用于地图测绘、灾情调查和救援、空中监控等。其上机臂壳体与上壳体一体成型或固定连接，下机臂壳体与下壳体一体成型或固定连接，然后整体进行扣合，增加了上下壳体、上下机臂壳体之间的内部空间，提高了可靠性，使用和维护更加方便。该多旋翼无人飞行器结构在6个国家和地区申请了专利保护。申请人深圳市大疆创新科技的无人机产品已运用于2015年4月25日的尼泊尔地震和2017年8月的九寨沟地震，救援人员通过无人机进行定点拍照，并配合测绘软件，为评估受灾情况、制定救援计划、部署救灾物资等提供实时资料。图18是该专利附图及相关无人机产品实物。

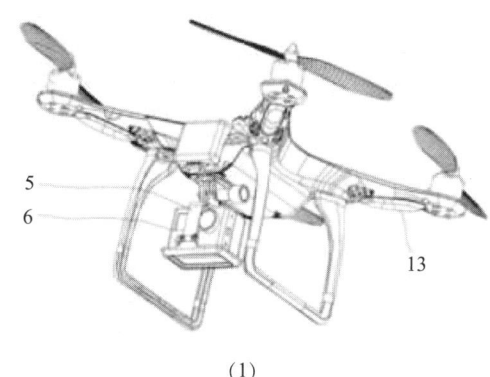 

（1）　　　　　　　　（2）

图18　专利CN203047531U及相关产品实物

专利US8100205B2是美国RoboteX公司提出的基于地面的远程控制机器人专利，具有主体和四个可旋转的鳍状部，鳍状部具有自行清洁履带。该机器人具有更加稳定的机动性，增大了对地力矩传递，控制和数据收集/传输更加可靠，在使用期间虽然占据较大区域，但运输时可以收纳为小尺寸，其结构设计使得机器人更加小型化，便于运输至所需场合。图19是该专利附图及该公司相关无人机产品实物。

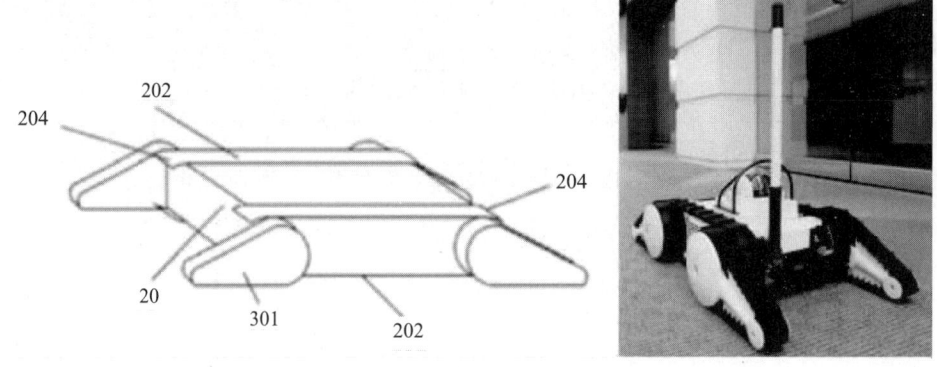

图 19　专利 US8100205B2 及申请人 RoboteX 相关产品实物

专利 US20110040427A1 是 Pinhas Ben－Tzvi 发明并申请的混合式自主移动机器人，包括基本链路和第二链路。基本链路和第二链路都具有驱动系统，基本链路适于用作牵引装置和转塔，第二链路连接在基本链路的基链路上，适于用作牵引装置及用于操作。该结构和运动方式使得端部执行器的有效载荷能力和可操作性得到增加。图 20 为该专利结构及运动过程示意图。

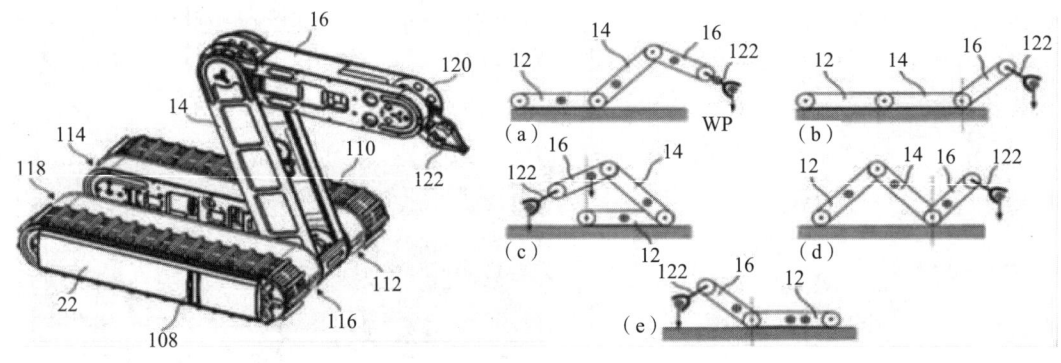

图 20　专利申请 US20110040427A1 自主混合移动机器人结构及运动过程示意图

## 六、结束语

救援机器人是机器人领域中的一个重要应用分支，也是近几年来的一个研究热点。本文通过对救援机器人专利申请进行分析，得到有关救援机器人专利技术发展态势结论如下：

（1）整体而言，救援机器人主要朝着复合型、小型化、轻量化、多栖性和智能化方向发展。然而，目前各种研究虽多，由于环境的复杂性等多种因素，实际投入应用的却较少。除传统的无人机侦察和消防车灭火应用外，地震、水下等危险环境下的救援机器人应用还较少，矿井救援目前在国内外尚无成功应用案例。目前救援机器人技术仍难以转化为现实产品，多数还处于试验阶段，而随着近年纳米技术、传感技术、新材料、可变形结构和通信技术等的发展，未来更多的救援机器人有望得到实际应用。

（2）具体到救援机器人各个应用领域而言，随着我国城市化进程的加快，消防类机器人已经向无人机灭火、爬壁或爬梯等可进入高楼层灭火的机器人发展；地震救援机器人向仿生、变形态等特殊形态的机器人发展，以满足废墟、狭缝等复杂非结构化环境；水下救援机器人目前主要着力于克服定位、导航等技术问题；矿山和核事故救援机器人研发难度较大，相比于其他救援机器人研发进度滞后，主要仍以环境探测机器人为主。

（3）就我国而言，救援机器人发展起步较晚，基础专利的占比较少，但是发展迅猛，目前的专利申请量全球最多。然而，由于我国的专利申请技术分布较为集中，没有形成合理的技术网络，对于专利保护的意识还有待进一步提高，没有对核心技术形成有效保护。

我国的机器人研发单位和企业应当切实抓住《中国制造2025》规划、国家"十三五"规划以及《深入实施国家知识产权战略行动计划》等一系列契机和利好政策，深化学习和合作，加强对核心技术的研究，提高我国的救援机器人技术实力，同时加强知识产权保护，争取形成一张有力的救援机器人知识产权保护网，进一步推动我国救援机器人的发展和实际应用，做出具有中国智造的救援机器人品牌。

**参考文献**

[1] 葛世荣，朱华. 危险环境下救援机器人技术发展现状与趋势［J］. 煤炭科学技术，2017，45（5）.

[2] 王忠民. 灾难搜救机器人研究现状与发展趋势［J］. 现代电子技术，2007，（17）.

[3] 苏卫华，吴航，张西正，等. 救援机器人研究起源、发展历程与问题［J］. 军事医学，2014，38（11）.

[4] 刘金国，王越超，李斌，等. 灾难救援机器人研究现状、关键性能及展望［J］. 机械工程学报，2006，42（12）.

新能源电池

机器人

高档数控机床

# 基于三维空间的机器人避障专利技术综述<sup>*</sup>

## 王文聪

**摘 要** 避障是移动机器人完成各项任务的前提条件，也是机器人技术领域的研究热点。机器人通过携带的外部传感器进行环境感知，获得环境信息并对环境进行建模，根据获得的环境模型结合避障算法在行进的过程中躲避障碍物。本文介绍了机器人避障技术的发展脉络，目前主流的机器人避障方法及装置，以及国内外的研究和发展情况。

**关键词** 机器人 避障 传感器 环境 Robot

## 一、概述

### （一）机器人及其分类

机器人，在避障领域称为移动机器人（Robot），是自动执行工作的机器装置。如图1-1所示。它既可以接收人类指挥，又可以运行预先编排的程序，也可以根据以人工智能技术制定的原则纲领行动。它的任务是协助或取代人类的工作，例如生产业、建筑业，或是危险的工作。随着机器人性能不断完善，移动机器人的应用范围大为扩展，不仅在工业、农业、医疗、服务等行业中得到广泛应用，而且在城市安全、国防和空间探测领域等有害与危险场合得到很好的应用。因此，移动机器人技术已经得到世界各国的普遍关注。

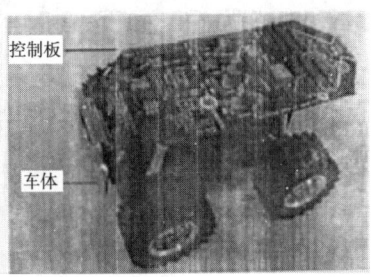

控制板

车体

图1-1 机器人

---

\* 作者单位：国家知识产权局专利局专利审查协作江苏中心。

机器人主要包含以下几类：

按照移动方式分类，机器人主要有轮式、腿式、履带式以及复合型。轮式移动机器人具有高速高效的性能，但越过壕沟、台阶的能力较差。腿式移动机器人地形适应能力强、能越过大的壕沟和台阶，其缺点是速度和效率均比较低。履带式移动机器人地形适应能力很强，设计紧凑，其缺点是重量大，能耗大。复合型的轮腿式移动机器人融合了腿式移动结构的地形适应能力和轮式移动结构的高速性能，其缺点是结构相对复杂一些。

其他特殊形式的移动机器人也是各有各的优缺点，如：单边轮用一个轮子代替整个车体，很好地利用了圆形几何约束的地形适应能力，避免了车底净高等附加几何约束对车辆地形适应能力的限制，大大减小了体积，增加了机动性和灵活性，但这种机器人控制复杂，越障能力低。球形轮在各方向上的截面都是圆，具有很好的地形适应能力，但控制也比较复杂。还有爬行机器人、蠕动式机器人和游动式机器人等类型。

移动机器人还有按照工作环境、控制体系结构、功能和用途进行分类，如图 1-2 所示。

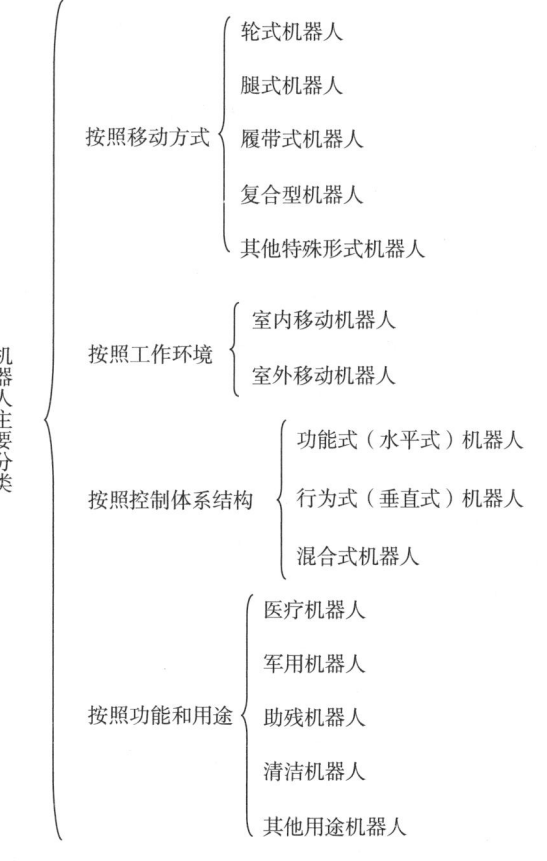

图 1-2　机器人主要分类

新能源电池

机器人

高档数控机床

### （二）机器人的避障原理

**1. 避障规划概述**

避障规划为机器人自动行驶的重要部分之一。避障规划就是检索出一条从开始位置到终点位置符合特定标准的优良或接近优良的避开障碍物的路径，避开障碍物是移动机器人避障规划里非常关键的问题。

移动机器人从起点向目标点行进的过程中，需要不断地通过感知系统的多传感器数据融合结果了解自身位置和环境信息，并利用路径规划算法周期性地决策出相应的最佳行为方案。所谓最佳行为方案，是指机器人在躲避障碍的同时，使性能指标达到最优或局部最优。

按照机器人所能掌握的地理数据的差异，基本分成两类避障规划：第一类是已知地理数据的全局避障规划，第二类是部分未知或整体未知环境数据，利用传感器对所在的运动环境进行实时检测，从而知道障碍物的地理方位，大小形状等数据的局部避障规划；按照移动机器人所在环境中障碍物的不同，分成两类：在静止障碍物地理中与运动障碍物地理中的避障规划问题。

避障和导航的研究是移动机器人研究的核心问题，要使机器人能够自主行走，顺利避障，需要解决两方面的基本问题：一是在运动过程中如何利用传感器感知周围未知环境；二是利用传感器感知的环境信息，采用适当的算法进行路径规划来实现机器人的实时避障。

**2. 传感器技术**

传感器技术在移动机器人避障中起着十分重要的作用。视觉、红外、激光、超声波等传感器在移动机器人的研究中得到了广泛应用。机器人实时避障的传感器一般分为两大类，即无源式传感器和有源式传感器。无源式传感器包括触觉传感器和视觉传感器；有源式传感器根据中间传递介质不同分为电容耦合式传感器、电涡流传感器、超声波传感器和红外传感器等。

机器人对传感器的一般要求是：精度高、重复性好；可靠性高、稳定性好；抗干扰能力强；质量轻、体积小、安装方便且价格便宜。

用于移动机器人避障和测距的传感器主要有以下几种：

（1）视觉传感器

在移动机器人避障中广泛使用的视觉传感器主要是 CCD 图像传感器。采用视觉传感器避障可以获得范围较广且较完整的环境信息，但难于区分探测目标和背景，且图像处理运算量大，需要高性能的信号处理设备，致使这种系统体积大、能耗高、实时性差。此外视觉传感器虽能得到物体的具体信息，但测量不出机器人与障碍物之间的距离。

（2）红外传感器

红外线是一种光波，具有定向传播和反射能力。红外传感器与超声波传感器类似，工作处于发射、接收状态。红外传感器的优点是不受可见光影响，白天黑夜均可测量，角度灵敏度高、结构简单、价格较便宜，可以快速感知物体的存在，但测量时受环境影响很大，物体的颜色、方向、周围的光线都能导致测量误差，测量不够精确。

（3）激光雷达传感器

激光雷达传感器具有较高的精度，通过二维或三维扫描激光束或光平面，激光雷达能够以较高的频率提供大量的、准确的距离信息。激光雷达与其他传感器相比，能够同时考虑精度要求和速度要求，具有测距范围远、测距速度快、测量精度高和镜面反射小等优点，这些优点特别适用于智能机器人领域。此外，激光雷达不仅可以在有光的情况下工作，也可以在黑暗中工作，而且在黑暗中测量效果更好。但其安装精度要求高，价格比较昂贵，且一些激光传感器发射的激光对人的眼睛有伤害。

（4）超声波传感器

超声波是一种频率在 20KHz 以上的声波，具有直线传播的能力，频率越高绕射能力越弱，但反射能力越强。其指向性强，能量消耗缓慢，在介质中传播的距离较远。超声波传感器价格低廉、信息处理简单快速，易于做到实时控制，测量不受环境光的影响，夜间也可工作，可测得机器人与障碍物间的准确距离。但超声波传感器不能获取障碍物的边界信息，对障碍物不能准确定位，存在测量盲区。

3. 路径规划技术

路径规划是指按照某一性能指标搜索一条从起始状态到目标状态的最优或近似最优的无碰路径。避障是移动机器人路径规划中的基本问题之一，一直以来都是机器人路径规划中的难点。根据机器人对环境信息知道的程度不同，可分为两种类型：环境信息完全知道的全局路径规划和环境信息完全未知或部分未知的局部路径规划。

全局路径规划的方法有：拓扑法、可视图法、自由空间法和栅格法。局部路径规划的主要方法有：人工势场法（artificial potential field），遗传算法（genetic algorithm）和模糊逻辑算法（fuzzy logic algorithm）等。

（1）人工势场法是由 Khatib 提出的一种虚拟力法，其基本思想是将机器人在环境中的运动视为一种虚拟的人工受力场中的运动。障碍物对机器人产生斥力，对目标点产生引力，引力和斥力的合力作为机器人的加速力，来控制机器人的运动方向和计算机器人的位置。该法结构简单，便于低层的实时控制，在实时避障和平滑的轨迹控制方面，得到了广泛的应用。人工势场法的缺点是：存在陷阱区域、在相近障碍物之间不能发现路径、在障碍物前振荡、在狭窄通道中摆动。

（2）J. Holland 在 20 世纪 60 年代初提出了遗传算法，以自然遗传机制和自然选择等生物进化理论为基础构造了一类随机化搜索算法。它利用选择、交叉和变异来培养控制机构的计算程序，在某种程度上对生物进化过程作数学方式的模拟。由于遗传算法的整体搜索策略和优化算法不依赖于梯度信息，所以解决了一些其他优化算法无法解决的问题。但遗传算法速度不快，进化众多的规划要占据较大的存储空间和运算时间。

（3）基于实时传感器信息的模糊逻辑算法参考人的驾驶经验，通过查表得到规划信息，实现局部路径规划。该方法克服了势场法的局部极小值问题，计算量不大，易做到边规划边跟踪，适用于时变未知环境下的路径规划，实时性较好。

由于在移动机器人避障过程中建立精确的数学模型十分困难，近年来，人们把目光投向了模糊逻辑和神经网络控制这两种方法。模糊逻辑适合表达模糊和定性知识，具有类似人类思维的推理方式；神经网络具有并行计算、容错性和自学习等优点。但它们的缺点也很明显：模糊逻辑的运算量随规划数量的增加而成几何级数增长，在模糊规则较多时较难实施；神经网络收敛速度较慢，不适合表达知识，不能较好利用已有的经验知识（见图1-3）。

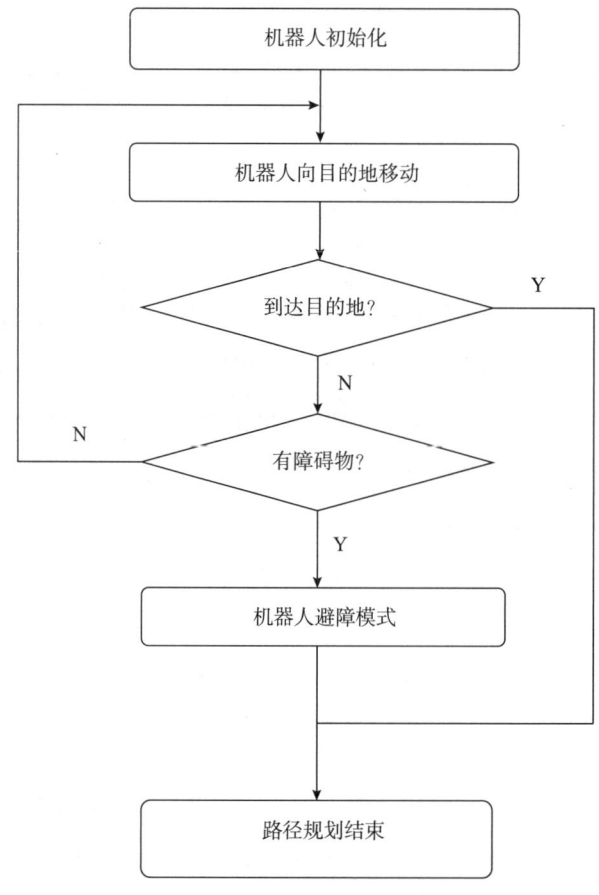

**图1-3 机器人避障技术路径规划流程**

### （三）数据处理及检索思路

1. 专利数据来源

由于移动机器人避障技术主要是进行结构改进、路径规划以及运动建模，本文检索数据库包括：中国专利文摘数据库（CNABS）、世界专利文摘数据库（SIPOABS）、德温特世界专利索引数据库（DWPI）、中国专利全文文本代码化数据库（CNTXT）、美国专利全文文本数据库（USTXT），其中，CNBAS、SIPOABS、DWPI 作为主要的数据分析来源。中国专利申请法律状态数据来自国家知识产权局专利审查系统案卷信息查询模块以及数据检索工具主要来自于国家知识产权局专利检索系统专利数据库查询模块。由于部分专利申请可能需要 18 个月之后公布，作者主要引用了 2017 年 9 月 30 日之前的专利文献数据。

2. 专利检索思路

检索要素的构建主要基于分类号和关键词。

中文：

机器人、robots；

避、障、定位、导航；

位置、方位、坐标、空间、三维、3D；

路径、路线；

英文：

robot；

navigation、obstacle；

coordinator、location、3D；

path、way；

分类号：

通过数据中的分类号统计可知，所述技术在专利文献中的分类号主要以 G05D、A61B 以及 B25J 为主，涉及机器人避障技术的分类号主要为：

G05D 1/02 陆地、水上、空中或太空中的运载工具的位置、航道、高度或姿态的控制，例如自动驾驶仪（无线电导航系统或使用其他波的类似系统入 G01S）。

B25J 9/16 程序控制机械手。

首先，尝试简单检索，通过"机器人""避障"等关键词进行分类号统计，查看统计之后的分类号内容，筛选出较为准确的分类号；其次，进行关键词的扩展，构建检索要素表；最后，分类号和/或关键词构建检索式，在各个专利数据库进行检索并筛选文献；辅以 Patentics、CNKI、Google、百度、IEEE 等检索工具进一步扩展和调整关键词，提高构建的检索式有效性。

通过对机器人避障技术专利申请标引的分类号进行详细统计，其分布如图 1 - 4 所示。

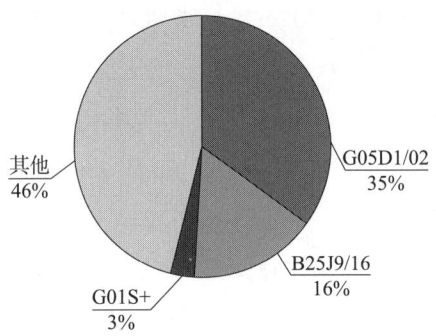

图 1 - 4　机器人避障技术主要分类号占比

## 二、基于三维空间机器人避障技术专利申请整体状况

### （一）全球范围专利申请总体趋势

图 2 - 1 示出了机器人避障技术专利全球申请量的变化趋势，大致可以分为 3 个时期，各时期划分以申请量增长率的变化为标准（数据统计截至 2017 年 9 月 30 日）。

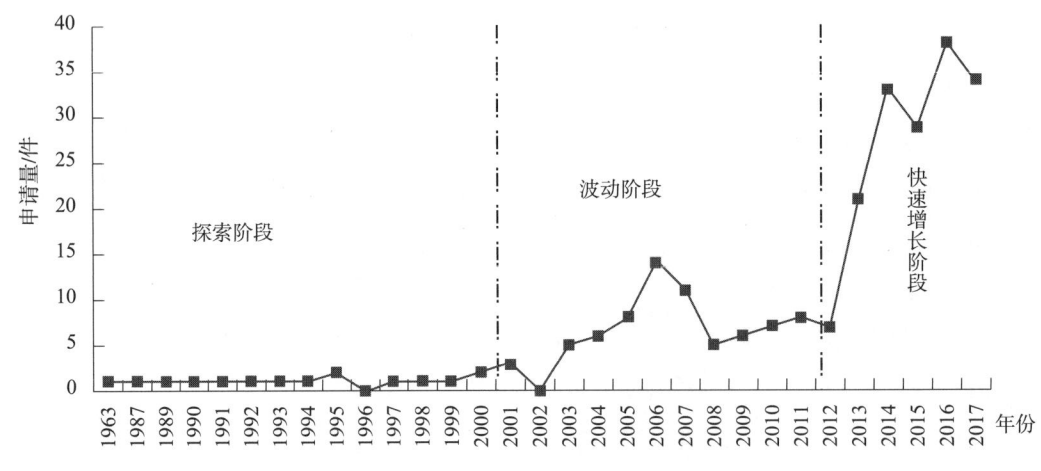

图 2 - 1　机器人避障技术全球专利申请量趋势

1. 探索阶段（2000 年之前）

如上所述，在 20 世纪，由于全球产业自动化还没有得到广泛的应用，基于市场的需求不够旺盛、人工成本较低以及机器人技术的发展还处于探索阶段，因此，从图 2 - 1 可以看出，2000 年之前，全球机器人避障技术方面的申请专利的数量极少，涉足该领域的申请人也极少，具有代表性的申请人是美日韩等国家的高校（麻省理工学院、卡耐基梅

隆大学、加州大学伯克利分校）以及具有科研实力的大型跨国公司（微软、飞利浦、三星）。

可以看出，这一阶段的专利申请在真正的行业中还没有得到应用及推广，主要出于理论与实验阶段，对研究机器人避障技术并无很大的推动力，从申请量的统计来看，也反映出每年是很少的。

2. 波动阶段（2000～2012年）

从图2-1可见，自2000年开始，随着全球人力成本的提高，利用机器人技术代替人工进行自动化生产的需求日益增加，国内外高校、科研机构以及大型跨国科技企业开始试水机器人技术。如何解决机器人移动过程中避障是机器人应用的工业生产中无法绕开的技术问题，为了解决该技术问题，科研人员开始了从理论论证、实验室仿真以及实际环境测试等相关工作，并在此基础之上申请了不少专利。通过图2-1可以看出，2002年、2006～2008年，机器人避障技术专利申请量出现了下滑的情况，根据该期间专利技术脉络的分析，由于机器人移动避障过程中，2002年基于实际环境变化使得机器人避障理论的发展遇到了瓶颈，导致这段时期机器人避障技术的相关专利申请量下降；不过，自2003年开始，新的避障算法的出现解决了相应难题，促使从2003～2006年的专利申请量的显著提升；从2006年开始，机器人在全球制造业的需求越来越旺盛，传统的机器人避障技术已经不能满足现有市场的需求，能够实现多种功能和用途的智能机器人开始进入市场，伴随而来的是信息融合技术以及机器学习理论的出现，科研人员开始尝试利用新的理论解决现有应用中无法解决的技术难题。这一段时期，新的理论开始发展，机器人避障的专利申请量由于理论的不太成熟，出现了一定数量的下降；2008～2012年，随着避障技术的逐渐成熟，机器人避障技术的专利申请量开始稳定增长。

3. 快速增长阶段（2012～2017年9月）

由图2-1可以看出，在2012～2017年，关于机器人避障技术专利全球申请量呈现迅猛式增长，这主要得益于全球产业结构的转变以及科学技术的快速更新。尤其以2012～2014年的增长势头最为迅猛，申请量大幅度增加，这也是人工智能技术在此期间迅猛发展的写照，全球制造业自动化程度也在这一段时期急剧提升，因此出现机器人避障技术专利申请量的飞跃。在2014～2015年，申请量的增长趋势略有放缓，这也与全球经济的不稳定有关系，在2015～2017年，这一段时期有关机器人避障技术的申请量又有一个小幅增加，通过这期间的专利内容的分析，主要归因于移动终端通信新的技术的突破，利用移动终端遥控机器人避障的技术增加了申请量。

（二）主要国家和地区专利申请量分析

在图2-2示出了关于机器人避障技术专利申请进入中国的申请量国别分布。从图中可以看出，中国在国内申请量占据61%的比例，说明国内在机器人避障技术的发展日趋

新能源电池

机器人

高档数控机床

成熟，反映出国内产业转型的趋势，并逐渐推动了我国制造业的科技含量的升级。

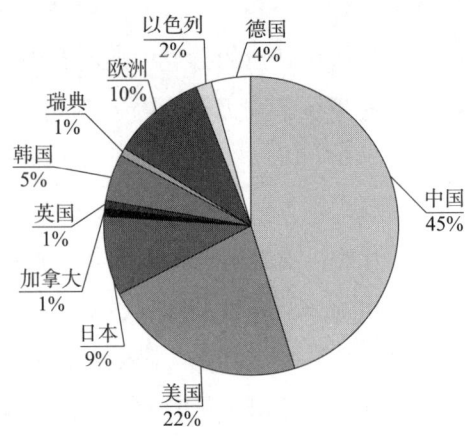

图2-2　全球进入中国的申请量国家/地区分布

在图2-2中，美国、日本、欧洲以及韩国的专利申请量也都在显著提高，分别占据总申请量的22%、9%、10%、5%。美国的科技实力在全球居于领先地位，为了提高在全球专利权利的保护，专利申请占比增加近三成。日本在人工智能方面发展迅速，尤其是机器人领域，欧洲开始注重中国的市场，在中国的专利布局开始扩大，日本和欧洲的专利申请量都在10%左右。

其他国家由于特殊行业的优势和特殊性，其专利申请主要集中在本国优势行业，因此，申请量占全部的5%左右。

（三）国内申请量分析

国内在移动机器人方面的研究起步较晚，大多数研究尚处于某个单项研究阶段。其中清华大学围绕其于1994年设计的智能移动机器人提交了多项专利申请，主要涉及五个方面的关键技术：基于地图的全局路径规划技术（准结构道路网环境下的全局路径规划、具有障碍物越野环境下的全局路径规划、自然地形环境下的全局路径规划等）；基于传感器信息的局部路径规划技术（基于多种传感器信息的"感知－动作"行为、基于环境势场法的"感知－动作"行为、基于模糊控制的局部路径规划与导航控制等）；路径规划的仿真技术（基于地图的全局路径规划系统的仿真模拟、室外移动机器人规划系统的仿真模拟、室内移动机器人局部路径规划系统的仿真模拟等）；传感技术、信息融合技术（差分全球卫星定位系统、磁罗盘和光码盘定位系统、超声测距系统、视觉处理技术、信息融合技术等）；智能移动机器人的设计和实现技术。

此外，最早涉足移动机器人研究的国内科研人员，紧跟国际最前沿的研究脚步，继续获得大量研究成果，例如，香港城市大学智能设计、自动化及制造研究中心的设计了自动导航车和服务机器人；中国科学院自动化所和中国科学院计算所自行设计、制造了全方位移动式机器人视觉导航系统；清华大学于2003年7月研制成功了THMRV智能车等，围绕这些方面的研究成果，各高校和研究机构提交了相关的专利申请，其申请量占据了国内申请量的将近一半。

图2-3显示了中国境内高校和企业申请量的比重。国内申请人可分为国内高校、国内企业以及外资企业三类。根据图中显示的数据，由于国内机器人避障技术起步晚，产业应用还不够成熟，因此，有50%的申请量属于国内高校以及研究型科研院所。这类专利申请从后续的跟踪来看，产业转化率还不高。真正进行产业应用的专利申请数量属于国内企业作为申请人提交的专利申请，从图中可以看出，国内企业在产业结构升级的大背景下，正在积极探索机器人避障技术。这种发展趋势下，产业的应用也有所增加，并申请了相当数量的专利，例如，逐渐进入千家万户的扫地机器人方面的专利申请。外资企业主要是在中国进行产业应用的公司，申请的专利数量虽然较少，但是，专利的质量以及产业应用价值较高，其掌握了多项机器人避障核心技术，这方面的专利申请量在国内有增加的趋势。

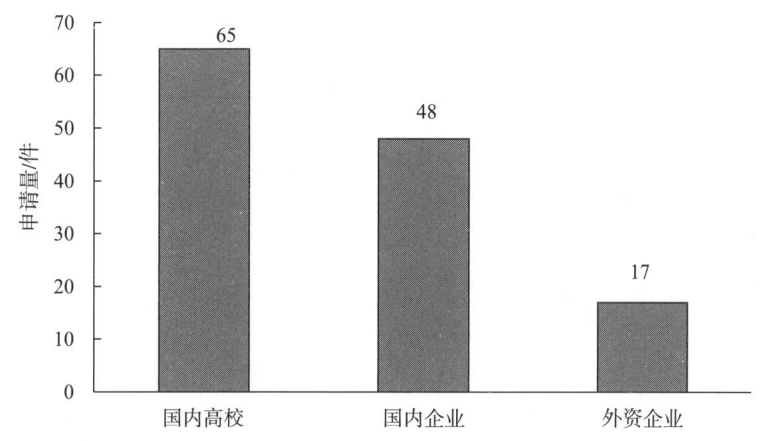

图2-3　机器人避障技术国内申请量分析

## 三、机器人避障技术专利发展分析

### （一）机器人避障技术分布

本节针对机器人移动避障技术作进一步分析，主要从其硬件结构改进、运动模型、路径规划三个方面进行分析。图3-1是关于这三个方面专利申请量的比例分布。

经过大量检索，基于现有数据库中关于该项技术的申请专利，从而得到机器人避障技术的发展情况，通过深入理解该项技术的脉络，在我们未来的专利审查中具有重要的借鉴价值。

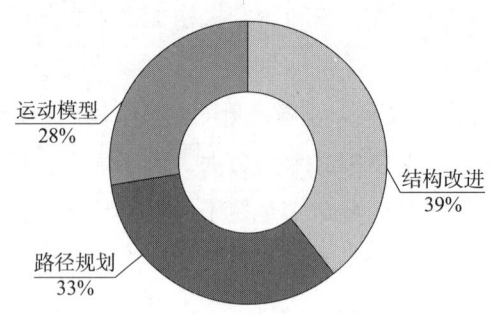

图 3 - 1　机器人避障技术分支占比分布

### （二）机器人避障技术结构改进

机器人的发展过程中，应社会对家庭服务机器人的需求，对服务型机器人的开发越来越多，结构上改进以满足用户功能的要求是一个主要的研究方向，例如进行家庭清洁的家用机器人、用于安全领域的排爆机器人等，其中比较有代表性的是中科院和清华大学联合研制的家居"新佣人"，能实现智能家居监控、相互对话、老人陪护等多项功能。

中国科学院沈阳自动化研究所研制的 AGV 小车和防暴机器人，哈尔滨工业大学设计的履带式煤矿事故搜救机器人等，均已成功应用到工业化生产中，代替人类从事各种危险工作（见图 3 - 2）。

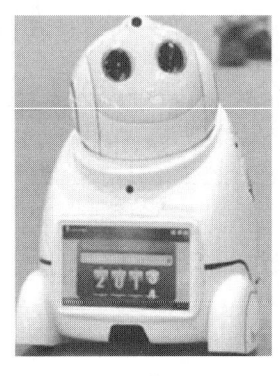 

图 3 - 2　智能移动机器人

法国的 Aldebaran - Robotics 公司于 2004 年推出了 NAO 机器人（Gouaillier eta1.，2009），它高约 0.57m，重量为 4.5kg，具有 25 个自由度。利用躯干内安装的陀螺仪和三轴加速度计，能够实时获得躯干的姿态信息；其前胸的声呐传感器能够探测到身前 0.7m 到 2.3m 内的障碍物；NAO 的每个足底有四个压力传感器，以感知地面的情况。计算单元方面，前三代 NAO 机器人采用 AMD Geode 处理器，第四代采用 Intel ATOM 2530 处理器。

韩国的 Robotis 公司联合了美国的弗吉尼亚理工大学、普渡大学、宾夕法尼亚大学的相关机器人实验室，于 2010 年推出 Darwin - OP 机器人（Inyong Ha，Yusuke Tamura，et al. 2011），其全称为 Dynamic Anthropomorphic Robot with Intelligence – Open Platform，这是一款完全开源的人形机器人，Robotis 公司公布了它的机械设计图、电路原理图和源代码。出于成本的原因，Darwin – OP 机器人结构较为简单，有 20 个自由度，身高约为0.45m，重量仅为2.9kg，内置的传感器较少，有一个 CCD 摄像头、一个陀螺仪、一个三轴加速度计，两个麦克风（见图3 –3）。

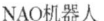

NAO机器人 　　　　　　　　　　　　　Darwin-OP机器人

**图3 –3　新型智能移动机器人**

公开号 US2004/0798232A 的文献，在机器人用于家庭清洁卫生的过程中，为了解决现有技术中机器人在楼梯上行进障碍的问题，BLAIR E C 等将机器人的结构进行了改进，提出了一种触觉型传感器，该传感器可以检测楼梯和墙壁障碍，并设置有跳跃装置用于避开障碍物，同时防止在楼梯清扫时跌落。

公开号 CN104731098A 的文献，南京光锥信息科技有限公司也提交了关于清洁机器人的专利申请，其主要应用于购物商场、火车站等大型场所，为了降低传统的需要人为操作所带来的麻烦，其主要是基于三维成像系统的可自动返回充电的清洁机器人，包括：车体、行走模块、电子罗盘、电源模块、清洁模块、三维成像系统、数据处理器和显示终端；三维成像系统预先存储充电站图像信息，生成具有三维图像信息，数据处理器通过行走模块的第一伺服驱动器和第一伺服电机控制驱动轮转动，并根据三维图像信息计算车体与障碍物间的距离，控制车体绕开障碍物，电压检测电路自动检测电压信息，当电池电压低于阈值时，自动返回充电站充电。

从硬件结构改进的申请专利发展来看，主要是申请人针对特定领域的应用而进行的结构改进，这类专利申请的发明点主要集中在用于解决技术问题的某个装置或模块的设计上。因此，在此类专利申请中，主要涵盖了硬件各个组成模块的改进点，以及由所述改进点所带来的应用效果，结构的改进形式以及与避障算法的协同作用是此类申请主要关注的方向。

### （三）机器人避障技术运动模型

机器人避障技术中，基于环境和机器人结构分别建模是主要的技术分支，运动模型的建立有助于提高避障技术的效率，以下是运动模型方面的专利发展路线图 3 - 4。图中显示了运动模型在机器人避障过程中的重要作用，主要包括基于视点的预测模型、三维空间中图像密度概率模型、动态纹理表达模型、拓扑关系模型以及基于信息融合技术的隐马尔科夫模型。

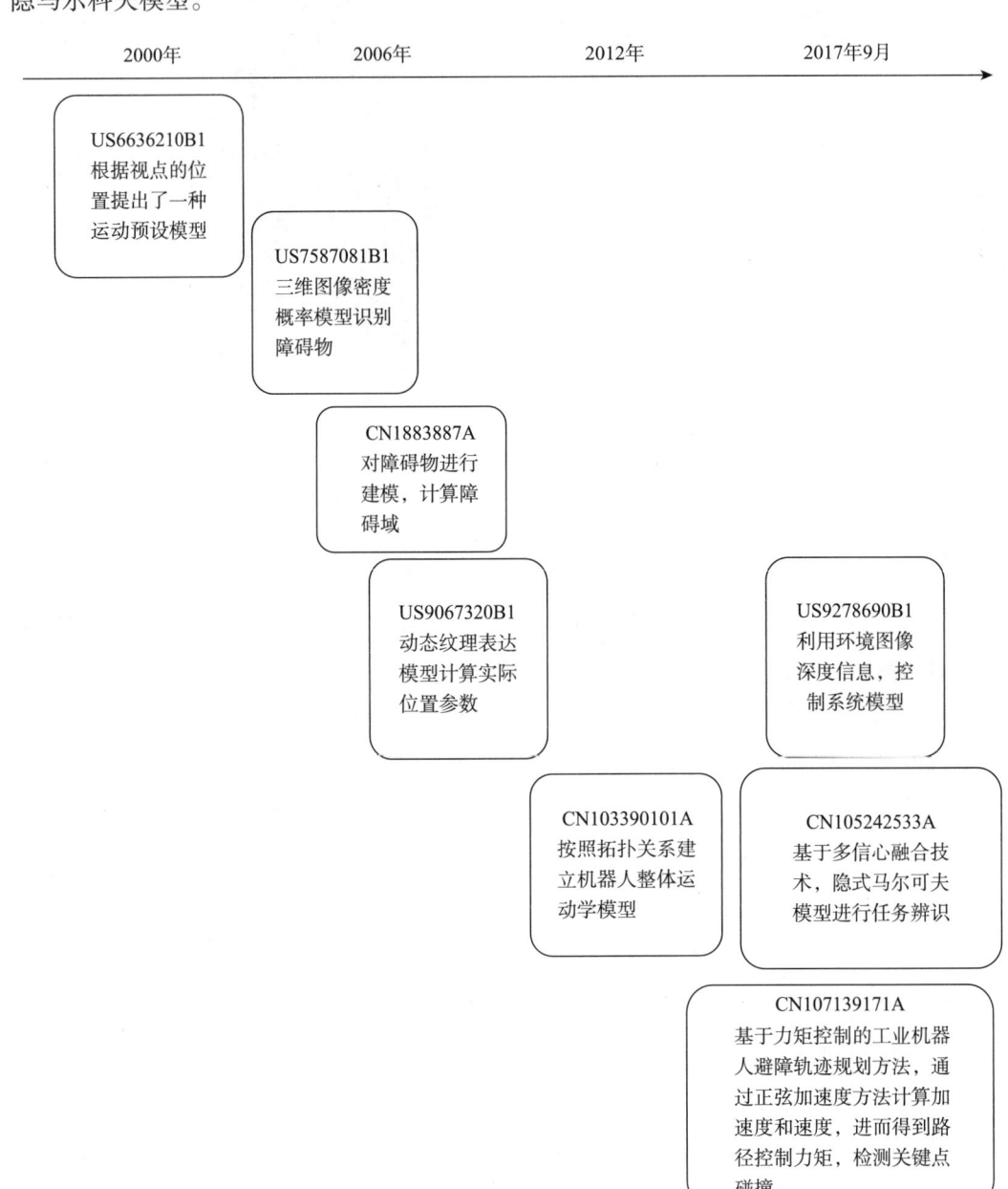

图 3 - 4　机器人避障技术运动模型专利发展路线

在 2000 年，关于运动模型方面的专利申请并不多，主要涉及预测模型构建方面的方法，其间主要是国外专利申请，申请人主要有 DASSAULT ELECTRONIQUE、PHILIPS E-LECTRONICS、MUSE CORP。

2006 年，这一时期可以称为机器人避障技术发展的黄金时期，在这一时期，机器人避障技术中有关运动模型的专利申请量显著增加，申请人不再只有国外企业，还出现了大量的国内科研院所以及大型科技公司，专利方面的技术主要涉及基于环境表达的运动模型的建立、机器人运动行为的运动模型研究等。

2012 年至 2017 年 9 月，作者分析了这一时期关于机器人研发和制造行业的专利申请，发现随着全球制造业的升级，机器人产业也在迅猛发展，机器人避障技术中运动模型的研究更加深入，尤其是基于多信息融合技术的运动模型方面的申请专利大幅增加，有关这方面的技术方案经过研究发现，其所体现的运动参数更加复杂、技术问题更全面、应用环境更加多样，技术效果都是为了提高机器人避障的精度和实时性。

**（四）机器人避障技术路径规划**

用于全局路径规划的方法主要有：栅格法（Grids）、可视图法（V–Graph）和自由空间法（Free Space Approach）等。基于传感器的局部规划法有：模糊逻辑控制算法（Fuzzy Logic Algorithm）、遗传算法（Genetic Algorithm）、神经网络、专家系统和人工势场（Artificial Potential Field）等。以下结合机器人避障技术在路径规划方面的算法简介，展开对国内外申请人专利申请方面的论述。

1. 可视图法

可视图法是针对全是静态障碍的已知环境中进行避障的路径规划方法。它将机器人看成没有质量的点，然后将机器人、障碍物以及目标点通过线结合在一起，这些线以机器人为起点，依次通过各个障碍的顶点到达目标点结束，并且不能穿过障碍物，这样整个环境就变成了一张可视图。机器人只要沿着所绘制的图中的线行进，就不会与障碍物发生碰撞，这样就达到了避障的效果。不适合环境未知和存在动态障碍环境的机器人路径规划。

基于上述方法，专利 EP04742520A，（EADS）EUROCOPTER 公开了飞行器飞行轨迹计算的方法，利用可能飞行路线与理论轨迹的匹配进行飞行器避障，用于解决飞行安全的技术问题。

专利 JP1676795A，FUJITSU LTD 公司还公开了一种多目标点的机器人避障方法及装置。路径生成单元用于连接多个点的集合，检测器检测目标外部路径，将机器人、障碍物以及目标点通过线结合在一起，利用路径生成单元生成绕过障碍物的路径。

由于可视图理论出现较早，有关这方面的专利申请也多出现在国外申请人提交的技术方案中。

新能源电池

机器人

高档数控机床

## 2. 自由空间法

自由空间法是将机器人环境中相通的区域，采用几何图形如多边形、锥形等构造为一体，称为连通图，由移动机器人的尺寸来确定这些几何图形的尺寸，机器人只需根据适当的算法搜索连通图就可以避开环境中的障碍物。自由空间法对环境的处理非常灵活，即便机器人改变出发点和目标点，也不需要重新计算连通图，因此，该方法有很好的移植性，缺点是障碍物过多时算法变得很复杂，且在很多情况下搜索不到最优路径。

基于上述方法，专利 CN201410803053A 公开了一种移动导航系统，该方法能在未知室内环境下实时构建地图并导航，适于室内移动机器人；解决计算量大，对硬件设备的计算能力要求高，边缘检测易失效，无法有效避障，需采用激光设备，需在环境中安装辅助传感器等问题。

## 3. 人工势场法

人工势场法是将移动机器人的运动环境抽象为一个人工受力场，障碍物对机器人产生斥力，目标点对机器人产生引力，机器人在合力的驱动下不断地向目标点运动。该方法简单，计算量小，在构造最优路径和平滑路径上得到广泛的认可，特别适用于移动机器人的实时控制，但由于它存在局部极小点问题，而致使该方法的使用受到一定的限制。

基于上述方法，专利 CN200710099596A 公开了一种城市环境下的微型飞行器三维轨迹仿真方法，把复杂的三维作战环境简化为由基本几何图形组成的数字化地图并初始化；航迹规划模块计算在路径总指标最优条件下的最优可行路径：用数据采集模块对航迹规划模块的路径数据进行实时采集，把接收的路径数据传给自定义的运动模型，运动模型用笛卡儿坐标变量 X、Y、Z 传输微型飞行器的实时三维坐标值，用变量 h、p、r 传输微型飞行器的俯仰、偏航和滚转角度，X、Y、Z、h、p、r 六个参数组成微型飞行器的实时运动参数。

## 4. 遗传算法

遗传避障算法，是模拟生物进化论及自然选择中保留的遗传性的随机化搜索方法，是在一定程度上对生物进化的数学表达，首先由美国的 J. Holland 教授在 1975 年提出。冯琦等人提出机器人避障遗传算法在极坐标环境下的求解，采用染色体编码对机器人出发点统计信息筛选，删除无用数据，试验证明该算法适用于机器人的运动区域广泛，障碍物分布多变的情况。周明等人提出连续空间下建立连通图，首先大体对图形分析出可能路径，再由遗传算法优化路径，最终得到理想的路径，但是，在机器人环境复杂及障碍物较多的时候，该方法不太适用。

基于上述方法，专利 US2006/0428646A，BATTELLE ENERGY ALLIANCE LLC 提出了一种动态自由避障的机器人导航装置，该方法通过虚拟跟踪机器人，连接多个运动片段，筛选有用信息，规划出最理想路径。

5. 基于模糊控制的避障法

基于模糊控制的避障法避免构造环境的精确数学模型，而是将数字量转化为模糊量，然后参考人的驾驶经验，制定一系列的模糊控制规则，根据这些规则进行推理，再将得到的结果解模糊，便可依据解模糊得到的精确数值实现局部路经规划。对于机器人环境障碍物的不确定性问题，可以通过模糊控制器很好地进行建模，因为模糊控制对模糊信息有极强的描述处理能力，它可以通过模糊子集的划分，将传感器信息很好地进行归类。但该算法有对称无法确定的缺点，即当机器人左方和右方障碍物相同的时候，机器人不能选择前进方向，或出现无终止的摆动，使机器人陷入死区。针对这个问题，L. Wei 提出右转方案，解决了死区问题，但该方案无法保证机器人行走的是最短路径。

基于上述方法，SONY CORP 和 TOYOTA JIDOSHA KK 在无人驾驶汽车方面起步较早，专利 JP2005 - 316975A 公开了一种基于汽车驾驶状况的观测装置，该装置涉及一种控制器，该控制器实际上利用了模糊控制避障算法，识别环境中不同的路径，用以驱动汽车安全地行使。

6. 神经网络法

神经网络法，神经网络是模拟人体脑细胞对信息的处理过程，有自组织和自学习功能，R. Glasius 采用 Hopfield 神经网络模拟神经元，来规划机器人的行程，使其避开障碍物，即使机器人处在运动或变化的环境中，利用该方法也能快速找到可行路径。为了改进避障效率，D. R. Parhi 成功试验了多层神经网络控制器。但是多层神经网络又有收敛速度缓慢的缺点，并且已有的知识和经验很难应用到该方法中。

7. 模糊神经网络法

对于上述模糊控制和神经网络的缺点，有些人提出将两种方法结合使用，达到优势互补的效果，这就产生了一个新的算法模糊神经网络。该方法是首先通过建立模糊控制器，建立模糊规则，然后将模糊规则作为神经网络的训练样本，通过离线训练的方式对训练样本进行学习，将模糊规则进行融合，使其在整体上体现出一定的智能，这样经过训练后的模糊规则灵活性就会增加很多。模糊神经网络很好地将模糊控制的较强推理能力和神经网络的自学习，自适应能力结合了起来，所以已经被广泛应用到了各个领域。

基于上述方法，BATTELLE ENERGY ALLIANCE LLC 提出了一种基于多个机器人平台的路径寻优方法，专利 US2006/0428646A 涉及一种多个机器人行为的训练模型，基于该模型寻找并检测避障地图，通过扫描外部环境中构建障碍物地图，并于当前机器人建立联系，最终达到避障的目的。该方法利用到了模糊规则和神经网络的自学习能力。

综上，本小节对机器人避障过程中路径规划的技术领域进行分析，并按照算法分类及相关算法涉及的专利申请进行了介绍，归纳与总结每一类路径规划算法的发展趋势以及相关申请人的情况，这对于理解这一项技术的发展历史以及发展现状具有较为重要的指导意义。

新能源电池

机器人

高档数控机床

# 四、结语

本文主要以中国专利文摘数据库（CNABS）、世界专利文摘数据库（SIPOABS）、德温特世界专利索引数据库（DWPI）、中国专利全文文本代码化数据库（CNTXT）以及美国专利全文文本数据库（USTXT）收录的专利文献为样本，分析了机器人避障技术的国内外专利申请趋势，并对机器人避障中结构改收录的专利文献为样本，分析了机器人避障技术的国内外专利申请趋势，并对机器人避障中结构改进、运动模型、路径规划三大技术作了进一步分析。通过上述分析，有助于我们对于该领域的现有技术发展水平有更进一步的认识，对于以后审查该领域的专利申请大有帮助。

基于如上的分析过程可以看出，在发展时间轴上，机器人避障技术的发展得益于 21 世纪全球产业化的升级改造，自动化生产推动了机器人技术理论和实际应用的快速进步；从国内外专利申请的对比来看，国外的科技公司占据了机器人避障技术专利申请量的半壁江山，其专利质量较高，在全球的竞争力较强，反观我国的机器人避障技术，其专利申请人还主要集中在国内科研型高校以及院所，产业转化水平比较低，2012 年之后，国内的科技企业开始关注机器人避障技术，并在专利申请数量的贡献上开始增加比重，2015 年之后，工业机器人对于国家的产业升级起到了非常重要的作用，这方面的专利申请数量和质量开始稳定在一个高位阶段。

此外，通过对机器人避障技术专利申请技术方案的理解和分析，由于在 2006 年左右的理论和试验的积累，国内申请人的专利申请质量在 2012 年之后大幅度提升，尤其是在特定应用领域解决相应的技术问题方面，国内专利申请的贡献有所提升，2016 年至 2017 年第三季度，专利申请数量和质量已经上升到一个更高的水平。

综上所述，全面地了解机器人避障技术的发展过程以及现有技术的发展情况，有助于在专利审查工作中对技术方案的把握，也能够提高对该类案件的检索能力。

## 参考文献

[1] 国家"863 计划"智能机器人专家组. 机器人博览 [M]. 北京：中国科学技术出版社，2001：15-25.

[2] 徐国华，谭民. 移动机器人的发展现状及其趋势 [J]. 机器人技术与应用，2001，3：7-13.

[3] 黄兴华. 基于改进势场法的移动机器人路径规划研究 [D]. 重庆：重庆大学，2012：2.8.

[4] 朱大奇，颜明重. 移动机器人路径规划技术综述 [J]. 控制与决策，2010，25 (7)：962-967.

[5] 袁曾任，高明. 在动态环境中移动机器人导航和避碰的一种新方法 [J]. 机器人，2000，22 (2)：81-88.

# 模块化蛇形机器人专利技术综述[*]

杨喜飞　　王慰慰　　张琼　　潘玉芬　　李祥亮　　李方芬　　徐茗娟

**摘　要**　模块化蛇形机器人，可根据不同需求进行组装，可靠性高，维护性好，在很多领域具有十分广泛的应用前景。本文通过对模块化蛇形机器人的结构在国内外专利申请趋势分析，了解该技术总体所处的技术发展阶段；分析了其申请国别情况，明确技术的地域分布情况；分析了模块化蛇形机器人结构方面的技术领域和技术构成，为高效检索获得相关技术提供参考；并对模块化蛇形机器人结构方面的主要技术进行了技术发展梳理，围绕运动灵活和结构紧凑的技术问题进行了功效分析，明确了在模块化蛇形机器人结构方面的研究热点和技术空白点。最后，对模块化蛇形机器人结构方面的重点专利进行了简单介绍。

**关键词**　模块化　蛇形　机器人　专利技术

## 一、前言

### （一）研究意义

生物蛇可以在多样化的自然环境中生存，可以控制自身实现多种姿态，轻松进入狭小空间。在仿生机器人领域，蛇形仿生机器人正是模仿生物蛇的超强适应能力应运而生的，其冗余度极高，具有多自由度的运动能力，使其可以模仿出生物蛇的运动模式，在运动行进过程中身体与地面多点甚至线或面接触，运动稳定性好，对地形的适应能力强。模块化蛇形机器人，可根据不同需求进行组装，可靠性高，维护性好，在很多领域具有十分广泛的应用前景。

蛇形机器人在医疗器械领域产业应用最早和最成熟；而对模块关节处的传动进行密封后，蛇形机器人可在恶劣的战场环境下进行目标搜索等任务，可进入建筑物等相对封闭环境下进行侦查、监视；在蛇形机器人中加入战斗部模块，可作为攻击武器通过缝隙

---

＊ 作者单位：国家知识产权局专利局专利审查协作广东中心。

进入洞穴、掩体内对特殊军事目标进行精确爆破毁伤；通过飞行器或抛射将带有战斗部的蛇形机器人进行抛洒，更可达到大面积高密集度的毁伤，具有很高的军事应用价值。在民用领域，蛇形机器人具有的超强适应能力适合对危险或未知区域的探索，如在粉尘、有毒或辐射环境中寻找危险源，对疏松土质环境下进行地质勘探；在地震、塌方等自然灾害或火灾后，蛇形机器人可进入难以进入的废墟中寻找幸存者；亦可在狭小和危险条件下进行管道疏通作业或进入石油管道进行勘探。蛇形机器人的研发对于外太空的探测也具有实际意义，利用其多自由度的灵活性，可用于航天器外的维修作业；技术成熟时，蛇形机器人可投放于人类难以登陆的其他星球进行探测与采样工作。蛇形机器人亦可以为实验室人员对控制理论、人工智能、多自由度运动算法等方向的研究提供实验平台。

**（二）研究现状**

1. 国外研究现状

一些发达国家对蛇形机器人的研究十分重视。1972 年，日本东京工业大学的 Hirose 教授历经多年努力，在全球范围内首次研制出了蛇形机器人样机，之后各研究单位设计的蛇形机器人不断涌现，至今已有数十台样机问世。当前国外对蛇形机器人进行较为系统且深入研究的机构主要有：日本东京工业大学 Hirose 教授带领下的机器人实验室（H. F Robot Lab）（见图 1－1）、美国密歇根大学的移动机器人实验室（Mobile Robotics Laboratory）（见图 1－3）、美国卡内基梅隆大学的生物机器人技术实验室（Biorobotics Lab）（见图 1－2）等。

图 1－1　ACM－R3 模型

图 1－2　Unified Snake Robot

图 1－3　OmniTread

另外，日本 NEC 公司的 Takanashi 于 1995 年开发研制了名为 Orochi 的蛇形机器人，该机器人关节采用万向节机构设计，关节运动更加灵活，应用在危险情况下探查和营救工作。Orochi 的每个单体是一个细长型圆柱，各单体可绕相邻单体做球面旋转，可以应用于危险环境下的侦查与救援工作；德国 GMD 国家实验室研制了蛇形机器人 GMD - Snake。GMD - Snake 每个关节有两个相互垂直的转动自由度，除了头部与尾部不同之外，其他关节采用相同的设计；美国航空航天局（NASA）因为执行太空探索任务的需要而设计了一款蛇形机器人，该机器人相邻关节模块之间也是采用正交连接的方式，该机器人在结构设计上比较简单，但是具有自我学习能力，能够自主完成路径规划。

2. 国内研究现状

近年来，我国也开始了一系列针对蛇形仿生机器人的研究。1999 年 3 月，上海交通大学研究人员崔显世、颜国正等研制出一条蛇形仿生机器人，这是我国有记载的第一台微小型样机（见图 1 - 4）；2001 年 11 月，国防科学技术大学研制出了另外一款蛇形仿生机器人样机（见图 1 - 6），该蛇形机器人的研制成功标志着我国在蛇形机器人领域有了新的突破；中科院沈阳自动化研究研发的水路两栖蛇形机器人 - 巡视者系列（见图 1 - 5）；沈阳自动化研究所还对蛇形机器人的蜿蜒运动、侧移运动、抬头运动和行波运动等运动方式进行了较为深入的研究。

图 1 - 4　蛇形机器人

图 1 - 5　巡视者 II 样机

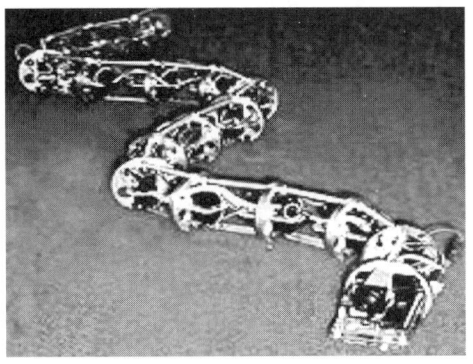

图 1 - 6　国防科大研制的蛇形机器人

新能源电池

机器人

高档数控机床

此外，华南理工大学对蛇形机器人的典型运动方式和控制方法进行了研究。东北大学设计了一种采用记忆合金驱动的蛇形机器人，燕山大学设计了一种基于空间连杆机构的蛇形机器人。

### （三）技术分解

蛇形机器人主要从以下几个方面进行研究：生物蛇在自然界中的运动分析、蛇形机器人的机械结构设计、蛇形机器人的运动步态研究、蛇形机器人的控制方法、蛇形机器人的环境辨识与运动规划。其中，蛇形机器人的机械结构设计需要综合考虑蛇形机器人的运动形态、控制方式、供电方式、通信方式等各方面因素，因此是蛇形机器人研究的重点和难点。基于生物蛇"球铰"关节结构的启发，采用模块化设计方法设计的蛇形机器人简化了设计过程，组装形式多样，便于维护。模块化设计方法为新型蛇形机器人的设计提供了方向。

本文重点从蛇形机器人的机械结构设计出发，对蛇形机器人的连接结构（关节形式）和模块化本体单元进行专利技术梳理，为国内蛇形机器人的专利技术研发提供助力。

根据模块化蛇形机器人的机械结构特点，将其划分为连接结构和模块本体，并在此基础上对其进行技术细分，如表1-1所示。同时，将结构紧凑和运动灵活作为效果标引项，对所有的数据进行了标引和处理。

表1-1　模块化蛇形机器人的技术分解

| 一级分支 | 二级分支 | 三级分支 |
|---|---|---|
| 连接结构 | 刚性连接 | 一自由度 |
| | | 二自由度 |
| | | 三自由度 |
| | | 其他 |
| | 柔性连接 | |
| 模块本体 | 支撑件 | 轮 |
| | | 履带 |
| | | 吸附件 |
| | | 其他 |
| | 传动形式 | 齿轮 |
| | | 皮带 |
| | | 绳 |
| | | 直驱 |
| | | 其他 |

说明：本文中齿轮定义为包含各种形式的齿啮合传动。

## 二、专利申请态势分析

为了研究国内外模块化蛇形机器人领域专利申请的现状，本文选择中国专利文摘数据库（CNABS）和德温特世界专利索引数据库（DWPI），检索文献涵盖了公开日或公告日在 2017 年 10 月 1 日之前的全球发明和实用新型专利申请。选用的关键词为：蛇、机器人，对应的英文关键词为：snake、robot。IPC 分类号为：B25J ＋、A61B1 ＋。

基于检索到的专利文献进行数据提取、筛选以及归纳，重点从专利申请量年度分布、专利申请的地域分布、技术分布情况等角度对检索结果进行分析。

### （一）专利申请年度分布

图 2－1 示出了 1983 年以来模块化蛇形机器人国内外专利申请量的年度分布。全球范围内，1983 年出现第一件关于模块化蛇形机器人的专利。在 1983～1997 年，仅23 件，整体处于萌芽阶段，直到 2001 年开始，才进入平稳发展阶段，并于 2014 年申请量达到顶峰。另外，从图 2－1 还可以看出，自 2002 年以后，中国才有关于模块化蛇形机器人方面的专利出现，但申请量增长较快，且在全部专利申请量中的比例逐年增大。

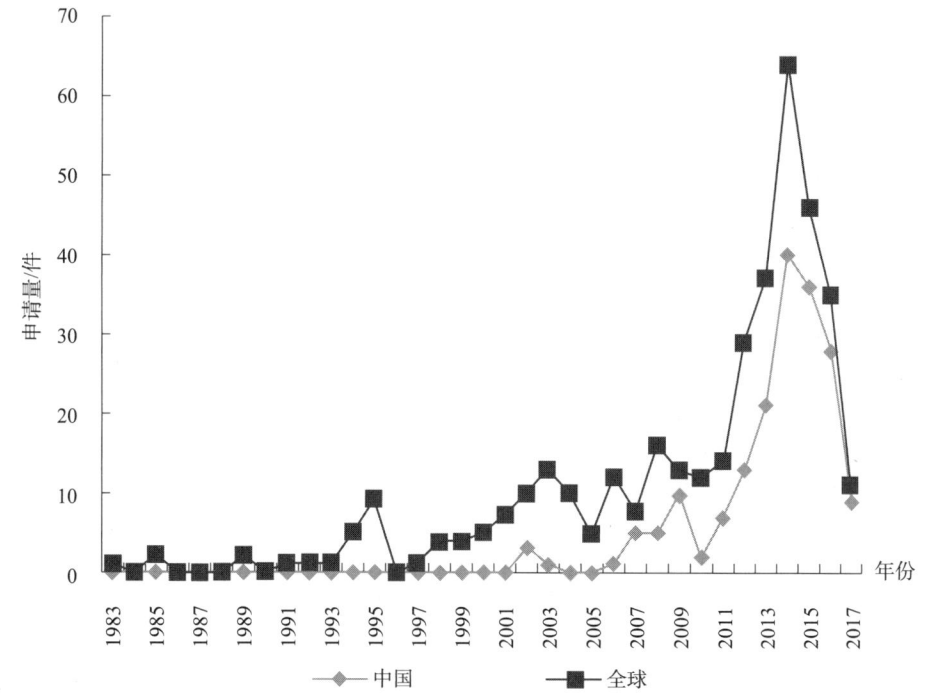

图 2－1　模块化蛇形机器人全球及中国专利申请量年度分布

### （二）专利申请国家和地区分布

图 2-2 示出了全球专利申请的国家和地区分布。虽然中国起步较晚，但中国的专利申请量在该领域具有领先优势，居全球第一，约占总申请的 1/2，可见中国对模块化蛇形机器人方面的相关技术研究非常重视，这与中国近几年在机器人方面的大力投入密切相关。其次是日本，申请量为 99 件，约占总申请的 27%。占据第三位的是美国，约占总份额的 13%。欧洲专利申请约占总申请的 6%，其他国家和地区约占 4%。

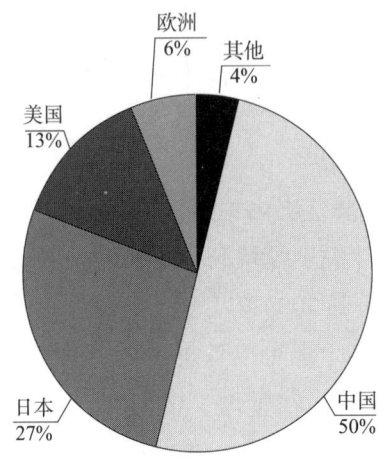

图 2-2　模块化蛇形机器人全球专利申请的国家/地区分布

### （三）主要申请人分布

图 2-3 示出了全球专利申请量排名前 10 位的申请人分布。由图 2-3 可以看出，排名前 10 位的申请人主要分布在中国，其中，国内科研院所和高校是主要力量，即排名前 10 位的申请人中，有 5 个为国内科研院所/高校，中国科学院沈阳自动化研究所占据首位。另外，国内青岛海艺自动化技术有限公司、泰华宏业（天津）机器人技术研究院有限责任公司在模块化蛇形机器人方面也做出了突出贡献。国外申请人主要集中在奥林巴斯株式会社、卡内基梅隆大学、三菱重工业株式会社。

## 三、专利技术分析

### （一）专利技术领域分布

为了展示模块化蛇形机器人领域整体专利技术的分布情况，本文采用 IPC 作为分类标准进行统计分析。对于检索到的专利按照 IPC 进行分类整理，统计得出出现频次居前的 IPC 分类号。统计可知，模块化蛇形机器人的专利技术涉及面较为集中，主要集中在机械手（B25J）、诊断；外科（A61B）。为了进一步了解技术分布，对 IPC 小组按照出现频次提取前 10 个主要的技术领域进行分析，得到图 3-1 所示的数据。从图中可以看出，本领域的专利申请主要集中在 B25J9/06，即以多铰接爪臂为特征的。其次是 B62D 57/02，即有驱动行走推进装置的，例如步进部件。表 3 - 1 对申请量排名前 10 位的小组分类号的具体含义作了说明。

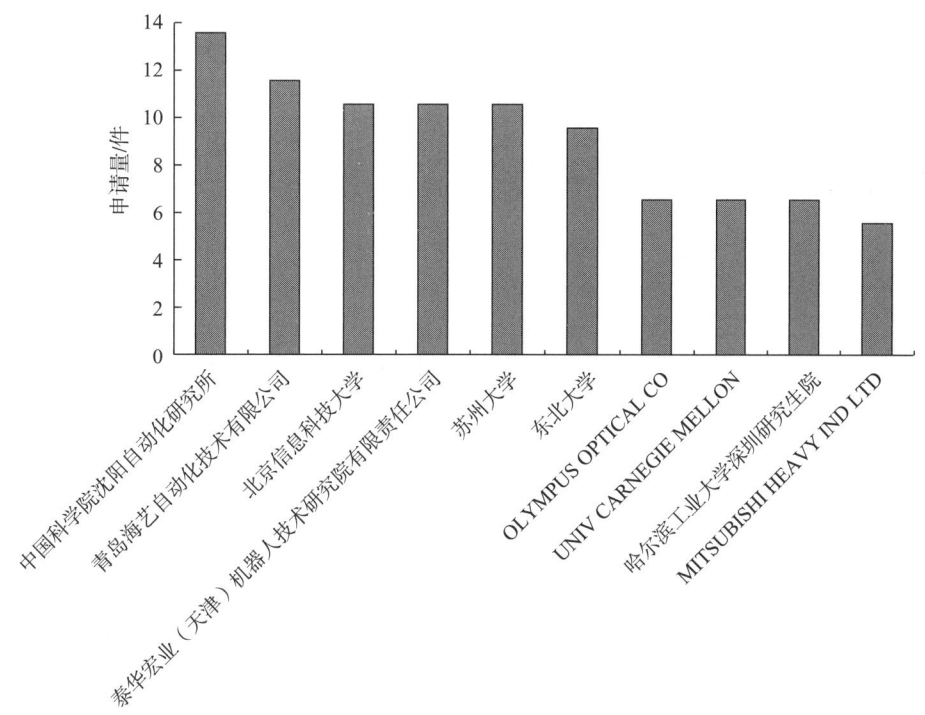

图 2 - 3　模块化蛇形机器人专利申请量前 10 位申请人排名

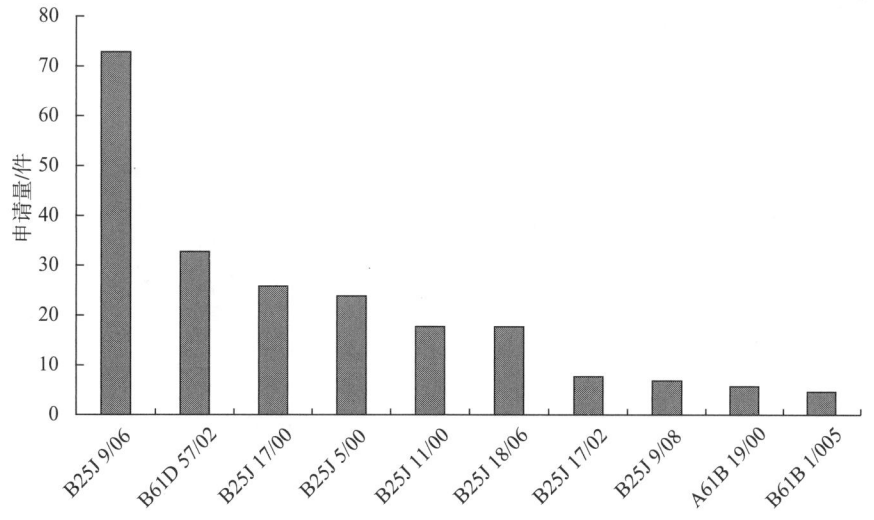

图 3 - 1　申请量排名前 10 位的小组分类号

表3-1　申请量排名前10位小组分类号及其具体含义

| IPC | 技术内容 |
| --- | --- |
| B25J 9/06 | 以多铰接爪臂为特征的 |
| B62D 57/02 | 有驱动行走推进装置的，例如步进部件 |
| B25J 17/00 | 接头 |
| B25J 5/00 | 装在车轮上或车厢上的机械手 |
| B25J 11/00 | 不包含在其他组的机械手 |
| B25J 18/06 | 挠性的 |
| B25J 17/02 | 肘节 |
| B25J 9/08 | 以部件结构为特征的 |
| A61B 19/00 | 在A61B 1/00至A61B 18/00各组中都不包含的手术或诊断用的仪器、器械或附件 |
| A61B 1/005 | 可弯曲的内窥镜 |

### （二）专利技术构成

图3-2和图3-3分别示出了模块化蛇形机器人模块间连接形式、模块本体的技术构成。模块间的连接分为刚性连接和柔性连接两大类，其中刚性连接323篇，约占总量的87%。刚性连接中一自由度连接占据了53%，二自由度、三自由度分别占据了18%、5%，自由度数量越多，在一定程度上提升了制造以及装配的难度，故将模块间连接的自由度数设置为二自由度和三自由度的专利数量较少，大多数还是设置为一自由度连接。另外，其他连接方式，主要包括两模块之间固定连接，而整体模块化蛇形机器人的灵活运动单独由本体完成。

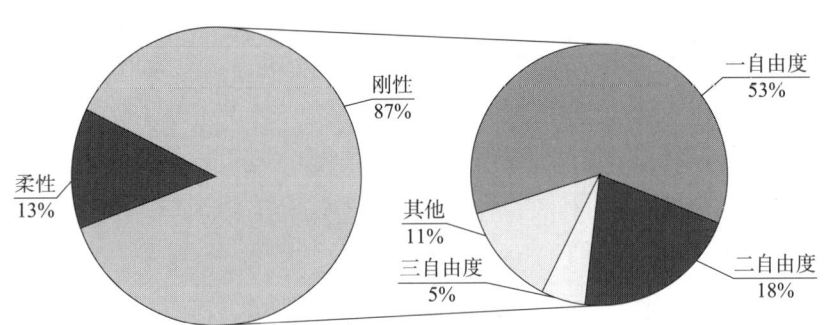

图3-2　模块本体间连接形式技术专利申请构成

在图3-3中，外圈表示模块本体的支撑件构成分布，内圈表示模块本体内的运动传动形式分布。模块化蛇形机器人模块本体的支撑件中，轮子作为主要支撑件，占据支撑件总量的52%，履带申请占12%，其他形式申请占36%，其他形式支撑件包括柔性材料、真空吸盘、磁吸附等。模块本体内的运动传动形式有齿轮传动、绳传动、直接驱动、皮带传动以及其他传动形式，分别占总量的 34%、21%、17%、3%、25%，其中齿轮传动以其简单可靠的优点占据首位，其他传动形式包括并联的支链、弹簧等。

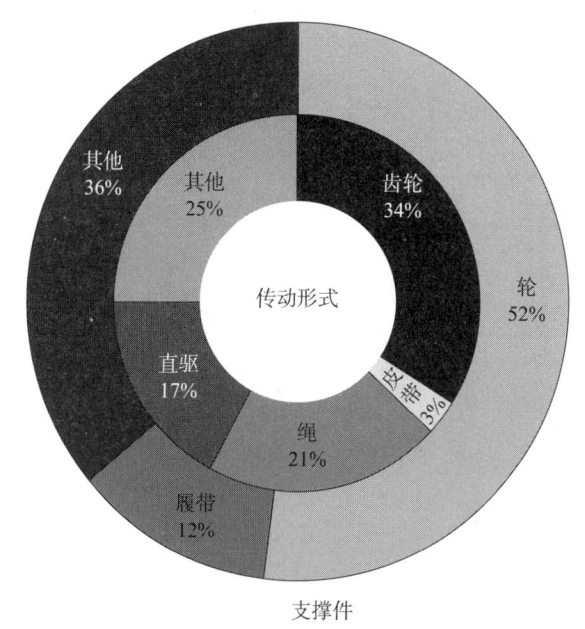

**图 3-3　模块本体技术专利申请构成**

注：圆环内圈表示传动形式专利申请，圆环外圈表示支撑件专利申请。

### （三）专利技术发展路线

对模块化蛇形机器人的主要结构进行技术发展路线的梳理，对于研发人员来说，能够准确定位自身技术所处的位置，为研发立项、技术进入等提供参照，对于审查员来说，能够对发明申请进行准确的技术定位，为快速检索、创造性评判提供支持。本文主要针对连接结构和模块本体的主要技术的发展路线进行了梳理。

#### 1. 连接结构发展路线

由前面的图 3-2 可以看出，在模块化机器人的连接结构，一自由度刚性连接和二自由度刚性连接的技术占比最大，因此，对上述两种技术发展路线进行梳理，并根据一自由度刚性连接和二自由度刚性连接的结构形式，结合结构紧凑和运动灵活的技术效果，制成了模块化机器人的连接结构部分技术分支的技术发展路线图（见图 3-4）。

一自由度刚性连接，仅有一个驱动源，容易控制，是最为简单的连接方式，同时由于蛇形运动的特性，通常采用一个旋转自由度，如早期的文献公开号为 JPS62148176A 的申请公开了一种通过蛇形模块实现远程操作摄像装置，两个模块间采用一根旋转轴进行连接，相邻两旋转轴线相互平行，该连接使得机构整体能够在二维平面上灵活运动，但是该连接的运动模式较少，应用范围有限，后期为适应三维平面运动，对一自由度连接进行改进，如公开号为 JP2009107074A 的申请公开了一种具有蛇形模块的机械手装置，

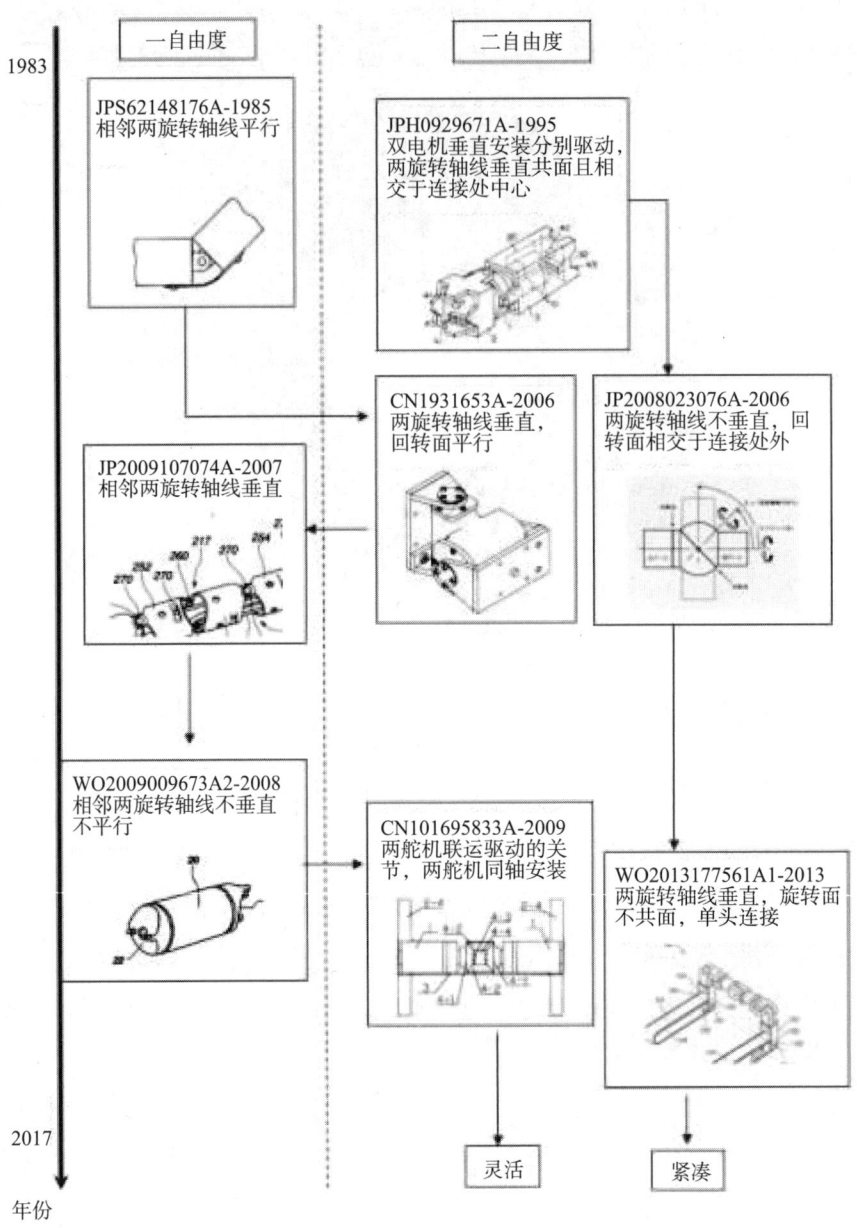

图3-4  连接结构技术专利申请发展路线

两个模块间同样采用一根旋转轴进行连接，但相邻两旋转轴线相互垂直，该连接使得机构整体具有三维运动，其应用范围大大增加。

在上述的两种连接的基础上，为使蛇形模块能够爬行如电线杆或内部管道之类，人们再次提出的新的一自由度连接方式，如公开号为WO2009009673A2的申请公开了模块化机器人，两个模块间同样采用一根旋转轴进行连接，但相邻两旋转轴线不垂直也不平行，其投影到同一平面上具有小于90度的夹角，该连接使得机构整体的三维旋转角度多样化，灵活性更强，不但能适应不同的地面，还能蜿蜒爬行管道和圆柱杆。

二自由度刚性连接，能够将两个自由度复合到一起，大大减少了模块化蛇形机器人的长度，整体机构更为紧凑。由于蛇形运动的特性，通常采用两个旋转自由度，如早期的文献公开号为JPH0929671A的申请公开了一种模块化蛇形机器人关节两个模块间采用十字旋转轴进行连接，将两个垂直的旋转自由度复合到一起，但仍分别对其进行驱动，该连接使得原本的五节模块缩短为三节，机构整体小巧紧凑，但是该连接因两旋转轴线共面导致模块的旋转角度受限。为扩大旋转角度以及进一步应用范围，对该连接进行了两种改进：一种是如公开号为CN1931653A的申请公开了一种适用于煤矿矿井搜索探测的履带式多关节铰接机器人，将共面的两个旋转轴线设置到两个平行的平面上；另一种是如公开号为JP2008023076A申请公开了一种偏心位置的多关节机器人，将共面的两个旋转轴线设置到两个相关的平面上，该交点位于连接处之外。两种方式均是通过降低两相邻模块的干涉范围而提高旋转范围。

在上述工作的基础上，为提高驱动力矩，通过传动方式的变化，将单独控制的两个驱动源复合到一起，使得模块化蛇形机器人的驱动力矩更大，运动更为灵活，如公开号为CN101695833A的申请公开了一种叶片轮式蛇形机器人，连接处通过两同轴安装的舵机联动驱动，两舵机同轴安装，当两舵机1驱动两个横向锥齿轮4-1向同一方向旋转时，带动前一个机身3转动，也可形象的称为抬头、低头；当两舵机1驱动两个横向锥齿轮4-1向相反方向旋转时，带动前一个机身3左、右摆动。另外，公开号为WO2013177561A1申请公开了一种模块化蛇形履带车，将二自由度的双头连接改为单头连接，同时将连接处设置在模块单元上，使得机构整体更为紧凑。

2. 模块本体发展路线

蛇形机器人为多节式，每节的本体一般用于承载各节的传动机构。蛇形机器人本体的发展主要涉及用于支撑蛇形机器人与地面接触的支撑件、以及本体内部的传动机构。其中支撑件主要包括轮式支撑，通过轮子使机器人的运动更加平稳和灵活。蛇形机器人的传动机构主要包括齿轮、绳（柔索）和电机直接驱动。下面分别介绍支撑件和传动机构的技术发展（见图3-5）。

（1）轮式支撑

蛇形机器人的支撑轮主要分为主动轮和从动轮。1998年社团法人农林水产技术情报协会的专利公开号为JP2000052282A的专利文献（见图3-6），将蛇形机器人用于检测地下小管的损坏，蛇形机器人的前部和后部分别设有与管的内表面接触的两个驱动轮和两个后续轮，两对轮子以直角从四个方向径向延伸。运行电机驱动每个驱动轮。除了前部和后部之外，所有部分都设有四个后续轮子，每个轮子从该部分径向延伸，与相邻的后续轮子成直角。包括转向马达的转向机构由与机器人连接的控制器控制，用于转向驱动轮，通过四个轮子使机器人在管道内快速移动来提高操作效率。

| | 1996~2000年 | 2001~2005年 | 2006~2010年 | 2011~2017年 |
|---|---|---|---|---|
| 轮式支撑 | JP2000052282A 两对轮子以直角从四个方向径向延伸 | US2009005907A1 偏置装置与连杆单元连接，以便当具有连杆单元的驱动单元安装在管道上时将轮子偏置在管道的表面上 | | US8851211B2 每个机器人单元包括一个轮子（Mecanum轮子和两个铰接部分，其中一组铰链适于促进铰接部分之间的俯仰相对运动。一组控制致动器可操作地连接到铰链<br><br>CN103273979 躯干部内嵌有六个均匀分布的独立伸缩轮腿复合结构 |
| 齿啮合传动 | | US6871563 通过中空的端面齿轮防止关节选转时电线扭曲<br><br>US7044245B2 皮肤接合单元使用带齿的驱动齿轮代替驱动轮以摩擦地驱动皮肤<br><br>JP2005040923A 电机的定子和转子两端分别设置齿轮 | WO2012059791A1 采用蜗轮蜗杆传动防止蛇形机器人反向转动提高静态稳定 | US8768509B2 通过齿轮和线性构件实现臂旋转或者直线运动 |
| 柔索传动 | | JP2004130440A 多根电线的一端固定在软管的末端<br><br>JP2005271183A 每一节的柔索绕过回转轮后与致动器直接连接 | CN101394975A 螺旋弹簧装置与臂同轴安装并与节段内的链节配合<br><br>US8356448B2 张紧元件分别连接在刚性元件的端点之间<br><br>CN102469923B 弹簧提供恒力予筋束 | |
| 直接驱动 | | | | CN102528805B 电机驱动轮<br><br>CN103170985A 关节采用电磁铁和永磁铁作为驱动元件<br><br>CN104002888B 偏转关节舵机驱动关节转动<br><br>CN105598959A 电活性聚合物驱动器使机器人变形运动 |

图3-5　模块本体技术发展路线

2008年，ORBITAL ROBOTICS公司申请的专利US2009005907A1通过蛇形机器人有效地定位在管道中，车轮的动摩擦系数有利于降低。带有轮子的驱动单元与连杆单元连接。偏置装置与连杆单元连接，以便当具有连杆单元的驱动单元安装在管道上时将轮子偏置在管道的表面上。车轮旋转时，车轮与管道表面接触。2011年HELICAL ROBOTICS公司的专利US8851211B2（见图3-7）提到每个机器人单元包括一个轮子即Mecanum轮子和两个铰接部分，其中一组铰链适于促进铰接部分之间的俯仰相对运动，一组控制致动器可操作地连接到铰链,该设置使得机器人交替的单元具有不同的宽度,并且单元上的轮子足够大以用于重叠,从而使得机器人能够在机器人横穿的对象的表面中导航非常尖锐的边缘或拐角,并且允许轮子始终保持与正在穿过的表面的接触。2013年北京信息科技大学申请的专利申请(公开号CN103273979A)(见图3-8)提到多运动模式可分体蛇形机器人,躯干部内嵌有六个均匀分布的独立伸缩轮腿复合结构,基座一侧连接分体部,关节部包括扭转舵机,两个舵机彼此垂直安装。

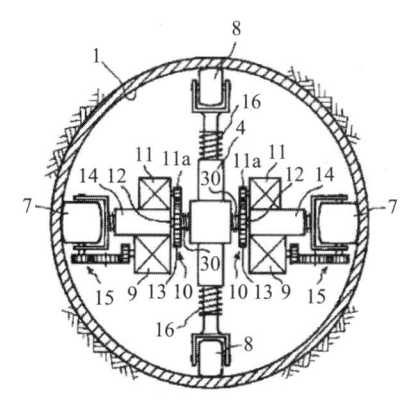

图3-6 JP2000052282A 技术示意图

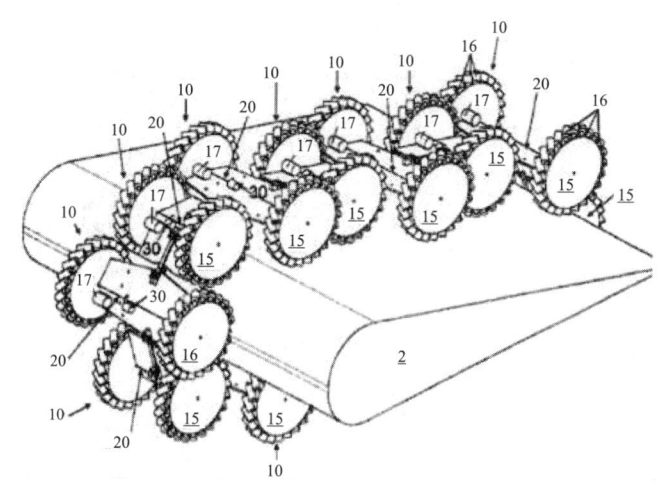

图3-7 US8851211B2 技术示意图

从上述可看出,蛇形机器人的轮式支撑主要为运行效率和提高灵活性作改进,从四轮同时支撑保持提高蛇形机器人的运行效率、设置偏置机构降低机器人的摩擦系数以及轮子可伸缩以提升蛇形机器人的适应能力和行进速度。

(2)齿轮传动

本文的齿轮传动还包括蜗轮蜗杆等通过齿啮合的传动方式。蛇形机器人是一种自动

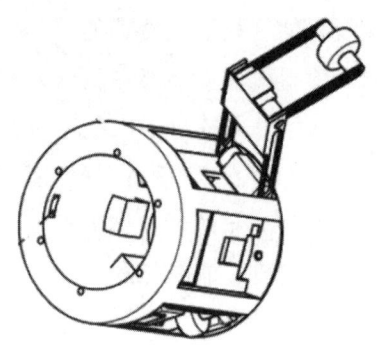

图 3 - 8　CN103273979A 技术示意图

控制装置，内部需要布置控制线，但是由于蛇形机器人的运动较复杂，容易使得内部控制线缠绕。2002 年 CHOSET H 的专利 US6871563B2（见图 3 - 9）提供了一个轻巧，紧凑，强大和易于控制的机器人关节，防止连接到接头的两个托架之间的相对旋转，从而防止电线扭曲，机器人关节具有连接到第一隔间的第一可旋转杯和连接到第一可旋转杯的第二可旋转杯，第二个隔间连接到第二个杯子，齿轮系连接到托架，齿轮系包括中空的端面齿轮，当第一个杯子相对于第二个杯子旋转时，这些隔间的相对取向得以保留。

图 3 - 9　US6871563B2 技术示意图

2003 年 SCI APPL 公司提出的专利申请 US7044245B2 提到机器人具有主动式皮肤推进和转向系统，包括驱动环形皮肤的驱动系统。皮肤接合单元使用带齿的驱动齿轮代替驱动轮以摩擦地驱动皮肤，以实现高速直线运动和与直线运动协调的精确转向。2005 年丰田汽车公司的专利 JP2005040923A（见图 3 - 10）中提到采用电机的定子和转子两端分别设置齿轮，定子端的齿轮与蛇形机器人关节连接，转子端的齿轮与工具连接，采用控制器分别制动定子或转子，使得其中一方旋转时另一方静止。

2010 年 UNIV RIGA TECH 的专利 WO2012059791A1（见图 3 - 11）提到了蛇形机器人具有用于在无负载的情况下旋转蜗杆的电机和/或用作电动锁定装置，从而防止蜗轮的旋转增加机器人的静态稳定性。2012 年泰坦医疗公司的专利 US8768509B2（见图 3 - 12）

通过齿轮和线性构件实现臂旋转或者直线运动。

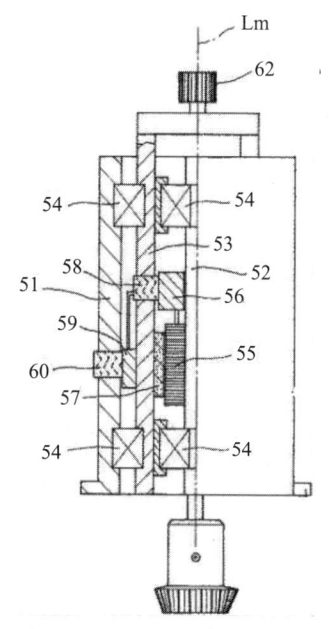

图 3-10 JP2005040923A 技术示意图

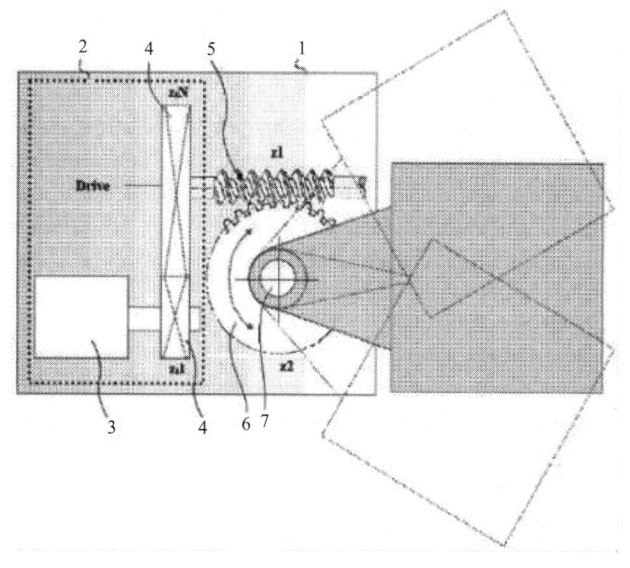

图 3-11 WO2012059791A1 技术示意图

蛇形机器人由于体积较一般的工业机器人小很多，齿啮合传动更适合于蛇形机器人。但蛇形机器人也会遇到与一般的工业机器人相同的问题，比如内部控制线的布置、关节反转等，采用中空齿轮用于防止线缠绕、蜗轮蜗杆防止反转也是工业机器人采用的技术手段，可见蛇形机器人可借鉴工业机器人的技术手段来解决技术问题。

新能源电池

机器人

高档数控机床

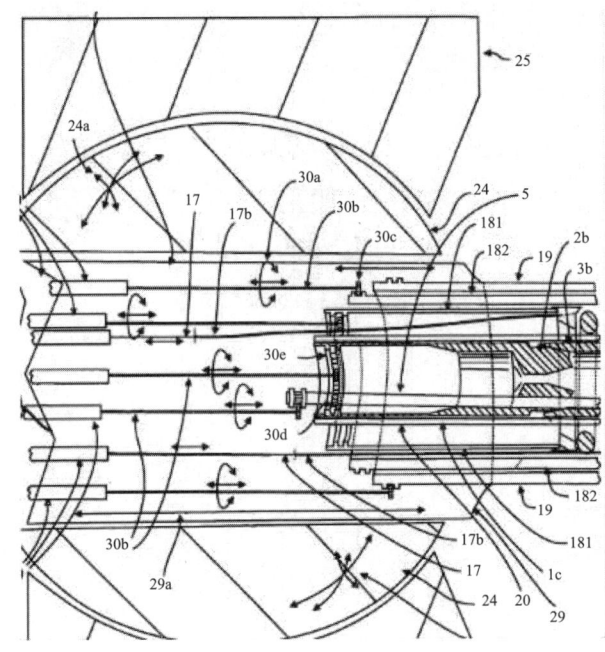

图 3 - 12　US8768509B2 技术示意图

（3）绳传动

绳传动包括各种柔索传动。2002 年 UNIV FUKUOKA KOGYO 的专利 JP2004130440A（见图 3 - 13）提到多根电线的一端固定在软管的末端，使电线平行于软管的纵向排列并隔开预定的间隔。导线的另一端连接到设置在固定软管的基板上的卷绕装置。软管的形状是通过用控制器调节每条线的缠绕长度来控制的。

2005 年夏普公司的专利 JP2005271183A（见图 3 - 14）提到该装置具有闭合型致动器，其一端连接到固定构件，另一端连接到控制器。控制器设定每个紧耦合型致动器的收缩量，并将每一帧折叠到正向/反向。2007 年奥利弗克里斯品机器人有限公司的专利 CN101394975A（螺旋弹簧装置与臂同轴安装并与节段内的链节配合）提到螺旋弹簧装置与臂同轴安装并与节段内的链节配合，从而致使或允许链节倾向于初始基准位置，并在节段的各链节之间分配关节连接。

2009 年柯尼卡美能达控股有限公司的专利 US8356448B2（见图 3 - 15）提到可移动的张拉整体结构通过组合多个刚性元件和张紧元件而构成，以实现能够执行弯曲操作、扭转操作、收缩操作的轻量可移动的张拉整体结构。张紧元件分别连接在刚性元件的端点之间。张紧元件由可控制收缩的聚合物材料形成。

2010 年直观外科手术操作公司的专利 CN102469923B（见图 3 - 16）提到第一筋束附接到构件且延伸通过轴，第一恒力弹簧系统附接到第一筋束，第一机构控制第一恒力弹簧系统施加于第一筋束的恒力，使得蛇形机器人是柔顺的且在手术步骤中响应外力，而

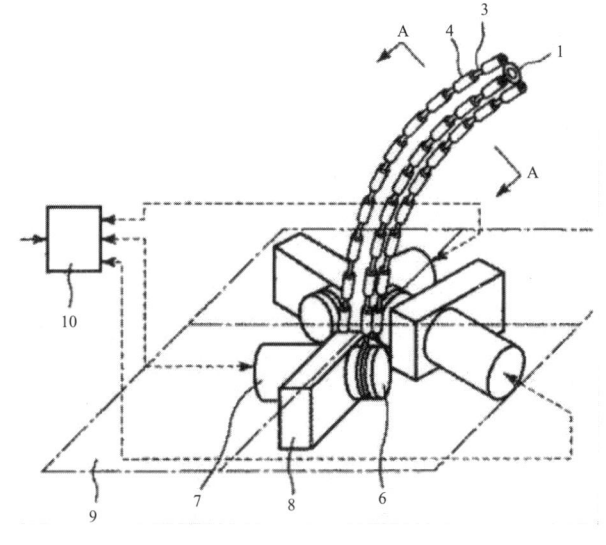

图 3 – 13　JP2004130440A 技术示意图

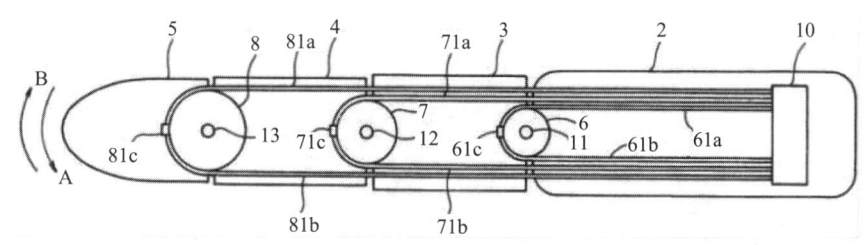

图 3 – 14　JP2005271183A 技术示意图

不快速回弹或以别的方式导致损害组织。

从上述可看出，柔索传动主要使蛇形机器人实现一自由度弯曲，且结构简单。从最初的柔索直接拉动每个关节运动到柔索分布到刚性杆的端点，实现了从一自由度到多自由度的转变，且通过弹簧保持一定张力来使蛇形机器人定位。

（4）直接驱动

直接驱动为驱动器直接驱动蛇形机器人运动，中间没有传动元件。2012 年西华大学的专利 CN102528805B 通过电机驱动轮。2013 年北京航空航天大学的专利 CN103170985A 提到蛇形机器人关节采用电磁铁和永磁铁作为驱动元件，相邻关节之间采用推力弹簧连接。当电磁体组分别加载脉冲大电流时会吸引或排斥相对放置的永磁体组，实现关节进行偏转运动。当电磁体组同时加载同向的脉冲电流时可实现关节伸长或收缩。将多个关节串联起来便组成一个蛇形机器人，能够模拟蛇类进行蜿蜒运动、伸缩运动、侧向运动。

2014 年东北大学的专利 CN104002888B（见图 3 – 17）提出偏转关节舵机的上、下输出轴分别与上、下偏转关节舵机舵臂之间通过螺栓相连接，避免打滑和轴向移动。

新能源电池

机器人

高档数控机床

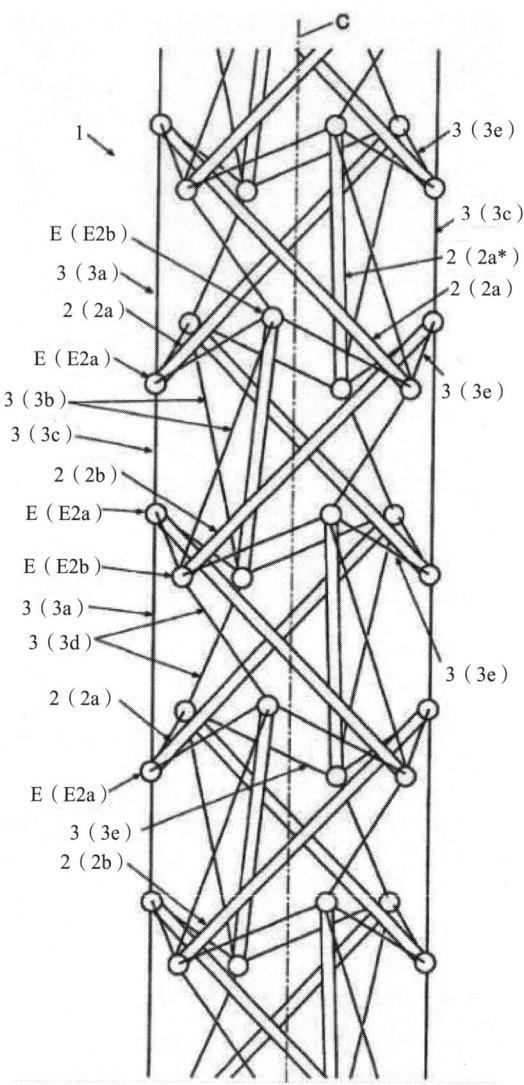

图 3 – 15　US8356448B2 技术示意图

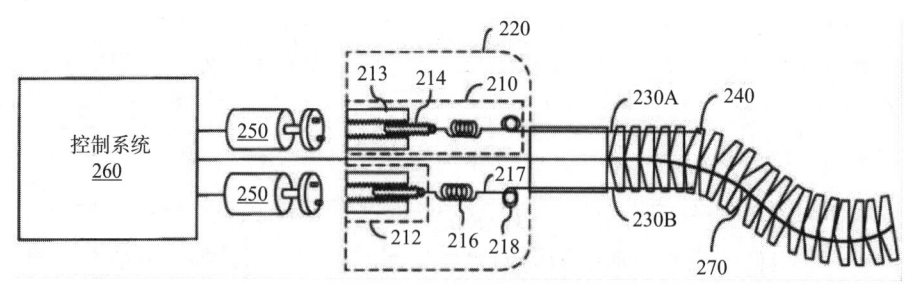

图 3 – 16　CN102469923B 技术示意图

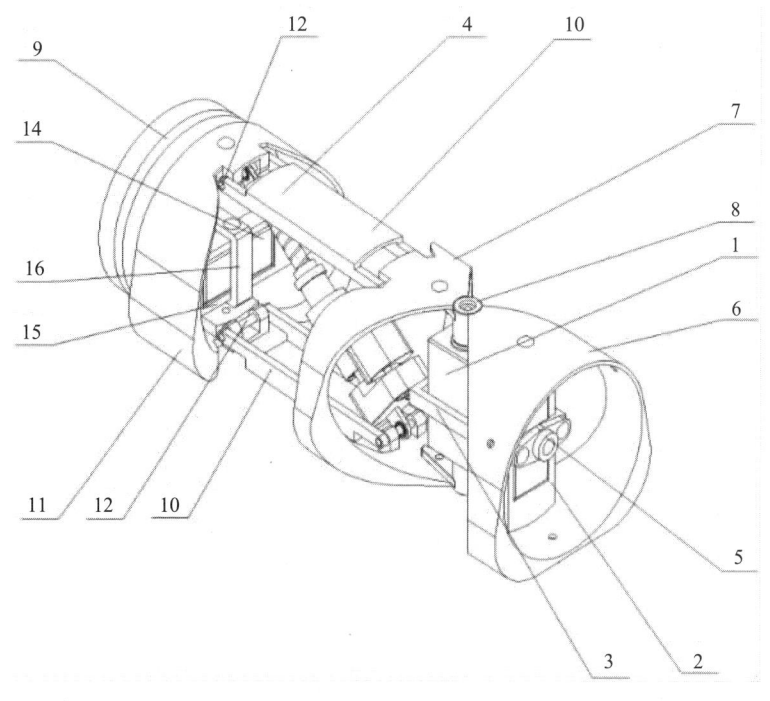

图 3 – 17　CN104002888B 技术示意图

2016 年上海交通大学的专利 CN105598959A（见图 3 – 18）提到包括依次相连接的多个纵肌和环肌，纵肌的延伸部位连接纵肌两侧的环肌，每个环肌的两侧固定刚毛和配重，纵肌和环肌均为可径向运动的 8 字形电活性聚合物驱动器。

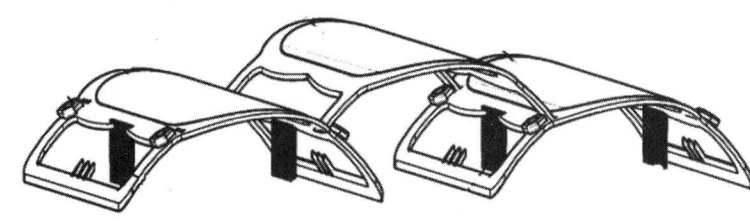

图 3 – 18　CN105598959A 技术示意图

从上可看出，直接驱动相比其他带有传动机构的蛇形机器人而言，其结构更加简单，更易实现蛇形机器人的小型化。直接驱动可用电机直接驱动轮子或者关节转动，也可采用可改变形状或者力的驱动器直接驱动关节运动，例如改变力的磁铁、改变形状的电活性聚合物。

## （四）功效分析

根据模块化蛇形机器人的结构特点，本文将模块化蛇形机器人从结构上分为两个部分：模块本体的研究和模块与模块之间的连接结构的研究。结合前面的技术分解和确定的技术效果对模块化蛇形机器人进行相应的功效分析，以明确相关技术的热点和空白点。

1. 关于连接结构的功效分析

基于连接结构的模块化蛇形机器人的功效涉及两个方面，一个是运动的灵活性，另外一个是结构的紧凑性。图 3 - 19 示出了模块化蛇形机器人关于连接结构的功效分布。

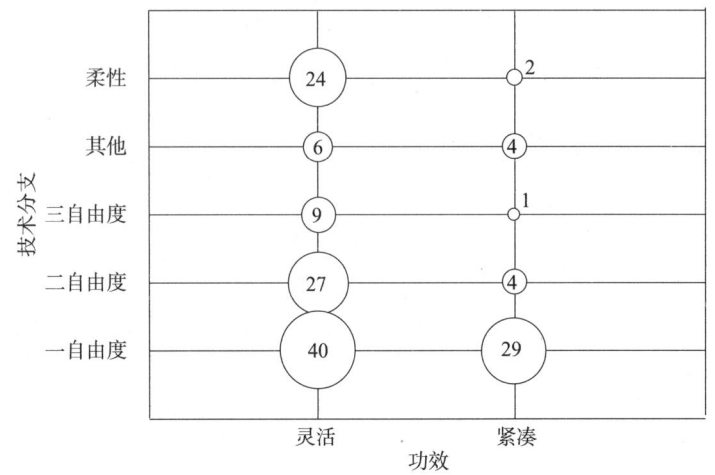

**图 3 - 19　模块化蛇形机器人关于连接结构的功效分布**

注：图中数字表示申请量，单位为件。

针对刚性连接机构的灵活性而言，从图 3 - 19 中可以明显看出，申请人在一自由度的连接结构中研究最多，其次是二自由度以及三自由度的连接结构，研究最少的是其他自由度的连接结构；就灵活性而言，从图 3 - 19 中可以明确看出，一自由度连接结构的研究申请量较大，可能成为本领域的技术雷区。对于申请人而言，在对该技术进行研究时应充分调研，分析竞争对手，回避同样设计，以免造成时间和金钱的浪费；相反，对于审查员而言，在面临关于灵活性的连接结构的申请时，该技术可能是检索的重点。

从图 3 - 19 可知，针对灵活性，连接结构在三自由度以及其他自由度上面的研究较少，这可能是灵活性与结构设计复杂性存在矛盾造成的困难地带。然而，从另一个角度思考，该技术点也可能成为技术发展创新的方向，克服现有技术的障碍，也许会带起新的发展浪潮。

此外，值得注意的是，除了刚性的连接结构外，为解决连接结构的灵活性，柔性的连接结构的研究也占有非常重要的地位。

对于本领域技术人员而言，连接结构的紧凑性对于实现机器人的微型化也是重要的考虑因素。从图 3 - 19 可知，对于刚性的连接结构，研究数量从一自由度、二自由度、三自由度顺序依次递减，申请人对于连接结构的紧凑性的研究主要集中在一自由度的刚性连接方面，关于紧凑性的研究，此处为技术雷区，应详细了解该处的技术，规避风险；

相反，由于三自由度连接结构为实现紧凑性具有较大难度，因此，该技术点是空白地带，可能为技术发展创新提供一条光明之路。

另外，对于柔性的连接结构的研究相对较少，这可能与柔性的连接结构本身具有紧凑性的特点有关。

2. 关于模块本体结构的功效分析

图 3-20 示出了模块化蛇形机器人关于本体结构的功效分布。从本体结构上主要分为两个方面，一个是本体结构的支撑件，具体为轮、履带以及吸附件；另外一个是本体结构的传动方式，具体为齿轮、绳以及直驱（即无传动机构）。同样，本文中基于本体结构的模块化蛇形机器人的功效涉及两个方面，一方面是运动的灵活性，另一方面是结构的紧凑性。

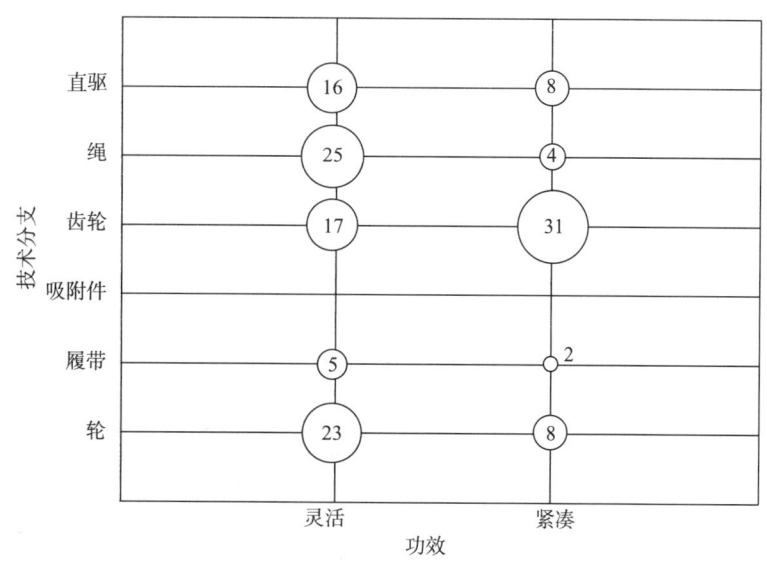

**图 3-20  模块化蛇形机器人关于模块本体结构的功效分布**

注：图中数字表示申请量，单位为件。

关于本体结构的支撑件的功效，对于灵活性，采用轮作为本体结构的支撑件最为常见，其次是采用履带作为支撑件；而对于紧凑性，采用轮作为本体结构的支撑件研究也是最多的，其次是采用履带作为支撑件。

关于本体结构的传动方式的功效，对于灵活性，采用绳进行传动的方式较其他方式的申请较多，其次为齿轮传动，还有一部分直接采用气缸、液压缸以及电机等方式进行驱动；对于紧凑性而言，采用齿轮作为传动机构的申请最多，其次是直驱的方式，而采用绳传动的本体结构在紧凑性方面的申请较少。

纵观图 3-20 可知，采用轮作为支撑件以及采用绳作为传动机构的本体在灵活性方面的研究数量较多，而采用轮作为支撑件以及采用齿轮作为传动机构的本体在紧凑性方面的研究数量较多。另外，从灵活性的角度看，除了履带和轮作为支撑件，其他的支撑方式在解决本体结构灵活性上是一个技术空白；同样的，在紧凑性上，除了履带和轮作为支撑件，也没有其他方式来更好地解决紧凑性的问题。研究者可以通过上述技术雷区，分析竞争对手，还可能通过技术空白有效加强专利部署，协助制定技术发展战略具有可参考的意义。

### （五）重要专利

通过对处理后的数据，从被引证次数、同族数等多个维度进行筛选，得到以下重要专利，涉及连接形式、柔性连接、形状记忆合金等技术，表3-2为模块化蛇形机器人的重要专利清单，并对进行了简单的技术介绍（不分排名）。

其中，从蛇形机器人的连接结构上来看，主要涉及一自由度连接结构的专利有US5624380、WO2009009673、US20020140392、US20060261771、US5165841和KR100893004；涉及二自由度连接结构的专利有CN101394975B、CN102469923B和JP2004154877；涉及三自由度连接结构的有公开号为JP2009222163A的专利文献；涉及柔性连接结构的有公开号为US5386741和US5035530的专利文献。

从蛇形机器人的支撑件来看，主要涉及轮支承的专利有US20060261771；涉及履带支承的专利有KR100893004、CN102141181和WO2009009673。

从蛇形机器人的驱动形式来看，主要涉及绳驱动的专利有CN1533321、CN101394975B和CN102469923B；涉及齿轮传动的专利有US6871563、US20020140392和US5165841；涉及其他驱动（如记忆合金等）的专利有US5624380、US5035530。

表3-2　模块化蛇形机器人重要专利

| 编号 | 公开号 | 技术主题 | 技术概要 |
|---|---|---|---|
| 1 | US5624380 | 多自由度操纵器 | 多自由度机械手包括柔性管，柔性管具有沿其设置的多个柔性部分，多个由形状记忆合金制成并且分别设置在柔性部分附近以对应于柔性部分的致动器，用于弯曲的柔性部分，两个共同的能量传输路径，沿着柔性管延伸，用于向致动器传输能量；以及选择性能量供应构件，设置在共同能量传输路径和致动器之间，用于分别独立地驱动致动器来弯曲柔性管 |
| 2 | US5386741 | 机器人蛇 | 本发明揭示了可用作机器人蛇的柔性机器人肢体的改进。公开了新元件设计，并将其基本结构与用于感测、控制和信号传输的系统相结合 |

| 编号 | 公开号 | 技术主题 | 技术概要 |
|---|---|---|---|
| 3 | CN1533321 | 用于蛇形机械臂的连接件组件 | 涉及一用于机械臂的连接件组件,该臂包括第一连接件和第二连接件,各适于作一个相对于另一个的有限制的运动,以及弹性体装置设置在所述第一和第二连接件之间,与其黏结或键接,由此,所述第一和第二连接件之间的运动致使设置在其间的弹性体装置内产生剪切运动 |
| 4 | CN102141181 | 蛇形机器人履带车 | 涉及一种能以多种方式运动的蛇形机器人履带车。该蛇形机器人履带车包括通过至少一个驱动式联接件联接在一起的多个机架单元。各机架单元包括能使蛇形机器人履带车向前运动的连续履带。至少一个驱动式联接件具有多个运动自由度,从而使蛇形机器人履带车能采用多种姿势 |
| 5 | CN101394975B | 具有同轴安装的螺旋弹簧装置的机器人臂 | 一种包括多个节段的机器人臂,各个节段包括关节连接的链节以及使各个节段弯曲成使得臂可遵循蜿蜒路径的装置。螺旋弹簧与臂同轴设置以将各链节推压向初始基准位置,并在各个节段的链节上分配所述弯曲 |
| 6 | US5035530 | 使用形状记忆合金的致动器和包括该致动器的铰接臂 | 一种致动器,其包括设置在能够相对移动的两个本体之间的包括形状记忆合金的板状输出构件。输出构件包括形状记忆合金,该形状记忆合金具有这样的形状记忆特性,即具有至少一个波形的波板形状,该波形板形状在与连接输出构件的附接端的线相垂直的方向上延伸,以连接到两个本体上 一个特定的温度区域。通过利用输出部件的力来恢复该特定温度区域中的记忆形状,在构成关节臂的两个本体之间引起相对运动。两个主体可转动地支撑在轴上,并且上述致动器以相对于包括该轴的平面从一侧偏离的状态布置,使得两个主体围绕该轴相对转动 |

| 编号 | 公开号 | 技术主题 | 技术概要 |
|---|---|---|---|
| 7 | US6871563 | 定向地保持角度的旋转接头 | 一种适于机械机器人手臂，特别是蛇形机器人的定位保持角旋转接头，该接头包括两个部件和连接该接头的两个部件的角锥齿轮系。齿轮系允许致动器沿着接头的轴线定位，同时将力传递到机构的周边，从而产生与机器人的半径成比例的高机械利益。齿轮系能够以恒定的比率在两个构件之间传递旋转运动。不会发生接头的两个隔间之间的相对旋转，从而防止穿过蛇体的电线扭曲，从而避免故障 |
| 8 | WO2009009673 | 模块化机器人履带 | 模块化机器人履带可以通过将选定的多个分段模块与预先存在的不同的兼容分段模块的集合相互耦合而形成。分段模块可以具有至少一个相互连接的接口。选择可以基于要执行的功能的计划操作场景 |
| 9 | US20020140392 | 穿越障碍物的设备 | 一种用于穿越障碍物的设备，该设备具有包括多个铰接式推进构件的细长圆形柔性主体。无论推进构件与环境的任何特征接触的何处，无论多个推进构件中的多少个或多个推进构件与这样的多个推进构件接触，所述多个推进构件协作成蜗杆状或交替的三脚架步态以提供向前推进环境特征 |
| 10 | US20060261771 | 环形推进和转向系统 | 一种设备包括具有带有内层和外层的环面蒙皮的主体以及构造成通过相对于外层移动内层来推进设备的驱动系统。主动皮肤推进系统允许设备的移动和转向。驱动系统包括联接在一起的多个驱动段，使得驱动段的皮肤接合单元相对于圆环面的外层摩擦地移动圆环面的内层。由于相对皮肤运动并且由环面皮肤的外层接触表面，身体被推进并且可以被操纵 |

| 编号 | 公开号 | 技术主题 | 技术概要 |
|---|---|---|---|
| 11 | US5165841 | 多关节臂机器人装置的控制系统 | 一种多关节臂机器人装置，其特征在于，具备：多关节臂，具有经由关节相互串联连结的多个单位臂；以及可动支承部，支承多关节臂的基部。多关节臂机器人装置具有用于控制关节的关节角度的马达以及用于移动可移动支撑件的马达。这些电机由控制系统驱动。控制系统控制马达以获得适当的关节角度，使得当可移动支撑件移动给定单位距离时，多关节臂的关节被放入给定路径 |
| 12 | CN102469923B | 柔顺手术装置 | 本发明涉及一种柔顺手术装置，例如柔性进入导引器，其采用筋束从而操作或操纵该装置，且附接不对称或恒力弹簧系统以便控制筋束中的张力。因此，手术装置能够是柔顺的且在手术步骤中响应外力，而不快速回弹或以别的方式导致损害组织的反作用。在用于手术步骤的插入期间或之前，柔顺性也允许对装置的手动定位或定形，而不损害筋束或装置内筋束的连接或至后端机构的连接 |
| 13 | JP2004154877 | 多关节滑块链接形成的弯曲机构 | 一种弯曲机构，其仅通过直接滑动一对多关节杆而实现每一自由度在±90°范围内的弯曲操作，并通过以下方式执行多自由度弯曲组合弯折机构。根据弯折机构，第一，第二，第三框架通过第一和第二旋转轴顺序地相互枢转并且串联布置。在第一框架的第一旋转轴2的右侧，第一驱动连杆，第二驱动连杆和第三驱动连杆彼此连接。在第一框架的第一旋转轴的左侧，第一和第二捆束杆彼此连接。根据如此形成的弯曲机构，当第三驱动连杆被驱动以滑动时，第一框架向右和向左旋转 |
| 14 | KR100893004 | 蛇形探测机器人 | 一种蛇形探测机器人，包括长方体的框架，沿四个方向分别驱动的环形轨道组件和由风扇电机组成的驱动模块框架的前/后表面或倾斜电机。每个环形轨道组件包括支撑从动轮和主动轮的左右支承板，底部支承板，驱动电机，两个固定块，将辅助主动轮与驱动轮连接起来的皮带，并提供驱动力 安装在驱动电机上的张力控制单元以及覆盖从动轮和驱动轮的环形轨道 |

新能源电池

机器人

高档数控机床

续表

| 编号 | 公开号 | 技术主题 | 技术概要 |
|------|--------|----------|----------|
| 15 | JP2009222163A | 柔性转子和柔性执行机构 | 为了防止或抑制即使在弯曲状态下驱动力的传递效率的降低，同时减小最小弯曲半径。通过由多个从外部传递驱动力的从动构件和通过将多个这些被驱动部件并列配置成大致直线状而将相邻的被驱动部件相互连结的螺旋弹簧来实现。该螺旋弹 7 由柔性部件形成。多个被驱动部件和螺旋弹簧通过从外部向多个被驱动部件的表面部传递驱动力而一体化，能够以螺旋弹簧的轴向为中心进行旋转，因此，即使在弯曲状态下，通过减小最小弯曲半径，也可以防止或抑制驱动力的传递效率的降低 |

## 四、小结

随着应用领域的不断扩展，国内外模块化机器人的专利申请持续大幅增长，但国内外的研发主体均主要集中在高校和研究院所，只有日本有较多的公司开展相应的研发，需要强化国内高校和研究院所相关专利转化能力。

关于模块化蛇形机器人的模块间连接形式，随着自由度数的增加专利申请量呈递减趋势。一自由度转动连接是目前主流技术，其结构和控制均较其他技术简单，且通过多个模块之间的一自由度布置方式来达到运动灵活的效果也属于模块化蛇形机器人的热点技术之一。

关于模块化蛇形机器人的模块本体结构，利用轮做支承件实现蛇形机器人的运动灵活是目前的设置蛇形机器人支承件的主要形式。而在传动形式方面，由于齿轮（蜗杆）具有结构紧凑的特点，其在模块化蛇形机器人传动中应用最多，而绳等柔性驱动方式由于其易于控制、冗余度高等特点，在模块化蛇形机器人的灵活性方面应用最多。

随着技术的不断进步，蛇形机器人的连接方式向多自由度、驱动方式的多元化的方向发展将是一种趋势，也是专利布局的突破口。运动的灵活性也是蛇形机器人领域重点关注的技术问题。

**参考文献**

[1] 陈丽，王越超，李斌. 蛇形机器人研究现况与进展 [J]. 机器人，2002，24（6）：559－563.

［2］Takannshi O，Aoki K，Yashima S A. Gait Control for the Hyper – redundant Robot O – RO – CHI ［A］. Proceedings of the 8th JSME Annual Conference on Robotics and Mechatronics ［C］. Ube，Japan：JSME，1996，78 – 80.

［3］崔显世，颜国正，陈寅，等. 一个微小型仿蛇机器人样机的研究 ［J］. 机器人，1999，21（2）：156 – 160.

［4］刘华，颜国正，丁国清. 仿蛇变体机器人运动机理研究 ［J］. 机器人，2002，24（2）：154 – 158.

新能源电池

机器人

高档数控机床

# 码垛机器人末端执行器专利技术综述 [*]

张芸芸　邵亚琪[**]　邵伟　肖荔荔　桂圆圆　杨锰

**摘　要**　提高码垛机器人的工作效率，不仅仅在智能化方面，更要在实用性方面得到改善，而在这方面最有效的方法就是使码垛机器人具有功能多样的末端执行器。本文从全球及中国角度，对码垛机器人末端执行器的总体专利申请态势进行分析，并针对末端执行器的关键技术分支的发展路线、技术发展趋势、重要专利技术等方面进行深入研究。通过分析国内外对于码垛机器人末端执行器的技术发展和专利保护的差异，给出了码垛机器人末端执行器专利分析的主要结论，并从多个方面提出建议。

**关键词**　机器人　码垛　末端执行器　夹持

## 一、概述

码垛机器人作为机器人行业的重要成员，发展尤为迅速。目前，发达国家的码垛机器人在码垛市场的使用率达到了九成以上，码垛机器人可以完成工厂中的大部分码垛任务。随着机器人技术的快速进步，码垛机器人已被广泛应用于各个行业，如汽车行业、机械装配行业、食品行业、饮料行业等。现代企业规模庞大，生产的产品多种多样，在生产线末端要求有工作能力强大的末端执行器以适应高速发展的产品种类需求。码垛机器人末端执行器技术在 2000 年以后发展尤为迅速，并日趋成熟，针对不同的产品出现了与其相适应的末端执行器。

本文以码垛机器人末端执行器的专利申请作为分析对象，对该行业的专利技术进行研究，梳理了重要申请人关键技术及其技术发展演进脉络，从而给出了码垛机器人末端执行器专利分析的结论和建议。

---

* 作者单位：国家知识产权局专利局专利审查协作天津中心。
** 等同第一作者。

### （一）技术概述

#### 1. 码垛机器人定义

码垛机器人是机械与计算机程序有机结合的产物，在计算机程序的控制下按照作业要求代替工人完成堆码作业。码垛机器人可提高货物的搬运速度，可以获得一致的堆码垛型，减少工厂事故的发生及货物的损伤，为现代生产提供了更高的安全性和生产效率。

#### 2. 末端执行器定义

机器人末端执行器指的是任何一个连接在机器人边缘（关节）具有一定执行功能的工具。机器人末端执行器通常被认为是机器人外围的设备，机器人的附件，机器人的工具，手臂末端工具。码垛机器人末端执行器通常为抓手，可分为机械式、吸附式、电磁式、托持式等。

### （二）技术发展

近年来，机器人技术随着经济的发展快速进步，大量的国外资本涌入中国市场，促进了国内机器人技术的进步。越来越多的企业、科研单位投入到码垛机器人末端执行器的产品研发中，码垛机器人末端执行器从最初的简单机械夹持式末端执行器向多指夹持式末端执行器、真空吸附式末端执行器、托持式末端执行器、电磁吸附式末端执行器、夹持 – 吸附式末端执行器等多功能组合式末端执行器发展。在国外，精工爱普生株式会社、发那科株式会社、ABB 股份有限公司、SMC 株式会社、安川电机株式会社、FOCKE 公司等企业在码垛机器人末端执行器领域做出了代表性的研究；在国内，安川首钢机器人、沈阳新松机器人公司、哈尔滨工业大学、上海交通大学等企业或科研单位也加入技术的竞争中，开发出了市场占有率较高的产品。

### （三）技术分支

码垛机器人末端执行器是多种技术的结合，根据驱动方式、夹持方式等对其进行分析时，必须兼顾考虑其所涉及的多个技术分支。通过采用对宏观数据进行定量分析和对重点技术进行定性分析相结合的研究方式，在对重要申请人专利筛选标引后，发现目前申请人最关注的技术为对不同被抓取物采用不同的抓取方式，常见夹持方式包括：箱形物件采取普通夹持，被抓取物易损伤时采取真空吸附或电磁吸附，被抓取物重量大时采用组合式（夹 – 托、夹 – 吸等）夹持，被抓取物形状不规则时采用多指夹持等（见图1）。因此，将码垛机器人末端执行器的关键夹持技术划分为：真空吸附、电磁吸附、普通夹持、多指夹持、托持、组合夹持及其他方式，具体专利技术分解如图2所示。

#### 1. 普通夹持

普通夹持是指利用末端执行器的夹持力从两侧对被抓取物进行夹持，通常具有两个夹持手指，利用两个夹持手指的合力实现抓取。该技术已经日趋成熟，应用广泛，适用于多种场合。使用该种夹持方式时需要重点考虑被抓取物的形状及尺寸，适用于质量轻、形状规则的被抓取物。

（1）普通夹持　　　　　　（2）多指夹持　　　　　　（3）真空吸附

（4）电磁吸附　　　　　　（5）托持型　　　　　　（6）组合型

**图1　码垛机器人末端执行器各类产品示意图**

## 2. 多指夹持

多指夹持是指利用具有多个夹持手指的末端执行器从多个角度对被抓取物进行夹持，通常具有三个以上的夹持手指，利用多个夹持手指的合力实现抓取。该技术随着码垛机器人应用领域的拓展而出现，该种夹持方式适用于不规则形状被抓取物的抓取，是码垛机器人末端执行器结构的改进。

## 3. 真空吸附

真空吸附是指利用单个或多个真空吸盘实现对被抓取物的吸附，被抓取物通常具有一个或多个相对平整且易吸附的表面。该技术集真空泵、储气罐、控制系统等于一体，适用于各种码垛机器人的末端，尤其是抓取轻质箱体、玻璃基板等，该种末端执行器的抓取方式相对于其他抓取方式具有优势，可有效避免物体表面的破损。

## 4. 电磁吸附

电磁吸附是指利用单个或多个电磁吸盘实现对被抓取物的吸附，电磁吸盘通过内部线圈通电产生磁力，线圈断电后磁力消失实现退磁。电磁吸盘可分为普通吸力吸盘和强力吸盘。被抓取物通常为金属材料等能够被磁力吸附的材料，该种末端执行器适用于工业生产中金属产品的堆码。

## 5. 托持型

托持型是指利用托板将物体从底面托起的操作方式。其主要应用于半导体晶片等易碎或不易夹持的被抓取物。托持式末端执行器主要靠单一的托持力对被抓取物实现码垛，应用具有一定的局限性。

6. 组合型

组合型末端执行器通常是上述几种形式末端执行的组合，主要包括夹－吸、夹－托、托－吸、夹－吸－托等组合方式，根据被抓取的结构形状特点选择不同的组合形式以提高夹持的可靠性，集成了上述各种形式末端执行器的功能和优点。

7. 其他方式

针对特定被抓取物设计的末端执行器，不属于上述种类的码垛机器人末端执行器，如撑持式，卡夹式等，主要应用于特种形状物体的码垛。

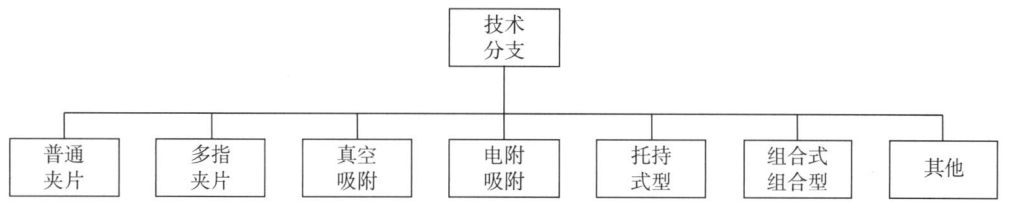

图2 码垛机器人末端执行器专利技术分解

## 二、专利申请总体情况

本文采用中国专利文摘数据库（CNABS）、德温特世界专利索引数据库（DWPI）和世界专利文摘数据库（SIPOABS）。其中，CNABS用于中文专利检索；利用DWPI关键词检索比较精准以及SIPOABS中CPC分类比较全面的特点，利用两者的结合完成专利的检索。另外，由于日本在相关领域比较先进，因此还特别引入日本专利文摘数据库（JPABS），并将检索时限截止到2017年10月31日。其中，由于专利文献从提出申请到向公众公开有时间的延后，因此，2016～2017年的样本会有不完整的问题。所以，对于以下分析中有关2016～2017年申请量的下降曲线不排除是由于样本数据量的不完整而造成的[3]。本文相关分析（如各国家、各技术分支专利申请量占比）均基于码垛机器人末端执行器的全球专利申请总量1541项进行分析。

**（一）全球历年专利申请量**

1. 全球历年专利申请量

图3示出了码垛机器人末端执行器的全球专利申请趋势状况。自19世纪70年代起，其技术发展按专利申请的情况主要分为三个阶段。

萌芽期（1970～1990年）：码垛机器人末端执行器专利申请量比较少，这时，码垛机器人技术处于起步阶段，其末端执行器不是各大公司的主要研发对象，各企业对码垛

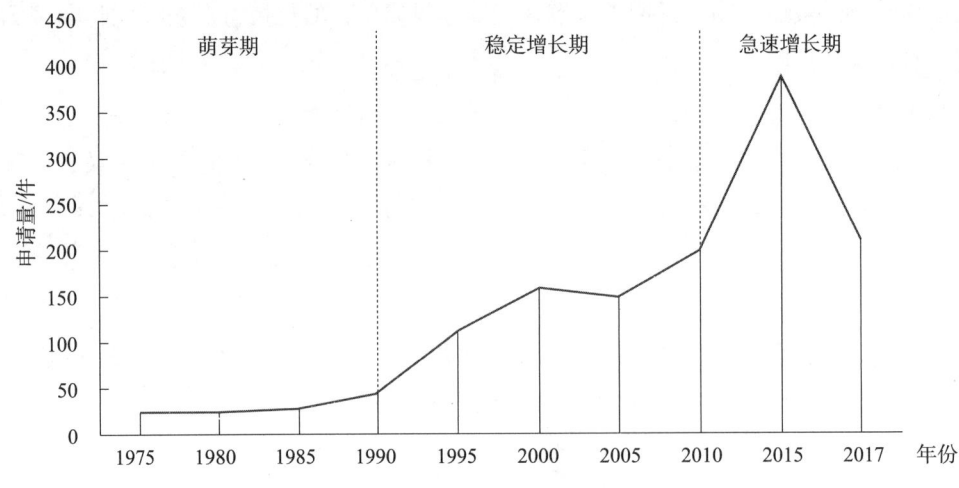

图3 码垛机器人全球专利申请量变化趋势

机器人末端执行器的研发热度不高，技术尚且处于萌芽阶段。

稳定增长期（1991~2010年）：码垛机器人末端执行器专利申请量开始呈现出稳定增长的趋势，从1991年到2010年，伴随着经济、计算机、制造工艺相关技术的发展，码垛机器人的应用场合越来越多，因此年专利申请量迅速成倍增长，但受传统生产观念、生产成本、作业效果等因素的影响，在2000~2005年专利申请量出现了短暂下降，但2006年后则稳步增长。

急速增长期（2011年至今）：2011年以后，随着全球经济一体化、工业生产自动化时代的到来，码垛机器人技术迅速发展，企业需求日渐增加，各类企业纷纷开始在该领域开展研发并着手进行专利布局，码垛机器人末端执行器专利申请量呈爆发式增长。

由图4可以看出，码垛机器人末端执行器国外专利申请量与全球申请量趋势保持一致，基本保持一个逐步增长的态势。其中，在2000~2005年，码垛机器人末端执行器的

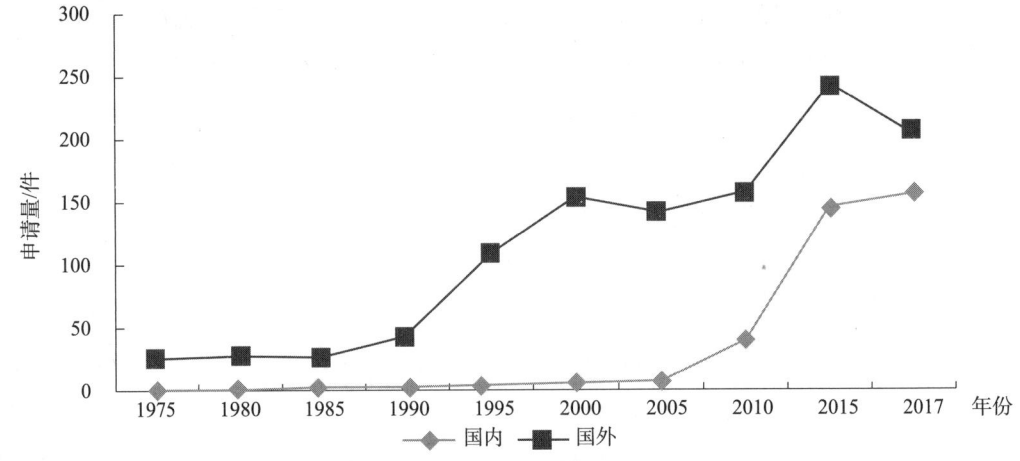

图4 码垛机器人中国国内和来华申请变化趋势

专利申请量有所下降，这可能与企业科研重心转移有关。从 2011 年开始相关专利申请出现了爆发式的增长。

相比于国外，国内码垛机器人末端执行器专利申请起初量比较小，这是由于国内技术起步较晚，并且早期国内码垛机器人市场较小，国外申请人对中国市场不够重视。2005 年之后，随着国内技术的发展以及中国经济的增长，国内专利申请量开始有了相对较快的增长，随后在 2010 年左右出现了与国外申请量增长趋势一致的增长速度，接下来的时间里始终保持着高增长的态势。到 2015 年，我国码垛机器人末端执行器专利申请量相比 2010 年增长了约 3 倍。

2. 主要国家或地区专利申请量

由图 5 可以看出，码垛机器人末端执行器的专利申请量前 5 位的国家和地区分别是中国、日本、美国、欧洲和德国，上述国家和地区的专利申请量占了全球专利申请总量的 70% 以上。其中，我国的专利申请量排在第一位，占据全球专利申请总量的 22%，主要是 2010 年以后的申请量激增；日本、美国的专利申请量排在第二、第三位，分别占全球申请量的 21%、18%；其次是欧洲、德国，各占全球专利申请总量的 8%；需要指出的是其他国家（包括法国、意大利、俄罗斯等）也占据了 7% 的专利申请量；可见，美国、日本、欧洲在码垛机器人末端执行器领域的技术创新能力优势明显，我国虽然起步较晚，但发展较快，在专利申请量上已经实现了赶超，其他国家专利申请量的占有量较大也说明了全世界各个国家对码垛机器人末端执行器技术的重视。

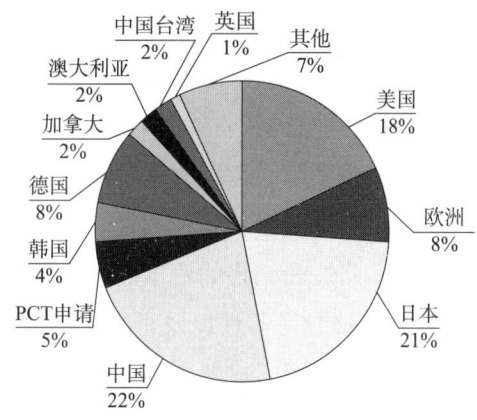

图 5　码垛机器人各国家或地区专利申请量分布

（二）全球主要申请人分析

如图 6 所示，从全球专利申请量排名前 10 位的企业来看，全部为国外企业，主要来自日本、德国。其中，日本企业占据 5 个席位，达到一半，德国企业占 2 个席位，瑞士、奥地利、意大利各占 1 个席位，机器人四大家族制造商中的日本发那科、瑞士 – 瑞典 ABB 公司、安川电机株式会社，分别位于第二、第三、第四位，可见其机器人研发领域较全面，专利布局较完善。

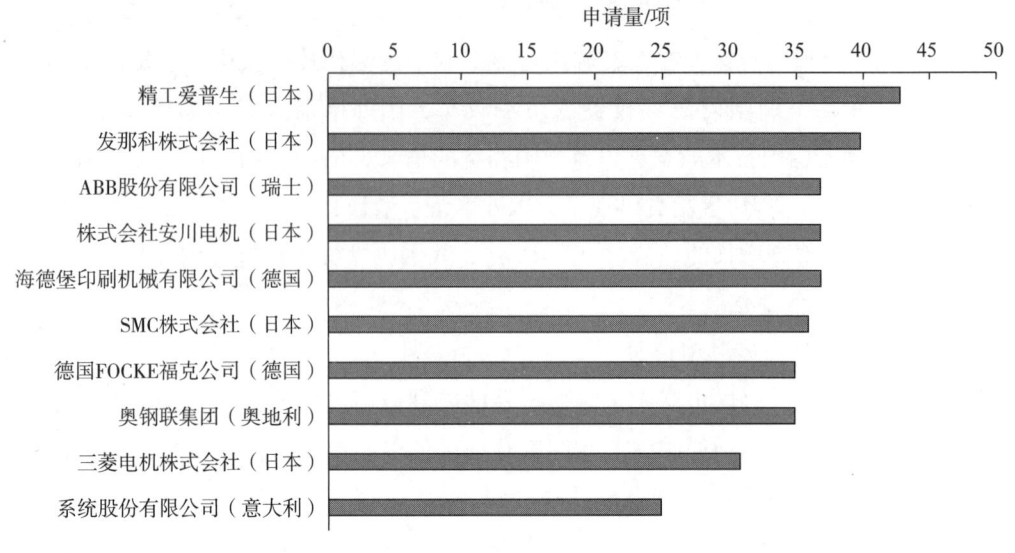

**图6　码垛机器人全球主要申请人申请量排名**

　　日本申请人在码垛机器人末端执行器领域最为活跃，其中涉及的企业类型也各有差别，排在首位的精工爱普生是日本的一家数码影像领域的全球领先企业，打印机、投影机、电子元器件以及以手表为代表的精密仪器是其四大业务基础，爱普生的机器人源于精工手表的组装线，其机器人产品主要涉及工业机器人领域；三菱电机株式会社作为机器人领域上游核心零部件供应商，其在机器人领域特别是工业机器人领域方面已经形成完善的产品体系，涉及工业机器人领域的工业加工、伺服控制、智能控制等多类产品。海德堡印刷机械股份公司是印刷媒体业首屈一指的解决方案供应商，在全球单张纸印刷机市场上已占据四成以上的份额，为了配合印刷机生产制造、印刷作业的需求，其末端执行器大多集中在真空吸附型。SMC株式会社已成为世界级的气动元件研发、制造、销售商，作为世界最著名的气动元件制造和销售的跨国公司，其销售网及生产基地遍布世界。SMC株式会社作为工业自动化核心元器件以及机器人产业核心零部件的知名企业，也积极拓展研发领域，在机器人生产应用、机器人产业科技创新等方面均有所突破。同时，码垛机器人末端执行器领域的专利申请不仅集中在机器人生产制造成熟的龙头企业上，包装设备企业如德国FOCKE公司、重型型材企业如奥钢联集团等需要实现搬运码垛自动化作业的企业也会涉足该领域。

　　如图7所示，从在华专利申请量排名前6位的企业来看，排名前3位的申请人仍为国外企业或者是合资企业，这说明中国作为新兴市场已经充分得到国外企业的重视。值得注意的是，排名第一位的上海发那科机器人有限公司是上海电气（集团）总公司所属上海电气实业公司与日本FANUC株式会社联合组建的高科技合资企业，而日本FANUC

株式会社在全球申请量也位列前三，这表明作为机器人领域的龙头企业不仅针对国际市场有完善的专利布局，中国专利布局也较为完备，有长远的发展战略。在排名前6位的申请人中，其他3位是中国高校，从一定角度上说明中国企业在该领域的研发上仍较为薄弱。另外，国内知名的自主机器人企业在该领域的专利申请量并不突出，说明我国机器人企业专利布局仍不完善。

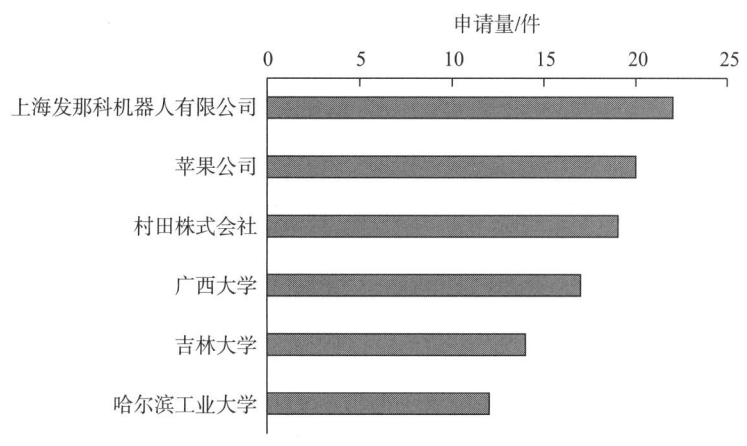

图7　码垛机器人在华主要申请人申请量排名

### （三）在华专利申请分析

自1985年开始，国外申请人便开始在华申请码垛机器人末端执行器的专利，由于这些申请人在国外的申请量相对较少，中国市场需求较弱，最开始在华申请量比较少，还未开始专利布局。随着工业机器人发展运用，中国市场的崛起，自2000年开始，码垛机器人末端执行器的在华申请量一直处于上升状态，2013年左右码垛机器人末端执行器在华专利申请量激增，这与近几年传统手工生产制造行业机械化、智能化，大量基础搬运机械代替人工作业，以及物流仓储行业的蓬勃发展息息相关（见图8），在此需要指出的是，由于专利申请数据检索时限截止到2017年10月31日，2015～2017年的样本不完整。为了贯彻落实好《中国制造2025》，2016年提出了大力发展包括末端执行器在内的核心零部件的主要任务，将抓取与操作功能的多指灵巧手和具有快换功能的夹持器列为末端执行器开发重点。在2016年，码垛机器人末端执行器在华申请量突破100件，一定

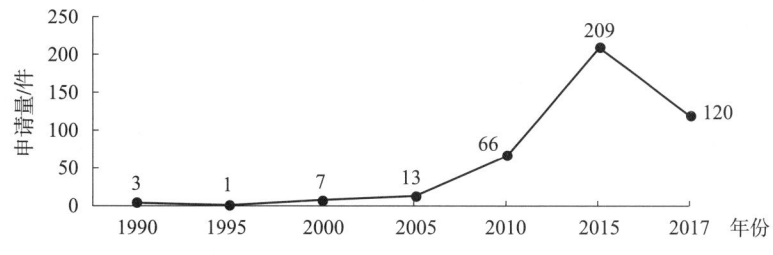

图8　码垛机器人在华专利申请量趋势

程度上与国家政策的支持鼓励密不可分（见图9）。

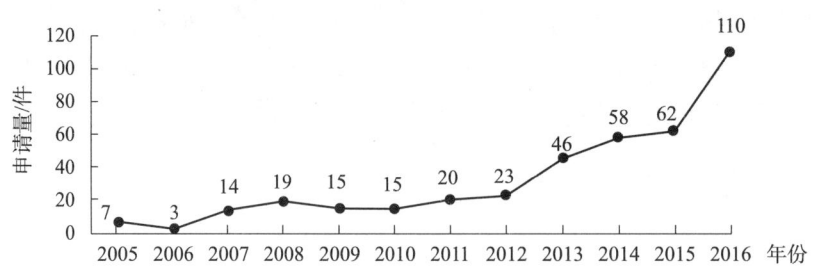

图9　码垛机器人在华专利申请量趋势

# 三、专利技术分析

## （一）全球技术分支分布情况

如图10所示，普通夹持型码垛机器人的末端执行器的专利申请占该领域全球专利申请总量的三成以上，真空吸附型紧随其后，占该领域全球专利申请总量的27.15%，以上两种末端执行器的专利申请量占据全球专利申请总量的一半以上。为了适应不同形状又能保证码垛的可靠性，组合型码垛机器人末端执行器也有很好的应用前景。虽然普通夹持型、真空吸附型以及组合型末端执行器的专利申请量占据全球专利申请总量的75%以上，但是为了适应特定形状、特定材料的物品的需求，多指夹持、电磁吸附、托持型的末端执行器也有一定的专利申请量。

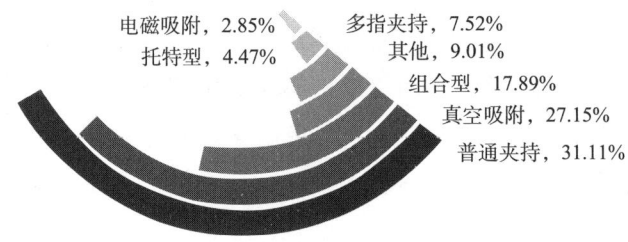

图10　码垛机器人全球各技术分支专利申请分布

## （二）在华技术分布情况

如图11所示，通过对比可以发现，码垛机器人末端执行器领域在华专利申请的各技术分支占比的整体分布趋势与全球专利申请各技术分支占比整体分布趋势基本一致（其中全球专利申请总量为1541项，中国专利申请量为339项）；均是普通夹持型末端执行器占比最高，达到三成以上，真空吸附型末端执行器紧随其后，达到两成以上，在华专利申请中以上两种类型末端执行器占据该领域中国专利申请量的一半以上。从该领域的组合型末端执行器在华申请量占比明显高于全球申请量占比看，国内申请人更注重组合型末端执行器的研发。对于非传统型的末端执行器，全球申请占比明显高于在华申请占比，可见为了适应于特定形状、特定材料的物品的需求，国外企业致力于研发专用性高的末端执行器。而对于电磁吸附型末端执行器、托持型末端执行器、多指夹持型末端执行器在华申请占比与全球申请占比基本一致。综上，在码垛机器人末端执行器的各技术分支占比方面，在华专利申请分布情况与全球申请分布情况基本一致，且国内研发重点与国际形势有着密切联系，相互适应贴合。

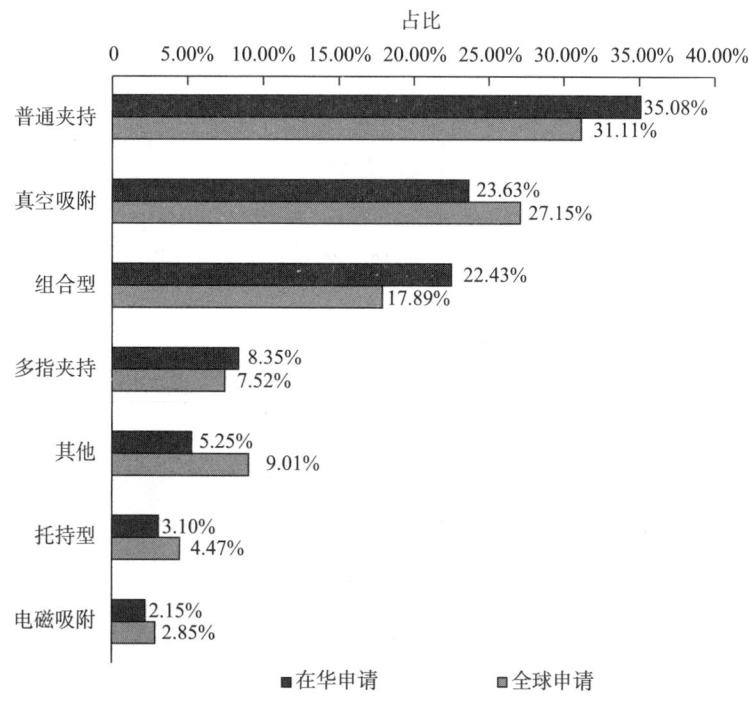

**图 11　码垛机器人全球和中国各技术分支申请对比**

### （三）重要申请人关键技术分析

#### 1. 国外申请人

国外申请人在机器人领域的专利文献具有申请量大、申请时间早、核心技术多的特点和优势。国外码垛机器人末端执行器申请量前 10 位的申请人如图 6 所示，其中，精工爱普生、发那科株式会社和 ABB 股份有限公司的专利申请占了全球专利申请总量的前 3 位，前 10 名中出现了 5 家日本企业，两家德国公司，瑞士、奥地利、意大利各占一名。SMC 和精工爱普生的专利布局较早，从 1990 年起，申请量不断增加。发那科作为机器人领域的代表，对机械手的末端执行器的研发持续投入，保持稳定的申请量。如图 12 所示，通过分析上述排名前 3 位的国外申请人专利文献中的关键技术，有利于掌握行业的技术发展脉络和发展方向。

#### （1）发那科

发那科是日本乃至当今世界上机器人实力强大的企业之一，注重科研，主要从事机

新能源电池

机器人

高档数控机床

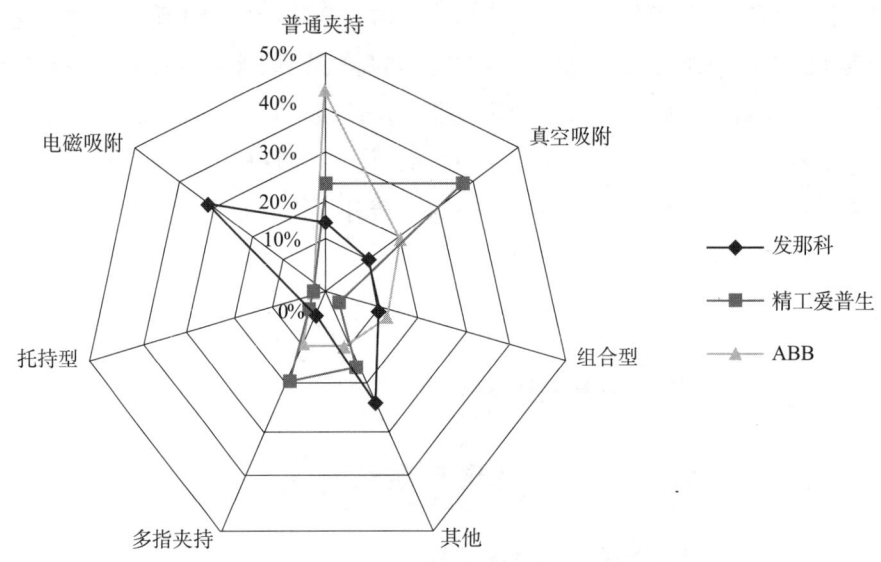

图 12　码垛机器人前 3 位国外申请人关键技术分布

器人科研、设计、制造、销售。在机器人末端执行器方面，发那科在全球专利申请量排名第二位，从 20 世纪 60 年代至今专利申请一直比较活跃。

从图 12 可以看出，在发那科专利申请中，电磁吸附（约 31%）是近些年来最关注的技术分支，其次是抓取较复杂形状工件的其他类和出现较早的普通夹持类末端执行器，以及带有吸盘结构的末端执行器，而组合型则相对较少。其中专利 US2017252929A1 是通过磁性吸头，吸取一个或多个工件附着于吸头端部，从而提高抓取效率；专利 JPH04223116A、专利 US2010078953A 则是普通夹持形式，通过驱动机构驱动连杆机构实现的夹紧和张开动作，结构简单且应用广泛；专利 US6345818B1、专利 JP2007069316A 是通过真空吸盘进行吸取，真空吸盘品种多样且成本低廉，节约能源；而专利 JP2010082748A 则是采用吸盘和普通夹持机械手，先通过吸盘吸住工件一端，再抓取工件两侧，实现稳定地抓取工件。

一级分支中其他类末端执行器，如流体类柔性机械手，或从多个角度抓取工件的异形机械手，即根据具有特殊外形的工件设计出来的末端执行器，如专利 EP1698441B1、专利 US7734376B2，更具有专用性。

（2）精工爱普生

精工爱普生的一级分支中占比最多的是真空吸附（约 35%），如专利 JP2001213516A 是通过设计的真空回路实现吸盘对工件的吸附；而对于表面含有凹凸不平平面的工件，可以采用辅助定位机构先定位，再采用吸盘吸附，保证了吸附的牢固性能，如专利 JP4973704B2，且其受力均匀、绿色环保。其次是普通夹持和多指夹持，如专利 JP2012210052A、专利 US2012279342A 是采用从工件两侧夹持的方式来夹持工件，主要为连杆铰接结构，通过气缸或电机进行驱动，结构简单。多指夹持是采用仿人手形式的结构，结构较复杂，但实现了类似人手抓取工件的灵巧动作，例如专利 JP2012125041A、专利 US2007267881A。其他类，如专利 JP2011170966A 是对光盘等特殊材质和要求的工件进行码垛时采取的一类特殊类型的末端执行器。

组合型、托持型和电磁吸附（共约 10%）的研究相对较少，其中，组合型中带有真空吸附部的手指是精工爱普生今年来关注的重点，其结合气动吸盘和仿人手指的优点，提升了码垛机器人的对象多样性。

此外，在其他方面，如传感器、控制器、驱动器等技术方面，精工爱普生同样申请了大量专利。可见，该公司在码垛机器人领域所掌握的技术是比较全面的。

（3）ABB

ABB 集团总部位于瑞士苏黎世，是全球 500 强企业之一，是全球自动化技术和电力的领导企业。其在 20 世纪 90 年代就开始进行码垛机器人的研究，并且布局了多篇关于码垛机器人末端执行器的专利申请。ABB 集团作为传统老牌的自动化公司，其在码垛机器人机械臂方面专利申请量最多，在末端执行器技术等方面也不断研究，并做出贡献。

其中，末端执行器一级分支中的普通夹持型保持着较高申请量，约占末端执行器的 42%，如专利 US6860531B2 是采用滑轨机构实现抓手沿两侧夹持和张开，还有其他专利如专利 US5727832A，专利 US2003123970A，专利 US6290276A 等；其次是采用真空吸附型（约 19%），如专利 US6039375A 采用多个平板吸盘，吸附大型平面工件，而对于曲面类工件，也可以采用曲面类吸盘进行吸附；结合真空吸盘类末端执行器，通过在吸盘两侧设置多指夹持机械手或普通夹持机械手构成组合型结构，如专利 CA2285582A1，实现对多种形状工件的抓取；而托持型和电磁吸附型则相对较少，各占约 3%。

通过以上 3 个国外重要申请人的关键技术分析，普通夹持型和真空吸附型由于研究较早，且结构较简单，改进形式多样，因此其申请量较多，这也符合码垛机器人末端执行器专利申请总量的一级分支趋势；而国内申请人由于起步晚，且研究较为分散，使得在核心技术方面的分析较少，仍需要注重技术的研发和设计。

**（四）技术演进**

通过对码垛机器人末端执行器各技术分支分析发现，目前申请量最大的，即申请人最为关心的技术为普通夹持型、真空吸附型和组合型末端执行器，而组合型末端执行器是对不同类型末端执行器按照需求进行的组合，其发展是与其他类型末端执行器密切相关的，不具有单独清晰的发展脉络，因此本文选择针对普通夹持型末端执行器和真空吸附型末端执行器这两个关键技术的技术演进的发展脉络进行整理，以找到未来该技术的改进方向和发展趋势。

1. 普通夹持末端执行器

如图 13 所示，普通夹持末端执行器是最常规的末端执行器，其最早可以追溯到 20

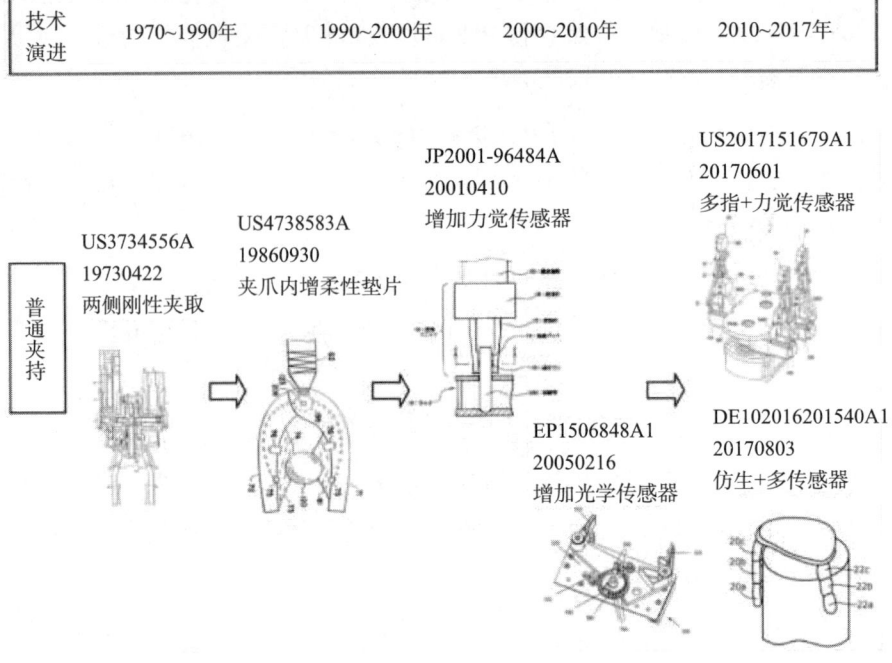

**图13 码垛机器人普通夹持型末端执行器技术演进**

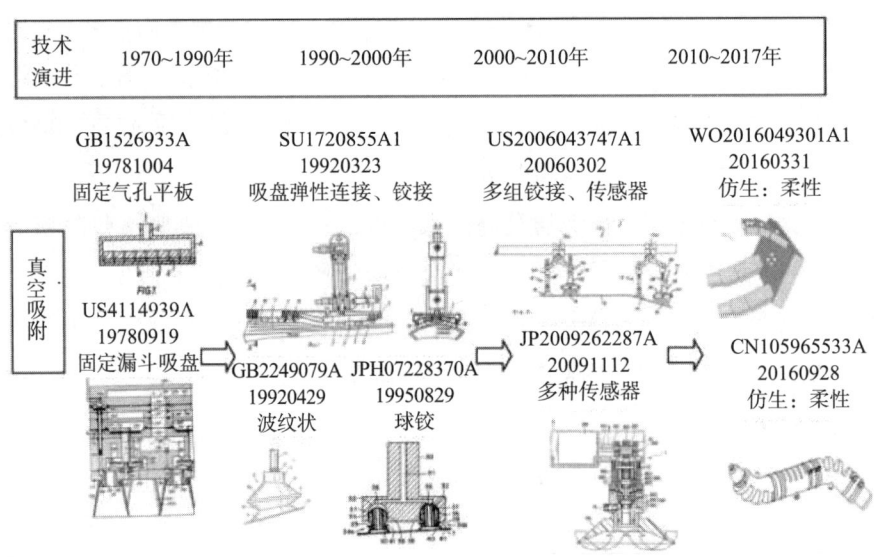

**图14 码垛机器人真空吸附型末端执行器技术演进**

世纪 70 年代，该技术一直在码垛机器人末端执行器专利申请中占据重要地位，约占整个领域专利申请量的 30%。通过我们的分析整理发现，20 世纪 70 ～ 90 年代，该技术在该领域的专利申请量中占据主导地位，是当时研究的一个热点。随着时代的发展，大量的专利申请开始不满足于普通夹持，而是引进其他的技术与其进行整合，组合及多指夹持逐渐占据主导地位。

在 20 世纪 70 年代，码垛机器人末端执行器的专利技术水平相对简单，主要是通过机器人臂控制夹爪在两侧或上下方向上简单夹持物体，如专利 US3734556A，其夹爪的材质就是普通的钢材等硬质材料，夹持的力度是单纯的机械力，而且夹爪与物体接触也没有任何的保护层。这是由于当时的经济发展水平有限，机器人还主要应用在大型物资的运输上，因此对货物的精细化和生产效率要求不高，并且机器人核心软件的发展也存在明显不足，制约了当时普通夹持技术的创新。

随着技术和经济的飞速进步，在 20 世纪 80 年代，大面积涌现了对原有普通夹持技术进行改进的专利申请，如在原有的夹爪内加装防护垫和保护套，比如 1986 年的美国 US4738583A，其夹爪内增加柔性垫片，能够在一定程度上保护夹持物体，减少刚性夹持的机械损伤。

到了 21 世纪初，随着传感器技术的迅速发展以及对夹持技术的要求不断提高，各种传感器（如光学传感器、力学传感器及温度传感器等）开始被广泛用于码垛机器人末端执行器中，如 2001 年的日本专利 JP2001－96484A，在夹爪内增加力学传感器，能够感测到夹持力的大小，进一步降低了机械夹持损伤，提高了夹持精度；2005 年的欧洲专利申请 EP1506848A1，其将非接触式光学传感器应用于夹持型末端执行器，显著提升了夹持的精准度及效率。

21 世纪以来，各种技术创新手段日益丰富，尤其是仿生学、生物技术和材料技术等快速发展，逐步出现了多指（三指及以上）夹持，即对于某些形状特殊，固定困难的物品，通过多指夹爪对其在不同角度进行固定和夹持，从二维方向夹持向三位立体夹持演进。其中，多指灵巧手的发明，可以完成各种复杂动作，结合配置如力学、视觉及温度传感器等可使其功能更加广泛，如在 2017 年美国的专利 US2017151679A1 中，在三指夹爪的指尖安装力学传感器；同时，柔性仿生手指也日益发展，如 2017 年德国的专利 DE102016201540A1，其手指采用弹性材料，通过气管气动，形成柔性夹持，更够实现对易碎、柔性物件的夹持，并在仿生手指上分别安装多个传感器，大大提高了夹持精度，是目前研究的一个重要方向。

2. 真空吸附末端执行器

真空吸附末端执行器，通常称为真空吸盘，采用负压抽吸等方法在吸盘内产生一定的真空度，从而吸着工件。真空吸附末端执行器具有不损伤工件表面，结构简单、使用方便、无污染等优点，因而广泛应用于码垛机器人中，如在半导体工业、包装领域的搬运码垛方面有非常广泛的应用。[5]

如图 14 所示，真空吸附型夹持需求主要包括两个方面，一是吸盘能适应物件的形状，与物件有效贴合，二是提供可靠的真空度，这也是真空吸附末端执行器的技术演进所解决的技术问题。

早期的真空吸附性末端执行器（真空吸盘）有非金属材料常规吸盘，其形状固定，通常为漏斗型吸盘或者气孔式平板吸盘：如1978年英国专利GB1526933A，其为气孔式平板吸盘，通过真空泵抽吸实现吸附；1978年美国专利US4114939A，其采用漏斗形状的吸盘，这种固定的吸盘对于表面平整度高的物品，能够很好地与物件贴合，实现夹取，但是对于表面结构较为复杂的形状不能很好地贴合；因而形状自适应的吸盘结构应运而生：一种是通过吸盘本身的变形来适应，如1992年英国专利GB2249079A，其将吸嘴设计成波纹型，相对于普通的吸嘴，其变形量更大，当针对不同平整度的表面时，能够适当变形以适应物件表面；另一种是在吸盘的连接处设计缓冲连接器，如铰接、球连接、弹性连接等，如1992年苏联的专利SU1720855A1，其在吸盘与支架的连接处设置可转动的铰接机构，可适应工件吸附表面的倾斜而自由转动，并在两个相邻的吸盘之间设置弹性连接，可以针对高低不同的表面发生弹性变形，从而更好地贴合不平整物体的表面，使得吸盘吸附更加紧密，可靠度提高，又如1994年日本专利JPH07228370A，为球铰式吸盘，吸盘可适应工件吸附表面的倾斜而自由转动，吸盘体上的抽吸孔通过贯穿球节的孔，与安装在球节端部的吸盘相通，对于物体表面适应能力进一步增强。

然而，上述吸盘并不能很好地感测吸附的可靠性，其精度不能满足自动化的需求，2000年以来，随着传感器技术的发展，开始逐渐在吸盘上增加传感器以检测吸附的可靠性、位置和姿态：如2006年专利US2006043747A1，其在吸盘上增加了接近传感器，能够检测吸盘与物体的接近程度，并采用多个吸盘组合连接的方式，一方面增加了与物体表面的贴合度，一方面提高了吸附能力。2009年日本专利JP2009262287A在真空吸盘上增加角度传感器、接近传感器等，使得末端执行器具有姿态自主检测和吸附面自适应能力，通过倾角传感器测量吸附模块相对于吸附面的位置和姿态，从而调整装置的位置参数，更好地适应吸附面。

近几年来，随着气动技术、生物技术和材料技术的融合，仿生真空吸取技术方兴未艾，这类新兴的仿生吸盘，使用人工弹性材料，模拟生物变形和吸着。仿生人工吸盘通常满足三个功能，即具有漏斗状吸盘提供表面密封以适应几何表面；具备人工吸盘结构可以产生吸着所需负压力；外部肌肉使得被吸着的表面能随机械臂变形。如2016年PCT申请WO2016049301A1，其在仿人形柔性手指上安装吸盘，一方面柔性手指可以灵活变形，另一方面吸盘可以灵活吸附，从而能够更好地适应物体的表面，提高吸附力，并且与柔性手指的夹持力叠加，配合传感器，大大提高了对柔性物体的抓取能力。2016年中国专利CN105965533A紧跟时代发展，研发出了组合气动仿生手指，其手指采用硅胶制成，通过气管控制，各多个手指不仅可以弯曲，还可以旋转不同角度，在柔性手指上安装吸盘，达到仿章鱼等动物的仿生效果，通过柔性手指的灵活变形配合吸盘，进一步提高了吸盘的应用范围，这种吸盘与常规吸盘相比适应性更强，有着良好的发展前景，是目前的研究热点和今后的重要发展方向。

## 四、结论与建议

### （一）结论

通过对码垛机器人末端执行器的现状以及全球和国内专利的分析，本文对于当前码垛机器人末端执行器的发展现状和趋势进行了剖析，并对该技术的发展演进进行梳理。

1. 末端执行器的结构优化和精度控制是技术改进的重点

在当前码垛机器人末端执行器技术的发展过程中，精简末端执行器的结构，使其更加轻盈、灵活度高、精细化，一直是该领域研究的热点。首先，末端执行器的轻型化，对有效降低机械臂的负荷和提高自由度有着显著的作用。其次，现代大工业生产，尤其是高科技领域对末端执行器的夹持效果提出很高的要求。引进各种传感器元件于末端执行器上，通过优化计算机控制程序，以改善工件定位精度和夹持力，是目前企业发明专利的申请重点。

2. 仿生多指机械手是未来码垛机器人末端执行器主要的发展方向

随着仿生学的不断发展和人工智能领域的突破性进展，出现了仿生五指机械手的创新概念，也是码垛机器人未来末端执行器发展的主要方向。这种仿人类学的末端执行机构，包含 9 种伺服机构，控制 20 个轴或关节的多种不同运动，它不仅模仿人手的大小和形状，也完全模仿人手的运动和灵巧度。

不可否认的是，对实际工厂来说，五指仿人机械手的普及仍然还很遥远。大多数这样的机构，目前主要处于研发阶段，还没有应用到全自动加工的实际应用中。一旦它能够适应大批量生产，并实现更高的经济性，仿生机械手投放到市场，进行自动化的加工将成为可能。

3. 柔性仿生吸盘是未来研发热点

随着研究的深入和技术的进步，推动真空吸附型末端执行器朝着多工况适应、多形状夹持、高效节能等方向发展，柔性仿生吸盘显然是解决这一问题的有效手段，仿生吸盘使用人工弹性材料，模拟生物变形和吸着，与常规吸盘相比，仿生吸盘能耗更少，适应性更强，有着良好的发展前景。但是制造像章鱼吸盘那样的人造装置，需要制作大量的如章鱼组织的人工肌肉单元，技术难度较高，也需要较高的加工成本，因此，柔性仿生吸盘是目前的研究热点也是研发难点。

**4. 美日欧发明专利申请目前占据该领域全球优势地位**

20世纪70年代，美日欧等发达国家就开始研发码垛机器人末端执行器，距今已经发展了近半个世纪。全球较为成熟的码垛机器人末端执行器生产公司均以美日欧公司为主，实力较强的有：精工爱普生、发那科、ABB、安川等，全球的末端执行器市场几乎被美日欧产品所垄断。因此，该领域的发明创新活动主要集中于这些大型跨国公司。在专利申请上，美日欧的专利申请也占据了该领域全球发明专利申请的主导地位。

**（二）建议**

由于国内末端执行器的研究起步较晚，在传统技术上，追赶商业巨头的同时，必须在新兴技术中寻求突破，以实现企业的迅速发展，根据我国的发展现状，对研发码垛机器人末端执行器的企业提出以下建议。

**1. 持续关注末端执行器结构优化和精度控制的改进方向**

不管未来技术如何发展，末端执行器的轻型化和精度控制将始终是其关注的主题，而且随着科技发展，为了更好地加工对精度要求高的部件或体积较大的工件，我们对工件定位精度和夹持力等多方面的优越性能有了更高的要求。在当前国家重视中国制造和提出工业制造2025发展规划的大背景下，国内的末端执行器制造商在保持自身优势的基础上，要更加重视末端执行器的结构优化和精度控制，提高在该方向上的专利技术含量和申请力度。

**2. 充分抓住未来末端执行器领域的历史性机遇**

当前和未来的一段时间，对于码垛机器人末端执行器，国外企业依然占据主要的市场地位，但是不代表国内本土企业在未来没有机会赶超国外企业。尤其是国家现阶段大力发展机器人产业，提供了各种政策支持，机器人领域的投资和创新活动日益活跃，新技术、新产品不断涌现。国内企业一定要紧紧把握机会，实现对品牌和专利技术的"弯道超车"。

**3. 打破技术垄断，完成产业升级**

现阶段，在政府的大力支持下，政府和民间对于机器人末端执行器领域的投资日益增加，但是，对发达国家在该领域的技术垄断始终没有打破。因此，在该领域，本土企业遇到了技术上的"天花板"和"紧箍咒"，束缚了本土企业的生产能力和研发空间。因此，打破技术垄断，跨越专利壁垒，是企业求生存，求发展的必然选择，企业一定要把握时机，抢先占领资源，注重专利布局，力争产业的可持续发展。

**参考文献**

[1] 杨传民，田少龙，侯红红. 码垛机器人末端执行器的设计［J］. 包装工程，2014, 35（3）：60-63.

［2］杨传民，田少龙，刘铭宇. 码垛机器人的工作空间分析［J］. 包装工程，2014，35（7）：86 – 89 + 132.

［3］杨铁军. 产业专利分析报告（第 5 册）［M］. 北京：知识产权出版社，2012.

［4］郭钟华. 接触式真空吸取技术研究现状与发展趋势［J］. 真空，2015，52（2）：14 – 16.

［5］陈小莉. 工业机器人产业专利竞争态势［J］. 科学观察，2016，11（2）：12 – 23.

新能源电池

机器人

高档数控机床

# 清洁机器人传感器专利技术综述<sup>*</sup>

艾春艳　郝敏<sup>**</sup>　胡小伟　肖琛　骆静

**摘　要**　本文就清洁机器人传感技术领域的国内外专利申请进行统计分析和整理，重点关注了专利申请量的变化趋势、国家分布、申请人分析和技术分布等信息，并对其作了整体梳理，得到其技术演进路线；最后根据重要申请人、同族专利被引证次数对检索结果中的核心专利的技术方案进行了分析，希望为该领域技术人员了解行业现状及技术发展趋势提供参考。

**关键词**　清洁机器人　传感器　专利申请　专利分析

## 一、引言

自世界上第一台机器人诞生以来，机器人技术已经得到了长足的发展。近年来，随着计算机技术与人工智能科学的飞速发展，服务机器人逐渐成为现代机器人领域的研究热点。一方面随着信息高速发展和生活、工作节奏的加快，人们需要从繁杂的家庭劳动中解脱出来；另一方面人口的老龄化和社会福利制度的完善也为某些服务机器人提供了广泛的市场应用前景。服务机器人的应用范围很广，主要从事维护保养、修理、运输、清洗、保安、救援、监护等工作。清洁机器人是现代家庭使用的服务机器人的常见类型，能在房间内自主移动，避开房间内的障碍物，主要从事家庭卫生的清洁、清洗等工作，使人们从繁重的清洁工作中解脱出来。近些年来，随着计算机技术、人工智能技术、传感技术以及电源技术的不断进步，使得清洁机器人的控制技术有了长足的进步。

对于机器人来说，无论是感知自身的姿态，还是同外部环境进行交互，都需要通过传感器来获得相应的信息。特别是对于清洁机器人来说，为了完成清洁任务，其活动空间通常为不同家庭所具有的独特的非结构环境，因此，传感器对服务机器人来说更是不可或缺的关键组成部分。

---

\* 作者单位：国家知识产权局专利局专利审查协作四川中心。

\*\* 等同第一作者。

## 二、清洁机器人传感器概述

经过检索中国专利文摘数据库（CNABS）、中国专利全文文本代码化数据库（CNTXT）、外文数据库（VEN）和中国知网（CNKI）、万方数据库发现，清洁机器人传感器包括编码器、电子罗盘、陀螺仪、光栅、旋转变压器、磁感应同步器、电位差计、速度或加速度传感器、测距传感器、视觉传感器等其他环境传感器。通过分析文献的背景技术，列举了其中部分传感器的优缺点：

编码器是一种把角位移或直线位移转换成电信号的传感器，编码器已经成为在电机驱动内部、轮轴，或在操纵机构上测量角速度和位置的最普遍的装置。因为编码器是本体感受式的传感器，在机器人参考框架中，它的位置估计是最佳的。

超声测距传感器目前在移动式机器人导航和避障中应用很广泛。它的测量原理基于测量渡越时间，即测量从发射换能器发出的超声波，经目标反射后沿原路返回接收换能器所需的时间。由渡越时间和介质中的声速即可求得目标与传感器的距离。

红外测距传感器是一种传感装置，是以红红外线为介质的测量系统，测量范围广，响应时间短。

激光测距传感器测量范围广，测量精度高，响应速度快。

雷达测距传感器适合于测量较大距离，一般用在室外清洁机器人，做避障和导航用。这类传感器与摄像头、红外、激光等光学传感器相比，穿透雾、烟、灰尘的能力强，抗干扰能力强，具有全天候（大雨天除外）全天时的特点。

视觉传感器的主要作用是将环境信息转换为计算机可以处理的数字信息。常用的视觉传感器主要有 CCD 和 CMOS 两种类型的摄像机，而在特殊情况下也采用红外摄像机或微光夜视仪作为视觉传感器。CMOS 视觉传感器的优点是响应度较好，电路简单，能够提供更高的集成度、较低的功耗和较小的系统尺寸，缺点是图像质量和系统灵活性较差。CCD 视觉传感器的优点是有较宽的动态范围，一致性较好，能提供比较好的图像质量和系统灵活度，缺点是据此实现的感知单元往往尺寸较大。红外摄像机包括主动红外摄像机和红外热成像仪。主动红外摄像机自身携带红外光源，受环境照明条件的影响较小，观察效果比较好，目前发展较成熟，造价较低。红外热成像仪则靠接收目标自身发射的红外线成像，不易被发现和干扰，由于热辐射在大气中的传输能力强，因此热成像仪受天气干扰较小。微光夜视技术通过图像增强器，对处于夜光照明下的微弱目标图像进行增强，和主动红外摄像机相比，微光夜视仪体积小、重量轻，而且由于工作方式是被动的，使用起来安全可靠，其作用距离同环境照明条件及天气有关。

总结各传感器的特点并分析可知，根据清洁机器人正常自主运行时检测内容的不同，清洁机器人系统搭载的传感器可分为自身状态传感器及外部环境传感器两类。根据自身状态传感器提供的信息，清洁机器人能够对自身的姿态、速度、加速度等进行控制；而通过外部环境传感器提供的信息，清洁机器人可以进行任务规划、路径规划以完成既定的工作任务和工作目标。其具体技术分解及定义如表2-1所示。

表2-1　清洁机器人传感技术分支及定义

| 技术分支 | | 定义 |
|---|---|---|
| 一级 | 二级 | |
| 自身状态传感器 | | 能够对自身的姿态、速度、加速度等进行检测 |
| 外部环境传感器 | 非视觉传感 | 非视觉性传感器主要以测距为主 |
| | 视觉传感器 | 用于将环境信息转换为计算机可以处理的数字信息 |
| | 其他环境检测 | 用于安全监测等 |
| 多传感融合 | | 使处于同一环境下的多个传感器根据一定的算法和策略进行融合 |

自身状态传感器通常用于检测自身关节、自身位置、速度、运动状态等，以获取机器人转动轮的转速和位置、整体机械结构的重心稳定性等，方便实现清洁机器人的自动控制，包括编码器、电子罗盘、陀螺仪、光栅、旋转变压器、磁感应同步器、电位差计、速度或加速度传感器等。

外部环境传感器通常用于探测机器人所处的周围环境信息，包括对目标物的识别和方位的确定，包括非视觉性传感器、视觉性传感器以及其他外部环境传感器。其中，非视觉性传感器主要以测距为主，包括超声波测距传感器、红外测距传感器、激光测距传感器、雷达测距传感器等；视觉性传感器可细分光电传感器和图像传感器，光电传感器如光电二极管、光电开关等，图像传感器如具有摄像功能的，如光导摄像管、线性图像传感器、CCD和MOS图像传感器等；其他外部环境传感器用于安全监测等，如温度传感器、湿度传感器、烟雾传感器、CO气体检测传感器等。

一个功能较强的智能机器人通常都装配立体视觉传感器、触觉传感器、听觉传感器、测距传感器、力/力矩传感器等。为了完成复杂任务，多个同一类型和不同类型的传感器共存于一个机器人传感器系统中，每个传感器采集的信息在时间、空间及表达力式上都不尽相同。多传感器信息融合的实质是对多源不确定性信息的分析和综合，这是一个复杂的处理过程。信息融合根据融合的层次和实质内容可以分为数据级（底层）、特征级（中层）和决策级（高层）融合。常用的信息融合方法主要有加权平均、卡尔曼滤波、贝叶斯估计、D-S证据推理、统计决策理论等。近年来，计算智能方法也被用于多传感器信息融合，主要包括模糊集合理论、粗糙集理论、人工神经网络、进化计算等。

## 三、国内外专利数据分析

本文的数据来源为中国专利检索系统的数据库（CNABS）和德温特世界专利数据库（DWPI），检索范围包括国内外全部专利文献。检索国际专利分类号有 A47L11/00，A47L，G01S，G05D，E01H，检索词包括扫地、清洁、清洗、清扫、打扫、机器人、除尘器、超声波、测距、距离、红外、激光、雷达、视觉、图像、摄像、传感、感测、探测、检测、雷达、位置、位移、速度、力、角度、Infrared、Radar?、Laser?、ultrasonic、ultrasound、supersound、ultra audible sound、Displacement、Angle?、Location?、position?、Pressure?、Speed、velocit???、sens???、detect +、CCD、CMOS、Visual、vision、sight、Camera、Image?、picture?、Video、Contact、touch、Photosensitive、Optical、photoelectricity、Proximity、robot??、clean???、Sweep???。检索截止日期为 2017 年 10 月 31 日。

### （一）全球专利申请量

通过在 CNABS 和 DWPI 数据库中进行检索，检索对象为所有在专利数据库中公开的文献，共检索到国内外专利 3349 件。通过对最早优先权日期进行分析，得到了清洁机器人传感技术的专利申请趋势，如图 3 – 1 所示。图 3 – 1 反映了全球范围内和中国国内以及来华申请量的年度变化趋势，由于 1998 年前国内申请量较少，故仅列出 1998 年至今的国内外申请量年度变化趋势。

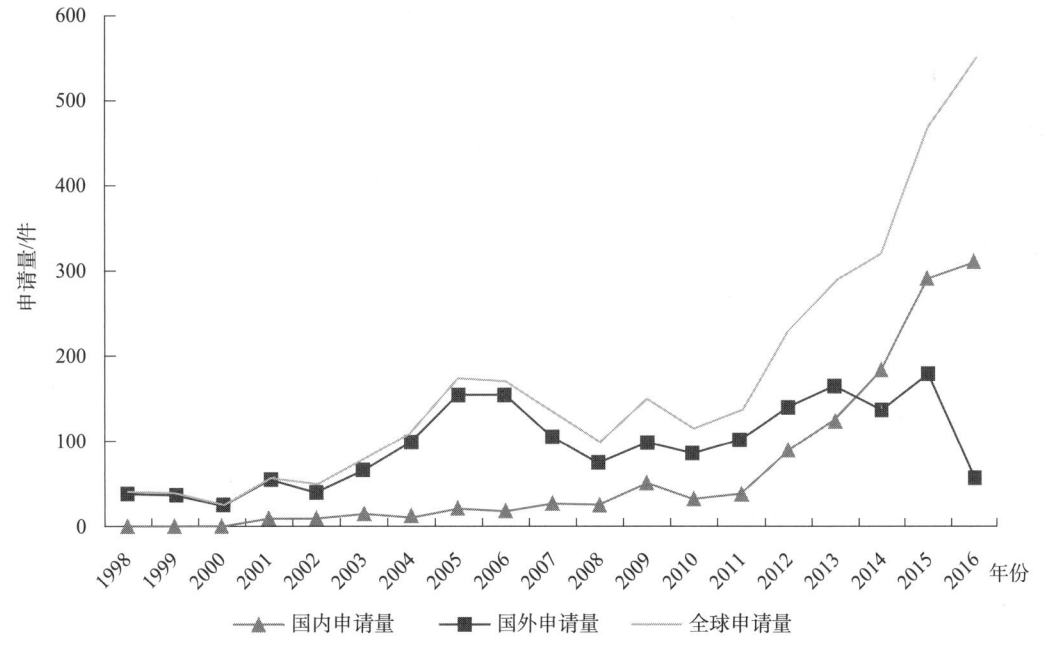

图 3 – 1　清洁机器人全球和国内外申请量变化趋势

通过对全球范围的清洁机器人传感技术的各年度的专利申请分析可知，对于清洁机器人的相关专利文献出现在 20 世纪 80 年代，其发展过程大致可分为三个阶段。第一阶段（20 世纪八九十年代），专利申请量总共 55 件，说明该阶段关于清洁机器人传感技术处于萌芽阶段，而中国在这期间还没有关于清洁机器人传感技术的相关专利申请。第二阶段（2000 ~ 2010 年），全球专利申请量总体呈现平稳发展趋势，2000 ~ 2006 年，国外申请量出现了较大幅度的增长，并在 2004 ~ 2006 年国外相关专利申请量分别多达 98 件、151 件、152 件，可见该时间段是国外各大公司重点研究和发展相关技术的重要时期。此后在 2007 ~ 2010 年，国外的专利申请量分别为 103 件、73 件、98 件、84 件，可见国外专利申请量在 2007 ~ 2010 年内出现了短暂的申请量的微降，之后逐渐趋于平缓发展。在这期间，伴随国外申请人逐渐到中国进行专利布局，中国在该阶段也开始提出清洁机器人传感技术的相关专利，即中国在该阶段处于萌芽期。第三阶段（2010 年至今），随着传感技术的发展以及国内对专利事业的重视，国内有关清洁机器人传感的专利申请量显著增加，逐渐超越其他国家的申请量。2011 年起，中国的该领域专利申请开始爆发式增长，这与中国大力推动科技进步和创新是密切相关的。2015 年，中国在该领域的专利申请量更是占到该领域全球申请量的百分之六十多，这说明该技术虽然进入中国市场较晚，但是随着近年来该技术的成熟以及市场日趋激烈的竞争，此时中国已经成为清洁机器人传感技术的第一申请量大国。

**（二）国内外申请区域分布**

纵观全球申请量，如图 3 – 2 所示，主要以韩国、中国、日本、美国、德国为主要申请国，且各国在中国也均有相当数量的申请，可见对中国市场的专利布局，各个国家也均有一定的计划。尤其韩国的三星申请量占据榜首，由此可见，韩国是清洁机器人及其相关传感技术的主要研发国家。

针对中国申请，分析其专利申请区域，主要以江苏、深圳、北京、上海为主要申请区域，其中江苏申请多达 260 件，深圳申请 142 件，北京 129 件，上海 91 件，均为国内较为发达地区。此得益于相关清洁机器人传感技术的申请量较多、影响比较大的国内公司主要分布于上述区域，其中江苏的申请量超出其他城市近一倍多。当然其中相当数量的国外在国内的申请，可见国外对于中国的布局有一定比例的考虑，势必对国内相关公司的发展起到一定的竞争作用。

**（三）国内外申请人分布**

国外对清洁机器人的研究起步较早，早在 20 世纪 90 年代，欧美等发达国家已经开始对清扫机器人的应用进行了研究和开发。且作为智能仪器高速发展及高度重视的时代，各国各大公司均对该领域极其重视。通过专利文献的检索以及人工筛选，下述列出了国内外申请量排名前 12 位国内外申请人，如图 3 – 3 所示。由图 3 – 3 可知，国外研究清洁机器人传感技术的公司主要有韩国的三星、LG、美国 iROBOT、日本松下、瑞士伊莱克斯等。

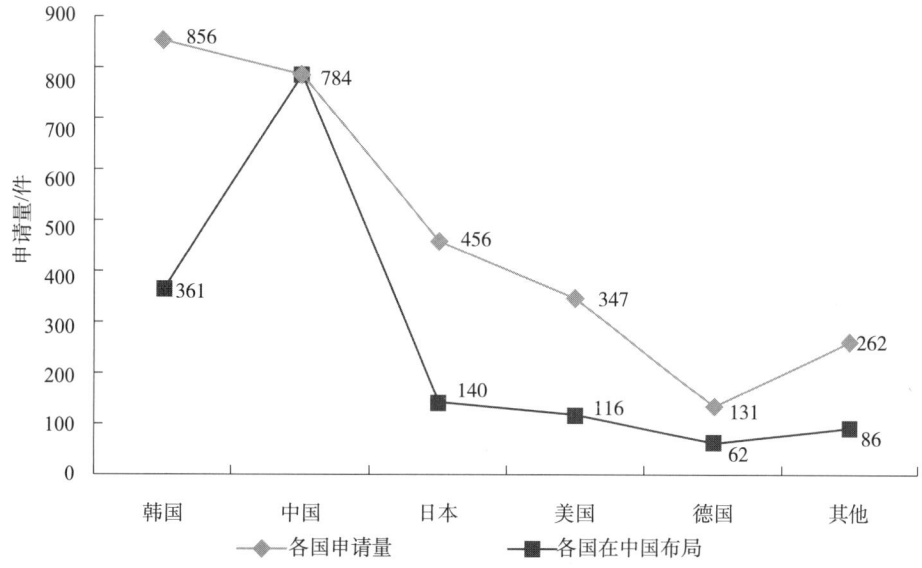

图 3-2　清洁机器人各国申请量及在中国的布局申请量

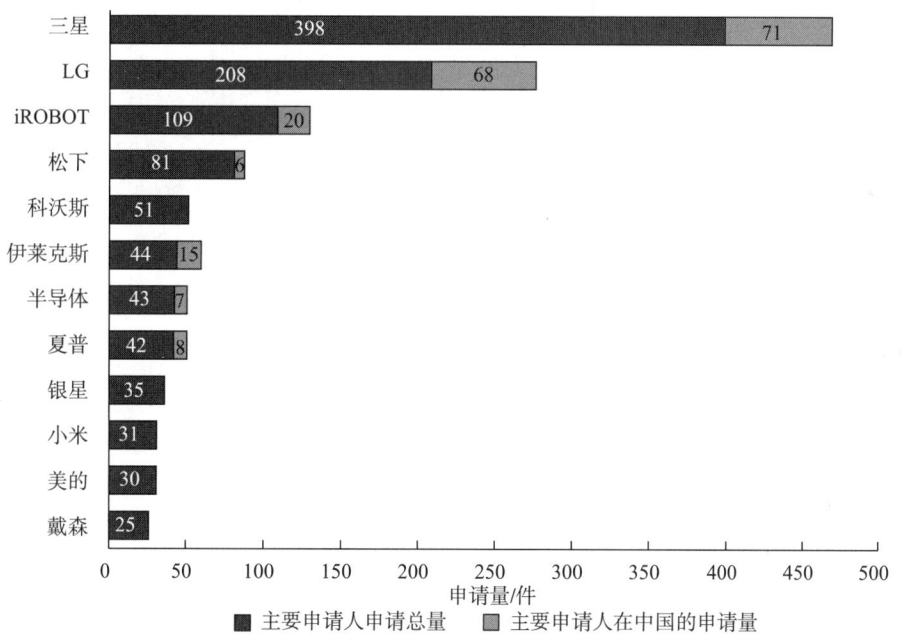

图 3-3　清洁机器人国内外排名前 12 位申请人申请量对比

美国 iROBOT 公司于 2001 年提出家用清洁机器人的相关专利 US6690134B1、US2002016649A1 等，并于 2002 年 9 月最早将家用清洁机器人产品化展示在用户面前，它开发出了全自动智能吸尘器——Roomba，它代表了技术上的分水岭。Roomba 重约

2kg，直径为 30 英寸，打开吸尘器开关后，它就能自主地在房间内吸尘。它的传感器采用的是红外线传感器和碰撞传感器。iROBOT 于 2004 年 1 月提出用于给移动机器人提供充电方式的专利申请 US2004000762219A1，在多个国家提出申请，并推出了 iROBOT Roomba 的 Discovery 系列，具有污垢探测和自动充电的功能。

韩国 LG 公司于 2002 年 12 月提出了专利申请 KR20020088352A 用于清洁机器人的自动充电装置，通过摄像机获取充电器的信息，并根据当前距离、角度等信息控制驱动机器人是否需返回充电器进行充电。

瑞典家电制造商伊莱克斯（Electolux）虽然申请量不大，但其研制生产的清洁机器人"三叶虫"却影响较大。"三叶虫"开始启动后，体内的搜索雷达会探测距离最近的墙壁。只要接近障碍物，它便会重新设定行进路线。在楼梯的台阶等一些没有天然障碍物的地方，只要有一条磁铁，"三叶虫"便不会跨越。而且早在 2001 年 2 月，伊莱克斯已经提出了专利申请（SE0100676A）一种自动清洁装置，但该申请主要涉及对该清洁装置结构的设计。

英国戴森公司的 Dyson360Eye，采用基于视频的全景图像分析定位技术，机身顶部安装正对着天花板的 360 度广角全景摄像头，控制系统首先以每秒 30 帧的速度获取摄像头所采集到的图像，然后利用机器内部的图像分析技术解析机器位移中地图导航信标关键点的像素偏移值，从而通过精确计算获得机器的当前位置，同时为了感应低于摄像头可视范围内的障碍物，360 Eye 机身上还搭载了红外传感器用于感应各类矮小的障碍物。

国内对于清洁机器人的研发起步较晚，在 20 世纪 90 年代末，北航机器人实验室初次对清洁机器人展开研究，并成功研发出 4 类不同的清洁机器人。20 世纪末，哈尔滨工业大学、华南理工大学、浙江大学、上海交通大学等高校、研究所对智能清洁机器人进行了大量的研究并取得了一些成果，对清洁机器人相关技术如机器感知（障碍物检测等）、机器人导航和定位与路径规划、机器人控制、电源与电源管理、动力驱动等技术的研究则更多，这些都为清洁机器人的研究开发和推广奠定了物质基础和技术基础，并发表大量期刊、论文等。但是有关家用智能清洁机器人控制技术的专利申请时间在国内起步较晚，均在 2010 年后才提出相关专利申请，其中大多为实用新型和外观设计，且国内相关智能清洁机器人研究的公司成立较晚，主要有科沃斯（原泰怡凯）、美的、小米等。其中相对较早的是科沃斯在 2012 年提出的专利申请 CN102736622A，其公开了多功能机器人系统及机器人本体寻找模块部的控制方法，在寻找模块部模式下，依靠红外信号的指引，机器人本体与模块部组合，可根据机器人系统不同的工作模块自由组合或分离作业，且机器人本体自动寻找模块部时，可自动对接。国内清扫机器人的研发正处于上升期，并且产品的研制也日趋成熟，目前科沃斯、KV8 等公司在国内自主品牌当中占有主导地位。

考虑清洁机器人的传感技术对清洁机器人的路径规划起到了一定的决定性作用，对清洁机器人清扫路径的整体发展方向，从最初的随机碰撞式向路径规划式发展作一整体概述，如下述表3-1所示。

表3-1 不同申请人对应不同传感技术概述

| 随机碰撞式 | | 路径规划式 | | | |
|---|---|---|---|---|---|
| 红外传感 | 超声传感 | GPS技术 | 激光技术 | 视觉技术 | 融合技术 |
| iRobot、三星、科沃斯、国内其他品牌 | 普桑尼克（Proscenic）、伊莱克斯（ELECTROLUX）、三星 | iRobot Braava、普桑尼克（Proscenic-JOJO） | 利拓（Neato）、科沃斯（Ecovacs）、小米 | iRobot 980、LG、戴森（Dyson） | iRobot、夏普、Neato、戴森（Dyson） |

### （四）传感技术分支专利申请量分析

清洁机器人在正常工作时，不仅要对自身的位置、姿态、速度以及系统内部状态等进行监控，同时还要能够感知所处的工作环境，从而使机器人相应的工作顺序以及操作内容能够自然地适应工作环境的改变。因此，准确获取外部和内部状态信息，对于清洁机器人的正常工作、提高工作效率、节约能源及防止意外事故的发生等都是非常必要的。

根据上文中对清洁机器人传感器的划分，清洁机器人系统搭载的传感器可分为自身状态传感器及外部环境传感器两类，而其中的外部环境传感器又可分为非视觉性传感器、视觉性传感器以及其他外部环境传感器。随着技术发展，目前的清洁机器人更多地采用多传感融合技术进行环境探测。因此对自身状态传感器、非视觉性传感器、视觉性传感器、其他外部环境传感器以及多传感融合技术五大分支进行申请量分析，分别从国内外角度进行分析，如图3-4所示。

自身状态传感器、非视觉性传感器、视觉性传感器、其他外部环境传感器以及多传感融合技术，这五大分支的国外申请量分别为636件、683件、1125件、234件、458件，而国内分别为263件、882件、694件、129件、244件。由此可见，国外对于视觉传感器重视度较高，申请量较多；国内则对于外部环境检测常用的超声、激光、红外、雷达等测距、定位、避障方式较为重视。非视觉外部环境检测传感器是国内目前进行清洁机器人传感的主要技术手段。下面针对清洁机器人的自身状态传感器、非视觉性传感器、视觉性传感器等进行具体分析。

1. 自身状态传感器申请量分析

智能清洁机器人对自身的状态监测和环境的识别都依赖于传感器技术，对环境的识别和自身工作状态的检测将更利于机器人完成自身的精确控制。从清洁机器人检测内容的角度分类，传感器可以分为外部环境传感器和内部自身状态传感器，其中具体分析反映自身状态的内传感器的相关申请量，如图3-5所示，其申请量明显国外比国内申请量多，且在 2003 ~ 2008 年达到一个早期的申请小高峰，而国内申请则在 2012 年后出现大量的申请，这与国内清洁机器人的快速发展有密切关系。

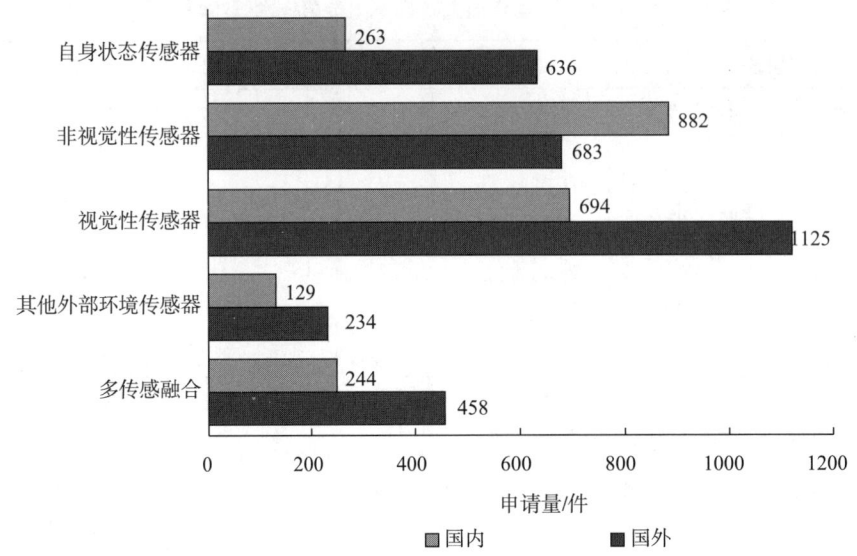

图 3 - 4　传感技术各分支申请量

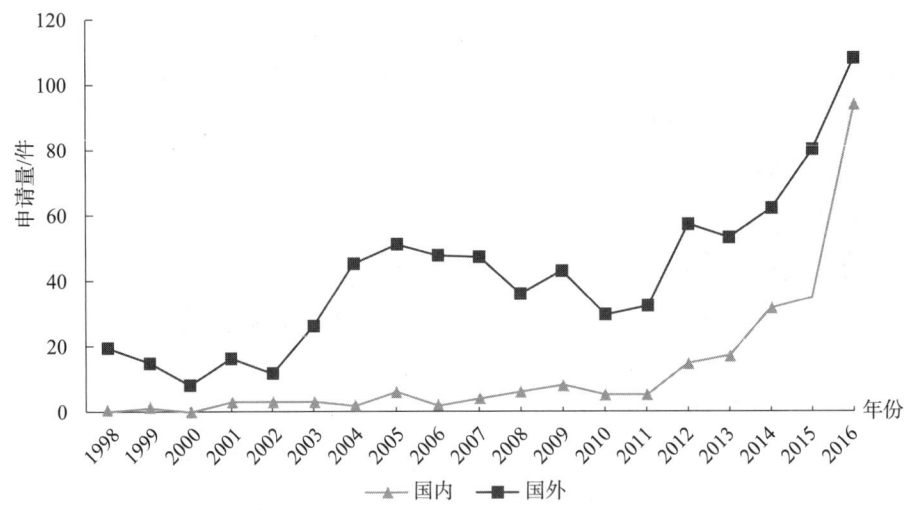

图 3 - 5　自身状态传感器国内外专利申请量变化趋势

**2. 非视觉性传感器申请量分析**

外部环境传感器又可以分为视觉性和非视觉性的传感器，外部环境传感器用于感知外部环境变化，例如感知静态工作环境和动态变化环境信息的超声波传感器、红外传感器、激光传感器、雷达传感器等。通常通过外部环境传感器可实现清洁机器人包括自充电、导航定位、避障等功能，是目前清洁机器人较为主流的外部环境探测方式。具体分析外部环境非视觉性传感器的相关申请量，如图 3 - 6 所示，其国内外申请量基本呈相同的稳步增长趋势。

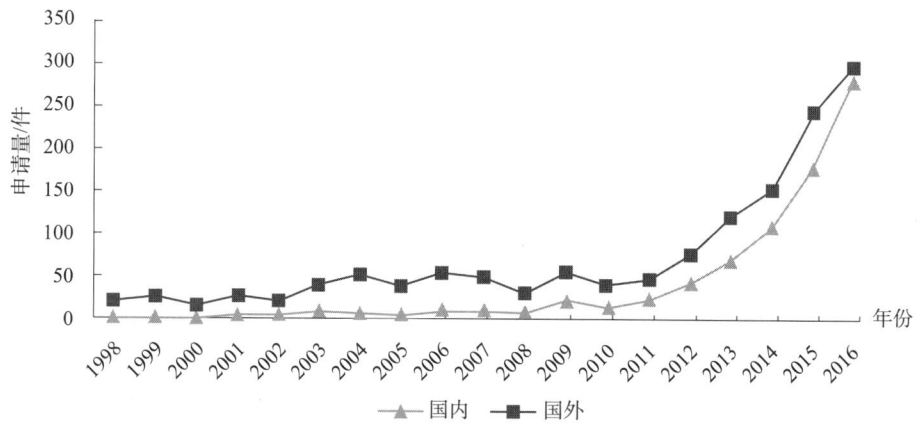

**图3-6　外部环境非视觉性传感器国内外专利申请量变化趋势**

3. 外部环境视觉性传感器申请量分析

视觉性传感器主要有单点视觉传感器、线阵视觉传感器、平面视觉传感器和立体视觉传感器等。具体分析视觉性传感器的相关申请量，如图3-7所示，明显国外比国内申请量多，且在2005~2006年国外申请达到一个早期的申请小高峰，而国内申请则在2011年后出现大量的申请。在目前智能家电领域，使机器人具有人类类似的感觉，是目前各大公司和研究所的重点研究对象，其中尤其以视觉和触觉较为突出，而其余的感觉传感则较为少，比如，听觉、嗅觉等，尚处于研究的初期、不成熟阶段。

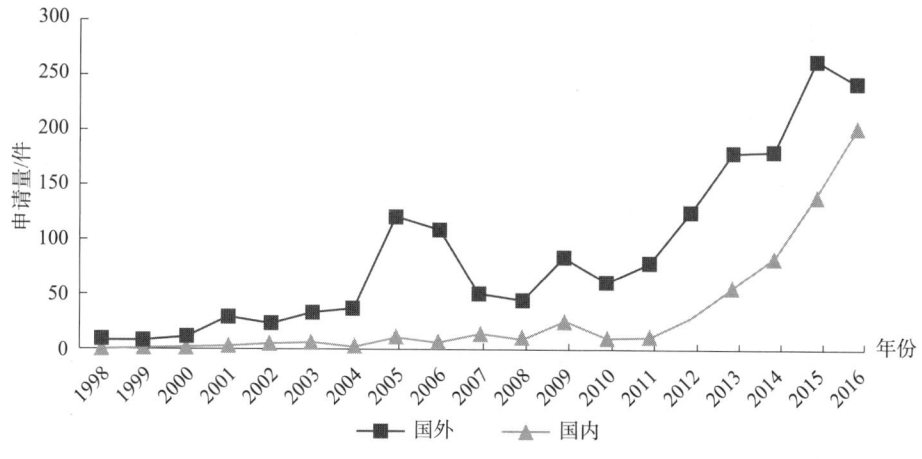

**图3-7　外部环境视觉性传感器国内外专利申请量变化趋势**

由此可见，虽然各个分支的传感器申请量不尽相同，但是对于其重视程度却均是从2011年开始出现了显著增长，可见国内外均对家用智能家电的专利性提高了重视程度。

## 四、技术发展脉络及典型专利分析

### （一）技术发展脉络

通过对清洁机器人路径规划的每个发展阶段进行梳理分析，得到了如图4-1所示的技术演进路线。因清洁机器人外部环境传感的主要目的在于距离测量，而基于超声波和红外等传感器的距离测量各个领域已经有大量应用；即清洁机器人外部环境传感的各技术分支，起源于其他距离测量技术，以至于各技术分支的起源时间相近，发展之初主要是采用单个距离测量传感器进行环境目标检测，但由于单个传感器测量范围较小、测量误差较大，逐渐发展为多传感器融合进行环境目标检测。从最初的随机撞碰式清扫向路径规划式发展，机器人清洁区域面积的覆盖率也越来越高。

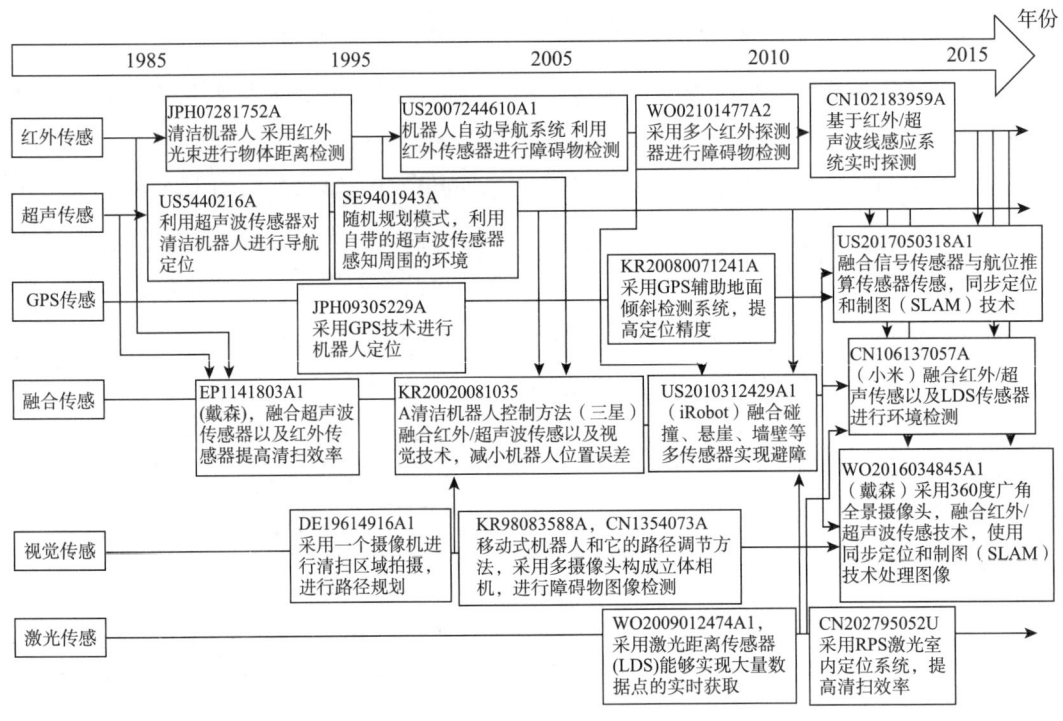

**图4-1 清洁机器人技术专利演进路线**

多传感器信息融合技术对多个传感器数据信息进行处理及综合，从而根据信息的整合结果分析内在关系，实现信息的优化以及对环境的综合识别，获得比单个的传感器信息更为客观和准确的信息来源，能够有效避免单个传感器的信息盲区，提升信息处理的质量，保证系统分析决策的准确性。

### （二）核心专利介绍

针对清洁机器人传感技术领域中重要的申请人进行检索，并提取出重要申请人所申请专利文献中被引频次较高的文献，往往这些专利是技术含量较高，对于技术进步所做出的贡献也是较大的。通过对检索结果进行筛选，得到的核心专利如表4-1所示。

表4-1 清洁机器人国内外核心专利

| 序号 | 公开号 | 申请日 | 发明名称 | 被引次数 | 布局国家/地区 | 技术分支 |
|---|---|---|---|---|---|---|
| 1 | US5440216A | 1993-06-08 | Robot cleaner（三星） | 257 | KR、CN、JP、DE | 超声 |
| 2 | JPH07281752A | 1994-04-14 | Cleaning Robot | 124 | CN、EP、US | 红外 |
| 3 | SE9401943A | 1994-06-06 | Method for localization of beacons for an autonomous device（伊莱克斯） | 72 | CN、EP、US | 超声 |
| 4 | SE9601658A | 1997-10-31 | Battery driven vacuum cleaner robot（伊莱克斯） | 103 | CN、EP、JP、US | 超声 |
| 5 | EP1141803A1 | 1999-12-06 | Sensors Arrangement（戴森） | 81 | CN、EP、JP、US | 融合 |
| 6 | KR20020081035A | 2001-10-25 | Robot cleaning machine, robot cleaning system and method for controlling them（三星） | 160 | CN、US、JP | 融合 |
| 7 | CN1354073A | 2001-07-05 | 移动式机器人和它的路径调节方法 | 170 | CN、US、JP | 视觉 |
| 8 | WO2004082899A2 | 2004-03-12 | Robot Vacuum（夏普） | 129 | CN、EP、KR、US | 融合 |
| 9 | EP1920326A2 | 2006-09-01 | Multi-Function Robotic Device（Neato） | 87 | CN、JP、US | 融合 |
| 10 | US2007244610A1 | 2006-12-04 | Autonomous coverage robot navigation system（iRobot） | 185 | CN、EP、KR、JP | 红外 |
| 11 | KR20080071241A | 2007-01-30 | Mobile Robot Apparatus and Traveling Method Thereof | 2 | KR | GPS |
| 12 | WO2009012474A1 | 2008-07-18 | Distance sensing system for e. g. robotic device and vehicle（Neato） | 14 | CN、KR、US | 激光 |

| 序号 | 公开号 | 申请日 | 发明名称 | 被引次数 | 布局国家/地区 | 技术分支 |
|---|---|---|---|---|---|---|
| 13 | WO02101477A2 | 2001－06－12 | Mobile Robot Cleaner（iRobot） | 230 | US、CN、JP、EP | 红外 |
| 14 | US2010257691A1 | 2010－06－28 | Autonomous Floor－Cleaning Robot（iRobot） | 82 | CN、EP、KR | 融合 |
| 15 | US2010312429A1 | 2010－06－30 | Robot Confinement（iRobot） | 158 | CN、EP、KR、JP | 融合 |
| 16 | CN102183959A | 2011－04－21 | 移动机器人的自适应路径控制方法（深圳银星） | 11 | CN | 红外/超声 |
| 17 | CN202795052U | 20120829 | 自移动机器人行走范围限制系统（科沃斯） | 3 | CN | 融合 |
| 18 | CN106137057A | 2015－04－15 | 清洁机器人及机器人防碰撞方法（小米） | 0 | CN | 融合 |
| 19 | WO2016034845A1 | 2015－08－11 | Mobile robot used in diverse fields such as space exploration（戴森） | 0 | GB、CN、JP、 | 融合 |
| 20 | US2017050318A1 | 2016－08－26 | Autonomous vacuum cleaner, has controller estimating pose of cleaner（iRobot） | 15 | CN、US | 融合 |

在上述国内外各重要申请人所申请的专利文献中，结合技术发展演进过程，选择其中具有代表性的文献作进一步介绍。

专利申请 SE9401943A 是 1994 年由伊莱克斯公司申请的比较有代表性的清洁机器人，该公司生产的清洁机器人又称为"三叶虫"清洁机器人。机器人清扫时的避障方式主要为随机碰撞模式，采用自身的超声波传感器感测周围环境情况，如图 4－2 所示，该清洁机器人包括驱动轮 12、吸尘部件 14 以及位于吸尘器 10 顶部的超声波传感器 20，超声波传感器 20 用于探测清扫区域中的障碍。

专利申请 WO02101477A2 是 2001 年由 iRobot 公司申请的清洁机器人，如图 4－3 所示，装置包括碰撞传感器 12、13，墙壁传感器 16 以及悬崖传感器 14，机器人主要采用红外传感器，利用由红外检测装置组成的碰撞传感器、悬崖传感器以及墙壁传感器进行障碍物检测，有效提高自主移动清洁机器人清扫区域的覆盖率。设定清扫模式后，机器人采用螺旋的方式进行清扫，遇到障碍物时发生直接碰撞，从而检测出障碍物的存在，当检测到障碍物后，清洁机器人转换为延边清扫模式，沿着障碍物的边缘运动完成清扫，

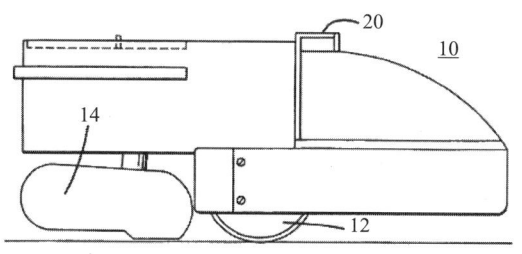

图 4-2　清洁机器人结构

一段距离后，清洁机器人会旋转 90°再继续移动，重复上述过程，直到清洁工作完成为止。与"三叶虫"清洁机器人的清扫模式不同的是，该机器人采用红外传感装置，通过构建"虚拟墙"对机器人的清扫范围进行相应的限制。

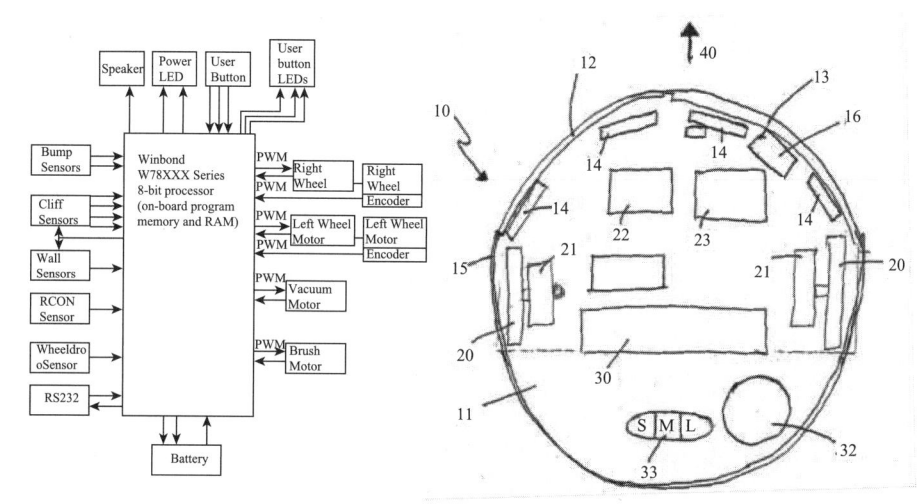

图 4-3　iRobot 公司清洁机器人装置结构

专利申请 KR20020081035A 是 2001 年由三星光州电子株式会社申请的红外、超声波、视觉融合型传感器清洁机器人。清洁机器人通过从用于感应轮子转数和转动角度的传感器检测的信号计算行驶距离和当前位置来驱动轮子沿设计的清洁路线移动。然而，由于清洁机器人行驶时轮子的滑动和地板的弯曲，识别位置的方法在由传感器从该信号计算的行驶距离和移动位置与实际的行驶距离和位置之间存在着误差。视觉型清洁机器人通过增加位于机器顶部的摄像机单元，通过分析顶部摄像机拍摄的图像校正行驶路线的控制器来保证定位的精度和减少行驶误差。如图 4-4 所示，障碍检测传感器 12 可以采用红外或者超声波传感器，当清洁机器人 10 移动时，控制器 18 从由顶部摄像机 14 拍摄的图像中提取线素，并且利用提取的线素信息校正行驶误差。

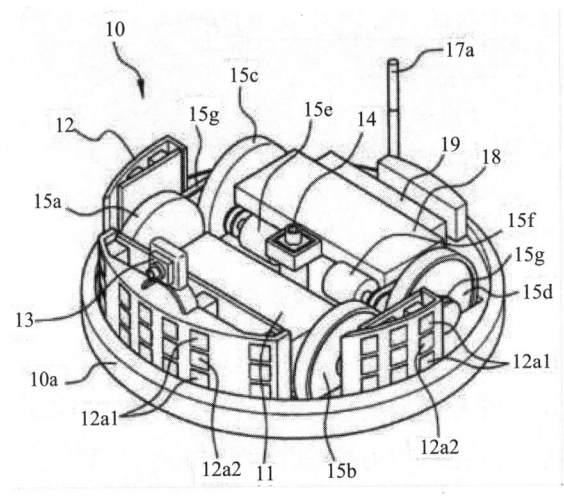

图4－4　三星融合型传感器清洁机器人

专利申请WO2009012474A1是由利拓（Neato）公司2008年申请的激光传感器型清洁机器人。如图4－5所示，激光距离传感器（LDS）能够实现精细的角度分辨率和距离分辨率、对大量数据点的实时获取（每秒几百或几千个点测量）、以及低的虚假正率和负率，LDS系统以可容易使用的形式高效地提供数据，便于实现制图（mapping）和定位功能。

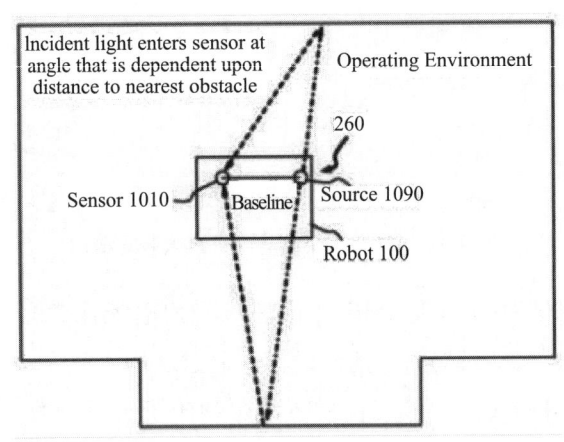

图4－5　利拓激光传感器型清洁机器人

专利申请WO2016034845A1是2015年由戴森公司申请的全景视觉型传感器清洁机器人。英国戴森公司的Dyson360Eye清洁机器人，采用基于视频的全景图像分析定位技术，机器顶部安装有面对着天花板的360度广角全景摄像头，首先控制摄像头以每秒30帧的扫描速度采集摄像头所拍摄到的图像，从而通过精确分析地图导航信标关键点的像素偏移值，获得机器的当前位置，同时为了感应低于摄像头可视范围内的障碍物，清洁机器人机身上还安装了红外传感器，用于感应各类矮小的障碍物。如图4-6所示，机器人能够使用同步定位和制图（SLAM）技术来处理由相机24捕捉的图像，使得机器人能够理解、解释局部环境状况，并且在环境中自主地行驶。

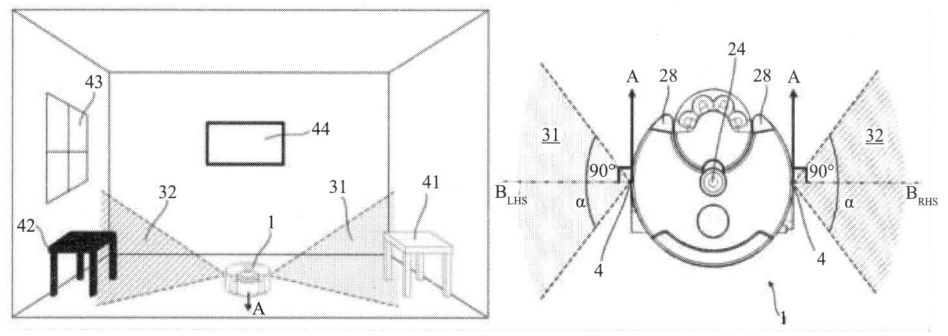

**图4-6　戴森全景视觉型传感器清洁机器人**

专利申请US2017050318A1是2016年由iRobot公司申请的清洁机器人。如图4-7所示，系统包括信号源180、信号传感器170、航位推算传感器190以及清洁机器人100，采用红外传感、超声传感、光敏、GPS、Wi-Fi等传感技术，将信号传感器170与航位推算传感器190传感信号输出通过同步定位和制图（SLAM）技术进行处理，使机器人能够自主驾驶，完成区域内环境清洁工作。欧美等发达国家对清洁机器人的研究起步较早，国内对于清洁机器人的研发起步较晚，国内清扫机器人的研发正处于上升期，北航机器人实验室初次对清洁机器人展开研究，并且产品的研制也日趋成熟，目前科沃斯、深圳银星KV8、小米等公司在国内自主品牌当中占有主导地位。

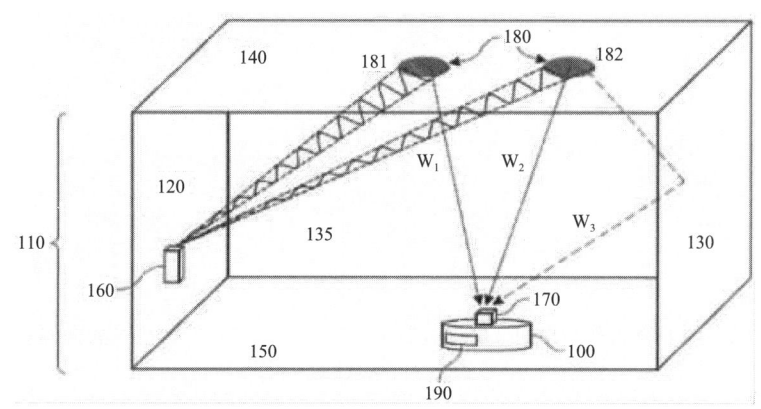

**图4-7　iRobot公司清洁机器人装置结构**

专利申请CN102183959A是2011年由深圳市银星智能电器有限公司申请的红外/超声波型清洁机器人。深圳银星KV8系列产品采用随机碰撞寻路系统，其基于红外/超声波线障碍感应系统对环境进行实时探测，如图4-8所示。

新能源电池

机器人

高档数控机床

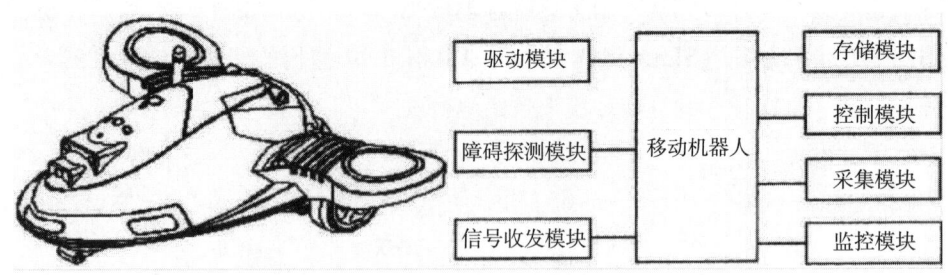

图4-8　深圳银星 KV8 系列产品

专利申请 CN202795052U 是 2012 年由科沃斯机器人科技（苏州）有限公司申请的激光传感器型清洁机器人，如图4-9所示。2012 年，科沃斯成功研发出国内首款采用路径规划式的清洁机器人，填补了国内路径规划式产品的空白，该机器人采用的是 RPS 激光室内定位系统，同时搭载有涡轮负压吸尘马达，能够进一步提升清扫机器人的清扫效果，提高清扫效率。

专利申请 CN106137057A 是 2015 年由小米科技有限责任公司申请的融合型清洁机器人，如图4-10所示。机器人壳体上包括两个距离传感装置，第一测距装置 121 可以为红外测距传感器、超声波测距传感器，第二测距装置 122a 为 LDS（Laser Distance Sensor，激光三角测距装置），融合两传感器对环境进行检测，达到了清洁机器人可以有效规避环境物体进而避免发生碰撞的效果。

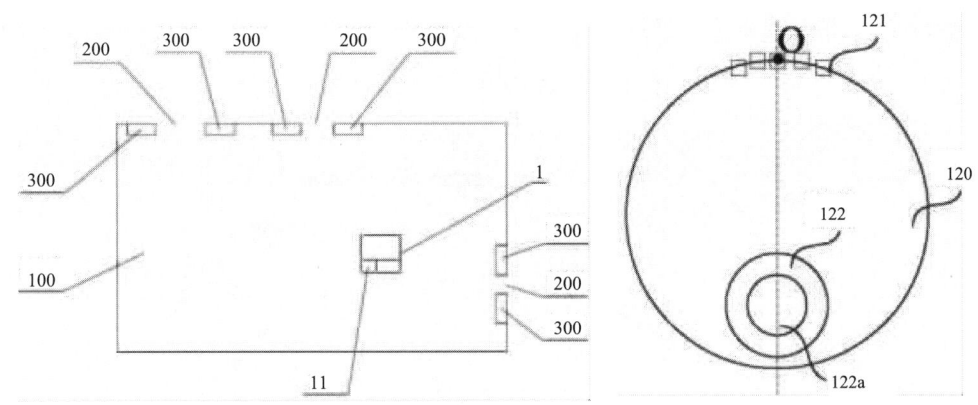

图4-9　科沃斯激光传感器型清洁机器人　　　图4-10　小米融合型清洁机器人

总体来看，国内清洁机器人的研发正处在技术积累和技术突破并行发展的阶段，但是还有需要完善和改进的地方，例如清洁机器人的避障问题，路径优化问题等。未来扫地机器人的传感器、芯片等核心零部件会更加微型化、集成化和功能的高效化，使机器人等硬件设备变得更加"聪明"。

# 五、小结

清洁机器人传感技术，是清洁机器人实现智能化的基础，对清洁机器人高效、稳定地工作具有重要意义。纵观清洁机器人传感技术，到目前为止，清洁机器人的自身状态传感器、非视觉性传感器以及其他外部环境传感器相比于视觉性传感器和多传感融合技术较为成熟。在以往机器人智能领域的研究中，人们把更多的注意力集中到研究和开发机器人的各种外部环境传感器上。尽管在现有的智能机器人和自主式系统中，大多数使用了多个不同类型的传感器，但并没有把这些传感器作为一个整体加以分析，更像是一个多传感器的拼合系统。若对各个不同传感器采集的信息进行单独处理和判断，往往会造成信息的丢失和决策的失误。为了改善这一状况，引入多信息融合技术，使处于同一环境下的多个传感器根据一定的算法和策略进行融合而不是简单的集合，这也将成为未来清洁机器人传感技术的主要发展趋势。

**参考文献**

[1] 李瑞峰，孙笛生，阎国荣，等. 移动式作业型智能服务机器人的研制 [J]. 机器人技术与应用，2003，(1)：27.

[2] R. BRIAN. Robot sreach the home floor [J]. Industrial Robot, 2001, 28 (1): 27 – 28.

[3] 王晓东. 机器人测距传感器原理与应用综述 [J]. 传感器世界，1996，(2)：18 – 26.

[4] 谭定忠，王启明，李金山，等. 清洁机器人研究发展现状 [J]. 机械工程师，2004，(6)：9 – 11.

[5] 李金山，李琳，谭定忠. 清洁机器人概述 [J]. 中国科技信息，2005，(5)：18.

[6] 原魁，路鹏，邹伟. 自主移动机器人视觉信息处理技术研究发展现状 [J]. 高技术通讯，2008，18 (1)：104 – 110.

# 输电线路巡检机器人专利技术综述[*]

## 徐俊伟　张颖超　李娟娟

**摘　要**　输电线路是输配电力的主要方式，因此及时发现输电线路所存在的隐患和缺陷，对输电线路进行定期的巡视，防患于未然，对于人民生活、工业生产、国家稳定具有重大的意义。传统巡检方式存在劳动强度大、检测精度低、效率低等问题。巡检机器人能够在输电线路上行走、检测隐患，通过近距离的巡检线路、自主控制和有效的故障检测手段，能够有效地发现隐患减少灾害。本文主要以德温特世界专利索引数据库（DWPI）以及中国专利文摘数据库（CNABS）中的检索结果为分析样本，从专利文献的视角对输电线路巡检机器人的技术发展进行了全面的统计分析，总结了与输电线路巡检机器人相关的国内和国外专利的申请趋势、主要申请人分布并对重点技术分支的发展路线作了一定的分析，从中找到一定的规律。这些分析和总结梳理了巡检机器人在输电线路领域的应用技术，有助于本领域技术人员了解该领域的发展情况和趋势，同时对审查工作也具有一定的促进作用。

**关键词**　输电线路　巡检　机器人　专利申请　发展路线

## 一、研究概述

### （一）输电线路巡检机器人技术概况与现状

输电线路由于自然环境、人为因素、设备缺陷、老化等原因，需要定期对输电线路进行巡查和维护，而在不停电的状态下对输电线路进行巡视、维修、增架、撤线等作业，越来越为电力工作者所重视。

传统的输电线路巡检方式常采用的是地面目测法、飞机航测法、机器人巡检法三种，如图 1-1 所示。其中：

（1）地面目测法靠巡检人员在地面携带检测设备进行巡检。目测法劳动强度大，地

---

\* 作者单位：国家知识产权局专利局专利审查协作江苏中心。

图1-1　地面目测法和飞机巡航法

面人员距离线塔远，探测精度低。

（2）飞机航测法分为直升机巡检和无人机巡检。航测法巡检速度快，无法对线塔进行近距离检查；天气恶劣下无法巡检。直升机巡检，作业程序烦琐，涉及飞行、地勤、加油、通信、气象、维修等问题，导致运行成本高。无人机巡检小巧无人驾驶，可以自主 GPS 导航，但载荷有限，续航时间短。

（3）机器人巡检法以高压输电线路的相线或地线为作业路径，携带检测设备，对输电线路走廊进行侦查。

在国内外智能机器人发展的大背景下，采用巡检机器人已经渐渐成为输电线路巡检方式的主流，其能够近距离接触输电线路，巡检精度高，除了能够对输电线上设备进行常规检测外，还能够对输电线缺陷进行维护、对覆冰线路进行除冰。通过输电线路巡检机器人，可以实现巡检设备自动定位、跟踪、数字化记录、在线智能诊断缺陷等功能，可以有效支撑对输电线路运行状态的可控、能控、在控。由此可见，对于现有的输电线路巡检机器人专利技术，其具有重要的意义。

（二）输电线路巡检机器人技术分解

巡检机器人主要是将机器人本体设置在输电线路上，通过行走轮、爪臂爬行方式或者通过仿生学原理在输电线路上行走、越障。可划分为轮式巡检机器人、爬行巡检机器人以及仿生巡检机器人。轮式机器人，通过行走轮在输电线路上行走或者越障，其优点在于巡检速度快，操作方便。爬行机器人，通过爪、行走臂等方式抓紧，其能够适应复杂的巡检环境。仿生机器人，利用仿生学原理，学习生物行走方式，是新颖的巡检机器人。图1-2示出了输电线路巡检机器人技术分解。

（三）相关事项与约定

1. 术语约定

国外在华申请：外国申请人在中国国家知识产权局的专利申请；PCT 申请：按照《专利合作条约》提出的国际申请；目标国：专利申请的布局国家；来源：专利申请的原始申请国家；日期约定：依照最早优先权日确定每年专利申请数量，无优先权日的

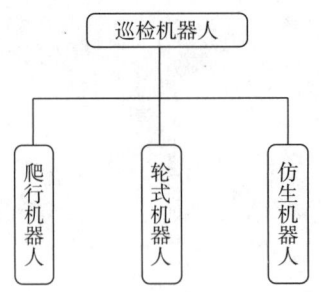

图 1-2 输电线路巡检机器人技术分解

以申请日为准。

2. 重要专利的定义和筛选

（1）根据被引用频次：专利文献的被引用频次与公开时间的年限成正比，公开越早被引用的频次就越高；被引用频次相同的专利文献，公开时间越晚，重要性越高；同一时期的专利，被引用频次越高，重要性越高。根据专利被引用频次的统计，选取引用频次较高的专利。

（2）根据同族数量，关注同族数量较多的专利申请。

（3）重要申请人的专利，在重要专利选取过程中注意申请量排名靠前的重要申请人，在同等条件下，重点关注重要申请人的专利申请。

（4）根据专利的保护范围，重要专利在一般情况下保护范围较大，通过查看其所要求保护的范围大小也可以帮助确定专利的重要程度。

**（四）数据检索及处理**

1. 数据来源

（1）专利数据来源：本课题采用的专利数据主要来自中国专利文摘数据库（CNABS）、外文数据库（VEN）。

（2）法律状态查询：中国专利申请法律状态数据来自 E 系统案卷信息查询模块。

（3）引用频次查询：引文数据来自德温特世界专利索引数据库（DWPI）数据库。

由于部分专利申请可能需要 18 个月之后公布，2015 年、2016 年提交的专利申请可能存在尚未公开的情况，在 VEN、CNABS 等数据库中均不包括这部分没有公开的专利申请，因此，本文的专利分析仅基于已经公开的专利申请。

2. 数据检索

具体的检索过程中按照三级结构来构建检索式。第一层级：以分类号、关键词入口来检索；第二层级：以申请人入口来检索，此类申请人为其主要研究或者业务涉及输电线路巡检机器人的企业单位；第三层级：扩展关键词、分类号，补充第一、第二层级检索中被遗漏的文献，并针对特定的重点研究领域进行针对性检索防止漏检。主要使用的检索词以及分类号列举如下：中文：机器人，巡视，巡线，巡查；英文：robot、inspecting、inspection；分类号：H02G1/02 和 H02G7/16。

## 二、输电线路巡检机器人技术专利分析

本节主要对全球专利申请状况的趋势以及专利重要申请人进行分析，从中得到相关的输电线路巡检机器人技术发展趋势，重要申请人的历年专利申请状况。

截至检索日 2017 年 10 月 19 日，全球范围内已经公开的输电线路巡检机器人领域专利申请总量为 841 项。

### （一）全球专利申请状况分析

1. 全球专利申请趋势分析

对于巡检机器人的专利分析，首先着眼于全球专利的整体情况分析。根据对近 36 年全球申请量的变化，获得全球申请趋势情况。由于 2017 年申请的大部分专利还未公开，考虑时以截至 2016 年的专利申请量为准。

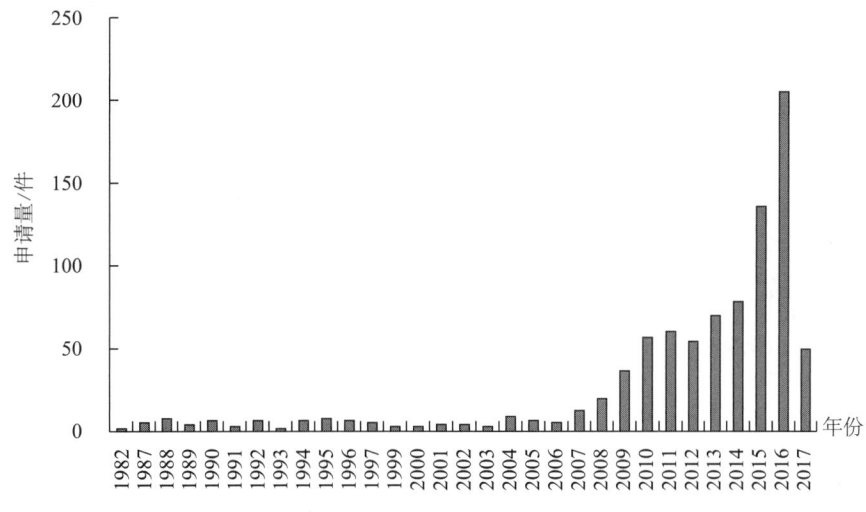

图 2-1　输电线路巡检机器人全球专利目标地专利申请变化趋势

由图 2-1 可以看出，巡检机器人技术的发展大致分为两个主要发展阶段。

第一阶段（2008 年之前）为萌芽期。从图中可以看出，在第一时期内，全球专利申请总体数量较少，上升趋势不明显。智能机器人的研究刚起步，国内外电力公司、高校、研究所虽然对于智能机器人在输电线路中的使用有研究，但国内外申请人专利意识薄弱，科学院校往往只是将研究成果发表文章却很少申请专利，而国家电网、供电公司对于输电线路的巡检往往只是运用以前的经验，并没有很好地研发与输电线路智能巡检相关的方法。

第二阶段（2009～2017年）为快速增长期。全球专利申请总体呈现上升趋势。随着专利制度的发展和普及，国家重视发明创造，社会、企业也纷纷意识到专利保护的意义和重要性，企业、个人申请量均增长较快；由于智能机器人的发展迅猛，带动了用于输电线路上的智能机器人，即巡检机器人研究的热潮。在中国，国内科研院校也意识到了专利申请的重要性，国内高校研究所的申请量也增长较快；由于2008年南方的雪灾、冰灾对于输电线路、输电线路上金具的损坏，以及对于输电线路经过了灾害需要查看线路状况、金具状况，使得国家电网、供电公司提高了对输电线路巡检工作的重视，对于输电线巡检提出了无人化、自动化的要求，也促进了国家电网、供电公司对于巡检机器人的研究，其相关的专利申请量也增速较快。2009年11月至2010年3月，我国发生了最近一次大范围的覆冰舞动，全国多数省份受大范围的大风、降温、降雪等恶劣天气的影响，多条输电线路发生了不同程度覆冰现象。由于上述原因，国内对于采用巡检机器人对于输电线路覆冰情况的巡检研究也随之发展较快。因此，在图2-1中，2009年相对于2008年的增长势头最为迅猛，申请量大幅度增加，这不仅是2008年雪灾、2009年冰灾所带来的对于输电线巡检机器人技术需求，这是输电线路巡检机器人技术、专利申请量迅猛发展的一个重要原因，也说明了面对自然灾害，人类社会有需求、有动机地去进行技术革新以适应不同天气环境的挑战，从而带动了相关技术的发展。

2. 全球专利申请的区域分布分析

对于全球专利分析，注重于分析申请该专利技术的企业所在国家，以及其期望其专利能够在哪个国家产生效益。专利来源国指的是专利申请的优先权所在的国家，目标国指的是专利申请在哪些国家申请。根据全球申请中优先权国家申请量的统计，获得全球专利来源国申请量情况。

图2-2展示了全球排名前5位国家或地区近30年专利申请趋势，从1988年至2017年（以2016年的数据为准），专利申请量逐步增大，且主要以中国、日本、韩国、巴西、美国为主，其中，中国的专利申请量成比例增长，申请量明显远高于其他国家的申请量，而其他国家申请量长期保持稳定。

根据全球申请中申请目标国家申请量的统计，获得全球目标国申请量情况。

图2-3反映了巡检机器人全球排名前5位国家或地区原创专利申请量分布。依次为中国、日本、韩国、巴西、澳大利亚，其中，中国以总申请量的87.86%遥遥领先于其他国家，可见我国在巡检机器人技术领域占有绝对的技术优势，我国在该技术的研发上取得了不错的成绩；申请量排名第二位和第三位的分别是日本（8.45%）和韩国（1.19%）；其他国家的申请量占比相对较少。

根据各国家和地区申请量的统计，获得全球专利目标国申请量趋势情况。

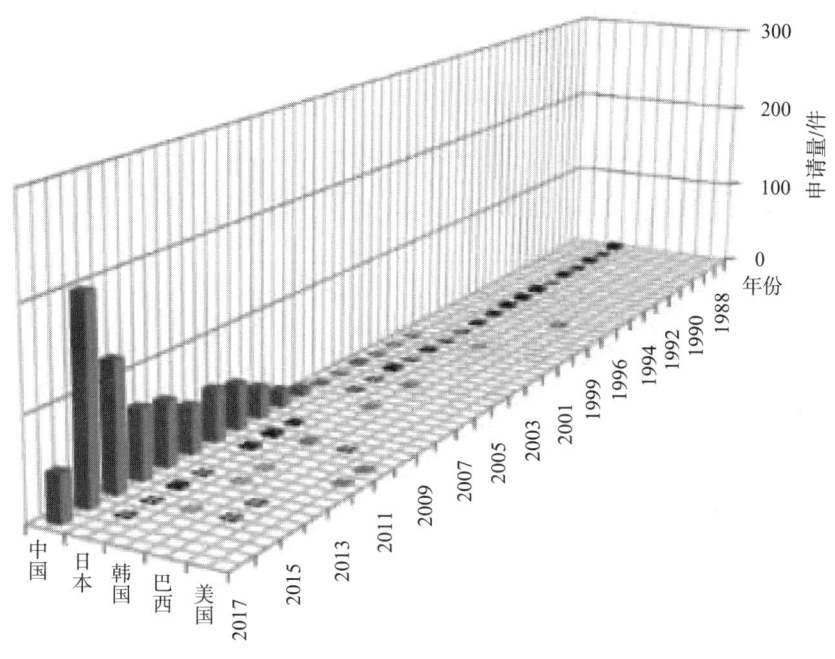

图2-2 巡检机器人全球前5位国家或地区专利来源申请趋势

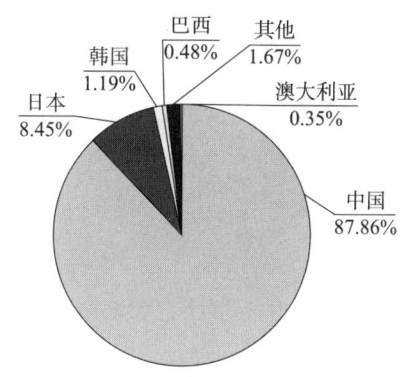

图2-3 巡检机器人全球排名前5位国家或

地区原创专利申请量分布

图2-4描述了全球排名前5位专利申请目标地申请趋势,1988~2016年,申请量逐步增大,以中、日、韩为主,其中以中国的专利申请量成比例增长,申请量明显远高于其他国家的申请量。

3. 全球专利申请的技术主题分析

巡检机器人的技术分支,本文主要从具体行走方式的角度进行分析,根据专利检索情况,主要可以分为爬行机器人、轮式机器人、仿生机器人。

图2-5描述了全球专利申请一级技术分支申请量占比,一级技术主要包括爬行机器人、轮式机器人、仿生机器人,其中主要以轮式机器人为主,占据了一级技术的一半以

上，而爬行机器人占据近 1/3，仿生机器人较少。

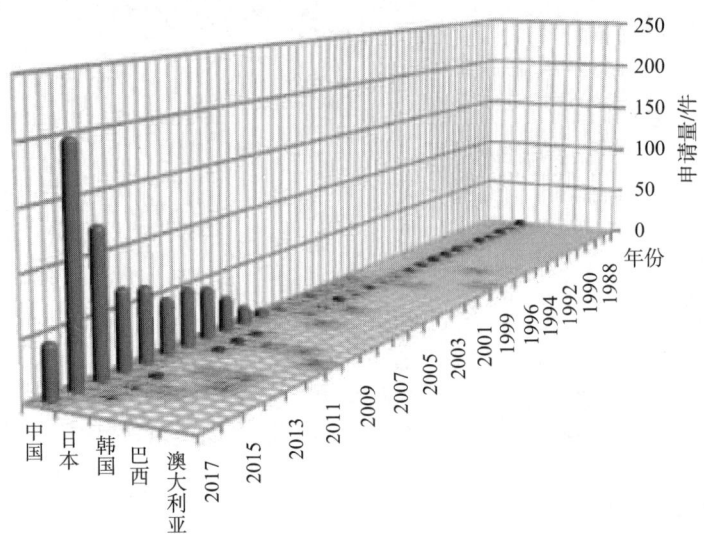

图 2-4　巡检机器人全球前 5 位专利申请目标地、申请趋势

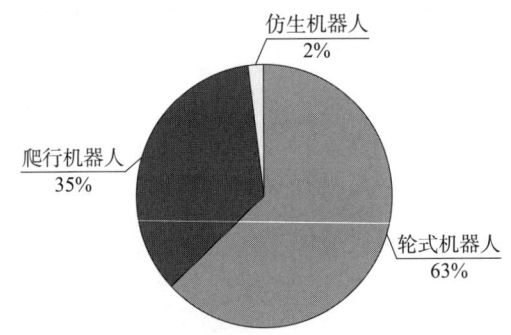

图 2-5　巡检机器人全球各技术分支专利申请量分布

根据近 30 年输电线路巡检机器人技术领域一级分支申请量的变化，获得申请趋势情况。由于 2017 年申请的大部分专利还未公开，以 2016 年的数据为准。

图 2-6 描述了输电线路巡检机器人技术领域专利申请重点技术近 30 年申请量趋势变化，爬行机器人、轮式机器人均起源于 20 世纪 80 年代，且呈稳定的增长趋势，而仿生机器人起步较晚，申请数量较少。

图 2-7 反映了巡检机器人技术领域专利申请重点技术申请量在主要国家或地区的申请量情况。排名前 8 位的依次为中、日、韩、巴、澳、俄、美、加，中国的申请总量超出了其他国家之和，可见中国在 3 种机器人均占有绝对的技术优势；日本在爬行巡检机器人、轮式巡检机器人方面有较多研究。

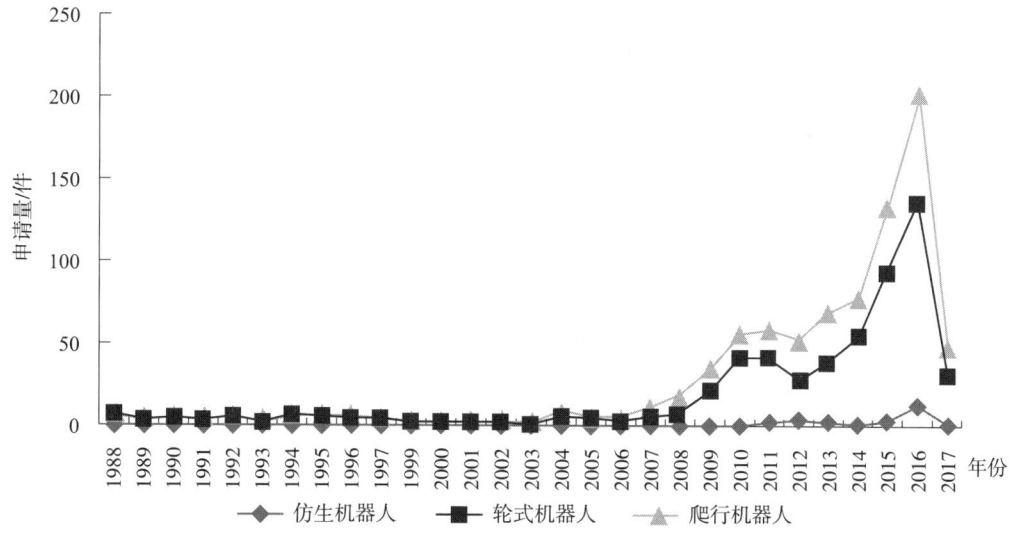

图2-6 输电线路巡检机器人全球重点技术专利申请量变化趋势

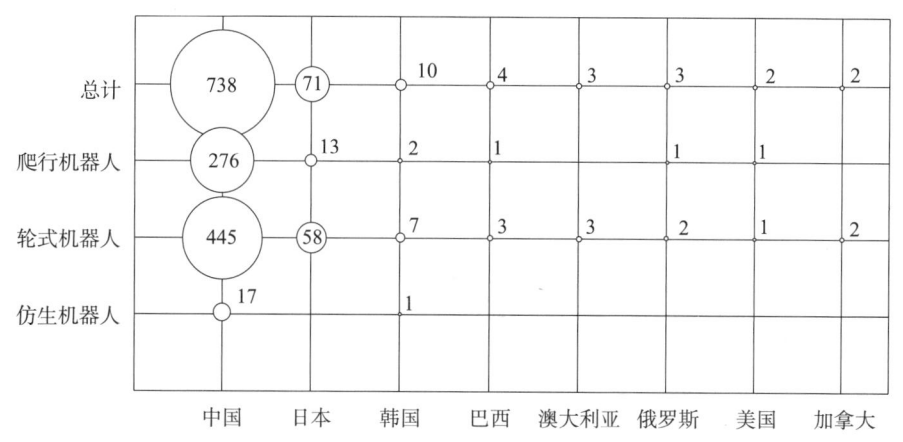

图2-7 全球行走式巡检机器人重点技术申请量在主要国家或地区的申请分布

注：图中数字表示申请量，单位为件

### 4. 全球专利申请的申请人分析

根据全球输电线路巡检机器人技术申请量排名前10位申请人的申请量统计，获得排名前10位申请人申请量分布情况。

图2-8、图2-9示出了全球申请量排名前10位申请人的申请布局情况，其中，国家电网的申请量远超过其他申请人的申请量。同时，前10位申请人均为中国申请人，可见中国在巡检机器人的3个技术分支均占有领导地位。作为中国的科研院校，山东大学、中国科学院自动化研究所、武汉大学也有一定的申请量，反映出中国市场对于输电线路巡检机器人的巨大需求。

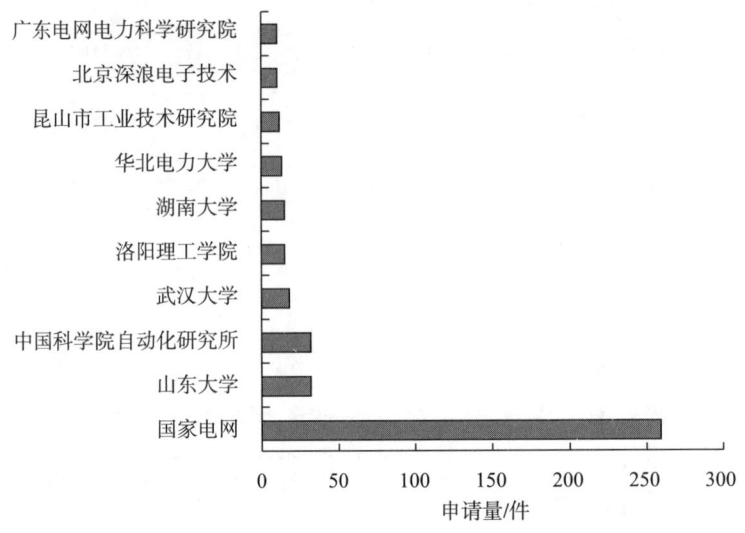

**图2-8　巡检机器人全球申请量排名前10位的申请人申请量分布**

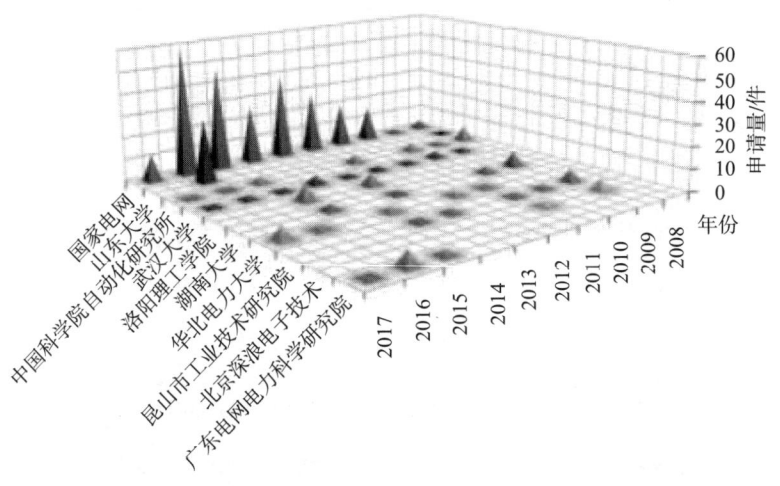

**图2-9　巡检机器人全球申请量排名前10位的申请人申请趋势**

根据全球巡检机器人前10位申请人近3年平均申请量与历年平均申请量的比值，获得近3年申请活跃度情况。从图2-10可以看出，历年平均申请量第一的国家电网，其在近3年内保持了较为稳定的申请态势；排名第二的山东大学，近3年活跃度高，其近些年较为重视对于巡检机器人的研究和专利申请。中国科学院自动化研究所、湖南大学、北京深浪电子技术申请量多，但是近年活跃度低，可能其研究中心已转移。而广东电网电力科学研究院，虽然其申请量只排名第10位，但是其近3年活跃度高，日益重视输电线路巡检机器人的研究。

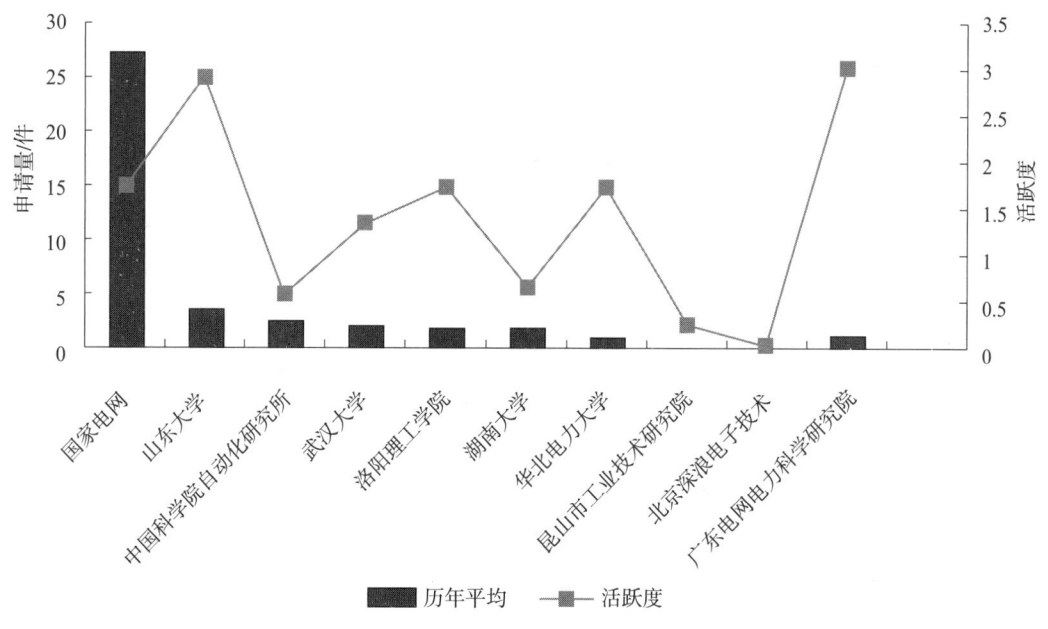

图2-10　巡检机器人全球申请量排名前10位申请人近3年申请活跃度对比

从图2-11中可以看出，国家电网在轮式机器人以及爬行机器人技术领域中的申请量均排名第一。山东大学、武汉大学对于三项技术分支均有涉猎，而其他申请人大多把重点放置在轮式机器人以及爬行机器人。也可以看出，大部分企业的薄弱技术点集中在仿生机器人，这个分支也是近年来发展的重点。

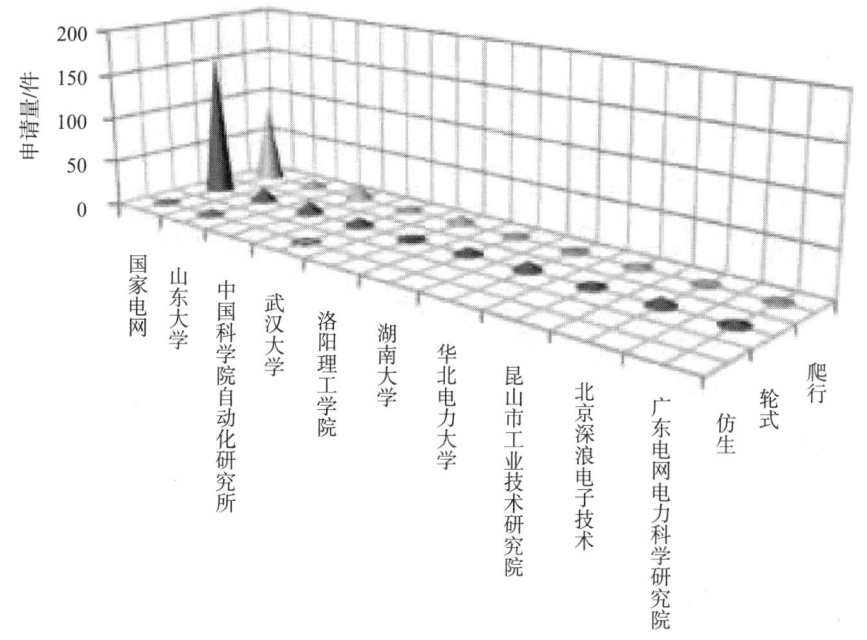

图2-11　主要申请人在行走式巡检机器人重点技术申请量排名前10的申请人的申请分布

### （二）小结

巡检机器人技术处于快速发展阶段，中国申请总量远超其他国家。从技术分支看，全球均以轮式机器人和爬行机器人为主要研究领域，该领域发展时间较长，技术较为成熟，申请量较多，尤其以轮式机器人为主，其通过行走轮在输电线路上行走，具有巡检速度快、损耗功率低等一系列好处。而随着输电线路所遇到的环境越来越复杂，便于巡检、具备越障能力的爬行机器人、仿生机器人，也越来越为研究者、申请人所重视。仿生学作为目前机器人领域发展的重点，将其应用到输电线路的巡检中，能够起到更好的越障、巡检、应对复杂环境的能力，也不断为科研院校所重视。国内申请自从2008年以来一直呈高速增长趋势；反观国外申请，各分支领域虽然起步较早，波动增长至2011年达到申请量顶峰后急剧下降。国外在巡检机器人技术领域的研发已较为成熟，申请意愿不强；而国内申请人在该3种巡检机器人的研发正处于火热阶段，申请热情高涨。

从申请人排名和申请分布来看，国家电网、山东大学、中国科学院自动化研究所以及武汉大学是申请大户。申请量前十中，申请人均来自中国，可见中国已成为巡检机器人研究的核心力量。国内申请量前十的申请人中，除了国家电网、北京深浪以外，其他均为高校申请人或者科研院所，显示出在巡检机器人领域，国内企业竞争两极分化严重，科研院校具有较好的专利布局，大量专利处于高校实验室研究阶段。国家电网公司作为关系国家能源安全和国民经济命脉的骨干企业，以建设和运营电网为核心业务，因此其绝大部分专利申请均限于中国国内，涉及巡检机器人的方方面面，且具有较大的申请量，其在2008年之前申请量较少，之后呈现出猛烈增长，也体现出国家电网对于保障输电线路安全的关注。

各项数据表明，国外申请人非常重视早期申请及核心专利的后续研究申请，关联申请形成战略布局，不仅维持时间长，且保护范围合理，牢牢将核心技术的专利价值把握在自己手里，体现了国外申请人在专利保护及申请战略上的重视。国内申请在近年高速发展，在申请数量上已反超。这也反映出国内申请人的专利保护意识逐渐增强，开始重视专利布局，形成企业核心竞争力。

## 三、输电线路巡检机器人重点专利及技术路线

### （一）轮式机器人

输电线路巡检机器人，常见的技术方案包括以下四部分：

（1）行走机构：用于使得巡检机器人在输电线路上行走；

（2）悬挂机构：通过支撑臂、支撑轮等方式将巡检机器人悬挂于输电线路上，是主要的支撑装置；

（3）检测机构：通过摄像、拍照等方式监控、检测输电线路的状态；

（4）控制机构：整体协调控制整个巡检机器人。

图3-1示出了轮式机器人的常见结构，由于轮式机器人在设计时，其悬挂的方式常常是将悬挂机构与行走机构设置成一体，使得机构同时具备将巡检机器人设置在输电线路上以及使得其能够行走，因此将行走机构与悬挂机构作为一体进行分析。而轮式机器人的监测机构往往需要通过控制机构进行控制，两者是密不可分的，因此将两者作为一个整体分析。

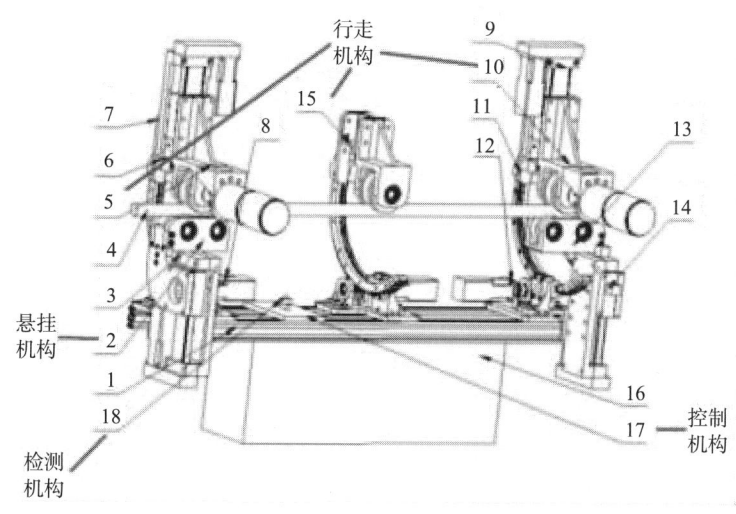

图3-1　轮式机器人常见结构

1. 行走机构、悬挂机构

轮式机器人行走机构主要用于巡检机器人在输电线路上行走，由于输电线路上存在各种不同的设备、金具，例如悬垂线夹、防震锤、绝缘子串等，因此用于输电线路巡检机器人的行走机构，其除了需要能够在线路上移动之外，还需要具备对巡检过程中存在的线路障碍进行越障的功能。重点专利如表3-1所示。

表3-1　轮式机器人行走机构重点专利

| | |
|---|---|
| CN200310118302.0 | |
| 中国科学院自动化研究所 | |
| 申请日：2003-11-18 | |
| 高压电输电线路自动巡检机器人单体 | |

通过设置支撑轮的将巡检机器人设置在输电线路上，通过上下设置的支撑轮、驱动轮将巡检机器人整体固定。其为基础的输电线路行走机构、悬挂机构设置方式

| | |
|---|---|
| CN200710055930.7 | 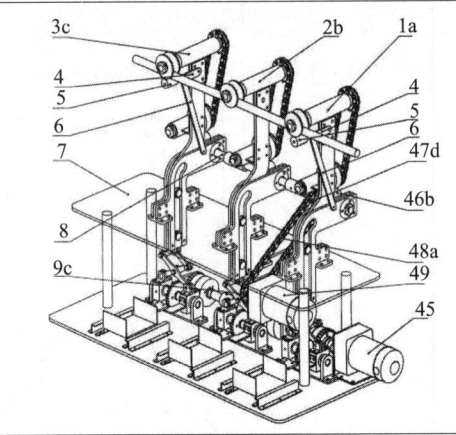 |
| 北华大学 | |
| 申请日：2008 - 01 - 16 | |
| 吊臂式高压输电线检测机器人 | |

通过吊臂的方式将巡检机器人悬挂在输电线路上。该方案将行走机构、悬挂机构设置为一体，行走轮同时起到使得巡检机器人在输电线路上行走和悬挂两个功能

| | |
|---|---|
| CN201310083704.5 | 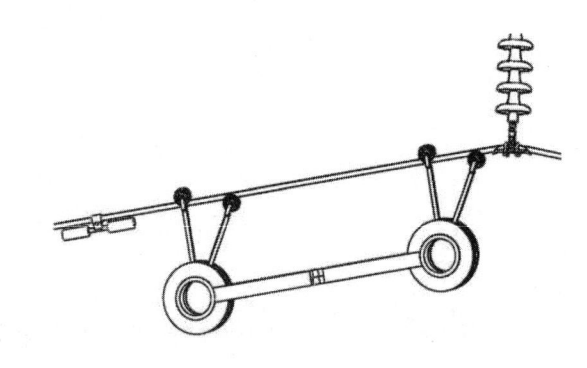 |
| 武汉大学 | |
| 申请日：2013 - 08 - 21 | |
| 用于架空输电线缆的可重构机器人 | |

主机体上设置用于行走的轮和悬挂夹持的夹爪，前后主机体上的轮、夹爪交替配合进行使得巡检机器人能够同时具备行走和悬挂功能

| | |
|---|---|
| CN201510035550.1 | 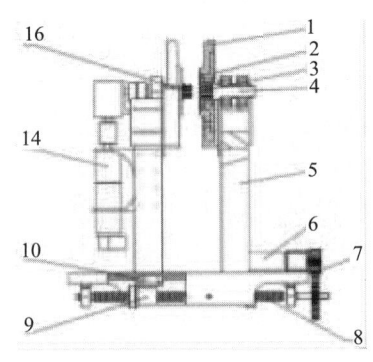 |
| 国家电网公司 | |
| 申请日：2015 - 01 - 23 | |
| 一种手掌开合装置 | |

行走轮分为开合的两个部分，通过开合的方式进行悬挂以及行走，同时能够越障

| CN201610318990.2 | 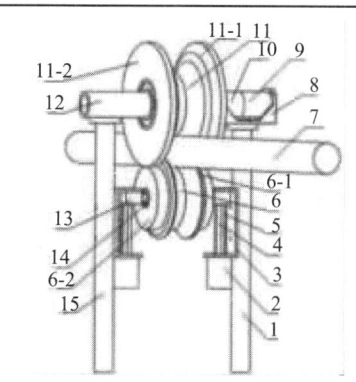 |
| --- | --- |
| 山东大学 | |
| 申请日：2016 – 05 – 12 | |
| 行走机构、巡线机器人机械结构及其越障方式 | |
| 上下两个能够开合的轮式结构进行行走、悬挂、越障 | |

从重点专利中可以看出：初始阶段，申请人往往通过简单的给输电线路巡检机器人设置行走轮，使其能够在输电线路上行进；随着技术的发展，申请人开始关注如何设置行走轮与输电线路的连接方式，例如除了竖直将行走轮设置于输电线路上方外，还通过设置夹紧轮、辅助支撑轮，乃至于将多个行走轮水平设置夹持输电线路；为了更好地固定巡检机器人与输电线路，悬挂机构也在不断进行技术更新，从最早的行走轮兼顾悬挂功能，到在行走轮上设置辅助夹持机构、巡检机器人机身上设置悬挂装置，再发展回到对行走轮的再设计，例如将行走轮设置能够开合、分裂的结构，以及将行走轮简化到悬挂用的夹持机构中。

同时从重点专利的申请人中可以看出，国家电网、大学、研究所是技术发展的领导者和革新者，其对技术发展做出了很大贡献。

2. 检测机构、控制机构

轮式机器人的检测机构、控制机构，主要用于对于线路的监测，监控以及巡检机器人的整体控制。重点专利如表3 – 2所示。

表3 – 2　轮式机器人检测机构、控制机构重点专利

| CN200510042569.5 | 利用上线辅助装置将机器人安装到110kV输电线路上<br>用户利用地面远程主机通过无线模块向本体主机发送开机控制命令<br>机器人启动运动程序，驱动电机上电，驱动机器人在线路上行走<br>超声、红外及视觉等避障传感器投入运行，实时采集线路图像存储或远程传输<br>停机否？ Y→机器人停止运行，待命<br>有障碍物吗？ N<br>通过图像分析，确定障碍物的类型<br>跳线或悬垂线夹　防震锤<br>基于专家系统的控制系统产生机器人各关节的运动序列与运动参数　直接越过<br>向下位机发送运动控制命令，下位机执行命令，实施越障 |
| --- | --- |
| 山东大学 | |
| 申请日：2005 – 03 – 24 | |
| 沿110kV输电线自主行走的机器人及其工作方法 | |

续表

| | |
|---|---|
| 检测机构包括高速球摄像机和热成像仪，视觉传感器 CCD 安装于每只手前端，检测障碍，位置传感器、测距传感器；控制机构控制机器人通过检测到的信息，进行行走 | |
| CN201410096600.2 | 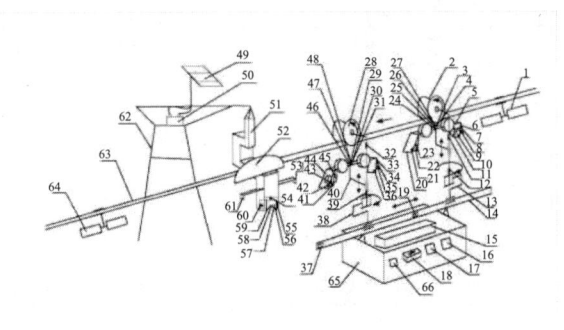 |
| 武汉大学 | |
| 申请日：2014－03－17 | |
| 高压线巡线机器人自主定位对接充电的控制装置及方法 | |
| GPS－GIS 技术定位，超声波传感器和霍尔接近传感器控制运行速度，利用速度模式、力矩模式、位置模式控制机器人各关节，从而精确充电 | |

从重点专利中可以看出，巡检机器人必须有检测输电线路状态的检测机构，用于控制巡检机器人的控制机构，但大部分专利申请虽然设置了检测机构、控制机构，但没有投入很多精力于上述技术。

### （二）爬行巡检机器人

爬行机器人常规方案为：通过爪、臂等夹持装置将巡检机器人夹持于输电线路上，通过交替运行不同的爪、臂，实现输电线路上的行走、越障等功能。图 3－2 示出了爬行巡检机器人常见结构。

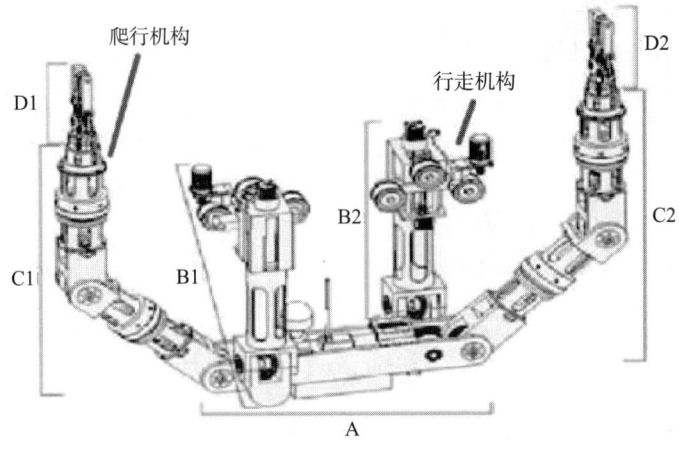

图 3－2　爬行巡检机器人常见结构

重点专利如表3-3所示。

表3-3　爬行巡检机器人重点专利

| CN200610045645.2 | 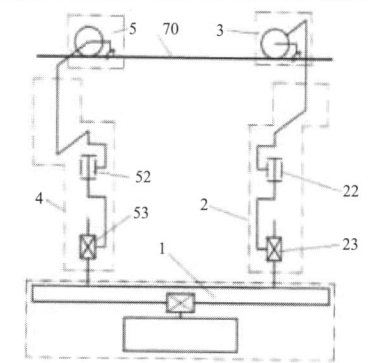 |
|---|---|
| 中国科学院沈阳自动化研究所 | |
| 申请日：2006-01-13 | |
| 一种轮爪复合式巡检机器人自主越障机构 | |

由质心调节机构、前手臂、前行走夹持机构、后手臂、后行走夹持机构组成，前、后手臂的一端采用螺钉固定在质心调节机构上；另一端与前、后行走夹持机构直接相连，手臂具有两个自由度，分别由前、后回转机构、前、后垂直伸缩机构，其中前、后回转机构一端与前、后行走夹持机构相连，另一端经前、后垂直伸缩机构后与质心调节机构相连

| CN200810104501.9 | 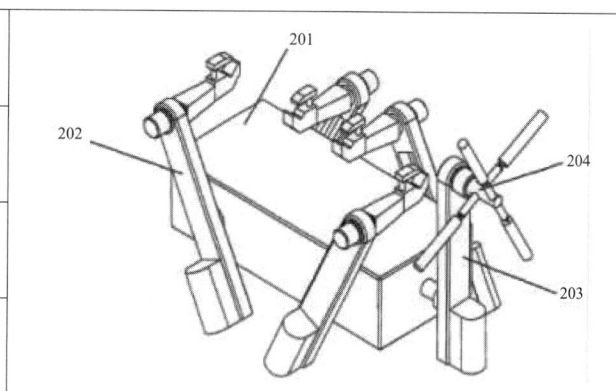 |
|---|---|
| 国网北京电力建设研究院 | |
| 申请日：2009-10-28 | |
| 一种可越障式多分裂导线除冰机器人 | |

包括支撑架和至少四条爬行臂，爬行比包括肢体、关节、升降机构、机械手

| CN201610384033.X | 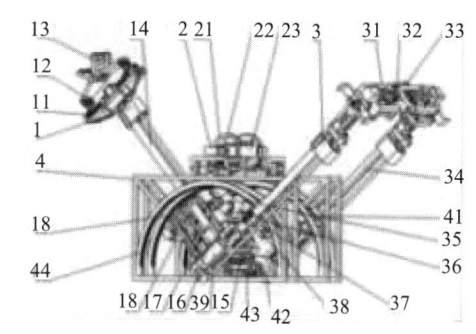 |
|---|---|
| 南昌大学 | |
| 申请日：2016-06-01 | |
| 单臂驱动双臂越障式巡线机器人 | |

包括机架、越障前臂、越障后臂和驱动轮，所述越障前臂位于机架两侧，由前臂夹持机构、前臂伸缩机构和前臂整体旋转机构组成；所述越障后臂从机架中部向外伸出，越障后臂由后臂夹持机构、后臂伸缩机构和后臂整体旋转机构组成

从技术重点专利可以看出爬行机器人的发展，其重点主要在于使得巡检机器人在输电线路上行走的支撑臂、行走臂，以及臂与输电线路连接关系之间的改进。常见的臂的形式，从简单的设置行走轮、支撑臂，通过支撑臂的升降、旋转，发展到通过爬行机器人整体结构的控制，使得其质心保持稳定、从而使得爬行更加稳定。从其技术发展上看，关注点主要在于臂结构的改进、臂与机器人本体连接结构的改型以及抓取输电线路的方式。

### （三）仿生机器人

输电线路仿生机器人，常见的技术方案是根据仿生学原理设计的巡检机器人，其主要目的是为了更好地跨越输电线路上的障碍物。重点专利如表 3-4 所示。

表 3-4　仿生巡检机器人重点专利

| | |
|---|---|
| CN201320137346.7<br><br>平顶山学院<br><br>申请日：2013-03-09<br><br>蜘蛛式输电线行走机器人 | 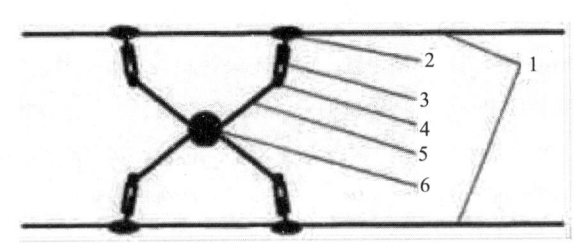 |
| 模仿蜘蛛结构，利用可伸缩的四肢衣服在输电线上，进行巡检 | |
| CN201610318993.6<br><br>山东大学<br><br>申请日：2016-07-27<br><br>仿昆虫蠕动式双轮双臂巡线机器人机械结构及越障方法 | 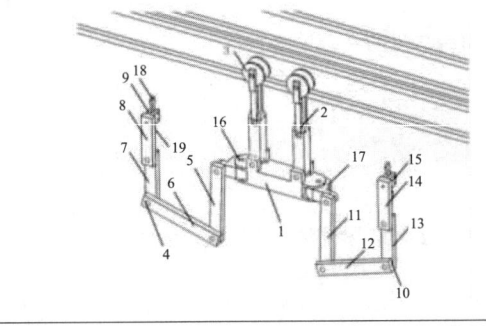 |
| 仿昆虫蠕动式双轮双臂巡线机器人机械结构包括机架，机架的上部设置有可两侧打开闭合的滚轮臂，滚轮臂上设置分体式滚轮，机架的下部设置有至少一个前向机械臂和后向机械臂 | |
| CN201620840838.6<br><br>山东大学<br><br>申请日：2016-08-04<br><br>蛇形缠绕式巡线机器人机械结构 | 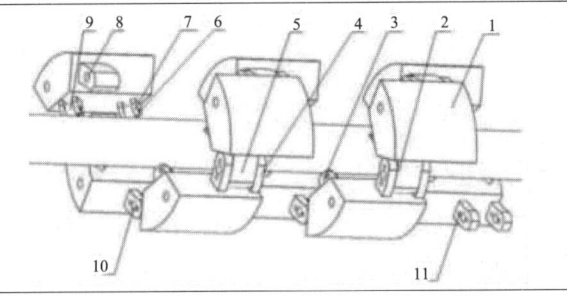 |
| 包括用于缠络线路至少两圈的若干个弧形行走模块，弧形行走模块的侧面设置有开合机构，相邻的弧形行走模块通过所述开合机构铰接；所述弧形行走模块的内表面设置有行走机构，所述行走机构包括至少一个行走轮，所述行走轮的轴线与线路的轴线相交叉 | |

从重点专利中看出，申请人利用仿生学的原理，将自然界中的动物、昆虫的形式运用到巡检机器人中。初始阶段，仅给出了模仿某种动物、昆虫的整体发明构思，并未给出具体实施细节、实施内容；而随着技术的发展，类人、类人猿的仿生机器人因与人体手部抓取方式类似，成为发展重点，其技术方案详细，但是其与传统的爬行机器人从本质上区别不大。而随着仿生学应用的发展，以及国内外申请人对于输电线路巡检这一技术领域的重视和深入研究，出现了更为复杂的仿生学原理的巡检机器人，比如仿蛇爬行的巡检机器人，其能够更好地适应输电线路的形状，以及具有良好的越障能力。从申请人看，对于仿生机器人的研究，主要集中在高校，其有较强的科研能力以及实验设备支撑。

### （四）国外输电线路巡检机器人

国外巡检机器人起步较早，但历年来申请数量较少，将其单独分为各个分支分析，数据量小，指导意义不大。因此将整个巡检机器人的重点专利作为一个整体研究，以便发现国外申请人在该领域关注的重点技术以及技术发展路线。重点专利如表3-5所示。

表3-5　国外输电线路巡检机器人重点专利

| JP62028300 | 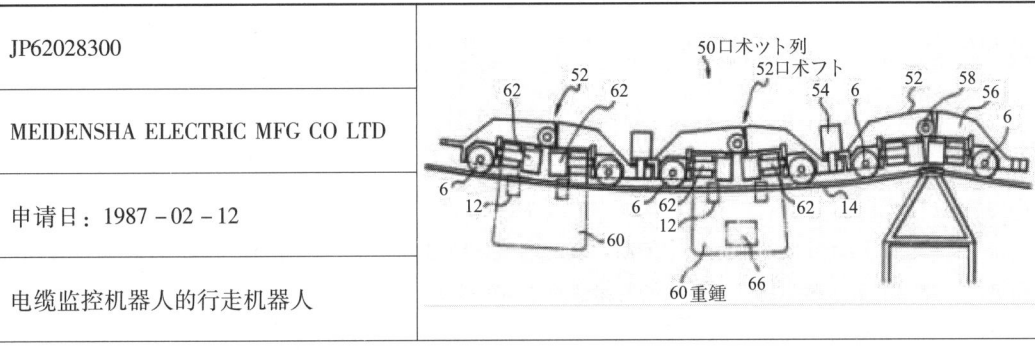 |
|---|---|
| MEIDENSHA ELECTRIC MFG CO LTD | |
| 申请日：1987-02-12 | |
| 电缆监控机器人的行走机器人 | |
| 巡检机器人设置为类似于车辆的方式，通过行走轮在输电线路上行走，其带有检测机构 | |
| CA2299662 | 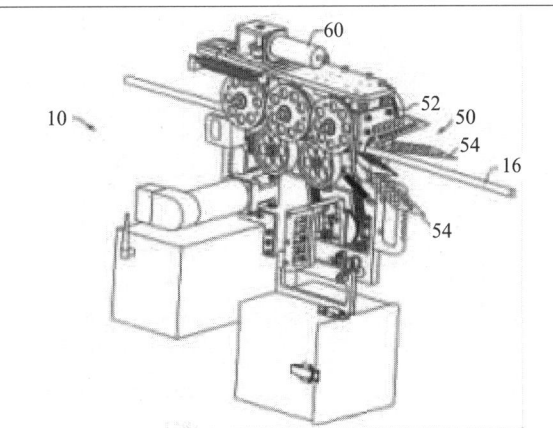 |
| HYDRO QUEBEC | |
| 申请日：2000-02-22 | |
| 检测电力架空线网的遥控线路行车和破冰工具 | |
| 三个共面施动轮装在车架上，两个共面压轮可拆卸，还设置有破冰装置 | |

续表

| KR1020100086187 | 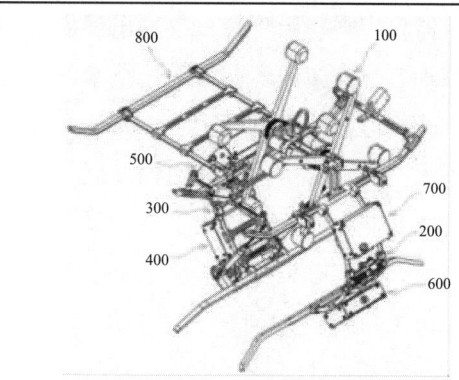 |
| --- | --- |
| KOREA ELECTRIC POWER CORPORATION | |
| 申请日：2010 – 09 – 02 | |
| 行走机构、巡线机器人机械结构及其越障方式 | |

一驱动模块是一种绝缘子串的接触与绝缘体通过使用多个销的车轮和驱动所述绝缘子串。第一翼模块和第二翼模块对应于所述绝缘体的各种直径和环绕所述绝缘体具有弹性力。多个轮的组合与销轮和与绝缘体接触

| BRPI1005861 | 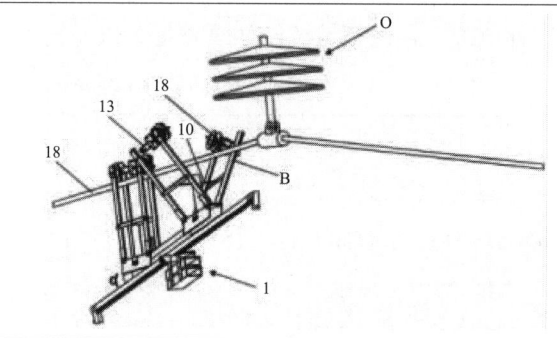 |
| --- | --- |
| SERVICO NAC DE APRENDIZAGEM IND SENAI | |
| 申请日：2010 – 12 – 29 | |
| 用于克服的障碍机器人装置的检查线中的高电压传输 | |

用于克服的障碍的高电压的检查线中传输。它是能够以超过障碍物用于检查线的高电压的传输，搭载系统，其允许所述收集所述的数据的所述传输线路的状态，在拉伸和/或点与障碍物，更大财富的细节，涉及该相同的线在该点与干扰

| JP2014077967 | 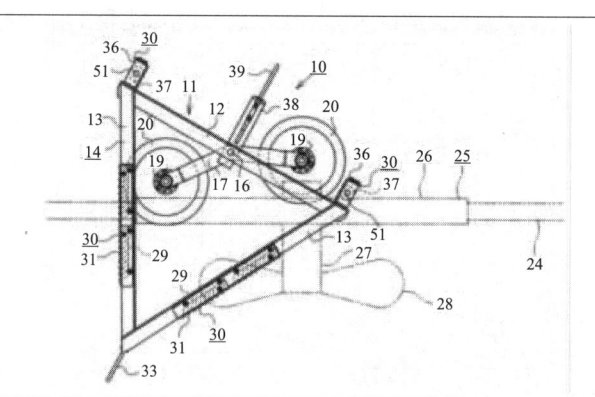 |
| --- | --- |
| 中部电力株式会社 | |
| 申请日：2014 – 04 – 04 | |
| 飞行物移除装置 | |

一对前、后主轧辊上滚动传输线路，形成在转动轴可旋转地支撑相对于框架。框架，水平件和一对对角部件由一对相对的前的倒三角形状，在体架和连接架。对角部件上设置有切削刃。在所述的前，后框体，主辊，其固定在传动线越过传输线路上滚动时在阻尼器的辅助辊。架体位于连接架的下端，作为绳部件的牵引绳连接

从重点专利中可以看出，国外申请人在该技术领域前期发展阶段，主要是将车型的巡检机器人应用到输电线路上。随着技术的不断成熟，申请人开始关注巡检机器人在输电线路上的行走方式，因此出现了对行走轮的设计改进，通过爬行的方式的爬行巡检机器人。而为了更好地巡检，在 2004 年、2005 年前后，出现了带有多种巡检功能的机器人，具备检测、监控、除冰等功能。而随着输电线路的发展以及输电线路上金具、遇到的故障、环境因素的影响，简单的巡检机器人已经不能满足输电线路复杂的情况，因此国外申请人开始关注巡检机器人在输电线路上跨越金具、障碍物的方式。

从申请人的角度，国外申请人也是主要集中在电力公司，尤其以日本各个地区的电力公司，加拿大魁北克水电公司为代表。

### （五）小结

本文对于输电线路巡检机器人国内外重点企业专利技术进行了分析，从中可以看出：输电线路巡检机器人起源于国外，早期申请中，国外申请人占据主要地位。随着输电线路巡检机器人技术的不断成熟，也随着中国专利制度的不断完善，中国申请人自 2000 年以后也开始不断提交关于输电线路巡检机器人的专利申请，特别是经历了 2008 年雪灾、2009 年冰灾后，中国政府、电力公司、科研院所均对用于维护、监测输电线的巡检机器人进行了大量的研究和申请。在此基础上，中国的专利申请无论在数量上还是在质量上，都已经逐渐追上国外申请人。相反的，近年来国外申请人对输电线路巡检机器人的专利申请热情较低，可能是其技术已经相对饱和。

## 四、主要结论和措施建议

### （一）专利分析总体结论

1. 专利分析结论

从对于输电线路巡检机器人的专利申请的历年发展趋势、申请人分布、技术分支情况、重点专利的分析可以看出，整体申请数量上，中国申请数量占据绝对优势。而从发展历程来看，早期以国外申请人为主，到了 2007 年、2008 年之后，中国申请大量涌现，其涉及巡检机器人技术的方方面面，无论是从数量还是质量上来说，都占据非常有利的地位，同时中国申请人除了关注传统的以行走轮行走、越障的轮式机器人外，在通过行走臂、爪行进、越障的爬行机器人上也投入了巨大的研究以及申请了大量的专利，并开始逐渐关注仿生机器人。

2. 技术重点与存在的问题

从目前的分析可以看出，巡检机器人在技术上主要涉及巡检机器人在输电线上的行走方式、巡检过程中用于检测输电线路的装置、仪器、用于处理输电线路存在故障的方式和工具，还有最为申请人关注、研究最为广泛的是巡检机器人在输电线路上跨越障碍物的方法和装置。无论是轮式机器人、爬行机器人，都无一不涉及如何让巡检机器人跨越输电线路上的障碍物、金具，而仿生机器人采用仿生学的原理，其本身就是专为跨越障碍物而设置的。

由此可见，输电线路巡检机器人的重点和难点都在于如何使得输电线路巡检机器人有效、快速地跨越障碍物。目前常见的跨障方式，主要分为行走轮的开合、升降来使得行走轮避开输电线路；通过对爬行巡检机器人的行走臂、爬行装置设置来避开障碍物；对巡检机器人的整体结构进行改进，以期其能够跨越障碍物。

### （二）输电线路巡检机器人技术发展路径建议

1. 研究方向建议

目前研究阶段，除了输电线路巡检机器人跨越障碍物的方式和结构进行改进之外，还需要重点关注如何使得巡检机器人能够快速在输电线路上行进，检测障碍、巡视输电线路方式的改进，以及将输电线路上巡检的机器人与空中巡检的无人机、地面巡检的人员、工程车辆等有效的结合，以应对复杂多变的环境，均是技术发展的方向和重点。

2. 加强输电线路巡检机器人领域的研究与产业合作、与高校的研究成果转化

国内的输电线路巡检机器人申请排名前十的申请人中有众多的高校和研究院，如：山东大学、武汉大学以及中国科学院自动化研究所。因此，由高校进行实用性技术的研发，会更好地将研发与工业应用相结合。

3. 加强大中型企业的技术合作，提升行业竞争力

在国内的申请量前十排名中，国内企业仅有一位，而且基本都集中在 2009 年以后的专利申请。由此可知，在早期，企业对于专利保护的意识比较薄弱，但随着经济的发展，专利保护的意识在不断增强。目前，基于国内企业申请量较低、起步较晚且分布领域单一的情况，可以选择与在其他领域布局的企业进行合作，加强技术交流与专利许可。

### 参考文献

［1］吴功平，肖晓晖，肖华，等. 架空高压输电线路巡线机器人样机研制［J］. 电力系统自动化，2006，30（13）：90 – 107.

［2］ZHU Xing – long，WANG Hong – guang，FANG Li – jin，ZHAOMing – yang，ZHOU Ji – ping. Algorithm research of inspection robotfor searching for pose of overhead ground wires［C］// The Sixth World Congress on Intelligent Control and Automation. Piscataway，NJ，USA：IEEE，2006：7513 – 7517.

［3］郭元东. 提高输电线路巡视效率的途径分析［J］. 电力讯息，2016：184 – 185.

［4］周风余，李贻斌. 高压输电线路自动巡线机器人机构设计及在约束条件下的逆运动学分析［J］. 中国机械工程，2006，17（1）：4 – 8.

# 移动机器人定位避障导航专利技术综述<sup>*</sup>

林坚　郭全萍

**摘要**　在产业中，移动机器人领域最受关注的研究方向包括机器人视觉检测和识别、机器人的定位避障导航和多机器人的任务路径规划技术。目前，移动机器人普遍面临的基础性问题是如何进行机器人自主导航，以高效地完成任务。本文通过对移动机器人领域技术发展现状、全球及中国的专利申请分布状况的全面研究，选择移动机器人领域的定位、避障和导航技术，通过重点申请人的技术发展路线、申请数量和主题的分析，来了解其专利布局思路和现状，从中发现核心专利，从技术和法律角度的解读专利申请，预测国内企业当前的专利侵权风险并提出规避策略。最后，针对企业和政府层面提出了措施建议。

**关键词**　移动机器人　定位　避障　导航　路径规划

## 一、概述

移动机器人是机器人家族中的一个年轻成员，目前为止尚没有一个严格的定义。不同国家对移动机器人的认识不同。国际机器人联合会经过几年的搜集整理，给了移动机器人一个初步的定义：移动机器人是一种半自主或全自主工作的机器人，它能完成有益于人类健康的服务工作，但不包括从事生产的设备。移动机器人的应用范围很广，主要从事维护保养、修理、运输、清洗、保安、救援、监护等工作。移动机器人可以分为专业领域服务机器人（安保/巡逻机器人、类人/社交机器人、递送机器人、医疗服务机器人、军事服务机器人以及物流机器人等）和个人/家庭服务机器人（如清洁机器人）。

### （一）移动机器人的定位避障导航

定位、避障和导航技术是机器人技术研究的核心问题，也是机器人真正实现智能化和完全自动化的关键。移动机器人导航要求移动机器人通过传感器感知环境和自身状态，

---

\* 作者单位：国家知识产权局专利局专利审查协作江苏中心。

实现在动态的、有障碍物的环境中自主运动。如何选择合适的传感器系统来对环境信息进行采集，是首先要解决的问题。

1. 移动机器人导航方式

目前，国内外对机器人近50年的导航研究，根据采用的传感器进行分类，常见的导航方式包括以下这些：电磁导航、惯性导航、视觉导航、卫星导航、光学导航、超声波导航、无线电导航、语音导航以及化学导航。

2. 移动机器人定位方式

机器人定位是指确定机器人在它所处的二维或三维环境中当前的位姿，即位置和航向，定位的方法不同，采用的传感器系统和处理方法也不同，常见的定位方法主要有相对定位和绝对定位两种。

相对定位的基本原理就是计算机器人相对于初始位置的距离值和偏转角度，随着时间的增加，任何误差都会增大，因此相对定位不适用于较长距离的移动定位，并且需要周期性的对误差进行修正。相对定位方法主要有：①航位推算：是在知道当前时刻位置的条件下，通过测量移动距离和方位，推算下一时刻位置的方法，常用的传感器有里程计和航向陀螺仪。该方法的优点是采用率高，计算简单和价格低廉，但定位误差容易累计，必须使用合适的方法对误差进行周期性的修正。②惯性定位：采用陀螺仪测量角速度和加速度计测量加速度，根据测量值的一次积分和二次积分可求出相对于起始位置的移动距离和偏转角度。

绝对定位通过测量机器人的绝对位置来实现定位，可以有效地降低积累误差，绝对定位技术主要有：①路标定位：主要通过测量机器人与路标之间的相对距离来实现定位，路标可以为人工放置的路标和容易被识别的具有明显特征的自然路标。②卫星定位：通过高精度的空间卫星实现绝对定位，但存在近距离定位偏差大的问题。③匹配定位：通过自身传感器获取的环境信息构建局部地图，然后与完整的全局地图进行匹配，计算出机器人的当前位置和航向，但该方法不适合在未知环境中移动。

3. 移动机器人避障方式

移动机器人避障即在遇到障碍物后如何进行路径规划的问题，目前对于已知环境下的避障问题，主要包括以下几种方法：边沿检测法、网格法、Bug算法、人工势场法、矢量直方图法、遗传算法、模糊推理法、神经网络算法和动态窗口法。

**（二）移动机器人定位避障导航技术的新发展**

在移动机器人导航方面，由于视觉导航具有信号探测范围广，获取信息完整等优点，且随着计算机视觉领域的快速发展，视觉导航将会成为移动机器人导航的一个主要发展方向；此外，通过多传感器的融合获取更加优良的导航结果也是一个发展方向。

即时定位与地图构建技术SLAM，即机器人在未知环境中完成定位、建图和路径规划的技术，主要研究的问题是当机器人在动态的未知环境中无法确定自身位置的条件下，根据位姿和传感器数据进行自身定位，同时利用构造的增量式地图进行导航。这是目前主流的定位技术，也是未来值得关注的发展方向。

移动机器人避障方面主要有下列亟待解决的问题。

（1）对传统经典算法的改进，克服经典算法自身存在的缺陷，使机器人从已知环境中走到未知环境中也能做到完全避障，可通过单独改进经典算法或将经典算法与智能算法相结合等方式克服各自的缺点，达到更加优异的避障效果。

（2）当移动机器人在动态障碍物和静态障碍物都存在的环境下如何及时避障。

（3）当航天领域的机器人处在地球以外的星系，如月球、火星等表面时，面对新的非结构化环境时如何避障。

（4）单机器人面临环境的复杂度及工作任务的难度与日俱增，多机器人协调作业应运而生，但多机器人协同作业中避障控制要考虑到其他机器人，因此，阵列机器人（即按照一定规律协作的多机器人）的协调避障工作是未来的重要研究课题。

**（三）技术分解**

基于实际企业需求开展的研究，结合前期的企业调研成果和行业专家的意见建议，本文选择关键技术中的基于环境的单机器人定位、避障和导航作为对象展开深入研究。将研究重点放在尚未完全成熟且具有较高分析价值的重点领域，制作了移动机器人定位避障导航技术项目分解，具体如表1-1所示。

表1-1　移动机器人定位避障导航技术分解

| 移动机器人定位避障导航 | 定位 | 提高定位精度 | 室内外无间断定位 |
| --- | --- | --- | --- |
| | | | 动态变化环境定位 |
| | | | 室外有遮挡定位 |
| | | 提高定位算法效率 | 室内外无间断定位 |
| | | | 动态变化环境定位 |
| | | | 室外有遮挡定位 |
| | 路径规划 | 动态环境路径规划 | 轨迹规划 |
| | | | 避障 |
| | | 其他路径规划 | |

其中，名词解释如下：①定位：主要是通过定位算法提高定位精度、效率，其中包括室内外无间断定位（主要是红外、激光、视觉等）、动态变化环境定位、室外有遮挡定位（主要包括 GPS）；②路径规划：在这个技术分支，主要针对移动机器人在动态环境路径规划，其中包括轨迹规划和避障。

**（四） 数据检索及处理**

1. 数据来源

（1） 专利数据来源

采用的专利数据主要来自中国专利文摘数据库（CNABS）、外文数据库（VEN）和Patentics。

（2） 法律状态查询

中国专利申请法律状态数据来自 E 系统案卷信息查询模块。

（3） 引用频次查询

引文数据来自 DWPI（德温特世界专利索引数据库）数据库。

由于专利申请需要 18 个月之后公布，一些 2016 年、2017 年提交的专利申请可能存在尚未公开的情况，在 VEN、CNABS 等数据库中均不包括这部分没有公开的专利申请，因此，本报告的专利分析仅基于已经公开的专利申请。

2. 数据检索

具体的检索过程中按照三级结构来构建检索式：第一层级：以申请人入口来检索，此类申请人为主要研究或者业务涉及移动机器人领域的企业；第二层级：以本领域中其他申请人为入口检索，并且要剔除掉这些申请中不相关的文献；第三层级：以分类号、关键词入口来检索，补充第一、第二层级检索中被遗漏的文献，并针对特定的重点研究领域进行针对性检索防止漏检。

补充检索：通过 Patentics 补充检索防止遗漏文献。

主要使用的检索词以及分类号列举如下：

中文：

移动机器人、服务机器人、安保、巡逻、类人、社交、递送、机器；

定位、位置、坐标、导航、避障、避开、避让、躲开、躲避、障碍；

英文：

robot、security、patrol、humanoid、social、delivery；

coordinator、location、navigation、avoid、evade、obstacle；

分类号：

G05D1/021、 G05D1/022、 G05D1/023、 G05D1/024、 G05D1/025、 G05D1/026、G05D1/027、G05D1/028；

B25J9/00、B25J9/04、B25J9/06、B25J9/08、B25J9/10、B25J9/16；

G06T7/00、G06T7/20、G06T7/40、G06T7/60。

在检索式的确定方面，主要遵循以下原则：1） 根据项目分解表，对于各分支的关键技术，保留核心关键词，并进行充分的扩展；2） 其他关键词要慎重取舍，对于每一个加入检索式或从检索式中除去的关键词,要对其可能带来的噪音文献量进行判断评估;3)使用关键词时尽量减少使用带来歧义较多的关键词,尽量使用准确的逻辑运算符,例如"w""s"等。

截止到本文的检索日期(2017 年 2 月),全球及国内的移动机器人定位、避障和导航技术领域的申请中已经公开的专利申请总量分别为 1766 项和 634 项。

## 二、移动机器人定位、避障和导航技术专利分析

### (一) 全球范围专利申请状况

对全球的专利申请状况以及重要申请人进行分析,从中得到技术发展趋势,以及各阶段专利申请人所属的国家分布和主要申请人。其中以每个同族中最早优先权日期视为该申请的申请日,同族专利申请视为一件申请。

1. 专利申请总体趋势

图 2 - 1 示出了移动机器人定位、避障和导航的全球专利申请趋势,大致可以分为四个时期,各时期划分以申请量增长率的变化为标准。

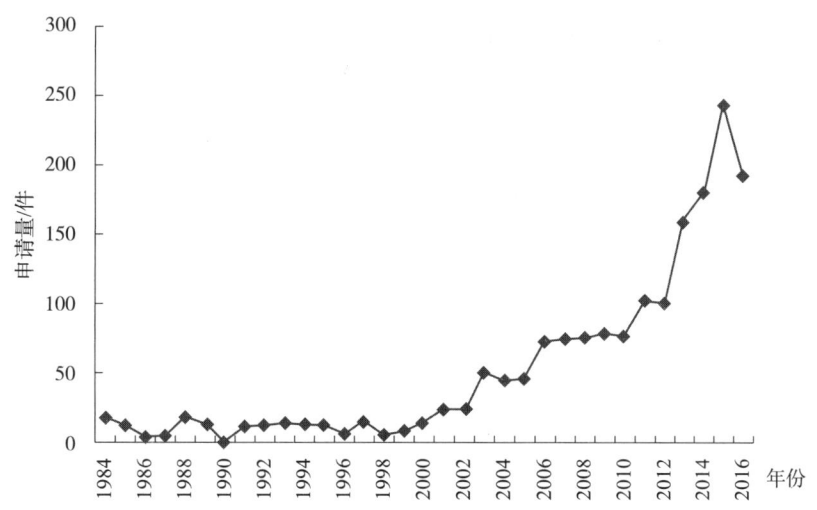

图 2 - 1　移动机器人定位避障导航技术的全球专利申请趋势

(1) 萌芽阶段 (1999 年之前)

移动机器人定位避障导航起源于 20 世纪 80 年代,经历近 10 年的发展后,逐步起步。如图 2 - 1 所示,1984 ~ 1999 年是移动机器人定位避障导航技术从无到有的萌芽阶段。从图 2 - 1 中可以看出,该阶段申请量极少,涉足该领域的申请人也极少,具有代表性的申请人是国际商业机器(IBM)公司、皇家飞利浦(KONINK PHILIPS)电子股份有限公司及西门子。

新能源电池

机器人

高档数控机床

代表性专利申请如专利 US5545960A，申请人为 IBM 公司，该技术方案中实现了根据与距离和角度相关的信号通过使用用于路径跟踪的导航过程来获得中间控制输出，根据与无障碍空间相关的信号通过使用用于障碍物回避的导航过程来获得中间控制输出；同时期的文献 US5870303A，申请人为皇家飞利浦电子股份有限公司，该技术方案中实现了穷举搜索策略包括搜索目标状态的领结形领域，然后搜索第一领域中每个状态的领结形领域，迭代直到搜索到所有可达状态。

这一阶段的专利申请量基本集中在美国和欧洲国家，虽然该阶段每年申请的总量只有个位数，且技术内容相对比较简单，但是这一突破非常重要。这也从一个侧面体现了上述国家技术基础强大，技术发展时间较长。

（2）平稳增长阶段（2000～2007 年）

如图 2-1 所示，从 2000 年开始，关于移动机器人定位避障导航技术的专利每年的申请量明显比 2000 年之前的申请量多，申请人和申请人的发展总体趋势趋于平稳增长。

这一阶段的主要申请人分别是 iRobot 公司和三星公司，国内申请人则有如浙江大学等高校申请人。可以看出该阶段的申请人属于该领域中的领军者，这些申请人属于该项技术的最初研发者以及推动者。

这一阶段的相关技术都倾向于基础性、原理性的技术。代表性专利申请如 iRobot 公司的专利 US2002/0016649A1，申请日为 2000 年 1 月 24 日，该技术方案中实现了传感器子系统包括发射具有限定的发射场的定向射束的光学发射器和具有在区域处与发射器的发射场交叉的限定视场的光子检测器，与检测器通信的电路在所述表面不占据所述区域以避开障碍物时重定向机器人，使用类似的系统来检测墙壁；另一代表性专利申请如三星公司的专利 KR100466321B1，申请日为 2002 年 10 月 31 日，该技术方案中实现了一种用于机器人清洁器的系统和控制方法。

（3）快速增长阶段（2008～2016 年）

由图 2-1 看出，2008～2016 年，该技术的申请量和申请人数量呈现跨越式增长，可谓是该技术发展的黄金时期。这是人工智能产业在此期间迅猛发展的写照，人工智能产业的飞速发展使得企业对于移动机器人定位避障导航技术的关注度也急剧提升，因此出现量的飞跃。

2. 专利申请区域分布

通常申请人会首先在本国提出专利申请，以谋求获得本国范围的专利保护。将申请人首次提出专利申请的国家或地区定义为专利申请的产出地，产出地的申请量某种程度上反映了申请人所在地区的技术实力。另外，申请人也可以向全球其他有关国家或地区提交专利申请以谋求获得其他国家或地区范围内的专利保护，目的地的申请量反映了申请人向其他国家或地区进行专利布局的愿望和能力，体现了申请人对目的地市场的重视程度。

图2-2显示了移动机器人定位、避障和导航技术领域全球专利申请的主要产出地分布。可以看出，中国、韩国、日本、美国以及欧洲是提交专利申请的主要来源地区，其中，来自中国的申请最多，占全球专利申请总量的36%；来自美国、欧洲、韩国以及日本的专利申请占全球专利申请总量的比例依次为28%，17%，10%，8%，来自其他地区国家的专利申请仅占1%。定位、避障和导航技术是以人工智能为基础，美国、日本、韩国在人工智能领域发展较早且具备传统产业优势，如iRobot、松下、本田、三星、乐金（LG）等，因此对于人工智能应用于移动机器人的转型较快，在定位、避障和导航技术领域的技术研发实力较强；而中国移动机器人企业近年来迅速发展，在全球市场份额不断增加的同时也更加注重知识产权保护，其专利申请数量也在不断上升。

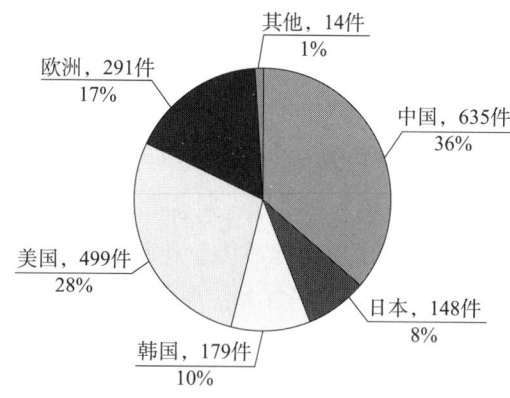

**图2-2　定位、避障和导航技术专利申请主要产出地分布**

同时，图2-3展示了专利申请主要目的地〔包括中国、美国、日本、韩国、欧洲以及世界知识产权组织（WIPO）〕的专利申请量年度变化。

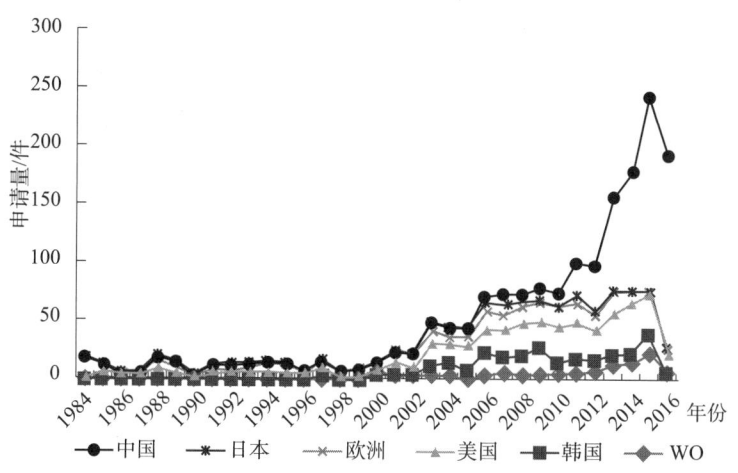

**图2-3　定位、避障和导航技术全球申请量变化**

美国专利申请量从 2003 年至今一直保持稳定。中国专利申请量在 2007 年之后呈现迅速增长，成为全球申请量增加的主力，申请量的爆发式增长主要得益于台湾机器人产业以及国内人工智能的发展。日本专利申请量在 2005 年之后一直处于缓慢增长态势。对于韩国和欧洲，其申请量变化比较平稳且较为相似，都在 2007 年后保持相对稳定的趋势。此外，2002 年之后中国专利申请量与日俱增，也意味着中国市场成为移动机器人的主要战场。中国在这一时期内的申请保持着较快的增加，并且申请量超出起步较早的韩国和日本，这与各种大中小型的高新技术企业迅猛发展息息相关。而美国的申请量趋于稳定，技术发展成熟度也较高，美国作为全世界信息产业的领头羊，保持着绝对的领先地位，这也与美国拥有多家跨国高科技企业有很大的关系，这些企业在新型技术的研发与推广方面做出巨大的贡献，也在相关领域的市场上占有重要的一席。

图 2-4 显示了将欧洲、美国、韩国、日本和中国作为产出地的技术分布。可以看出，美国、韩国、日本在动态变化环境定位、室外有遮挡领域提高定位精度技术具备较强的研发能力。而中国在这两个领域的申请量高于其他大部分地区，因此中国的研发能力不容小视，也说明了中国企业对于移动机器人领域的定位研发成果比较多。此外，在避障技术、轨迹规划技术领域全球范围内的申请量都比较高，反映出全球范围内的企业、研发单位对于避障、轨迹规划的技术成果比较多。相对而言，美国企业和研发机构在轨迹规划的申请最高，在数量上高出中国近 60 件，反映出美国在导航、轨迹规划技术方面的先进，韩国和日本企业在有关定位、避障和导航技术的研发都比较平均，中国企业在避障领域的申请量最高，在数量上超出美国近 90 件，可以看出中国企业对于该领域研究成果较多，也从侧面反映了中国国内市场的需求。

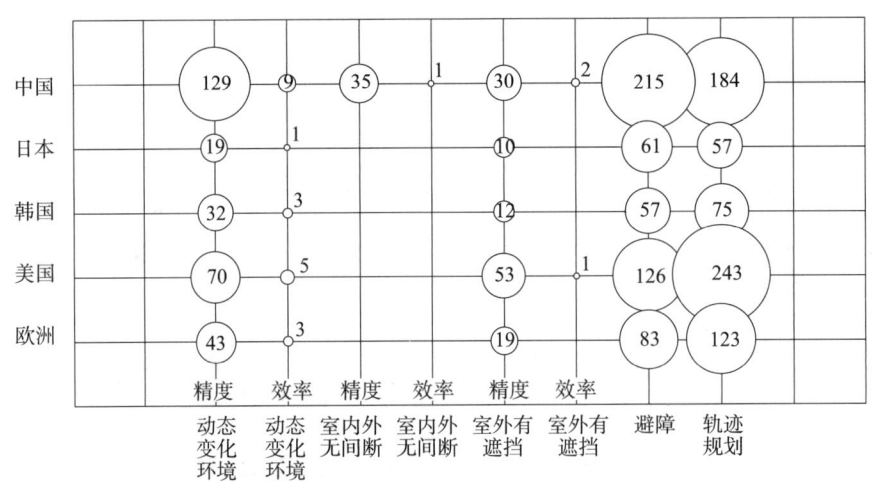

**图 2-4　定位、避障和导航技术主要产出地技术分布**

注：图中数字表示申请量，单位为件。

图 2-5 显示了来自 WIPO、欧洲、美国、韩国、日本、中国的专利申请的技术分布。

可以看出，它们关于避障、轨迹规划的专利布局都是最多的，反映出对于避障、轨迹规划的重视；其次，在动态变化环境、室外有遮挡提高定位精度也是关注度比较高的领域，申请量仅次于避障、轨迹规划。而在中国，移动机器人领域的定位、避障和导航技术各种技术布局均较多，各个厂商都渴望能在中国分一杯羹。

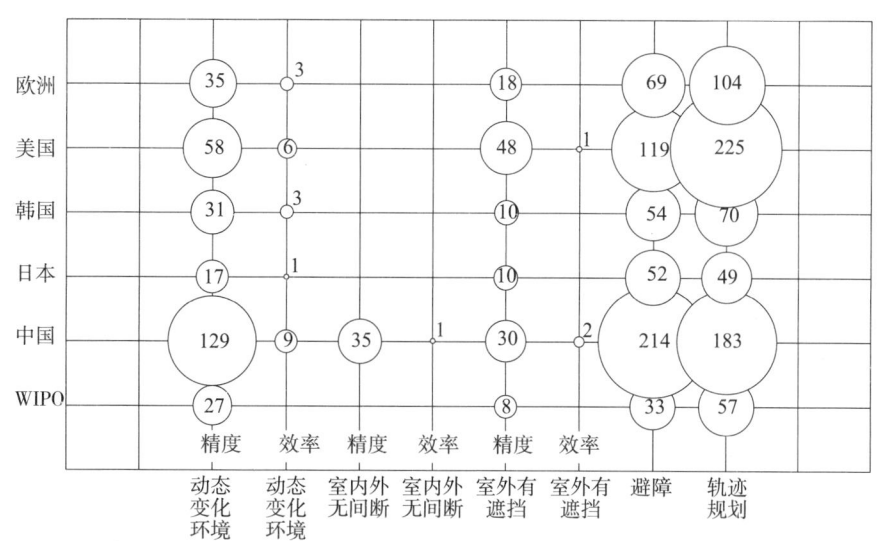

**图 2-5　定位、避障和导航技术主要目的地技术分布**

注：图中数字表示申请量，单位为件。

### 3. 本领域主要申请人分析

（1）主要申请人分布

对申请人的全球申请量、申请量占全球申请总量的比例进行统计。表 2-1 显示了全球专利申请量排名前 10 位的申请人概况。

表 2-1　定位、避障和导航技术全球专利申请的前 10 位申请人及其申请量　　单位：项

| 申请人 | 国别 | 申请量 | 占全球申请量比例 |
|---|---|---|---|
| iRobot | 美国 | 122 | 6.91% |
| 三星 | 韩国 | 121 | 6.85% |
| 本田 | 日本 | 41 | 2.32% |
| LG | 韩国 | 38 | 2.15% |
| 哈斯科瓦那 | 瑞典 | 22 | 1.25% |
| 伊莱克斯 | 瑞典 | 14 | 0.79% |
| 东芝 | 日本 | 14 | 0.79% |
| 丰田 | 日本 | 14 | 0.79% |
| 松下 | 日本 | 14 | 0.79% |

表2-2列出了全球主要申请人的申请技术分布、申请量变化趋势情况等。可以看出，iRobot、三星、本田等国外申请人对技术领域布局非常重视，申请量以及申请所涵盖的领域都明显高于国内申请人，一定程度上说明国外申请人定位、避障和导航技术方面的布局趋于完善，技术相对成熟。

表2-2　定位、避障和导航技术全球主要申请人申请趋势及技术领域分布　　单位：件

| 申请人 | 技术分布 | 申请趋势 |
|---|---|---|
| iRobot | 动态变化环境（精度）：16<br>室外有遮挡（精度）：25<br>动态变化环境（效率）：5<br>避障：36<br>轨迹规划：40 | |
| 三星 | 动态变化环境（精度）：20<br>室内外无间断（精度）：3<br>避障：39<br>轨迹规划：54 | |
| 本田 | 动态变化环境（精度）：6<br>避障：15<br>轨迹规划：20 | |
| LG | 室外有遮挡（精度）：3<br>避障：16<br>轨迹规划：16 | |
| 哈斯科瓦那 | 动态变化环境（精度）：3<br>避障：4<br>轨迹规划：15 | |

续表

| 申请人 | 技术分布 | 申请趋势 |
|---|---|---|
| 伊莱克斯 | 避障：10<br>轨迹规划：3 | 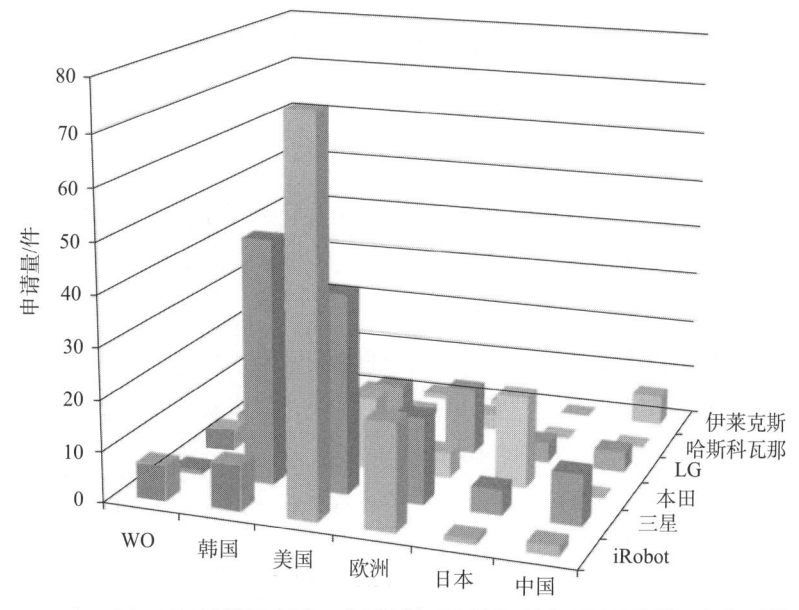 |
| 丰田 | 避障：8<br>轨迹规划：4 | |

（2）主要申请人的布局区域

图 2-6 示出了主要申请人的专利布局区域。可以看出，美国 iRobot、韩国三星和日本的本田在本土以及美国、欧洲的专利布局都比较重视，其次是在中国的专利布局。市场决定了布局的重要性，中国的移动机器人市场具备极大的发展空间，因此，对于各国企业来说接下来中国将会是必争之地。

图 2-6　定位、避障和导航技术主要申请人的专利布局区域

新能源电池

机器人

高档数控机床

（3）主要申请人的技术分布

图 2-7 示出了主要申请人的专利技术分布。可以看出，各主要申请人涉及的技术分支主要集中在提高定位精度的动态变化环境定位、室外有遮挡条件定位、提高定位效率的动态变化环境定位、避障以及轨迹规划。其中，三星、iRobot 在避障和轨迹规划方面占有绝对优势。美、日、韩对于移动机器人技术的研发、专利布局水平远高于国内企业，国内企业在该领域的主要研究在于轨迹规划和提高定位精度的动态变化环境定位。虽然国内专利布局相对较少，但是随着国内技术的提升以及国内大环境的推动，国内专利有望在数量和质量上实现一定突破。

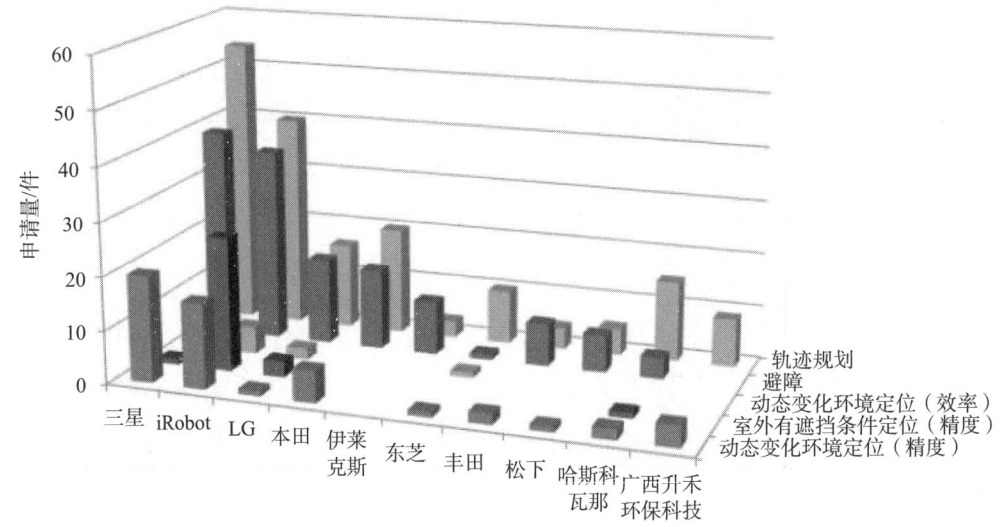

图 2-7　定位、避障和导航技术主要申请人的专利技术分布

**（二）中国专利申请状况**

1. 中国专利申请趋势

下面分别从国内申请人、国外来华申请两个方面分析定位、避障和导航技术领域的申请量和授权量的趋势情况。

图 2-8 示出了移动机器人定位、避障和导航技术中国地区专利申请量的变化。可以看出，在 2006 年之前的申请比较少，且都是来自国外申请人的。2007 年之后国内的专利申请量开始迅速增长，主要原因是国内申请人的申请量呈现爆发式增加，而国外来华申请量一直处于平稳状态。

图 2-9 示出了定位、避障和导航技术中国地区专利授权量的变化。可以看出，国外申请人在华的专利授权量基本维持在年均个位数左右的水平。国内申请人自 2007 年后提交的专利申请在 2009 年以后就开始陆续获得专利权，从授权量来看近几年的增长较快，而随着未来申请量的增长，授权量也将会相应增长。

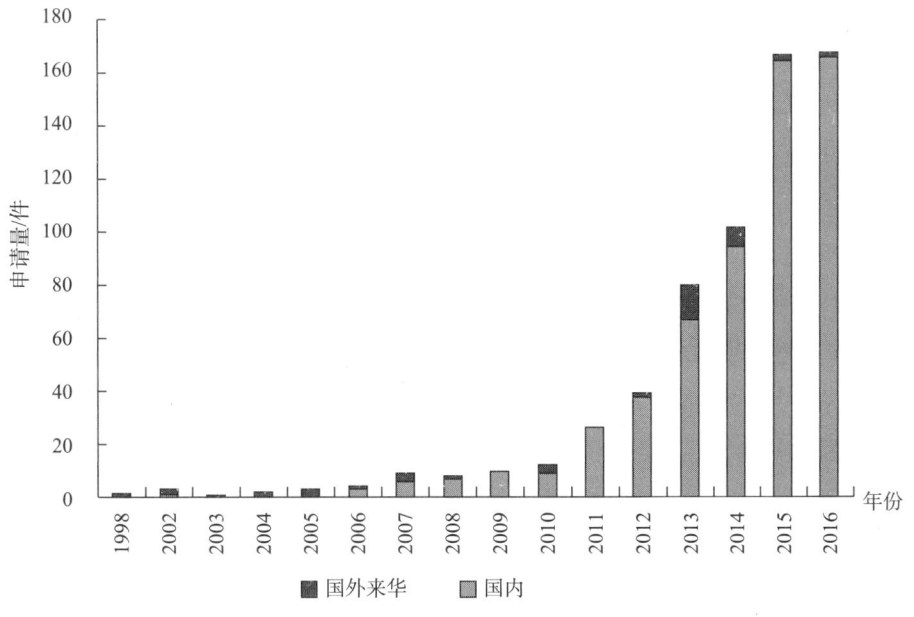

图2-8 定位、避障和导航技术中国专利申请变化

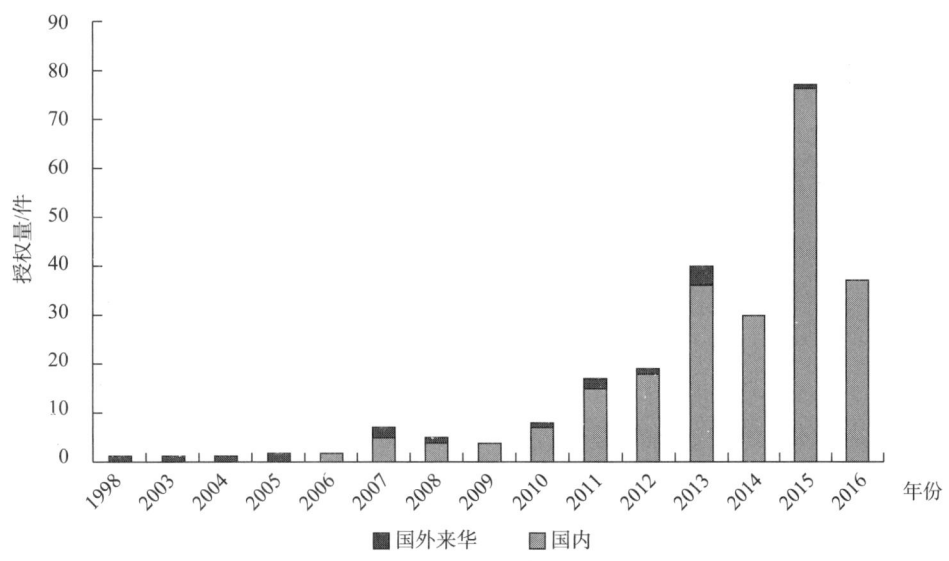

图2-9 定位、避障和导航技术中国专利授权年度变化

（1）国内和国外来华对比

由表2-3可以看出，在定位、避障和导航技术领域，国内申请人的专利申请总量和发明专利申请量均超过国外申请人的；但是，国内申请人的发明授权率低于国外申请人的授权率，这说明国内发明专利申请的数量虽然占优，但是质量仍有待提高。

表2-3　定位、避障和导航技术中国专利申请总体状况　　　　单位：件

| | 总申请量 | 发明专利申请量 | 发明专利授权量 | 发明专利授权率 |
|---|---|---|---|---|
| 国内申请人 | 590 | 418 | 84 | 20.1% |
| 国外申请人 | 44 | 43 | 16 | 37.2% |
| 合计 | 634 | 461 | 100 | 21.7% |

国内申请人提交的418件发明专利申请中，目前在审的为304件，撤回的为18件，驳回为5件，授权后维持为84件，授权后终止为7件。各部分所占的比例参见图2-10。

国外申请人所提交的43件发明专利申请中，目前在审的为21件，撤回为4件，驳回为0件，授权后维持为16件，授权后终止为2件。各部分所占的比例参见图2-11。

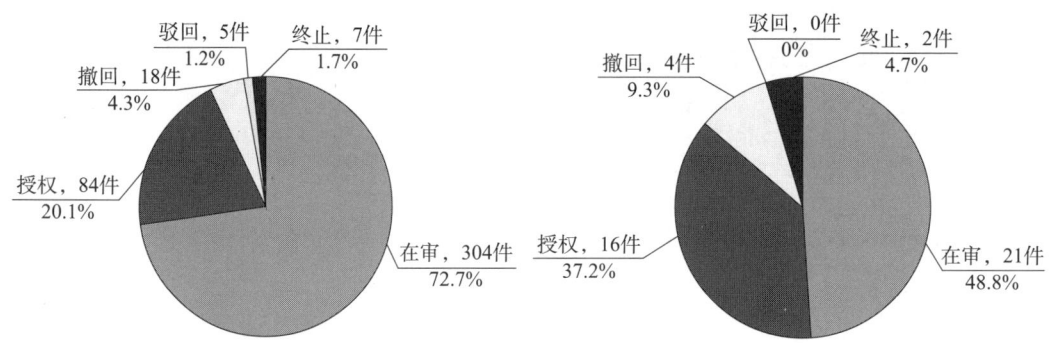

图2-10　定位、避障和导航技术国内申　　　　图2-11　定位、避障和导航技术国外申请人
请人发明专利申请的法律状态分布　　　　　　　发明专利申请的法律状态分布

（2）专利申请和授权的国内省市分布

表2-4示出了定位、避障和导航技术中国专利申请主要省/区/市分布状况。可以看出，江苏、广东、北京、浙江、上海以及山东专利申请量均超过30件，但由于国内的移动机器人起步较晚，因此大部分发明专利都还属于在审或未公开阶段，因此发明的授权量相对较少，这也反映出国内有关定位、避障和导航技术方面的技术发展较晚。

表2-4　定位、避障和导航技术中国专利申请国内主要省/区/市分布　　　　单位：件

| 省/区/市 | 申请量 | 发明专利申请量 | 发明专利申请率 | 发明专利授权量 | 发明专利授权率 |
|---|---|---|---|---|---|
| 江苏省 | 92 | 64 | 69.57% | 16 | 25.00% |
| 广东省 | 85 | 61 | 71.76% | 8 | 13.11% |
| 北京市 | 76 | 57 | 75.00% | 11 | 19.30% |
| 浙江省 | 49 | 35 | 71.43% | 12 | 34.29% |
| 上海市 | 40 | 29 | 72.50% | 5 | 17.24% |

续表

| 省/区/市 | 申请量 | 发明专利申请量 | 发明专利申请率 | 发明专利授权量 | 发明专利授权率 |
|---|---|---|---|---|---|
| 山东省 | 32 | 20 | 62.50% | 5 | 25.00% |
| 广西壮族自治区 | 27 | 24 | 88.89% | 1 | 4.17% |
| 湖北省 | 22 | 18 | 81.82% | 4 | 22.22% |
| 辽宁省 | 19 | 15 | 78.95% | 2 | 13.33% |
| 湖南省 | 18 | 12 | 66.67% | 3 | 25.00% |
| 黑龙江省 | 17 | 14 | 82.35% | 4 | 28.57% |
| 陕西省 | 17 | 9 | 52.94% | 1 | 11.11% |
| 重庆市 | 17 | 15 | 88.24% | 1 | 6.67% |
| 安徽省 | 13 | 9 | 69.23% | 0 | 0.00% |
| 天津市 | 13 | 6 | 46.15% | 1 | 16.67% |
| 四川省 | 10 | 6 | 60.00% | 3 | 50.00% |
| 福建省 | 9 | 7 | 77.78% | 2 | 28.57% |
| 河南省 | 8 | 2 | 25.00% | 0 | 0.00% |
| 贵州省 | 5 | 4 | 80.00% | 0 | 0.00% |
| 台湾省 | 5 | 4 | 80.00% | 3 | 75.00% |
| 河北省 | 4 | 1 | 25.00% | 1 | 100.00% |
| 吉林省 | 3 | 2 | 66.67% | 0 | 0.00% |
| 甘肃省 | 2 | 2 | 100.00% | 0 | 0.00% |
| 江西省 | 2 | 1 | 50.00% | 1 | 100.00% |
| 内蒙古自治区 | 1 | 1 | 100.00% | 0 | 0.00% |
| 山西省 | 1 | 0 | 0.00% | 0 | 0.00% |
| 香港特别行政区 | 1 | 0 | 0.00% | 0 | 0.00% |
| 新疆维吾尔自治区 | 1 | 0 | 0.00% | 0 | 0.00% |
| 云南省 | 1 | 0 | 0.00% | 0 | 0.00% |

新能源电池

机器人

高档数控机床

图 2-12 示出了国内主要地区的专利申请概况，图中将除长三角、环渤海以及珠三角地区外的其他省/区/市列为其他地区。可以看出，长三角在专利申请总量和发明专利申请总量上都位居首位，发明量超过其他地区，说明该区域在定位、避障和导航技术领域具有技术研发优势，对于长三角和环渤海地区，也是移动机器人领域的重点发展地区，主要得益于这些经济区的政策，移动机器人产业的发展态势比较良好。

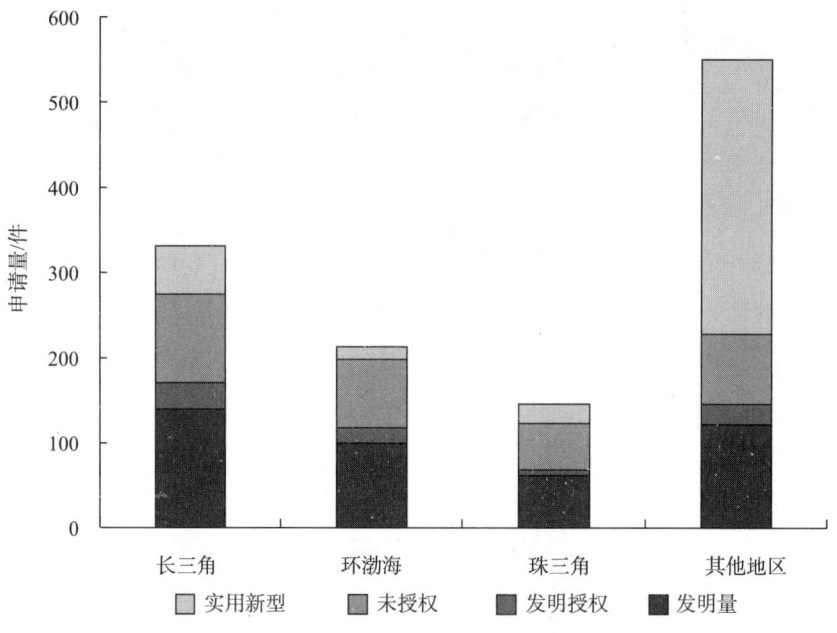

图2-12　定位、避障和导航技术国内主要地区专利申请和授权情况

### 2. 国内专利申请的申请人分析

根据检索到的数据，下面分别从国内和国外来华两个方面对定位、避障和导航技术领域的申请人情况进行分析。表2-5、表2-6示出了定位、避障和导航技术领域的主要中国专利国内申请人和国外来华申请人。

表2-5　定位、避障和导航技术国内主要申请人申请情况　　　　　单位：件

| 国内申请人 | 申请量 | 发明申请量 | 发明在审量 | 发明授权量 | 发明授权率 |
|---|---|---|---|---|---|
| 沈阳新松 | 12 | 10 | 7 | 2 | 20% |
| 北京工业大学 | 10 | 9 | 5 | 2 | 22.2% |
| 西北农林科技大学 | 9 | 5 | 3 | 0 | 0 |
| 东南大学 | 7 | 7 | 4 | 2 | 28.6% |
| 哈尔滨工业大学 | 6 | 6 | 3 | 3 | 50% |

表2-6　定位、避障和导航技术国外来华主要申请人申请情况　　　　　单位：件

| 国外申请人 | 申请量 | 发明申请量 | 发明在审量 | 发明授权量 | 发明授权率 |
|---|---|---|---|---|---|
| 三星 | 10 | 10 | 3 | 5 | 50% |
| 伊莱克斯 | 6 | 6 | 6 | 0 | 0 |
| iRobot | 5 | 4 | 3 | 1 | 25% |
| LG | 4 | 4 | 4 | 2 | 50% |

可以看出，沈阳新松申请较多，且有发明专利申请被授予了专利权。此外，国内申请大部分为高校申请，从侧面反映出高校对移动机器人的定位、避障和导航技术领域研究比较多，且对这些技术也有保护的意识。相比而言，国外申请人申请相对较早，虽然申请量不多，但是授权率比国内申请人高。可知，国内申请人在追求专利数量的同时，仍然应注意提高专利质量。

### （三）专利技术发展分析

#### 1. 初期发展

1992 年，Windsor Industries 提出了一种机器人清洁装置（专利 US5279672A），其被引证 287 次，包括自动控制的清洁机器和编码反射目标，用于向清洁机器提供信息以沿着期望的清洁路径定位，该装置实时地确定其位置，尤其在清洁操作期间遇到障碍物的情况下，控制装置包括第一装置，用于使用来自硬件导航装置的信息确定位置相关信息，避免壳体装置和清洁装置的路径中预定障碍物，第二装置用于在地板表面区域被清洁时，避免壳体装置和清洁装置的路径中预定障碍物以及避开存在壳体装置和清洁装置的移动期间；第三装置用于检测是否存在障碍物。同年，为了降低生产成本缩短清洁时间，提高清洁效率，三星电子提出了一种自驱动机器人清洁装置及其方法的技术方案（专利 US5369347A），其被引证 212 次，提高检测到障碍物的位置避开障碍物的效率。此外，国际商业机器公司（IBM）也提出了一种自主移动机器（专利 US5545960A），其被引用被引证 61 次，控制移动机器沿着所跟踪的路径精准地导航移动机器，在现有技术的基础上通过优化路径的方式使得导航更加精确。

1994～1998 年，随着智能优化算法的推广，飞利浦、西门子将智能算法应用到机器人领域中，分别提出了一种在存在障碍物的情况下使用三维配置空间计划车辆的操纵装置（专利 US5870303A），其被引证 41 次；一种用于产生具有自推进移动单元的蜂窝状结构化环境地图方法（专利 US5677836A），其被引证 47 次；以及一种用于产生具有自推进移动单元的蜂窝状结构化环境地图方法（专利 US6205380A），其被引证 38 次。这些专利都是本领域的基础专利，为移动机器人定位避障导航技术的发展奠定了基础。早期的移动机器人避障技术基本都来自国外，国内技术起步相对较晚。

#### 2. 产业巨头的出现

2001～2009 年，随着人工智能的不断发展以及对智能移动机器人需求不断增加，本领域的产业巨头渐渐浮现出来，并以绝对的优势在移动机器人领域迅速发展，也正是由于产业巨头的出现，带动了一批又一批的企业前赴后继地为移动机器人领域做贡献，使该领域在产业中蓬勃发展，而且专利布局也逐步趋于成熟。

#### （1）iRobot 公司技术发展

iRobot 公司在 2001～2009 年异军突起，为移动机器人的发展作出了巨大贡献。

2000 年，iRobot 公司提出了专利 US2002/0016649A1 一种机器人障碍物检测系统，优先权日为 2000 年 1 月 24 日，被引证次数为 177 次；专利 US2004/0020000A1 一种用于骑在表面上的自主机器人的传感器子系统，被引证次数为 163 次；专利 US2005/0251292A1 一种机器人障碍物检测系统，被引证次数为 112 次；专利 US2009/0055022A1 一种机器人障碍物检测系统，被引证次数为 96 次；专利 US2009/0292393A1 一种机器人障碍物检测系统，被引证次数为 93 次；专利 US2007/0213892A1 一种用于移动机器人的控制系统，被引证次数为 16 次；2001 年，提出了专利 WO02/101477A2 一种用于移动机器人的控制系统；2005 年，提出了专利 US2006/0618742A1 一种用于自主地进行侦察的移动机器人，被引证次数为 105 次。其中，专利 US2002/0016649A1、专利 US2004/0020000A1、专利 US2005/0251292A1、专利 US2009/0055022A1 都是 iRobot 的核心专利，其围绕这些核心专利进行了大范围的专利布局，布局主要侧重于机器人在遇见障碍物时的处理方式。

（2）三星公司技术发展

三星公司涉及的领域比较广，其在移动机器人领域相对低调，但是其在该领域的综合实力不容忽视。接下来将介绍三星公司在移动机器人领域避障技术的发展路线。

2002 年，三星公司对机器人的定位方法进行了重点研究，提出了专利 KR1020030080436A 一种用于测量移动机器人的位置的装置和方法，被引证次数为 6 次；专利 KR100466321B1 一种用于机器人清洁器的系统和控制方法，被引证次数为 2 次；专利 KR1020030099052A 一种机器人定位系统，被引证次数为 1 次。次年，三星公司根据现有的 SLAM 对机器人运行时的地图创建方法进行了优化，并提出了专利 KR1020030023716A 一种用于使移动机器人返回到对接站的方法和装置，被引证次数为 2 次；专利 US20070271011A1 一种用于移动机器人的室内地图构建装置、方法和介质，被引证次数为 33 次；2007 年提出了专利 US2009/0055020A1 一种用于允许移动机器人同时执行清洁处理和地图创建处理的装置、方法和介质，被引证次数为 17 次。

（3）国内申请人技术发展

在国外市场发展和专利布局的带动下，国内企业也逐步认识到移动机器人领域的重要性，于是开始在国内提出各类专利申请。

优尔影技术有限公司提出了专利 CN101449180A 一种自推进式机器人车辆，被引证次数为 2 次；浙江大学提出了专利 CN101135911A 一种适用于在家庭、公共绿地等场所进行草坪护理修剪服务的割草机器人智能控制系统，被引证次数为 8 次；深圳先进技术研究院提出了专利 CN101436037A 一种餐厅服务机器人系统，被引证次数为 7 次；厦门大学提出了专利 CN101738195A 一种基于环境建模与自适应窗口的移动机器人路径规划方法，被引证次数为 8 次。这些专利申请的出现填补了国内申请人在机器人定位避障导航技术领域的空白。

3. 稳步发展

2009 年之后，移动机器人领域的避障技术的申请快速增加，各个分支中出现了为解决传统的技术问题而出现的新颖的技术方案，并且更多国内申请人逐渐进入该领域，该领域的技术研发开始稳步发展。

（1）iRobot 公司技术发展

iRobot 借助于优化传感器，提高对障碍物的定位精度，提出了专利 US2011/0985194A1 一种定位和障碍物检测系统，优先权日为 2011 年 1 月 5 日，被引证次数为 0 次。专利 CN104302218A 一种移动机器人，优先权日为 2012 年 12 月 28 日，被引证次数为 1 次。

（2）三星公司技术发展

随着时间的推移，三星公司在移动机器人领域避障技术愈加趋于成熟。代表性专利如下：

专利 US2012/0109420A1 一种用于重定位机器人的装置，优先权日为 2010 年 11 月 1 日，被引证次数为 1 次。专利 US2015/0032259A1 一种清洁机器人，优先权日为 2011 年 10 月 18 日，被引证次数为 1 次。专利 US2016/0022108A1 一种机器人清洁器及其控制方法，优先权日为 2013 年 7 月 29 日。专利 EP3082006A2 一种清洁机器人，优先权日为 2015 年 4 月 16 日。三星公司这些代表性专利的出现标志着三星公司机器人定位避障导航技术趋于成熟化，对 iRobot 在该领域的地位造成了不小的冲击。

（3）国内申请人技术发展

2009 年后，国内申请人不仅仅限于高校研究人员，企业申请人也逐渐进行专利布局。

专利 CN102087530A 一种基于手绘地图和路径的移动机器人视觉导航方法，申请人是东南大学，申请日为 2010 年 12 月 7 日，被引证次数为 6 次；专利 CN102096413A 一种保安巡逻机器人系统及其控制方法，申请人为中国民航大学、天津市亚安科技电子有限公司，申请日为 2010 年 12 月 23 日，被引证次数为 6 次；专利 CN102541057A 一种基于激光测距仪的移动机器人避障方法，申请人为沈阳新松机器人自动化股份有限公司，申请日为 2010 年 12 月 29 日，被引证次数为 4 次；专利 CN102411371A 一种根据多传感器融合的量测信息实现机器人自主跟随目标人的系统和方法，申请人为浙江大学，申请日为 2011 年 11 月 18 日，被引证次数为 2 次；专利 CN102866706A 一种采用智能手机导航的清扫机器人，申请人为深圳市银星智能科技股份有限公司，申请日为 2012 年 9 月 13 日，被引证次数为 10 次。国内申请人一部分为高校申请人，此外，产学研合作方式也逐步涌现推进了机器人技术的发展；在国内申请人中，沈阳新松、银星智能等是国内具有代表性的申请人，其逐步形成了自身的知识产权体系，专利布局也逐渐形成。

根据移动机器人定位避障导航技术发展路线，绘制了技术路线见图 2－13。

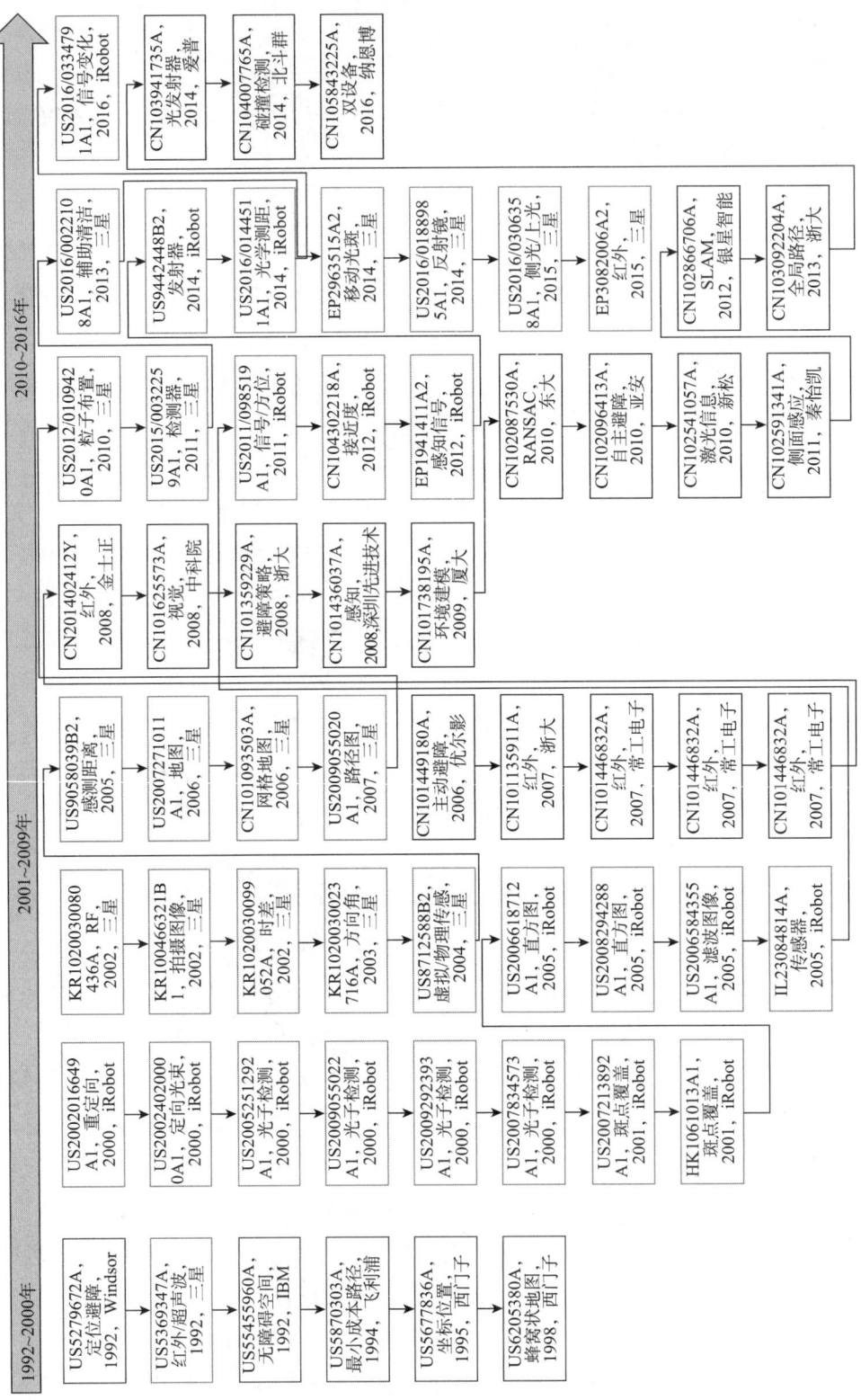

图 2 - 13　移动机器人避障专利技术路线

### （四）国内代表企业核心专利及布局

筛选出国内重要申请人沈阳新松机器人自动化股份有限公司（以下简称为沈阳新松），分析其国内专利布局的情况，研究其专利布局策略和优势领域，提出国内申请人需要关注和改善的方面。

沈阳新松隶属于中国科学院，是一家以机器人技术为核心的企业。其在国内移动机器人定位、避障和导航技术共有12件申请，其中包括10件发明专利申请，2件实用新型申请，且有2件专利权维持，7件在审。

表2-7中，公告号/公开号中U代表授权的实用新型专利申请，B代表授权的发明授权申请，A代表公开的发明专利申请。表2-7列出了沈阳新松的11件专利申请（沈阳新松关于移动机器人定位、避障和导航技术共有12件申请，其中11件属于本文的三个研究技术主题，剩余1件属于其他路径规划在此不进行列举），从表2-7可以看出，沈阳新松在动态变化环境定位分支申请较多，说明该企业对于动态变化环境定位较为关注。从整体情况来看，其专利申请虽然不多，但是授权率较高。

表2-7　定位、避障和导航技术沈阳新松国内专利申请分布

| 技术主题 | 申请年 | 公告号/公开号 | 发明名称 |
|---|---|---|---|
| 轨迹规划 | 2008 | CN101751038B | 一种移动机器人导航控制装置 |
| | 2014 | CN105701437A | 基于机器人的肖像绘制系统 |
| 动态变化环境定位 | 2010 | CN201989147U | 电缆隧道巡检机器人 |
| | 2012 | CN202964643U | 智能移动机器人的上下料装置 |
| | 2013 | CN104298234B | 一种双引导式机器人自主充电方法 |
| | | CN104298233A | 移动机器人自主充电系统 |
| | | CN104635727A | 一种基于红外引导的机器人自主充电系统及其充电方法 |
| | | CN104635728A | 机器人自主充电系统和方法 |
| | 2014 | CN105654086A | 基于单目视觉的机器人关键件位姿识别方法和系统 |
| 避障 | 2010 | CN102541057B | 一种基于激光测距仪的移动机器人避障方法 |
| | 2015 | CN105824025A | 一种基于立体式声呐阵列的机器人避障系统 |

解读专利CN101751038B和专利CN104298234B两件具有代表性的专利申请。

（1）对于专利CN101751038B，针对现有技术导航的缺陷，提出了一种以嵌入式处理器为核心处理单元的移动机器人导航控制装置，其授权主权利要求范围：基于CAN总线的分布式结构，包括：ARM9处理单元，采用CAN总线与ARM7处理单元及DSP处理单元进行通讯连接，完成各类传感器信息融合与导航规划；ARM7处理单元，采集传感器信息发送至ARM9处理单元；DSP处理单元，接收ARM9处理单元的运动控制指令，

实现机器人运动执行机构的伺服控制。该发明专利保护一种移动机器人导航控制装置，ARM9 处理器完成传感器融合以及导航规划功能，ARM7 处理器采集传感器信息发送至ARM9 处理器，再由 DSP 处理器接收 ARM9 指令控制执行，该申请通过 CAN 总线实现分布式连接，降低处理单元计算负担，保证了系统实时性，其保护范围较大，且处理器、DSP 模块都较为常用，其他申请人容易侵犯其专利权。

（2）对于专利 CN104298234B，针对现有技术充电站定位于电极对接所需时间长效率低的问题，提出了一种双引导式机器人自主充电方法，其授权主权利要求范围：包括一机器人和一充电站，其特征在于，所述机器人的左前、右前、左后和右后方向设置有四个红外接收器和两对超声波对管，分别为第一红外接收器、第二红外接收器、第三红外接收器和第四红外接收器，第一超声波对管和第二超声波对管，两对超声波对管分别对称放置于机器人中心线的两侧，充电站上设置有一方向红外发射管和一对接红外发射管，所述充电方法包括如下步骤：引导机器人进入红外发射区域；机器人任意两个红外接收器接收到方向红外发射管发射的红外发射信号后，调整机器人的方向，直到第一红外接收器与第二红外接收器同时接收到红外发射信号后前行；继续调整机器人方向，使第一红外接收器与第二红外接收器同时接收到所述对接红外发射管发出的对接红外信号；机器人利用第一超声波对管和第二超声波对管测量到充电站的最小距离位置，完成纵向定位；判断第一超声波对管和第二超声波对管测量的距离是否相同；若不同，以当前机器人航向为纵向基准，保持最小声呐距离不变，横向移动机器人，直到测量的距离相同为止；若相同，机器人前进直到与充电站完成充电；所述机器人利用第一超声波对管和第二超声波对管测量到充电站的最小距离位置，完成纵向定位，具体为：机器人把当前航行方向记为 0°，顺时针旋转 360°，每隔 1° 检测两组超声波对管各自测得到前方充电站的距离，自转一周后，继续旋转机器人到检测最小距离所对应的角度位置，此时机器人的前进方向与充电站方向是一致的，最小距离即为机器人到充电站的最短距离。从上述授权的保护范围来看，申请人对每一个特征进行了详细的描述，包括测量到充电站的最小距离位置的方法也非常详细，从权利要求的保护范围来分析可知该申请保护范围相对较小，侵犯其专利权的可能性也较小。

从沈阳新松的总体专利布局看来，其侧重于动态变化环境分支，且在轨迹规划和避障分支也有涉猎，然而，从整个移动机器人领域定位、避障和导航技术看来，轨迹规划和避障在近年申请较大，预测沈阳新松在未来的专利布局中会在侧重动态变化环境分支的同时，抓紧对轨迹规划和避障分支的研究并积极布局。

# 三、总结及建议

## （一）总结

本文分析了移动机器人定位避障导航技术的国内、外专利申请趋势、关键技术路线以及主要申请人等。通过分析可以看出：①当前，移动机器人定位避障导航技术的发展已经比较成熟，申请国家主要集中在中国、美国、韩国和日本，其中美国的 iRobot 公司掌握了大部分的核心专利技术；中国的沈阳新松、科沃斯、莱克等公司虽然起步较晚，但发展迅猛，也掌握了部分专利技术；②得益于中国地区专利申请的快速增长，全球专利申请保持持续增长态势，国内专利申请人成为中国专利申请的主体，技术创新能力持续增强，中国成为全球申请人专利布局的重点区域，但是国内龙头企业在海外布局方面十分欠缺；③由于避障、轨迹规划的国外申请量大，该领域的基础专利和重要专利保护范围很大、产业应用广泛，对国内企业而言存在严重的专利风险，在研发和产品设计若将此忽略容易发生侵权；④中国国内将出现产业的领导巨头，并逐步实现自身专利布局。

（二）建议

1. 我国申请人当前面临一定的知识产权风险，应当积极寻求解决方案。三星、iRobot 公司在移动机器人定位、避障和导航技术领域所申请的部分专利的技术特征与国内某些企业及高校相关移动机器人产品类似，例如三星公司的一种建立移动机器人的网格地图的方法与东北大学的一种室内移动机器人自助导航避障系统及方法，二者都是通过网格地图进行移动机器人避障，建议后续针对这一类具体的产品做详细的专利侵权分析。国内大部分移动机器人相关技术还处于研发阶段，一方面可以根据关键技术的专利现状进行规避设计或者调整研发路线，避免后续知识产权风险；另一方面可以针对具体的亟待解决的技术问题和难点在专利文献中寻找技术解决方案。

2. 申请人应当提高专利申请文件的撰写水平。产品权利要求只写明解决技术问题的必要技术特征，即产品的组成部分及相互关系，不要把产品的实施对象作为产品的组成部分。如果把实施对象作为专利保护的一部分，那很有可能对后续司法保护的侵权判断产生不利。这样的案例就曾经发生在美国，即被控侵权的公司辩称自身产品不包括实施对象，最终他们主张未侵犯对方专利权的要求得到了法院的支持。

3. 企业应逐步加强对知识产权的运营与管理。根据自身所处的市场，合理利用专利攻防功能，构建专利布局地图，使专利不仅仅作为保护技术的手段，同时也成为助力企业实现战略运营的有力武器。此外，企业还可以针对产品进行一些技术调整，如在外观上做进一步改进后，及时提交实用新型和外观设计专利申请。与此同时，国内企业还应进军海外市场，通过 PCT（《专利合作条约》）的途径提交国际专利申请。

**参考文献**

[1] 朱大奇，颜明重. 移动机器人路径规划技术综述 [J]. 控制与决策，2010，(7)：961 - 967.

[2] Ohnishi N, Imiya A. Appearance - based navigation and homing for autonomous mobile robot [J]. Image and Vision Computing，2013，(31)：511 - 532.

［3］李涛涛. 基于行为的智能体避障控制以及动态写作方法研究［D］. 长春：吉林大学，2007：58－81.

［4］仲训昱. 基于环境建模与自适应窗口的机器人路径规划［J］. 华中科技大学学报（自然科学版），2010，（6）：107－111.

# 移动机器人的避障传感器专利技术综述[*]

方勇　安然　田俊峰　刘瑶　李海龙

张天然　段竹青　付少帅

**摘　要**　本文从国内外角度对移动机器人避障传感器技术的总体专利申请态势、申请量和重点申请人等进行研究，并对视觉、红外、激光、超声波传感器以及多传感器融合技术这五个主要技术分支展开深入分析，分析各种类型传感器的工作原理及技术发展要点，对其技术发展路线和重要专利节点技术进行了中微观解读。从专利的视角分析不同类型传感器的技术发展历程与近年专利申请态势，给出移动机器人避障传感器专利分析的主要结论，并对未来发展趋势进行预测。

**关键词**　机器人　避障　激光　红外　超声　视觉　融合

## 一、概述

### （一）引言

2016 年，国家发布《机器人产业发展规划（2016—2020 年）》，综合考虑国内外机器人产业现状及未来发展趋势，针对机器人全产业链遭遇的瓶颈和问题，提出了我国机器人产业"十三五"期间的总体发展目标。移动机器人作为机器人科学研究的一个重点方面之一，近年来呈现高速发展的态势，已经成为一个国家科技发展水平的高度体现。移动机器人之所以受到世界各国的重视，主要是由于其运用的广泛性，例如，可用于军事领域、航空领域、汽车行业、代替人类参与极限环境探险、工业制造以及生活服务等等。

移动机器人在行进中开展探测、侦察和导航等时，如何自主避让障碍物成为首先要面对的问题。避障功能是代表移动机器人智能化不可或缺的关键性能指标，也是机器人安全行驶的重要保障。在动态多变的复杂环境中，机器人系统如果要完成复杂的任务，它需要面对工作环境的动态性和不确定性，解决在运动过程中如何利用传感器感知周围

---

* 作者单位：国家知识产权局专利局专利审查协作天津中心。

未知环境的问题。因此，自主避障的研究对于推动和发展机器人技术有着较强的现实意义。由于对避障性能要求的不断提高，一些新的智能避障传感器应运而生，对其进行专利技术分析以了解目前发展现状、明确关键技术、分析发展趋势显得尤为重要。

### （二）避障传感器类型及优缺点介绍

用于移动机器人的避障传感器技术主要有视觉、红外、激光、超声波传感器和多传感器融合技术等技术分支，对其优缺点对比分析如下。

1. 视觉传感器

在移动机器人避障中广泛使用的视觉传感器主要是 CCD 图像传感器。采用视觉传感器避障可以获得范围较广且较完整的环境信息，但难于区分探测目标和背景，且图像处理运算量大，需要高性能的信号处理设备，致使这种系统体积大、能耗高、实时性差。此外，视觉传感器虽能得到物体的具体信息，但测量不出机器人与障碍物之间的距离。

2. 红外传感器

红外线是一种光波，具有定向传播和反射能力。红外传感器的优点是不受可见光影响，白天黑夜均可测量，角度灵敏度高、结构简单、价格较便宜，可以快速感知物体的存在。但测量时受环境影响很大，物体的颜色、方向、周围的光线都能导致测量误差，测量不够精确。

3. 激光传感器

激光传感器具有较高的精度，通过二维或三维扫描激光束或光平面，激光能够以较高的频率提供大量的、准确的距离信息。与其他传感器相比，能够同时考虑精度要求和速度要求，具有测距范围远、测距速度快、测量精度高和镜面反射小等优点，这些优点特别适用于智能机器人领域。此外，激光不仅可以在有光的情况下工作，也可以在黑暗中工作，而且在黑暗中测量效果更好。但其安装精度要求高，价格比较昂贵，且一些激光传感器发射的激光对人的眼睛有伤害。

4. 超声波传感器

超声波是一种频率在 20kHz 以上的声波，具有直线传播的特点，频率越高绕射能力越弱，但反射能力越强，而且指向性强，能量消耗缓慢，在介质中传播的距离较远。超声波传感器价格低廉、信息处理简单快速，易于做到实时控制，测量不受环境光的影响，夜间也可工作，可测得机器人与障碍物间的准确距离。但超声波传感器不能获取障碍物的边界信息，对障碍物不能准确定位，存在测量盲区。

5. 多传感器融合技术

由于单一的传感器信号难以保证输入信息的准确性和可靠性，不能满足智能机器人系统获取环境信息及决策能力的要求，促使多传感器集成与信息融合技术在智能机器人上获得了广泛的应用。充分利用多个传感器资源，通过对这些传感器及其观测信息的合理支配和利用，将多个传感器在空间或时间上的冗余或互补信息依据某种准则来进行组合，以获得被测对象的一致性解释或描述。

## 二、专利申请总体情况

### （一）检索范围

本文对相关内容的国内外专利进行了检索，包括中国专利文摘数据库（CNABS）、中国专利全文文本代码化数据库（CNTXT）、德温特世界专利索引数据库（DWPI）、世界专利文摘数据库（SIPOABS）以及外文专利全文数据库（WOTXT、USTXT、EPTXT、KRTXT、JPTXT、TWTXT），对应用于移动机器人的避障传感器相关的公开专利文献进行检索。由于移动机器人领域并无明确或专用的分类号，因此具体涉及其避障传感器方面的研究也没有相关的分类号，在关键词方面，虽然较为准确，但是产生噪声的可能性较大。

鉴于上述情况，采取的检索策略是主要使用分类号 G01（测量，测试）中根据具体的避障传感器技术分支得到的分类号小类或者大组，限定出关于避障传感器的文献范围，再结合对于避障这一功能性关键词的扩展和机器人作进一步限定，对明显的噪声进行去除，数据截止时间为 2016 年 12 月 31 日，涉及全球专利申请 5338 项，中国专利申请1332 件。其中，以每个同族中最早优先权日期视为该申请的申请日，同族申请视为一件申请。下面对移动机器人的避障传感器的全球专利申请状况进行分析，以帮助业界了解移动机器人避障传感器领域的技术动向。

主要从移动机器人避障传感器的全球和中国专利申请状况的发展趋势、国别/区域分布、申请人等方面出发，对移动机器人避障传感器进行专利分析。

### （二）全球专利申请概况

#### 1. 申请趋势

机器人避障传感器技术申请始于 19 世纪 60 年代，如图 1 所示，为最近 30 年全球的专利申请量按照年度分布的情况。1998 年之前，全球相关专利的年申请量均不超过 100 项，这段时期相关技术仍然处于萌芽状态，无论是企业还是科研机构均没有给予相关技术足够的重视。从 1999 年至 2005 年，全球的年申请量波动增长，总体趋势向上，但也有反复。这段时间全球的年申请量均超过了 100 项，说明随着机器人避障传感器技术的发展，越来越多的人开始被机器人避障传感器的应用前景所吸引。从 2005 年至 2010 年，这段时间的年申请量较为平稳，保持在 200 项左右。从 2011 年开始，年申请量开始快速增长，经过短短 4 年时间，2015 年的年申请量相比 2011 年翻了一番，并且还在继续保持上升的趋势。

新能源电池

机器人

高档数控机床

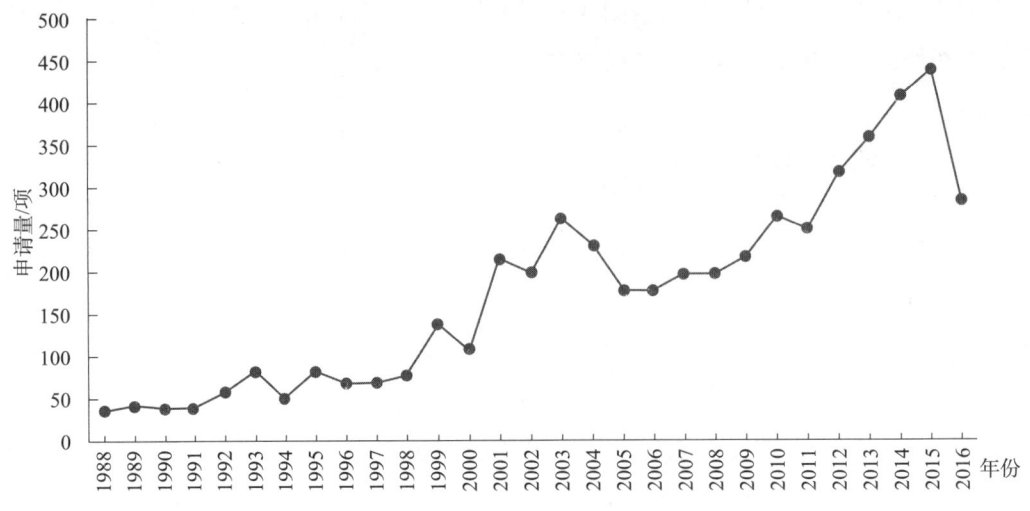

**图1  移动机器人避障传感器全球专利申请量年度分布**

2. 申请区域分布

图2显示了机器人避障传感器技术全球专利申请的区域分布。我们可以看到，美国是机器人避障传感器技术申请量最大的国家，占总申请量的42%，而且相关研究起步较早。从技术发展早期至今，美国一直在相关领域占有一席之地。从1995年至2003年，全球申请量呈波浪式增长的阶段，美国的专利年申请量超过了全球年申请量的一半以上，甚至在2001年达到了71%，说明在这段时期，美国相关的技术研究取得了较大突破。但随后几年，其年申请量占全球年申请量的比重有所下降，直到近几年，占全球年申请量的比重又开始逐年增加。

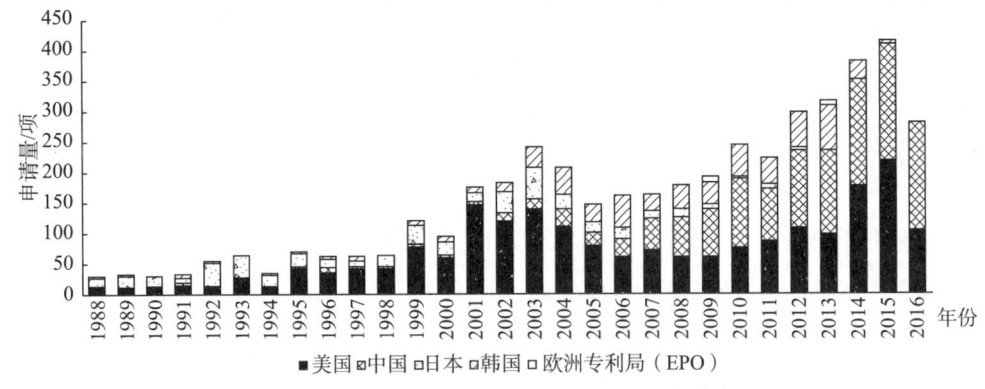

**图2  移动机器人避障传感器技术各国家和地区申请量分布**

中国的申请总量在全球申请量中排第二，占了全球申请量的25%左右。从图2中可以看到，从1988年至2002年，中国在1996年的申请量第一次在全球申请量中占有一席之地，但随后几年，中国的申请量并没有随着全球申请量的增加而出现增长。但是，从

2003 年开始，中国占全球总申请量的比重连年增加，甚至在 2008 年至 2015 年这段时间，申请量与美国不相上下。而到了 2016 年，中国的申请量已经超过了美国。从趋势上看，中国虽然起步较晚，但发展速度非常快。

日本在机器人避障传感器相关领域的研究起步也较早，在技术发展的萌芽时期，申请了大量的基础专利，在全球的申请量占比较大。其中，在 1992 年，全球的申请量几乎全部集中在日本，说明在这段时间，日本在机器人领域的基础研究成果较多，这段时期全球申请量的增长得益于日本相关技术的发展。日本在相关领域的申请量一直比较稳定，在 2003 年达到峰值，随后一路走低，与全球的申请量趋势出现了背离。

韩国的总申请量与日本不相上下，但二者的趋势则不同。韩国相关领域的专利起步比中国还要晚，但是，从 2002 年开始，韩国的申请量逐年稳步增加，在 2013 年达到峰值。总的来说，韩国近几年的发展势头迅猛，技术实力逐年增强。

综上可以看到，日本和美国在早期和中期，对于相关领域的技术发展起了重大的推动作用。但在近期，日本的申请量连年递减，而美国仍然强势。在全球申请量处于波动的时期，中国和韩国已经开始重视相关领域的研究，并申请了大量的专利，近期的增长趋势良好。近期全球申请量仍然处于较快速的增长期。

3. 全球主要申请人分析

图 3 列出了全球申请量排名前 11 位的申请人，我们可以看到，全球申请量最大的是韩国的三星公司，为 117 项，而且其申请量是美国 iROBOT 公司的 2 倍有余，说明三星公司在相关领域的研发占有一定优势。而第 2～10 名的差距都不大，基本处于 30～50 项。

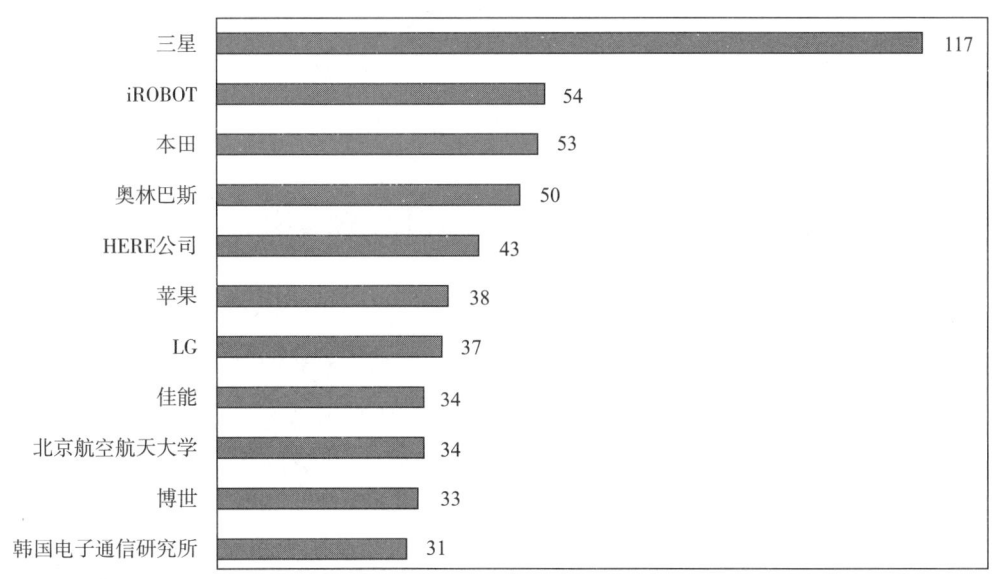

申请量/项

**图3　避障传感器技术全球主要申请人申请量分布**

唯一的中国申请人为北京航空航天大学。总体来看，申请人分布比较分散，第一名也仅占全球申请量的2%左右，表明机器人避障传感器领域还没有形成技术垄断。

### （三）中国专利申请概况

#### 1. 申请趋势

从图4可以看出，我国相关领域的申请起步较晚，2001年之前，申请量较少，这段时间处于研究的萌芽期。从2002年开始，申请量就逐年增加，截至2006年，以较缓慢的速度增长。2007年开始快速增长，到了2015年达到了峰值191项。整体趋势来看，除了2011年有过短暂的下滑之外，保持了很好的上升趋势。

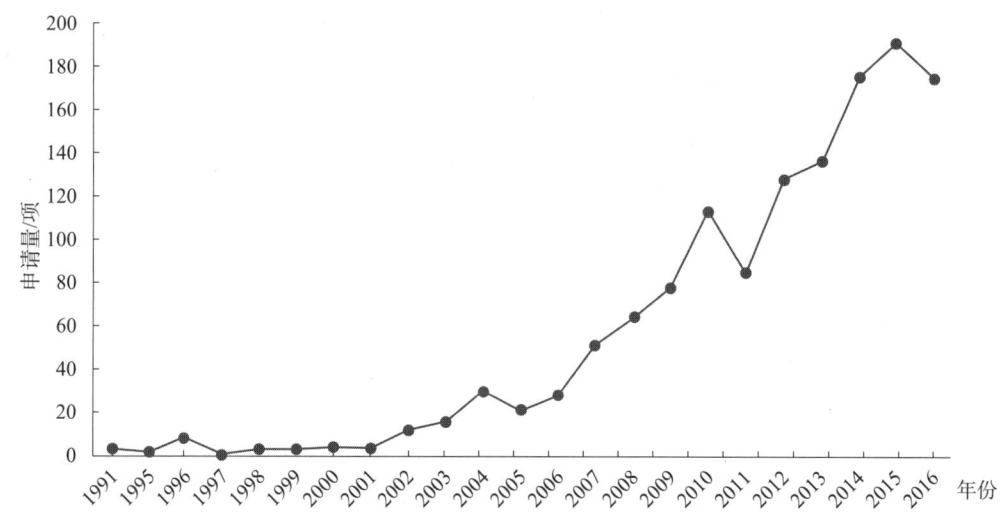

图4　移动机器人避障传感器中国专利申请量年度分布

#### 2. 法律状态分析

图5列出了中国专利申请法律状态分布。从图中可以看出，机器人避障传感器技术的专利权有效性较高，达到46%，驳回比例仅为2%，说明相关领域的授权比例较高，这也是前沿领域的普遍特点。这些领域产业化、商业化程度不高，而研发的原创性比较高，表现为授权率较高。

#### 3. 中国主要申请人分析

图6列出了中国主要申请人专利申请分布。从图中可以看出，排名前10位的申请人中，有5位是中国高校，有4位是跨国企业，只有1位是国内的企业。这5所高校全部都是211高校，其中4所是985高校，说明进行该领域的研究必须以一定的科研实力为基础。4家跨国企业分别是韩国的三星和LG，日本的松下和丰田，这说明，日本和韩国比较重视中国的市场。虽然仅有上海思岚科技一家中国企业的申请量挤进前十，但应当注意到其成立时间为2013年，说明中国的机器人避障传感器技术已经由理论研究阶段向商业化开始转变。

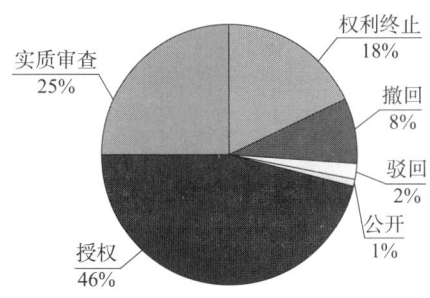

**图5　避障传感技术中国专利申请法律状态分布**

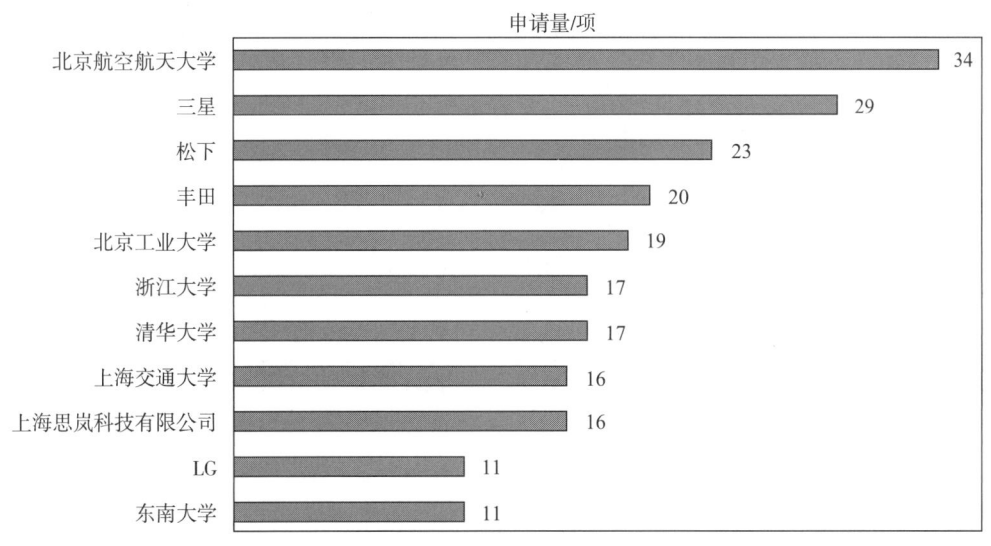

**图6　避障传感器技术中国主要申请人专利申请量**

### （四）各分支全球专利状况分析

为进一步了解移动机器人避障传感器的技术发展情况，针对当前常用的主要避障传感器，选取视觉、红外、激光、超声波、多传感器融合技术这5个技术分支进行深入分析。

图7列出了各技术分支申请态势，由图中可以看到，机器人避障传感器领域最先发展起来的技术为红外技术。然而，随着时间的推移，其申请量一直处于较低水平。而视觉技术、激光技术和超声波技术，在机器人避障传感器领域的发展较好，申请量接连创出新高，其中，又以视觉技术发展最快，超声波技术次之，激光技术第三，这三者的发展趋势良好，说明这三种技术仍然是当前领域研究的热点。

同时，值得注意的是，随着移动机器人研究的不断深入以及传感器技术的不断发展，多传感器融合技术在移动机器人上获得广泛应用，使移动机器人的整体智能水平不断提高。因而从2000年以后，关于多传感器融合的申请也呈现快速发展。移动机器人使用多

新能源电池

机器人

高档数控机床

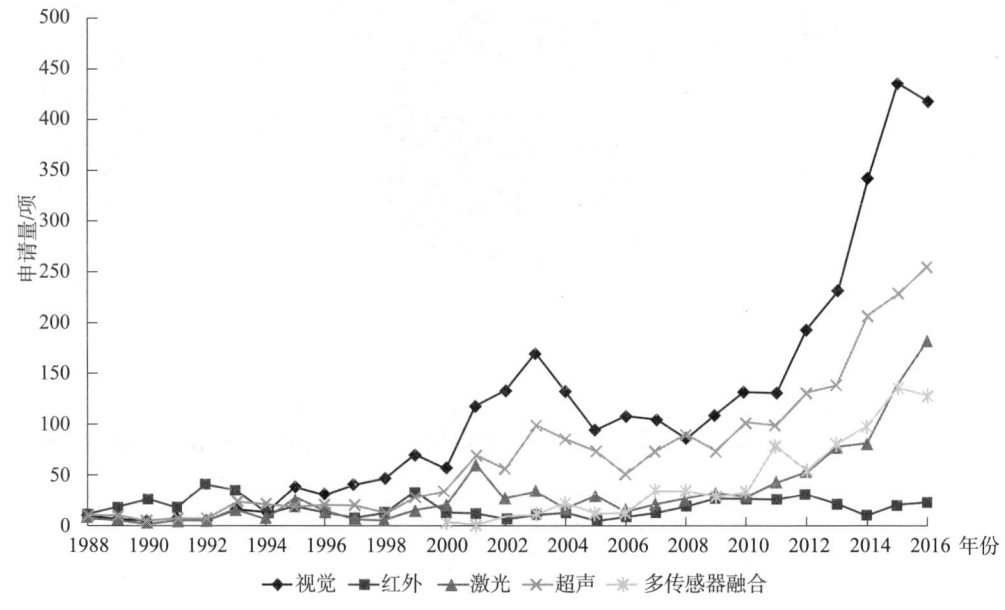

图7　避障传感器各技术分支专利申请变化趋势

个不同类型的传感器获取同一环境下不同或相同侧面的信息，采用多传感器融合技术可以充分利用有限的传感器资源，既降低成本，又能提高移动机器人的性能，满足实际应用的需要。

# 三、技术发展路线

本节选取了移动机器人的避障技术中得到了广泛应用的视觉传感器、红外传感器、激光传感器、超声波传感器以及多传感器信息采集技术5个主要技术分支，进行专利技术分析，进而探寻它们的技术发展路线。

## （一）视觉传感器

随着计算机视觉的发展和应用，人们开始探索借助计算机视觉方法，通过图像进行建模。基于视觉的方法以其非接触性、成本低、采样快等特点，一直受到广泛关注。基于视觉的方法通常采用三角测量原理，概括起来，一般分为主动视觉系统和被动视觉系统两大类。主动视觉系统一般采用结构光的方法。被动视觉系统通常采用一台摄像机或多台摄像机在不同位置拍摄多幅物体图像来恢复场景信息，其主要分为单目视觉和双目视觉两大类。

针对基于结构光视觉、单目视觉以及双目视觉的避障技术的专利文献进行整理和分析，梳理了三个分支技术的发展脉络，如图8所示。

图 8　机器人视觉避障技术专利申请发展脉络

| 申请日 | 1980~2000年 | 2001~2005年 | 2006~2010年 | 2011~2016年 |
|---|---|---|---|---|
| 结构光视觉 | US4954962A 1988-09-06 基于结构光图案成像进行三角测量,得到物体相对机器人的方位及范围信息<br><br>JPS5979377A 1982-10-29 利用实时的过零检验相位差测量法进行测距<br><br>JPS608680A 1983-10-19 在窗口中创建垂直方图案以确定瞬时位置 | | KR20080044312A 2006-07-05 预测移动之后图像与当前图像比较,机器人移动也可以检测 | CN103384281A 2014-03-18 结构光与双目立体视觉结合<br><br>CN104197926A 2014-08-06 投向扫描激光线,实现机器人狭窄空间导航<br><br>CN104964672A 2015-10-07 根据线结构光条灰度值突变特征进行水障碍检测,实现远距离检测 |
| 单目视觉 | | CN1512455A 2002-12-27 基于主动视觉的三维快速建模方法,整体一次性标定 | KR20090048104A 2007-11-09 基于向上的结构光生成二维地图<br><br>TW200921048A 2007-11-05 投影在穿行空间形成特定路径图案 | CN104864849A 2014-02-24 通过微透镜阵列得到多个环境子图,进行立体匹配和三维重建<br><br>CN10516070A 2015-08-25 使用时域视觉传感器的光流计算方法 |
| 双目视觉 | JPH059377RU 1992-05-20 双目视觉应用于有腿机器人<br><br>JPH11211469A 1998-01-29 立体图像作为模拟形式的视频信号通过通信线路传输到图像处理单元<br><br>JP2000283753A 1999-03-31 推测亚像素等级视差的方法 | JP2005081710A 2003-09-19 采用一对CCD相机,基于双视觉原理生成障碍物的平面地图<br><br>JP2006090896A 2004-09-24 使用块匹配算法比较灰度差异大的区域<br><br>KR20050024167A 2003-09-05 使用两个图像的光流估计计算避免静态或动态障碍物 | US2006025888A1 2005-06-24 基于立体视觉获得的视差图像计算三维距离的立体数据<br><br>US20070071311A1 2005-09-28 利用图像密度处理立体视觉数据进行立体障碍物检测<br><br>CN101067557A 2007-07-03 将视觉信息与里程计信息融合<br><br>CN101299233A 2008-04-08 CMOS+FPGA的视觉系统<br><br>CN101576384A 2009-06-18 将单目测量用于未知环境<br><br>CN104165663A 2014-07-15 采用双目立体视觉全维传感器 | CN102435174A 2011-11-01 左视图为可见光图像,右视图近红外图像的混合式双目视觉避障<br><br>KR20130052405A 2011-11-11 视差图执行行列检测转换,直方图平滑成V视差图<br><br>JP2015194487A 2015-03-16 通过在视差中实行空间过滤处理<br><br>CN105719290A 2016-01-20 使用时域视差立体深度匹配的方法 |

1. 结构光视觉技术

采用结构光方法的主动视觉系统通常包括一台摄像机和一个投影仪。投影仪向物体投射一些人工设计的经过编码的图案，如点、网格、光条等，摄像机拍摄被照物体得到这些结构光图案在物体表面形成的变形图像，利用结构光的编码技术和三角测量原理，来恢复物体的三维结构。这种方法借助结构光的信息，从而在某种程度上简化了图像匹配问题。

TRANSITIONS 研究公司于 1988 年提出基于结构光图案图像进行三角测量（专利 US4954962A），得到物体相对机器人的方位及范围信息，需要较小的图像处理复杂度的同时还保证一定的分辨率，为基于结构光的机器人视觉避障的技术发展奠定了一定的基础。之后对于结构光的视觉避障技术不断改进，中国科学院自动化研究所提出基于主动视觉的三维快速建模方法，提供的建模方法对整个主动视觉系统进行一次性标定，而不需要对摄像机和投影设备参数分别进行标定，具有较为简便、实用、建模精度高、鲁棒性好等特点，使基于主动视觉的建模方法走向实用（专利 CN1512455A）。三星电子株式会社提出利用结构光视觉导航（专利 KR20080004312A），将预测移动之后图像与当前图像比较，使得机器人正在移动也可以检测物体，后来，又提出将结构光视觉导航应用于扫地机器人（专利 KR20090048104A），向上照射的结构光并积累机器人的姿态及距离数据产生三维地图。北京信息科技大学提出将投射扫描激光线作为人工特征辅助双目视觉系统进行特征提取、匹配、三维重建等任务（专利 CN104197926A），实现移动机器人在未知狭窄非结构空间中自主导航。

2. 单目视觉技术

单目视觉技术是指使用单摄像头获取环境信息，并对获得的视频信息进行处理，完成相关任务的过程。目前针对单目视觉的研究主要是完成测距任务，观察者在运动过程中会因为与物体距离的不断变化引起拍摄图像的视角变化，单目视觉技术的理论基础就是利用这种运动视差来判断场景内物体与观察者之间的相对距离。

株式会社日立制作所于 1982 年提出将单目摄像机应用于轮式机器人用于识别平面障碍，实现自动爬楼梯（专利 JPS5979377A），之后该公司又于 1983 年提出了一种自主移动机器人使用单个摄像机来进行障碍物检测的方法，仅通过机器人的行进方向来确定窗口用于获得视觉图像，并在窗口中创建直方图来确定障碍物的位置（专利 JPS6086680A），相对于早期的双目视觉可以快速地检测识别障碍物。由于单目视觉不需要图像匹配，数据处理量小，基于单目视觉的机器人避障导航也不断发展，为了进一步提高单目视觉测距避障的精度，其中部分专利致力于在硬件上对单目视觉硬件技术进行改进，例如采用 CMOS 结合 FPGA 的视觉系统（专利 CN101299233A），将视觉信息与里程计信息融合（专利 CN101576384A），还有大部分专利致力于障碍物的检测方法，尤其是其中的光流检测法，使用两个图像的光流估计算法避免静态或动态的障碍物（专利 KR20050024167A）和使用时域视觉传感器的光流计算方法（专利 CN10516070A）。

3. 双目视觉技术

双目视觉技术是使用不同位置的两台摄像机获取周围环境的信息，然后通过不同的算法处理完成视觉图像的检测任务，主要包括：特征提取、目标匹配、几何建模、三维重建等。它的检测原理是通过对同一时刻不同位置获取的图像进行对比，计算出图像中该点的深度信息。该系统的最大优势是可以像人眼一样，通过双摄像头观察三维世界的景象，它的视觉处理方法和人类的视觉系统更相似，获得的图像具有明显的深度感，这种视觉处理的过程具有效率高、精度合适、信息完全等优点。

本田工业株式会社于 1992 年将双目视觉应用于有腿机器人，合理地利用视觉信息以及三维空间信息，实现机器人的无障碍行走（专利 JPH0593778U）；随着双目视觉的发展，索尼株式会社 2005 年针对实用机器人，利用双目视觉传感器制作以及更新环境地图，并将环境地图以预定方式分成多个区域实现无障碍的路径规划（专利 JP2005092820A）。

通过对机器人双目视觉避障专利技术进行梳理，发现该技术的发展除了在摄像头的改进上，例如采用双目立体视觉与全维传感器（专利 CN101308023A），以及采用左视图为可见光图像，右视图为近红外图像的混合式双目视觉避障（专利 CN102435174A），关键还在于立体图像的匹配以及基于视差的障碍物提取和检测，其中富力重工业株式会社提出不是以像素为单位而是以更高精度的亚像素为单位的视差检测分辨率方法（专利 JP2000283753A），以及使用块匹配算法比较灰度差大的区域实现障碍物的检测（专利 JP2006090896A）。大邱庆北科学技术院提出基于视差图执行行列检测转换，直方图平滑成 V 视差图，可以更容易地处理低视差值，提高距离检测性能（专利 KR20130052405A）。理光株式会社提出通过在视差值计算中实行空间过滤处理，避免受到周围存在的质地鲜明对象体的影响，以正确计算质地不清晰对象体的视差值（专利 JP2015194487A）。

**（二）红外传感器**

红外传感器作为一种相对有效的接近觉传感器，利用红外线的定向传播和反射能力检测前方是否有障碍物，具有方向性好、反应速度快、测量结果准确等诸多优点，因此常被用于机器人系统中探测临近的障碍物。

1. 红外传感器避障技术

随着光电技术和红外技术的发展，美国 SERVO 公司于 1960 年首次提出一种红外测距系统（专利 US3054898A），开辟了利用红外信号测量距离的专利技术，该装置由传统的光学系统搭建而成，通过感测物体散射的红外线或辐射的热量，将光信号转化为电信号，由电信号的强弱判断物体的远近。但由于光学系统调节困难、操作烦琐，物体散射或辐射的红外信号微弱，其探测效果差、精度低，应用范围极为受限。随后几年内，法、

新能源电池

机器人

高档数控机床

德、美等国家的申请人相继申请了利用红外光的宏观光学特性制作的测量仪器（如专利FR1589358A、专利GB1154150A）。

随后，1967年瑞典AGA公司和1974年美国惠普公司分别提出利用红外光源测距的方法或设备的专利申请（专利GB1184955A、专利US3921095A），利用红外光的波动特性，采用的分别是相位差法和脉冲法测量距离，使红外测距技术迈上新的台阶。在接下来的几十年中，红外测距相关的各项技术层出不穷，但上述两种方法始终被广泛应用，成为红外传感器避障技术领域的基石。通过对红外传感器避障技术进行分析，形成相位差法、脉冲法、光学参数法等三个二级分支。下面对这几种技术分别进行介绍。

（1）相位差法

相位差法是测定调制光波往返于待测距离上的相位差，间接求得距离的方法。由于红外光频率范围约为 $3 \times 10^{11} \sim 4 \times 10^{14}$ Hz，精确测定高频率的相位极为困难，因此通常利用调制光使光波的强度随调制信号变化。这样，发出的光波经调制器调制后，往返于待测距离，相位计比较出发射信号与接收信号之间的相位差，得到距离值。

相位差法的测量精度依赖于相位计精度。由于相位计的测相精度较高，可达到1/1000，因此，相位差法的精度可达到厘米量级。在精密测距仪中普遍采用的是相位差法。

（2）脉冲法

脉冲法是直接测定红外信号往返于待测距离上的时间，结合红外在空气中传播的速度求得距离的方法。在光源发出光脉冲信号的同时，还输出电脉冲信号作为计时起始信号，同时触发电子门打开，开始计数时标脉冲的个数。光源发出的光脉冲被待测目标反射后由接收器接收，并关闭电子门终止时标脉冲计数。电子门由开到闭的时间可通过已知的时标脉冲信号频率与脉冲个数乘积求得。

脉冲法的测量精度依赖于时间测定精度。由于时标脉冲的频率有限，计时精度只能达到 $10^{-8}$ s量级，即测距精度仅为 $0.5 \sim 1$ m，因此脉冲法适合远距离测量。

（3）光学参数法

光学参数法是利用红外光的各种物理特性间接测量距离的一类方法的统称，包括但不限于将光信号转化为电信号的强弱判断距离的方法，利用红外光准直性结合传统的三角测量法、几何测量法得到距离信息的方法，利用待测物体表面散射的红外光按照平方反比规律衰减的原理而测距的方法，以及预先建立发射的红外光辐射功率与距离之间的关系、通过可接收的红外功率间接得到与待测物体间的距离值的方法等。

这一类方法分支众多、应用灵活，精度往往因各类方法的使用环境、设备特征而各有差异。

2. 红外传感器避障技术

随着美国率先打破了该领域专利空白的局面，英、法、德、日等发达国家也纷纷投入研究。由于红外测距的基本理论已日趋成熟，如何进一步提高红外测距精度成为所有人关注的焦点。综合考虑专利申请时间、同族数量、被引用次数等因素，对检索到的红外传感器避障技术专利进行筛选，并绘制出针对各种影响精度的因素，提出减小误差技术的重要专利申请时间节点，借此形成该领域技术发展的脉络，如图9所示。

从图9中不难发现，由于脉冲法计时精度和测距精度低，适用于远距离测量，但效果又不及激光测距，因此针对此方法的研究成果远不及其他方法。而相位差法精度高、适合精密测量、红外光优势明显，研究水平已逐渐趋于成熟。其中提高测距精度的手段主要有：采用多个调制频率提高相位差精确度（如专利US3619058A）、使用偏振光或同相电路正交相微分电路消除背光散射噪声（如专利JPH085742A、专利US2011181861A1）、靠固定延时电路、延时调整回路等电路结构调整相位误差（如专利JP2009236657A）等。光学参数法中还有利用红外光的各类物理特性和参数得到待测距离的方法，提高精度的手段涉及多点测量（如专利EP1186928A2）、二维光斑阵列（如专利GB0226242D0）、消除检测死角及检测盲区（如专利US5825481A、专利JP2007010346A）等。

3. 红外传感器避障技术

（1）测量直线距离并避障

随着红外测距技术的发展与完善，基于该原理而设计的测距传感器也得到了广泛应用。由法国威尼公司于2002年提出一种测量第一物体和第二物体之间的距离的方法（专利WO02059646A1），该方法由固定在第一物体上的发射器向第二物体发送一束红外波辐射，检测辐射被接收器上的第二物体反射后的回波辐射，接收器邻近发射器固定在第一物体上。该发明方法的特点在于：逐渐改变发射器发出的红外辐射功率，直至该功率达到与该波的功率相对应的探测功率，从此时起，接收机开始探测由第二物体反射的辐射；通过建立距离和探测功率之间的等同相关性，基于上述探测功率的值计算第一物体和第二物体之间的距离。该发明还涉及用于进行探测和距离测量的装置。

这种方法摒弃了复杂的光学元件，轻便小巧，可以轻松地安装在小型家用机器人（如清洁机器人、服务型机器人等）上，容易被其负载，并且不妨碍它们的运动。

（2）测量角度关系

随后，由韩国LG公司2003年申请的用于检测移动式自动装置的位置的方法和装置（专利KR20050011568A）中，提出了一种用于精确、准确地检测移动式自动装置的位置的方法和装置，进一步提高检测精度。其中，红外信号根据旋转角度具有不同的特定频率值，通过接收所产生的红外信号确定角度。结合超声波技术，根据超声波信号产生后接收该超声波信号所用的时间计算距离。检测移动式自动装置的位置的方法是，移动式自动装置根据转动的红外发生器的旋转角度接收从红外发生器所产生的红外信号，根据所接收的红外信号的特定频率值和预先存储的频率值确定移动式自动装置和红外发生器

新能源电池

机器人

高档数控机床

| 申请日 | 1960~1980年 | 1980~2000年 | 2000~2010年 | 2010~2016年 |
|---|---|---|---|---|
| 脉冲法 | US3921095A 1974-11-14 以启动式锁相电路改善延迟时间测量，将解析度提高至10-12秒 | EP0348898A2 1989-06-27 由发射及接收的脉冲信号取样出参考信号，利用取样波形延迟时间，以此改善延迟时间测量准确性 | CN1384371A 2001-05-09 自动峰值控制回路取得接收信号大小，积分电路控制电源电路，使对于不同反射率的目标其反射接收信号强度均为定值，排除计时偏差 | |
| 相位差法 | GB1184955A 1967-09-21 首个相位差法专利申请；US3619058A 1969-03-24 多个调制频率，相位差更精确 | US4589770A 1982-10-25 用窄带宽可移回服回路处理器计算在两个并置光学探测器阵列的红外图像的偏差，探测距离与该偏差相关；AU7675787A 1986-08-20 光束扫描，三维立体成像；JPH0857742A 1994-06-21 照收光束为偏振光，根据目的反射，反射体因目反射面而变使偏振方向改变 | EP1186928A2 2001-08-01 测定个点距离分立的基准位置的位置偏差，允许快速测量个偏差或两偏差或两偏差；WO0205946A1 2002-01-25 逐渐改变发射功率直至反射后同用事先拟订的到度来建立距离和探测功率间的关系；JP2009236657A 2008-03-27 接收光路上固定延时电路粗调相对误差，发射光路上延时调整回路上延时调整回路的误差相关的误差调相对误差 | WO2011076907A1 2010-12-22 滤波器对电信号进行滤波的传递函数；US2011181861A1 2010-12-28 用同相电路正交相微分电路，更精准消除背光散射引起的噪声；KR20130025665A 2013-03-12 自行车避障 |
| 光学参数法 | US3054898A 1960-03-14 宏观光学测量法；FR1589358A 1965-03-23 GB1154150A 1967-01-04 几何测量法、三角法等 | US4865443A 1987-06-10 散热表面反射光进行衰减，以此计算反射面间直线距离；US4867570A 1988-12-22 将多个光束投射到物体上来得到物体的三维信息；US5825481A 1996-05-22 能够测量相对于光学传感器相线的目标角度位置 | GB0226242D0 2002-11-11 二维光斑阵列照射象，测量大景深和分布有离散物体的景象；JP2007010346A 2005-06-28 检测对象距离、倾角和/或姿态等 | |

图 9　红外传感器避障技术专利申请发展脉络

之间的角度，当红外发生器到达预定的角度时，接收从超声波信号振荡器产生的超声波信号，通过将声速乘以在超声波信号产生后由移动式自动装置接收该超声波信号所用的时间来计算移动式自动装置和超声波振荡器之间的距离，最后根据所确定的角度和计算的距离检测移动式自动装置的位置。

该方法不仅能测量两物体之间的直线距离，还可得到两者之间的角度关系，这对自主移动机器人的运动轨迹规划、合理避障均具有重要意义。

（3）规划行进路线、避免重复覆盖

除了使机器人在行进过程中探测并避开存在的障碍，若能预先得知行动范围的地图、提前规划行进路线，便可使机器人更具有主动性和智能性。对此，韩国三星 2007 年的在华申请提供一种通过使用特征点划分区域的设备、方法（专利 CN101101203A），该所述方法包括：通过检测与障碍物之间的距离获得网格点，使用多个网格点形成网格地图，从网格地图中提取特征点，并在提取区域划分元素的范围中的候选特征点对，在众多候选特征点中对提取满足区域划分元素的要求的最终特征点对，然后通过连接最终特征点形成临界线，根据具有通过连接临界线和网格地图形成的闭合曲线的区域之间的大小关系形成最终区域，并绘制拓扑地图，最终指示机器人的行进路线。用于检测距障碍物的距离的传感器可使用红外线、激光或超声波，但是使用并不限于此。

这种方法适用于安全机器人、向导机器人和清洁机器人等。由于应用此方法的机器人具有更强自主性和智能性的表现，因此也在红外探测技术上更加依赖于算法，更是人工智能得以发展和应用的体现。

**（三）激光传感器**

众所周知，激光最大的特点是准直性好，因此，激光传感器以直接获取距离数据，为移动机器人的导航提供便捷有效的环境描述。经过检索发现，激光传感器使用到的技术主要可以分为脉冲式、干涉式、集合测量以及相位式，因而将上述方法作为 2 级分支进行分析。综合考虑专利申请时间、同族数量、被引用次数等因素，对检索到的机器人激光避障传感器专利进行筛选，并绘制出针对各种影响精度的因素，提出减小误差技术的重要专利申请时间节点，借此形成该领域技术发展的脉络，如图 10 所示。

不难发现，由于受到反射物表面的高低不平及时间测量技术等因素的限制，脉冲式测距装置的精度一般较低，主要应用于对远距离目标的距离测量。相位式激光测距一般应用在精密测距中，由于其精度高，一般为毫米级，为了有效地反射信号，使测定的目标限制在与仪器精度相称的某一特定点上，会在测距仪上配置被称为合作目标的反射镜。例如，采用相位法和脉冲法合二为一的综合激光测距方法（专利 CN103760566A），发挥了激光相位法和激光脉冲法测距的各自优势，形成优势互补，而且系统成本较低，使用的电子元器件较普通，采购容易。将激光和声纳数据融合（专利 CN102654577A），形成

| 申请日 | 1990~2000年 | 2000~2010年 | 2010~2016年 |
|---|---|---|---|
| 脉冲式 | CN1292878A 1999-03-09 通过三角测量，使用多个激光源通过脉冲光束对障碍物实现高度区分 | US900251A 2006-10-20 通过结构光的获取障碍物的图像并通过反射的结构光束对障碍物进行测距<br>CN101110120A 2007-07-05 通过检测与障碍物之间的距离点，进而成网络，形成临界线 | CN103605134A 2013-11-20 通过发射和接收光脉冲，计算发射光脉冲与反射光脉冲的时间差，计算障碍物距离<br>CN105527619A 2016-02-17 反射回来将激光接收器接收。激光发射装置将接收到的反射光束的光信号转换为电信号，生成间隔距离等相关测距信息 |
| 干涉式 | | JP2012013574A 2012-01-19 使用干涉法对物体进行测距，精度可达微米级 | CN104487864A 2013-08-23 在不对照片进行复杂分析，不构建该环境的完整表示图的情况下，使用所记录照片的数据来直接检测障碍物<br>CN104002747A 2014-08-27 通过对激光雷达不同栅格的数据进行干涉式来获取有效数据，再对有效数据进行编码，进而获取物体距离 |
| 几何测量 | CN1292878A 1999-03-09 通过三角测量，使用多个激光源通过脉冲光束对障碍物实现高度区分 | GB2382251A 2001-06-28 通过比较激光成像和摄像机成像的结果来确定移动机器人的位置<br>CN1302290A 2001-11-17 把相机示器和CCD照相机安装在移动式机器人上，并测量该移动式机器人相对于墙面的位置<br>US20061842744A 2006-02-14 使用激光通过返回状来判断是人还是物体 | CN102362459A 2011-12-12 通过三色激光输出和接收激光中的三色分量来确定障碍物距离，实现防撞<br>CN102654577A 2012-09-05 将激光和声纳数据融合，形成高精度地图数据，降低了误差，可用于移动机器人防撞<br>CN102914777A 2012-11-15 在机器人前后左右都安装激光器 |
| 相位式 | US5241360A 1993-08-31 通过相位法对各种物体进行测距，并取得良好效果 | CN101856208A 2010-03-29 为了在障碍识别方面进一步改进，发射和接收单元以光学测量方法，亦即，光传播相位相关法、光传播时间测量法或测量外差法之一为基础 | CN104730532A 2014-12-18 获取指示发射分裂激光的时间和通过感测到从单元反射的分裂激光的时间之间的差的时间信息，使用所述时间位置信息计算到目标位置的距离<br>CN103760566A 2014-01-18 采用相位法和脉冲法合二为一的综合激光测距方法，发挥了激光相位法和激光脉冲法测距的各自优势，形成成本较补，而且系统成本较低，使用的电子器件较普通，采购容易<br>CN105182358A 2015-04-27 修正2D距离图像以向映射到缺少激光点云数据的环境中的物体的部分的给定像素提供值，这可涉及基于该给定像素定位的邻近像素的平均值来向给定像素提供值 |

图10 激光传感器避障技术专利申请发展脉络

高精度地图数据，降低了误差。通过比较线激光成像和摄像机成像的结果来确定移动机器人的障碍物位置（专利 GB2382251A）。

随着人工智能 AI 的大力发展，无人驾驶或操控，自主移动机器人的避障问题成为重中之重。下面对可自主移动的机器人中激光传感器避障技术的重点专利申请分析。

由西门子公司于 1999 年提出的一种探测目标位置的光探测器系统（专利 CN1292878A），安装在自主式移动单元上，该单元是一个维护机器人。在移动系统上，可优选地形成多个相叠排列的光带，这些光带由多个相叠的光源射出。优选地，在产生光带时，使其在时间上彼此错开，并以脉动形式照射。通过多个光源的相叠排列，可对障碍实现更好的高度区分。为尽可能地探测和测量围绕运输工具的所有障碍，优选地装设了两个成像单元，该两个成像单元与其所属的摄像机一起被放在运输工具的两个对角上。在对障碍进行三角测量时，由分析电子装置确保求出当前接入光源的相应高度位置，以便分析出三角测量结果。光发射器可示例地构造为白炽灯、卤灯、弧光灯或激光。这种方法适用移动机器人的安全避障，其较远区域可以用较高的分辨率显示出来，是一种制造广角大、适用范围宽的机器人障碍物避让系统。

由伊莱克斯公司于 2013 年提出的一种机器人定位系统（专利 CN104487864A），包括一个相机、一个处理单元以及至少第一线激光器。第一线激光器通过在该相机的视场内投射竖直激光线来照亮一个空间。相机用于记录这些竖直激光线所照亮的空间的照片，理单元用于从所记录的照片中提取出表示由这些竖直激光线在位于该空间内的物体上反射而形成的线的图像数据。处理单元进一步用于从所提取的线来沿着这些投射的激光线创建被照亮空间的一个表示图，机器人相对于该表示图进行定位。甚至在不对该照片进行复杂分析并且不构建该环境的完整表示图的情况下，也可以使用所记录照片的像素/图像数据来直接检测障碍物、边缘和墙。每个像素都可以被当成空间中一个小点的障碍物检测器，并且每一像素检测激光可以容易地转换成该机器人在撞到物体之前可以移动多远。因此，根据该发明实施的机器人定位系统能够提供准确且相关的数据用于在近距离处导航越过障碍物。

### （四）超声波传感器

超声波传感器具有安装简单、价格不高、不易受光线灰尘和电磁波的影响、时间数据简单明了等特点，在昏暗、灰尘、污染等环境下应用不受限制，广泛应用于移动机器人自动化领域。由于其波长较短，能够聚合成狭小的发射线束而呈直线状传播，因而传播具有良好的方向性。超声波传感器在外界环境较恶劣的条件下仍旧可以准确实时地扫描到障碍物信息并传递给控制主机，此特点对机器人在对抗多种干扰方式的情况下非常关键。

1. 超声波传感器的优势

与视觉及激光传感器比较，超声波价格低，设备坚固。当机器人行走时，往往仅须区分障碍物的基本形状以及它们彼此的远近，而不用获得色彩、性态等数据。

与红外线传感器比较，超声波不但能够扫描到环境中物体的有无，并且可以获得物体离机器人的远近，比较有利于自主移动机器人取得判断结果。尽管声速较光速慢，然而像控制主机的延迟与马达的动作速率等因素将约束移动机器人运动的速度，所以声速的影响可以忽略。

2. 超声波传感器避障检测方法

超声波传感器避障检测的方法有很多，如渡越时间检测法、相位检测法、声波幅值检测法等，其中，渡越时间检测法是通过回波的返回时延判断距离；相位检测法是通过测量返回波与发射波之间相差多少相位判断距离；声波幅值检测法是根据回波的幅度大小判断距离。

（1）渡越时间检测法

渡越时间检测法（Time of Flight，TOF）的基本原理：脉冲信号激励超声波发射器向外发射超声波，根据发射与接收的时间差与超声波的传播速度来计算被测物体的距离。当发射的超声波碰到障碍物时，会被反射；当反射的声波被超声波接收器接收到，停止计时。经过分析，当前超声波测距一般使用渡越时间法。

（2）相位检测法

相位检测法的基本原理：将发射器发送的超声波信号作为参考信号，在每次发送超声波的终止时刻，立即开始对接收器的输出进行采样，并计算采样值与参考信号之间的互相关函数，若互相关函数出现峰值，则说明采样值是超声波传感器前方目标反射回来的信号，而相关函数峰值出现的时刻就是射程时间。相位检测法虽然精度高，但检测范围有限。

（3）声波幅值检测法

声波幅值检测法的基本原理：根据超声波在空气中传播不断衰减的特性，检测回波信号的幅值，对延迟时间做出一个判断。但是，声波幅值检测法易受反射波的影响，测距精度不高。

结合以上各种方法的优缺点及具体应用，对移动机器人超声波避障传感器专利进行筛选，并绘制出针对各种检测方法的重要专利申请时间节点，借此形成该领域技术发展的脉络，如图 11 所示。

3. 超声波传感器技术改进要点

（1）温度干扰

当超声波传感器工作时，由于测量超声波在空气中的时间来测量距离，声速必须是

| 申请日 | 1985~1995年 | 1995~2005年 | 2005~2016年 |
|---|---|---|---|
| 渡越时间测量法 | **US3921095A** 1985-10-23 利用渡越时间检测法进行机器人的定位检测距应用 | **EP0855577A1** 1997-01-28 "渡越时间检测法"进行超声波测距方法，自动化地调节影响超声信号在超声传播时间中的渡越参数的方法<br><br>**US2005/0209795A1** 2004-03-12 计算从第一超声传感器到第二超声波传感器发送的脉冲信号时间的自动方法<br><br>**CN171927?A** 2005-07-26 利用光同步信号的传输，测量出渡越时间之间的差值，可计算超声波发射器的二维或三维空间位置 | **CN101029932A** 2007-01-24 精确表征回波沿前沿与发射波前沿的精确对应关系，提高渡越时间测量的准确性<br><br>**DE102008004630A1** 2008-01-16 在双工运行中运行超声波传感器，为传送信号和为传送电接触收信号所使用的双工通道在信号线上顺谱地分开<br><br>**CN101758827A** 2010-01-15 未知环境下采用渡越前时间检测法的智能探测车自主避障方法<br><br>**CN103995263A** 2014-05-20 模拟数字转化法检测超越渡越时间，实现了全量程精度一致性，降低超声波信号衰减<br><br>**CN103345643A** 2013-09-10 恒定声压下采用FSK超声波渡越时间精确测量方法 |
| 相位检测法 | **JPH0277673A** 1989-06-28 利用实时的过零检验相位测量相位差以进行测距 | **WO95/02815A** 1994-07-12 根据对处在基准状态以及测定状态的被测定物中发射和接收信号时的发射波和接收波收回间的相位差得到连续移动<br><br>**WO2005/106530A1** 2005-04-26 根据接收部中接收到信号得到强度最大的接收信号的超声波延时的延时时间，求出所述超声波的传播时间得到测量目标的距离 | **CN104457633A** 2014-11-18 在相位检测算法中，对相邻的超声电信号采样值进行了差值计算，然后进行比值计算 |
| 声波幅值检测 | **US8610?2114A** 1987-09-08 超声收发器，可变频率，改善了对多重界面反射的抑制，改善了机身穿透深度上的信号分辨率<br><br>**JPH061681B2** 1988-10-06 采用PLL技术，利用伪随机信号周期性的不同来进行测量，构成能保存频率差为常数的时间信号发生器 | **JP2005-121509A** 2003-10-17 根据发送波信号之同的P次谐波的振幅比，计算相对距离 | **US2013/007744A1** 2011-09-23 利用在回波周期间测量的幅度偏差来检测物体的实时运动<br><br>**CN102636252A** 2012-04-10 利用直线拟合方法，提供了一种与接收信号幅度无关变化的超声幅度检测时刻检测方法，计算量低，精度高的测距方法<br><br>**CN104165663A** 2014-07-15 超声波信号幅值检测方法，实现在输入超声波幅值不断增大时输出信号幅值随输入信号幅值跟随变化，信号幅度变化，超声信号幅值维持在输出信号幅值的最大值处 |

图 11　超声波传感器避障检测方法技术专利申请发展脉络

新能源电池

机器人

高档数控机床

一定值，而实际上声速是受空气的温度、湿度、压力等的变化影响的，通常情况下，大气压力和湿度变化可以忽略不计，主要影响超声波传播速度的就是温度，一般温度每变化1℃，声速变化0.607m/s。把温度值的变化补偿到超声波的波速中，从而降低温度对测距结果的影响，提高超声波检测系统的精度，这是在现有技术中，对于由温度干扰造成超声波传感器测量误差进行修正的普遍做法。

1979年，三菱电机株式会社提出一种超声波式距离测定装置的温度补偿方法，在不使用热敏电阻等的情况下高精度地校正温度，进行精准的超声波测距（专利JPS5612781A）；1984年，Blackwelders公司提出了一种存在温度补偿电路的超声波测距装置，可在宽温度范围内进行精准输出（专利US4567766A）；1989年，韩国人KimSong-Kun提出了一种带有温度补偿电路的超声波测距装置（专利KR920006502B1）；1997年，日本和泉电气株式会社提出了一种超声波测距装置，能够精确补偿大气温度而不受参考电压的影响，产生频率随温度变化而变化的时钟信号（专利JPH1144759A）。

针对现有技术采用间接的温度误差补偿不能满足测量精度上的需要，2002年，有国内申请人提出一种采用直接误差补偿方法的高精度超声测距仪，采用误差补偿标杆，其在测量中产生的误差补偿系数，消除了因声波传输介质的温度变化所带来的测量上的误差（专利CN2598000Y）；2003年，电装株式会社提出一种超声传感器，能够补偿压电振荡器的电容，以便将混响周期调整到一个满意范围内，准确实现温度补偿（专利JP2004-343482A）；2004年，日本陶瓷株式会社提出在不降低反射灵敏度的情况下，抑制因温度变化带来的静电容量的变化，并抑制混响的变化，在不使用温度补偿电容器的状态下，实现了在较宽的温度范围内近距离稳定检测障碍物的超声传感器（专利JP2006-135573A）。

（2）超声串扰

由于超声传感器受到波束角的限制，为了获取更多的周围环境信息，常常采用多个超声传感器组成传感器阵列，为了能够获取其周围360°范围内的全景环境信息，需要在移动机器人周围安装多个超声传感器，组成超声传感器阵列，而在多个超声传感器同时工作时，就会产生一个严重且普遍存在的问题，即超声串扰（Ultrasonic Crosstalk），超声串扰是指在多个超声测距传感器同时工作时，其中的一个超声换能器接收到的信号是其他传感器发射的超声或超声碰到物体以后的回波，并非是自己发射超声的回波，由此会导致测量的障碍物距离结果发生错误。因此，如何有效地从根本上消除移动机器人超声传感器系统的超声串扰，使之适用于机器人实时避障导航系统，同时又不失超声传感器作为移动机器人环境感知传感器的优点，是当前研究的一个热点。以下，对超声波传感器中针对超声串扰的关键技术进展进行分析，总结如表1所示。

表 1　超声波传感器针对超声串扰的改进路线

| 年份 | 申请人 | 公开号 | 技术要点 |
|------|--------|--------|----------|
| 1991 年 | Johann Borenstein 和 Yoram Koren 教授（美国密歇根大学） | US5239515A | "错误消除快速超声激励"，针对两种不同的串扰源，采用"连续读数比较"和"交替延迟比较"分别消除外部和内部串扰源 |
| 2002 年 | Fortuna、Rizzo 和 Frasca | US2003/0133362A1 | "CPPM 混沌脉冲位置调制"，把超声传感器发射的脉冲之间的间隔和混沌信号的特性结合起来组成属于每个超声传感器的特殊信号 |
| 2002 年 | Furuhashi、Kodama 和 Nakahira | JP2004–108826A | "BFSK 二元频移键控"，激励超声传感器的发射超声波，经过 BFSK 调制后的超声波形是正弦波，通过计算，消除超声传感器串扰问题 |
| 2006 年 | 孟庆浩（天津大学） | CN1888932A | "混沌脉冲序列宽度调制序列"，针对每个超声测距装置的超声传感器分配唯一发射序列去除串扰 |
| 2008 年 | 孟庆浩（天津大学） | CN101271154A | "使用遗传优化算法优化伪随机脉冲位置调制序列中相邻脉冲之间的时间间隔"，消除机器人超声测距系统串扰问题 |
| 2014 年 | 宋青松（长安大学） | CN103941259A | "带有数据分组补零预处理的快速傅里叶变换技术"，克服杂波干扰以及超声传感器组件串扰影响 |
| 2014 年 | 禄盛（重庆邮电大学） | CN105277933A | "引入卷积编码和相关函数结合"，对超声波发射信号进行卷积编码，对超声波回波信号进行减噪处理，达到多通道超声波障碍物防串扰 |

新能源电池

机器人

高档数控机床

## （五）多传感器融合技术

随着可自主移动的机器人研究的不断深入，人们逐渐认识到基于单传感器信息资源进行环境描述的局限性，越来越多的传感器被使用，多传感器集融合技术在可自主移动的机器人上获得应用，使移动机器人的整体感知能力不断增强。

多传感器融合技术形成于 20 世纪 80 年代，是对基于多个传感器测量结果基础上的更高层次的综合决策过程，把分布在不同位置的多个同类或不同类传感器所提供的局部数据资源加以综合，采用计算机技术对其进行分析，消除多传感器信息之间可能存在的冗余和矛盾，加以互补，降低其不确定性，获得被测对象的一致性解释与描述，从而提高系统决策、规划、反应的快速性和正确性，使系统获得更充分的信息。

多传感器融合最重要的是解决融合问题，首先要用具体的数学形式来描述不确定信息，然后用相应的数学工具来处理。因此，不确定信息的不同表示方法对应着不同种类的融合方法。目前，国内外已经提出了许多融合方法。这些方法大致可分为：概率统计方法和人工智能方法。

其中，概率论已有很长的历史，它成功地处理了许多与不确定性有关的问题，有丰富的理论和系统的方法，但由于许多概率统计方法都是基于一个确定的概率分布，因此大多数概率统计方法只适合于静态的工作环境。

人工智能方法则可以分为两种：逻辑推理方法和学习方法。与概率统计方法相比，逻辑推理存在许多优点，它在一定程度上克服了概率论所面临的问题，它对信息的表示和处理更加接近人类的思维方式，它一般比较适合于在高层次上的应用（如决策），但是逻辑推理本身还不够成熟和系统化。此外，由于逻辑推理对信息的描述存在很大的主观因素，所以信息的表示和处理缺乏客观性。学习方法主要包括神经网络等，由于学习算法自身具有处理不确定性的能力，因此不需要其他复杂的不确定信息处理方法，使得系统具有良好的性能，如自适应性和鲁棒性。

美国空军于 1986 年首次提出了涉及多传感器具体融合方法的专利申请（专利US4860216A），其将每个传感器探测到的信号和预设的一组假设值进行比较，并生成对应于每个假设的分级值，自适应接口单元选择出最高的分级值，并通过多传感器系统的通信网络或数据线将分级值和其所对应的假设值一同发送到信号处理系统，信号处理系统对各个传感器的分级值做乘法运算或对数运算，并选择出乘积运算或对数运算后最大的假设值，通过上述方式提供了排序最高的假设值以识别检测到的目标。自此之后，各国对多传感器数据融合技术的研究愈发深入，人们开始研究各类多传感器融合算法以使多传感器测得的数据能够在不同的应用条件下融合。

通过对涉及多传感器融合算法的专利申请进行筛选，绘制出重要专利申请的时间节点，形成该技术领域的发展脉络，如图 12 所示。

从图 12 中不难看出，美、日等发达国家对多传感器融合算法的申请起步较早，中国虽然起步略晚，但自 21 世纪初，在政府、军方和各种基金部门的资助下，国内高校和研究所开始深入研究多传感器融合技术，并提出了大量的多传感器融合算法。通过对重要专利申请进行梳理，发现对多传感器融合算法的研究主要集中在卡尔曼滤波（如专利JPH0914962A）、神经网络（如专利 US0517097A2、专利 US5680866A）、证据理论（如专利 US2007018890A、专利 US7047161B）、模糊理论（如专利 CN101042311A）等算法的改进或将其结合使用（如专利 US6157894A、专利 CN102288176A、专利 CN101715242A）等。

1985 年，美国的 George R. Koch 首次提出了将传感器信息融合技术应用于可自主移动的机器人避障的专利申请（专利 US4698775A），其使用激光器和超声波传感器测得的信号进行综合分析进而获取机器人周边障碍物信息。在之后的 30 年里，在机器人避障领域对多传感器信息融合的研究层出不穷。为扩大超声波传感器的测量范围，出现了使用红外传感器测量超声波传感器近距离盲区内的障碍物的专利申请（专利 CN102445694A）；将

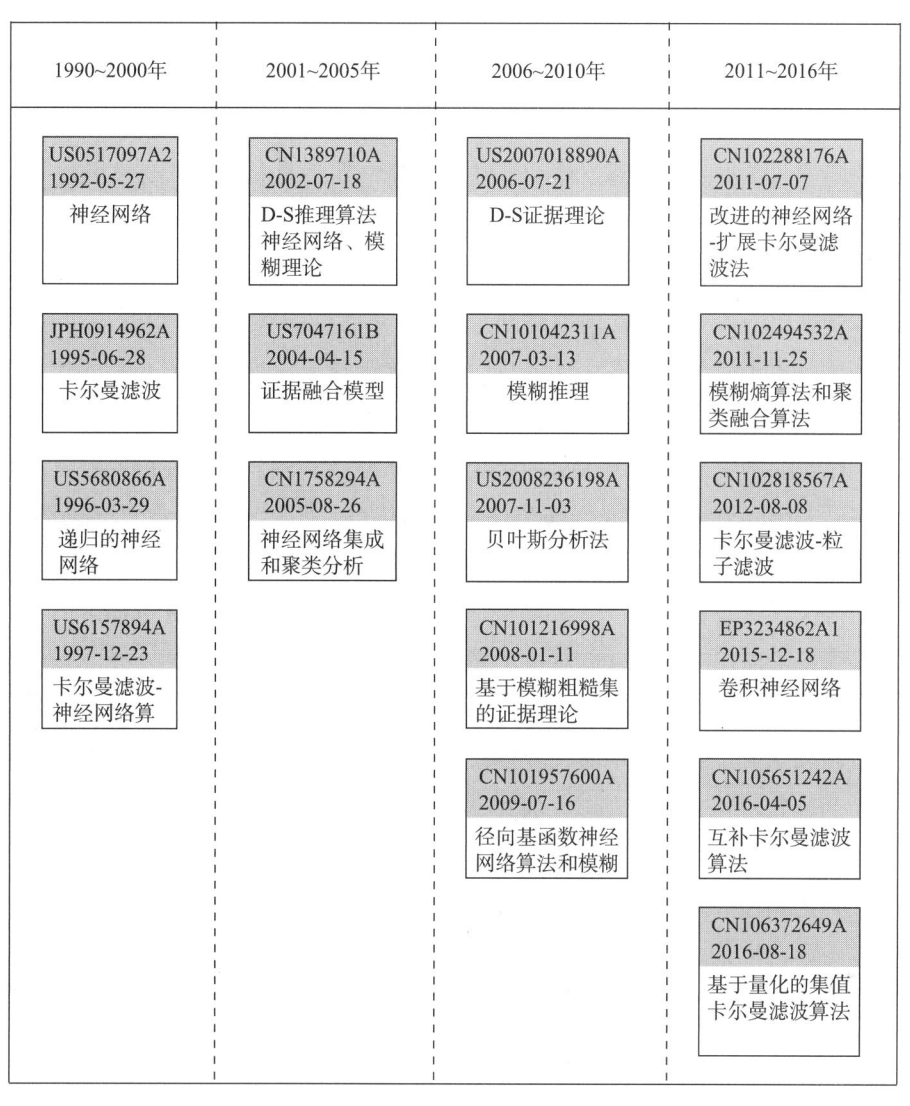

| 1990~2000年 | 2001~2005年 | 2006~2010年 | 2011~2016年 |
|---|---|---|---|
| US0517097A2<br>1992-05-27<br>神经网络 | CN1389710A<br>2002-07-18<br>D-S推理算法<br>神经网络、模糊理论 | US2007018890A<br>2006-07-21<br>D-S证据理论 | CN102288176A<br>2011-07-07<br>改进的神经网络-扩展卡尔曼滤波法 |
| JPH0914962A<br>1995-06-28<br>卡尔曼滤波 | US7047161B<br>2004-04-15<br>证据融合模型 | CN101042311A<br>2007-03-13<br>模糊推理 | CN102494532A<br>2011-11-25<br>模糊熵算法和聚类融合算法 |
| US5680866A<br>1996-03-29<br>递归的神经网络 | CN1758294A<br>2005-08-26<br>神经网络集成和聚类分析 | US2008236198A<br>2007-11-03<br>贝叶斯分析法 | CN102818567A<br>2012-08-08<br>卡尔曼滤波-粒子滤波 |
| US6157894A<br>1997-12-23<br>卡尔曼滤波-神经网络算 | | CN101216998A<br>2008-01-11<br>基于模糊粗糙集的证据理论 | EP3234862A1<br>2015-12-18<br>卷积神经网络 |
| | | CN101957600A<br>2009-07-16<br>径向基函数神经网络算法和模糊 | CN105651242A<br>2016-04-05<br>互补卡尔曼滤波算法 |
| | | | CN106372649A<br>2016-08-18<br>基于量化的集值卡尔曼滤波算法 |

**图12  多传感器融合算法技术发展脉络**

CCD 摄像机和多个超声波传感器组合使用，避免了使用单个超声波传感器时出现的近距离盲区的专利申请（专利 CN102621986A）；为提高移动装置与障碍物之间相对位置测量的准确度，出现了使用红外信号发生器测量移动装置与障碍物之间的角度，使用超声波传感器测量移动装置与障碍物之间的距离的专利申请（专利 DE102004003630A）；为解决摄像机一般很难在昏暗处正确地检测物体和距离的问题，出现了同时使用摄像机和激光雷达两种类型的测距设备，并基于上述两个测距设备的测距结果按照预定算法执行物体识别的专利申请（如专利 JP2000329852A、专利 EP1304584A、专利 EP1645844A1）。

新能源电池

机器人

高档数控机床

# 四、结论

当前，随着大数据、云计算、移动互联网等新一代信息技术同机器人技术相互融合步伐加快，3D打印、人工智能迅猛发展，机器人制造的软硬件技术日趋成熟，机器人已不仅局限于传统的机械手臂，网络化、数字化、智能化、无人化成为相关技术发展的重要趋势。如今的机器人有了自己的"眼睛"，能感知周围的环境，并对此做出灵活反应，避开障碍物，走出生产车间，军用无人机、自动驾驶汽车、家政服务机器人已成为生活中的现实，有的人工智能机器人甚至已具有相当程度的自主思维和学习能力。

虽然越来越多的中国企业进入这一市场，但核心技术的短板仍显而易见，当前人们看到的大多还是国际企业的前瞻布局和技术应用优势。中国虽然是最大的机器人市场，但国产自主关键零部件在可靠性、精度及使用寿命方面，与国外相比仍有较大差距，尤其是传感器等关键核心零部件严重依赖进口，而各研究所、高校的相关研究方向又偏重理论，推广缓慢、应用范围窄，产业技术基础薄弱。

在移动机器人避障传感器的研究方面，各类型传感器的硬件结构及基本原理的研发已经非常成熟和完善，而移动机器人使用多个不同类型的传感器获取同一环境下不同或者相同侧面的信息时，必然带来信息的冗余，因而未来在移动机器人避障传感器的技术发展将更依赖于多传感器融合算法的创新研究，将算法的理论性与实际应用性结合起来，实现机器人搜索路径的高效性、实用性、优化性，这种模式是未来机器人避障传感器的发展趋势。

## 参考文献

[1] 马天旗. 专利分析方法、图表解读与情报挖掘［M］. 北京：知识产权出版社，2015.

[2] 杨铁军. 产业专利分析报告（第5册）［M］. 北京：知识产权出版社，2012.

[3] 杨铁军. 专利分析实务手册［M］. 北京：知识产权出版社，2015.

[4] 贺化. 专利导航产业和区域经济发展实务［M］. 北京：知识产权出版社，2013.

# 医疗机器人控制器的专利技术综述<sup>*</sup>

## 李晨　周航<sup>**</sup>

**摘　要**　本文对医疗机器人控制器的专利进行分析，介绍了医疗机器人的技术概况，统计分析了医疗机器人在全球范围内相关专利申请的时间、地域和主要申请人的分布及变化情况，并以医疗机器人控制器各个主要领域的重要专利申请为切入点，分析了医疗机器人控制器的专利申请的总体趋势和技术发展情况，最后对医疗机器人未来的发展方向作出展望。

**关键词**　医疗机器人　控制器　专利　统计　分析

## 一、引言

随着社会的进步，人类对自身疾病的诊断、治疗、预防及卫生健康给予了越来越多的关注，对医疗技术和手段也提出了更高的需求。传统的医疗技术大多依靠医生本人的经验和判断对患者进行诊断和治疗，对医疗设备的操作通常需要依靠人工完成。例如腹腔镜手术时需要辅助医生挟持内窥镜，辅助医生需要非常了解手术医生的意图，才能将内窥镜向正确的方向运动。由于显示的图像为放大后的图像，因此微小的手臂颤抖就有可能造成显示屏上图像信号的抖动，从而增加手术的风险。

机器人技术是 20 世纪人类科学技术，尤其是计算机、自动控制技术等现代技术发展的重要产物。与人类相比，机器人具有定位准确、运行稳定、灵巧性强、工作范围大、不怕辐射和感染等优点，被广泛应用于各个领域。随着电子技术、传感器技术、智能控制等技术的飞速发展，目前机器人早已不再局限于传统的工业和制造业，机器人技术已经逐渐走入现代医疗领域。医疗机器人能够帮助医生检测患者的病情，完成或辅助医生完成常规方法和设备难以完成的复杂诊断和治疗手术，帮助患者康复受伤肢体，提高疾病诊断、病情治疗的准确性和质量，缩短治疗时间，降低医疗成本。

---

\* 作者单位：国家知识产权局专利局电学发明审查部。

\*\* 等同于第一作者。

医疗机器人技术是集医学、生物力学、机械学、材料学、计算机图形学、计算机视觉、数学分析等诸多学科为一体的新型交叉应用领域，其已经成为机器人领域的重要热点。目前，医疗机器人在医疗外科手术领域、微损伤精确定位操作、无损伤诊断与检测、医院服务等方面得到逐步的应用。医疗机器人技术的逐渐发展，不仅为传统医学带来技术和观念上的变革，促进传统医学与现代智能控制技术的融合，同时也进一步推动机器人控制的新理论、新技术的发展和创新。

世界各国在未来的科技发展战略中，可以预期将对医疗机器人技术的研究持续投入可观的研究精力。本文从统计分析得到的医疗机器人领域国内外专利申请的情况出发，以该领域具有代表性的主要申请人为切入点，总结归纳出该领域的技术发展路线，以期为读者了解医疗机器人发展情况、为审查员提高审查效率等方面提供一定的参考。

## 二、医疗机器人技术概况

本文按照医疗机器人的功能和用途将医疗机器人分为腔镜类机器人、康复机器人、骨科机器人、放射科机器人、血管介入机器人、配药给药机器人、医院服务机器人等七类。[1]

腔镜类机器人被用于胸外科、泌尿外科、普外科、妇科等多科室的微创手术中，与常规开放性手术相比，腔镜类机器人手术有效地减少病人创伤、缩短病人康复时间，同时可以减轻医生疲劳。当前，代表性的腹腔镜机器人有 da Vinci［美国直觉外科手术（Intuitive Surgical）公司，以下简称"INTUITIVE"公司］、FreeHand（英国 Freehand 公司）、SPORT（加拿大 Titan Medical 公司）、TelelapALF－X（意大利 SOFAR S. p. A 公司）等。

康复机器人采用功能性的渐近性治疗，以神经可塑性原理为基础的重复训练，帮助患者重新掌握运动技能，有效地帮助脑卒中、颅脑损伤、脊髓损伤等病人的身体恢复。当前代表性的康复机器人有 MyoPro（美国 Myomo 公司）、Lokomat（瑞士 Hocoma 公司）。[2][3]

骨科机器人涉及 3D 图像配准、视觉定位与跟踪、手术路径规划等技术。骨科机器人在手术导航界面上实时显示手术工具投影和病人患骨的透视图像，给医生实时提供手术工具与患骨的相对位置和姿态关系，帮助手术工具和机器人到达所规划的位置。骨科机器人最初是在骨科手术中帮助完成髋关节置换手术的手术规划和定位，随后骨科机器人的功能不断丰富，定位也逐渐拓展。当前代表性的骨科机器人为 ROBODOC（韩国 Curexo 公司）、RIO（美国 MAKO Surgical 公司❶）。

放射科机器人是通过操作 X 线机或者 MR 产生射线束穿透人体，在人体内发生衰减现象，通过对衰减系数进行相应的数学计算和处理后，对其进行重建，从而得到人体内

---

❶ MAKO Surgical 公司已于 2013 年被史塞克（Stryker）收购。

部的断层图像，进而对病情进行检测和定位。放射科机器人还可以保护医生避免接受过多的辐射量。

血管介入机器人可以在血管手术中模仿医生实际操作中的送管过程，并能够提供医生操作时的力反馈的数据，将数据传送到多位信息监控界面用于辅助医生完成血管手术。当前代表性的血管机器人为 Magellan［美国汉森医疗（Hansen Medical）公司］、Epoch（美国 Stereotaxis 公司）等。[4]

配药给药机器人实现配药和给药流程的动作分解，针对配药给药工作过程中涉及药品种类繁多、药瓶规格多样、药品配制流程复杂、给药情况多样等问题，建立配药给药知识库和配药给药流程推理机，根据规划的模块化划分的功能，以及各自由度电机的控制模式，提高了配药给药的安全性和工作效率。当前代表性的配药给药机器人为 Pharma-Help（荷兰 Medical Dispensing System 公司）等。

医院服务机器人目的是取代或者部分取代传统纯人工作业模式的低效服务，采取人工智能的方式提供病患搬运、体检化验、远程检查等服务，其涉及自动获取样本、自动检查化验、室内定位、路径导航及自动充电等多种技术。当前代表性的医院服务机器人有 SpeciMinder（瑞士 Swisslog 公司）、RP – VITA（美国 iROBOT 公司）等。

## 三、专利申请态势

本文在中国专利检索系统文摘数据库（CPRSABS）和德温特世界专利索引数据库（DWPI）中选取与医疗机器人相关的关键词和分类号进行检索，检索日期截止到 2017 年 10 月 16 日，检索对象为发明、实用新型和外观设计专利申请，并对检索结果进行分析。经检索，得到的相关数据总量为 4906 个专利族。因统计时间截至 2017 年 10 月，且专利申请的公开一般要晚于申请递交时间之后 18 个月，因此相关统计数据中 2016～2017 年的专利申请数据并不全面。以下相关数据分析，均是针对专利族进行的分析。

（一）全球专利分析

1. 专利申请趋势

图 1 示出了医疗机器人专利在全球范围内的专利申请量逐年的变化趋势，根据全球专利申请量，可以将医疗机器人的专利技术发展分为 3 个阶段。

第一阶段（1992 年之前），医疗机器人技术萌芽期。该阶段专利申请量很少，专利增速缓慢，专利申请主要来自于美国，专利申请主要集中在外科手术机器人等相关领域。将机器人技术运用于骨科手术的研究最早开始于 1992 年，主要目的是完成髋关节置换手术过程中的手术规划和定位。期间的研究成果主要有，美国 ISS 公司在 1987 年推出了 NeumMate 机器人系统，采用机械臂和立体定位架来完成神经外科立体定向手术中的导向

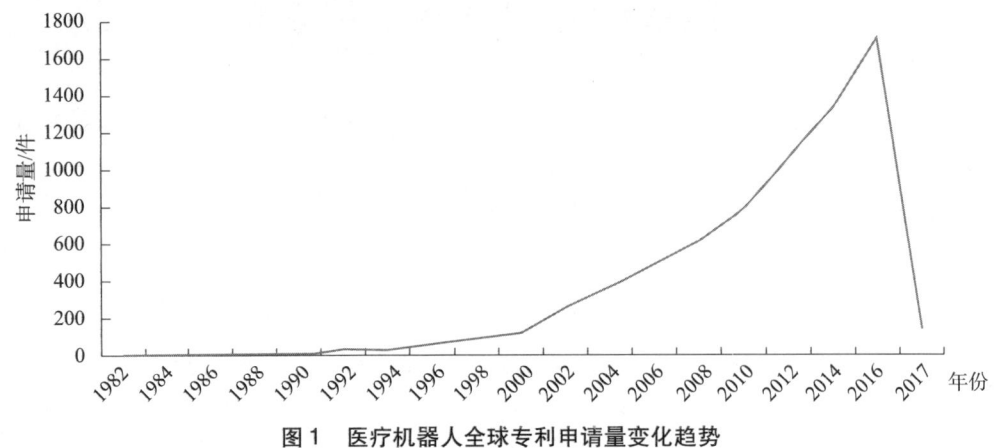

图1 医疗机器人全球专利申请量变化趋势

定位；英国的皇家学院机器人技术中心在1989年利用改进的6自由度Puma机器人开展了前列腺切除手术，大大缩短了手术操作时间。

第二阶段（1992～2002年），医疗机器人的技术成长期。该阶段全球专利申请量开始启动发展，但增长速度缓慢，该阶段的专利申请仍然主要来自于美国公司，但日本公司也开始该方面的专利申请。

第三阶段（2003年至今），医疗机器人的迅猛发展期。这个时期，全球医疗机器人专利申请量迅猛增长，直至2016年，毫无增长趋势放缓的趋势。并且自2001～2002年开始，医疗机器人专利全球申请量就迈入200件的关口，到2011～2012年全球申请量则迈入1000件关口，在2015～2016年全球申请量则达到1713件，可见全球申请量在绝对数量上也十分可观，也能看出该技术领域在全球范围内属于热点领域。来自中国申请人在这个时期也开始有了相关专利申请。

在全球专利申请量增长速度方面，以每两年为单位对其相对增长速度进行统计，2002年较2000年增长了105%，而2002～2016年，申请量每两年的增长速度均在25%～39%，其中2016年较2014年增长速度为28%。这也说明医疗机器人领域的研究一直是蓬勃地行驶在快车道。这个时期的研究主要侧重于提高医用机器人操作精度及运动控制灵活度、缩小外形尺寸、提高柔韧性、提高用药精准度等方面。医用机器人的应用也拓展到了医疗服务的多个领域。

以目前应用最广泛的医疗机器人da Vinci为例，该手术机器人系统是以麻省理工学院研发的机器人外科手术系统为基础，INTUITIVE公司随后与IBM、麻省理工学院和Heartport公司联手对该系统进行了进一步的研发。FDA已经批准将该系统用于成人和儿童的普外科、胸外科、泌尿外科、妇产科、头颈外科和心脏外科等手术中。其设计理念是通过微创的方法实施外科手术。da Vinci医疗机器人系统主要由三部分组成：外科医生控制台、床旁机械臂系统和成像系统。

2012年达芬奇机器人手术例数报告45万例。在美国，达芬奇手术机器人非常普及，多达 2200 台。在中国，自从第一台达芬奇手术机器人在解放军总医院装机以来，已有 10 年。然而，目前中国该机器人数量仅有 63 台。

2. 专利申请目标地分布分析

专利申请的目标地域分布如图 2 所示，其反映出相关技术在市场上的地域分布情况。从医疗机器人在全球专利申请目标国地域分布的分析来看，中、美、日、韩是医疗机器人的主要目标市场。在这 4 个国家的专利申请量占到了全球申请量的 87%。值得注意的是，目标为中国的专利申请占到了全球申请量的 36%。笔者认为，这一方面是来自中国的申请人的专利申请量巨大，这部分数据中包括了中国的实用新型和外观设计专利；另一方面则是中国人口众多，中国的医疗市场容量巨大，对医疗机器人的需求量则是被所有医疗机器人相关企业所重视，相关企业意图通过用专利申请铺路先行，从而保障其产品在中国的销售。此外，图 2 表明，美、日、韩也是医疗机器人的兵家必争之地。

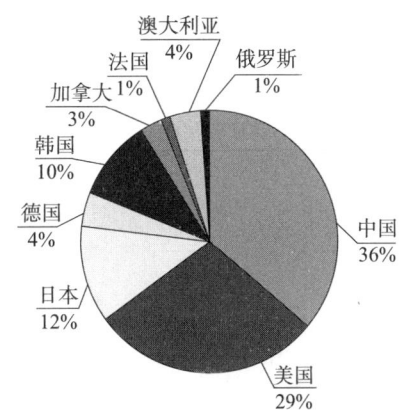

图 2  医疗机器人全球专利申请量目标国分布

3. 全球专利按类别的分布概括

图 3 示出了医疗机器人全球专利申请按类别分布情况。在所有全球医疗机器人专利申请中，医院服务类医疗机器人的专利申请占比最大，达到 30%；接着按类别排序依次为：康复类医疗机器人占比 26%，腔镜类医疗机器人占比 18%，骨科类医疗机器人占比 16%；而放射疗类医疗机器人、配药给药类医疗机器人和血管介入类医疗机器人的专利申请量则较少。这既与医院服务类医疗机器人的相关领域覆盖面大、市场需求广有关，也与该领域技术研发门槛较低有关。而康复类医疗机器人的申请量巨大，也说明市场对于病后康复，提高老人、病人的生活质量方面的需求巨大，使得各申请人在此方面投入很大的研发力量。此外，腔镜类、骨科和血管介入等医疗机器人均属于手术类机器人。而通过在上文的技术分析中可知，正因为微创手术医疗机器人的诞生、发展，才使得现在手术中病人的损伤更小，术中出血更少，术后康复更快，微创手术的机器人的诸多优点导致这些领域的申请量较大。

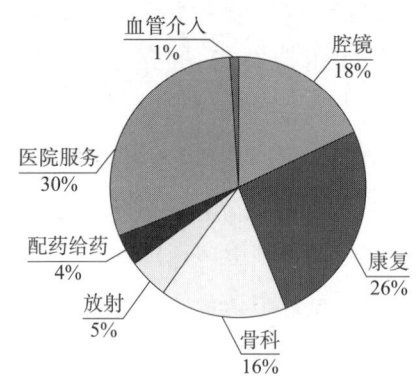

图 3　医疗机器人全球专利申请应用类别分布

### 4. 全球重点申请人

图 4 示出了医疗机器人全球专利申请量排名前 6 位的重要申请人按年专利申请量变化趋势。医疗机器人全球专利申请量最多的 6 位申请人分别是：医用机器人制造商 INTU-ITIVE 公司、外科手术器械的研发制造公司爱惜康内镜外科公司（以下简称"ETHICON 公司"）、医疗器械研发公司汉森医疗、西门子医疗（以下简称"SIEMENS 公司"）、皇家飞利浦（以下简称"PHILIPS 公司"）均为医疗机构；而哈尔滨工业大学则是唯一进入前 6 名的中国申请人，而且其属于高等院校——唯一的非医疗机构申请人。一方面说明医疗机器人在全球的研发投入主要来自于医疗公司，医疗机器人的技术产业化程度很高；另一方面也说明了，相比其他国家，中国的医疗机器人的研究还有差距，而且主要集中在高校，距离产业化还有一段距离。

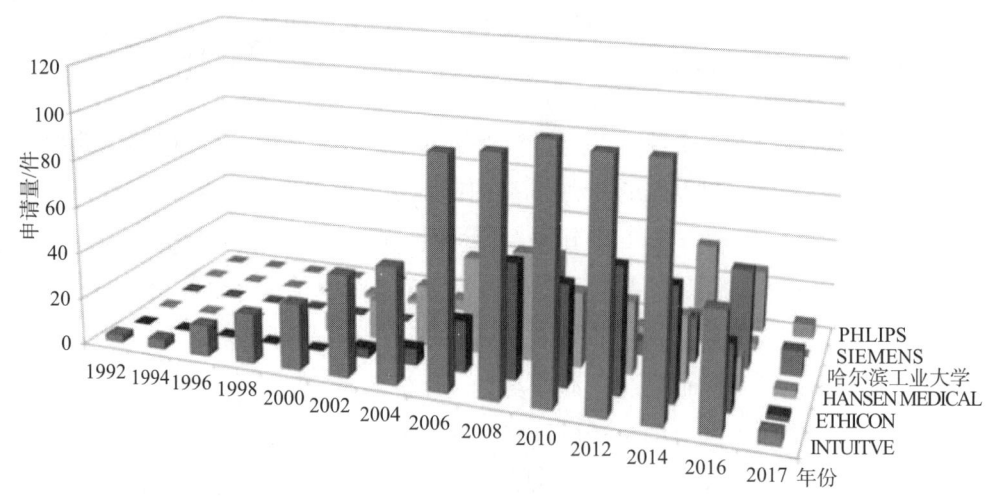

图 4　医疗机器人全球重要申请人专利申请排名及年度变化

从图 4 还可以看出，INTUITIVE 公司不但是专利总申请排名第一的公司，而且其研发起步也最早。在 1992 年，该公司已率先在该领域申请专利，在 2006～2014 年，每两年的专利申请量保持基本稳定，均在百余件左右，但该公司 2016 年相关专利申请量开始下降，与全球医疗机器人申请量趋势不同，可能与该公司的研发投入变化有关。

排名前 6 位的公司中，除我国的哈尔滨工业大学之外，其余 5 位申请人在该领域的专利申请活动活跃期均在 15 年之上。而哈尔滨工业大学则是在 2004 年首次提交该领域的专利申请，但仅此一件，此后在 2008 年才逐渐起步，直到发展到 2015 年和 2016 年的申请量达到了 42 件，但是这一数字已逼近了排名第一的申请人 INTUITIVE 公司。这说明，哈尔滨工业大学虽然起步较晚，但发展迅速，在申请总量上跻身全球申请人前 6 名，而且在近一两年有逐渐赶超其余申请人，成为该领域领跑者的趋势。

**（二）中国专利分析**

1. 专利量趋势变化

图 5 示出了医疗机器人专利在中国范围内的申请专利的申请量逐年的变化趋势。由图可见，医疗机器人在中国的专利申请起步于 1992 年，在 2002 年前后开始放量增长，并且增长趋势迅猛，增长趋势直至 2016 年也并未放缓。并且在 2005 至 2006 年，医疗机器人在中国的两年专利申请量就突破百件关口，到 2015～2016 年中国申请量则达到 766 件，而同期全球专利申请量为 1713 件，在中国的专利申请占到全球申请量的约 45%。可见中国的医疗机器人专利申请的总体发展态势与全球申请量的总体发展态势相同，并且中国逐渐成为医疗机器人市场的主战场。

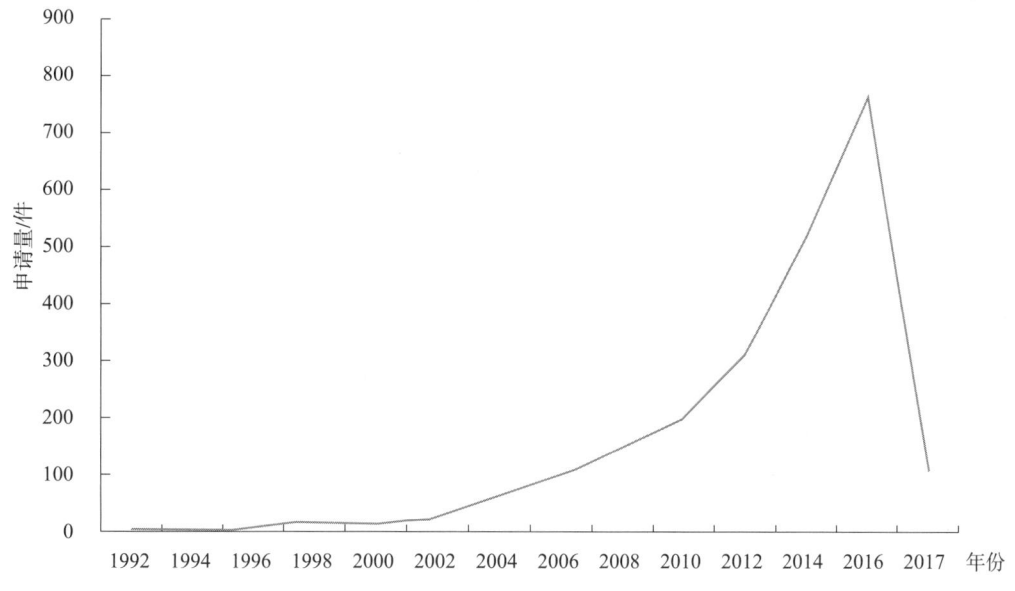

图 5　医疗机器人中国专利申请量变化趋势

在中国专利申请量增长速度方面，以每两年为单位对其相对增长速度进行统计，也与全球专利申请量的增长速度情况相类似。2002 年较 2000 年和 2004 年较 2002 年，增长率环比均超过 100%，而 2004 ~ 2016 年，申请量每两年的增长速度均在 37% ~ 67%，均高于全球专利申请量增长率，其中 2016 年较 2014 年增长速度为 47%。这也说明，近年来医疗机器人在中国的研究和市场发展速度高于全球发展速度，中国的医疗机器人市场方兴未艾，竞争更为激烈。

2. 专利申请分布

图 6 表示了医疗机器人在我国专利申请的申请人所属国别情况。从图中可以获知，来自于中国的申请人当仁不让，占整体申请量的 74%，居第一名。这是因为来自中国的申请人研发所在地在中国，而中国也一般为其主要市场，通常情况都是在中国进行专利申请。此外，来自美国、日本、德国、韩国、荷兰和以色列等国的申请人则列第 2 ~ 7 位。这与我们对在华

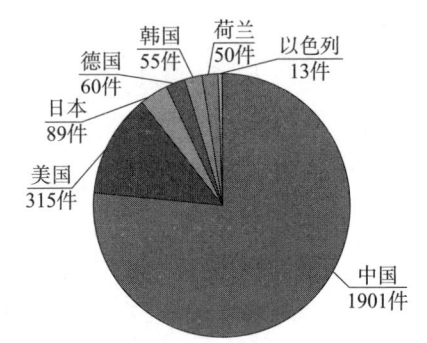

**图 6　医疗机器人国内和来华专利申请分布**

申请的主要申请人分析中，来自美国的 INTUI-TIVE 公司、ETHICON 公司和来自荷兰的 PHILIPS 公司申请量居前的情况也相吻合。

3. 重点申请人活跃时间分析

图 7 是医疗机器人中国专利申请量排名前 5 位的重要申请人按年专利申请量变化趋势图。医疗机器人在中国专利申请量最多的 5 位申请人分别是：医用机器人制造商 INTU-ITIVE 公司、外科手术器械的研发制造公司 ETHICON 公司、PHILIPS 公司均为医疗机构；而哈尔滨工业大学和上海交通大学则是另外两家进入前 5 名的申请人属于高等院校，而且来自于中国本土，属于非医疗机构申请人。这个数据同样说明，医疗机器人的国际巨头们十分重视中国市场，在中国专利申请量的前三名由外国医疗公司占据，而中国的医疗机器人的研发主要集中在高校，距离产业化还有一段距离。但是中国的两个高校的专利申请量增长速度迅猛，在图 7 中，最高的峰值来自于 2016 年哈尔滨工业大学的申请。

从图 7 还可以看出，在医疗机器人领域，INTUITIVE 公司不论在全球专利申请还是在中国的专利申请，都雄踞第一，霸主地位毋庸置疑，该公司在中国的专利申请起步也较其他公司早得多。这与该公司在医疗机器人市场上的表现完全吻合。但该公司 2016 年在中国的专利申请量也有明显的下降。

## 四、技术发展路线

本文以医疗机器人的专利为基本脉络，梳理出医疗机器人控制器主要技术方案的演进路线。医疗机器人的早期研究集中在医疗机器人控制系统的结构和功能方面，包括在

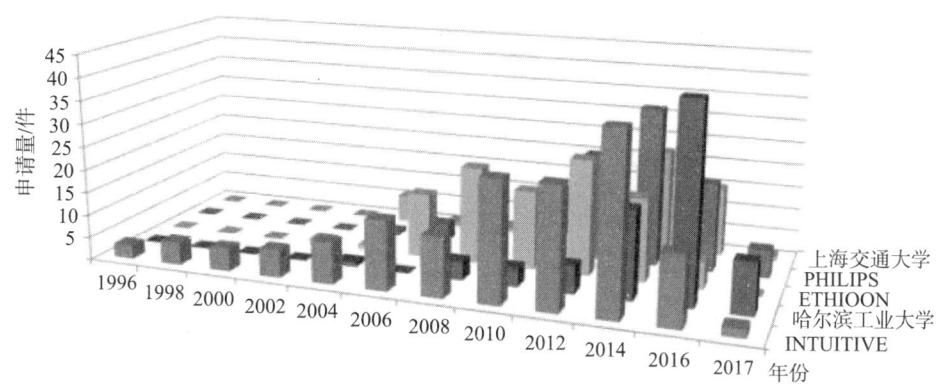

图 7　医疗机器人中国重要申请人专利申请排名

腔镜类、康复科、骨科、放射科、配药给药、血管介入、医院服务等领域的改进。图 8 示出了医疗机器人控制器的技术演进过程。

1. 腔镜类机器人控制器

在腔镜类机器人控制器的改进方面，1993 年，INTUITIVE 在专利（公开号：EP0776739A3）中最早提出了一种带有传感器控制的手术系统，该系统的末端连接一个传感器，其可以被外科医生移动其末端连接并独立激活传感器从而对另一端连接的控制臂进行驱动控制，但其控制信号由医生的手动操作完成，然而其智能化程度还不足，未涉及医生与机器人之间的语音交互。1994 年，INTUITIVE 在专利（公开号：US6463361B1）中提出了一种响应用户语音指令的腹腔镜微创手术系统，系统中具有短语识别器，通过对医生语音的匹配控制机器人的手臂，从而进行腹腔手术。2003 年，ETHICON 在专利（公开号：US2005/0066971A1）中提出了一种用于腔镜手术的机器人，其控制器在控制插管过程中，产生对病人预先设定反应的请求，进而分析病人做出的反应，以确定病人现在的身体状态，但其操作灵敏度还有待提高，还无法操作小尺寸的组织。2005 年，INTUITIVE 在专利（公开号：US2006/0030840A1）中提出了一种增强控制操作能力的外科手术机器人，可以通过控制器编程将握力放大，医生可以通过设置相应的输入控制量对小尺寸的组织和物体进行操作，但还需要人工移动探针。2006 年，INTUITIVE 在专利（公开号：CN101193603A）中提出了一种腹腔镜机器人外科手术机器人，控制器可以根据存储的指令由 LUS 探针捕获的 2D 超声图像切片序列可被处理成解剖结构的 3D 超声计算机模型，该计算机模型可以显示成照相机视图的 3D 或 2D 覆盖图，机器人由外科医生训练以需要的方式在命令下自动地移动 LUS 探针，这样在微创手术过程中外科医生不需要用手移动 LUS 探针，然而机器人控制的精确度还有待提高。2009 年，INTUITIVE 在专利（公开号：US2010/0228265A1）中提出了一个带有输入句柄、机械手以及内镜式摄像机的腔镜机器人，控制器根据输入句柄的位置和方向，控制机械手、末端

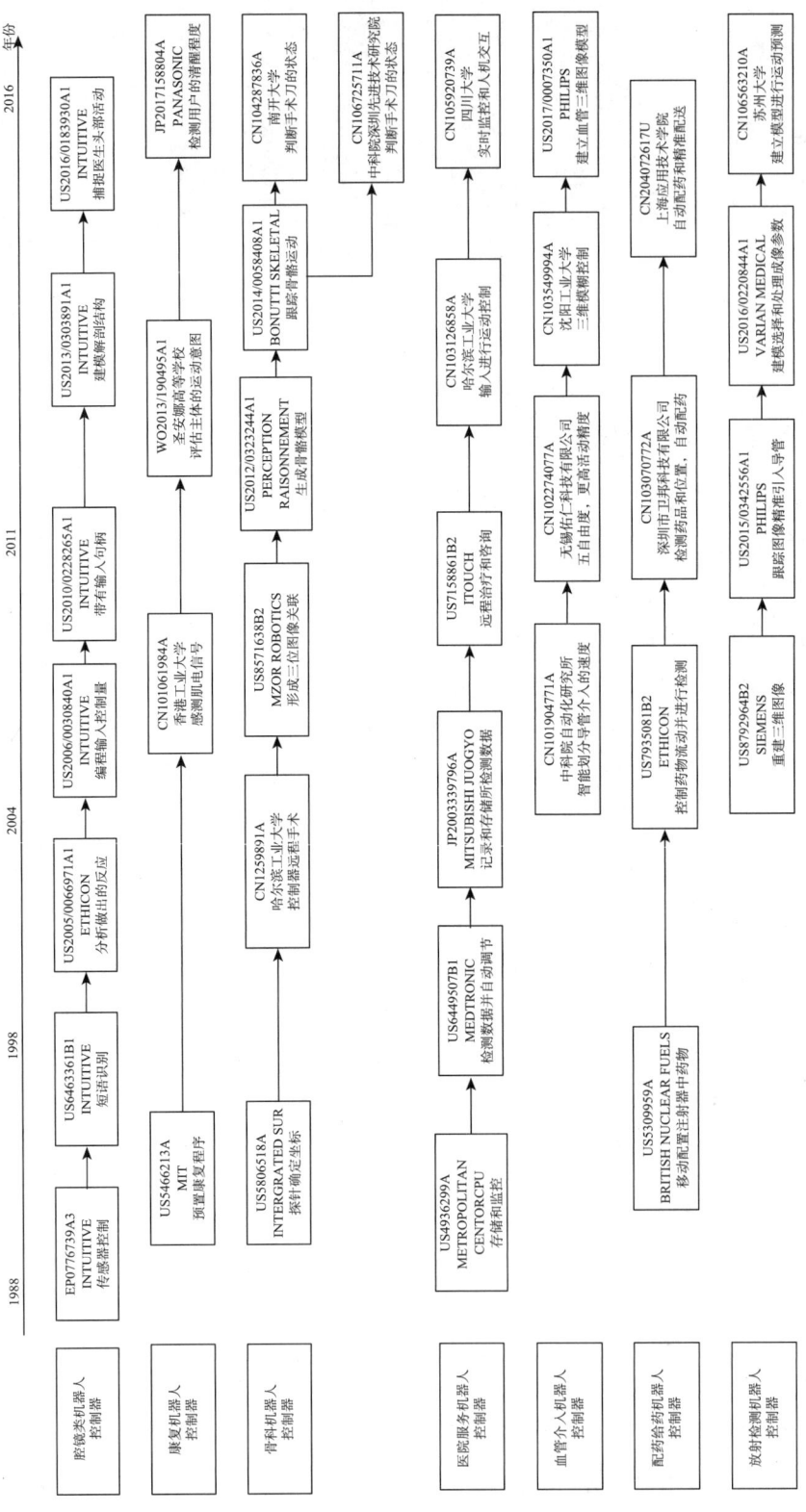

图 8　医疗机器人控制器的技术发展路线

执行器进行精确手术，然而图像不能实时跟踪，不能进行搜索和实时获取。2013 年，IN-TUITIVE 公司在专利 US2013/0303891A1 中提出了一种腔镜机器人，其可以识别患者解剖图像中的相关解剖结构，并对结构进行建模，机器人控制器将患者解剖部分建模为大部分搜索面板，并将每个链接元素分配给搜索面板中的一个，并实时进行数据跟踪，感知手术仪器的位置信息和方向信息，然而未实现对医生状态的智能检测。2014 年，INTUITIVE 公司在专利 US2016/0183930A1 中提出了一种腔镜机器人，其控制器控制显示系统显示手术区域图像，控制传感器捕捉医生头部活动的信号，向腔镜提供控制信号进行实时操作。

2. 康复机器人控制器

康复类医疗机器人，包括了对病人康复进行辅助医疗、康复训练、康复护理等类别。在康复类机器人的控制器改进方面，1994 年，MIT 在专利 US5466213A 中提出了一种交互式机器人康复系统，该系统的机器人臂通过预置的一系列程序，可以帮助患者进行一系列的练习，从而帮助多个肌肉群的康复，然而其并未涉及对患者身体状态的感测和反馈，机器人的智能化水平还有待提高。2006 年，香港工业大学在专利 CN101061984A 中公开了一种利用肌电信号提供机械帮助信号的康复机器人系统，该系统通过肌电电极感测患部关节相对应的肌肉的肌电信号，并将所感测到的肌电信号输入到控制部分，从而帮助患者进行关节的康复训练，然而并未实现通过数据对人体状态的评估功能。2012 年，圣安娜高等学校在专利 WO2013/190495A1 中提出了一种对股骨截肢者进行辅助运动的机器人，该机器人包括控制单元和传感系统，可以评估主体的运动意图，跌倒风险，并且能反馈数据，实现阻抗控制策略，然而并未涉及对人体清醒认识的检测。2016 年，PANASONIC 在专利 JP2017158804A 中提出了辅助老年人站起就座和行走的机器人，该机器人还可以检测使用者的清醒程度，并根据使用者的清醒程度，来调节辅助机器人的动作，使得使用者可以顺畅地使用。

3. 骨科手术机器人控制器

在骨科机器人控制器的改进方面，1995 年，INTERGRATED SURGICAL 最早在专利 US5806518A 中提出了一种骨科定位机器人，控制器在骨头表面定位其中一个坐标，然后通过控制机械表上的探针确定其他部位的坐标，进而将长骨图像转换为系统坐标空间，获取骨骼的准确位置，然而此时骨骼手术机器人的雏形并未涉及远程控制手术的功能。2004 年，哈尔滨工业大学在专利 CN1259891A 中提出了一种机器人辅助带锁髓内钉系统，其中正骨调整机构设置在医用牵拉复位并联机器人，高精度全自动 C 形臂 X 线机设在多功能自动手术床的左侧，导航机器人在手术床右侧，控制器的双向端口与主手控制站的双向端口连接，使得医生可以通过控制器远程进行手术，其智能化水平有大幅度提高，然而此种机器人未涉及位置定位功能。2010 年，MZOR ROBOTICS 在专利 US8571638B2 中提出了一种骨骼手术机器人，其可以附着在手术病人的骨头上，从而精确地进行定位，在手术中控制器将机器人在骨头上的二维图像和与机器人相关的一个预定位置的图像参照元素，形成三位图像相关联，以使得机器人可以根据手术的现场计划来确定骨骼的位置，但人机交互能力比较弱，无法根据医生的动作做出避让等动作。同年，上海交通大学在专利 CN101870107A 中提出了一种骨科手术辅助机器人的控制系统，包括嵌入式中央控制模块，人机交互模块，传感器模块，运动控制模块等，嵌入式中央控制模块的运动调整子模块可实现冗余自由度的结算，可实现 7 自由度，在保证末端执行器符合规划要求的前提下，合理避让医生的动作空间，达到协同辅助的效果，然而还未涉及模型建立进行精确骨骼定位的功能。2012 年，PERCEPTION RAISONNEMENT 在专利 US2012/0323244A1 中提出了一种骨骼切割手术辅助机器人，其包括一个具有指引面的切割指引，可以连接安装到骨骼和电脑上，骨骼机器人控制器可以在未进行骨骼手术之前引导和配置机器人生成骨骼模型，确定一个基于骨骼模型的骨骼切面位置，帮助医生进行骨骼切割手术。2013 年，BONUTTI SKELETAL 在专利 US2014/0058408A1 中提出了一种骨科手术机器人，其具有一个基底，多个机械臂和一个切割工具，在手术过程中，控制器控制导航系统实时跟踪与关节相关的骨骼运动，并将实时的信息和数据收集至机器人系统，并将骨骼追踪的位置上传到信息系统，辅助医生完成骨骼手术，然而并未涉及骨科手术中手术刀的状态智能判定。2014 年，南开大学在专利 CN104287836A 中提出了一种实现钻磨状态监控的手术机器人，其在悬臂结构和手术刀具之间设置振动传感器，振动传感器的输出信号送至机械臂的运动控制器，由控制器对振动传感器的输出信号进行快速傅里叶变换的运算，并根据结果判断手术刀具在两层皮质骨中切削的状态，从而提高机器人辅助骨科手术的安全性。2016 年，中科院深圳先进技术研究院在专利 CN106725711A 中提出了一种骨质磨削机器人，机器人控制器将多维力传感器采集的作用力分解，并控制机械臂的运动姿态，以令切向力保持在预定值，并根据轴向力的力值得出骨钻对病灶骨质的磨削深度位置，进而提高手术精度。

4. 医院服务机器人控制器

在医院服务机器人控制器的改进方面，1988 年，METROPOLITAN CENTOR 在专利 US4936299A 中提出了一种用于患者康复的系统，该系统由应用软件和控制板控制机器人臂，患者接触临近自己的家用开关，并按照命令接触位于机器人臂的指定位置的控制器，患者移动不同部位的能力由 CPU 来存储和监控。该系统可以允许一个治疗师同时治疗四个患者，此种机器人并未涉及机器人控制器基于采集数据进行反馈控制的功能。2000 年，MEDTRONIC 在专利 US6449507B1 中提出了一种心跳控制机器人，其安装在心脏或者其他器官上，其控制器包括心跳控制器、呼吸调节器，当检测到病人的神经系统出现异常，可以通过控制器调节心跳控制器和呼吸调节器，使病人的心跳处于一个合适的范围，其智能化水平有所提高，然而并未涉及患者数据的自动存储和记录。2002 年，MIT-

SUBISHI JUOGYO 在专利 JP2003339796A 中提出了一种病人看护机器人，其具有传感器检测病人的活动情况，并根据病人的活动和命令对病人的活动情况进行记录和存储，然而仍旧需要病人现场进行检测，并未实现远程医疗服务功能。2004 年，ITOUCH 在专利 US7158861B2 中提出了一种远程医疗服务机器人，其可以提供包括医生在病人身上执行的治疗例程的视频给远程服务站，远程服务站的咨询师可以根据治疗例程的视频传送给机器人，机器人可以提供病情咨询信息，而不需要病人在现场出现，然而对患者进行诊治时仍然需要患者本人去治疗室，未涉及机器人对患者的智能搬运。2013 年，哈尔滨工业大学在专利 CN103126858A 中提出了一种智能助行机器人，控制器根据输入信号控制导向控制装置来控制机器人的运动，控制和显示面板可以通过开关决定是否由病人或者护士控制，护士提前输入运动的时间、速度等参数，助行机器人按照程序带动病人进行运动，也可以跟随人的步伐运动，对病人提供活动上的便利，然而其未涉及防碰撞和实时监控功能。2016 年，四川大学在专利 CN105920739A 中提出了一种搬运机器人，其具有实时监控保护功能和人机交互功能，具有 6 自由度的机械臂，并具有防碰撞传感器和实时监控系统，可以将病人安稳地送至手术治疗的治疗点。

5. 血管介入机器人控制器

在血管介入机器人的控制器改进方面，2010 年，中科院自动化研究所在专利 CN101904771A 中提出了一种微创血管介入手术机器人，其包括机器人操作手，编码器和驱动器，处理器控制驱动器和扭矩传感器，扭矩传感器与送管机构的电机相连，根据操作手推进角度的大小，将送管机构的导管介入的速度进行划分，从而方便操作手控制送管机构操作的导管的介入速度，然而其关节灵敏度有待提高。2011 年，无锡佑仁科技有限公司在专利 CN102274077A 中提出了一种微创血管手术机器人，其五自由度机械臂末端安装六维传感器，处理器可以通过六维传感器随时调整机械臂的位置和姿态，避免定位控制的固定程序化，同时通过对关节屈曲模块中的高精度编码器进行控制，可以进行小幅度的关节活动，提高机器人手术的灵敏度，但是此种机器人仅有单处理器控制，其控制精度和运算能力不足。2013 年，沈阳工业大学在专利 CN103549994A 中提出了一种微创血管手术导管机器人，其基于 PID 控制方法和二维模糊控制方法，通过上位机和下位机 DSP 实现对血管机器人的三维模糊控制，提高导管操作机器人的控制精度，使血管微创手术更精确更安全，然而血管介入机器人的安全性还有待提高，在手术中导管可能触碰血管壁，手术风险较大。2015 年，PHILIPS 公司在专利 US2017/0007350A1 中提出了一种血管可视化的血管介入机器人，其具有微型成像设备并能根据血管中的图像数据生成三维模型并进行处理，不需要对血管壁进行触碰得到实时的血管的深度和位置，从而对手术进行安全的可视化的引导。

6. 配药给药机器人控制器

在配药给药机器人控制器的改进方面，1992 年，BRITISH NUCLEAR FUELS 在专利 US5309959A 中最早提出了一种配药机器人，其站在基座上，与其平行的容器中放置了几个皮下注射器，配药机器人从药物可接收的物质供应中产生测试的药物剂量，并产生与容器和注射器之间适当的移动，以便注射器能够顺利从容器中取出，然而还并未涉及传感器进行药物精确测量的功能。2005 年，ETHICON 公司在专利 US7935081B2 中提出了一种药物传送机器人，其具有药物传送盒和医疗效应器系统，通过激活泵控制药物流动，并通过传感器检测出接收的是液体而非空气，以防止连接病人的液体管被吹气，然而还并未涉及机器人与医生之间指令的操作。2011 年，深圳市卫邦科技有限公司在专利 CN103070772A 中提出了一种自动配药机器人，其人机交互装置接收药品信息的输入，视频检测单元采集药品的图像信息以及药品的位置，处理器将所接受的信息进行处理，对配药机器人的控制单元发送指令，从而驱动机器人进行自动配药工作，然而还未涉及药物的定向配送功能。2014 年，上海应用技术学院在专利 CN204072617U 中提出了一种自动配药送药机器人，通过人机交互系统设定基本信息，处理器对定舵机的控制从而进行药物自动补充，并通过电子罗盘和声呐测距信息，进行移动和药物的自动配送。

7. 放射检测机器人控制器

在放射检测机器人的控制器改进方面，2008 年，SIEMENS 公司在专利 US8792964B2 提出了一种 X 射线机器人，其可以由机器人承载的辐射检测器以任意轨迹如圆形、椭圆形或者沿着螺旋围绕患者移动，以在该手术中产生患者的相关区域的多投影曝光，处理器从投影曝光基本实时地重建三维图像，并且在手术中将三维图像显示给医生，然而此时机器人在放射检测时对患者的保护有待提高，还未涉及在使用 X 射线检查时减少人体辐射的功能。2013 年，PHILIPS 公司在专利 US2015/0342556A1 中提出了一种放射介入机器人，其可以使用机械人在被检测的人的身体中引入导管，控制器可以根据机械手的移动参数控制跟踪图像生成单元对引入导管的操作，从而可以根据真实的物理移动准确的执行引入，以此避免人体表面受到辐射过多，然而并未涉及患者的信息以及数据建模进行实时控制。2015 年，VARIAN MEDICAL 在专利 US2016/0220844A1 中提出了一种放射线成像机器人，其可以将患者信息分类，并根据引用于至少一个患者信息类别的选择的基于建模来选择和处理放射线照相设备的一个或多个放射线照相成像参数，并将成像参数的值呈现给临床医生，然而并未涉及对未来病患状态的预测。2016 年，苏州大学在专利 CN106563210A 中提出了一种基于 UT 变换的放疗机器人，其利用立体定向系统采集患者体内肿瘤和体表标记点的三维运动数据，并根据数据建立肿瘤和历史时刻肿瘤之间的运动关系模型，并经过处理根据当前时刻体表标记点的运动数据预测出体内肿瘤在未来时刻的运动位置。

# 五、结语

本文从专利申请和医疗机器人技术领域入手，分析了医疗机器人领域的专利申请态势、主要申请人、主要目标国等信息，并进一步以医疗机器人的控制器作为切入点，分析了医疗机器人控制器领域的技术演进路线。从整体上看，医疗机器人经过了二十余年的技术演进，在医疗领域中扮演越来越重要的角色，医疗机器人相关技术发展迅猛，对医生和病患带来了更多更人性化的帮助和体验。与此同时，许多高校和医疗器械公司逐渐注意到医疗机器人技术的价值和潜力，加大力度进行医疗机器人及其控制系统的研发，并进行相关的专利布局，医疗机器人的工作重心逐渐由技术研发转变到商业应用上来。

目前国内在医疗机器人，特别是医疗机器人的控制系统方面，无论是基础研究还是市场转化方面都与世界先进水平存在较大差距，国内的医用机器人的控制系统的研发主要集中在高校和研究所，而企业申请专利数量较少。随着我国政府对机器人领域研发支持力度的加大，大众对机器人在医疗领域需求和关注越来越高，以及企业和高校研发能力的逐渐提升，使得医疗机器人的相关专利申请已经呈现出日益活跃的态势，为医疗机器人提供了更为广阔的市场空间和发展机遇。

## 参考文献

［1］ Robotics 2020 Multi – Annual Roadmap ［EB/OL］. ［2017 – 01 – 06］. https：//eu – robotics. net/ sparc// wp – content/uploads/2014/05/H2020 – Robotics – Multi – Annual – Road – map – ICT – 2016. pdf.

［2］ 李会军，宋爱国. 上肢康复训练机器人的研究进展及前景 ［J］. 机器人技术与应用，2006，4：32 – 36.

［3］ 秦新裕. 机器人手术系统在普通外科临床应用现状 ［J］. 中国实用外科杂志，2016，11：1141 – 1143.

［4］ 赵德朋，刘达. 血管介入手术机器人系统力反馈的模糊融合 ［J］. 机器人，2013，35（1）：60 – 66.

［5］ ZHAO Depeng, LIU Da. Fuzzy Fusion of Forces Feedback in Vascular Interventional Surgery Robot System ［J］. Robot，2013，35（1）：60 – 66.

［6］ 魏志成，王春喜. 达芬奇外科手术机器人系统概述及其在胰十二指肠切除术中的应用 ［J］. 武警医学，2017，28（7）：752 – 754.

新能源电池

机器人

高档数控机床

# 智能仓储物流成套系统关键技术专利技术综述[*]

许志庆　罗曦　胡腾飞　张一博　马瑞峰

焦文　陈蓬　李麟　万莎

**摘要**　近年来，中国物流行业发展迅速，相关政策密集出台，智能仓储物流发展提速。本报告对智能仓储物流产业的政策环境、市场分布情况、典型企业作了初步分析，厘清了我国智能仓储物流产业当前所处的状况，从全球角度对智能仓储物流成套系统的专利状况进行分析，对比我国与国外专利分布状况以及国际与国内技术发展趋势，并分别从国内以及国外来华角度，对我国国内市场专利资源分布情况进行分析，摸清了专利技术发展趋势和发展热点，就智能仓储物流成套系统的三个关键技术分支的专利态势、重要申请人和核心专利情况进行了较为详细的分析，并对该领域重点的国内外企业的专利布局情况进行了研究。

**关键词**　智能仓储物流　码垛机器人　分拣机器人　搬运机器人

## 一、概述

### (一) 欧美日物流仓储智能化水平领先，国内智能化水平不断提高

在国外的一些发达国家，作为现代物流系统的重要组成部分，仓储行业早在 20 世纪中期就受到高度重视，目前发展已比较成熟。美国在 1959 年建立了全球第一座自动化立体仓库，随后日本、德国等国家也陆续开始发展自动化立体仓库。到 20 世纪 80 年代末期，仓储系统的自动化、信息化水平已发展到很高的水平，仓储整体上也基本达到了自动化。在美国，仓库内的机械化水平一直领先于世界平均水平，其中 10% 以上实现全自动化、无人操作的智能拣选，同时仓库的信息化程度也很高，有 80% 的仓库使用了仓储管理系统（Warehouse Management System，WMS）。日本仓储行业的自动化、信息化、智能化的程度也相当高，专业物流企业几乎全部采用 WMS 控制和处理物流信息，且日本国

---

\* 作者单位：国家知识产权局专利局专利审查协作湖北中心。

内的基础设施建设较为先进，包括国际中心港湾、多功能国际集散地、中心机场等，很多日本企业在物流管理上实现"零库存""准时制"（Just In Time，JIT）等新型物流管理方式。据非官方统计，美国拥有将近 4 万多座自动化立体仓库，欧洲拥有接近 3 万座，日本大约有 5 万座。而智能仓储问题也已得到广泛的研究，并取得一定的进展。20 世纪末，学者和研究者们提出的思想现已成功地应用在一些自动化仓库的控制中。后来出现的包括遗传算法、启发式搜索、局部搜索以及混合算法等在内的智能算法逐步被实践应用到自动仓储系统的控制、调度和优化中。作为现代物流业重要组成部分的自动仓储系统的发展越来越快，每年都有多种类型的物料自动化系统投入运行使用，仓储系统正迈向广阔的发展空间。与国外先进仓储行业相比，早期我国由于受经济等条件的制约，起步发展比较晚，随着近年国内经济的迅猛发展和对外联系贸易日益密切，物流及仓储行业越来越受重视。我国从 20 世纪七八十年代开始兴建立体仓库，但仓储业的水平与国外相比差距较大，处于落后的状态。进入 20 世纪 90 年代以后，开始大力开发自动化仓库的应用。总体上说，当时我国大部分企业在仓储管理上还非常落后，仓储技术大多还处于人工化、机械化和半自动化的水平，无任何智能化水平，发展水平也不均衡。仓库内的作业几乎都是人工完成，这样一方面，工人的劳动强度大，另一方面，作业的方案也不一定合理或最优，甚至还会出现错误，进而影响产品按时交货。此外，在管理方面也会浪费很多能源和时间，对企业的效益造成影响。但同时，国内的仓储技术逐渐向智能自动化过渡，自 20 世纪末以来，我国自动化技术、信息技术、智能技术产业突飞猛进的发展为仓储业发展打下扎实的技术基础，我国拥有的先进自动仓储系统越来越多并在社会经济发展中发挥日益重要的作用。国内自动化物流系统的发展历程主要经历了以下几个主要阶段：1975~1985 年，属于起步阶段，已经完成系统的研制与应用，但限于经济发展的限制，应用非常有限；1986~1999 年，随着现代制造业向中国转移，现代物流系统技术开始受到重视，其核心的自动仓储技术获得市场认可，相关技术标准也陆续出台，促进了行业发展；2000 年至今，市场需求与行业规模迅速扩大，技术全面提升，现代仓储系统、分拣系统及其自动化立体库技术在国内各行业开始得到应用，尤其以烟草、医药、汽车、机械制造等行业更为突出。更多国内企业进入自动化物流系统领域，通过引进、学习世界最先进的自动化物流技术以及加大自主研发的投入，使国内的自动化物流技术水平有了显著提高[1-5]。

### （二）智能仓储技术分支

本文对智能仓储物流成套系统关键技术的专利申请状况进行了全面分析，从全球、中国两个角度分析该产业的专利现状、未来发展趋势，依据智能仓储物流成套系统的技术构成和热点情况进行技术分解，如图 1-1 所示，其代表如图 1-2 所示。

新能源电池

机器人

高档数控机床

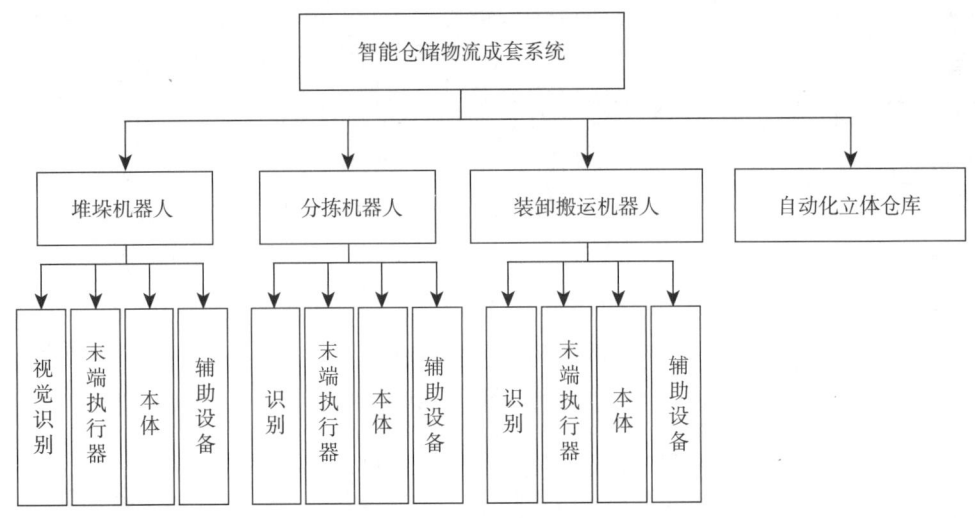

图1-1　智能仓储物流成套系统关键技术分解

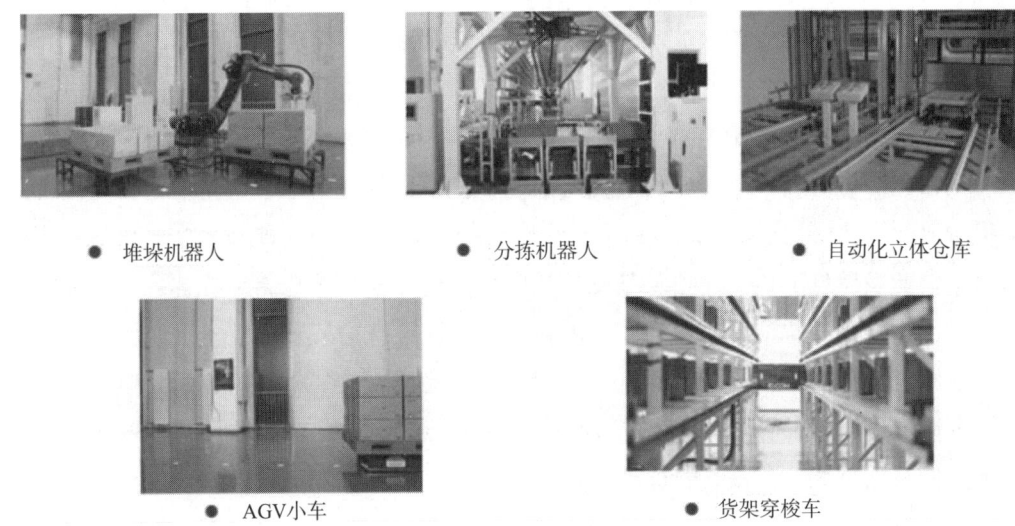

图1-2　智能仓储物流成套系统关键构成代表

智能仓储物流成套系统各技术分支及其含义，见表1-1。

表1-1　智能仓储物流各技术分支及其含义

| 一级分支 | 二级分支 | 三级分支 | 分支含义 |
|---|---|---|---|
| 货物储存系统 | 自动化立体仓库 | — | 自动化立体仓库的主体由立体货架、有轨巷道堆垛起重机、入（出）库工作台和自动运进（出）及操作控制系统组成 |

| 一级分支 | 二级分支 | 三级分支 | 分支含义 |
|---|---|---|---|
| 货物存取和传送系统 | 装卸搬运机器人 | 车体系统 | 负责移动的整体结构，包括车架、行走装置、动力传动装置 |
| | | 移载系统 | 负责承载货物的结构，包括叉车式、机械手式 |
| | | 控制系统 | 行走控制方式，自主导航、非自主导航 |
| | | 辅助系统 | 其他装置，包括通讯、报警、充电 |
| | 堆垛机器人 | 本体 | 机器人的主体结构，主要有关节式、摆臂式（直坐标式）、龙门式 |
| | | 末端执行器 | 夹持物品移动的装置，常见形式有吸附式、夹板式、抓取式、组合式 |
| | | 目标识别系统 | 通过识别对目标工件进行精准定位，从而完成准确的抓取以及自动纠偏 |
| | | 辅助设备 | 包括操作终端、驱动系统、安全保护系统等辅助堆垛完成的设备 |
| | 分拣机器人 | 主体机构 | 多轴并联机器人（平台）、关节式、直角坐标式 |
| | | 识别系统 | 条形码识别和视觉识别（色彩、尺寸、形状、姿态），静态/动态 |
| | | 拾取系统 | 拾取目标物品的装置，主要有吸附式、抓取式、组合式 |
| | | 辅助设备 | 与分拣相关的运动控制系统、驱动系统、输送系统、图像处理系统 |

### （三）面－点结合研究方式

本文采用"面－点"结合的研究模式，全面系统地研究智能仓储物流成套系统的专利申请状况。本文首先从整体上对智能仓储物流成套系统进行分析；其次，对"堆垛机器人""分拣机器人"和"装卸搬运机器人"三个具有代表性产业领域进行详细分析。分析内容主要从以下四个方面来开展：

第一，通过历年宏观分析，了解整个产业或各分支的全球和中国专利申请的发展趋势；

第二，通过区域分析，了解国际专利分布格局、国内区域城市对比专利状况的变化；

第三，通过技术分析，了解整个产业的专利技术分布情况、技术发展趋势以及技术热点；

第四，通过申请人分析，了解整个产业的国内外创新主体专利资源状况。

新能源电池

机器人

高档数控机床

1）数据检索介绍

本报告检索专利文献数据是采用国家知识产权局专利检索与服务系统（简称 S 系统）进行数据检索，中国数据采用中国专利文摘数据库（CNABS）进行检索，外文检索采用德温特世界专利索引数据库（简称 DWPI），然后将德温特世界专利索引数据库中的中国数据去除，将中国专利文摘数据库中检索到的结果转库至德温特世界专利索引数据库，将两部分数据进行合并从而得到总数据。

对于整体的智能仓储物流成套系统的专利数据，采用"分－总"检索策略来检索所有的数据，首先检索堆垛机器人、分拣机器人、装卸搬运机器人、自动化立体仓库的数据，然后合并成为智能仓储物流成套系统的分析数据集；对于具体的堆垛机器人等分支的检索，采用"总－分"的方法检索数据，例如对于堆垛机器人技术子分支，首先检索堆垛机器人的总数据，然后依次通过与各分支相关关键词和分类号的表达相与得到各子分支的数据。

在对智能仓储物流成套系统分析数据进行检索时，首先进行初步检索，然后进行全面检索得到分析数据集合。初步检索时选择关键词和分类号对技术主题进行检索，对检索到的专利文献关键词和分类号进行统计分析，并抽样对相关专利文献进行人工阅读，提炼关键词，并在检索过程中对检索策略反复调整、反馈，总结各检索要素在检索策略中所处的位置，在上述工作基础上制定全面检索策略。全面检索时将充分、精确扩展关键词和分类号，采用合理的检索要素搭配，利用检索工具的截词符、同在运算符和逻辑算符，并将不同数据库的检索数据进行转库，合并得到相对全面、准确的检索数据。

分类号扩展方面采用了国际专利分类号（IPC）、日本 FI/FT 分类体系、CPC 联合分类进行扩展，例如"堆垛"检索要素扩展了 B25J15/＋（IPC）、3C007（FT）、B65G47/＋（CPC），以尽可能全面准确检索出目标分析数据。

2）数据范围

由于中国专利的公开需要 18 个月，检索得到的分析数据集合囊括了所有年份的已公开的专利数据检索，2016～2017 年公开的数据不全，因此本文部分图表列出了 2016～2017 年的数据趋势，但不作为分析依据。

3）查全率和查准率验证

为了对检索的结果进行评估和验证，采用了查全率和查准率两项指标对检索结果进行验证。

查全率：重新构建一个不同于全面检索策略的验证检索策略，获得验证查全数据样本，然后计算该样本数据有多少比例被包含在全面检索策略的数据中，该比例即为查全率。

查准率：在结果数据库中随机选取一定数量的专利文献作为母样本；对母样本中的

每项专利文献进行阅读,确定其与技术主题的相关性,与技术主题高度相关的专利文献形成子样本;以子样本/母样本×100% = 查准率。

4)数据清洗筛选

① 数据清洗去噪:采用批量去噪和人工阅读去噪方式对检索数据进行去噪处理,例如装卸搬运机器人方面,在电子元器件加工领域,有相当一部分辅助加工的机器人申请,其专利申请中有些会写成"搬运机器人",这与仓储物流领域的搬运机器人极易混淆,在检索阅读过程中,发现这部分噪音专利的分类号都分配在 IPC 分类号的 H01L 下,因此可以采用 H01L 这个分类号进行批量去噪。

② 对申请人字段进行清洗处理,专利申请人字段往往出现不一致情况,例如申请人字段"×××集团公司""×××(集团)公司""×××(集团)公司",将这些申请人公司名称统一;另外对申请人的前后使用的不同名称,而实际是同一家的企业的申请人统一成现用名;对于部分主要企业的全资子公司的少量申请量全部合并到母公司。特别说明:属于一个专利族的多件专利文献仅以一条数据记录。

## 二、国内外技术发展趋势

智能仓储物流成套系统专利共 23049 件,相关申请人 7500 余个,本次数据统计截至 2017 年 9 月 30 日,2017 年的数据并不完整,因此数据会有所减少。

### (一)外国专利申请趋势与市场变化基本吻合

图 2 - 1 给出了仓储智能物流成套系统关键技术全球的专利申请趋势,全球仓储智能物流成套系统的数量整体上呈递增的趋势,但市场是波浪式向前发展的。从 1966 年出现第一台仓储物流智能装备开始,至 1996 年全球申请量均保持稳定增长的趋势。

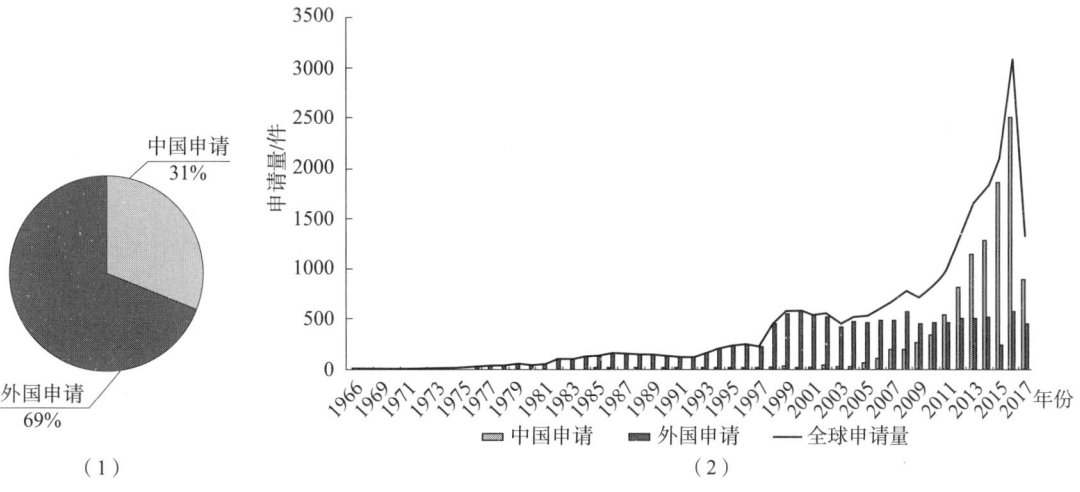

(1)　　　　　　　　　　　　　　　　　　　　　　　(2)

图 2 - 1　智能仓储物流成套系统全球专利申请趋势

第一次波动出现在1997年，随着亚洲金融危机的爆发，日本政府认为物流业的高速发展对提高国家经济活力具有重要的战略意义，为此在1997年出台了发展物流业的政策措施。该政策的基本目标是到2001年，在日本国内进一步完善物流基础设施建设，实现国际水平的物流运作。在此期间，日本企业如大福株式会社，制定了名为"21世纪初的大福"的三年中期规划，该规划阐明了公司将业务集中于"物料搬运"这一核心行业的决定。同时，作为物流的一项重要内容和推动运输物流发展的政府政策，美国运输部部长罗德纳·斯拉特（Rodney E. Slater）提出了《美国运输部1997—2002财政年度战略规划》，这已成为美国物流现代化发展的指南之一。规划指出，在1997~2002年作为跨越20世纪到21世纪桥梁的5年中，美国将面对全球化的市场、环境的挑战、跨越国界的安全威胁和通信与信息革命等环境要素的变化，面对这些挑战与变化，他指出要为美国提供机会，给他们以灵活的选择。这一规划将完善21世纪的运输系统，该系统将是全世界最安全、易得、经济和有效的系统。可以说，从整体上讲，这个规划是美国物流管理发展的又一个里程碑；欧洲的一些跨国公司也纷纷从20世纪90年代开始在其他国家，特别是劳动力比较廉价的亚洲地区建立生产基地，这也刺激了全球范围内的物流系统的发展。

这一次快速增长持续到2001~2002年开始回落，直到2007年国外申请量一直处于平稳发展的水平，2008年世界金融危机爆发，物流行业再次出现了波动，2005~2012年外国专利申请趋势与市场变化基本吻合；同时，以中国、印度为代表的新兴市场在拉动世界经济发展方面发挥了巨大的作用，中国的智能物流行业申请量也开始迅速增长，尤其是2009年以后，在其他国家处于经济恢复期，中国申请量呈现爆发式增长的趋势，带动全球申请总量的发展。

**（二）中国市场和专利增速高于全球**

中国作为目前具有全球第一的智能仓储物流成套设备关键技术相关专利申请数量的国家，截至2017年9月30日共有相关专利申请10458件，其中国内申请9793件，国外来华申请665件，共有3000多名相关申请人。本次数据统计截至2017年9月30日，专利申请从提交申请到公开最长有18个月的时间，因此近两年申请的部分专利由于没有公开而没有统计在内。

图2-2显示了中国专利申请趋势以及中国专利申请布局构成，可以看出国内申请和来华申请总体上呈现上升趋势，国内申请量与来华申请量在2005年以前基本持平，2005年开始国内申请年申请量开始大幅超过来华申请年申请量，其后每年的专利申请增长率也明显高于国外来华申请，至今国内申请量已远大于来华申请量。同时，发明专利的申请量占比为53%，实用新型专利占比为46%，发明专利申请量多于实用新型专利申请量。

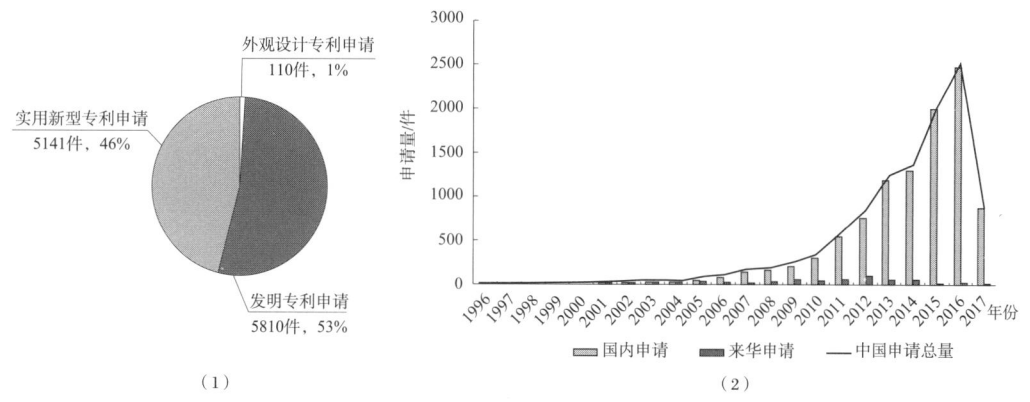

（1）

（2）

图 2-2 智能仓储物流成套系统中国专利申请趋势

2007 年之前，国内智能仓储物流成套系统关键技术的相关专利申请年申请均低于 100 件，从 2009 年开始相关专利数量开始快速增长，仅 2015 年就有 2000 余件相关专利申请。这也反映出国务院将物流作为十大振兴产业之一，为国内智能仓储物流产业的发展提供了很好的环境，从而促进了相关专利申请量的增加。

关注来华申请可以看出，2001 年以前来华申请年申请量均低于 10 件，2001 年中国加入世界贸易组织，国外企业也开始重点关注中国市场，开始进行相应专利的布局，2001~2012 年来华申请一直保持较为稳定的增长趋势，在 2013~2014 年出现低迷期，增长速度缓慢，近几年也在持续减少。

### （三）五大国家/地区引领专利创新

图 3-1 显示了智能仓储物流成套系统专利来源国家分布，即原创国家分布，从图中可以看出，主要来源国家/地区为中国、日本、美国、德国和韩国，这 5 个国家的申请总量占全球的 88%，一定程度上反映了这 5 个国家的创新主体在智能仓储物流系统设备方面的关注度。

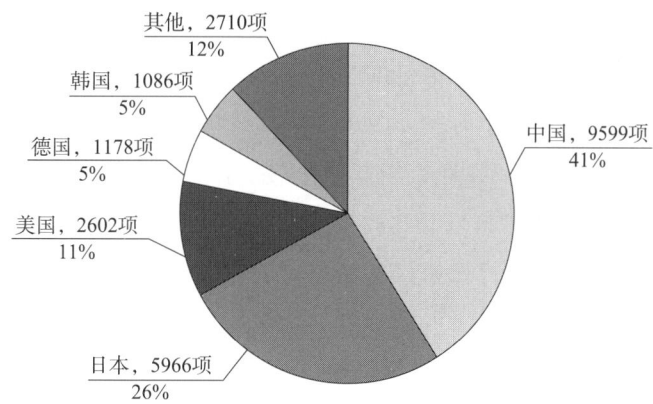

图 3-1 智能仓储物流成套系统全球主要技术来源国分布

从图 3-2 所示的智能仓储物流成套系统全球主要来源国家申请趋势可以看出各国家/地区近 20 年的申请量变化趋势：德国的原创专利申请量保持较为稳定，近几年才有所下降；韩国的原创专利申请量在经过 2003～2007 年的高峰期后，一直处于下降的趋势；美国和日本均为早期申请量大，后期处于申请量下滑的趋势，尤其是日本，2006 年以前日本的份额一直占据主要原创国家/地区专利申请的一半以上，在 1998 年更是达到 80%，而从 2008 年开始起申请量持续下降；中国的原创专利申请呈现"喇叭形"扩张，至 2013 年左右，中国已经替代日本成为申请量占主要原创国家/地区申请份额 50% 以上的国家。当然，上述其他国家申请量的下滑也一定程度上反映了其在该产业上的专利布局已经基本形成，国内创新主体在相关专利的布局上需要重点关注主要技术来源国。

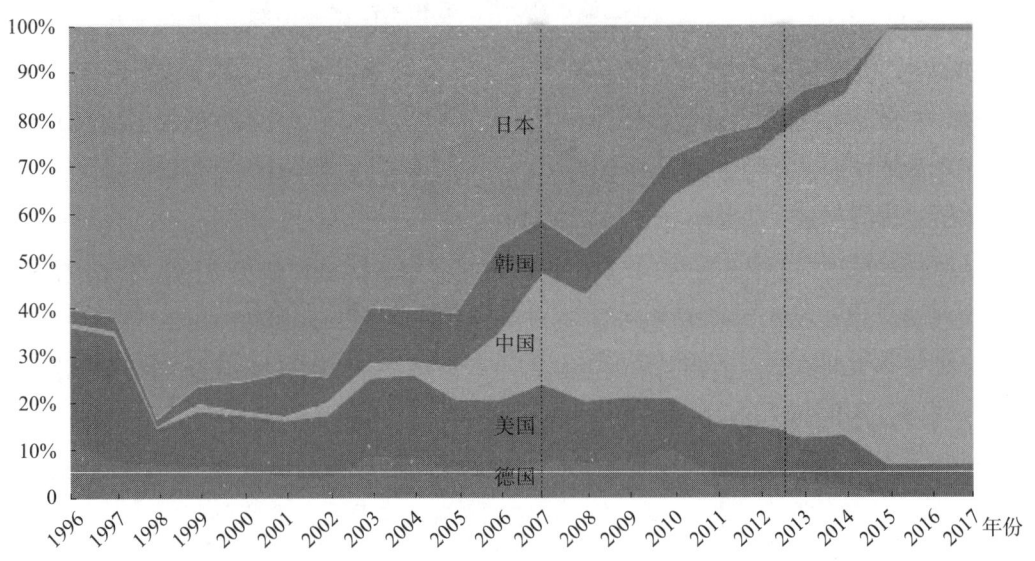

图 3-2　智能仓储物流成套系统全球主要来源国家申请份额趋势

图 3-3 和图 3-4 反映了智能仓储物流成套系统专利布局国家/地区以及主要布局国家趋势，排名靠前的国家/地区依次为中国、日本、美国、韩国和欧洲，其中，排名前三的中国、日本和美国共占了全球申请量的 90%，远超其他国家/地区的总量。从图 3-4 上可明显看出技术发展分成三个阶段。1996～2005 年，主要是日美，这是因为日本和美国长期以来都是制造业强国，并且市场竞争也较为激烈，从美国发布的《美国运输部 1997—2002 财政年度战略规划》和日本提出的发展物流业的政策措施可以看出，这两国均认为物流业的高速发展对提高国家经济活力有着重要的战略意义，因此，创新主体在美国、日本布局均是具有长远的考虑。2006～2010 年，日、中、美三分天下，日美下降，中国上升；中国于 2001 年加入世界贸易组织（WTO），作为新兴的市场，拥有广阔的前景，而中国国内本身的智能机器人技术较之发达国家还有一定距离，因此各大跨国企业在中国进行专利布局，以期较大的利润也是可以理解的。2011～2015 年，中国一枝独秀，

日美继续下降，中国占主体地位；随着国内科技的进步，"十一五""十二五"规划的提出，国内的智能制造业也处于快速发展的水平，国内创新主体也开始注重专利的布局和规划，很大程度地提高了国内专利的申请数量。

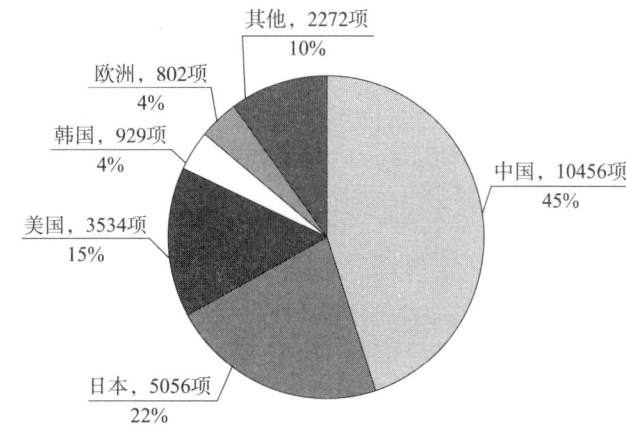

图3-3　智能仓储物流成套系统全球主要技术布局国/地区分布

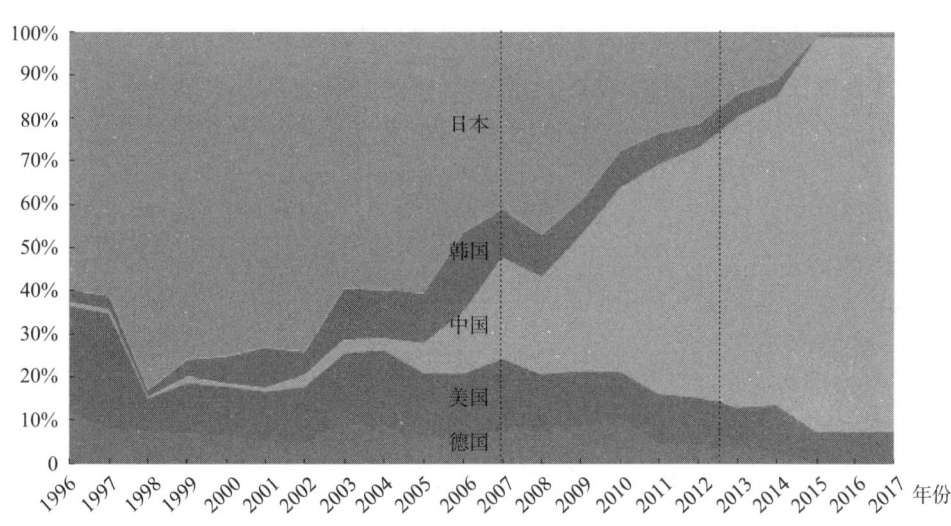

图3-4　智能仓储物流成套系统全球主要布局国家申请趋势

### 1. 全球专利创新主体及重要申请人

图3-5给出了智能仓储物流成套系统重点技术分支全球申请量排名前10位的申请人，可以明显看出全部是日本和韩国的企业，尤其是日本，前10位中共有8家日本企业，这与前文所述日本相关专利申请占全球26%也是吻合的。其次，也可以发现，日本的跨国企业实力雄厚，相关专利从数量上看已经基本完成布局。

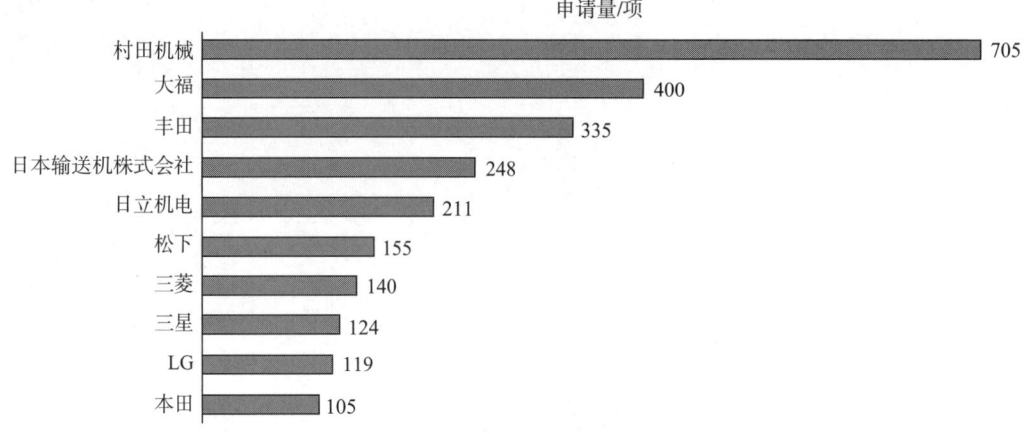

图 3－5　智能仓储物流成套系统全球前 10 位申请人专利申请量排名

**2. 中国专利创新主体及重要申请人**

国内区域中就申请总量而言，排名前 5 位的省市为江苏、广东、浙江、上海和山东，从图 3－6 中可以看出，江苏以 2005 件申请排名第一，广东排名第二，为 1552 件，浙江、上海和山东均超过 700 件。以上排名靠前的地区均为我国目前经济较为发达的地区，江苏、广东、浙江和上海都是沿海省市，有利于吸引国外先进技术以及外资和开拓海外市场，高校、研究机构和企业较为集中，以阿里巴巴为主的电商也导致智能仓储物流产业市场需求大，人才聚集，因此成为我国智能仓储物流产业发展的主要地区。

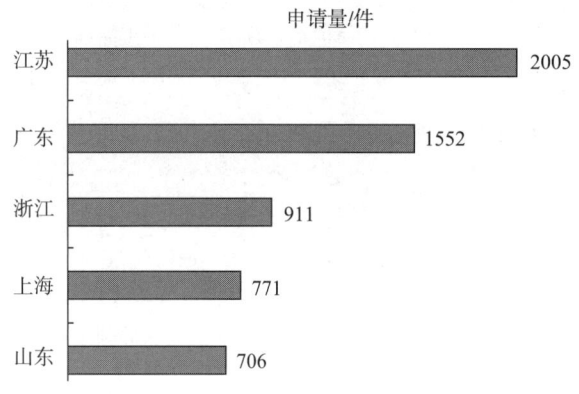

图 3－6　智能仓储物流成套系统国内主要省市专利申请

从图 3－7 中可以看出主要来华申请国家中，申请量排名靠前的为日本、美国和德国，其三者申请量占来华申请总量的 75%，远超其他国家。日本为智能仓储物流产业发展较为早的国家之一，其本身技术强硬，跨国企业如大福株式会社、株式会社安川电机以及村田机械等，在华专利均已形成一定的布局；美国和德国作为传统发达国家，在智能仓储物流产业的发展也较为迅速，在华专利布局也相应地多于其他国家。

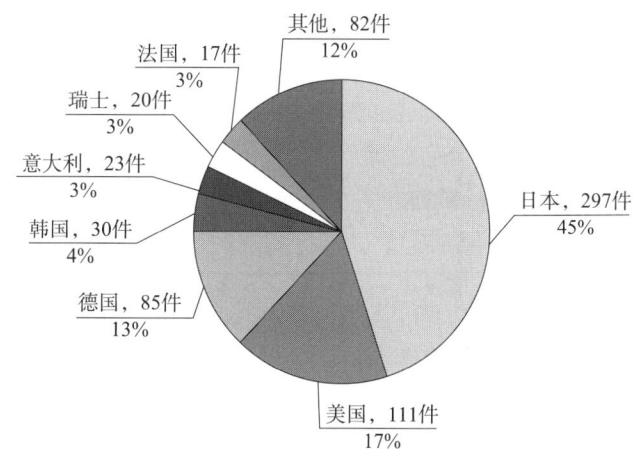

图 3-7　智能仓储物流成套系统来华主要国家专利申请分布

图 3-8 和图 3-9 分别显示了国内主要申请人排名以及来华主要申请人排名，对于国内申请人而言，排名靠前的企业分别为上海精星物流设备，其专利申请总数达到 95 件，其次为昆明船舶设备集团，相关专利申请为 80 件；然后是国家电网、无锡普智联科、成都四威高科技、贵阳普天万向物流和苏州博实机器人，申请均在 40 件以上；紧随其后的新松机器人和嘉腾机器人，申请量均为 30 余件。结合前文国内重点地区可以发现，江苏和湖南均有两个企业申请量比较靠前，上海则有排名第一的精星物流设备。同时，广西大学和江南大学两所高校的申请量也比较靠前，值得关注。

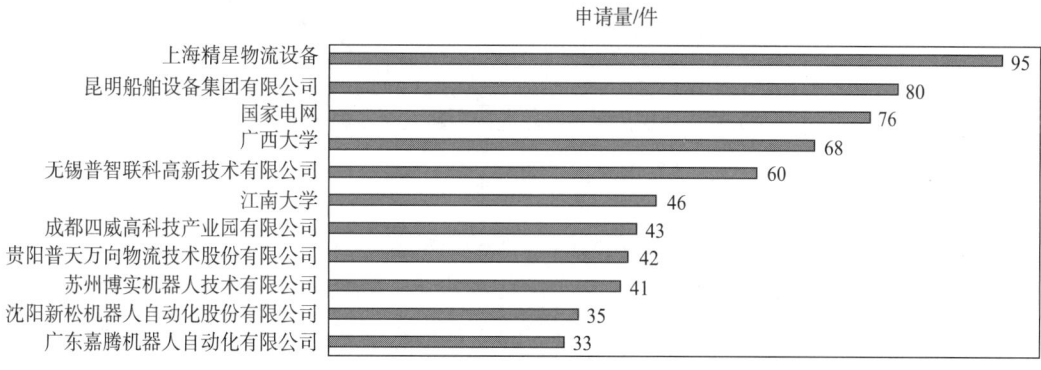

图 3-8　智能仓储物流成套系统中国国内主要申请人专利申请排名

在来华主要申请人中，村田机械株式会社以 115 件的绝对优势排名第一，其次为大福株式会社和德马泰克有限公司两家日本企业，排名第四和第五的则为株式会社安川电机和 ABB 公司，其他重点关注的库卡机器人则有 9 件相关申请。由此可见，日本企业在来华申请人中占有主要地位，是非常值得关注的竞争对手。同时，村田、大福和德马泰克均为世界一流的智能仓储物流成套系统供应商，其技术也相对较为领先，需要重点关注以上企业在中国的专利布局，避免产生专利侵权纠纷。

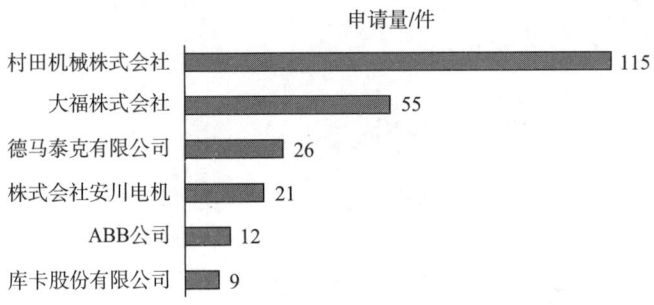

图3-9 智能仓储物流成套系统主要来华申请人专利申请排名

### （四）不同地区技术创新侧重不同

图4-1显示了中国和外国在4个技术分支的专利申请分布，从图中可以明显看出，中国专利申请在4个分支中的占比较高，表明中国申请量是全球申请量的主要组成部分，中国的智能仓储物流产业发展迅速。

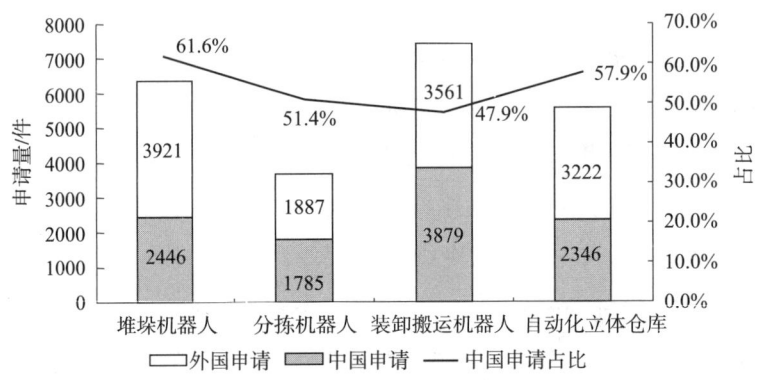

图4-1 智能仓储物流成套系统中国国内和来华专利申请申请量占比

图4-2中给出了各主要布局国家各分支专利申请情况，从图中可以看出，日本在智能仓储物流产业中申请量最多的是自动化立体仓库分支，与其代表企业大福株式会社的主要产品相符，其次是装卸搬运机器人，其主要对应村田机械等企业；其次，美国、韩国和欧洲在智能仓储物流产业中申请量最多的均是堆垛机器人，相应的自动化立体仓库分支的申请量在美国和韩国居于其本国的第四位，在欧洲居于第二位；中国的总体申请量居第一，在智能仓储物流产业中申请量最多的是装卸搬运机器人分支，其次是堆垛机器人分支和自动化立体仓库分支，最后是分拣机器人分支。由此可见，欧洲国家和日本都很关注自动化立体仓库的发展，尤其是日本在自动化立体仓库分支的申请量占据一定优势，同时各个国家对于堆垛机器人、装卸搬运机器人和分拣机器人的重视程度也各有不同，传统的欧美强国在堆垛机器人申请量上具有一定的优势，而日本和中国在装卸搬运机器人上更为侧重，韩国在分拣机器人分支上较之装卸搬运机器人更为重视。

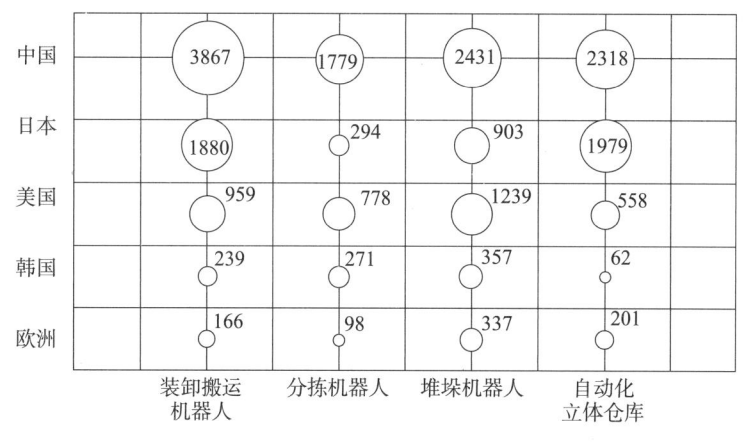

图4-2 智能仓储物流成套系统全球专利申请主要国家各技术分支布局情况

注：图中数字表示申请量，单位为项。

图4-3显示了中国专利申请各分支占比以及国内和来华专利申请量分布，可以发现中国专利申请中，装卸搬运机器人申请量占比最大，堆垛机器人申请量第二，分拣机器人申请量相对较少。可见，装卸搬运机器人为主要竞争领域，其研发热度较高；分拣机器人相关申请量相对较少，但其技术的专利壁垒相对较少，后续可发展空间相对较大。

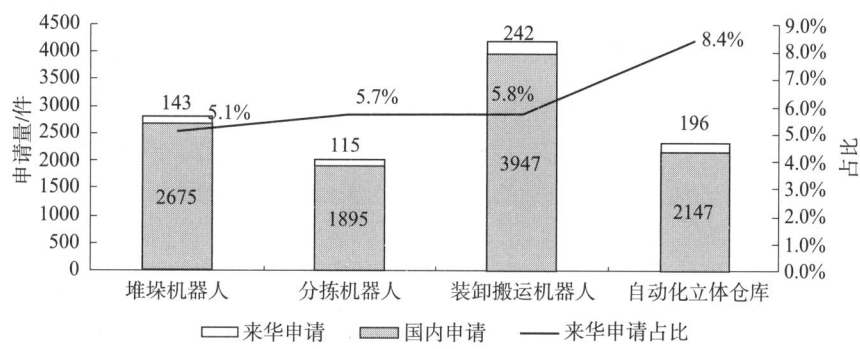

图4-3 智能仓储物流成套系统中国专利申请各技术分支国内和来华申请量分布

同时，国内申请和来华申请的市场重点均在于装卸搬运机器人，其次是堆垛机器人，可见国内创新主体的关注点与来华申请人的关注点基本上是吻合的，其相互之间也存在促进的作用。相对而言，在不同的分支来华分支的占比最高的是自动化立体仓库，其次是装卸搬运机器人和分拣机器人，最后是堆垛机器人。可见，在堆垛机器人相关申请中，国内创新主体的申请量相对较多，其也一定程度上反映了国内创新主体的关注点以及国内相应技术领域的整体实力。

图4-4中显示了国内重点省市各分支专利分布情况，不同的地区根据各地不同的市场需求，对于智能仓储物流产业不同的分支各有侧重，但是就整体而言，排名靠前的江苏、广东、浙江和上海的申请量中，占据第一的分支均为装卸搬运机器人，其中江苏该

分支的申请量突破了 800 件；其次，江苏和广东申请量排第二的分支均为分拣机器人，达 300 多件；而浙江和上海申请排第二的分支为自动化立体仓库，可见上海和浙江市场对于自动化立体仓库的需求相对较大。

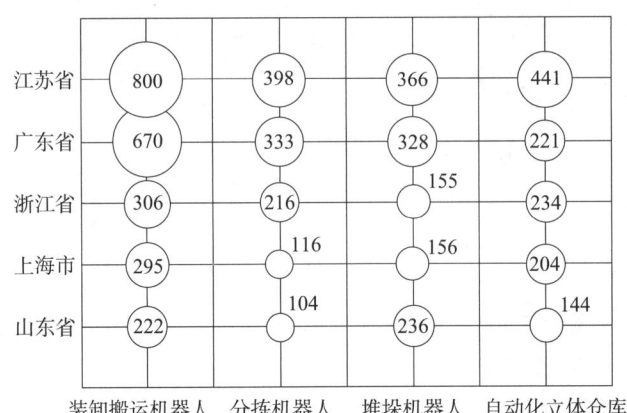

**图 4-4　智能仓储物流成套系统国内主要申请省市各技术分支布局**

注：图中数字表示申请量，单位为件。

图 4-5 中显示了主要来华申请国家分支分布情况，来华申请人中申请量最多的为日本，其主要关注技术分支为装卸搬运机器人和自动化立体仓库，这与其对应的跨国企业——大福株式会社以及村田机械的主要产品是相关的；其次，美国和意大利在中国的布局主要也是装卸搬运机器人和自动化立体仓库；德国在中国的布局主要是堆垛机器人；韩国在中国的布局主要是分拣机器人，其关于分拣机器人的专利应该属于重点关注对象。

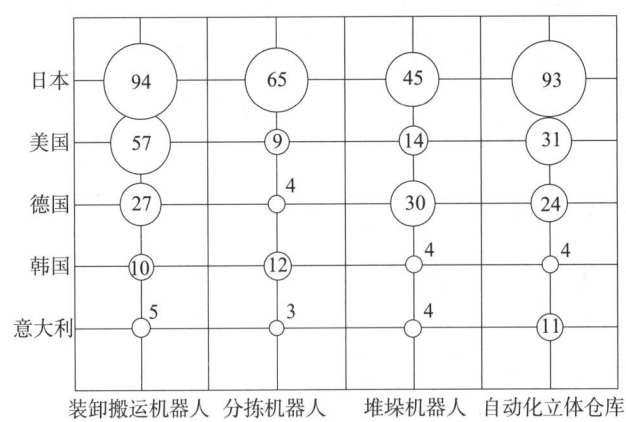

**图 4-5　智能仓储物流成套系统主要来华国家各技术分支布局**

注：图中数字表示申请量，单位为件。

## （五）重要技术分支发展趋势

本节分析堆垛机器人全球专利概况，检索截止日为 2017 年 9 月 30 日，由于专利公开等原因，近两年，尤其 2017 年的数据并不完整，数据会有所减少。

1. 堆垛机器人技术发展趋势

（1）堆垛机器人技术创新动态

根据图 5 - 1 和图 5 - 2 可知：近年来各分支的申请量都在逐年增长，其中，中国的申请量几乎主导了全球的增长趋势，本体分支和末端执行器分支都是申请量较大的分支，视觉识别分支是四个分支中增长速度最快的分支，一是与视觉识别技术本身的发展有关，二是与堆垛机器人的功能需求密切相关。

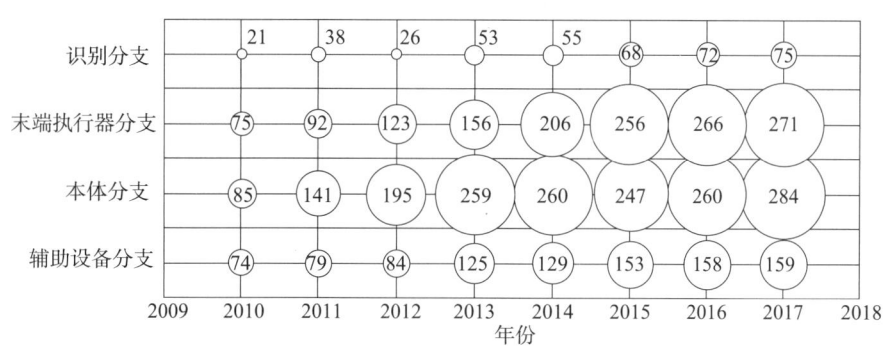

**图 5 - 1　堆垛机器人全球专利申请趋势**

注：图中数字表示申请量，单位为项。

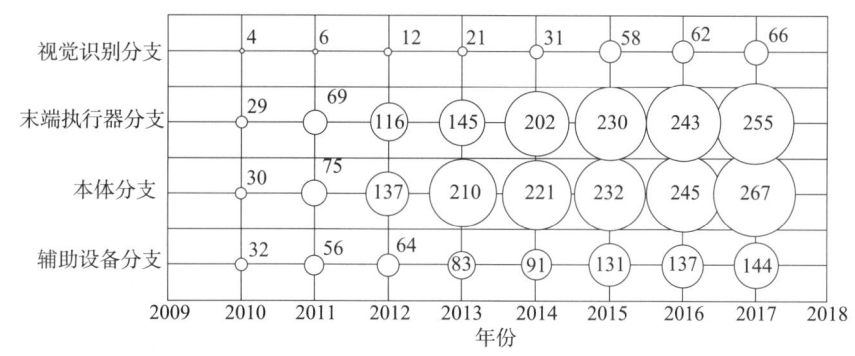

**图 5 - 2　堆垛机器人国内专利申请趋势**

注：图中数字表示申请量，单位为件。

（2）堆垛机器人技术创新区域

根据图 5 - 3 可知，各分支在全球的申请量依然集中于中国、日本、美国。其中，本体和末端执行器两个分支申请量，都是中国遥遥领先，而对于视觉识别技术，美国、日本依然处于领先地位。由图 5 - 4 可知，对于国内主要申请区域各技术分支布局情况，本体分支和视觉识别分支申请量最多的都是江苏省，也是申请量最大的省份；末端执行器分支申请量最多的是广东省；湖南省的申请布局与总体布局规律类似，本体分支多于末端执行器分支，末端执行器分支多于视觉识别分支。

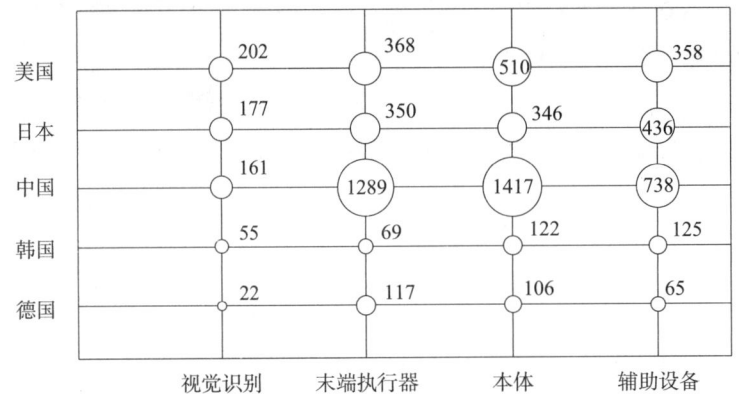

**图5-3 堆垛机器人各技术分支全球主要国家专利申请分布**

注：图中数字表示申请量，单位为项。

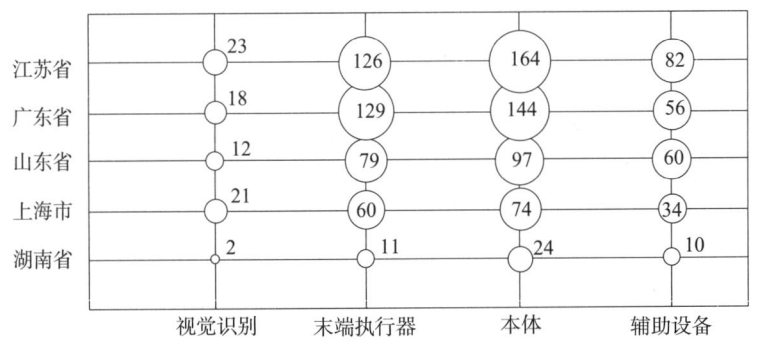

**图5-4 堆垛机器人各技术分支国内主要省市专利申请分布**

注：图中数字表示申请量，单位为件。

图5-5示出堆垛机器人主要来华国家各技术分支布局，日本、德国、美国三个机器人技术强国都关注了视觉识别分支，美国对于末端执行器的布局更是超过了其对于本体分支的布局。

（3）堆垛机器人主要创新主体

图5-6和表5-1给出了堆垛机器人全球专利申请量排名前10位的申请人，从图中可以看出，来自日本的申请人处于绝对优势，说明日本企业在装卸机器人领域处于领先地位。其中全球机器人四大家族中的发那科、安川电机、ABB公司三家进入前10位，居首的丰田汽车也是全球的知名企业。而中国入围前10位的是一所高校——广西大学，但其专利的有效性并不高，国内相关企业并没有一家进入前10位。近10年比较活跃的是广西大学、丰田汽车、安川电机、松下，近3年相对比较活跃的是LG电子、现代摩比斯株式会社。而各分支中，发那科注重视觉识别、ABB注重末端执行器。

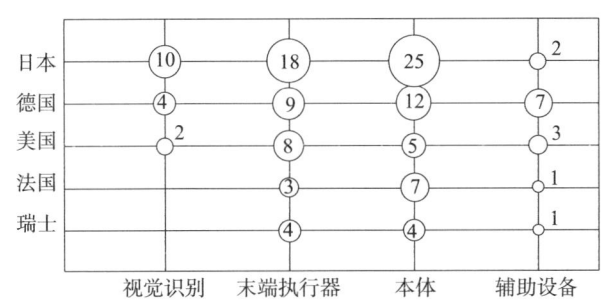

图5-5 堆垛机器人各技术分支主要来华国家专利申请分布

注：图中数字表示申请量，单位为件。

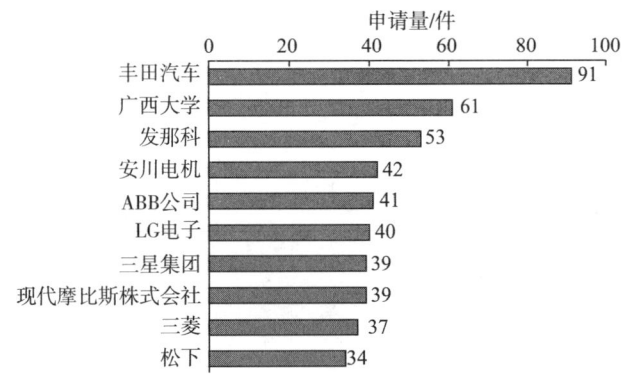

图5-6 堆垛机器人全球专利申请量排名前10位的申请人

表5-1 堆垛机器人全球专利申请量排名前10位的申请人　　　申请量：项

| 发展阶段 | 创新主体 | 该阶段申请量 | 近10年活跃度 | 重点技术分布 | | | |
|---|---|---|---|---|---|---|---|
| | | | | 视觉识别 | 末端执行 | 辅助设备 | 本体 |
| 1997～2016年 | 丰田汽车 | 87 | 1.8 | 6 | 10 | 66 | 11 |
| | 广西大学 | 61 | 2 | | 18 | 1 | 58 |
| | 发那科 | 43 | 1.2 | 15 | 12 | 19 | 5 |
| | 安川电机 | 42 | 1.6 | 2 | 17 | 16 | 7 |
| | ABB公司 | 40 | 0.7 | 8 | 20 | 18 | 4 |
| | LG电子 | 41 | 0.5 | 4 | 3 | 14 | 24 |
| | 三星集团 | 25 | 0.9 | 11 | | 9 | 11 |
| | 现代摩比斯株式会社 | 39 | 0.6 | 12 | 12 | 6 | 18 |
| | 三菱 | 13 | 0.9 | 4 | 12 | 11 | 14 |
| | 松下 | 34 | 1.6 | 2 | 4 | 9 | 20 |

续表

| 发展阶段 | 创新主体 | 该阶段申请量 | 近5年活跃度 | 重点技术分布 | | | |
|---|---|---|---|---|---|---|---|
| | | | | 视觉识别 | 末端执行 | 辅助设备 | 本体 |
| 2007 ~ 2016 年 | 丰田汽车 | 80 | 0.4 | 5 | 9 | 64 | 8 |
| | 广西大学 | 61 | 1.9 | | 18 | 1 | 58 |
| | 发那科 | 26 | 0.9 | 6 | 8 | 5 | 7 |
| | 安川电机 | 26 | 1.9 | 2 | 8 | 4 | 12 |
| | ABB 公司 | 13 | 1.1 | 1 | 4 | 5 | 3 |
| | LG 电子 | 10 | 0.2 | | 1 | 6 | 4 |
| | 三星集团 | 15 | 0.8 | 9 | | 3 | 3 |
| | 现代摩比斯株式会社 | 11 | 0.2 | 6 | 5 | 1 | 2 |
| | 三菱 | 6 | 1.3 | 2 | | 2 | 2 |
| | 松下 | 27 | 1.0 | 2 | 4 | 9 | 20 |

| 发展阶段 | 创新主体 | 该阶段申请量 | 近3年活跃度 | 重点技术分布 | | | |
|---|---|---|---|---|---|---|---|
| | | | | 视觉识别 | 末端执行 | 辅助设备 | 本体 |
| 2012 ~ 2016 年 | 丰田汽车 | 15 | 1.3 | 3 | 3 | 8 | 6 |
| | 广西大学 | 57 | 0.7 | | 18 | 1 | 52 |
| | 发那科 | 12 | 1.3 | 2 | 4 | 1 | 5 |
| | 株式会社安川电机 | 25 | 1.0 | 2 | 7 | 4 | 12 |
| | ABB 公司 | 7 | 0.7 | | 3 | 3 | 1 |
| | LG 电子 | 1 | 1.7 | | | 1 | |
| | 三星集团 | 6 | 0.6 | 5 | | 1 | |
| | 现代摩比斯株式会社 | 1 | 1.7 | | 1 | | |
| | 三菱 | 4 | 0.4 | 2 | | 1 | 1 |
| | 松下 | 14 | 0.1 | 6 | | 8 | |

表5-2示出国内与来华的主要创新主体情况，国内创新主题中，广西大学注重在末端执行器方向的研究，中国建材国际工程有限公司注重在视觉识别方向的研究。而相对于国外公司，近年来华布局的量较少，除安川电机外，主要集中在本体分支。从近5年的活跃度分析，广西大学、中国建材国际工程有限公司、达意隆包装机械、江西省机械科学研究所以及安川电机都比较活跃。

表5-2　2007~2016年国内与来华的主要创新主体情况　　　　　　单位：件

| 发展阶段 | 创新主体 | 该阶段申请量 | 近5年活跃度 | 重点技术分布 | | | |
|---|---|---|---|---|---|---|---|
| | | | | 视觉识别 | 末端执行 | 辅助设备 | 本体 |
| 2007~2016年 | 广西大学 | 48 | 1.9 | | 38 | | 8 |
| | 中国建材国际工程有限公司 | 17 | 2.0 | 7 | 4 | 1 | 9 |
| | 广州达意隆包装机械股份有限公司 | 15 | 1.9 | 1 | 15 | | 3 |
| | 江西省机械科学研究所 | 15 | 2.0 | | | | 5 |
| | 昆船 | 9 | 1.3 | 1 | 4 | | 4 |
| | 长沙长泰 | 11 | 0.0 | | 2 | | 1 |
| | 株式会社安川电机 | 8 | 2.0 | 2 | 5 | | 8 |
| | ABB公司 | 7 | 1.1 | | 3 | | 4 |
| | 西德尔公司 | 5 | 0.0 | | | | 5 |
| | 村田机械株式会社 | 4 | 0.0 | 1 | 2 | | 4 |
| | 发那科株式会社 | 1 | 0.0 | 1 | | | 1 |

（4）主要创新主体专利申请趋势、创新重点、布局区域情况

图5-7列出了堆垛机器人全球主要申请人布局区域，从图中可以看出：前5位申请人都在中国布局，丰田注重在日本（本国）布局，发那科和ABB除了在中国外，也在美国进行了较多的布局，而中国申请量较多的广西大学仅在中国国内布局。

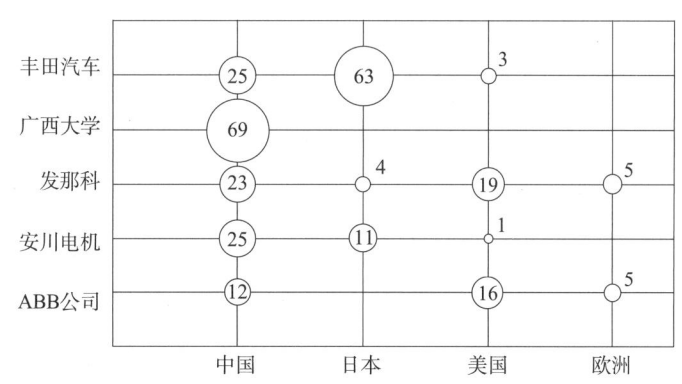

图5-7　堆垛机器人全球主要申请人布局区域

注：图中数字表示申请量，单位为项。

图5-8给出了堆垛机器人全球主要申请人技术分布情况，从图中可以看出，除了丰

田汽车较多的涉及辅助设备，其他 4 位主要申请人关于本体分支以及末端执行器分支的申请量较大。值得注意的是，发那科是视觉识别分支中申请量最大的申请人，说明其在视觉识别技术方面有一定的技术储备。

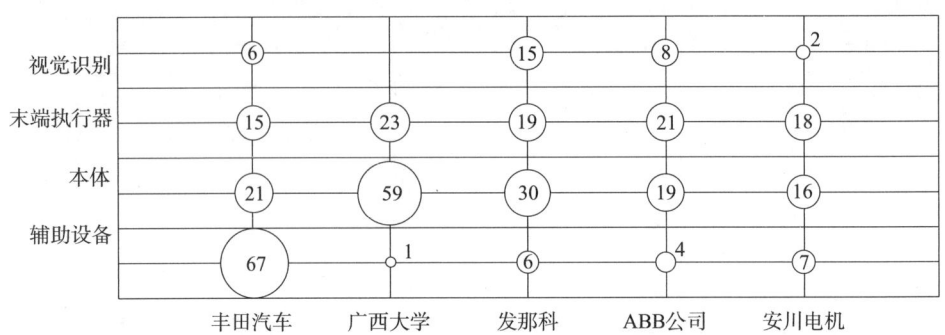

**图 5-8　堆垛机器人全球主要申请人技术分布**

注：图中数字表示申请量，单位为项。

## 2. 分拣机器人技术发展趋势

### （1）分拣机器人技术创新动态

分拣机器人各主要分支的专利申请量总体呈现增长趋势，并且增长率整体比较平稳，表明近年来全球分拣机器人专利申请量以较稳定的速度增长，全球分拣机器人整体在稳步发展。从各主要分支的专利申请发展趋势来看，其中，末端执行器和识别分支的增长尤为明显。2007 年以来，分拣机器人各主要分支的专利申请量总体呈现上升趋势，尤其近 5 年来，各分支专利申请量增长明显。

图 5-9 中示出了分拣机器人全球专利申请各技术分支申请量趋势，从图中可以看出，2012 年以前，各个技术分支的申请量均不多，也从侧面反映出对分拣机器人的研究不多，分拣机器人的应用并不广泛。而从 2012 年以后，各个技术分支的申请量迅速扩张，即对分拣机器人在各个领域均进行了较多的研究，分拣机器人正朝着智能化、精准化发展。

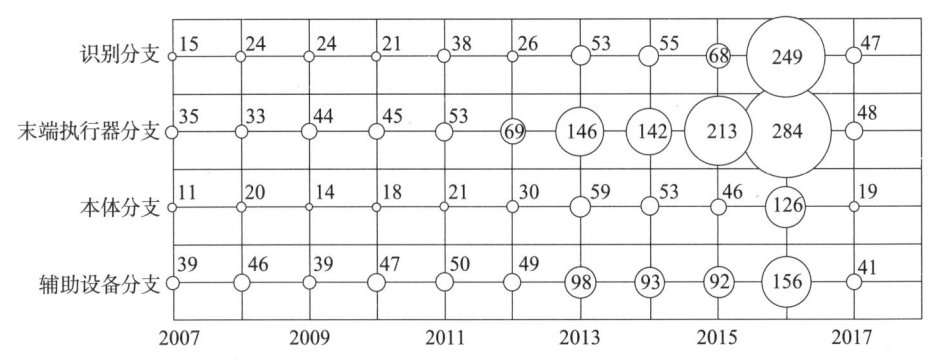

**图 5-9　分拣机器人全球专利申请各技术分支申请量趋势**

注：图中数字表示申请量，单位为项。

图 5-10 给出了各技术分支国内专利申请量的变化趋势，从图中可以看出，各个分支的申请量基本上呈逐年增长的趋势，其中以末端执行器分支的增长最为迅速，申请量也最大，与全球的增长趋势一致，其次为识别分支，而对于本体分支和辅助设备分支的申请量则相对较少，增长相对缓慢。

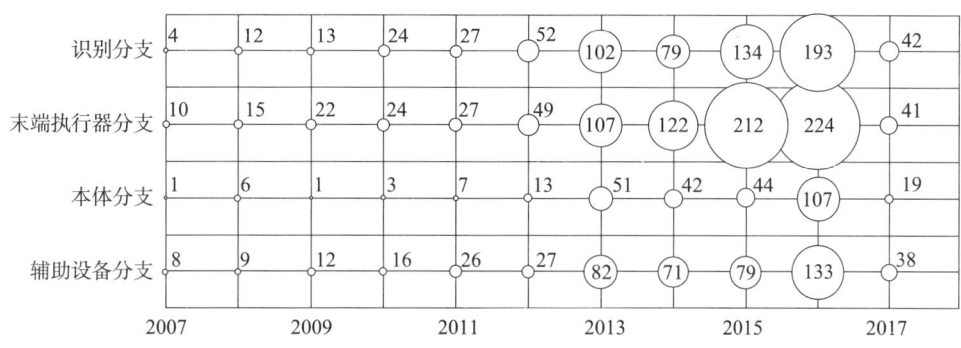

**图 5-10 分拣机器人中国专利申请各技术分支申请量趋势**

注：图中数字表示申请量，单位为件。

**（2）分拣机器人技术创新区域**

图 5-11 示出了分拣机器人各个技术分支的申请量分布情况。从图中可以看出，在各技术分支领域，中国和美国占据了主导优势，分别居第一位和第二位；其次是日本和韩国，分别居第三位和第四位；而欧洲申请量则相对较少。中国的专利申请主要集中在识别分支和末端执行器分支，且辅助设备分支也有较多的申请量，对识别和末端执行器的控制、驱动等方面的辅助设备分支也做了较多研究；而美国的专利申请主要集中在识别分支，该分支的申请量遥遥领先；而日本和韩国在识别分支和末端执行器分支的申请量几乎持平；其他国家对各个分支的申请量相对不多。总体来说，识别分支和末端执行器分支是分拣机器人的研究重点。

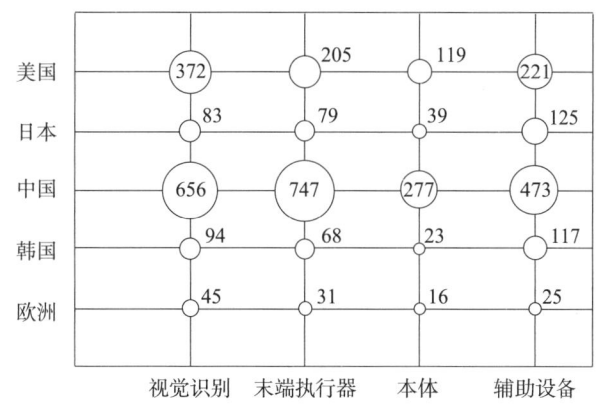

**图 5-11 分拣机器人全球专利申请主要布局国家各技术分支布局**

注：图中数字表示申请量，单位为项。

图 5 – 12 示出了国内主要区域各分支申请布局，国内前 5 名的省市分别为江苏省、广东省、浙江省、上海市和山东省。从图中可以看出，关于识别分支，江苏省和广东省的申请量分别居第一位和第二位，成为第一梯队，浙江省、上海市属于第二梯队。末端执行器分支申与识别分支相似，江苏省和广东省的申请量较多，分别居第一位和第二位。而在本体分支中，江苏省申请量最多，居第一位，而广东省、山东省、浙江省分别居第 2 ~ 4 名。辅助设备分支前 5 名的省市中，江苏省的申请量最多，而广东省、浙江省、上海市和山东省分别居第 2 ~ 5 名。

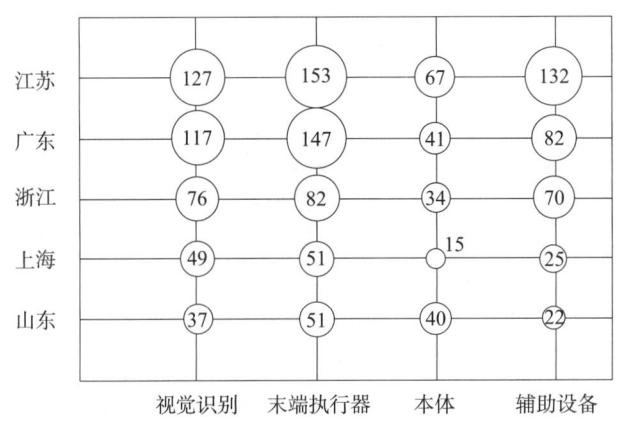

**图 5 – 12　分拣机器人国内主要申请区域各技术分支布局**

注：图中数字表示申请量，单位为件。

图 5 – 13 示出了分拣机器人各技术分支主要来华专利布局，从图中可以看出，日本、韩国和美国是主要的来华申请国，这也与全球主要申请国相适应，也反映了全球主要申请国进入其他国家以抢占市场的意识。其中日本的申请量居第一位，且主要集中在识别分支和末端执行器分支，同时在分拣机器人的辅助设备分支方面也有较多的研究，其次是韩国和美国，其研究重点同样是识别分支和末端执行器分支，而芬兰和德国的申请量相对较少。

（3）分拣机器人主要创新主体

图 5 – 14 给出了全球分拣机器人前 10 位申请人专利申请量排名，在全球前 10 位申请人中，有 6 位日本申请人、2 位韩国申请人、1 位德国申请人和 1 位中国申请人，其中来自日本的申请人超过一半，反映出在分拣机器人领域，日本处于领先地位，也表明日本专利保护意识较强。而前 10 名的申请人中有 1 位中国申请人，但是属于高校，并且没有与之相关联的企业，因此并没有产业上的影响。

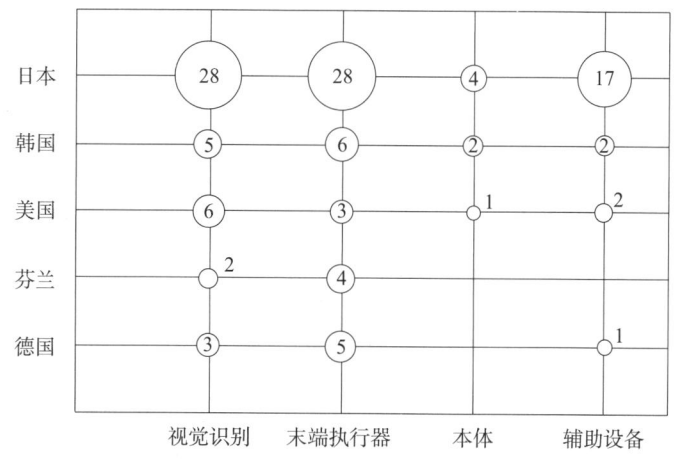

**图 5 – 13   分拣机器人主要来华国家各技术分支布局**

注：图中数字表示申请量，单位为件。

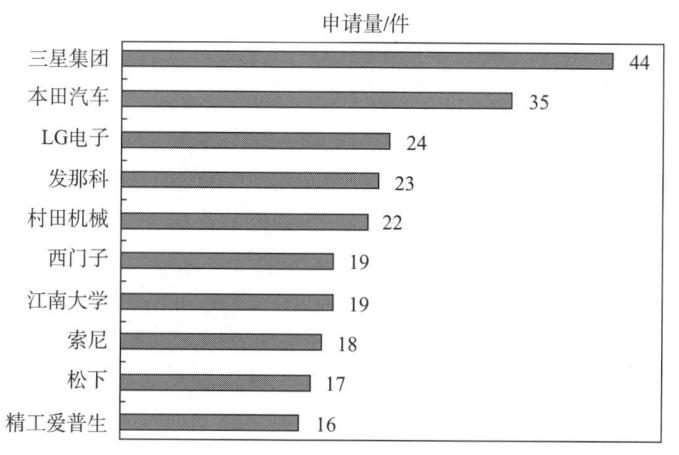

**图 5 – 14   分拣机器人全球排名前十申请人专利申请量**

图 5 – 15 给出了国内分拣机器人前 5 位申请人专利申请排名，排名第一的是江南大学，紧随其后的是国家电网、楚天科技股份有限公司、苏州博实机器人技术有限公司和苏州速腾电机科技有限公司。前 5 位申请人中，包括 1 家高校、4 家企业，反映了高校和企业均对分拣机器人有一定研究。与全球申请人的申请量对比可以发现，国内企业在申请量上与全球跨国大企业之间还是存在一定的差距，申请量的差距也一定程度反映了技术积累和技术优势，国内企业还是需要进一步提高自身的技术实力。

图 5 – 16 给出了来华主要申请人专利申请量排名，在来华前 5 位申请人中，包含了 4 位日本申请人和 1 位韩国申请人，与全球主要申请人的趋势基本一致，尤其是日本的几家企业。当然，这几家企业目前的申请量不是很大，其各自主要还在本国和欧美布局，但是随着中国科技的进步，市场的需求也会进一步扩大，上述各大企业也一定会抢占中

国市场，尤其是将已经授权的具有一定基础的申请经过国际申请进入中国。

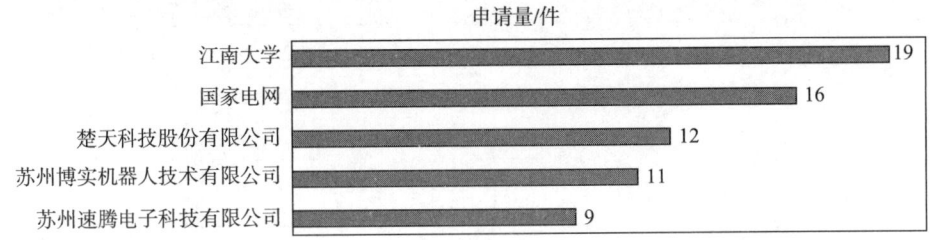

**图 5-15　分拣机器人中国排名前 5 位国内申请人专利申请量**

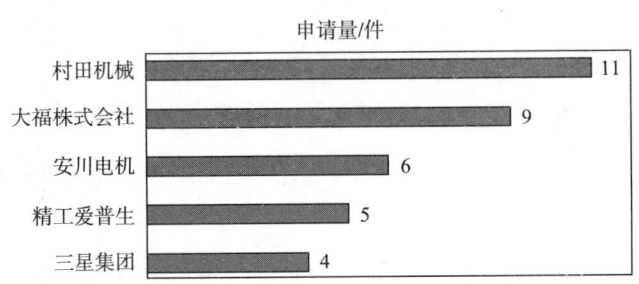

**图 5-16　分拣机器人中国排名前 5 位来华申请人专利申请量**

（4）主要创新主体专利申请趋势、创新重点、布局国家情况

图 5-17 示出了分拣机器人专利申请量全球前 5 名申请人布局区域，从图中可以看出，韩国三星集团和 LG 电子主要在韩国布局，其中三星集团在美国也有较多的专利申请；丰田汽车则主要在美国、日本布局，同时，在中国和欧洲也有一定量的申请；发那科主要在日本和美国布局，同时在中国、欧洲和俄罗斯也有少量的申请；村田机械则主要在日本和中国布局。

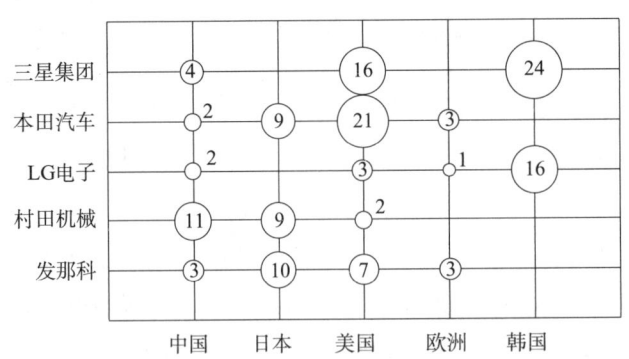

**图 5-17　分拣机器人全球主要申请人布局区域**

注：图中数字表示申请量，单位为项。

图 5-18 给出了分拣机器人专利申请量排名前 5 位申请人各分支分布情况，从图中可以看出，三星集团在各个分支都占据领先地位，而本田汽车则主要在识别方面有较多

的申请量。综合来看，前 5 名申请人中，识别分支和末端执行器分支均占据重要比例，而本体分支以及辅助设备分支申请量则相对较少。这也从侧面反映出识别分支以及末端执行器是主要的研发热点，这与前文的主要研发热点结论基本一致。

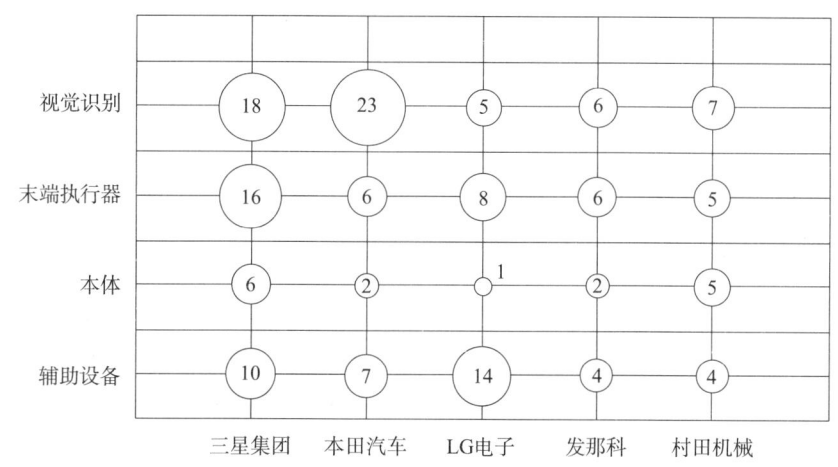

图 5-18　分拣机器人全球主要申请人技术分布
注：图中数字表示申请量，单位为项。

图 5-19 给出了国内主要申请人各个分支的申请量，从图中可以看出，国内主要申请人的研究重点在于末端执行器分支和识别分支，这也是分拣机器人的两大重要组成部分，同样从侧面反映了国内对分拣机器人的研究热点的捕捉是非常准确的。

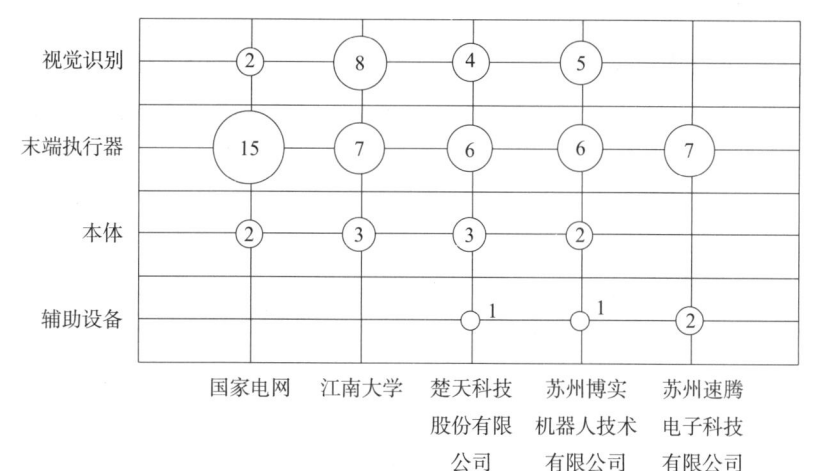

图 5-19　分拣机器人国内主要申请人各技术分支的申请量
注：图中数字表示申请量，单位为件。

图 5-20 示出了来华主要申请人各个分支的申请量，从图中可以看出，村田机械和大福的研究重点在于识别分支和末端执行器分支，而安川电机和精工爱普生的研究重点在于末端执行器分支。由此可见，在本领域各大企业的研发重点都比较一致，在该分支

的竞争也很激烈，国内企业还是需要占领先机。

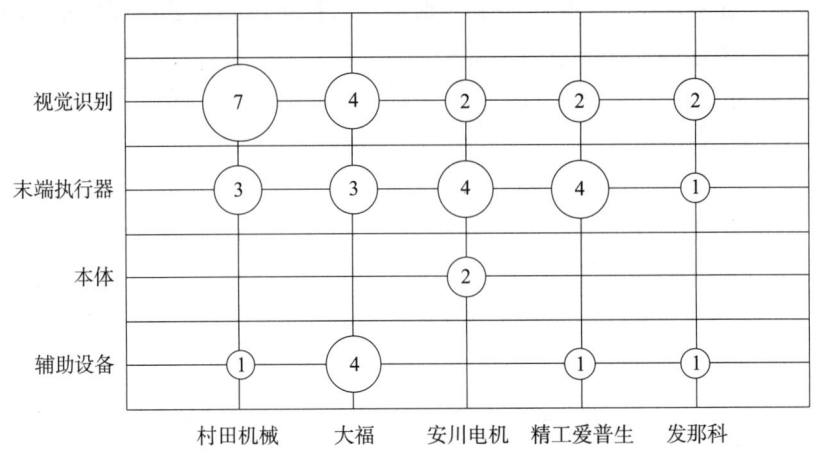

图 5 - 20  搬运机器人来华主要申请人各技术分支分布申请分布

注：图中数字表示申请量，单位为件。

### 3. 装卸搬运机器人技术发展趋势

本节分析装卸搬运机器人全球专利概况，检索截止日为 2017 年 9 月 30 日，检索到全球范围内涉及装卸搬运机器人专利申请共 7629 项，涉及 2400 余个相关申请人，由于专利延迟公开等原因，近两年，尤其 2017 年的数据并不完整，因此数据会有所减少。

（1）装卸搬运机器人技术创新动态

图 5 - 21 给出了装卸搬运机器人在全球的专利申请量趋势，从图中可以看出，1997年以后，申请量呈现快速增长的趋势。国外 2000 年以后申请量基本处于一个平稳的起伏状态。其中，本体分支和识别分支总量占比最大。

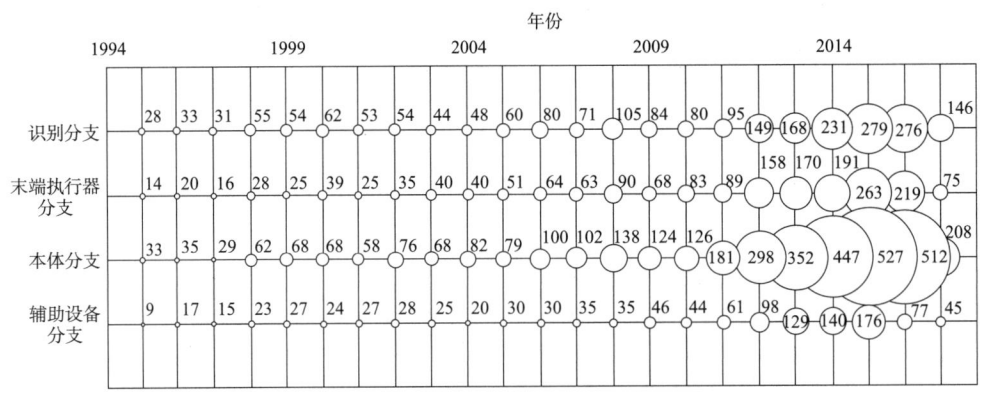

图 5 - 21  装卸搬运机器人各分支全球专利申请趋势

注：图中数字表示申请量，单位为项。

图 5-22 显示了装卸搬运机器人中国专利申请趋势,从图中可以看出,中国申请量 2010 年以前增长缓慢,自 2010 年以后出现了井喷式发展,来华申请仅在 2011～2012 年有小幅增长,其他年份申请量保持相对较小的稳定水平。其中国内各分支的申请与全球态势类似,也是本体分支和识别分支申请量占比最大。

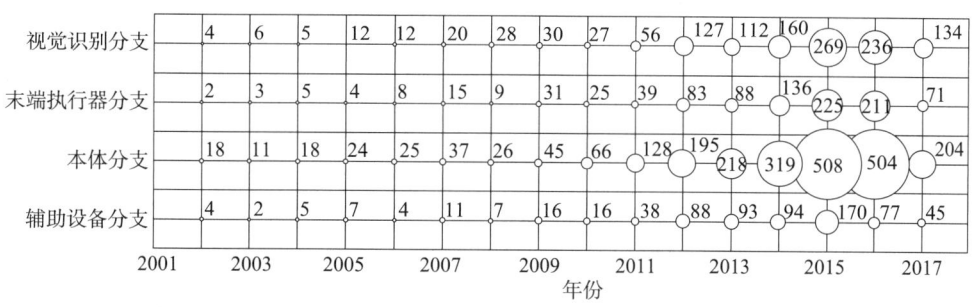

**图 5-22　装卸搬运机器人各分支中国专利申请趋势**

注:图中数字表示申请量,单位为件。

图 5-23 显示了装卸搬运机器人中国专利申请各技术分支国内、来华申请量分布,从图中可以看出,各分支均是国内申请量占绝对优势,而对于来华申请,依然是识别分支与本体分支所占量最大,分别为 1365 件、2637 件,但就来华申请所占比例来看,最大的是辅助分支,占比为 10.84%。

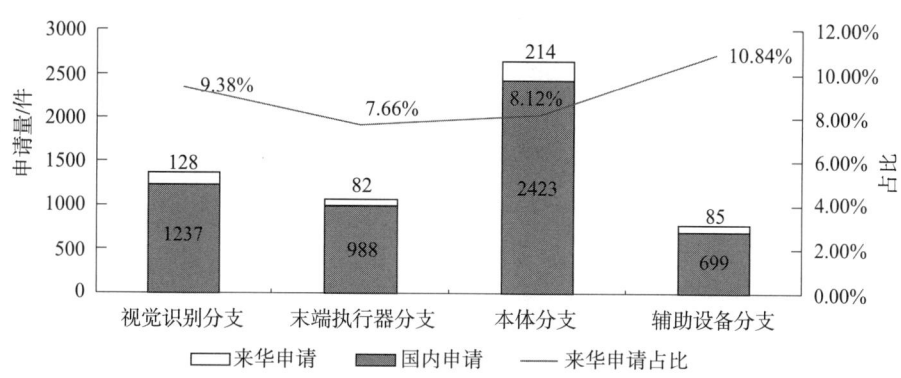

**图 5-23　装卸搬运机器人中国专利申请各技术分支国内、来华申请量分布**

(2)装卸搬运机器人技术创新区域

图 5-24 给出了装卸搬运机器人全球专利申请主要布局国家/地区各技术分布情况,从图中可以看出:各分支申请量最多的依然集中于中国、日本、美国。对于中国、日本、美国,本体分支布局量最大,这一点在中国尤为明显,说明我国更加注重本体分支的研发,也说明本体分支是可实现快速专利布局的分支,而对于识别分支,中国布局量远远超过美国和日本。

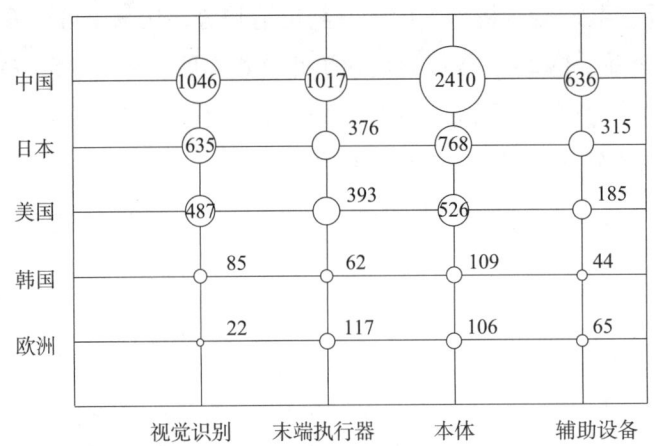

**图 5-24　装卸搬运机器人全球专利申请主要布局国家/地区各技术分支布局**

注：图中数字表示申请量，单位为项。

　　图 5-25 给出了装卸搬运机器人国内主要申请区域各技术分支布局，从图中可以看出，江苏省各分支申请量均最大，其中对于各主要区域来说，本体分支与识别分支申请量最大，江苏、广东两省在该分支表现最为明显，说明本体分支与识别分支均是研究重点。

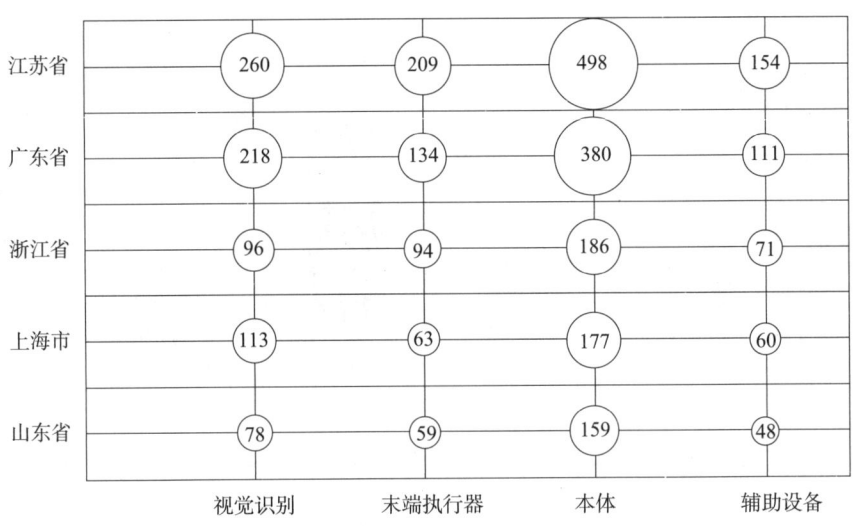

**图 5-25　装卸搬运机器人国内主要申请区域各技术分支布局**

注：图中数字表示申请量，单位为件。

　　图 5-26 给出了装卸搬运机器人主要来华国家/地区各技术分支布局，从图中可以看出，欧洲、美国申请量最大，其中，欧洲、美国在本体分支上申请量相当，但视觉识别分支欧洲申请量远超美国申请量。

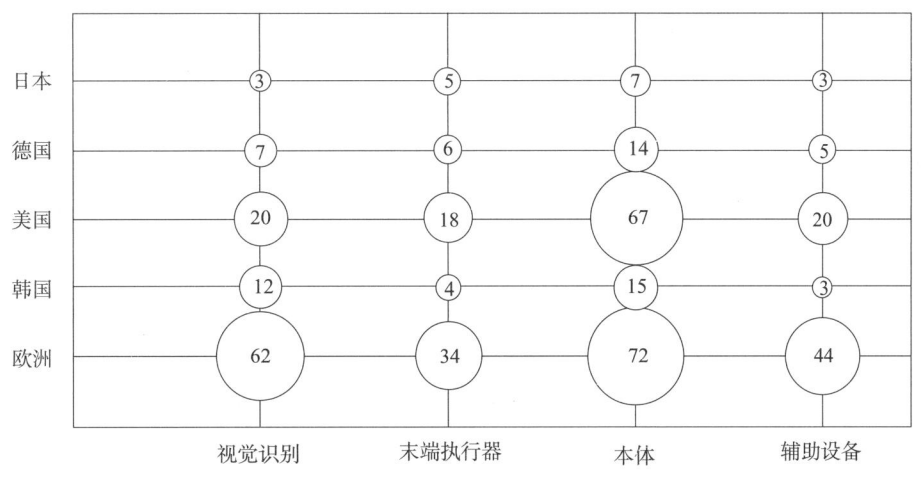

**图5-26　装卸搬运机器人主要来华国家/地区各技术分支布局**

注：图中数字表示申请量，单位为件。

（3）装卸搬运机器人主要创新主体

图5-27给出了装卸搬运机器人全球主要申请人专利申请排名，从图中可以看出，来自日本的申请人有6位，超过了一半，说明日本企业在装卸搬运机器人领域处于领先地位。其中村田机械、丰田、日立机电工业、松下电气产业都是享誉全球的日本知名企业，其产业覆盖面广、技术含量高以及全球激烈的竞争也是其在专利布局上申请量一直处于领先地位的重要原因。村田机械表现最为突出，其申请量居第一位，达到195件，接近我国企业无锡普智联科高新技术有限公司申请量的4倍。

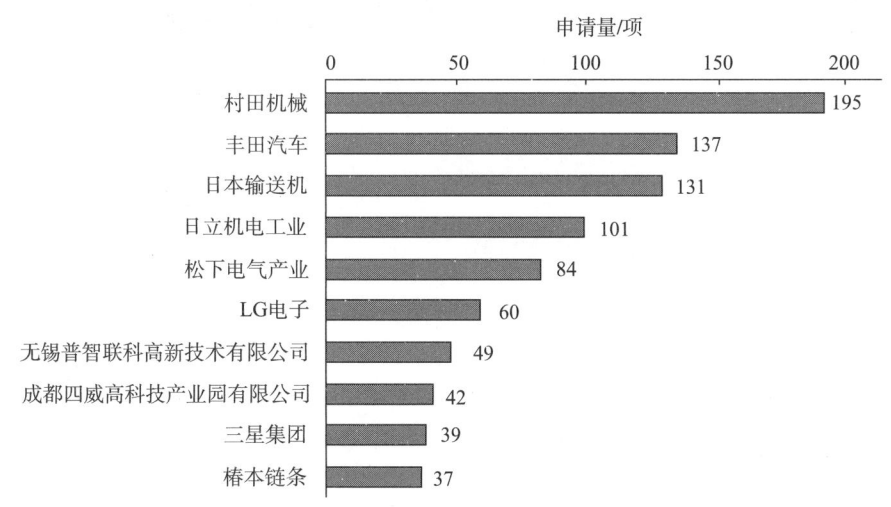

**图5-27　装卸搬运机器人全球主要申请人专利申请排名**

图 5 - 28 给出了装卸搬运机器人中国主要申请人专利排名，可以看出无锡普智联科高新技术有限公司、成都四威高科技产业园有限公司、广东嘉腾机器人自动化有限公司、昆明船舶设备集团有限公司申请量较大，深圳市佳顺伟业科技有限公司、苏州工业园区艾吉威自动化设备有限公司、广州市远能物流自动化设备科技有限公司申请量次之。

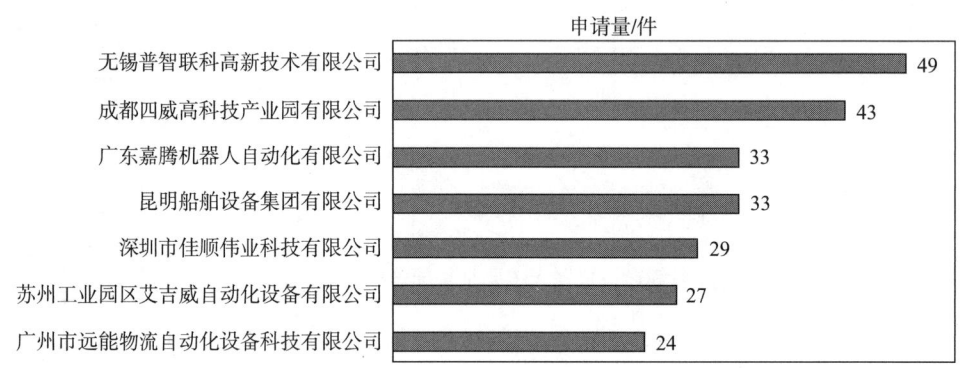

**图 5 - 28　装卸搬运机器人中国主要申请人专利申请排名**

图 5 - 29 示出了中国排名前五的来华申请人专利申请量，从图中可以看出，日本占 3 家公司，分别是村田机械、大福、日立机电工业；美国一家，为杰维斯 B. 韦布国际公司；德国一家，为德马泰克有限公司。其中以日本村田机械申请量最大，超过第二、第三名总和。

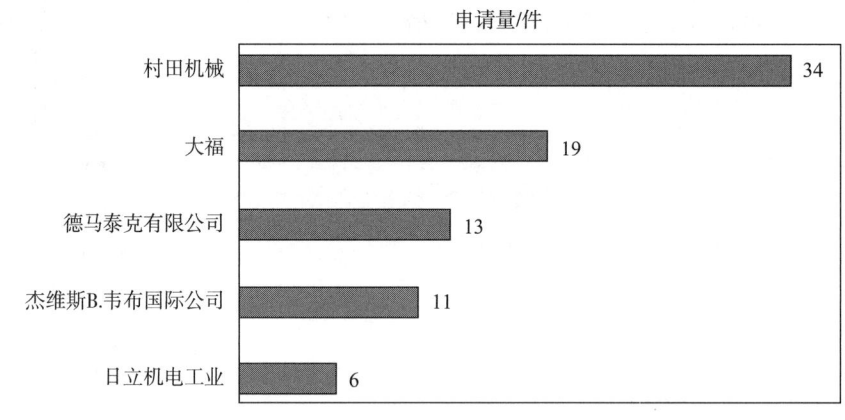

**图 5 - 29　装卸搬运机器人中国排名前五来华申请人专利申请量分布**

（4）主要创新主体专利申请趋势、创新重点、布局国家情况

图 5 - 30 列出了装卸搬运机器人全球主要申请人布局区域，从图中可以看出，前 5 位申请人主要在日本布局（即本国布局），其境外的主要布局国家为美国和中国，但占比量并不多，其中美国略高于中国。这一点对国内企业比较有利，可以借鉴其专利技术，

快速实现技术跟进，同时在此基础上进行研发，可以有效提高效率、降低投入。

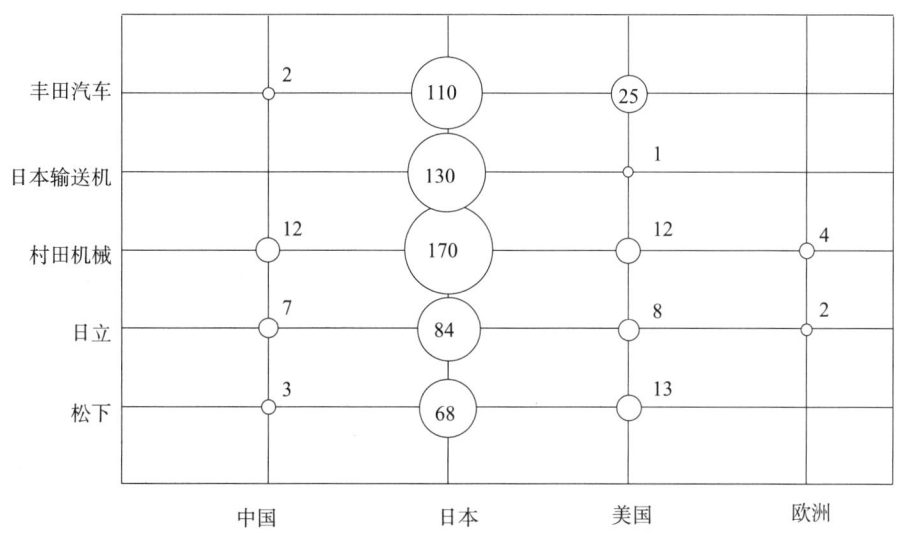

**图 5 – 30　装卸搬运机器人全球主要申请人布局区域**

注：图中数字表示申请量，单位为项。

图 5 – 31 给出了装卸搬运机器人全球主要申请人技术分布，从图中可以看出，除松下电气之外，其他 4 位主要申请人的本体分支以及视觉识别分支申请量显著较大，说明上述两个分支是主要研发热点。松下电气在末端执行器分支的申请量较大，说明松下电气侧重于该分支的研究以及布局。

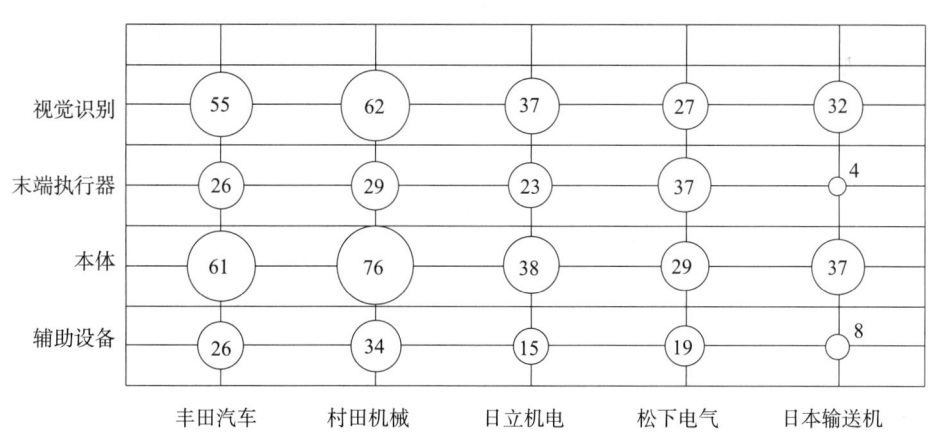

**图 5 – 31　装卸搬运机器人全球主要申请人技术分布**

注：图中数字表示申请量，单位为件。

图 5 – 32 给出了装卸搬运机器人来华主要申请人各技术分支的申请量，可以看出，几位重要申请人关于本体分支与识别分支申请量依然最大，说明各申请人的研究重点主要集中在上述两个分支，也进一步表明本体分支作为硬件体现、识别分支作为软件体现

一直属于研究的重点以及热点。同时除了德马泰克有限公司外，其余3家在辅助设备分支方面申请量也比较大，说明国外申请人将研究的重点向功能高度集成化方向发展。

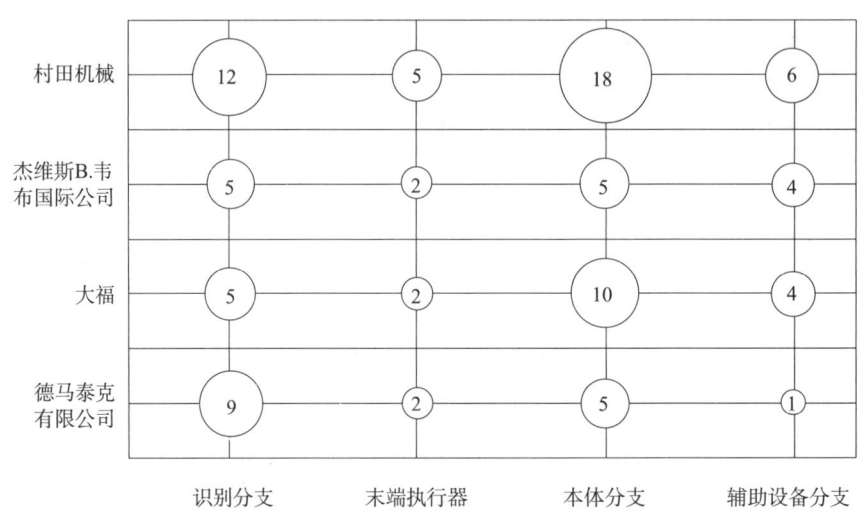

图5-32 装卸搬运机器人各技术分支的来华主要申请人申请量分布

注：图中数字表示申请量，单位为件。

图5-33给出了三大主要分支专利申请简要发展路线。

**（六）重要申请人专利布局分析**

1. 国外重要申请人专利分析

国外重要申请人的选择因素和指标主要考虑其产业规模、市场知名度、主流产品、专利指标及地域等因素。下面以大福和村田机械作为重要申请人进行分析。

（1）大福

作为目前世界最大的物流系统综合制造厂家之一的日本大福株式会社（Daifuku Co.，Ltd），始创于1937年，最早生产气锤、锻压加工机，随着日本经济的复兴与发展，开始涉足物料的运输及管理物流。到20世纪50年代中期，株式会社大福进入物流设备制造领域，制造自动生产线等。从20世纪60年代起开始生产立体自动仓库和自动化无人搬送车。1969年，大福株式会社的股票在东京证券一部上市，由此步入了快速发展的时代。2006年，大福株式会社的营业额超过2000亿日元，在全球拥有40多个分支机构和约5000名的社员。其FA&DA事业部生产的自动堆垛机，最高可达45米，运行速度最快达到每分钟500米，环顾全球物流设备制造企业无出其右者。其产品包括立体自动仓库、AGV等（见表6-1和表6-2）。

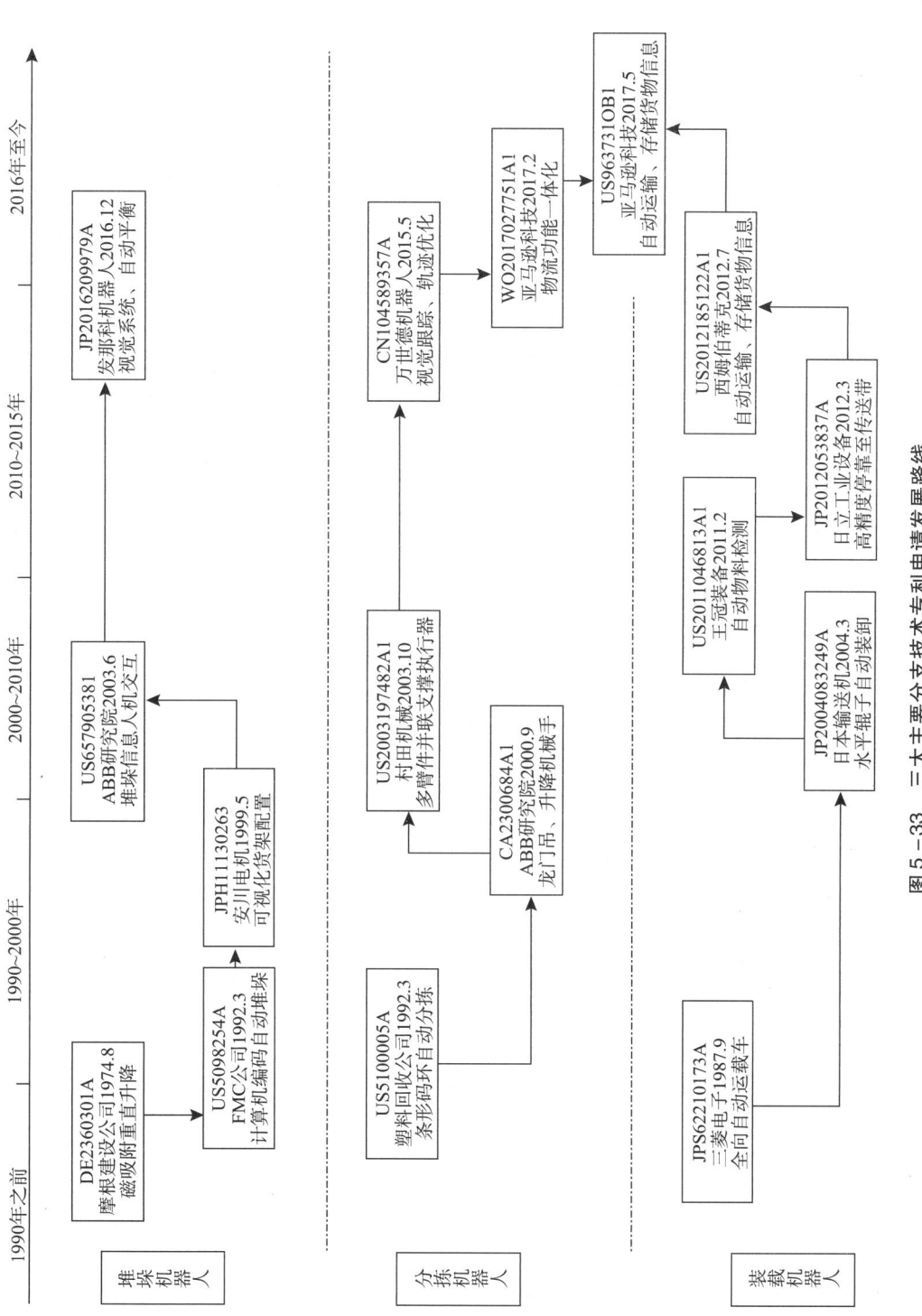

图5-33 三大主要分支技术专利申请发展路线

新能源电池

机器人

高档数控机床

表6-1　大福专利申请　　　　　　　　　　　　　　　　单位：项

| 申请人 | 申请量 | 近三年活跃度 | 申请趋势 |
|---|---|---|---|
| 大福 | 400 | 6 | 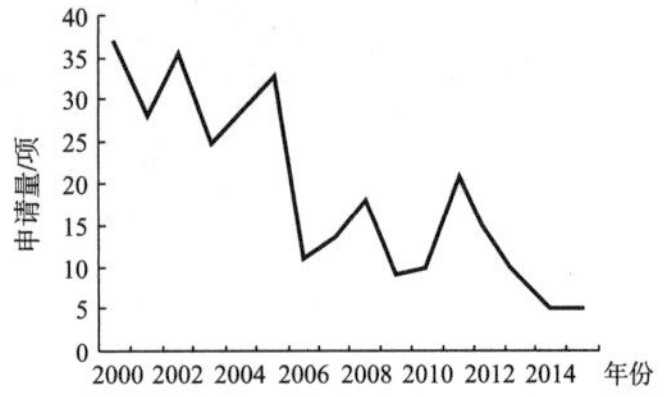 |

表6-2　大福各技术分支专利申请趋势及占比　　　　　　单位：项

| 技术分支 | 申请量 | 创新重点 | 申请趋势 |
|---|---|---|---|
| 堆垛机器人 | 24 | 视觉：6<br>本体：1<br>末端执行器：4<br>辅助设备：9 | 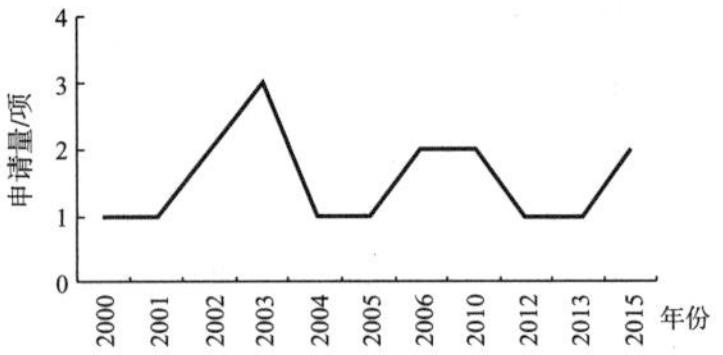 <br>近3年活跃度：1 |
| 分拣机器人 | 5 | 视觉：4<br>本体：0<br>末端执行器：3<br>辅助设备：5 | 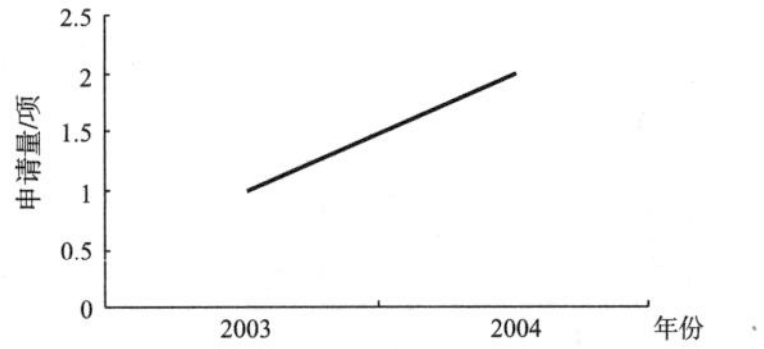 <br>近3年活跃度：0 |
| 装卸搬运机器人 | 73 | 视觉：8<br>本体：16<br>末端执行器：2<br>辅助设备：5 | 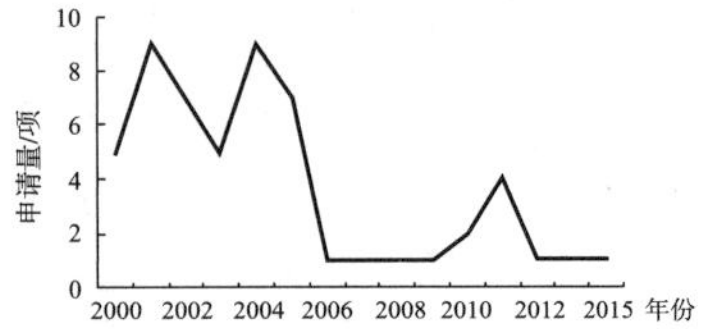 <br>近3年活跃度：2 |
| 自动化立体仓库 | 298 | — | 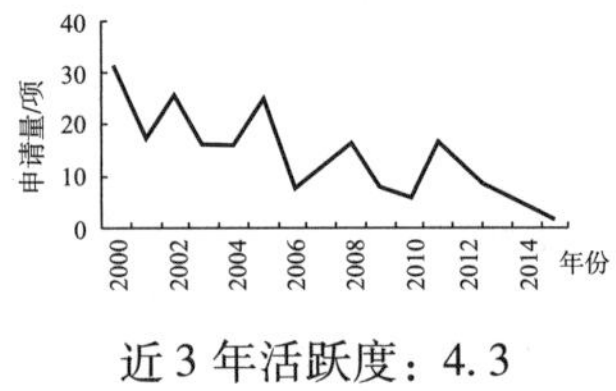 <br>近3年活跃度：4.3 |

图6-1给出了大福各分支占比以及专利申请量趋势，从图中可以看出，1990～1994

年大福申请量成不断上升态势，在 1994～1998 年，申请量开始出现阶段性上升和下降，而这一时期，大福的专利申请方向也在不断变化，在 2000～2005 年大福的申请量维持在高位，2006 年后开始在低位徘徊。从表 6－2 可以看出，大福的专利申请方向主要以自动化立体仓库为主，其次是装卸搬运机器人，分拣机器人方向占比较小。

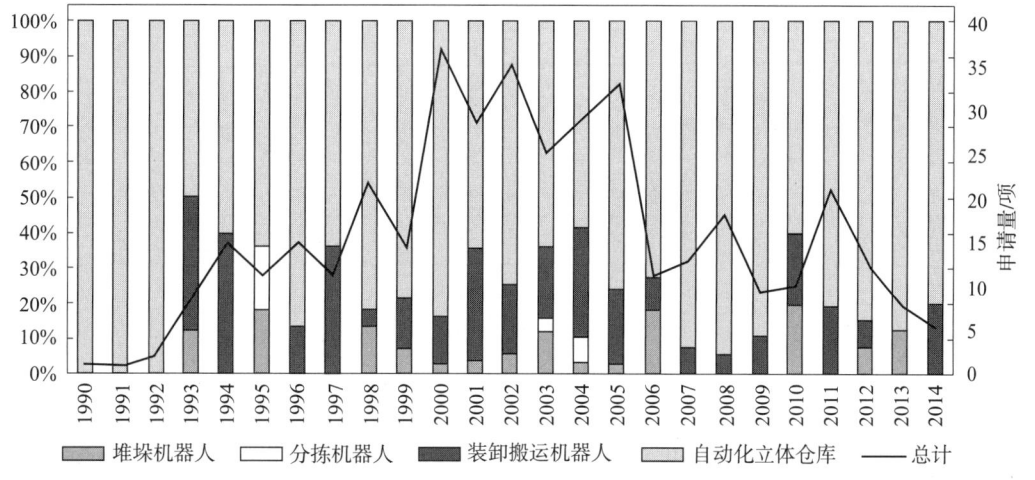

图 6－1　大福专利申请量变化趋势

从图 6－2 中可以看出，大福的专利申请中有 76% 在日本进行了布局，在其他国家/地区布局中占比最高的为韩国和美国，在中国布局专利申请量占比为 4%，在欧洲和德国的布局占 2%，可以看出，大福更重视美国和韩国市场，这一点对国内企业比较有利，可以借鉴其专利技术，快速实现技术跟进，同时在此基础上进行研发，可以有效提高效率、降低投入，但是应该避免可能存在的专利风险。

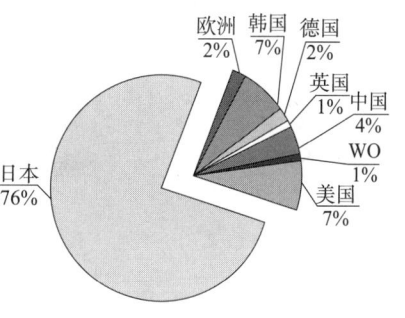

图 6－2　大福全球专利布局分析

（2）村田机械

村田机械的总公司设立在日本京都，成立于 1935 年，有 80 多年的历史。目前有 2300 多名员工，主要有纺织机械、工作机械、物流机械和信息设备四大部门。从 SCM（供应链管理）的观点来看，村田机械所提倡的物流解决方案与企业运作有相当直接的关联。代表将原物料采购至运输商品到最终消费者之间的连贯性最佳化。主要产品涉及多楼层自动仓储系统、栈板自动仓储系统、料桶自动仓储系统、激光引导、导致式无人搬运车（LGV）、磁性引导、导致无人搬运车（AGV）、自动仓储系统（AS/RS）、自动运送与分类车（RTN－X）、自动空中小车输送机系统、分层拣取系统、视感机械手臂、垂直堆垛系统和数字分拣系统等，表 6－3 和表 6－4 是村田机械专利申请趋势和各技术分支的专利申请趋势。

表6-3　村田机械专利申请趋势　　　　　　　　　　　　　　单位：项

| 申请量 | 近三年活跃度 | 申请趋势 |
|---|---|---|
| 705 | 18.7 | 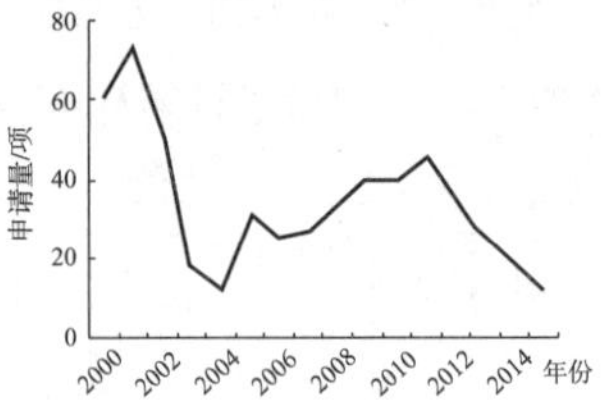 |

表6-4　村田机械各分支专利申请趋势　　　　　　　　　　　单位：项

| 技术分支 | 申请量 | 创新重点 | 申请趋势 |
|---|---|---|---|
| 堆垛机器人 | 27 | 视觉：3<br>本体：12<br>末端执行器：8<br>辅助设备：4 | 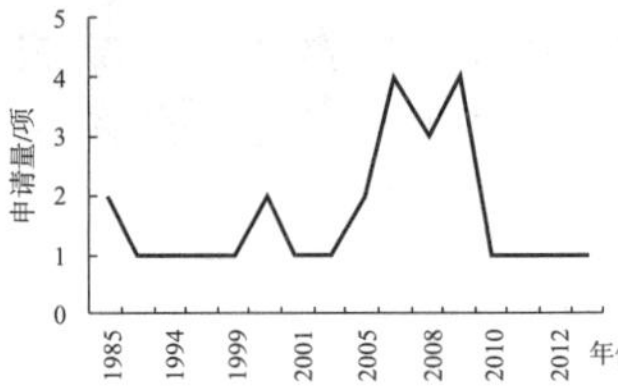 <br>近3年活跃度：18.7 |
| 分拣机器人 | 11 | 视觉：7<br>本体：0<br>末端执行器：3<br>辅助设备：2 | 近3年活跃度：0 |
| 装卸搬运机器人 | 204 | 视觉：79<br>本体：82<br>末端执行器：28<br>辅助设备：34 | 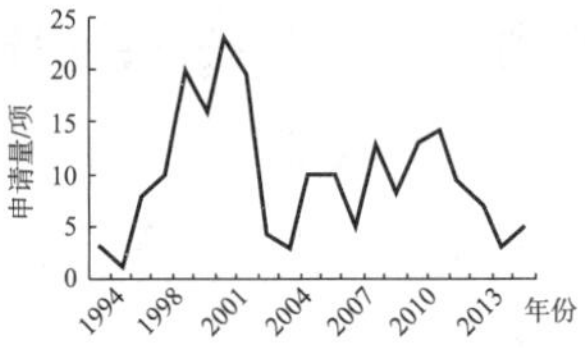 <br>近3年活跃度：5 |
| 自动化立体仓库 | 274 | — | 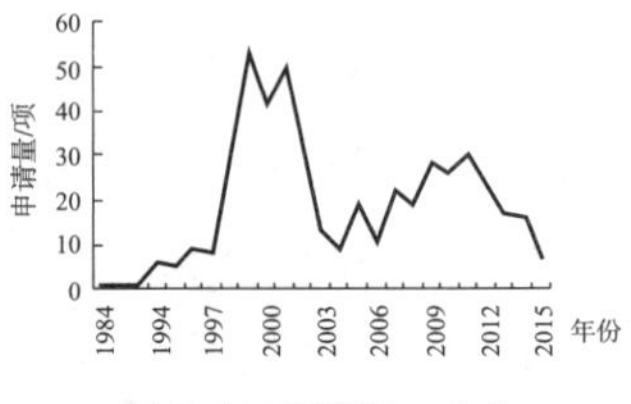 <br>近3年活跃度：4.3 |

图6-3给出了村田各分支占比以及专利申请量趋势，从图中可以看出，1996年以

前，村田机械的专利申请数量平缓增长，在 1996～2000 年，申请量开始出现阶段性上升，随后又出现下降，而这一时期，大福的专利申请方向也在不断变化，在 1992 年以前村田机械的申请主要集中在堆垛机器人，而 1993 年开始朝装卸搬运机器人和自动化立体仓库方向发展，并趋于稳定。从表 6 - 4 可以看出村田机械重点研发方向为自动化立体仓库。

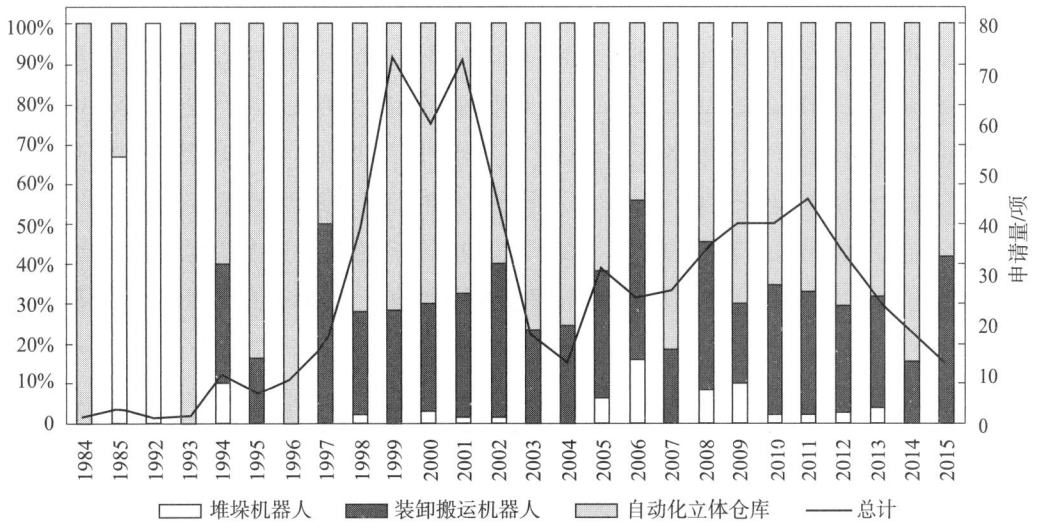

图 6 - 3　村田机械专利申请趋势及各技术分支占比

从图 6 - 4 中可以看出，村田机械的专利申请中有 66% 在日本进行了布局，在其他国家/地区布局中占比最高的为美国、韩国和中国，在中国布局专利申请量占比为 7%，在欧洲和德国的占比较小，可以看出，村田机械更重视美国和亚洲市场。

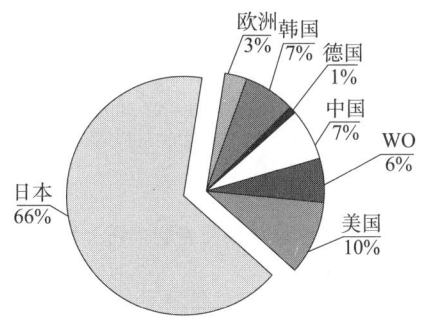

图 6 - 4　村田机械全球专利布局分析

2. 国内重要申请人专利分析

国内重要申请人的选择因素和指标主要考虑其产业规模、市场知名度、主流产品及专利指标及地域等因素。根据国内重要创新主体和国内申请人专利申请排名选出昆明船舶设备集团和沈阳新松机器人技术有限公司作为重要申请人进行分析。

（1）昆明船舶设备集团

昆明船舶设备集团有限公司（以下简称"昆船"）隶属于中国船舶重工集团公司，是军民结合的高新技术企业集团。公司现有职工 5000 多人，其中工程技术人员 1500 多人，资产总额约 60 亿元。昆船工业园占地 1200 多亩，建筑面积 60 余万平方米。经过持续发展，下属企业昆船物流信息产业有限公司已成为我国自动化物流系统及装备研发生产的优势企业。其主要产品包括 AGV、自动分拣分发机和自动货柜等。

昆船拥有涉及仓储物流的专利申请 82 件，从图 6 - 5 中可以看出昆船专利申请中，发明占 45%，实用新型占 55%，专利申请质量较为均衡，但发明专利申请量有待提高；而在总的申请量中，有效专利 49 件，无效专利 13 件，撤回 5 件，其余处于公开状态，可见昆船专利申请有效性较高，进一步分析可知，在 1997～2005 年昆船专利申请中无效专利占比较高，其当时专利申请质量不高，从 2006 年开始其专利申请数量不断增加，有效专利占比均超过 50%，说明其专利申请质量明显提高。从表 6 - 5 可以看出，昆明船舶集团拥有 6 家子公司，其中云南昆船设计研究院和昆明昆船物流信息产业有限公司专利申请量最多，分别达 39 件和 23 件，而其有效发明占比均在 50% 左右，两家公司的近 3 年活跃度也均超过 1，说明这两家子公司专利申请质量及积极性均较高，而其他公司专利申请量较低，且均没有有效发明专利。表 6 - 6 是昆船各技术分支的专利申请趋势。

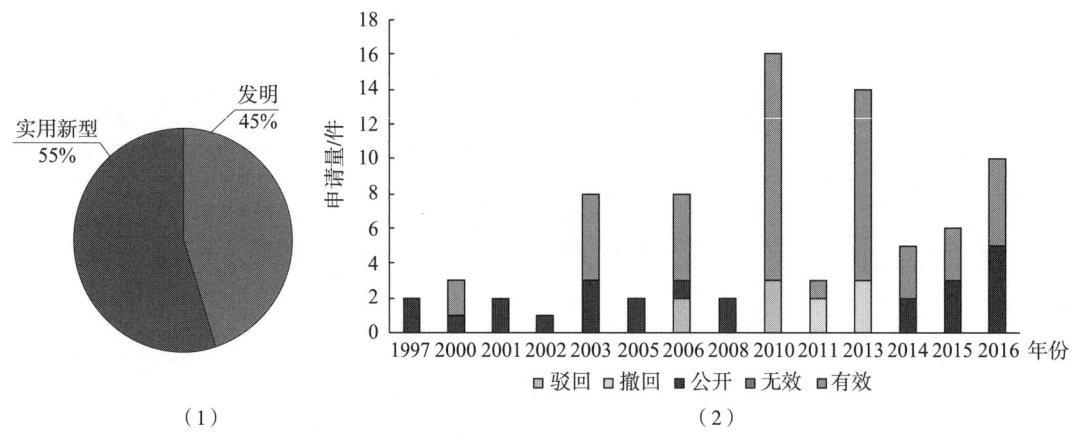

（1） （2）

图 6 - 5　昆明船舶设备集团专利申请类型及法律状态

表 6 - 5　昆明船舶设备集团专利申请状况　　　　　　　　　单位：件

| 申请人 | 申请量 | 发明申请量 | 有效发明专利 | 有效发明专利占比 | 近 3 年活跃度 |
|---|---|---|---|---|---|
| 昆明船舶设备集团有限公司 | 8 | 2 | 0 | 0 | 0.1 |
| 昆明昆船物流信息产业有限公司 | 23 | 14 | 7 | 0.5 | 1.2 |

| 申请人 | 申请量 | 发明申请量 | 有效发明专利 | 有效发明专利占比 | 近3年活跃度 |
|---|---|---|---|---|---|
| 云南昆船第二机械有限公司 | 4 | 1 | 0 | 0 | 0.1 |
| 云南昆船第一机械有限公司 | 4 | 0 | 0 | 0 | 0 |
| 云南昆船电子设备有限公司 | 3 | 2 | 0 | 0 | 0 |
| 云南昆船设计研究院 | 39 | 16 | 7 | 0.4375 | 1.1 |
| 云南昆船智能装备有限公司 | 1 | 0 | 0 | 0 | 0 |

表6-6　昆明船舶设备集团各技术分支专利申请　　　　　　　　单位：件

| 技术分支 | 申请状况 | 授权状况 | 创新重点 | 申请趋势 |
|---|---|---|---|---|
| 堆垛机器人 | 总量：21<br>发明：16<br>新型：5 | 总量：12<br>发明：7<br>新型：5 | 视觉：2<br>本体：9<br>末端执行器：9<br>辅助设备：7 | <br>近3年活跃度：2.3 |
| 分拣机器人 | 总量：5<br>发明：2<br>新型：3 | 总量：3<br>发明：0<br>新型：3 | 视觉：0<br>本体：2<br>末端执行器：0<br>辅助设备：3 | <br>近3年活跃度：0.3 |
| 装卸搬运机器人 | 总量：33<br>发明：11<br>新型：22 | 总量：25<br>发明：3<br>新型：22 | 视觉：19<br>本体：25<br>末端执行器：7<br>辅助设备：1 | <br>近3年活跃度：3.3 |
| 自动化立体仓库 | 总量：23<br>发明：11<br>新型：12 | 总量：19<br>发明：7<br>新型：12 | — | <br>近3年活跃度：2 |

　　图6-6给出了昆明船舶设备集团专利申请趋势及各技术分支占比，从图中可以看出，昆船专利申请较早，1997~2002年昆船申请量呈平稳趋势，在2003~2014年，申请量开始出现震荡，整体上呈震荡走高之势，2014年申请量降低，其后又开始恢复不断增长的趋势。从昆船各分支申请量占比可以看出，2003年以前昆船专利申请主要集中在装卸搬运机器人，2003年以来其研发重点不断出现变化，体现在这一时期的专利申请量的震荡，2014年后其研发方向开始均衡稳定，专利申请量也开始恢复平稳增长。从表6-6可以看出，昆船在堆垛机器人、装卸搬运机器人、自动化立体仓库等方面申请量较大，近3年活跃度也较高，堆垛机器人方面发明专利申请最多。

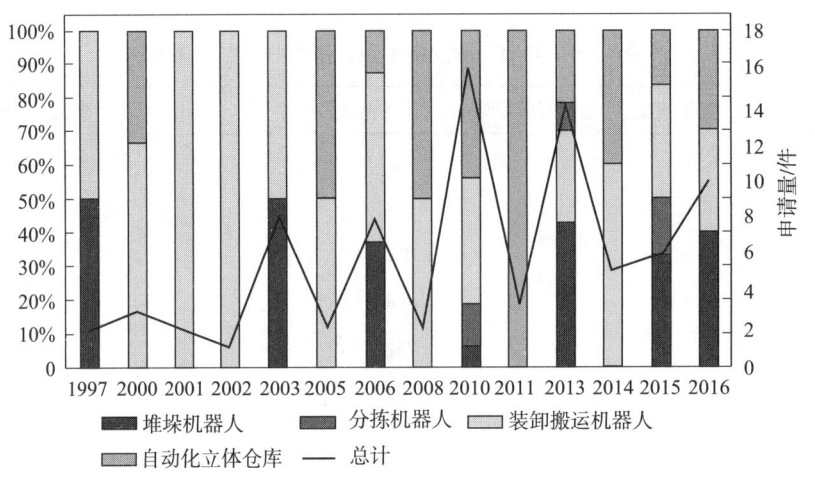

**图6-6　昆明船舶设备集团专利申请趋势及各技术分支占比**

（2）沈阳新松机器人

　　沈阳新松机器人自动化股份有限公司（以下简称"新松"）隶属中国科学院，是一家以机器人技术为核心，致力于数字化智能制造装备的高科技上市企业，是机器人产品线最全的厂商，在沈阳、上海、杭州、青岛建有机器人产业园，在北京、深圳等城市设立多家控股子公司，在上海建有新松国际总部。新松现拥有1600余人的研发创新团队，形成以自主核心技术、核心零部件、领先产品及行业系统解决方案为一体的完整产业价值链，并将产业战略提升到涵盖产品全生命周期的数字化、智能化制造全过程。目前，公司总市值位居同行业前3位，其主要产品包括AGV、拆码垛机器人等。

**表6-7　沈阳新松机器人专利申请**

| 申请人 | 申请量/件 | 发明申请量/件 | 有效发明专利/件 | 有效发明专利占比 | 近三年活跃度 |
|---|---|---|---|---|---|
| 沈阳新松自动化股份 | 35 | 17 | 6 | 0.35 | 5 |

　　从表6-7和图6-7可以看出，沈阳新松机器人专利申请质量较为均衡，发明专利

申请量有待提高，而总的申请量中，有效专利 19 件、无效 4 件、撤回 5 件，其余处于公开状态，可见沈阳新松机器人专利申请有效性较高，并且可以看出，在 2011～2014 年中其有效专利占比均超过 50%，说明其专利申请质量明显较高。

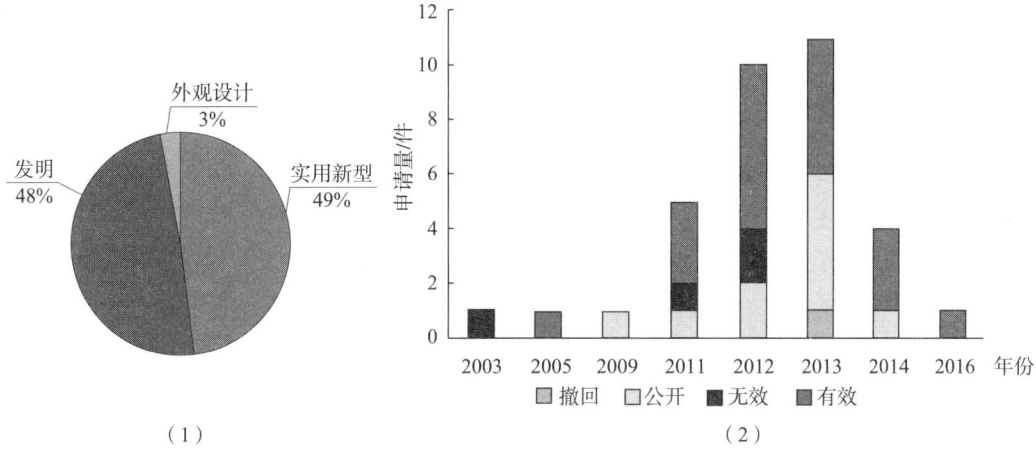

（1）　　　　　　　　　　　　　　（2）

**图 6-7　沈阳新松机器人专利申请类型及法律状态**

图 6-8 给出了沈阳新松机器人各分支占比以及专利申请量趋势，从图中可以看出，2003～2009 年沈阳新松机器人申请量呈现平稳态势，但其在这三个年份每年仅进行了一件专利申请，说明其专利申请意识还不够强，研发能力还较弱，在 2009～2013 年，申请量开始迅速增长，2013 年后又开始下滑，而从沈阳新松机器人各分支申请量占比可以看出，2011 年前，其申请主要是分拣机器人和装卸搬运机器人，2012 后其研发开始多元化，堆垛、分拣、装卸机器人技术方向均有专利申请。从表 6-8 中可以看出其研发重点为装卸搬运机器人，各技术分支的近 3 年活跃度均大于 1。

**表 6-8　沈阳新松机器人各技术分支专利申请**　　　　　　　　单位：件

| 技术分支 | 申请状况 | 授权状况 | 创新重点 | 申请趋势 |
|---|---|---|---|---|
| 堆垛机器人 | 总量：4<br>发明：3<br>新型：1 | 总量：2<br>发明：1<br>新型：1 | 视觉：0<br>本体：2<br>末端执行器：2<br>辅助设备：0 | 近 3 年活跃度：1.3 |

续表

| 技术分支 | 申请状况 | 授权状况 | 创新重点 | 申请趋势 |
|---|---|---|---|---|
| 分拣机器人 | 总量：6<br>发明：5<br>新型：1 | 总量：0<br>发明：0<br>新型1 | 视觉：4<br>本体：1<br>末端执行器：2<br>辅助设备：1 | 近3年活跃度：2 |
| 装卸搬运机器人 | 总量：19<br>发明：7<br>新型：12 | 总量：16<br>发明：4<br>新型：12 | 视觉：13<br>本体：7<br>末端执行器：8<br>辅助设备：4 | 近3年活跃度：1.7 |
| 自动化立体仓库 | 总量：6<br>发明：3<br>新型：3 | 总量：4<br>发明：1<br>新型：3 | — | 近3年活跃度：1.7 |

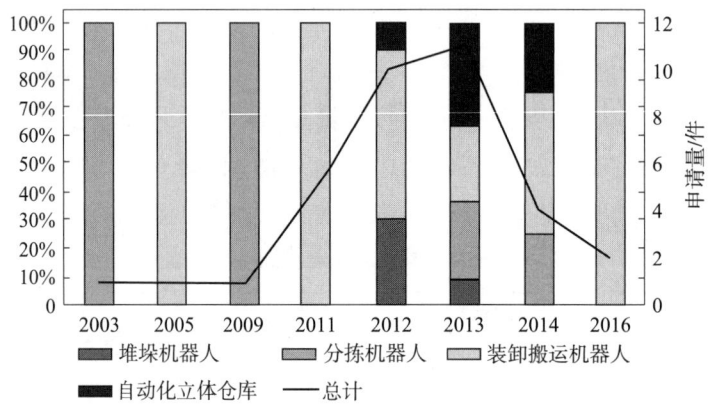

图6－8　沈阳新松机器人专利申请趋势及各技术分支占比

# 三、主要结论

近年来，中国、日本和美国的专利申请量占据了全球智能仓储物流成套系统关键技术总量的绝大部分，以创新重点和活跃度为视角，中国专利申请在全球申请中已经占据较为重要的地位，无论是专利布局国家还是专利来源国家，中国都占据第一位，表明国内创新主体已经开始关注相关产业的专利布局，并有意识地进行专利的申请和保护。

在堆垛机器人领域，本体分支和末端执行器分支占比最大，但识别分支近年来在国内增速较快，随着识别技术的日渐成熟，以及对于堆垛精准度要求的逐步提高，该技术分支潜力巨大。视觉分支在美国申请最多，证明这一前沿技术在美国已经开始市场布局，同时，识别分支是来华申请占比最大的一个分支，说明国外公司重视该分支在中国的布局，而来华申请的前3个国家——日本、德国与美国都是机器人领域的强国，它们布局的重点也代表了该技术分支的前景与潜力，国内企业也应当予以关注。在全球，分拣机器人领域内识别分支居第一位，末端执行器次之；而在中国，末端执行器居第一位，识别分支居第二位；由此可知，识别分支和末端执行器分支是两大重要热点。识别分支涉及图像处理技术，存在一定技术壁垒。湖南省在分拣领域的申请量排名较为靠前，在分拣机器人领域的申请量相对较多。在装卸搬运机器人领域，申请量主要集中在本体和识别分支，国内外研究方向一致，来华申请的国家主要集中在日本、美国、德国等国家，但其申请量相对较少；国内研究热点地域为江苏、广东、上海、浙江，与该地区的物流业发达程度息息相关。

领域内的龙头企业以日本企业居多，尤其以日本村田机械株式会社、大福株式会社等为代表，其相对申请量较大，专利布局国家区域广；国内创新主体暂时与其存在较大的差距，这些国外企业尤其是日本的相关企业在智能仓储物流产业的专利上已经有一定的积累。虽然中国在申请总量已居全球第一位，专利申请、专利布局等方面也开始受到国内创新主体的广泛重视，但就单个创新主体而言，申请量均较少，且多仅在国内布局，研究内容也较为单一，没有形成相应的技术网络，也未出现垄断的态势，如何突破国外企业的专利壁垒，做到自主原创，仍需要国内创新主体的进一步努力。

## 参考文献

[1] 贺赟. 中国物流业区域竞争力研究 [D]. 武汉：华中科技大学，2013.

[2] 王增梁. 关于物流企业推行 ISO9000 标准的必要性的探讨 [J]. 科技信息，2008 (2)：117 - 118.

[3] 张宝友，黄祖庆，孟丽君. 标准视角下省域物流产业竞争力比较研究 [J]. 西安电子科技大学学报，2011 (9)：1 - 2.

[4] 岳茜. 加强企业专利管理的必要性分析 [J]. 企业研究，2011 (12)：140 - 141.

[5] 汪传雷，张莉莉，李从春. 物流产业专利信息分析 [J]. 情志，2013 (5)：103 - 109.

[6] 贺化. 前沿技术领域专利竞争格局与趋势 Ⅱ [M]. 北京：知识产权出版社，2016.

[7] 汪传雷，张莉莉，李从春. 加强企业专利管理的必要性分析 [J]. 企业研究，2011 (12)：140 - 141.

新能源电池

机器人

高档数控机床

# 自走式清洁设备充电专利技术综述[*]

## 秦媛倩

**摘 要** 自走式清洁设备作为服务机器人的一种，能够使人们从繁重的清洁工作中解脱出来，具有广泛的应用前景。在智能家庭清洁机器人系统中，充电站与机器人将共同完成自动清扫、电池电能即将耗尽时的对接充电等任务。而如何快速、准确的自主充电成为研究的热点。本文主要以 CNABS、VEN 以及 SIPOABS 数据库中的检索结果为分析样本，从专利文献的视角对自走式清洁设备充电技术的发展进行了全面的数据统计以及分析，总结了自走式清洁设备充电领域相关的国内外专利的申请趋势、主要申请国分布以及重要申请人分布，并具体分析了重要技术分支的发展脉络。通过上述分析和梳理，有助于所属技术领域技术人员了解该技术领域发展情况和发展趋势，同时对于今后相关领域的高效审查也具有一定的促进作用。

**关键词** 自走式 机器人 充电 技术分支 发展路线

## 一、自走式清洁机器人充电技术概述

### （一）引言

随着科学技术的进步以及人们生活水平的提高，家用服务机器人逐渐进入人们的生活，其中如图 1-1 中示出的智能清洁扫地机最为人们喜爱，它的出现不仅减轻了人们的生活负担，提高了人们的生活水平，更标志着科学技术的进步，在智能清扫机器人系统中，充电站与机器人共同完成自动清扫、电池电能即将耗尽时的对接充电等任务。而如何成功实现自主对接成为充电技术的研究热点。

图 1-1 扫地机器人

---

\* 作者单位：国家知识产权局专利局专利审查协作江苏中心。

### （二）自主对接的目的

自主对接充电的目的是使家庭清洁机器人在电源不足的时候能够自主切换到充电模式，即暂停清扫工作自主寻找充电站，并在电池端点对接充电站插座后自动充电。当电源达到额定电压之后机器人能够重新回到原来位置继续原来的清扫任务。一般情况下，机器人可充电电池携带的电量无法一次完成较大房间的清扫，因此自主对接充电功能对家庭清洁机器人来说是实现清洁机器人自动完成清扫工作的不可缺少的主要功能。

### （三）自主对接充电技术的背景技术

在 20 世纪 40 年代末，Grey Walter 开发了第一个自主充电的移动机器人，名为"Tortoises"。这种机器人具有在神经学研究中向着光线走的行为。Walter 还发明了一个可以充电的小橱，橱中有能够发射光束的装置和充电器，并把它当作充电站。通过光束的引导，机器人来到橱前通过接触从而进行自主充电。这个系统有如下的特征：

（1）机器人的感知行为：感光；

（2）充电站能够发出机器人可以感知的光束；

（3）能够对电池和充电器进行具有一定准确性的对接。

### （四）自主对接充电技术的现状

1998 年，Tsukuba 大学成功开发出了一款可以自动充电的名为 Yamabico - Liv 的导游机器人。通过使用导航系统，该机器人能够利用地图自主导航绕越实验室的环境到达充电站，通过充电站上一些特殊装置的作用，实现自主充电。美国卡内基梅隆大学的机器人研究中心也开发出了一种叫作 Sage 的导游机器人，它是从卡内基梅隆历史博物馆所使用的导游机器人 NomadXR4000 改进而来。机器人 Sage 通过其所携带的 CCD 摄像头对标识环境的三维路标等进行识别和处理，从而自主地寻找充电站实现自动充电。路标被直接放于充电站的插座的正上方，通过它的引导，实现机器人可靠地停靠在预设的充电位置处，从而实现充电，在插座和插孔中间没有别的东西。在 174 天的操作运行中，这个机器人成功地实现 135 天无故障运转。与此同时，大约每 9 天就要人为地进行一些精度校正。

### （五）对接充电系统的设计

自动充电是用对接充电来实现的，对接充电过程主要用了红外信号。如图 1 - 2 所示，在清洁机器人的左侧和后面都装有红外接收传感器，发射传感器则安装在充电座上。对接充电对清洁机器人十分重要，因为机器人自带的充电电池电量有限，不一定能保证完成清扫工作。当内部电源检测到电压低于一定值时，清洁机器人将沿墙壁寻找充电座。一般清洁机器人按右手法则寻找充电座，所以在清洁机器人贴墙的一侧（我们这里选择左侧）和后部各装有一个红外接收传感器，当侧面的一侧在贴边过程中收到红外信号时，清洁机器人顺时针旋转90°，并沿着红外光路靠近充电座，同时检测充电座充电电压即可确定是否已对接上。同时还包括其他的对接方式，如超声、激光、摄像头、电磁传感器以及近年来十分流行的非接触充电技术。

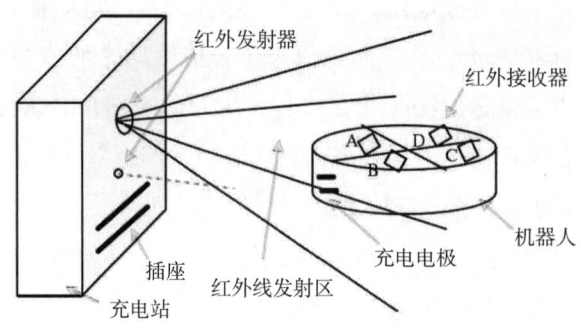

图1-2　扫地机器人对接充电方式

**（六）数据检索及处理**

1. 检索数据来源及概况

本文采用的专利数据主要来自中国专利文摘数据库（CNABS）、外文数据库（VEN）和世界专利文摘数据库（SIPOABS）。由于部分专利申请可能需要18个月之后公布，一些2015年、2016年提交的专利申请可能存在尚未公开的情况。在VEN、CNABS等数据库中均不包括这部分没有公开的专利申请。因此，本文的专利分析仅基于已经公开的专利申请。

2. 检索过程及结果

（1）检索关键词

中文：扫地、清洁、打扫、尘、移动；机器人；机；清扫机；自走式、充电、对接、引导、路径、导航、无线、非接触；

英文：clean +、sweep +、mobile、robot???、self 1w walk +、self 3w propell???、floor 3w treat +、autonomous、dock +、charg +、guid +、joint +、connect +、wireless、contactless、non 1w contact +。

（2）检索分类号

IPC：H02J7/ +；H01M10/4?；G05D1/12；G05D1/02；G05D3/12；A47L9/28；

EC：A47L9/28P2；K47L201/02；

CPC：A47L2201/02。

（3）检索过程

第一，利用自走式清洁设备本身相关的关键词扩展并结合充电的分类号进行检索；第二，利用机器人相关的分类号并结合关键词充电进行检索；第三，利用清洁设备与充电器对接充电方式的下位扩展进行补充检索；由于充电是检索的主题，因此，当文献量较大时结合充电的频率算符进行检索。

（4）检索结果筛选

为了使得检索结果相对全面，尽量减少与主题相关度较小的检索词的使用，以减小检索噪音，在阅读文献时通过附图浏览进行初筛，并在初筛的文献中找出与主题相关的文献进行数据标引。截至检索日期 2017 年 6 月，国外及国内自走式清洁设备充电技术领域的申请中已经公开的专利申请总量分别为 173 项、263 项。

## 二、自走式清洁机器人的专利申请整体状况

本部分首先对全球专利申请状况进行分析，了解该领域的专利申请的整体情况，再分别对国内专利申请分布状况以及国外专利申请的分布状况进行了分析。笔者利用 S 系统中的 CNABS、VEN、SIPOABS 数据库，通过 IPC 分类号、CPC 分类号、EC 分类号、关键词等检索策略相结合，进行了较为全面的检索，获得初步结果后通过详细浏览将与自走式清洁设备充电主题不相关的文献去除。检索截止日为 2017 年 6 月 30 日，考虑到一部分发明专利公开的滞后性，2017 年的数据会比实际申请量偏少。

### （一）全球专利申请状况分析

本节通过对全球专利申请量进行分析，获得了国内外专利申请总趋势以及全球专利申请的主要国家分布。

1. 国内外专利申请总趋势

图 2－1 示出了自走式清洁设备充电领域国内外专利申请趋势，从图中可以看出自走式清洁设备充电起始于 20 世纪 90 年代，但在 2000 年以前申请量相对较少，自 2000 年以来随着自走式清洁设备的不断发展，其充电相关的专利申请不断上升，在 2000～2010

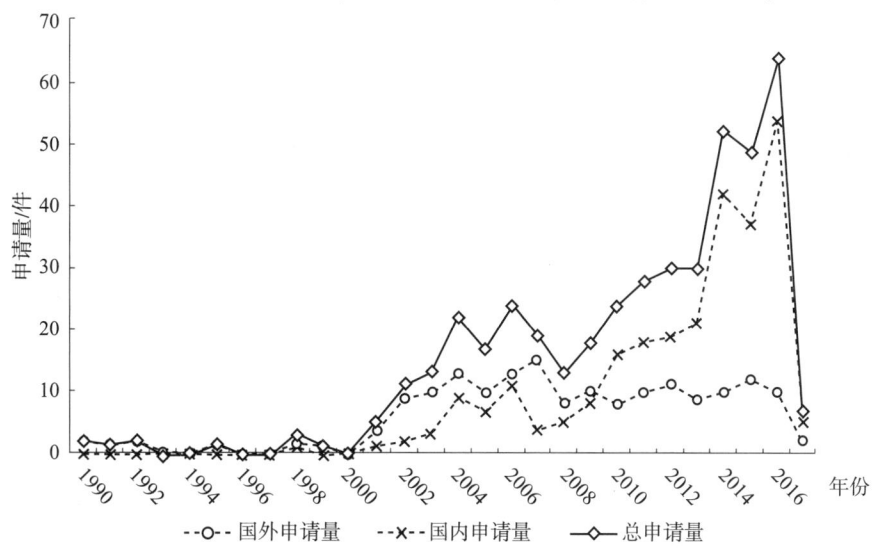

图 2－1　自走式清洁设备充电领域国内外专利申请趋势

年，2006 年申请量出现了一个小峰值，而在 2011 年之后，专利申请量呈不断上升趋势，进入快速增长期。并且通过申请量数据可以看出，国内申请量在此期间增长明显，而国外专利申请在 2003～2014 年，申请量较为均衡，浮动不大，处于稳定阶段。这也说明中国在该领域的创新意识不断增强，另外也能体现中国对这一领域的重视程度不断上升。

2. 世界专利申请的申请人国家分布

图 2-2 中示出了自走式清洁设备充电领域全球专利申请的申请人国家或地区分布。该专利申请目标国是指专利申请提出的这些国家、地区和组织，通常来说，一个国家的申请量所占份额的大小在一定程度上也客观体现了该国在该领域科技实力的强弱，从图中可以看到，中国、韩国是最主要的申请国家，也是技术创新实力相对较强的国家；其次依次为日本、美国、德国、英国、欧洲以及其他国家或地区。从数据上来看，除了中国和韩国外，日本、美国、德国、英国、欧洲也是该领域高度关注的竞争市场者，该领域在上述国家和地区具有较好的市场前景。

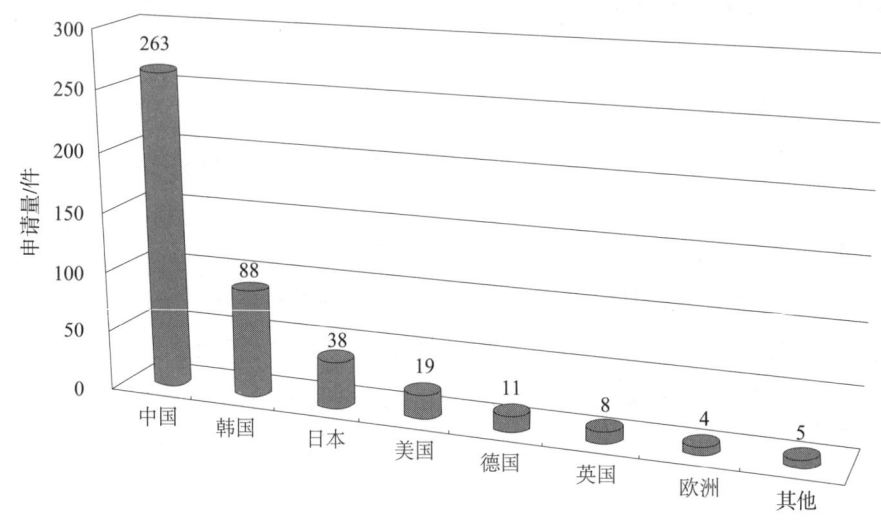

图 2-2　自走式清洁设备充电领域全球主要国家和地区专利申请分布

**（二）国内专利申请状况**

本节主要对中国专利申请趋势、中国专利申请国别分布状况、国内主要专利申请地区分布以及中国专利重要申请人进行分析，从中得到自走式清洁设备充电领域的技术发展趋势以及历年来重要申请人的专利申请情况。

1. 国内专利申请趋势

从图 2-3 中可以看出，自 2001 年起，国内企业以及国外企业自走式清洁设备充电领域申请量不断增加，国外企业或国外个人逐渐对中国市场进行布局，在 2001～2006 年，国内专利申请量不断攀升，2006 年申请量出现一个小高峰，而在 2007 年出现明显回落态势，自 2009 年开始，申请量开始呈现稳步增长态势。由于 2017 年的相关专利申请数据大多为暂未公布状态，因此暂不对 2017 年申请量数据分析考虑。而通过 2009 年至 2016 年专利申请数量的增长趋势，可以看出该领域由前期的萌芽发展状态逐渐向技术快速进步期过渡，国内外各科研机构公司等对于该领域的关注度逐步提升，其市场需求也逐步打开。

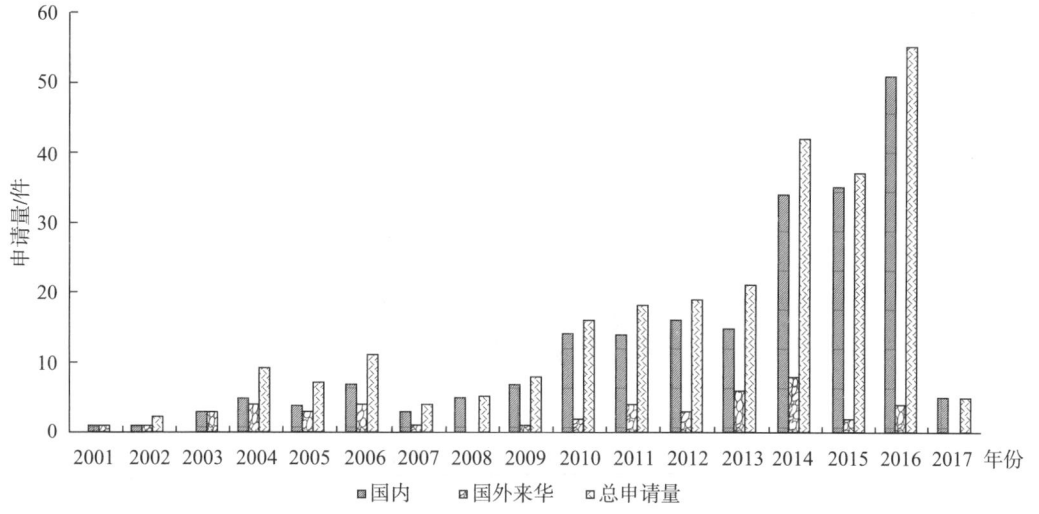

图 2-3　自走式清洁设备充电领域国内专利申请趋势

2. 国内专利国别分布状况

从图 2-4 示出的国内专利申请分布情况与国外来华的国别分布情况能够看出，国外来华申请占国内总申请量的 18%，国外来华申请中，韩国、日本、美国、英国等国家非常看重中国市场，在中国申请了大量的专利。进一步分析可看出，在自走式清洁设备充电领域，韩国在中国的申请量占有绝对领先的地位，其申请量明显高于其他国家，说明韩国在该领域的技术创新能力较强，相比其他国家在该领域市场占据领导地位。

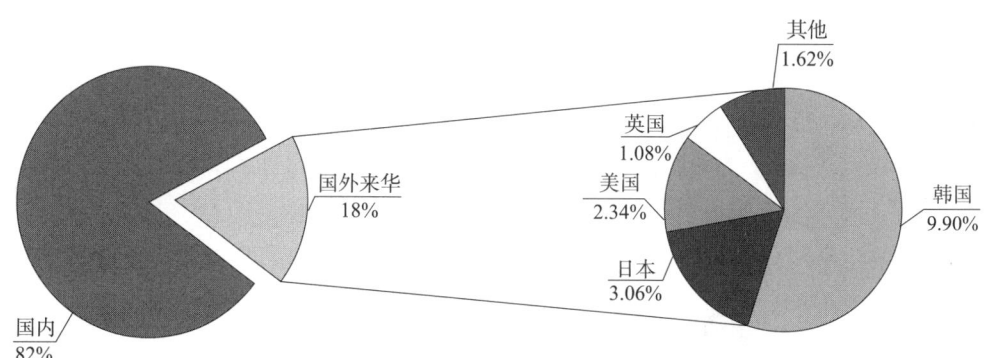

图 2-4　自走式清洁设备充电领域国内专利

申请分布情况与来华申请国家或地区分布

### 3. 国内各类型申请人的专利申请量的比重

从图2-5可以看出，在国内申请中，在国内申请中，公司申请占有很大比重，约为85%，其次为个人申请占有10%，高校/科研院所申请占有5%，而公司申请涉及自走式清洁设备充电的各个分支，如对接充电方式的改进、充电座具体结构的改进、引导路径、充电方法、保证对接可靠性等方面，而个人以及高校申请主要针对对接充电的方式以及充电座的具体结构进行技术创新。

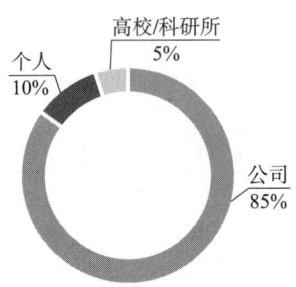

图2-5　自走式清洁设备充电领域国内
各类型申请人的专利申请量占比

### 4. 国内主要专利申请地区分布

图2-6示出了国内专利申请量排名前8位的省/市。从图中可以看出，申请量较大的省市集中于长三角、珠三角等沿海地区，这些地区均是国内经济发展较为发达的地区，因而能够配置更多的资源投入到自走式清洁设备充电领域的研究和制造中去。具体来说，江苏的申请量明显高于其他省/市，一方面依赖于省内对该领域研发的企业众多，另一方面也得益于省内政府的扶持，使得申请量相比其他地区占据绝对优势。其次，申请量较多的为广东省，其申请量主要依赖于深圳的研发企业，如鸿富锦精密工业（深圳）有限公司以及恩斯迈电子（深圳）有限公司，而其他省市申请量相对比较接近。

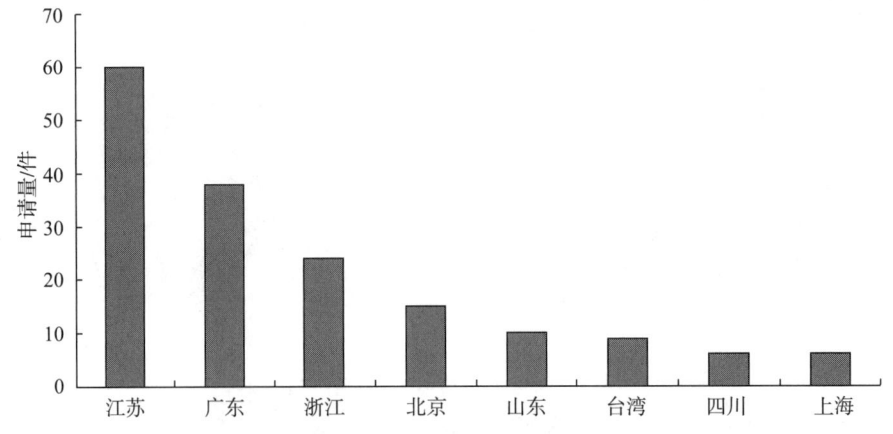

图2-6　自走式清洁设备充电领域国内主要专利申请地区分布

5. 国内专利申请重要申请人分析

（1）国内主要申请人

图 2-7 给出了国内申请量排名前 12 位的申请人。

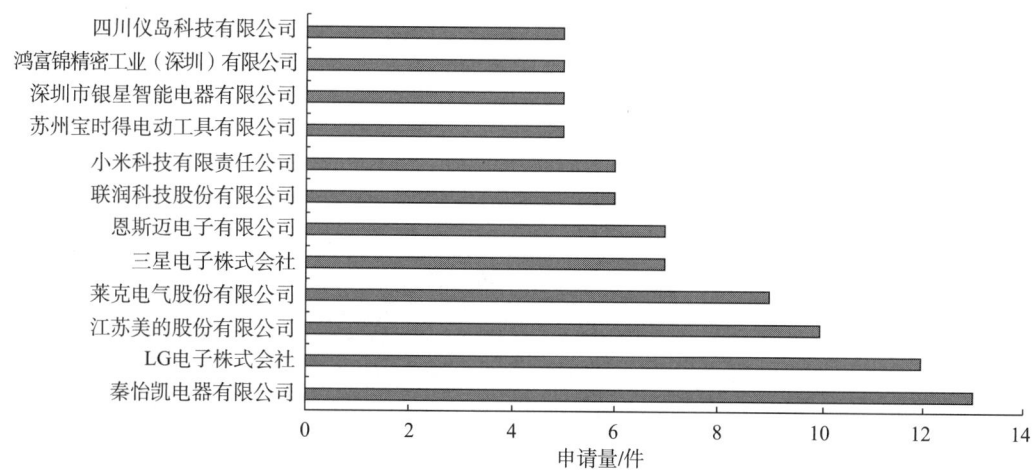

图 2-7　自走式清洁设备充电领域国内排名前 12 位申请人专利申请排名

国外申请人中，韩国 LG 公司和三星公司申请量较多，分别排名第二和第五，其中韩国三星公司在中国市场的下属企业包括三星电子株式会社和三星光州电子株式会社，从中可以看出，韩国企业的专利布局十分看重中国市场。国内申请人中，泰怡凯电器有限公司、江苏美的股份有限公司和莱克电气股份有限公司分别占据第一、第三和第四的位置。而中国台湾的联润科技股份有限公司在近年来申请量较多，其起步较晚，但后来居上。

（2）前 8 名申请人的专利申请趋势

从图 2-8 可以看出，在 2004~2007 年，LG 电子和三星电子申请量较多，而泰怡凯电器有限公司以及恩斯迈电子有限公司在 2008~2012 年申请较为集中，在 2013 年后主要以江苏美的股份有限公司、小米科技有限公司、莱克电气股份有限公司以及联润科技股份有限公司为主。

6. 国内专利申请 IPC 分布

从图 2-9 可以看出，对于自走式清洁设备充电领域，主要分类到"家庭的洗涤或清扫（A47L）""非电变量的控制或调节系统（G05D）"以及"供电或配电的电路装置或系统，电能存储系统（H02J）"等分类主题下，分别占据 24%、26% 和 32%。从图 2-10 可以看出在该领域，H02J 分类主题下，以 H02J7/00（用于电池组的充电或去极化或用于由电池组向负载供电的装置）为主，其次含有少量的 H02J7/02、H02J7/04、H02J17/00、H02J5/00 和 H02J50/00。

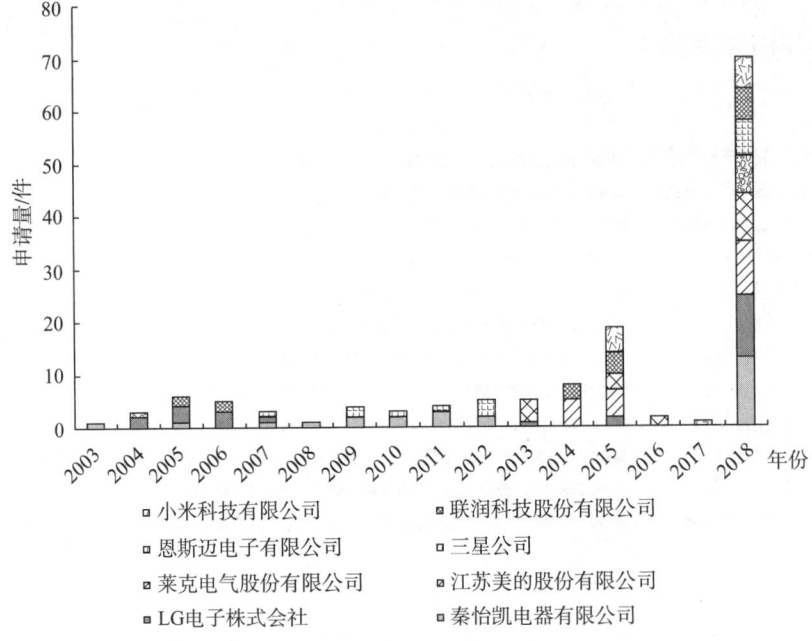

图2-8 自走式清洁设备充电领域国内前8位申请人的专利申请趋势

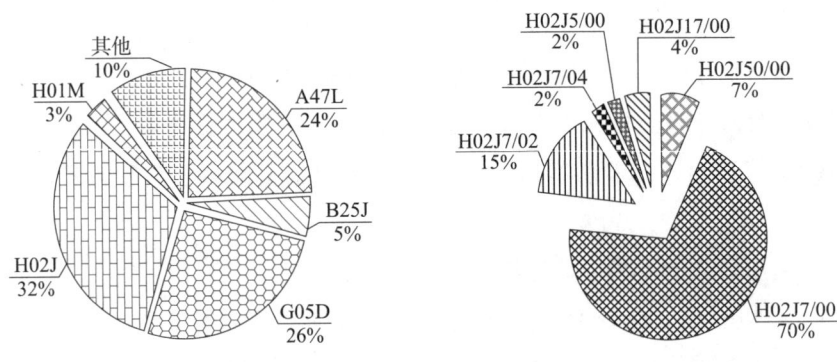

图2-9 自走式清洁设备充电 领域国内专利申请IPC分布

图2-10 自走式清洁设备充电领域 H02J领域分类号分布

### 7. 国内专利申请技术分支

从图2-11和图2-12可以看出，自走式清洁设备充电领域技术分支主要包括充电座具体结构改进、对接充电方式、无线充电、太阳能充电、对接充电方法步骤、引导路径、保证对接可靠性以及充电电路，而对于对接充电方式，又包括红外对接充电、磁场感应引导对接充电、超声波对接引导充电、设置识别图案引导对接充电、多种对接方式结合以及照相机引导对接充电等方式，其中红外对接方式仍是目前主流的对接引导方式。

### （三）国外专利申请状况

本节主要介绍自移动清洁机器人国外专利申请量国别分布以及对国外主要申请人

分析。

### 1. 自走式清洁设备充电领域国外专利申请量国别分布

从图 2-13 可以看出，自移动清洁机器人充电领域国外专利申请量最多的国家包括韩国、日本、美国和德国。申请量前 3 位的是韩国、日本以及美国，且韩国申请占据绝对优势。

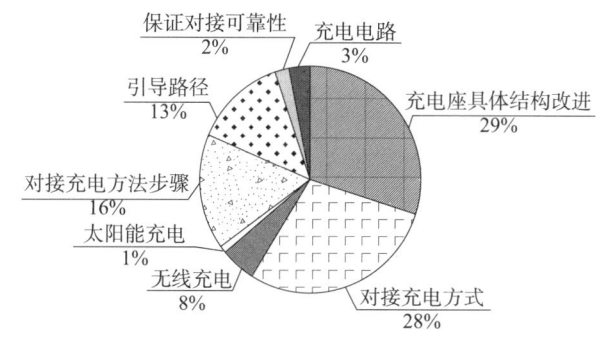

图 2-11　自走式清洁设备充电领域技术分支专利申请占比

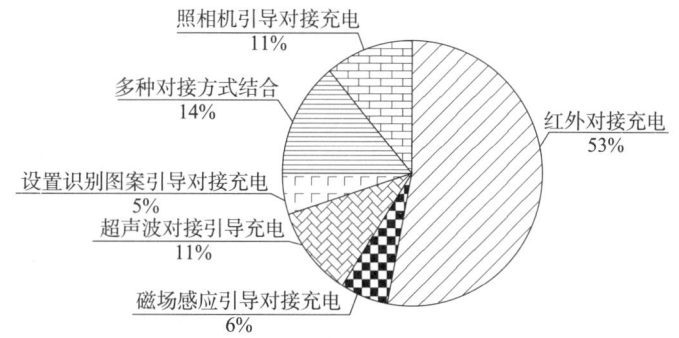

图 2-12　对接充电方式各技术分支专利申请占比分布

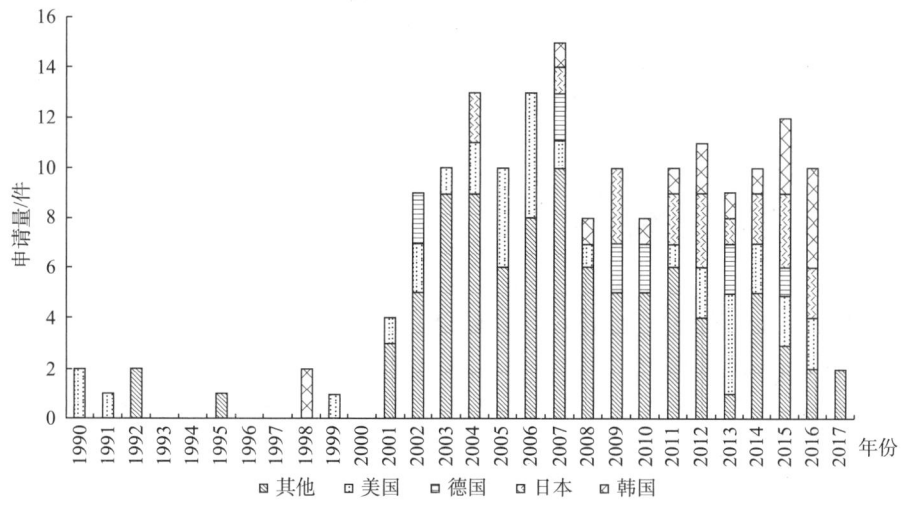

图 2-13　自走式清洁设备充电领域国外专利申请量国别分布

新能源电池

机器人

高档数控机床

韩国于1992年开始对自走式清洁设备充电进行专利申请，在2001年开始申请量逐年增多，并于2007年达到高峰，此后进入了平稳发展时期。而日本是最先对于该领域进行申请的国家，其于1990年提出了第一件关于自走式清洁设备充电领域的专利申请，2001年以来日本的申请量也逐年增长，但涨幅不大，基本处于稳定申请的态势。

2. 主要申请人分析

图2-14可以看出，国外排名前8位的申请人，分别是LG（韩国）、三星（韩国）、船井（日本）、iROBOT（美国）、松下（日本）、夏普（日本）、日立（日本）、戴森（英国）。由此可以看出，这些申请人主要集中在韩国、日本、美国以及英国的一些大型集团公司，由此表明韩国、日本、美国以及英国在自走式清洁设备充电领域技术创新能力较强，并且韩国LG和三星的申请量最多，其次是日本的船井、美国的IROBOT，以及日本的松下、夏普以及日立，英国紧随其后，这也表明，韩国和日本在该领域占据优势地位。

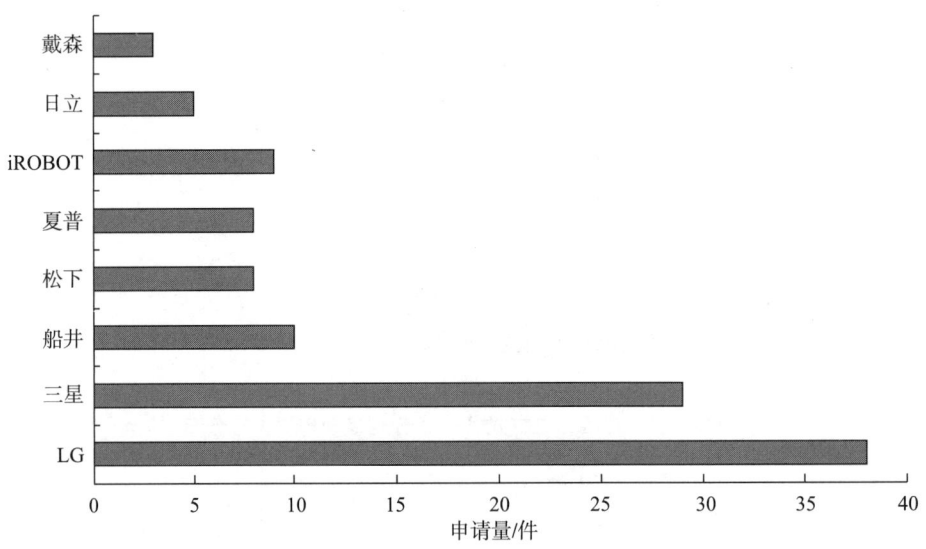

图2-14 自走式清洁设备充电领域国外主要申请人专利申请排名

## 三、重要技术分支发展趋势

本部分重点讲述重要技术分支的发展趋势。图3-1和图3-2分别示出了自走式清洁设备充电领域重要技术分支历年的总体申请趋势以及各技术分支所占的比重，其中专利申请以对接充电方式、充电座具体结构的改进为研究重点，分别占总量的36%和29%，此外还包括无线充电方式、太阳能充电方式、对接充电方法步骤、引导路径、通过特定结构保证对接可靠性以及充电电路等。

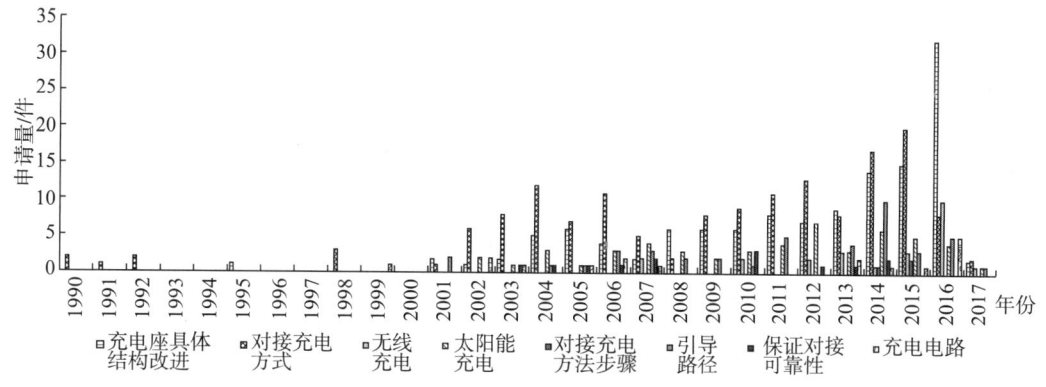

图 3-1　自走式清洁设备充电领域各重要技术分支申请变化趋势

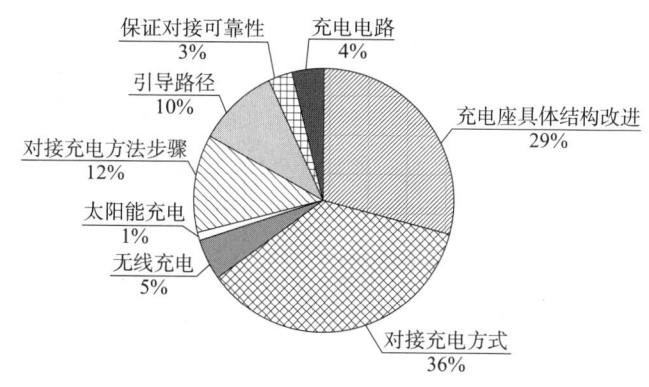

图 3-2　自走式清洁设备充电领域各重要技术分支专利申请占比

新能源电池

机器人

高档数控机床

由于自走式清洁设备的电池容量是有限的，因此需要在清洁设备电量不足且无人工干预的前提下，通过某种方式，引导机器人远程回归至充电对接区域，自动实现对接充电，以确保其能够长期的自主工作。因此，在自走式清洁设备充电技术研究开始，对于技术分支"对接充电方式"的研究为主要方向，从最早的磁场对接、光传感器对接、红外对接等，到目前的多种对接方式相结合。伴随着自走式清洁设备自动返回充电技术的日益成熟，如何实现快速充电，降低硬件特性以及环境干扰带来的影响，并且降低电池的使用成本与待机耗电率等，则是技术人员需要面对的新问题。而技术分支"充电座具体结构的改进"则侧重于对充电座本身的设计，即充电座的结构特性。充电座主要由充电机构和引导机构两部分组成，主要研究方向包括充电开始，对用于引导清洁设备充电的引导机构的设计；设计在充电完成后实现自动脱离充电座的结构以避免人工干预；保持与清洁设备接触良好等。由于清洁设备从某一位置移动到充电座需要导航行为，其受到定位误差的限制，其次，机器人与充电座触点的对接需要较高的精确性，再者机器人和充电座触点之间一旦连接便无法自动脱离，频繁对接也容易对系统的可靠性带来影响。为了解决上述问题，伴随着无线充电技术的不断成熟，研发人员提出了通过非接触方式对清洁设备进行充电的方法，该方法使得清洁设备同时满足高导航精度、高速定位、高可靠性对接的充电要求，但是由于无线充电成本较高，目前市场应用还不是很广泛。而"对接充电方法步骤"与"对接充电方式"的不同在于，其主要侧重于多步骤的引导对接，并且涉及该方向专利申请通常请求保护充电控制方法，例如先通过通信机制建立充电座与清洁设备的无线沟通，然后再利用红外或超声等对接方式实现充电，该方向研究主要用于提高对接精度、快速返回充电。对于涉及"太阳能充电""引导路径""通过特定结构保证对接可靠性"以及"充电电路"的专利申请量相对较少。

以下对接充电方式以及充电座具体结构的改进进行具体分析。

## （一）对接充电方式

如表 3 - 1 所示，通过对专利技术的梳理可以看出，对接充电方式主要以红外对接充电、磁场感应引导对接充电、超声波对接引导充电、设置识别图案引导对接充电、照相机引导对接充电以及多种对接方式结合为主。最早的对接充电方式是通过磁场信号实现对接充电；紧接着从 1991 年开始，围绕光信号引导充电、红外信号引导充电不断创新；2001 年出现了根据存储充电站影像返回充电站的引导对接方式；随后又出现了以超声波、在充电座上设置特定识别标识的引导对接方式。而随着对接方式类型的发展成熟，专利申请围绕多种类型结合引导充电以及传感器的设置位置及设置方式等方面不断创新。

表 3 - 1　对接充电方式技术重点专利

| 年份 | 公开号 | 附图 | 技术要点 |
|---|---|---|---|
| 1990 | JP2782923B2<br>自走式清扫机<br>松下电器产业株式会社<br>（JP） | | 在充电座上具有感应元件产生感应磁场，扫地机中的感应线圈接收感应磁场，从而向充电座移动进行对接充电 |
| 1991 | JP3301089B2<br>移动清扫机器人<br>松下电器产业株式会社<br>（JP） | | 在充电座上具有光波发射元件，扫地机上具有接收元件，通过接收元件接收光波信号确定充电站位置，从而返回充电站进行充电 |

续表

| 年份 | 公开号 | 附图 | 技术要点 |
|------|--------|------|----------|
| 2001 | KR100437157B<br>扫地机器人<br>三星光州电子（KR） | 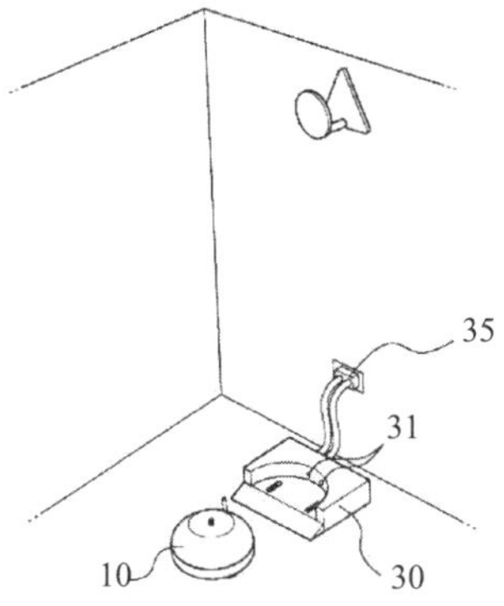 | 在扫地机上具有摄像机，通过摄像机捕捉充电站位置，当需要充电时，根据摄像机拍摄的照片与原位置照片进行比对，确定充电站位置，进而返回充电 |
| 2004 | CN1650792A<br>自动吸尘器及其充电座和对接方法<br>泰怡凯电器（苏州）有限公司（CN） | 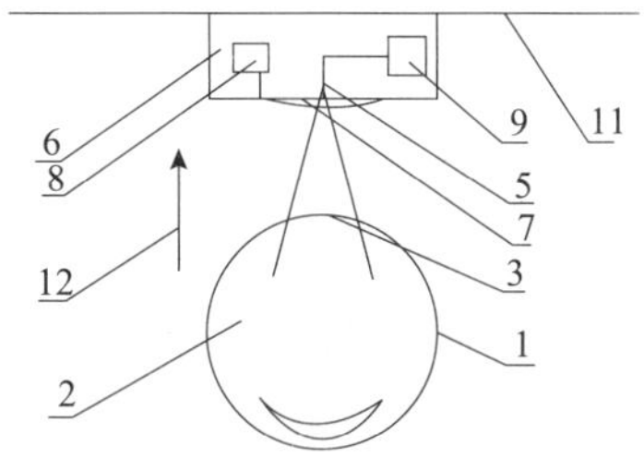 | 扫地机侧面设置有红外接收探头，充电座本体上设置有红外发射装置，通过红外发射装置和红外接收探头，自动识别充电座的位置，对接充电 |
| 2007 | KR100845528B<br>一种扫地机器人及充电座<br>HAGISONIC 公司（KR） | 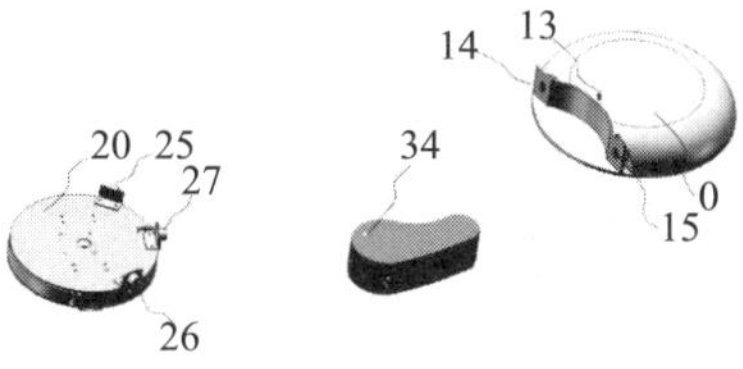 | 在充电座和扫地机器人上具有超声波传感器，该扫地机器人使用超声波传感器计算充电设备和机器人的距离，进而对接充电 |
| 2013 | KR20150050161A<br>移动机器人、移动机器人的充电座、移动机器人系统<br>LG 公司（KR） | 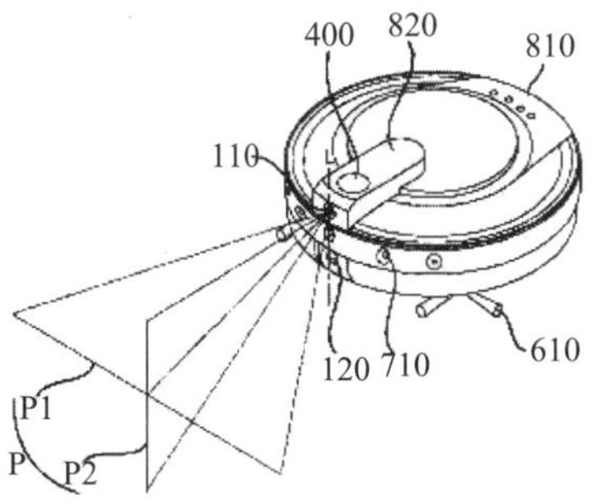 | 充电座用于对照射图案光的移动机器人进行充电，该充电座包括：充电座本体，通过与所述移动机器人对接来进行充电；以及两个以上位置标识，设置于所述充电座本体，当所述图案光照射到表面时，形成与周边部区分开的标记，并相互隔开间隔而设置 |

新能源电池

机器人

高档数控机床

续表

| 年份 | 公开号 | 附图 | 技术要点 |
|------|--------|------|----------|
| 2014 | CN104799772A<br>一种地面清洁机器人及其控制方法<br>苏州爱普电器有限公司（CN） | | 通过在扫地机上设置三个接收元件以及在充电座上设置有两个侧部发射元件，使得该机器人能够利用极简单的方法就能实现机器人主体与充电座充电对接 |

在表 3 – 1 中，专利 JP2782923B2 公开了一种自走式清扫机，搜寻线圈 100 检测位于充电器 101 上的感应元件 102 的输出，并自适应的产生感应磁场，感应线圈 103 通过感应元件 102 产生的感应磁场发射或接收电能，并实现对接充电。专利 JP3301089B2 公开了一种移动清扫机器人，该移动机器人能够在完成工作后返回充电，机器人具有接收元件 5 用来接收光波信号，发射元件 7 设置于充电座上，控制器 22 能够控制机器人的操作根据发射元件 7 发射的光波信号返回充电座进行充电。专利 KR100437157B 公开了一种扫地机器人以及充电装置，扫地机器人具有控制单元、前方摄像机和顶部摄像机，当机器人连接充电器时，控制单元通过摄像机接收来自于充电器的影像，并且控制单元存储该连接位置的影像，当机器人返回充电站充电时，控制单元将通过比较前方摄像机和顶部摄像机的影像决定返回路径，进而返回充电站进行充电。专利 CN1050792A 公开了一种自动吸尘器及其充电座和对接方法，包括吸尘器本体、设置在墙根的充电座本体、设置于吸尘器本体的尾部的吸尘器充电电极、设置在充电座本体上的充电座的充电极，吸尘器本体的尾部设置尾部红外接收探头，吸尘器本体的侧部设置侧面红外接收探头，充电座本体上设置有红外发射装置。通过红外发射装置和红外接收探头，自动吸尘器可自动识别充电座的位置，从而使得自动吸尘器与其充电座的对接可自行完成。专利 KR100845528B 公开了一种扫地机器人及充电座，该充电座和扫地机器人上具有超声波传感器，该扫地机器人使用超声波传感器计算充电设备和机器人的距离，进而对接充电。专利 KR20150050161A 提供一种移动机器人、移动机器人的充电座、移动机器人系统，充电座用于对照射图案光的移动机器人进行充电，该充电座包括：充电座本体，通过与所述移动机器人对接来进行充电；以及两个以上位置标识，设置于所述充电座本体，当所述图案光照射到表面时，形成与周边部区分开的标记，并相互隔开间隔而设置。移动机器人包括图案光传感器，图案光传感器向移动机器人活动的活动区域照射图案光，通过对照射有上述图案光的区域进行拍摄来获取输入影像。移动机器人上的位置信息获取部基于通过图案提取部提取出的图案，获取充电座的位置信息，其中充电座上的位置标

识在其自己的表面上入射有从移动机器人照射的图案光时，形成与周边部产生区分的标记。图案提取部在图案影像获取部获取的输入影像中，可提取出由上述位置标识形成的标记，位置信息获取部可获取上述标记的位置信息。上述位置信息包含三维空间上的标记位置，该标记位置考虑了从移动机器人至上述标记的实际距离，因此，同样可求得至上述标记的实际距离。充电座识别部通过将上述标记之间的实际距离与预先设定的基准值比较，可获取充电座的位置信息，并移动至充电座，对接充电。专利 CN104799772A 公开了一种地面清洁机器人及其控制方法，具有充电座和机器人主体，充电座上设有发射单元，发射单元包括设在充电座的左、右两侧部的一对侧部发射元件，各个侧部发射元件均能够交替发射具有相同发射角、不同发射半径的远信号和近信号，远、近信号分别形成远、近信号覆盖区域，位于左侧的远信号覆盖区域的右侧部分与位于右侧的远信号覆盖区域的左侧部分彼此重叠形成对接区域；机器人本体包括充电电池、接收单元，接收单元至少包括三个接收元件，三个接收元件分别设置在机器人主体的前端、前端左侧以及前端右侧。该发明通过设置三个接收元件以及在充电座上设置有两个侧部发射元件，使得该机器人能够利用极简单的方法就能实现机器人主体与充电座充电对接。

**（二）充电座具体结构改进**

对于自走式清洁设备充电领域，充电座的结构改进也是研究的重点，其主要围绕如何使得扫地机自主滑动至充电座上进行充电、如何通过充电座实现对扫地机的固定，保持接触良好、如何减小充电座的占用空间、如何实现无线充电以及如何实现对扫地机电池的更换等方面进行改进创新。

在表 3－2 中，专利 KR100722761B 公开了一种充电装置，该充电装置包括支撑基板 12 用于接收、连接以及向扫地机充电，引导元件 15 形成与基板的侧边，插孔槽 14a 和 14b 用于固定扫地机的轮子，使得扫地机稳固于充电座上，引导轮安装于引导元件上与扫地器接触。专利 JP2004267236A 公开了一种自动行走式清扫机和其中使用的充电装置，充电装置备有下板部分和侧壁部分、盒子部分和充电装置引导部分。盒子部分是设置在建筑物一侧的电源供给单元。引导部分与盒子部分连接，当对清扫机进行充电时能够与清扫机一侧的接点圆滑地连接。在盒子部分的引导部分一侧的端面上设置充电端子。充电端子与设置在盒子部分内的充电电路电连接。将商用电源供给充电电路。当自动行走式清扫机沿侧壁部分行走时，自动行走式清扫机一侧的导轨的前端自动地与充电装置一侧的导轨的前端嵌合。而且，最终 2 个导轨密切连接。这时，自动行走式清扫机一侧的充电端子和充电装置一侧的充电端子接触，开始通电，对蓄电池进行充电。专利 KR20060134367A 公开了一种自动扫地机器人的充电设备，充电设备包括具有收容部的本体，该收容部与扫地机连接并且与扫地机的外壳形状吻合，具有充电端子向扫地机的电池充电，以及传感器单元用于使得扫地机返回充电，一倾斜表面形成于引导平台上，使得扫地机能够很容易地移动至收容部，该充电设备通过竖直或者平放向扫地机器人提供较小的充电空间，实现人工或者自动的充电，通过折叠引导平台可以稳固扫地机器人从而减小存储空间。专利 CN101640295A 公开了一种充电装置，用于为移动式扫地机器人充电，包括用于承载移动式机器人的承载部和用以为移动式机器人充电的充电部，该充电部还包括设置于承载部上的支撑部、转动地固定于支撑部上的旋转件和用于驱动旋转件转动的驱动器，该旋转件上设有导电片，该旋转件在该驱动器的驱动下旋转，使得该导电片与位于承载部上的机器人的电性触点电性接触，该旋转件在该移动式机器人充电完毕后，在该驱动器的驱动下旋转，使得该导电片与移动式机器人分离。专利 GB2509990A 公开了一种用于移动式机器人的对接站，该移动式机器人包括体部和第一电接触器件，该体部容纳可再充电电源，该第一电接触器件被布置在体部上，该对接站包括第二电接触器件，其中该移动式机器人可在对接站上对接以便充电可再充电电源。该第一电接触器件包括在第一接触轴线上对齐的至少一个电触点，该第二电接触器件包括至少一个细长的电触点，其中当机器人在对接站上对接时，以致电触点在第一电接触器件和电接触器件之间建立。该至少一个细长的触点沿横向到第一接触轴线的方向延伸，其允许电接触在机器人和对接站之间建立同时容许它们之间一定程度的侧向地和角度地不对齐。专利 CN204046212U 一种用于智能扫地机的无线充电座，包括本体，所述本体具有：壳体，所述壳体顶部设置顶端信号发射器，前部设置前端信号发射器，在所述壳体顶部以及侧部分别设置顶部充电接口以及侧部充电接口，所述壳体底部设置吸盘结构；处理电路，其设置在所述壳体内，具有：充电模块，其输入端分别与顶部充电接口以及侧部充电接口连接，输出端与无线充电发射模块连接；信号发射模块，其输出端分别与顶端信号发射器与前端信号发射器连接；其中，所述充电模块以及信号发射模块均与控制模块连接。本实用新型整体结构简单，无需外置充电金属接触片，使用安全。专利 CN105449733A 公开了一种清洁机器人充电系统及充电方法，充电座包括：控制组件、分别与控制组件电性相连的旋转台、电池拆卸组件和电池安装组件；旋转台设置有至少两个充电槽，当旋转台处于不同旋转位置时，至少两个充电槽中的一个充电槽的位置与电池槽的位置相对应；电池拆卸组件，用于将电池槽中的充电电池拆卸至至少两个充电槽中的空闲充电槽；电池安装组件，用于将充电槽中的充电电池安装至电池槽。

表3-2 充电座具体结构改进技术重点专利

| 年份 | 公开号 | 附图 | 技术要点 |
|---|---|---|---|
| 2001 | KR100722761B<br>充电装置<br>三星光州电子（KR） | | 通过设置引导元件引导扫地机进入充电座，并设置插孔槽与扫地机的轮子接触，实现对扫地机的固定 |
| 2003 | JP2004267236A<br>自动行走式清扫机和其中使用的充电装置<br>株式会社日立制作所（JP） | | 通过在充电座上设置导轨，其与扫地机上的导轨相互嵌合，使得充电端子和充电装置的充电端子接触，实现充电 |
| 2005 | KR20060134367A<br>自动扫地机器人的充电设备<br>LG公司（KR） | | 充电座上的引导平台可以折叠，使得充电装置可以竖直放置，进而当向扫地机充电时可以减小存储空间 |
| 2008 | CN101640295A<br>一种充电装置<br>鸿富锦精密工业（深圳）有限公司（CN） | | 充电装置在移动式扫地机器人充电完毕后，启动驱动器的马达，驱动蜗杆旋转，从而带动套设在其上的旋转件绕旋转轴旋转，当旋转到与扫地机不接触的角度后，扫地机可返回原来的位置继续正常工作，避免因扫地机充电太久而引起的危害，提升工作效率 |

| 年份 | 公开号 | 附图 | 技术要点 |
|---|---|---|---|
| 2013 | GB2509990A<br>用于移动式机器人的对接站<br>戴森公司（GB） | | 提供了一种用于移动式扫地机器人的对接站，该对接站包括基座部分和后部部分，该基座部分可定位在地面表面上，该后部部分可关于基座部分枢转。铰接作用能使对接站如果需要可折叠到紧凑的收起配置。该对接站可包括激活机构，当机器人运动到正确的对接位置时该激活机构由机器人触发。该对接站可被放置抵靠房间的壁且紧密邻近到主电源出口以通过电缆联接它，为了提供用户定位对接站的灵活性 |
| 2014 | CN204046212U<br>用于智能扫地机的无线充电座<br>杭州信多达电器有限公司（CN） | | 当电池电量不足时扫地机接收充电座发出的红外信号，指引扫地机移动至充电座处，并将充电座中的无线充电发射线圈发送的电能通过电磁感应无线传输到智能扫地机的接收线圈上，从而实现对扫地机的非接触供电 |

续表

| 年份 | 公开号 | 附图 | 技术要点 |
|---|---|---|---|
| 2015 | CN105449733A<br>清洁机器人充电系统及充电方法<br>小米科技有限公司（CN） | 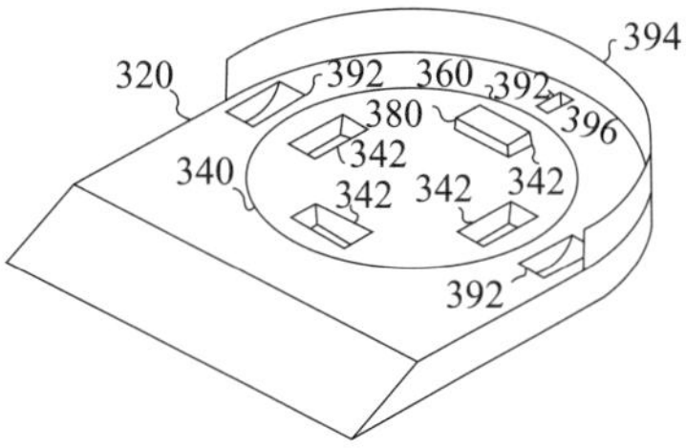 | 充电座放置扫地机的平台上具有旋转台，当旋转台处于不同旋转位置时，至少两个充电槽中的一个充电槽的位置与清洁机器人的下表面的电池槽的位置相对应，使得电池槽中的充电电池可以掉落至充电槽中，并且充电座具有电池安装组件，可以将充电槽中已经充好的充电电池安装至充电槽中，该发明解决了内置不可拆卸充电电池的清洁机器人在电量耗尽时无法工作的问题，使得清洁机器人在更换电池后能够继续工作 |

## 四、重要申请人专利技术发展

通过对自走式清洁机器人充电技术专利发展脉络的梳理，能够看出韩国申请在全球申请中占据绝对优势，其中韩国申请以 LG 公司和三星公司为主。因此，本部分重点分析上述两公司在该领域的专利技术发展路线。

### （一）LG 公司技术发展

LG 公司技术发展路线如图 4 - 1 所示。

在图 4 - 1 中，专利 KR20040053653A 公开了一种扫地机器人充电引导装置，充电器上安装有光信号引导单元，该光信号引导单元阻止信号发射出边界，使得扫地机器人始终沿着充电器的前方引导充电，光发射传感器安装于光信号引导单元的传感器容置槽中。

专利 KR20040062040A 公开了一种扫地机器人的自动充电设备和方法，该扫地机器人具有摄像机，用来每隔一段时间获得充电器的图像，图像处理器和电机控制单元接收来自于充电器的图像信息，计算距离，进而控制电机使得扫地机器人返回充电器的前方进行充电。

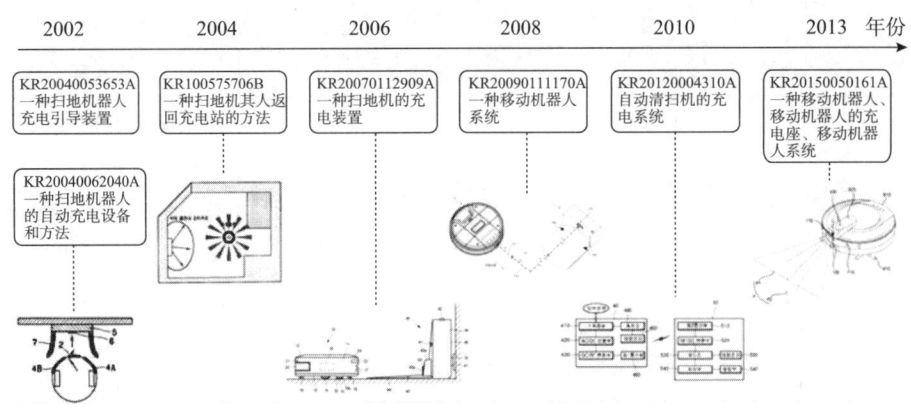

图 4 –1　LG 公司技术专利发展路线

专利 KR100575706B 公开了一种扫地机器人返回充电站的方法，充电站具有无线电波频率发射器发射无线电波频率引导信号，扫地机根据来自充电站的无线电波频率信号检测距离，并通过比较检测的距离以及通过超声波传感器测量的距离，寻找最短路径返回充电站。

专利 KR20070112909A 公开了一种扫地机的充电装置，该充电装置具有保持部，通过磁体实现对充电座的固定，从而使得扫地机能够稳定地与充电装置电接触。

专利 KR20090111170A 公开了一种移动机器人系统，特别是用于扫地机系统，该系统具有传输控制器用于接收来自于引导信号接收部的引导信号并控制距离信号传输单元传输距离信号，扫地机通过距离信号发射单元控制距离发射信号，并测量从引导信号接收部接收引导信号的时间，从而精确定位充电站的方向，并向充电站移动。

专利 KR20120004310A 涉及自动清扫机的充电系统。该自动清扫机的充电系统包括：自动清扫机，其能够在附着在相对于地面倾斜的清扫面上的状态下一边移动一边执行清扫，并且设置有一个以上的电池；充电装置，其与上述自动清扫机相隔开的状态下，对上述一个以上的电池进行充电；上述自动清扫机包括：第一移动部及第二移动部，其能够沿着清扫面一起移动；移动单元，其设置于上述第一移动部和上述第二移动部中的至少一个移动部；清扫构件，其用于清扫上述清扫面。上述自动清扫机从上述充电装置接收与充电相关联的信号，利用上述信号来对上述电池进行充电。

专利 KR20150050161A 提供一种移动机器人、移动机器人的充电座、移动机器人系统，充电座用于对照射图案光的移动机器人进行充电，在充电座上设置位置标识，扫地机获取充电座的位置信息，并移动至充电座，对接充电。

**（二）三星公司技术发展**

三星公司技术发展路线如图 4 –2 所示。

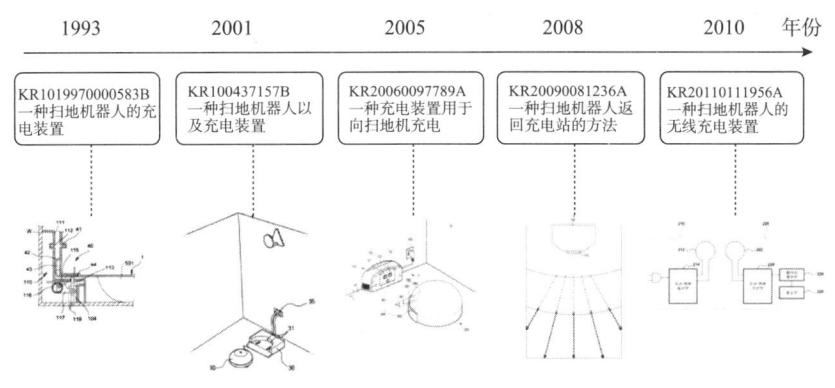

图 4-2 三星公司技术专利发展路线

在图 4-2 中，专利 KR1019970000583B 公开了一种扫地机器人的充电装置，充电状态检测单元检测电池的充电电压值，当期低于预定值时，通过充电座发出光信号引导扫地机器人至充电座实现充电。

专利 KR100437157B 公开了一种扫地机器人以及充电装置，通过摄像机接收来自于充电器的影像，并且存储该连接位置的影像，当机器人返回充电站充电时，控制单元将通过比较前方摄像机和顶部摄像机的影像决定返回路径，进而返回充电站进行充电。

专利 KR20060097789A 公开了一种充电装置用于向扫地机充电，充电装置的接近传感器检测到扫地机接近充电座并连接充电端子时，充电座上的充电控制单元通过充电端子提供电能，接近传感器单元具有磁检测单元，通过检测位于扫地机上的磁铁来判断是否接近。

专利 KR20090081236A 公开了一种扫地机器人返回充电站的方法，从充电站传输多步返回信号，根据优先级排列该返回信号，根据优先级依次确定真实的反射波以及非真实的反射波，若无反射波则移动扫地机器人至返回信号的接收位置。

专利 KR20110111956A 公开了一种扫地机器人的无线充电装置，扫地机器人具有无线充电功能，包括无线功率接收线圈，充电装置具有无线功率发送线圈，通过电磁感应方式实现充电。

# 五、结语

本文以 VEN、CNABS 和 SIPOABS 数据库收录的专利数据为样本，分析了国内外自走式清洁设备的专利申请趋势、国内外主要申请人以及技术分支等，同时也着重分析了主要分支以及重要申请人的技术发展情况。通过对上述数据样本的分析和统计，对该技术领域现有技术的发展水平以及发展脉络有了更进一步的认识。

从该领域整体的技术发展情况不难看出，韩国对于该领域的研究处于领先地位，并且韩国的三星公司以及 LG 公司的申请量也位居前列，同时，从申请量趋势可以看出，中国近年来在自走式清洁设备充电领域的申请量呈不断增长的趋势，其中以江苏、广州所在企业为主要研发团体，围绕如何准确地对接充电不断进行创新。虽然传统的对接充电方式已经相当成熟，但如何准确、快速并且可靠地自动对接仍为现阶段的研究热点。而现阶段的改进点大多在于如何将多种方式结合、分步骤地进行引导对接充电，实时校正引导路径以及对充电座的结构改进以提高触点接触的可靠性、保护触点结构、减少人为操作以提高用户体验等。同时，由于无线充电技术的不断成熟以及无线充电的诸多优势，对于自走清洁设备的无线充电的专利申请也有所增加，应用无线充电也是今后自走式清洁设备充电技术的主要发展方向。相信未来伴随着自走式清洁设备的不断创新以及用户在体验过程中的需求不断上升，自走式清洁设备充电技术还会有很长一段的发展道路。

## 参考文献

［1］ 万鸾飞. 清洁机器人的路径规划及自充电系统［D］. 合肥：合肥工业大学，2009：1 - 8.

［2］ 万树春. 基于双目视觉的充电插座目标定位算法研究［D］. 长春：吉林大学，2015：1 - 9.

# 高档数控机床

# 高档数控机床－导轨专利技术综述[*]

## 王锋　王跃琪　陈飞　张明辰　王泽莹

**摘要**　我国在"十二五"规划中已经提出了以高档数控机床等基础装备和国民经济相关行业所需的重大专用装备为重点研发对象的发展思路。而机床从发明之日起，导轨技术就是其核心技术之一。本文以机床导轨的横向和纵向技术分支为主线，结合国内外专利数据库，从不同的角度和层面对机床导轨的发展进行了全面的统计分析，总结了与高档数控机床导轨技术相关的国内外专利申请趋势、主要申请人分布以及主要申请人的专利战略布局，并进一步分析了重要技术分支的发展趋势，对国内各企业及高校在机床导轨领域确定重点研发方向以及申请专利具有一定的借鉴和参考价值。

**关键词**　数控机床　滑动导轨　滚动导轨　静压导轨　磁浮导轨　复合导轨专利

## 一、概述

数控机床和基础制造装备是装备制造业的"工作母机"，一个国家的机床行业技术水平和产品质量，是衡量其装备制造业发展水平的重要标志，《中国制造2025》将数控机床和基础制造装备行业列为中国制造业的战略必争领域之一，高档数控机床作为典型的高端制造装备，是一个国家的战略性产业标志。导轨在机床中发挥着导向和承载的功能，机床导轨的质量在一定程度上决定了机床的加工精度、工作能力和使用寿命。

本文将从专利角度对数控机床导轨的发展、现状、各技术分支状况进行分析，我们的数据来自中国专利摘要数据库（CNABS）和德温特世界专利数据库（DWPI），检索文献涵盖了公开日或公告日在2017年10月之前的全球发明和实用新型专利申请。专利申请的公开存在滞后性，由于本文检索文献截止日期的因素，2016年和2017年的申请尚未完全公开，从而造成统计数据存在较大的落差。所涉及IPC分类号包括F16C29、F16C32

---

[*] 作者单位：国家知识产权局专利局专利审查协作江苏中心。

和 B23Q1，所使用关键词为导轨、滑轨、导向、引导等，对应的英文关键词为 guideway、way、rail、guid + 等。

机床导轨包括滑动导轨、滚动导轨、静压导轨、磁悬浮导轨和复合导轨等类型。滑动导轨包括金属 – 金属导轨、金属 – 塑料导轨和非金属基质导轨等类型，滚动导轨按滚动体分为滚珠式和滚柱式等，静压导轨包括液体静压导轨和气体静压导轨，磁悬浮导轨包括永磁式和电磁式，复合导轨是将不同类型的单一导轨进行交叉重组，包括滚动滑动复合、滚动静压复合、滑动静压复合和磁浮复合等类型。基于此，对导轨的分类如图 1 – 1 所示。

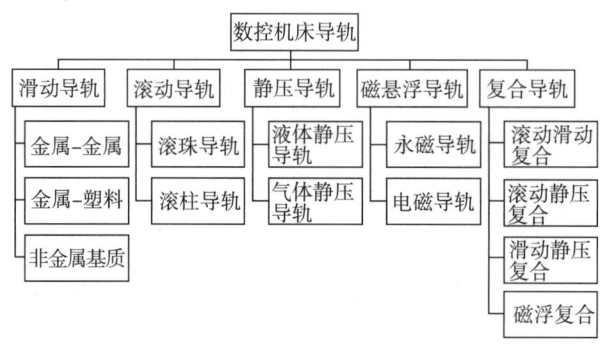

**图 1 – 1　导轨的分类**

滑动导轨具有优良的刚性、吸振性和阻尼性，适宜重负载机床采用。滚动导轨具有灵敏度高、定位精度高、摩擦阻力小等优点，其动摩擦与静摩擦系数相差甚微，因而运动平稳且低速移动时不易出现爬行现象，重复定位精度可达 0.2μm，但滚动导轨也具有抗震性差、承载能力较差的缺点[1]。静压导轨使用中运动速度以及载荷的变化对油膜厚度的影响较小，但其导轨自身结构复杂且需要专设供油系统。滑动导轨和滚动导轨是应用较多的机床导轨类型，静压导轨的应用越来越普遍，磁浮导轨目前尚处于探索阶段，国际上还没有采用磁浮导轨作为机床工业应用的报道；复合导轨则随着各种导轨的发展而不断发展。如图 1 – 2 所示，从导轨专利申请数量来看，滚动导轨专利申请数量占整个导轨专利申请数量的 55%，滑动导轨占比 34%，静压导轨占比 9%，磁浮导轨和复合导轨的申请数量较少。

## 二、滑动导轨

### （一）滑动导轨发展概况

在工业经济时代，随着高精度数控机床的发展，导轨精度和耐磨性成为研发重点，并进一步促进着机床导轨在材料应用上的发展。如：对铸铁导轨表面进行硬化处理，在铸铁导轨上镶装钢或有色金属板，在导轨表面黏结聚四氟乙烯软带等。

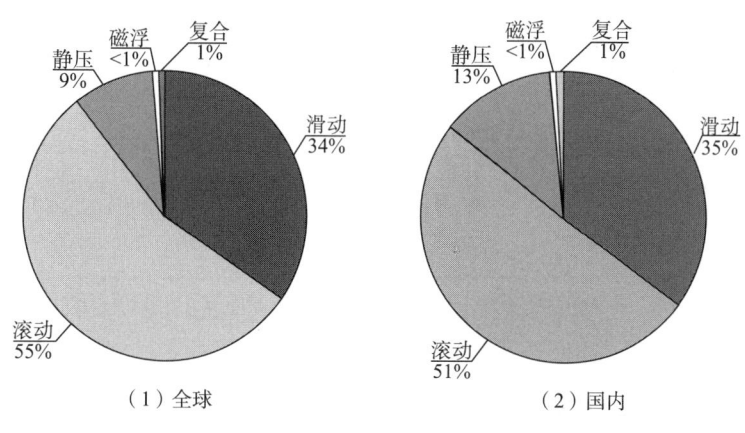

（1）全球　　　　　　　（2）国内

图 1-2　国内外各类型导轨专利申请占比

在滑动导轨技术分支上，首先依据结合面的材质可以分为金属对金属、金属对塑料和非金属基质三大类。对于传统金属对金属导轨，依据结合面的显微组织和成型方式又可划分为：传统铸铁导轨和由表面淬火强化、镶钢导轨以及其他成型方式组成的功能材料导轨；对于金属对塑料导轨，又可分为注塑导轨、贴塑导轨；对于非金属基质导轨，根据其成型材质又可具体细分为树脂、陶瓷和塑料三大类，其技术分解如图 2-1 所示。

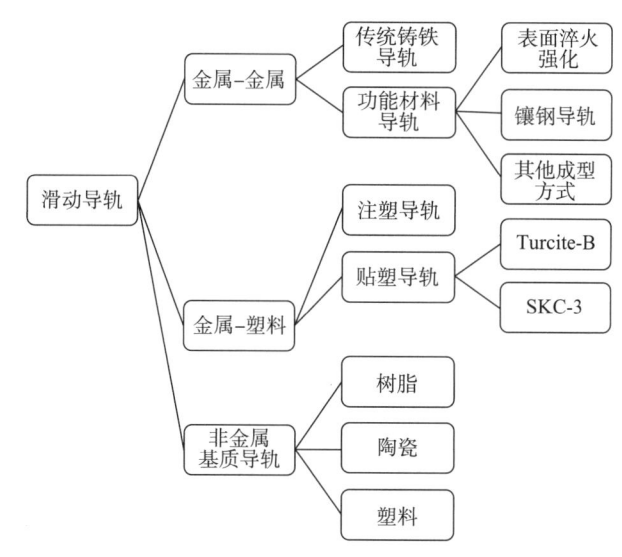

图 2-1　滑动导轨技术分解图

传统金属-金属铸铁导轨：为一种灰铸铁与灰铸铁匹配的导轨副，其结构简单、价格便宜、阻尼性能较好，但在大型、重型数控机床的应用上逐渐淘汰。

功能材料导轨：包括镶钢导轨及表面淬火强化导轨和通过其他成型方式形成的导轨，是通过相应的强化方法使得导轨表面出现淬火硬化层，进而提高其耐磨性和整体力学性能，延长铸铁导轨使用寿命。这类导轨主要用于：（1）小型通用机床，如卧式车床/镗床、转塔车床、龙门铣床等；（2）多刀单轴车床，如钻、铣组合机床、拉床等；（3）重型机床，如重型车床、轧辊车床、卧式镗床和立式铣床等。

贴塑导轨与注塑导轨：两者仅在于塑料条带成型方式不同，主要用在移动部件的主轴箱导轨、圆工作台导轨、大溜板导轨和床鞍导轨上，与其匹配的固定导轨一般为金属，如铸铁或淬火钢材料导轨，具有抗磨减磨、保护床身导轨不受拉伤或磨损、防止机床导轨低速重载下出现爬行以及加工性好、使用工艺简便等优点[2]。

非金属基质导轨：一般应用在固定导轨上，由纤维增强塑料、树脂以及陶瓷材料组成，应用相对较少，在之后的技术发展路线图和重要专利技术图中会具体介绍。

### （二）全球专利申请概况

1. 专利申请年度分布

图2-2示出了国内外在滑动导轨技术分支领域的申请趋势，从中看出国外于1970年在滑动导轨领域申请了专利，之后专利申请量开始逐渐稳步提升，新技术不断涌现。1980~2000年，专利申请量保持平稳，约为100项，随后申请量呈现上升趋势并于2005年达到顶峰后呈下滑趋势，表明滑动导轨技术趋于成熟；国内对滑动导轨技术的专利申请起步较晚，从2000年专利申请量开始激增，并在随后十年的专利申请量实现反超，这与国内近年来的创新活力增强、企业创新意识提高密切相关。

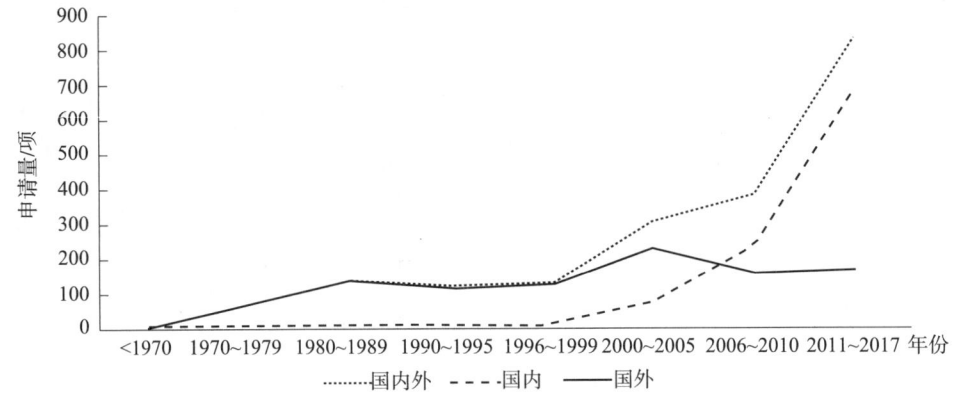

**图2-2 滑动导轨国内外专利申请趋势**

2. 专利申请地域分布

由于DWPI数据库同族专利仅统计为一条记录，为此以国家为单位统计各国专利申请量时选用优先权数据，优先权（无优先权的指本申请）国家或地区分布在一定程度上反映该国家或地区目前该领域产品的市场份额和在该领域的研发投入水平。图2-3为全球各国家和地区滑动导轨专利申请量分布，可看出中国作为后起之秀，其专利申请量约占全球50%，其次为德国和日本，所占比例分别为17%和15%。

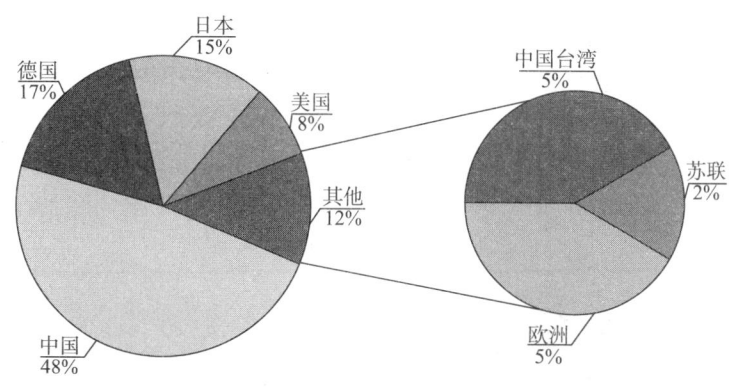

图2-3　滑动导轨优先权国家和地区专利申请占比

图2-4示出了国内外滑动导轨技术分支分布，可看出国内外传统滑动导轨技术均占比较大，分别为86%、83%。而贴塑导轨、注塑导轨以及功能材料导轨专利申请占比较少。其中，国内贴塑导轨专利申请量比重为10%，国外申请占比为5%；国外功能材料导轨占比9%，为国内功能材料导轨所占比例的3倍。

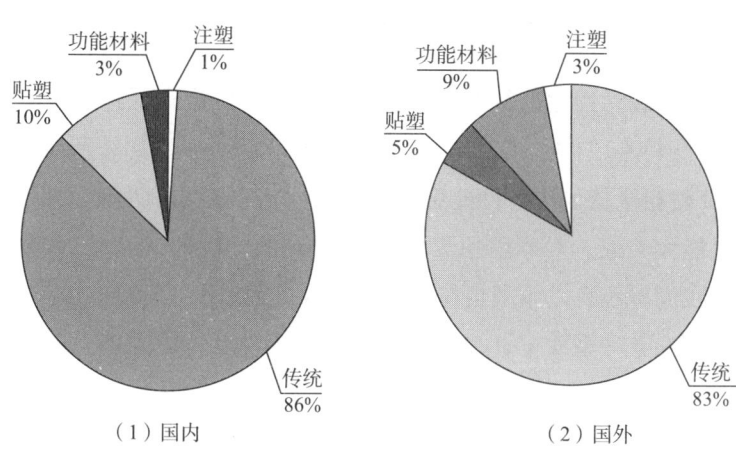

（1）国内　　　　　　　　　（2）国外

图2-4　国内外滑动导轨技术分支专利申请占比

3. 国内外重要申请人分析

经数据分析可知，滑动导轨早期技术发展主要集中在国外，尤以日本和德国最为明显，国内申请人分布较为分散，我们对专利库中申请量排名前10位的申请人进行了分析，由图2-5可明显看出，滑动导轨的申请人主要集中在日本和德国，其中日本精工、日本THK、日本东晟、德国谢夫勒两合以及中国台湾上银同样也是国内外滚动导轨的重要申请人。值得注意的是，作为国内数控机床的代表，威海华东数控就滑动导轨也申请了相应比例的专利，其专利主要集中在滑动导轨在机床的应用方面，对滑动导轨本身的改进较少。

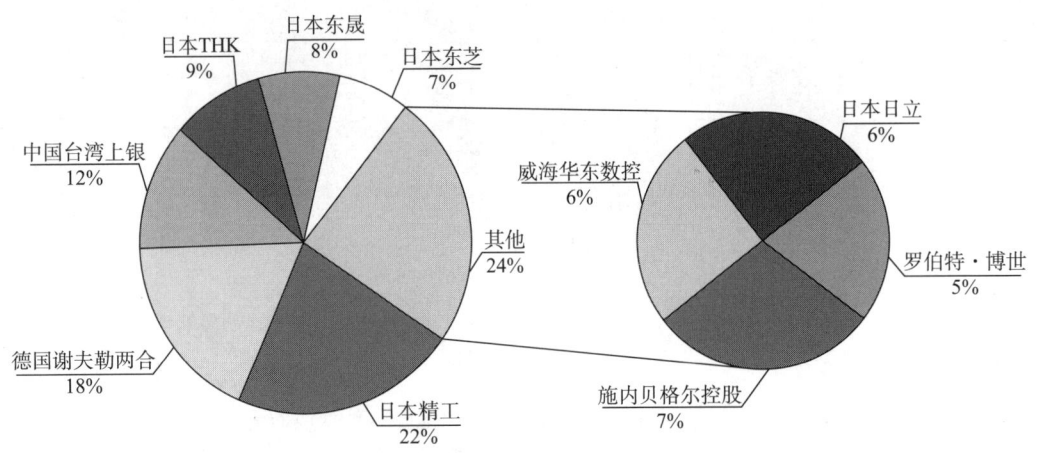

图2-5　滑动导轨国内外前十申请人比重

### （三）滑动导轨技术发展路线

国内在滑动导轨方面的专利申请相对较少，各节点重要代表性专利基本集中在德国和日本，从图2-6中可看出，在贴塑导轨的创新研发上，欧洲早在1982年就已经研发出具有市场代表性的SKC-3塑料涂层，它属于典型的环氧涂层塑料，具有摩擦系数低、耐磨性高以及无爬行和高强度的综合性能，成功解决了机床在低速重载运行条件下的爬行问题。SKC-3塑料涂层作为知名的滑动导轨面材料，可以用到重型或超重型机床滑动导轨上。SKC-3塑料涂层的优异性能主要表现在：一方面黏着力强、型面尺寸稳定、固化后不会变形且能大大减少对摩面的磨损；另一方面，其静、动摩擦系数接近，能有效地防止爬行且能在润滑不良以及高负荷条件下保持正常工作。SKC-3塑料涂层的使用方法简单，可以使用在各种型面上，在机械产品的导轨或设备的维修上取得显著的技术与经济效果。

1998年，德国研发了PTFE（聚四氟乙烯）贴塑导轨，随后于1999年，日本和美国相继研发了一种以PTFE为基、添加不同填充料所构成的高分子复合TURCITE-B导轨软带，可以作为TURCITE-B软带填充料的品种很多，如无机物、有机物和金属粉末等。通过对TURCITE-B的表面进行化学处理或辐射接枝，用环氧树脂型黏合剂便能使TUR-CITE-B软带牢固地粘接在机床导轨面上。进入2000年后，贴塑导轨在国内机床的应用开始普遍，如2002年通过采用TSF贴塑导轨来降低导轨副的磨损，克服低速进给时的爬行，以提高机床运行平稳和定位精度，之后在同样采用贴塑导轨的基础上，2014年公开的专利申请中对贴塑导轨的形状布局进行改进，将其设置为双排圆弧形，以有效减小摩擦阻力，增大滑移接触面积和承载能力。

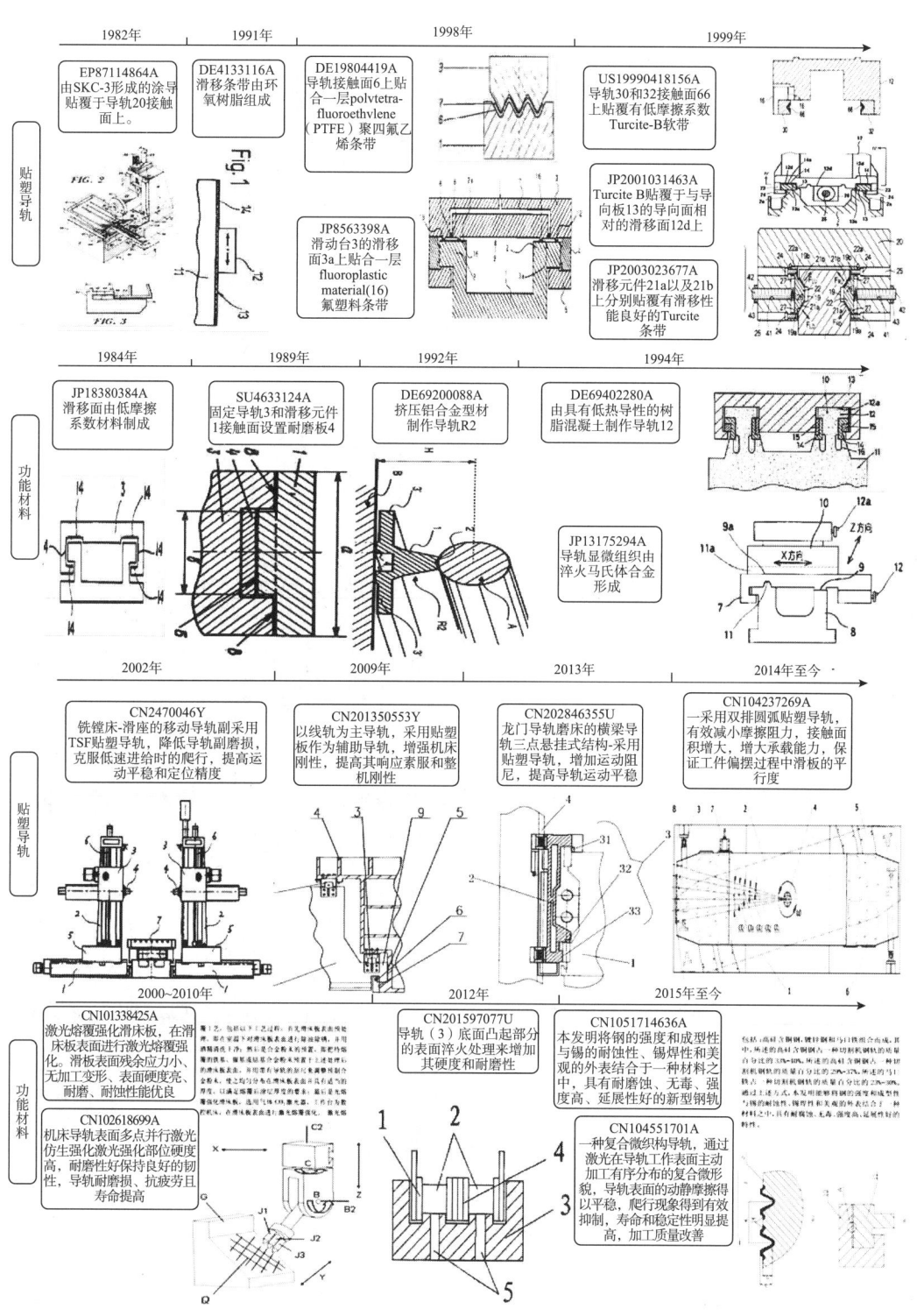

图2-6 滑动导轨技术专利发展路线

功能材料导轨的技术演变上，日本最早于 1984 年进行了将滑移面设置为由低摩擦系数材料组成的创新研发，即通过对材料进行改进以提高滑轨的耐磨性，随后苏联于 1989 年提出了在导轨接触面镶嵌一层耐磨板的技术手段来改进机床导轨的耐磨性；随着铝挤压技术的研发突破，德国于 1992 年通过铝挤压成型方式形成导轨，以全面提高其综合性能；在 1994 年，德国和日本分别提出通过树脂混凝土制作导轨以及对导轨进行马氏体淬火来提高导轨的强度和耐磨性。国内近年来尤其在 2000～2010 年涌现了许多通过激光熔覆强化或者激光仿生强化以及激光淬火强化提高导轨表面硬度和耐磨性以及抗疲劳和耐蚀性的专利申请，通过功能材料提高导轨综合力学性能只能在宏观上一定期限内取得效果，因为滑动导轨在运行过程中，其导轨结合面必然存在摩擦，因此在 20 世纪末到 21 世纪初，研究重点逐渐转向功能材料滑动导轨结合面的动静态摩擦学基础性研究，且主要集中在高校和科研机构，目前对滑动导轨结合面动静态特性研究还处于起步阶段，在 2015 年公开了一种复合微织构导轨，其主要是通过激光在导轨工作表面主动加工有序分布的复合微形貌，使得导轨表面的动静摩擦得以平衡，有效抑制爬行现象，提高导轨寿命和稳定性。

由图 2-6 可知，功能材料导轨各个分支的技术路线演变上，国外都起到了很大的推动作用。国内起步明显较晚，但是随着国内经济的不断迅猛发展，同时在创新驱动战略的大背景下，国内近些年在该方面涌现了一大批专利申请，尤以导轨表面强化技术发展最为典型，其中还包括在激光熔覆、激光强化、淬火强化以及微织构导轨方面的专利申请。

图 2-7 示出了分别对应树脂、陶瓷以及塑料成分的非金属基质导轨的早期代表性专利，其中德国最早于 1994 年就树脂混凝土技术制作导轨提出专利申请，日本先后于 1996 年和 1999 年应用高刚性杨氏模量的陶瓷材料和高强度的纤维增强树脂材料来制作导轨。之后随着合成材料的不断演变，日本于 2004 年开始尝试通过合成树脂纤维制作导轨，随后日本将导轨材质与化学处理相结合的方式应用到导轨制作上，并于 2009 年申请了相关专利，该专利在通过树脂材料制作导轨同时，对树脂材料表面进行化学处理以提高导轨的综合滑移性能。近年来，由于静压以及复合导轨技术的不断更新，非金属基质导轨的申请量逐年下降，且申请重点主要还是集中在不同材质导轨对机床加工过程的减震性及轻量化研究上，如 2014 年申请的通过具有轻量减震吸音材料如发泡铝金属以及石棉、塑料以及橡胶等材质制成导轨，此外 2017 年日本同样采用改性纤维增强树脂材料制作滑动导轨。

# 三、滚动导轨

## （一）滚动导轨发展概况

直线运动系统的应用实现了机床导轨从滑动到滚动方式的转变。滚动导轨直接促进了制造业的高速高精度化，因此作为支撑先进技术的主要机械零部件在世界范围内被广

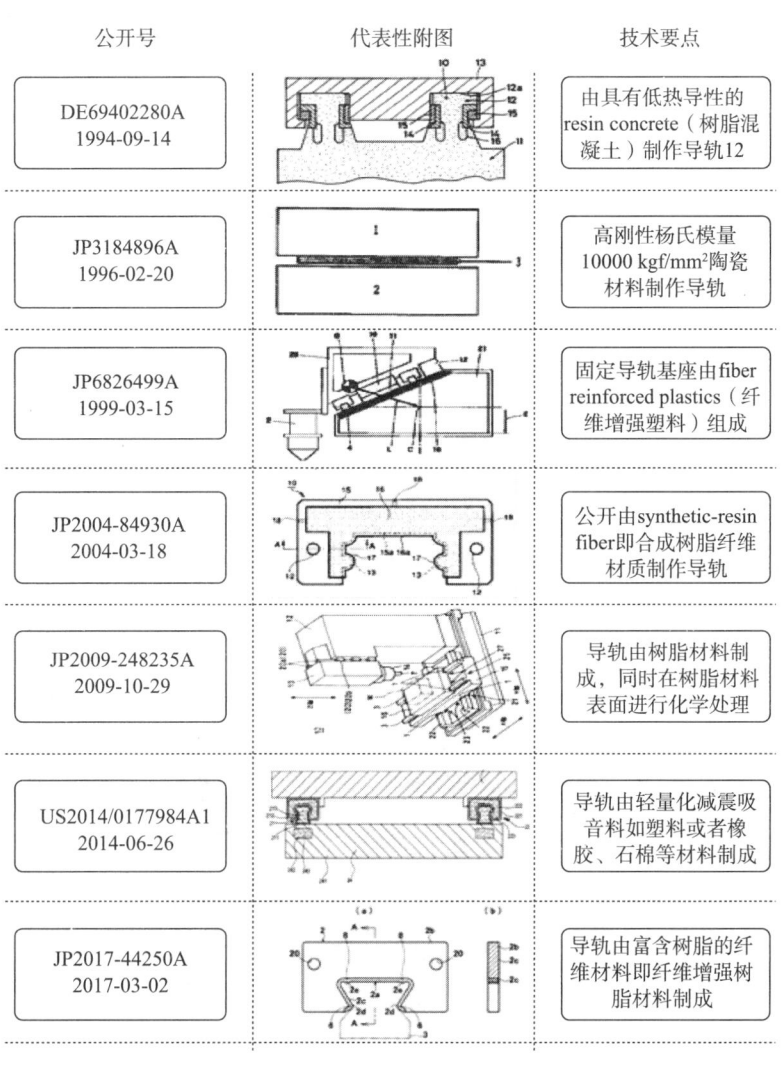

| 公开号 | 代表性附图 | 技术要点 |
|---|---|---|
| DE69402280A<br>1994-09-14 | | 由具有低热导性的resin concrete（树脂混凝土）制作导轨12 |
| JP3184896A<br>1996-02-20 | | 高刚性杨氏模量10000 kgf/mm² 陶瓷材料制作导轨 |
| JP6826499A<br>1999-03-15 | | 固定导轨基座由fiber reinforced plastics（纤维增强塑料）组成 |
| JP2004-84930A<br>2004-03-18 | | 公开由synthetic-resin fiber即合成树脂纤维材质制作导轨 |
| JP2009-248235A<br>2009-10-29 | | 导轨由树脂材料制成，同时在树脂材料表面进行化学处理 |
| US2014/0177984A1<br>2014-06-26 | | 导轨由轻量化减震吸音料如塑料或者橡胶、石棉等材料制成 |
| JP2017-44250A<br>2017-03-02 | | 导轨由富含树脂的纤维材料即纤维增强树脂材料制成 |

图2-7 滑动导轨相应技术分支重点专利

泛应用。近年来，滚动导轨还应用于铁路车辆及公共汽车、自动门、减震装置等更贴近于人们日常生活的领域当中。回顾滚动导轨的发展历史，以1944年美国率先设计出的圆轴直线衬套为开端，之后进一步改进成与滚珠形状匹配的、带滚动沟道的滚珠花键，以及角接触式沟道的滚珠花键。日本于1971年首先制造出角接触式构造的滚珠花键，所设计的凸起形的轴是现在轨道的雏形，这是具有代表意义的改良。1993年制造出了使用圆柱形滚子替代钢球的滚动导轨，1996年研发出了带有球保持器的滚动导轨。美国 K&T 公司在1978年国际机床展览会上展出了使用当时所研发出的滚动导轨的新型加工中心。尽管滚动导轨是日本最先发明的，但是因为被美国的机床厂商竞相使用到加工中心这一当时最先进的机械上而获得广泛应用[3]。在此之后，各大厂商通过研发不断提高滚动导轨的精度保持性和使用寿命。日本精工株式会社于2011年开发出"高防尘侧密封滚子导轨"，并于随后几年中对其进行了各种改进，其大幅提高密封部件在无润滑或异物环境等苛刻条件下的耐久性。日本 THK 于 2015 年通过对滚动体滚行槽的改进省略了端盖，实现滚动导轨的长寿化。

**（二）全球专利申请概况**

**1. 专利申请年度分布**

20 世纪 70 年代以来，随着机械装备的高精度、高速度、节能以及耐久性等各方面的性能要求，促使滚动导轨的应用和研究得到加快[4]。图 3 - 1 显示了滚动导轨全球申请量和中国申请量的年度变化情况，从全球申请量的变化可以看出 20 世纪 70 年代开始，滚动导轨的开发和应用开始起步，20 世纪 80 年代有了一定的增长，20 世纪 90 年代开始申请量增长速度加快，2000 年之后特别是 2003 年之后经历了一波爆发式增长，由于全球经济危机的影响，制造业增速放缓，滚动导轨全球申请量在 2007 ~ 2008 年经历了一波短暂回落，之后随着全球经济回暖申请量重新步入增长通道。

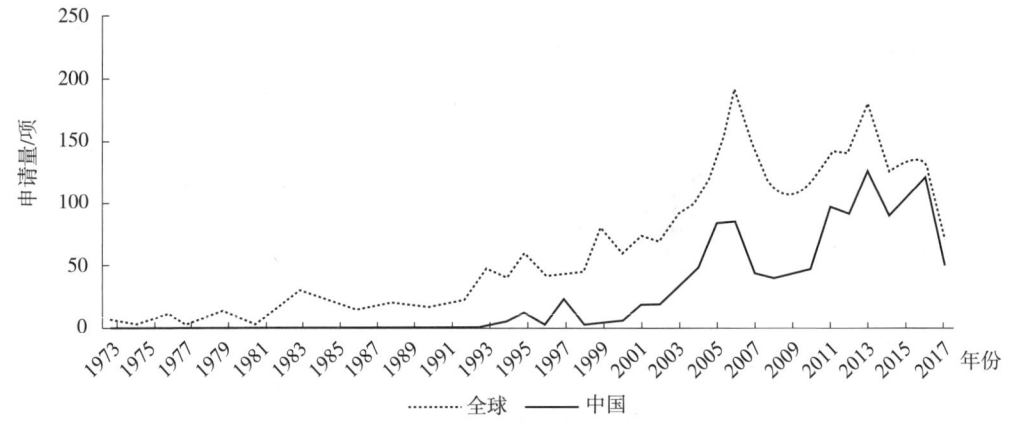

**图 3 - 1　全球及中国专利申请变化趋势**

国内滚动导轨行业起步于 20 世纪 80 年代早期，20 世纪 80 年代中期前，滚动导轨应用很少。从 20 世纪 80 年代后期到 2000 年左右，随着数控技术的发展，滚动导轨在高档数控车床和加工中心的应用逐步增长，但国内仅有南京工艺装备制造厂等少数厂家对滚动导轨进行生产，从专利申请数量上来看，从 1993 年开始才有零星的专利申请出现。2000 年之后国内的申请量几乎和全球申请量保持了同步增长，在同样经历了 2007 ~ 2008 年的短暂回落后，国内申请量的增长率超过了同期全球申请量增长率。

21 世纪以来，中国经济高速增长，作为制造业大国，中国的装备制造业也经历了快速增长，同时由于开放程度的不断增加，对知识产权和创新程度的要求也越来越高，国内滚动导轨专利申请量快速增长，对该时期内全球申请量增长贡献巨大。

**2. 专利申请地域分布**

图 3 - 2 显示了全球滚动导轨专利申请优先权国家和地区分布情况，日本和中国分别

处于第一和第二位，日本在全球及中国市场占有率上处于领先地位。中国的申请量虽然增长迅速，并且目前总申请量已经处于全球首位，但其中众多来华国际企业贡献了大量申请，国内本土企业大多为中小企业，其研发投入和技术水平相比国际大企业仍存在较大差距。中国台湾地区在优先权方面位于第四位，其得益于上银在各国特别是中国贡献的大量申请。

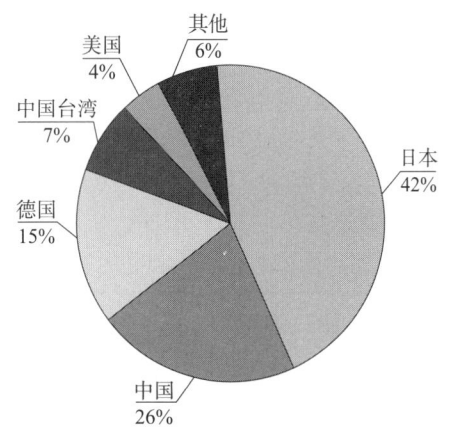

图3-2　滚动导轨主要国家
和地区专利申请占比

为了进一步分析各国家或地区不同时期在滚动导轨领域的研发和投入水平，我们进一步统计了中国、日本、德国和中国台湾地区作为优先权国家或地区的年度分布情况，如图3-3所示。在20世纪70年代及80年代，只有少量日本和德国优先权的申请，20世纪90年代后日本优先权的申请量迅速增长，德国优先权的申请比之前有所增加但一直维持在一个较低的水平。中国优先权的申请量在2000年之后才出现较为明显的增长，2010年之后突飞猛进并迅速超越日本。中国台湾地区也是2000年之后才出现较为明显的增长，但增长量较为平稳。从上述趋势可以看出，中国近十年以来对滚动导轨的投入及重视程度大大增加，从申请量上迅速超越日本，但由于日本前期的大量积累，形成了巨大的技术优势，其在高端市场及技术方面仍具有较大优势。

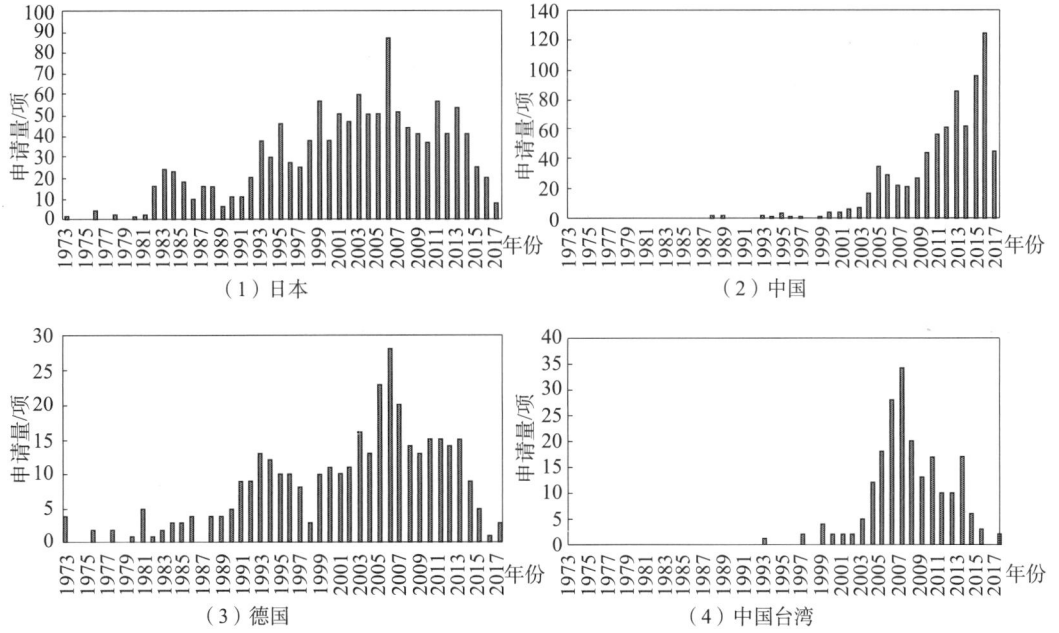

图3-3　滚动导轨主要国家和地区专利申请趋势

3. 重要申请人

我们总结了滚动导轨领域全球专利申请量前 10 位的申请人（见图 3 - 4）和中国申请量前 10 位的申请人（见图 3 - 5），全球申请量排名前 10 位的申请人中，日本有 4 位，德国 2 位，中国有 3 位（其中大陆 1 位，台湾 2 位），瑞典 1 位，其中日本精工和日本 THK 占据前两名，前 2 名中仅有中国台湾地区的上银和德国的谢夫勒两合两家企业，中国大陆仅有南京工艺装备制造厂位列第 9 位。从全球前 10 名企业的申请量来看，日本精工和日本 THK 的申请量远高于剩余八家的申请量，中国台湾上银、日本东晟和德国谢夫勒两合处于中间位置，三家差距不大，剩余的 5 家申请量较前 5 位差距比较明显。全球前 10 名申请人的国家分布和申请量也从另一个角度说明日本在滚动导轨领域的领先优势，另一方面，中国虽然从总体申请量上已经赶超日本，但申请人较为分散，国内申请人大部分为中小企业或个人，每个申请人的申请量都不多，尚无法从日本企业的合围中形成突破。

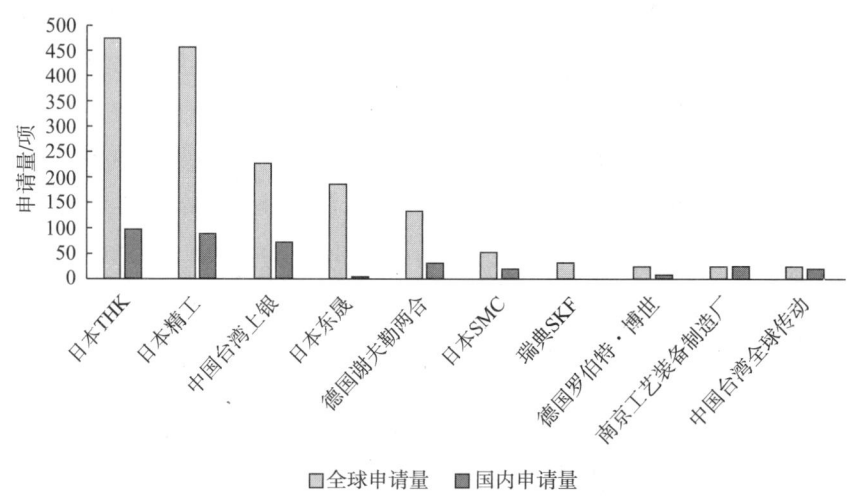

图 3 - 4 滚动导轨全球排名前 10 位申请人申请量排名

从另一个角度来看，全球前 10 名申请人中日本精工、日本 THK、中国台湾上银、日本 SMC、德国罗伯特·博世和中国台湾全球传动均在中国进行了布局，其中日本 THK、日本精工、中国台湾上银、德国谢夫勒两合、中国台湾全球传动和日本 SMC 同样也是中国国内申请量排名前十的申请人，日本 THK、日本精工、中国台湾上银、德国谢夫勒两合更是占据了国内前 10 位申请人的前 4 位，可见上述企业均对中国的市场十分重视。

4. 日本 THK、日本精工、中国台湾上银、德国谢夫勒两合近 10 年国内专利布局

日本 THK、日本精工、中国台湾上银、德国谢夫勒两合是滚动导轨领域国内申请量前 4 位的申请人，其申请量远远领先于其他申请人，4 家企业占据了国内滚动导轨市场的很大比重。分析其近年的专利布局能够一定程度反映其产品研发和技术改进方向，由于

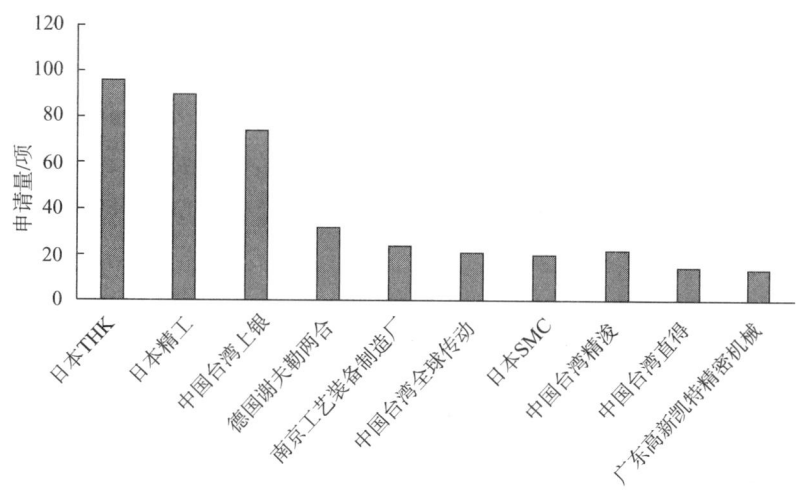

图 3 - 5　滚动导轨国内申请量排名前 10 位申请人

早期专利接近甚至已经超过保护年限，且大部分已经在成熟的产品上应用，我们仅分析其能够代表产品改进方向的近 10 年专利申请情况。上述 4 家企业近 10 年在国内的专利布局情况如图 3 - 6 所示，从图中可以看出，循环装置是各家均比较重视的方向，通过对保持器、反向器反向线路设计等进行改进以期使滚动体的循环更加顺畅平稳；其次，润滑与密封也是较受重视的方向，通过对润滑油路的改进、密封件及密封方式的改进，使润滑油能够持续稳定供给，导轨内部与外部隔离效果更好，从而形成有效油膜，降低摩擦和噪音，使导轨能够更长时间地稳定运行；滚动体与滚道方面除日本精工外其他三家申请数量较少，而且该方向的申请主要集中在滚动体与滚道的接触方式、滚道的轮廓设置方面，对滚动体本身的改进则很少；导轨与材料方面的申请则非常少。

（三）滚动导轨技术发展路线

在滚动导轨专利技术领域，为了便于研究滚动导轨的技术特点将滚动导轨划分为滚动体与滚道、循环装置、润滑与密封、导轨与材料四个技术分支；滚动体与滚道涉及滚动体形状、滚道设置、滚动体与滑块和导轨的接触、滚动体布置等，循环装置涉及反向器、保持器等，润滑与密封涉及润滑剂供给、润滑剂通道、滑块端盖与密封等；导轨与材料涉及导轨材料、制造工艺及导轨本身形状等。滚动导轨技术发展路线如图 3 - 7 所示。

滚动体最初的形式为滚珠或滚柱，采用滚珠作为滚动体，导轨与滑块之间的接触为点接触，承载能力差，滚柱式导轨将滚珠的点接触变为滚柱的线接触，承载负荷的能力大大提高，但滚柱易在运行中产生歪斜，且误差均化能力较差。专利 DE3345884A1 采用中间突起的鼓形滚柱作为滚动体，滑块与导轨之间为弧形线接触，在轴向及径向均能受力，能承受很高的转动力矩与颠覆力矩。专利 JP2001140895A 则提出了非圆形滚珠，同样将滑块与导轨之间的接触由点接触变为线接触，运动平稳承载力增加；在此之后，对

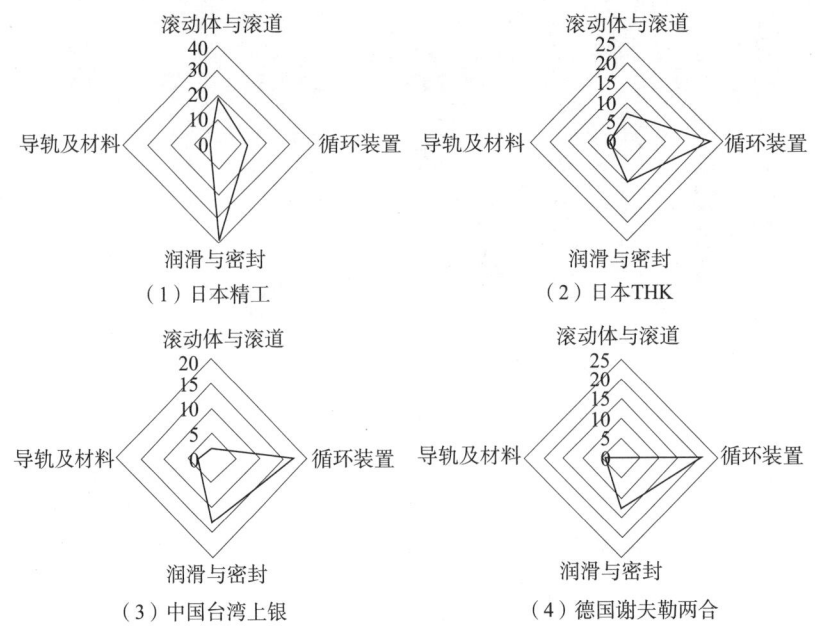

图3-6　日本精工等重要申请人中国国内申请布局

注：图中数字表示申请量，单位为项。

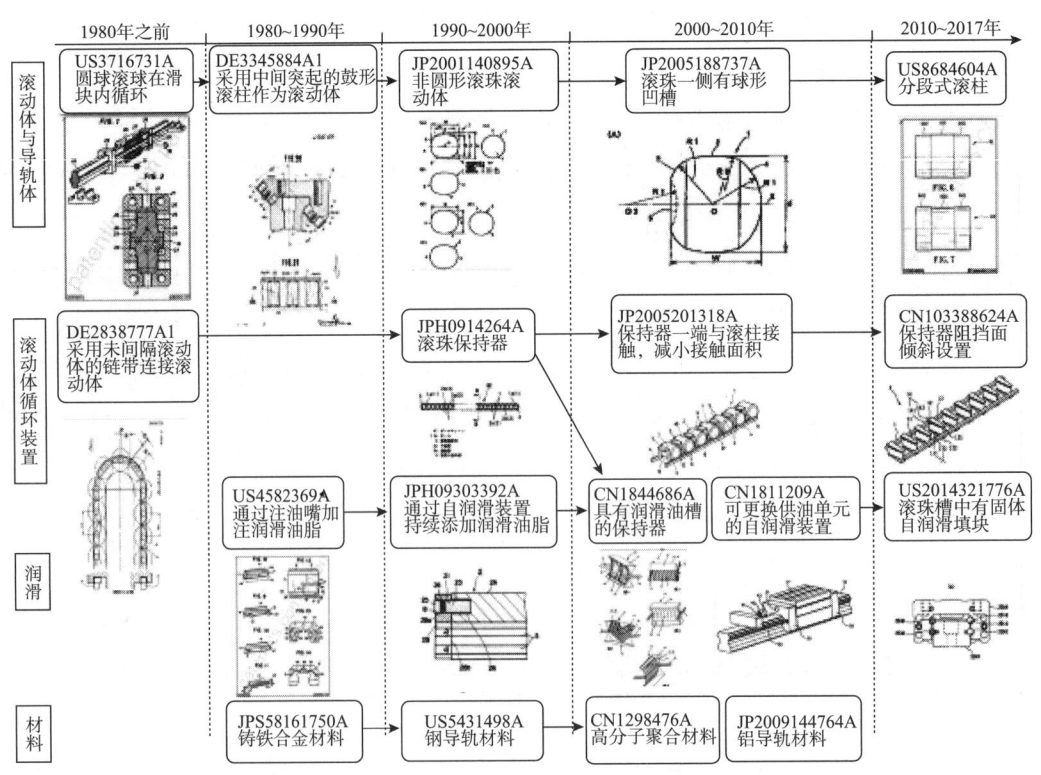

图3-7　滚动导轨技术专利发展路线

非圆形滚珠进行了各种变形和发展，例如 JP2005188737A 在非圆形滚珠一侧成形有圆形凹槽。专利 US8684604A 则提供了分段式滚柱，滚柱与滚道通过多段接触面接触，在滚柱损坏后能够方便地采用其他轮廓的滚动体替代。

滚动导轨发展初期，滚动体在滚道和滑块之间循环，球与球之间会发生金属摩擦接触，同时因为钢球在接触点的旋转方向相反，以 2 倍的速度滑动接触，所以磨损剧烈，噪声大且使用寿命短，并且滚动体在循环的过程中没有保持器束缚，运动过程不稳定。之后出现了如专利 DE2838777A1 所示的链带，但所示链带仅是将滚动体连接在一起，使其整列运动，并没有对滚动体形成间隔，滚动体之间的摩擦接触仍然存在。20 世纪 90 年代开始，滚珠保持器开始在滚动导轨中应用，如日本 THK 公司的专利 JPH0914264A，在滚珠与滚珠间装有树脂隔垫和连接隔垫的树脂带，因此滚珠之间不会发生碰撞，并且还减少了滚珠数量，可保证钢球间隔保持器的稳定循环。而且，钢球循环部与钢球间隔保持器的空隙部位存有润滑脂，随着钢球的旋转，润滑脂卷入钢球与钢球间隔保持器之间，在钢球的表面形成理想的油膜，且消除了相互摩擦，防止了发热和磨损，使长期的免保养成为可能。在这之后，对保持器的各种改进不断出现，以使滚动体运行更加稳定，摩擦磨损更小，如日本东晟提出的专利 JP2005201318A，其滚柱保持器仅在滚柱一侧与滚柱接触，在将滚柱间隔开的同时进一步减小了接触面积，不仅使滚柱稳定运行并且滚柱与保持器之间的摩擦也更小；专利 CN103388624A 则将保持器的滚珠阻挡面倾斜设置，可以使保持器一次射出成型，容易脱模，降低毛边产生的几率；谢夫勒两合公司提出的专利 CN1844686A，在保持架与滚动体的接触面内设有润滑油腔，将润滑剂供给到滚动体上，提高滚动体的润滑效果。

润滑对于滚动导轨的稳定运行非常重要，在滚动导轨运行一定时间之后润滑剂会存在不同程度的损失，从而造成滚动导轨后期运行精度降低，噪声加大。为了确保润滑效果长期有效，早期的滚动导轨在滑块上设置注油嘴，定期通过注油嘴添加润滑剂，如专利 US4582369A 所示，但人工添加需要定期检查，维护不便，导轨运行一段时间之后稳定性会降低。之后出现了自润滑装置，如日本东晟申请的专利 JPH09303392A，通过自润滑装置自动补充润滑剂，保证导轨长期稳定运行。上银专利 CN1811209A 则进一步提出了可更换供油单元的滚动导轨，不仅能够实现自润滑功能，在润滑剂消耗殆尽时能够对供油单元进行快速更换，维护方便并且能够保证导轨长时间的自动持续润滑功能。专利 US2014321776A 在滑块滚珠槽中放置固体自润滑填块，填块与滚动体接触，在滚动体滚动的过程中不断对滚珠进行润滑。

对于导轨体的材料，应用最多及最早的材料为铸铁，铸铁具有耐磨性和减震性好，热稳定性高，易于铸造和切削加工，成本低等特点，因此在导轨中被广泛采用，如专利 JPS5816170A 所示。由于用户要求的多样化及使用环境的不同，出现了用新材料制造的滚动导轨副，例如专利 US5431498A 采用钢制作的产品；JP2009144764A 采用铝作为导轨材料，不仅降低了整体重量和成本，而且提高了导轨精度；CN1298476A 采用聚合物材料制作导轨，降低了摩擦，提高了承载能力和抗磨性。

# 四、静压导轨

## （一）静压导轨发展概况

### 1. 静压导轨原理

静压导轨的工作原理与静压轴承相同，将具有一定压力的润滑油，经节流器输入到导轨面上的油腔，即可形成承载油膜，使导轨面之间处于纯液体摩擦状态。

从结构上来看，其主要分为开式静压导轨（见图 4-1a）和闭式静压导轨（见图 4-1b）两种。其中压力油经节流器进入导轨的各个油腔，使运动部件浮起，导轨面被油膜隔开，油腔中的油不断地通过封油边而流回油箱，当动导轨受到外载荷作用向下产生一个位移时，导轨间隙变小，增加了回油阻力，使油腔中的油压升高，以平衡外载荷的形式的静压导轨为开式静压导轨。而在上下导轨面上都开有油腔，可以承受双向外载荷，保证运动部件工作平稳的形式的为闭式静压导轨。同时，从供油情况来看，又可分为定量式静压导轨和定压式静压导轨两种形式。

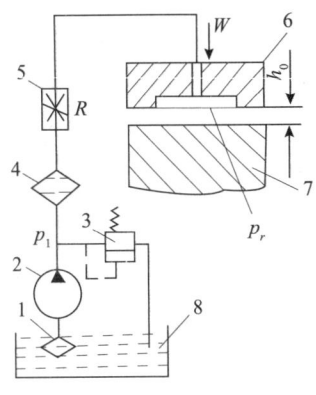

图 4-1a　开式静压导轨

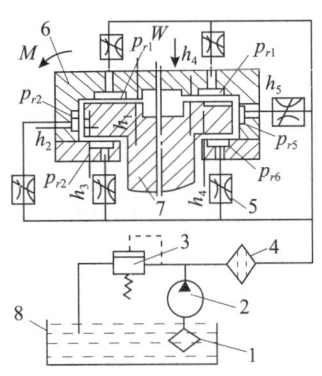

图 4-1b　闭式静压导轨

### 2. 国内静压导轨技术发展状况

中国在静压导轨技术研究方面并不比其他国家落后，而且发展速度也非常迅速。为制造精密磨床，上海机床厂于 1958 年首次开展该技术的研究，1962 年组建静压研究室，有力推动了静压技术的研究与应用。与此同时，无锡机床厂等其他磨床厂也开始对静压轴承进行试验，此项技术得到磨床制造业的普遍重视。1973 年广州召开了全国静压技术会议，掀起了全国各大研究机构对静压轴承技术的研究及推广应用的热潮。为满足国内对大型、重载磨床的需求，上海机床厂于 2004 年开发出的 MC1363/H，采用了液体静压导轨。北京航空精密机械研究所生产的"Nanosys300非球面曲面复合加工系统",它是一种超精密金刚石数控机床,其回转和直线运动部件均采用了液体静压技术。在高等院校、研究院和企业的共同努力下,我国液体静压技术的发展经历了原理验证、生产性试验、重点理论研究与大量推广、静压技术应用的扩大与产品化这四个阶段[5]。在国内,液体静压导轨在各种机床中的应用也越来越普遍。

3. 国外静压导轨技术主要发展过程

最早的液体静压支承的雏形是在 1878 年巴黎国际博览会上展出的能灵活浮动的展品。1938 年美国加利福尼亚州的帕罗马尔山天文观测站在 200 英寸天文望远镜上,首次成功地应用液体静压推力轴承。该望远镜重量为 500 吨,转速为 1 转/天,但驱动功率仅需 70W。1945 年法国工程师 P. Gerard 发明了向心静压轴承,并于 1948 年成功地应用于 Gendron 磨床砂轮主轴上,在以后的几十年中静压技术迅速发展,应用范围不断扩大,几乎遍及于整个机械制造行业,包括仪器、冷轧机、雷达天线座等民用与军工的设备上。但是由于国外机床厂规模小,开发能力有限,研究、设计多依靠大学,在专利的布局和发布上时间较为滞后。近几年英国 Cranfield 公司开发研制出的大型超精密机床,其用于加工 X 射线天体望远镜,该机床采用的就是高精度液压导轨,工作台尺寸为 $250mm^2$,可用于坐标测量、超精密磨削以及车削,运行状态良好。并且,日本不二越公司与丰田工机株式会社联合开发研制出了两种型号的超精密液体静压导轨,这两种型号的液体静压导轨的直线度可以分别达到 $0.15\mu m/100mm$、$0.029\mu m/100mm$。国外在超精密机床制造领域中,绝大多数机床都采用液体静压技术来实现对机床的关键部件导轨的设计,并且取得了很好的效果,这体现了液体静压技术的成熟设计方法和深入的理论研究。

**（二）全球专利申请概况**

1. 专利申请年度分布

由图 4-2 可以看出,我国的申请趋势与全球趋势基本一致,说明在静压导轨的发展过程中,我国一直与全球发展处于同一阶段,技术实力不相上下,这与静压导轨技术起步较晚有关。虽然我国静压导轨的研究开始较早,但是由于专利事业自 20 世纪 80 年代才开始获得正式实施,直至 1990 年才出现真正意义上的关于静压导轨的专利申请,此后各类型静压导轨的申请量慢慢得到提高,从 2003 年开始,中国在静压导轨方面的研究成果才开始全面化、规模化,研究范围开始不断扩展,"开式静压导轨"和"定压式静压导轨"相关的专利申请开始出现。但是相对于我国实际开始研究的时间可以看出,我国在静压导轨技术研究方面还存在申请量较为迟缓、各项研究技术分布区域比较集中等问题。这些问题与申请专利保护核心技术意识有很大关系。所以我国在鼓励发明创造和保护专利权人合法权益方面需提出更有力的措施,以此鼓励发明创造,提高创新能力,推动发明创造的应用,达到促进科学技术进步和经济社会发展的目的。

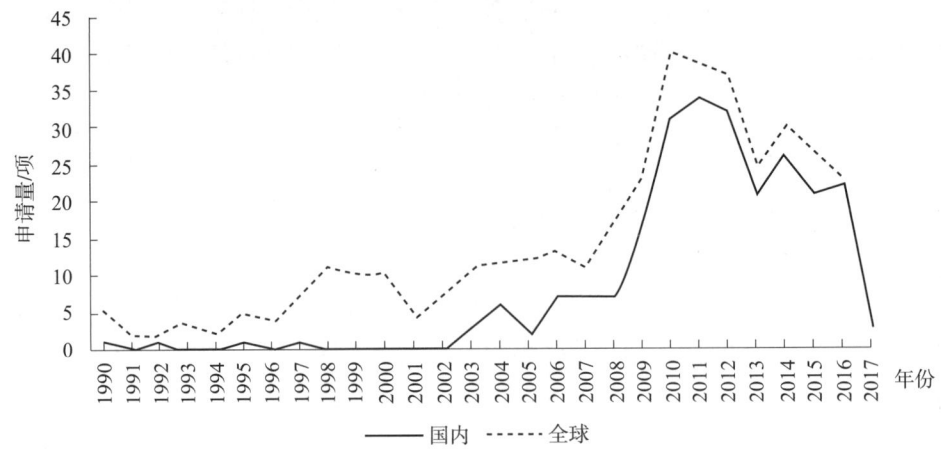

图4-2　静压导轨全球和国内专利申请变化趋势

2. 专利申请地域分布及重要申请人

日本作为高端机床的主要生产大国，静压导轨作为其中的重要部件，在日本的发展也较为迅速和成熟。在德温特专利数据库中，日本申请人占据了绝大多数（见图4-3），其中，日本精工株式会社占据28件申请之多。日本精工株式会社成立于1916年，是日本国内第一家设计生产轴承的厂商。由于静压导轨的原理与静压轴承类似，由静压轴承转向静压导轨的研究和开发较为容易，不需要付出太多的成本和精力。同时其凭借在精密加工方面的技术优势，不断开发汽车零部

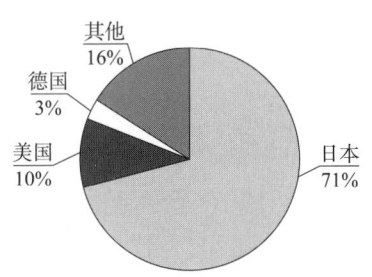

图4-3　静电导轨全球主要申请人国家分布

件、精密机械组件等高精尖产品，其中静压导轨属于此类。

日本精工株式会社于1983年正式申请了一件名为轨道导向轴承组件的专利，其中明确提出对于现有技术中通过滚珠进行传动的滚动滑轨而言，其存在相对于工作台振动的衰减特性差的缺点，而静压技术则可以解决上述缺陷。具体阐述如下：

如图4-4所示，与滚动导轨的基本结构类似，其同样具备轨道1、用于容纳滚珠8的滚动槽2，6以及滑动床4。然而在此基础之上，上述专利中增加了一套静压引导装置，主要包括鞍形部件10以及设置于其中的流体通道14，以便于液压油或者空气等流体介质流通，从而在滑动床4和鞍座构件10之间形成静压结构，并且通过螺栓15和弹簧16与滑动床4之间保持一定距离的连接。通过上述结构，鞍座构件10相对于轨道导向轴承的滑动床4被支撑，其间保持有液体，因此能够有效地吸收施加在鞍座构件10上的振动，即使在机床、测量机等的突然启动或突然停止的情况下，由振动引起的扭矩也可以得到降低；在浮动的方向上，鞍形部件10由螺栓15支撑，刚性较好，但是当鞍形部件10向

下垂直移动时，其能够静压承受压力的衰减，因此获得较好的移动精度。在此基础上，日本精工株式会社进行了大量的研究开发，在静压导轨领域取得了较大的突破，也实现了较高的技术储备，逐步成为静压导轨领域的领军企业。

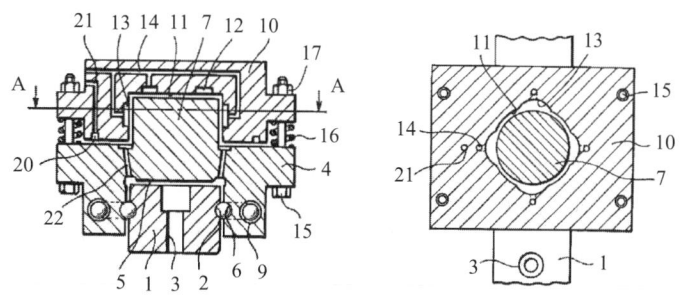

图 4-4　专利说明书附图

由图 4-5 中可以看出，我国的申请人分布较散，并且作为个人申请人的潘旭华，其申请量最多，经了解该申请人为数控机床的专家，其多次担任国家"863"计划项目负责人，他在 2004～2006 年制造出高精度的静压导轨，发展成数控外圆磨床，为我国的超精密加工装备核心技术的发展以及推动机床工业的发展做出重要贡献。在排名靠前的申请人中，高校也占有一定比例，与企业申请人比例相当，由此进一步说明，我国在静压导轨的研究中存在较为分散的情况，没有一个绝对的领头人，可能存在重复研究等情况，这是整个行业所需要关注的地方。此外，虽然我国作为高端精密机床的消费大国，即市场大国，但是直接关于静压导轨的外国申请人占比较少，这可能与外国大公司申请人的市场战略布局有关。

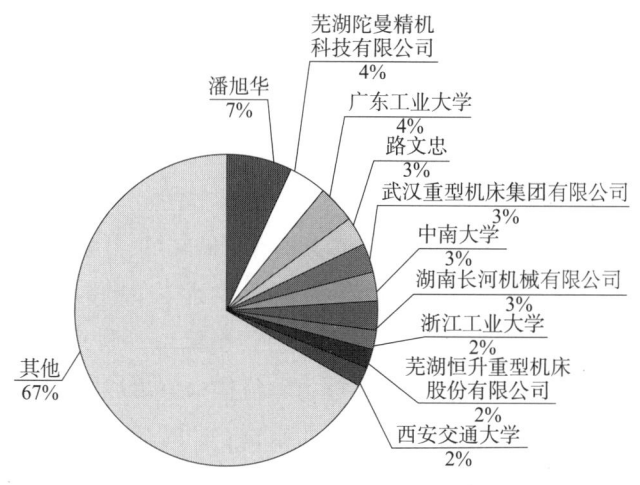

图 4-5　静压导轨国内申请人专利申请分布

## （三）国内静压导轨技术发展路线

如前所述，静压导轨按照导轨结构形式可以分为开式静压导轨和闭式静压导轨，按照供油情况可分为定量式静压导轨和定压式静压导轨。静压导轨中油膜的厚度直接影响静压导轨的刚度，不同类型的静压导轨存在着不同的优缺点，所以静压导轨技术演进路线和机床导轨技术的发展类似，并不是一种技术完全替代了一种技术的发展，而是在较长时间内并存且相互交叉存在。这一情况也直接体现在了国内静压导轨的技术路线上（见图4-6）。

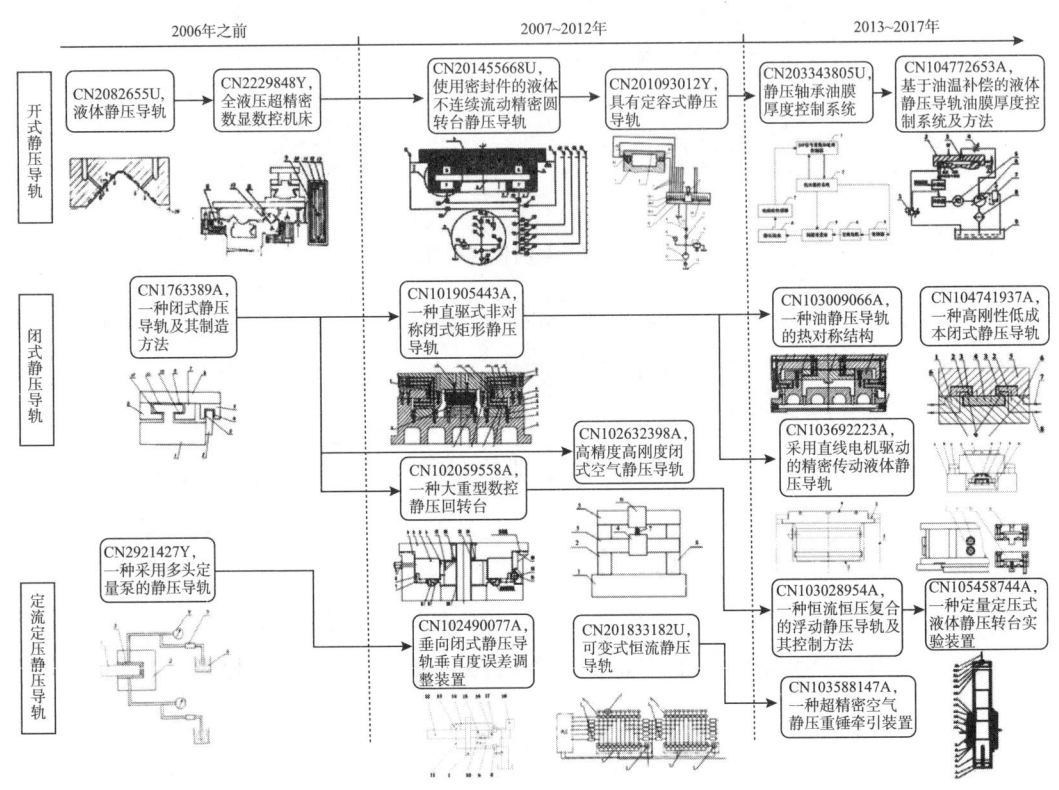

图4-6 静压导轨国内技术专利发展路线

　　早期的机床导轨主要以滚动导轨为主，滚动导轨存在相对于工作台振动的衰减特征性差的缺点，从而导致移动精度较差，而静压导轨在导轨和工作台之间保持有流体，能够有效地吸收施加在工作台上的振动，从而实现较好的移动精度，例如专利CN2082655U所示的开式静压导轨。最初的开式静压导轨仅有单面流体接触的形式，在运动部件的相对侧，移动过程中存在稳定性较差的问题，针对该缺陷，专利CN1763389A公开了在运动过程中存在接触的所有面上均有提供支撑力的流体，其可以承受双向外载荷，保证运动部件的工作平稳。同时期在闭式静压导轨的基础上，对流体的流量和压力进行定量的控制，从而实现对其刚性的调整，例如专利CN2921427Y所公开的一种采用多头定量泵的静压导轨。目前静压导轨的研究重点主要集中在油膜静态特征和动态特征两大方面，如专利CN104772653A公开的基于油温补偿的液体静压导轨油膜厚度控制系统及方法、专利CN103692223A公开的采用直线电机驱动的精密传动液体静压导轨以及专利

CN105458744A 公开的一种定量定压式液体静压转台实验装置。

## 五、磁悬浮导轨

磁悬浮技术研究源于英国，早在 1842 年英国物理学家厄恩肖就提出了磁悬浮的概念，1922 年德国工程师赫尔曼·肯佩尔申请了磁悬浮列车专利技术。利用磁力使物体处于无接触悬浮状态进行运动精度控制并不容易，因为磁悬浮技术是集电磁学、电子技术、控制工程、信号处理、机械学、动力学为一体的典型的机电一体化高新技术。目前国内外研究热点聚焦在磁悬浮轴承和磁悬浮列车，而应用最广泛的是磁悬浮轴承[6]。

现代制造正朝着高速化、精密化、智能化方向发展，这也对加工设备的性能提出了越来越高的要求，这种需求也进一步促进了机床工业，尤其是高档数控机床的发展。一方面，传统数控机床大多采用接触式导轨副，例如滚动导轨、贴塑导轨、注塑导轨和静压导轨等，这些导轨副使得移动部件与支承导轨不可避免地存在摩擦，影响移动平台的性能；另一方面，随着精密及超精密加工、超大规模集成电路生产以及精密测量技术不断向微细领域发展，这就要求使用高分辨率和高精度的精密移动平台。磁悬浮技术可以使移动部件与支撑导轨无接触摩擦，且微机械（MEMS）及纳米测量技术的发展也为精密移动平台的位移定位精度提供技术支持，进而将磁悬浮技术应用于数控机床导轨的研发理念应运而生，也即磁悬浮机床导轨技术。

磁悬浮机床导轨剖面结构如图 5-1 所示，其工作原理为：床身导轨 1 固定在基座上，移动平台 2 套装于床身导轨 1，床身导轨 1 上安装有直线电机定子 3、直线电机动子 4，移动移动平台 2 由上移动平台 21 和安装于上移动平台 21 四角下方的支承装置 5 组成，上移动平台 21 的下表面中央位置具有刚性矩形框 6，矩形框 6 与上移动平台 21 为隔磁铝材料一体制造成型，导向电磁铁 7 直接设置于上移动平台 21 下突的刚性矩形框 6 上，导向电磁铁产生的导向力能够直接的作用于上移动平台 21。

现阶段所研究的高档数控机床磁悬浮导轨又可分为电磁悬浮导轨和永磁悬浮导轨两大类。采用电磁铁时，对环境无要求，运动及系统特性可调易控，但系统结构复杂、制作成本高、性能不稳定、导向精度不易控制的问题难以克服，尤其是电磁铁散发大量的热，会引起零部件受热变形，这对于高精度仪器或微位移机床（如纳米级、微米级定位精度）是绝不能允许的。针对这一问题可利用永久磁体取代电磁铁，其可专门适用于高精度仪器或微位移机床的工作环境，既满足了高精密导轨承载、高速、高稳定性、高导向精度、低成本等要求，又根除了电磁铁发热导致导轨变形的问题。对于磁性材料选择来说，工程中根据矫顽力大小将磁介质分为软磁材料和硬磁材料两类，硬磁材料也称作永磁材料，分为铁氧体永磁材料、合金永磁材料两大类，其一经磁化即能保持恒定磁性，

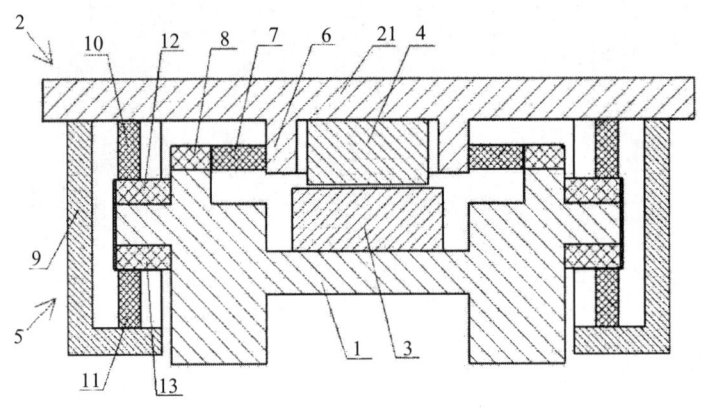

图 5 - 1　磁悬浮机床导轨剖面结构示意图

而在实际磁悬浮导轨结构研发中，导轨刚度设计至关重要。因此，实现结构与刚度的优化是设计的关键问题。

研究发现，磁性导向力的大小对结构刚度的影响较大，从而对直线进给单元的加工和控制精度造成不利影响。如南通大学在专利 CN100589317C 中提出的智能型磁悬浮直线进给单元，其起导向作用的电磁铁安装在动导轨左右两边内侧，在工作过程中导向方向出现外力的时候，两侧导向电磁铁便产生使移动平台重新回到平衡位置的电磁作用力，而两侧电磁作用力大小不等、方向相反，从而加大了移动平台的形变，而移动平台一体制造虽可以增加刚度但同时也增大了制造难度和加工成本；上海大学在专利 CN1244432C 中提出工业应用型主动磁悬浮机床导轨-直线电机进给平台，其移动平台套装固定于机座的导轨上，导向电磁铁安装在移动平台内侧的左右两边，移动平台采用矩形框式结构，该结构设计能在一定程度上抵抗导向力对移动平台刚度的不利影响，但又不可避免地导致导轨长度受限制，从而限制了直线运动的行程。

目前国际上还没有采用磁悬浮导轨来支承机床移动平台的工业化应用报道[1]，虽然当前有相关专利进行申请并获得授权，但其申请数量相较于传统的滑动导轨、滚动导轨以及静压导轨申请数量可以忽略不计，而更为值得关注的是涉及高档数控机床磁悬浮导轨的授权专利目前还不能在工业上推广应用，也即将磁悬浮导轨应用于高档数控机床上的技术创新还处于学术理论研究与实验室阶段。

## 六、复合导轨

导轨作为重型数控机床的核心部件，其力学性能影响着机床的精度和精度保持性。随着科技不断发展进步，传统的单一型导轨已不能很好地满足重型机床在不同切削条件下的性能要求，复合导轨应运而生。研究者们通过将不同类型的单一导轨进行交叉重组，得到了一系列满足不同使用要求的复合导轨。通过对历年专利文献研究发现，目前投入研究的复合导轨主要有以下五种，如图 6 - 1 所示，包括滚滑复合导轨、滚动静压复合导轨、滑动静压复合导轨、磁浮滑动复合导轨和磁浮滚动复合导轨。

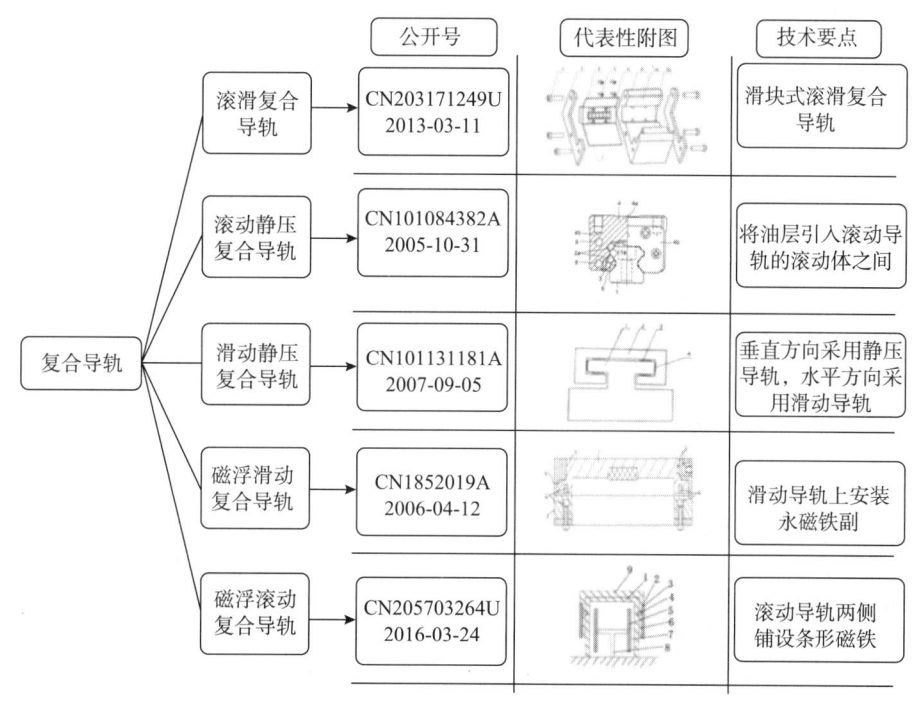

| | 公开号 | 代表性附图 | 技术要点 |
|---|---|---|---|
| 滚滑复合导轨 | CN203171249U<br>2013-03-11 | | 滑块式滚滑复合导轨 |
| 滚动静压复合导轨 | CN101084382A<br>2005-10-31 | | 将油层引入滚动导轨的滚动体之间 |
| 滑动静压复合导轨 | CN101131181A<br>2007-09-05 | | 垂直方向采用静压导轨，水平方向采用滑动导轨 |
| 磁浮滑动复合导轨 | CN1852019A<br>2006-04-12 | | 滑动导轨上安装永磁铁副 |
| 磁浮滚动复合导轨 | CN205703264U<br>2016-03-24 | | 滚动导轨两侧铺设条形磁铁 |

图 6 - 1　各类型复合导轨及代表专利

滚滑复合导轨在复合导轨中应用最为广泛，它是一种同时具有滑动结合面和滚动结合面的复合式导轨，既具有滑动导轨刚度高、承载能力强的优点，也结合了滚动导轨运动摩擦阻力小、随动性和高速运动性能好、定位精度和重复定位精度高等优点。其发展主要集中在两个方面：滚滑复合导轨的结构和滚滑复合导轨的应用。

滚滑复合导轨的结构主要分为分离式和一体式两种。传统的机床水平承载用滚滑复合导轨采用的是分离式结构，该结构由于加工误差和装配误差的存在，使得复合导轨机构中的滚动承载面和滑动承载面的受力不均，装配工艺复杂，进而导致机床加工精度降低。针对上述缺点，南京理工大学的袁军堂教授等人研发出了一种滑块式滚滑复合导轨（专利 CN203171249U），这是一种新型的机床水平承载用滚滑复合导轨，其结构主要分为两个部分：承导件和能在承导件上运动的上滑块。对于滚滑复合导轨的应用来说，我国最早对滚滑复合导轨进行实际应用，并对其结构进行初步研究是在 2004 年，由桂林机床股份有限公司提出，具体是将其应用于龙门铣床横梁（即定梁）上，之后扩展至各种龙门机床上，如动梁式龙门机床、龙门加工中心等，并在后期的研究中逐步尝试将其应用于各种机床上，研究对象也不仅仅局限于横梁、移动轴上，而是对机床的其他需要移动的部件进行尝试，如滑枕、回转工作台等。其中，沈阳第一机床厂在车床方面以及上海三一精机有限公司在滑枕方面的研究较为突出。

相对于滚滑复合导轨来说，滚动静压复合导轨的研究则较少，这与该复合导轨的应用条件有很大关系。滚动静压复合导轨同样具有分离式和一体式两种结构，分离式结构通过设置独立的滚动导轨和静压导轨，一个为主，一个为辅；一体式结构则是将滚动导轨和静压导轨交互设置，最具代表性的设计结构是在滚动导轨上设置油/气孔，使油/气进入滚动导轨中，进而实现滚动静压复合。相较于分离式结构来说，一体式结构由于在滚动导轨的静压腔中布置有流体，能有效保护运动副，抗恶劣环境能力强。最早对一体式滚动静压复合导轨做出研究的是日本的 THK 株式会社，道岗英一等人将油层引入到滚动导轨的滚动体之间，利用油的黏性阻力，向导轨施加与速度成比例的制动力，降低了导轨的摩擦系数，提高了阻尼特性和抗振性，涉及专利的公开号为 CN101084382A。分离式滚动静压复合导轨大多应用于滑枕上，滚动导轨为主导轨，起载荷和导线的作用，静压导轨为辅助导轨，起降低摩擦因数和吸振的作用。由于静压导轨不起载荷和导线的作用，可以将静压间隙控制得较小，以便产生毛细作用。结果表明，应用了滑枕滚动静压复合导轨的机床，滑枕精度和移动速度均有显著提高，增加了滑枕的刚性和承载力，加强了滑枕抗振性和耐磨性。沈阳机床股份有限公司研究的滑枕的静压滚动复合导轨装置，就属于分离式结构。

滑动静压复合导轨是将滑动导轨和静压导轨两者的优点有效结合的一种复合导轨，它克服了单独使用静压导轨和滑动导轨的各种缺陷，具有摩擦力小、刚性好、调节精度高、成本低等优点。滑动静压复合导轨的应用主要分为两种：导轨本身和工作台，后者主要体现在气浮式滑动工作台上，利用的是静压轴承原理。其中，对于导轨本身来说，最具代表性的是潘旭华于 2007 年研究出的混合型导轨，相关专利公开号为 CN101131181A，通过在垂直方向采用闭式静压导轨减小摩擦，水平方向采用刚性较好的滑动导轨提高导轨刚性，大大优化了滑动静压复合导轨的结构。

磁浮复合导轨的起步普遍较晚，发展较为迟缓，应用度也不是很广泛，这是因为磁悬浮导轨本身属于一种新兴导轨，研究难度大，这就导致与之相适配的磁浮复合导轨发展得相对较为缓慢。2005 年，合肥工业大学的奚琳等人率先研究出一种磁浮滑动复合导轨，相关专利公开号为 CN1852019A，通过在导轨不同部位安装永磁铁副，使得永磁铁副形成的斥力保持移动件与导轨之间处于非接触状态，进而在二者之间形成正压力。结果表明，该设计结构的复合导轨导向性好、摩擦小、抗振动干扰能力强、低速时不易爬行，运动件与导轨在导向面上可靠接触。磁浮滚动复合导轨相较于磁浮滑动复合导轨来说起步更晚，研究方向也较为单一。直到 2016 年，浙江非攻机械有限公司的张康东通过在滚动导轨两侧铺设两根条形磁铁，同时配合磁块的布置设计了一种磁浮滚动复合导轨，填补了该复合导轨的研究空白。这种设计结构使得磁块与条形磁铁的同极相对并产生斥力，通过错位磁力产生向上的一个斥力和水平的斥力，可以很大地消除一部分滚珠的受力和摩擦，能提高加工精度和滚珠的寿命，涉及专利的公开号为 CN205703264U。

通过上述分析可知，相较于单一型导轨来说，复合导轨的发展普遍比较缓慢，研究方向也比较单一，主要还是集中在导轨结构的功能设计、承载性能等方面。但是，复合导轨作为一种集不同导轨优点于一体的新兴导轨，势必会在今后的高档数控机床上发挥越来越重要的作用。这就需要研究者们突破现有的观念，去尝试更多种导轨的不同交叉复合，在不断克服导轨复合弊端的同时，更大程度地优化其使用性能。

# 七、小结

通过对各类型导轨专利数据的分析，我们对各类型机床导轨的特点、技术发展路线和发展方向都有了较为清晰的认识。滑动导轨起步很早，技术发展较为成熟，但近二三十年来缺乏较为明显的创新和进步，其精度不及滚动导轨和静压导轨，今后应在提高结合面动态特性和进一步减小摩擦方面进行探索。目前高精度数控机床导轨仍以滚动导轨为主。滚动导轨在精度、速度、使用寿命方面综合性能最好，目前在高档数控机床中应用最为广泛。其缺点是承载能力较滑动导轨差，在保持精度的同时提高承载能力是可期的改进方向之一。目前国外几个滚动导轨厂商对滚动导轨润滑和密封、滚动体稳定运行和循环方面投入较多，国内厂家也可在该方向进行一定研究。静压导轨的研究重点主要集中在对导轨及油膜静态性能进行分析，本领域研究者在求解油膜的承载能力和刚度的计算模型和方法上也做了许多工作，获得很好的效果；同时，静压导轨的动态特性也是国内外分析的热点，其主要包括导轨结构的稳定性分析和模态分析。磁悬浮导轨目前尚处于探索和理论研究阶段，距离机床上的实际应用仍有很长的一段路要走。

**参考文献**

[1] 屈重年，等. 机床导轨技术研究综述 [J]. 制造技术与机床，2012，1：30－36.

[2] 林亨耀. 机床塑料导轨的发展 [J]. 机床与液压，1993，3：145－151、158.

[3] 高飞. 直线滚动导轨预加载的应用研究 [D]. 无锡：江南大学，2007.

[4] 徐起贺. 滚动直线导轨副的特点、现状及发展动向 [J]. 机械制造，2001，2：19－21.

[5] 刘南. 静压导轨技术专利技术综述 [J]. 科学与财富，2017，22：125.

[6] 张士勇. 磁悬浮技术的应用现状与展望 [J]. 工业仪表与自动化装置，2003，3：63－65.

# 高档数控机床冷却液回收的专利技术综述*

张恩君　陈均伟　曹晓兴　徐烁　张东灵

郭帅　陈立兵　刘科　陈婵　王颖　覃璐瑶

**摘　要**　冷却技术是提高机床加工精度的重要途径，特别是高档数控机床，对冷却性能的要求比普通机床更高，其生产过程通常需要大量冷却液，对冷却液进行回收不仅可以降低生产成本，还大幅降低了冷却液对环境的危害，具有重要意义。本文以全球近70年来的专利申请数据为样本，对其进行多维度统计分析和技术分类，获得了机床冷却液回收领域的全球专利申请量趋势、分布态势、技术构成（脏液收集、固液分离、油水分离、杀菌除臭、调节冷却液理化参数，如温度、浓度、pH等）及其典型的实施方式等重要技术信息。在此基础上，对今后的行业发展趋势进行了论述，从而为市场调研、技术挖掘、专利布局和经营决策等活动提供有效参考。

**关键词**　数控机床　冷却液　回收　技术挖掘　专利布局　环保

## 一、国内外数控机床冷却液回收领域专利技术发展现状

对数控机床冷却液回收再利用领域的国内和国外专利申请数据进行多维度统计分析，不仅能宏观把握该领域的全球专利分布态势，还能为创新主体进行专利布局和经营决策提供数据支持，具有重要意义。由于专利文件的公开日显著滞后于申请日，为了保证数据样本的准确性和完整性，本文中对专利文献设置的检索时限为申请日截至2017年12月31日。

### （一）国外专利申请量趋势

为了获取机床冷却液回收领域的国外专利申请数据，在专利检索与服务系统（S系统）中选择世界专利文摘数据库（SIPOABS），以 coolant, grinding fluid, cutting fluid, cutting solution, cutting compound 和 circulat +，reclaim +，recover +，collect +，recycl +，

---

\* 作者单位：国家知识产权局专利局专利审查协作广东中心。

reuse，reusing，clean＋，purif＋，filter＋，filtration，colation 等作为技术主题关键词通过发明名称（Ti）作为检索入口，并结合与该技术主题相关度较高的 IPC 分类号，如 B23Q11/00，B23Q11/10，B23Q11/12，B23Q11/14，B24B55/02，B23B27/10，B23B51/06，B23C5/28，B23D59/02，B23D59/04，B24B53/095，B24B55/12 等进行检索。由于专利文件的公开日显著滞后于申请日，为了保证数据样本的准确性和完整性，剔除掉申请日在 2018 年以后的数据，共检索到 971 件专利，得到该领域全球专利申请趋势如图 1 所示。

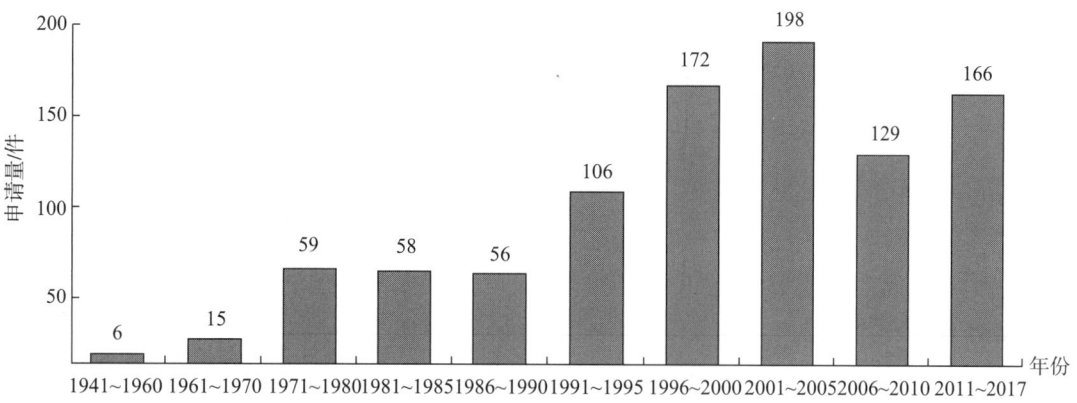

图 1　机床冷却液回收领域国外专利申请量趋势

根据检索结果，该领域最早的专利文件是一件美国专利 US2364418A，其申请日为 1942 年，且 1942 年至 1960 年，该领域的累计专利申请量只有 6 件，其中 4 件为美国专利，说明美国在该领域的技术研究起步较早。从图 1 可以看出，1941 年至 1970 年，该领域的累计专利申请量只有 21 件，当时，对冷却液的研究和应用尚处于探索阶段。从 1971 年至 1990 年，该领域的专利申请量有了显著提升，特别是 1981 年至 1990 年的年均申请量突破 10 件，但总量仍然很少。这一时期，冷却液的理论研究取得了一定进展。从 1991 年至 2005 年，该领域的申请量呈现激增态势，特别是 2001 年至 2005 年的年均申请量接近 40 件。这一时期，新工艺、新材料和高性能刀具的研究蓬勃发展，特别是人们环保意识的提升，促进了对满足各种不同需要的冷却液的应用以及回收再利用技术的研发。2006 年至 2017 年，该领域的专利申请量有所下降，但仍维持在年均接近 30 件的较高水平，冷却液回收的研究和应用进入稳定发展阶段。

**（二）国内专利申请量趋势**

选择中国专利检索系统文摘数据库（CPRSABS），以切削液、冷却液和循环、回收、收集、处理、净化、过滤、再利用等作为技术主题关键词通过发明名称字段作为检索入口，并结合与该技术主题相关度较高的 IPC 分类号进行检索，为了保证数据样本的准确性和完整性，剔除掉申请日在 2018 年以后的数据，共检索到 833 件专利，得到该领域中国专利申请趋势如图2所示。

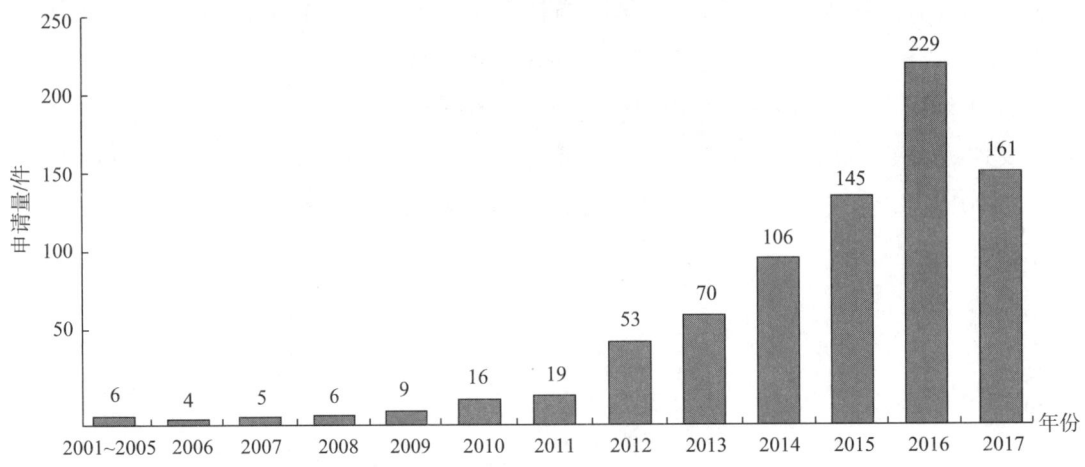

图2　机床冷却液回收领域国内专利申请量趋势

从图2可知，该领域的国内专利申请量呈逐年递增态势。根据检索结果，该领域最早的国内专利申请的申请日为1991年，1991年至2009年的专利申请量虽有所增长，但仅维持在个位数水平。从2010年至2016年，国内的专利申请量呈现逐年攀升态势，特别是2016年的申请量达到了229件，说明我国在该领域进入了快速发展期。一方面是近年来我国在家电制造、数控机床、智能手机、汽车工业、工程机械、航空航天、智能机器人等众多领域快速发展，为冷却液的应用和研发提供了肥沃土壤。另一方面是随着国家经济社会发展进入新时期，特别是党的十八大明确提出创新驱动发展战略以来，技术创新和知识产权保护意识深入人心，极大地提升了各主体申请专利的积极性。

### （三）技术来源国家或地区

技术来源国家或地区：是指一件专利文献来源于哪个国家或地区，一件专利文献可能对应一件或多件优先权文件，其中，最早的优先权文件所属的国家或地区，例如公开号为CN104708528A的专利文献其最早优先权文件为JP2013－255802A，那么该专利文献的技术来源国为日本。

对全球专利申请数据的优先权进行统计，得到机床冷却液回收领域全球专利技术来源国家或地区分布如表1和图3所示。

表1　机床冷却液回收领域全球专利申请量区域分布　　　　　单位：件

| 国家或地区 | 中国 | 欧洲 | 日本 | 美国 | 韩国 | 中国台湾 | 加拿大 | 澳大利亚 |
|---|---|---|---|---|---|---|---|---|
| 申请量 | 442 | 243 | 224 | 174 | 64 | 26 | 25 | 16 |

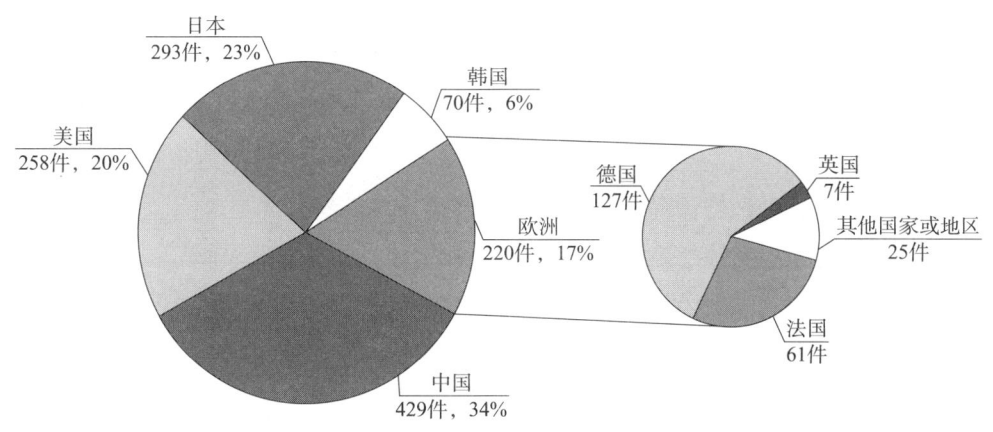

图3　机床冷却液回收领域全球专利技术来源国家或地区分布

将图3与表1中的数据进行比较可以发现，中国和欧洲的本国优先权（本国优先权指优先权的属国为本国或地区，如：中国的本国优先权指专利申请的优先权文件为中国申请）的数量均小于本国申请量，韩国的本国优先权的数量略大于本国申请量，美国和日本的本国优先权的数量均显著大于本国申请量（本国申请量指包括本国在内的全球各个国家和地区的申请人向该国提交的专利申请）。由于每一件本国专利申请至少具备一件本国优先权，因此，上述数据比较结果在一定程度上反映了各国的专利布局态势。具体来说，美国的本国优先权（258件）远大于其本国申请（174件），在一定程度上说明大量以美国优先权作为基础的专利申请进行了海外专利布局，体现了美国在该领域占据强大的技术优势和强烈的海外利益诉求。与此相对，中国的专利申请量虽然占据绝对的数量优势，但是相应的本国优先权数据却小于前者。

**（四）技术输出国家或地区分布**

技术输出国家或地区：如果一件来源于某个技术来源国家或地区的专利在另一国家或地区进行了专利申请，那么前者为技术输出国家或地区，后者为技术输入国家或地区。例如公开号为CN104708528A的专利，其最早优先权为JP2013-255802A，那么该专利文献的技术输出国为日本，技术输入国为中国。

对全球具备本国优先权的海外专利申请数据进行统计，得到机床冷却液回收领域全球专利技术输出国家或地区分布，如图4所示。

从图4可以看出，美国和日本在该领域进行了大量的海外专利布局，而中国仅有一件海外专利申请，这也进一步验证了之前根据技术来源国家或地区数据分析所得出的结论。

**（五）技术输入国家或地区分布**

将全球具备外国优先权的本国申请数据进行统计，得到机床冷却液回收领域全球专利技术输入国家或地区分布，如图5所示。

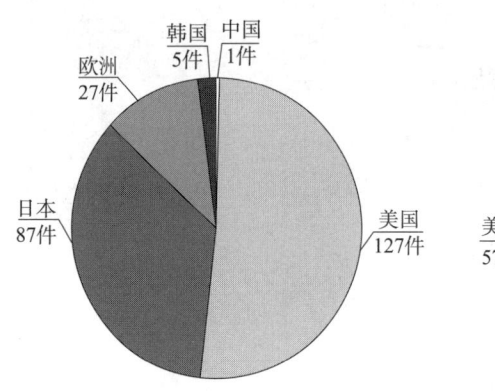

图4　机床冷却液回收领域全球
专利技术输出国家或地区分布

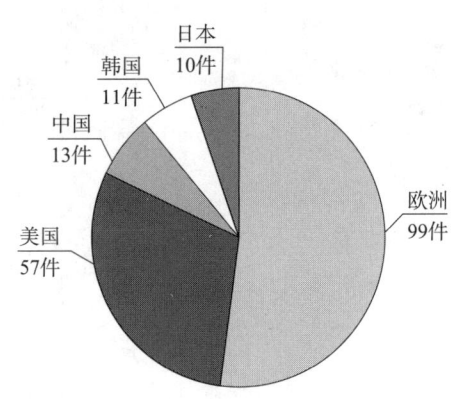

图5　机床冷却液回收领域全球
专利技术输入国家或地区分布

从图5可以发现，欧洲是该领域全球海外专利技术的最大输入地区，美国是该领域全球海外专利技术的最大输入国，将图5和图4的数据结合起来可以发现，美国的海外专利布局主要集中在欧洲，日本的海外专利布局主要集中在美国和欧洲，这体现了欧美市场在全球市场中的重要地位以及欧美对专利权保护的重视。

### （六）全球主要申请人

为了掌握机床冷却液回收领域全球专利申请人的活跃度，对全球申请人历年来在该领域的累计申请量进行统计，列出该领域全球主要申请人及其申请量（见表2）。

表2　机床冷却液回收再利用领域全球主要专利申请人及其申请量　　　　单位：件

| 序号 | 申请人 | 国别 | 申请总量 | 国外申请量 |
|---|---|---|---|---|
| 1 | CNK KK | 日本 | 25 | 0 |
| 2 | DAICEL CHEM | 日本 | 15 | 12 |
| 3 | HENRY FILTERS INC | 美国 | 15 | 9 |
| 4 | MITSUBISHI HEAVY IND LTD | 日本 | 14 | 5 |
| 5 | PEUGEOT CITROEN AUTOMOBILES SA | 法国 | 14 | 0 |
| 6 | 大连凯泓科技有限公司 | 中国 | 13 | 0 |
| 7 | 重庆德蒙特科技发展有限公司 | 中国 | 13 | 0 |
| 8 | EIGEN SYSTEMS LTD | 新西兰 | 11 | 9 |
| 9 | FANUC CORP | 日本 | 11 | 6 |
| 10 | HITACHI LTD | 日本 | 10 | 5 |
| 11 | RENAULT SAS | 法国 | 10 | 0 |
| 12 | TOYOTA MOTOR CORP | 日本 | 10 | 3 |
| 13 | UNITED TECHNOLOGIES CORP | 美国 | 10 | 8 |

| 序号 | 公司 | 国别 | 申请总量 | 国外申请量 |
|------|------|------|----------|------------|
| 14 | BROTHER IND LTD | 日本 | 9 | 1 |
| 15 | FUJI HEAVY IND LTD | 日本 | 9 | 0 |
| 16 | 重庆新高机电有限公司 | 中国 | 9 | 0 |
| 17 | 无锡德沃精工设备有限公司 | 中国 | 8 | 0 |
| 18 | ALLIED SIGNAL INC | 美国 | 7 | 6 |
| 19 | BRATTEN JACK R | 美国 | 7 | 6 |
| 20 | PALACE CHEMICAL CO LTD | 日本 | 7 | 7 |

从表 2 可以看出，一方面，申请量最大的申请人是日本的 CNK KK 公司，其申请量为 25 件，其余申请人的申请量均分布在 10 件左右。申请人以公司为主，这充分体现了冷却液的回收再利用是一项与实际生产紧密联系的实践活动，而企业才是这一领域的主要实践主体，在冷却液的回收再利用领域进行技术创新不仅能够降低生产活动造成的污染，也能够为企业降低成本，提高产品竞争力，具有重要意义。

## 二、冷却液回收的专利技术构成

根据对检索结果的分析可知，冷却液回收的处理流程通常依次包括：脏液收集→杂质分离→杀菌除臭→冷却液参数调节中的部分或全部工序，这些工序分别构成冷却液回收领域的一级技术分支，上述一级技术分支根据操作原理和结构特点又可分为相应的二级技术分支和三级技术分支等多级技术分支，表 3 列出了各级技术分支并结合具体案例对各技术分支进行详细介绍。

表 3　机床冷却液回收再利用领域技术分支构成

| 一级分支 | 二级分支 | 三级分支 | 四级分支 | 五级分支 | 案例号 |
|----------|----------|----------|----------|----------|--------|
| 冷却液回收 | 脏液收集 | 重力收集 → 定点收集 | | | 案例 1 |
| | | 可移动收集 | | | 案例 2 |
| | | 外力收集 → 刮板式排屑机 | | | 案例 3 |
| | | 磁刮式排屑机 | | | 案例 4 |
| | | 链板式排屑机 | | | 案例 5 |
| | | 螺旋式排屑机 | | | 案例 6 |
| | | 步进式排屑机 | | | 案例 7 |

| 一级分支 | 二级分支 | 三级分支 | 四级分支 | 五级分支 | 案例号 |
|---|---|---|---|---|---|
| 冷却液回收 | 杂质分离 | 沉淀 | 单级沉淀 | | 案例8 |
| | | | 多级沉淀 | | 案例9 |
| | | 过滤 | 单级过滤 | | |
| | | | 复合过滤 | | 案例10 |
| | | | 循环过滤 | | 案例11 |
| | | | 过滤材质可更换过滤 | | 案例12 |
| | | 磁吸 | 永磁 | 磁铁 | 案例13 |
| | | | | 磁性传送带 | 案例14 |
| | | | | 磁辊 | 案例15 |
| | | | 电磁 | | 案例16 |
| | | 离心 | 分离式离心 | | 案例17 |
| | | | 分层式离心 | | 案例18 |
| | | 复合方式 | 过滤＋磁吸 | | 案例19 |
| | | | 过滤＋磁吸＋除油 | | 案例20 |
| | | | 过滤＋沉淀 | | 案例21 |
| | | | 过滤＋溢流 | | 案例22 |
| | | | 过滤＋磁吸＋沉淀 | | 案例23 |
| | | | 过滤＋离心 | | 案例24 |
| | 油水分离 | 密度差 | 重力沉降 | 重力沉降除油 | 案例25 |
| | | | | 浮子除油 | 案例26 |
| | | | | 溢出式除油 | 案例27 |
| | | | 离心 | | 案例28 |
| | | 过滤 | | | 案例29 |
| | | 吸附 | 滚轮吸附 | | 案例30 |
| | | | 链条吸附 | | 案例31 |
| | | | 皮带吸附 | | 案例32 |
| | | 油水预分离装置 | | | 案例33 |
| | | 螺旋机构除油 | | | 案例34 |

| 一级分支 | 二级分支 | 三级分支 | 四级分支 | 五级分支 | 案例号 |
|---|---|---|---|---|---|
| 冷却液回收 | 杀菌除臭 | 紫外线 | | | 案例35 |
| | | 臭氧 | | | 案例36 |
| | | 充氧 | | | 案例37 |
| | | 杀菌剂 | | | 案例38 |
| | 参数调节 | 温度 | 加热 | | 案例39 |
| | | | 降温 | | 案例40 |
| | | pH | | | |
| | | 浓度 | | | |

从表4可以看出，固液分离在所有专利中占比高达46.7%，接近一半。这一方面体现了本领域对冷却液中固体杂质实施分离的技术手段较多，技术成熟度较高，因而，在这一技术分支进行技术研发和专利布局的技术门槛也较高。另一方面也体现了冷却液中固体杂质的危害对冷却液性能的影响最大，其不仅降低冷却液的冷却、润滑性能，还能造成设备的磨损、刮伤甚至管道堵塞，因而，去除冷却液中的固体杂质是进行冷却液回收再利用时的首要任务。从表4还可看出，涉及杀菌除臭和参数调节两个技术分支的专利文献数量之和只占到文献总量的8.4%，其原因在于以下两方面：首先是市场需求较少，通常只有高精密机床和高精密零件加工对回收的冷却液参数和杀菌除臭有严格要求，以避免冷却液中的细菌和杂质对设备和精密零件表面的损伤；其次是当前对冷却液进行参数调节和杀菌除臭处理时尚存在技术障碍，例如，不同成分的冷却液以及不同成分的杂质均对调节剂、杀菌剂和除味剂的成分和性能具有不同的要求，并且由于调节剂、杀菌剂和除味剂的使用，在进行杀菌除臭的同时很可能引入新的杂质等。由此可见，在冷却液杀菌除臭和参数调节这两个技术分支技术成熟度不高，虽然存在一定的技术门槛，但是可进行专利布局的空间却很大，并且这一技术分支主要集中在高档数控机床，技术投入产出比较高，具有良好的市场前景。

表4　机床冷却液回收再利用领域专利技术分布

| 技术分支 | 脏液收集 | 固液分离 | 油水分离 | 杀菌除臭 | 参数调节 |
|---|---|---|---|---|---|
| 申请量/件 | 432 | 1146 | 670 | 76 | 130 |
| 百分比（%） | 17.6 | 46.7 | 27.3 | 3.1 | 5.3 |

### （一）脏液收集

机床在工作过程中会有大量的导轨油、主轴油、液压油以及加工过程中的固体废物、铁屑、粉末、灰尘等多种杂质混入冷却液，冷却液要回收利用首先需要将脏液进行收集，其收集方式可分为依靠自身重力和外力两种，其技术路线如图6所示。

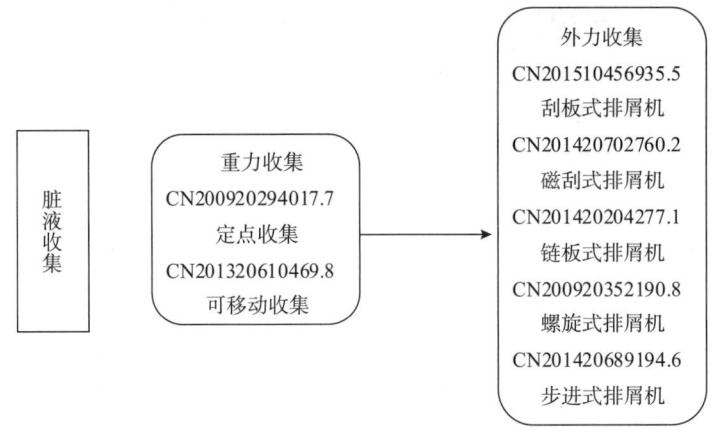

**图6 脏液收集技术专利发展路线**

从图6可以看出，进行脏液收集的手段主要集中在外力收集，这是由于单纯依靠重力只能对流经竖直方向或竖直平面内的冷却液进行收集，应用场景受限，而外力收集可以适用于各种冷却液管路布局，且其收集效率远大于单纯依靠重力收集。

1. 重力收集

重力收集是通过冷却液以及冷却液中杂质的重力向下输送，冷却液经过冷却液喷头喷射到工件或者刀具上或者工件与刀具接触处后，通过设置在刀具周围的防护罩以及工作台下部的集液槽进行集聚，集聚后通常采用具有倾斜面的收集器导入回收箱或者回收车中，这是冷却液的主要收集方式。

（1）定点收集

【案例1】申请号为CN200920294017.7的专利申请公开了一种冷却液的过滤装置，如图7所示，工作时，接液箱22安装在机床19的冷却液出口21之下，含有切屑的冷却液流入接液箱22中进行回收。这是最简单、最直接的脏液收集方式。

定位收集采用的收集装置比较简单，具有容纳切削液空间的箱体或容器均可，这种收集适用于大型不可移动且长时间工作的机床；而对于不长时间工作的机床，设置定位收集装置浪费资源，可以设置为可移动的收集装置，具体可参考案例2。

（2）可移动收集

【案例2】申请号为CN201320610469.8的专利申请公开了一种数控铣床的切屑与冷却液回收处理装置，如图8所示，工作时，机床防护罩壳底盘2的两侧倾斜设置并在其最低端设置有切屑与冷却液排出口2-1，切屑与冷却液在重力的作用下移动至机床防护罩壳底盘2的最低端沿切屑与冷却液排出口2-1排出进入冷却液回流箱4，冷却液回流箱4底部设有可移动的导轮4-3，便于移动。

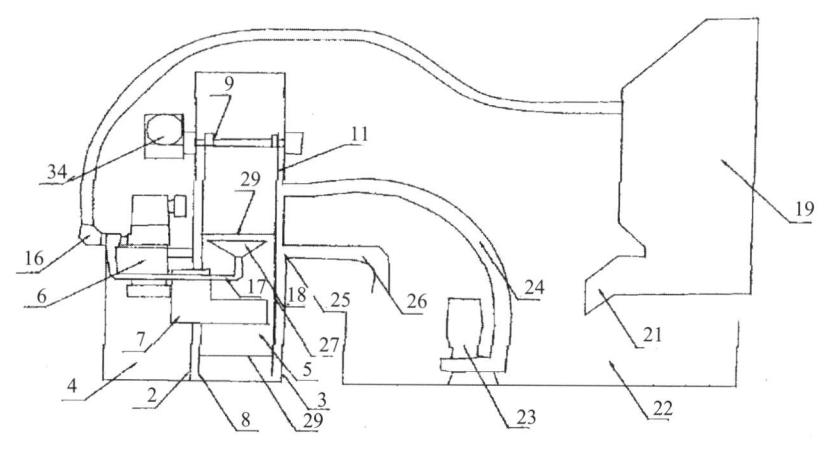

图7　采用回收箱对于使用后的冷却液进行收集的结构示意图

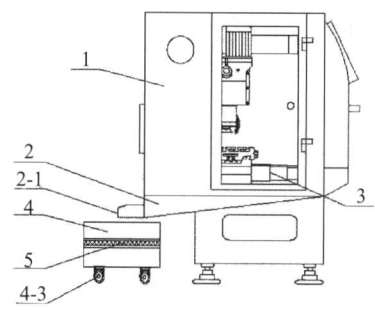

图8　采用回收车对于使用后的冷却液进行收集的结构示意图

可移动收集可应用于不同的工作机床，简单且便于移动，并且自身带有净化功能，对于不长时间工作的机床，可提高相应的使用效率，节约设备成本。

冷却液中还会混入一些固体废物、铁屑、粉末、灰尘等多种杂质，重力收集主要是针对含杂质较少的冷却液，对于含有大量杂质的冷却液，杂质会沉积，重力收集的方式已经无法达到很好的收集效果，这时候就需要采用外力的方式将混入杂质的切削液进行收集。

2. 外力收集

由于工件材料不同，在切削过程中的产生变形程度不尽相同，切屑类型也多种多样，按形状可将切屑分为条状切屑、中短碎屑及颗粒状碎屑三大类。按材质可将切屑分钢屑、铸铁屑、铝屑、铜屑等，其中铸铁屑为颗粒状碎屑，钢屑、铝屑等根据加工设备、零件材质、加工方法以及道具等诸多因素将产生条状切屑或中短碎屑等。切削加工过程中，冷却液使用后混杂了切屑并会在集液槽内堆积，这种情况需要输送装置才能够将混有切屑的冷却液输送排出后进行收集。不同形状、材质的切屑的运动特性不同，需要不同类型的排屑机完成输送。

常用的切屑输送装置主要有刮板式排屑机、链板式排屑机、螺旋式排屑机和步进式排屑机，其主要性能特点如下。

（1）刮板式排屑机

刮板式排屑机以刮板链条为运屑载体，利用刮板与排屑体之间的紧密配合将切屑输送至机床外部。刮板排屑机主要由减速机、排屑体、链轮、刮板链条等组成。这种排屑机适用于小卷状及小粒状切屑，例如铸铁屑和短钢屑等。在湿式加工铁系材料时，排屑体底部可以加装磁性衬板，使切屑吸附于底部并同时完成刮板排屑工作。案例3公开的机床刮板排屑机为典型刮板式排屑机的机构。

【案例3】申请号为CN201510456935.5的专利申请公开了一种机床刮板排屑机，如图9所示，减速电机4通过主传动轮组2带动从传动轮组3转动，从传动轮组3驱动传送链条转动，在传送链条上安装有多个传送刮板8，通过传送刮板8带动切屑沿着导屑槽6底板运动，最后使切屑输送到出屑口排出。

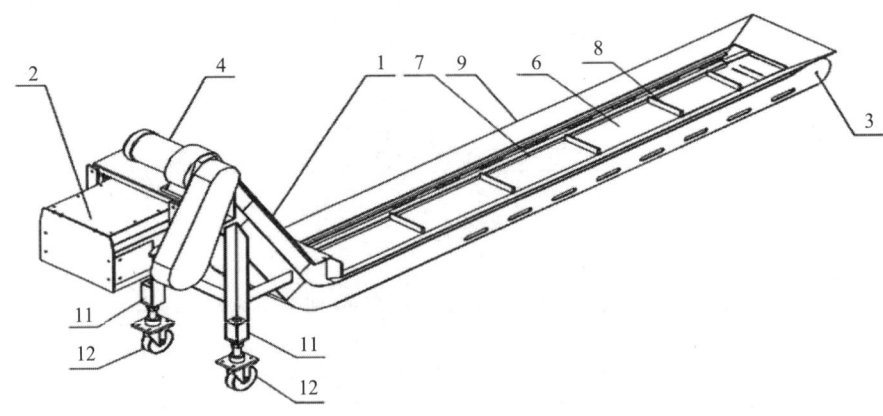

图9　刮板式排屑机的结构示意图

刮板式排屑机适用于小卷状及小粒状切屑，例如铸铁屑和短钢屑等。在湿式加工铁系材料时，排屑体底部可以加装磁性衬板，使切屑吸附于底部并同时完成刮板排屑工作，案例4为加装了磁性衬板的刮板式排屑机。

（2）磁刮式排屑机

【案例4】申请号为CN201420702760.2的专利申请公开了一种磁刮式排屑机，如图10所示，包括排屑机主体1和减速机12，排屑机主体1上设有闭合导轨10，闭合导轨10内设有磁刮板8，排屑机主体1的一端设有防积屑板11，机床下来的污液及切屑（尤其是铸铁屑），首先吸附在磁底板上，细小颗粒也会吸附，这样切屑液便洁净了许多，切屑再被刮屑板11慢慢刮离机外。

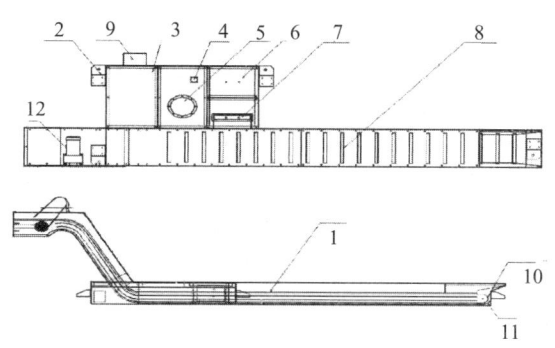

**图 10　磁性刮板式排屑机的结构示意图**

（3）链板式排屑机

链板式排屑机是以钢制或不锈钢制链板为运输载体，链轮牵引链板运行的切屑输送装置，机械加工过程中产生的切屑落到链板上被输送出机床。案例 5 公开了一种链板式排屑机。

【案例 5】申请号为 CN201420204277.1 的专利申请公开了一种机床废铁屑自动清理收集装置，如图 11 所示，其链板式排屑机的动力机构 5 的输出端与主动链轮 6 传动连接，主动链轮 6 带动导向链轮 7 以及从动链轮 8 转动，进而带动安装在主动链轮 6、导向链轮 7 和从动链轮 8 上的两根传动链条 9 运动，固定在两根传动链条 9 上的多个链板 10 也随其一起运动，任意相邻两个链板 10 之间相隔预定距离，在加工过程中的废液会从相邻两个链板 10 之间的间隙中漏掉。

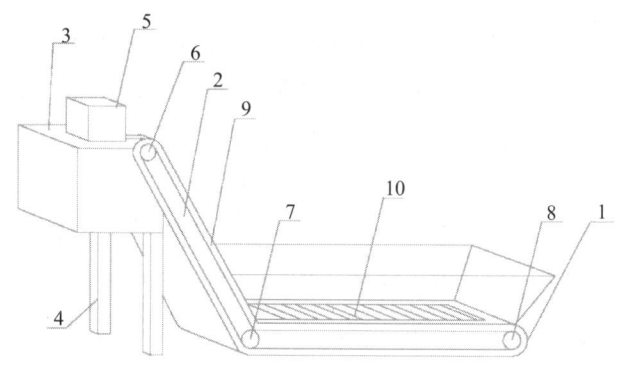

**图 11　链板式排屑机的结构示意图**

链板式排屑机主要用于收集和输送各种卷状、团状、带状、颗粒状切屑，以及非磁性材料的铜屑、铝屑、尼龙等材料，广泛应用于各类数控机床。

（4）螺旋式排屑机

螺旋式排屑机主要由减速器和螺旋体组成，视工作状况可能会增加万向联轴节等部件。电动马达带动减速机驱动螺杆，当螺杆转动时排屑槽中的切屑被螺杆推动向前运动，最终进入切屑箱内。案例6的排屑装置即是一种螺旋式排屑机。

【案例6】申请号为 CN200920352190.8 的专利申请公开了一种机床用的排屑装置，如图12所示，加工中产生的切屑从机床的投屑口落入排屑槽1内，驱动组件3驱动螺旋体2旋转，切屑在螺旋体2螺旋叶片的推动下不断向前移动，最终从出屑口5排出；从机床的投屑口流下的冷却液一部分在下落时通过漏油板7流入油箱，剩余夹带在切屑中的冷却液则随着切屑的旋转前移，逐步分离出来并透过滤油孔6回流到油箱内。

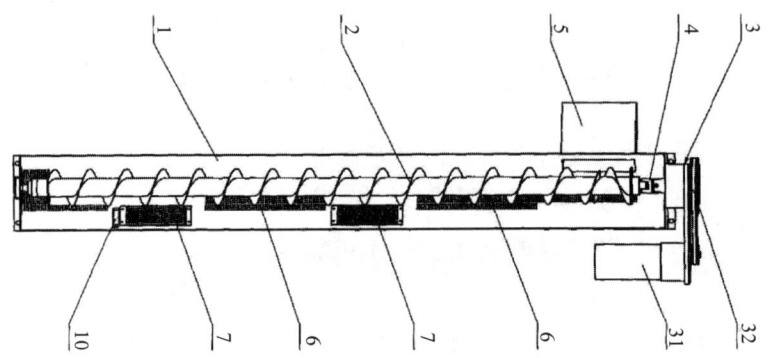

图12　螺旋式排屑机的结构示意图

螺旋式排屑机结构简单，占据空间小，使用方便，但排屑效率较低，螺旋排屑机适合水平或小角度倾斜直线方向的安装。螺旋式排屑机适用于小卷状和块状的钢屑、铝屑，不适于带状切屑的运输。

（5）步进式排屑机

步进式排屑机通常安装在地沟内，常用于中长距离复杂类型切屑的输送，一般应用作集中排屑的主排屑机。步进式排屑机主要由四个部件组成：一是排屑机体，一般呈类U形，作为切屑和冷却液的载体；二是鱼刺形推杆，它是排屑机工作部件，鱼刺形零件焊接在朝着切屑输送方向的鱼刺形推杆上防止切屑逆流；三是液压活塞，主要用于推动鱼刺形推杆；四是液压动力箱，是整个排屑机的动力源。液压活塞的往复运动推动鱼刺形推杆做往复运动并推动切屑运动，达到排屑的目的。由于推杆的鱼刺形特殊结构步进式排屑机非常适合长带状和团状切屑，同时也适用于铸铁屑等的输送。案例7的铁屑步进机即属于步进式排屑机，其结构设置具有典型性。

【案例7】申请号为 CN201420689194.6 的专利申请公开了一种铁屑步进机，如图13所示，其排屑机主体4的一端安装有液压杆1，液压杆1连接有推屑杆2，排屑机主体4的另一端设有集屑箱5，排屑机主体4的两侧设有铁屑倒挂齿8以防止铁屑回退。

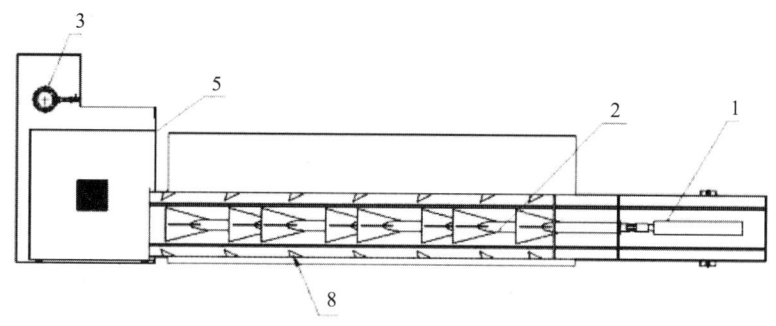

图13 步进式排屑机的结构示意图

上述几种排屑机各有特点，步进式排屑机适用于中长距离、复杂切屑类型的输送，但不适用于单机排屑。链板式排屑机适用于中短距离、多种切屑类型的输送，但不适用于碎屑如铸铁屑的输送。链板式排屑机不仅适用于单机输送，也可以用于集中排屑输送。在现实生产中，链板式排屑机是使用范围最广的机型。

## （二）固液分离

对于冷却液中包含的铁屑、灰尘等固体杂质，通常使用沉淀、过滤、磁吸和离心方式进行分离，其技术路线如图14所示。

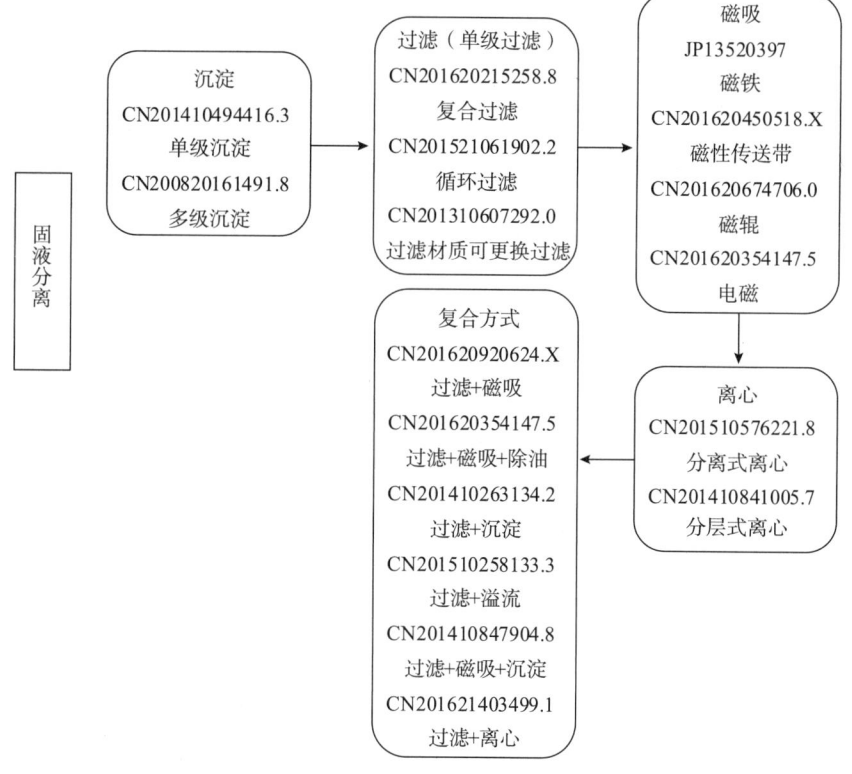

图14 固液分离技术专利发展路线

从图 14 可以看出，固液分离的技术成熟度很高，涵盖的技术手段众多，包括沉淀、过滤、磁吸和离心以及以上技术手段之间的联合，各种技术手段又可进行细分，沉淀包括单级沉淀、多级沉淀，过滤包括单级过滤、复合过滤、循环过滤和可更换过滤材质过滤，磁吸包括磁铁、磁性传送带、磁辊和电磁，离心包括分离式离心和分层式离心。为了达到更好的分离效果，通常将上述多种技术手段联合使用，从而有利于将各种不同材质和尺寸的固体杂质去除。

1. 沉淀

加工后的冷却液中通常混合有切屑等杂质，杂质通过重力作用沉积在容器底部，达到固液分离的净化效果，沉淀装置的净液出液口通常设置于沉淀容器高处。案例 8 公开了一种典型的使用沉淀方式分离杂质的冷却液回收装置。

（1）单级沉淀

【案例 8】申请号为 CN201410494416.3 的专利申请公开了一种冷却液回收装置。如图 15 所示，冷却液回收装置包括过滤箱 4，过滤箱 4 包括过滤腔 5 和沉淀腔 6，加工后的冷却液通过过滤腔 5 下端的通孔 11 进入沉淀腔 6，沉淀腔 6 侧壁上设有用于使沉淀腔 6 与水箱 3 相通的排液口 12。沉淀杂质后的净冷却液通过排液口 12 流入水箱 3 中。为提高沉淀腔 6 的沉淀效果，排液口 12 距离沉淀腔 6 底壁 24 的距离可以尽量远。

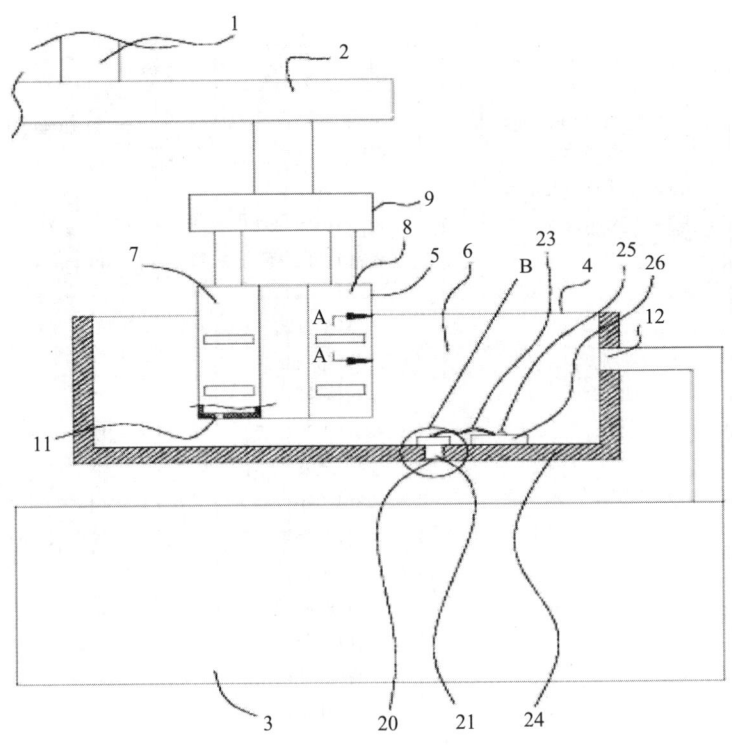

图 15　冷却液回收装置

为防止沉淀物长期沉积于沉淀容器底部，可通过在沉淀容器底部设置出口、刮除部件、搅拌部件、定期清洁沉淀容器以及易更换的沉淀容器等方式来保持沉淀容器底部清洁。案例9公开了一种使用刮板排出沉淀物的冷却液回收沉淀箱，其能够循环清洁沉淀容器。

（2）多级沉淀

【案例9】申请号为CN200820161491.8的专利申请公开了一种冷却液回收沉淀箱。如图16所示，在箱体1中安装上刮板盘5和下刮板盘8及刮板链3，在刮板链3上安装刮板4，在箱体1的后侧焊一隔板9用于隔离沉淀物，箱体1的上端设有脏液入口7和净化后液体输出口10，箱体1前端下侧设有脏物出口2。通过电机带动上刮板盘5旋转，将沉淀于箱底的细磨屑和固体物刮出箱外，落入污物箱中，冷却液上面的污物经净化器12净化后再循环使用，净化器12对冷却液具备二次沉淀作用。

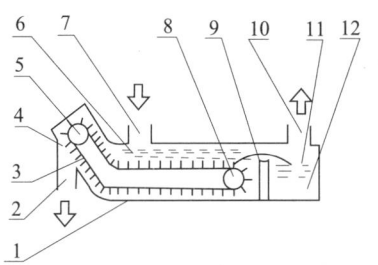

**图16　冷却液集中处理沉淀箱**

在进行固液分离时，沉淀方式与过滤方式通常结合运用，先沉淀后过滤可减少过滤系统的负载，将过滤后的冷却液进一步沉淀则可提升净化效果。

2. 过滤

过滤是使冷却液通过过滤器的带孔材料，从而截除杂质的一种净化方式。

（1）单级过滤

单级过滤是指冷却液流经单一过滤材质进行过滤，常用的过滤材质有无纺布、滤纸、滤网、多孔板、海绵等。实际使用中，根据待去除杂质的大小设置过滤装置孔径。通过设置多个不同孔径的过滤层或设置不同材质的过滤层等方式逐层过滤，可达到更好的过滤效果。

（2）复合过滤

复合过滤是指冷却液流经多种复合过滤材质进行过滤。案例10即公开了一种多级过滤装置，通过钢丝和海绵结合的多级过滤方式能够提高冷却液的过滤效率。

【案例10】申请号为CN201620215258.8的专利申请公开了一种冷却液过滤装置。如图17所示，其设置了四层钢丝滤网3以及一层海绵过滤层4，冷却液吸入管5连接微型泵10，冷却液从废料收集车1上方进入，过滤后通过冷却液吸入管5导出过滤后的冷却液。

新能源电池

机器人

高档数控机床

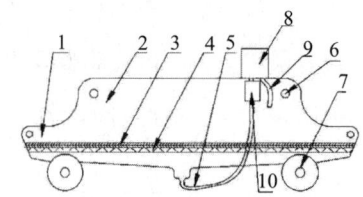

**图 17　使用钢丝过滤网和海绵过滤层的冷却液过滤装置**

（3）循环过滤

对于可循环使用的过滤器，如金属滤网，可通过设置刮板附件、冲洗附件、吹气附件等清理附件去除滤网上的杂质，以提高过滤器使用寿命和效率。根据需要，可以设置在过滤器表面自动运行的清理附件，或循环转动通过清理区的过滤器。案例 11 即公开了一种循环转动通过刮除器的冷却液过滤网。

【案例 11】申请号为 CN201521061902.2 的专利申请公开了一种冷却液过滤网。如图 18 所示，过滤网 10 上面设置刮板 7，以便促进冷却液的流动和过滤，克服冷却液的黏性，提高冷却液的过滤效果，避免冷却液流动过慢而堵塞。将过滤网 10 穿过清洗槽 3 的通孔，使刮刀 6 对过滤网 10 上面的杂物进行刮除，避免过滤网 10 被杂物堵住，使冷却液无法过滤。同时，将过滤网 10 设置为具备过滤段和清洗段的环形结构，过滤网 10 的清洗段位于清洗槽 3 内，清洗槽 3 内的液体对过滤网 10 进行清洗，保持过滤网 10 的干净。通过滚筒 8 带动，使过滤网 10 的各个部分循环使用，提高了过滤网 10 的过滤效果，延长过滤网 10 的使用寿命。

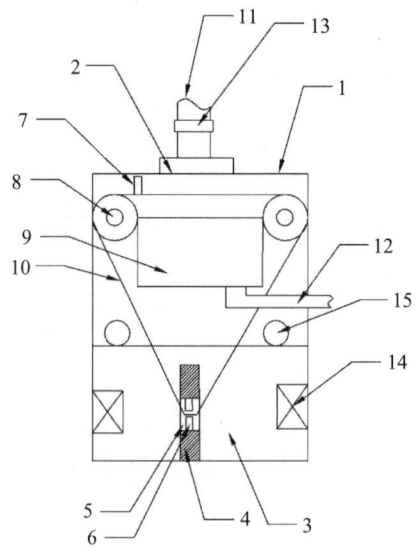

**图 18　循环转动通过刮除器的冷却液过滤网**

（4）过滤材质可更换过滤

过滤材质可更换过滤对于消耗性的过滤器，如滤纸等，通过设置自动更换装置，可提高过滤效率。案例 12 即公开了一种使用卷纸筒更换滤纸的冷却液过滤装置。

【案例 12】申请号为 CN201310607292.0 的专利申请公开了一种使用卷纸筒更换滤纸的冷却液过滤装置。如图 19 所示，收集脏液的排料口 1 和净液回收箱 2 之间设置有带缝隙的轨道 3，轨道 3 上铺设有过滤纸，过滤纸上设置有浮标 6，通过浮标 6 控制开关进而控制横向卷纸筒 4 的放纸动作。在过滤一定量的冷却液后，通过横向卷纸筒 4 放纸来更换轨道 3 上方的滤纸，保证过滤效果。

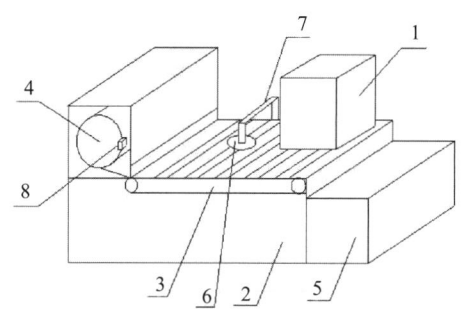

图 19　使用卷纸筒更换滤纸的冷却液过滤装置

3. 磁吸分离

磁吸是通过磁力对使用过的冷却液中的切屑等金属杂质进行吸附，进而达到分离切屑和冷却液的目的。磁吸是冷却液回收中最常使用的固液分离手段之一，其多与沉淀、过滤网、离心、传送带等其他固液分离方式结合使用，以达到提高固液分离质量的目的。磁吸常规的实现方式有永磁和电磁，下面逐一进行介绍。

（1）永磁

永磁体在磁吸分离中是使用最多的一项手段，其可以多种形式呈现，如磁块、磁辊、磁盘等，并可以与其他的一种或多种分离手段配合使用，如沉淀等，且经济成本低，磁铁的上述特点，使得其在众多固液分离场合被广泛使用，案例 13 是其中比较典型的一个例子。

① 磁块

【案例 13】申请号为 JP13520397 的专利申请公开了一种锯床冷却液回收装置，如图 20 所示，冷却液在加工装置 a 中使用后流入初级分离装置，经初级分离的冷却液进入沉淀池 2 中，经过沉淀后的冷却液水位越来越高，液体逐渐流入磁吸装置 3 中，该磁吸装置 3 为在底部嵌设多块磁铁 303 的斜槽，从沉淀池 2 中流出的冷却液在重力的作用下，从磁吸装置 3 中经过，在这个过程中，冷却液中的金属碎屑会被上述多块磁铁 303 吸附，进而实现对冷却液中固体的进一步分离。

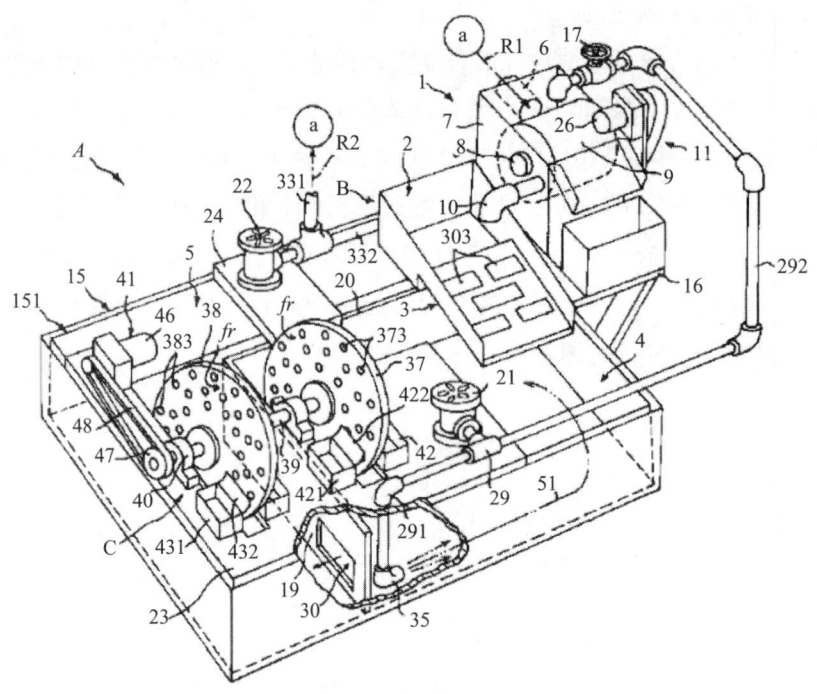

图20　锯床中冷却液的回收装置

该案例通过将磁吸、沉淀两种固液分离方式结合，并以不同形式组合使用，如磁吸使用了转动的磁辊、转动的磁盘和在槽底部设置磁铁三种形式，达到了逐级净化以提高冷却液洁净度的效果，并且在磁辊吸附这一环节出现故障时，冷却液回收系统仍能进行净化过程，并且经回收的冷却液具备能够二次使用的洁净度。

案例13所提供的技术方案，结构较复杂，且过滤级数较多，相应的经济成本也高，而对于整体规格有限制的机床，则可以采用磁性传送带和磁辊的形式，即案例14和案例15进行固液分离。

② 磁性传送带

【案例14】申请号为CN201620450518.X的专利申请公开了一种机床磨削液回收装置，如图21所示，回收箱1上方设有传动组件2，回收箱1的长度方向间隔设置有主动轮21、从动轮22及套设于所述主动轮21和从动轮22外周的环形传送带23，所述传送带23外表面设有一层磁吸附层24。使用时，开启出液阀52，磨削废液储罐5内的磨削废液由出液管51流入传送带23，电机3驱动传送带23绕轮旋转，并通过磁吸附层24吸附磨削废液内的铁屑，吸附后的磨削液经过滤网11进入回收箱，刮板63在传送带23转动过程中，对吸附于传送带23磁吸附层24表面的铁屑进行剥离，剥离的铁屑通过导槽8进入铁屑收集箱7。根据实际需要，通过开启循环泵15，回收箱1内的磨削液能够进入磨削废液储罐5进行循环剥离、回收，以进一步提高磨削液的洁净度。

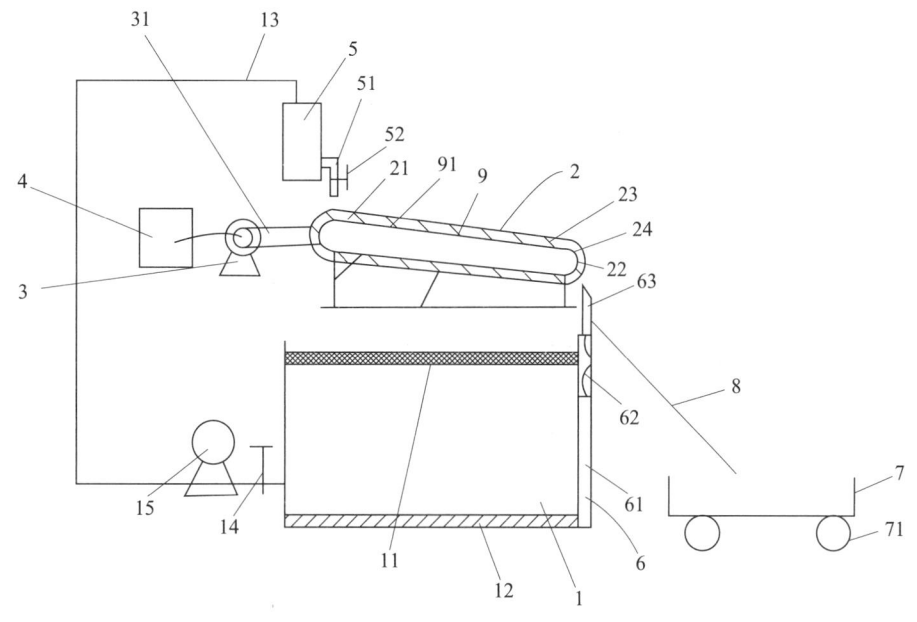

图 21　机床磨削液回收装置

磁铁与传送带结合形成磁性传送带，其首先利用磁吸方式将大的铁屑吸附，之后冷却液进入下级过滤，达到逐级过滤的目的，过滤效果好，且被吸附的铁屑在传送带的带动下被收集起来，保护环境。

（3）磁辊

【案例 15】申请号为 CN201620674706.0 的专利申请公开了一种冷却液处理装置，如图 22 所示，其铁泥处理单元 30 包括回流箱 31、磁辊 33、胶辊 34、回流槽 37 和排泥板 38。工作时，冷却液流入回流箱 31，内含的铁泥被所述磁辊 33 吸附，所述磁辊 33 转动被胶辊 34 挤压，铁泥中冷却液被挤出并落入所述回流箱 31，所述磁辊 33 继续转动，铁泥顺着排泥板 38 落入铁泥收集盒内，同时所述回流箱 31 内的冷却液经回流槽 37 循环流回至回流区。

磁辊配合胶辊，通过磁辊将铁泥吸附，再通过胶辊对铁泥进行挤压，将铁泥压实，使得铁泥中黏带的冷却液被挤压出来，并通过排泥板将铁泥从磁辊上刮掉进行收集，实现了最大程度的对冷却液的回收。

上述案例 13、案例 14 和案例 15 中的磁铁在使用过程中，磁吸附力和吸附时间是不可调的，这对于在上述两面有需求的机床而言，采用电磁的固液分离方式，是一项较好的选择，如案例 16。

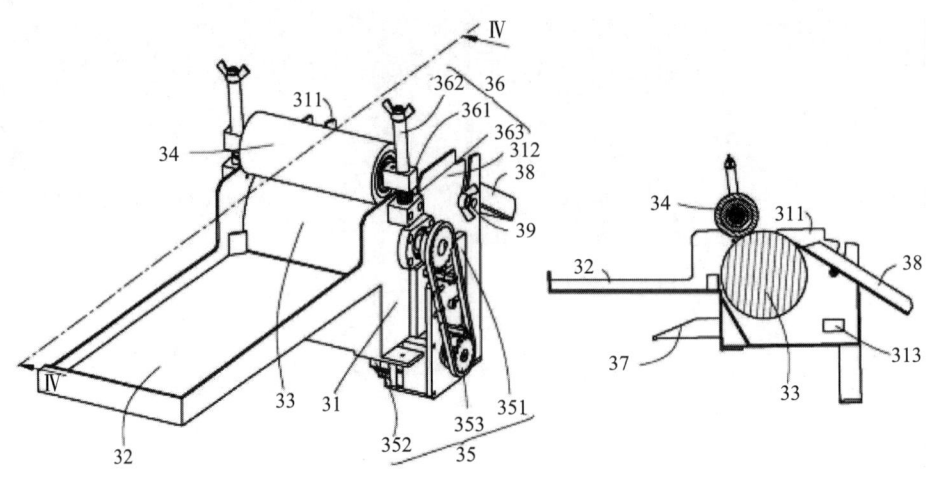

图22 冷却液处理装置

（2）电磁

【案例16】申请号为 CN201620354147.5 的专利申请公开了一种数控车床冷却液回收循环利用装置，如图 23 所示，数控车使用后的冷却液首先通过泄水管道 12 流入到铁屑过滤器 13 内部，同时通过电磁吸盘 16 对冷却液中的铁屑进行吸附。然后，冷却液流入到水箱主体 1 内部，通过隔板 9 对冷却液中油进行隔离，而后冷却液通过隔板 9 底部通道流入到隔板 9 右侧再通过过滤网 2 进行过滤，最后由循环出水口 3 流出。

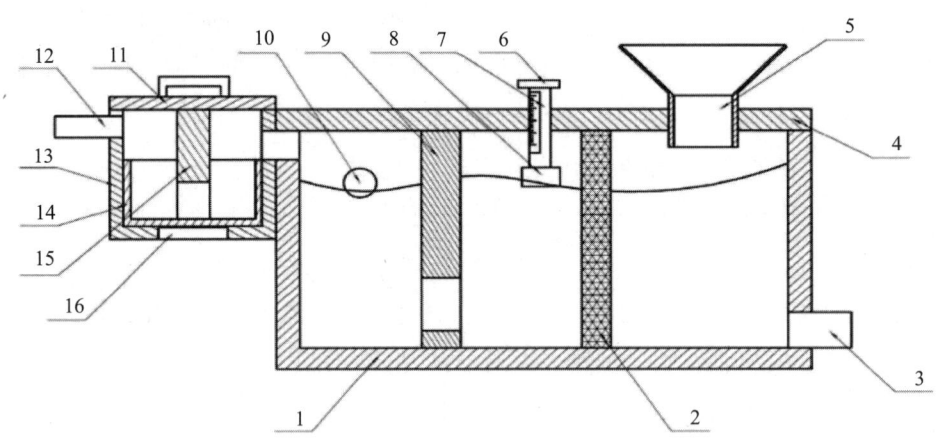

图23 数控车床冷却液回收循环利用装置

4. 离心分离

离心分离是通过容器带动混有杂质的冷却液做离心运动，通过离心力将杂质与冷却液分离的一种方式，是冷却液回收技术中常使用的一种固液分离手段，其多以转筒的形式实现。

（1）分离式离心

【案例17】申请号为CN201510576221.8的专利申请公开了一种金属连接件加工用冷却液回收装置，如图24所示，包括壳体1，壳体1内设有离心辊筒2和位于离心辊筒2下方的倾斜平台3，离心辊筒2的侧面为筛状密孔，离心辊筒2连接有带电机4的转轴5，离心辊筒2的底部连通有进料管6。工作时，带有金属碎片的冷却液通过进料管6进入到离心辊筒2内，电机4带动转轴5转动进而带动离心辊筒2转动，转动产生的离心力将冷却液从离心辊筒2侧面的筛状密孔甩出，对冷却液中的杂质和金属碎片等进行过滤。在该案例中，经上述离心分离方式分离出的冷却液会进入壳体1内腔并流入倾斜平台3上的多条纵向引流槽8中，并由设置于其内的磁石9吸附冷却液内的体积较少的金属杂质或碎片，以进行第二次过滤，提高所回收的冷却液的洁净度。

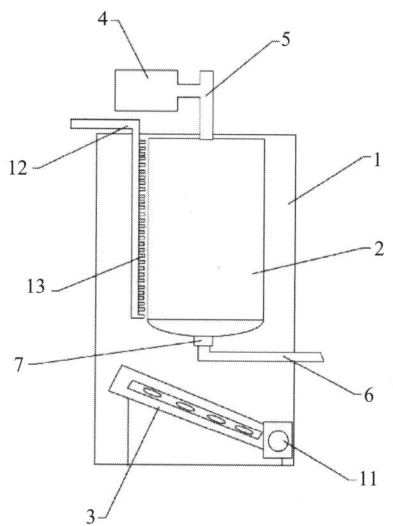

**图24　金属连接件加工用冷却液回收装置**

该案例仅仅是通过离心辊筒的离心作用将铁屑从辊筒的筛孔中分离出去，而冷却液中往往掺杂一部分润滑油，对于冷却液的洁净度要求较高的机床，案例18提供了一种能够将固体微粒、浮油和纯净冷却液的离心分离方式，具体如下。

（2）分层式离心

【案例18】申请号为CN201410841005.7的专利申请公开了一种冷却液循环处理系统，如图25所示，当下转盘37和上转盘38高速旋转时，带动锥形碟片10旋转，碟片10带动附近的冷却液高速旋转，在离心力作用下，冷却液中比重大的固体微粒被甩到最外面；比重最轻的浮油靠近轴心位置；纯净的冷却液位于接近碟片10外圆的位置。

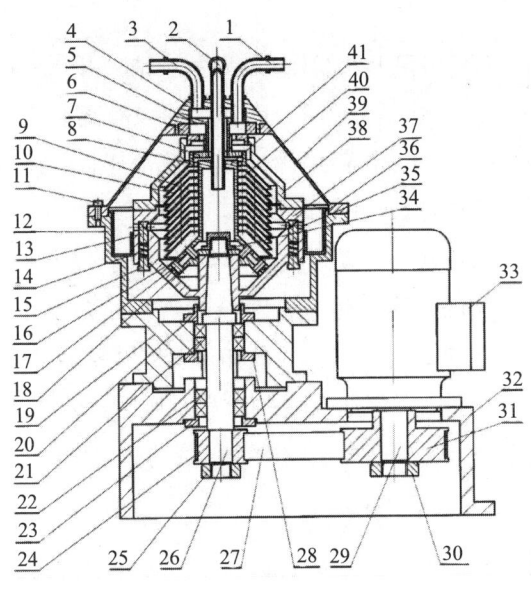

图25  冷却液循环处理系统

其利用不同物质比重不同的物理原理，通过离心的方式实现固体微粒、浮油和纯净冷却液的分离，能够获得纯净度较高的冷却液。

5. 复合方式

固液分离除了单独运用过滤、沉淀、磁吸、离心等方式外，通常将上述方式组合运用以实现更好地分离效果，例如"过滤+沉淀""过滤+磁吸""过滤+离心"等方式。

在复合方式中，"过滤+磁吸"复合方式所占文献量比较大，主要利用磁吸吸取冷却液中的固体杂质，然后通过过滤进一步过滤细小的杂质，共同完成冷却液中的固液分离。

（1）过滤+磁吸

【案例19】申请号为CN201620920624.X的专利申请公开了一种数控机床切屑和冷却液分类回收装置，如图26所示，箱体1的一侧上部设有进液口9，另一侧下部设有排屑口10，所述箱体1内壁上设有导流板6，所述导流板6位于所述进液口9的下方，所述导流板6上方设有电磁铁5，所述电磁铁5呈球状，所述电磁铁5顶部的平面中心位置竖直设有连接杆4，倒流板6的下方设置有过滤网7；通过电磁铁5和过滤网7实现冷却液的固液分离。

（2）过滤+磁吸+除油

【案例20】申请号为CN201620354147.5的专利申请公开了一种数控车床冷却液回收循环利用装置，如图27所示，水箱主体1内部左右两侧分别设有隔板9和过滤网2，铁屑过滤器13固定连接在水箱主体1左上侧，电磁吸盘16设在铁屑过滤器13底部，使用时，使用后的冷却液首先通过泄水管道12流入到铁屑过滤器13内部进行过滤，同时通

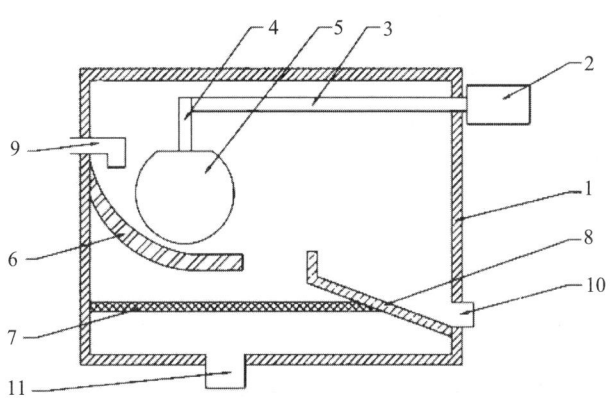

图26 数控机床切屑和冷却液分类回收装置

过电磁吸盘 16 对冷却液中的铁屑进行吸附；然后冷却液流入到水箱主体 1 内部，通过隔板 9 对冷却液中油进行隔离，而后冷却液通过隔板 9 底部流入到隔板 9 右侧再通过过滤网 2 进行过滤，最后由循环出水口 3 流出。

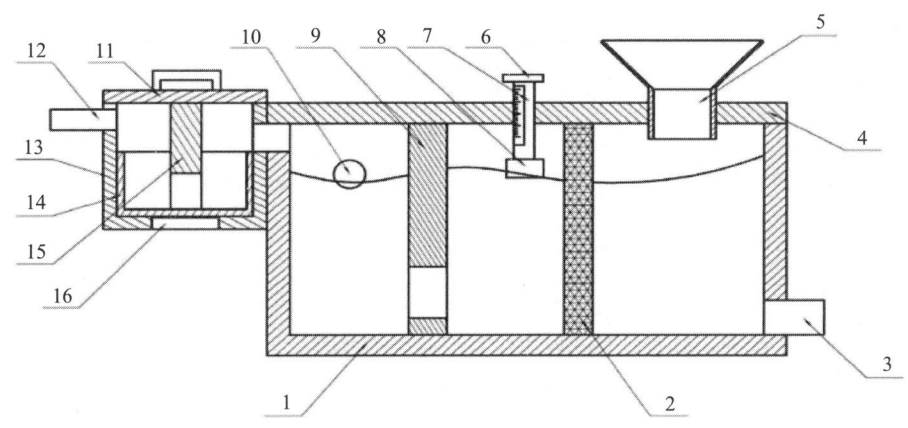

图27 数控车床冷却液回收循环利用装置

（3）过滤＋沉淀

【案例21】申请号为 CN201410263134.2 的专利申请公开了一种切削液过滤装置，如图 28 所示，使用过的冷却液经过粗滤箱（包括小箱体 4 和卡装在小箱体 4 上部的金属粗滤网 4 - 1 和活动装在小箱体 4 底部的带三条永磁铁 4 - 3 的活动滤网 4 - 2）初步过滤和磁吸后进入下方的精滤沉淀箱 5，精滤沉淀箱 5 内从上往下依次设有四层过滤板 5 - 1 对冷却液进行多级精细过滤。

（4）过滤＋溢流

【案例22】申请号为 CN201510258133.3 的专利申请公开了一种冷却液过滤装置，如图 29 所述，包括冷却液收集装置 1、过滤装置 2 和溢流箱 3，冷却液收集装置 1 下方设置过滤装置 2，过滤装置 2 底部与溢流箱 3 通过水管 13 连接，过滤装置 2 内部从上往下依

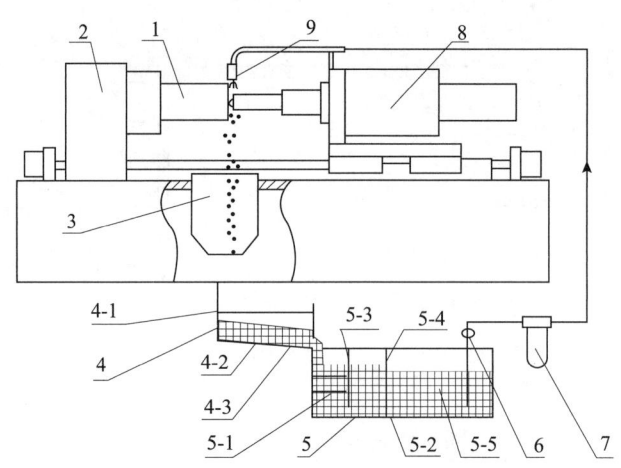

图28 切削液过滤装置

次设有孔径逐渐减小的第一滤网10、第二滤网11和第三滤网12，先用第一滤网10将较大一点的杂质过滤掉，再用第二滤网11和第三滤网12逐级将细小杂质过滤掉。溢流箱3包括箱体4和溢流板5，溢流板5的周边与箱体4的箱底和侧面紧密连接，溢流板5将箱体4分为第一腔体6和第二腔体7，溢流板5的上边沿高度低于第二箱体4的侧壁高度，当第一腔体6内的冷却液水位高度大于溢流板5的高度后，冷却液顺着溢流板5上沿缓缓流入第二腔体7，此时到达第二腔体7的冷却液为干净的冷却液，可以回收再利用。

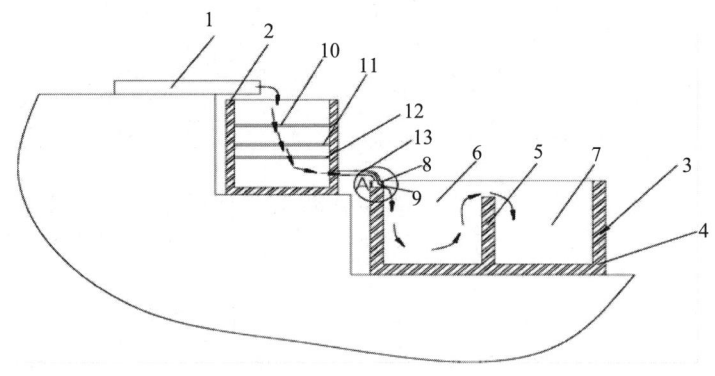

图29 冷却液过滤装置

（5）过滤＋磁吸＋沉淀

【案例23】申请号为CN201410847904.8的专利申请公开了一种切削机床用冷却液过滤结构，如图30所示，包括带有进液口3和出液口8的箱体1，所述箱体1内从左到右依次设置有A隔板4、B隔板5、C隔板6和B隔板5，所述箱体1左侧内壁与A隔板4之间设置有多个过滤层2；使用后的冷却液从进液口3进入箱体1内部，经过多个过滤层

2，然后在箱体 1 底部沉淀后从 B 隔板 5 上侧的 A 过滤网 9 流入带有转轮 7 的工作腔，在转轮 7 的作用下，C 隔板 6 吸附冷却液中的磁性物质，然后冷却液从 C 隔板 6 底部的 B 过滤网 11 中进入 C 隔板 6 右侧的工作腔，经过进一步沉淀之后，从右侧 B 隔板 5 上部的 A 过滤网 9 进入箱体右侧工作腔，在循环泵 10 的作用下抽出箱体 1，实现冷却液的循环利用。

（6）过滤 + 离心

在复合方式中，"离心 + 过滤" 或 "离心 + 磁吸 + 过滤" 复合方式主要利用离心实现固液分离，然后通过磁吸吸取细小磁性杂质，或再通过设置过滤装置进一步沉淀滤除微小的杂质，共同完成冷却液中的固液分离。

【案例 24】申请号为 CN201621403499.1 的专利申请公开了一种冷却液收集装置，如图 31 所示，冷却液在使用过后，从上方的进液管 3 流入到过滤桶 2 内，在挡流板 9 的作用下分流向四周，驱动电机 6 带动过滤桶 2 的转动，在离心力作用下，密度较大的金属屑远离中部的出液管 4，与过滤桶 2 内壁贴合，位于中部甩掉杂质的冷却液即从出液管 4 排出，同时将外围的金属屑提升，至过滤桶 2 的上端口，在重力作用下，金属屑沿过滤网 11 的倾斜面自然滑落至过滤桶 2 外，而过滤桶 2 顶端外为安装有收集槽 12，可收集清理出来的金属屑。

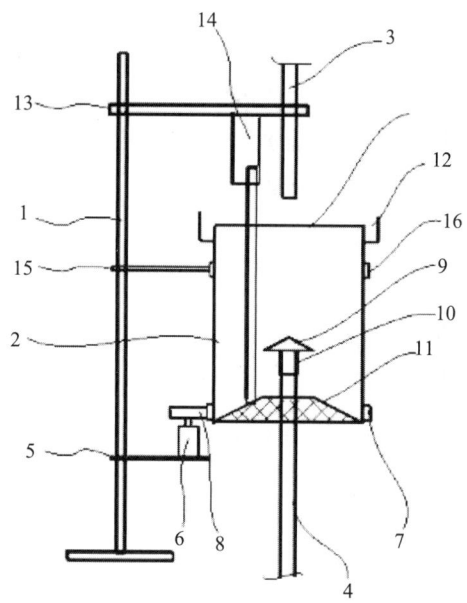

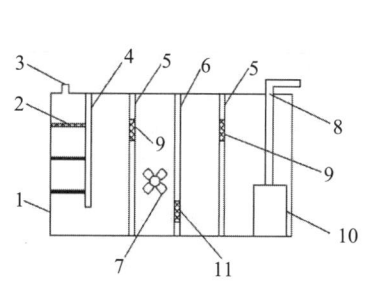

图 30　切削机床用冷却液过滤结构　　图 31　冷却液收集装置

## （三）油水分离

在机床的使用过程中不可避免地会使用机油、润滑油等各种油类成分，由于机床泄露等原因，会使得各种油类成分进入冷却液中，与冷却液混合在一起，油品进入冷却液后会在表面形成浮油，若不及时进行分离，会滋生各种细菌，厌氧菌的繁殖会使冷却液变质发臭，且细菌的代谢会产生各种酸类，对机床有腐蚀作用，因而回收处理必须进行油水分离。油水分离是利用油与水的密度差或者化学性质的不同将二者进行分离，主要包括重力沉降分离、过滤式分离、离心式分离、吸附式分离、气浮分离以及其他辅助分离方法，其技术路线如图 32 所示。

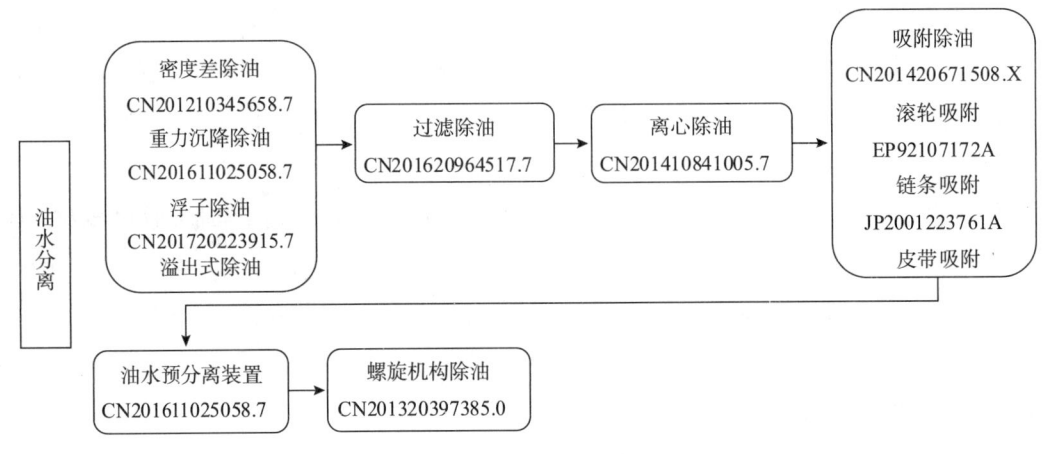

**图 32　油水分离技术专利发展路线**

从图 32 可以看出，与固液分离一样，油水分离涵盖的技术手段也很多，包括密度差除油、过滤除油、离心除油、吸附除油、油水预分离除油和螺旋机构除油。与固液分离不同的是，虽然进行油水分离的技术手段很多，但是各种技术手段之间的联合使用却不多，原因在于油液杂质相比固体杂质材质种类较少，也不存在尺寸差异，采用单一技术手段能够获得预期的技术效果。

1. 密度差除油

（1）重力沉降除油

① 重力沉降除油

【案例 25】申请号为 CN201210345658.7 的专利申请公开了一种重力油水分离器，如图 33 所示，使用后的冷却液从上部管路 13 通入油水分离器 9 的上部，利用油水比重的不同，油液自然浮在上部，冷却液位于下部，下部的不含油品的冷却液进入下一步去杂质等分离装置。本案例简单清晰的示意出了重力沉降除油的原理，利用油液的密度小于冷却液的密度，使得冷却液位于油液下部，通过在下部的冷却液层开设出口，排出分离后的冷却液。

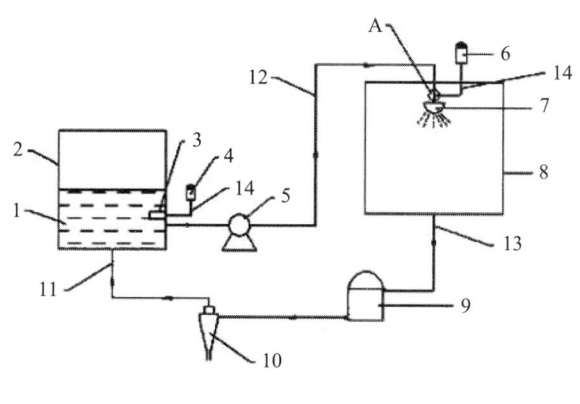

图33 重力油水分离器

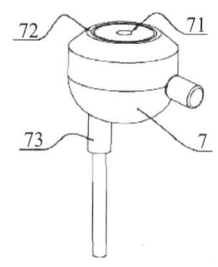

图34 利用浮子进行
浮油排除

② 浮子除油

【案例26】申请号为 CN201611025058.7 的专利申请公开了一种利用浮子进行浮油排除的方法，如图34所示，浮子7整体呈圆柱形，浮子上端成型有环形的进油口72，浮子的下端一体连接有出油接口73，上部的浮油层能够通过进油口72进入浮子，从出油接口73排出，浮子7通过对材料密度的调整，使得油层较厚时进油口72刚好能浸没于液面之下，油层较薄时浮子7下部处于冷却液中，进油口位于液面之上，冷却液不会从进油口流入。浮子7侧面滑动连接有至少一个用以调节浮子整体平均密度的调节活塞，通过调整调节活塞的位置，使得浮子整体密度改变，使浮子上端的进油口刚好没入浮油层中，在浮油层厚度减小时，浮子上端的进油口则处于液面上方。相对于案例25而言，本案例介绍了重力沉降油水分离之后，如何排出浮油，十分具有典型性，本案例的浮子同样利用密度调整，使其始终浮在油层，从而将油液从其上部进油口排出。

③ 溢出式除油

【案例27】申请号为 CN201720223915.7 的专利申请公开了一种溢出式浮油排除结构，如图35所示，油水分离盒3型腔内设置有隔离板31将型腔分为第一型腔32和第二型腔33，隔离板31底部不接触到油水分离盒3，使用后冷却液进入第一型腔32后，上层的废油从废油出口槽34溢出，下层冷却液经过隔离板31底部开口流至第二型腔33并从冷却液出口槽35排出。其中，冷却液出口槽35的高度低于废油出口槽34的高度。本案例同样是针对重力沉降油水分离之后，如何排出浮油，然而其手段与案例26相比更加简单，更

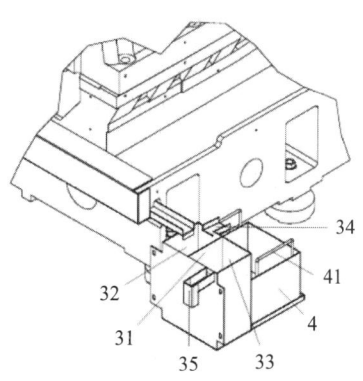

图35 溢出式浮油排除结构

加基础，是排出浮油的基础性手段。

（2）离心除油

离心除油是一种高效彻底的分离方式，但是其装置构造复杂，成本较高，本案例是一种典型的离心除油装置。

【案例28】申请号为 CN201410841005.7 的专利申请公开了一种冷却液循环处理系统，如图 36 所示，当下转盘 36 和上转盘 38 高速旋转时，带动锥形碟片 10 旋转，碟片10 带动附近的冷却液高速旋转，在离心力作用下，冷却液中比重大的固体微粒被甩到最外面，比重小的浮油靠近轴心位置，纯净的冷却液位于接近碟片 10 外圆的位置。

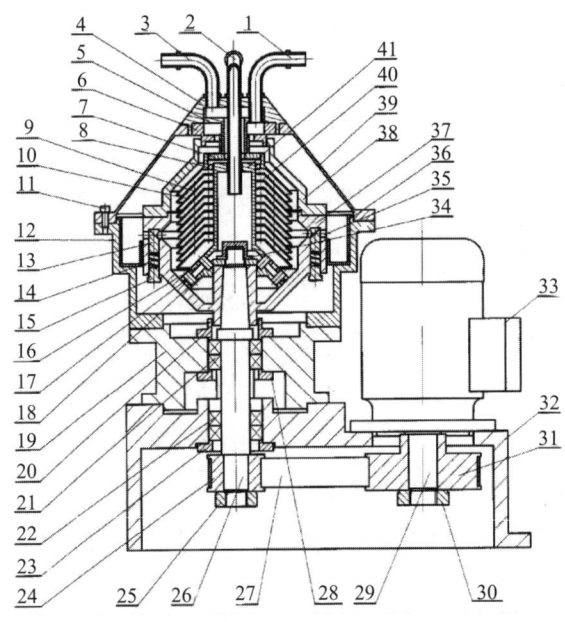

图 36　依靠离心力分选冷却液和杂质的装置

2. 过滤除油

过滤除油相对于其他除油方式而言，只是一种辅助性除油手段，由于油水同属液体，并不能像固液过滤分离那样效果明显，主要是利用油液的黏附性过滤。

【案例29】申请号为 CN201620964517.7 的专利申请公开了一种隔板式重力沉降分离装置，如图 37 所示，冷却液从机床出液口流入脏液腔 4 内，冷却液中的大部分切屑受重力影响而沉淀于脏液腔 4 的底部，少部分轻的碎屑悬浮在冷却液中，浮油漂浮于冷却液上部；冷却液从脏液腔 4 进入中间过滤腔 5 时，过滤网 8 会过滤掉部分悬浮于冷却液中的碎屑和浮油，而在从中间过滤腔 5 进入净液腔 6 时，隔板 3 会阻挡上部的浮油，且过滤网 9 进一步过滤掉悬浮于冷却液中的切屑，该案例是利用过滤除油的典型方案。

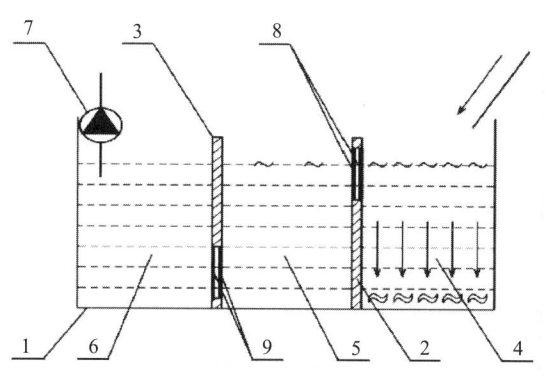

图37 隔板式重力沉降分离装置

3. 吸附除油

吸附除油主要利用油液的粘附性，采用能够吸附油液的装置对油液进行吸附，继而采用刮刀等将被吸附的油液从吸附装置上分离，目前吸附除油的专利主要集中在吸附装置方面，典型的吸附装置有滚轮吸附、链条吸附和皮带吸附等，下面分别对几个典型吸附装置进行了介绍。

（1）滚轮吸附

【案例30】申请号为 CN201420671508.X 的专利申请公开了一种滚轮吸附式除油机构，如图38所示，包括安装于污液箱10一侧的滚轮除油机构40及设置在滚轮除油机构40下方的油水分离箱50，所述滚轮除油机构40包括转轮41、固定在所述转轮41上的毛刷42，所述转轮41固定设置在所述污液箱10上方，所述毛刷42均匀地附着在所述转轮41上，并随所述转轮41的转动将污液箱10内污液表面的浮油带离。

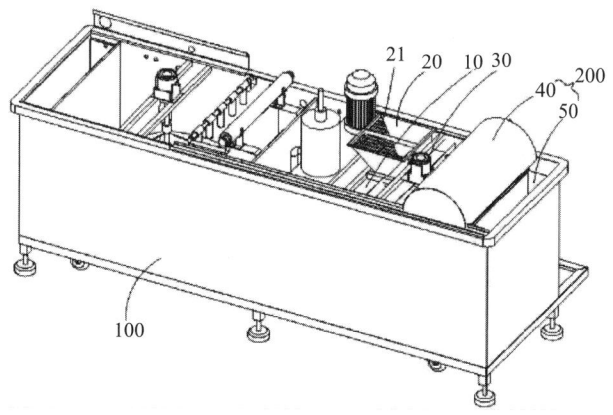

图38 滚轮吸附式除油机构

（2）链条吸附

【案例31】申请号为 EP92107172A 的专利申请公开了一种链条（皮带）吸附除油机

构，如图 39 所示，驱动辊 10 带动链条 7 旋转，链条 7 的下部位于冷却液中，将浮油吸附在链条上，当吸附油品的链条离开液面时，位于上部的剥离器 4（带有橡胶唇，相当于刮刀）将浮油剥离到下方的油液收集槽 16 中。

（3）皮带吸附

【案例 32】申请号为 JP2001223761A 的专利申请公开了一种皮带吸附除油机构，如图 40 所示，驱动辊 40 位于冷却液槽上方，驱动皮带转动，皮带表面可以将冷却液槽中的浮油吸附带出，集油槽 60 设置在驱动辊 40 的下方用于收集浮油。

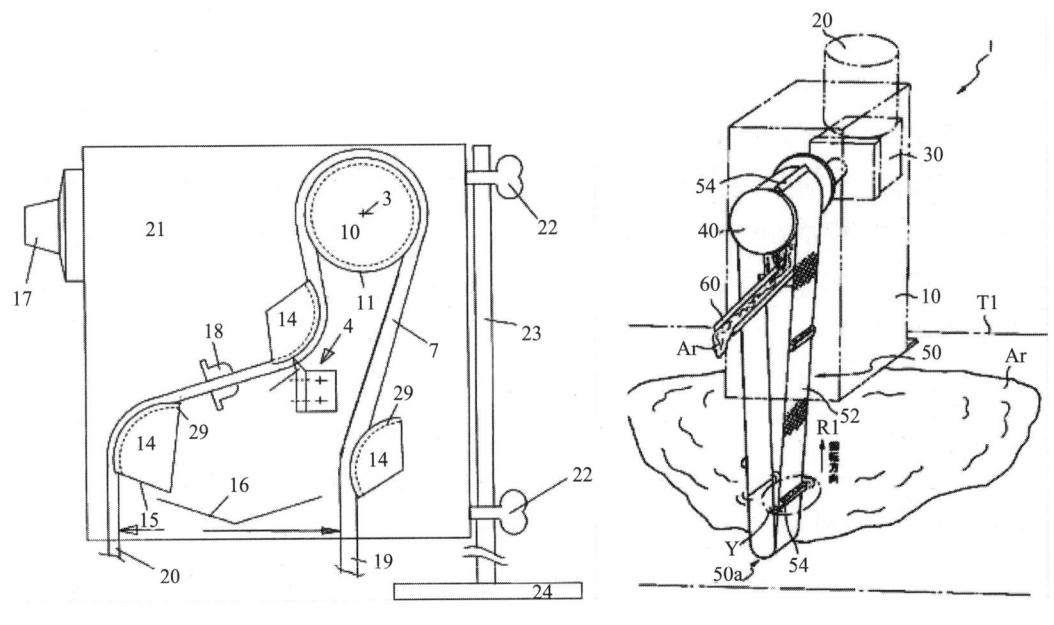

图 39　链条吸附除油机构　　　　　图 40　皮带吸附除油机构

### 4. 油水预分离装置

油水预分离装置可以预先实现油与水的分层，以利于后续的进一步分离处理。

油水预分离装置主要是为了使得油与水快速实现分层，相对于单纯利用密度实现分层而言提高了分层效率。

【案例 33】申请号为 CN201611025058.7 的专利申请公开了一种油水预分离装置，如图 41 所示，冷却液槽上部安装有集油组件 8，所述集油组件 8 包括有能够悬浮于冷却液中的圆形的浮子板 82，均匀固定连接在浮子板 82 上端的多根亲油疏水集油杆 83，以及连接在集油杆 83 上端的环形从动轮 81。通过电机驱动集油杆 83 运动，使冷却液相对集油杆流动，冷却液中的油污吸附在集油杆 83 上并在浮力作用下向上流动，最终汇集在冷却液上表面，该案例是一个典型

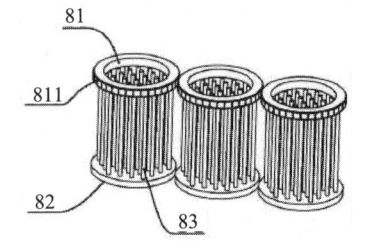

图 41　油水预分离装置

的油水预分离装置。

5. 螺旋机构除油

本部分主要目的在于介绍一些不同于常规油水分离装置的特殊除油方式，其利用了若干除油原理的组合，结构复杂精细。螺旋除油装置是其中一个典型。

【案例34】申请号为 CN201320397385.0 的专利申请公开了一种螺旋式水溶性冷却液浮油回收装置，如图 42 所示，根据油和水（冷却液）的比重不同，黏附力（即黏度）也不相同的特性，通过插入机床的冷却液箱 16 的螺纹轴 10 旋转，使油和水混合液体随着螺纹轴 10 旋转上升的过程中，油储存在螺纹轴 10 的轴距间，随着螺纹轴旋转上升，升到螺纹轴 10 上端部进入储油槽 6，所述储油槽 6 内置有刮油板 13，把分离出的油不断地刮入出油口 8，进入浮油收集箱 9 中。而水因为比重相对较重，不断地从螺纹轴 10 的轴距间往下掉，重新进入机床的冷却液箱 16 中。

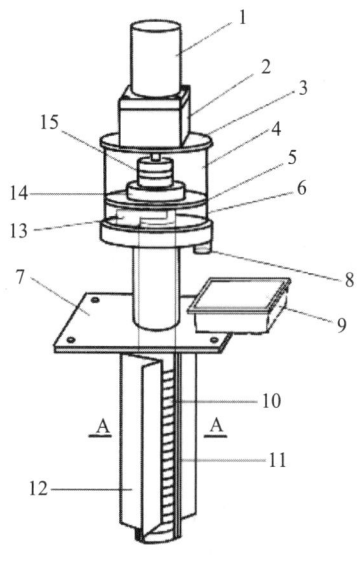

图42　螺旋式水溶性冷却
液浮油回收装置

（四）杀菌除臭

冷却液是一种在加工过程中，用来冷却和润滑刀具或加工工件的工业用液体，其应当具备以下性能：润滑、冷却、清洗、防锈、抗霉变等。然而，使用过的冷却液中都含有一定的污染物，譬如：金属粉末、砂砾细粉等固体杂质和浮油，这些污染物往往会导致冷却液发生变质，造成了浪费和污染。因此，在进行冷却液回收时，必须根据实际情况对冷却液进行杀菌除臭，其技术路线如图 43 所示。

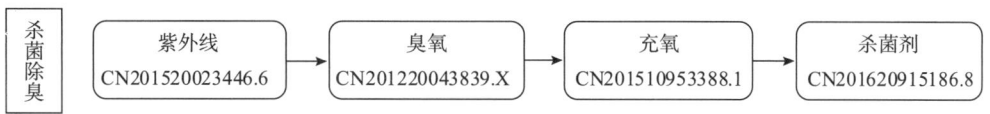

图43　杀菌除臭技术专利发展路线

从图 43 可以看出，杀菌除臭的技术手段比较单一，包括使用紫外线、臭氧、充氧和杀菌剂，说明这一技术分支的技术成熟度不高，可进行创新研发和专利布局的空间较大。

1. 紫外线

紫外线杀菌是通过紫外线照射微生物时，其细胞的核酸生物活性因吸收紫外线而改变，从而引起菌体内蛋白质和酶的合成障碍，导致结构发生变异，使微生物死亡。这是最简单最常用的杀菌除臭方式。具体可参考案例35。

【案例35】申请号为 CN201520023446.6 的专利申请公开了一种冷却液净化器，如图44所示，冷却液经进液口11进入净化器，掺杂在冷却液中的杂质经过滤网13的阻挡及自身的重力作用经支撑板22上的通孔沉淀于集渣部2的底部，穿过滤网13及支撑板22的冷却液被紫外灯14照射后经出液口12流出。此时，流出的冷却液即为过滤消毒后的净化液，位于集渣部内的含有杂质的脏液可以通过开启阀门放出。

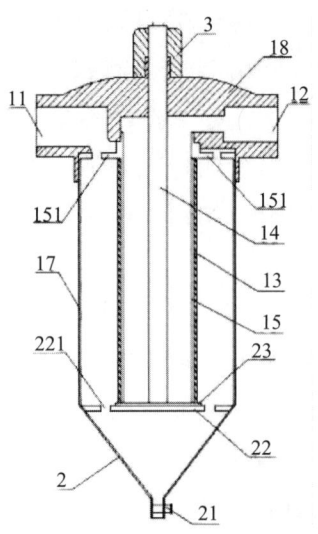

图44　一种冷却液净化器

但是，由于紫外线对人体有损害，且通过紫外线杀菌后的冷却液菌落减少数目不高，因此，紫外线杀菌除臭慢慢被其他方式所取代。臭氧杀菌后的冷却液的菌落减少数目明显高于紫外线，并且，臭氧呈现弥漫性循环气体，且扩散均匀，通透性好，克服了紫外线消毒留有死角的问题，能达到全方位、快速、高效的杀菌目的，同时臭氧的杀菌谱广，同时又具有较强的除霉、除臭的功能，具体可参考案例36。

2. 臭氧

臭氧通过氧原子的氧化作用来破坏微生物膜的结构实现杀菌作用。将冷却液与臭氧混合即达到杀菌除臭效果。

【案例36】申请号为 CN201220043839.X 的专利申请公开了一种冷却液过滤消毒一体机，如图45所示，吸液泵1将混有颗粒的冷却液从冷却液池5中吸出，经过纺布过滤袋21过滤后进入过滤储槽2中，连接在过滤储槽2出口的增压泵3将过滤后的冷却液输送入到臭氧灭菌机4中，使冷却液与臭氧发生器所产生的臭氧混合进行杀菌，并从臭氧灭菌机4的管道出口回到机床的冷却液池5内。另外，也可将阀门23关闭，将臭氧灭菌机

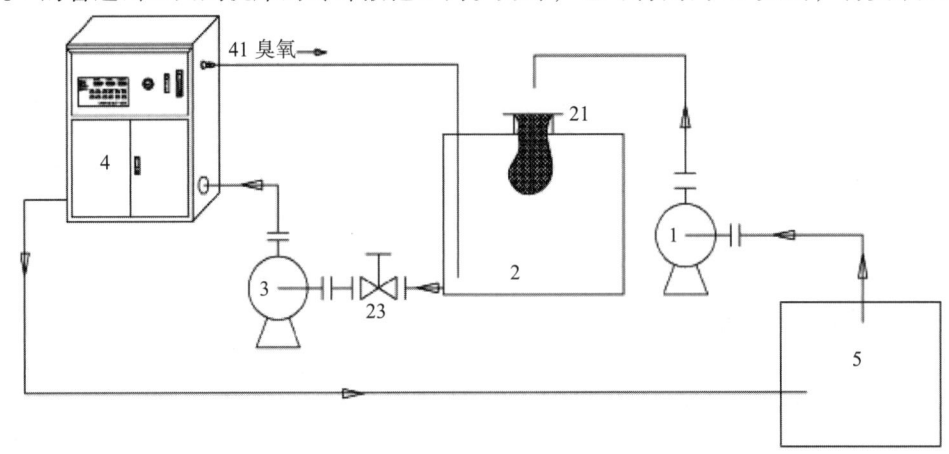

图45　冷却液过滤消毒一体机

4 的臭氧出气管 41 直接插入到该过滤储槽的底部，将臭氧混合到过滤储槽 2 中，实现冷却液的静置杀菌，消毒后，将增压泵 3 的出口连接至冷却液池 5，打开阀门 23，启动增压泵 3 将冷却液机床的冷却液池中，这样可以节省大量时间。

紫外线、臭氧杀菌除臭均属于对已产生大量细菌的冷却液杀菌除臭，由于细菌繁殖快，为了达到更好的杀菌除臭效果，需要使用大量的臭氧以及紫外线流量，为了减少成本，人们开始从导致冷却液变质的根源出发，减少细菌的数量，进而达到杀菌除臭目的，由此，充氧方式来杀菌除臭应运而生。

### 3. 充氧

氧气可抑制冷却液内厌氧菌繁殖，冷却液内的厌氧细菌数量减少，将使厌氧菌对氨、硫化氢等难闻刺鼻性气体的分解减少，进而消除冷却液黑臭的情况。

【案例 37】申请号为 CN201510953388.1 的专利申请公开了一种冷却液补气装置，如图 46 所示，补气槽 43 底部设置有单向气道，单向气道从上往下依次设有圆球 41、漏斗 42 和气管 8，气管 8 端部设有气泵 7，气泵 7 将氧气通向漏斗 42 底部，氧气将圆球 41 推离漏斗 42 从而进入补气槽 43 对槽内的冷却液补充氧气。

充氧对冷却液杀菌除臭具有一定的局限性，氧气只对部分细菌有效，为了抑制更多种类细菌的繁殖，人们开始选用杀菌剂来取代充氧方式，具体参见案例 38。

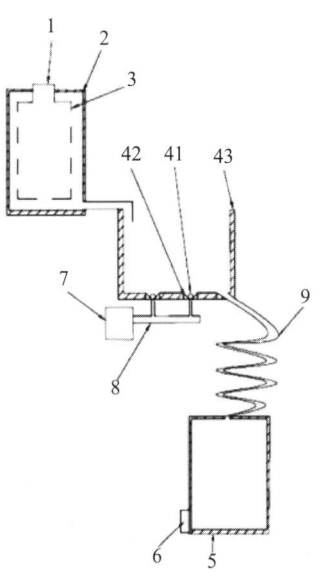

图 46　冷却液补气装置

### 4. 杀菌剂

【案例 38】申请号为 CN201620915186.8 的专利申请公开了一种冷却液回用系统，如图 47 所示，包括冷却液收集移动槽 1、废液槽 3、除油过滤器 14、乳化液池 17 和全自动配液系统 21，其中冷却液收集移动槽 1 的进气管连接空气压缩机 2，冷却液收集移动槽 1 的出液管连接废液槽 3，冷却液收集移动槽 1 的出液管上设第一管式混合器 4 和流量计 5，第一管式混合器 4 连接第一杀菌剂加药装置 6 的出药管，废液槽 3 顶部设带式除油机 8，带式除油机 8 连接废油箱 9 的进油管，废液槽 3 连接排污管 12，排污管 12 连接废液桶 13，废液槽 3 的出液管分两路各连接一台除油过滤器 14 的进液管，两台除油过滤器 14 的出液管连接乳化液池 17 的进液管，乳化液池 17 的进液管连接第二杀菌剂加药装置 18 的出药管，乳化液池 17 连接两个输出泵，乳化液池 17 底部设废液排放阀和排放管路（未图示），乳化液池 17 连接全自动配液系统 21。

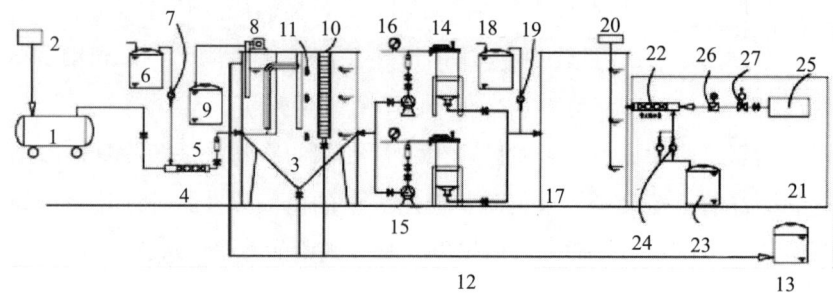

**图 47　冷却液回用系统**

**（五）冷却液参数调节**

在外界环境温度较低的时候，低温的冷却液影响润滑油膜的形成，不利于保证加工精度。然而，冷却液温度过高，对加工区的冷却作用差，机床夹具及刀具系统的热变形增大，也会降低加工精度。此外，冷却液的 pH、浓度等参数的改变也会对冷却液的性能产生影响。根据实际需要对上述参数进行调整是冷却液回收的一个重要内容，其技术路线如图 48 所示。

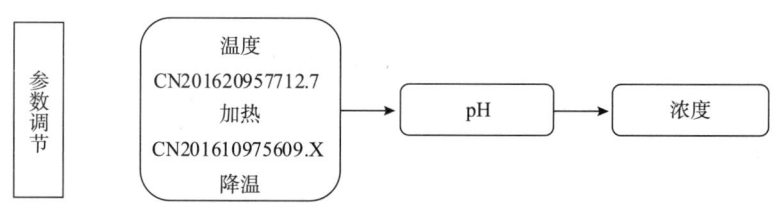

**图 48　参数调节技术专利发展路线**

从图 48 可以看出，与杀菌除臭一样，参数调节这一技术分支的技术手段也较为单一，技术成熟度不高，可进行创新研发和专利布局的空间较大，其技术障碍在于如何避免调节剂的添加引入新的杂质成分。

1. 调节温度

温度调节最常用的方式就是升温和降温。根据加工环境的要求，选择加热器和降温装置来实现温度的调节是最常用的两种方式，具体参见下述案例 39 和 40。

（1）加热

【案例 39】申请号为 CN201620957712.7 的专利申请公开了一种冷却液循环处理装置，如图 49 所示，冷却液箱内设置有第一加热器 51、第二加热器 52 以及贯穿箱壁的出液管 6。由于冷却液箱比较大，并且冷却液是处于流动状态，单靠出液管 6 附近设置的第一加热器 51 可能无法保证出流的冷却液的温度，因而，在流道 23 的正下方以及冷却液的流动路径上设置多个第二加热器 52，冷却液自流道 23 和镂空小孔 22 下来后，经过流动路径达到出液管 6 的过程中经过第一加热器 51 和多个第二加热器 52 的逐级充分加热，以保证自出液管 6 输送出去的冷却液符合设定的温度。

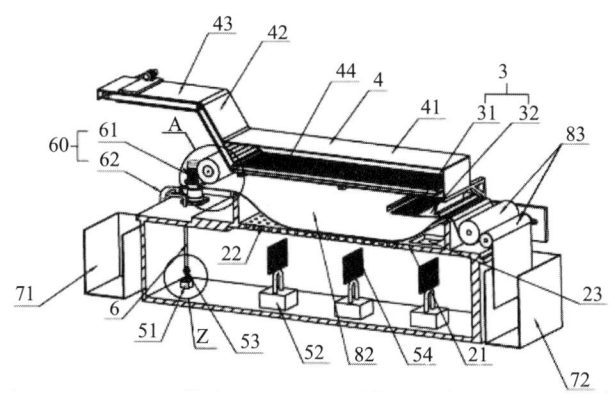

图 49　冷却液循环处理装置

（2）降温

【案例 40】申请号为 CN201610975609.X 的专利申请公开了一种平面磨床的冷却液回收系统，如图 50 所示，包括依次连接的回水箱 1、过滤装置 2、降温装置 3、供水箱 4，降温装置 3 内设置有制冷片 9，对过滤后的冷却液进行冷却降温，根据需要，制冷片 9 的数量可为多个，使得冷却液冷却效果更好。

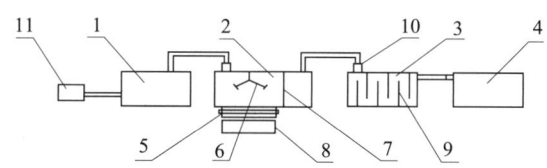

图 50　平面磨床的冷却液回收系统

2. 调节 pH

pH 是冷却液的一个重要理化指标，用于表征冷却液中氢离子的浓度。pH 太低易繁殖细菌，导致冷却液腐败和工件、机床锈蚀；pH 太高会伤害操作者皮肤，可以通过补充原液或者加酸来调节冷却液的 pH。

3. 调节浓度

浓度是保证冷却液使用性能的重要参数，每种冷却液都有其最佳的使用浓度范围。浓度过高，不仅引起生产成本提高，而且容易发泡、引发皮肤炎、降低冷却性能，还可能因漏油的混入形成淤渣，造成冷却液污浊和过滤器堵塞等问题。同时，如果浓度过低，冷却液因防锈性能下降而引起工件锈蚀，因润滑性能下降而导致刀具磨损增大、加工工件质量变坏等，并且还不利于抑制微生物滋长，导致过早腐败变质，可通过补充原液或加水来实现冷却液的浓度调节。

## 三、小结

机床冷却液的回收对降低生产成本，减少环境污染具有重要意义。我国在机床冷却液回收技术领域的应用和研究起步较晚，但依托中国作为全球最大的制造业市场这一独特优势，具备显著的后发优势。目前，我国在该领域已经取得了广泛的技术积累，且正处于快速发展阶段，具备强劲的发展动力。机床冷却液的回收处理通常包括脏液收集、固液分离、油水分离、杀菌除臭和参数调节五个技术分支，从统计数据来看，脏液收集、固液分离和油水分离三个技术分支涉及的专利申请量占比均较高，涵盖的技术原理和实施方式也很广泛，技术成熟度较高，可进行专利布局的空间较小，技术门槛较高，而杀菌除臭和参数调节这两个技术分支涉及的专利申请量较少，虽然具备一定的技术门槛，但是可进行专利布局的空间较大。此外，由于高档数控机床加工精度相对普通机床更高，对冷却液理化参数稳定性的要求也更高，特别是专门用于制造高精尖零件的数控机床，其冷却液的众多理化参数必须设定在特定的数值范围内，一旦超标即有可能造成重大损失，因而在这两个技术分支进行技术研发和专利布局的市场前景较好，具有较高的投入产出比。企业应根据自身的实际需要和资金、技术实力等多种因素综合考虑是否需要在上述技术分支进行创新研发，充分评估各种技术获取途径（如独立研发、联合研发、技术转让等）的优缺点，从而选择符合自身需要的研发策略。

# 高档数控机床数控系统专利技术综述[*]

冯晓伟　王舒妍　向启雄　欧冠男　尚言明

彭佳伟　马淑勤　杨继雪　严索

**摘　要**　智能制造产业是高端装备制造业的重点发展方向，而高档数控机床数控系统是智能制造产业的一个重要方面。本文对中国和全球的高档数控机床数控系统专利申请进行全面分析，包括全球和国内区域分布、主要申请人、技术发展动向及市场分布格局，全面反映高档数控机床数控系统的专利现状。最后针对上述专利分析，得出相关结论，并提出针对性的发展建议。

**关键词**　数控机床　数控系统　专利　技术

## 一、概述

### （一）研究背景

高档数控机床是指具有高速、精密、智能、多轴联动、网络通信等功能的数控机床[1]。目前，在数控机床领域，美国、德国、日本三国是当前世界数控机床制造、使用实力最强的国家，是世界数控机床技术开拓和发展的先驱。当前，世界四大国际机床展上数控机床技术方面的创新，主要来自美国、德国、日本；美国、德国、日本等国的厂商在四大国际机床展上竞相展出高精、高速、复合化、直线电机、五轴联动、智能化、网络化和环保化的机床。美国以宇航尖端技术、汽车生产为重点，因此需要较多高性能的高档数控机床，同时美国政府高度重视数控机床的发展，特别讲究"效率"和"创新"，注重基础科研，因而在数控机床技术上不断取得创新成果。德国政府一贯重视机床工业的重要战略地位，其数控机床质量及性能良好，先进实用，出口遍及世界，尤其是在大型、重型和精密数控机床方面，技术实力较强。日本十分重视数控机床技术的研究和开发，经过长达数十年的努力，日本已经成为世界上最大的数控机床生产和供应国。

---

＊　作者单位：国家知识产权局专利局专利审查协作湖北中心。

日本生产的数控机床除满足本国汽车工业和机械工业各行业市场需求外，大部分用于出口，占领全球市场，获取大量利润[2-3]。目前日本的数控机床几乎已遍及世界各个国家和地区，成为不可缺少的机械加工工具。反观当前我国数控机床技术，整体还存在着以下问题：大部分以跟踪模仿为主、自主创新为辅；产品组装为主、功能创新为辅；系统集成为主、部件攻关为辅；应用研究为主、基础研究为辅；基础支撑技术薄弱，产品附加值低，制造过程资源、能源消耗大，污染严重[4-5]。

### （二）研究对象

对智能制造产业中的高档数控机床数控系统进行全面详细的分析，得到其技术分支说明如表1所示。

表1　高档数控机床数控系统技术分支说明表

| 一级分支 | 二级分支 | 三级分支 | 技术含义界定 |
|---|---|---|---|
| 数控系统 | 数字控制技术 | | 指数控机床的数字控制方面的方法或手段，以及与数字控制方法或手段相配合的设备改造，其不包含故障监控及诊断、补偿技术和伺服控制方面的数字控制方法或手段 |
| | 故障监控及诊断 | | 数控机床各种故障的监测监控、故障原因诊断以及自修复 |
| | 补偿技术 | | 由于机床内部和外部热源的影响，机床温度分布不均匀，破坏机床的几何精度和刀具与工件间的相对位置，热变形是影响高速机床加工精度的主要原因，误差补偿技术能够有效提高机床加工精度；该补偿技术分支是指针对热变形引起的误差进行补偿控制的技术 |
| | 伺服驱动系统 | 伺服控制 | 指对伺服驱动系统的软硬件的控制技术 |
| | | 多轴联动 | 多主轴和多坐标轴，主要包括两个以上的主轴，五个以上的可控坐标轴，两个以上的联动坐标轴（即可同时控制的坐标轴） |
| | | 伺服动力 | 指数控机床中伺服系统的驱动动力构件，例如电机等动力设备 |

### （三）研究方法

1. 数据检索

本文检索专利文献数据来自中国专利数据库（CPRS）、德温特世界专利数据库（WPI）和欧洲专利局专利文献数据库（EPODOC）。外文检索采用 EPOQUE 系统，检索数据合并方式如下：首先在 EPODOC 中进行，然后将 EPODOC 检索的结果转库至 WPI 数据库；在 WPI 数据库中进行检索，然后将 EPODOC 转库来的数据进行合并[6]。

对于数控机床数控系统各分支的检索，采用"分－总""总－分"相结合的方法，数控系统每个子分支的数据合并成为整个数控系统的分析数据，对于数字控制技术子分支，由于界定其不包含故障监控及诊断、补偿技术和伺服控制方面的数字控制方法或手段，因此采用"总－分"方式，将所有的数字控制方法或手段都检索出来，然后依次剔除掉故障监控及诊断、补偿技术和伺服控制这三个子分支的数据，即得到了本文界定的数字控制技术子分支的专利申请数据。

分类号扩展方面采用了国际专利分类号（IPC）、日本 FI/FT 分类、CPC 联合分类、德温特分类号（DC）进行扩展，例如"数控"检索要素扩展了 G05B19/＋（IPC）、3C001（FT）、3C269（FT）、T01/T06（DC），以尽可能全面准确检索出目标数据。

### 2. 数据范围

一项技术的发展都要经过一段时间，通过不断研究才能不断走向成熟，技术生命周期虽然没有确切的分界点，但从整体趋势上来看通常可以分为萌芽期、成长期、成熟期和瓶颈期这四个阶段。2000 年以前，有关高档数控机床数控系统的专利申请量较少，专利申请基础相对薄弱，尚处于萌芽阶段，数据分析不具有代表性。本文重点分析增长阶段，因此主要的图表都集中在 2000～2017 年这一时间范围，这一时期中国的专利申请持续大幅增长，其申请总量达到整个申请总量的 97% 左右，因此 2000～2017 年这段时间能够较为集中地反映中国产业的最新发展动态，选取该段时间的专利申请数据进行分析研究，能够较为准确地反映高档数控机床数控系统的专利申请资源分布状况。但是由于国外高档数控机床产业起步较早，对部分图表分析有必要扩展到 2000 年之前。此外，由于中国专利申请的公开需要 18 个月，检索得到的分析数据集合囊括了所有年份的已公开的专利数据，2016～2017 年公开的数据不全，因此本报告中部分图表列出了 2016～2017 年的数据趋势，但不作为分析依据。本文的数据检索时间截止到 2017 年 10 月底[7]。

同时，进行如下约定：

技术目标国/地区：以专利申请公开号 PN 字段的公开国家或地区来确定，并且具有至少一个同族专利。

技术来源国/地区：以专利申请优先权 PR 字段所涉及的专利技术原始国或地区来确定，并且具有至少一个同族专利。

"欧洲（EP）"和"EP"："欧洲（EP）"是指排除德国申请量，且主要包括 GB、FR、IT、FI、CH、SE、AT、ES、NL 九个主要国家和欧洲专利局（欧专局）申请的专利；"EP"仅是指在欧专局申请的专利。

主要国家/地区指世界知识产权组织（WO）、US、JP、EP、KR、DE、GB、FR

和 CN。

3. 检索过程

在对高档数控机床数控系统专利申请数据进行检索时，首先进行初步检索，然后进行全面检索得到专利申请数据集合。初步检索时选择关键词和分类号对技术主题进行检索，对检索到的专利申请文献关键词和分类号进行统计分析，并抽样对相关专利申请文献进行人工阅读，提炼关键词，并在检索过程中对检索策略反复调整和反馈，总结各检索要素在检索策略中所处的位置，在上述工作基础上制定全面检索策略。全面检索时充分、精确扩展关键词和分类号，采用合理的检索要素搭配，利用检索工具的截词符、同在运算符和逻辑算符，并将不同数据库的检索数据进行转库，合并得到相对全面和准确的检索数据[8]。

# 二、研究内容

## （一）数控机床数控系统专利申请整体情况

1. 数控机床数控系统专利申请全球和国内总体走势

图1展示了近30年高档数控机床数控系统全球专利申请发展趋势，可见近30年来，高档数控机床数控系统专利申请总体上呈现上升趋势。在1994年之前，专利申请增长较为缓慢，从1994年开始，专利申请量明显增加，从2003年开始，专利申请增长率基本稳定在10%以上，2011~2012年，专利申请增长率更是超过了20%，表明近年来全球高档数控机床数控系统专利申请以较高的速度增长，研发活跃。

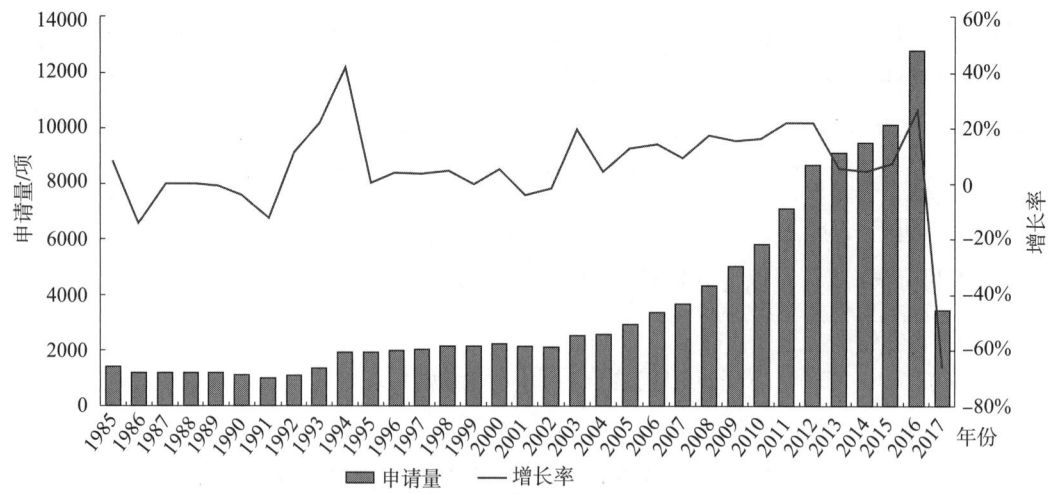

图1 高档数控机床数控系统全球专利申请发展趋势

图2展示了高档数控机床数控系统国内专利申请发展趋势，可见高档数控机床数控

控系统专利申请总体呈现上升趋势。在 2000 年之前，专利申请量较少，专利申请增长率波动较大，表明我国的高档数控机床数控系统技术还处于初期发展阶段，技术研发不够平稳；从 2000 年开始，专利申请量明显增加，2000 年专利申请增长率达到了53%，此后，专利申请增长率虽然有波动，但是基本保持在 20% 以上，维持在一个较高的增长水平；从 2006 年开始，年专利申请量超过了 1000 件，2015 年专利申请量超过了 9000 件。与全球增长率对比，从 1999 年开始，中国专利申请增长率超过了全球专利申请增长率，此后以高于全球的增速迅速增长。以上趋势表明，近年来我国高档数控机床数控系统技术发展迅速，研发热情高涨，研究主体对知识产权的重视程度不断加强。

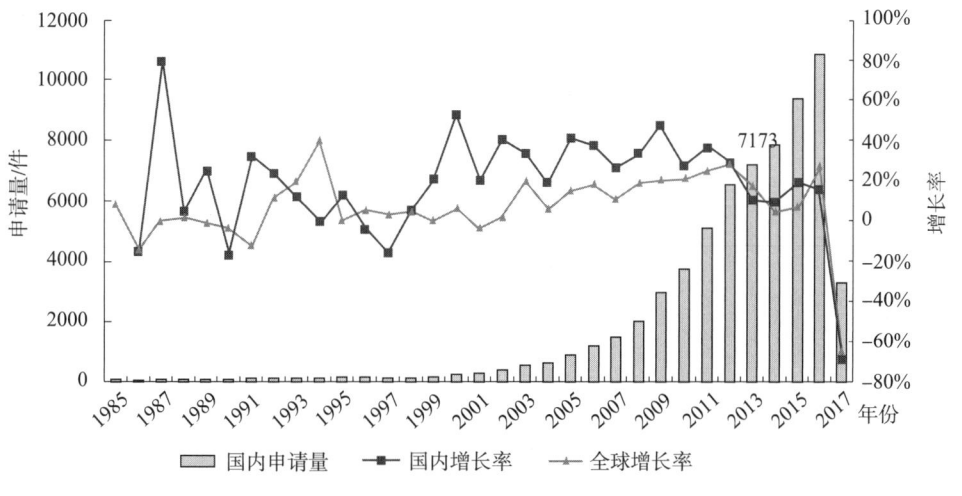

图 2　高档数控机床数控系统国内专利申请发展趋势

2. 数控机床数控系统各主要技术分支国内专利申请趋势

图 3 展示了 2000 年以来高档数控机床数控系统各主要分支国内专利申请趋势，从图3 可以看出，高档数控机床数控系统各主要分支的专利申请量总体呈现增长趋势。其中，数字控制技术分支增长最为迅速，2013 年申请量超过了 4500 件，其次是多轴技术，其他几个分支增速略缓。各技术分支中，由于数控机床智能化的发展方向对控制技术提出要求，数字控制技术分支申请量最多，占到总申请量的 64%，是国内高档数控机床数控系统领域研究的重点；其次是多轴技术，占到总申请量的 13%，由于对数控机床多任务、高效率的要求，其中的多轴联动技术和多主轴技术也成为国内高档数控机床数控系统研究的重要方向之一；同时，动力、稳定性和高精度也是高档数控机床数控系统的发展要求，因此伺服动力、伺服控制、故障监控及诊断、补偿等技术也在申请量中占有一定比重。

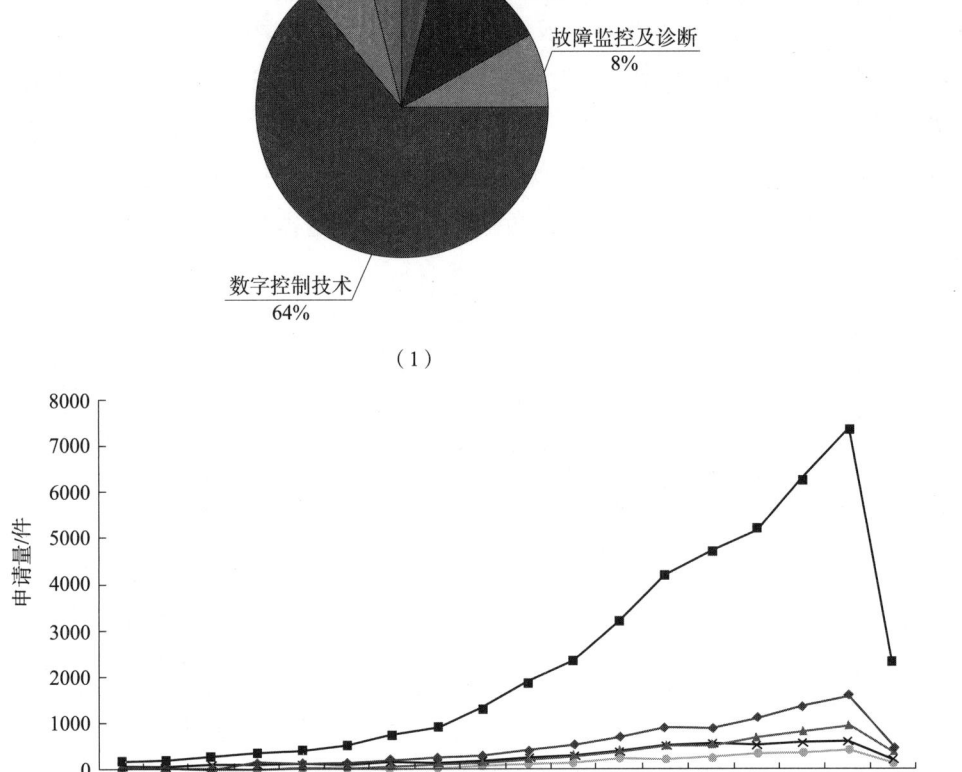

图3　高档数控机床数控系统各主要技术分支国内专利申请趋势

3. 国内数控机床数控系统专利申请类型分布及发展趋势

图4展示了2000年以来国内数控机床数控系统专利申请类型分布及发展趋势。专利申请类型可以从一定程度上反映专利申请的技术水平，通常发明专利的质量要高于实用新型专利和外观设计专利。2000年以来是国内高档数控机床数控系统的高速发展期，但是从国内专利申请类型分布的情况来看，实用新型专利申请占比达到了53%，超过了申请总量的一半，而"含金量"最高的发明专利申请仅占到43%；从专利申请增长来看，实用新型增长率要整体高于发明增长率，这表明在我国的专利申请增长量中很大一部分来自于实用新型专利申请。以上内容反映了一方面我国的高档数控机床数控系统技术确实在快速发展，但是另一方面也可能存在专利申请技术水平偏低的现象。

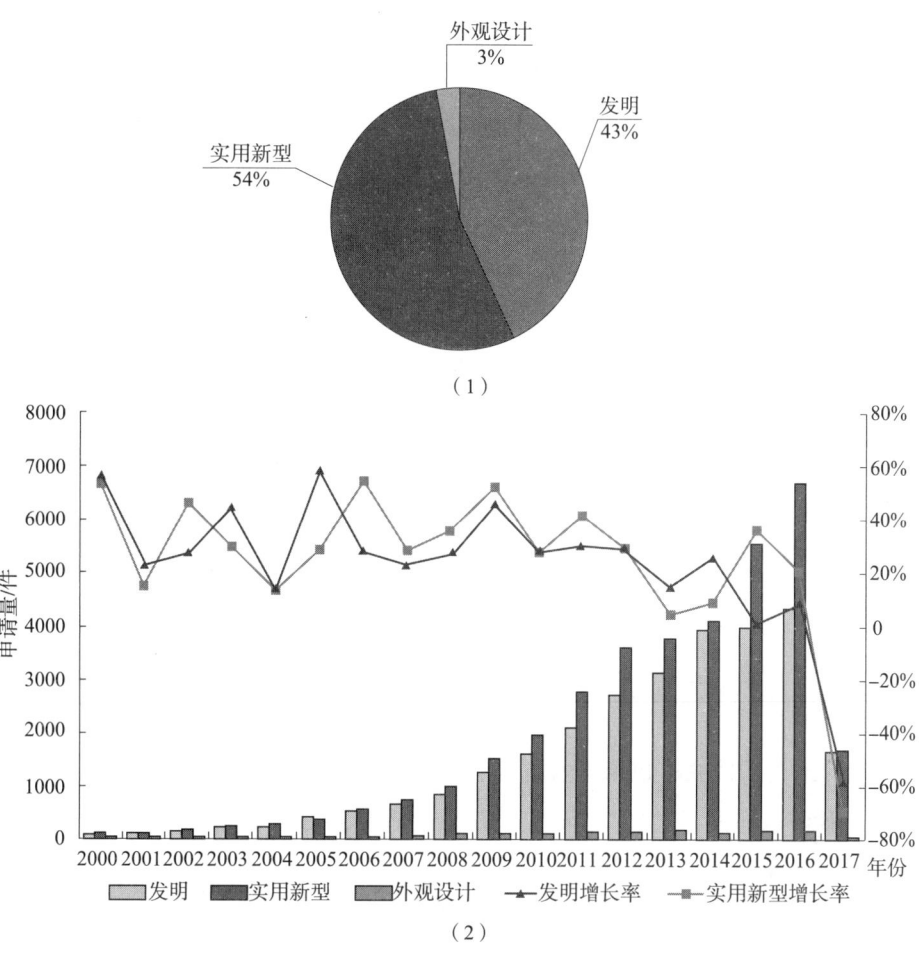

（1）

（2）

**图4 2000年以来国内数控机床专利申请趋势**

### （二）数控机床全球区域分布

为全面了解高档数控机床数控系统产业的专利申请资源区域分布情况，将从专利申请的技术来源国/地区、在华申请来源国/地区、主要技术目标国/地区以及主要技术目标国之间的技术流向等方面来了解数控机床数控系统产业的区域分布优劣势以及技术的流向趋势。

1. 全球技术来源国/地区分析

图5展示了高档数控机床数控系统产业主要的技术来源国/地区专利申请资源占有量，从该图可以看出全球专利布局中，技术来源国/地区日本占比53%，其次是德国、美国、欧洲（EP），分别占比17%、12%、12%，韩国和中国各占比1%。

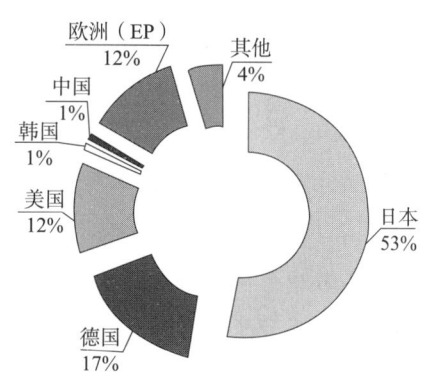

**图5 数控机床数控系统**
**主要技术来源地专利申请占比**

1990 年日本首先提出了为期 10 年的智能制造系统的国际合作计划，并积极与美国、加拿大、澳大利亚、瑞士和欧洲在 1991 年开展了联合研究，在 1990～2000 年，日本在机床方面的技术得到了长足发展和积淀，在全球范围内积极布局专利，加强技术输出保护。

自 20 世纪 90 年代开始，美国国家科学基金就着重资助有关智能制造方面的研究，2005 年，美国国家标准与技术研究所提出了"聪明加工系统"（smart machining system）研究计划，2011 年美国宣布实施包括工业机器人在内的"先进制造联盟计划"，意图通过数字信息技术和自动化技术加快对 20 世纪的工厂进行现代化改造，改变以往的制造方式，提升制造技术和市场竞争力，促进经济发展。

德国在智能制造领域处于全球领先地位，近年来为了提振经济，进一步提高制造业的制造水平，德国提出了"工业 4.0"计划，以进一步加强德国作为技术强国和经济强国的核心竞争力。近年来，德国的专利申请量整体上同样表现了强劲增长态势，并加强了机床制造技术在全球的专利布局。欧盟在 2010 年启动了第七框架计划的制造云项目，作为制造强国的德国提出了《高技术战略 2020》计划，这些制造业项目和计划极大促动了制造业技术的发展，也加速了技术强国在技术输出时对知识产权的保护力度，为占有国际市场保驾护航。

中国和韩国在高档数控机床数控系统产业领域的世界专利布局方面处于弱势地位。2009 年起，我国也加大了对智能制造装备产业的政策支持。

2. 在华申请来源国/地区分析

图 6 展现了世界主要国家/地区在华专利布局情况，作为机床领域的技术强国，日本在华专利布局占比达到 62%，德国和美国分别占比 12% 和 9%，欧洲（EP）占比 8%，韩国占比 3%。上述占比反映了技术强国/地区在华专利布局方面已处于绝对优势地位，在对华技术装备输出时尤其注重知识产权的保护，构建技术壁垒。

3. 主要技术目标国/地区、技术流向分析

图 7 和图 8 对各主要国家/地区的技术输入时专利保护格局和技术流向进行分析。图 7 展示了日本、中国、美国专利技术输入占比处于前 3 位，占比分别是 20%、20%、17%，德国、欧洲、世界知识产权组织紧随其后，分别占比 13%、12%、9%，英国、法国、韩国分别为 3%、2%、4%，上述专利技术输入占比趋势表明了日本、中国、美国市场活力相对较好，同时也反映了同行业领域的外国申请人在进入技术强国市场时充分认识到需要做好专利布局，助力打开市场。

图 8 表明了各个主要国家/地区的专利技术流向趋势，总体上日本、德国、美国在其他国家专利布局中具有明显优势，而中国和韩国相对较弱。这一方面表明了，日本、德国、美国的技术活跃度较高，技术交流合作相对较强，另一方面也反映了其在该产业领域的技术成熟度较高。

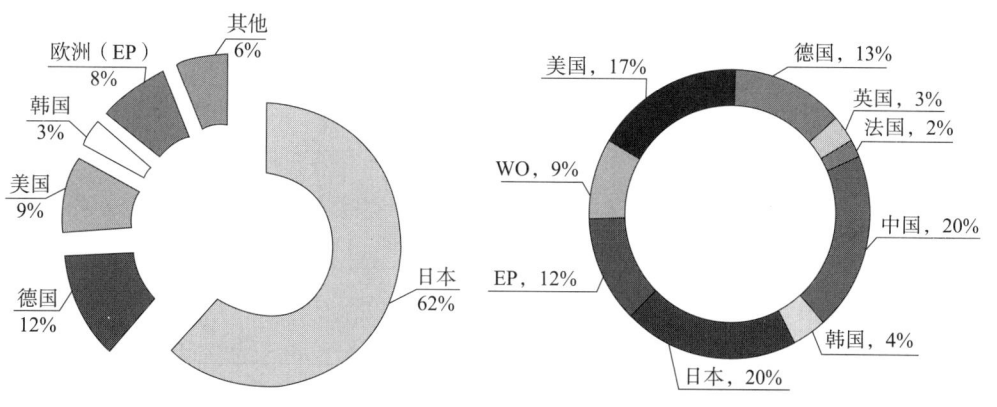

图6 数控机床数控系统
主要国家/地区在华专利布局

图7 数控机床数控系统
主要国家/地区技术流入占比

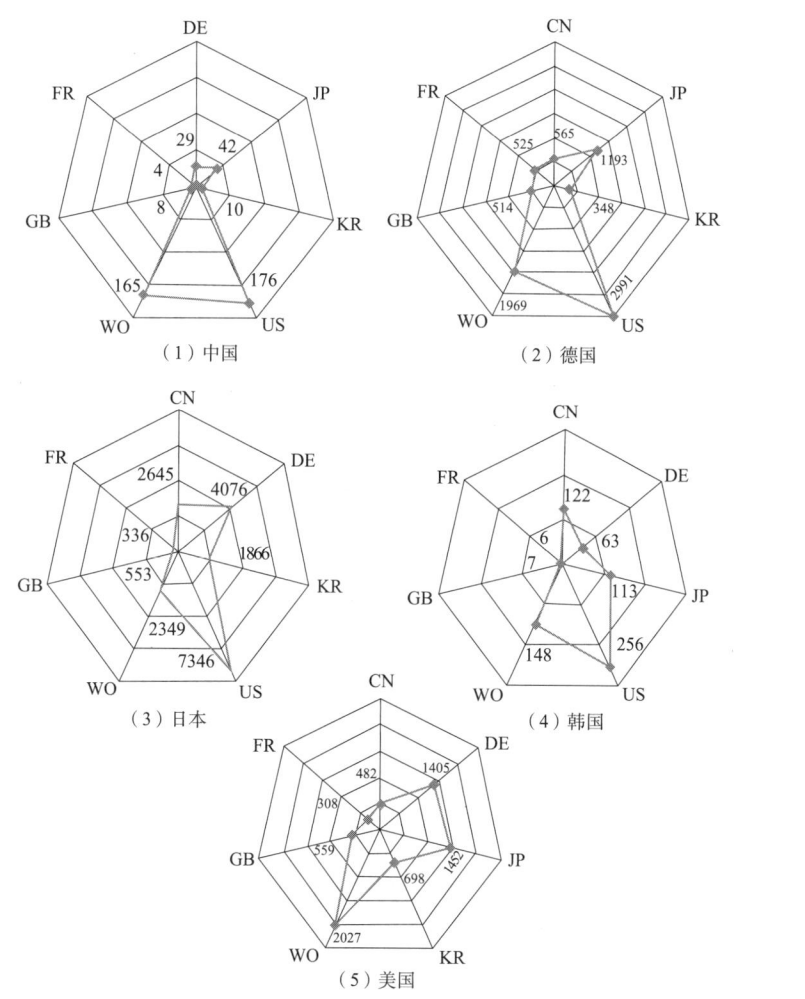

**图8 数控机床数控系统主要国家/地区技术流向趋势**

注：图中数字表示申请量，单位为件。

从技术流向的总体格局上来看，中国、韩国、日本、德国对美国的专利技术流出强劲，表明美国市场活力强劲，各国在进入美国市场时尤其重视自主知识产权的保护。同时，各国通过世界知识产权组织进行专利技术输出保护也较为活跃，表明通过《专利合作条约》进行世界市场专利布局是各国主要手段之一。中国和韩国在各主要国家/地区的专利布局处于弱势地位，日本、美国、德国总体强势，尤其这三个国家之间专利布局都表现强劲。

**（三）国内数控机床领域主要申请人**

1. 申请人类型分布状况

图9给出了全国申请人类型占比，从整体来看，在数控机床数控系统领域，企业占主导地位，其次是个人、高校申请人类型，其中个人申请量与高校申请量基本持平，其他创新主体的申请量较少。

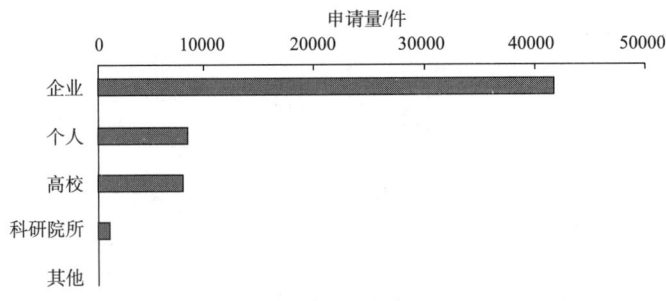

**图9 数控机床数控系统全国各类型申请人专利申请量**

图10给出了长江经济带申请人类型占比，从该图可知，长江经济带主要城市对数控机床数控系统的研究，企业仍占主导地位，其次是高校、个人、科研院所和其他。与全国情况相同的是企业占主导地位，不同是高校申请人高于个人和科研院所。

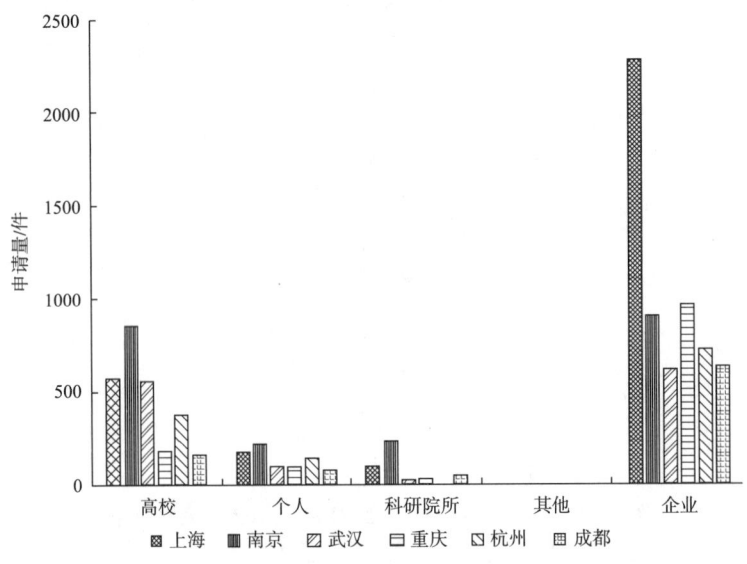

**图10 数控机床数控系统长江经济带各类型申请人申请量**

在企业专利申请量对比中，上海居第一，重庆第二，其次为南京、杭州、成都，上海远远高于其他四个城市，占据主导地位。

同时在高校专利申请量中，南京居第一，上海第二，武汉第三，其次为杭州、重庆、成都。

从图11可知，在国内主要城市中，企业依然处于领导地位，其次高校、个人、科研院所和其他。

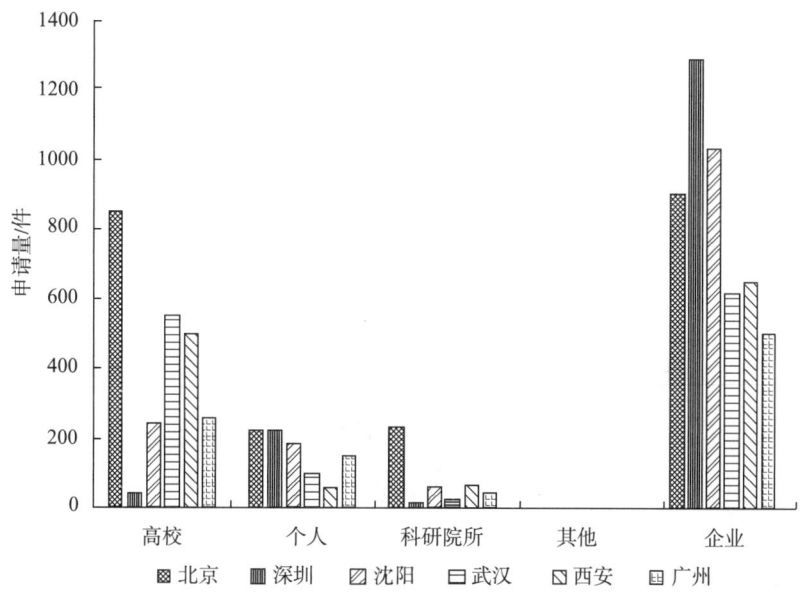

图11　数控机床数控系统国内主要城市各类型申请人申请量

在企业专利申请量中，深圳排名第一，沈阳排名第二，北京排名第三，武汉、广州和西安的专利申请量相对较少。

在高校专利申请量中，北京排名第一，武汉第二，西安第三，其次是广州、沈阳、深圳。深圳企业专利申请量远高于高校，落差明显，武汉企业、高校的专利申请量较为均衡。

2. 在华主要申请人

图12给出了数控机床数控系统领域在华主要申请人分布，从图中可知，国内申请人占八位，国外申请人占两位，其中两位国外申请人均是日本公司，表明数控机床领域中日本在中国市场进行了重点专利布局。同时八位国内申请人中，包括五家高校，表明高校对数控机床的研究较多，具有一定的技术实力。

3. 主要在华申请人进入、退出趋势分析

图13给出了主要在华申请人进入和退出趋势，根据不同年代的申请人排名可以看出，国外来华申请人主要有发那科、三菱，国内申请人主要有华中科技大学、无锡华联、沈阳机床、清华大学、武汉楚天激光；2009年后，多家国内企业也在抢占国内市场，相

应地也在进行专利布局。

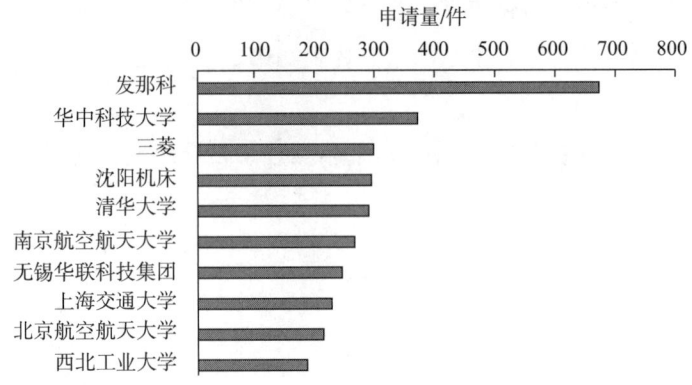

图12　数控机床数控系统领域在华主要申请人分布

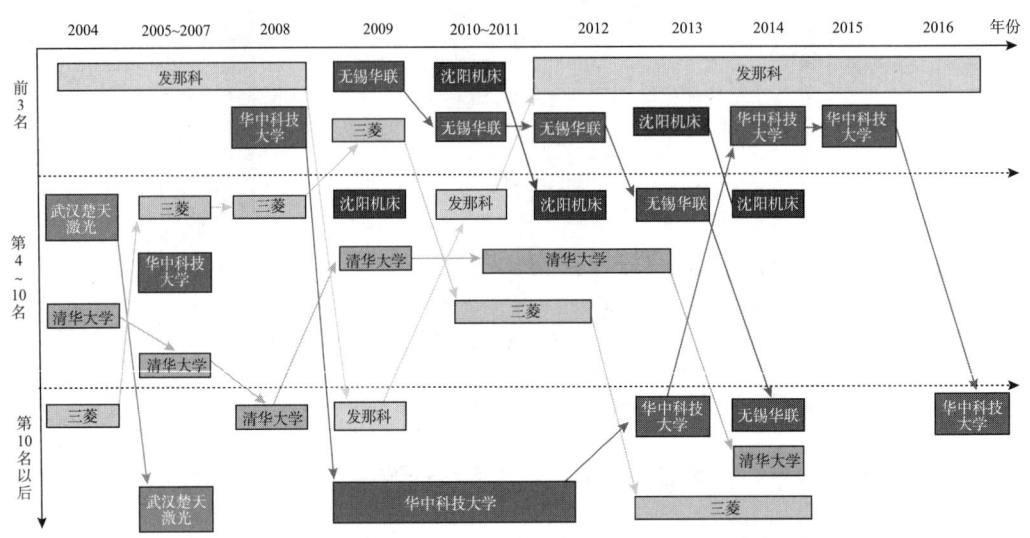

图13　数控机床数控系统主要在华申请人进入和退出趋势

发那科基本占据来华及国内申请人的前10名，表明发那科看好中国数控机床市场前景，一直在中国数控机床市场进行专利布局。

三菱在2012年前，也基本处于来华及国内申请人前10名，同样表明三菱对中国数控机床市场前景看好，也在进行专利布局，但在2012年后逐渐退出中国市场。

华中科技大学在2005～2008年居在华主要申请人前10名，在2009～2013年退出前十申请人，但华中科技大学一直持续对数控机床领域进行专利申请，表明华中科技大学看好中国数控机床的前景，一直在进行专利布局。

武汉楚天激光，在2004年曾居来华及国内主要申请人前10名，虽然在2005年后退出前十，但武汉楚天激光在中国数控机床市场方面存在一定的潜力。

无锡华联、沈阳机床自2009年位居来华及国内主要申请人前十之后，其在数控机床领域的专利申请量一直居于前列，表明无锡华联、沈阳机床持续关注中国数控机床市场，并进行相应的专利布局。

清华大学年专利申请量基本保持在第 4 ~ 10 名，表明清华大学一直关注中国数控机床市场，并相应地进行了专利布局。

4. 国内主要城市的主要企业专利申请资源情况对比

从图 14 可知，在数控机床研究领域，国内主要城市排名前两名的企业中，排名前三的申请人依次为沈阳机床、沈阳飞机工业（集团）有限公司、大族激光。

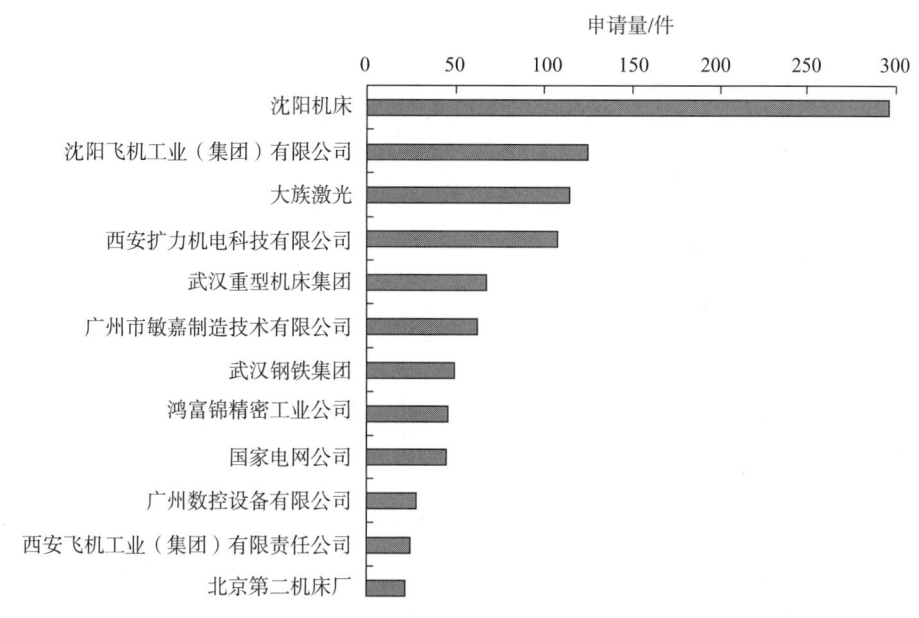

图 14　数控机床领域国内主要城市前 12 位企业申请量排名

在图 14 的 12 家企业中，沈阳机床位居首位，其具有稳定的包括王家兴、林剑锋、贺鑫元等研发人员的研发团队，同时其也设立研究院，对数控机床技术进行长期研发。西安扩力机电科技有限公司具有包括周晓丽、介艳良等人员的稳定的研发团队。沈阳飞机工业（集团）有限公司具有唐臣升等稳定的研发人员。深圳市大族激光科技股份有限公司具有由高云峰等人员组成的稳定的研发团队。武汉重型机床集团具有持续的桂林研发团队。广州数控设备有限公司具有包括何敏佳、邵国安、曾庆明的稳定的研发团队。广州市敏嘉制造技术有限公司具有赵虎等核心研发人员。

在 12 家企业中，60% 的企业具有核心的研发团队，核心研发团队不仅能够使得技术持续稳定发展，还可以使企业在市场竞争中占据有利地位。

从图 15 可知，各企业的有效专利占主导地位，专利有效量居第一的是沈阳机床，紧随其后的是大族激光、武汉重型机床集团、沈阳飞机工业有限公司，其有效量分别为 186 件、79 件、59 件。

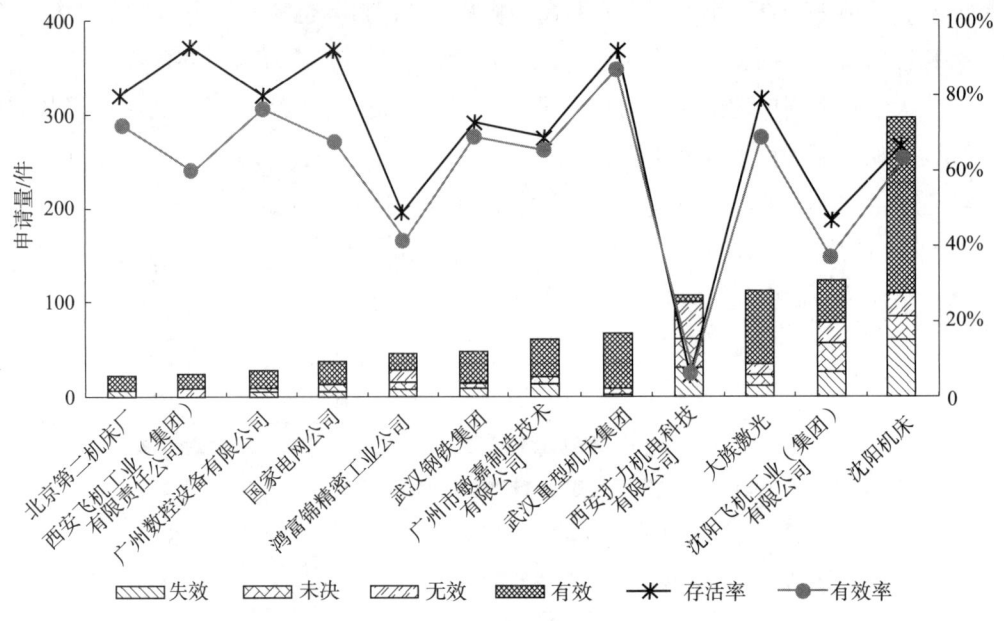

图15　数控机床领域国内主要城市前两家企业专利申请法律状态分布

专利未决量排名前二的是西安扩力机电科技有限公司、沈阳飞机工业（集团）有限公司，紧随其后的是沈阳机床、大族激光、国家电网公司，反映出上述申请人近期一直在进行技术储备和专利布局。

专利有效率中，武汉重型机床集团的专利有效率高，达到87%，其具有一定的技术沉积。专利存活率位居前三分别为西安飞机工业有限责任公司、武汉重型机床集团、国家电网公司，分别为100%、95%、94%。从专利的有效率、存活率、未决量的整体排名可知，武汉重型机床集团处于优势地位，表明武汉重型机床在数控机床领域的技术发展较为稳定，也具有一定的技术储备，同时专利布局较全面。

表2给出了国内主要城市前12家企业历年申请量分布，从整体上，国内主要企业对数控机床的补偿、故障监控及诊断、数字控制技术、伺服动力、伺服控制、多轴技术分支的研发起步较晚，主要集中在2010年之后，其中沈阳机床的研究热度最高，其次是西安扩力机电科技有限公司、武汉重型机床集团。

从历年申请量趋势图可知，1985~2009年，各企业的年专利申请量不多，其中申请量最多的是鸿富锦精密工业公司，在2008年申请了9件数字控制技术专利，为历年最高。

2010年至今，大部分企业进入快速发展状态，专利申请量整体上呈增长状态，也存在一定的波动，沈阳机床在数字控制、多轴、故障监控及诊断技术方面出现负增长。

表2　数控机床领域国内主要城市前12家企业历年申请量分布　　单位：件

| 国内主要城市 | 申请人 | 技术分支 | 1985-2002年 | 2003年 | 2004年 | 2005年 | 2006年 | 2007年 | 2008年 | 2009年 | 2010年 | 2011年 | 2012年 | 2013年 | 2014年 | 2015年 | 2016年 | 历年申请量趋势图 |
|---|---|---|---|---|---|---|---|---|---|---|---|---|---|---|---|---|---|---|
| 武汉 | 武汉钢铁集团 | 补偿 | 0 | 0 | 0 | 0 | 0 | 0 | 0 | 0 | 0 | 1 | 1 | 2 | 2 | 0 | 0 | |
| | | 故障监控 | 1 | 0 | 0 | 0 | 0 | 0 | 0 | 0 | 0 | 1 | 0 | 3 | 0 | 0 | 1 | |
| | | 数字控制 | 2 | 1 | 1 | 0 | 0 | 3 | 1 | 4 | 3 | 4 | 3 | 12 | 6 | 1 | 0 | |
| | | 伺服动力 | 0 | 0 | 0 | 0 | 1 | 0 | 1 | 4 | 0 | 0 | 0 | 0 | 2 | 0 | 0 | |
| | | 伺服控制 | 0 | 0 | 0 | 0 | 0 | 0 | 0 | 0 | 0 | 0 | 0 | 1 | 0 | 1 | 0 | |
| | 武汉重型机床集团 | 补偿 | 1 | 0 | 0 | 0 | 0 | 0 | 0 | 0 | 0 | 1 | 0 | 0 | 0 | 0 | 0 | |
| | | 多轴联动 | 0 | 0 | 0 | 0 | 0 | 1 | 0 | 0 | 0 | 4 | 0 | 0 | 0 | 0 | 0 | |
| | | 故障监控 | 0 | 0 | 0 | 0 | 0 | 0 | 0 | 1 | 2 | 1 | 3 | 1 | 3 | 0 | 0 | |
| | | 数字控制 | 0 | 0 | 0 | 0 | 0 | 0 | 0 | 2 | 7 | 2 | 5 | 10 | 12 | 6 | 0 | |
| | | 伺服动力 | 1 | 0 | 0 | 0 | 0 | 0 | 0 | 0 | 1 | 0 | 6 | 0 | 0 | 0 | 0 | |
| 北京 | 北京第二机床厂 | 数字控制 | 1 | 0 | 0 | 0 | 0 | 0 | 0 | 2 | 2 | 0 | 10 | 0 | 0 | 2 | 0 | |
| | 国家电网公司 | 多轴联动 | 0 | 0 | 0 | 0 | 0 | 0 | 0 | 0 | 0 | 1 | 0 | 0 | 0 | 0 | 0 | |
| | | 故障监控 | 0 | 0 | 0 | 0 | 0 | 0 | 0 | 0 | 0 | 0 | 0 | 1 | 0 | 3 | 0 | |
| | | 数字控制 | 0 | 0 | 0 | 0 | 0 | 0 | 0 | 0 | 1 | 0 | 4 | 15 | 8 | 3 | | |
| | | 伺服动力 | 0 | 0 | 0 | 0 | 0 | 0 | 0 | 0 | 0 | 0 | 0 | 1 | 3 | 1 | | |
| 广州 | 广州市敏嘉制造技术有限公司 | 补偿 | 0 | 0 | 0 | 0 | 0 | 0 | 0 | 0 | 3 | 0 | 0 | 0 | 0 | 0 | 0 | |
| | | 多轴联动 | 1 | 1 | 0 | 0 | 1 | 0 | 0 | 6 | 4 | 3 | 4 | 2 | 1 | 0 | | |
| | | 数字控制 | 2 | 0 | 0 | 1 | 0 | 0 | 2 | 5 | 9 | 2 | 3 | 1 | 0 | 1 | 0 | |
| | | 伺服动力 | 0 | 0 | 0 | 0 | 0 | 0 | 0 | 0 | 2 | 0 | 0 | 0 | 0 | 0 | 0 | |
| | 广州数控设备有限公司 | 多轴联动 | 0 | 0 | 0 | 0 | 0 | 0 | 0 | 0 | 0 | 1 | 0 | 0 | 0 | 1 | 0 | |
| | | 故障监控 | 0 | 0 | 0 | 0 | 0 | 0 | 0 | 0 | 3 | 0 | 5 | 0 | 0 | 0 | 0 | |
| | | 数字控制 | 1 | 1 | 1 | 1 | 2 | 0 | 3 | 1 | 4 | 3 | 1 | 0 | 1 | 0 | | |
| | | 伺服动力 | 1 | 0 | 1 | 0 | 0 | 1 | 2 | 3 | 12 | 2 | 5 | 0 | 2 | 0 | 0 | |
| | | 伺服控制 | 0 | 0 | 0 | 0 | 0 | 0 | 0 | 0 | 0 | 0 | 0 | 4 | 0 | 0 | 0 | |
| 深圳 | 鸿富锦精密工业公司 | 补偿 | 0 | 1 | 0 | 1 | 0 | 0 | 1 | 2 | 0 | 0 | 0 | 0 | 0 | 0 | 0 | |
| | | 多轴联动 | 0 | 0 | 0 | 0 | 0 | 0 | 1 | 0 | 0 | 0 | 0 | 0 | 0 | 0 | | |
| | | 故障监控 | 0 | 0 | 2 | 1 | 0 | 0 | 0 | 0 | 1 | 0 | 1 | 0 | 0 | 0 | | |
| | | 数字控制 | 1 | 4 | 0 | 2 | 4 | 0 | 9 | 0 | 1 | 2 | 0 | 0 | 0 | 0 | | |
| | 深圳市大族激光科技股份有限公司 | 补偿 | 0 | 0 | 0 | 0 | 0 | 0 | 0 | 2 | 0 | 1 | 0 | 0 | 1 | 0 | | |
| | | 多轴联动 | 0 | 0 | 0 | 0 | 2 | 1 | 1 | 3 | 2 | 2 | 2 | 0 | 0 | | | |
| | | 故障监控 | 0 | 0 | 0 | 0 | 2 | 5 | 4 | 3 | 1 | 2 | 5 | 2 | 0 | | | |
| | | 数字控制 | 1 | 0 | 0 | 0 | 1 | 3 | 2 | 4 | 4 | 1 | 3 | 12 | 5 | 1 | | |
| | | 伺服动力 | 0 | 0 | 0 | 0 | 1 | 0 | 0 | 0 | 1 | 1 | 0 | 0 | | | | |
| 沈阳 | 沈阳飞机工业(集团)有限公司 | 补偿 | 0 | 0 | 0 | 0 | 0 | 0 | 0 | 1 | 1 | 0 | 1 | 0 | 2 | 0 | | |
| | | 多轴联动 | 0 | 0 | 0 | 0 | 0 | 0 | 0 | 1 | 0 | 1 | 2 | 0 | 0 | | | |
| | | 故障监控 | 0 | 0 | 0 | 0 | 0 | 0 | 0 | 0 | 0 | 0 | 0 | 0 | 1 | | | |
| | | 数字控制 | 0 | 0 | 1 | 0 | 1 | 0 | 2 | 4 | 5 | 14 | 19 | 18 | 7 | 14 | 12 | |
| | 沈阳机床 | 补偿 | 0 | 0 | 0 | 0 | 0 | 0 | 0 | 1 | 3 | 2 | 0 | 3 | 0 | 0 | | |
| | | 多轴联动 | 0 | 1 | 0 | 1 | 0 | 0 | 4 | 9 | 15 | 1 | 7 | 10 | 5 | 1 | 3 | |
| | | 故障监控 | 0 | 0 | 1 | 1 | 0 | 0 | 0 | 2 | 1 | 7 | 4 | 2 | 6 | 0 | | |
| | | 数字控制 | 8 | 1 | 1 | 2 | 0 | 3 | 7 | 19 | 22 | 16 | 15 | 16 | 8 | 4 | | |
| | | 伺服动力 | 0 | 0 | 0 | 0 | 0 | 0 | 0 | 6 | 0 | 1 | 2 | 0 | 0 | | | |
| | | 伺服控制 | 0 | 0 | 0 | 0 | 2 | 1 | 0 | 3 | 4 | 3 | 1 | 0 | 4 | 0 | | |
| 西安 | 西安飞机工业(集团)有限公司 | 多轴联动 | 0 | 0 | 0 | 0 | 0 | 0 | 0 | 0 | 0 | 1 | 0 | 0 | 0 | | | |
| | | 故障监控 | 0 | 0 | 0 | 0 | 1 | 0 | 0 | 0 | 0 | 0 | 0 | 0 | 0 | | | |
| | | 数字控制 | 0 | 0 | 0 | 0 | 3 | 8 | 3 | 2 | 3 | 3 | 0 | 0 | 0 | | | |
| | 西安扩力机电科技有限公司 | 故障监控 | 0 | 0 | 0 | 0 | 0 | 0 | 4 | 8 | 6 | 6 | 8 | 0 | 0 | | | |
| | | 数字控制 | 0 | 0 | 0 | 0 | 0 | 0 | 5 | 6 | 21 | 8 | 8 | 0 | 0 | | | |
| | | 伺服控制 | 0 | 0 | 0 | 0 | 0 | 0 | 6 | 4 | 13 | 2 | 3 | 0 | 0 | | | |

从图16可知，12家企业的发明专利申请与实用新型专利申请占比略高，分别为49%、43%，还包含8%的外观设计。

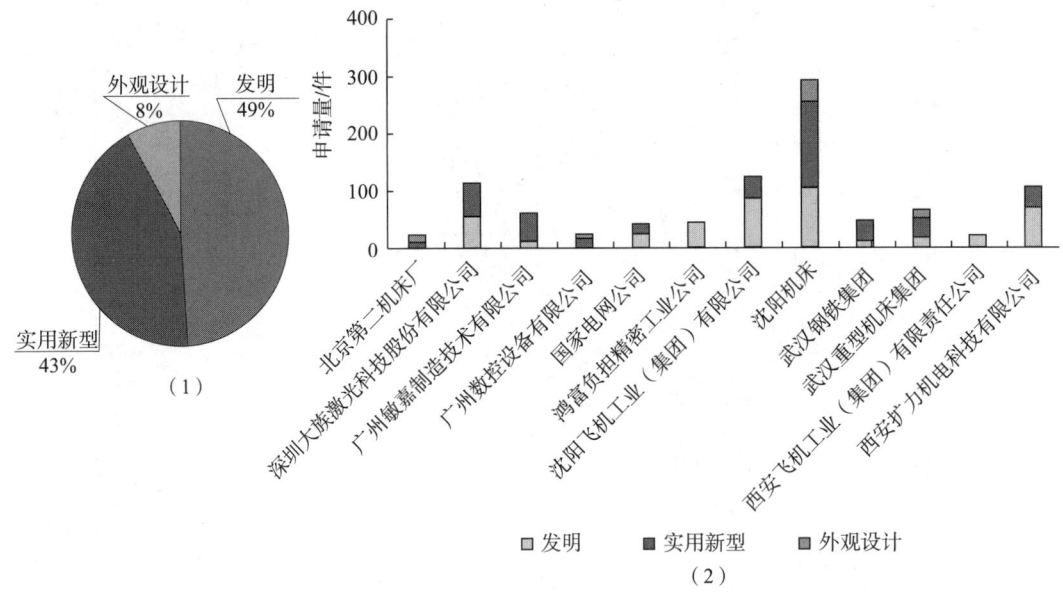

图16　数控机床领域国内主要城市前两名企业专利申请类型分布

对于发明专利申请，沈阳机床排名第一，紧随其后的是西安扩力机电科技有限公司、大族激光。

对于实用新型专利申请，沈阳机床依然排名第一，紧随其后的是深圳大族激光科技股份有限公司、广州敏嘉制造技术有限公司。

对于外观设计专利申请，沈阳机床排名第一，包含外观设计的申请人有广州数控设备有限公司、武汉重型机床、深圳大族激光科技股份有限公司、武汉钢铁集团。

**（四）　高档数控机床数控系统主要专利技术市场分布格局和技术发展趋势**

通过对高档数控机床数控系统的技术总体发展趋势进行分析，了解该技术的整体状况，并依据主要专利申请在主要国家的分布情况，了解主要国家的主要专利技术市场分布格局。

1. 各技术分支主要专利申请在主要国家/地区中的分布格局分析

为了考察主要国家/地区（CN、DE、EP、FR、GB、JP、KR、US、WO）技术发展优势情况和主要技术分布格局，从各主要国家/地区对主要专利技术的总量占有比例、专利申请进入主要国家/地区分类占比量两个维度来分析各个技术分支的分布格局。其中，主要专利技术是指各个技术分支中的专利同族数≥3并且该专利申请进入主要国家/地区数≥3的专利技术。

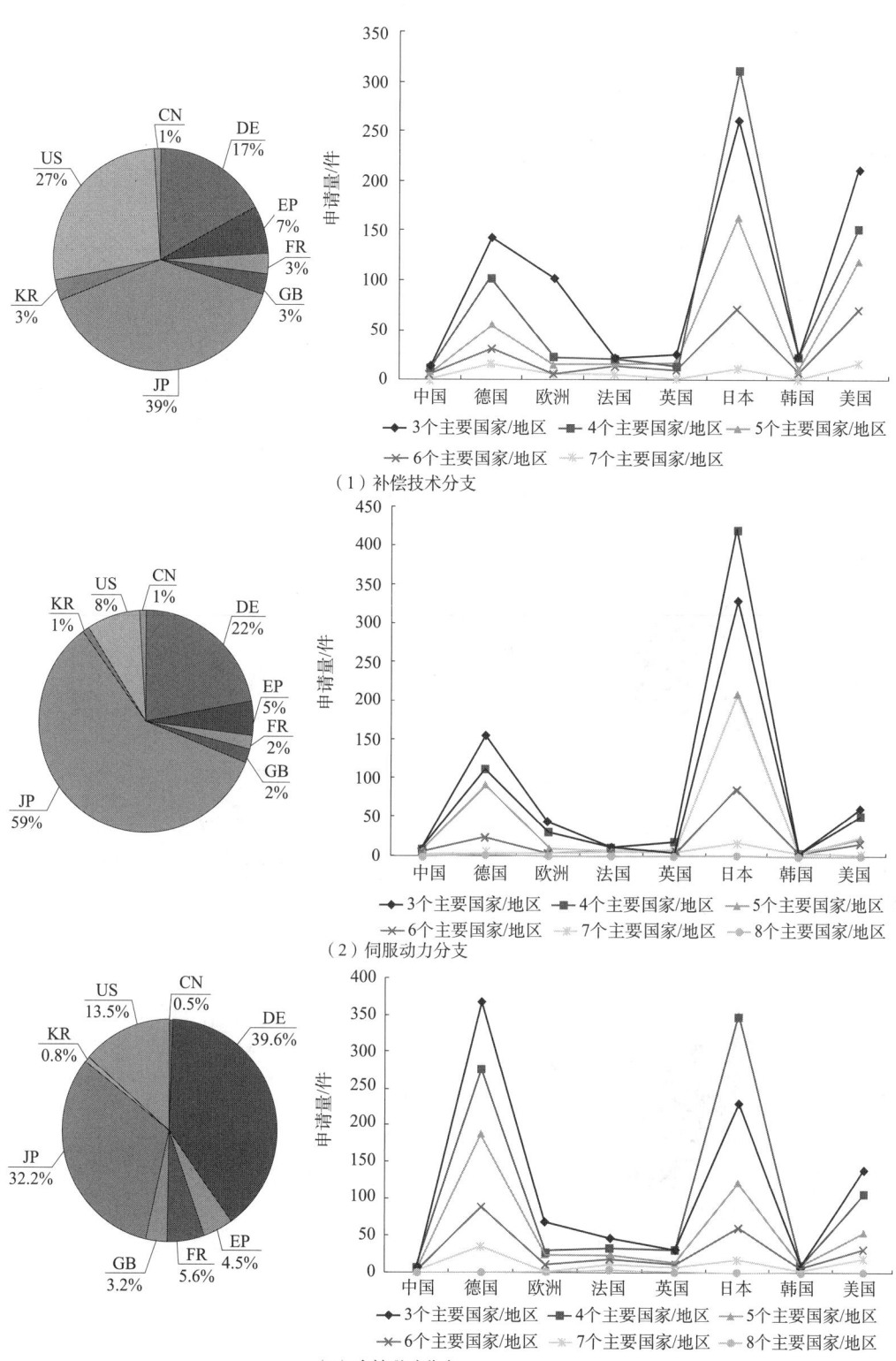

（1）补偿技术分支

（2）伺服动力分支

（3）多轴联动分支

图17　数控机床领域各技术分支主要专利申请在主要国家/地区中的分布格局

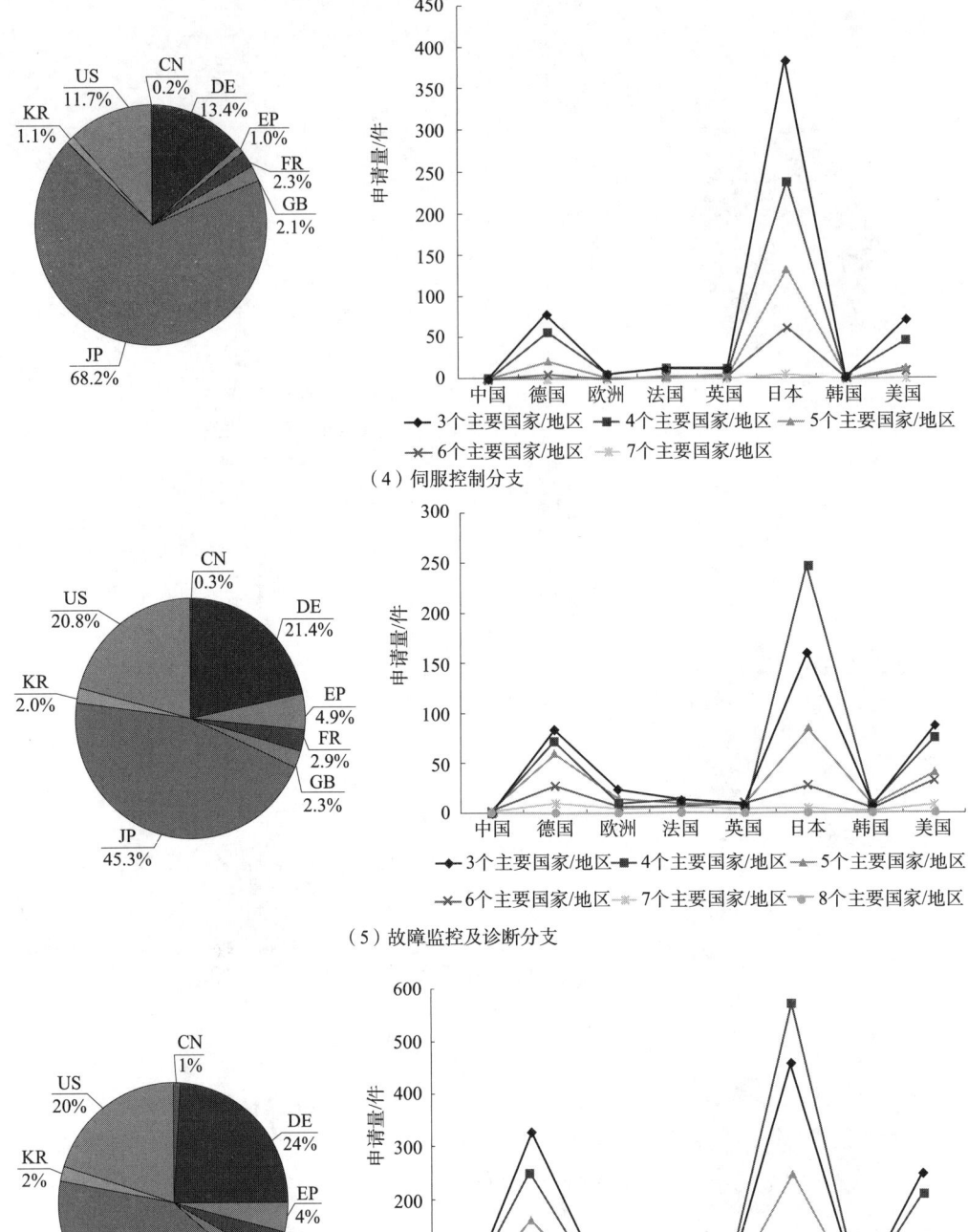

（4）伺服控制分支

（5）故障监控及诊断分支

（6）数字控制技术分支

图 17　数控机床领域各技术分支主要专利申请在主要国家/地区中的分布格局（续）

图 17 列出了各个国家/地区分别进入 3～9 个主要国家/地区的主要专利数量。图 17 对六个技术分支（补偿技术、伺服动力、多轴联动、伺服控制、故障监控及诊断、数字控制技术）分别作出统计分析，以获得对每个分支的专利技术分布格局的清晰了解。

从总体趋势来看，日本、德国和美国占据主要专利技术前 3 位，其中，日本总体上超越其他主要国家/地区，补偿技术占比达 39%、伺服动力占比达 59%、多轴联动占比达 32.2%、伺服控制占比达 68.2%、故障监控及诊断占比达 45.3%、数字控制技术占比达 42%；德国和美国紧随其后，补偿技术占比分别为 17% 和 27%、伺服动力占比分别为 22% 和 8%、多轴联动占比分别为 39.6% 和 13.5%、伺服控制占比分别为 13.4% 和 11.7%、故障监控及诊断占比分别为 21.4% 和 20.8%、数字控制技术占比分别为 24% 和 20%；中国、韩国、法国、英国、欧洲的主要专利技术占比相对落后；但是，在多轴联动方面，日本主要专利技术占比落后于德国，可见，德国在多轴联动方面技术相对成熟，主要专利技术专利布局优于日本等其他国家。

从图 17 来看，主要专利技术进入 3～9 个主要国家/地区的专利申请量，仍然是日本、德国、美国位列前三，与其他主要国家/地区拉开差距，呈现互相竞争态势，总体上日本除多轴联动技术分支以外，都超越德国和美国，在多轴技术分支方面，日本超越美国，但是总体上却落后于德国，可见，德国和日本在多轴联动技术方面的主要专利技术布局呈现更为激烈的竞争态势。

因此，从各个技术分支的主要专利技术在主要国/地区的分布格局现状来看，中国与日本、德国、美国等主要国家还存在一定差距，还需要进一步增强自主创新能力，努力打破技术强国的技术封锁和技术壁垒。

2. 各技术分支在全国的技术发展趋势分析

考虑到我国与日本、德国、美国等主要国家在高档数控机床数控系统研究方面尚存在一定差距，为研究国内技术发展现状，下面针对国内各技术分支的发展趋势展开重点分析。

图 18 示出了国内各技术分支的专利申请分布情况，数字控制技术分支占比较多，为 65%，表明在数字控制技术方面的技术创新集中度较高，这与数字控制技术是数控机床的核心技术有关。国内其他技术分支的占比分别为：多轴联动占 13%，伺服动力占 6%，故障监控及诊断占 8%，伺服控制和补偿技术各占 4%。

图 19 展示了国内各个分支的专利申请趋势，国内各个分支总体上申请量都呈现增长态势，数字控制技术申请量远超其他几个分支的申请量。

新能源电池

机器人

高档数控机床

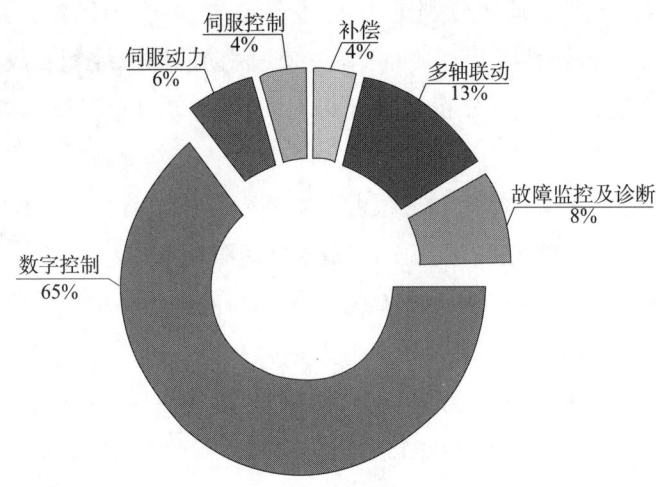

图18　数控机床领域国内各技术分支专利申请占比

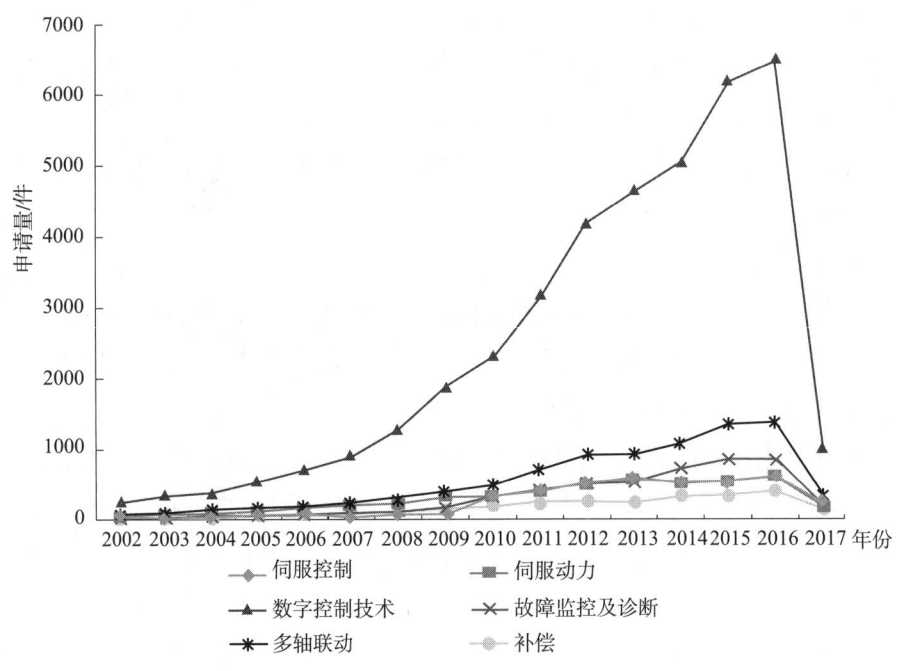

图19　数控机床领域各技术分支全国历年申请趋势

## 三、小结

纵观我国当前高档数控机床数控系统发展趋势，我国与国际先进水平还存在一些差距，如高速高精运动控制技术、动态综合补偿技术、多轴联动、可靠性技术等一些关键技术尚需进一步突破，一些如故障诊断、误差补偿等共性技术问题也需要进一步研发解决，因此，全国在伺服控制、伺服动力、故障监控及诊断、多轴技术和补偿技术方面总体专利申请量与数字控制技术分支专利申请量存在差距的状况，与目前国内技术发展状况是相符合的。

全球高档数控机床数控系统专利申请总体上呈现上升趋势，近年来增速平稳，国内近十几年来增速明显加快，1999年增速超过全球增速，国内数字控制技术分支增长最为迅速，其次是多轴技术，全球和中国数控机床研发热情高涨。六个技术分支主要专利申请在主要国家/地区分布格局如下：各个分支占比来看，日本、德国和美国占据主要专利技术前三位，日本处于主导地位，中国、韩国、法国、英国、欧专局的主要专利技术占比相对落后，但在多轴方面，日本主要专利技术占比落后于德国；主要专利技术进入3~9个主要国的专利量排名，仍然是日本、德国、美国位列前三，与其他主要国家/地区拉开差距，呈现激烈竞争态势，同时，日本和德国在多轴技术方面竞争更为激烈。

在数控机床数控系统领域，由国内主要城市前两名企业组成的十二家企业申请人整体上专利有效率高，存活率波动较大，专利类型分布均衡，60%的企业具有核心研发团队，专利布局主要方向为数字控制技术。今后，应鼓励产业链上下游强强联合，支持基础产品企业与整机和应用企业建立智能制造产业技术联盟、创新联盟、创新发展促进中心等，结合优势产业，建设智能装备产业园，打造数控机床、激光加工装备产业集群，培育形成具有国际水平的高密集型智能制造产业集群。

## 参考文献

[1] 刘文波，等. 数控机床结构、原理与编程技术 [M]. 沈阳：东北大学出版社，2005：1-20.

[2] 徐宁，等. 数控系统的现状及发展趋势 [J]. 机械设计与制造，2006，4：132-134.

[3] 蔡锐龙，等. 国内外数控系统技术研究现状与发展趋势 [J]. 机械科学与技术，2016，35 (4)：493-499.

[4] 杨春红，等. 浅议我国数控机床的应用及发展情况 [J]. 中国科技纵横，2017，8：198.

[5] 文广. 我国数控机床可靠性的现状及对策 [J]. 机械研究与应用，2003，16 (2)：5-6.

[6] 马天旗. 专利布局 [M]. 北京：知识产权出版社，2016：56-69.

[7] 董新蕊. 专利分析运用实务 [M]. 北京：国防工业出版社，2016：66-76.

[8] 杨铁军. 专利分析可视化 [M]. 北京：知识产权出版社，2017：141-147.

新能源电池

机器人

高档数控机床

# 高档数控磨齿机专利技术综述<sup>*</sup>

孙迎椿　徐晓明　陈华　刘铮　郑璐钧

**摘要**　本文对磨齿机领域的全球专利申请和中国专利申请进行分析，主要研究了该领域的专利申请态势和重点申请人，并且重点分析了数控成形磨齿机、螺旋锥齿轮磨齿机以及蜗杆砂轮磨齿机等关键技术的专利申请，梳理了上述关键技术的技术发展脉络。

**关键词**　磨齿机　成形磨齿机　螺旋锥齿轮　蜗杆砂轮

## 一、概述

### （一）引言

磨齿是精加工齿轮齿形的方法，通常用在齿轮热处理之后，而且加工余量在几丝左右，对磨齿装备要求较高。磨齿能全面提高齿轮的各项精度，能满足现代齿轮所需。磨齿加工方法包括展成磨削和成形磨削。展成磨削加工方法利用了齿轮啮合的原理，让齿轮啮合副中的其中一个为刀具，另一个则作为工件，使得刀具和工件作啮合运动切出齿廓。展成磨削又可细分为单分度磨削和连续分度磨削。成形磨削加工方法使用成形砂轮为刀具，要求切削刃形状与待加工齿轮工件的齿轮部分的齿槽截面形状完全相同。磨齿具体分类情况如图 1 – 1 所示。[1]

作为齿轮精加工技术的磨齿工艺，最早是用于磨削插齿刀，首先出现的是大平面砂轮磨齿机。20 世纪初随着汽车工业的发展，齿轮制造工艺也迅速发展，德国和美国先后研制出锥形砂轮磨齿机和成形砂轮磨齿机。而对齿轮精加工技术最具有促进意义的是 1914 年瑞士马格（Maag）公司发明了碟形双砂轮磨齿机，它首次使用了砂轮磨损自动补偿技术，从而使制造精密齿轮成为可能，显著提高了齿轮磨削精度，但这种磨齿机效率很低，直到 20 世纪 30 年代后期，瑞士研制出蜗杆砂轮磨齿机，磨齿工艺才成为一种较

* 作者单位：除刘铮外，其他作者均来自国家知识产权局专利局机械发明审查部；刘铮来自国家知识产权局专利局专利审查协作湖北中心。

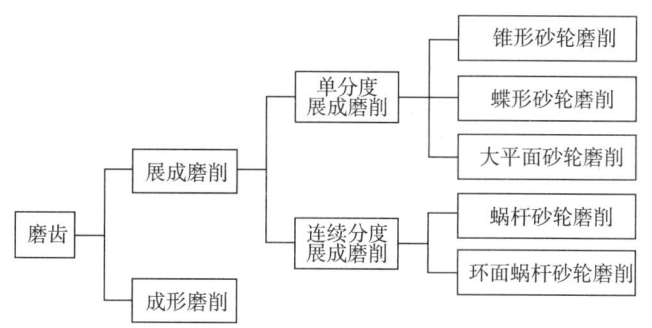

图 1-1　磨齿方法分类

高效率的齿轮精加工工艺。1974 年出现了带有"电子齿轮箱"的 NC 滚齿机，此后 NC 齿轮加工机床迅速发展。

齿面淬硬后消除热处理变形，并进一步提高齿轮精度和改善齿面粗糙度的主要方法，目前仍以磨齿工艺为主。近年来数控磨齿机迅速发展，应用扩展（包括磨削各种修形齿轮），采用了各种先进的技术，磨齿工艺更精密、更高效和更万能，智能化的数控磨齿机早已今非昔比。

本文将主要对磨齿机领域的全球专利申请和中国专利申请进行分析，研究该领域的专利布局特点，并重点对数控成形磨齿机、螺旋锥齿轮磨齿机以及蜗杆砂轮磨齿机等关键技术的专利申请进行分析，梳理上述关键技术的技术发展脉络，以期为相关技术人员对磨齿机领域的研究提供参考。

**（二）样本构成**

本文中所分析的数控齿轮磨齿机的分析样本来自于专利检索与服务系统（Patent search and service system，简称 S 系统）中的中国专利文摘数据库（CNABS）以及德温特世界专利索引数据库（DWPI）。根据第 8 版国际专利分类体系（IPC），将数控齿轮磨齿机的检索领域和关键词确定如下：

涉及分类号：B23F1/00，B23F1/02，B23F5/00，B23F5/02，B23F5/04，B23F5/06，B23F5/08，B23F5/10，B23F9/00，B23F9/02，B23F9/04，B23F9/06，B23F9/07，B23F19/00，B23F19/02，B23F19/04，B23F19/05，B23F19/12，B23F3/00，B23F11/00，B23F15/＋，B23F17/00，B23F23/＋，B23F21/02，B23F21/03。

主要关键词：齿轮、珩磨、磨削、研磨、珩齿、磨齿、研齿。

检索截止日期为 2017 年 10 月 30 日，通过以上检索领域和关键词检索到的样本总量为：在 CNABS 数据库中得到了 1056 篇专利申请文献；在 DWPI 数据库中得到了 2707 件专利申请文献。

需要说明的是，由于依照各国专利法的规定，专利申请文献的公开日通常会晚于其实际申请日，截至 2017 年 10 月 30 日，还有部分 2015～2017 年申请的专利申请文献没有收录到上述专利数据库中。以中国专利为例，发明专利申请通常自申请日（有优先权的，自优先权日）起满 18 个月才能公布（要求提前公布的除外）；PCT 专利申请可能自申请日起 30 个月甚至更长时间之后才能进入国家阶段，导致与之相对应的国家公布日期更晚；实用新型专利申请在授权后才能获得公开，其公开日的滞后程度取决于审查周期的长短。

## 二、总体态势分析

### （一）全球专利申请分析

1. 专利申请态势

图 2－1 直观显示了全球范围内的磨齿机领域专利申请量的年度分布。需要注意的是，考虑到专利公开较专利申请日有推后的期限，2015 年以后的数据是不完全的数据，这里仅作为分析参考。

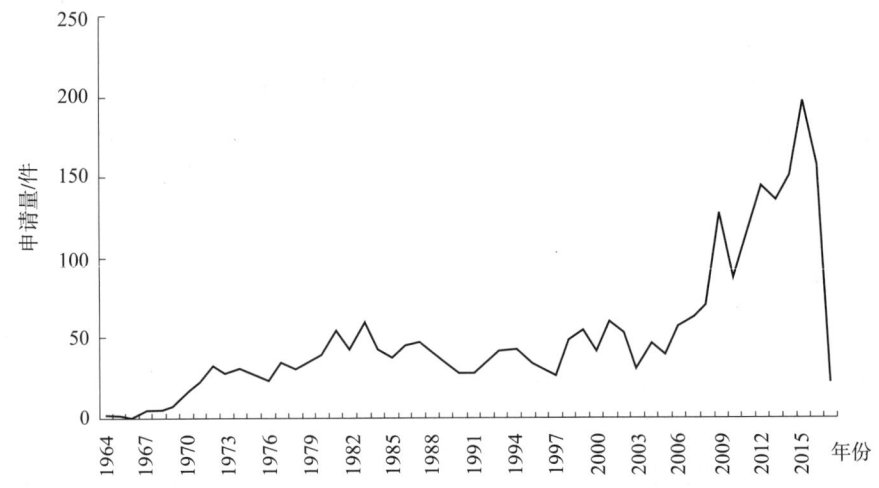

图 2－1　数控磨齿机全球专利申请量年度分布

从图 2－1 中可以看到，20 世纪 60 年代是磨齿机的缓慢发展期。20 世纪 70 年代随着汽车工业的发展，加快了齿轮加工行业的发展，因此磨齿机的专利申请数量得以提高。进入 20 世纪 80 年代，磨齿机的专利申请进入稳定发展期，该期间的年申请量较为稳定且数量较大。进入 21 世纪后，专利年申请量呈上升趋势，磨齿机技术进入蓬勃发展期，尤其是进入 2005 年，该领域的年申请量呈现快速增长之势。

2. 重要申请人

图 2－2 显示了全球范围磨齿机领域专利申请人排名前 20 位的申请人以及专利申请数量。美国格里森集团（GLEASON）是世界著名的锥齿轮制造商，该公司先后收购及兼

并了德国著名的圆柱齿轮制造商 PFAUTER、HURTH，组建了 GLEASON/PFAUTER/
HURTH 集团，可以提供包括圆柱齿轮和锥齿轮在内的全面的齿轮解决方案，目前该集团
在磨齿机领域的专利申请数量遥遥领先于其他申请人。德国著名的 LIEBHERR、
LORENZ、KLINGLNBERG 公司及瑞士的 OERLIKON、MAAG 公司结成战略伙伴关系，组
成了 SIGMAΣPool 集团。德国著名的锥面砂轮磨齿机生产商 NILES 公司与成形砂轮磨齿
机生产的王牌企业 KAPP 公司组成了 KAPP/NILES 集团。由于中国政府产业政策的大力
扶持以及迅猛发展的汽车等工业对高质量齿轮的需求不断增加，中国磨齿机领域的专利
技术水平也得到了很大提高，其中天津第一机床总厂在全球范围内的专利申请量排在了
第 7 位，申请量排名前 20 位的中国企业还包括湖南中大创远、西安贝吉姆、綦江县飞达
和天津精诚机床。另一方面，从上述排名也可以看出，该领域的重要申请人都是公司或
企业，有些已经形成了跨国集团，可见该领域的产业化程度很高，企业间通过兼并、重
组、战略合作伙伴关系等加强自身竞争力，产业竞争激烈。

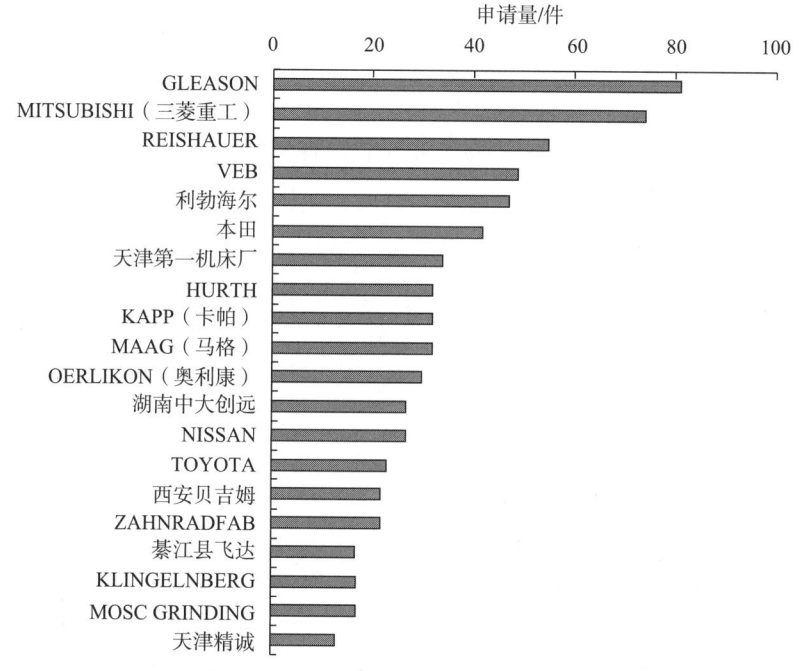

图 2 - 2　数控磨齿机全球专利申请人排名

### （二）中国专利申请分析

1. 中国专利申请年度分布分析

图 2 - 3 给出了磨齿机领域中国专利申请年度分布情况，图中分别给出了国内申请人
（包括港、澳、台）、国外申请人以及总申请量的年度变化曲线。由该图可知，在 2003 年
之前，磨齿机领域在华专利申请发展缓慢，每年的申请量较少，而且总体趋势比较平缓；
从 2003 年起，该领域在华专利申请总量呈现快速增长，尤其是 2005 年以来，在汽车、

风电、高铁和基础设施等快速发展的拉动下，磨齿机领域的专利申请呈快速增长之势。

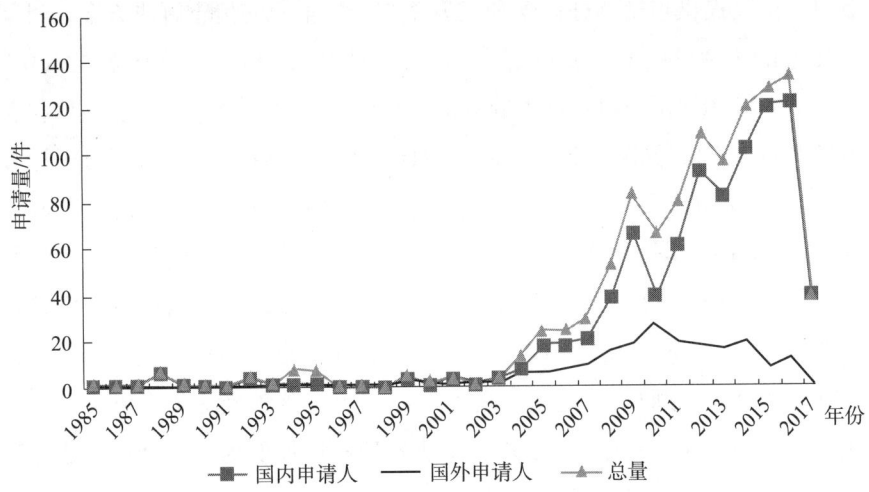

图2-3　数控磨齿机中国专利申请的年度分布

通过图2-3和图2-4可以看出，在磨齿机领域的中国专利申请中，国内申请人的申请占了很大一部分，可见我国在磨齿机领域已经获得了很大的进步，并且国内申请人的知识产权意识在逐步增强，并通过专利申请来对研发成果进行保护。但是需要注意的是，国内申请人的专利申请中实用新型占了很大比例，而实用新型专利申请由于保护时间短并且专利状态不稳定等因素，其技术含量一般比发明专利申请较低，可见我国磨齿机领域还处于技术积累阶段。从图2-4还可以看出，在中国进行申请的国外申请人以德国、日本和美国为主，瑞士和比利时也有一定比例。

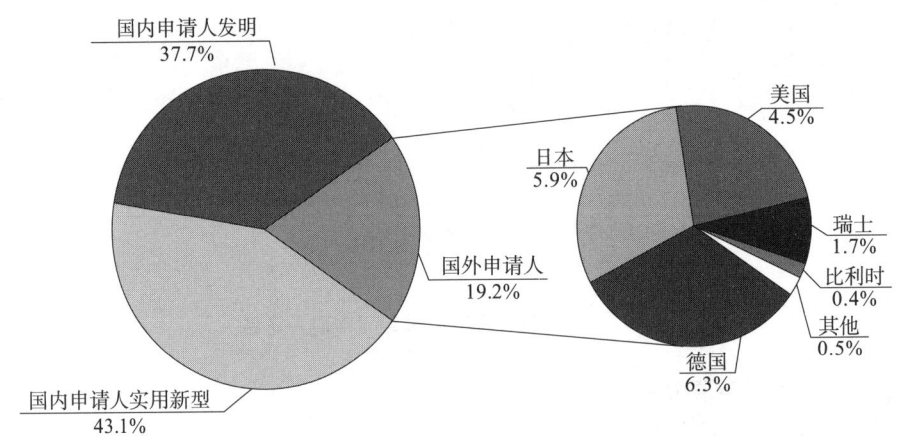

图2-4　数控磨齿机中国国内和来华专利申请占比分布

2. 重要申请人

从图2-5可以看出，美国格里森集团（GLEASON）中国专利申请量遥遥领先，而且三菱重工、利勃海尔、卡帕（KAPP）以及克林格伦贝格（KLINGELNBERG）等一些国际大集团均非常重视在中国进行专利布局。中国的天津第一机床厂、湖南中大创远和西安贝吉姆等公司的中国专利申请数量已经位于前 5 名，可见中国在磨齿机领域已经取得较大技术突破，拥有一批具有自主知识产权的企业。

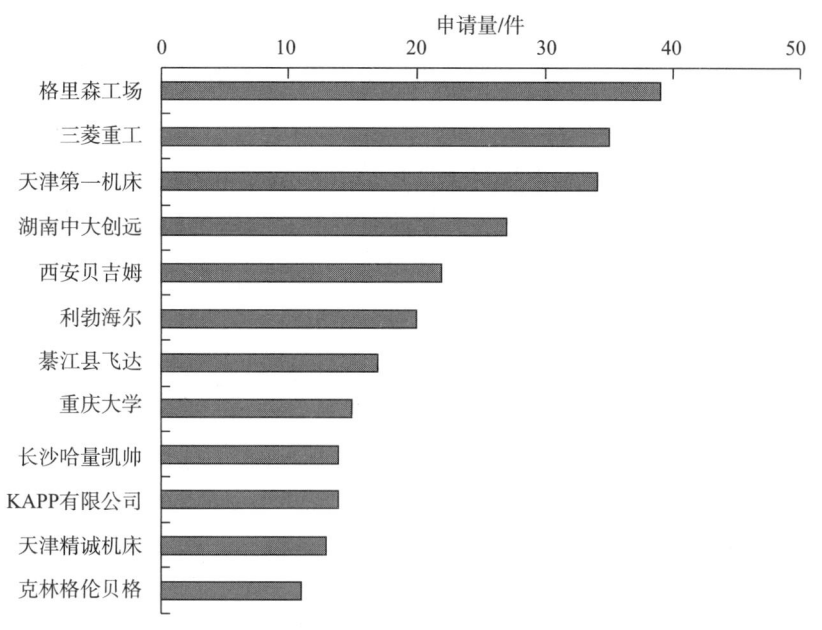

图 2-5  数控磨齿机中国专利申请前 12 位申请人排名

# 三、关键技术分析

## （一）成形齿轮磨齿机

### 1. 概述

数控成形砂轮磨齿机采用成形加工原理，通过将砂轮切削部分修整成被加工齿轮齿槽相适应的形状，逐一对待修整部分进行磨削，最后实现齿轮的成形。其最为关键的技术就是要方便地实现获取精确的砂轮截面和零件任意齿数的精密分度，但一直以来却成为成形砂轮磨齿机的发展屏障，制约着成形砂轮磨齿机技术的发展。近年来伴随着数控技术的发展，数字控制技术在各类机床上获得成熟应用，为解决上述问题提供了可能。而且，经过长时间的检验，数控成形砂轮磨齿机较传统利用展成法进行齿轮加工的磨齿机优势更加明显，其不仅操作调整方便，而且效率、精度、稳定性以及通用性均较高[2-3]，未来必将作为高档磨齿机发展方向之一被齿轮加工领域广泛应用。本节将重点介绍上述关键专利技术的相关情况，以为以后更多技术人员进行深入研究打下基础。

图 3-1 和图 3-2 分别列出了数控成形磨齿机领域全球专利申请排名前 15 的申请人和中国专利申请排名前 10 位的申请人，排名第一的均是三菱重工业株式会社，其在全球的申请量为 42 件，其中进入中国的申请量为 25 件，大量的专利技术支撑着其在中国进

新能源电池

机器人

高档数控机床

行市场开拓，并牢牢占据一定的市场份额。从全球重要申请人的申请量来看，国外公司占据排名的前10名，中国大学或企业排名靠后，这主要是由于国外在磨齿机领域的研究与产业化较早，技术实力较强。但中国市场对高档数控磨齿机有着强大需求，为摆脱国外公司对高档数控磨齿机的垄断，国内高校和企业相继自主研发数控磨齿机。近些年，重庆大学、秦川机床集团、浙江嘉力宝精机股份有限公司和西安贝吉姆机床股份有限公司在数控成形砂轮磨齿机的研究方面取得了一定的进展，并在国内外形成了一定的影响力。与此同时，从中国专利的重要申请人的申请量来看，在成形砂轮磨齿机领域中，三菱重工业株式会社、利勃海尔齿轮技术有限责任公司和格里森集团申请量排名前三，与国内企业和大学相比，申请量较多。但有些国外公司例如来森豪尔、玛格、耐尔斯等均未在中国进行专利申请，可能与其在该领域的市场布局重点不在中国有关。

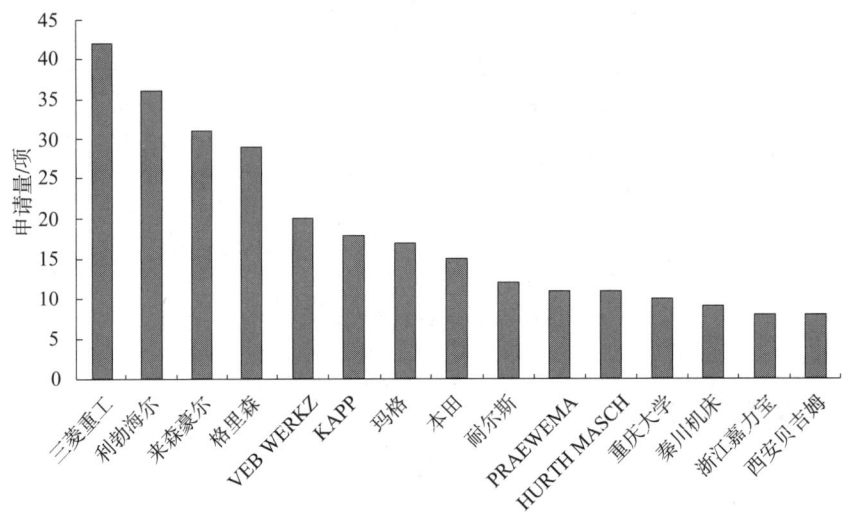

图 3-1　数控成形砂轮磨齿机领域全球排名前 15 位申请人专利申请

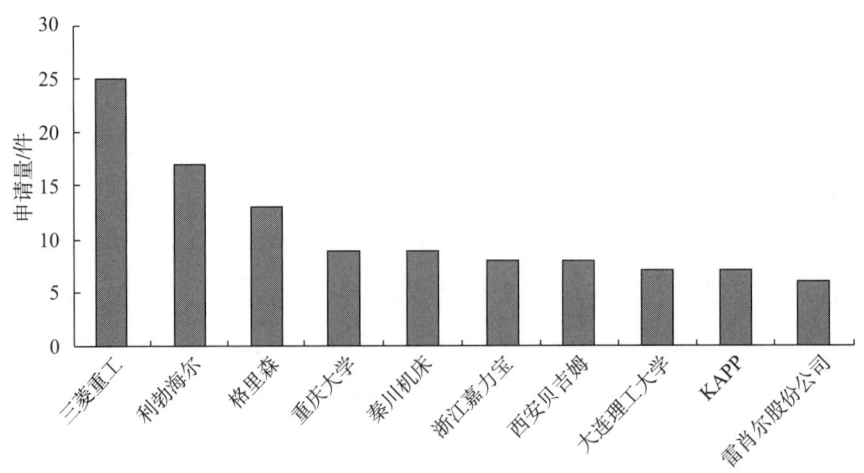

图 3-2　数控成形砂轮磨齿机领域中国排名前 10 位申请人专利申请

2. 重点专利技术

数控成形砂轮磨齿机的关键技术是数控砂轮修整以及周向精密分齿技术，图3-3给出了涉及砂轮修整以及周向精密分齿技术的重要专利技术概览，后续将详细介绍这些重点专利技术。

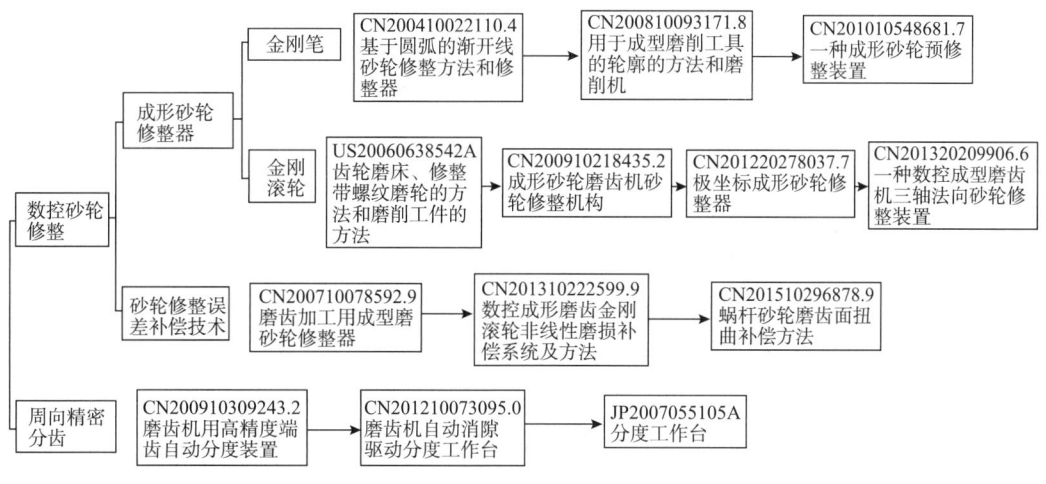

图3-3　数控成形砂轮磨齿机专利技术概览

（1）数控砂轮修整

成形磨齿机的加工精度很大程度上依赖于成形砂轮轮廓的修整精度，而成形砂轮修整工具对砂轮的修整精度影响较大，因此如何改进成形砂轮修整器以及提供砂轮修整误差补偿技术成为人们研究的热点。

a. 成形砂轮修整器

对于成形砂轮的修整主要有金刚笔和金刚滚轮两种形式，金刚笔修整结构简单、成本低，但修整精度一致性差；金刚滚轮刚性高、修整量大，适合修整复杂的成形表面（见表3-1）。

表3-1　金刚笔修整工具重要专利

| 申请号 | 发明名称 | 申请人 | 申请日 | 被引用次数 |
| --- | --- | --- | --- | --- |
| CN200410022110.4 | 基于圆弧的渐开线砂轮修整方法和修整器 | 重庆大学 | 2004-03-23 | 7 |
| CN200810093171.8 | 用于成型磨削工具的轮廓的方法和磨削机 | KAPP有限公司 | 2008-04-24 | 15 |
| CN201010548681.7 | 一种成形砂轮预修整装置 | 常州天山重工机械有限公司；常州铸鼎机械有限公司 | 2010-11-18 | 5 |

新能源电池

机器人

高档数控机床

针对金刚笔修整工具，2004 年重庆大学提出了一种基于圆弧的渐开线砂轮修整方法和修整器（专利申请 CN2004100221104），其包括建立由一对产生金刚笔圆弧运动的机构和渐开线补偿机构构成的修整器，建立圆弧半径测量基准件，移动圆弧中心的双坐标调整机构，根据计算出的渐开线与圆弧在齿形各点的差值，利用渐开线补偿机构中在精密数控线切割机上加工出的修形套进行误差修整。如图 3-4 所示，2008 年卡帕（KAPP）有限公司提供了一种用于成型磨削工具轮廓的修整方法（专利申请 CN200810093171.8），该方法至少在齿形轮廓的高度的一部分上引导盘形的修整工具，使得第一研磨表面接触第一齿面的同时第二研磨

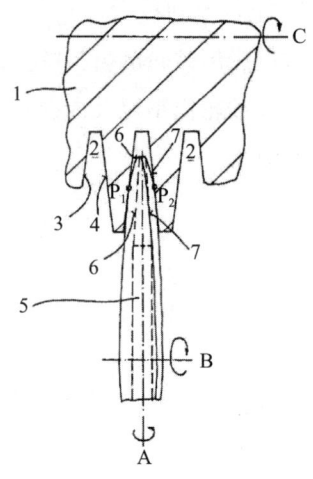

图 3-4　CN2008100931718 中
修整时的相应视图

表面接触第二齿面，其中磨削工具具有至少一个齿形轮廓，齿形轮廓具有齿面对置的第一、第二齿面，在成型磨削工具的轮廓时，具有第一、第二研磨表面的盘形的修整工具在研磨表面与齿形轮廓之间存在相对速度的情况下相对于磨削工具进行导向，由此得到齿面的期望形状，盘形的修整工具至少在齿形轮廓的高度的一部分上进行导向，使得第一研磨表面接触第一齿面的同时第二研磨表面接触第二齿面，通过工具的运动，使得两个齿面同时被修整。2010 年常州天山重工机械有限公司提供了一种成形砂轮预修整装置（专利申请 CN201010548681.7），针对一般修整装置只能进行微修整的问题，采用二轴数字控制及双工序修整，底座上固定连接主轴箱、第一固定座和第一电机，双工序修整工具车刀和金刚笔采用前后固定刀座布置。

金刚石滚轮修整砂轮的方法又可分为切入式滚轮修整和摆动式滚轮修整，根据修整特点，切入式滚轮修整又可分为单滚轮和双滚轮，双滚轮修整克服了单滚轮修整范围小的缺点，通过一个滚轮修整砂轮一个侧面，使得修整模数不受限制（见表 3-2）。

表 3-2　与金刚石滚轮修整工具相关的重要专利

| 申请号 | 发明名称 | 申请人 | 申请日 | 被引用次数 |
|---|---|---|---|---|
| US20060638542A | 齿轮磨床、修整带螺纹磨轮的方法和磨削工件的方法 | 三菱重工业株式会社 | 2006-12-14 | 22 |
| CN200910218435.2 | 成形砂轮磨齿机砂轮修整机构 | 西安贝吉姆机床股份有限公司 | 2009-10-21 | 7 |
| CN201220278037.7 | 极坐标成形砂轮修整器 | 南京工大数控科技有限公司 | 2012-06-13 | 0 |

　　针对切入式的金刚石滚轮修整，2006 年三菱重工业株式会社提出了一种齿轮磨床、修整带螺纹磨轮的方法（专利 US20060638542A），针对磨削过程中带螺纹磨料磨损、锐度降低等问题，使得磨床包括移动机构、旋转修整装置和 NC 装置；带螺纹磨轮可旋转地安装在移动机构上，并可沿 X、Z 和 Y 方向移动和在 YZ 平面内转动；旋转修整装置具有圆盘形修整工具，在不用改变修整工具的位置的情况下修整带螺纹磨轮，从而沿着从螺纹的起点开始朝向螺纹的终点的螺旋形路径，渐进地改变螺纹的轮压力角。2009 年西安贝吉姆机床股份有限公司提出了一种成形砂轮磨齿机砂轮修整机构（专利 CN200910218435.2），利用双金刚滚轮在直角坐标系中进行修整，具体包括金刚轮一和金刚轮二，金刚轮一和金刚轮二分别安装在金刚轮旋转轴一和金刚轮旋转轴二上，两轴高速旋转，在丝杠作用下两轴实现联动，得到所需的轨迹曲线，实现对砂轮的修整。2012 年，南京工大数控科技有限公司提出了一种极坐标成形砂轮修整器（专利 CN201220278037.7），利用圆弧截面的金刚滚轮具有法矢自适应性，通过简单的极坐标运动控制形式即可满足砂轮各种复杂截面型线的修整要求，该极坐标成形砂轮修整器借用磨齿机的砂轮摆角轴实现两种数控联动，可适应内/外齿成形磨齿机的砂轮修整。

　　而摆动式金刚滚轮修整结构相对复杂，其通过金刚滚轮始终处于砂轮廓形法向截面内，修整砂轮时与砂轮点接触，类似于金刚笔尖修整砂轮。南京山能精密机床有限公司提出一种数控成型磨齿机三轴法向砂轮修整装置（专利 CN203228114U），如图 3 - 5 所示，它包括金刚石（7）、径向进给部件（1）、轴向进给部件（3）、滚轮摆动部件（2）、滚轮回转部件（6）和螺旋传动部件（8）；两轴直线移动十字数控装置通过两轴插补形成任意线形轨迹，实现任意形式、任意规格齿形的精确修整，再通过对一个附加回转轴的回摆控制，使其始终保持金刚石滚轮刃口与修整曲线处于法向接触状态，消除金刚笔刃部形状对砂轮修整精度的影响，有效提高修整精度。

新能源电池

机器人

高档数控机床

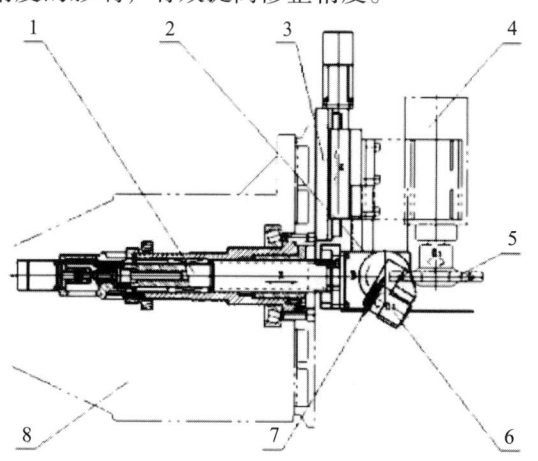

图 3 - 5　数控成型磨齿机三轴法向砂轮修整装置示意图

其他与金刚石滚轮修整工具相关的重要专利还包括专利 CN101695774A、专利 CN101758303A、专利 CN102806523A、专利 CN1861323A、专利 CN206084661U、专利 CN20651984U、专利 CN103889657A 等。

b. 砂轮修整误差补偿技术

砂轮修整另一个重要的方面在于对砂轮修整装置的误差补偿，通过误差补偿提高修整精度，消除加工误差。与砂轮修整误差补偿相关的重要专利文献列举如表 3 - 3 所示。

表 3 - 3　与砂轮修整误差补偿相关的重要专利

| 申请号 | 发明名称 | 申请人 | 申请日 | 被引用次数 |
|---|---|---|---|---|
| CN200710078592.9 | 磨齿加工用成型磨砂轮修整器 | 重庆大学 | 2007 - 06 - 08 | 13 |
| CN201310222599.9 | 数控成形磨齿金刚滚轮非线性磨损补偿系统及方法 | 南京工业大学；南京工大数控科技有限公司 | 2013 - 06 - 04 | 1 |
| CN201510296878.9 | 蜗杆砂轮磨齿面扭曲补偿方法 | 重庆大学 | 2015 - 06 - 02 | 0 |

为了不因金刚笔变形而影响加工精度，2007 年重庆大学提出了一种磨齿加工用成型磨砂轮修整器（专利 CN200710078592.9），其利用数控装置数值模拟并驱动各个数控模块运动保证金刚笔轴线始终垂直砂轮曲面，通过移动补偿数控移动模块来保证金刚笔笔尖始终垂直砂轮曲面，从而消除修整器的误差、数控伺服机构的误差、计算方法的误差和金刚笔磨钝误差等的影响，保证修整出非常高的砂轮齿形。为了延长金刚滚轮的使用寿命，2013 年南京工业大学、南京工大数控科技有限公司共同提出一种数控成形磨齿金刚滚轮非线性磨损补偿系统（专利 CN201310222599.9），通过测量磨削的齿轮齿廓误差，反求对应的金刚滚轮的磨损信息，然后在砂轮修整阶段实现磨损补偿，该系统容易与数控成形磨齿机的操作系统进行集成，并且实现了金刚滚轮的非线性磨损补偿。2015 年，重庆大学提出一种蜗杆砂轮齿面扭曲补偿方法（专利 CN201510296878.9），以解决带有齿向修形斜齿轮磨削过程中的齿面扭曲问题，其中修整运动中附加了金刚滚轮的偏转运动，并改变砂轮的轴向导程及螺旋角，对滚轮偏转后的位置进行误差补偿，最终达到补偿齿轮各截面上不同齿面扭曲量误差的目的。

（2）轴向精密分齿

齿轮加工过程中，由于机床主轴的回转误差、磨齿过程中工艺方法的误差以及分度系统产生的误差，因此齿距产生偏差，尤其分度系统误差影响最大，所以想要提高磨齿机磨齿精度，就必须提高磨齿机周向精密分度。

如表 3 - 4 所示，2009 年，大连理工大学提出一种磨齿机用高精度端齿自动分度装置（专利 CN200910309243.2），其将多齿分度盘技术运用到磨齿机分度系统中，通过设置固定和活动端齿盘，使得自动分度装置在自由状态下分度精度达 ±0.2″，组合到机床上后分度精度达 ±1″~ ±3″，定位重复精度达满足 ±0.1″，提高了端齿盘的分度精度和分辨率，能够满足 1 级齿距精度的齿轮或齿轮刀具的加工需求。2012 年浙江嘉力宝精机股份有限公司提出一种磨齿机自动消隙驱动分度工作台（专利 CN201210073095.0），通过改进蜗杆与蜗轮的结构，调节蜗杆与蜗轮之间的啮合间隙，实现工作台高精度分度，在使用过程中不产生轴向力，对蜗杆与蜗轮之间的调隙无影响。2007 年三菱重工业株式会社提出一种嵌装式分度工作台（JP2007055105A），其动力传输装置几乎没有齿隙，能够精确地检测分度工作台的旋转角度，并对其进行反馈控制，其中分度工作台的驱动电机机构的电机输出轴用作行星轮减速机构的中心轮，行星轮轭直接连接旋转工作台的旋转工作台轴，编码器检测旋转工作台的旋转角度，并反馈给控制电路。

表 3 - 4 与轴向精密分齿相关的重要专利文献

| 申请号 | 发明名称 | 申请人 | 申请日 | 被引用次数 |
| --- | --- | --- | --- | --- |
| CN200910309243.2 | 磨齿机用高精度端齿自动分度装置 | 大连理工大学 | 2009 - 11 - 03 | 1 |
| CN201210073095.0 | 磨齿机自动消隙驱动分度工作台 | 浙江嘉力宝精机股份有限公司 | 2012 - 03 - 19 | 1 |
| JP2007055105A | 分度工作台 | 三菱重工业株式会社 | 2007 - 03 - 06 | 9 |

### （二）螺旋锥齿轮磨齿机

1. 概述

螺旋锥齿轮因其重叠系数大、承载能力强、传动比高、传动平稳、噪声小等优点，广泛应用于汽车、航空、矿山等机械传动领域。根据曲线的不同螺旋锥齿轮现行有三种，分属于不同的公司：美国格里森公司设计的准双曲面齿轮（包括圆弧齿锥齿轮），瑞士奥利康公司的延伸外摆线齿轮以及德国克林根贝格的准渐开线齿轮。我国目前广泛应用的是格里森齿制的螺旋锥齿轮。

多年来美国格里森公司的圆弧齿螺旋锥齿轮齿制及其加工方法，和瑞士奥利康公司的延伸外摆线螺旋锥齿轮齿制及其加工方法，一直是螺旋锥齿轮和准双曲面齿轮两种主要的生产体系。随着对汽车传动质量要求的提高，对汽车车桥中的螺旋锥齿轮和准双曲面齿轮传动副提出了磨齿要求。过去，由于格里森公司生产的机械式传动的圆弧齿螺旋锥齿轮磨齿机结构复杂、价格昂贵、特别是生产效率低，未能在汽车行业大批量螺旋锥齿轮的生产中得到应用，而只能在航空、石油机械和精密机床等一些小批量生产高精度螺旋锥齿轮行业中应用。近年来，由于 CNC 技术的发展，格里森公司、奥利康公司以及克林格伦贝格公司等均相继开发出 CNC 磨齿机用于圆弧齿螺旋锥齿轮的磨削[4]。

2. 主要申请人

全球范围内螺旋锥齿轮磨齿机领域的主要申请人包括：美国的格里森集团（GLEA-SON）、瑞士的克林格伦贝格（KLINGELNBERG）、德国的利勃海尔（LIEBHERR）、瑞士的欧瑞康（OERLIKON），以及中国的长沙哈量、中大创远和天津第一机床厂等。按专利申请数量，其排名如表 3 - 5 所示。

表 3 - 5　螺旋锥齿轮磨齿机申请人排名

| 排名 | 申请人 | 国籍 | 专利申请延续时间（年） | 专利申请量/项 | 2000 年后申请量占比 | 实用新型申请量占比 | PCT 申请量占比 | 进入中国专利申请量占比 |
|---|---|---|---|---|---|---|---|---|
| 1 | 格里森 | 美国 | 1986～2014 | 19 | 53% | 0 | 84% | 63% |
| 2 | 中大创远 | 中国 | 2006～2014 | 16 | 100% | 56% | 6% | 100% |
| 3 | 克林格伦贝格 | 德国/瑞士 | 1995～2015 | 13 | 77% | 0 | 46% | 46% |
| 4 | 长沙哈量 | 中国 | 2009～2014 | 12 | 100% | 42% | 0 | 100% |
| 5 | 天津第一机床厂 | 中国 | 2008～2014 | 10 | 100% | 60% | 0 | 100% |
| 6 | 利勃海尔 | 德国 | 2008～2015 | 7 | 100% | 0 | 14% | 100% |
| 7 | 欧瑞康 | 瑞士 | 1971～1991 | 5 | 0 | 0 | 0 | 60% |

美国格里森集团是齿轮技术的全球领航者。该公司在螺旋锥齿轮领域的技术研发实力很强，并且在相当长的时期都有技术产出，可见该公司一直专注于螺旋锥齿轮领域研究并且技术实力遥遥领先。该公司擅于利用 PCT 申请进入多个国家进行专利布局，专利申请技术含量很高，而且有 63% 的专利申请进入中国，可见该公司非常重视中国市场。

德国的克林格伦贝格集团（2010 年将总部搬入瑞士）在齿轮行业一直处于世界领先地位。其专利申请大多集中在 2000 年后，尤其在 2010 年后专利申请非常活跃。该公司有近一半专利申请进入中国，并且大部分专利申请进入了日本、美国、欧洲等国家或地区。

德国的利勃海尔集团是世界建筑机械的领先制造商之一，近年来其在齿轮领域也多有发展。2010 年以来，利勃海尔在螺旋锥齿轮磨齿领域的专利申请非常活跃，并且非常重视在中国进行专利布局。利勃海尔较少利用 PCT 申请进入多个国家，而是较多通过《巴黎公约》以优先权的形式进入中国、日本、韩国、美国和欧洲等国家或地区。

瑞士的欧瑞康公司的专利申请进入中国相对较少，大部分进入欧洲地区或国家，这主要是由于我国目前广泛应用的是格里森齿制的螺旋锥齿轮，而欧洲车系如 BENZ、BMW 及 AUDI 则采用奥利康齿轮。该公司于 1993 年被克林格伦贝格公司收购，因此该公司的申请大多集中在 20 世纪 70～90 年代。

中国的中大创远、长沙哈量和天津第一机床厂在该领域的专利申请较多，就专利数量来说，几乎可以比肩国外大的集团公司，可见在螺旋锥齿轮磨齿领域，中国企业已经取得了较大技术突破，基本具备了自主研发和生产的能力。但是值得关注的是，这三个公司的专利申请都集中在中国，几乎都没有在其他国家和地区进行专利布局，并且有近一半的专利申请属于实用新型，可见中国在该领域还处于起步和技术积累阶段，专利申请技术含量有待提高。

3. 重点专利技术

螺旋锥齿轮磨齿机的专利技术主要涉及加工方法、机床结构和磨削工具三个方面，图 3－6 显示了螺旋锥齿轮磨齿机的专利技术发展路线。

（1）加工方法

1994 年格里森集团提交的申请 US19940312855 公开了一种齿侧面改型的加工方法，其包括：设置齿轮加工机床，设置理论上的基本机床，每一机床参数都被定义为可变参数，限定所需的齿侧面改型，为每一可变参数确定函数，把每一可变参数的函数由理论机床转换成齿轮加工机床的轴线配置，用刀具从被切齿轮上去除坯料。

在上述专利技术的基础上，为了减少与分度有关的非生产时间，1997 年格里森集团提交的申请 US19970798083A 公开了一种在分度过程中切削齿轮的方法，用具有材料切除表面为杯状的工具加工锥齿轮状工件中的齿槽，具有减少与分度有关的非生产时间、在加工的同时进行至少一部分分度、从而使以前的闲置加工时间得以生产利用、并使循环时间和加工质量得以改善。

为了消散传统的磨削微划痕，格里森集团于 2006 年提交的申请 US20060845734P 公开了一种精加工锥齿轮以产生扩散表面结构的方法，在工具和齿轮之间提供相对运动，以按照预定的相对滚动运动使工具横跨齿面，滚动运动包括在工具和齿面之间的多个接触线，从而在齿面上形成预定数量的磨削平面以及多个磨削划痕，其传统的磨削被消散。

为了进一步提高加工精度，2007 年克林格伦贝格股份公司提交的申请 EP07712188A 公开了一种以分度法加工伞齿轮的装置以及齿轮节距的加工方法，补偿了与生产有关的分度误差。接口与测量系统连接，接口设计成使得装置自测量系统以这样的方式接收修正值或修正系数。装置在开始生产一或多个伞齿轮之前，基于修正值或修正系数来修改原本存储于装置的存储器内的主数据或中性数据。

针对具有不连续齿形的齿轮的加工，2008 年格里森－普法特机械制造有限公司提交的申请 US20080229400A 公开了用于不连续齿形的磨削方法，刀具可被校准和重整形，并将各齿形的几何形状确定为使至少两个以上的齿面用于粗加工，而在精加工过程中，仅用于粗加工的重整形齿面缩回足够距离以在精加工过程中不与工件齿面形成接触。

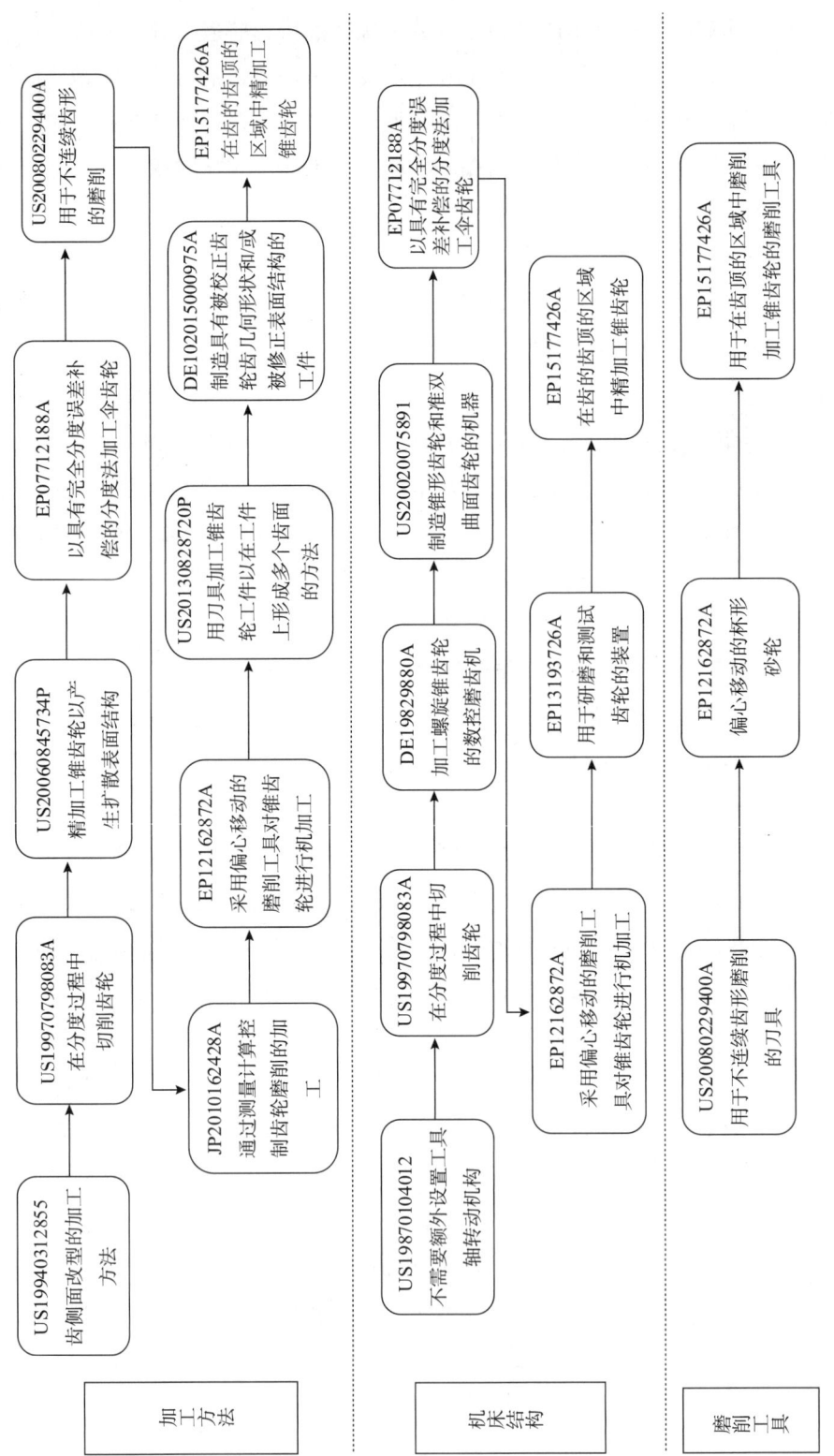

图 3 − 6　螺旋锥齿轮磨齿机的专利技术路线

而为了提高大型螺旋锥齿轮的加工精度，2010 年三菱重工业株式会社提交的申请 JP2010162428A 公开了一种齿轮磨削方法，在旋转工作台上的齿轮的周方向及轴方向上对与齿轮轴心方向正交的齿轮的周缘进行多次计测，算出齿轮的实际轴心位置，根据实际轴心位置，算出旋转工作台及砂轮的位置及移动的修正值，通过对于基准值加上修正值，算出旋转工作台、砂轮的位置及移动的运转值，按照运转值工作进行成形磨削加工。

为了提高偏心安装的杯形砂轮的使用寿命，2012 年克林格伦贝格股份公司的申请 EP12162872A 公开了一种采用偏心移动的磨削工具对锥齿轮进行机加工的方法，在锥齿轮工件机加工期间，砂轮绕工具主轴旋转轴线进行旋转，且砂轮接合到锥齿轮工件中，以移除材料。绕着工具主轴的旋转轴线的旋转与偏心运动叠加，使砂轮仅在磨削表面的 n 个接触区接合到锥齿轮工件。

为了在加工过程中对齿轮的齿端修整，2013 年格里森集团的申请 US20130828720P 公开了一种加工锥齿轮工件的方法，其刀具在非展成齿轮的情况下，在进给到修正最终齿轮成形位置之后，可斜向一边摆动成不与齿槽切削或磨削接触，而不是沿与插入路径相同但方向相反的撤回路径，能缩短加工时间，可用于对工件实施倒角和/或去毛刺操作。

为了进一步提高加工精度，2015 年利勃海尔齿轮技术股份有限公司的 DE102015000975A 公开了一种用于制造具有被校正齿轮齿几何形状和/或被修正表面结构的工件的方法，其产生了该工具表面几何形状的具体修正，在机械加工期间，使由所述具体修正产生的该工件的修正与轮廓修正和/或由机械运动学的改变所引起的修正相叠合。

针对在齿侧面与齿顶之间存在精确限定的过渡的特殊齿轮，2015 年克林格伦贝格股份公司的申请 EP15177426A 公开了一种精加工锥齿轮的方法，将锥齿轮提供在机床的工件轴上，围绕工件轴的工件旋转轴线旋转地驱动锥齿轮，将第一加工工具提供在机床的工具轴上，用第一加工工具加工锥齿轮，将作为第二加工工具的磨削工具提供在机床的工具轴或另一工具轴上，驱动该磨削工具以围绕该工具轴的工具旋转轴线旋转，其中磨削工具包括呈环状且相对于工具旋转轴线同心地布置的凹形加工区域，使磨削工具相对于锥齿轮前进，以便使该磨削工具的凹形加工区域与齿顶区域的边缘碎片移除操作连接，通过磨削加工在边缘上产生齿顶倒角。

（2）机床结构

如图 3 - 7 所示，螺旋锥齿轮磨齿机的机床结构的发展可以分为以申请人格里森（GLEASON）集团、中国企业和克林格伦贝格（KLINGELNBERG）公司为代表的三种模式。

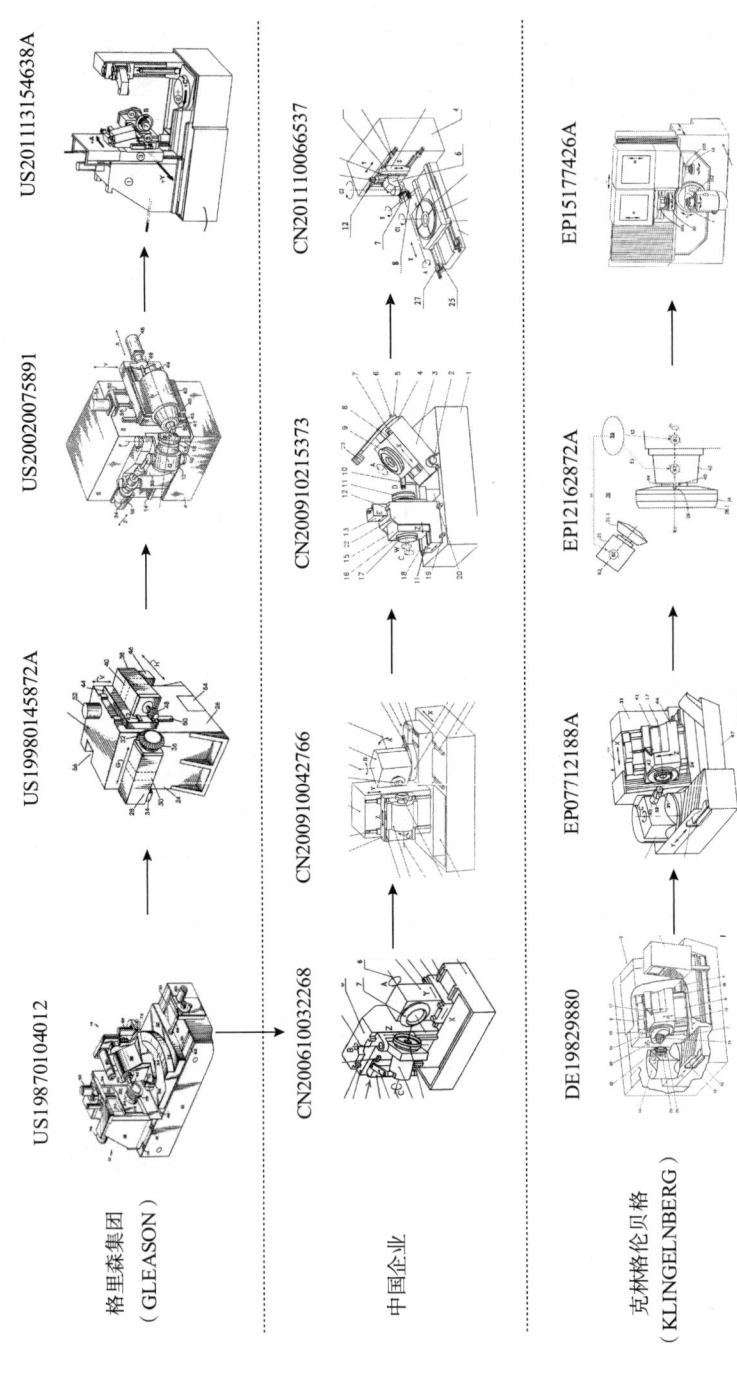

格里森集团（GLEASON）　US19870104012　US19980145872A　US20020075891　US201113154638A

中国企业　CN200610032268　CN200910042766　CN200910215373　CN201110066537

克林格伦贝格（KLINGELNBERG）　DE19829880　EP0771218AB　EP1216287A2A　EP1517426A

图 3 - 7　螺旋锥齿轮磨齿机的机床结构发展示意

其中格里森集团研发螺旋锥齿轮磨齿机较早，该公司于 1987 年提交的申请 US19870104012 公开了一种自由式齿轮加工机床。该机床包括机床座、刀具座以及工件座。刀具座的导轨上安装着刀具滑座以便作直线移动，而刀具座则安装在机床座的导轨上以便做直线运动。该机床不需要额外设置工具轴转动机构。此后，格里森集团于 1998 年提交的申请 US19980145872A 公开了一种用来研磨或测试齿轮的装置，其机器支柱的第一侧具有第一工件主轴，第二侧具有第二工件主轴，第一和第二工件主轴可沿着一个或多个相互垂直的 G 向、H 向和 V 向彼此相对移动，可消除在齿轮组构件间的多个机器部件，增强稳定性；可在高速研磨过程中导入研磨剂，并对一齿轮组的振动情况加以监控。在此基础上，格里森集团于 2002 年提交的申请号 US20020075891 公开了一种生产锥形齿轮的机器，其机柱的第一和第二侧面分别可移动地固定第一和第二主轴；第一和第二主轴最多可在三个直线方向上彼此相对地线性移动；第一和第二主轴中至少有一根可相对于其相应的侧面以角度方式运动，可用于加工锥形和准双曲面齿轮。2011 年格里森－普法特机械制造有限公司提交的 US201113154638A 公开了一种用于加工齿轮齿的机床，其机床具有工件心轴、刀具心轴以及控制单元，所述工件心轴限定所述齿轮轴线的方向并且设计成保持所述齿轮，所述刀具心轴限定刀具轴线的方向并且设计成保持刀具，其中所述刀具心轴可相对于所述齿轮轴线的正交平面倾斜一倾角，而所述控制单元控制装置的轴线运动。

中国企业以格里森集团于 1987 年提交的申请 US19870104012 公开的齿轮加工机床为基础，进行了改进创新。其中湖南中大创远数控装备有限公司于 2006 年提交的申请 CN200610032268 公开了一种六轴五联动螺旋锥齿轮加工机床，该机床去掉了摩擦轮、回转台等难加工的零部件，工件便于实现机械手自动装卸，用曲柄连杆机构使刀具箱回转而且使它沿着固定立柱上下移动，具有很好的刚性；加工的切屑都落在工件箱下面的区域内，容易排屑并实现干切削。长沙哈量凯帅精密机械有限公司于 2009 年提交的申请 CN200910042766 公开了一种六轴五联动螺旋锥齿轮加工机床，该机床床身的顶面设有水平的第一 X 向直线导轨和固定立柱，第一 X 向直线导轨上装有 X 轴滑台，其上设有转台和转台驱动机构；立柱的一侧面设有 Y 向直线导轨，其上装有 Y 轴滑台；Y 轴滑台上设有 Z 向直线导轨，其上装有刀具箱。在此基础上，长沙哈量凯帅精密机械有限公司又提交了申请 CN200910215373，其中公开了一种弧齿锥齿轮和准双曲面齿轮成形法大轮磨齿机，其床身顶面一侧的 Y 轴滑座上有沿 Z 轴移动的砂轮箱；砂轮箱中的 W 轴中装有偏心 C 轴，C 轴一端装有砂轮；床身顶面另一侧的摇臂经铰接轴同床身铰接；摇臂装有液压油缸和 X 轴滑座，X 轴滑座上装有回转 A 轴，A 轴一端用以安装工件。为了适应大型齿轮的加工，2011 年陕西秦川机械发展股份有限公司提交了申请 CN201110066537，其中公开了一种大型数控齿轮加工机床，采用 6 轴 5 联动结构，五个数控坐标轴做插补运动，

C1 轴控制工件的分度运动，便可加工出全部齿面；提高大型齿轮加工精度，动力头更换便捷，保证换头的精度和刚性，减少双摆机构与工件的干涉。

克林格伦贝格股份公司于 1998 年提交的申请 DE19829880A 公开了一种加工螺旋锥齿轮的数控磨床，其具有用于同时执行部分操作的 6 个电子耦合轴。该机床可以用于硬化后的螺旋锥齿轮的磨削和磨锐。在此基础上，2007 年该公司提交的申请 EP07712188A 公开了一种以分度法加工伞齿轮的装置，电动机和平面铣刀位于第一滑块之上，该滑块在机床外壳被侧面引导并且可沿高度方向移动（与 Z 轴平行）。机床外壳又可在机床床身座上水平地移动（与 X 轴平行），第二滑块携带可绕竖轴 C 转动的并具有工件轴和工件的工件架，该工件安装在工件架上绕水平轴转动。该第二滑块也可水平地移动（与 Y 轴平行），但其垂直于机床外壳的 X 轴和第一滑块的 Z 轴。为了提高砂轮的使用寿命，该公司于 2012 年提交了申请 EP12162872A，其中公开了一种采用偏心地移动的磨削工具对锥齿轮进行机加工的装置，装置被设计为允许调整偏心运动，从而在第一机加工阶段之后，在下一个机加工阶段期间，限定磨削面的整个圆周的 m 个接触区，其中 m 个接触区不与 n 个接触区重叠。为了使锥齿轮的齿顶边缘能够被精确地和可再生产地加工，其中公差处于小于 1 毫米的范围内，该公司于 2015 年提交的申请 EP15177426A 公开了一种精加工锥齿轮的机床，其磨削工具被设计成相对于工具旋转轴线旋转对称，磨削工具的加工区域相对于工具旋转轴线同心地布置，在磨削工具的轴向截面中呈环状凹形，并且其由在圆中相互交叉的两个环状区域形成，所述圆与所述工具旋转轴线同心，所述两个环状区域中的至少一个被用作工作区域并提供有磨料。

（3）磨削工具

针对具有不连续齿形的齿轮的加工，2008 年格里森 – 普法特机械制造有限公司提交的申请 US20080229400A 公开了一种用于不连续齿形的磨削工具，刀具可被校准和重整形，并将各圆盘的几何形状确定为用于精加工的齿面是具有尤为适于精加工的规格的圆盘的一部分，在精加工时，重整形的粗加工齿面缩回不与工件齿面形成接触的足够距离，并将各齿形的几何形状确定为使至少两个以上的齿面用于粗加工，而在精加工过程中，仅用于粗加工的重整形齿面缩回足够距离以在精加工过程中不与工件齿面形成接触。

为了提高偏心安装的杯形砂轮的使用寿命，2012 年克林格伦贝格股份公司的申请 EP12162872A 公开了一种采用偏心地移动的磨削工具对锥齿轮进行机加工，在锥齿轮工件机加工期间，砂轮绕工具主轴旋转轴线进行旋转，且砂轮接合到锥齿轮工件中，以移除材料。绕着工具主轴的旋转轴线的旋转与偏心运动叠加，使砂轮仅在磨削表面的 n 个接触区接合到锥齿轮工件。

为了提高齿轮的加工精度，2015 年克林格伦贝格股份公司申请的 EP15177426A 公开了一种用于在齿顶的区域中精加工锥齿轮的磨削工具，磨削工具的加工区域相对于所述工具旋转轴线同心地布置,在所述磨削工的轴向截面中呈环状凹形,并且其由在圆中相互交叉的两个环状区域形成,所述圆与所述工具旋转轴线同心,其中,所述两个环状区域中的至少一个被用作工作区域并提供有磨料。

表3-6列选了螺旋锥齿轮磨齿机领域的重点专利申请。

表3-6 螺旋锥齿轮磨齿机领域的重点专利申请

| 序号 | 申请号 | 发明名称 | 申请人 | 申请日 | 进入国家数量/个 |
|---|---|---|---|---|---|
| 1 | US19940312855 | 齿侧面改型的加工方法 | 格里森集团 | 1994-9-27 | 8 |
| 2 | US19970798083A | 在分度过程中切削齿轮的方法 | 格里森集团 | 1997-2-12 | 11 |
| 3 | DE19829880A | 加工螺旋锥齿轮的数控磨齿机 | 克林格伦贝格 | 1998-7-4 | 1 |
| 4 | US19980145872A | 用来研磨或测试齿轮的方法和装置 | 格里森集团 | 1998-9-3 | 10 |
| 5 | US20020075891 | 生产锥形齿轮的机器和方法 | 格里森集团 | 2002-2-14 | 11 |
| 6 | CN200610032268 | 六轴五联动螺旋锥齿轮加工机床 | 湖南中大创远数控装备有限公司 | 2006-9-18 | 1 |
| 7 | US20060845734P | 精加工锥齿轮以产生扩散表面结构的方法 | 格里森集团 | 2006-9-19 | 9 |
| 8 | EP07712188A | 以具有完全分度误差补偿的分度法加工伞齿轮的装置和方法 | 科林基恩伯格股份有限公司(KLINGELNBERG) | 2007-2-8 | 9 |
| 9 | US20080229400A | 用于不连续齿形磨削的刀具和方法 | 格里森-普法特机械制造有限公司 | 2008-8-22 | 6 |
| 10 | CN200810153854 | 数控弧齿锥齿轮磨齿机 | 天津第一机床总厂 | 2008-12-9 | 1 |
| 11 | CN200910042766 | 六轴五联动螺旋锥齿轮加工机床 | 长沙哈量凯帅精密机械有限公司 | 2009-3-2 | 1 |
| 12 | CN200910215373 | 弧齿锥齿轮和准双曲面齿轮成形法大轮磨齿机 | 长沙哈量凯帅精密机械有限公司 | 2009-12-25 | 1 |
| 13 | JP2010162428A | 齿轮磨床及齿轮磨削方法 | 三菱重工业株式会社 | 2010-7-20 | 7 |

| 序号 | 申请号 | 发明名称 | 申请人 | 申请日 | 进入国家数量/个 |
|---|---|---|---|---|---|
| 14 | CN201110066537 | 大型数控齿轮加工机床 | 陕西秦川机械发展股份有限公司 | 2011－3－18 | 1 |
| 15 | US201113154638A | 用于加工齿轮齿的方法、具有齿轮齿的工件以及机床 | 格里森－普法特机械制造有限公司 | 2011－6－7 | 7 |
| 16 | EP12162872A | 采用偏心地移动的磨削工具对锥齿轮进行机加工的装置和方法 | 克林格伦贝格股份公司（KLINGELN-BERG） | 2012－4－2 | 5 |
| 17 | JP2012229433A | 修整装置及齿轮磨削装置 | 三菱重工业株式会社 | 2012－10－17 | 4 |
| 18 | EP13193726A | 用于研磨和测试齿轮的装置 | 克林格伦贝格股份公司（KLINGELN-BERG） | 2013－11－20 | 4 |
| 19 | US20130828720P | 制造具有齿端修缘的非展成锥齿轮的摆动运动 | 格里森集团 | 2013－5－30 | 5 |
| 20 | DE102015000975A | 用于制造具有被校正齿轮齿几何形状和/或被修正表面结构的工件的方法 | 利勃海尔齿轮技术股份有限公司 | 2015－12－3 | 6 |
| 21 | EP15177426A | 精加工锥齿轮的方法和机器以及相应设计的磨削工具 | 克林格伦贝格股份公司 | 2015－7－20 | 5 |
| 22 | US20160308102 | 磨削齿轮的方法 | 格里森集团 | 2016－11－1 | 4 |

### （三）蜗杆砂轮磨齿机

1. 概述

为了充分了解蜗杆砂轮磨齿机床领域的研究现状，首先统计了全球范围该领域专利排名前11位的申请人，从图3-8可以看出在蜗杆砂轮磨齿机床领域的专利申请中，申请量排名前11位的申请人都是各国拥有强大技术实力的知名企业，可见申请量排名靠前的申请人均拥有强有力的资金以及技术支持，因此蜗杆砂轮磨齿机行业的门槛较高。其中，日本的三菱集团、本田集团、东洋齿轮集团、冈本集团和爱信精机株式会社的申请量排名都很靠前，上述企业均历史悠久且在机床、重工业领域具备雄厚实力。排名前11的德国企业也有两家，可见，日本和以德国为代表的西方国家在蜗杆磨齿机领域处于世界领先地位。中国在蜗杆磨齿机领域也取得了长足的进步，无锡市瑞尔精密机械有限公司、西安贝吉姆机床股份有限公司等相关企业在全球专利申请量排名中也跻身前列。

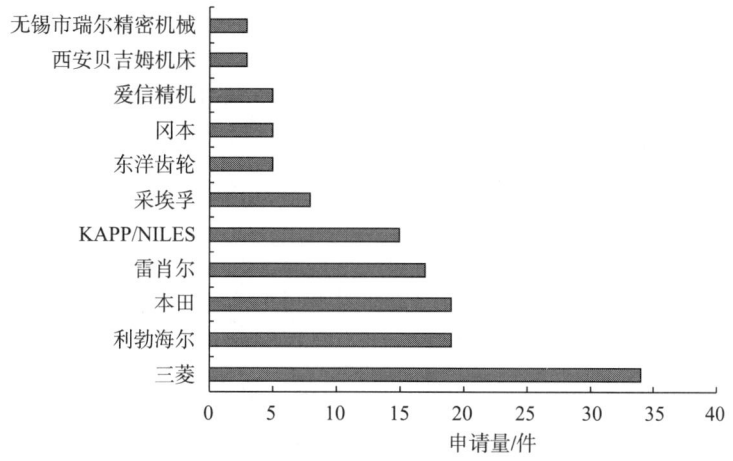

图3-8　蜗杆磨齿机领域全球申请量排名前11位申请人分布

2. 技术发展路线及重点专利技术分析

在现代数控磨齿机床中，1987年开始使用蜗杆砂轮作为刀具来进行齿轮的磨削加工，该种磨削方式精度高、效率高，可满足各种齿轮磨削的要求。其技术发展路线如图3-9所示。

（1）蜗杆砂轮磨齿机应用方面

利勃海尔公司于1987年在专利申请EP88103747A中提出一种用磨削蜗杆和轴向偏移抛光蜗杆加工预制齿侧面的机床，其中抛光蜗杆以相对于研磨蜗杆轴向偏移的方式布置，将其安装到往复式工具滑动装置中，通过旋转与工件滚动接触，实现对齿轮的加工，该装置是蜗杆磨齿机进行齿轮展成法加工的代表机床。作为在此基础上进行的改进，利勃海尔公司于1988年在专利申请EP88102032A中提出了渐开线齿轮齿面磨削法，该方法采用斜轧作用的蜗杆砂轮形刃磨工具，其具有连续变化的侧面角，蜗杆砂轮的长度大于工作区的长度能够得到大面积球面效应，改变砂轮轴与齿轮齿间的距离，并且在其进给运动过程中通过改变齿轮中心距，压力角从蜗杆的一端至另一端连续减小，从而提高磨削效果。

在磨削直齿轮的基础上，1996年雷肖尔公司在其专利申请US19970882041A中提出直齿圆柱齿轮连续磨辊研磨机，该机床中除了主轴可以绕轴线旋转，还在支架上设置了可以水平移动的滑块，在滑块上设置可绕垂直轴线旋转的工件托架，减小了该装置的操作难度。在此基础上，雷肖尔公司于1998年在专利申请EP99310343A中，还将连续磨辊

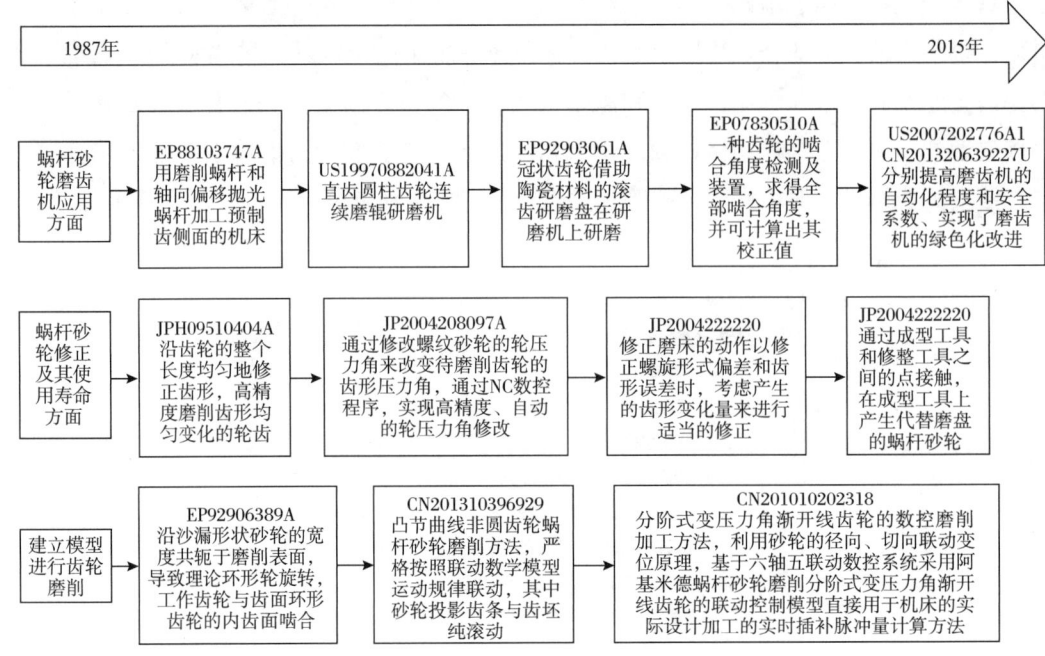

**图 3-9　蜗杆砂轮磨齿机技术的技术发展路线**

应用于面齿轮和锥齿轮上，在钢制面齿轮或锥齿轮齿面硬化的情况下，形成超大齿的预定轮廓，经过连续磨削形成成品齿廓，不同齿形只需修改 CNC 控制程序的参数即可实现。1992 年雷肖尔公司在专利申请 EP92903061A 中提出了超大冠状齿轮的加工方法，冠状齿轮借助陶瓷材料的滚齿研磨盘在研磨机上研磨，通过修整冠轮在一个或多个齿上安装的金刚石等修整材料，超大冠状齿轮的成型方式与上述直齿圆柱齿轮和锥齿轮的成型方式原则上相同。

为了提高加工效率和减少加工成本，1999 年雷肖尔公司在专利申请 EP99973399A 中提出了在一个转盘上有两个间隔设置的齿轮夹具，上述夹具分别夹持两个待磨削齿轮，其中一个齿轮由蜗杆对其进行磨削，另一个齿轮是上一步已经磨削完成的工件，并且在相应位置设置探测器控制转盘的转动和蜗杆的磨削。该装置在齿轮磨削自动化操作的同时，可同时进行两个工序。在 2005 年提交的专利申请 US20050123716A 中，通过设置有规律变化的工件进给速率或刀具移动速率，使齿面产生不规则的齿面接触斑迹来降低齿面啮合的噪音。

为了消除左右两个齿面的累积齿距误差，防止产生磨削残留，2007 年三菱公司在其专利申请 EP07830510A 中提出一种齿轮的啮合角度检测方法及装置，利用位移传感器和高啮合专用的电路基板，可在短时间内进行全部齿的检测及其信号处理。同年，为了加强安全防护，雷肖尔公司在其专利申请 US2007202776 中提出，通过测量打开冷却剂供给装置时研磨主轴传动机构的动力消耗变化值，该变化值与机器控制系统中规定的所需值范围比较，并在所需值范围之下或之上的情况下终止加工过程，来提高机床的安全系数与自动化程度。2013 年，青州市北方机床厂在其专利申请 CN201320639227U 中，提出了一种以 PLC 作为核心控制单元的全数控蜗杆磨齿机，可节省了 70% 左右的能源，实现了机床的绿色化改进。

（2）蜗杆砂轮修正及其使用寿命方面

1997 年，格里森集团在其专利申请 JPH09510404A 中提出了一种沿着齿长有区别地修正齿轮的方法，其中磨轮在沿转动轴线旋转的同时磨轮的侧面和修正刀具接触，刀具沿磨轮的宽度横向运动来控制在横向运动过程中各轴向段去除的皮坯量，从而加工出精度高且齿形均匀变化的轮齿。

2004 年，三菱公司在其专利申请 JP2004208097A 中提出，通过对螺纹砂轮在 X 方向、Z 方向以及 Y－Z 平面内的转动位置进行控制，来修改螺纹砂轮的轮压力角，进而改变待磨削齿轮的齿形压力角，该过程通过数控程序的控制，避免了操作人员手动转动旋转修整装置，实现了高精度、自动修改螺纹砂轮的轮压力角。

同年，在专利申请 JP2004222220 中，三菱公司提出，在通过修改磨床的动作以修正螺旋形式偏差和齿形误差时，考虑由修正螺旋形式偏差而必然产生的齿形变化量，来修改齿轮磨床的动作，进而修正齿形误差，从而可以适当修正螺旋形式偏差和齿形误差。

雷肖尔公司于 2005 年在其专利申请 DE102004057596 中提出一种具有至少一个任意三维修正宽度区的蜗杆砂轮，其具有轴向重叠的粗、精加工，通过合适地选择斜向比率和宽度区，能够使蜗杆砂轮齿面的修正适应于工件的要求，而不必改变成型齿轮的几何形状，借助于 NC 控制，形状修整辊逐行成型，并且精加工区去除材料少，对此所需的时间和资源花费相对较少。

2009 年利勃海尔公司在专利申请 EP09000676A 中提出了两种技术方案：（a）通过成型工具和修整工具之间的点接触，由 NC 控制路径形状的自由选择，在成形工具上可以产生代替磨盘的蜗杆砂轮；（b）调换成形齿轮与修整工具在机床上的位置，通过选择在单面、双面磨情况下的不连续滚磨或成形磨作为修整方法，可以生产具有齿向修正的成型齿轮。

（3）建立模型进行齿轮磨削

为了提高蜗杆砂轮的磨削精度和使用寿命，格里森集团于 1991 年在专利申请 EP92906389A 中提出，通过建立数学模型对蜗杆砂轮磨削进行分析的齿轮加工方法。该方法利用理论环形齿轮的外齿面，沿沙漏形状砂轮的宽度共轭于磨削表面，磨削轮旋转，反过来导致理论环形轮旋转，工作齿轮与齿面环形齿轮的内齿面啮合。

2015 年重庆大学在专利申请 CN201310396929 中提出了一种凸节曲线非圆齿轮蜗杆砂轮磨削方法，其中砂轮和工作台严格按照联动数学模型运动规律联动，使砂轮投影齿

新能源电池

机器人

高档数控机床

条与齿坯纯滚动，且保持齿坯节曲线相接触；蜗杆砂轮转速恒定，齿坯转速、蜗杆砂轮 X 向速度、蜗杆砂轮 Z 向速度满足数学联动模型。

2010 年，合肥工业大学在专利申请 CN201010202318 中提出一种分阶式变压力角渐开线齿轮的数控磨削加工方法，该方法利用了砂轮的径向、切向联动变位原理，采用阿基米德蜗杆砂轮磨削分阶式变压力角渐开线齿轮的联动控制模型，以及实时插补脉冲量计算方法，并基于六轴五联动数控系统，为磨齿机的高精加工提供技术依据。

## 四、总结与建议

经过研究分析，我们认为我国数控磨齿机的研发在近几年发展迅速，拥有中大创远、天津第一机床厂和西安贝吉姆等一批具有自主知识产权的企业。但是我们也应该看到，我国磨齿机技术还处于技术积累阶段，一些核心技术还掌握在国外一些大公司、大集团手中。因此我们建议：（1）尽快解决磨齿机领域产业发展面临的重大共性技术问题，例如磨齿机砂轮精确修整技术、周向精密分度技术、螺旋锥齿轮磨齿机以及蜗杆砂轮磨齿机等，力争突破美、德、日等技术领先国家对核心技术的垄断局面。（2）重点扶持那些有望突破国外知识产权壁垒的国内企业，培育具有一定研发和生产能力的创新企业，以及若干创新型的龙头企业。（3）建议企业抓住发展机遇积极创新，加强与科研院所的合作，一方面加强自身技术研发实力，另一方面不断跟踪国外竞争对手在本领域的专利动态，积极主动地采取有效对策，最大限度地降低或规避产业发展中的知识产权风险。

**参考文献**

［1］李先冲. 普及型数控成形磨齿机关键技术开发及应用［D］. 重庆：重庆大学，2015.

［2］张四弟，左键民，张兆祥，等. 磨齿技术与装备及其发展趋势［J］. 制造技术与机床，2011，2：46-48.

［3］王伟功，王长路，张和平. 齿轮磨齿机概述［J］. 机械传动，2014，38（10）：90-93.

［4］庄中. 格里森弧齿锥齿轮磨齿技术的发展［J］. 汽车工艺与材料，2004，9：11-18.

# 数控机床刀具工作状态监测专利技术综述[*]

张芸芸　曹赛赛[**]　吴桐　张延虎　刘红丽　黄然　杨晓　宋洪达

**摘　要**　本文对数控机床刀具工作状态监测技术在国内外的总体专利申请情况以及重要申请人的关键技术进行了分析，并针对刀具磨损直接监测方法中的机器视觉方法以及间接监测方法中的切削力、振动信号等主要关键技术分支的技术发展路线、趋势、重要专利节点技术等进行了深入研究。通过研究分析找出国内外数控机床刀具工作状态监测技术发展和专利保护的差异以及未来的发展方向，为数控机床刀具工作状态监测技术的后续研究提供参考。

**关键词**　切削刀具　工作状态　磨损　监测信号　机器视觉　切削力　振动

## 一、概述

机械制造业是社会发展及国防建设的物质基础，是一个国家或地区工业化发展水平与总体经济实力的重要标志之一。当前，制造业正朝着智能化的方向迅速发展，制造技术改进与制造能力的提高日益成为工业领域和学术领域关注和研究的焦点。而数控机床切削刀具状态监测技术作为先进制造的关键技术之一，其发展直接影响着数控机床加工技术的智能化发展。

本文以数控机床刀具工作状态监测技术相关的专利申请作为分析对象，对该行业的专利技术进行研究，梳理了重要申请人关键技术及其技术演进和发展脉络，从而给出数控机床刀具工作状态监测技术专利分析的结论和建议。

### （一）技术概述

刀具作为数控机床加工的切削工具，其工作状态对加工质量、效率、成本等具有重要影响，主要包括：

（1）刀具状态异常影响加工产品的表面质量和尺寸精度；

---

\* 作者单位：国家知识产权局专利局专利审查协作天津中心。

\*\* 等同第一作者。

（2）刀具状态异常会导致切削过程中断，引起工件报废以及机床损坏；

（3）刀具状态异常导致刀具频繁更换，增加了机床的辅助加工时间和非预期停机时间，直接影响生产效率，并增加了加工成本。

因此，进行有效的刀具切削状态监测以执行高效的换刀策略，保证整个生产过程处于一个合适的切削状态对于保证加工质量，实现连续自动化加工具有非常重要的意义。

刀具工作状态监测主要是对刀具在使用过程中出现的各种异常进行可靠监测，主要包括刀具破损监测和刀具磨损监测。经过行业人员的不断努力，刀具破损以及非正常切入、碰撞等问题已能得到有效的遏制，而关于刀具磨损的监测由于其产生原因复杂、磨损部位多变、监测信号提取识别困难而未能得到较好的解决。因此，目前对刀具工作状态监测技术的研究主要集中于刀具磨损状态的监测技术。

刀具磨损状态的监测实质上是一个模式识别的过程。刀具磨损监测系统通常由加工刀具、传感器信号采集、信号处理、特征选择与处理以及模式识别模块组成[1]，如图 1 所示。

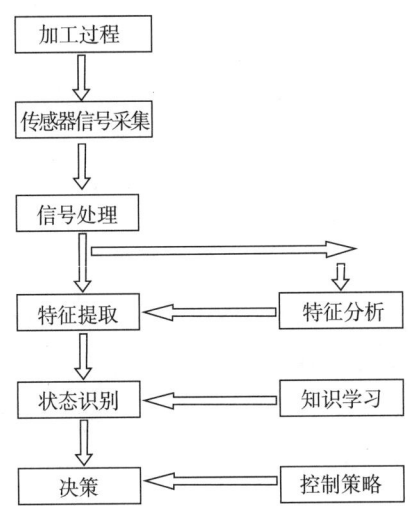

**图 1　加工状态监测系统一般结构**

## （二）技术分支

刀具工作状态监测过程涉及多种技术的融合，对其进行分析时需要考虑到其包含的多个技术分支。通过宏观上对专利申请数据的量化分析以及对关键技术进行技术分析相结合的研究方式，得出的结论是申请人采用的比较集中的监测手段可以划分为直接监测法和间接监测法。其中，直接监测法是直接测量刀具磨损面的大小或切削刃形状的变化，如计算机视觉法、放射线法、电阻法等；间接监测法是通过检测与刀具磨损有较强内在联系的一种或几种参数，根据参数变化并通过一定的标定关系来间接获取刀具工作状态，其监测信号主要包括切削力信号、振动（加速度）信号、功率电流、声发射信号以及表面光洁度等信号。因此，将刀具工作状态监测的关键技术划分为：直接监测法、间接监测法以及相应的分支，具体专利技术分解如表1所示。

表1 刀具工作状态监测专利技术分解

| 一级分支 | 二级分支 |
| --- | --- |
| 直接监测法 | 机器视觉法 |
| | 电阻测量法 |
| | 放射线测量法 |
| 间接监测法 | 切削力信号测量法 |
| | 振动信号测量法 |
| | 功率电流测量法 |
| | 声发射信号测量法 |
| | 表面光洁度测量法 |

在上述技术分支中，机器视觉测量法、切削力信号测量法以及振动信号测量法是目前最为常用的监测方法。

1. 机器视觉测量法

通过光学传感器获得刀具磨损区域的图形图像，然后通过图像处理相关技术获得刀具的磨损参数[2]。利用计算机产生刀具图像的技术已基本成熟，但是对刀具工作状态进行图像采集需要考虑加工环境的噪声、信息的实时处理与反馈以及尽可能减小图像采集系统对加工过程的影响等因素。

2. 切削力信号测量法

切削力变化是切削过程中与刀具磨损状态最为密切相关的一种物理现象，且切削力信号拾取容易、反应灵敏，是加工中测量刀具磨损的常用方法。切削力监测数据主要有切削分力、切削分力比、动态切削力的频谱和相关函数等。

3. 振动信号测量法

刀具在切削过程中，工件与磨损的刀刃部侧面摩擦，会产生不同频率的振动。对这种振动的监测有两种方法：一是把振幅分成高低两部分，在切削过程中对两部分振幅进行对比；二是把振幅分成几个独立的幅带，用微处理机对这些幅带进行不断地记录及分析，即能监测出刀具的磨损程度。

## 二、专利申请总体情况

本文进行文献检索和筛选主要是在中国专利文摘数据库（CNABS）、德温特世界专利索引数据库（DWPI）和世界专利文摘数据库（SIPOABS）中进行。其中 CNABS

新能源电池

机器人

高档数控机床

用于中文专利文献的检索，结合 DWPI 精准的关键词与 SIPOABS 中全面的分类号进行了外文专利文献的检索。公开日的检索时限截至 2017 年 8 月 31 日，并以每个同族中最早优先权日期视为该申请的申请日，具有多个同族申请的视为一项申请[3-4]。其中，由于专利审查制度的设置，专利文献从其申请日到公开日需要一定的时间，所以 2016 年及以后的样本会存在不完整的问题，以下分析中可能无法完整反映近两年来的专利申请趋势。

**（一）全球专利申请量分析**

1. 全球历年专利申请量

图 2 给出了刀具工作状态监测技术的全球专利申请趋势状况。从图中可以看出，在全球申请中，机器视觉和切削力信号的监测技术占比最大，其次是振动信号、功率电流和声发射信号的监测。且从 1965～2016 年刀具工作状态监测技术的全球专利申请量的变化经历了以下三个不同的发展阶段。

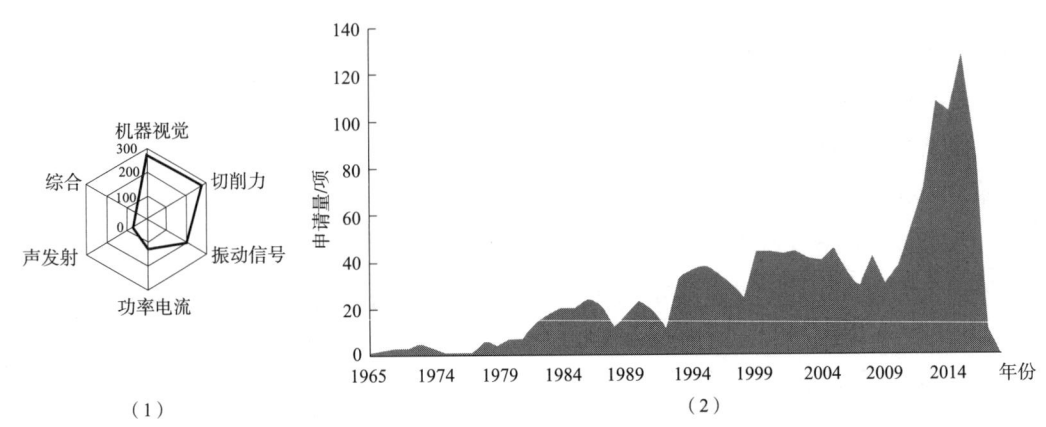

（1）　　　　　　　　　　　　　　　　　（2）

**图 2　刀具工作状态监测技术全球专利申请量趋势**

注：图（1）中数字表示申请量，单位为项。

萌芽阶段（1965～1979 年）：刀具工作状态监测技术的专利申请量的变化呈现平缓的趋势，且专利申请量较少。刀具工作状态监测技术概念刚刚被提出，技术尚未成熟，由于机械加工领域在加工效率和加工精度方面的要求不高，故对于刀具工作状态监测的需求也较少，因此在这一时期刀具工作状态监测技术还处于萌芽阶段。

稳步增长阶段（1980～2009 年）：刀具工作状态监测技术的专利申请量开始明显上升，且呈现稳定增长的趋势。伴随着计算机技术和传感器、处理器相关技术的发展，以及加工精度和效率不断提高，对于刀具工作状态的监测需求不断增多，机械加工领域技术高速发展、不断更新，因此刀具工作状态监测技术的专利申请量稳步增加。

急速增长阶段（2010 年至今）：2010 年以后，随着计算机技术、处理器技术以及传感器等相关技术的快速发展，以及市场对刀具工作状态监测技术各方面的需求不断增加，特别是中国申请人纷纷开始在该领域开展研发并着手进行专利布局，因此，专利申请量也急速增加。

由图 3 可以看出，国内外申请与全球申请总量中重要技术分支的占比基本一致，其中在综合信号监测方面，国内申请量占比高于国外申请。1980～2002 年，刀具工作状态监测技术国外专利申请基本与全球申请量趋势保持一致，呈现萌芽－稳步增长势态，而国内的专利申请量相对较少，这是由于国内加工制造技术起步晚，市场需求小，我国在技术方面相对于国外还处于落后的状态，并且国外申请人对中国市场的重视程度远远不够。2009 年，受经济危机的影响，全球机床业遭受重创，工业总产值和销售额分别同比下降 32% 和 33%，在国内扩大内需等一系列政策的刺激下，中国机床业却一枝独秀，工业总产值同比增长 7.6%，中国机床业销售额同比增长 0.5%，中国机床在国产化水平、数控化程度、产品需求结构等各方面取得了新进展，国内机床行业的发展也促进刀具工作状态监测技术的提升。到 2010 年，国内申请量开始超过国外申请总量。在经济环境影响下，科研投入相对增加，国内对刀具工作状态监测技术的关注度不断升高，该领域技术成为一个研究热点，对知识产权保护也越来越重视。因此，专利申请出现急速增长。

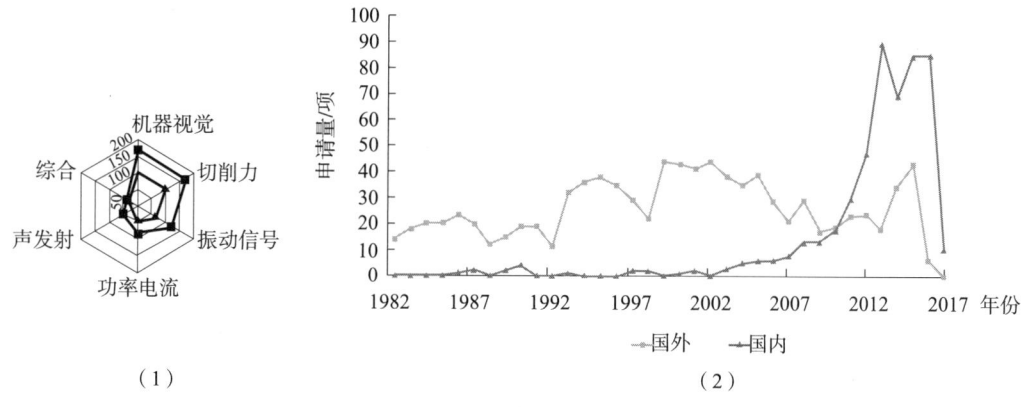

**图 3　刀具工作状态监测技术国内外专利申请量历年分布**

注：图（1）中数字表示申请量，单位为项。

2. 主要国家或地区专利申请量

图 4 为刀具工作状态监测技术的专利申请地域分布情况，申请量居于前 5 位的分别为日本、中国、德国、PCT 申请和美国。其中日本和中国的专利申请量占比最多，分别为 23.3% 和 23%，占全球申请量的 46.3%。其次是德国申请，占全球申请量的 10.5%；另外 PCT 申请、美国、欧洲专利局、韩国、苏联、法国、英国也占有一定的比例。可见，日本和中国是刀具工作状态监测技术的主要目标市场。

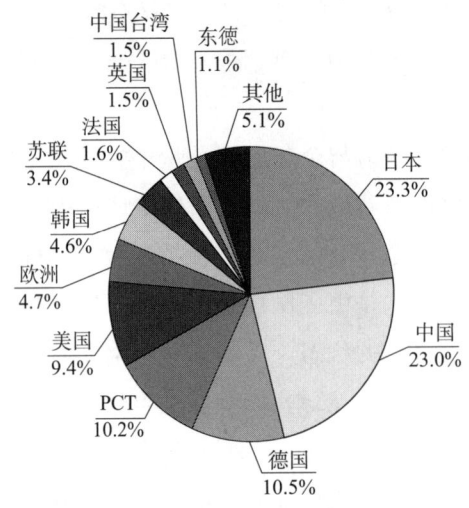

**图4　刀具监测技术各国家或地区专利申请量分布**

### 3. 全球主要国家/地区专利技术流向

如图5所示，德国、日本和美国是机床刀具磨损监测技术的主要输出国，并且其申请人除主要在本国进行专利布局之外，还积极进入其他国家。而中国、韩国、法国申请人的机床刀具磨损监测专利布局主要都集中在本国市场。除本国市场外，美国、德国、欧洲等地也是专利申请流向的热点。中国的机床刀具磨损监测的专利申请中，在国内的申请数量很多，但是中国的申请人较少走出国门到其他国家布局，这说明中国机床刀具磨损监测方面的竞争力与日美德等技术大国相比，仍存在一定的差距。

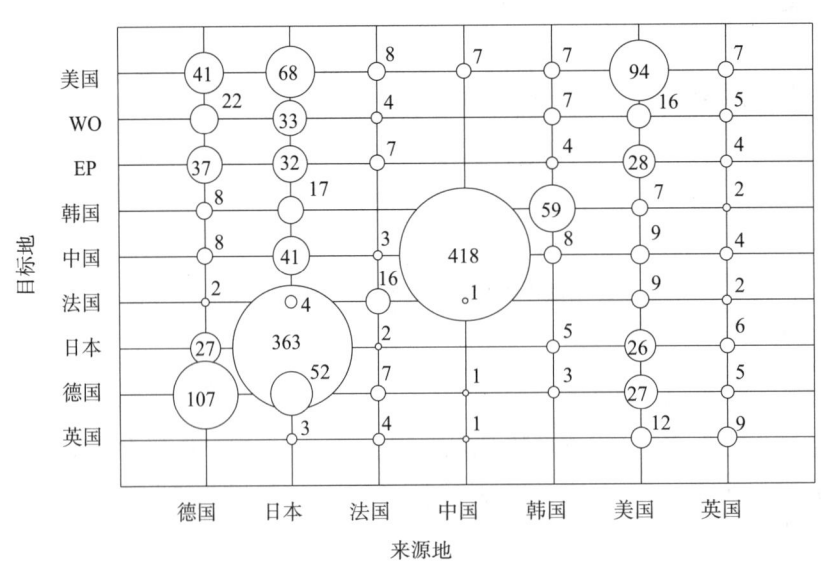

**图5　刀具监测技术全球主要国家/地区专利技术流向分布**

注：图中数字表示申请量，单位为件。

### （二）全球主要申请人分析

图 6 显示了全球刀具工作状态监测技术主要申请人的申请量。分析可知，申请人主要来自日本、中国、韩国、德国和美国，包含日本企业 13 家，中国 4 家，韩国 2 家，德国 2 家，美国 1 家。其中较为活跃的国家是日本，且遥遥领先于其他国家。排在首位的三菱公司是重工业、半导体技术、材料技术、汽车制造业、飞机制造业、船舶制造业等领域的先导者。排在第二、第三的企业为东芝和发那科，东芝是日本最大的半导体制造商，也是第二大综合电机制造商，业务领域包括数码产品、电子元器件、社会基础设备、家电等，而发那科公司是当今世界上数控系统科研、设计、制造、销售实力最强大的企业。此外，日立、大隈、京瓷三大巨头也处于领先地位，捷太格特、迪思科等也具有一定的申请量。我国申请量次之，主要申请人是哈尔滨理工大学、西安交通大学、华中科技大学、哈尔滨工业大学，均为高等院校。

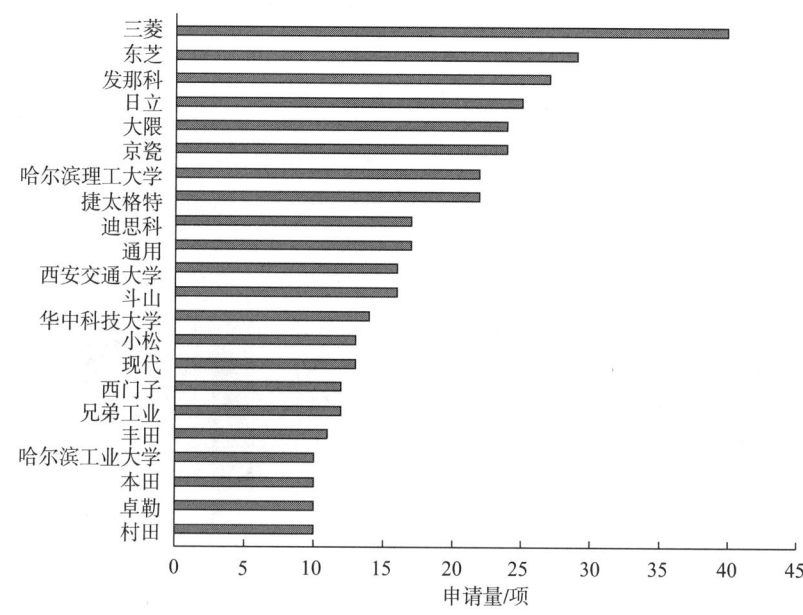

图 6　全球主要申请人专利申请量排名

### （三）在华专利申请分析

1. 在华国内外申请人的申请量

如图 7 所示，刀具工作状态监测技术专利申请的在华申请人自 1986 年开始出现。起初，国外申请人对中国市场没有足够的重视，在华申请量相对较少。2000 年开始，随着刀具工作状态监测技术的进步、制造加工业经济的发展以及中国市场的崛起，国外申请人逐渐增加在华专利申请，申请量呈稳步增长的趋势。2008 年开始，随着国内对该技术的研发投入大量增加，国内申请人的申请量也大幅度上升。

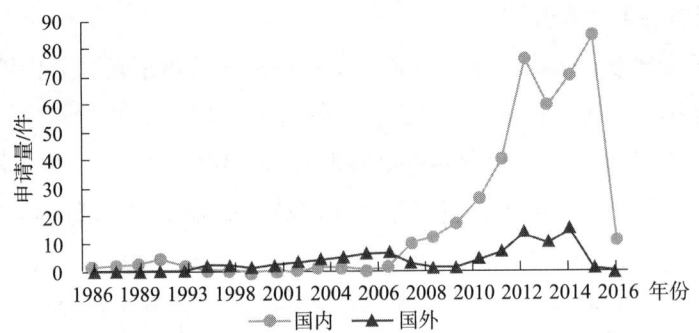

图7　刀具监测技术在华和国内申请人申请量历年分布

## 2. 在华专利申请人构成

如图8（a）所示，在华申请中，中国申请人的数量远高于国外申请人，而在国外申请人中，日本申请人的申请量占据第一位，且其申请量远高于其他国家申请人，这也反映了日本申请人对中国市场更加重视。

虽然中国申请人的申请数量远高于国外申请人，但从图8（b）中能够发现，中国申请人中企业与高校申请量较多，而企业申请相对分散，刀具工作状态监测技术相对集中于高校申请中。

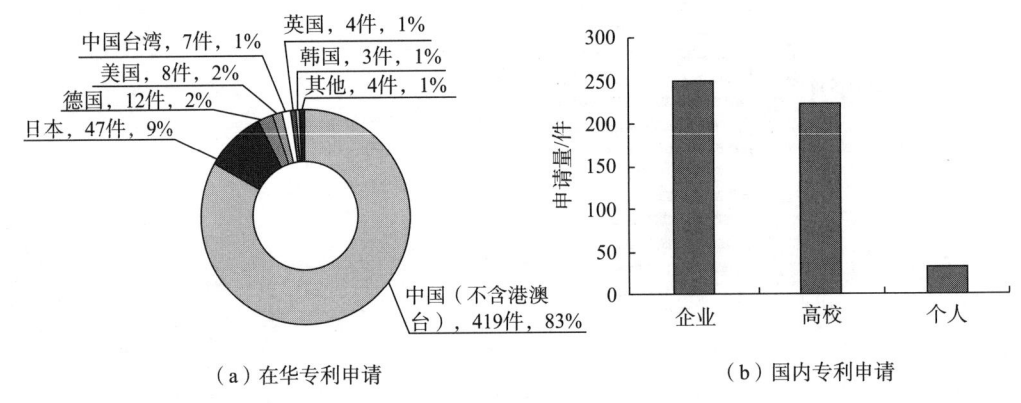

（a）在华专利申请　　　　　　　（b）国内专利申请

图8　刀具监技技术在华和国内专利申请人构成

## 3. 在华国外主要申请人

在华国外主要申请人申请量情况如图9所示。日本的发那科公司占据了申请量的榜首，迪思科位列第二，两者远超其他申请人。而其他申请人的申请量与其全球申请量排名并不完全统一，其中三菱在华申请排名远低于其在全球排名。而全球主要排名中未出现名次的瑞尼斯豪、富士等却占有了一定的排名。在全球排名靠前的东芝、日立、大隈、通用、现代等并未出现于在华国外主要申请人中，说明这些公司暂时未考虑开拓中国的市场。

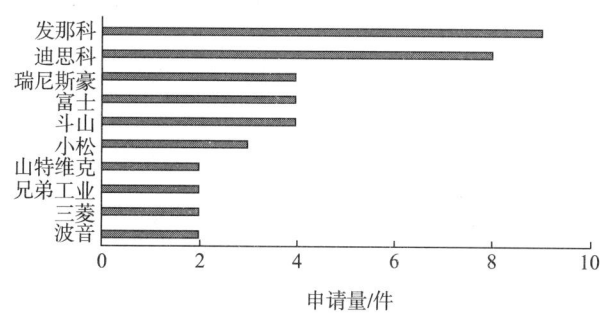

**图9　刀具监测技术在华主要申请人申请量**

4. 在华国内主要申请人

图 10 显示了国内主要申请人在刀具工作状态监测技术领域申请专利的情况。与国外大公司相比，国内主要申请人在申请量上并没有明显的差距，甚至多于国外申请量，表明我国在刀具工作状态监测技术方面的研究较多。目前我国在刀具工作状态监测技术的专利申请主要集中在各大高校，高校专利申请量日趋增多，高校可以尝试在校内建立相应的专利评估与资助机制，加强专利技术的转化。

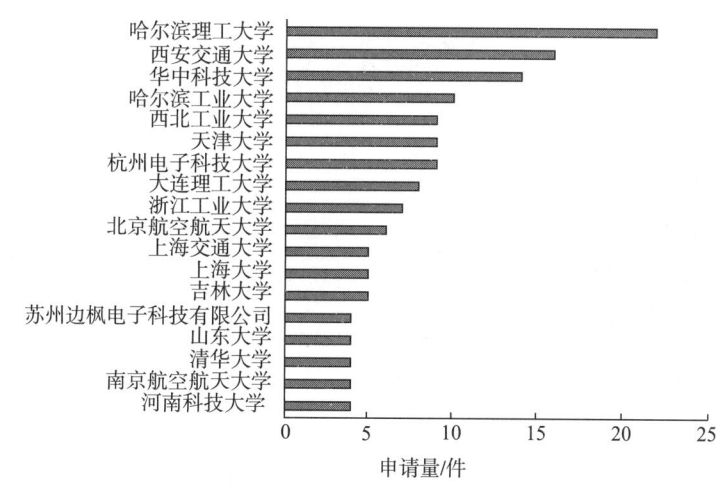

**图 10　刀具监测技术国内主要申请人申请量排名**

# 三、专利技术分析

## （一）重要申请人关键技术分析

1. 国外申请人

国外申请人在刀具工作状态监测技术领域的专利文献具有申请时间早、核心技术多的特点和优势。其中，三菱、东芝、发那科和日立的专利布局较早，从初期一直到 2015

年，4家公司的专利申请数量发展趋势比较平缓；虽然专利年申请量不高，但其核心专利在多个地区获得保护以维持技术竞争力。通过分析以上4位国外申请人专利申请的关键技术，有利于掌握行业的技术发展脉络和发展方向。

（1）三菱

三菱是重工业、半导体技术、材料技术、汽车制造业、飞机制造业、船舶制造业等领域的先导者，在以上六大领域具有强大的研发投入和技术支撑。三菱在刀具工作状态监测技术方面的专利申请量在全球排名第一位，从20世纪90年代至今专利申请一直比较活跃（见图11）。

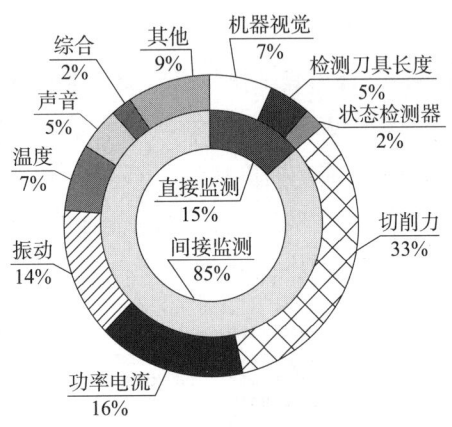

**图11　三菱关键技术专利申请分布**

三菱专利申请中最主要的一级分支是间接监测（约85%），在间接监测的二级分支中主要集中在切削力监测（约33%），其次是功率电流监测和振动监测。其中，专利JPH1165626A、专利JPH10296589A是通过在刀具上安装扭矩传感器来检测刀具在切削加工时的切削力，并将测量出的切削力曲线与预先设定的扭矩曲线比较来监测刀具状态；专利JP3436899B2、专利JP2003340686A是通过记录刀具在切削工件时的电机的功率或电流变化来监测刀具状态；专利JPH0985587A、专利JPH0985586A、专利JP2016135511A是通过安装在刀具上的加速度传感器记录工具的振动，经过对振动信号的时频分析，判定是否超出设定的值；专利JP2014213412A是通过在刀具附近安装声音收集装置，收集刀具加工时候的声音，经过对声音信号进行时频分析判定磨损。另外，专利JP2016182650A是通过同时测量电机的电流和切削力的变化等来综合监测刀具的状态。

在直接检测方面，其技术主要集中在机器视觉监测方面，例如专利JPH11851A、专利JP2002018680A、专利JP2007021656A、专利JP2003019643A、专利JP2015131357A是通过在刀具的附近安装图像采集装置，通过对刀具的图像进行采集，与预先存储的刀具图片进行比较来判断刀具的磨损状态，从而达到对刀具的在线监测的目的。此外，专利JPH07237088A、专利JP2003326437A是通过检测刀具的长度变化等来反映刀具工作状态。

（2）东芝

东芝是日本乃至世界半导体制造的代表企业之一，其在消费电子、医疗和军工领域具有强大的研发投入和技术支撑。由于企业产品多涉及精密元件的使用，东芝在精密加工领域进行了较多技术研究与专利布局（见图12）。

在刀具监测方面，东芝专利申请中最主要的一级分支是间接监测法，约占专利申请量的63%。在其二级分支中，振动信号监测的专利申请量最大，约占22%，其余的切削力、功率电流监测的占比各为11%。专利 DE2557428C2 用于检测切割工具或工件的振动信号，经处理后与存储的预定参考值比较，确定切割工具的磨损程度；专利 JP2000084798A、专利 JPH08174379A 采用振动传感器监测加工过程中切削刀具的振动幅度，将测量的振动数据与先前设置的标准振动数据进行比较，判断加工过程中的异常。专利 JP2003326439A 中包含有负载判断单元和主轴负载比较单元，负载判断单元用以检测负载变化，当主轴负载比较单元检测到负载转矩值高于参考值时，输出刀具磨损信号。

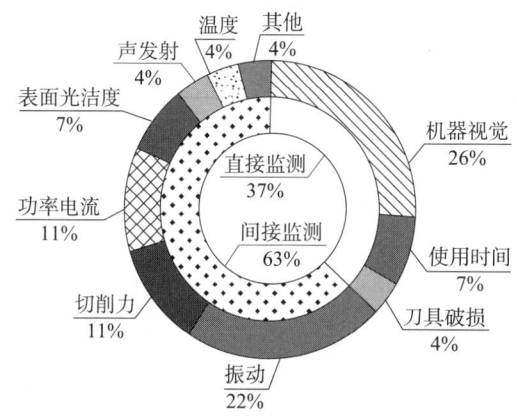

图12　东芝关键技术专利申请分布

在直接法监测申请中，机器视觉同样占有最大的比重。其中，专利 JP2000202771 是通过图像处理系统分析拍摄的磨石图像，测量磨石磨损损失并自动进行位置间隙补偿；专利 JP2002337041 是采用光学拍摄装置拍摄工具的图像，将磨损宽度与参考刀具侧面磨损宽度进行比较，可以自动判断刀具的磨损状态，更可靠地更换刀具；专利 JPH08257876A 则通过对图像拾取单元应用高倍增因子获取工具磨损的完整图像，从中提取与工具的形状相关的特征；专利 JPH09192983 是通过图像拾取单元拍摄刀片表面的图像，测量每个切屑部分的长度，以高精度地获得切削工具的磨损量。

（3）发那科

发那科是一家集数控系统科研、设计、制造为一体的企业。该公司从1978年开始进行刀具在线监测的技术研究，其申请量在全球排名第3位，关键技术分布见图13。

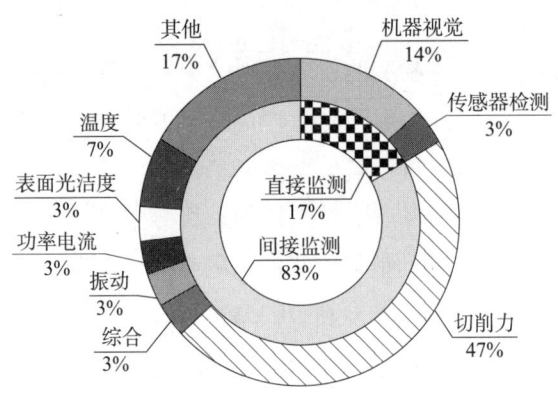

图 13    发那科关键技术分布

发那科的一级分支中，间接监测的比例约为 83%。其中，发那科尤其注重在切削力监测方面的研究力度，专利申请量占比达到 47%。如专利 WO9504631A1、专利 US2003163286A1 和专利 CN1550287A 中通过检测单元检测工具的负载转矩和/或工具的推力，将平均值与阈值进行比较来检测工具中的异常，从而能够及时更换刀具；专利 CN1796973A 是检测多个加工循环中的负荷指数，将当前加工循环中获取的指数与当前加工循环之前的加工循环中获取的指数的平均值进行比较，当比较值背离阈值的设置值允许范围时确定刀具出现了损害/异常。

发那科在直接监测方面的申请量相对较少，且大部分为机器视觉监测方法。专利 CN106475854A 中根据基准的刀具图像与在实施预定次数量的加工之后的刀具图像来计算每一次加工的刀具的平均磨损量，进行当前的刀具磨损量的推定计算；专利 JPH1096616A 通过视觉传感器对刀尖进行相机成像，并对获得图像进行分析，获得表示刀尖上的缺失量的指标数据与预定标准进行比较，以判断刀尖更换的必要性。

（4）日立

日立是全球 500 强综合跨国集团，开展的业务涉及电力、能源、产业、流通、水、城市建设、金融、公共、医疗健康等领域，一直致力于针对社会所面临的迫切实际问题进行研发和创新。日立的刀具状态监控系统在全球专利申请量排名第 4 位，且起步较早，早在 20 世纪 70 年代就开始了刀具在线监控系统的专利布局。其关键技术分布见图 14。

日立的一级分支中最主要的是间接监测（约 85%），在间接监测的二级分支中，通过检测切削力或者功率电流各占有 23%，通过检测刀具的振动实现对刀具的间接检测占 19%，其他二级分支如温度、声发射分别占比 8%、4%。专利 JPH0753338B2、专利 JPH07205022A 是通过检测刀具在加工工件时主轴电机所消耗的电流或者功率，然后将检测值与预先设定的阈值相比较来实现对刀具的在线监测；专利 JP5740475B2、专利 JP5793200B2、专利 JPH08243882A 则是通过检测刀具切削力进行监测；专利 JP2001162489A、专利 JPH09174383A 是通过采集刀具在加工时所产生的振动信号，然后

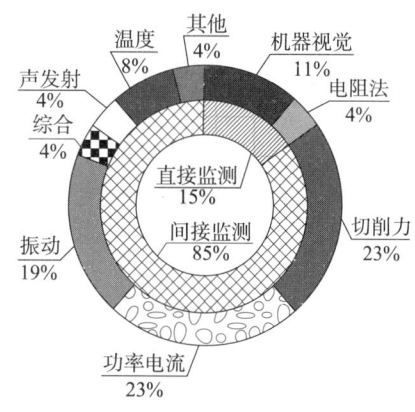

**图 14　日立关键技术专利申请分布**

将采集到的信号与预先储存的振动图像相比较,从而实现在线监测刀具状态的目的;专利 JPS60259360A 是通过设置在刀具附近的声音采集装置采集刀具加工工件时的声音,然后将检测到的声信号与预先设定的声信号相比较来实现对刀具的在线监测;此外,还有申请号为 JP2001353643A 的专利,它是通过对刀具加工工件时的声音温度等进行综合测量实现对刀具状态的在线监控。

直接法在线监测刀具的技术也有涉及,例如专利 US4420685A、专利 JPS61188054A、专利 JP2015136738A 是通过刀具附近的图像采集装置对刀具的外形进行图像采集,然后与预先储存的图片进行比对,从而实现对刀具状态实现在线监控。

2. 国内申请人

与国外相比,国内关于刀具工作状态监测技术的研究起步较晚,且早年申请量也不高。但是到 2008 年前后,国内对于刀具工作状态监测技术开始重视起来,再加上国内对于知识产权保护的大力普及,使得我国在该技术方面的专利申请量大幅升高,且明显高于同期国外申请量。其中,哈尔滨理工大学、西安交通大学、华中科技大学和哈尔滨工业大学尤其重视刀具工作状态监测技术的研发与专利保护。通过分析以上 4 位申请人在华申请专利文献中的关键技术,有助于明确我国的关键技术和专利布局与国外存在的差距,从而帮助我国的刀具工作状态监测技术的研究继续取得突破。

(1) 哈尔滨理工大学

哈尔滨理工大学是国家"中西部高校基础能力建设工程"所属高校,由原机械工业部所属的哈尔滨科学技术大学、哈尔滨电工学院和哈尔滨工业高等专科学校合并组建而成。从其在华专利申请量可以看出,该校对于刀具工作状态监测技术的研究十分重视。

如图 15 所示,哈尔滨理工大学是国内在该领域申请量最多的高校,该高校的刀具工作状态监测技术相关专利申请中大部分涉及的是间接监测技术,仅有 23% 为直接监测方法,且主要通过机器视觉法实现监测。间接监测技术中,主要是通过监测切削力信号

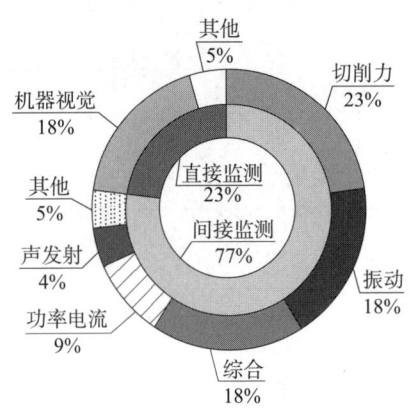

**图 15　哈尔滨理工大学关键技术专利申请分布**

（占比 23%）、振动信号（占比 18%）以及综合信号（占比 18%）来间接监测刀具工作状态。如，专利 CN103192283A、专利 CN105729241A 是通过监测切削力信号，来间接获得机床刀具磨损的状态；专利 CN105619180A、专利 CN204747271U 是通过对振动信号进行提取预处理从而获得铣刀的工作状态；而专利 CN206154004U、专利 CN105014481A 则是通过获取刀具的磨损图像、温度信号、振动信号等综合信号来实现刀具的在线监测。此外，还有一小部分专利申请是通过监测功率电流信号、声发射信号以及其他信号对工具的工作状态进行监测。

（2）西安交通大学

西安交通大学在该领域的专利申请量仅次于哈尔滨理工大学，居国内第二位，且主要致力于刀具工作状态的间接监测技术。

通过分析图 16 可知，该校在间接监测领域的研究较为全面，涉及各类信号的监测，其中研究最深入的还属切削力信号（占 38%）和振动信号（占 32%）的监测。如，专利 CN105817952A 通过监测切削力信号并采用阈值法实现对刀具状态进行监测；而专利 CN103551922A 则是通过在机床上安装应变式三维车削力传感器的方法监测车削力信号从而实现对刀具磨损状态的监测；又如专利 CN104390697A、专利 CN106112697A 是通过一

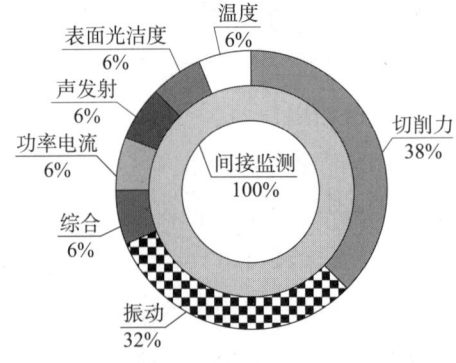

**图 16　西安交通大学关键技术专利申请分布**

种铣削颤振检测方法，利用振动信号实现对刀具工作状态的监测。还有一部分专利申请公开了关于功率信号、声发射信号、表面光洁度信号、温度信号以及综合信号的监测。

（3）华中科技大学

华中科技大学由华中理工大学、同济医科大学以及武汉城市建设学院合并组建而成。该校对于刀具工作状态监测技术的研究也主要集中在间接监测法，申请的专利中涉及最多的是通过监测功率电流信号来实现刀具工作状态的间接监测。如专利 CN101318301A、专利 CN101318300A 是通过轴向进给负荷与进给电机电流关系的标定，实现刀具工作状态的监测。除此之外，该校还申请了数件通过监测切削力信号、振动信号或温度信号实现刀具工作状态监测的专利。

（4）哈尔滨工业大学

哈尔滨工业大学对刀具工作状态的研究也有一定的重视。在该领域的专利申请中，该校致力于间接监测法的研究，且主要是通过对刀具切削温度、切削力、刀具振动等综合信号的测量实现刀具监测，如专利 CN102699362A、专利 CN103111642A、专利 CN103111643A。其次是通过对切削力信号的监测实现刀具的间接监测，如专利 CN102847961A、专利 CN102873353A 公开了一种集成微小三向切削力测量系统的智能刀具，通过对切削力的实时监测实现自适应加工。

**（二）技术演进**

通过对重要申请人的关键技术分析，发现申请人目前最为关注的技术为间接监测法中的切削力监测、振动信号监测以及直接监测法中的机器视觉法，因此针对以上三个关键技术进行其发展脉络梳理，寻找未来技术发展的趋势。由于切削力与振动信号的监测技术一直并行发展并有许多技术重合点，因此将二者放在一起进行技术演进的分析。

1. 切削力与振动信号监测技术

信号处理技术是刀具磨损状态间接监测的核心技术，它首先利用传感器采集能反映刀具状态变化的物理量如切削力和振动等信号，进行分析处理获取其特征值，然后建立数学模型对特征值进行决策分析达到判断、监测刀具状态的目的。因此，切削力与振动信号监测技术主要由信号监测、特征提取和模式识别三个方面组成（见图17）。

（1）信号监测

切削力作为刀具切削状态监控的重要手段与方法，是表征切削过程的最重要的特征。刀具磨损的增加会导致切削力增大，其比振动信号和声发射信号对刀具的磨损更加敏感，且信号振幅大，不易受到环境干扰。

作用在刀具上的切削力可以在空间分解为三个相互垂直的切削分力，分别为主切削力、背向力和进给力。一般认为，主切削力与进给力与对刀具的磨损更为敏感。但事实上，实验中无法直接对以上三个力进行监测。通常的方法是，将力传感器固定在刀柄内，

新能源电池

机器人

高档数控机床

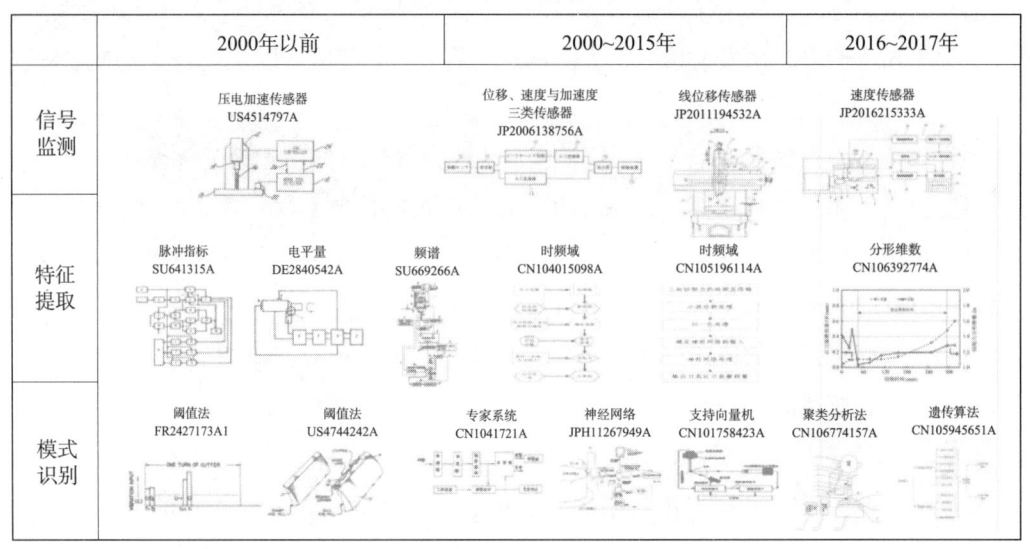

| | 2000年以前 | 2000~2015年 | 2016~2017年 |
|---|---|---|---|
| 信号监测 | 压电加速传感器<br>US4514797A | 位移、速度与加速度<br>三类传感器<br>JP2006138756A　　线位移传感器<br>JP2011194532A | 速度传感器<br>JP2016215333A |
| 特征提取 | 脉冲指标<br>SU641315A　　电平量<br>DE2840542A | 频谱<br>SU669266A　　时频域<br>CN104015098A　　时频域<br>CN105196114A | 分形维数<br>CN106392774A |
| 模式识别 | 阈值法<br>FR2427173A1　　阈值法<br>US4744242A | 专家系统<br>CN1041721A　　神经网络<br>JPH11267949A　　支持向量机<br>CN101758423A | 聚类分析法<br>CN106774157A　　遗传算法<br>CN105945651A |

**图17　切削力及振动信号监测技术专利申请演进**

制成测力刀柄，例如，大连理工大学在1987年提出一种压电石英刀杆式三向车削测力仪（专利CN1032395A），适于在线测量动态、瞬态及静态切削力。常用测力仪包括电阻应变式和压电晶体式等，例如，大连理工大学在2009年提出一种压电式四维切削测力平台（专利CN101524818A），采用压电石英传感器实现对切削过程中的三个方向正交力及扭矩进行同时测量；浙江工业大学在2010年提出一种多硬度拼接材料高速铣削切削力测试装置（专利CN101947742A），采用应变传感器实现记录并分析铣削不同硬度材料时的进给方向切削力和进给方向垂直方向的切削力状况。国内外学者在切削力监控方面作了大量的研究工作，试图采用切削分力、切削分力比、动态切削力的频谱和相关函数等特征参量来反映刀具切削状态，例如，波音公司在1986年提出一种用于指示切削刀具磨损的系统（专利US4802095A），计算径向力分量与切向力分量的比值来判断更换端铣刀；日本村田制作所在2005年提出一种机床刀具检测器（专利JP4923409B2），根据检测得到的负载统计数据生成公式，通过公式得到刀具寿命估算值。

而振动的产生会导致刀具磨损加快，切削过程中的振动信号包含丰富的与刀具状态密切相关的信息，且振动信号产生的概率最高，可以在不停车状态下进行在线监测和诊断，更易于提取，故振动分析法是现如今对刀具磨损进行诊断最常见最有效的方法之一，其通过对机械设备运动时所引发的振动信号进行采集，通过数据处理破译机械振动中所包含的大量信息，进而对设备状态进行监测，分析设备潜在的可能故障，对故障的模式进行识别。

振动信号的监测是通过各类振动传感器来实现，包括位移传感器、速度传感器、加速度传感器、力传感器、应变传感器及扭矩传感器等。振动传感器的选择应该结合测量对象的主要频率范围来确认，例如从测量精度的角度，低频时宜测量位移，中频时宜测量速度，高频时宜测量加速度；对大多数机器来说，最佳参数是速度，因其信号较平坦稳定，而加速度信号弱，需要放大，位移受噪声干扰严重，需要滤波器等。例如：GTE贝莱隆公司在 1982 年提出了一种工具磨损监控方法（专利 US4514797A），通过压电加速度传感器测量振动信号，以实现对磨损时异常振动信号的预警；富士在 2011 年公开了一种机床的切削工具刀尖诊断装置（专利 JP2011194532A），利用线位移传感器的输出信号的振幅来诊断切削工具的刀尖状态。振动信号的采样过程包括信号适调与 A/D 转换，发那科在 2004 年提出了一种碰撞探测装置（专利 JP2006138756A），采用位移、速度与加速度三类传感器，通过电路设计选择合适取样周期的衰减率，对大信号做衰减处理，之后通过 A/D 转换器，将振动传感器的输出信号从模拟信号转变为数字信号。

（2）特征提取与分析

在对监测信号预处理之后，就可以提取其信号特征，主要包括时域分析、频域分析、时频分析以及分形理论。时域的表示较为形象与直观，频域分析则更为简练，剖析问题更为深刻和方便。目前，信号分析的趋势是从单一的时域、频域向时频域及分形理论发展。

早期的专利文献，刀具状态监测所采用的信号处理技术多集中在时域、频域上，且呈现由时域向频域分析方向发展的趋势。罗斯特在 1977 年公开了一种机床刀具磨损计算方法（专利 SU641315A），采用了时域参数中的脉冲指标作为提取的特征来识别刀具磨损；株式会社小松制作所在 1978 年提出了一种安全控制系统（专利 DE2840542A），通过提取振动的输入电平特征，对时间轴上的电平变化做监测，通过傅立叶变换将信号分解成多个正弦函数积分，得到信号的频谱；然后求系统对各个正弦分量的响应，得到响应的频谱；最后通过傅立叶反变换求得响应。随后，Guse – I 提出通过分离频谱中必要的频带来测量刀具磨损（专利 SU669266A）；三菱在 1995 年提出了一种切割状态检测器，通过精确检测功率谱值准确了解刀具磨损量的变化（专利 JPH0985587A）；浙江工业大学在 2010 年提出一种拉削力测试装置（专利 CN201833232U），能够在一次拉削过程中记录并分析拉削力的变化过程，并对拉削力的频谱特性进行分析。

由于时域、频域提取特征都是针对某段长度的样本而提取出来的一个统计特征值，提取的特征不够全面准确；而时频域则是针对某段长度得到的统计特征值，通常有多个，比如小波能量谱等。重庆大学在 2013 年提出一种基于机床刀具受力状态的加工进度信息采集方法（专利 CN103473640A），该方法通过时域分析、频域分析和小波分析方法实现对原始受力信号的形态滤波和加工进度特征元素的提取；天津大学在 2014 年提出了一种用于机加工中刀杆振动信号的实时监测方法（专利 CN104015098A），采用小波变化或者快速傅立叶变换对数据进行处理，并选取时域、频域以及时频域的特征对信号进行特征处理；张仲华在 2015 年公开了一种基于小波分析和神经网络的刀具磨损实时在线监测方法（专利 CN105196114A），通过多分辨率小波分析模块对采集到的切削力信号进行四个尺度的小波分解，提取其中增幅最大两个尺度上细节信号的能量和均方差作为特征来进行后续的模式识别。

分形几何是一种全新的信号分析思路，其用于在状态空间定量刻画系统的非线性行为，因此可以有效地实现对复杂信号的分析，提取故障信号的分形特征。分形维数是分形的重要刻画指标，包括盒维数、信息维数、关联维数等。山东理工大学郑光明在 2016 年提出了一种基于分形理论的刀具磨损状态在线监测方法（专利 CN106392774A），借助分形理论，通过在线测量切削力，获取切削力离散值，建立切削力向量并进行相关性分析，并计算切削力分形维数，在整个刀具寿命范围内，切削力分形维数呈现高—低—高的变化趋势，与刀具磨损的三个阶段相对应，并利用这种对应关系来判断刀具磨损状态。

（3）模式识别

模式识别技术是信息科学和人工智能的重要组成部分，它可以使故障诊断的效率和实时性加强。近来以人工智能为核心的专家系统、人工神经网络、小波分析、模糊控制、支持向量机等技术在设备监测与故障诊断领域中的应用发展迅速，并已取得了很好的诊断效果。

早期的模式识别在特征提取的基础上，通常采用简单的阈值法实现，通过提取后的监测特征与预设值作比较，来判定故障状态。发那科在 1979 年提出数控机床刀具检测装置（专利 DE2916703A1），将测量得到的切削力与程序的一组预定值比较，判断切削刀具磨损是否达到其允许极限；波音在 1988 年提出了一种切削刀具磨损监测方法（专利 US4744242A），检测加工过程中切削刀具的振动频率，当任何频率的振幅超过某一阈值幅度时，就可以停止特定的切割操作。

基于知识推理、人工智能、专家系统的诊断方法具有一定的可靠性与安全性，清华大学于 1989 年提出了一种声发射刀具综合监视方法与装置（专利 CN1041721A），利用了基于专家知识与经验建立的多层次 AE 信号特征参数进行模式识别。神经网络应用于故障诊断是其最成功的应用之一，由于神经网络具有原则上容错、结构拓扑鲁棒、联想、推测、记忆、自适应、自学习、并行和处理复杂模式的功能，使其在系统的监测及诊断中发挥较大作用，川崎重工业株式会社在 1999 年提出利用神经网络对图像特征量做训练和识别，来监测刀具的磨损（专利 JPH11267949A）；基于神经网络模式识别的缺点也十分明显，它需要大量的数据作为支撑依据，而在样本较少的情况下，支持向量机的优势便有所显现，上海诚测电子科技发展有限公司在 2008 年提出采用多个参数融合、比较，通过支持向量机来确定刀具的磨损程度（专利 CN101758423A）。

随着计算机技术与数学算法研究的深入，基于系统数学模型和现代控制理论的模式识别方法相应出现，例如：遗传算法、蚁群算法、聚类算法等。无锡易通精密机械在

2016 年提出了一种具有故障诊断与预警功能的数控机床（专利 CN106774157A），其中应用了神经网络、聚类分析法以及遗传算法来识别刀具磨损故障；同年，哈尔滨理工大学提出了一种球头铣刀精密铣削用的刀具磨损在线检测装置及检测方法（专利 CN105945651A），同样采用遗传算法识别刀具磨损故障；四川大学提出一种基于果蝇优化算法的铣刀磨损状态监测方法（专利 CN105834834A），对提取到的时域特征和能量特征采用果蝇优化算法进行优选，将优选后的特征输入 BP 神经网络计算铣刀的磨损量。

另外，随着加工系统的自动化和智能化水平的提高，传统的单因素传感器已经难以满足高精度刀具状态监测系统的要求。多传感器融合的刀具状态监测系统的研究受到了国内外专家学者的普遍关注。采用多传感器技术可以克服单一传感器只能提供局部信息的限制，获得全面的状态信息，从而更全面反映被监测系统的状态变化，提高监测系统抗干扰能力[5]。日本制铁株式会社在 1994 年提出检测刀具磨损的方法（专利 JPH07308847A），采用声音传感器、振动传感器、应变传感器结合，以检测磨损情况并判断刀具交换时间；沈阳利笙电子科技有限公司在 2013 年提出分别采集各种不同磨损状态的声发射信号、机床中主轴电机与进给电机的电流信号、切削速度、切削深度和进给量，对刀具磨损程度进行预测（专利 CN103465107A）；高圣精密机电股份有限公司在 2015 年提出采用振动感测元件、声音感测元件、温度感测元件、流速感测元件、压力感测元件收集信号，监测锯带的磨损程度（专利 CN105094077A）；同年，苏州多荣提出采用电流传感器、电压传感器、振动传感器结合，在加工过程中实时监控刀具磨损情况（专利 CN105234746A）。

2. 机器视觉法

在直接监测方法中，机器视觉方法不受切削条件和工件材料的影响，可以同时得到刀具多个磨损模式的图形，能够整体反映刀具的磨损形态，因而是各申请人一直以来比较关注的一项技术，约占直接监测技术相关专利申请量的 65%。机器视觉监测方法按照所采用的技术手段的不同主要分为图像处理法和光学测量法两大部分（见图 18）。

（1）图像处理法

图像处理法是一种不接触、无磨损的直观检测方法，它能够精确检测到每个刀刃上不同形式的磨损状态，这种检测系统通常由 CCD 摄像机、光源和计算机构成。较早的如美国通用公司在 1987 年提出了由机器视觉测量刀具磨损的方法（专利 US4845763A），通过向切削刀具投射光源获取切割工具面的数字图像并以灰度像素值阵列的形式存储，然后利用通用图像处理系统的交互式程序对图像进行分析以获得刀具磨损信息；日本小松在 1995 年提出一种刀具磨损检测器（专利 JPH09168944A）采用焦距调节器来保持图像拾取器与刀具尖端的恒定距离；同年日本东芝提出采用图像拾取单元获得刀具的整体图像，然后基于刀尖部分的坐标值，通过对图像拾取单元应用高倍增因子来获得刀具刀尖的图像，从而获得刀具的磨损状态（专利 JPH08257876A）。

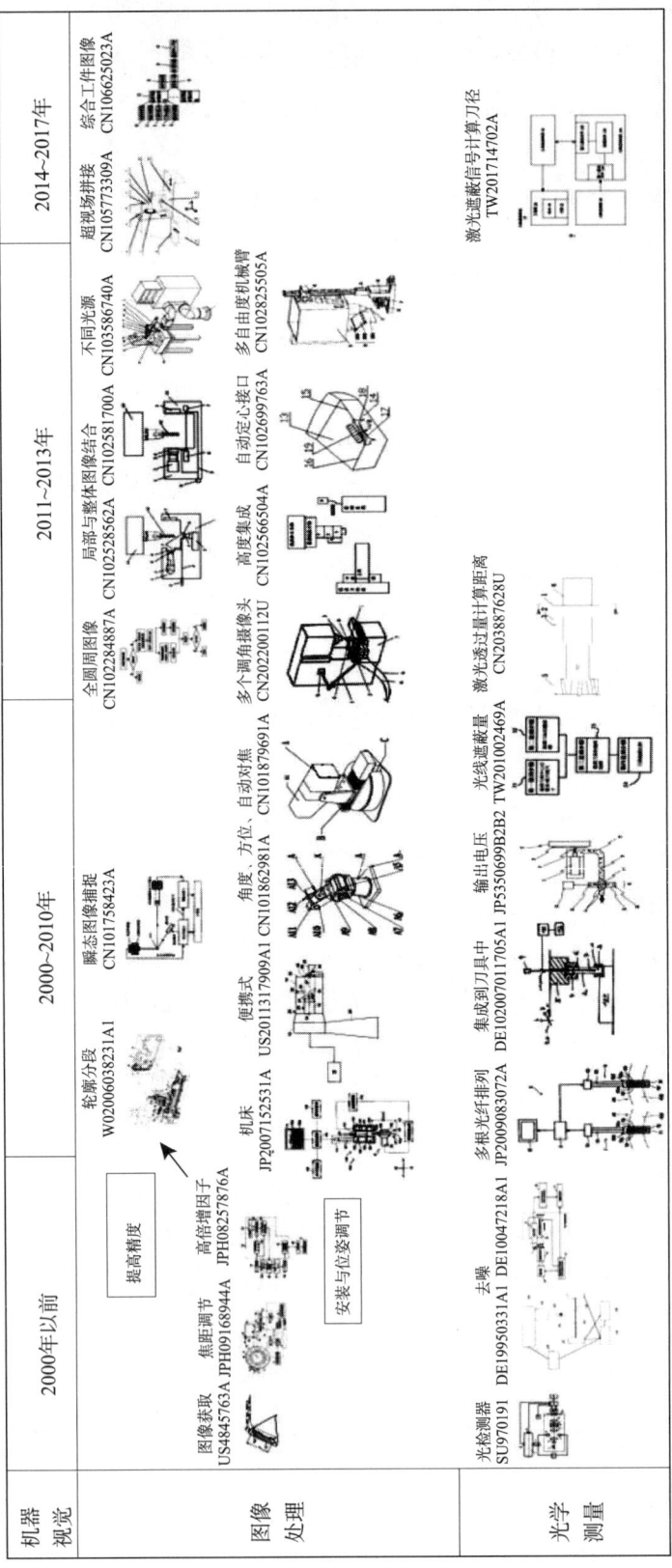

图 18　机器视觉监测技术专利申请演进

图像处理法监测刀具磨损的技术在 2004 年之后迅速发展，国内申请人在 2008 ~ 2015 年在该领域的申请尤为活跃。在提高测量精度方面，意大利 PB 公司在 2004 年提出区分切削刃边缘的直线段、切点以及曲线段部分，对其分别测量从而得到切削刃的精确边缘轮廓以提高磨损判断精度（专利 WO2006038231A1）；上海诚测电子科技发展有限公司在 2008 年提出基于 CCD 的高速旋转刀具瞬态图像捕捉来获得可靠清晰的刀具表面图像，并利用支持向量机的刀具图像磨损区域分割对刀具切削点进行三维图像重建，获得反映刀具磨损程度的大部分参数值（专利 CN101758423A）；2011 年，哈尔滨理工大学提出一种车削刀具寿命监测仪（专利 CN102284887A），根据工件转动速度，对工件加工表面进行图像采集，并对采集到的若干幅照片利用图像技术合并成一张全圆周的图像，实现了更准确的刀具寿命评价；2012 年，上海大学分别在专利 CN102528562A 以及专利 CN102581700A 中公开了分别获取刀具整体图像以及切削刃磨损区局部细节图像数据的检测系统以提高检测精度；东华大学在 2013 年提出使用不同的光源进行刀具不同参数的检测来综合准确评价刀具磨损（专利 CN103586740A）；2016 年，天津大学提出一种超视场刀具在线检测方法（专利 CN105773309A），通过图像拼接以及对切削刃轮廓点群数据的分析获得切削刃形状误差，大幅提高了刀具监测的精度和效率；苏州新泰克于 2017 年提出一种机床在线监控设备（专利 CN106625023A），综合了刀具图像和工件加工表面图像，使得机床在线监控的数据更加全面。

在传感器的安装与位姿调节方面，日本迪思科在 2005 年提出将刀片磨损检测单元安装于刀片罩上，摆脱了光纤配线的束缚（专利 JP2007152531A）；北京航空航天大学在 2010 年分别提出了摇摆式刀具磨损检测装置（专利 CN101862981A）和混合式回转刀具磨损检测装置（专利 CN101879691A），实现了相机对刀具的不同角度、不同方位的拍摄以及自动对焦，提高了测量效率；美国通用在 2010 年提出一种便携式磨损量化系统（专利 US2011317909A1）；襄樊学院在 2011 年提出通过多个可调角度的摄像头实现刀具的三维实时检测（专利 CN202200112U）；2012 年，河北工业大学将图像传感器、图像采集信息处理单元、无线收发模块和光源集于一体（专利 CN102566504A），哈尔滨理工大学采用自动定心接口将图像检测头连接到刀具上（专利 CN102699763A），华南理工大学将图像获取装置安装在多自由度的机械臂上（专利 CN102825505A）进一步减小了检测装置的空间需求。

（2）光学测量法

光学测量法的原理是磨损区比未磨损区有更强的光反射能力，刀具磨损越大，刀刃反光面积就越大，传感器检测的光通量就越大。较早关于该方法的申请是 KIEV POLY 在 1981 年申请的专利 SU970191，其公开了一种使用光检测器的金属切削刀具磨损率计；随后在 1984 年马赫工具研究所的申请专利 SU1187009 对其进行了优化，提出了一种具有同

新能源电池

机器人

高档数控机床

轴的光源和光接收器形式的同步器的切削刀具磨损测量装置。此后，人们一直致力于消除检测结果中的噪音，以提高监测的精度，如德国波龙在1999年提出只在工具进入光束测量区域的时间点收集光通信号，从而消除由金属屑或切削油等引起的测量系统的干扰（专利DE19950331A1）；德国AGENCY于同年提出以预定义的采样周期对切削工具上的磨损传感器的输出数据进行采样，并通过噪声消除装置将噪声数据分离（专利DE10047218A1）。迪思科在2007年提出一种切削刀片检测机构（专利JP2009083072A），通过将两组发光体的多根光纤径向排列且彼此错开，能够检测环状切削刃而无需分阶段地在切削刀片径向上调节发光体和受光体；GENESIS ADAPTIVE于同年提出将光纤布拉格光栅集成到刀具的切削刃中来采集切削刃工作信息（专利DE102007011705A1）。随后，财团法人精密机械研究发展中心提出利用刀具与激光光线的相对运动以及光线被遮蔽量的变化，构成信号强度以及机械坐标位置的特性曲线，再通过分析运算以及资料比对，来反映刀具磨损量（专利TW201002469A）。常州昊锐工具在2013年提出通过测量磨损位置透过的激光至铣削刀刃被磨损部位的距离，得到刀具的磨损程度（专利CN203887628U）。财团法人资讯工业策进会在2015年提出分别测量刀具一侧遮蔽激光以及刀具停止遮蔽激光时的感测信号，据此得到目标坐标，从而计算刀具刀径判断磨损（专利TW201714702A）。

近年来，人们也一直在尝试将机器视觉与其他检测方法融合以更精确全面地反映刀具磨损状态。横河电机在1999年提出将麦克风收集声音信号与相机获取视频图像数据结合来检测刀具状态（专利JP2001162491A）；上海大学在2012年提出将图像处理与振动传感器或声发射传感器相结合（专利CN102528561A）以及视频与激光融合（专利CN102581700A）的方法对刀具磨破损状态进行自动检测；森精机制作所在2015年提出将振动数据的频谱分析与图像处理结合来评估工具磨损状态（专利JP2016215333A）。

## 四、结论与建议

### （一）结论

本文对数控机床刀具工作状态监测技术研究现状及其全球专利申请和中国专利申请进行了分析，对数控机床刀具工作状态监测技术的发展态势进行了介绍，并对其发展脉络进行了梳理。在刀具工作状态监测技术中，直接监测法和间接监测法凭借各自的优势，在监测技术的发展中均发挥了重要的作用，也是人们一直努力改进的方向。

1. 传感器技术仍是持续改进的重点

传感器技术作为刀具磨损状态监测的基础，长期制约着监测系统的发展。在使用过程中传感器安装受到加工条件的制约，安装上也存在诸多不便。传感器安装位置、姿态调节以及提高灵敏度等技术占据专利申请的重要地位。因此，关于安装方便、采集信号实用可靠、反应灵敏度高的传感器的研究开发与合理选择是该领域研究主体重点关注并一直付诸努力的基础性工作。

2. 多传感器融合技术将成为未来技术发展的方向

刀具工作状态的变化会引起多种信号的改变，而单一传感器采集的信号是局部的，容错性和冗余性较差，不能准确反映刀具状态。以此为依据来判断刀具状态，难免缺乏可靠性和准确度。近年来，关于多种信号综合检测作为判断刀具磨损依据的专利申请量逐步增多，成为未来技术研发的热点。

3. 日本申请占据全球专利的垄断地位

日本因其精密制造业发达，关于数控机床刀具工作状态监测技术的研发力量强，专利申请量大且覆盖的专利技术分支全面，在全球申请量中处于绝对的领先地位。在激烈的市场竞争和中国市场的巨大吸引下，日本企业也非常重视在中国的专利布局，抢占技术优势地位。而中国在刀具监测技术研发开始较晚，且专利申请人多为高等院校，技术产业化不够，海外布局力度不足。

（二）建议

由于国内相关研究起步较晚，在传统技术分支上追赶国外商业巨头的同时还应积极在新兴的技术领域中寻找突破点，以快速缩短与国外技术的差距。现对涉及数控机床刀具工作状态监测技术的主体提出一些建议以供参考。

1. 注重传感器基础工作的研究

传感器技术的发展是刀具状态监测技术前进的基础与动力。传感器灵敏度的提高、安装便捷性与姿态可调性是研发主体始终要关注的主题。借着当前中国制造与智能制造的潮流，国内相关单位应注重传感器的基础研究工作，保证研发投入，稳定扎实地向国外先进技术靠拢和超越。

2. 充分把握多传感器融合技术的发展机遇

随着制造业对刀具工作状态监测技术的要求越来越高，单一传感器监测技术已渐渐不能满足经济发展的需求，国内主体应牢牢把握这一机遇，加大对多传感器融合监测技术的研发投入，积极探索新的融合模式，争取在该领域打破国外的技术垄断，抢占技术优势。

3. 注重实际应用和全球布局

虽然近年来我国刀具工作状态监测技术迅猛发展，但研发主体主要集中在高等院校，技术产业化还有待加强，这也直接制约了我国高档数控机床的发展。在以后的研发中，应积极推进研究成果产业化，使技术与产品结合，理论研究与实际市场结合，建立起知识转化为资本的桥梁，并通过学习与借鉴国外先进技术、产品，从而促进我国机床产业与国际接轨。此外，还应注重研究成果在全球的专利布局，尤其是核心技术方案的布局，并重视和跟踪主要竞争对手的专利布局情况，建立完善的知识产权实施和保护体系，从而提高市场竞争力，实现产业的可持续发展。

**参考文献**

［1］关山. 在线金属切削刀具磨损状态监测研究的回顾与展望Ⅰ：监测信号的选择［J］. 机床与液压，2010，38（11）.

［2］舒平生. 基于分层图像采集和三维重建的刀具磨损检测方法［J］. 制造技术与机床，2015（4）.

［3］杨铁军. 产业专利分析报告（第35册）——关键基础零部件［M］. 北京：知识产权出版社，2015.

［4］杨铁军. 专利分析实务手册［M］. 北京：知识产权出版社，2015.

［5］陈侃. 基于多模型决策融合的刀具磨损状态监测系统关键技术研究［D］. 成都：西南交通大学，2012.

# 数控机床刀库专利技术综述<sup>*</sup>

王智勇　张芸芸<sup>**</sup>　王峥<sup>**</sup>　李新月　朱松松　陈军委　蓝晶

**摘　要**　本文对数控机床刀库的专利申请态势、布局情况和技术发展情况进行了研究，首先对数控机床刀库专利申请的整体趋势和申请人情况进行分析，发现国内刀库布局以及结构设计的能力仍需提高。在此基础上，通过对数控机床刀库整体发展状况的分析，得出圆盘式刀库是领域重点应用技术，以及刀库布局和结构设计朝不断提高换刀效率方向发展，并分别针对转塔式、圆盘式、链式和箱式四个分支的发展状况和技术发展路线进行了研究。通过研究分析找出国内外技术发展和专利保护的差异以及未来的发展方向，为数控机床刀库的后续研究提供参考。

**关键词**　数控机床　刀库　转塔式　圆盘式　链式　箱式

## 一、概述

随着世界经济及科学技术的快速发展和进步，航空航天、汽车等行业受到人们重点关注。中国作为世界制造业大国，制造业成为中国的支柱产业之一。数控加工机床是机械生产加工过程中必不可少的设备，并且正逐渐向着高性能、高精度和高可靠性方向发展，刀库系统作为数控加工中心的重要组成部分和关键性功能部件，通过刀库结构的合理设置和布局，可大大减少机械加工过程中的非切削时间，从而提高生产效率、降低生产成本，进而提升机床乃至整个生产线的生产力。近年来，随着刀库系统在加工过程中作用的显著提升，刀库系统的性能对机加工效率的影响越来越明显，已经不再仅仅作为机床的辅助部件为人所知，而且将会慢慢在其自己的技术领域中发挥出重要作用。经过了改革开放后几十年的奋力追赶，我国在数控领域已取得较大成就，并在开放式数控系统、嵌入式数控系统等方面实现技术突破，但是，由于我国的基础工业和技术水平相对比较落后，数控机床仍多以中低档机床为主，效率和精度普遍偏低，可靠性不高，特别

---

* 作者单位：国家知识产权局专利局专利审查协作天津中心。
** 等同第一作者。

是高档数控机床在性能、水平和可靠性等方面，同工业发达国家相比，还存在很大的差距。通过对国内研究现状的分析可知，虽然国内对数控机床的部分技术领域进行了研究，但是，目前对数控机床刀库领域的专利分析与研究还处空白状态，因此，为了了解数控机床刀库技术发展的现状和趋势，促进我国数控机床企业的技术进步，本文对数控机床刀库的专利申请态势、布局情况和技术发展情况进行了深入研究，以期为企业的技术研发和生产提供有益帮助。

**（一）技术概述**

数控机床刀库（Tool Magazine），是指在机械加工的过程中，事先准备加工所需刀具，为不在使用中的刀具提供储刀的位置的机床附件。

根据刀库存放刀具的数目和取刀方式，刀库可设计成多种形式。刀库从形式上分类，主要可分为转塔式刀库、圆盘式刀库、链式刀库以及箱式刀库（格子式刀库）等形式，容量从几把到几百把。[1]

1. 转塔式刀库

如图 1-1 所示，转塔式刀库用于小型立式加工中心，转塔转位方式有二，其一为借助机械方式转位，此种方式的选刀，均为顺序选刀，其二为由伺服电机驱动转位，此种刀库可以实现任选刀具方式。

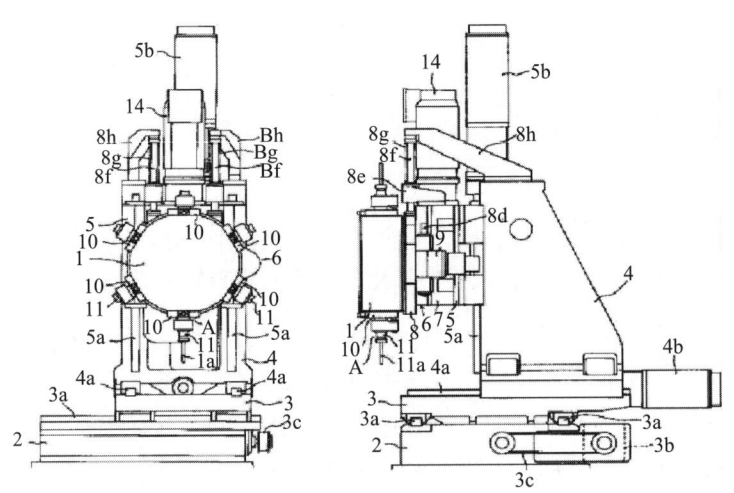

图 1-1 转塔式刀库

2. 圆盘式刀库

圆盘式刀库在卧式、立式加工中心均可采用，它是将刀具储存在圆形鼓轮上，这种刀库结构简单，单刀具呈环形排列，空间利用率低，受刀盘尺寸限制，一般刀库容量比较小，需搭配自动换刀机构进行刀具交换。单盘式刀库存刀量可达 50～60 把，但其存刀量过多会使结构尺寸庞大，与机床布局不协调，为适应机床主轴的布局，刀库上刀具轴线可以按不同方向配置，如轴向、径向或斜向，如图 1-2 所示。

轴向布置　　　径向布置　　　斜向布置

图1-2　圆盘式刀库

为进一步扩充存刀量，增加空间利用率，刀具也可以采用多层分布、多圈分布和多排分布，如图1-3a、图1-3b所示。

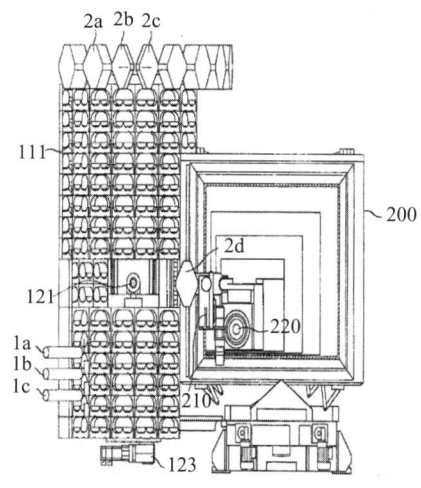

图1-3a　多层布置的圆盘式刀库

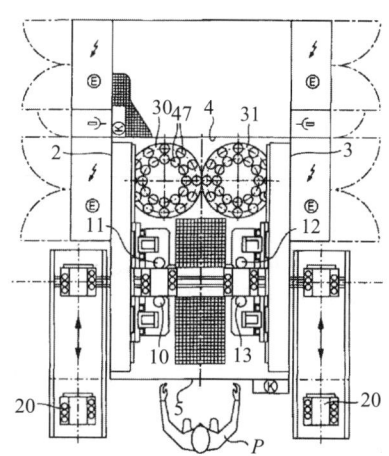

图1-3b　多圈布置的圆盘式刀库

3. 链式刀库

链式刀库中的刀具储存在链条环节上，如图1-4a所示，先由链条将要换的刀具传送到指定位置，再由机械手将刀具装到主轴上。这种刀库结构紧凑，灵活性好，容量较大（可装30~120把刀具），选刀和取刀动作简单，且多为轴向取刀。链环的形状可以根据机床的布局配置成各种形状，也可以将换刀位置突出以利于换刀。当链式刀库需要增加刀库容量时，只需增加链条的长度，而在一定的范围内无需变更线速度及惯量，这给系列刀库的设计与制造带来了很大的方便，可以使之满足不同的使用条件，通常其刀具容量比盘式的要大，结构也比较灵活。还可以采用加长链带的方式来加大刀库的容量，也可采用链带折叠回绕的方式，如图1-4b所示，以提高空间利用率，在要求刀具容量很大时，还可以采用多条链带结构，如图1-4c所示。

### 4. 箱式刀库

其刀具储存在纵横排列的格子上，由纵、横向移动的取刀机械手完成选刀动作，先将选取的刀具送到固定的换刀位置刀座上，再由换刀机械手交换刀具。由于刀具排列密集，所以箱式刀库空间利用率最高，刀库容量较大。

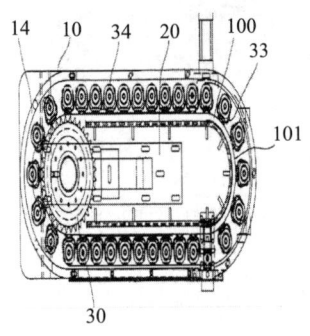 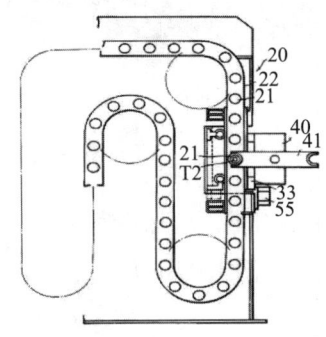

图1-4a　单链式刀库　　　　　图1-4b　折叠回绕的链式刀库

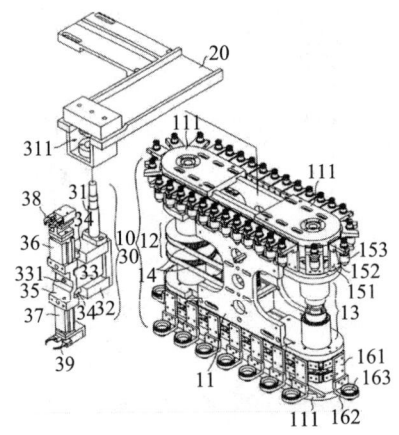

图1-4c　多链式刀库

箱式刀库分单面式和多面式两种形式。单面式刀库如图1-5a所示，布局相对不灵活，通常刀库安置在工作台上；多面式刀库，如图1-5b所示占地面积小，结构紧凑，在相同的空间内可以容纳的刀具数目较多。其选刀和取刀动作复杂，多用于FMS（柔性制造系统）的集中供刀系统。

### （二）技术分支

依据刀库的结构形式，可以将刀库的关键技术划分为转塔式刀库、链式刀库、圆盘式刀库和箱式刀库，以及相应的分支，具体专利技术分解如表1-1所示。

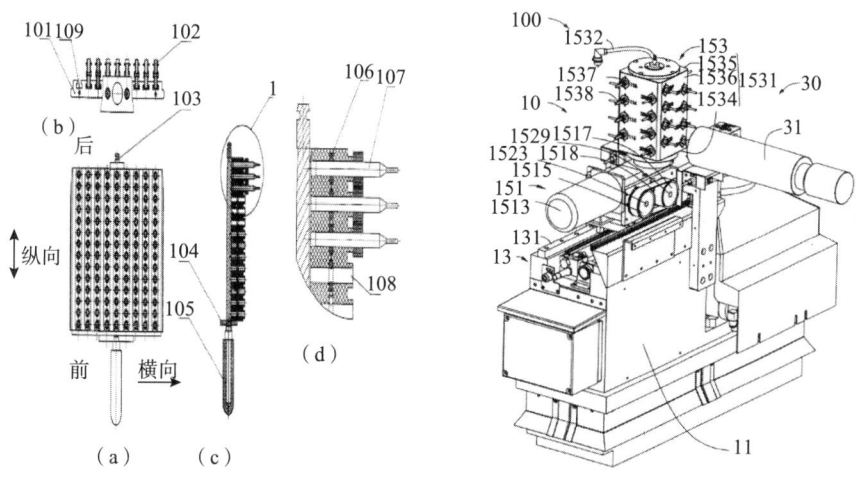

图 1-5a　单面箱式刀库　　　　　图 1-5b　多面箱式刀库

表 1-1　刀库专利技术分解表

| 一级分支 | 二级分支 | 三级分支 |
|---|---|---|
| 转塔式 | | |
| 链式 | 单链式 | |
| | 折叠回绕式 | |
| | 多链式 | |
| 圆盘式 | 单盘式 | 轴向式 |
| | | 径向式 |
| | | 斜向式 |
| | 多盘式 | 多圈式 |
| | | 多层式 |
| | | 多排式 |
| 箱式 | 单面式 | |
| | 多面式 | |

## 二、专利申请总体情况

　　本文进行文献检索和筛选主要是在中国专利文摘数据库（CNABS）、德温特世界专利索引数据库（DWPI）中进行。结合关键词和分类号在 CNABS、DWPI 数据库分别进行中文、外文专利文献的检索。截至 2017 年 8 月 11 日，获得全球范围内刀库专利申请15303 项。其中，由于专利审查制度的设置，专利文献从申请日到公开日需要一定的时

新能源电池

机器人

高档数控机床

间，所以 2016～2017 年的样本会存在不完整的问题，以下分析中可能无法完整反映近两年来的专利申请趋势。[2]

**（一）全球专利申请量分析**

1. 全球历年专利申请量

图 2-1 示出了刀库技术的全球专利申请趋势状况。自 1960 年起，其技术发展按照专利申请的情况主要分为三个阶段。

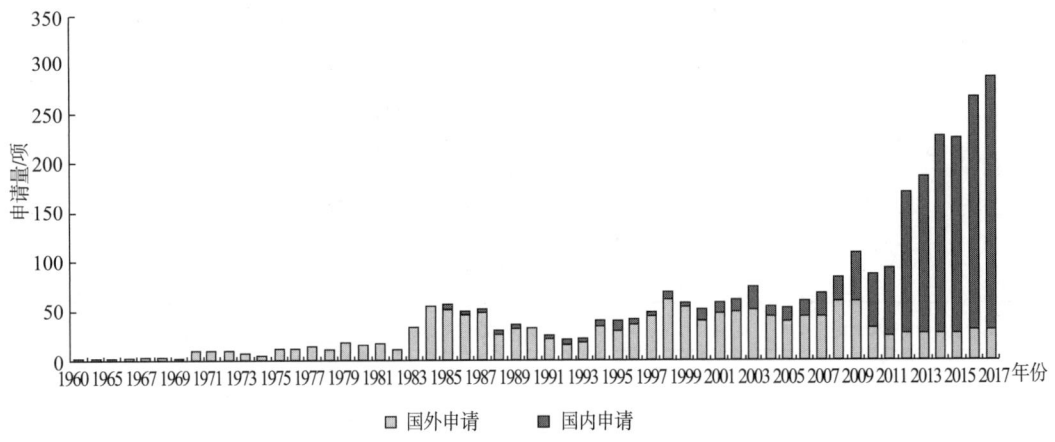

**图 2-1　刀库技术全球专利申请量变化趋势**

萌芽阶段（1960～1970 年）：这一阶段刀库的申请量比较少，这是由于当时工业技术发展处于起步阶段，其机床领域的自动化程度还不成熟，对于机械设备的性能、加工效率、加工精度等相关技术要求不高，企业对于刀库技术的研发尚处于萌芽阶段。

快速增长阶段（1970～2009 年）：刀库技术的专利申请量开始呈现稳定增长的发展趋势，其 1987 年的专利申请量达到了 1970 年专利申请量的 6 倍，这主要是由于当时计算机技术、机器人技术以及数控加工机床的快速发展，各大企业开始追求低生产成本、高加工效率，但由于当时社会对于制造业的产品的需求量仍处于平稳发展状态，其后阶段中专利申请量增长较为平缓。

急速增长阶段（2009 年至今）：随着世界经济的复苏和快速发展，重工业相关的科学技术也蓬勃发展，人们对航空航天、汽车行业等行业越来越重视，尤其是数控机床向多轴联动机床的方向发展，刀库系统对制造业的影响越来越明显，各大企业也聚焦于刀库系统的研发和技术革新。而且这一阶段，世界各国，特别是中国对知识产权的保护意识增强，企业为使其技术得到保护以增强竞争力，相应地加大了专利的申请量，由此，这一阶段刀库技术的申请量出现了突飞猛进的增长。

同时，从图 2-1 中还可以看出，刀库国外专利申请量在 1983 年前很少，之后刀库专利申请量虽有起伏，但大体保持稳定。相比于国外，国内刀库专利申请量起初比较小，这是由于国内技术起步较晚。2000 年之后，国内专利申请量开始有了相对较快的增长，并在 2009 年以后始终保持着高增长的态势。到 2016 年，我国刀库专利申请量相比 2009 年增长了约 5 倍。

2. 刀库技术生命周期

从图 2 − 2 中可以看出，数控机床刀库领域技术在几十年的发展历程中，主要可以分为以下阶段。

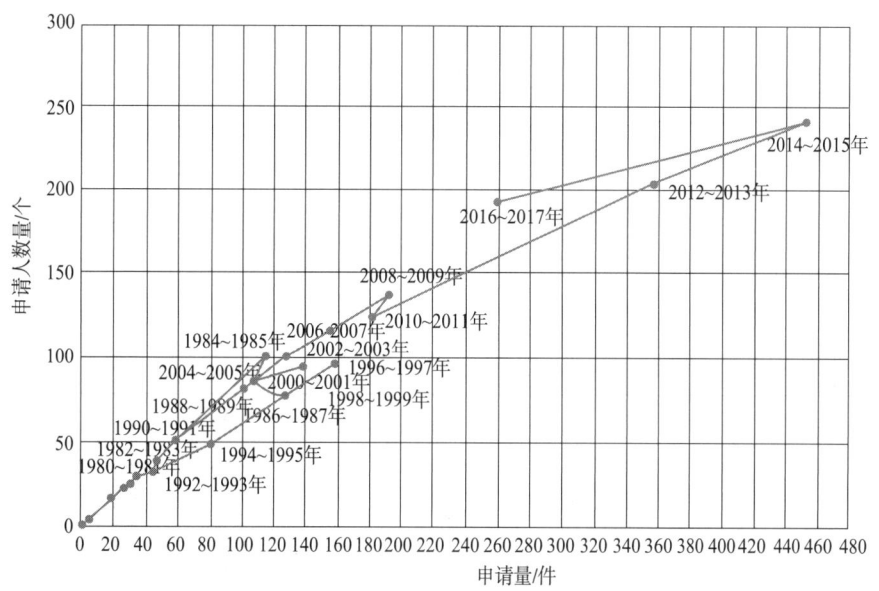

图 2 − 2　刀库技术专利申请生命周期

初步发展阶段（1960 ~ 2003 年），受到机床刀库本身技术地位的限制，虽然在 1960 年就已经有了涉及机床刀库的专利技术文献，起初的二三十年间的申请量基本在数十件左右，到 20 世纪 80 年代后期，数控机床刀库领域的申请量相较之前有了明显的增加，直至 2003 年间，申请人和申请量均处于动荡变化的状态。

快速成长阶段（2004 年至今），从 2004 年开始，数控机床刀库领域迎来了持续发展的阶段，申请人数量和申请量逐年增长，这主要得益于数控技术的逐步成熟和不断革新，加之中国针对数控机床领域的重视程度和固定投资的不断增加，企业专利保护意识不断增强。

3. 各国家/地区/组织专利申请量

由图 2 − 3 可以看出，中国以 1308 项专利申请名列第一，其占据了全球申请量的 34%，日本紧随其后，申请量 667 项，占据全球申请量的 18%，上述两个国家的专利申请量之和占到全球专利申请总项数的 52%。排在第三位、第四位的是德国和美国，其中德国的申请量为 514 项，占总量的 14%，美国的申请量为 356 项，占总量的 9%。欧洲的申请量为226项，名列第五位。而其他国家或地区，则分别只占了少量份额。综合上述分析，数控机床刀库专利申请主要集中在中国、日本、德国、美国和欧洲。

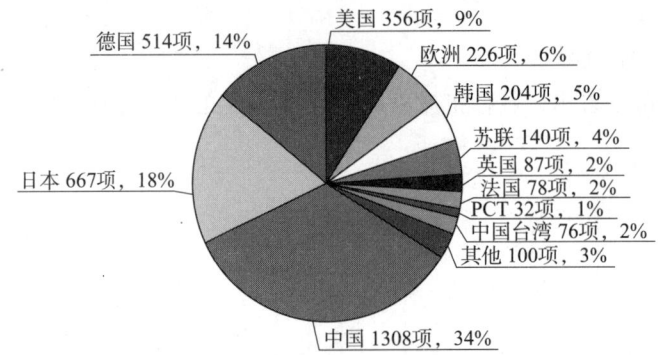

**图2-3　刀库技术主要国家或地区专利申请量分布**

### 4. 刀库专利申请技术流向趋势分析

图2-4列出了刀库技术专利申请的流向，其示出了欧洲、美国、中国、日本、韩国申请人在相应的国家和地区的专利布局情况，从中可以发现专利申请人对专利布局地区的市场和技术竞争的重视程度。从图中的专利申请的技术流向看，中国对其他四个地区的专利申请量都比较少，显示了中国对外申请专利需求较低，技术研发力量和专利布局战略也比较薄弱。而日本、美国以及欧洲申请人的专利申请以本地区布局为主，并以一定比例流向其他四个地区，这显示日本、美国以及欧洲申请人不仅注重本地的专利保护，还积极进行其他地区的专利布局。而韩国的专利申请大部分局限于在国内进行布局，对外专利申请量占比不大，这显示了韩国的数控机床刀库企业比较注重本国市场，在国际

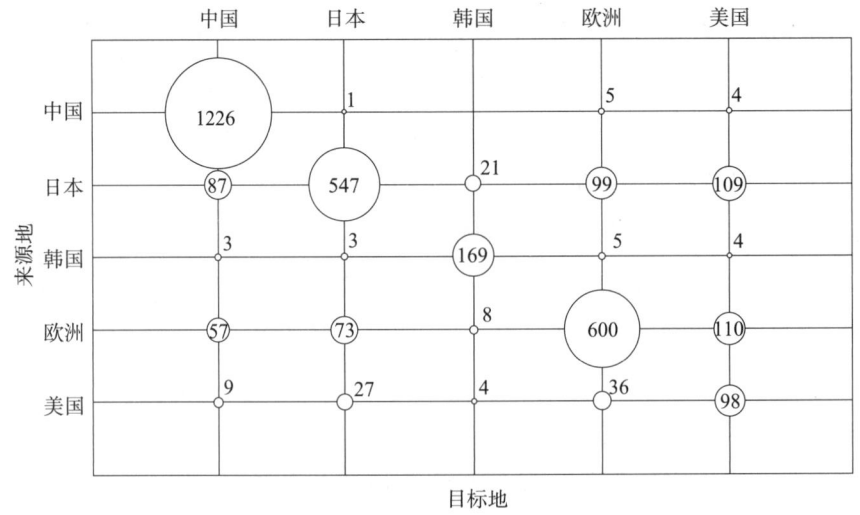

**图2-4　刀库技术专利申请技术流向分布**

注：图中数字表示申请量，单位为项。

市场上的竞争没能占据绝对优势地位。

**（二）中国专利申请总体态势**

1. 中国申请量发展趋势分析

从图 2-5 中可以看出，中国专利申请量总体呈上升趋势，其中近几年发展迅速。总体来看，刀库技术在中国总共经历了以下三个发展阶段：第一阶段（1985～2000 年）为萌芽阶段，这一阶段中国申请量处于较低水平且增长缓慢，其中第一篇国内申请人的专利申请为 CN2100269U（申请日为 1992 年 4 月 1 日），该专利申请公开了一种具有圆盘式结构的钻削加工中心刀库，此外还有兄弟工业在中国的第一篇专利申请 CN1185365A（申请日为 1996 年 11 月 19 日），该专利申请公开了一种刀具更换装置的抓手开闭机构，并具体涉及一种单盘轴向式刀库；第二阶段（2000～2008 年）为起步阶段，该阶段中国申请量保持稳定增长；第三阶段（2009 年至今）为快速发展阶段，该阶段中国专利申请量快速增长，专利申请量较前一阶段有了大幅增长，这与申请人对中国市场的重视程度提高有一定关系。

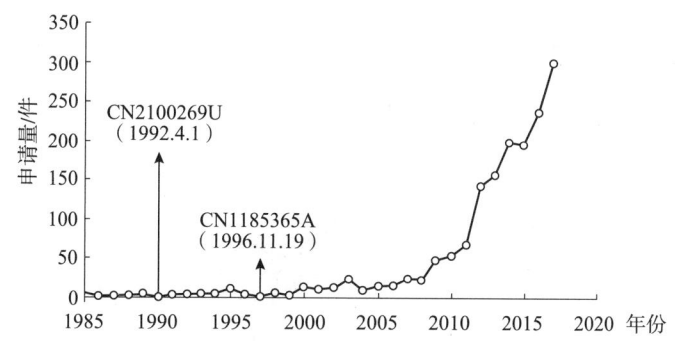

图 2-5　刀库技术中国专利申请量变化趋势

2. 中国国内申请人和其他国家/地区申请人申请趋势分析

从图 2-6 中可以看出，在 1985～2000 年国内申请人和其他国家/地区申请人的申请量比较接近，且申请量处于较低水平，在 2000～2008 年间国内申请人的申请量呈现上升趋势，申请量有着比较明显的增长，这说明了国内申请人已经开始重视刀库领域的研发工作，其间，其他国家/地区申请人的申请量也有所增长，且其申请量占主导地位，这说明了中国之外的其他国家/地区在刀库领域技术的研究起步比我国要早；从 2008 年开始，我国的刀库领域技术处于活跃阶段，国内申请人在刀库领域的专利申请量出现了显著增加，并明显超过其他国家/地区申请人，体现了国内申请人已经大力开展刀库领域的技术研发，这带来了申请量的快速增长，而这与该阶段中国制造业的迅速发展是密不可分的。

3. 各国家或地区的在华申请比例

图 2-7 示出了各国家或地区的在华申请比例，申请量主要来自于日本、中国台湾地

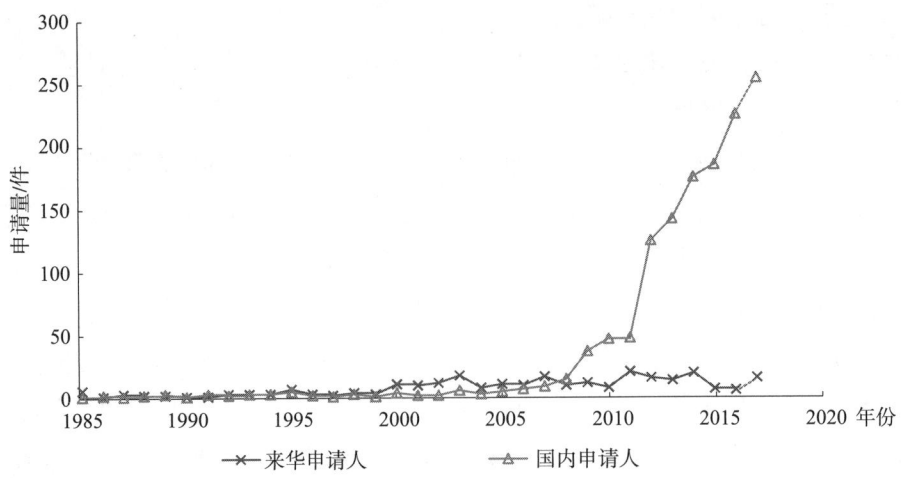

**图2-6　刀库技术国内申请人和来华申请人申请量变化趋势**

区、德国。其中，日本和中国台湾地区申请量各超过1/3的比例，德国申请量占比也达到了22%。日本和德国均是机床领域的技术发达国家，中国台湾地区同样也是全球机床制造和出口的重要地区。随着中国制造业的不断蓬勃发展，中国机床市场在全球备受瞩目，技术上的优势结合市场贸易关系的重要地位和强烈需求，造就了它们在华申请量的优势。

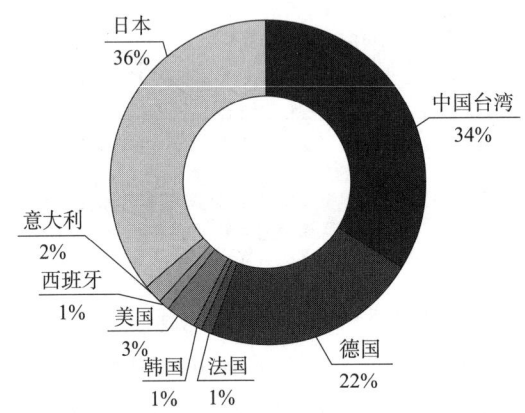

**图2-7　刀库技术领域主要国家或地区的在华申请占比**

4. 国内申请中发明、实用新型申请量发展趋势分析

图2-8示出了国内发明和实用新型的申请量趋势。1985～2007年，发明和实用新型的申请量基本接近，且从图中可以看出，发明和实用新型的申请量处于较低水平，2010～2015年，发明和实用新型的申请量出现了相对稳步增长的趋势，并且实用新型专利的申请量一直高于发明专利的申请量，这主要得益于我国针对机床领域的技术研发力度和保护力度持续加大。2016年及以后的文献由于公开时限的原因，无法完整反映近两年来的

专利申请趋势。

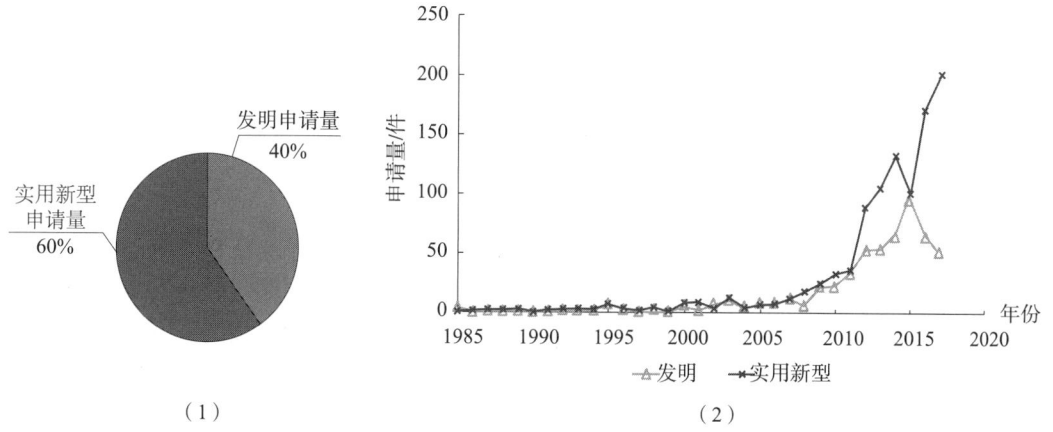

（1）

（2）

**图2-8　刀库技术领域国内发明和实用新型申请量趋势**

5. 中国申请量省区分布情况分析

图2-9示出了刀库专利申请的地域分布，从图中可以看出，刀库领域的专利申请量最大的是广东省，其申请量为286件，远远超过其他省份的申请量，其次是江苏、浙江，再次是辽宁，主要原因是与刀库相关的数控机床企业分布在上述省份中，例如，广东省的佛山市普拉迪数控科技有限公司、深圳市创世纪机械有限公司等企业，江苏省的昆山北钜机械有限公司、江苏省（扬州）数控机床研究院等企业，浙江省的浙江铁正机械科技有限公司，辽宁的沈阳机床厂及其多个子公司。

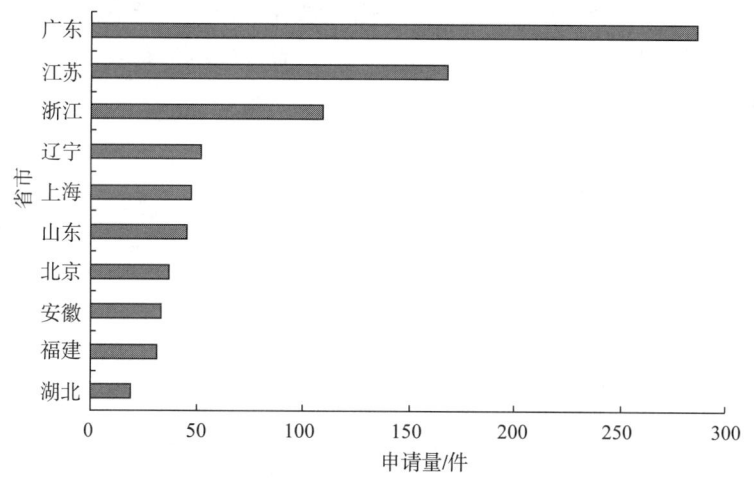

**图2-9　刀库技术领域中国主要省市分布**

## （三）申请人情况分析

1. 全球重要申请人专利申请情况分析

从图2-10中可以看出，从全球专利申请量排名前10位的企业来看，国外企业占据绝对优势，排名前4位均为国外企业，并且前10位中日本占据6个席位，由此可见，数控机床刀库领域技术主要集中在日本，日本企业在数控机床刀库领域最为活跃。申请量排名第一的是兄弟工业株式会社，其次是韩国斗山工程机械株式会社。对于中国申请人，佛山市普拉迪、昆山北钜以及深圳创世纪企业建立时间较短，企业规模相对较小，但在数控机床刀库领域也投入了一定的研发力量。

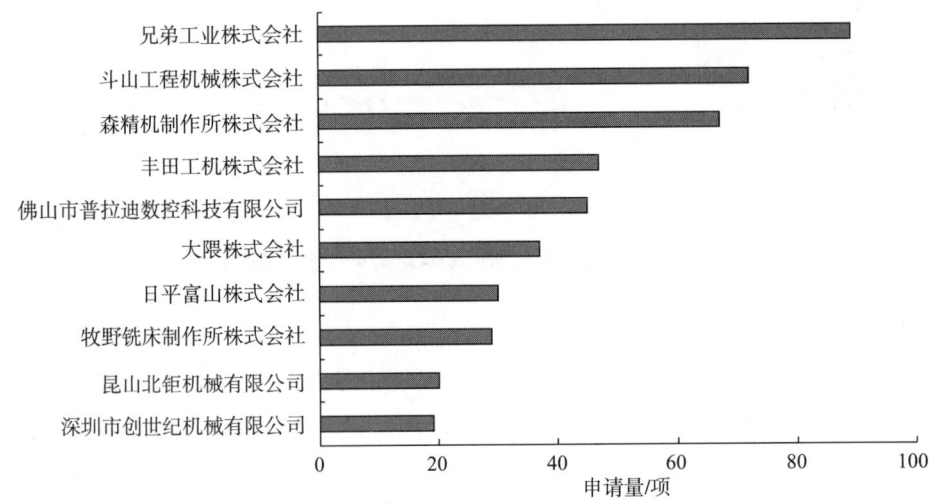

图2-10 刀库技术领域全球重要申请人申请量排序

（1）兄弟工业株式会社

兄弟工业株式会社（Brother Industries）是一家日本跨国电子和电气设备公司，总部位于爱知县名古屋。公司产品包括：打印机、多功能打印机、台式电脑、缝纫机、大型机床、标签打印机、打字机、传真机等电脑相关电子产品。

从图2-11中可以看出，兄弟工业株式会社的专利申请主要集中于圆盘式和链式两个一级分支。其中圆盘式占比最多，达到了60%且均为单盘式结构，链式占比为28%。在圆盘式分支中，涉及单盘斜向占比为33%，单盘轴向占比为27%。

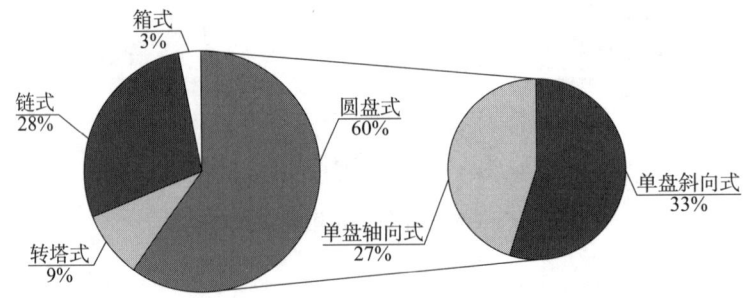

图2-11 刀库技术领域兄弟工业株式会社技术专利申请分布

从图2-12中可以看出，兄弟工业株式会社在数控机床刀库领域的申请主要涉及三个技术流向，在单盘式方面，最早的申请为涉及斜向设置的刀盘的专利 US4309809A，该专利申请通过在刀库中设置换刀装置，通过夹持臂与引导件的配合实现刀具的存储和交换，能够有效节省空间、提高换刀效率。围绕该专利申请，三十几年间，兄弟工业株式会社分别申请了 20 余件相关专利，在此基础上改进的研究方向有两分支，第一分支以专利 JP2008049403A 为基础，其主要涉及刀盘整体结构与机床之间、夹持臂与刀盘之间的连接传动；另一分支以专利 JP2008229771A 为基础，主要涉及换刀臂的精确导向、换刀安全性和便捷性。相比较斜盘式刀库，其在轴向式刀库方面的研究和改进主要涉及刀库与换刀结构的配合，对刀库本身的改进不大。

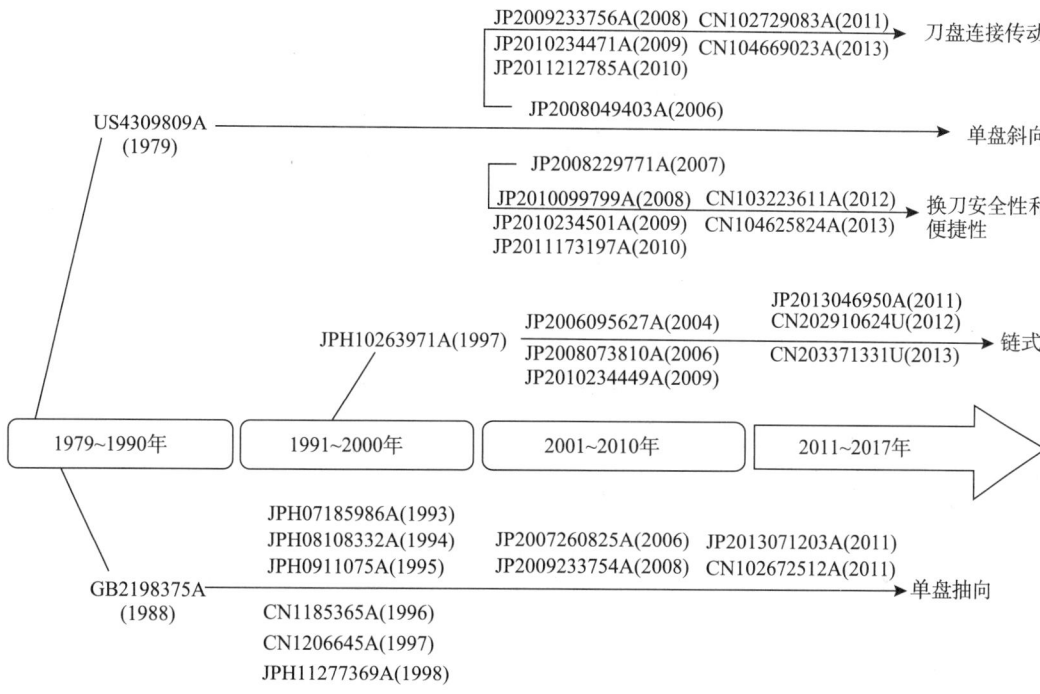

图 2-12 刀库技术领域兄弟工业株式会社技术专利申请脉络

在链式结构方面，其于 1997 年提出了第一件关于链式刀库的专利申请 JPH10263971A，其结构上相较于传统的链式刀库并未有较大改进，之后其主要的研究方向在盘式刀库方面，直至 2012 年，开始在中国提出了涉及改进的链式刀库的实用新型专利申请 CN202910624U，该专利申请将盘式结构改进为环状连接体构成的链式结构实现刀具传动，配合其已有申请中的导向件配合夹持臂的结构实现刀具交换，基板保持有多把刀具，因此环状连接体中的连杆数减少，能有效简化结构。

并且，从整体发展脉络上看，兄弟工业株式会社申请的重点从最初的结构改进逐步转向刀具位置转换以及换刀的控制上。

（2）斗山集团

斗山集团（DOOSAN）是一家享誉全球的跨国公司，公司成立于1896年，至今已有120多年的历史，是韩国最早的现代企业之一，斗山集团旗下拥有斗山重工业、斗山发电机、东山产业开发等20多家子公司，在38个国家开展业务，年销售额超过180亿美元。

从图2-13中可以看出，斗山集团的专利申请主要集中于链式刀库和圆盘式刀库，而箱式刀库比重较少。其中链式刀库占比最多，达到了50%，圆盘式刀库占比为40%，箱式占比为10%。在占比最多的链式刀库分支中，单链刀库占比为40%，"S"型折叠回绕刀库占比为7%，多链刀库占比为3%。

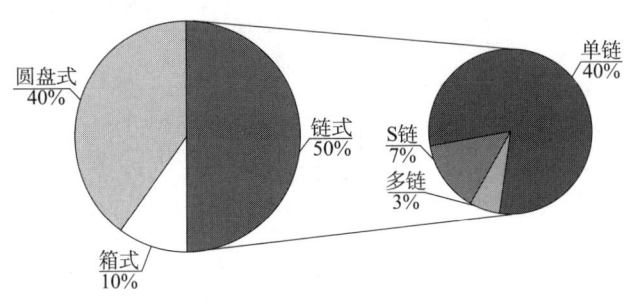

图2-13　刀库技术领域斗山集团各技术分支专利申请占比

从图2-14中可以看出，虽然斗山集团在数控机床刀库领域的起步较晚，但是在数控机床刀库领域涉及较广，其中涉及圆盘式刀库和链式刀库的专利申请相对较多。

图2-14　刀库技术领域斗山集团技术专利申请脉络

在圆盘式刀库方面，斗山集团的研究重点为单盘轴向圆盘式刀库，较早期的专利申请为1999年的KR20010063103A，其涉及轴向圆盘刀库的打开和关闭装置的改进。2005

年提出了涉及缩减换刀时间的圆盘刀库专利申请 KR20070068724A。2009 年提出了一种涉及高效换刀的单盘斜向圆盘式刀库专利申请 KR20110064327A，2014 年提出了高效率小型化的单盘斜向圆盘式刀库专利申请 KR20160076144A。2015 年斗山集团申请了一种能够快速换刀的单盘径向圆盘式刀库专利申请 KR20170009030A。

箱式刀库方面，斗山集团于 2003 年提出一种单面型箱式刀库专利申请 KR20050066786A，提高振动中刀具仓的稳定性。随后斗山集团在 2008 年又申请了一种多杆组成的单面箱式刀库专利申请 KR20100061887A，提高了刀具储存效率。2011 年提出了一种检测刀具库状态的方法的专利申请 KR20130068737A。2015 年斗山集团在专利申请 KR20160084999A 中给出了一种减少刀具位置检测时间的方法。

在链式刀库方面，斗山集团于 2001 年提出了一篇涉及链式刀库的专利申请 KR20030058489A，具体为"S"型折叠回绕链式刀库，2005 年还提出了一种相互交换的双链式刀库 KR20070066680A，提高了换刀效率，随后斗山集团又对"S"型的链式刀库和多链式刀库在结构上和布局上提出了数次改进。并且，斗山集团在链式刀库方面的主要研究方向是放在单链链式刀库上，从 2001 年至今，斗山集团密集提出了多项专利申请，比如 2002 年的涉及单链刀库快速换刀的专利申请 KR20040061752A，2009 年的涉及振动保护的单链刀库专利申请 KR20090069374A，2014 年的涉及改进刀具支撑结构的专利申请 KR20150087536A。

从整体发展脉络上看，斗山集团初期的专利申请主要涉及结构、布局等方面的改进，后期的专利申请大多涉及换刀控制方法、缩短换刀时间、提高可靠性等方面。

2. 中国专利主要申请人专利申请情况分析

图 2-15 示出了中国专利主要申请人在数控机床刀库领域申请专利的情况，其中，国内企业中，佛山市普拉迪数控科技有限公司申请量最大，而沈阳机床集团、昆山北钜机械有限公司以及深圳创世纪机械有限公司的申请量相当，而国外企业则主要包括兄弟工业株式会社、发那科株式会社。从申请量情况看，与国外企业申请人相比，国内企业申请人在申请量上占据较大比重，然而并没有集中在传统知名企业或研究机构。相反，佛山普拉迪、昆山北钜、深圳创世纪这些新生的创新性企业后来居上。

（1）台湾

在有关刀库的国内专利申请中，来自台湾的申请占有相当大的部分，其申请人分布比较平均，个人申请量与企业申请量相当，而同一申请人的申请量较小，其中以圣杰国际股份有限公司的申请量最多，仅为 7 件，因此将台湾的申请作为一个整体进行分析。

从图 2-16 中可以看出，台湾的专利申请主要集中于圆盘式刀库，达到了 69%，且其中绝大部分为单盘式刀库，其他三种类型的刀库申请量都较少。在圆盘式分支中，单盘轴向占比为 48%，单盘斜向占比为 12%，单盘径向占比为 5%，多盘多圈式占比为 4%。

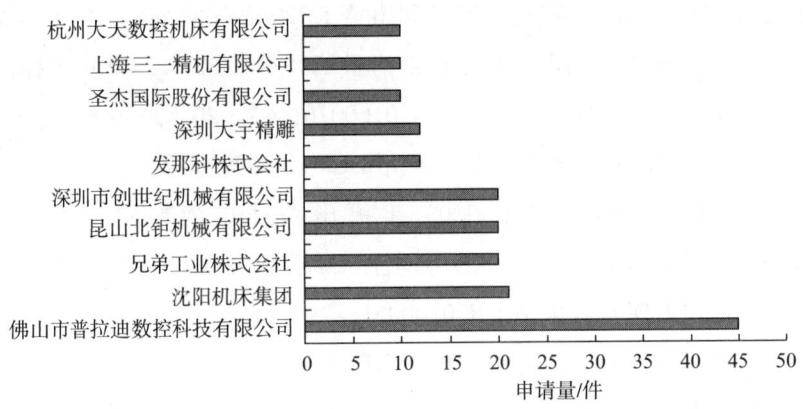

图2-15　刀库技术领域中国主要申请人专利申请量排名

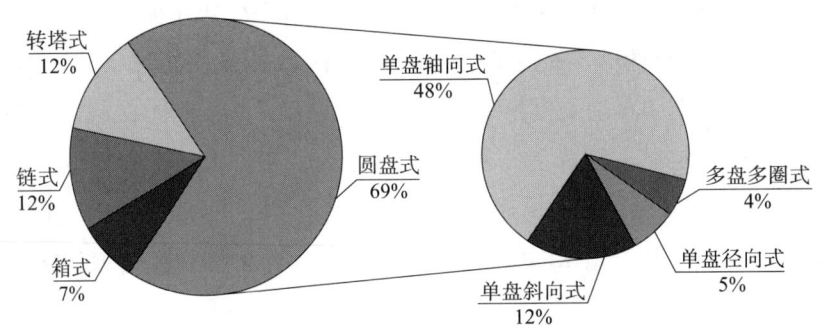

图2-16　刀库技术领域中国台湾地区各技术分支专利申请分布

从图2-17中可以看出，台湾在数控机床刀库领域的申请在四种刀库的类型中均有分布，最早出现的是转塔式刀库的专利申请CN2136706Y，该专利申请通过设置具有经伺服马达带动而转动，并驱动前端加工刀具做高速之旋转的主旋转刀塔，以及副旋转刀塔的设置，循环加工，提高换刀效率。在此之后出现了实现分度定位的转塔式刀库专利申请。链式刀库的出现较晚于转塔式刀库，于1994年出现了关于链式刀库的申请CN2214260Y，其结构与传统的链式结构基本相同，都是通过链条带动刀具进行刀具的移动。随后出现了盘式刀库，并且从图上可以看出，对于盘式刀库的专利申请每年的申请数量比较稳定，以申请CN1338354A为代表，其通过齿轮驱动实现刀库的旋转，并通过倒刀机构以及刀具更换机构，实现刀具的储存以及用自动的倒刀、快速更换功能，使更换刀具的时间大幅缩短。而箱式刀库出现较晚，且都集中于单面式，以申请CN2602871Y为例，其通过立柱壁面中单面设置的多个刀具组，实现刀具的存储，节省刀具的置放空间。从整体上看，台湾关于刀库领域的申请在盘式刀库出现后一直集中于盘式刀库，且从开始的结构方面转移到换刀方面。

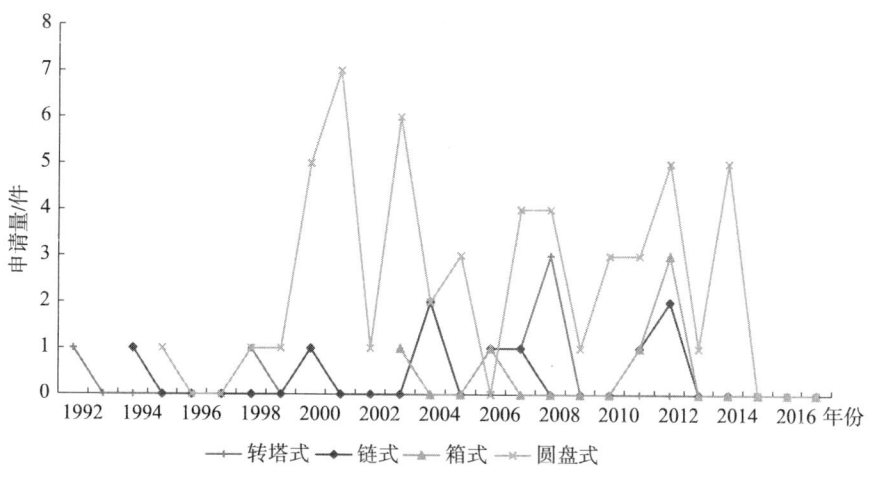

图2-17　中国台湾地区刀库技术各分支专利申请量分布

（2）昆山北钜机械有限公司

昆山北钜机械有限公司（以下简称"昆山北钜"）是由台湾北钜精机股份有限公司投资设立，是数控机床的专业刀库制造厂，并有主轴、螺帽、增压缸、打刀缸等配套的精密机床零配件。昆山北钜在刀库方面的中国申请量排名第二，从2012年至今专利申请一直比较活跃。

从图2-18中可以看出，昆山北钜机械有限公司专利申请中最主要的一级分支是圆盘刀库，占据整体申请量的90%。机床刀库的选择与加工方式和加工对象有直接关系，现有的钻削加工机床用10把刀就能完成大约80%的工件加工，用20把刀具就可以完成90%的工件加工，而圆盘刀库的刀具储备容量一般为20把左右，因此，圆盘刀库是昆山北钜最关注的技术分支。在圆盘刀库的三级分支中，主要集中在单盘轴向式刀库，其占据整体申请量的55%，其次是单盘斜向式刀库，其占据整体申请量的35%。

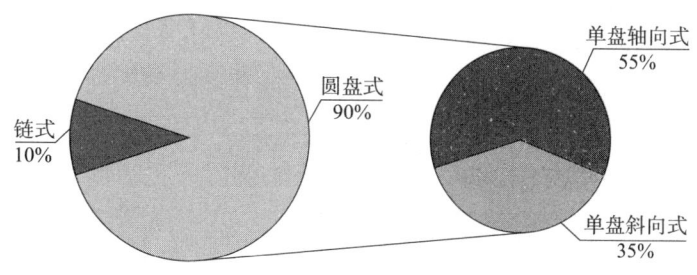

图2-18　刀库技术领域昆山北钜各技术分支专利申请分布

从图2-19中可以看到，专利申请CN102528509A、专利申请CN102554670A以及专利申请CN102528511A通过对刀库的刀具夹臂的转动结构、转动附件以及转动定位机构的改进来提高圆盘刀库的装夹定位精度；专利申请CN102773750A、专利申请CN102773747A通过对圆盘刀库驱动转动结构的改进，专利申请CN104669024A、专利申请CN104723152A通过驱动方式以及刀爪部件的设置，实现了圆盘刀库中刀具行程的精确控制，减少刀具位置与机械手夹取位置的误差。

图2-19　刀库技术领域昆山北钜技术专利申请脉络

# 三、专利技术分析

## （一）核心专利发掘

核心专利的研究分析能够快速掌握行业重点技术，是体现企业技术实力的重要依据之一。核心专利的判定方法通常有两种：一种是利用被引证的频次来判定，被引频次越高说明该专利的技术含量越高；另一种是利用同族专利数量来判定，同族专利是申请人为了扩大技术的保护范围，就同一专利技术在不同的国家和地区重复申请，从而形成一个专利族群。同族专利数量越大，说明专利技术的市场经济价值越高。本文从4个一级分支所涉及的专利文献中分别选出被引频次及同族数量数据排名在前的专利申请作为核心专利，如表3-1所示。

表3-1　一级分支部分核心专利

| 文献 | 申请日 | 申请人 | 类型 | 被引证数 | 同族数 |
|---|---|---|---|---|---|
| DE3731280 A1 | 1987-09-17 | 马霍股份公司 | 单链 | 44 | 7 |
| DE10049810 A1 | 2000-10-9 | 洪斯贝格·拉姆特殊机床有限公司 | 多链 | 42 | 9 |
| CN1880010A | 2006-06-19 | 阿尔冯·凯斯勒专用机械制造有限公司 | 箱式 | 30 | 8 |
| US5107581A | 1989-06-14 | WANDERER MASCHINEN GMBH | 箱式 | 24 | 5 |
| EP0178944A1 | 1986-04-23 | 索尼株式会社 | 转塔式 | 12 | 7 |
| JPS55120943A | 1979-03-9 | 兄弟工业株式会社 | 单盘轴向 | 52 | 49 |
| US4922591A | 1984-05-20 | CARBOLOY INC | 单盘径向 | 34 | 30 |

## （二）分支技术发展分析

图3-1中给出了刀库各技术分支全球相关专利申请数量的年度变化趋势，可以看

到，1960 年开始出现了涉及刀库技术的专利申请，1960～1965 年，最先发展的是箱式/格子式刀库以及圆盘式刀库，在此期间由于刀库领域专利申请刚刚起步，申请量极少，1961 年、1962 年及 1964 年均未出现相关申请，导致图 3－1 中对应年份的数据空白，1965 年后转塔式刀库以及链式刀库逐渐开始发展，整个刀库领域的申请也呈现了持续发展的状态。四大分支中，圆盘式刀库的全球申请量最大，链式刀库次之，然后是箱式/格子式刀库，转塔式刀库最少。下面将分别从 4 个一级分支领域入手，进行了技术分支脉络的研究。

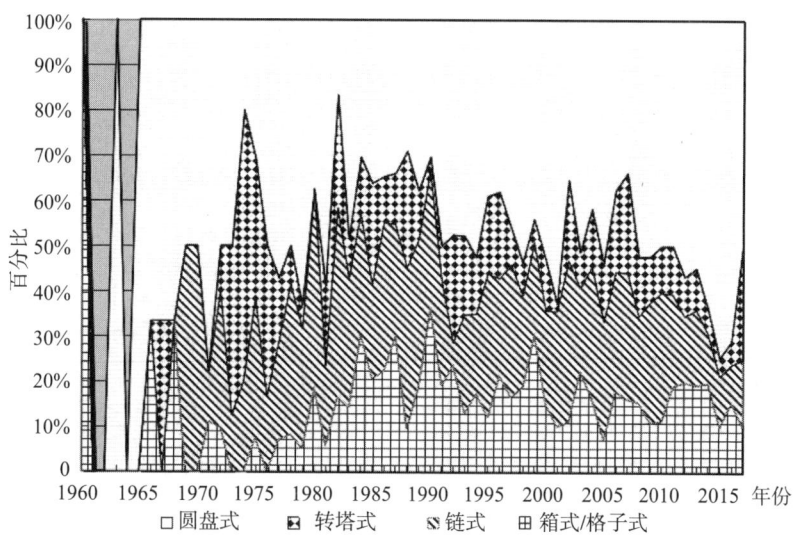

图 3－1　刀库各技术分支全球相关专利申请量年度变化趋势

1. 转塔式刀库

目标文献中涉及转塔式刀库的专利共有 292 件，通过对 292 件文献的梳理和归类分析，相应获取了转塔式刀库的技术演进脉络，如图 3－2 所示。

日本索尼株式会社在 1985 年提出了一种具有转塔主轴头的多功能工业机器人（专利 EP0178944A1），其通过主轴的转动带动主轴头的旋转加工，同时经由可离合的齿轮实现转塔式刀库的转动，实现刀具的更换，并通过锁定机构实现转塔位置的锁定。湖北省沙市市第一机床厂在 1994 年提出了一种转塔台式钻床（专利 CN2267116Y），其通过拨叉齿条结构，实现转塔的分度以及主传动的离合，实现了一次操作实现分度、定位自动完成。PRESTIGE CABINETRY & FINISHING SINC 在 1998 年提出了一种具有多个加工工具的加工设备（专利 US5720090A），其通过设于转塔中心的电机驱动转塔的转动实现主轴头位置的变换，并通过传动机构的传动驱动主轴头的旋转实现工件的加工。兄弟工业株式会社在 2012 年提出了一种转塔式刀库（专利 JP2012061526A），其通过刀具与主轴连接实现刀具的旋转，在刀具与主轴离开状态时，通过转塔机构的旋转，实现刀具的更换定

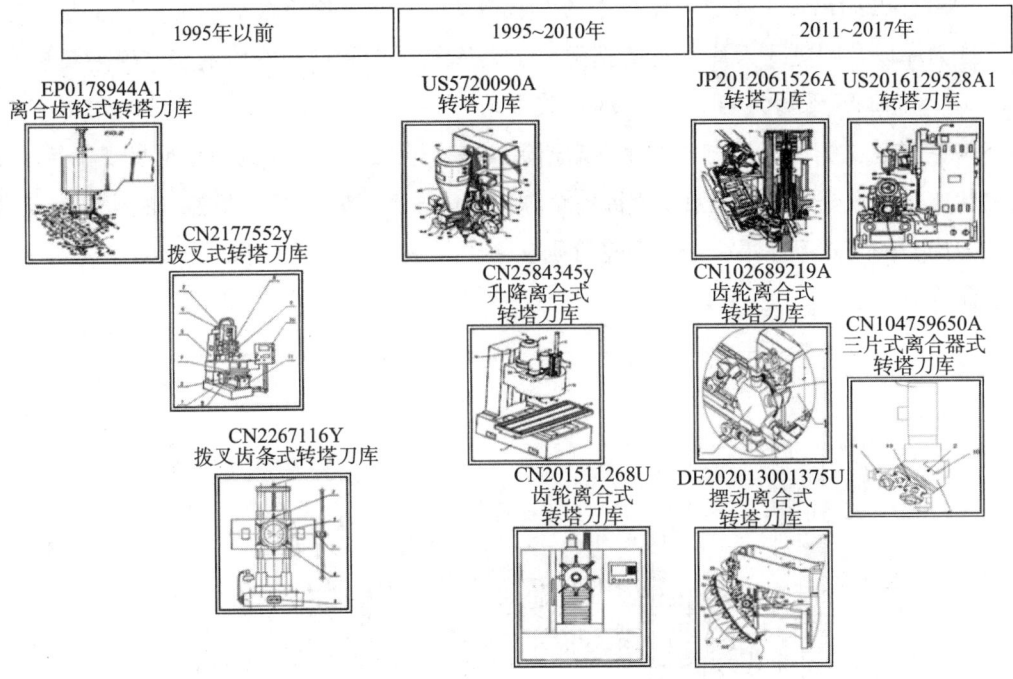

**图3-2 转塔式刀库技术专利申请演进脉络**

位，通过离合的方式，实现刀具的更换以及工件的加工，减少操作时间，提高定位精度，提高了换刀的可靠性。佛山市普拉迪数控科技有限公司在2012年提出了一种数控机床的转塔式自动换刀装置（专利CN102689219A），其通过由定位气缸的活塞杆与齿轮盘上的相应定位孔定位固定，然后主轴电机的锥齿轮与主轴头的主轴锥齿轮相啮合实现转塔头的定位，之后，该主轴头由主轴电机通过齿轮传动实现其平稳高速运转进行加工，利用转塔头的转位来更换主轴头以实现其自动换刀功能，省去了自动松夹、卸刀装刀、夹紧以及刀具搬运等一系列复杂的操作，减少了换刀时间，提高了换刀的可靠性。

2. 链式刀库

数据库中涉及链式刀库的专利申请共有570件，其中涉及单链型链式刀库的有470件，约占总体专利申请的82%，涉及"S"型折叠回绕链式刀库的有55件，涉及多链型链式刀库的有45件。单链型链式刀库是现有技术中最普及的链式刀库，也是申请量最大的链式刀库，"S"型折叠回绕链式刀库和多链型链式刀库的申请量相当。通过对目标文献的进一步分析，结合链式刀库的结构组成、运动形式，形成了链式刀库的技术发展脉络，如图3-3所示。

在上述文献中，对单链型链式刀库的改进主要集中刀具库的紧固方式、布局形式、角度设置、交换方式、协同控制等方面上。通过这些改进使得链式刀库的使用便捷性和

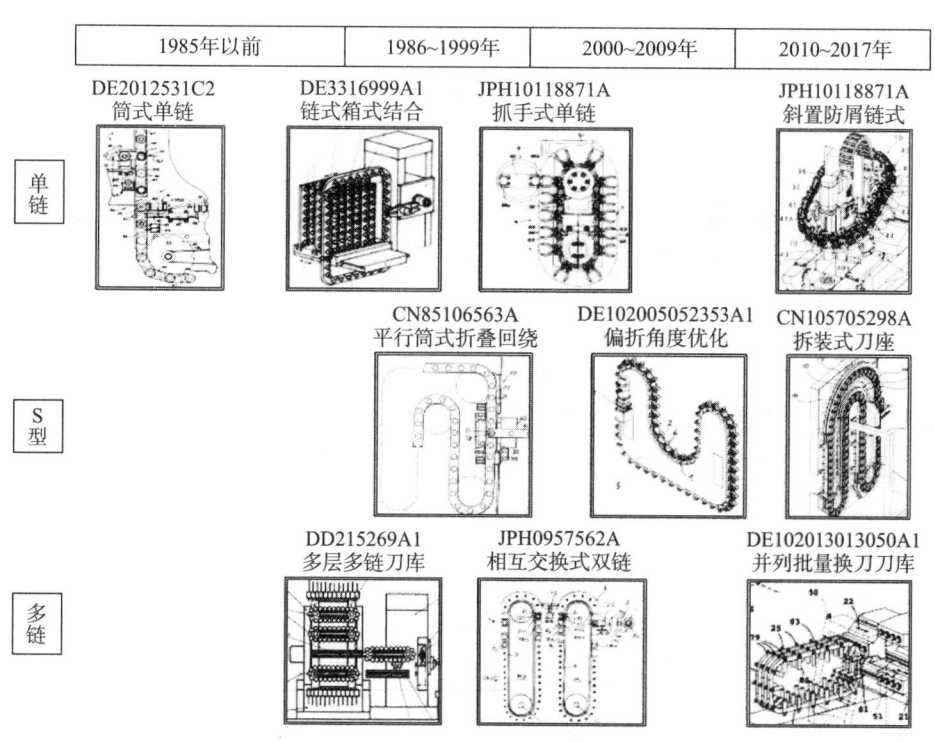

| 1985年以前 | 1986~1999年 | 2000~2009年 | 2010~2017年 |
|---|---|---|---|

单链
- DE2012531C2 筒式单链
- DE3316999A1 链式箱式结合
- JPH10118871A 抓手式单链
- JPH10118871A 斜置防屑链式

S型
- CN85106563A 平行筒式折叠回绕
- DE102005052353A1 偏折角度优化
- CN105705298A 拆装式刀座

多链
- DD215269A1 多层多链刀库
- JPH0957562A 相互交换式双链
- DE102013013050A1 并列批量换刀刀库

图3-3 链式刀库技术专利申请演进脉络

工作效率得到明显提高。

科尔尼·特雷克公司（KEARNEY & TRECKER CORP）于1970年提出了一种带换刀装置的机床（专利 DE2012531C2），多个刀具位于独立驱动的刀具库中，刀具沿与主轴相对应的轨迹移动，并通过主轴上的机构进行更换，当移动至工作位置时，每个刀具安装位置有驱动装置，与主轴箱上的开关机构结合。维克·韦克谢加斯加赫克特公司和科特拉公司于1982年提出了一种用于自动机床的刀库（专利 DE3316999A1），具有第一刀具存储器和第二存储器，以及用于将刀具自动更换到主轴上的刀具更换机构。第一刀具仓位于刀具更换机构的操作区域，第二刀具仓包括支撑不同刀具的导轨部分，第二刀具仓可以是鼓式或箱式。远州株式会社（ENSHU LTD）于1995年提出了一种可交换双链刀库（专利 JPH0957562A），该刀库系统有两个链式刀库组成，两个链式刀库平行布置，特定的刀具交换站设置在两个链式刀库之间的较高的位置，通过该特定的刀具交换站实现两个刀库的刀具交换，扩展了刀库的容量，能够快速选择机床加工需要的刀具。米克施有限公司于2005年提出了一种链式刀库（专利 DE102005052353A1），其具有多个链节彼此连接，具有链节的定位部分和引导部分，通过驱动机构驱动链条运动。在上述定位部分和引导部分的导轨机构中链条弯折部位采用弧形设置，通过改进的弯折角度设置，可以减少故障率，延长链式刀库的寿命。阿尔冯·凯斯勒专用机械制造有限公司于2013年提出了一种具有多个多主轴－主轴总成的机床（专利 DE102013013050A1），机床还具有多链式刀库，多链之间并列设置，多个主轴总成能够相互独立地运动刀具更换区域中，利用多组并列设置链式刀库和机器人换刀装置配合能够同时实现多刀具的批量更换，提高了换刀效率。

3. 圆盘式刀库

目标文献中涉及圆盘式/斗笠式/鼓式的专利共有1488件，其中涉及单盘式的专利文献为1405件，多盘式的专利文献为83件，单盘式的专利申请量远远多于多盘式，由此可见，在圆盘式的刀库技术中单盘式是圆盘刀库的主要应用形式。通过对目标专利文献的进一步分析，形成了圆盘式刀库的技术发展脉络，如图3-4所示。

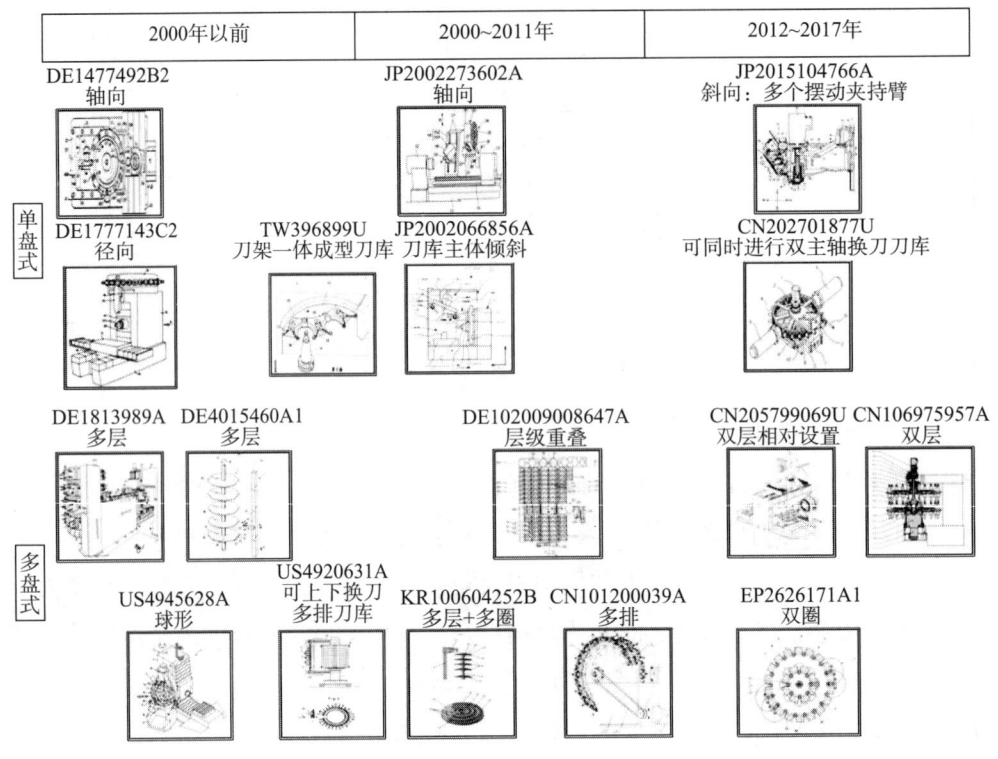

图3-4　圆盘式刀库技术专利申请演进脉络

对于单盘式刀库根据其刀具轴线的设置方向，可以分为轴向、径向和斜向，KEAR-NEY & TRECKER CORP 在1963年提出了一种应用于钻床和磨床的轴向式单盘式刀库（专利DE1477492B2），该刀库在刀具转换的过程中，刀具的夹持装置可以跟随圆盘的轴线一起进行角度的变化。1967年申请人 OLIVETTI & CO SPA 提出了一种径向圆盘式刀库的换刀装置（专利DE1777143C2），径向圆盘刀库的发展是在轴向刀库的基础上进行的，其增大了轴向圆盘刀库的刀具容量，且便于换刀装置进行换刀操作。在刀具斜向设置的圆盘式刀库方面，2000年日本的池贝株式会社提出了一种斜盘式刀库（专利JP2002066856A），工作机械上包括有空格设置在加工区域上方的刀库主体，其中固定在工作台上的工件用连接在主轴上的刀具加工，多个工具保持部，该工具保持部向主轴或从主轴传送或接收工具，刀库主体被倾斜，使得由工具保持部分保持的工具从允许操作者移动至少一部分主体的入口并从机床的内部下降。2013 年日本的兄弟工业株式会社提出了一种斜盘式刀库（专利 JP2015104766A），该刀库的主体外周具有能够摆动的多个夹持臂，刀库主体在与多个夹持臂分别对应的位置具有引导构件，设于夹持臂的后端部的钢球在引导构件的导引面上滑动，引导面呈大致圆弧状弯曲且以围绕夹持臂的轴的方式折曲，在环岛动作中钢球自设于引导面的槽脱离时，钢球在引导面上向另一端部侧滑动，但停止在引导面的折曲部位，设于夹持臂上的凸轮从动件位于主轴头上的辅助凸轮的凸轮面的下方，当在该状态下主轴头下降时候，凸轮与辅助凸轮面抵接，夹持臂恢复到正规的摆动动作。通过上述设置，使得在换刀工作中即使在滑动部脱离引导面的槽时，也能使夹持臂恢复到正规的摆动动作。

对于多层圆盘式刀库，德国的 CINCINNATI MILLING MACHINE CO 在 1968 年提出了一种数控机床上的多层式多盘刀库结构（专利 DE1813989A），其将径向圆盘式刀库按照层级设置，并且可围绕同一主轴进行转动，换刀装置径向往返于刀库和操作台。德国的 WANDERER MASCHINEN GMBH 在 1990 年对多层多盘式刀库的刀具转换提出了一种新的方案（专利 DE4015460A1），对于层数比较多的多盘式刀库，其利用具有水平伸缩且可以上下滑动的机械臂来进行刀具的夹持和转换，解决了对于多层多盘式刀库在竖直方向距离较高时不便于刀具转换的技术问题。德克尔马霍普夫龙滕有限公司在 2009 年提出了一种在机床上更换和插入或放置刀具的系统以及存放刀具的刀具库（专利 DE102009008647A），该刀具库使得刀具在刀具库中不同层级上以相互堆叠的方式存放，层级相互重叠以形成收容刀具的隔间，隔间在上述层级上以圆弧或圆弧段的方式设置，操作装置用于从隔间中沿径向向内和/或沿径向向外取出刀具。2016 年江苏德速数控科技有限公司提出一种多层刀库（专利 CN205799069U），将两个刀库相对设置，刀具的储存方向相反，在多轴数控机床的加工中可方便工件正反面的加工，提高加工效率，降低加工成本。

对于多圈式刀库，其设置形式表现为多样性，1988 年申请人 STARRFRAESMASCHINE AG 提出了一种球形刀库（专利 US4945628A），该球形刀库围绕水平轴进行转动，刀具单个或者成组地设置在该刀库中。FINEACE TECHNOLOGY CO LTD 和 UNIV CHANGWON NAT IND & ACAD COOP 在 2005 年提出了一种多圈和多层相结合的圆盘式刀库（专利 KR100604252B），所有的圆盘可围绕中心轴进行转动，并通过机械臂进行换刀，该设置形式可减少刀库的占用空间，并且便于控制刀具的位置。

对于多排式圆盘刀库，其专利量仅为 17 件，主要涉及多排式刀库的换刀架构，其中申请人 STARRFRASMASCH AG 在 1987 年提出了一种多排式圆盘刀库（专利

US4920631A），该刀库系统可围绕旋转轴进行转动，在刀库的上端和下端分别设置有换刀装置。北京理工大学在2007年提出了一种微小型双列盘式自动换刀机构（专利CN101200039A），安装在转盘上一个刀卡单元卡紧两把刀具，从而形成两列刀位，刀具可实现六个自由度的微动，刀柄卡紧机构为开口圆柱薄片弹簧，刀柄的卡紧依靠该弹簧被挤压产生的弹簧力实现，可实现微小型刀具的自动换刀的目的。

4. 箱式刀库

目标文献中涉及箱式/格子式的专利共有471件，其中涉及单面式的专利为431件，涉及多面式的专利为40件，可见，单面式结构是箱式刀库中主要使用的设置形式。通过对目标专利文献的进一步分析，形成了箱式刀库的技术发展脉络，如图3-5所示。

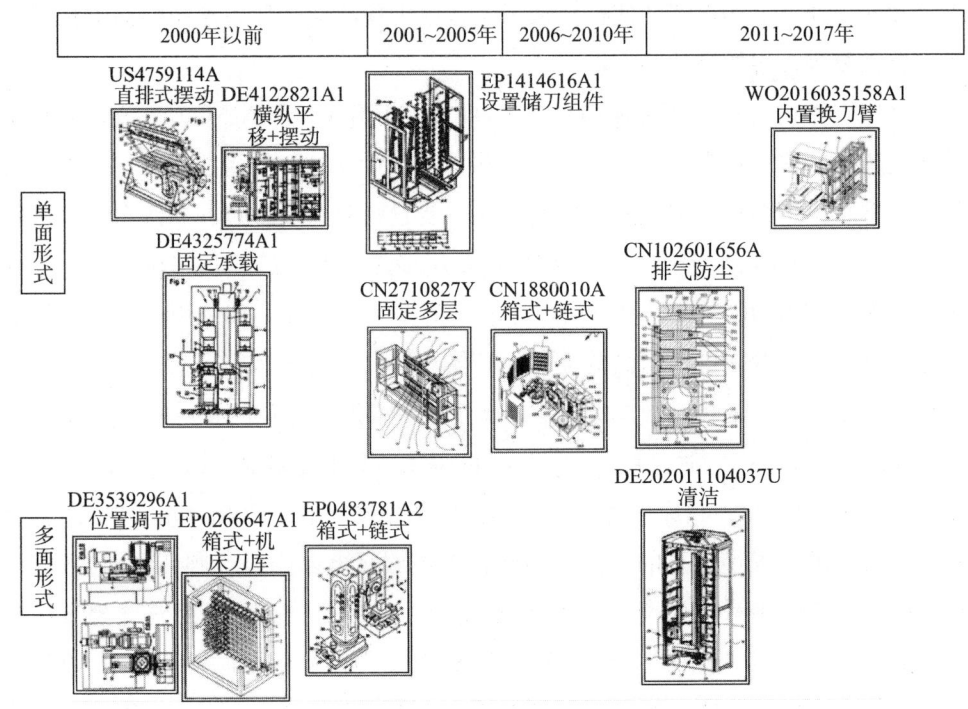

图3-5　箱式刀库技术专利申请演进脉络

SCHMOLL - MASCH GMBH 于1985年提出一种带多面刀库的机床（专利DE3539296A1），通过工作台带动换刀装置实现换刀，并且刀具库能够在加工时被高度调整装置提高位置以远离加工工件。德国知名机床生产企业马豪在1986年提出了一种用于钻铣机床的刀库（专利US4759114A），该刀库具有位于低位的装载位置和位于高位的换刀位置，并且具有通过杠杆实现协同动作的刀具护罩，在驱动机构的带动下，刀具实现从低位到高位摆动动作的同时，刀具护罩会自动让开空间。日本北村机械于1990年提出了一种容置量大的机床刀库（专利EP0483781A2），刀库本体为矩形四面体，刀库本体可以根据需要通过自身旋转实现对应于主轴侧面的调节，同时，四面体每个面上均设置为链式结构的转换装置，通过链式与箱式结构的结合提升了刀具容量且利于便捷换刀。LE-RINC INNOVATIVE TECHNOLOGIEN GMBH 于 2001 年提出了一种用于卧式加工中心的刀库（专利 EP1414616A1），该刀库在用于移出和回收刀具的对接组件与用于与加工中心交换刀具的换刀组件之间设置有一系列的储刀组件，其中储刀组件由对称设置的两部分分体组件构成。申请人阿尔冯·凯斯勒专用机械制造有限公司于 2006 年提出了具有机器人和刀库的加工机床设备（专利 CN1880010A），该设备将加工机床所必需的许多刀具都放在一个刀具储备仓里，加工机床设备具有一个机器人，机器人有一个多处铰接的机器人臂，用于为加工机床上的刀库配备取自于刀具储备仓的刀具并从刀库里取走用过的刀具，至少一个主轴（可能设有多个主轴）从刀库里取出刀具用来加工工件。刀库可以在一个机器人存取腔和一个主轴存取腔之间摆动，因此刀具夹持部位可以快速地在机器人的相应存取腔里或者至少一个主轴里运动，相比刀具储备仓小得多的机床刀库构成一个小的快速的中间缓冲器或中间存储器用于为主轴提供刀具。申请人亚力士电脑机械股份有限公司于 2011 年提出了一种加工机的排气式防尘刀库装置（专利 CN102601656A），通过该刀库机构的喷气孔道可将高压气体导引至第一安装孔而吹向刀具的设计，能够确保所有插装收纳于持刀机构中的刀具都不会沾染粉尘，使得本发明排气式防尘刀库装置可直接安装在加工腔室内使用。HEDELIUS MASCHFAB GMBH 于 2011 年提出了一种具有清洁刀具连接柄的清洁装置的自动化加工中心（专利 DE202011104037U），该加工中心配备用于容置不同道具的刀库，在刀库内部设置有将刀具放置于刀库不同位置的输送构件，在刀库上还设置有用于清洁刀具连接柄的清洁装置。山崎马扎克公司于 2014 年提出了一种具有换刀臂的刀库（专利 WO2016035158A1），换刀臂一端具有旋转轴且另一端具有悬垂保持刀具的刀座，夹板沿长边方向形成有多个夹具，在换刀臂旋转时，夹具在刀具移动的圆弧轨迹上悬垂保持刀具，通过该布置刀座只要是仅能够把持刀具的机构即可，无须在刀座上设置用于对应于换刀臂的旋转而维持刀具相对于所述换刀臂的角度姿势的结构。

## 四、结论与建议

### （一）结论

通过对数控机床刀库技术发展状况和整体技术水平的分析和梳理，得出以下三点结论。

1. 中国申请人向国外寻求专利保护的意识不足，缺乏创新高度

随着中国机床水平的提升和专利保护意识的增强，近十年来中国专利申请量明显上升，在总申请量中占比不断提升，国外来华申请量仅占中国申请总量的 17%，国外申请人对在中国进行专利布局的重视程度不是很高。中国申请人虽然已经逐步提高了

专利保护意识，但是受限于技术起步晚于国外发达国家，所有申请中实用新型专利所占份额达到 66%，发明创造的高度相对较低，向外申请寻求专利保护的意识相对缺乏。

### 2. 圆盘式刀库是技术持续改进的重点

在数控机床刀库技术发展过程中，涉及圆盘式结构的申请处于突出地位。圆盘式刀库构型简单、占据空间小且设置形式最为多样，主要适用于占市场使用份额最高的中小型机床，而全球机床企业整体数量众多，以中小型机床作为主营产品的企业数量庞大，圆盘式刀库会是持续研究的重点分支。

### 3. 结构组合、智能操作以及优化刀具状态成为未来研究的热点

全球范围内，高端数控机床的制造水平直接体现着国家的工业水平，其在军工、船舶、航空航天领域的作用无可替代，高端数控机床对刀库的储刀量、换刀效率、换刀平稳性以及刀具状态的维持都提出了新的要求，组合形式的刀库能够综合各自部分结构的优点，有效解决储刀量和结构布局的局限；随着智能化技术的发展，机器人代替传统的机械结构实现换刀无论在操作性方面还是换刀效率方面都有更好的优势；换刀平稳性和刀具状态直接影响实际加工时间，优化刀具状态能够有效提高加工效率。

### （二）建议

由于国内机床行业起步较晚，技术水平上与国外发达国家存在较大差距，在传统重点分支领域寻求突破的同时，应注重对热点研究方向的把握，根据我国的发展现状，提出以下建议。

### 1. 提高创新水平，逐步寻求全球保护和对外布局

国内机床领域的研究人员在进行试验研究和产品开发方面，往往更加重视机床主要部件，而容易忽视机床附件产品的研发，相比较而言，国外企业对机床附件具有很高的重视程度，围绕刀具结构改进以及与换刀机构配合等方面的研究持续进行，我国要想成为机床行业的强国，必须对机床附件产品的研究给予高度重视，注重行业技术全面性提高，我国机床行业从业者可以尝试从已有技术的专利申请中寻找新的改进点，注重对行业重点专利的学习，从改进动机、改进手段方面获取灵感、积累技术经验。

### 2. 持续注重对圆盘式刀库的技术改进

我国虽然已经成为机床制造大国，然而 80% 以上的产品为中低端的中小型机床，且中小机床企业数量庞大，着重于圆盘式刀库的技术改进符合我国现阶段机床行业整体发展现状；在发展模式上，可以借鉴我国台湾地区，以自身现有产品为基础，不断实施细节性改进并积极寻求专利保护，促进整体水平的成熟和提高。

### 3. 抓住时代机遇，把握领域热点

近年来，我国着力发展高档数控机床产业，这也给数控机床刀库领域提供了良好的

发展机遇。因此应积极研发配套于高端数控机床的刀库结构，着重于组合形式刀库的开发，提高刀库的智能化应用，积极探索在刀具状态的优化层面上对刀库结构进行改进，从而寻求对该领域技术现状的突破，并获取新的发展空间。

**参考文献**

［1］吴文. 机械制造基础实训教程［M］. 北京：机械工业出版社，2015：506－511.

［2］张茂于. 产业专利分析报告（第56册）——高端医疗影像设备［M］. 北京：知识产权出版社，2017.

新能源电池

机器人

高档数控机床

# 数控机床绿色制造专利技术综述*

陈华　徐晓明　孙迎椿　董广学　禹威

**摘要**　环境问题日益突出，在制造业中占有重要地位的数控机床绿色制造技术也必将受到行业重视。本文首先针对数控机床绿色制造技术的专利申请趋势、国家/地区分布、主要申请人、技术构成等进行了分析；然后对该技术中的数控机床轻量化设计技术、数控机床绿色加工工艺技术、数控机床节能技术的重点专利进行了技术分析；最后给出了未来的技术发展趋势和专利布局的建议。

**关键词**　数控机床　绿色制造　轻量化　干切削　微量润滑　能源控制　能源回收

## 一、前言

数控机床是将毛坯转化成零件的工作母机，在制造业中有重要地位。数控机床在制造产品的过程中不仅消耗原料、能源，还会产生固体、液体和气体废弃物，对工作环境和自然环境造成直接或间接的污染。在制造业高速发展的今天，资源与环境问题是人类面临的共同挑战。绿色制造符合制造技术进步和资源环境社会发展的需求，同时也是我国制造业的一个重要发展方向[1]。数控机床的绿色制造是指在保证产品的功能、质量和成本的前提下，强调在机床产品的设计、生产以及废旧机床产品回收再利用的整个生命周期中，采用新工艺、新技术、新设备、新材料，合理开发利用能源、材料并做到循环使用，同时注重节能减排、保护环境，实现人与自然和谐可持续发展的环保型制造模式。

根据欧盟"下一代生产系统"研究计划的要求，绿色机床的性能应当包括以下几个方面[2]：（1）机床主要零部件由再生材料制造；（2）机床的重量和体积减小50%以上；（3）通过减轻移动部件质量、降低空运转功率等措施使功率消耗减少30%～40%；（4）使用过程的各种废弃物减少50%～60%，保证基本没有污染的工作环境；（5）报废

---

*　作者单位：国家知识产权局专利局机械发明审查部。

机床的材料接近 100% 可回收。各研究机构和机床制造商已经就此开展了多方面的研究，具体的技术发展方向主要集中在以下三个方面[3]。（1）数控机床轻量化设计技术。传统的机床设计理念是"只有足够的刚度才能保证加工精度，提高刚度就必须增加机床重量"。因此，现有机床重量的 80% 用于"保证"机床的刚度，而只有 20% 用于满足机床运动学的需要。因此机床结构优化的空间很大。（2）数控机床绿色加工工艺技术。传统的机床制造加工工艺通常需要切削液，切削液的采购、存贮、使用和废弃处置需要专门的技术和物流系统，费用很高，占加工成本 10% ~ 15%。切削液的使用和处置不当会对环境造成污染，甚至对人体健康造成危害，通过采用绿色制造工艺技术可大大减少切削液的用量。（3）数控机床节能技术。绿色环保机床另一个特点体现在节能降耗。据统计，机床使用过程中用于切除金属的功率只占 25% 左右，各种损耗和辅助功能占去大部分[4]。采取缩短待机时间和空载运行时间、适时切断非工作状态的各种装置的电源、提高机床传动效率、照明灯自动控制等措施，可有效减少机床用电，提高机床能效。

本文将对上述数控机床绿色制造技术进行专利分析研究，分析数控机床绿色制造技术领域的全球专利申请现状和中国专利申请现状，确定重点技术领域的重要专利技术，从而为我国数控机床行业和相关企业提供支持。

## 二、研究内容和方法

本文针对数控机床绿色制造技术的三个主要方面展开研究，包括数控机床轻量化设计技术、数控机床绿色加工工艺技术、数控机床节能技术（见表1）。

### （一）技术分解表

表 1　数控机床绿色制造技术分解

| | | |
|---|---|---|
| 数控机床绿色制造技术 | 数控机床轻量化设计技术 | 床身等支承件的轻量化 |
| | | 驱动装置的轻量化 |
| | 数控机床绿色加工工艺技术 | 刀具技术 |
| | | 机床结构 |
| | | 最小量润滑 |
| | | 切削液 |
| | 数控机床节能技术 | 驱动系统节能 |
| | | 冷却系统节能 |
| | | 待机节能 |
| | | 空载节能 |
| | | 能源系统节能设计 |

### （二）样本构成

本文中所分析的数控机床绿色制造技术的分析样本来自于专利检索与服务系统（Patent search and service system，S 系统）中的中国专利文摘数据库（CNABS）以及德温特世界专利索引数据库（DWPI）。在检索时对数控机床绿色制造技术的三个主要分支，即数控机床轻量化设计技术、数控机床绿色加工工艺技术和数控机床节能技术，进行检索。

检索时选择的 IPC 分类号有：B23、B24、B32B、B05B、C04B、C22C、C23C、C10、C12、C08、F04、F15B、F16N、F16H、F21、G05B、G06F、H02J、H02K、H02P、H05B；选择的关键词有：机床、加工中心、数控系统、车床、铣床、镗床、磨床、刨床、工具机、干切削、亚干切削、近干切削、准干切削、喷雾润滑、微量润滑、最小量润滑、干铣、干钻、干车、干镗、干式加工、干式切削、金属加工、切削、铣削、刀具切削液、润滑液、润滑油、切削油、轻量、减小、减轻、重量、节能、节电、省电、降低、减少、电能消耗、电量消耗、能源、电能、控制、回收、反馈和回馈。

检索截止日期为 2017 年 11 月 1 日，最终获得数控机床绿色制造技术的全球专利申请数据量为 3565 项，中国专利申请数据量为 2303 件。

### （三）相关事项约定

关于专利申请量统计中，"项"和"件"的说明：

项：同一发明可能在多个国家和地区提出专利申请，DWPI 数据库将这些相关的多件专利作为一条记录收录，以表示其在技术上的高度相关性。在进行全球专利申请数量统计时，对于数据库中以一条记录的形式出现的一系列专利文件，计算为"1 项"。一般认为，专利申请的数目与技术的数目相对应。

件：在进行中国专利申请数量统计时，CNABS 数据库将 1 项专利申请所涉及的多件专利分开进行收录，以表示其权利的独立性。在进行中国专利申请数量统计时，将每件专利单独计算为"1 件"。

本报告所指的"数控机床轻量化设计技术"是指机床的设计过程中的轻量化技术，主要是指通过结构和材料的优化实现机床床身等固定支承部件和驱动装置等运动部件的轻量化。

本报告所指的"数控机床绿色加工工艺技术"是指数控机床加工过程中的干切削加工技术，包括不使用切削液的完全干切削技术和使用微量切削液的微量润滑技术。

本报告所指的"数控机床节能技术"是指数控机床通过能源控制和能源回收的方式实现电能节约的技术。

## 三、数控机床绿色制造技术现状

### （一）全球专利申请状况分析

1. 全球专利申请量年度趋势分析

如图 3-1 所示，2000 年以前关于数控机床绿色制造技术的专利申请量很少，在此期间，机床制造业处在一个较为粗放发展的状态。进入 21 世纪以来，随着人们节能、减耗、环保意识的提高，机床的绿色制造逐渐成为机床制造业的重要发展方向，机床的绿色制造技术蓬勃发展，2007 年申请量到达 100 项以上，2008～2011 年申请量稳步增长，2012～2016 年每年申请量更是达到了 300 项以上，由此说明数控机床绿色制造的重要性，该领域重要申请人正在不断加强技术研发和专利申请以提高市场竞争力。

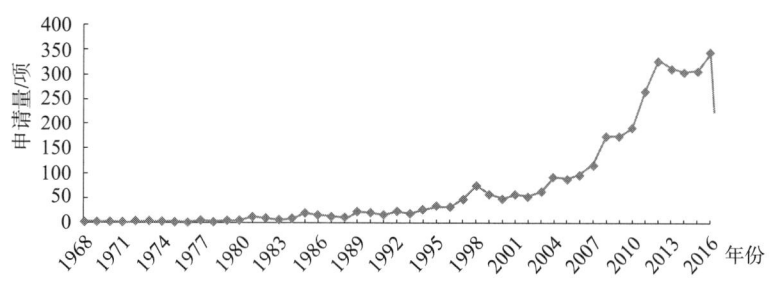

图 3-1 数控机床绿色制造技术全球专利申请量年度趋势

2. 全球专利申请来源国家和地区分布分析

图 3-2 示出了统计得到的涉及数控机床绿色制造技术全球专利申请的主要来源国家和地区申请量的分布情况。中国、日本、德国、美国和韩国占据前 5 位，绝大多数的专利申请源于上述 5 个国家。我国作为一个制造大国，机床的保有量处于世界第一，机床的产量也在持续增长，在机床生产、使用以及报废处理过程中面临的资源消耗、环境影响的压力也越来越大。随着国家把绿色制造纳入国家发展战略规划，我国在该领域中原创专利申请量占到了全球申请总量的 54.7%，体现了我国机床制造大国的地位以及对绿色制造的重视。日本、德国、美国和韩国在数控机床领域一直处于技术领先地位。尤其是日本，众所周知，日本是一个以重视节约能源和资源而著称的国家，机床业也很发达，因此，日本在数控机床绿色制造技术领域的原创专利申请也很多，占到了 21%。

3. 全球专利申请进入国家和地区分布分析

图 3-3 示出了统计得到的涉及数控机床绿色制造技术全球专利申请的主要进入国家和地区申请量的分布情况。分布情况与主要来源国家和地区申请量的分布情况相似，中国、美国、日本、德国和欧洲位居前列，上述国家和地区是数控机床的主要市场，中国和美国是数控机床绿色制造领域最主要的专利布局区域。

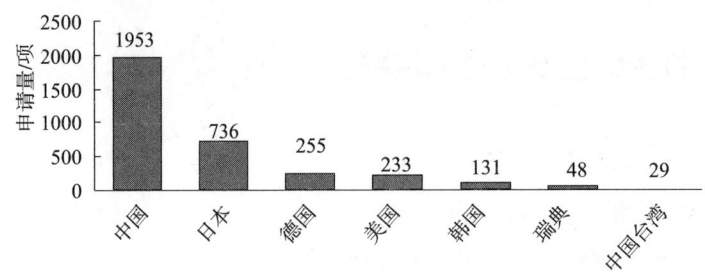

图 3-2　数控机床绿色制造技术全球专利申请来源国家和地区分布

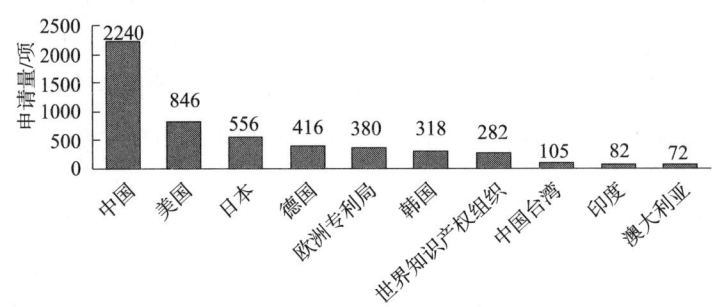

图 3-3　数控机床绿色制造技术全球专利申请进入国家和地区分布

4. 全球专利申请主要申请人申请量分析

图 3-4 示出了全球范围数控机床绿色制造技术领域专利申请量排名前 20 位的申请人以及其相应的专利申请数量。排名第一的是三菱集团，三菱集团是世界知名集团，涉及众多产品线，包括机床、新材料、环保装置等，其在机床刀具干切削、机床轻量化和节能方面都有相关的专利申请，从图 3-4 中还可以看出，在数控机床绿色制造领域排名前 20 位的申请人中有 8 位是日本申请人，体现了日本在该领域的技术领先地位。三菱、日立、日本精工、霍克斯、森精机、日本大隈等日本企业是历史悠久的机床制造商，其中霍克斯是微量润滑技术领域的佼佼者，日本机床的精度和稳定性较高，上述企业具有雄厚的技术积累。排名位于前列的还有国内外知名的刀具公司瑞典山特维克和德国钴领。瑞典山特维克是全球领先的先进产品制造商，其最优势的业务是由硬质合金、高速钢制成的金属切削刀具以及应用在刀具上的涂层技术，其于 2012 年收购了另一家知名的硬质合金刀具制造商——瑞典山高刀具。德国钴领集团是全球第三大旋转刀具制造商。作为全球知名的切削刀具制造商，瑞典山特维克和德国钴领在数控机床切削加工过程中的节能降耗、绿色制造技术领域具有领先地位。我国开展绿色制造方面的研究起步比较晚，但随着绿色制造意识的提高，在国家相关产业政策的扶持下，经过多年的理论研究和实践，我国的数控机床绿色制造领域的技术水平得到了很大的提高。申请量最多的中国企业是上海金兆节能科技有限公司，上海金兆节能科技有限公司是一家国内知名企业，致力于微量润滑系统及微量润滑油的研发。深圳大

族是世界知名的激光加工设备生产商，在机床的轻量化设计技术方面具有一定的技术水平。东莞安默琳环保技术有限公司是专业研究绿色切削技术的高新技术企业，专注于准干式切削、微量润滑切削、低温微量润滑切削等绿色切削工艺和应用技术。从图3-4还可以看出，该领域我国专利申请人大多是高校，可见国内数控机床绿色制造的技术创新主体还主要是以研究为导向的科研机构，而不是以市场为导向的企业，国内企业还有很大的提升空间。综上所述，国外在数控机床绿色制造领域开展了大量深入的研究，并在企业中得到了实践应用。我国对数控机床绿色制造也逐渐重视，各大学研究机构在国家的资助下开展了大量的绿色制造方面的研究，并与企业开展实践工作，积累了一些经验。

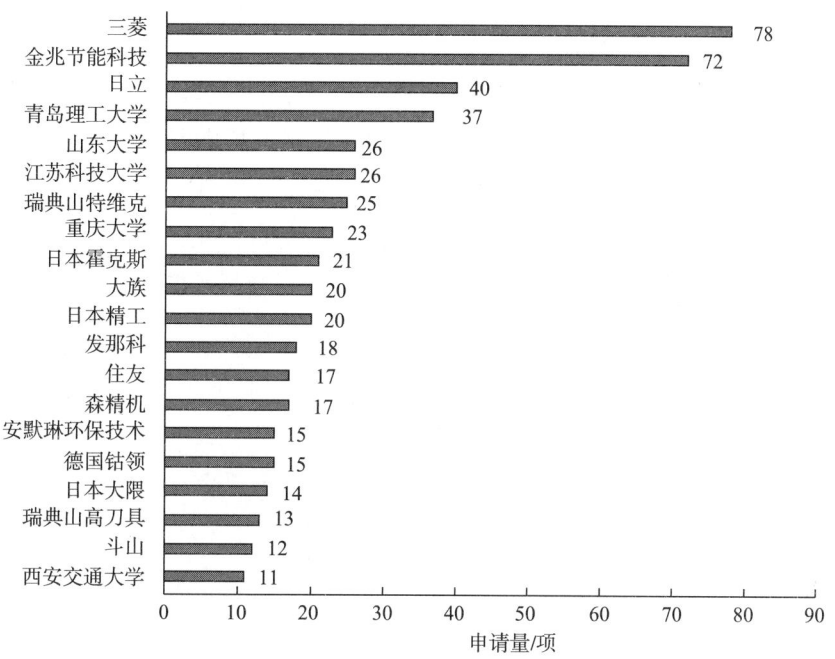

**图3-4　数控机床绿色制造技术全球主要申请人专利申请量分布**

5. 全球专利申请技术构成分析

图3-5示出了数控机床绿色制造领域中的三个技术分支——数控机床轻量化设计技术、数控机床绿色加工工艺技术、数控机床节能技术的全球专利申请量对比情况。其中数控机床轻量化设计技术的全球专利申请量为1310项，占申请总量的37%；数控机床绿色加工工艺技术的全球专利申请量为1011项，占申请重量的28%；数控机床节能技术的全球专利申请量为1244项，占申请总量的35%。这三项技术均是数控机床绿色制造领域中重点技术，各项技术申请量的差距不大。

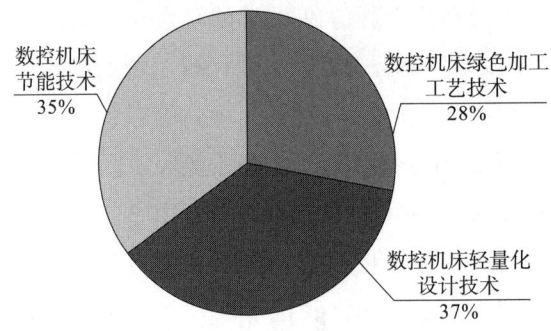

图 3 - 5　数控机床绿色制造技术全球专利申请技术构成

**（二）中国专利申请状况分析**

**1. 中国专利申请量年度趋势分析**

如图 3 - 6 所示，2008 年以前关于数控机床绿色制造技术的中国专利申请申请量在100 件以下，之后随着人们对绿色制造的需求不断提高，专利申请量逐年增加，到 2012年到达 200 件以上，之后专利申请量一直维持在一个较高的水平。与图 3 - 1 全球数据对比可知，中国专利申请量占全球申请量的比值也是逐年升高，说明了近年来全球相关领域申请人比较注重在中国的专利布局。

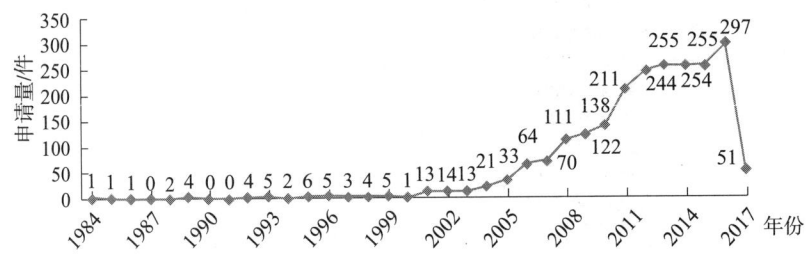

图 3 - 6　数控机床绿色制造技术中国专利申请量年度趋势

**2. 中国专利申请来源国家和地区分布分析**

图 3 - 7 示出了数控机床绿色制造技术中国专利申请申请人来源国家和地区分布，国内申请人的申请量为 1989 件，占申请总量的 86.36%，申请量的第二到五名分别是日本（143 件）、德国（51 件）、美国（50 件）、瑞典（31 件）。由于本土优势的存在，国内申请人的专利申请量占据绝对的优势。国外申请人在中国的专利申请中，日本申请人的申请量最大。日本、德国、美国和瑞典等国家在数控机床、金属切削刀具等领域的技术实力、研发水平一直位于世界前列，并且上述国家的相关领域申请人重视中国市场，在中国进行了专利布局。

| 申请量/件 | 中国 | 日本 | 德国 | 美国 | 瑞典 | 意大利 | 其他 |
|---|---|---|---|---|---|---|---|
| 申请量/件 | 1989 | 143 | 51 | 50 | 31 | 15 | 24 |
| 比例/% | 86.36 | 6.21 | 2.21 | 2.17 | 1.36 | 0.65 | 1.04 |

图 3-7　数控机床绿色制造技术中国来华专利申请国家和地区分布

3. 中国专利申请国内申请人区域分布分析

图 3-8 示出了数控机床绿色制造技术中国专利申请国内申请人区域分布，从图中可以看出，江苏、浙江、广东、山东和上海列前 5 位，其他省市申请量较为平均。这主要是因为长三角、珠三角和环渤海是我国三大经济圈，其经济总量在国家经济总量上占有很大比重，企业、研究机构众多，在先进制造、绿色制造领域发展最快。

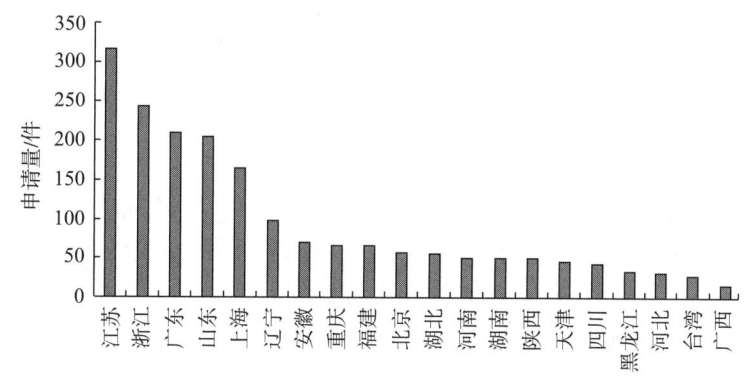

图 3-8　数控机床绿色制造技术中国国内申请人专利申请区域分布

4. 中国专利申请主要申请人申请量分析

图 3-9 示出了数控机床绿色制造技术中国专利申请量排名前 20 位的申请人以及其相应的专利申请量。国内的上榜企业有上海金兆节能科技、东莞安默琳节能科技、上海源育节能科技、上海三一精机和重庆机床等，其中上海金兆节能科技在绿色切削领域专利申请优势明显，其研发实力不容小觑。国外有日本三菱、发那科、瑞典山特维克和美国钴碳化钨等世界知名的机床、刀具制造商。从图中可以看出，国内主要申请人集中在高校和科研院所，高校和科研院所总的申请量居第一位，应当推动高校和科研院所与相关企业展开广泛的产学研合作，进行专利成果转化，促进我国机床业绿色制造技术的快速发展。

新能源电池

机器人

高档数控机床

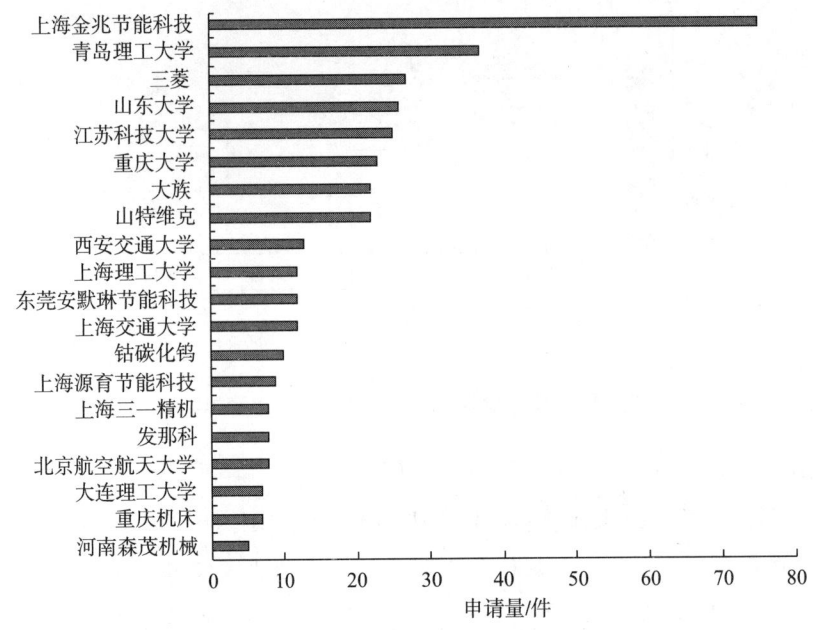

图3-9　数控机床绿色制造技术中国主要申请人专利申请量分布

5. 中国专利申请技术构成和申请类型分析

图3-10示出了数控机床绿色制造领域中的三个技术分支（数控机床轻量化设计技术、数控机床绿色加工工艺技术、数控机床节能技术）的中国专利申请量和申请类型对比情况。其中数控机床轻量化技术的中国专利申请量为833件，占申请总量的36.1%，发明专利申请占该技术分支申请总量的46%，实用新型专利申请占该技术分支申请总量54%；数控机床绿色加工工艺技术的中国专利申请量为615件，占申请重量的26.6%，发明专利申请占该技术分支申请总量的76.6%，实用新型专利申请占该技术分支申请总

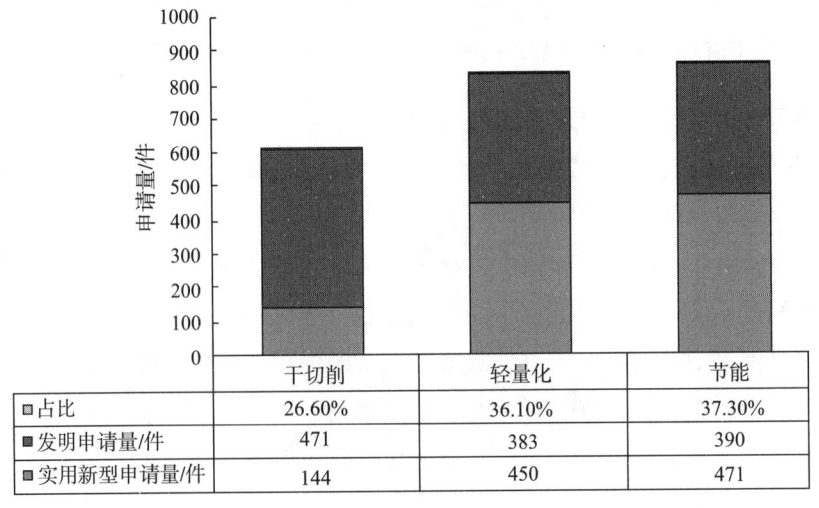

图3-10　数控机床绿色制造技术中国专利申请技术构成和申请类型

量的 23.4%；数控机床节能技术的中国专利申请量为 861 件，占申请总量的 37.3%，发明专利申请占该技术分支申请总量的 45.3%，实用新型专利申请占该技术分支申请总量的 54.7%。

# 四、重点专利技术

## （一）数控机床轻量化设计技术

为了改善机床的动态响应性能，提高机床的精度，在结构优化设计的基础上，研究轻量化工艺技术，并应用于机床的支承件以及移动部件，以达到整机的刚度重量比最优，是当前机床研究热点之一。轻量化设计是采用现代设计方法和有效的手段进行优化设计，或使用新型材料（质量轻但强度不减），以实现减重、降耗、环保及综合工作性能的提高。机床的轻量化设计主要针对的是机床床身、工作台、立柱、横梁、龙门框架、驱动机构等尺寸和重量较大的机床零部件。

1. 床身等支承件的轻量化

（1）采用轻材料实现轻量化

机床的机座、工作台大都由铸铁、铸钢制造，铸铁具有较高的密度，工作台的质量过大会导致其运动的灵敏度降低，从而降低机床的加工精度。机座的质量过大，导致搬动困难，且耗材较多、成本高、耐腐蚀性差、吸震能力差。新型材料的推出和选用为机床床身的轻量化技术注入了新鲜的血液，通过选用新型材料，大幅度降低了床身的自身重量，同时提高了性能。

① 金属材料

机床上应用最广的材料是金属材料，因此研发和使用新型轻质、强度高、刚度好的金属材料是实现数控机床轻量化的重要途径之一。

申请号为 CN02218070 的专利文献公开了一种台式线切割机床，将原用铸铁制造的底座等零件用铝合金制造以减轻机床重量。

申请号为 CN200710200869 的专利文献公开了一种机床，可动部件由密度在 $1.7 \times 10^3 \mathrm{kg/m^3}$ 至 $3.3 \times 10^3 \mathrm{kg/m^3}$ 之间的金属合金（铝合金或镁合金）制成。

申请号为 CN201210169401 的专利文献公开了一种轻型机床架，采用高强度铝合金管材焊接而成，整体结构网格式分布，材料轻量化、结构轻量化。

申请号为 CN201610221437 的专利文献进一步对铝合金强度进行改进提高，可动部件中形成保持最大时效强化能力的 $Mg_2Si$ 相。

② 非金属材料

研发性能优良的非金属机床床身材料同样是实现数控机床轻量化的重要途径之一。

申请号为 US19840592695 的专利文献中公开了一种聚合物模制复合材料，采用固化塑料树脂填充不同粒度火成岩颗粒混合黏结制成的模制机床底座构件，可使空隙的数量和体积最小，从而使刚性制品获得高强度和减振性能。

申请号为 CN200510043683 的专利文献公开了一种人造花岗石、大理石机械配件及其制备方法，由骨料（花岗石、大理石）、胶料（环氧树脂、丙烯酸树脂）和促进剂（滑石粉）制成，减轻机床设备重量，具有好的振动阻尼及耐热性。

申请号为 CN200610044905 的专利文献公开了一种树脂混凝土，在上述专利申请的基础上加入玻璃纤维、碳纤维、聚合物纤维作为增强料，在保证轻量化的基础上提高机床机构的强度。申请号为 CN201610069616 的专利文献在上述专利申请的基础上加入稀有金属。

申请号为 CN201310158124 的专利文献公开了一种机床用含泡沫金属填充工作台复合结构，轻质泡沫金属夹层结构具有良好的抗弯性能以及抗振性能，用以提高工作台的强度、降低工作台的重量、降低能源消耗等。

（2）结构优化轻量化

相对而言，通过材料替换实现轻量化更多的是依赖于新材料的开发和研制，具有一定的被动性，且会带来工艺大范围变更、造价上升等问题。结构的轻量化更加基础，并对材料轻量化具有指导意义，在材料一定的情况下，通过改变结构的形式实现轻量化设计是机械设计中最主要的手段，也是直观可行的途径。

① 形状、布局优化

通过改变节点的位置或者边界形状的几何参数实现轻量化，称之为形状优化。

申请号为 JPH08318445 的专利文献中公开了一种对称多轴线线性电动机机床，通过对称的布局省去了许多应用在不对称机床中的防止弯曲或偏转的机构部件，在保证结构强度和刚度的前提下，对称机床的重量减轻。

申请号为 CN200920316279 的专利文献公开了一种大型热分切剪板机的低速轴双边驱动传动装置，本传动装置由单边驱动改为双边驱动，曲轴的曲率半径小，大齿轮半径小，整个机床外形尺寸可以减小，机床的重量可以减轻，成本可降 20%。

申请号为 JP2012522861 的专利文献公开了一种卧式机床，通过合理布局使底座小型化，实现整个装置小型化和轻量化。

申请号为 CN201020669676 的专利文献公开了一种机床横梁平衡装置，通过对横梁两侧平衡力的精确调整，节省了重锤平衡结构，还大大减轻了机床自身的重量，明显地降低了机床的制造成本。

申请号为 CN201410109030 的专利文献公开了一种热结构稳定的轻量化全对称机床主轴滑枕，该滑枕结构采用全对称结构布置形式，实现热量在滑枕内部均匀分布，减少热变形问题。同时三角孔的设计布局提高了滑枕整体结构的刚度，减轻了滑枕的重量。

② 尺寸优化

在给定结构的类型、材料、布局和形状的情况下，优化各个组成构件的截面尺寸，得到最轻或最经济的结构，称之为尺寸优化。

申请号为 CN200610078857 的专利文献公开了一种数控雕铣床，机床非移动部分采用米汉那铸铁整体铸造而成，并采用高低筋配合的网状结构，以使其在满足刚度要求的情况下，尽可能地减少其重量。

申请号为 CN200620045059 的专利文献公开了一种数控切割机端梁结构，在保证整个端梁刚性的基础上，减小部分支撑板厚度，减少钢板成本，降低重量与运动惯性。

申请号为 CN200620015178 的专利文献公开了一种激光切割机悬臂结构，整体采用圆弧型空心结构，变截面设计，悬臂内轮廓加上支撑筋板，提高了激光切割机的运动速度和运动精度，具有重量轻、强度高的特点。

申请号为 CN201110077207 的专利文献公开了一种轻质量高承载的机床支撑结构，结构采用 HT250 铸铁铸造，使用了桥状拱形和十字加强筋结合的结构，不仅减轻了装置自身的重量，而且减少了部件自身对底部的水平载荷和垂直载荷。

申请号为 CN201410353592 的专利文献公开了一种拱形筋板加强的轻量化机床横梁，使横梁在不同位置处的刚度有所不同，在横梁中间位置处刚度最大，在横梁两端支承处刚度最小，并去除整个横梁内部的"冗余"材料，减轻横梁的总重量，提高其动态响应性能。

③ 拓扑优化

现有的设计方法一般根据经典的材料力学理论，结合设计者的经验进行设计或在已有的床身结构基础上进行改进设计。显然这样的设计方法无法得到真正最优的结构，其最终设计结果很大程度上决定于设计者的经验，而且其设计过程无法实现自动化。因此，有必要利用先进的有限元设计方法对床身结构进行以减重为目的的优化。

申请号为 CN201010154882 的专利文献公开了一种机床床身结构的优化设计方法，该方法通过三个设计阶段，建立各阶段合理的数学模型，利用结构优化设计理论和方法，使床身结构达到最好的技术经济综合性能。三个阶段分别为内部加筋板分布形态优化设计—加筋板尺寸及垫铁间距优化设计—工艺孔位置拓扑优化设计，在减轻重量的同时，保证结构的刚度要求。

申请号为 CN201010616150 的专利文献公开了一种机床床身结构优化设计方法，提出由载荷传递图确定床身载荷边界条件的方法，以此得到床身所承受的工作载荷，与传统经验法确定方式相比更为准确。该发明在床身壁厚及筋板几何尺寸多目标优化中，平衡了动静特性及制造成本之间的矛盾，并在床身优化设计中将拓扑优化和多目标优化相结合，从而使其优化效果达到最优。

申请号为 CN201210301089 的专利文献公开了一种 PCB 加工机床铸铁横梁优化设计方法，将 PCB 加工机床铸铁横梁的宽度、高度等要素进行拆分，并分别进行仿真分析，确定各要素的最优结构，实现快速得到具有优异结构性能的 PCB 加工机床铸铁横梁的目的，降低了成本。

申请号为 CN201410452765 的专利文献公开一种机床床身内部结构优化设计方法，节约时间、贴近实际工况、使各优化目标更加协调、可得到材料分布合理的筋板布局、提高床身刚度、降低床身重量。

2. 驱动装置的轻量化

（1）结构的轻量化

主轴单元作为机床最关键的核心功能部件，是决定机床高速化和高精度的关键部分。现有的用于加工中心的主轴主要为电主轴和齿轮主轴两种形式，电主轴具有结构紧凑、重量轻、惯性小、动态特性好等优点，可实现机床主轴系统的"零传动"，齿轮主轴可实现大功率、大扭矩。齿轮主轴普遍采用大减速比的齿轮传动方案，主轴外形尺寸较大、重量较重，这使机床的进给速度较低。

申请号为 CN86106470 的专利文献公开了一种钻与振铰主轴箱，简化传动结构，既能对工件进行钻孔工序，又能对工件进行振动钻铰，比传统能实现多工序加工的主轴箱体积小，重量轻。

申请号为 CN200820211138 的专利文献公开了一种电机内装的箱体式滑动轴承电主轴，该电主轴具有结构紧凑、缩短整体的径向尺寸、节省材料和加工成本的优点。

申请号为 CN200920031904 的专利文献公开了一种车床永磁同步电主轴，通过采用双头螺旋形壳体冷却水道设计和电机转子稀土永磁体的模块化设计，降低了电主轴的制造成本，提高了功率等级，缩小了体积，减轻了重量。

申请号为 CN201120467039 的专利文献公开了一种用在机床上的锥齿轮复合传动机构，通过锥齿轮传动系与锥齿轮行星传动系串联，解决了现有锥齿轮传动单级传动比小、多级占用空间体积大和行星齿轮传动结构复杂且传动效率低的问题。

申请号为 CN201310032462 的专利文献公开了一种内圆磨削电主轴，电机和主轴合二为一，结构紧凑，重量轻，机床主传动链长度为零，电机对主轴直接驱动，惯性小以及动态特性好。

申请号为 CN201510658571 的专利文献公开了一种基于参数化有限元模型的电主轴结构优化方法，该方法能准确、方便地对电主轴实施结构参数优化，模型更加准确，可同时对电主轴进行高刚性、轻量化双目标优化。

申请号为 CN201610811351 的专利文献公开了一种外转子磨床头架，采用外转子直驱的方式，摒弃了皮带或齿轮的传动系统，减小了磨床头架的体积和重量，极大地节省了机床空间，实现头架振动小、回转精度高、噪声小、结构简单的优点。

（2）材料的轻量化

通常主轴的所有部分或大部分由碳素钢和合金钢制成，比重大的钢制主轴在快速加速和快速减速的过程中受到较大的惯性力的限制，因此，有必要采用轻质、性能好的新型材料实现主轴的轻量化。

申请号为 JPH10277803 的专利文献公开了一种机床的主轴，该主轴的所有部分都是由陶瓷所构成，具有容装刀杆的把持工具的贯通孔，与钢相比，重量轻、杨氏模量大、耐腐蚀性高、耐磨损性高、耐热性高、热膨胀率小。

申请号为 CN200610134117 的专利文献公开了一种热等静压氮化硅全陶瓷电主轴及其制造方法，采用热压氮化硅为材料，减轻了主轴旋转部分的重量，提高了旋转速度，降低转动惯量，而且温度对轴承的影响比钢轴承小，加工精度高。

申请号为 CN201510834489 的专利文献公开了一种具有高转速大扭矩碳纤维主轴的滑枕装置，碳纤维作为主轴材料，滑枕主轴重量为传统钢材料主轴的 1/4，使主轴轻量化，从而使滑枕主轴转速大大提高。

采用现代设计方法和有效的手段对床身、机架、驱动机构等机床部件进行结构的优化设计，或使用新型材料实现了机床的轻量化设计，达到了减重、降耗、环保及提高综合工作性能的目标。

### （二）数控机床绿色加工工艺技术

本文中所涉及的数控机床绿色加工工艺技术是指数控机床加工过程中的干切削加工技术，即不使用或使用少量的切削液的数控机床绿色制造技术。

切削过程中不使用切削液的加工技术称为完全干切削。缺少了切削液的润滑、冷却和排屑功能，刀具和切屑之间、刀具和工件表面之间的摩擦加剧，切削温度高，切屑排除难度大。干切削加工技术涉及机床设计制造技术、高性能刀具/工件夹持系统技术、高性能刀具基体和涂层材料及刀具设计制造技术、干切削加工工艺方法等多项关键相关技术。

完全干切削对机床结构、刀具材料、工艺条件都有相对严格的要求，因而使得应用范围受到限制。介于湿切削与干切削之间的最小量润滑技术（MQL）将压缩空气与少量的切削液混合汽化后喷射到工件的加工部位，使刀具切屑接触区得到冷却和润滑，并改善切屑的流动。这种技术使用的切削液量很少、效果明显，既提高了生产效率，又减少了污染。最小量润滑装置、流量控制以及切削液是最小量润滑技术的关键技术。

1. 刀具技术

干切削需要降低刀具和接触面之间的摩擦系数，刀具要有足够高的耐高温性能、较高的强度和抗冲击韧度。这些都可以通过改善刀具基体和涂层、良好的刀具几何结构以及切削参数来实现，特别是刀具涂层技术。

刀具基体和涂层技术往往相互配合使用，适用于干切的刀具涂层技术专利和相应的基体技术相对应。瑞典和日本专利技术在该项技术中影响深远，中国也奋起直追。

申请号为 SE9501286 的专利文献公开了一种用于铣削灰口铸铁的刀片及其制造方法。铣削灰口铸铁的刀片包括基体和涂层，其中基体由 WC、Co 和选自周期表中第ⅣB、ⅤB或ⅥB 族金属的碳化物组成，涂层包括：最里层 $TiC_xN_yO_z$ 层，其厚度为 $0.1 \sim 2\mu m$，晶粒是尺寸 $<0.5\mu m$ 的等轴晶粒；厚度为 $2 \sim 10\mu m$ 的光滑、织构、细晶粒的 $\alpha - Al_2O_3$ 层的最外层。上述刀片涂层使用化学气相沉积法制造。这种刀片具有可靠和稳定的使用寿命，刀具性能好，可用于干铣灰口铸铁。基于该项技术，该申请人还申请了一系列适用于其他金属材料干切削的刀具涂层专利。

申请号为 JP2000213536 的专利文献公开了一种用于金属材料高速切削操作的切削刀具。切削刀具包括基体和含有第一和第二硬涂层的多层涂层。刀具基体为硬质合金端铣刀或刀片。第二硬涂层是由高硅和低硅浓度相组成的多组分分离层。两涂层由电弧放电离子镀法形成，并含有液滴颗粒。即使在高速切削和干式切削金属材料操作中，刀具也表现出优异的耐磨性和抗氧化性。

申请号为 SE0200871 的专利文献公开了一种 PVD 涂覆层的硬质合金切削刀片及其制造方法。切削刀片包括硬质合金体和涂层，硬质合金体包含有如下组分：7.9wt% $\sim$ 8.6wt% 的 Co，0.5wt% $\sim$ 2.1wt% 的金属 Ta 和 Nb 的立方碳化物，以及平均截取长度为 $0.4 \sim 0.9\mu m$ 的余量 WC，与 W 合金的黏结相的对应 S 值为 $0.81 \sim 0.95$，Ta 和 Nb 的重量浓度比在 $1.0 \sim 12.0$；涂层包括柱状晶粒 $TiC_xN_yO_z$ 层。切削刀片用于对合金钢、工具钢进行高速干铣削加工以及对淬火钢进行干铣削加工，解决了随磨损机理的不同而有不同程度磨损的问题。

申请号为 CN200610029132 的专利文献公开了反应磁控溅射 $TiN/SiO_2$ 硬质纳米多层涂层的制备方法。采用多靶磁控溅射涂层制备设备，在低气压的 Ar 和 $N_2$ 混合气氛中，由独立的射频阴极分别控制金属 Ti 靶和化合物 $SiO_2$ 靶，通过基体在两靶前产生的等离子体中交替停留形成层状结构。其中 TiN 层通过金属 Ti 靶与 $N_2$ 气反应生成，而 $SiO_2$ 层则由 $SiO_2$ 化合物靶直接溅射获得，且在发明所述的 $N_2$ 氛围中溅射得到的 $SiO_2$ 层不含氮。可满足具有高硬度和优异抗氧化性能、适用于高速切削和干式切削涂层的生产。

申请号为 SE0701910 的专利文献公开了一种用于对耐热超合金（HRSA）进行通常车削的涂层切削刀具。切削刀片，硬质合金体包括 WC，5.0wt% $\sim$ 7.0wt% 的 Co，0.22wt% $\sim$ 0.43wt% 的 Cr 的硬质合金及 $19 \sim 28kA/m$ 的矫顽力 Hc，涂层由 $(Ti_{1-x}Al_x)$ N 的单层组成，x 为 $0.25 \sim 0.50$，涂层具有 NaCl 型的晶体结构、$3.0 \sim 5.0\mu m$ 的总厚度、

$2.5 \times 10^{-3} \sim 5.0 \times 10^{-3}$ 的压缩残余应变，并具有 $1.6 \sim 2.1$ 的织构系数 TC（200）。解决了现有刀具切削超合金使得刀刃磨损增加的问题。

申请号为 CN200910014862 的专利文献公开了一种硬质涂层刀具及其制备方法。该刀具为采用多弧离子镀膜法制备的 TiZrN + Zr/Ti + Ti 复合涂层刀具，刀具表面为合金氮化物 TiZrN 层，TiZrN 层与刀具基体之间具有 Ti 和 Zr/Ti 过渡层。该刀具表面的 TiZrN 层有着很高的硬度和强度、较低的摩擦系数、较好的抗氧化性能和热稳定性、高抗热震性能、优异的抗磨损和抗腐蚀性能，切削过程中可达到减小摩擦、阻止黏结、降低切削力和切削温度、减小刀具磨损的目的。该涂层刀具可广泛应用于难加工材料的干切削加工以及有色金属的干切削加工。

申请号为 CN201110353909 的专利文献公开了一种硬质涂层刀具及其制备方法。自润滑刀具，前刀面刀 – 屑接触区带有纳织构，纳织构表面沉积有 WS$_2$ 软涂层，WS$_2$ 软涂层与纳织构表面之间含有一层 Zr 过渡层。在干切削时不仅具有软涂层自润滑效应，还具有纳织构自润滑效应，改善刀具干切削时的摩擦润滑状态、减小摩擦、阻止黏结、降低切削力和切削温度、减小刀具磨损。

除了刀具基体和涂层技术，刀具结构对排除切屑的作用不可忽视，刀具本身具有的切削液供给结构对微量润滑条件下的切削也十分重要。

申请号为 DE102007023167 的专利文献公开了一种可旋转驱动的切削刀具，优选为孔的精加工刀具。如图 4 – 1 所示，刀具切削部分上形成多个刀刃（328），刀杆在背对切削部分（324）的一侧形成夹紧部分（322），夹紧部分（322）中形成多个与排屑槽（330）数量相同的冷却/润滑剂通道（338），这些通道各自具有一个轴向排出口（342）并且沿着刀杆通向切削部分（324）的相应排屑槽（330）。这种切削刀具适用于微量润滑，排屑功能好，能更加有效地给刀刃供给冷却/润滑剂，同时提高制造工艺的经济性。

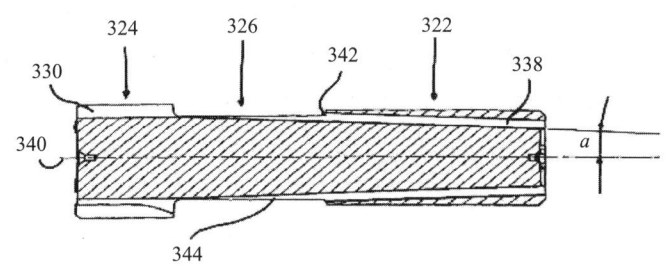

**图 4 – 1　DE102007023167 专利申请附图**

## 2. 机床结构

由于干切削过程没有切削液的冷却、润滑和排屑作用，切削过程中产生比湿切削更多的热量，这些热量主要集中在切屑中。切屑大量堆积在切削区和机床上不仅影响切削过程，还会使机床温度升高和热变形加剧，严重影响加工质量。切屑的处理对干切削加工至关重要。立式床身、倾斜盖板、切屑移出装置，都是干切削机床设计的关键。低温冷却加工、恒温加工也成为干切削加工的重点辅助技术，促进切屑的分离、加速切屑的排出是最基本的方法。

申请号为DE4439114的专利文献公开了一种用于曲齿齿槽加工的数字控制机床，用于工件的干式切削。如图4-2所示，其在工件被加工表面的区域有一个板（42），它将加工室分隔成部分腔室（44），在该腔室中进行低压抽真空。可有效去除轻金属干加工过程中形成的切屑。

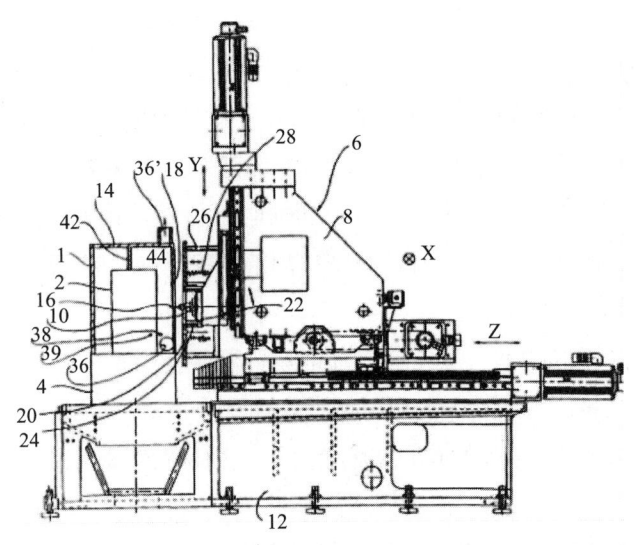

图4-2　DE4439114专利申请的附图

申请号为JP14845498的专利文献公开了一种在非可燃气体氛围下切削金属材料的方法。如图4-3所示，在非可燃气体氛围下切削金属材料的方法，使用机床（5A）上的刀具（5）切削金属材料（W）时，在刀具尖端或切削点周围空间提供非可燃性气体（G）氛围，例如浓度不低于90%的氮气和二氧化碳。并且该非可燃性气体可循环使用，形成气流，有利于切屑的分离。非可燃性气体可以来自于切削刀具。该方法可用于干切机床，可提高刀具寿命，改善加工精度和切屑处理。

切屑产生的热量是造成加工精度降低的重要原因。因此，如何降低切屑热量对加工的影响至关重要。降低切屑热量可以通过改善机床布局、优化局部机械结构、增加冷却循环系统结构实现。

申请号为US19950433277的专利文献公开了一种机床排屑系统，用于通过湿滚削和干滚削方法生产正齿轮和螺旋齿轮、轴、花键等的滚齿机。如图4-4所示，该专利文献公开了以下几种降低切屑热的技术手段。（1）滚齿机采用立式布局，具体为工作台固定、立柱移动的布局方式。（2）滚齿机排屑装置具有带可翻转的旋转螺旋状磁铁的传递装置，传递装置可正向和反向将湿加工过程和干加工过程中产生的切屑传送到湿切屑和干切屑

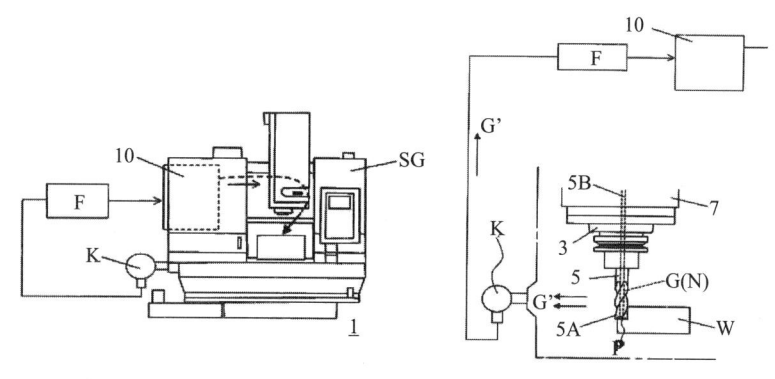

图4-3　JP14845498专利申请的附图

出口。切屑黏附到管道（76）上而不与机床基座的表面接触，切屑热量很少或不会传递到机床基座上。（3）切削腔和工件夹持装置的上盖板表面在干加工过程中可任意加以冲洗以改善加工热量的控制状况。（4）在切屑因重力落到出口通道时接受切屑热能的热交换装置，组合式液体循环系统可将所吸收的热能绕机床基座周围完全分配，并将上表面和下面的底表面带入共同均衡状态。

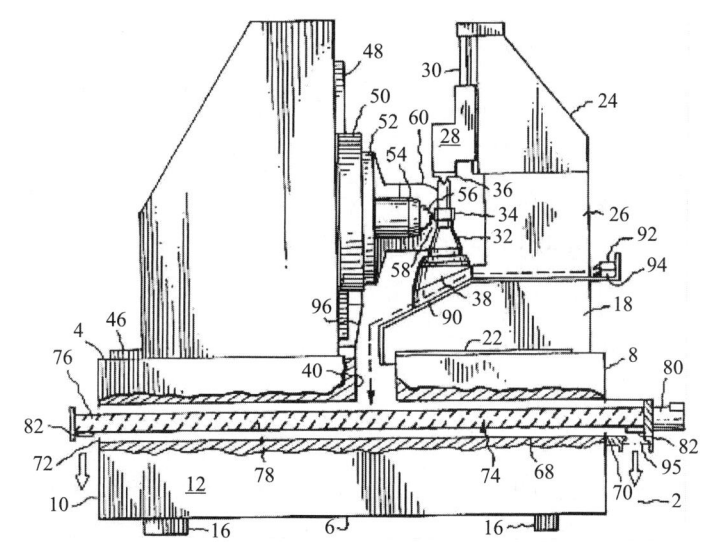

图4-4　US19950433277专利申请附图

　　申请号为US20060865537P的专利文献公开了一种用于工件等温干切削和组装夹具的装置、系统与方法。等温工件固持装置使用震动阻尼、低热传导性、低热膨胀系数的聚合体复合固持本体以抑制工具机震动和震颤，同时借由真空固持系统在切削期间将工件保持定位；传热板与用于热传导性流体通过的信道相结合，将热能导入/导出工件，以维持工件等温。该系统采用真空和冷却剂流体泵、加热器/冷却器、温度传感器和控制器，以达到部件的高准确性的尺寸公差切削。该固持器装置用于航空工业的大型部件的干切削，可消除尺寸变化且增加工艺可重复性，可降低震颤与 TCE 引起的切削误差，能以较短工作时间及较高现场切削部件产量，进行高精密度切削。

### 3. 最小量润滑

最小量润滑（MQL）技术使用的最小量润滑装置，是准干切削机床的重要部件。最简单的最小量润滑装置是刀具外部用喷嘴提供压缩空气和最少量的切削液，但是需要调节喷嘴位置，消耗切削液量大，尤其在半封闭、封闭状况下的切削加工（钻、铰、拉、削等）效果不好。压缩空气或最少量的切削液穿过主轴供给到切削区的内喷法方式更受欢迎，但刀具结构比较复杂。内喷法又分为主轴内部混合和主轴外部混合，有的在刀具夹持部混合。

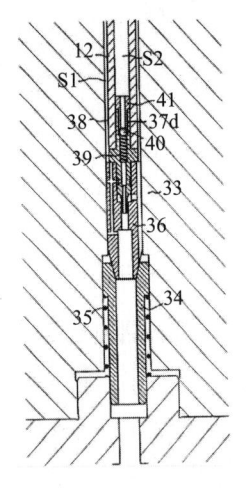

图 4 - 5　JP25917495
专利申请附图

申请号为 JP25917495 的专利文献公开了一种机床主轴装置。如图 4 - 5 所示，该机床主轴装置，设有两个供应支路 s1、s2，以分别用以供应气体和液体同时到主轴 1 内。为了使所供应的气体和液体混合并喷出雾状，将雾状产生装置 33 设于主轴 1 的前端部内或工具夹具 8 内。设置分流通路，为了使其他供应通路及雾状产生装置 33 的喷出侧空间连通，同时在该通路的中途设置有开关阀以保证雾状产生装置 33 所产生的雾气在固定压力以下时保持开放状态。该机床主轴装置用于加工被加工物深处时，可以有效地供应雾气到其加工部。

申请号为 DE102005013483 的专利文献公开了一种刀具夹具（1），如图 4 - 6 所示，刀具夹具（1）在其夹具体（3）的一个与刀具柄（15）安装孔（13）连接的通孔（31）内包含一个可轴向运动的止挡件（45），止挡件以一止挡面（47）贴靠在刀具柄（15）的端部（23）上。止挡件（45a）包括一个弹簧（67a），它将止挡面（47a）朝刀具柄（15a）的端部（23a）预紧。此刀具夹具（1）即使在小润滑量的情况下也能够将润滑流体基本上无涡流地供给刀具（9），保证足够连续润滑，易于操作，能够方便地进行长度预调。

申请号为 DE4309134A 的专利文献公开了一种在切削加工过程中用于润滑和冷却切削刃和/或工件的方法、装置及其用途。如图 4 - 7 所示，采用两个分开的容器（1，2）分别贮存润滑油（a）和冷却液（b），通过两分开的管路（10，11）由不同的喷流件（3，4）分别从主轴内部和外部将润滑油和冷却液施加到被加工的工件（15）和切削刃上，冷却液（b）被施加覆盖到已散开的黏性润滑油膜（54）上。这种方法，可改善润滑和冷却效果，延长刀具切削刃的寿命，提高切削速度和被加工表面的质量，且无须进行再循环或回收润滑剂，润滑剂耗量小。

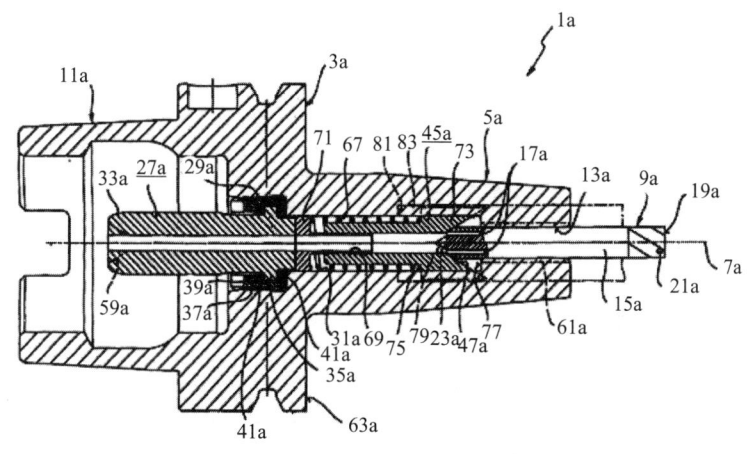

图 4-6　DE102005013483 专利申请附图

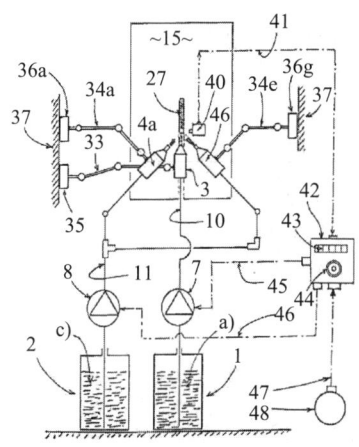

图 4-7　DE4309134A 专利申请附图

申请号为 CN201210026332 的专利文献公开了一种产生气雾剂的装置和方法。如图 4-8 所示，微量润滑供应系统，雾化室和一次沉淀室之间通过 A 油雾连接管相连，一次沉淀室和二次沉淀室之间通过 B 油雾连接管相连，锥形体组件包括锥形体和多片叶片，锥形体组件位于微细雾化喷头下方。其能产生微细干燥油雾，并能保证油雾能克服离心力的影响，变成湿油雾对加工区进行润滑和冷却，能对不同的内冷刀具同时实现最佳润滑和冷却，能用于内冷和外冷刀具。

最小量润滑的装置不仅限于提供最小量润滑的机械机构，还有控制润滑液剂量的装置。如何使用最小量的润滑液、如何稳定最小量的润滑液都是技术关键点。

申请号为 DE59105629 的专利文献公开了一种冷却润滑机床的系统。如图 4-9 所示，液体存储装置连接到喷头，并在一个腔室的压力下供给气体，该气体在液体之上传输，从那里经由气体管路到喷头。液体和气体管路结合在一起形成足够柔性的管路，通过一

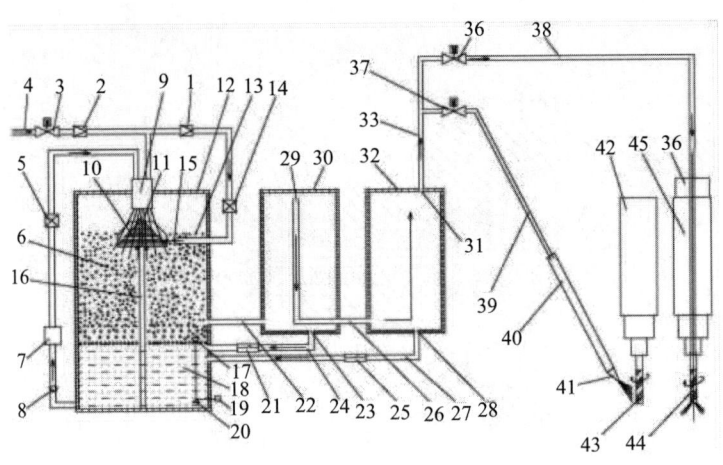

图 4 -8  CN201210026332 专利申请附图

个或更多个混合喷头喷射到机床中的切削位置进行冷却。液体可由 0.1 到 2mm 内径的聚四氟乙烯毛细软管供应。这种系统能够精确地计量最小量润滑。

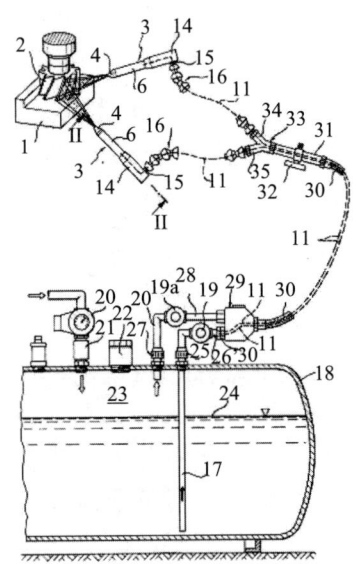

图 4 -9  DE59105629 专利申请附图

　　申请号为 DE10104012 的专利文献公开了一种产生气雾剂的装置和方法。如图 4 -10所示，该装置中至少一个节流阀（8、9）分别将载气和液体流量调节地输送到喷射装置（5）。装置的节流阀根据容器压力与供气压力之间的压差可调节地构成，通过控制单元（10）进行控制。该装置及其产生气雾剂的方法解决现有气雾剂产生装置不能通过压力调节阻止容器压力连续增加，造成气雾剂产生中断，成本费用高的问题。

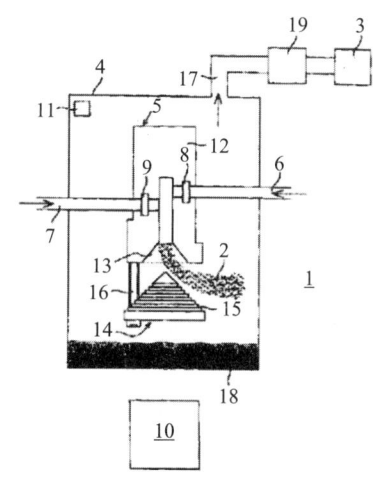

图4-10　DE10104012专利申请附图

申请号为CN201310042095的专利文献公开了一种用于在机械加工中供给磨削液的纳米流体静电雾化可控射流微量润滑磨削系统，其电晕荷电喷嘴的喷嘴体与供液系统、供气系统连接，且可调高压直流电源的负极连接喷嘴体下部的高压直流静电发生器，正极连接工件不加工表面上的工件加电装置。该系统能提高雾滴谱的均匀性、沉积效率和液体有效利用率，并能控制雾滴的运动规律，降低对环境的污染。

4.切削液

在最小量润滑加工中，切削液的重要性无须多言。切削液的成分、颗粒直径以及黏度等都十分重要。最小量润滑推荐使用的油剂多采用分解性高的合成脂和油脂，具有一定的运动黏度、流动性以及生物分解性。切削液粒径过大，容易黏附在配油管内，不能对切削点进行正确地供油。

申请号为US19850747463的专利文献公开了一种极微量油剂供给式切削/磨削加工用油剂以及极微量油剂供给式切削/磨削加工方法。这种油剂包括（重量）：（1）在40℃时15～300 CST黏度的45～95合成酯和选自（a）由2～8个羟基、3～12个C原子脂肪族多元醇和2～8个羟基、5～12个C原子脂肪族一元羧酸得到的酯，（b）由偏酸或偏酸或酸酐和$C_{5\sim16}$脂肪醇得到的酯，和（c）由含有脂肪酸、至少75% $C_{36}$二聚酸重量百分比的聚合物和$C_{2\sim13}$单官能醇得到的酯；（2）平均分子量4000～10000的8～40聚异丁烯（PIB）；和（3）其平均分子量25000～300000的0.1～1聚异丁烯；组合物在40℃具有125～750 CST黏度。其中，酯（a）是由$C_{5\sim8}$，2～4羟基脂肪族多元醇得到的，酸值在15以下，羟基值低于100；酯（b）酸值在15以下，羟基值低于10；及酯（c）酸值在100以下，羟基值低于10。该润滑油包括高和低分子量的高黏度合成酯和聚异丁烯，以平衡喷雾润滑性能。该组合物可用于切削或磨削加工的微量润滑。有效分布均匀的喷雾，在很宽的温度范围内具有很高的吞吐范围。薄雾提供最小量的蜡沉积，改善了湿润和扩散。

申请号为 JP2000286593 的专利文献公开了一种使用痕量油的切削研磨系统用油组合物和极微量润滑体系。切削研磨油组合物包括不低于组合物 10wt% 的酯；酯的碘值为 0 ~ 80gI$_2$/100g，溴值为 0 ~ 50gBr$_2$/100g，羟值为 0.01 ~ 300mgKOH/g，皂化值为 100 ~ 500mgKOH/g。这种切削研磨系统用油组合物中，以 0.01 ~ 1ml/分钟的极微量的上述油与压缩空气一起提供给金属工件要切削研磨的部位，适用于极微量润滑体系，用油量少，润滑性和低黏性极好，且能使工件有很光滑的精加工表面，并能改进防止刀具磨损的能力，延长刀具的使用寿命。

申请号为 JP2002582162 的专利文献公开了一种极微量油剂供给式切削/磨削加工用油剂以及极微量油剂供给式切削/磨削加工方法。该油剂含有酯、添加剂、基础油；酯的含量为油剂总质量的 10% 以上，该酯可以由一元醇和/或多元醇与一元酸和/或多元酸的动植物等天然油脂中所含的成分或合成物形成；一元醇为 C$_1$ ~ C$_{24}$ 的直链或支链的醇，多元醇为 2 ~ 10 元；一元酸可为 C$_2$ ~ C$_{24}$，多元酸可为 C$_2$ ~ C$_{16}$ 的二元酸和偏苯三酸等；酯的碘值为 0 ~ 80gI$_2$/100g。这种油剂具有良好的润滑性、加工性，使工作机械节省空间、节能、作业效率高，提高了加工物表面精度，减少并防止工具尖头磨损，可在冬季和寒冷地区操作使用。

申请号为 CN200810042207 的专利文献公开了一种微量润滑系统铝合金切削液及其制备方法和用途。由矿物油或植物油基础油、硫化异丁烯、氯化石蜡、硫代磷酸酯、硼酸钾、表面活性剂、防锈剂制成微量润滑系统铝合金切削液。这种微量润滑系统铝合金切削液，具有良好的润滑性和散热性，可降低使用量、减少污染、节省成本、提高润滑效果。可应用于铝合金加工中锯、磨、切削、攻丝、折弯、铣、冲孔、冲压、成形的润滑和冷却领域。

申请号为 US20100655649 的专利文献公开了一种润滑剂组合物，包括加工油，如烃油，以及稳定地分散在切削油中的膨胀石墨纳米颗粒（EGN）材料。用于在最小数量的润滑过程中润滑作为硬质合金材料和/或陶瓷的工具。润滑剂组合物表现出增强的润滑性，润滑剂组合物稳定，润滑油组合物中的 EGN 材料提高润滑剂组合物的黏合性能。

申请号为 CN201210592439 的专利文献公开了一种水溶性准干切削液及其母液和制备方法以及用途。水溶性准干切削液母液由以下重量百分比的组分组成：妥尔油 30% ~ 50%，石油磺酸钠 10% ~ 20%，失水山梨醇脂肪酸酯 10% ~ 20%，脂肪醇聚氧乙烯醚磷酸酯钠 10% ~ 20%，三乙醇胺硼酸酯 5% ~ 10%，二烷基二硫代磷酸锌 2% ~ 5%，烷基酚聚氧乙烯醚 2% ~ 5%，去离子水余量。其润滑性能优越，具备表面活性剂功能，容易和其他表面活性剂形成良好的 O/W 型微乳液，有利于微乳液的产生，抗磨性能优越，防锈性能良好，极压抗磨性良好，水的冷却性能好，保证加工液的泵送性，使用量少。

完全干切削和最小量润滑技术一起构成干切削技术。其不使用或使用较少量的润滑液进行切削加工，改善了切削加工工作环境，降低了对环境的污染。

### （三）数控机床节能技术

数控机床从制造、使用到弃置的整个生命周期中，使用阶段对环境的影响占总影响的90%以上。在对环境的各种影响中，机床耗电所带来的温室气体排放和碳氢燃料消耗占主要部分。以金属切削机床为例，机床的各种功能中，主轴、机床冷却单元、冷却液、伺服驱动、液压5个主要分系统消耗了85%以上的电能，而耗用的电能中只有25%直接用于切削加工[5]。从1986年开始，数控机床绿色制造节能技术每年都有一定的专利申请量，主要围绕驱动系统节能、冷却系统节能、待机节能、空载节能、能源系统节能设计进行研究。下面分别针对上述几个方面的重点专利申请展开分析。

#### 1. 驱动系统节能

数控机床的驱动系统是数控机床执行机构的驱动部件的总称，包括主轴驱动单元、进给单元、主轴电机及进给电机等。它在数控装置的控制下通过电气或电液伺服系统实现主轴和工作台的进给驱动。当几个进给部件联动时，可以完成定位、直线、平面曲线和空间曲线的零件加工。在驱动系统中电机自身的效率及传动系统的效率，对于整个驱动系统的能耗有很大的影响。

申请号为CN88213644的专利文献公开了一种机床三相异步电动机节能器，通过同步电机和差转机构提取负载信号，自动调整控制电路控制主回路，从而能够根据负载大小自动调整其转速而使电机输出相应功率。根据所需功率实现电动机电压的最佳供给，始终使电机在最佳效率的状态下运行，进而实现节能。通过依据负载的大小调整驱动电机转速的专利申请还包括申请号为CN91207617的专利申请。

申请号为CN200410017157的专利文献公开了一种金属切削机床节能电动机及其制造方法，通过将两台单体的定子绕组串接，组合成一种节能的三相异步电动机组合，组合后的节能电动机每相定子绕组双线意味着线圈导线的横截面积扩大2倍，从而组合电动机使用一台电动机的电能，就可以获得双倍的输出功率。

申请号为CN200820101657的专利文献公开了一种新型节能机床，解决了现有的老式机床采用电动机通过皮带传动带动机床主轴运转，传动效率低，造成巨大的能源浪费的问题。通过将机床主传动箱内的主传动轴的动力输入端直接与永磁同步电动机传动轴动力输出端相串接，从而大大降低了电动机通过皮带轮传动所造成的机械损耗，同时提高了机床的工作效率。通过改变驱动电机及传动系统的类型，以提高传动效率实现节电的相关专利申请还包括申请号为CN201110073499、CN201410465179的专利申请。

申请号为JP2011191038的专利文献公开了一种能够根据负荷特性控制设备转速的驱动控制装置。主要包括物理量检测单元，检测与电动机的输出相关的多个物理量；存储单元，存储物理量的阈值；转速判断单元，判断电动机的转速是否不小于基本转速；选择单元，根据转速判断单元的判断结果选择每个物理量的阈值；控制单元，根据由物理量检测单元检测到的物理量与由选择单元选择的阈值之间的大小关系来控制转轴的转速，以实现节能的目的。

申请号为 CN201210020538 的专利文献公开了一种用于机床进给的油泵电机节能方法，通过采用油泵电机变频控制方法，加大正常加工时液压油泵的流量，加快机床进给速度，提高机床生产效率，同时减少停机时通过溢流阀卸荷的液压油，达到减少能耗的作用。

申请号为 CN201210091081 的专利文献提供了一种节能液压驱动系统，其采用在电液换向阀的回油箱管路上安装有背压溢流阀。电液换向阀经单向阀与液压泵及电磁溢流阀相连，液压泵上安装有调速电机，由于电机的调速范围大，也大大提高了液压系统的调速范围，同时由于避免了流量损失和压力损失，实现了机床运动的超重载、宽调速、低能耗的要求。

2. 冷却系统节能

作为机床等设备的冷却液循环装置，通常设置冷却液循环回路和制冷回路。该冷却液循环回路通过由马达驱动的循环泵使设备的冷却液循环，使得冷却液的温度保持在一定的温度范围内。为了在设备以最大的能力工作时保证足够的冷却能力，其额定流量设定为即使设备以最大能力工作时也可确保足够的冷却能力的流量，并且该循环泵长期运行。当设备不在满负荷的情况下运行时，循环泵的运行也按额定流量继续，因而造成无用的能量浪费。

申请号为 CN00816527 的专利文献公开了一种液体冷却装置的温度控制装置，该冷却液循环量控制装置根据设备的工作状态或工作环境而改变循环泵的冷却液的循环量，减少循环泵无用的能量消费。其他依据机床的不同工作状态调整冷却供给的专利申请还包括申请号为 CN201110211259、CN201510259550 的专利申请。

申请号为 CN201120499307 专利文献公开了一种节能型油温控制装置，按照油箱温度状态，温控系统由可编程逻辑控制器及相应的控制元件自动调整油液温度，使其在最短时间内达到油液工作温度范围，即 15～50℃后节能型油温控制装置自动停止工作，处于节能模式，避免了冷却系统自始至终启动，从而节约能源。

申请号为 JP2013148630 的专利文献公开了一种具备冷却液调整装置的机床，冷却装置包括从冷却液箱输送冷却液的冷却液泵，驱动或停止该冷却液泵的控制部，以及设定驱动或停止冷却液泵条件的条件设定部，控制部根据由条件设定部设定的内容驱动或停止冷却液泵，实现冷却液的按需供给。

申请号为 JP2013271572 的专利文献公开了一种涉及控制机床的数控装置，该数控装置具有获得非加工时电能存储的第一存储装置，在工件加工中，每隔一定时间获得加工时电能，每隔一定时间计算加工时电能与非加工时电能之间的差分，对差分量进行累积并存储于第二存储装置；在累积值超过规定值时，使喷出机构喷出切削液，实现根据切屑的产生量喷出切削液，从而节约切削液和电力消耗的目的。

### 3. 待机节能

机床的待机能耗是指机床的照明用电，维持压缩空气和液压系统压力的用电，数控和驱动装置待机用电等，即在机床启动后无论工作与否均耗用的电力。

申请号为 CN200510048941 的专利文献公开了一种安全节能机床灯，解决了为实现机床照明的安全电压所引入的电源变压降压器所带来的电能浪费。采用脉冲变压器及低功耗的卤钨射灯取代市电电源变压器及高功耗白炽灯，相比使用电源变压器降压点燃白炽灯，能够节电 60%。

申请号为 CN200620098675 的专利文献公开了一种安全节能机床灯，主要解决非工作时长明灯造成的电能浪费的不足。通过利用声控灯和传感器，实现操作人员离开机床时灯光亮度降低而减少耗能，并且声控工作灯能根据外界环境自动增强或减弱工作亮度，最终达到节能目的。相关专利申请还包括申请号为 CN88210535 的专利申请。

申请号为 US20100970003 的专利文献公开了一种液压回路，具有通过电动机驱动的泵、控制电动机的变换器、储液器。变换器以泵总是喷出平均必要流量 Q1 加上调整流量 α 得到的固定流量 Q2 的方式，控制电动机的转速，储液器在固定流量和必要流量不同时，进行蓄压或喷出来确保必要流量，从而在机床待机状态不需要实现大流量时，实现电能的节约。

申请号为 CN201120251347 的专利文献公开了一种数控机床休眠节能控制装置，解决现有的数控机床不加工时，辅助动力源和电气元件仍消耗电能，且外部动力源频启频停造成不必要的电能浪费等问题。该方案中有 NC 控制单元，用户可以自己设定参数，使机床按照预定加工周期，进入休眠状态，实现节能目的；全罩油雾收集器、除屑机、注油机和机床马达通过变频器与 NC 控制单元连接，可以平滑控制这些设备，可以实现设备的软启动，有效地保护设备，节约电能；在主轴电机上设置温度传感器，当主轴电机温度高时，温度传感器就给 NC 控制单元信号，NC 控制单元控制主轴电机风扇给主轴电机降温。这样避免了主轴电机风扇一直运转，只有主轴电机温度超过一定程度时，主轴电机风扇才给主轴电机降温，节约了电能；照明装置采用 LED 灯，节能并且寿命长。

### 4. 空载节能

机床的空载能耗是指机床执行加工循环但非切削加工时的负荷，数控机床工步间空载运行过程广泛存在，如数控车床工步间退刀、换刀和进刀时，如果主轴转速不变，一般就处于空载运行过程；又如数控铣床工步间上下工件时，一般也处于空载运行过程。上述过程中，由于不同工步间切削参数的改变，会产生退刀、换刀、进刀等动作。这些动作进行时，机床主传动系统虽然没有进行生产加工动作，但也没有停止运动，仍然有能量从机床电机传递过来维持它们的运动需求，造成了机床能量的损耗。[5]

申请号为 CN200810070302 的专利文献公开了一种数控机床相邻工步间空载运行时停机节能实施方法。采用在加工前根据加工工艺获得主轴运行转速及数控机床编程时所确定的工步间空载运行的时间，并通过测试数据表和曲线拟合的方法计算相邻工步间实施停机节能后再启动的控制时间和节能百分比。当节能百分比为正数时，在数控程序中按控制时间嵌入该工步间停机指令和后续的再启动指令，达到节约机床能源的效果。

申请号为 CN200820029418 的专利文献公开了一种带离合器的节能传动装置，通过将机床主轴电机的行程开关的驱动机构与机床离合器控制拉杆相连接，使得机床空载运行时离合器分离状态下主轴电机同时停止工作，达到了充分节电的目的。

申请号为 CN200910106061 的专利文献公开了一种应用于数控系统中的节能装置及方法，利用超级电容器将电机制动或减速时回馈的电量储存起来，用以给数控系统供电，这样可以减少整套系统的耗电，达到节能的目的。

申请号为 EP10188561 的专利文献公开了一种用于减少自动化机器能量消耗的装置和方法，操作者选择机器的运行类型和属于运行类型的运行功能性，并输入相关参数，该装置能够根据所选择的运行功能性和参数，测定并优化该状态下的能量消耗状态。

申请号为 CN201010197265 的专利文献公开一种机床能量回收系统，通过增加机床空载时电机输出端的负载，提高电机运行效率。采用电机空载检测电路来检测电机电路是否工作，采用主轴空载检测电路检测主轴是否存在扭矩，当检测到电机电路在工作的同时主轴不存在扭矩，则表明此时机床处于空载状况。此时使空载充电电路自动接通，所述电机轴绕组线圈随电机轴转动切割与其对应设置的永磁体磁场磁感线，产生电流，进而将产生的电能通过充电电路储存到蓄电池中，从而达到回收机床多余损耗能源的目的。

申请号为 CN201110378244 的专利文献公开了一种节能机床，该机床可以有效利用停车时的机械能并具备照明功能。通过在机床台面的一侧设置活动安装支架，支架顶端架设微型发电机，发电机转轴套接被动齿轮，且被动齿轮与主轴上的齿轮可啮合连接；发电机与蓄电池连接，蓄电池另一端与开关、灯泡连接组成照明电路。机床停车时，把支架向内掰动，使得发电机的被动齿轮与机床主轴上的齿轮啮合，主轴通过齿轮的传导作用会带动发电机进行工作，发电机工作后对蓄电池持续充电，完成电能的储存。

5. 能源系统节能设计

在机床能量消耗状态的监控、管理和节能运行技术的研发工作中，机床能量效率和其他能耗数据的实时现场测量是一个基础问题，但由于机床能量流环节和能量消耗环节多、工艺变化和加工过程变化复杂导致各能量参数变化复杂、机电交差问题多、能耗规律复杂等原因，能源系统设计也是实现机床节能的重要途径。

申请号为 JP2009101275 的专利文献公开了一种机床控制装置，能够根据进给轴驱动用电动机的消耗电能和以恒定功率进行动作的设备的消耗电能的总和，决定与进给轴驱动用电动机的加速时间以及减速时间的至少一方具有相对关系的目标时间常数，根据目标时间常数控制进给轴驱动用电动机，达到减少机床整体电能消耗的目的。

申请号为 CN201110095627 专利文献公开了一种主传动系统加工过程能耗信息在线检测方法。该方法根据所建立的机床加工过程中主传动系统能量流和主要能耗信息的数学模型，及时获取机床在主轴处于加工转速下的空载功率和附加载荷损耗系数、主轴电机额定功率、主轴电机空载功率等基础数据。加工过程中只需测取生产现场机床的输入总功率，就可求取出主轴电机损耗功率、主轴电机输出功率、机械传动系统损耗功率、切削功率等机床主传动系统能耗信息的实时数据，从而为机械加工过程中的能效评估、节能技术研究提供数据支撑。

申请号为 CN201410075748 的专利文献公开了一种变切削速率过程材料切削功率及能耗的获取和节能控制方法。针对变切削速率过程中的切削要素（切削速度 vc，进给量 f，切削深度 ap）随加工过程发生变化的特点，通过功率数据采集、处理、曲线拟合，得到变切削速率过程材料切削功率计算公式中与机床机械传动、电机功率损耗相关的系数值 $\lambda$ 以及与工件材料和切削条件相关的系数值 $\alpha$、$\beta$、$\gamma$，可以实现机械加工工艺过程中的材料切削功率和能耗评估，以实现节能控制。

申请号为 CN201410137896 的专利文献公开了一种基于时间参数的数控铣床能耗预测方法。首先为数控铣床的加工过程建立能耗预测模型，分别测得各个组成工序的空载功率、附加功率、切削功率以及进给轴的进给功率，同时利用 NC 代码分别获取包括主传动系统空载时间、铣削加工时间以及进给轴工作时间在内的时间参数，将所获得的各项功率和时间参数代入到能耗预测模型中，相应执行整个能耗预测工艺过程。工件加工前只需输入切削用量以及每个工序中的时间参数，就可以快捷、准确地完成数控铣床能耗预测过程，能够为数控铣床加工工件的工序选择、能耗预测、能耗评价以及机床节能减排等一系列问题提供优化与支持。

数控机床的各种节能措施中通过增加蓄能器，选用高能效的元器件等比较适合中小机床制造企业实施。主轴和驱动装置的制动动能回馈一般和机床的数控系统集成，企业可以根据产品的具体情况进行按需配置。基于整个加工过程的能源系统节能设计，需要大量加工参数数据的支持，机床制造商应充分了解客户的详细需求，开发实用的机床能源系统。

## 五、结论和展望

制造业是人类最大规模的现代经济活动之一，机床是现代制造的基础装备，是制造

新能源电池

机器人

高档数控机床

业的"母机"。在全球生态环境保护日益严峻的大趋势下，未来数控机床的发展不再仅仅是机床性能的提高，机床的绿色化也必将受到行业重视[5]。通过机床结构优化、材料选择、加工工艺绿色化和机床可回收再利用设计等环节发展机床绿色制造技术。在设计过程中基于面向全生命周期能源消耗优化设计模型，充分考虑机床不同环节的能源消耗和后续功能的升级扩展，选择绿色、轻量化的材料，使用多功能部件及模块化的部件来简化产品设计结构，做到既节省原材料，又减少浪费和环境污染，同时降低机床使用时的能源消耗，在数控机床整个生命周期内实现生态化设计即绿色化设计。

### （一）数控机床绿色制造未来的技术发展趋势

发展系统化的机床轻量化设计，采用现代优化设计方法和有效的手段，以实现减重、降耗、环保的目标。包括研发新的轻质价廉的工程材料；建立和机床的尺寸优化、形状优化相结合，具有床身实际背景的连续拓扑优化模型；针对轻量化具体问题特点和优化模型，对现有的优化算法进行改进、重组或者推出新的优化算法，以得到优化模型的最优解。通过上述措施，实现减轻移动部件的质量，节约能耗的目的[6]。

发展绿色加工工艺技术，不用或者少用切削液。目前先进的干切削刀具涂层和基体的技术主要集中在国外，国内申请人应加大超硬涂层材料的研发并对涂层和基体的烧结工艺进行优化，以提高刀具的性能。优化干切削加工工艺的参数，进一步提高干切削加工的零件质量、减少刀具磨损。结合 MQL 油雾特性、微尺度渗透特性、MQL 润滑机特性与切削性能之间的关系，开发环境友好、可生物降解的 MQL 专用润滑液，合理设置 MQL 系统参数，对切削液的用量进行更加精确的控制，降低对环境造成的危害，同时也降低维持冷却润滑系统运行的能源消耗。

发展系统的节电措施，以适用机床不同的使用状态。包括，选用效率更高的永磁同步电机、直线电动机和力矩电动机等直接驱动技术，省去机械传动的功率损耗，大幅度提升传动效率；优化主轴的设计，降低加速时的耗能，集成蓄能器、电动机制动电能反馈系统等部件来回收制动时的能量；结合机床每个动作的能源消耗、工作循环时间、加工参数等信息，利用智能控制器实现系统能源节约的最优化。

关注机床回收再制造技术。虽然目前国内对该方面的研究还处于初步探索和尝试阶段，但随着机床保有量的增加及零件加工特征更加多样化，未来机床回收再制造市场巨大，以废旧的机床产品作为生产毛坯，通过专业化修复或升级改造的方法来使其质量特性不低于原有新品水平，也是先进制造和绿色制造的重要组成部分[7-8]。为了适应对废旧机床产品回收、再制造的要求，在设计阶段就应考虑产品的易拆解、易回收和易修理；同时，应注意产品的可扩展和升级性，留足功能扩展空间，方便用户通过更换功能部件或使用标准化的产品接口等方式，对产品进行升级或添加功能，延长机床的使用寿命，提高利用率。

## （二）国内申请人专利布局建议

在数控机床绿色制造技术领域中，我国企业的专利布局局限在国内，缺少全球化的视野。通过前述分析可以看出，在数控机床绿色制造技术领域中，申请人主要集中在中国、日本、德国和美国。其中申请量第二的日本，除在本国进行专利布局外，在中国、美国、德国和韩国均进行了大量布局。而我国的申请人当前产品市场主要在国内，在海外很少进行专利布局，这将会导致企业进入海外市场时，例如数控机床相关企业参加一带一路国外建设时，很可能存在较大的知识产权风险。对此，国内申请人应当予以重视，加强相关技术在海外的专利布局。

机床从制造、使用到弃置的整个生命周期，均对生态环境产生影响。欧洲机床厂商和科研院所全面深入地作了大量的机床绿色设计的基础性工作，并对机床绿色制造的实施途径进行了多方面的探索，形成了大量的技术储备，目的在于实现机床全生命周期的绿色化。国内申请人在进行核心技术研发时，如有新的发现或成果，应当积极进行专利布局，形成有效核心专利。同时应结合技术的发展和市场情况，从机床的全生命周期绿色化的角度出发，考虑其外围或者不同生命周期内的相关技术的专利布局，合理构建专利保护池。

**参考文献**

[1] 杨檬，等. 我国绿色制造政策与标准体系研究 [J]. 信息技术与标准化，2017 (Z1)：13 – 16.

[2] 张曙. 下一代生产系统 [J]. 世界制造技术与装备市场，2008 (4)：52 – 55.

[3] 谢志坤，等. 数控机床绿色制造及节能技术研究 [J]. 机械，2012 (增刊)：8 – 12.

[4] 谢雄光. 浅议机床制造业绿色制造的模式 [J]. 装备制造技术，2010 (5)：133 – 134.

[5] 卫汉华. 机床的节能和生态设计（下）[J]. 机床设计与制造工程，2017 (8)：1 – 10.

[6] 宋冬冬. 机床床身结构优化的轻量化技术 [J]. 机械制造，2012 (5)：65 – 68.

[7] 李聪波. 面向生命周期的机床行业绿色制造运行模式 [J]. 中国机械工程，2009，20 (24)：2932 – 2937.

[8] 崔云海. 绿色制造技术在机床全生命周期中的应用 [J]. 机床与液压，2010，38 (24)：10 – 12.

新能源电池

机器人

高档数控机床

# 五轴数控机床专利技术综述[*]

黄树军　张芸芸[**]　高玉江[**]　周海亮　李琳青

康磊　曹赛赛　王峥　朱松松　陈军委

**摘　要**　本文对五轴数控机床的全球及中国总体专利申请态势以及国内外重要申请人的关键技术进行了分析，并针对机床构型和控制等关键技术发展路线、技术发展趋势、重要专利技术等方面进行了深入研究。通过分析研究，找出国内外研发主体的技术发展和专利保护差异，得出五轴数控机床专利技术分析主要结论，并从多个方面给出建议。

**关键词**　五轴　数控机床　机床构型　控制　专利

## 一、概述

随着我国国民经济和制造业的快速发展，对高档数控机床提出了迫切的、大量的需求，特别是五轴数控机床，作为高档数控机床的最高水平，其在加工方面有着不可替代的优势，广泛应用于航空航天、高技术船舶、轨道交通等重点制造业领域。国内对五轴数控机床的研究和应用起步较晚，加上五轴数控机床的技术难度较大，以及西方工业发达国家将相关重点技术作为战略物资实行出口许可证制度，长期在技术和产品方面对我国实行限制封锁，导致我国的五轴数控加工技术与德国、日本等工业发达国家相比存在较大差距，国产五轴数控机床在功能和性能上仍不够完善，严重制约了我国装备制造业的发展水平。

本文以五轴数控机床的专利申请作为分析对象，对该行业的专利技术进行研究，梳理了重要申请人关键技术及其技术演进和发展脉络，从而给出五轴数控机床专利分析的结论和建议。

---

　*　作者单位：国家知识产权局专利局专利审查协作天津中心。

**　等同第一作者。

### （一）五轴数控机床技术分类

五轴数控机床可以实现 X/Y/Z 轴三个平动轴的运动，以及两个转动轴的运动。根据五轴数控机床中两个转动坐标的配置形式，可以将其划分为三大类：两个回转轴都在工件侧的工作台回转型［见图1（a）］，两个回转轴都在主轴头的刀具侧的主轴回转型［见图1（b）］，一个回转轴在主轴头的刀具侧，另一个回转轴在工件侧的主轴/工作台回转型［见图1（c）］。

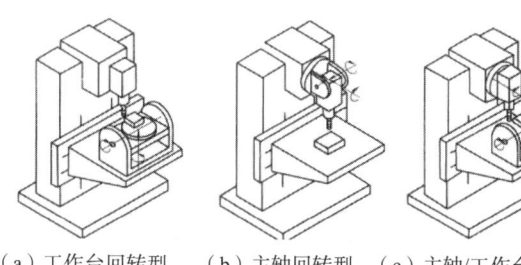

（a）工作台回转型　（b）主轴回转型　（c）主轴/工作台回转型

图1　五轴数控机床的结构形式

### （二）市场产品及应用

随着国内外机床巨头对五轴数控机床技术的不断开发和研究，市面上涌现出一批具有代表性的五轴数控机床，例如，德国哈默 C52 加工中心，采用超薄型工具主轴以及强大的主轴驱动，可实现 2000kg 重工件的加工；日本安田 YMC 430 Ver. Ⅱ 精密加工中心，采用 H 形对称双立柱，保证了机床的刚度、精度和热稳定性，主要用于医疗器械、小型零件、高精度零件等；德国 DMGDMU 125 monoBLOCK 系列五轴铣削加工中心，可实现 2600kg 重工件的加工，配备 52kW 电主轴，最大扭矩 430 Nm，主要用于轨道运输、汽车、医疗等领域；沈阳机床厂的 VMC0656mu 系列五轴加工中心采用高速电主轴及摇篮式力矩转台，可实现高速、高精切削，可获得高质量的加工表面，适用于高速模具、航空航天以及医疗器械等行业（见图2）。

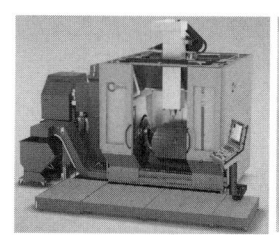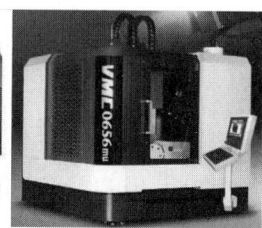

（a）德国默哈C52　　（b）日本安田YMC　　（c）德国DMGDMU　　（d）沈阳机床VMC

图2　主要五轴数控机床产品

### （三）技术分支

五轴数控机床由多个构件组成，对其进行分析时，必须兼顾考虑其所涉及的多个技术分支。通过采用对宏观数据进行定量分析和对重点技术进行定性分析相结合的研究方式，同时根据行业和企业最关注的关键技术点，对五轴数控机床的研究包括机床构型、传动驱动结构、控制、测量指示和附件，并根据其相关结构或类型进行进一步细分，得到具体的专利技术分解如表1所示。

表1　五轴数控机床专利技术分解

| 一级分支 | 二级分支 |
|---|---|
| 机床构型 | 工作台 |
| | 框架 |
| | 摆头 |
| | 刀库 |
| 传动驱动 | 电动 |
| | 气动 |
| | 液压 |
| 控制 | 误差补偿 |
| | 基于工件特征 |
| | 人机交互 |
| | 控制结构 |
| 测量指示 | 刀具状态 |
| | 机床状态 |
| | 工件特性 |
| 附件 | 安全防护 |
| | 排屑 |
| | 冷却 |

（1）机床构型

机床构型是五轴数控机床的机械主体。根据其相关结构，将机床构型进一步细分为工作台、框架、摆头和刀库。

（2）传动驱动

按照传动驱动源的不同，将传动驱动分为电动、气动和液压三种形式。

（3）控制

控制是五轴数控机床的核心，其主要功能是将加工信息数据用计算机处理之后，控制机床的动作。根据控制采用的技术手段，将控制进一步细分为误差补偿、基于工件特征、人机交互和控制结构。

（4）测量指示

测量指示单元是用于检测和指示机床状态的重要部分，按照测量的对象，将测量指示进一步分为刀具状态、机床状态、工件特性。

（5）附件

附件是用于保持机床部件或刀具良好的工作状态或者有关机床安全的构件。根据构件所起的作用，将附件进一步细分为安全防护、排屑和冷却。

# 二、专利申请总体情况

本文在中国专利文摘数据库（CNABS）、德温特世界专利索引数据库（DWPI）和世界专利文摘数据库（SIPOABS）中进行检索。其中 CNABS 用于中文专利文献的检索，结合 DWPI 精准的关键词与 SIPOABS 中全面的分类号进行外文专利文献的检索[4-6]，并将检索时限截止到 2017 年 8 月 31 日。其中，由于专利文献从其申请到公开有时间的延迟，2016 年及以后的样本会存在不完整的问题。

## （一）全球专利申请量分析

### 1. 全球历年专利申请量

图 3 给出了有关五轴数控机床的全球及国内外专利申请趋势状况。从图中可以看出，从 1969～2016 年五轴数控机床技术的全球专利申请量的变化经历了三个阶段。

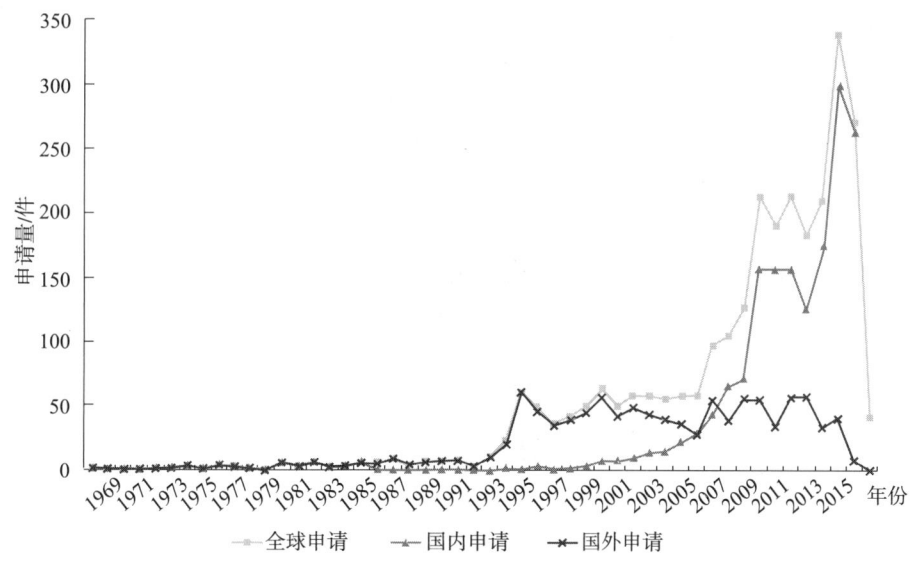

图3　全球及国内外专利申请量变化趋势

萌芽阶段（1969～1991 年）：这一时期针对五轴数控机床技术的专利申请相对较少。由于当时制造业还不发达，对产品的质量与精度要求不高，因此对五轴数控机床的需求也较少，该技术还处于萌芽阶段。

稳步发展阶段（1992~2006年）：这一时期五轴数控机床技术的专利申请量稳步增加。随着全球航空航天、高技术船舶、轨道交通等重点制造业的发展，使得五轴数控机床的需求大幅增加，各机床制造企业也将视线转移到五轴数控机床的改进上，反映到专利申请方面，专利申请量也呈稳步增加的趋势。

急速增长阶段（2007年至今）：这一时期，在全世界范围内，先进制造业成为各国激烈竞争的战场，尤其中国对五轴数控机床的重要性的认识已十分充分。反映到全球总体申请量上，这个时期五轴数控机床的专利申请量快速发展。

国内总体申请趋势与全球的申请趋势基本保持一致，我国五轴数控机床技术的研究起步较晚，但从2008年开始，由于我国大力发展制造业，相关专利申请量总体呈快速增长态势。而在国外申请中，从1992年至今，一直是平稳发展的态势，这是由于国外的制造业起步早，技术发展相对成熟。

2. 专利申请生命周期分析

通过专利申请的数量和申请人数量之间的变化趋势对五轴数控机床技术的生命周期进行分析，以了解五轴数控机床技术领域发展所处的阶段。

图4显示了从2006~2016年的申请人数量和申请量的关系。从图中可以看出，五轴数控机床自2006年以后申请量及申请人数量基本呈上升趋势，仅在2010~2011年以及2012~2013年有些下降，这与2008年爆发的全球经济危机有关，由于机床企业订单的滞后性，表现在专利申请上会滞后2~3年。由此可以确定，五轴数控机床技术处于技术发展期，行业人员对该领域一直保持着较高的兴趣。

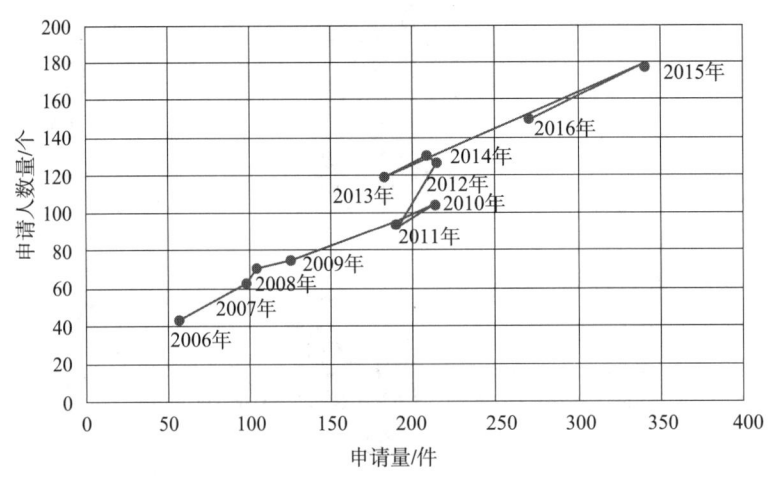

图4　近10年五轴数控机床领域技术专利申请生命周期

3. 主要国家或地区专利申请量

如图 5 所示，五轴数控机床技术目标国家/地区申请量居于前 5 位的分别为中国、日本、美国、德国和欧洲。其中中国的申请量占比 38%，遥遥领先于其他国家，说明该领域的申请人对中国市场的重视程度很高。第二梯度为日本、美国、德国和欧洲，以上国家/地区的制造业十分发达，处于世界领先地位，也是各申请人市场份额争夺的主要战场。

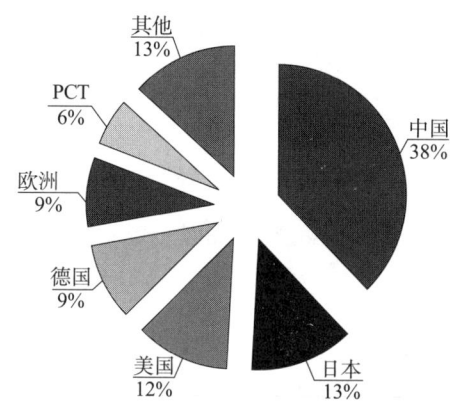

**图 5　五轴数控机床主要国家、地区或组织专利申请量分布**

**（二）全球主要申请人申请量分析**

1. 全球主要申请人排名

图 6 中显示了全球专利申请量排名前 10 位的申请人，排在首位的是发那科，发那科是当今世界上数控系统科研、设计、制造、销售实力最强的企业，十分重视在世界各国的专利布局，积极抢占全球市场。紧随其后的是日本牧野，牧野是专业从事制造数控金属加工机床及提供在汽车、航空及模具加工行业柔性加工革新方案的知名企业，在五轴数控机床技术领域积累了大量的经验。接着是森精机和德国 DMG，森精机主营数控车床和数控加工中心，技术实力雄厚；德国 DMG 是全球领先的切削机床制造商，生产销售有 DMG 五轴联动立式加工中心。国内申请人如沈阳机床、华中科技大学的相关申请量也排在了世界前列。美国的 MAG 集团和格里森分别排在第八和第九。从主要申请人数量来看，主要申请人集中在日本、美国、中国和德国。

2. 国内主要申请人排名

图 7 显示了国内主要申请人在五轴数控机床技术领域专利申请情况，沈阳机床和华中科技大学分别位居第一、第二，紧随其后的有上海交通大学、浙江大学、湖南中大创远、哈尔滨工业大学和济南二机床厂。从分布来看，国内主要申请集中在高校和大型机床公司。

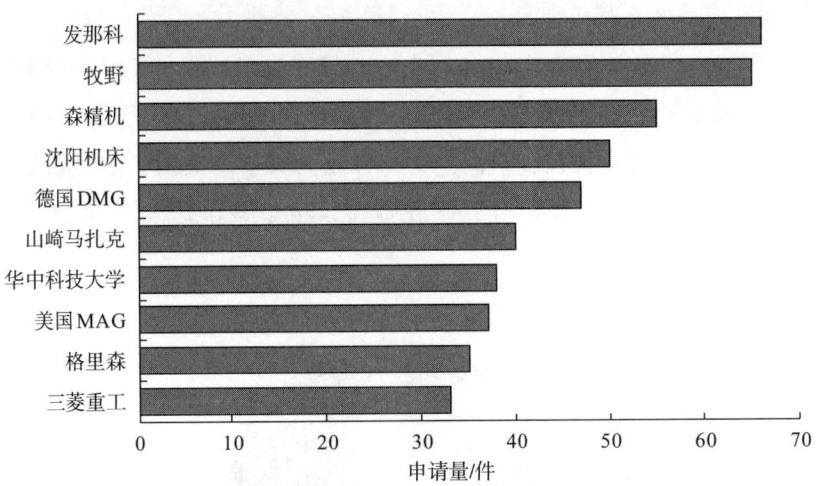

图6　五轴数控机床全球主要申请人申请量排名

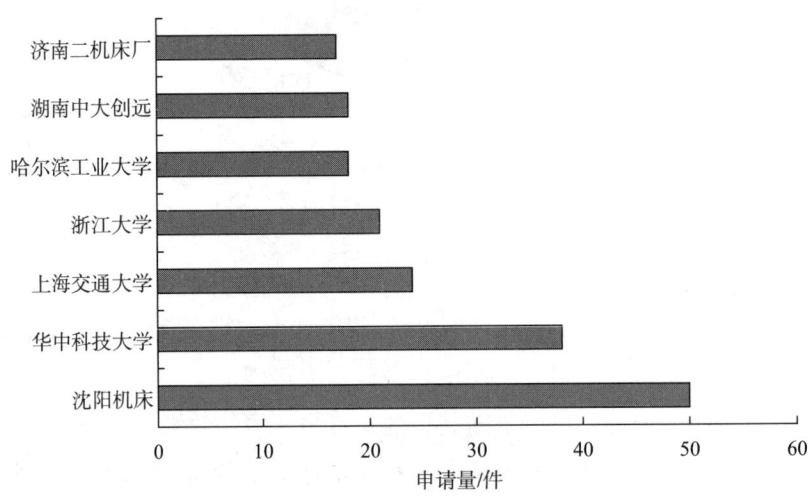

图7　五轴数控机床国内主要申请人申请量排名

## （三）全球专利技术流向

1. 全球主要国家/地区专利申请技术流向

来源地能够反映不同国家的技术实力，而目标地则反映了不同国家的市场发展程度。

由图8可知，日本申请人在中国、美国、德国、欧洲等地申请了大量专利，这反映出日本的数控机床销售基本遍布全球，在世界主要国家和地区均有布局。德国与美国的申请人也在积极进行全球布局，由于日本本身的技术发展程度较高，因此德国与美国在日本的专利申请并没有明显优势，进入日本市场还具有一定的困难。中国与韩国的申请人对外申请的热情不高，在其他国家的申请量很少，这是因为其本身研发实力不占优势，进入其他国家，尤其是数控机床技术发达的国家还面临很大的挑战。对于中国市场而言，由于其巨大市场空间的吸引力，成为世界机床巨头的必争之地，而其中又以日本申请人的申请量最多，可见其对中国市场的重视。

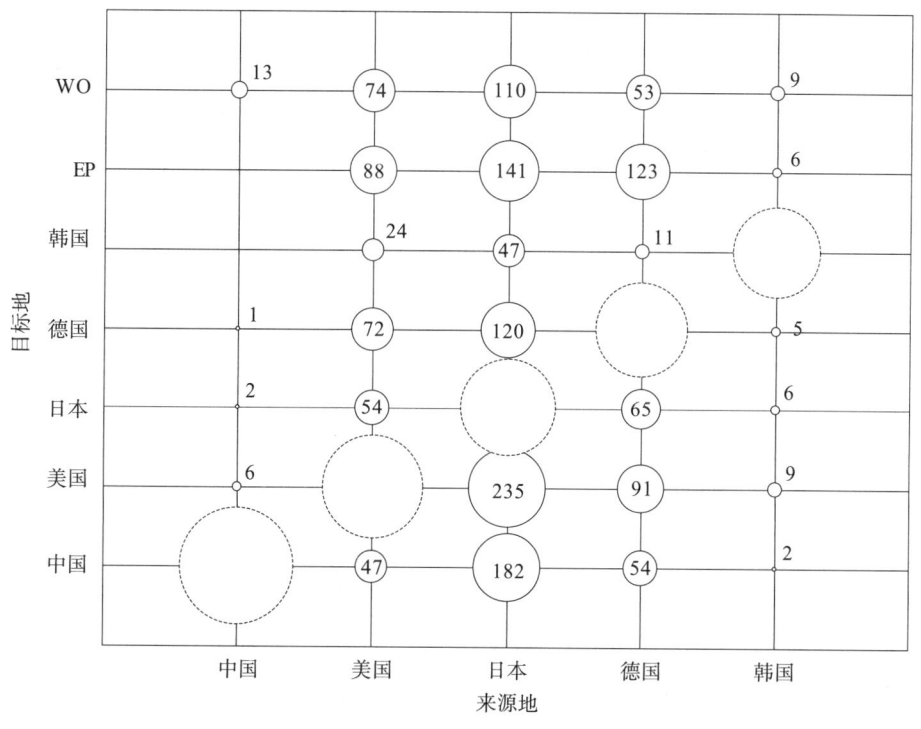

**图8　五轴数控机床全球主要国家/地区专利技术流向**

注：图中数字表示申请量，单位为项。

2. 全球主要申请人专利技术流向

由图9可以看出，发那科与牧野除了在本国大量申请专利外，还在中国、美国、德国、欧洲等地申请了专利，其中发那科在欧洲的专利申请量相对较少，牧野在德国的申请量明显偏少，这可能与德国和欧洲的数控机床产业本身比较发达，市场进入困难有关。而德国DMG在上述主要国家和地区的专利申请量十分均衡，没有明显的侧重。从全球主要申请人的在华专利申请中可以看出，各申请人都十分重视中国的市场，都积极在中国进行专利布局。

**（四）中国专利申请地域分布和申请类型**

1. 专利申请地域分布

图10列出了五轴数控机床技术专利申请量的中国地域分布。其中，江苏省以265件的专利申请量排名第一，广东以218件排名第二，辽宁以155件排名第三，山东以129件排名第四，浙江以105件排名第五。从上述省市的排名情况不难看出，申请量最集中的省市都处在我国的三大经济圈中，分别为珠三角经济圈、长三角经济圈和环渤海经济圈。其中华东地区作为五轴数控机床技术专利申请量最大的地区，聚集着我国多家实力

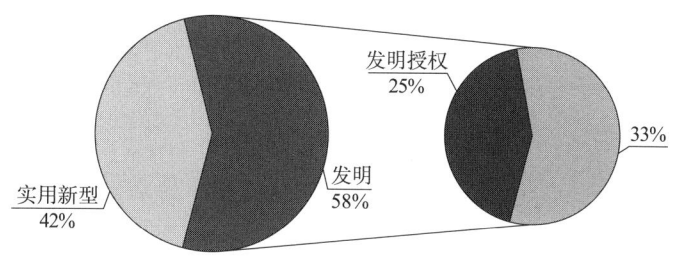

**图 11　五轴数控机床中国专利申请类型分布**

# 三、专利技术分析

## （一）重要申请人专利技术功效分析

综合考虑申请人在全球和我国专利申请量、同族数量以及同族被引证次数，选取发那科、牧野、德国 DMG 作为国外重要申请人，沈阳机床、华中数控和济南二机床厂作为国内重要申请人。

在五轴数控机床技术领域，申请人主要关注精度、效率、成本、可靠性、适用性以及空间布局，结合各重要申请人专利技术的一级分支，得到技术功效矩阵，如图 12 所示。

由图 12 可知，发那科的专利申请主要集中在控制方面，并且主要通过提升控制的精度和效率进行技术研究。牧野的专利申请也主要集中在控制和机床构型方面，并对传动驱动、附件和测量指示技术也有涉及；在功效方面，主要集中在精度、可靠性和效率的提升上；对于机床构型，主要在精度和可靠性方面进行提升；对于控制，主要通过精度进行提升。德国 DMG 的专利申请也主要集中于机床构型、控制和传动驱动方面；在功效方面，主要集中在精度、效率适用性和空间布局上；对于机床构型，通过精度、效率、适用性以及空间布局等多个方面进行提升。沈阳机床的专利申请主要集中在机床构型和传动驱动方面；在功效方面，主要集中在精度、可靠性和效率上，并且对成本也有所重视。华中科技大学的专利申请主要集中在控制和测量指示方面；在功效方面，对精度、效率、可靠性和适用性都比较重视。济南二机床的专利申请主要集中在机床构型和传动驱动方面；在功效方面，对效率和成本比较重视。

通过以上分析，发现国外申请人非常重视控制和机床构型，国内申请人除了控制和机床构型外，对传动驱动也非常重视。在功效方面，国外申请人更关注精度、效率和可靠性，国内申请人除了精度、效率和可靠性外，还非常关注成本。

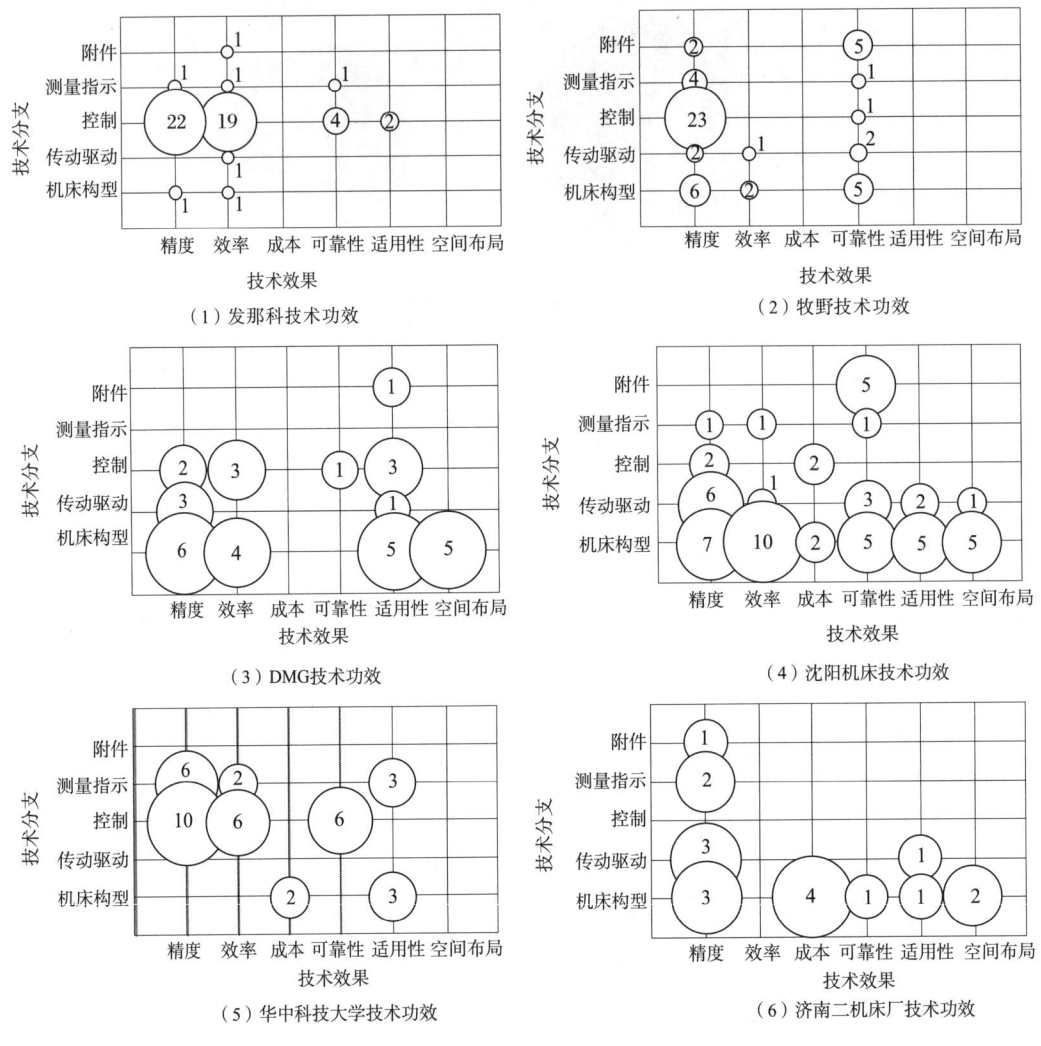

图 12　五轴数控机床主要申请人专利技术功效

注：图中数字表示申请量，单位为项。

## （二）国外重要申请人专利技术分析

### 1. 发那科

发那科（FANUC）公司创建于 1956 年的日本，是当今世界上数控系统科研、设计、制造、销售实力最强大的企业，其占据了全球 70% 的市场份额。在五轴数控机床的专利申请方面，发那科的申请量也高居世界第一位，主要集中在控制方面。

在相关专利申请中，专利 JPH01102604A 使用刀尖位置数据和表示字符或图案的数据来获得工具中心轴的方向，再使用点的坐标和工具中心轴矢量来创建用于同时五轴控制的 NC 数据。在其后的发展中，发那科针对如何提升数控系统的加工精度以及加工效率进行重点研发。

其中对于如何提高加工精度，发那科主要研发了如何利用控制刀具以及如何利用控制方法进行运动补偿以及优化插补方法，例如专利申请 JP2005056171A 通过多设置驱动轴使得加速度参数不超过 CPU 容量从而不会引起轨迹误差，专利申请 US2006247820A1 通过曲线内插方法分割量纲不同的直线轴与转动轴分别求出修正指令从而进行适当的曲线插补，专利申请 JP2008287471A 提供了一种可防止奇异点附近的不稳定动作的控制方法；发那科还重点关注了如何修正刀尖位置以及如何提高加工过程中的实时显示能力，例如专利申请 JP4689745 使用实际的反馈信息，在刀具前端点轨迹上的各点，能够在视觉上容易识别地显示刀具相对于工件的朝向，专利申请 JP2011209897A 把工具尖端点位置移动到没有误差的位置的同时，也进行把工具姿势修正为没有误差的方向的移动，实现高精度加工，专利申请 JP2012221309A 从操作者对应的左右各眼能够看到的方式在显示装置上显示该求出的左眼立体图像数据和右眼立体图像数据，专利申请 JP2014078102A 能在刀具轨迹上显示伺服轴的速度的反转位置，能容易地确定需要调整的伺服轴来改善加工精度。

对于如何提高数控加工的工作效率，发那科的研究主要在于通过工具与工件之间的关系来提高加工效率和通过优化工件上的特殊点的加工过程来提高效率。在通过工具与工件之间的关系来提高加工效率方面，专利申请 JPH06332524A 在加工过程中通过相对于工件的刀具角度变化，能够以给定的指令换挡速度精确地换刀，专利申请 JP2009146152A 通过获得平滑的加工形状来缩短加工时间，专利申请 JP2010089182A 能准确确定工件中心和工件端面边缘，从而简化步骤；在通过优化工件上的特殊点的加工过程来提高效率方面，专利申请 JP2011258178A、专利申请 JP2013058035A 能避免特殊点附近的旋转轴的大的动作，专利申请 JP2014021759A 可以进行不依赖于插补后加减速的控制，能够使拐角处的减速为最小限；特别是 2012 年以后，发那科在提高加工效率上的专利申请呈现多元化发展，例如专利申请 JP5670525B2 防止在加工中心等机床上搭载附加轴时的参数设定的误设定，减少参数的输入数量，专利申请 JP2017087310A 无须进行高度方向调整用衬垫的追加或底板的改造，因此无须花费用于调整的工时等等。

2. 牧野

牧野株式会社铣床制作所（以下简称"牧野"）是专业从事制造数控金属加工机床及提供在汽车、航空及模具加工行业柔性加工革新方案的知名企业。牧野于 1984 年研制成功五轴联动数控机床，在五轴数控机床方面的全球专利申请量位居第二，具有丰富的技术储备。牧野专利申请中对机床构型、控制、传动驱动、附件和测量指示等技术都有涉及。

在机床构型方面，为了提供一种在不同加工条件下能够进行稳定加工的主轴装置，专利申请 JP5562410B2 将松开装置设在主轴的内周和牵引杆的外周之间的环状空间内；专利申请 JP5562480B2 通过刀库合理设置与控制部的控制避免刀具交换时的刀具库与闸门干涉；为防摆头相对于立柱发生扭转变形，专利申请 JP6195620B2 在第一引导件的内侧以及后方设置多个第二引导件；为了减少工作台上托盘更换时间，专利申请 JP5855114B2 在工作台和托盘装载工位之间可绕从水平轴线以 45°向上方延伸的倾斜轴线旋回地设置更换臂。

在控制方面，为了便于数控程序生成，专利申请 JP2002304203A 基于形状信息、加工工具信息以及机床信息引导得到数控程序；为了减少机床误差的影响，专利申请 JP5058270B2 设置误差数据存储装置，存储直线进给轴的位置误差及旋转进给轴的旋转角度误差等多个误差数据，将误差数据制成误差设定表，计算装置依据误差设定表生成修正移动指令；为了合理安装工件，避免超行程加工，专利申请 JP5925332B2 通过工件安装信息报告装置给出超行程工件的目标安装姿势；为了确定加工路径，专利申请 JP6133995B2 通过合理评价刀具载荷和破损情况，确定刀具加工路径；为使得反转痕迹不会集中在工件特定的区域或者不产生反转痕迹，专利申请 JP6076507B2 采用刀具和工件相对移动来加工工件。

在测量指示方面，专利申请 JP2012091290A 和专利申请 JP2012091288A 通过检测刀具尺寸提高加工精度，专利 JP6196708B2 通过检测刀具状态保证加工精度，专利申请 JP5795060B2 通过检测机床状态保证机床的可靠性，专利申请 JP5911565B2 通过检测机床干涉性提高机床精度。

在附件方面，专利申请 JP5683613B2 通过在视觉辨认位置较好的角部，设置异常停止开关，解决操作面上的异常停止按钮的定时滞后的危险性，专利申请 JP5855248B2 通过设置防护门开闭模式，使门仅可在机床的主轴停止且加工液的供给停止的期间开放，专利申请 JP5766353B2 通过合理设置排屑槽，使机床重心下移并易于排屑。

在传动驱动方面，为解决倾斜轴的驱动方式的结构中存在电机的替换需要很多时间的问题，专利申请 JP5496323B2 在主轴支撑头侧壁错开地并排配置两个驱动源；为防止小型机床旋转进给轴的异常旋转，专利申请 JP5815028B2 在旋转轴上开口并插入销；为了提高第一和第二减速机的刚性，专利申请 WO2015037139A1 设有向第一减速机的固定部和第二减速机的固定部的至少一方的固定部可变地赋予旋转力矩的动作执行器。

通过以上分析可知，牧野集中在机床构型和控制方面，改动主要集中在摆头和刀库结构的合理设置以及控制误差的修正上。

### 3. 德国 DMG

德国 DMG 集团是全球领先的切削机床制造商，生产销售有 DMG 五轴联动立式加工中心，共有 DMP、DMC、DMU、DMF、HSC 五个系列。德国 DMG 集团在五轴数控机床方面的全球专利申请量位居第五，专利布局在各主要生产、使用和销售大国。德国 DMG 集团专利申请中最主要的技术分布在机床构型和控制方面，在附件排屑和传动驱动方面也有涉及。

在机床构型方面，特别是工作台分支方面，专利申请 DE4444614A1、DE102004049525B3 通过工作台向前倾斜设置，节省机床占用空间，扩大工件台旋转角度范围，专利申请 DE102008034728A1 的工作台设置曲柄状的臂铰链接合，由支架的线性移动和托架耦合运动而枢转到各种操作位置。在摆头分支方面，专利申请 DE50311776D 在箱体的背面上安装可绕两轴调整的第二主轴单元，解决单一工作主轴换刀时间长的问题，专利申请 DE50201445D 在机架侧壁、顶部设置倾斜支撑结构连接摆头，提高摆头刚度。

在控制方面，基于工件特征，专利申请 DE102009008121A1 通过侦测工件夹持情形确定当前状态与目标状态间的偏差，依据偏差对确定的控制数据进行变换来产生变换控制数据，避免刀具错误或不精确加工，针对齿轮加工，专利申请 DE102010039491A1 根据预设的齿根面几何形状确定接触斑点区域，确定参数以改变预设的齿根面几何形状，根据修改的齿根面几何形状生成控制数据，避免后处理，专利申请 DE102009008124A1 通过基本几何形状参数生成几何形状数据，并以此生成路径数据，刀具的旋转轴通过第一行对应各个点的所在列的共同平面自我定向，避免刀具的固定转轴运动以及增大刀具磨损的问题；另外，基于人机交互，专利申请 DE102006043390A1 提供一种机床加工工件工序模拟装置和方法，实现数控加工的可视化、可控化。

另外，在排屑分支方面，专利申请 DE502007000141D、DE102012201736B3 通过合理设置排屑槽的位置，增强收集和移除积聚的碎屑的能力；在传动驱动方面，专利申请 DE102009008122B4 设置用于固定机床的铣刀头的收容装置，实现单个机床滚铣形成齿轮。

### （三）国内重要申请人专利技术分析

#### 1. 沈阳机床

沈阳机床（集团）有限公司是国内最大的金属切削机床制造企业，涵盖加工中心、激光切割机等数控机床以及普通车床、卧式镗床等普通机床。沈阳机床非常重视五轴数控机床的产品研发与专利保护，是国内申请人在该领域申请量最多的公司。

在五轴数控机床的相关专利申请中，大部分是对驱动主加工部件（例如摆头结构）进行设计优化，从而获得较好的加工性能，如专利申请 CN102001017A、CN102069409A 通过减少传动间隙和传动环节，从而减少误差，提高摆头的响应速度；专利申请 CN102009219A 通过优化 A 轴单元和 C 轴单元之间的连接部件结构，提高加工范围和加工效率。同时针对集团产业进行了专利布局，如专利申请 CN101829930A、CN101513720A 针对船舶用零件发动机缸盖、曲轴进行专用加工。

#### 2. 华中科技大学

华中科技大学是一所综合研究型大学，很早就对大批量生产自动线和各类专用机床进行研究，其中数控技术与系统的研究与开发在国内处于领先水平，研究成果转化形成相当规模的产业。

华中科技大学在五轴数控机床领域的申请量位列国内第二，对控制方面的技术有较全面的发展。在相关专利申请中，专利申请 CN102608952A、CN102621929A、CN102707664A 通过对刀具路径规划，获得较优的加工路径，提高了切削效率和加工质量；专利申请 CN102402198A、CN102269984A 满足多轴数控机床的后置处理需求，具有求解速度快、求解精度高的优点；专利申请 CN102426436A 则是考虑机床几何结构误差的多轴数控加工后置处理方法，弥补了传统后置处理方法的不足，可以实现包含机床几何结构误差的多轴后置处理，有助于提高机床加工过程中的运动精度，提高零件加工质量；专利申请 CN104317246A 利用弱刚性刀具加工让刀具变形有效减少或抑制零件尺寸超差，确保一次成型，无须多次复切，保证了加工效率和加工精度；专利申请 CN105116842A 实现机床故障时运行状况以及数控面板操作记录等的直观显示和查看，为数控机床的维护维修提供参考，并提升了数控机床的维修效率。

3. 济南二机床厂

济南二机床集团有限公司始建于 1937 年，经过多年发展现已成为全国机床行业大型重点骨干企业，可提供各种规格型号的龙门刨床、数控龙门镗铣床、数控落地镗铣床、高速五轴联动镗铣床等。

济南二机床厂也非常重视五轴数控机床的专利保护，其专利申请主要集中在直线进给驱动部件，如专利申请 CN101817145A、CN203292845U 通过使用焊接技术结合筋板结构替换传统的铸造成型加工滑枕结构，既可以满足机床的强度刚度要求又可以减轻重量、便于装配；专利申请 CN2836978Y 通过在移动件之间设置阻尼块来增大阻尼，减少高速运行时产生的震荡，提高整机的高速运行动态性能，进而提高加工质量。而专利申请 CN2721303Y、CN101380716A、CN103302502A 则主要涉及五轴龙门镗铣床整机，从床身、立柱、工作台、横梁及连接方式等方面进行了保护。

**（四）五轴数控机床专利技术演进**

通过对重要申请人的关键技术分析，发现目前申请人最为关注的是机床构型和控制，并且，机床构型作为五轴数控机床的机械主体、控制作为五轴数控机床的核心是构成五轴数控机床最重要的部分。针对以上两个关键技术进行技术演进大发展脉络梳理，能够找到未来技术发展趋势。

1. 机床构型

通过分析发现，机床构型的专利技术主要集中在工作台和摆头两个分支，因此，本文从机床构型中的工作台和摆头两个分支梳理了机床构型的发展脉络（见图13）。

五轴数控机床的工作台按其形式可以分为以下几种类型：普通工作台、并联式工作台和枢转桥式工作台。

较早出现的五轴数控机床的工作台为普通式工作台，如马赫工具研究所 1972 年在专利申请 SU491252A1 中提出的带有旋转刀具的五轴数控机床，主轴箱可围绕平行于工作台安装方式的轴线旋转，工作台仅在 X 轴方向带动工件实现进给运动。1996 年，德国 DMG 在 DE29724723U 中提出将工件台绕机床主轴中心偏移的轴线旋转，提高了对工件的调整自由度。2004 年，德国 DMG 又对其进行改进，在专利申请 DE102004049525B3 中提出使支撑平面关于基座的垂直中心平面侧向偏移，中心轴与基座的垂直中心平面形成空间锐角，工件台在旋转角度范围内的中间位置里呈现一个向前倾斜的位置。2009 年，嵩富机具厂在 CN201544036U 中提出一种加工精密的工作台内嵌旋转盘的立式加工中心机，C 轴旋转盘的平面以非高于工作平台的平面嵌设于工作平台，驱动装置设于工作平台与 C 轴旋转盘的转轴之间，加大了 Z 轴加工行程，并可承载大型工件的重量，满足较多不同工件的加工需求。2016 年，德国 DMG 在专利申请 DE102016203116A1 中提出一种加工单元，其在承载体头底座装备有阻尼单元，来衰减加工期间工件的振荡，从而增加机床的生产率和运行性能，提高了加工精度。

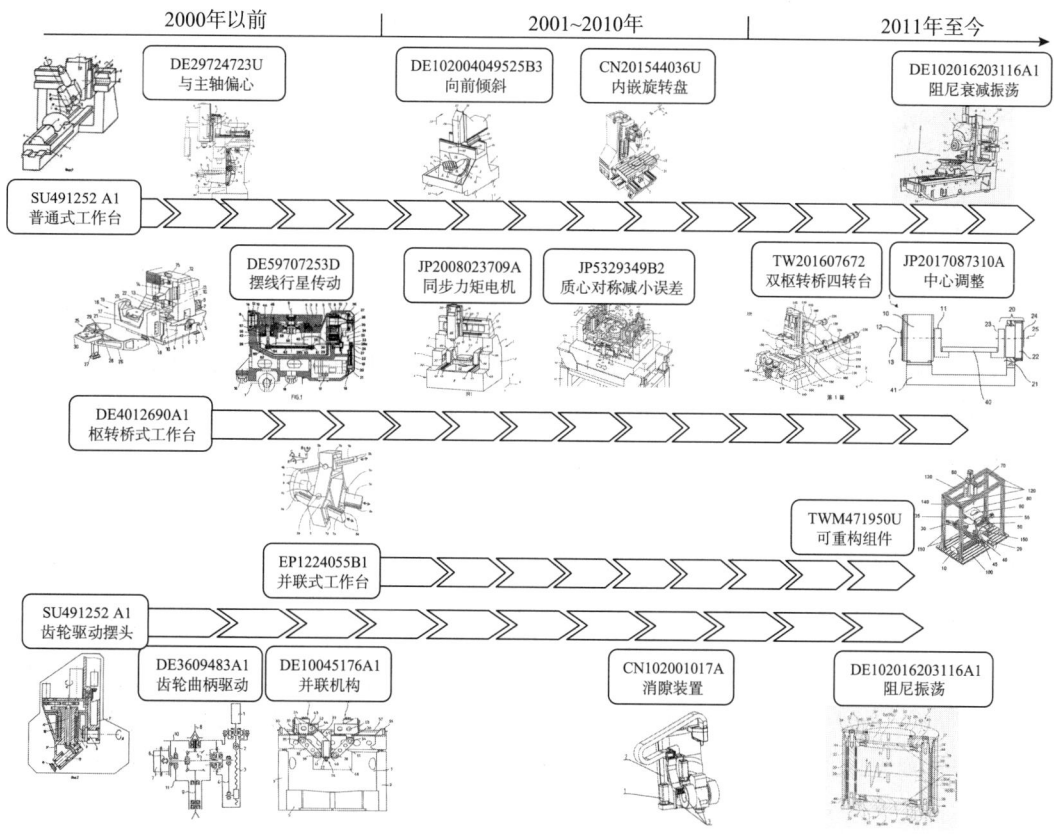

**图 13　机床构型技术专利申请演进**

关于并联式工作台，1999 年，FRAUNHOFER GES FOERDERUNG 在专利申请 EP1224055B1 中提出一种并联式工作台，通过三个线性组件分别与工作台铰接控制工作台的运动，只需简单的旋转轴承，减小了工作空间的摩擦；高苑科技大学于 2013 年在专利申请 TWM471950U 中提出一种可重组五轴加工装置，利用线性滑轨 X 轴、线性滑轨 Y 轴、线性滑轨 A 轴、线性滑轨 B 轴和线性滑轨 C 轴的移动控制加工平台的位置与翻转角度，加工机利用线性滑轨 Z 轴来做灵活的加工，可重组构件 A、B 和 C 的长度可视加工需要而更换长短，增加了加工角度的灵活度。

枢转桥式工作台是目前五轴数控机床中最为常见的一种类型。较早的如德国 DMG 于 1990 年在专利申请 DE4012690A1 中提出一种五轴机床，其工作台采用了枢转桥的形式。1997 年，德国 DMG 在专利申请 DE59707253D 中提出一种摆线行星传动机构的紧凑式传动机构，在高刚性和高定位精度的情况下减小了枢转桥式工作台驱动机构的安装空间。随后在 2006 年，德国 DMG 在专利申请 JP2008023709A 中提出一种钻铣床，在滑座中提供充当桥接器的旋转驱动器的电动同步力矩电机以及用于两个滑座的移位运动的电动同步线性电机，力矩电机即使在相对较低速度的情况下也可产生高力矩和高定位精度。森精机制作所 2008 年在专利申请 JP5329349B2 中提出一种五轴控制的超精密机床，各轴引导部件和驱动部件均配置在底座上相对于其滑块的质心对称的位置上，减小了热位移引起的误差，使工具与工件之间的力循环的长度缩短，各部分弹性变形的影响减小，振动及定位误差减小。东台精机股份有限公司 2014 年在专利申请 TW201607672 中提出一种包含 4 组转台的工作台，每两组转台放置于一个枢转桥上与两组主轴对应，增加了加工机的加工范围，并可提高加工效率以及精确度。韩国现代 2015 年在专利申请 DE102016226319A1 中提出将伺服电机放置于倾斜体外侧，并通过齿形皮带和齿轮结构与工作台连接来驱动桥式工作台的转动，避免了内置扭矩马达的复杂控制，同时可减轻重量并降低制造成本。发那科 2015 年在专利申请 JP2017087310A 中提出一种具备调整机构的旋转轴支撑装置，能够对旋转中心的倾斜不产生影响的情况下，进行旋转中心的高度、纵深方向的调整。

摆头在多轴数控机床中扮演着重要角色，马赫工具研究所 1972 年在专利申请 SU491252A1 中提出的带有旋转刀具的数控机床，主轴箱可围绕平行于工作台安装方式的轴线旋转，工具头固定在旋转器的下端，与轴成一定角度。1985 年，匈牙利机床工业厂在专利申请 DD246716A5 中提出一种加工空间表面用的数控操纵的刀具头，其摆动由曲柄驱动转动，曲柄由安装在摆头上的直流控制电动机所驱动。2000 年，德国 DMG 在专利申请 DE10045176A1 中提出通过耦合机构实现主轴头的姿态调整，相比传统的串联调节方式，其能实现更好的刚度。2001 年，在专利申请 DE50201445D 中将其升级应用到通用组合钻铣床，提高了加工工具的定位精度。在双摆头结构中，两个摆动副之间的连接影响摆头的传动精度，进而影响机床的加工精度。2002 年，德国 DMG 在专利申请 DE50311776D 中提出在主轴头的箱体的背面上安装有可绕两轴调整的第二主轴单元，第二主轴单元包括可旋转的叉头，叉头包括一个箱体部和两个端侧托叉，托叉各有一个开口，一个主轴箱通过两个承颈可绕承颈轴线回转地支承在开口里。在 2010 年，沈阳机床在专利申请

CN102001017A 中提出一种用于摆头的双导程蜗轮蜗杆消隙装置，其能满足摆轴快速摆动，扭矩大，刚性强的要求，且工作平稳、无噪声，解决带摆头的高速五轴加工中心摆头消隙的问题；2011 年，沈阳机床旗下的中捷机床在专利申请 CN102069409A 中提出由交流永磁同步内转子力矩电机驱动的双摆铣头，解决传统机械传动的双摆头由于中间的传动环节过多导致的附加转动惯量大、传动有间隙、安装复杂等问题。随着机械行业整体的发展，对多轴数控机床提出更高的要求，2016 年，德国 DMG 在专利申请 DE102016203116A1 中基于工件在加工期间发生的阻尼振荡的现象，在机床的摆动加工单元上设置振荡阻尼单元来承载工作主轴加工期间的振荡，既保证加工精度，又能保证加工效率。

由此可见，五轴数控机床构型发展已相对成熟，改动主要集中在工作台和摆头如何消除间隙以及减小振动、变形误差等方面，从而提高其加工精度和效率。

2. 控制

数控系统是数控机床的控制核心，价值占到整机的 30% ~ 40%，其功能、控制精度和可靠性直接影响机床的整体性能、性价比和市场竞争力。从专利申请的角度来看数控系统的发展，主要分布在以下三个技术分支：误差补偿、基于工件特征和人机交互（见图 14）。

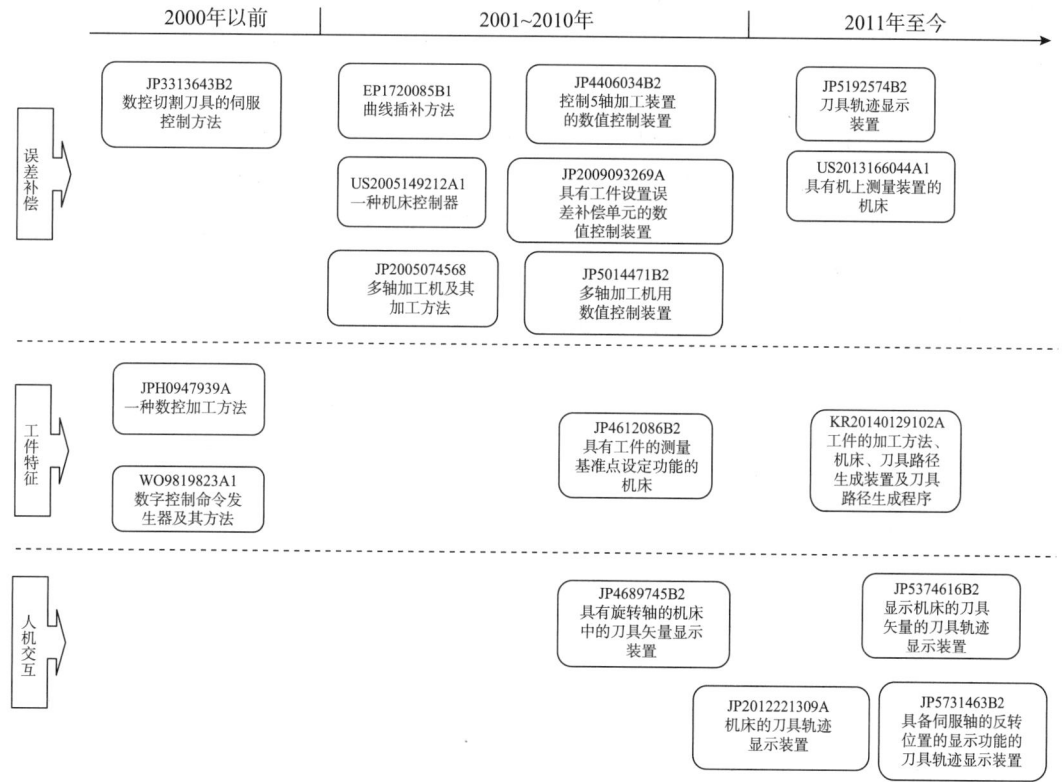

图 14　控制技术专利申请演进

在误差补偿分支，1998 年，东芝在专利申请 JP3313643B2 中提出了消除进给轴控制和主轴旋转角度控制之间的同步误差，并消除由于进给轴、主轴等惯性力引起的弹性变形引起的机械系统误差的方法；2003～2005年，发那科在专利申请US2013166044A1中提出了使热位移的影响最小，缩短测定及修正周期时间的控制方法，以及在专利申请JP2005074568中避免工件颤抖带来的精度降低，同时专利申请EP1720085B1提出了分割量纲不同的直线轴和转动轴分别求出修正指令点，以此进行适当的曲线插补；西门子在专利申请US2005149212A1中提出了在基本应用软件中通过合适的监控机制识别错误从而实现动态实时补偿的技术；2007～2008年，发那科在专利申请JP2009093269A中实现对工件设置误差进行补偿，以及在专利申请JP4406034B2中提供数值控制装置，可用于去除工具小的晃动；2010～2011年，发那科在专利申请JP5192574B2中进行了驱动轴或者刀具的实际位置对于指令位置的形状误差的分析，来减少工件的外观不良；以及专利申请JP5014471B2，可保证刀具尖端点和刀具姿态均无误差。

在基于工件特征分支，1995年，日本专利申请JPH0947939A提出了基于工件形状进行加工的控制，其代替人工，实现了机床更好的自动化；1996年WO9819823A1根据机加工信息和表面的倾角对工件表面进行分组，为各组选定最佳定向角度，根据所选定的定向角度产生数字控制命令；2008年，发那科提出专利申请JP4612086B2，准确确定工件中心和工件端面边缘，简化了加工步骤；2012年韩国专利申请KR20140129102A提出了基于工件表面凹凸形状数据生成刀具路径。

在人机交互分支，2009～2012年，发那科相继提出了关于人机交互控制方面的相关专利申请，其中，专利申请JP4689745B2提供刀具矢量显示装置，实现了在视觉上容易识别地显示刀具相对于工件的朝向，专利申请JP5374616B2提供有用的视觉信息从而确定加工形状的误差原因，专利申请JP5731463B2提供刀具轨迹显示装置，能在刀具轨迹上显示伺服轴的速度的反转位置，容易地确定需要调整的伺服轴。

五轴数控机床的控制技术发展至今，经历了多次的改进和变化，误差补偿方面，机床的机械系统误差、热误差、振动误差和跟随误差等补偿技术不断得到改进，同时，针对五轴数控机床的双转台误差以及多轴误差补偿也在不断地得到研究，使得误差对加工精度的影响越来越小；基于工件特征方面，对工件特征的提取越来越准确，实现生成的加工刀具路径越来越精确；人机交互方面，为操作者显示实时加工的信息越来越多，实现更为准确的实时控制调整。这些控制技术方面的改进和变化，对五轴数控机床加工技术实现高精度、高效率起到了重要的推动作用。

# 四、结论与建议

## （一）结论

本文通过对五轴数控机床专利技术全球专利申请及中国专利申请分析，对于当前五轴数控机床的发展态势总结如下。

**1. 机床构型和控制是持续研究的重点**

作为五轴数控机床的重要组成部分，机床构型和控制在五轴数控机床的发展过程中有着重要的地位，是专利申请量最多的两个方面。因此，机床构型和控制是所有致力于研究五轴数控机床的公司所重点关注并一直努力改进的技术，特别是工作台和摆头如何消除间隙以及减小振动和变形误差，如何补偿系统误差、热误差、振动误差和跟随误差等。

**2. 控制中的人机交互为未来的研究热点**

控制方面的人机交互是实现数控机床和操作者交互的关键技术。近年来，相比于误差补偿、基于工件特征和控制结构方面的专利申请量逐步增多，成为技术研发热点，特别是为操作者显示实时加工信息，实现更为准确的实时控制调整。并且伴随着互联网、大数据和人工智能的发展，可以预测未来人机交互中的智能化将会成为未来的研究热点。

**3. 中国专利申请技术竞争力相对较弱**

从申请量来看，中国在该领域的专利申请量最大，但是发明专利申请的比例和授权的比例比较低；中国的专利申请主要集中在国内，并未积极进行海外布局。日本、德国和美国由于技术研发实力强，并且具有良好的基础制造业支撑，掌握的核心专利技术多。在市场竞争的促进和中国巨大市场的吸引下，日本、德国和美国重视中国专利布局。由此可见，中国专利申请技术竞争力相对较弱。

**（二）建议**

由于国内企业起步较晚，在传统技术分支上追赶国外商业巨头的同时，必须在新兴技术分支中寻求突破，以实现企业的跨越式发展。根据我国的发展状况，对五轴数控机床的企业提出如下建议。

**1. 持续关注机床构型和控制方面的改进技术**

无论产品的技术如何发展、产品的应用如何变化，五轴数控机床最重要的构成始终是机床构型和控制，特别是工作台和摆头如何消除间隙以及减小振动、变形误差，如何补偿系统误差、热误差、振动误差和跟随误差等。在当前国家重视中国智能制造的大背景下，国内机床生产企业应该发扬工匠精神，保持机床构型和控制的持续投入，不断提升机床基本性能，增强机床控制精度。

**2. 充分把握人机交互的未来发展机遇**

数控机床控制方面的人机交互正在逐步由传统的机器显示向人工智能方向展现，尤其在互联网、大数据和人工智能的大环境下，企业应该加强控制系统与操作者之间的互动体验，从而提高设备的用户友好性。加大投入智能控制与数控系统配合的研发力量，积极探索智能机床作为移动互联网智能设备的技术，形成智能生产系统，从而寻求打破

新能源电池

机器人

高档数控机床

国外企业的技术垄断，占据更大的市场。

3. 提升创新投入和专利布局意识

随着中国机床企业参与全球竞争的不断深入，想在国际市场上站稳脚跟，需要在核心技术方面加大科技创新投入，努力提升专利申请质量；同时，要重视申请国外专利，加紧在海外市场进行专利布局，充分运用国际化手段来增强核心竞争力。

**参考文献**

［1］马宏伟. 数控技术［M］. 北京：电子工业出版社，2010.

［2］蕊阳. 机床工业亟须发展五轴数控技术［J］. 航空精密制造技术，2005，41（4）：1-6.

［3］刘伟军，等. 逆向工程：原理、方法及应用［M］. 北京：机械工业出版社，2009.

［4］杨铁军. 产业专利分析报告（第35册）——关键基础零部件［M］. 北京：知识产权出版社，2015.

［5］杨铁军. 专利分析实务手册［M］. 北京：知识产权出版社，2015.

［6］贺化. 专利导航产业和区域经济发展实务［M］. 北京：知识产权出版社，2013.

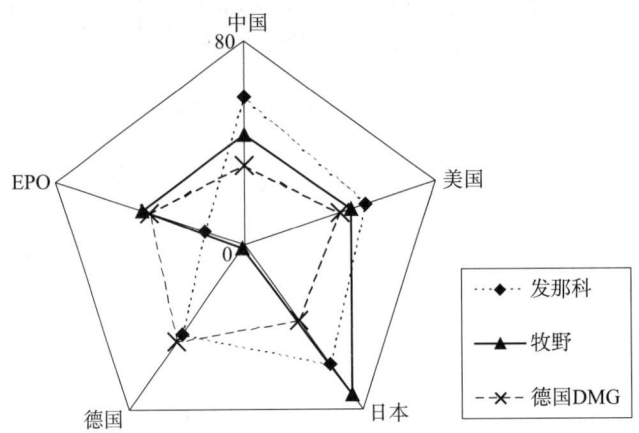

**图9　五轴数控机床全球主要申请人专利技术流向**

注：图中数字表示申请量，单位为件。

雄厚的机床企业，如江苏亚威机床、南通科技、济南二机床厂、济南一机床厂、威海华东等，这些企业占据着我国五轴数控机床产业的大部分市场份额，也必然要对五轴数控机床的技术进行专利申请，以保证其产品销售。在东北地区，最引人瞩目的五轴数控机床企业是沈阳机床，是我国申请量排在首位的企业。另外，东北作为老牌的工业基地，诸如大连机床、齐一机床等重要机床企业也具有很强的研发实力。

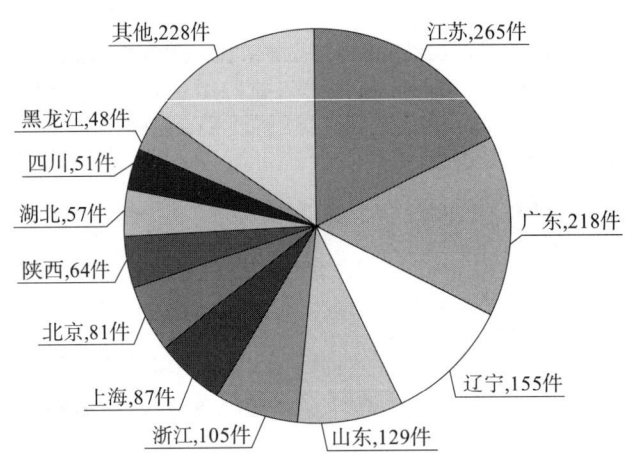

**图10　五轴数控机床中国专利申请地域分布**

### 2. 专利申请类型

由图11可以看出，国内申请人虽然申请量较大，但实用新型占比较高，而国外企业基本上都是以发明专利为主。实用新型专利在创造性高度保护年限和权利稳定性方面都不如发明专利，并且在发明专利占比的58%中，获得授权的比例只占有25%，授权率较低，因此国内企业的专利申请含金量与国外相比还是具有一定的差距，国内企业在五轴数控机床技术方面并不具备技术优势。